■ 2010年10月，南水北调工程建设工作座谈会在河南省南阳市召开。中共中央政治局常委、国务院副总理、国务院南水北调工程建设委员会主任李克强主持会议并讲话。（新华社 供稿）

■ 2010年10月，中共中央政治局常委、国务院副总理、国务院南水北调工程建设委员会主任李克强在河南省南阳市淅川县厚坡镇陈庄移民新村看望南水北调中线丹江口库区移民。

（新华社 供稿）

■ 2010年10月，中共中央政治局常委、国务院副总理、国务院南水北调工程建设委员会主任李克强在南水北调中线工程渠首现场察看工程建设情况，慰问工程建设者。（新华社 供稿）

■ 中共中央政治局委员、国务院副总理、国务院南水北调工程建设委员会副主任回良玉就南水北调工程建设上作作重要指示。

■ 2010年9月，中共中央政治局委员、国务院副总理、国务院南水北调工程建设委员会副主任回良玉，听取国务院南水北调工程建设委员会办公室主任鄂竟平汇报南水北调工程建设工作。

■ 2010年10月，原中共中央政治局常委、中央纪委书记吴官正视察南水北调中线一期水源工程丹江口水库大坝加高工程。（班静东 摄）

■ 2010年8月，中共中央政治局委员、北京市市委书记刘淇，北京市市长郭金龙与国务院南水北调办主任鄂竟平座谈，共商北京市南水北调工程建设有关事宜。

（国务院南水北调办综合司 供稿）

■ 2010年8月，国务院南水北调办主任鄂竟平到南水北调中线一期工程穿黄工程下游线盾构隧洞考察工程进展情况。

（余培松 摄）

■ 2010年3月，国务院南水北调办主任张基尧在湖北省荆州市江北移民安置点考察移民新居建设情况，并慰问建设现场监理人员。（国务院南水北调办综合司 供稿）

■ 2010年9月，国务院南水北调办副主任张野赴河南省调研南水北调中线一期工程陶岔渠首工程建设情况。（余培松 摄）

■ 2010年9月，国务院南水北调办副主任蒋旭光赴河南省调研南水北调中线丹江口库区移民和干线征迁工作。（余培松 摄）

■ 2010年9月，国务院南水北调办副主任李津成考察山东聊城截污导流工程。（梁建奎 摄）

■ 2010年4月，国务院南水北调办副主任宁远检查南水北调中线工程质量。
（吴　健 摄）

■ 2010年4月，国家文物局局长单霁翔考察南水北调中线湖北省郧县青龙泉遗址。
（杜　杰 摄）

■ 2010年9月，河南省省委书记、省人大常委会主任卢展工在新乡辉县市常村镇常春社区调研南水北调中线丹江口库区移民安置工作。（余培松 摄）

■ 2010年12月，湖北省省委、省政府在武汉市召开全省南水北调中线工程丹江口库区移民外迁工作总结表彰会，湖北省省委书记李鸿忠在会上作重要讲话。（湖北省移民局 供稿）

■ 2010年1月，河北省省长陈全国到邢台市调研南水北调中线征迁安置工作。

（河北省南水北调办 供稿）

■ 2010年7月，江苏省省长罗志军、副省长黄莉新出席南水北调东线一期工程运西线（金湖站、金宝航道）工程开工仪式。

（江苏省南水北调办 供稿）

■ 2010年1月，山东省省长、山东省南水北调工程建设指挥部指挥姜大明主持召开山东省南水北调工程建设指挥部成员扩大会议。（山东省南水北调建管局 供稿）

■ 2010年7月，天津市副市长熊建平出席天津市南水北调工程建设工作座谈会并讲话。

（天津市南水北调办 供稿）

■ 2010年7月，国务院南水北调工程建设委员会专家委员会组织专家现场考察南水北调中线一期工程焦作2段工程情况。（冯晓波 摄）

■ 2010年12月，南水北调东线一期工程山东段干线主体工程全面开工。（晁 清 摄）

2010年4月，南水北调中线一期工程河北邯石段工程开工建设。 （宋　滢 摄）

2010年3月，南水北调中线一期引江济汉工程开工建设。 （湖北省南水北调办 供稿）

■ 2010年6月，河南省南水北调中线丹江口库区第一批移民搬迁启动仪式在南阳市唐河县举行。（余培松 摄）

■ 2010年6月，南水北调中线丹江口库区丹江口市浪河镇浪河口村52户、181人搬迁至湖北省武汉市黄陂区大潭原种场七会村移民安置点。（湖北省移民局 供稿）

■ 2010年5月，已建成的河南省新郑市岗周南水北调中线丹江口库区移民新村。

（余培松 摄）

■ 2010年4月，来自南水北调中线丹江口库区的移民到达迁入地湖北省黄湖农场。

（湖北省移民局 供稿）

■ 2010年3月，南水北调东线一期工程穿黄河隧洞工程胜利贯通。（晁　清　摄）

■ 2010年9月，南水北调中线一期工程穿黄工程下游线隧洞胜利贯通。（李新鹏 摄）

■ 2010年2月，南水北调东线一期工程刘老涧二站工程混凝土浇筑施工现场。 （夏 平 摄）

■ 2010年11月，南水北调东线一期工程邓楼泵站工程模板吊装施工现场。 （杨建伟 摄）

■ 2010年10月，南水北调中线一期工程漳河北－古运河南段工程SG14标段倒虹吸基础工程施工现场。 （潘 征 摄）

■ 2010年8月，南水北调中线一期工程新乡和卫辉段工程施工现场夜景。 （刘铁军 摄）

2010年10月，南水北调中线一期工程穿黄工程隧洞衬砌施工现场。（宋　波 摄）

2010年10月，南水北调中线一期工程沙河渡槽工程钢筋吊装施工现场。（许安强 摄）

■ 2010年7月，南水北调中线一期工程天津干线工程保定市境内1段工程输水箱涵施工现场。

（潘　征 摄）

■ 2010年8月，加高后的南水北调中线一期水源工程丹江口大坝经历洪水考验，防洪效益凸显。

（班静东 摄）

2010年5月，北京市南水北调配套工程大宁调蓄水库工程施工现场。（李　斌 摄）

2010年10月，南水北调中线武当山遇真宫东宫遗址考古发掘全景。（余　乐 摄）

■ 2010年6月，建成后的南水北调中线一期工程京石段应急供水工程惠南庄泵站中控室。

（杨晓丹 摄）

■ 2010年7月，建成通水的南水北调中线一期工程京石段应急供水工程漕河渡槽。

（王志文 摄）

2010年10月，疏浚后的南水北调东线一期工程江都站改造工程。 （刘绵喜 摄）

2010年8月，建成后的南水北调东线一期工程济平干渠。 （晁 清 摄）

■ 2010年9月，运行中的山东省济宁市污水处理厂。 （高德刚 摄）

■ 2010年8月，南水北调中线一期工程温博段工程工地建设者风貌。 （刘铁军 摄）

CHINA SOUTH-TO-NORTH WATER DIVERSION PROJECT CONSTRUCTION YEARBOOK

中国南水北调工程建设年鉴

2011

《中国南水北调工程建设年鉴》编纂委员会

中国电力出版社
CHINA ELECTRIC POWER PRESS

图书在版编目（CIP）数据

中国南水北调工程建设年鉴. 2011/《中国南水北调工程建设年鉴》编纂委员会编著. —北京：中国电力出版社，2011.8

ISBN 978-7-5123-2030-7

Ⅰ.①中… Ⅱ.①中… Ⅲ.①南水北调-水利工程-中国-2011-年鉴 Ⅳ.①TV68-54

中国版本图书馆CIP数据核字（2011）第163278号

中国电力出版社出版、发行
（北京市东城区北京站西街19号 100005 http://www.cepp.sgcc.com.cn）
北京盛通印刷股份有限公司印刷
各地新华书店经售
*
2011年10月第一版 2011年10月北京第一次印刷
787毫米×1092毫米 16开本 47印张 1138千字 16彩页
印数0001—4000册 定价**300.00**元

《中国南水北调工程建设年鉴》
编纂委员会

《中国南水北调工程建设年鉴》编纂委员会办公室

编　辑　部

编 辑 说 明

一、《中国南水北调工程建设年鉴》是由国务院南水北调工程建设委员会办公室主办的专业年鉴，是逐年集中反映南水北调工程建设、生态环境、征地移民以及投融资等过程中的重要事件、技术资料、统计报表的资料性工具书，自2005年起每年编印一册。

二、《中国南水北调工程建设年鉴2011》记载2010年的事件，设10个篇目：要事纪实、政策法规·重要文件、综合管理、东线工程、中线工程、西线工程、配套工程、队伍建设、统计资料、大事记。另有重要活动剪影和英文目录。

三、本年鉴所载内容实行文责自负。年鉴内容、技术数据及是否涉密等均经撰搞人所在单位把关审定。

四、本年鉴一律使用法定计量单位。技术术语、专业名词、标点符号等使用力求符合规范要求或约定俗成。单位名称首次出现时使用全称，再次出现时使用规范的简称。

五、本年鉴力求内容全面、资料准确、整体规范、文字简练，并注重实用性、可读性和连续性。

《中国南水北调工程建设年鉴》编辑部

2011年9月

篇　目

目　录

贰 政策法规·重要文件

叁 综合管理

肆 东线工程

伍 中线工程

陆　西线工程

柒 配套工程

捌 队伍建设

玖 统计资料

拾 大事记

CHINA SOUTH-TO-NORTH WATER DIVERSION PROJECT CONSTRUCTION YEARBOOK

壹 要事纪实

IMPORTANT EVENT RECORDS

重 要 事 件

国务院副总理李克强在南阳市主持召开南水北调工程建设工作座谈会

2010年10月9日，中共中央政治局常委、国务院副总理、国务院南水北调工程建设委员会主任李克强在南水北调中线工程渠首所在地河南省南阳市，主持召开南水北调工程建设工作座谈会并讲话。他强调，要深入贯彻落实科学发展观，又好又快地全面推进南水北调工程，把事关发展全局和保障民生的重大工程建设好，促进可持续发展，造福广大人民群众。

座谈会上，国务院南水北调办主任鄂竟平、环境保护部部长周生贤、水利部部长陈雷和北京市副市长夏占义、河南省省长郭庚茂先后作了汇报发言。在认真听取大家的意见后，李克强说，南水北调工程是跨区域跨流域的重大水资源配置项目，是造福当代、惠及后人的基础性战略工程，也是惠及几亿人口的重大民生工程。水资源问题长期制约我国北方地区发展，近年来由于降水量和水资源总量持续减少，缺水的矛盾更加突出。他指出，建设好南水北调工程，关系经济社会发展全局，关系中华民族的长远大计，对于缓解北方地区缺水以及地下水超采问题、促进水资源整体优化配置，对于带动沿线地区经济增长、提高人民生活水平和质量，都具有十分重要的意义。

李克强指出，南水北调是一项十分复杂的系统工程，这样长距离、大规模的调水，在世界上也是一个难题。当前，南水北调工程建设正处于高峰时期，也是实现如期通水的关键时期，必须统筹协调，周密组织，精心施工，攻坚克难，优质、高效地推进工程建设，保证按期实现既定目标。

李克强强调，质量是南水北调工程的生命，容不得一丝疏忽，要始终把质量作为工程建设的核心任务，全面加强质量管理，努力把工程建设成为一流工程、精品工程、人民群众放心的工程。移民搬迁安置是南水北调工程的关键，要扎扎实实、深入细致地做好工作，实现和谐搬迁、妥善安置，确保移民搬得出、稳得住、能发展、可致富。治污和环保关系南水北调工程的成败，要强化水源保护和水污染防治，确保一池清水入库、一泓清水北上。李克强说，南水北调工程投资很大，人民群众十分关心。要切实加强监督管理，合理控制建设成本，管好用好每笔资金，预防和惩治腐败，真正把工程建设成为阳光工程、廉洁工程。

李克强最后要求，国务院有关部门和沿线地区各级党委政府顾全大局，同心协力，加大工作力度，加快建设进度，完善体制机制，把南水北调工程建设好、运营好，把关系长远发展和保障民生的重大项目规划好、实施好，为全面建设小康社会、加快推进社会主义现代化贡献力量。

河南省省委、省政府和南水北调中线其他省市政府负责人，国务院有关部门负责人，以及南水北调东线有关省主管部门负责人、河南省沿线地市负责人等参加了座谈会。

全国人大常委会副委员长韩启德出席南水北调中线水源区生态文明建设论坛

2010年6月3日，南水北调中线水源区生态文明建设论坛在西安市召开。全国人大常委会副委员长、九三学社中央主席韩启德，陕西省省委书记、省人大常委会主任赵乐际，国务院南水北调办副主任李津成，陕西省副省长吴登昌，全国政协常委、九三学社中央副主席赖明出席会议。全国人大、财政部、农业部、水利部、环境保护部等中央部门的代表，来自陕西、湖北、河南省政府及有关部门的代表参加了论坛。

韩启德在论坛开始作了重要讲话。他说，南水北调不仅是缓解我国北方水资源短缺和生态环境恶化、促进水资源整体优化配置的战略性工程，更是一项造福社会的综合性生态工程，是生态文明建设具体而生动的实践。他强调，建设生态文明是贯彻落实科学发展观的重要内容和具体体现，是落实中央关于加快经济发展方式转变的重要内容。他指出要将生态文明理念融入各项建设事业之中，在经济建设方面，应加快发展方式转变，建立资源节约型、环境友好型的产业体系，走低碳经济、循环经济之路；在政治建设方面，应建立健全与生态文明建设相适应的法律法规，通过深化改革破除建设生态文明的体制机制障碍，加快转变单纯 GDP 取向的政府职能，将生态文明建设纳入领导干部的政绩考核指标体系；在文化建设方面，应大力宣传马克思主义人与自然的关系思想，弘扬“天人合一”、“仁民爱物”等中华优秀传统文化，强化全社会的生态危机与责任意识，倡导绿色消费理念和生态文明生活方式；在社会建设方面，应将生态文明建设融入社会主义和谐社会建设之中。

参加论坛的各方代表一一作了发言，积极支持和呼吁在南水北调中线水源区设立生态文明建设试验区，建立中线水源保护的长效机制，永续保持一库清水送北方。

南水北调工程专项设施建设座谈会在北京市召开

2010 年 1 月 12 日，南水北调工程专项设施建设座谈会在北京市召开。会议听取了有关单位关于专项设施建设进展情况的汇报，并就进一步做好以桥梁、铁路、电力为重点的南水北调工程专项设施建设工作进行了讨论和研究。国务院南水北调办副主任张野主持会议并讲话。

张野在讲话中充分肯定了各有关单位在专项设施建设工作中所取得的成绩。他强调，南水北调工程线路长，所涉及的专项设施建设项目多，专项设施建设协调工作涉及面广，协调工作量大。加快南水北调工程专项设施建设，是顺利实现南水北调工程建设目标的重要保障。各有关单位要高度重视专项设施建设，统筹考虑专项设施建设与主体工程建设进度的关系，采取有效措施，加强协调配合，积极推进专项设施建设工作，保证南水北调工程建设目标的如期实现。要建立协调机制，加强与相关单位的主动联系和密切沟通，及时协调处理工程建设中出现的有关问题，促进专项设施建设顺利进行。要严格按有关文件规定，认真做好专项设施建设项目设计方案审批、投资控制以及验收移交等有关工作。要积极探索加快专项设施建设项目审批的新方法、新途径，缩短工作时间，促进项目前期工作。

国务院南水北调办投资计划司、建设管理司、征地移民司有关负责同志，河北省南水北调办、山东省南水北调工程建设管理局（简称山东省南水北调建管局）、河南省南水北调办、南水北调中线干线工程建设管理局（简称中线建管局）、南水北调东线山东干线有限责任公司（简称山东干线公司）、河南省南水北调工程建管局、河北省南水北调工程建管局分管专项设施建设的负责同志及有关人员参加了会议。

山东省南水北调工程建设指挥部成员扩大会议在济南市召开

2010 年 1 月 13 日，山东省南水北调工程建设指挥部成员扩大会议在济南市召开。山东省省委副书记、省长、省南水北调指挥部指挥姜大明出席会议并作重要讲话。山东省副省长、省南水北调指挥部副指挥贾万志主持会议并作总结讲话。山东省南水北调工程建设指挥部全体成员，工程沿线15市分管副市长及水利局、南水北调局负责人，27个征地移民工作重点县（市、区）主要负责人及南水北调办事机构负责人，省水利厅、省环保厅有关处室负责人、省南水北调局领导班子成员等参加会议。

会议传达学习了国务院南水北调工程建设委员会第四次全体会议、国务院南水北调办2010年南水北调工程建设工作会议及山东省政府第48、56次常务会议精神，表彰了南水北调工程征地移民先进单位和先进个人。山东省南水北调局、山东省环保厅分别汇报了南水北调工程建设工作情况及治污工作情况，济南、济宁两市政府汇报了南水北调工程征地移民和施工环境保障工作情况。

姜大明对2010年山东省南水北调工程建设工作进行了全面部署安排。2010年要完成四项任务目标：一是干线主体工程鲁北段、济南以东段要全部开工建设，在建工程在完成原来剩余投资计划的基础上，确保完成2010年下达投资的建设任务；二是完成济平干渠的竣工验收和配套工程前期各项工作，开工建设配套相关工程；三是加大南水北调工程基金的征缴力度，完成2010年基金征缴计划；四是完成所有开工建设项目的征地迁占和专项设施迁移工作。

姜大明强调，要着力抓好工程建设的重点和关键环节。一要全力确保工程质量和安全。二要全力确保征地迁占工作高效有序开展。认真执行《山东省南水北调主体工程征地迁占补偿和施工环境保障责任书》，认真落实征地补偿政策，省级承担的补助资金按照“区别对待、分类指导”的原则，重点向征地面积大、补偿任务重、经济欠发达的市倾斜。山东省补助资金从省级调控资金中统筹安排，各市、县政府要确保增加的征地补偿资金及时足额到位。三要全力确保治污环保达到国家要求。各级政府和有关部门要认真履行保障辖区环境质量的法定责任，重点加快环南四湖东平湖大生态带、中水回用、治污环保预警等三个体系建设。四要全力确保工程建设资金需要。各级政府要高度重视，千方百计使南水北调工程建设基金按规定要求及时到位。五要全力确保配套续建工程与主体工程同步运行。当务之急是抓紧做好配套工程前期工作，尽快审查续建配套工程规划。各市、县要根据山东省统一部署和要求，严格按照承诺的水量开展配套工程的规划设计工作，争取2010年上半年全部完成可研和初设的编制上报工作，确保2010年下半年开工建设。要抓好续建配套工程建设资金的落实和筹集。

贾万志在总结讲话中强调，推进山东省南水北调工程建设，要坚定做到“三个不动摇”。一是统一思想，坚定加快推进南水北调工程建设的决心信心不动摇。二是抓住重点和难点，坚定加快推进南水北调工程建设的任务目标不动摇。三是凝心聚力，坚定加快推进南水北调工程建设的政策措施不动摇。他要求，指挥部各成员单位要做到既分工负责、各司其职，又相互协调、密切配合，真正形成沟通顺畅、衔接严密、运转高效、保障有力的工作机制，迅速形成举全省之力建设南水北调工程建设的良好局面氛围。各级各有关部门要迅速传达贯彻这次会议精神，深入分析各自工作当中存在的薄弱环节和突出问题，有针对性地细化、实化、强化，明确责任主体，逐项抓好贯彻落实，全面完成2010年的建设任务，确保如期实现2013年的通水目标。

河南省南水北调中线丹江口库区第一批移民新村建设工程质量管理现场会在平顶山市召开

2010年1月13日，河南省南水北调中线丹江口库区移民安置指挥部在河南省平顶山市召开了丹江口库区第一批移民新村建设工程质量管理现场会。河南省副省长、省南水北调丹江口库区移民安置指挥部指挥长刘满仓出席会议并讲话。

刘满仓强调，移民工作事关大局，事关社会和谐稳定，也事关社会长治久安，是一项严肃的政治问题、全局性的问题、民心问题、民生问题，各级一定要高度重视。要认识到移民迁安工作是国家行动，移民是最直接、最现实、最紧迫的民生工程，不能空喊口号，不干实事。

刘满仓明确，要严格、认真抓好移民房屋的质量安全建设，确保移民房屋质量一流。一是要全程严把质量关。要把好进材关、施工建设关和现场管理关。二是要把好廉政关。有关人员要清正廉洁、洁身自好、严格要求，不能在移民新村房屋建设上捞好处、谋私利。三是建立完善质量责任体系。要全程监管、全员监管，既全程监管工程质量，又要加强对人员的管理、教育和监督。要落实责任体系，明确责任，互相制约，形成整体，形成体系。四是在保证质量的前提下，加快进度，科学安排。既要大干、苦干、实干，也要善干、会干、巧干，要尊重规律，讲究科学。五是要实行奖惩办法。要提倡重质量、重进度、重安全，通过实行奖惩办法，激励先进，鞭策落后。

刘满仓要求各包县工作组要高度负责，不辱使命，不虚此行。要突出抓好移民新村建设、移民房屋建设。要配合迁安双方做好移民思想、宣传、教育和引导工作。要与基层干部、移民群众打成一片、融为一体。工作组组长要带好头，抓好工作组的工作和生活。要珍惜包县工作的机会，履行工作组的职责，发挥好帮扶作用，不辜负上级组织的期望，不辜负移民群众的希望。

湖北省南水北调中线丹江口库区移民工作会议在武汉市召开

2010年1月20日，湖北省南水北调中线丹江口库区移民工作会议在武汉市召开。会议传达了国务院南水北调工程建设委员会第四次全体会议和南水北调工程建设工作会议精神，对湖北省南水北调中线丹江口库区移民工作进行了总结和部署。湖北省省长李鸿忠、副省长田承忠出席会议并讲话。

会议认为，2009年，湖北省丹江口水库移民工作在头绪多、时间紧、任务重的情况下，取得了一定成绩，移民试点工作和整体外迁移民工作稳步推进，库区移民后靠迁移安置工作开始启动，库区文物保护工作进展顺利。但同时也要看到，移民工作还存在总体进度偏慢、部分环节较为薄弱、少数地方干部工作状态欠佳等突出问题。

会议提出，湖北省丹江口水库农村移民搬迁安置，必须在2010年8月底前完成外迁安置任务，在2011年12月底前完成后靠移民搬迁安置任务。

李鸿忠在讲话中指出，丹江口水库移民工作是一项事关全局、严肃的政治任务。湖北省省委、省政府对做好这项工作高度重视，并作了周密部署。全省库区、安置区各级各部门务必从讲政治、顾大局的高度，进一步提高对做好丹江口水库移民工作重要性和紧迫性的认识，针对目前工作中存在的力度不够、责任心不强、作风不实、抓落实和履行职责不到位等突出问题，采取得力措施予以改进，确保丹江口水库移民各项工作顺利推进。

李鸿忠强调，湖北省省委、省政府关于丹江口水库移民“四年任务两年基本完成、三年彻底扫尾”的总体部署，是必须完成的硬任务、必须兑现的“军令状”，任何地方、任何部门都不得讨价还价、找借口、谈条件。各级各部门要发扬勇于担当的精神，进一步明确责任，转变工作作风，加强检查督办，严格责任追究，做到一级抓一级、层层抓落实。要坚定必胜信心，根据目标任务和重要节点，倒排工期，科学安排，充分发挥集中力量办大事的政治优势、三峡移民工作的经验优势、国家支持移民工作的政策优势，确保各项任务如期完成。

田承忠对做好下一步移民工作作了具体安排。他要求严格执行移民搬迁安置的相关政策，强化各项保障措施，在转变作风真抓实干，加强检查督办，提高规划水平，加快移民房屋建设，确保工程、资金、干部安全，做好维稳工作等方面下工夫。

南水北调工程建设委员会专家委员会 2010 年工作会议在北京市召开

2010 年 2 月 1 日，国务院南水北调工程建设委员会专家委员会（简称南水北调建委专家委）在北京市召开 2010 年工作会议。南水北调建委专家委主任潘家铮等在京专家和部分外地专家共计 25 人出席了会议，国务院南水北调办主任张基尧出席会议并讲话。国务院南水北调办副主任宁远、张野出席会议。会议由南水北调建委专家委秘书长汪易森主持。

汪易森首先就 2009 年南水北调建委专家委工作情况向与会专家委员作了工作汇报。南水北调建委专家委主任潘家铮院士就 2010 年南水北调建委专家委工作要求作了重要讲话，他要求凡是属于南水北调建委专家委工作范围之内的事，凡是南水北调建委专家委能够起一点作用的事，南水北调建委专家委都要尽力完成，要急国家之所急，急公众之所急，尽一切努力做好工作，为南水北调工程各项工作的顺利完成添砖加瓦。

张基尧代表国务院南水北调办向长期以来对南水北调工程各项工作给予大量支持和帮助的院士、专家表示感谢，对大家认真负责的精神和严谨科学的作风表示由衷的敬意。他向到会的专家委员介绍了南水北调工程建设取得成绩以及面临的机遇和挑战。他指出，2010 年是南水北调工程加快建设的关键一年。希望南水北调建委专家委的院士和专家们在咨询调研、技术评审、质量检查、技术交流等方面进一步给予支持和帮助，共同把南水北调工程建设成造福子孙后代的历史丰碑。

与会专家就 2009 年工作情况和 2010 年工作要求进行了认真讨论，针对南水北调工程建设、质量管理、生态环境建设和移民工作等，提出一定的建议和意见。

国务院南水北调办总工程师沈凤生，机关各司及直属单位、中线建管局主要负责同志参加了会议。

南水北调东线江都市截污导流工程投入运行

2010 年 2 月 7 日，江苏省南水北调办和江都市政府举行新闻发布会，宣布南水北调东线江都市截污导流工程正式投入运行。这是纳入南水北调东线一期工程总体可行性研究的 25 项截污导流工程中，第一个全面建成、第一个落实管理单位、第一个正式投入运行的项目，将对南水北调东线源头地区调水水质稳定达标发挥重要作用。

南水北调东线工程利用京杭大运河及其

平行河道输水。为确保输水干线水质全线达到地表水Ⅲ类水质标准，必须加强对取水水源地及输水干河沿线的排污治理，通过截污导流等工程措施，有效控制入河污染物的排放总量，从而形成东线工程清水廊道。

南水北调东线工程成败的关键在治羡。江苏省是南水北调东线工程的源头，江都市又是南水北调东线江苏段的起点。实施截污导流工程，保证调水区源头水质，对打造南水北调清水走廊至关重要。该工程总投资8120万元，利用提升泵站和压力管道将江都污水处理厂达标排放的尾水调出，以改善南水北调输水干河三阳河段的水质和沿线水环境。工程设计排水规模为每天4万t，由22.84km输水干管、1座提升泵站、6座穿路顶管、22座穿河倒虹吸等组成。工程于2007年12月开工建设，2009年5月通过联合试运行验收，2009年底投入试运行。经江都市环境监测站检测，试运行一个月来，三阳河、通扬运河等主要污染物的浓度和相关污染物的标准指数均呈下降趋势，水质得到改善。

国务院南水北调办安全生产领导小组和重特大事故应急处理领导小组第八次全体会议在北京市召开

2010年2月24日，国务院南水北调办安全生产领导小组和重特大事故应急处理领导小组召开第八次全体会议。国务院南水北调办副主任、领导小组组长张野出席会议并讲话，领导小组全体成员参加会议。

会议传达、学习了全国安全生产电视电话会议和《国务院办公厅关于深入开展“安全生产年”活动的通知》精神，听取了领导小组办公室关于2009年南水北调工程建设安全生产工作情况和2010年安全生产工作安排的汇报，分析了安全生产面临的形势，提出了南水北调工程2010年安全生产工作总体思路、工作目标和工作要点。

张野强调，2010年南水北调主体工程将实现全面开工；在建工程将进入施工高峰期，一些重点项目如两个穿黄工程等进入施工关键期，交叉作业、高空作业、防洪度汛同时存在，相互交织；投入运行的京石段工程和东线先期完工项目将面临安全运行问题，安全生产任务更加艰巨，形势更加严峻。

对于2010年的工作，张野强调，要坚持以人为本、安全发展的原则，全面做好南水北调工程建设安全生产各项工作，切实做到警钟长鸣，常抓不懈，真抓实干，务求实效。要加大安全生产宣传力度，开展安全生产知识竞赛、有奖问答等活动，营造“以人为本、关注安全、关注生命”的良好安全生产氛围。要加大监督检查力度，有针对性、有重点地开展检查、抽查活动，严肃查处违法、违章、违规行为，形成威慑力。要进一步提高各级安全生产管理人员的责任意识，开展专项治理活动，针对不同类型的工程，制定专门的技术保障措施，加大重大危险源管理和隐患排查治理的力度。要结合实际，开展有针对性的安全生产培训工作，增强参建人员特别是现场作业人员和农民工按章操作的自觉性，提高安全技能和自我防范意识。要督促参建单位加大投入，设置现场安全标识、标牌，真正做到“安全第一，预防为主”，促进南水北调工程建设顺利进行。

湖北省南水北调工作会议在武汉市召开

2010年3月1日，湖北省南水北调工作会议在武汉市召开。会议传达了国务院南水北调工程建设委员会第四次全体会议和2010年全国南水北调工程建设工作会议精神，回顾总结了湖北省南水北调工作所取得的成绩，安排部署了2010年湖北省南水北调工作。湖北省省长李鸿忠出席会议并讲话，副省长田承忠主持会议并讲话。

李鸿忠在讲话中指出，2010年是南水北调工程开工建设以来投资最大的一年，湖北省作为南水北调中线工程的第一环节，责任重大，地位重要，任务繁重。要正确认识南水北调工作为湖北省创造的重要机遇，乘势而上，保证南水北调工作实现南北“双赢”。

李鸿忠要求，继续打好移民搬迁的攻坚战，确保“423计划”的完成；继续抓好兴隆水利枢纽的建设，确保工程安全度汛；做好引江济汉工程的前期准备；继续抓好库区上游的水污染防治、水土保持，汉江中下游生态环保问题和综合开发，深化布局，把汉江中下游的产业带、农业、工业、旅游、城镇的开发建设当作一项战略工程来抓。

李鸿忠强调，做好南水北调工作，必须实行“三个结合”。一是要把南水北调移民工作与建设社会主义新农村结合起来，使移民率先走上奔小康的道路。二是要把南水北调工程与湖北省的科学发展上结合起来，通过做好南水北调工程，乘势而上，多争取一些支持，赢得汉江流域经济社会发展的重大机遇。三是要把当前与长远结合起来。在抓好当前建设开发的同时，也要谋划汉江湖北流域的补水方案，保持充沛的水源。

田承忠总结了南水北调前段工作情况。他说，一是千方百计争取国家实施加坝调水方案，为实现“南北双赢、南北两利”奠定了坚实基础；二是汉江中下游治理工程与南水北调主体工程同步实施，工程整体进展顺利；三是丹江口库区水质保护和生态环境建设扎实推进；四是征地移民、拆迁安置工作稳步推进；五是库区文物保护工作进展顺利；六是汉江中下游生态环境治理工作启动。

田承忠对下一步工作重点作了具体安排。他要求，扎实推进兴隆枢纽主体工程建设，力争引江济汉工程2010年3月26日正式开工建设，确保按时间节点完成移民搬迁安置任务，深入做好丹江口库区及汉江中下游生态环境保护工作。他强调，要加强领导，强化责任，着力转变工作作风；完善制度，强化工程建设质量和安全；加强廉政建设，着力打造廉洁工程；落实工作责任和政策措施，稳步推进引江济汉征地和拆迁安置工作。

湖北省水利厅、省南水北调办、省南水北调建管局和省直有关部门、汉江沿线有关市县政府主要负责人、分管负责人及南水北调办主要负责人参加会议。

河南省省长郭庚茂到平顶山市调研南水北调中线丹江口库区首批移民新村建设情况

2010年3月17日，河南省省委副书记、省长郭庚茂到平顶山市郏县和宝丰县丹江口库区第一批移民新村现场调研，强调各级各部门一定要下定决心，提升水平，齐心协力，打好南水北调攻坚战。河南省副省长刘满仓参加调研。

郭庚茂先后来到郏县农场安置点和宝丰县柳沟营安置点，逐一认真查看了移民新村整体布局和住房建设情况，详细了解建房价格、建房面积、工程质量、建设进度、配套设施等情况。他指出，河南省省委、省政府高度重视南水北调工作，从目前情况看，南水北调中线河南段各项工作都取得了较好成绩。2010年河南段的投资多达226.8亿元，这不仅是干好南水北调各项工作的有力保障，对于扩大内需、拉动经济增长，也起着重要的促进作用。

郭庚茂指出，在具体工作中，河南省创造了许多成功经验，得到了国家有关部门的肯定。总结起来就是，体现了“以人为本”

的要求，把科学发展观贯彻到实际工作中去，主动为移民着想，在政策允许范围内尽可能满足移民的合理要求，使他们不仅搬得出、稳得住，而且能发展、可致富。各级各部门很好地发挥了我们的政治优势，在党的统一领导下，有钱出钱，有力出力，齐心协力，尽可能地为移民搬迁工作创造更好的条件。各级各部门能够认真倾听移民的意见和要求，把各个环节、各个方面的工作都做得扎实、细致。

针对下一阶段的工作，郭庚茂强调，移民工作无小事，移民群众满意是我们最大的心愿。各级各部门一定要进一步提高思想认识，本着对历史、对国家、对人民负责的态度，切实把各项工作抓紧、抓好、抓出成效。一要集中全力打好南水北调工作攻坚战。他指出，2010 年干线工程工程建设、移民搬迁以及配套工程建设都到了攻坚阶段，不仅要完成 226 亿元的投资任务，而且要完成第一批 6.49 万人移民迁安任务，启动 8.61 万人第二批移民搬迁工作，因此各级各部门务必要下定决心，再鼓干劲，集中精力，齐心协力把这个硬仗打好。二要总结经验，提升水平。各级各部门一定要在认真总结经验、发扬成绩的基础上，把问题考虑得更复杂些，把困难估计得更充分些，把措施细化得更具体些，根据新的形势和新的情况，不断探索和研究解决问题的新措施、新办法，不断开拓移民安置的新渠道、新思路，进一步提升工作水平，想方设法把各项工作做得更好、更完善。三要进一步调动各方面的积极性，强化责任，齐心协力打好攻坚战。住房建设、民政、环保等省直各部门在较好地完成包村任务的同时，要充分发挥各自职能作用，从各个方面支持南水北调工作，为工程的顺利实施，为河南省经济社会又好、又快地发展作出新的、更大的贡献。

河南省政府办公厅、省南水北调办、省政府移民办、省民政厅、省住房和城乡建设厅、省环境保护厅负责同志等陪同调研。

南水北调东线穿黄河工程顺利贯通

2010 年 3 月 25 日，南水北调东线穿黄河工程顺利贯通，标志着东线工程建设取得了阶段性成果。山东省副省长贾万志出席贯通仪式并下达隧洞工程贯通爆破指令。

东线工程利用江苏省已有的江水北调工程，逐步扩大调水规模并延长输水线路。工程从长江下游扬州江都抽引长江水，利用京杭大运河及与其平行的河道逐级提水北送，并连接起调蓄作用的洪泽湖、骆马湖、南四湖、东平湖。出东平湖后分两路输水：一路向北，在位山附近经隧洞穿过黄河，输水到天津；另一路向东，通过胶东地区输水干线经济南输水到烟台、威海。规划分三期实施。一期工程调水主干线全长 1466.50km，其中长江至东平湖 1045.36km，黄河以北 173.49km，胶东输水干线 239.78km，穿黄河段 7.87km。

东线穿黄河工程是南水北调东线工程的重要组成部分，是连接东平湖和鲁北输水干线的关键控制性项目，是南水北调东线长江水过黄河的咽喉，在整个东线工程建设中具有重要地位。工程从东平湖老湖区引水，在东平湖西堤（玉斑堤）建出湖闸，开挖南干渠至黄河南大堤前（子路堤）建埋管进口检修闸，以埋管方式穿过子路堤、黄河滩地至黄河南岸解山村，经隧洞穿过黄河主槽及黄河北大堤，在东阿县位山村附近以埋涵的形式穿过位山引黄渠渠底，经出口闸与黄河以北输水干渠相接，工程全长 7.87km。工程主要由出湖闸、南干渠、埋管进口检修闸、南岸滩地埋管、穿黄隧洞、穿引黄渠埋涵、出口闸及连接明渠等建筑物组成。

东线穿黄河工程的主要任务使将调引的长江水从黄河南岸输送至北岸，向黄河以北地区供水，满足东线第一期工程供水目标，工程设计年输水量为4.42亿m^3。为避免工程分期施工对黄河防洪的影响，东线穿黄河工程按南水北调东线第一、二期结合的100m^3/s输水流量设计。该工程于2007年12月28日开工建设。它的顺利贯通，标志南水北调东线穿黄河工程建设取得了重大进展，将对实现东线2013年全线通水目标具有重要的促进作用。

南水北调中线引江济汉工程开工建设

2010年3月26日，南水北调中线一期汉江中下游治理工程之一的引江济汉工程开工建设。国务院南水北调办主任张基尧在开工仪式作重要讲话并宣布工程开工。湖北省省委书记罗清泉、国务院南水北调办副主任张野出席开工仪式。湖北省省长李鸿忠致辞。湖北省副省长田承忠主持开工仪式。

张基尧指出，引江济汉工程是南水北调中线工程的重要组成部分，是有利于湖北省经济社会发展的关键工程。引江济汉工程的开工建设，标志着南水北调湖北省境内工程已实现全面启动，标志着南水北调工程朝着实现南北双赢的目标又迈出了关键一步。加快引江济汉工程建设，尽早发挥工程效益，对于推进汉江中下游综合治理开发，促进湖北省经济社会可持续发展具有重大的战略意义和现实意义。

张基尧强调指出，在做好引江济汉和兴隆枢纽工程建设各项工作的同时，湖北省有关部门要扎实推进丹江口库区移民安置工作，在认真总结移民试点工作的基础上，坚持以人为本，全面启动规模移民第一、第二批安置工作。要加强领导，落实责任，配套政策，加大协调和监督力度，切实保证移民新村建设质量，加大移民生产安置扶持，实现库区移民搬得出、稳得住、可发展、能致富的工作目标；要高度重视丹江口库区水源保护，加快水源区水污染防治和水土保持项目建设，加大库区污染治理的督查及执法力度，确保水源地水质安全。

李鸿忠在讲话中指出，引江济汉工程的开工建设标志着南水北调湖北省境内工程迎来了新的建设高峰，这是湖北省经济社会发展中的一件大事、喜事。他要求湖北省南水北调工程领导小组各成员单位、汉江流域各级党委政府和广大干部群众进一步增强机遇意识、大局意识和责任意识，高标准、高质量、高效率地做好各项工作，努力建设一流工程，创造一流业绩，确保引江济汉工程如期竣工受益。要进一步加大前期工作力度，为汉江中下游其他两项治理工程开工建设做好充分准备。

为改善汉江中下游的生态、灌溉、供水、航运用水条件，《南水北调工程总体规划》和《南水北调中线一期工程可行性研究总报告》安排实施汉江中下游治理工程，即引江济汉、兴隆水利枢纽、部分闸站改造、局部航道整治四项工程。引江济汉工程是从长江荆江河段引水至汉江兴隆河段的大型输水工程，也是湖北省最大的水资源配置工程。该工程渠首位于荆州市龙州垸长江左岸江边，线路沿北东向穿荆江大堤，在荆州城西伍家台穿318国道、宜黄高速公路后，近东西向穿过庙湖、荆沙铁路、襄荆高速、海子湖后，折向东北向穿拾桥河，经蛟尾镇北，穿长湖，经毛李镇北，穿殷家河、西荆河后，在潜江市高石碑镇北穿汉江干堤入汉江，线路全长67.23km。工程任务是向汉江兴隆以下河段补充因南水北调一期工程调水而部分时段减少的水量，改善该河段的生态、灌溉、供水、航运条件，供水范围为汉江兴隆断面以下的干流河段和东荆河供水区。该工程建成后，还可缩短长江荆州段至汉江潜江段航程600多千米。

引江济汉工程为一等工程，由引水干渠、进出口控制工程、河渠交叉、跨渠倒虹吸、路渠交叉等建筑物及东荆河节制工程组成。引江济汉工程的开工建设，对于加快南水北调工程建设步伐，推进汉江中下游综合治理开发，促进汉江中下游乃至湖北省经济社会可持续发展都具有十分重要的意义。

国务院南水北调办综合司、建设管理司、征地移民司主要负责同志出席开工仪式。

南水北调中线丹江口大坝加高工程加高到顶

2010年3月31日，随着最后一罐混凝土入仓并振捣完毕，丹江口大坝加高工程混凝土坝段最后一个坝段加高到176.6m设计高程，至此，丹江口大坝需要加高的54个坝段全部加高到顶，这标志着南水北调中线源头工程——丹江口大坝加高工程取得重大阶段性胜利。

丹江口大坝加高工程是在1973年建设的丹江口水利枢纽工程基础上贴坡加高而成的。工程完成后，坝体高程从原来的162m加高至176.6m，表孔坝段溢流堰顶高程由原来的138m加高至152m，升船机规模由150t级提高到300t级，任务调整为防洪、供水为主，结合发电、航运等综合利用。正常蓄水位从157m提高至170m，可相应增加库容116亿m^3，通过优化调度，多年平均可为中线一期工程供水95亿m^3，对缓解华北地区水资源短缺的紧张局面、促进我国北方地区经济社会可持续发展和生态环境的改善具有巨大的作用，并可为南水北调中线二期工程调水奠定基础，加高大坝将进一步提高水库的防洪能力和下游的防洪标准，为减轻汉江及长江干流汉口段和武汉市的防洪压力创造有利条件。工程的建设，还可改善枢纽的发电和汉江干流的通航条件。工程总投资为24.25亿元。

丹江口大坝加高不同于新建大坝，由于是在原有大坝的基础上加宽加高，技术复杂，施工难度大，工艺要求高，施工布置受到制约。大坝加高施工期间，枢纽仍处于正常运行，担负防洪、发电等任务，需要协调好工程加高施工和枢纽正常运行调度之间的矛盾。另外，丹江口大坝加高工程贴坡混凝土温度控制要求难度大，由于混凝土温控要求严格且为了保证安全度汛，贴坡混凝土及溢流坝的加高不能全年施工，只能在低温季节和枯水期进行，对工期要求比较严格。

丹江口大坝加高工程于2005年9月26日开工建设；2007年3月7日，第一仓大坝加高混凝土开始浇筑。

南水北调系统第二次经济财务工作会议在扬州市召开

2010年4月8日，国务院南水北调办在江苏省扬州市召开南水北调系统第二次经济财务工作会议，贯彻国务院南水北调工程建设委员会第四次全体会议和2010年南水北调工程建设工作会议精神，研究部署当前及今后一个时期的经济财务工作。国务院南水北调办主任张基尧出席会议并作重要讲话。江苏省省委常委、副省长黄莉新到会致辞。审计署、财政部等单位有关负责同志应邀出席会议。

张基尧充分肯定了南水北调系统经济财务部门自工程开工建设以来取得的可喜成绩。他指出，经济财务部门紧紧围绕工程建设中心任务，狠抓经济财务制度建设，注重规范化制度化管理，在筹集和保障资金供应的基础上不断强化建设资金监管，深入研究经济财务政策，着力提高财会人员素质，既满足了工程建设资金需求，又规范了资金管理，杜绝了重大违法违纪行为，保证了资金安全。他同时强调，要充分认识经济财务管理工作面临的繁重任务和挑战，如建设战线长、管理层次多、管理难度大；经济财务人员结构和素质还不能满足工程建设的需要；有章不循、制度执行不力的现象时有发生；资金监管的网络覆盖及监督检查力量整合不够，全程监管仍需加强。

针对今后一个时期的经济财务工作，张基尧要求，经济财务部门要进一步完善服务，规范管理，强化监管，促使经济财务工作实现科学化、规范化、制度化。第一，要完善服务。在南水北调工程全面提速的新形势下，工程建设资金管理的任务越来越繁重，服务面越来越广，这要求经济财务部门始终围绕工程建设这个中心，进一步增强服务意识，想工程建设所想，急工程建设所急，解工程建设所难。在坚持财经制度的前提下，进一步简化程序，提高效率，及时研究解决工程建设一线的实际问题。要始终坚持工程建设和队伍建设“两手抓”，以队伍建设的丰硕成果保障工程建设的顺利实施。第二，要规范管理。经济活动必须以财经制度为依据。为进一步规范经济财务业务管理，要做好四个方面工作：强化制度的执行力和约束力；完善预算管理制度，推进预算公开透明；规范财务业务办理程序；严格控制管理费开支。第三，要强化监督。进一步增强资金安全意识，完善资金监管体系，加大资金监管力度。

张基尧最后强调，南水北调系统廉政建设关系着党和国家廉洁从政、执政为民宗旨的贯彻落实，关系着政府及工程的社会形象，关系着工程的质量安全和投资控制。各部门和单位必须高度重视，把廉政建设摆在工程建设的重要位置，切实把好廉政关。要进一步认识廉政建设的重大意义；加强反腐倡廉教育；增强廉政制度建设，提高制度执行力；坚持打击违纪违法行为。

会议对南水北调系统资金管理先进单位和先进工作者进行了表彰。国务院南水北调办经济与财务司负责同志作了南水北调经济财务工作报告。

国务院南水北调办总经济师张力威，机关各司、各事业单位负责同志，南水北调工程沿线省（市）办事机构、移民机构和项目法人负责同志以及经济财务部门负责人和受表彰人员参加会议。

国务院南水北调办主任张基尧考察南水北调东线江苏省境内工程

2010年4月8～10日，国务院南水北调办主任张基尧先后考察了南水北调东线江都站改造、泰州引江河、泗洪泵站工程，看望和慰问了一线工地建设者，并与江苏省政府及有关部门负责人进行座谈。江苏省省委常委、副省长黄莉新陪同。

在与江苏省政府座谈时，张基尧详细听取了江苏省南水北调工作进展情况汇报。他指出，自南水北调工程在江苏省开工建设以来，在江苏省省委、省政府的高度重视下，经过全体参建人员的共同努力，通过加强组织领导，明确工作责任，落实推进措施等一系列有效办法，在前期工作、征地拆迁、工程建设、运行管理、治污环保、资金筹措等各方面都取得了可喜的成绩，为按期保质完成工程建设任务奠定了坚实基础。

张基尧强调，今后几年是江苏省南水北调工程建设的关键时期，是实现工程按期建成通水的关键阶段，建设管理的各项任务十分繁重，要着力做好五方面的工作。一是工程建设方面要进一步加大前期工作力度，一鼓作气完成初步设计的编制和报审工作，设计进度和质量要满足加快建设的需要。要重视招标阶段和施工图阶段的优化工作。要科学制定动态调整工程建设计划，加强工程建设管理，努力实现2012年底主体工程全面完工的目标。二是运行管理方面要进一步做好管理体制和运行机制的研究工作，体现江苏省工程的特殊性和可操作性，江苏省用市场的办法选择管理单位的做法很好，这一做法已经在东、中线逐步推广。三是资金管理方面要进一步加大基金征缴力度，严格资金使用管理，强化工程投资控制，确保资金安全、干部安全。四是征迁安置方面，要进一步加快征地手续办理，加强征迁安置协调，加快征地拆迁进度，突出解决杨官屯河等项目征地拆迁中的问题，保证工程建设需要。五是治污环保方面要对水质指标尚未达到的断面进行论证分析和综合治理，结合正在编制的“十二五”环保规划，提出进一步治理的措施，确保南水北调东线江苏省境内水质2012年全部达标。

江苏省省委常委、副省长黄莉新表示，作为南水北调东线工程的源头地区，保质保量地完成好工程建设任务，确保把清洁的水源输送出省，是党中央、国务院交给江苏省省委、省政府的重大责任，是必须完成的一项政治任务。江苏省将认真贯彻国务院南水北调工程建设委员会第三、四次全体会议精神，按照张基尧主任调研时提出的明确要求，在工程建设管理上做到更加注重严格管理、更加注重科技创新、更加注重工程效益、更加注重管理创新，下决心把江苏省南水北调工程建成优质工程、高效工程、廉洁工程、优美工程，确保把江苏省南水北调一期工程建成管好。

国务院南水北调办投资计划司、建设管理司负责同志，江苏省南水北调办、南水北调东线江苏水源有限责任公司（简称江苏水源公司）负责人参加考察。

南水北调中线河北邯石段工程开工建设

2010年4月13日，南水北调中线一期工程邯郸—石家庄段（简称邯石段）开工建设，标志着中线一期工程河北省境内的所有项目全部开工建设。国务院南水北调办主任张基尧、河北省省长陈全国在开工仪式上作重要讲话并共同启动开工按钮。国务院南水北调办副主任张野出席开工仪式。

张基尧首先代表国务院南水北调办对邯石段工程开工建设表示热烈的祝贺。他说，邯石段工程是南水北调中线工程的重要组成部分，是事关河北省发展全局的关键工程。邯石段工程的开工建设，标志着继京石段工程建成和天津干线河北省境内工程开工后，南水北调中线工程在河北省境内已全面开工建设，标志着南水北调中线工程黄河以北连线建设的目标全面实现。加快邯石段工程建设，尽早发挥工程效益，对于早日实现南水北调中线一期工程建设目标，促进河北省经济社会可持续发展具有重大的战略意义和现实意义。

张基尧强调，邯石段工程战线长，穿越城市多，涉及面广，征迁任务重，协调难度大，同时工程技术复杂，交叉建筑物和跨渠桥梁多，建设任务十分繁重。他要求各有关部门和单位充分认识所肩负的重大责任和繁重任务，进一步增强责任感和使命感；认真落实国务院南水北调建委会的决策部署；坚持“质量第一、安全第一”，进一步强化质量和安全意识，切实保证工程建设质量和安全生产；进一步优化设计，创新工艺，强化管理，努力降低工程建设成本，切实控制工程建设投资；扎实做好征地拆迁工作，维护人民群众合法权益，坚持文明施工，促进和谐建设，切实维护良好的工程建设环境和稳定的社会秩序；加强建设资金的管理、监督和审计，加强制度建设，严格制度执行，确保建设资金使用规范、合理、透明，杜绝截留挪用建设资金和贪污腐败现象；团结协作，精心组织，精心施工，努力把邯石段工程建设成为质量一流、节俭高效、和谐廉洁的工程，经得起历史和人民的检验。在做好邯石段工程和天津干线河北省境内工程建设各项工作的同时，河北省有关部门要继续扎实做好征地拆迁和环境保护工作，进一步加强领导，落实责任，配套政策，加大协调和监督，及时解决征地拆迁和环境保护工作中的问题，努力营造无障碍施工环境，确保京石段通水安全，为工程建设提供良好的环境保障。

邯石段工程是南水北调中线一期工程的重要组成部分，担负南水北调中线一期工程贯通后向北京市、天津市和河北省输水的任务。南水北调中线一期工程邯石段起自河北省与河南省交界处的漳河北岸，终点为石家庄市新华区古运河南，全长238.544km，途经磁县、邯郸市区、邯郸县、永年县、沙河市、邢台市、邢台县、内丘县、临城县、高邑、赞皇、元氏、鹿泉、石家庄市桥西区和新华区共计15个县、市、区。邯石段为明渠输水，工程设计流量为235～220m^3/s，加大流量为265～240m^3/s，共布置各类建筑物457座。工程建设将采取项目法人直管、委托和代建制管理三种建设管理模式。

国务院南水北调办机关各司、中线建设管理局主要负责同志参加开工仪式。

南水北调工程建设管理工作座谈会在石家庄市召开

2010年4月14日，国务院南水北调办在河北省石家庄市组织召开南水北调工程建设管理工作座谈会，进一步贯彻国务院南水北调工程建设委员会第四次全体会议和2010年南水北调工程建设工作会议精神，研究部署当前及今后一个时期的工程建设管理工作。国务院南水北调办主任张基尧出席会议并作重要讲话。国务院南水北调办副主任张野主持会议。河北省省委常委、省纪委书记臧胜业到会致辞。

张基尧在讲话中指出，国务院南水北调工程建设委员会第四次全体会议以来，各有关省市和项目法人积极落实国务院南水北调建委的工作要求，南水北调工程全面推进、加速建设的局面已经形成，处处洋溢着加快工程建设的良好氛围，工程建设、征地移民、治污环保等各项工作均取得了新的进展。2010年是南水北调开工以来计划强度最高的一年：工程建设进一步拓展，一批新项目开工建设，东线黄河以南、中线黄河以北基本实现连线建设，东、中线穿黄工程顺利贯通；在建项目进展良好，捷报频传，呈现出良好的发展势头；库区移民和干线征迁工作扎实推进，移民满意，社会稳定，尤其是库区移民试点和新农村建设结合，移民新村建设快速推进，配套设施日益完善；建设资金进一步落实，配套工程规划及建设进一步加快。

张基尧详细分析了南水北调工程面临的形势和挑战。他指出，南水北调工程当前面临着五个方面的挑战。一是北方水资源短缺日益严重。保证北方地区供水安全已经成为新的课题和紧迫任务。加快南水北调工程建设，规避水资源安全风险，已经成为南水北调人的政治责任和光荣使命。二是建设目标进一步明确，不可动摇。国务院南水北调工程建设委员会第三次全体会议根据南水北调工程建设实际，对建设目标进行了调整，为南水北调工程各项工作提出新的要求，顺应了北方地区经济社会发展要求和沿线城市及人民群众的期待，这一目标务期必成。三是库区移民工作顺利推进为工程建设增添了动力。丹江口库区湖北、河南两省均确定“四年任务两年完成”的移民工作计划，而且工作进展顺利，对工程建设起到了促进作用，提出了新的要求，为调水区、受水区的协调发展创造了条件。四是征地移民政策需要认真贯彻落实。当前，国家征地移民政策明确，需要抓住时机、全力推进，处理好征地移民工作中的有关问题，形成和谐征迁、和谐移民的良好氛围。五是工程材料等价格上涨压力增大，可能导致工程建设成本加大。鉴于以上原因，南水北调工程要抓住机遇趁势而上，在保证质量的前提下全面提速、加快建设，力争早日发挥工程效益。

关于南水北调工程建设当前存在的问题，

张基尧指出，一是初步设计审查审批工作不能满足工程建设需要。初设审批职能调整以来，工程前期工作取得明显成效，一批项目初步设计得到批复，但与工程建设的实际需要相比，还有很大的差距。二是工程建设进度不能满足计划要求。第一季度完成情况不理想，需要进一步加大力度。现场资源配置不合理，还应加强施工力量。个别项目方案久拖不决耽误时机，专项设施迁建制约工程进展。工程质量尚需进一步提高，工程领域的常见病、多发病在南水北调工程建设上依然存在。三是已建项目方面，遗留尾工较多且处理不及时，管理设施建设滞后，合同执行及纠纷处理需加大力度，运行管理体制机制需进一步完善。四是征地移民方面，已建工程临时用地清理移交不及时，在建项目遗留问题处理不彻底，部分新开工项目料场供应不到位，跨渠桥梁方案需要抓紧研究。

张基尧对南水北调工程建设下一步工作提出了要求。一是认清形势，坚定信心，明确责任，坚持各项工作目标不动摇，确保完成2010年度工作任务。前期工作目标不动摇，争取上半年批复所有主体工程项目初步设计；工程建设目标不动摇，2010年内实现主体工程项目全部开工，保证完成480亿元的建设计划，全力追回历史欠账；移民目标不动摇，争取2010年9月底前库区第一批移民全部搬迁，2010年9月之后启动第二批移民准备工作；供水目标不动摇，千方百计保证首都北京的供水安全；工程质量目标不动摇，进度服从质量，在保证质量的前提下加快工程建设进度，确保不留质量隐患。二是进一步加强协调，着力提高协调工作的及时性和实效性。各省市南水北调办要加强通信、电力、公路、铁路等专项设施设计及施工中的协调力度，及时反馈协调信息，加强协调工作的时效性。各项目法人要及时跟进，全力做好各项保障工作。建立健全和充分运用各省市征地移民的协调机制，及时解决征地中的遗留问题和工程建设中的环境问题。加大现场协调力度，完善现场办公、定期例会等协调机制，切实解决工程建设中的有关问题，扫清工程建设中的障碍。三是保证工程质量，加快建设进度，控制工程投资，提高工程建设管理水平。提前谋划，超前研究，抓紧解决影响工程建设的突出问题，高度重视渠道填筑和混凝土施工质量。规范稽查，加强监督，认真落实整改措施，健全完善工程质量保证体系。严格执行计划，落实工程合同，以月保季，以季保年，形成完成年度计划的机制。优化工程方案，严格审计监督，严格控制成本，千方百计将工程投资控制在合理范围内。四是切实抓好做细移民工作，着力保证工程建设环境和沿线社会稳定。库区移民工作要统筹好搬出区和安置区、试点移民和计划移民、2010年移民和2011年移民、生产安置和生活安置四个方面的关系，使各项工作有序衔接扎实推进。干线移民工作要吸取已建工程征地的经验，缩短征地工作时间。抓紧专项设施迁建工作，集中精力研究解决有关问题。五是围绕中心，服务大局，提高为工程、为移民服务的水平。要严密组织，加强衔接，加快工程初步设计审查审批，保证初步设计质量。健全制度，规范管理，加强监督，畅通信息渠道，扎实解决影响工程建设进度的突出问题。在保证资金供应、满足工程建设需求的同时，加强资金使用情况的监督，确保工程资金安全。深入基层，深入工地，加强调查研究，注重工作效率和效益，不断提高解决工程实际问题的能力。

张基尧还就当前需要抓紧的几项工作进行了部署。一是按照财政部等中央四部门关于南水北调工程基金筹集工作的部署，积极做好本省市南水北调工程资金的筹措工作。二是扎实做好南水北调工程配套工程规划工作，全面推进配套工程建设。三是按照国务院南水北调建委确定的东线2013年通水目标，确保2012年东线全线水质达到地表水Ⅲ类标准。四是认真贯彻国家拉内需、促增长有关政策，切实抓紧、抓好中央检查组有关意见的整改落实工作。五是全力抓好安全度汛工作。有关工程要认真制定防汛规划，落实防汛责任，切实保证汛期的人身安全、设备安全和工程安全。

张基尧在会上要求南水北调工程参建单位和广大建设者，要抓住当前有利时机，进一步增强加快工程建设的责任感和紧迫感，统一思想、坚定信心，加强组织、落实措施，发扬成绩、再立新功，使工程建设管理水平再上新台阶，全力实现2010年各项工作目标，为南水北调东、中线一期工程建设目标的实现创造条件，向党中央、国务院以及工程沿线人民交上一份满意的答卷。

国务院南水北调办总工程师沈凤生，办机关各司、直属事业单位负责同志参加会议。南水北调东、中线一期工程沿线七省（市）办事机构，各项目法人单位负责同志汇报了工作情况。

2010年南水北调工程前期工作和投资计划管理协调工作会议在青岛市召开

2010年4月21~22日，国务院南水北调办在山东省青岛市召开2010年南水北调前期工作和投资计划管理协调工作会议，深入贯彻国务院南水北调工程建设委员会第四次全体会议和2010年南水北调工程建设工作会议精神，分析南水北调工程前期工作和投资计划管理面临的形势和任务，部署当前及今后一个时期的投资计划管理工作。国务院南水北调办副主任宁远出席会议并讲话。山东省副省长贾万志到会致辞。

宁远在讲话中要求，要全面推进投资计划管理工作。当前，要以2010年上半年基本完成初步设计工作为重点，研究解决难点和关键问题，把握时间节点，安排和落实初步设计报告的编制、审查和审批，为2010年底南水北调工程基本全部开工准备条件。

国务院南水北调办投资计划司负责同志作了工作报告。报告介绍了南水北调工程建设当前进展情况。在党中央、国务院的亲切关怀和国务院南水北调建委的正确领导下，通过南水北调工程建设者的辛勤工作和不懈努力，南水北调工程建设各项工作取得了显著进展：前期工作取得突破性进展；工程建设进展顺利，已建工程开始发挥效益，一大批工程项目陆续开工建设；工程建设管理制度建设不断完善。当前，南水北调系统按照国务院南水北调建委的工作部署和南水北调工程建设管理工作会议的安排，正在全力推进工程建设，掀起南水北调工程建设的新高潮。

会议分析了当前南水北调投资计划管理工作面临的形势和挑战。会议强调，虽然自南水北调工程开工建设以来，投资计划管理工作推动了前期工作进展，保障了工程建设投资需求，但是要按时完成国务院南水北调建委部署的工作任务，前期工作和投资计划管理工作任务艰巨。投资计划管理是南水北调工程建设管理非常重要的方面，南水北调各参建单位都要高度重视投资计划管理工作，充分认识加强投资计划管理对于又好又快地建设南水北调工程的重要性。前期工作和投资计划管理工作要自觉为工程建设服务，为征地拆迁服务，为生态环境保护服务。

针对今后一个时期的投资计划管理工作，会议要求，投资计划管理要大力践行科学发展观，进一步解放思想，理清工作思路，深入调查研究，坚持实事求是，突出工作重点，提高工作效率，不断提高管理水平。第一，要提高设计质量，加快前期工作。要在加快工程设计进度的同时，进一步提高工程设计质量，合理、有效控制工程投资。在工程设计过程中，要认真研究解决重大技术问题，着力提高设计质量。要加大设计过程中的指导、协调，减少工程设计中的重大设计变更，提高招标设计及施工图设计质量。要严格执行国家政策规定，实事求是地解决涉及群众切身利益的问题，着力处理好技术安全与经济合理的关系，千方百计控制工程投资。第二，要加快年度投资计划落实。各项目法人要进一步加强年度投资计划管理，完善年度投资计划执行方案，加快年度投资计划执行进度。第三，要加强投资静态控制和动态管理。要认真贯彻落实好《南水北调工程投资静态控制和动态管理规定》、《南水北调工程项目管理预算编制办法》、《南水北调工程价差报告编制办法》等，使之在推动南水北调工程建设、加强南水北调工程投资计划管理中发挥作用。第四，要加快配套工程建设，保持与干线工程协调推进，同步发挥效益。

会上，与会单位代表就进一步做好南水北调投资计划管理工作进行了交流探讨。会议在召开之前举行了默哀活动，以表达对青海玉树地震遇难同胞的深切哀悼。

国务院南水北调办总经济师张力威，办机关各司、南水北调工程设计管理中心有关负责同志，南水北调工程沿线省（市）办事机构、项目法人及有关设计单位负责同志参加会议。

河南省南水北调中线丹江口库区移民安置工作会议在郑州市召开

2010年4月24日，河南省南水北调中线丹江口库区移民安置工作会议在郑州市召开，动员各级各部门进一步加压驱动，加大力度，加快进度，确保库区移民迁安任务的圆满完成。河南省副省长、省移民安置指挥部指挥长刘满仓出席会议并讲话。

在认真听取河南省南水北调办、省移民办有关工作报告和6个省辖市、5个包县工作组及3个县（市）、2个设计单位负责人的工作汇报及表态发言后，刘满仓对前一阶段移民工作取得的成绩表示肯定，并分析了面临的形势和任务，提出了下一步工作要求。他指出，自南水北调工作开展以来，河南省丹江口库区移民各项工作总体进展顺利、成效显著，国务院南水北调办和河南省省委、省政府领导给予了高度评价，移民群众总体上比较满意，社会大局整体稳定，全省上下关注、支持、参与移民工作的浓厚氛围初步形成。

刘满仓指出，当前和今后一个时期，要全力做好七件事。一是要高标准、高质量建好移民新村，让移民有个称心如意的新家园。要总结试点移民的经验，吸取教训，确保质量。要争分夺秒，抓紧建设，保证基础设施和公益设施与移民房屋同步到位。要充分借鉴南阳市的经验，明确节点，加班加点，全速推进。要加强教育和监督检查，确保移民财产和人身安全。二是要搞好第一批移民搬迁。要进一步细化搬迁方案，做到细化细化再细化。要做好宣传引导，认真组织力量，努力做到轻装搬迁。迁安双方要密切对接，搞好协调。河南省要统一指挥，协同作战，审批把关后实施。要统筹考虑，分步安排，合理分工，确保安全搬迁、平安搬迁。三是要扎实做好第二批移民安置启动工作。没有对接到位的有关市县，要加派力量，抓紧对接。要进一步调集主力，配强力量，总结经验，吸取教训，全力做好规划设计工作。要提前筹划，提前运作，扎实做好第二批移民前期准备工作。南阳市和淅川县要做好库区人口核定、财产登记等工作。河南省移民安置指挥部要高度关注移民资金保障问题，保证资金足额到位。迁安双方特别是淅川县要加强基层迁安组织建设，确保各项工作始终沿着正确轨道健康前进。四是要切实做好试点移民后续帮扶工作。要扎实搞好试点移民房屋修缮工作，迅速组织力量，尽快修缮到位。要落实试点移民享受的各项政策，完善办理所有手续，做到一分不少、一天不拖、一人不漏。要认真谋划试点移民村经济发展，搞好水利设施、农业机械、科技调整、养殖业发展、农民工培训等工作，瞄准长远，促进发展。五是要坚决做好移民稳定工作，确保干成事、不出事。各级各部门一定要把移民工作各项要求和部署切实落实到位，让移民乡亲真切地感受到党和政府的关怀，感到心里踏实、放心，没有后顾之忧。要从未雨绸缪的角度，掌握信息和动态，耳目要明、要灵、要敏、要聪。要及时化解矛盾，让绝大多数群众理解、满意。要始终坚持加强思想政治工作，做到先用心、后省心。六是要高度重视移民系统的领导班子建设。要把移民机构的领导班子配强、配好、配到位。七是要切实制定和落实好移民帮扶政策措施。河南省直单位，包括有关市县已经制定的帮扶政策，一定要落实到位。要注意整合各方面的资金，把群众最关心、最直接、最现实的利益问题解决好、维护好。

会议对丹江口库区试点移民工作中涌现出的4个“迁安移民文明村”进行表彰，并颁发奖牌。河南省南水北调办、省政府移民办等单位负责同志出席会议。

国务院南水北调办主任张基尧考察南水北调中线河南段工程和丹江口库区第一批移民新村

2010年5月5～11日，国务院南水北调办主任张基尧赴河南省实地考察南水北调中线干线工程和丹江口库区第一批移民新村建设情况。考察期间，张基尧分别会见了河南省委书记卢展工、省长郭庚茂，并与河南省政府及有关部门和工程参建单位负责人进行了座谈。国务院南水北调办副主任张野，河南省副省长刘满仓陪同考察并出席座谈会。

在与河南省政府及有关部门负责人和工程参建单位负责同志座谈时，张基尧强调，南水北调中线河南段工程在沿线各省市中规模最大、投资最多、技术最复杂，工程建设的时间紧迫，因此，河南段工程建设是决定能否如期实现南水北调中线工程建设总体目标的关键，库区移民、水源保护等工作也面临着非常繁重的任务。要认清形势，提高认识，统筹协调，周密安排，紧紧抓住当前气候条件好、施工环境好的有利时机，营造更加浓厚、热烈的又好又快建设南水北调工程的氛围，扎实推进移民搬迁，为全面完成年度建设目标奠定坚实基础。

张基尧指出，库区移民方面，一要深入细致地做好思想教育工作，宣传国家政策，统一干部和移民群众的思想，营造支持国家重点工程建设的氛围，努力实现顺利搬迁、和谐搬迁。二要加强房屋建设质量管理。要设身处地为移民群众着想，站在移民群众的角度考虑问题，要注意听取移民群众意见。加强现场质量控制和监督管理，严把住房建设质量关，让移民群众放心、满意，经得住历史的检验。同时，要扎实做好饮水、医疗卫生、环境保护和学校等配套设施建设工作，使库区移民群众切实感受到南水北调工程带来的实惠。三要加强研究，积极探索移民群众“心安”的路子，要想办法使移民群众尽快融入地方，要采取强有力的帮扶措施，要让移民群众看到希望，有盼头。帮助移民群众发展生产、实现致富，确保移民群众高高兴兴搬到安置地、开开心心过上好生活，实现身安、心安。四要认清形势，克服困难，切实把搬迁工作做实做细，如期完成剩余的任务，确保第一批移民搬迁顺利，不出问题，不留隐患。五要处理好第一批库区移民和第二批库区移民的关系，做好后靠移民安置的工作，加强政策的宣传和疏导，及时解决问题，化解矛盾。

设计工作方面，张基尧指出，一要严格按照2010年南水北调工程建设工作会议和前期工作会议的要求，认真落实审查计划，争取2010年6月底前完成河南段主体工程年内开工项目初步设计的审批。二要加强与行业主管部门的协调，突出把临时用地交付、电力设施和跨渠桥梁设计的问题解决好，妥善处理好地方基层政府及产权单位的要求与政策的衔接问题，合理控制工程投资。三要设计单位要精心组织，加大投入，加快设计的进度，提高设计质量。同时，要严格按照审查意见对初步设计进行认真、及时的修改，切实提高设计效率。四要切实加强现场设代的力量，及时提交施工图纸，为工程建设服好务。

工程建设方面，张基尧指出，一是要在黄河以北段工程开展劳动竞赛，营造比、学、赶、帮、超的氛围，迅速掀起工程建设新高潮。要采取严格的奖惩措施，加快工程建设进度。二是要增强建管机构力量，尤其是要强化代建单位力量，以注重结果为导向加大考核和检查力度，严格落实责任，严格信用管理。三是施工单位要信守承诺，兑现合同，不等不靠，勇于承担责任。要展现中央企业的风采，积极协调与地方的关系，深入、细致地完善施工措施，尽最大的努力减少施工扰民，努力开拓环境、创造条件，以实际行动赢得理解和支持。要畅通信息渠道，实事求是报送现场信息。四是要加强协调，充分发挥地方政府的积极性，形成支持国家重点工程建设的氛围，切实保证工程建设环境。五是要加强技术与工艺的研究，早谋划、早考虑、早安排。要及时总结经验，超前研究问题，加强新技术的推广应用，对工程建设中取得的新工艺、新方法、新设备、新经验，如渠道底板机械化衬砌、渠道衬砌趾板周边增加切缝等，要积极推广，努力提高工程施工技术水平。六是要加强质量管理，严格落实责任制，严格按照施工技术规范和设计要求施工，确保工程质量，不给工程留隐患，不给后代留遗憾。七是要进一步加强安全管理，积极研究应对气候和天气异常的措施，确保安全生产和度汛。

张基尧强调，要切实加强基金收缴，确保工程建设对资金的需求；要加强资金管理，确保资金安全；要进一步加快配套工程的审查审批，尽快开工建设，确保配套工程与主体工程同步发挥效益；要尽快研究批复中线河南段总干渠保护规划，加强丹江口水库消落区保护的立法工作。

张野在讲话中指出，河南省的建设氛围非常好，具备加快工程建设的环境条件。在保证质量、安全的前提下加快工程建设进度，必须加强组织领导，形成一级抓一级、层层抓落实的组织保障体系。一是要加强对各建管单位的管理、指导、监督和考核，分解任务，落实责任，做到人员到位，责任落实。二是建管单位要加强对参建单位的管理，把参建单位组织好、管理好，使各单位各司其职、各负其责，自觉履行承诺。三是各施工单位要加强对施工项目经理部的工作指导和关心支持，特别是在资源上、精神上对项目经理部给予支持，确保现场人员到位、资源落实。四是各级南水北调办要加强协调，特别是要加大对临时占地、专项设施、跨渠桥梁建设等影响工程建设进展问题的协调力度，增强协调实效，切实改善工程建设环境，促进工程全面提速。

河南省南水北调办、省政府移民办，南阳市、平顶山市、安阳市、鹤壁市、焦作市，国务院南水北调办综合司、投资计划司、建设管理司、征地移民司负责同志陪同考察。河南省政府有关部门和工程参建单位负责同志近150人参加了座谈会。

湖北省南水北调中线工程丹江口库区移民工作现场会在武汉市召开

2010年5月24日，湖北省政府召开全省南水北调中线工程丹江口库区移民工作现场会，总结前段工作，安排部署下一段工作。湖北省省长李鸿忠出席会议并讲话。他强调，要坚决按照“四年任务两年基本完成，三年彻底扫尾”的总体工作目标，进一步加大工作力度，狠抓责任、政策和措施落实，确保按关键时间节点完成各项计划任务。湖北省副省长田承忠主持座谈会。

2010年1月20日，湖北省南水北调中线工程丹江口库区移民工作会议召开后，湖北省移民搬迁安置工作呈现出你追我赶、大干快上的良好工作局面。2010年5月24日，李鸿忠、田承忠分别带领与会代表实地考察了武汉市东西湖区、黄陂区和团风县黄湖农场移民安置点建设情况。

在随后召开的座谈会上，李鸿忠充分肯定了前段移民工作取得的成效，并对下一步工作提出明确要求。他说，前段移民工作的实践与成效充分证明，只要各级党委政府和有关部门主要领导对移民工作高度重视，切实按照党中央和湖北省省委、省政府的总体部署，带着对移民群众的深厚感情，加大工作力度，强化责任落实，移民工作就一定能够顺利推进，并取得显著成效。在充分肯定成绩的同时，也要正视目前仍然存在的问题，进一步在转变工作作风、加大工作力度、狠抓工作落实上下工夫。

李鸿忠指出，当前各级党委、政府和省直有关部门要突出抓好五个方面的工作：一是保进度，二是保质量，三是保安全，四是保稳定，五是保发展。李鸿忠强调，丹江口水库移民工作是一项事关全局、严肃的政治任务。各级党委、政府必须切实加强领导，充分发挥社会主义制度的优越性，调集各方面资源和力量，确保移民搬迁安置工作顺利推进。各级政府主要领导要切实负起责任，按照全省移民搬迁安置工作“坚持一个标准、达到一样成效”的要求，亲自抓、抓落实、抓到位。

田承忠就贯彻落实会议精神作了具体安排。他要求各地各部门在确保移民工程质量的前提下，千方百计保证移民工作进度。高度重视移民搬迁和移民生产生活安置，狠抓政策落实，强化各项保障措施；加强检查督办，强化移民资金监管，确保工程、资金、干部安全。

湖北省移民局在会上通报了丹江口水库移民工作进展情况。省直有关部门和库区、安置区政府有关负责同志参加会议。

南水北调中线京石段应急供水工程第二次向北京市供水

2010年5月25日9时，河北省石家庄市黄壁庄水库闸门开启，水流奔向南水北调中线京石段（石家庄市—北京市）应急供水工程总干渠。至此，南水北调中线京石段拉开了第二次向北京市供水的序幕。这是京石段应急供水工程继2008年调水后的第二次大规模输水，将从河北省的岗南、黄壁庄、王快三座水库调水2亿m^3，总干渠输水流量为8～20m^3/s。

南水北调中线京石段应急供水工程是为保证北京市供水安全优先安排、率先建成的，除近期担负向北京应急供水任务，还将担负南水北调中线一期工程全线贯通后的供水任务。工程线路长度307.5km，按立交输水布置，在河北省境内以明渠输水为主，在北京市境内以暗涵输水为主。该工程于2003年12月30日开工建设，2008年5月具备通水条件，并于2008年

9月通过河北省三座水库向北京市应急供水4.35亿m^3。高峰时段，南水北调应急供水日供水量占城区自来水供应总量的65%左右，大大缓解了首都北京的水资源短缺状况，提高了首都北京供水安全保障水平。同时，调水进京减少了北京地区地下水的开采，有利于水土保持和防止地面沉降，使得北京城区水质得到明显改善。

南水北调中线京石段应急供水工程的建成，在中线全线通水前先期形成了华北地区水资源配置的新通道，提高了北方地区水资源调控能力。作为南水北调率先开工发挥效益的试验段工程，南水北调中线京石段应急供水工程在建设过程中积累了丰富的建设管理经验，为南水北调工程后续工程建设乃至国家同类基础设施建设提供了有益借鉴。

湖北省南水北调中线丹江口库区大规模移民搬迁正式启动

2010年6月10日，湖北省武汉市黄陂区大潭原种场迎来了来自丹江口市浪河镇浪河口村52户181位黄陂区新居民。黄陂区举行欢迎仪式喜迎来自丹江口库区的首批搬迁移民。在欢迎仪式上，湖北省副省长田承忠宣布，湖北省南水北调丹江口库区大规模搬迁首批移民正式入住，此举标志着湖北省丹江口库区大规模移民搬迁大幕正式开启。这是湖北省继移民试点任务全面完成之后全省南水北调移民工作又一个新的里程碑。

湖北省南水北调中线工程丹江口库区大规模移民搬迁工作自2009年上半年正式启动以来，湖北省省委、省政府高度重视，库区、安置区通力合作，省直有关部门大力支持，广大移民群众积极配合，取得了阶段性的成果。黄陂区不讲条件，不讲困难，不惜代价，高标准、高质量地推进移民安置工作，在全省承担有大规模搬迁移民安置任务的20个县市区中，率先启动了移民搬迁工作。丹江口市、黄陂区精心组织，周密部署，密切配合，相互理解，精诚协作，确保了首批移民顺利搬迁，安全入住。

湖北省南水北调中线工程动迁移民约18万人，其中搬迁移民约7.5万人。按照湖北省省委、省政府丹江口库区移民“四年任务两年基本完成，三年彻底扫尾”的要求，全省搬迁移民将在2010年8月底前基本完成搬迁任务。目前，大规模移民搬迁工作进展顺利，库区移民内安后靠工作有序启动。湖北省将继续坚持“优越、优先、优厚”的原则，努力把移民工程建设成为关注民生和社会主义新农村的典范工程，为南水北调工程建设作出新的贡献。

湖北省移民局以及武汉市、十堰市、丹江口市、黄陂区的相关负责同志出席欢迎仪式。

河南省南水北调中线丹江口库区大规模移民搬迁正式启动

2010年6月10日，南水北调中线工程河南省境内14万多名移民开始从调水源头淅川县陆续迁出，这标志着河南省南水北调中线工程丹江口库区大规模移民搬迁由此展开。预计首批移民6.49万人，3个月左右完成搬迁。

丹江口库区移民是南水北调工程的重要组成部分。按照规划，涉及河南、湖北两省的丹江口库区移民需动迁安置约33万人，其中河南省淅川县需搬迁安置农村移民16.2万人，这也是自三峡工程以后，中国规模最大的一次库区移民。2009年，河南省已先期搬迁安置1万多移民。

首批大规模移民共涉及淅川县10个乡（镇）57个村6.49万人，规划建设移民安置点70个（其中近迁、外迁安置点63个），计划建房1.4万户。

截至2010年5月底，移民房屋主体工程建设已经进入收尾阶段。外迁移民房屋已经封顶14 409户，占计划建房总数的99.7%，其中计划建设一层房屋的已全部封顶；计划建设二层房屋的已封顶7366户，占二层建房数的95.5%。与此同时，基础设施和公益设施等配套工程建设正在抓紧实施，部分县（市、区）已经完工投入使用；生产用地划拨也正在加紧进行之中，2010年麦收后将划拨到位。

此外，河南省内第二批大规模移民共涉及97个村115个安置点8.61万人，目前已经完成对接93个村111个点，预计2011年将全部搬迁完毕。

河南省南水北调中线丹江口库区第一批移民搬迁暨第二批移民安置动员大会在郑州市召开

2010年6月12日，河南省丹江口库区第一批移民搬迁暨第二批移民安置动员大会在郑州市召开，河南省省委副书记、省长郭庚茂，省人大常委会副主任李柏拴，副省长刘满仓，省政协副主席王训智，省军区副司令员罗爱国出席会议。国务院南水北调办副主任张野应邀出席会议并作重要讲话。

张野指出，河南省圆满完成库区移民试点工作之后，召开南水北调丹江口库区第一批移民搬迁暨第二批移民安置动员大会，对全面完成丹江口库区移民安置乃至南水北调中线工程建设都具有里程碑式的意义。张野要求，要继续坚持以科学发展观为指导，把“以人为本”思想贯彻到移民工作的始终；继续坚持加强组织领导，为做好移民安置工作提供思想保证和政治保证；继续坚持“质量第一”的意识，确保移民群众住上“放心房”；继续坚持“移民群众满意就是我们追求的目标”，让库区移民“搬得出、稳得住、能致富”；继续坚持把移民搬迁安置与后期帮扶放在同一重要位置；继续坚持精心组织，周密部署，确保移民搬迁安全、稳妥、和谐、顺利。

郭庚茂在讲话中强调，各级党委、政府要切实加强对移民迁安工作的领导，坚持以科学发展观统领移民搬迁工作，做到以人为本，带着深厚感情做好移民工作，在政策范围之内尽可能为移民群众创造良好条件，力求使他们成为重点工程建设的受益者，通过移民搬迁在生产生活上得到较为显著的改善。要强化大局意识，树立“一盘棋”思想，发扬团结协作精神，加强协调配合，集中力量打总体战，克难攻坚，坚决打赢移民迁安这场硬仗，向党中央、国务院交上一份满意的答卷，为河南省经济社会又好又快发展作出新的贡献。

国务院南水北调办投资计划司、征地移民司负责同志陪同参加，河南省各有关部门、丹江口库区移民搬迁安置涉及有关市县主要领导等300余人参加会议。

南水北调中线穿黄工程上游隧洞全线贯通

2010年6月22日，南水北调中线穿黄工程上游隧洞继贯通过河段之后，成功贯通黄河南岸邙山隧洞段，标志着南水北调中线穿黄工程上游隧洞全线贯通，也标志着穿黄工程建设取得了决定性胜利。国务院南水北调办主任张基尧出席贯通仪式并作重要讲话。河南省副省长刘满仓出席贯通仪式并讲话。

张基尧在讲话中指出，南水北调工程自开工建设以来，在党中央、国务院和国务院南水北调建委的正确领导下，在各有关部门及地方各级政府的大力支持配合下，经过广大工程建设者的共同努力，工程建设取得了重大进展。南水北调中线京石段工程继2009年完成向北京市应急供水3.4亿m^3任务后，2010年再次实施向北京市应急供水，为首都的供水安全提供了重要保障。南水北调中线丹江口大坝加高工程主体坝段已加高到设计高程，南水北调的咽喉工程——东、中线穿黄隧洞工程全线贯通。一大批工程项目陆续开工建设，东线黄河以南、中线黄河以北连线建设的良好态势已经形成。

张基尧强调，南水北调中线穿黄工程是南水北调中线干线的关键性控制工程。工程自2005年9月开工建设以来，在河南省各级地方政府和有关部门的大力支持配合下，参建各方团结协作，顽强拼搏，开拓进取，克服了地质条件复杂、气候环境恶劣、施工难度大、技术要求高等诸多困难，科学组织，精心施工，有序推进工程建设。上游线隧洞顺利贯通，标志着南水北调中线穿黄工程建设取得了阶段性重大成果，为顺利实现南水北调中线干线工程建设目标起到了积极的促进作用。

南水北调中线一期穿黄工程是中线总干渠的关键性工程，其任务是将中线调水从黄河南岸输送到黄河北岸，向黄河以北地区供水，同时在水量丰沛时可向黄河相机补水。南水北调中线穿黄工程是南水北调工程中投资较大、施工难度最大、立交规模最大的控制工期建筑物，也是当前国内最宏大的穿越大江大河的工程。工程选定的李村穿越黄河线路是在选比了孤柏嘴线、李村线、李寨线、牛口峪线等不同线路后最终选定的，穿越方式也是在充分论证对比了隧洞和渡槽两种方案后，选定了隧洞方式穿越黄河。其中，两条引水的穿黄隧洞是整个穿黄工程最引人注目的控制性建筑物，每条隧洞总长4250m（其中过黄河段3450m，邙山隧洞段长800m，在黄河底部最大埋深35m，最小埋深23m），单洞直径7m，采用目前世界上较为先进的盾构技术进行挖掘施工，技术含量高，施工工期长，在国内用盾构方式穿越黄河尚属首例。

2005年9月27日，穿黄工程开工建设；2007年7月8日，穿黄工程隧洞盾构机掘进始发；2009年12月22日，完成了3450m的过河段掘进，安全到达南岸竖井。穿黄工程顺利贯通，将为2014年中线工程通水，缓解北方水资源短缺局面，为北方地区经济社会可持续发展提供水资源保障。

国务院南水北调办综合司、建管司、监管中心负责同志出席贯通仪式。

南水北调中线丹江口库区移民试点和干线征迁工作总结表彰大会在武汉市举行

2010年6月23日，南水北调中线丹江口库区移民试点和干线征迁工作总结表彰大会在湖北省武汉市举行，传达国务院副总理、国务院南水北调建委主任李克强，国务院副总理、国务院南水北调工程建委副主任回良玉就丹江口库区移民和干线征迁工作所作的重要批示，总结前一阶段丹江口库区移民试点和干线征迁工作，表彰工作中表现突出的先进集体和先进个人，安排部署下一阶段南水北调工程征地移民工作。国务院南水北调办主任张基尧出席会议并作重要讲话。湖北省省长李鸿忠出席并致辞。国务院南水北调办副主任张野、湖北省副省长田承忠出席会议。

张基尧指出，南水北调工程开工以来，在党中央、国务院的高度重视和国务院南水北调建委的正确领导下，工程沿线各级地方政府和征地移民机构切实加强对征地移民工作的领导，始终牢牢把握“服务征地拆迁、保障工程建设”这个大局，加强工作组织和协调，千方百计缩短征迁周期，尽最大努力减少遗留问题和矛盾隐患，保障了工程建设的顺利实施。一是征地移民工作取得重要进展。二是征地移民工作有力促进了工程建设。三是征地移民工作取得了良好的社会效益。四是征地移民工作形成了较为完整的机制和制度成果。

张基尧强调指出，在看到成绩的同时，也要清醒地认识到南水北调征地移民工作仍存在一些薄弱环节。库区移民方面，还存在移民新村建设进度不平衡、个别新房存在质量缺陷、移民身份界定时间长、移民补偿资金兑付不及时、生产安置措施不到位、后期帮扶需进一步落实等问题。干线征迁方面，还存在各地征迁工作进展不平衡、交付建设用地质量不高、专项设施拆建慢、协调工作不到位、阻工现象时有发生等问题。这些问题是局部的、个别的，但在一定程度上制约了工程建设的进一步拓展和施工强度的进一步提高，需要在今后的工作中认真研究，切实加以解决。

张基尧系统总结了丹江口库区移民试点和干线征迁工作的主要经验和有效措施：一是领导高度重视，组织保障有力；二是坚持以人为本，实现和谐征迁；三是整合优质资源，形成工作合力；四是广泛宣传动员，营造良好氛围；五是实行全程监督，保障廉洁征迁。他指出，做好征地移民工作要做到“五个坚持”：一是坚持发挥党的领导优势、制度优势、政策优势、党的群众工作优势，引导征地移民工作从政府行为转变为全社会的统一行动；二是坚持依靠各级地方政府的力量，建立多层次协调保障机制；三是坚持深入调查，科学比选，做实、做细移民规划；四是坚持与时俱进，实事求是，完善有关政策、规定；五是坚持以点带面，培养典型，注重发挥榜样作用。

为进一步做好南水北调征地移民工作，张基尧要求以这次总结表彰会为契机，学习先进集体及先进个人的责任意识、大局意识和工作作风、奉献精神，把思想和行动统一到国务院南水北调建委的决策要求上来，精心组织，精心实施，确保各项工作落到实处。一是进一步提高对南水北调征地移民工作的认识，落实工作责任。各级各有关部门一定要站在全局的高度，统一思想，提高认识，切实增强工作使命感、责任感和紧迫感，围绕工程建设目标，齐心协力，履职尽责，把中央各项惠农政策和征地移民政策不折不扣地落到实处，尽心尽力对群众予以支持和帮助，使广大移民搬得快、稳得住、早脱贫、能发展。要进一步明确工作责任，把征地移民的责任、任务和资金层层分解、落实到县、乡、村，主管领导亲自抓，一级抓一级，层层抓落实。要进一步加强工作组织，优质、高效地移交建设用地，及时做好复耕退耕，及时处理遗留问题和新出现的问题。要积极开展学习先进活动，迅速掀起学先进、比干劲、比成效的高潮，促进征地移民工作的深入开展。二是进一步发挥中央和地方两个积极性，着力做好后续移民和干线征迁工作。要执行和落实好《大中型水利水电工程征地补偿和移民安置条例》。各级地方政府要落实好老政策，还要研究新政策，做好新老政策衔接。要保持移民搬迁政策相对稳定。在政策执行过程中，各地要将中央政策和地方政策紧密结合起来，形成政策合力，切实维护群众的合法权益，保障移民和被征迁群众的生活稳定、生产发展，让群众放心和满意。三是进一步做好库区移民安排，处理好库区移民工作中生活安置和生产安置的关系、已搬迁和待搬迁移民的关系、迁出地和迁入地的关系、外迁与后靠的关系。四是进一步做好征地搬迁和遗留问题处理，为加快工程建设提供条件和保障。要处理好一次征迁与后续工作关系、处理好征迁与工程建设的关系。各地要认真总结征迁工作的规律性，吸取经验和教训，形成一套符合当地工作实际、合理可行的做法，保证工程建设的需要。五是进一步做好思想工作，正确对待移民搬迁群众的诉求。要进一步加大南水北调工程征地移民政策的宣传力度，通过多种形式扩大宣传，形成良好的社会舆论氛围。六是进一步深入基层，贴近群众，履职尽责，及时研究新情况、解决新问题。各级征地移民部门要以科学发展观为指导，认真审视南水北调工程征地移民工作，深入一线，调查研究，听取意见，努力查找制约和影响南水北调工程征地移民工作的突出问题，主动研究新情况，及时解决新问题。

国务院南水北调办总工程师沈凤生、总经济师张力威，办机关各司、事业单位主要负责同志，南水北调东、中线一期工程沿线地方政府南水北调办事机构、移民部门及项目法人负责同志参加会议。

南水北调工程建设质量安全工作会暨质量管理年动员会在武汉市召开

2010年6月25～26日，南水北调工程建设质量安全工作会暨质量管理年动员会议在湖北省武汉市召开。国务院南水北调办副主任张野出席会议并讲话。湖北省副省长田承忠到会致辞。国家安全生产监督管理总局有关部门负责同志出席会议。

会议总结交流了南水北调工程质量安全工作经验，表彰了质量安全工作先进集体和先进个人，研究部署了2010年及今后一个时期的质量和安全生产工作，就开展质量管理年活动进行动员和安排。

张野在讲话中指出，在党中央、国务院的高度重视和国务院南水北调建委的正确领导下，在有关部委、地方各级政府大力支持配合下，通过参建各方共同努力，南水北调工程建设各项工作取得了显著进展，质量安全管理工作得到加强，工程建设扎实推进并迎来新的建设高潮，质量安全整体处于受控状态，未发生群死、群伤重特大事故，保障了人民生命财产安全。

张野在讲话中客观分析了当前南水北调工程建设面临的形势及质量安全工作面临的主要任务，明确提出了当前及今后一个时期的质量和安全生产管理工作总体思路、主要任务和工作目标。总体思路是：以科学发展观为指导，认真贯彻落实国务院南水北调工程建设委员会第四次全体会议和建设工作会议确定的各项工作部署，把加强质量安全管理、保证工程质量安全放在更加突出的位置，推进工程又好又快建设，将工程建成经得起历史考验的精品工程。主要任务是：贯彻国家关于质量和安全生产管理方面的法律法规以及国务院南水北调工程建设委员会第四次全体会议和建设工作会议要求，落实质量和安全生产管理有关要求，以理顺机制、完善制度、健全机构、强化管理、落实责任、明确措施为重点，进一步健全和完善质量和安全生产管理体系，加强质量和安全生产管理能力建设，建立保障工程质量和安全生产的长效机制，全面加强工程质量和安全生产管理各项工作，确保工程质量安全。工作目标是：杜绝重、特大质量安全事故和质量安全隐患，避免或减少较大质量安全事故和一般质量安全事故，努力消除工程质量常见病、多发病和安全生产习惯性违章，工程建设百亿产值死亡率低于全国工程建设领域平均水平；进一步加大质量安全管理、质量安全监管以及专项治理力度，加强质量和安全生工作考核，坚决防止违规、违章操作，在确保质量和安全生产的前提下，实现年度工程建设进度目标。

关于开展南水北调工程质量管理年活动，张野指出，质量是南水北调工程的生命，各单位要站在维护人民群众生命财产安全的根本利益、促进科学发展和保持社会和谐稳定的高度，提高认识，统一思想，进一步完善制度，强化管理，促进工程质量的不断提高。一是进一步强化质量意识，落实质量管理责任；二是进一步加强政府质量监督，完善监管措施；三是进一步加强项目法人质量管理能力建设，提高质量管理水平；四是进一步加强施工组织和技术攻关，以先进的管理和技术手段保证工程质量；五是进一步加强质量信息管理，畅通信息报送渠道；六是进一步加强对质量管理和质量监督工作的领导。

张野强调，要继续做好安全生产年各项工作：一是组织开展安全生产执法情况检查；二是开展安全生产隐患排查治理；三是加强安全生产宣传教育；四是加强安全生产体制机制建设；五是进一步提高安全生产保障能力；六是加强安全生产管理队伍建设；七是扎实做好安全度汛各项工作。

国务院南水北调办总工程师沈凤生、总经济师张力威出席会议。国务院南水北调办各司、各事业单位，各省（直辖市）南水北调办事机构，各省（直辖市）质量监督站，各项目法人、项目建设管理单位的负责同志，及部分施工、监理单位代表参加会议。

南水北调东线治污暨截污导流工程建设现场会在滕州市召开

2010年7月4～5日，国务院南水北调办、环境保护部在山东省滕州市联合召开南水北调东线治污暨截污导流工程建设现场会。国务院南水北调办主任张基尧、环境保护部副部长张力军出席会议并作重要讲话。山东省副省长贾万志到会致辞。国务院南水北调办副主任李津成主持会议。

张基尧强调指出，南水北调东线治污成效显著，经验可贵。关于进一步推进东线治污环保工作，张基尧要求，一是巩固成果，抓紧实现东线全程水质达标。二是着眼长远，将东线治污与重点流域水污染防治有机结合。三是深化考核，促进东线治污环保向广度深度发展。

张基尧在讲话中强调，要进一步推进中线水源保护工作。一是抓紧实施和完善《丹江口库区及上游水污染防治和水土保持规划》，加大治污工作力度，加强丹江口库区及上游地区环境保护执法监管力度，实现水质全面达标。二是统筹中线水源区丹江口库区及上游水污染防治和水土保持规划、中央财政转移支付生态补偿等政策措施，确保各项工作全面推进协调发展，实现南水北调与沿线经济社会发展和谐共赢。

张力军在会上指出，为做好南水北调东线治污环保工作，环保部门积极推动落实淮河流域治污规划，南水北调东线环境保护的重点区域处在淮河流域，截至2009年底，山东省、江苏省淮河流域规划完成率分别达到90.8%和66.4%。强化环境监测能力建设，进一步提高环境监管水平，加大对违法排污企业查处力度，严厉打击环境违法行为。提高环境准入门槛，加强对南水北调工程的环境保护验收工作。多措并举，推动流域水环境综合治理。强化科技支撑，突破治污技术瓶颈的制约，加强饮用水水源地水质保护，着力保障饮水安全。

张力军强调，各级环保部门要始终将南水北调环保工作放在十分突出的位置，落实措施，强化责任。要认真组织实施好南水北调相关规划，做好东中线治污规划实施的督察工作，加强对南水北调治污工程的现场监督检查，强化重点流域专项规划实施情况考核。强化对南水北调工程的环境监管，深入开展整治违法排污企业保障群众健康环保专项行动、重金属污染企业专项检查，加强对流域内所有涉水重点排污单位持证排污和在线监控设施运行情况的监管，确保企业达标排放。加强南水北调工程的环境监测及应急处理能力建设，在沿线重点区域配备必要的应急监测设备，加强环境应急预警工作。做好“十二五”规划编制工作，确保各项治理任务纳入规划。

会议期间，代表们参观了山东省兖矿鲁化污水处理及回用工程、城漷河截蓄导流工程、泉上煤矿塌陷坑湿地等，对山东省“治、用、保”并举的综合治污理念、措施进行了观摩学习。

环境保护部、国家发展改革委、财政部、

住房和城乡建设部、水利部等有关部门负责同志，国务院南水北调办总经济师张力威、机关各司主要负责同志，东、中线一期工程沿线南水北调办事机构、环保机构，中线水源区陕西省环保机构负责同志参加会议。

江苏省南水北调工程建设领导小组会议在南京市召开

2010年7月5日，江苏省南水北调工程建设领导小组会议在南京市召开，全面部署加快东线江苏段工程建设工作。江苏省省长罗志军出席会议并讲话，他指出，江苏省作为南水北调东线工程的源头地区，在工程建设中肩负着重大而艰巨的任务，要坚决贯彻中央的决策部署，紧紧围绕2013年全面建成通水的目标，坚定信心，加大力度，加快步伐，确保如期完成任务。江苏省省委常委、副省长黄莉新出席会议并讲话。

南水北调东线江苏段工程于2002年底开工。截至2010年6月底，已完成工程投资45亿元，占整个工程投资的35%，工程建设进展顺利，已初步具备调水出省的工程能力，实现了阶段性目标。水污染治理取得较大进展，102项治污项目已经完成98项，境内14个水质控制断面有12个达到三类水标准。根据国家的部署要求，从2010年开始江苏段工程建设将进入全面提速的关键阶段，今后4年调水工程将完成投资近90亿元，并进一步实施治污工程项目。

在听取江苏省水利厅、环保厅等有关部门的汇报后，罗志军指出，建设南水北调工程是党中央、国务院作出的一项重大决策。江苏省既是南水北调东线工程的水源地，也是南水北调东线工程供水区，在国家南水北调总体战略格局中具有举足轻重的地位。国务院南水北调工程建设委员会第四次全体会议要求加快工程建设步伐，提高建设管理水平，确保东线一期工程2013年建成通水。这是党中央、国务院对南水北调工程建设作出的新的重大部署，要坚决贯彻，全面完成工程建设和水环境治理的各项任务，实现水量、水质“双达标”，为全国南水北调工程建设大局作出贡献。

对做好下一阶段南水北调工程建设工作，罗志军提出，要明确总体目标，统筹安排建设任务。按照工程建设总体安排和分年建设计划，加强施工组织，合理安排工期，严格质量管理，把每年的建设任务落到实处。要加大治污力度，切实加强工程沿线环境保护。坚持调水工程和治污工程同步实施，加强境内14个国控水质断面监测，及时掌握水质动态，结合治污工程建设，调整优化沿线地区产业结构，坚决禁止高耗能、高污染企业，限期整顿关闭污染严重的企业，全面排查水质安全隐患、限期进行整治，努力建成“清水走廊”、“绿色走廊”。要强化建设管理，确保工程建设质量。充分发挥项目法人的责任主体作用，对工程质量、安全、进度、筹资和资金使用负总责，确保工程经得起实践和历史的经验。要加强运行管理，抓紧研究建立工程运行管理体制机制，既要保证国家新建南水北调工程与江苏省已有江水北调工程统一运行，又注意处理好不同层次资产的关系，充分发挥工程系统的整体效益。

罗志军强调，今后几年是江苏段工程建设的高峰期，要加强组织协调，形成工作合力，高效优质服务，强化督促检查，推动工作落实。要强化基金征管，保证工程建设资金需要，保证建设资金规范使用。要维护群众利益，坚持以人为本、阳光拆迁，确保征迁补偿资金按政策标准及时足额兑付到位，确保江苏省南水北调移民“搬得出、稳得住、逐步能致富”。

黄莉新在讲话中要求，各地各有关部门认真贯彻落实会议精神，全力以赴加快南水北调工程建设，千方百计确保南水北调工程“三个安全”，高度重视工程基金征缴工作，建立健全工程管理运行体制机制，积极主动搞好协调服务工作，共同推进江苏省南水北调工程建设，把南水北调工程建成优质工程、高效工程、优美工程、廉洁工程，确保东线工程全线通水目标按期实现。

南水北调中线河南段两侧水源保护区划定方案发布实施

2010年7月5日，河南省人民政府批准《南水北调中线一期工程总干渠（河南段）两侧水源保护区划定方案》，明确规定水源保护区范围内的禁止行为，为保障南水北调中线工程水质安全，有效规避总干渠水体水质污染风险，以及总干渠沿线生态建设打下基础。

按照2006年12月国务院南水北调办、国家环保总局、水利部、国土资源部联合下发的《关于划定南水北调中线一期工程总干渠两侧水源保护区工作的通知》要求，河南省于2007年12月编制完成《南水北调中线一期工程总干渠河南段两侧水源保护区划定设计总报告》及相关附图；2008年3月，通过国务院南水北调办组织的专家评审；2009年5月，根据专家评审意见，河南省南水北调办组织设计单位对河南省总干渠沿线省辖市城区段和工业园区段等重点二级保护区范围按调整原则进行设计调整；2010年5月，河南省南水北调办、省环保厅、省水利厅、省国土资源厅联合行文，将《南水北调中线一期工程总干渠（河南段）两侧水源保护区划定方案》上报河南省政府。

南水北调中线工程总干渠河南省境内渠道长度为731km，涉及8个省辖市35个县（市、区），根据总干渠不同渠段、渠底与地下水位关系以及内、外排水方式的不同，划定一级保护区宽度为50m、100m、200m；划定二级保护区宽度右岸为150m、1000m、1500m、2500m，左岸为150m、1000m、2000m、3000m。划定保护区面积为3054.43km^2，其中一级保护区面积203.17km^2，二级保护区面积2851.26km^2。

方案规定，在一级水源保护区内禁止建设任何与中线总干渠水工程无关的项目；禁止向环境排放废水；禁止倾倒垃圾、粪便及其他废弃物；禁止堆放、存储固体废弃物和其他污染物；农业种植和园林绿化禁止使用不符合国家有关农药安全使用和环保有关规定、标准的高毒和高残留农药。二级水源保护区内禁止向环境排放废水、废渣类污染物；禁止新建、扩建污染较重的废水排污口，设置医疗废水排污口；禁止新建、扩建污染重的化工、电镀、皮革加工、造纸、印染、生物发酵、选矿、冶炼、炼焦、炼油和规模化禽畜养殖以及其他污染重的建设项目；禁止设置生活垃圾、医疗垃圾、工业危险废物等集中转运、堆放、填埋和焚烧设施；禁止设置危险品转运和储存设施、新建加油站及油库；禁止使用不符合国家有关农药安全使用和环保有关规定、标准的高毒和高残留农药；禁止将剧毒、持久性和放射性废物以及含有重金属废物等危险废物直接倾倒或埋入地下。已排放、倾倒和填埋的，按国家环保有关法律、法规的规定，在限期内进行治理。

南水北调东线山东鲁北段工程建设动员大会在德州市召开

2010年7月6日，南水北调东线山东鲁北段工程建设动员大会在山东省德州市召开。国务院南水北调办主任张基尧、山东省副省长贾万志出席会议并作重要讲话。

张基尧在讲话中指出，山东省是严重缺水的省份，是南水北调东线一期工程主要受水区之一，在全国南水北调工程建设大局中占有十分重要的地位。目前，济平干渠工程已经建成通水并发挥效益；东线穿黄隧洞工程顺利贯通，滩地埋管工程基本完工；韩庄运河段、两湖段、济南市区段工程总体进展顺利；苏、鲁省际大部分工程即将完工。21个截污导流项目全面实施，水污染治理成效日益显现。这些成绩的取得，得益于山东省省委、省政府的坚强领导，得益于各有关市、县、区党委、政府的大力支持，得益于山东人民的无私奉献，得益于广大工程建设者的勤奋工作。他向长期以来大力支持南水北调工程的山东省各级党委、政府和山东人民表示衷心的感谢，向奋战在南水北调工程建设一线的广大工程建设者表示亲切的慰问。

张基尧指出，鲁北段工程是南水北调东线一期工程的重要组成部分，是南水北调东线山东省境内最后一个开工的单项工程。工程建成后，将与正在建设中的东线穿黄河工程连接，构成南水北调东线输水大动脉，将长江水调至鲁北和河北、天津受水区。工程建设的启动，标志着南水北调山东省境内工程进入全面开工建设的新阶段。加快鲁北段工程建设，是德州市、聊城市经济社会发展的需要，是两市人民的长期期盼。对于早日实现南水北调东线一期工程建设目标，促进山东省经济社会可持续发展具有重大的战略意义和现实意义。

贾万志在讲话中要求德州市、聊城市各级地方政府，切实加强领导，把工程建设摆上重要议事日程，主要负责同志亲自抓，分管负责同志靠上抓，及时协调解决工程建设中的重大问题。坚持以人为本，正确处理工程建设和保护沿线群众利益、促进当地发展的关系，深入、细致地做好移民安置、土地征用、迁占补偿等工作，切实保障群众合法权益。有关部门要各负其责，形成工作合力，既要分工负责、各司其职，又要相互协调、密切配合，真正形成沟通顺畅、衔接严密、运转高效、保障有力的工作机制。他要求各建管单位和广大建设者齐心协力、科学安排、严密组织、阳光操作、精心施工，又好、又快、优质、高效地推进工程建设，努力把鲁北段工程建设成为质量一流的精品示范工程、节俭高效工程、廉洁安全工程，经得住历史的检验。

国务院南水北调办公室总工程师沈凤生，建设管理司、征地移民司主要负责同志参加动员大会。

南水北调东线一期江苏段运西线工程开工

2010年7月6日，位于江苏省境内的南水北调东线一期运西线上的金湖站工程开工建设，标志着东线江苏段工程进入了全面实施的新阶段，为实现2013年东线工程建成通水目标奠定了坚定基础。江苏省省长罗志军宣布工程开工。国务院南水北调办副主任李津成出席仪式并讲话。江苏省省委常委、副省长黄莉新出席仪式并讲话。

李津成在讲话中指出，江苏省是南水北调东线一期工程增加水量最大的省份，既是水源区，也是主要受水区之一，在南水北调工程大局中占有特别重要的地位。运西线工程是南水北调东线主体工程的重要组成部分，是保障实现南水北调东线输水干线水量目标的关键工程，也是改善区域防洪排涝和通航条件的重要工程。加快工程建设，尽早发挥工程效益，对于早日实现南水北调东线一期工程建设目标，促进苏、鲁两省经济社会可持续发展具有重大的战略意义和现实意义。

黄莉新在讲话中强调，工程沿线各级政府要把南水北调工程摆上重要议事日程，及时协调解决工程建设中的重大问题，为工程顺利建设提供良好的保障。工程建设管理部门要严格基本建设程序，全面落实安全生产责任制，严格质量标准和操作规程，严把原材料进口关，严把施工过程关，严把竣工验收关，确保工程建设质量。要把征迁安置作为一项重要的基础性工作来抓，坚持阳光操作，接受社会监督，切实维护被征地群众合法利益。工程参建各方要加强廉政建设，强化监督管理，切实管好、用好建设资金，确保工程安全、资金安全和干部安全。

运西线工程是南水北调东线工程的组成部分，是用足京杭大运河能力后，新开辟的一条与之平行的输水线路。通过兴建金湖站、洪泽站、泗洪站、睢宁站、邳州站等5座大型提水泵站工程，扩挖徐洪河等输水河道，与京杭大运河形成双线输水的工程布局，共同实现南水北调东线一期工程入洪泽湖流量 $450m^3/s$ 的目标。

此次开工建设的金湖站工程位于宝应湖地区，工程涉及淮安市金湖县、扬州市宝应县和宝应湖农场。其中，金湖站工程与运河线淮安站同属东线第二个梯级的主力泵站，设计抽水流量 $150m^3/s$，保证向苏北地区和山东省供水要求。

国务院南水北调办主任张基尧赴南水北调中线天津段、河北段检查指导工作

2010年7月19～22日，国务院南水北调办主任张基尧赴中线天津段工程、河北段工程检查指导工作，慰问工程一线建设者，并与天津市政府、河北省政府及有关单位进行座谈。

在与天津市政府及有关部门负责人座谈时，张基尧指出，南水北调中线天津段工程在天津市委、市政府的高度重视和沿线政府的积极配合下有了明显进展：一是全线24km全面开工；二是部分项目已经竣工，并及时进行用地回填、复耕；三是在建工程质量好，满足设计要求；四是配套工程进展顺利，成效明显。张基尧全面分析了南水北调天津段工程建设面临的形势和任务。他指出，中线工程全面加快建设对天津段是有力的促进和激励。当前，南水北调中线沿线各省市党委、政府高度重视，加强领导，精心组织，工程建设全面推进，重点工程取得阶段性成果，库区移民进展顺利，为中线工程如期通水创造了条件。天津市作为南水北调中线工程的受水区，迫切需要解决水资源的瓶颈问题。当前，应加快天津段工程建设步伐，其对节约投资、控制成本具有重要意义。要保证工程建设质量，为干线工程建设作出示范。要着力解决工程建设中的“短板”问题，形成全面协调推进的良好局面。要加快配套工程建设，使配套工程和主体工程同时建设、同时见效，为南水北调中线工程全线通水创造条件。

关于南水北调中线天津段下一步工作，张基尧提出了五点要求：一是加强协调，突破“短板”，力争市区段工程在年底基本完工；二是保证质量，修复缺陷，保证工程不留遗憾，不留后患；三是及时回填移交临时用地，便于人民群众恢复正常的生产生活；四是加快滨海新区及王庆坨水库的工程建设，着手研究配套工程管理体制；五是立足长远，统筹谋划，研究东线调水入津的方案和规模。

2010年7月22日，张基尧出席南水北调中线河北段工作建设座谈会，并作了重要讲话。他指出，近两年，南水北调中线河北段工程沿线各级政府和有关部门积极支持、通力配合，为工程建设营造了良好的建设氛围；征迁工作扎实有力，实现和谐征迁，为工程全面加快建设创造了条件；工程建设全面推进，参建单位你追我赶、争先创优，初步形成了建设高潮；协调工作扎实、有效，形成了分工合作的多层次协调机制。这些成绩的取得，归功于河北省省委、省政府的正确领导，归功于沿线地方各级政府及其有关部门的精心组织和协作配合，归功于各参建单位和广大建设者攻坚克难、奋力拼搏和无私奉献。

张基尧全面分析了南水北调工程面临的新形势、新任务。他指出，当前河北省沿线各级地方政府和参建单位思想已经统一到国

务院南水北调建委的决策部署上来，统一到全面加快工程建设、缓解北方水资源严重短缺局面的现实任务上来，统一到深入贯彻落实科学发展观、又好又快建设南水北调工程上来，为河北段工程全面推进、加快建设奠定了思想基础。他说，全面加快河北段工程建设，是缓解河北省自身水资源短缺的重要途径，是贯彻中央关于拉内需、促发展、保民生宏观经济政策的具体实践，是节约投资、控制成本、建设优质高效节俭工程的必然要求，也是恢复沿线人民群众正常生产生活秩序的迫切需要。南水北调工程建设整体形势有利、机会难得。南水北调中线京石段实施第二次应急调水，为其他工程建设乃至运行管理提供了经验借鉴。天津干线、邯石段工程由点到线全面拓展，并且在初步设计审批、征地拆迁、现场资源配置、专项设施迁建等方面创造了良好条件，即将进入建设高潮。

张基尧在讲话中对河北段下一步工作提出了明确要求。他希望河北省继续发扬讲政治、顾大局、保工程、促和谐的优良传统，进一步加强领导，精心组织，靠前指挥，及时保障，扎实做好南水北调各项工作。各级政府要进一步加大支持力度，切实抓好后续开工项目临时征地工作，协调有关部门做好交通、电力、通信等专项设施迁建工作，及时研究解决影响工程建设的新情况、新问题，为河北段工程创造良好的建设环境和良好氛围。各设计单位要保证施工图的及时供应，进一步优化工程设计方案，加强工程建设现场的设代力量，及时解决工程建设中发现的实际问题，为工程建设提供技术支持。各施工单位要负起国有企业的历史责任，在尊重施工合同的基础上加快工程建设进度，进一步加强内部资源配置，及时充实一线施工力量，切实保证工程质量，尤其加强关键环节的质量控制，通过改进工艺减免施工粉尘、噪声等沿线群众生产生活的影响，全力配合地方政府营造良好的施工环境。各监理单位要认真履行各项工作职责，兑现合同承诺加强现场力量，扎实做好各项监督检查，抓好重点项目和关键环节的监督，保证监理资料的完整性和真实性。各建管单位要超前研究建设计划，加强与有关方面的协调和衔接，调动各种资源，适时组织开展劳动竞赛，营造你追我赶、勇于争先的建设氛围。

国务院南水北调办投资计划司、建设管理司、征地移民司、监管中心和中线建管局等负责人陪同考察。

湖北省南水北调中线丹江口库区大规模移民搬迁安置工作座谈会在武汉市召开

2010 年 7 月 23 日，湖北省政府在武汉市召开座谈会，对湖北省南水北调中线丹江口库区大规模移民搬迁安置工作进行再动员、再部署。湖北省省长李鸿忠出席会议并讲话。他强调，要坚决按照“争 9（月）保 10（月）”的时间节点要求，进一步坚定信心，再加力度，狠抓责任、政策和各项措施落实，确保大规模移民搬迁安置任务顺利完成。

在充分肯定湖北省移民工作的阶段性成效后，李鸿忠说，丹江口库区移民大规模搬迁安置工作时间紧，任务重，难度大。一方面要看到任务的艰巨性，另一方面也要树立必胜信心。前一段，湖北省丹江口库区移民试点工作圆满完成。总结其成功经验，其中最重要的一条就是，库区、安置区做到了大员上阵，各级、各部门主要领导亲自部署，亲自督办，一级抓一级，充分发挥社会主义制度集中力量办大事的优越性，保证了移民试点工作顺利推进。这既为下一步大规模搬迁安置工作探索了路子，也正是打好这场攻坚战的信心所在。

李鸿忠指出，在当前移民政策优越、资金保障充裕的条件下，抓好移民搬迁安置工作，关键要实行严格的责任制，明确责任，狠抓落实。按照职责分工，湖北省政府对全省移民工作负总责，制定工作计划和实施方案，明确省直各部门和相关市县政府职责分工，并进行检查、督办、验收。各市政府也要参照湖北省的实施方案，明确各有关部门和各县政府职责分工。各级、各部门要按照各自分工，各司其职，各负其责，建立健全“分级负责、一级抓一级、层层抓督办落实”的工作机制。库区、安置区要搞好工作对接，确保移民安全有序搬出，妥善、高质量安置，让移民群众满意。

李鸿忠要求，下一步突出抓好六个方面的工作：一是再加工作力度，各地、各部门要坚持大员上阵，主要领导亲自抓，分管领导具体抓，以有力举措确保抓出实效；二是强化责任落实，以更加严格的责任制和纪律要求，督促各级各部门任职者任责履责，发扬勇于担当的精神，尽职尽责；三是更加注重移民工程质量，牢固树立丰碑意识，强化“百年大计，质量第一”的理念，加强监督检查，确保移民住房、生产用地和配套基础设施建设质量；四是更加注重维稳安全，坚持以人为本，理解移民的乡土之情，维护移民的心理稳定，保障移民的生活稳定，确保移民顺利搬迁、平安搬迁、和谐搬迁；五是搬迁安置工作要更加细致周到，充分考虑移民远离故土、人生地不熟的感受，通过一些暖人心的工作细节，让移民时刻感受到党和政府的温暖；六是更加注重移民政策落实，以深入务实高效的工作作风，确保湖北省省委、省政府关于对移民群众“优先、优厚、优越”的各项政策措施落实到位。

湖北省副省长田承忠主持会议，并就贯彻落实会议精神、做好下一阶段工作作具体安排。他要求各地、各部门把试点移民工作的遗留问题处理好，把移民房屋建设质量问题解决好，把大规模移民搬迁安置组织好，把移民发展致富出路考虑好，把省直部门支持政策落实好，把库区移民内安后靠工作规划好。

湖北省直有关部门和各市政府负责同志在会上发言。

鄂竟平任国务院南水北调办党组书记、主任

2010年7月24日，国务院南水北调办召开干部大会，受中央委托，中组部副部长李建华宣布中央对国务院南水北调办主要领导同志调整的决定并讲话。鄂竟平、张基尧在会上分别讲话。国务院南水北调办党组成员、副主任李津成主持会议，办党组成员、副主任张野、蒋旭光参加会议。中组部干部四局副局长庄树新出席会议。

中央决定，鄂竟平同志任国务院南水北调工程建设委员会办公室党组书记、主任，免去张基尧同志国务院南水北调工程建设委员会办公室党组书记、主任职务。蒋旭光同志任国务院南水北调工程建设委员会办公室党组成员、副主任，免去宁远同志国务院南水北调工程建设委员会办公室党组成员、副主任职务。

张基尧在讲话中说，这次领导班子调整，是党中央和国务院对南水北调工程的关怀，新的班子将更有延续性，更有朝气，更有开创精神，融通更多的资源支持南水北调工程建设，自己衷心拥护中央的决定。

张基尧说，南水北调工程开工建设以来的七年，是在党中央、国务院的关怀下，建立机制、完善制度、突破前期、拓展工程、解决突出问题、推动征地移民、协调治污环保的七年，各方面工作取得了明显成绩。这些成绩的取得，是国务院南水北调办历任领导班子成员、干部职工以及广大工程建设者

共同努力的结果。

张基尧动情地说，七年的风雨同舟，自己始终深爱着南水北调事业，并从中感悟到南水北调工程创业者的艰辛，也感受到领导班子团结的力量和同志间的信任与支持。此刻，既有对几十年工程建设尤其是南水北调工程的不舍，也有对同志们的依恋。

张基尧说，鄂竟平同志有丰富的领导工作经验和很强的政策理论水平，有负责、求实的工作作风，工作协调能力强。他相信，在以鄂竟平同志为班长的办党组领导下，共同努力，团结拼搏，一定能够实现南水北调这一富国强民伟大工程的建设目标。

鄂竟平在讲话中说，南水北调工程在水利行业和国家经济社会发展中的地位十分重要。在工程建设的关键时期，来到国务院南水北调办工作，深感中央的信任和责任重大。同时，作为一名水利工作者，也为能直接参加南水北调工程建设而感到光荣。

鄂竟平说，在党中央、国务院的正确领导下，在沿线各地的支持下，在张基尧同志的带领下，经过全体建设者七年的艰苦奋斗，南水北调工程已经取得了阶段性的成就，来之不易。这些成就不但已经为国家作出了贡献，也是南水北调工程下一阶段展开更大规模建设的重要基础。基尧同志是水利系统的老领导，业务水平高，组织领导能力强，德高望重，为南水北调工程的建设作出了重大贡献。希望基尧同志能继续心系南水北调，继续支持和帮助南水北调工程建设。

鄂竟平说，南水北调工程是国家重大基础设施，是战略性工程，万民关注，举世瞩目。要又好又快、安全保质地开展下一阶段建设，并且要经得起实践、人民群众和历史的考验，实属不易但又必须做到。

鄂竟平表示，要以“老老实实做人，认认真真做事，干干净净做官”为座右铭；面对要靠一车车土、一根根钢筋来实现建设目标的巨大工程，要说实话、办实事、以实待人；面对可能出现的难题、风险和挑战，要以事业为重，以南水北调大业为重，刻苦、敬业、不遗余力地工作；面对大量投资所带来的众多诱惑，要不贪不占，以身作则，做个干净官，团结和带领南水北调全体建设者把工程建设好，完成党中央、国务院交给的任务。

国务院南水北调办机关各司、直属事业单位副处级以上干部，中线建管局部门副职以上干部参加会议。

加高后的丹江口大坝工程发挥防洪综合效益

2010年入汛以来，汉江中上游区域持续发生强降水，丹江口水库来水量不断增加，汛情危急汉江中下游及长江地区。南水北调中线水源工程——丹江口大坝加高工程通过科学调度，成功拦蓄上游来水，经受住了加高以来的首次最大洪水考验，发挥了巨大的防洪综合效益。

2010年7月25日，丹江口大坝上游迎来了本年最大洪峰，流量达34 100m^3/s，仅次于1983年34 300m^3/s的历史上最大入库洪峰流量。2010年7月28日，丹江口水库水位涨至154.95m，为2010年最高水位，超汛限水位4.95m。

在参建各方的精心部署和周密安排下，丹江口水库共拦蓄洪水132亿m^3，下泄洪水总量50.51亿m^3，其中最大洪峰时入库流量为34 100 m^3/s，出库流量6210 m^3/s，成功实现了汉江与长江洪水错峰，减轻了长江中下游防洪压力。

为做好2010年的工程安全度汛工作，中线水源公司采取多种措施确保工程安全度汛：一是科学、合理安排施工资源，保证各部位的施工进度在汛前达到度汛形象要求；二是立足“防大汛”的思想，编制切实可行的

《施工度汛方案》和《抗御特大洪水抢险预案》；三是成立防汛工作领导小组，明确各参建单位主要负责人度汛责任；四是加强同丹江口水利枢纽防汛指挥部的联系，及时互通工情、水情、汛情，做好协调配合；五是做好防汛抢险队伍落实、物资储备等有关工作，积极开展防汛演练，以提高防汛应急能力；六是先后于2010年5月28日和2010年6月10日组织进行了两次汛前大检查，确保防汛准备工作落实到位。

国务院南水北调办主任鄂竟平调研南水北调中线河南段工程建设和移民征迁工作

2010年8月17～19日，国务院南水北调办主任鄂竟平一行赴河南省调研南水北调中线工程建设和移民征迁工作，看望慰问一线工程建设者和移民群众，并与河南省政府及有关单位座谈。河南省省长郭庚茂、副省长刘满仓参加会见、陪同调研。

鄂竟平一行途经河南省南阳、平顶山、许昌、焦作、郑州等地市，分别考察了陶岔渠首枢纽工程、丹江口库区、淅川县老城镇武家洲村第二批移民迁出区、沙河渡槽工程、郏县马湾第一批移民安置点、许昌市（禹长段）干线征地拆迁、中牟县姚湾移民试点安置区、穿黄工程（南岸）、焦作市区段征地拆迁西于村安置点及城区段工程。

2010年8月19日，鄂竟平出席了河南省境内南水北调工程建设座谈会。鄂竟平强调，当前南水北调工程建设已经进入关键期和高峰期。目前，东、中两线开工的单元项目占1/3略强，而未开工的单元工程还有一些工期较长的控制性工程，如期实现南水北调中线工程2013年底主体工程竣工、2014年汛后通水的目标，任务相当繁重。在下一步工作中，一是要千方百计加快进度。既要加快各项前期工作进度，满足全线开工建设的需要，又要精心组织、科学施工，确保在建工程全速、高效推进。二是要认真抓好投资控制。要优化设计，严格审批，实事求是、科学合理地控制投资规模。三是要确保安全。要确保移民和谐平安搬迁，不出现重大群体性事件；要确保工程质量和施工安全，不出现重大质量和安全事故；要确保水质安全，通水时不能出现水质超标问题，真正实现一渠清水永续利用。

鄂竟平最后说，希望河南省南水北调工作在取得阶段性成果的基础上，在工程建设和征地移民工作上再接再厉、克难攻坚，进一步精益求精、好上加好。有河南省省委、省政府的高度重视，有河南省水利厅和省南水北调办、移民办的不懈努力，有各级各部门同志和广大人民群众的大力配合，河南省的南水北调工作一定会取得最终的胜利，向党中央、国务院和广大人民群众交上一份满意的答卷。

南水北调东、中线规划区全国节水型社会建设试点通过水利部验收

2010年8月19日，南水北调东、中线规划区全国节水型社会建设试点通过水利部验收。水利部副部长胡四一出席验收工作会议并讲话。

胡四一指出，南水北调东中线规划区天津市、廊坊市、徐州市、淄博市、郑州市、襄樊市六个全国节水型社会建设试点城市立足区域实际，落实规划任务，扎实推进各行各业节水工作，经过几年的试点建设，在构建节水型社会四大体系上取得了重要进展：一是严格的水资源管理体系基本建立；二是经济结构体系与水资源承载能力进一步适应；三是水资源优化配置和高效利用工程技

术体系建设深入推进；四是自觉节水的社会行为规范体系初步建立。通过节水型社会建设，试点地区用水效率和效益得到全面提高，万元GDP用水量下降幅度均超过40%，大大高于同期全国平均水平。六个城市通过节水型社会建设，为当地经济社会发展提供水资源保障的同时，也带动规划区节水型社会建设，在水资源配置、转变用水方式促进区域发展、制度建设、城乡水务一体化管理、政府推动节水型社会建设方面发挥了示范带动作用。

胡四一强调，南水北调受水区是我国水资源短缺最严重、用水矛盾最突出、水生态环境压力最大的地区，节水型社会建设与实现区域水资源可持续利用的要求相比还有很大距离，当前最重要的任务是围绕水资源配置、节约和保护，建立并实施水资源管理三条红线：一是建立水资源开发利用控制红线，严格实行用水总量控制；二是建立用水效率控制红线，坚决遏制用水浪费；三是建立水功能区限制纳污红线，严格控制入河排污总量。南水北调东中线规划区有关省市要认真谋划，周密安排，结合节水型社会建设“十二五”规划编制部署，继续全面推进节水型社会建设工作：一是要把落实最严格水资源管理制度作为当前和今后一个时期节水型社会建设的核心工作；二是要把地下水压采作为水资源优化配置的重中之重；三是要把转变用水方式作为节水型社会建设的重要着力点；四是要把体制机制创新作为进一步推进节水型社会建设的动力和保障。

会议期间，验收委员会听取了专家评估汇报，问询了试点城市，核实了建设情况，一致认为，通过几年的试点建设，六个试点城市圆满地完成了试点阶段建设任务，达到了试点预期目的，取得了多方面的显著成效，同意南水北调东、中线规划区全国节水型社会建设试点工作通过验收。

国务院南水北调办主任鄂竟平调研南水北调中线北京段工程并与北京市主要领导座谈

2010年8月26日，国务院南水北调办主任鄂竟平赴北京市调研工程建设和运行管理工作，慰问工程一线建设者，并与中央政治局委员、北京市委书记刘淇，北京市委副书记、市长郭金龙进行座谈。他勉励参建单位和广大建设者，坚定信心，振奋精神，真抓实干，努力把南水北调北京段工程建设成经得起历史检验的精品工程，如期实现中线工程全线通水目标。北京市委常委、秘书长李士祥，副市长夏占义，市政府秘书长孙康林参加座谈并陪同调研。

刘淇在讲话中指出，南水北调是党中央、国务院为实现可持续发展作出的重大战略决策。北京市处于南水北调中线工程末端，是南水北调的受水区和直接受益者。目前，南水北调京石段工程已建成并发挥效益，为北京市送来了急需的源源清水，有效缓解了首都水资源短缺压力。

刘淇指出，北京市按照中央要求，认真做好工程建设、征地拆迁、基金征缴等各项工作，完成了三个自来水厂和团城湖至北京第九自来水厂联络线建设，具备接纳年调水4亿m^3的能力。目前，正在积极开展市内配套工程建设，确保2013年前具备接纳年调水10亿m^3的能力。北京市将在国务院南水北调办的指导下，认真做好南水北调市内配套建设，一如既往做好“四个服务”，积极推动南水北调这项有重大历史意义的跨世纪工程顺利建成。

座谈会上，鄂竟平首先向北京市委、市政府对南水北调工作给予的大力支持表示感谢。他指出，北京市委、市政府高度重视南水北调工程建设，切实加强领导，精心组织实施，坚持科技创新、机制创新、管理创新，确保工程质量和安全，为北京段工程建成通水作出了贡献。积极协调、扎实推进配套工程建设，探索完善了配套工程建设体制和措施，为沿线各地配套工程建设管理提供了经验借鉴。

鄂竟平强调，北京市是一个资源性缺水城市。实施南水北调工程，对于优化水资源配置、解决北京市水资源短缺问题具有重要作用。建议北京市针对水资源短缺形势，及早制定并启动应急水资源供给方案。国务院南水北调办将按照国务院南水北调建委确定的目标，全力以赴加快工程建设进度，全面加强工程质量管理，为北京市建设“世界城市”提供水资源安全支撑。

调研期间，鄂竟平到北京市内配套工程南干渠第二标段竖井施工现场，详细了解北京市内配套工程建设情况。他对北京市力争2010年内开工建设东干渠等5项工程，重点推进团城湖至北京第九自来水厂输水工程前期工作的做法，表示肯定。在地下隧洞施工现场，他嘱咐施工项目负责人要层层落实责任制，安全施工，保证质量，确保实现工期目标。在永定河大宁调压池，鄂竟平认真了解京石段第二次通水情况。他详细询问了水质、流量、调度和安全保卫工作，并强调要加强科学调度，完善相应措施，切实做好沿线安全保卫工作，实现通水安全。

国务院南水北调办投资计划司、建设管理司、征地移民司和中线建管局，北京市水务局、南水北调办主要负责同志参加调研。

国务院南水北调办主任鄂竟平赴河北省、天津市调研南水北调中线工程建设

2010年8月30日，国务院南水北调办主任鄂竟平赴河北省、天津市调研工程建设和运行管理情况。调研期间，与河北省、天津市主要领导同志进行了会见，并就加快南水北调工程建设交换了意见。

在石家庄市区段工程现场，鄂竟平听取了河北省南水北调办和施工单位的汇报，详细了解施工单位进场时间、施工进度、工期安排、机械设备投入、弃土弃渣场提供、施工环境保障以及河北省配套工程建设进展等情况，并就混凝土衬砌、土工布铺设施工工艺以及工期和投资控制的关系与参建单位现场负责同志进行交流讨论。在漕河渡槽通水现场，鄂竟平听取了中线建管局关于工程运行情况的汇报，详细了解工程运行方式、现场组织管理以及填方段渠道运行安全等情况。他指出，南水北调京石段工程担负着向首都北京输水的重要任务，各有关单位必须严格管理，强化措施，确定工程安全和输水安全。他要求，在做好输水各项工作的同时，中线建管局要认真总结运行管理经验，不断提高人员素质，努力提高管理水平。同时，还要尽快组织对填方渠段工程运行情况进行全面排查，努力消除隐患，圆满完成京石段工程第二次输水的任务。

在南水北调天津干线天津2段工程建设现场，鄂竟平听取了建设管理单位的汇报，详细了解工程建设进度、加强和保证工程质量的措施、影响工程建设的主要问题等。他要求，要保持天津干线工程建设进展良好的势头，努力加快工程建设进度，确保建设目标的顺利实现；要严把质量关，严格按照技术规范和批复的设计方案施工，精心组织，明确责任，狠抓落实，确保工程建设质量；要加强安全生产管理，严格落实责任制，确保工程度汛和施工安全。

在与河北省省长陈全国会见时，鄂竟平说，在河北省省委、省政府的高度重视和正确领导下，河北省各级政府和有关部门密切配合，征地拆迁工作提前动手，施工组织有效，邯石段和天津干线段工程整体进展顺利，各项工作成效显著。他指出，党中央、国务

院对南水北调工程建设高度重视，要求切实加快工程建设进度，确保工程质量和运行安全。南水北调河北省内工程战线长、任务重、环境保障难度大，有关单位要精心组织，严格管理，扎实做好各项工作：一是要做好征地拆迁工作和电力、桥梁等专项设施迁建恢复工作，确保工程建设环境；二是要加强施工组织管理，合理调配资源，切实加快工程建设进度；三是要强化质量和安全意识，确保工程质量；四是要加快配套工程建设步伐，确保工程效益发挥。

在与中央政治局委员、天津市委书记张高丽会见时，鄂竟平说，天津市委、市政府对南水北调工程高度重视，为工程建设创造了良好的外部环境，主体工程即将建成，配套工程已经启动，为中线其他段的工程建设作出了榜样。他表示，破除水资源的瓶颈制约，既是满足天津市经济社会发展的需要，也是国务院南水北调办的任务。一定要从落实国家发展战略的高度出发，加强组织协调，建设好南水北调工程，为天津市经济社会的可持续发展作出贡献。他要求随行的同志，在抓好工程建设的同时，要认真研究为北京、天津等核心城市提供更多水源的可能性，以发挥南水北调工程的最大效益。

南水北调工程征地移民预防和处置群体性事件工作座谈会在徐州市召开

2010年9月1日，国务院南水北调办在江苏省徐州市召开南水北调工程征地移民预防和处置群体性事件工作座谈会，传达中央有关社会稳定的会议和文件精神，总结交流南水北调工程预防和处置群体性事件工作经验，研究部署近一个时期预防和处置群体性事件工作，确保工程建设又好又快推进。国务院南水北调办副主任蒋旭光出席会议并讲话。

蒋旭光在讲话中充分肯定南水北调工程征地移民预防和处置群体性事件工作取得的成绩：一是构建了矛盾纠纷排查化解工作机制，深入开展矛盾纠纷排查化解工作，有效地预防和处置群体性事件的发生；二是积极开展工程沿线维护社会稳定工作，有力地保障了干线工程建设；三是积极开展库区维护社会稳定工作，有力保障库区移民顺利搬迁。在看到成绩的同时，也要清醒地看到南水北调工程在维护社会稳定方面还存在一些薄弱环节，比如矛盾纠纷排查发展不平衡，化解不及时，政策解释不到位，部分信访个案问题仍未得到及时妥善化解等。

蒋旭光强调，党中央高度重视维护社会稳定工作，对处理信访突出问题及群体性事件作出了重要部署。南水北调工程是党中央、国务院从经济社会可持续发展的高度决策实施的重要战略性工程，是优化水资源配置、缓解北方地区水资源短缺局面的民生工程，要充分认识预防和处置群体性事件的重要性。第一，南水北调工程沿线经济社会的发展对工程维稳工作提出了更高的要求。工程沿线各级党委、政府既把南水北调工程作为科学发展观的具体实践，又把南水北调工程作为促经济、渡难关的工程，主动协调，靠前指挥，加大力度，为工程建设创造了良好的外部环境和工作氛围。第二，南水北调工程加快建设对预防和处置群体性事件工作提出了更高要求。面对更加繁重的工程建设任务，要切实做到工程项目开工建设到哪里、库区移民搬迁到哪里，预防和处置群体性事件工作提前做到哪里，把矛盾化解在基层，把群体性事件消除在萌芽状态。要站在讲政治的高度，增强责任心和紧迫感，全面深入开展矛盾纠纷排查化解工作，尽量避免和遏制群体性事件的发生。第三，解决南水北调工程征地移民工作中的问题给维稳工作提出了更高要求。2010 年、2011 年两年，丹江口库区移民和干线工程征迁工作任务十分繁重。在做好征地移民工作的同时，解决好征地移民工作中存在的问题，将成为保持工程沿线社会稳定和预防群体性事件的关键。

蒋旭光指出，随着南水北调工程建设进入攻坚阶段，征地移民工作也进入关键时期，要积极主动、切实做好南水北调工程维稳工作，防范群体性事件发生：一是进一步提高认识，深入学习实践科学发展观，坚持和谐征迁、和谐移民，进一步贯彻落实中央关于处理信访突出问题及群体性事件工作的一系列决策部署；二是落实南水北调工程征地移民政策，切实维护移民群众的合法利益；三是深入排查化解矛盾纠纷，切实把问题及时解决在基层和萌芽状态；四是加强信息沟通和工作沟通，畅通信访渠道；五是加强协同，形成合力，确保工程建设沿线社会稳定，保障工程建设顺利进行。关于开展工程征地移民预防和处置群体性事件工作，蒋旭光强调要重点抓好以下环节：一是将和谐征迁、和谐移民的科学发展理念贯彻到各项工作中，将南水北调打造成和谐工程；二是做好责任落实，继续坚持“谁主管、谁负责”，“属地管理、分级负责”的原则；三是健全制度和机制，依法依规管理，按照制度办事；四是政策宣传、执行到位，切实维护沿线群众的合法权益；五是抓好宣传教育和思想发动，营造征迁移民工作的良好氛围；六是抓源头，抓萌芽，抓预判，增强征迁维稳工作的预见性和前瞻性；七是增强现场处理能力，多做说服引导工作，忌除简单粗暴工作方式和作风；八是制定完善工作预案，积极应对突发事件；九是加强沟通，积极配合，形成征迁维稳工作合力。

国务院南水北调办机关有关司，工程沿线各省市南水北调办事机构、移民机构和各项目法人负责同志参加会议。

河南省南水北调中线丹江口库区第一批大规模移民集中搬迁圆满完成

截至 2010 年 9 月 4 日，河南省圆满完成了南水北调中线丹江口库区第一批移民的集中搬迁任务，顺利实现了“平安、文明、和谐”和“不伤、不亡、不漏、不掉一人”的搬迁目标，继 2009 年 8 月圆满完成 1.1 万人试点移民搬迁任务之后，再次夺取了移民迁安的阶段性重大胜利。至此，丹江口库区涉及河南省南阳市淅川县的 16.2 万人移民，自 2008 年 11 月试点移民工作开展以来，已有 7 万余人顺利搬迁，库区第二批 8.61 万人移民将于 2011 年 8 月底前全部搬出库区。

丹江口库区第一批移民涉及河南省南阳市淅川县 57 个移民村 14 887 户 6.49 万人，规划近迁、外迁集中安置点 63 个，分布在 6 个省辖市的 25 个县（市、区）。移民新村建设于 2009 年 10 月 20 日启动，2010 年 5 月 31 日基本完成。在搬迁条件成熟后，按照“统筹考虑、梯次安排、先内后外、逐步展开”的原则，于 2010 年 6 月 17 日在唐河县举行了第一批移民搬迁启动仪式。截至 2010 年 9 月 4 日，累计搬迁集中安置移民 76 批次 13 761 户 60 886 人（不含投亲靠友和本村后靠等分散安置移民），出动搬迁车辆 10 859 台（次），工作人员 11 586 人（次）。

这次移民迁安工作，呈现出七个特点。一是大局意识到位。各级各有关部门按照河南省委书记卢展工提出的“四个重在”、“三具、两基、一抓手”，河南省省长郭庚茂提出的“坚决打赢打好移民搬迁这场硬仗”和国务院南水北调办领导提出的“再接再厉，精益求精，把移民征迁工作做得更好”的要求，自觉把移民迁安当作一项重要的政治任务，摆上重要议事日程，全力以赴开展工作。二是组织领导到位。根据河南省省委、省政府的有关指示精神，成立了河南省移民搬迁指挥中心，下设8个工作组，并实行驻市指导制度，时刻掌握和驾驭移民搬迁全局。各地党、政一把手亲自挂帅、亲自部署，分管领导身先士卒，亲力亲为。河南省直有关厅局和各级包县、包村工作组不辱使命，密切配合。三是责任落实到位。迁入地负责车辆组织、沿途安全、医疗保障、饮食卫生等工作；迁出地负责宣传动员，修缮道路，维护治安，协助迁入地搬迁；交通、公安、卫生、气象、民政、教育、林业等部门和包县工作组，按照分工各负其责；河南省移民安置指挥部办公室30多名干部24小时轮流值班；广大基层干部和南水北调、移民系统干部职工吃苦耐劳，日夜奋战，坚守一线。四是新村建设到位。坚持移民新村规划和社会主义新农村建设有机结合，确保一次规划、一步到位。始终恪守“质量第一，进度服从质量、安全”的原则，实行“六个统一”、“四位一体”和“六个把关”的监管机制，监督、监理单位以及移民干部、移民代表全程参与，使移民新村建设质量始终处于受控状态。五是督查奖惩到位。坚持把督导检查、奖优罚劣作为促进工作的重要抓手，在重要节点进行明察暗访，并对先进单位实行重奖，对落后单位点名批评。六是服务保障到位。每个移民村搬迁，迁入地领导都带队到库区迎接，迁出地领导带队跟踪服务；医护人员、公安、交警人员全程保障；交通运输部门免除路桥通行费；迁入地举行简朴热烈的欢迎仪式，专人引导入户，为每户移民备好了一周的生活必需品，并组织服务队提供全方位、“保姆式”服务。七是后续帮扶到位。搬迁期间，河南省移民安置指挥部专门下发了《关于切实做好丹江口库区第一批移民搬迁后续工作的紧急通知》，各地按照通知要求，迅速安排实职领导干部进驻移民村开展工作，做好移民人口公示复核、移民补偿补助资金兑付、移民建房搬迁资金兑现和生产用地划拨等工作，并组织各级干部进村入户，开展“一对一”帮扶活动，及时了解和解决移民生活中的困难和问题，帮助移民群众尽快适应、平稳过渡。

目前，已搬迁移民在当地党委、政府和各部门的帮扶下，正在逐步融入新的环境，开始新的生活。

国务院南水北调办传达贯彻中央领导重要指示精神，安排部署南水北调工作

2010年9月6日，国务院南水北调办召开全体干部大会，传达贯彻中共中央政治局常委、国务院副总理、国务院南水北调工程建设委员会主任李克强，中共中央政治局委员、国务院副总理、国务院南水北调建委副主任回良玉的重要指示精神，并就下一步南水北调工作作出安排部署。国务院南水北调办主任鄂竟平出席会议并讲话。国务院南水北调办副主任李津成主持会议。国务院南水北调办副主任张野、蒋旭光传达了中央领导的重要指示精神。

李克强在听取鄂竟平关于南水北调工作的汇报后，作出了重要指示。他指出，水资源短缺问题已严重制约了黄淮海地区经济社会的可持续发展，又好又快地建设南水北调工程意义越来越重大。南水北调工程开工建设几年来，各项工作取得显著成绩。当前，南水北调工程施工和移民均已进入高峰期，也是确保按期通水的关键时期。如期实现通水目标，将面临不少问题和困难。李克强要求，要充分发挥和调动各参建方的积极性，进一步理顺体制和机制，使各部门、各地区、各参建单位协调推进有关工作，确保工程建设的顺利开展。要加快工程建设进度，充分估计可能影响工程建设进度的困难和问题，

把处置工作做在前面，千方百计确保如期实现通水目标。要确保工程质量，始终把工程质量作为工程建设管理的核心任务，常抓不懈，狠抓到底，努力把工程建设成经得住检验的精品。要继续采取有效措施做好治污环保工作，尤其是加强东线治污各项工作，确保一泓清水北上。要继续深入、细致地做好移民征迁工作，确保移民能搬得出、稳得住、能发展、可致富，真正实现和谐搬迁。

回良玉在听取鄂竟平的工作汇报并询问工程进度、质量和水质等方面的有关情况后，作出了重要指示。他指出，要充分认识北方地区水资源供需矛盾尖锐的严峻现实，充分认识建设南水北调工程的重要意义。当前，南水北调工程已进入建设的高峰阶段和关键时期，已经确定的通水目标不能动摇，要以此为目标来安排相关工作，要有坚定的信心和不可动摇的决心实现通水目标。要确保工程质量不出问题，协调组织好工程的质量管理，严抓严管，把南水北调工程建成优质工程。水资源保护工作不可掉以轻心，要高度重视东线输水河道的污染治理，切实和有针对性地采取综合治理措施。移民安置工作不可放松，要把工作做细、做实，注意研究新问题，保证和谐搬迁。同时，加强组织协调工作不能松懈，改革和完善管理体制和运行机制，以适应高峰期和关键期的需要，为工程建成后的运行管理奠定基础。

鄂竟平在讲话中指出，党中央、国务院高度重视南水北调工程，全力支持南水北调工作，对工程建设顺利进行寄予很高的期望。国务院南水北调办全体干部职工要认真学习领会、深入贯彻落实李克强、回良玉副总理的重要指示精神，深刻认识“高峰期”、“关键期”的内在含义，深刻体会每个人肩上所负的责任，坚定目标，细化任务，统一思想，狠抓落实，全面推进南水北调各项工作，不辜负党中央、国务院的期望，不辜负全国人民的期望。

鄂竟平强调，贯彻国务院领导同志重要指示精神，就要认真分析南水北调各项工作的重点和难点。当前，要着重抓好六个方面的工作：一是抓好工程建设进度。国务院南水北调建委已经明确东线一期工程2013年通水、中线一期工程2014年汛后通水的目标。这个目标不可动摇，必须如期实现。南水北调各项工作的重点和着力点都要围绕这个目标来进行。各部门要对有关工作进行认真梳理，排出计划。发现影响建设进度的因素，及时协调解决，全力以赴促开工、抓进度。对于41个可能影响如期通水的单元工程，要采取非常规措施，缩短施工工期。二是高度重视工程质量。质量问题，绝不能掉以轻心。质量管理要有新措施、新机制，要抓根本、抓要害，特别是针对各有关利益方，要拿出新办法。尤其要重视高填方渠道施工质量，绝不允许再次出现跑水事故。对出现质量责任事故的单位、个人，要坚决地予以惩处。三是严格控制工程投资。投资控制要抓住两个重点。第一，对尚未批复初步设计的41个单元工程，在批复过程中要严加控制，不可随意变更设计和增加工程量。第二，对在建工程，要严格控制增加投资。要严格施工过程管理，加强过程控制，重大设计变更等要严肃对待，减少施工过程中的浪费。四是确保调水水质。南水北调治污工作重点和难点都在东线。要认真贯彻落实国务院领导同志批示精神，深入分析影响东线水质达标的具体因素，提出有针对性的意见和建议。五是努力实现和谐移民。南水北调移民工作时间紧、任务重，而且政策性强，社会关注度高，直接关系到移民群众的切身利益。当前征迁移民工作进展比较平稳，但问题也不少，绝不能盲目乐观，更不能掉以轻心。要增强移民工作的预见性和敏感性，将各项工作做深、做细，落到实处，将问题和矛盾解决在萌芽状态，努力实现和谐移民、顺利搬迁。六是抓好国务院南水北调办机关建设。要适应南水北调工程建设全面加速的需要，以落实责任制为核心，分清责任，落实责任，建立适应高峰期、关键期需要的工作机制。

国务院南水北调办总工程师沈凤生、总经济师张力威，机关各司、各事业单位全体干部和中线建管局领导班子成员参加了会议。

南水北调工程征地移民资金管理座谈会在许昌市召开

2010年9月14日，国务院南水北调办在河南省许昌市召开南水北调工程征地移民资金管理座谈会，通报征地移民资金审计和稽察情况，交流资金管理经验，研究部署南水北调工程征地移民资金管理工作。国务院南水北调办副主任蒋旭光出席会议并讲话。

蒋旭光指出，南水北调工程开工以来，各级地方政府和南水北调办事机构、移民机构、项目法人采取措施不断加强征地移民资金管理，初步形成一套征地移民资金管理体系：资金管理规章制度逐步完善，省、市、县有关部门均根据实际需要出台了管用的管理办法；开展了各层次多种形式的培训，提高了管理水平和会计核算水平；内部监督不断加强，内部审计、稽察、检查等发挥作用；财务基础工作得到加强，会计核算中账务处理等更加规范。

蒋旭光指出，做好征地移民资金管理工作，要着力把握好七个原则：一是投资包干。要严格执行概算，按规定的支出范围使用，按会计制度进行核算，履行必要的程序和手续。二是专款专用。征地移民资金必须全部用于征迁移民，绝不允许挪作他用，也不能随意扩大开支范围。三是以县为基础。征地移民工作由省级人民政府负责，但实施主体是县级，县级移民机构要多做一些工作，使管理更加规范。四是足额兑付。征地移民资金中按政策规定应该兑付给群众的补偿款必须足额兑付到位，不允许截留克扣。五是补偿村集体的资金使用要体现民意。根据各地的经验，通过村民大会或村民代表大会决议机制，可以有效堵塞资金管理和使用中的漏洞，应当予以推广和坚持。六是按程序办事。要尽快建立和完善实施方案编制和报批程序，避免不规范问题的发生。七是既保证供应又减少积压。保证资金供应和及时到位是征地移民工作正常开展的前提。要在保证资金需要的前提下，尽量减少资金结余量。

蒋旭光要求，各级南水北调办事机构、征地移民机构、项目法人要进一步理清工作思路，明确工作原则，落实工作责任，强化工作措施，拿出有针对性、管用的措施，切实加强资金管理。

会上，国务院南水北调办经济与财务司、监督司通报了征地移民资金管理有关情况。征地移民司对进一步做好南水北调征地移民工作提出了具体要求。工程沿线有关省市南水北调办事机构、征地移民机构作了交流发言。

各省市南水北调办事机构、移民机构、项目法人负责同志和南水北调系统各级征地移民主管部门、财务部门负责同志参加会议。

河南省省委书记卢展工到新乡市调研南水北调工作

2010年9月16日，河南省省委书记、省人大常委会主任卢展工在新乡市调研期间，专程前往辉县市常春社区和南水北调中线工程新乡段辉县市第七标工地调研移民迁安和工程建设情况。卢展工对于南水北调工程建设取得的成效和丹江口库区移民社区安置的探索十分赞赏。

在辉县市常春社区，卢展工与移民亲切交谈，详细了解了移民的生活情况。卢展工强调，南水北调工程是党中央、国务院决策修建的利国利民的惠民工程，但建设工程也要作出牺牲。移民群众为国作出了奉献和牺牲，我们各级党委、政府一定要想办法把他们安置好。第一，过去水库移民采取农村有土安置的传统方式，虽然也很好，但和这一方式相比，这种方式把移民安置和城乡一体化结合在了一起，住房建设和土地流转一步到位。这个方式更有创新意义和前瞻性。第二，农村土地流转，集约经营，土地收益提高了，农民也可以摆脱土地束缚，外出打工，从事二、三产业，农民欢迎，地方受益。移民看到了实惠和前景，第一批移民来社区安置还有顾虑，第二批移民来社区安置就多了，这说明移民安置和地方发展结合起来，是一个很好的探索。第三，采取农村安置点安置移民，移民群众相对孤立，越孤立越难融合。农村安置和社区安置，移民能够自由选择。移民群众进入社区，和当地群众直接安置在一起，更有利于和当地融合。第四，移民为国家建设作出了贡献，不能让作出贡献的人吃亏。当地各级党政领导要注意和村组干部共同研究，不仅要保障安置后的生活水平不降低，而且还要逐步提高。对于社区的老人，也要注意多组织一些活动，让大家老有所养，老有所为。新乡市把移民安置与新型农村社区建设、城乡一体化结合在一起，让移民直接融入社区，利用二、三产业安排移民就业，千方百计增加移民收入，这个做法值得肯定，要好好总结。

在南水北调中线工程新乡段辉县市第七标施工工地，卢展工考察了南水北调工程建设情况，并看望、慰问了奋战在施工一线的广大建设者。卢展工说，南水北调不仅解决北京市、天津市人民缺水问题，对于解决河南省缺水问题和推动河南省经济发展也起着重要的作用，希望大家一定要再接再厉，继续努力，把南水北调工程建成精品工程、放心工程。

南水北调中线穿黄工程两条隧洞全线贯通

2010年9月27日，南水北调中线穿黄工程下游线隧洞盾构机顺利抵达进水口，标志着下游线隧洞全线贯通。继2010年6月22日上游线隧洞贯通后，穿黄工程两条隧洞已全部贯通，穿黄工程建设取得了阶段性成果。

南水北调中线穿黄工程是南水北调中线一期总干渠的关键性工程，其任务是将中线调来的长江水从黄河南岸输送到黄河北岸，向黄河以北地区供水，同时在水量丰沛时可以向黄河相机补水，一期工程设计流量为265m^3/s，加大流量为320m^3/s。工程由南北岸明渠、南岸退水建筑物、进口建筑物、邙山隧洞段、穿黄隧洞段、出口建筑物、北岸新老蟒河渠道倒虹吸、南北岸跨渠建筑物和南岸孤柏嘴控导工程等组成。穿黄主体建筑物（含隧洞及其进出口建筑物）设计洪水标准为300年一遇，校核洪水标准为1000年一遇；主要建筑物地震设计烈度为Ⅶ度。

其中，穿黄隧洞段的两条输水隧洞是整个穿黄工程最引人注目的控制性建筑物，每条隧洞总长4250m（其中过黄河段3450m，邙山隧洞段长800m，在黄河底部最大埋深35m，最小埋深23m），单洞直径7m，采用目前世界上较为先进的盾构技术进行挖掘施工，技术含量高，施工工期长，在国内用盾构方式穿越黄河尚属首例。

此次贯通的下游线隧洞于2007年7月8日始发掘进，先后经过全砂层、上砂下土层以及黏土层，于2009年11月18日开始黄河主河道段的掘进。在穿越黄河长距离掘进施工过程中，成功解决了高水压下盾构机分体式始发，黄河河道上砂下土地层之下长距离掘进，高水压、复合地层条件下更换刀具等技术难题，盾构机于2010年4月8日顺利到达南岸竖井。经过刀盘检修及后配套设备保养后，2010年5月3日从南岸竖井顺利二次始发进入了邙山段隧洞的掘进，2010年9月27日成功实现贯通。

南水北调中线穿黄工程隧洞的顺利贯通，为加快南水北调工程建设进度，确保如期实现通水目标，有效缓解北方水资源短缺局面奠定了坚实基础。

湖北省南水北调丹江口库区移民工作座谈会在武汉市召开

2010年10月8日，湖北省政府在武汉市召开丹江口库区移民工作座谈会，强调确保移民安置质量，严格执行移民政策，坚持推进外迁移民“保九争十”的工作目标。湖北省副省长田承忠出席会议并讲话。田承忠在会上就进一步做好下段工作提出了六点要求。

一是要特别注重质量。各地要特别注重包括移民住房、用地以及配套基础设施建设工程在内的安置质量。湖北省住房和城乡建设厅要组织专班深入各安置点现场检查，针对房屋质量问题逐一排查登记，逐一落实整改。发现质量问题，必须无条件整改到位。对有严重质量问题的房屋，要坚决推倒重来，以实际行动取信于民。对移民的生产用地，国土部门要组织专班，加大对土地整理工作的指导、监督、检查力度，必须确保标准和质量。湖北省监狱管理局要继续加大支持移民工作的力度，积极做好土地调整工作，全力满足移民用地需求；要协调解决好当前移民土地质量中存在的争议和问题，并抓紧处理好移民反映强烈的影响移民生活的有关问题。

二是要严把时间进度。截至2010年10月8日，全省大规模外迁移民累计搬迁60多批次、8102户34 885人，占规划任务的54.8%，还有近3万人将在10月内完成，主要集中在潜江和天门两地，尤其是潜江，压力更大。当前冬播在即，为了不影响移民搬迁后的生产生活安排，库区、安置区要通力合作，坚持“争九保十”目标不动摇，在保质量、保稳定的基础上加快进度，确保在2010年10月底前基本完成外迁任务。

三是要确保搬迁安全。完成任务是第一前提，保证安全是第一要务。搬迁工作越是往后，越是难啃的硬骨头，人的精力和精神也会越疲乏，发生事故的几率就会越高。各地各部门要严格遵照湖北省移民指挥部下发的《搬迁方案》，结合各自职能，尽可能想得细致、周到，尽可能做得细致、周到，尤其是要经常在干部职工中敲敲警钟，打打强心针，始终保持细致有效的工作、协调一致的配合，确保实现大规模移民的“顺利搬迁、平安搬迁、和谐搬迁”。

四是要全力维护稳定。当前，湖北省外迁移民正处在搬迁高峰期、矛盾凸显期。各级干部要切实增进对移民群众的感情，对移民搬迁过程中出现的情绪化问题和提出的相关要求，要予以高度重视和认真解决。库区、安置区政府要联合组建移民工作专班，在2010年底前常驻移民安置点，挂牌办公，提供24小时服务，为移民就近反映问题、就近消除疑惑、就近解决困难提供便利。要对移民提出的相关问题进行分门别类，一个一个地加以解决。要注重政策落实，把该给移民的政策给到位，把该做的工作要做好，充分体现“优先、优厚、优越”的原则。同时，也要严格维护移民政策的严肃性和权威性。在集中搬迁期间，在国家、湖北省政策之外，不得乱开政策口子，防止盲目攀比、危及搬迁大局。要注重谋划后续发展。既要及时抓好严格落实移民政策、认真开展质量检查、全面启动农业生产、组织开展务工就业、健全公共服务体系、加强移民宣传教育、及时接转有关手续、夯实基层基础工作等当前急需的工作，让移民尽快放下包袱，适应环境，又要着眼长远，将移民的创业致富放到全局工作中通盘考虑，把地方发展与移民群众实际利益结合起来，在经济社会发展的全局中充分尊重移民意愿，满足移民需求。要根据各地资源禀赋、产业基础和移民意愿，认真制定移民安稳致富规划，并综合纳入各地“十二五”计划，逐年组织实施。湖北省直各部门也要在各自“十二五”规划制定中，对移民生产发展和生活改善方面有明确的安排和部署，予以实质性倾斜。

五是要加快推进内安。库区各级政府要坚持外迁、内安两手抓、两不误，在初步设计报告的框架之内，迅速启动工业企业、专业项目和城集镇的迁建工作。同时，也要主动与长江勘测规划设计研究院对接，尽早做好内安移民后靠的规划编制工作。全省库区内安规划要确保在2010年10月底全面完成。库区已经完成外迁任务的地方，要将内安工作整体朝前赶，抢抓今冬明春的大好时机，力保2010年11月全面启动后靠安置的大建设。

六是要做好对口支援前期工作。2010年9月下旬，国务院南水北调办根据国务院领导的批示，赴湖北省开展了对口支援移民的调研，要求湖北省上报对口支援实施方案。各地一定要充分认识对口支援移民工作的重要性，充分认识对口支援工作对移民稳得住、能发展的密切性，抢抓对口支援的机遇，结合本地实际，认真调研，提出需对口支援的要求。省、市、县三级移民部门要从战略高度，尽快组建对口支援移民工作专班，把对口支援移民工作谋划好、规划好、布局好。湖北省移民局要结合湖北省移民工作的实际，围绕“搬得出、稳得住、能发展、可致富”的目标，负责研究制定对口支援方案，汇总上报湖北省对口支援的对象、范围、时限、方式、渠道、内容保障措施、启动时间等，全面推进实施对口支援工作。

湖北省移民局通报了大规模移民外迁工作情况，省直各相关部门、市县负责同志参加了会议。

国务院南水北调办主任鄂竟平主持召开南水北调工作会议传达贯彻李克强副总理重要讲话精神

2010年10月9日～12日，国务院南水北调办主任鄂竟平分别主持召开工程沿线七省市南水北调办、移民办、项目法人单位主要负责人会议和办机关司局长专题会议，认真学习领会、贯彻落实中共中央政治局常委、国务院副总理、国务院南水北调工程建设委员会主任李克强同志在南水北调工程建设工作座谈会上的重要讲话精神，并结合南水北调工作实际，对下一步工作进行了部署。国务院南水北调办副主任李津成、张野、蒋旭光出席会议。

党中央、国务院高度重视南水北调工作。李克强副总理在工程刚刚进入施工和移民高峰期、确保实现工程通水目标的关键期，专门赴河南省视察南水北调工作，亲自主持会议并作重要讲话，对于南水北调系统提高认识、统一思想、凝聚人心、振奋精神，对于全面加快工程建设进度，实现工程建设目标，对于创造良好的建设环境，动员全社会支持南水北调工程，都具有重大意义。

在工程沿线七省市南水北调办、移民办、项目法人单位主要负责人会议上，鄂竟平指出，要充分认识党中央、国务院对南水北调工作的高度重视，充分认识每个人肩上所负的责任。特别是此次李克强副总理百忙之中到南水北调工程视察，并主持召开南水北调工程建设工作座谈会，这对我们是很大的鼓舞。党中央、国务院把南水北调工程作为大事来抓，我们必须加倍努力，确保按时保质完成任务，向党中央、国务院及沿线人民群众交上一份圆满答卷。

鄂竟平强调，当前，南水北调工作已经进入高峰期、关键期，要全面、准确地贯彻南水北调工程建设工作座谈会精神，充分认识到这次会议是对我们的重要机遇。特别对李克强副总理的重要讲话精神，要学深、吃透，尽快分解任务，全面、准确、有力度地贯彻落实。要突出各自的重点和要点，针对当前面临的问题制定措施，攻坚克难。要深入研究问题，尽快处理问题，把全部精力投入到工作当中。国务院南水北调办要在前段制定建设目标、质量问题处罚办法以及质量监管措施等基础上，进一步抓好工作的组织和落实。各有关省份和项目法人也要下真工夫，下大力气，加强沟通，密切联系，实现无缝衔接，切实解决好工程建设中的有关问题，确保南水北调各项工作又好又快地向前推进。

在国务院南水北调办机关司局长专题会议上，鄂竟平强调，贯彻落实李克强副总理重要讲话精神，要重点做好三个方面工作：一是围绕国务院南水北调建委确定的工程建设目标，认真梳理和排查工作中存在的问题和困难，抓紧处理这些问题和困难，尤其是带有普遍性的问题；二是进一步健全完善工作协调沟通机制，发挥国务院南水北调建委成员单位和各省市政府的作用，全力推进南水北调工程建设；三是进一步明确工作责任，细化工作措施，加强督促检查，将李克强副总理重要指示和各项决策部署落实到实处。

南水北调东线工程济平干渠工程顺利通过完工验收

2010年10月21～22日，国务院南水北调办在山东省济南市召开南水北调东线一期工程东平湖—济南段输水工程设计单元工程（济平干渠工程）完工验收会议。验收会议由国务院南水北调办副主任、验收委员会主任张野主持。

济平干渠工程是南水北调工程率先开工、首批建设的项目之一，2002年12月27日举行开工仪式，主体工程于2005年12月建成，2005年底试通水运行，输水线路全长90.055km。工程先期引调东平湖水向济南市区及沿途县、区补充城镇生活和工业用水，改善沿线的生态环境，下一步承担着向胶东地区输送长江水的重要任务。

验收委员会通过检查工程现场、查阅工程资料、听取有关工作报告等，形成了《南水北调东线一期东平湖—济南段输水工程设计单元工程完工验收鉴定书》。验收委员会认为，济平干渠工程已按照批准的设计内容建设完成，尾工已安排；施工过程中采用了大量新技术、新设备、新材料及新工艺，取得了良好效果；施工质量符合规程规范和设计要求；工程建设投资控制在批复的初步设计概算投资范围内，完工财务决算已通过审计和核准；征地补偿及移民安置、环境保护、水土保持、工程档案等已通过专项验收；运行管理单位已落实；工程试运行正常，效益显现，同意通过验收。

验收会上，张野代表国务院南水北调办和鄂竟平主任对工程顺利通过验收表示热烈的祝贺，向为工程建设付出辛勤劳动的全体建设者、专家致以崇高的敬意，向多年来关心和支持南水北调工程建设的各级党委、政府、各有关部门以及社会各界表示衷心的感谢。他在讲话时指出，济平干渠工程作为第一个顺利通过设计单元工程完工验收的项目，具有重要的示范和引导作用。一是注重科技创新，积极开展大型渠道混凝土衬砌机械化成型技术、渠道防渗漏等方面的技术研究，解决了多项技术难题，取得的多项技术研究成果多次荣获国家和省部级奖励，并在其他南水北调工程建设中得到推广应用。二是工程建设中严格执行南水北调工程建设管理的各项规定，按期完成了工程建设任务，保证了工程质量，节省了工程投资，为大规模的南水北调工程建设积累了宝贵的经验。三是坚持以人为本，精心组织，周密部署，科学调度，及时协调解决征迁安置过程中出现的各种问题，很好地完成了征迁任务，顺利办理了永久用地手续，工程沿线群众满意，区域社会安定，建设环境和谐。四是工程验收与工程建设同步部署，及时组织了档案、环保、水保、征地等专项验收，完成了工程完工财务决算，确保了此次验收的成功。

张野要求，济平干渠工程顺利通过了设计单元工程完工验收，这是南水北调工程建设中的一件大事，标志着南水北调工程建设进入了一个新阶段。在下一步运行管理工作中，要进一步加强领导，高度重视工程的运行管理工作，采取有效措施，更好地发挥济平干渠工程的效益：一是要制定好工程调度运用方案，加强科学调度，积极探索工程良性运行机制，确保工程效益的充分发挥；二是要落实验收委员会提出的意见；三是要加强对运行管理人员的培训管理，努力提高工程运行管理水平；四是要加强对工程运行状况的日常监测和巡查，确保工程运行安全；五是要认真总结工程运行管理的经验，为南水北调其他工程提供借鉴。

国务院南水北调办主任鄂竟平调研南水北调东线山东段工程

2010 年 10 月 21 ~ 22 日，国务院南水北调办主任鄂竟平一行赴山东省调研南水北调东线一期工程建设和干线征迁工作，看望和慰问一线工程建设者，并与山东省政府及有关单位座谈。山东省省长姜大明和副省长贾万志、省长助理陈光参加会见和陪同调研。

考察期间，鄂竟平一行赴济宁梁山县、东平县、德州武城县等地，分别考察了两湖段长沟泵站工程、东线穿黄北区、东平湖和济平干渠渠首闸工程、济南市区段工程、鲁北段大屯水库征地拆迁和截污导流工程等。

2010 年 10 月 22 日，鄂竟平出席了南水北调山东段工程建设座谈会。他在讲话中对山东省在南水北调工程建设中给予的支持和帮助表示衷心的感谢。他说，通过两天的调研，深刻体会到南水北调东线山东段工程建设所取得的明显成果。一是山东省省委、省政府高度重视，紧紧围绕工程建设，统一部署，精心组织，各项工作全面展开、稳步推进，工程建设质量优良，科技创新成果丰硕。二是地方沿线党委、政府讲大局，工作积极主动，抓得紧，落得实。一般需要 7 个月完成的征地迁占工作，现在济宁、德州两市只用了 2 个多月就基本完成。三是山东省直各有关部门相互配合得好。特别是专项迁建，电力、交通、铁路等部门密切配合，征迁迅速。四是组织机构健全。省、市、县管理机构规范，干部队伍综合素质较高，已经形成了一支政治坚定、特别能吃苦、特别能战斗的南水北调干部队伍。五是山东省南水北调建管局目标明确，思路清晰，方法得当，工作力度大。

鄂竟平指出，当前，南水北调工程施工和征地移民均已进入高峰期，也是确保按期通水的关键时期。随着工程建设战线的延长，进度、质量、安全管理将面临更大压力，部分完工工程的运行管理面临新的挑战。跨渠桥梁建设、铁路改线、专项设施迁建等滞后于主体工程建设。东线治污在规划项目完成后，距离水质稳定达标的要求还有不小的距离，如何继续深化治污措施都是摆在我们面前的紧迫课题。

关于下一步工作，鄂竟平强调，一是要大抓工程进度。既要加快各项前期工作进度，满足全线开工建设的需要，又要精心组织、科学施工。目前，在开工的 122 个单元工程中，41 个单元工程工期非常紧，必须进一步下大力气抓好每个环节，确保在建工程全速、高效推进。二是要严抓工程质量。严肃对待质量问题，进一步完善质量保障体系。严格过程控制，真正把质量管理的责任落实到项目法人、项目建设管理机构以及设计、监理、施工等各个管理环节。山东段建筑物类型多，工艺复杂，要继续高度重视工程质量，不管如何抢进度，都要有一套人马专门紧盯质量，用一整套质量保证体系来确保工程质量。三是深抓污染治理。当前，426 项截污导流工程只剩 20 多项，已完工 94%，黄河以南段输水干线的水质仍有 31% 没有达标，东线治污的关键是尽快查明影响水质达标的原因，深入研究治污的措施。希望山东省南水北调建管局与山东省环保部门齐心协力，有针对性地提出意见和建议，完善治理规划，争取纳入国家重点流域“十二五”水污染防治规划。通过增加投资，开展新一轮专项治理，以确保通水前水质全部并长期稳定达标。四是狠抓投资控制。要把降低建设成本、控制工程投资规模作为重要任务。要严格控制使用资金，不超过初步设计规模，严控建设过程中设计变更，不随意变更和增加工程量。严格合同管理，优化资金结构，提高投资效益。加强资金使用的监督和审计，加强合同、采购、财务等关键环节的控制，避免资金浪费，确保资金安全、干部安全。

鄂竟平最后希望南水北调东线山东段工作在取得阶段性成果的基础上，在山东省省委、省政府的高度重视、坚强领导下，在山东省各部门的密切配合和地方党委和政府的大力支持下，再接再厉，克难攻坚，精益求精，把山东段工程如期、保质、保量地建设好，取得更加明显的成效。

国务院南水北调办总经济师张力威，投资计划司、建设管理司、征地移民司有关负责人陪同调研。

河北省第一个南水北调配套工程廊涿干渠开工建设

2010 年 10 月 26 日，河北省第一个南水北调配套工程——廊涿干渠在廊坊市广阳区九州镇开工建设。河北省副省长张和及省直有关厅局负责同志出席开工动员大会。

张和在讲话中指出，河北省是南水北调中线工程最大受益省份之一，建设南水北调配套工程对构建“两纵六横十库”的供水网络体系、优化配置水资源、充分发挥南水北调工程效益，具有十分重要的意义。廊涿干渠作为配套工程的首开项目，能否成功建设，能否如期发挥效益，对河北省配套工程建设具有示范和样板作用。廊涿干渠及早建成，能够早日利用京石段工程，缓解廊坊水资源紧缺状况，对促进廊坊经济社会发展将发挥重要作用。沿线各级各部门要按照确保农民权益、确保资金安全、确保工程建设顺利进行、确保沿线社会稳定的要求，搞好实物核查，落实征迁政策，兑现补偿资金，及时提交建设用地。各相关部门要做好专项设施迁建工作，促进工程建设顺利进行。要利用多种形式，广泛宣传工程建设的重大意义，宣传征迁安置政策，宣传先进典型，为工程建设营造良好环境。同时，要严厉打击阻挠破坏施工环境的违法犯罪行为。参建单位要主动与沿线政府和乡村群众进行沟通协商，及时解决工程建设中遇到的问题。要正确处理质量、进度和安全的关系，在加快工程建设中要确保工程质量和施工安全。建立健全质量保证体系，加强监督检查，规范施工程序，严格落实质量责任制。要制定科学、周密的工程建设计划，严格合同管理，搞好工期控制，确保工程如期完成。强化安全生产意识，落实安全生产措施，防止发生安全生产事故。

廊涿干渠是南水北调中线河北省配套工

程的重要组成部分，从引江中线总干渠涿州三岔沟分水口经涿州市、固安县、永清县向廊坊市区广阳水库送水，干渠总长度80km，全线采用地埋钢筒混凝土管道输水，最大输水流量11m³/s。工程概算总投资17.6亿元，建设工期15个月。廊涿干渠建成后至2014年长江水到来前，将从河北省内岗南、黄壁庄、王快、西大洋四座大型水库经由南水北调总干渠向廊坊市区应急供水。南水北调中线总干渠建成通水后，廊涿干渠将为保定涿州市、廊坊市区、固安县和永清县供水。

河南省南水北调中线丹江口库区第一批移民总结表彰暨第二批移民安置再动员电视电话会在郑州市召开

2010年10月26日，河南省省委、省政府在郑州市召开南水北调丹江口库区第一批移民总结表彰暨第二批移民安置再动员电视电话会，总结第一批移民搬迁安置工作，表彰优秀（先进）单位和先进个人，并对第二批移民搬迁工作进行再动员、再部署。国务院南水北调办主任鄂竟平，河南省省委副书记、省长郭庚茂出席会议并分别作重要讲话。国务院南水北调办副主任蒋旭光出席会议。河南省省委副书记叶冬松主持会议，副省长刘满仓对移民安置工作进行总结和再部署，省大人副主任李柏拴、省政协副主席王平、省军区副政委张守喜出席会议。

鄂竟平在讲话中指出，河南省在一年内完成6.49万人的搬迁任务，并且实现了和谐搬迁、移民安定、社会稳定，是新时期水库移民大规模集中、和谐搬迁的成功实践，是整合资源多渠道、多途径解决移民问题的有益探索，是社会主义制度决策高效、组织有力、集中力量办大事优越性的具体体现，对南水北调各项工作具有积极的示范作用。

针对库区移民下一阶段工作，鄂竟平要求，一要充分估计工作中的困难，研究新情况，解决新问题，探索新方法。要了解掌握第二批移民搬迁的新特点、新情况，找出解决问题的新方法。二要切实落实好各项移民政策，抓好政策的执行和解释。要把国家移民政策和有关规定讲深、讲透，让广大移民群众全面、正确地理解和掌握政策界限。要切实维护政策的统一性、严肃性和公信力。要在坚持以人为本、亲情操作的同时，强化移民的法制教育，正确引导广大移民以理性合法方式表达诉求。三要深入、细致地做好后期帮扶工作，研究后期帮扶的政策与界限。要确保事事有人管，困难有人帮，忧愁有人排，使移民群众平稳度过"阵痛期"，早日安心扎根。要扎实做好各项后续工作，让移民群众尽快步入发展生产、劳动致富的轨道上来。四要切实做好移民信访稳定工作。要充分认识做好移民工作、维护稳定大局的长期性、艰巨性和复杂性，有预见性、针对性地做好工作，确保社会大局稳定。

郭庚茂在讲话中说，全省各级移民干部群众不辱使命，不怕吃苦，团结奋进，连续作战，战胜了高温酷暑和特大水灾，克服了重重困难和阻力，顺利完成了第一批移民6万余人的集中搬迁任务，及时启动了第二批8万多移民的新村建设工作，全面、深入地开展了移民的后续帮扶，确保了库区和移民安置区大局稳定。

刘满仓在讲话中对第二批移民搬迁工作提出四点要求：一是进一步加快第二批移民新村建设，为2011年8月底前完成搬迁打下良好基础；二是全力抓好已迁安移民后续工作，为移民群众创造稳定的生产生活环境；三是积极谋划移民生产发展和后期帮扶，为移民致富创造条件；四是切实做好农村外项目淹没处理工作，确保迁建工程如期完成。

会议表彰了有关优秀（先进）单位和先进个人，并颁发奖牌和证书。优秀单位和先进个人代表作了典型发言。

河南省南水北调丹江口库区第一批移民涉及南阳市淅川县57个移民村14 887户6.49万人，已全部完成搬迁安置，移民群众在各级帮扶下正在逐步适应新环境，移民新村总体和谐稳定。

国务院南水北调办征地移民司，中线水源公司，河南省南水北调丹江口库区移民安置指挥部副指挥长、成员单位负责人，省直包县工作组组长，受表彰的优秀（先进）单位和先进个人代表在主会场参加会议。河南省丹江口库区移民安置涉及的6个省辖市、25个县（市、区）、移民迁安涉及的乡（镇）和受表彰的优秀（先进）单位负责人和先进个人在市、县两级分会场参加会议。

国务院南水北调办主任鄂竟平赴湖北省调研南水北调工作

2010年10月26～28日，国务院南水北调办主任鄂竟平赴湖北省调研丹江口大坝加高工程、汉江中下游治理工程建设和丹江口移民安置工作，看望和慰问一线工程建设者和移民群众，并与湖北省政府及有关单位座谈。其间，会见了湖北省省委书记罗清泉、省长李鸿忠。湖北省副省长田承忠参加会见和陪同调研。

鄂竟平一行自西向东，分别考察了丹江口大坝加高工程、库区文物淹没重建项目净乐宫、丹江口市污水处理厂、潜江市后湖管理区湖兴队移民安置点、潜江市广华农场六中队移民安置点、兴隆水利枢纽工程、引江济汉工程。

2010年10月28日，鄂竟平出席湖北省南水北调工程建设座谈会。他在讲话中首先代表国务院南水北调办对湖北省在南水北调工程建设中的支持和帮助表示衷心的感谢。他强调，通过两天的调研，对湖北省内工程建设有了深刻感受：一是湖北省省委、省政府高度重视南水北调中线工程建设，把南水北调工程摆在重要位置，省委书记罗清泉、省长李鸿忠亲自召开会议研究部署移民征迁和工程建设，分管副省长田承忠同志始终紧盯现场，作出了表率。二是市、县、乡各级党委、政府有大局意识，工作抓得实、抓得细、抓得深，责任心强，尤其是移民工作，涌现出了许多感人的事迹。三是湖北省有关部门相互支持，配合密切。特别是国土、环保、电力、文物、交通等部门，急工程之所急，想工程之所想，密切配合，使工程各项工作快速推进。四是湖北省南水北调建管局和省移民局思路清晰，目标明确，有责任心。正因为如此，才使湖北省大规模移民搬迁已达4.7万人，汉江中下游四项治理工程起步晚但进展快，库区生态建设实施顺利，为如期完成中线工程建设目标提供了有力支持。

鄂竟平指出，当前，南水北调工程施工和移民征地均已进入高峰期，也是确保按期通水的关键时期。随着工程建设战线的延长，进度、质量、投资控制、移民、治污、重大技术问题以及安全管理方面都将面临更大压力，特别是库区移民大规模搬迁进入高峰，保障移民生产生活、维护社会稳定任务十分繁重。东、中线通水目标已经确定，不可动摇。要在三年之内完成工程建设任务，对所有的南水北调工程建设者，都将是一个巨大的考验。库区移民方面，移民工作与中线工程如期通水息息相关，必须坚持移民工作目标不动摇。要充分估计到下一阶段移民工作的困难和问题，不断研究和提高处置新情况的能力。高度重视并及时研究后期帮扶工作，真正实现李克强副总理最近提出的搬得出、稳得住、快发展、可致富目标。抓好移民政策的执行和解释工作，确保安置区社会稳定。工程建设方面，汉江中下游四项治理工程要与中线主体工程建设同时施工、同时建完。目前，还有两项工程没有开工，要抓紧时间，不断加快前期工作进度。高度重视工程质量和投资控制，盯紧抓好。切实做好安全生产工作，在工程加快建设的情况下，确保不发生重大安全事故。生态环境保护方面，要抓紧实施《丹江口库区及上游水污染防治和水土保持规划》，根据丹江口库区的实际情况，把原规划落实好，深入开展丹江口库区生态环境建设，确保一库清水北送。同时，双方积极努力，争取对口援建新政策，为库区经济可持续发展注入新的活力。

国务院南水北调办总工程师沈凤生、总经济师张力威，投资计划司、建设管理司、征地移民司有关负责人陪同调研。

河南省南水北调中线工程建设征迁工作会议在新乡市召开

2010 年 10 月 29 日，河南省政府在新乡市召开南水北调中线工程建设征迁工作会议，总结前阶段工作情况，分析解决存在问题，对工程建设和征迁工作进行再动员、再部署。河南省副省长刘满仓出席会议并讲话。

刘满仓表示，要充分认识到当前分秒必争、时不我待的严峻形势，进一步增强责任感和紧迫感。特别是处于工程建设一线的项目经理，就是南水北调工程建设的前线指挥。一要统一思想，用心去做。在机械调度、人员安排、施工方案调整、领导力量加强等方面采取超常规措施，在保证质量、确保安全生产的同时，全速推进工程建设，确保完成年度建设任务。二要有群众观点。坚持以人为本，善待百姓，要提高沟通协调能力，积极与当地群众和谐共建，营造良好施工环境。对于强夯、爆破、降水等施工方式对群众生产生活造成的影响，要认真研究解决，维护群众正常生产生活。三要认真搞好劳动竞赛，形成你追我赶的施工高潮。四要强化自身的责任意识，提高自律能力，勇挑重担，发扬拼搏精神，在南水北调建设实践中学会总结、研究、创新、提高。

刘满仓指出，河南省政府有关部门、沿线各级政府、各有关部门要争时间、抢速度，不等不靠，抓紧完成各项征迁任务，全力支持、服务南水北调，切实做好征迁工作。河南省直各有关单位、中央驻豫部队及其他专项迁建单位，要牢固树立大局观念，认真落实各自迁建任务，主要领导要靠前指挥，亲临现场，亲自解决迁建中遇到的问题，加快专项迁建步伐。电力、通信、军事等部门要继续发扬好黄河北迁建工作的好作风、好传统，在黄河南专项迁建中打一个漂亮仗。南水北调是党中央决策的国家重大工程，通水时间非常紧迫。各级各部门要正确处理好节能减排与保证国家重点工程建设的关系，确保工程建设顺利进行。

国务院南水北调办召开创先争优活动座谈会

2010 年 11 月 10 日，国务院南水北调办召开创先争优活动座谈会，深入学习贯彻党的十七届五中全会精神，学习贯彻习近平同志在国土资源部调研机关党建和创先争优活动时的重要讲话精神和王兆国、李源朝同志在中央党群共建创先争优视频会议上的重要讲话精神，总结和交流前一阶段直属机关创先争优活动进展情况，安排部署下一阶段创先争优工作，为又好又快推进工程建设、如期保质实现东中线全线通水目标提供坚强的思想政治保证。

国务院南水北调办党组书记、主任鄂竟平出席会议并讲话。座谈会由国务院南水北调办党组成员、副主任李津成主持，办党组成员、副主任张野、蒋旭光出席会议，办机关副司级以上干部，直属事业单位、中线建管局领导班子成员，工青妇有关负责同志参加会议。

在认真听取六个部门、单位代表的发言后，鄂竟平作了讲话，他充分肯定了前一阶段创先争优活动取得的成绩，对如何结合国务院南水北调办工作实际开展好创先争优活动，着重讲了三点意见。

一是开展创先争优活动要着眼于南水北调中心工作。创先争优活动是党和国家机关基层党组织的一件大事，我们必须要把它开展好，取得实效。习近平同志在最近的一次讲话中强调，创先争优活动要围绕中心任务、立足本职岗位，讲得好，非常符合实际。我们要按照这个要求，着眼于南水北调工程建设的中心任务，着眼于国务院批准的办公室的职能来开展工作。概括起来就是要确保工程在国务院南水北调建委确定的通水日期前全面建成，并且质量优良，投资合理，水质达标，移民稳定。对办公室机关来说，立足本职开展争先创优，简单地讲就是开展好组织协调。只有把自己定位准确，才能立足本职开展工作，创先争优，才能够真正做到到位而不越位。

二是开展创先争优活动要把重点放在破解南水北调工程建设的难点问题上。要通过破解难题全面推进工程建设，努力把南水北调工程建成世界一流工程。习近平同志在讲话中特别突出了五个“紧紧围绕”，中心思想就是围绕党和国家的工作大局，突出解决好当前面临的几个重大问题。对于办公室来讲，工作大局就是把南水北调工程建设好，就是通过开展创先争优，解决以下这些突出的带有普遍性的重点问题。一是进度问题。进度是通水的基本前提，特别是要把制约进度的41个单元控制性工程及时审批开工建好，把这个关键问题解决了，就是最大的创先，最大的争优，各部门各单位要在创先争优活动过程中始终盯住进度问题不放松。二是质量问题。现在看，工程建设中隐患、潜在不利因素依然存在，问题不少，一旦出事就要闯大祸，特别是高填方段。在创先争优活动中，一定要把解决好质量问题作为重点来对待。对有些单位来说，创先争优有没有成绩，就要看工程质量管理是否有实质性的突破。三是投资控制问题。南水北调是国家重点工程，国家需要我们把工程建设好，投资用得合理，创先争优活动就是要盯住投资控制中的难题。四是水质问题。东线还有28%的断面没有达标，丹江口水质有恶化的趋势。这两个难题我们在创先争优活动中必须把握住、解决好。五是移民问题。虽然目前取得一些成绩，但我们一定要向前看，明年将全面进入移民高峰期，不可预见的因素增多，稳定工作要警钟长鸣。通过创先争优活动，不仅要实现移民按期搬迁，保持稳定，还要在解决影响社会和谐稳定的苗头性问题上下工夫，提出有预见性的指导意见。六是重大技术问题。比如膨胀土等一些技术难题，迫在眉睫，必须尽早确定解决方案。还有最近提起的海水淡化与南水北调成本比较问题等，我们要时刻关注，并积极行动，做好研究论证工作，为南水北调工程建设营造正确的舆论导向。总之，绝不能因为重大的技术问题而影响南水北调工程建设的大局。

三是开展创先争优活动要在干部队伍的作风建设上取得成效。通过创先争优活动，使我们的党员干部工作作风、生活作风、学风和机关作风比过去更好，比过去更正。希望在五个方面重点加强：一是强化求真务实的作风，形成实干创新的风气；二是要强化清正廉洁作风，形成贪占可耻的风气；三是要强化联系群众的作风，形成为民办事的风气；四是要强化艰苦奋斗的作风，形成勤俭节约的风气；五是要强化勤思爱学的作风，形成积极进取的风气。胡锦涛总书记在党的十七届五中全会上着重强调了做好新形势下群众工作，并提出了明确要求，对我们南水北调工程建设有很强的针对性和现实指导意义，我们一定要深入学习领会，认真贯彻落实。每个南水北调干部必须有一个务实的作风，要密切联系实际，特别是要密切联系基层，联系老百姓，在关心群众疾苦，了解群众意愿，解决实际问题，维护好实现好群众最关心、最直接、最现实的利益问题上下工夫。再一个就是要有艰苦奋斗的作风，要不贪不占。如果没有这些作风，我们很难适应南水北调工程建设工作的需要。任何一个干部，要想在单位站住脚，基本条件就是要有好的作风，这对干部的成长也有很大的作用。

鄂竟平最后强调，直属机关党委和各单位一定要通过创先争优活动，把党员干部队伍作风建设放在重要的位置，抓实、抓好。他说，作风建设一靠思想政治工作，二靠好的机制。国务院南水北调办正在完善机关运行机制，要先明确职责，后追究责任，奖优罚劣。直属机关党委和各单位要通过创先争优活动，在思想政治工作方面创造出更多管用见效的好形式和好方法，全面提高思想政治工作水平，为又好又快建设南水北调工程提供强大的精神动力。

南水北调系统宣传工作座谈会在武汉市召开

2010 年 11 月 11 日，南水北调系统宣传工作座谈会在湖北省武汉市召开，学习贯彻李克强副总理在南水北调工程建设工作座谈会上的重要讲话精神，研究进一步加强南水北调宣传工作的思路和措施，表彰宣传和普法工作先进，为确保实现通水目标提供舆论保障。国务院南水北调办党组成员、副主任蒋旭光出席会议并讲话。

蒋旭光强调，南水北调工程施工和移民均已进入高峰期，也是确保按期通水的关键期，进一步加大宣传工作力度，为南水北调工程创造更好的建设环境和舆论氛围，是摆在南水北调系统各部门、各单位面前的新任务和新要求。做好新形势下南水北调宣传工作的总体思路是：深入贯彻落实国务院南水北调建委关于南水北调工作的决策部署，紧紧围绕工程建设高峰期和关键期中心工作，加大力度，开拓创新，整合资源，加强策划，努力促进宣传工作上水平、上层次、出效益，使南水北调在全社会有声音、有影响、有地位，形成全社会大力支持工程建设的良好环境。主要任务是：大力宣传南水北调工程的必要性和紧迫性；加强宣传南水北调在促进科学发展中的重要作用；突出宣传党中央、国务院关于南水北调的工作方针和部署；及时宣传南水北调工程建设进展和效益发挥情况；大力宣传社会各界、广大人民群众大力支持南水北调工程建设作出的贡献；广泛宣传南水北调工程团结共建的良好局面；积极宣传献身、负责、求实、创新的南水北调精神和文化。

蒋旭光强调，做好宣传工作要把握七个原则：坚持宣传和建设实践的统一，宣传要围绕工程，千方百计服务和满足工程建设的需要；坚持内容和形式的统一，要抓好工程节点，研究采取合适有效的宣传形式，争取最好的效果；坚持宣传和信息的统一，使得步调一致，内外互动，确保形成合力；坚持重点宣传和经常性宣传的统一，构建并巩固长效的宣传机制、深入推动日常宣传活动的开展，策划打好重点宣传战役；坚持新闻宣传和文化宣传的统一，紧紧依托中央主要新闻媒体和国家重点新闻网站进行重点新闻宣传报道，也要利用社会资源，通过文化、文艺等多种手段，深化宣传效果；坚持对上宣传和对下宣传的统一，利用特定方式和渠道，确保领导机关和有关部门及时掌握情况，要使用公共媒体，直接影响广大受众；坚持对内宣传和对外宣传的统一。

蒋旭光强调，宣传思路、任务明确以后，重在抓好落实，进一步加强宣传工作：一要进一步加强对宣传工作的领导。要把宣传工作摆在重要位置，纳入重要议事日程。进一步强化和落实领导责任制，切实强化对宣传工作的领导，建立健全统一领导、分工负责、运转协调的工作体制和机制。二要进一步转变宣传工作方式。各级都要结合实际，注重高水平的策划，抓好有影响力的重点选题、重点项目，不断扩大在全社会的影响力。建立健全新闻发布、政务公开、信息公开、媒体协作、媒体管理等各项制度，完善应急宣传机制，改进和提高舆情监测报告工作。三要进一步统筹社会宣传资源。主动加强与宣传主管部门、新闻媒体界、文化文艺界的联系，实现开门宣传、立体宣传。四要进一步落实宣传工作责任。国务院南水北调办、各省市南水北调办、移民环保机构、项目法人以及各参建单位，应加强配合，密切协作，形成一盘棋；同时，要明确责任，落实任务，分工负责。五要进一步加大宣传资源配置力度。各部门、各单位要在人才、资金、设施、设备等方面创造条件，加大投入力度，为宣传工作提供保障。要研究和完善宣传工作奖惩机制。六要进一步加强宣传队伍建设。进一步加强培训，组织全系统宣传部门和业务部门参加各类培训班和宣传报道实践。宣传干部要努力开拓，爱岗敬业，艰苦奋斗，甘于奉献；要清正廉洁，遵守新闻宣传职业操守，强化宣传纪律。

会议对2010年南水北调宣传工作和“五五”普法工作进行了总结，表彰了先进集体和个人。与会代表就在工程建设高峰期、关键期的形势下如何进一步做好宣传工作进行了交流，讨论了宣传工作计划。

国务院南水北调办机关各司、直属事业单位，沿线各省（市）南水北调办事机构、移民机构、项目法人负责同志，宣传部门负责同志和工作人员参加会议。

南水北调工程建设进度（第一次）协调会在北京市召开

2010年11月19日，国务院南水北调办在北京市组织召开南水北调工程建设进度（第一次）协调会。会议通报了贯彻落实南水北调工程建设工作座谈会精神和李克强副总理重要讲话的有关情况，总结了前一阶段工程进展，分析了当前加快推进工程进度面临的形势与任务，安排部署下一阶段加快工程进度各项工作。国务院南水北调办党组书记、主任鄂竟平出席会议并作重要讲话。国务院南水北调办党组成员、副主任张野主持会议。国务院南水北调办党组成员、副主任蒋旭光出席会议并讲话。

鄂竟平在讲话中分析了加快推进工程进度面临的形势。他指出，南水北调工程已进入施工和移民的高峰期，实现如期通水目标的关键期。当前，工程建设还存在很多难题。一是进度问题。目前，还有多个在建和未开工项目，建设进度面临着严峻挑战。二是质量问题。东、中线一期工程全长2800多千米，需建多种不同类型的工程，质量管理很难，建设质量及制度还需不断完善。三是投资控制问题。各种利益主体诉求多，矛盾相互交织，资金控制压力加大。四是水质问题。东线水质还有将近1/3断面没有达标，丹江口库区支流水质保护工作亟须加强。五是移民问题。确保移民搬得出、稳得住，实现和谐搬迁，还面临着严峻考验。六是技术问题。诸如膨胀土试验等技术难题须尽早确定解决方案。总之，在关键时期，工程建设存在风险，广大建设者的责任十分重大。当前各项工作都要围绕通水目标，做到提前部署、精心安排、扎实推进。

鄂竟平对加快工程进度提出三点要求。一是工作要抓细。针对41个控制性单元工程，要以月为单位，制定详细的建设计划。要细化施工所需要的必要条件和措施，细化各有关方的责任，确保各项措施到位。二是工作要抓实。要以月为单位，逐个兑现细化的计划和措施。每个月检查一次进度完成情况，扎实研究和解决问题。三是工作要抓死。工期刻不容缓，进度不容商量。要制定具体的考核制度，并及时在招标合同和工程进度责任书里反映。如果完不成季度进度计划，要下发整改通知书，并明确提出批评；如果完不成半年进度计划，要进行公开通报批评，并限令整改；如果完不成年度进度计划并无不可抗拒理由的，要考虑更换人员。

张野在讲话中指出，当前工程加快建设的有利条件已经具备，各省南水北调办和项目法人要加强协调，认真落实“抓细、抓实、抓死”这三个方面工作要求，继续创造良好的外部施工环境。各项目法人和建管单位要积极配合，加强协调，选择一流的队伍，制定奖惩措施，确保建成一流工程。在加快进度的同时，要保证工程质量，抓好安全生产工作，高度重视冬季施工安全，严格执行安全规程规范，确保施工安全。

蒋旭光就有关工作提出要求。一是切实抓好征迁工作，重点是围绕41项控制性项目，逐项梳理节点，确保按期完成征迁任务。二是营造和谐的施工环境。建管机构、施工单位要文明施工，尽量减少对群众的影响；地方要做好群众工作，理解并支持工程建设。三是重视移民合理诉求，做好维稳和信访工作。四是加强资金管理，保证资金供应。五是加强合同管理。六是审计稽查工作要适应“两期”需要，整合资源，抓好重点，促进和保障工程建设。

会上，各省（市）南水北调办、项目法人负责人围绕加快工程建设的主题进行了交流发言。

国务院南水北调办总工程师沈凤生、总经济师张力威，办机关有关各司、直属事业单位，沿线各省南水北调办事机构、项目法人负责同志参加会议。

河南省南水北调中线丹江口库区第二批移民新村建设现场会在邓州市召开

2010年11月21日，河南省政府在邓州市召开全省南水北调丹江口库区第二批移民新村建设现场会，回顾总结前段工作，研究解决存在问题，学习交流先进经验，安排部署下步工作。河南省副省长刘满仓出席会议，并在会上强调，要认真学习借鉴邓州、封丘等地先进经验，全速推进第二批移民新村建设进度，为2011年8月底前完成8.61万移民搬迁任务奠定坚实基础。

刘满仓在讲话中指出，河南省丹江口库区第二批移民新村建设已经取得了阶段性进展，总体工作健康有序。目前，做好第二批移民安置工作具有领导强、有经验、有基础、有信心、有力量等有利条件，但和试点移民及第一批移民相比，移民数量大、时间紧、任务重，移民群众的期望值越来越高，有不少新的矛盾困难和问题，这使第二批移民安置工作呈现出特殊性、复杂性和艰巨性。在下步工作中，各级各有关部门要认真学习借鉴邓州、封丘等地先进经验，进一步认清形势，保持清醒，杜绝松懈、麻痹和厌战情绪，精心组织和安排好第二批移民新村建设工作。

刘满仓强调，要落实政策、提供保障。一是属于移民需要的资金，一定要立即下拨、及时下拨，快速运转到基层，为移民新村建设提供资金保障。特别是省、市两级，要支持、理解、服务于基层，着眼点放在基层，服务重点放在基层，为基层工作创造条件。要管好、用好移民资金，不打折扣，不搞截留，不搞挪用，确保资金不出问题。二是建筑材料涨价问题，要采取措施，积极应对。河南省有关综合部门要搞好衔接，宏观上调控价格，减轻物价上涨对移民新村建设的影响。三是河南省直36个部门出台的扶持移民新村建设和移民生产生活发展的相关优惠政策，要把握节点，统筹协调，保证及时到位，切实发挥作用。

刘满仓要求，要处理好移民迁安中的六个关系：一是处理好移民与原住民的关系。

既要安置好库区移民，也要兼顾当地原住民的实际利益，协调好、平衡好、处理好他们的关系。二是处理好第二批移民安置政策与试点和第一批移民的关系。要保持一致性、连续性、稳定性，不能随意更改、随意变化。三是处理好以人为本与坚持核实移民人口的关系。一方面，对符合政策的移民，一定要关注、关心、关爱，落实政策，解决问题。另一方面，要把人口核实、核清、核准，张榜公布，阳光透明，接受监督。对假移民要坚决查处，坚决纠正，严肃追究相关人员的责任。四是处理好关注民生与依法办事的关系。既要关注民生，想为移民所想，急为移民所急，办为移民所需，带着感情做好移民工作，给移民稳定和发展创造条件，又要坚持依法办事求，对极个别别有用心，甚至煽动、组织、策划、闹事的违法违纪者，要坚决查处。五是处理好坚持原则与工作策略的关系。要坚决、坚定、坚信、坚毅，以势如破竹、义无反顾、锐不可当之势，将移民工作推到底；涉及移民切身利益的事情，要做到热心、用心、细心、耐心；对有关问题，要了解真情、了解实情、了解内情，掌握动态、控制局面，做到心中有数；要增强敏感性，对有苗头性的问题，一定要及时化解在基层，化解在萌芽状态。六是处理好分级负责与转变作风的关系。各级各部门要层层负责，一级管一级、一级抓一级，真正做到守土有责、让领导放心。乡镇和移民部门的主要领导，要冲锋陷阵、靠前指挥、现场指导、现场协调、现场办公，推动工作开展。上级政府和部门要关注基层、理解基层、支持基层，着力点放到基层、放到一线、放到抓落实上，采取一切措施，确保工作落到实处。要发扬明察暗访的作风，督促工作扎实开展。河南省直包县工作组要继续发扬好的作风，沉在基层，尽职尽责，指导、协调、服务和保障好移民安置工作。

会上，邓州市、封丘县作了典型发言。会前，与会同志参观了邓州市裴营乡刘楼移民新村和林扒镇土门移民新村建设情况，实地感受了作为第二批移民新村建设排头兵的邓州市移民新村的建设成效。

南水北调配套工程前期工作交流会在北京市、天津市召开

2010 年 11 月 23～25 日，南水北调配套工程前期工作交流会在北京市、天津市召开。国务院南水北调办副主任张野出席会议并讲话。北京市人民政府副市长夏占义到会致辞。

国务院南水北调工程建设委员会第四次全体会议明确要求，受水区地方政府要把南水北调配套工程放在本地区基础设施建设的首位，多渠道筹集建设资金，加快配套工程建设进度，保持与干线工程协调推进，同步发挥效益。2010 年 10 月，在河南省南阳市召开南水北调工程建设工作座谈会，要求沿线各省市加快配套工程建设步伐。此次交流会主要任务就是贯彻落实国务院南水北调工程建设委员会第四次全体会议和南水北调工程建设工作座谈会精神，总结交流南水北调配套工程建设的经验，研究提出推进地方配套工程各项工作的主要建议和措施，积极推进南水北调配套工程又好又快建设。

张野在讲话中指出，南水北调主体工程开工以来，尤其自国务院南水北调工程建设委员会第四次全体会议以来，各项工作都是取得了积极进展。在主体工程按照既定目标加快推进的同时，配套工程能否同步建设并投入使用，成为南水北调工程能否充分发挥各项工程建设效益的关键因素。他说，自《南水北调工程总体规划》批复以来，各省、市先后开始着手开展配套工程相关工作，取得了明显进展。一是前期工作扎实推进。各省、市配套工程规划工作基本完成，各省、市配套工程总体可行性研究报告编制和审批

正在有序进行。二是部分项目建成发挥效益。相关省、市，如北京、天津两市，结合本地水资源实际情况先期实施部分项目，目前已建成完工并部分发挥效益。三是组织和制度建设不断健全。北京市先后印发多种管理办法，为配套工程建设提供了制度保障。山东省成立了由省长任组长的省重点水利工程领导小组。河北省已组建河北水务集团作为配套工程项目法人，负责南水北调水厂以上配套工程的筹资、建设和运营管理。

关于南水北调配套工程建设面临的形势，张野强调，一是中央高度重视。中共中央政治局常委、国务院副总理、国务院南水北调建委主任李克强同志在视察中线工程并主持召开座谈会时，对配套工程建设提出了明确的要求。会后，各省、市分别采取多项措施认真贯彻落实会议精神，促进配套工程建设速度的加快，对做好相关工作既是鼓舞和鞭策，又提供了强大动力。二是水资源矛盾问题越发突出。随着社会经济进一步发展，北方地区降水量和水资源总量持续减少，黄河、淮河、海河流域降水量和水资源总量连续多年下降，水资源紧缺的问题就更加突出。北京市2010年汛期降水与多年平均相比，减少约4成，是连续第12个干旱年；天津市、河北省等地2010年汛期水库蓄水量，也比常年减少近1/3。这些凸显了配套工程建设的必要性和紧迫性。三是主体工程全线提速。国务院南水北调建委确定的东、中线一期工程建设目标是不可动摇的。为了实现这一目标，按照中央要求，正在举各部门、沿线各省、市之力，举南水北调全系统之力，集中各方智慧，团结协作、攻坚克难，千方百计确保所有与通水有关的工程在通水前完工，协调加快南水北调工程建设。主体完工通水之时，配套工程若不能及时投入运营，南水北调工程的社会效益、经济效益就不能充分发挥。

张野强调，借着南水北调主体工程紧锣密鼓的热烈氛围，工程沿线各省、市要抓紧抢占有利时机，充分利用各级党委、政府狠抓工程建设的大好机遇，加强领导，强化措施，明确时限，全力推进南水北调配套工程建设。

国务院南水北调办机关有关司、事业单位，北京、天津、河北、河南、江苏、山东等省、市南水北调办事机构、配套工程项目法人和水利部南水北调规划设计管理局有关负责同志参加会议。

国务院南水北调办主任鄂竟平调研南水北调东线江苏段工程

2010年11月24~25日，国务院南水北调办主任鄂竟平赴江苏省调研南水北调东线江苏段工程，看望和慰问一线工程建设者，并与江苏省政府及有关单位座谈。其间，会见了江苏省省长罗志军。江苏省省委常委、副省长黄莉新参加会见和陪同调研。

鄂竟平主任一行在工程沿线由南向北分别考察了江都市截污导流工程、三阳河潼河宝应站工程、东线重要调蓄水库骆马湖、皂河一、二站更新改造工程、徐州市荆马河污水处理厂。每到一处，鄂竟平都向工程建管单位及施工、监理、设计单位负责人详细询问工程进展和质量控制情况，了解水质，并对工程建设以及运行管理提出指导意见。

在江苏省南水北调工程建设座谈会上，鄂竟平首先代表国务院南水北调办对江苏省在南水北调工程建设中给予的支持和帮助表示衷心的感谢。他说，自2002年12月工程开工以来，南水北调东线江苏段工作进展顺利，工程建设实现了阶段性目标，累计完成投资54.2亿元，占工程总投资的42%。经过努力，江苏省已经具备调水出省的工程能力。尤其是治污方面印象深刻。东线426个治污项目江苏涉及102项，已累计完成98项，在建4项，项目完成率达96%。随着大批治污项目的建成和投入运行，南水北调在江苏省境内沿线水质改善明显，列入国家考核的14个水质控制断面中，有12个断面水质达到地表水Ⅲ类标准。这些成绩的取得，得益于江苏省省委、省政府对南水北调工程的高度重视，得益于省有关部门相互支持、密切配合，得益于江苏省南水北调办和东线水源公司思路清晰，目标明确，真抓实干。

鄂竟平指出，当前，南水北调工程施工和移民征地均已进入高峰期，也是确保按期通水的关键时期。随着工程建设战线的延长，进度、质量、投资控制、移民、治污、重大技术问题以及安全管理方面都将面临更大压力，特别是库区移民大规模搬迁进入高峰，保障移民生产生活、维护社会稳定任务十分繁重。东、中线通水目标已经确定，不可动摇。要在三年之内完成工程建设任务，对所有的南水北调工程建设者，都将是一个巨大的考验。

鄂竟平强调，江苏省在南水北调工程上有其特殊性，既是水源区，又是受水区，还是治污的重点区。希望江苏省做好以下工作：一是在工程建设上再加快步伐。要牢固树立大局意识，紧紧抓住当前有利时机，不断加快前期工作进度，争取没有开工的项目早日开工。2011～2013年，江苏省将要完成投资68亿元，工期紧，要求高，要加大工作力度，严格建设管理，高标准、高质量地推进工程建设，争取提前完成工程建设任务。二是工程质量不放松。工程质量是南水北调工程的生命线，要进一步健全完善工程建设管理各项规章制度，充分发挥项目法人的责任主体作用，确保工程质量优良和施工安全。三是污染治理再深化。治污环保决定着南水北调东线的成败。沿线各级政府要将治污环保工作放在更加突出的位置，切实抓出成效。要分解落实工作责任，把南水北调治污与淮河流域治污工作有机结合起来，确保2013年沿线水质全面达标。要抓紧制定《南水北调沿线区域水污染防治管理办法》，从水质标准、污染防治、水质监测监管、职责分工和责任追究方面明确规定。要未雨绸缪，在深入分析的基础上，完善规划，细化方案，在通水之前拿出切实可行的措施，使东线水质稳步提高。四是在热点问题上更加严格。当前，工程已经全面进入建设高峰期，特别是在安全生产、建设资金的使用上，要按照严格教育、严格管理、严格监督的要求，落实责任制，把江苏省境内工程建成一流工程，实现2013年全线通水目标。

国务院南水北调办总经济师张力威，投资计划司、建设管理司、征地移民司有关负责人陪同调研。

国务院批复《全国水资源综合规划》，要求加快南水北调东、中线一期工程建设

2010年11月，国务院批复了《全国水资源综合规划》（简称《规划》），提出要逐步构建国家水资源调配体系，加快南水北调东、中线一期工程及配套工程建设，适时开展西线工程前期研究。

国务院批复中明确指出，规划实施要深入贯彻落实科学发展观，按照建设资源节约型、环境友好型社会的要求，坚持以人为本、人水和谐、节约保护、统筹兼顾、综合管理的原则，正确处理经济社会发展、水资源开发利用和生态环境保护的关系，通过全面建设节水型社会、合理配置和有效保护水资源、实行最严格的水资源管理制度，保障饮水安全、供水安全和生态安全，为经济社会可持续发展提供重要支撑。

《规划》中提出，要逐步构建国家水资源调配体系，加快南水北调东、中线一期工程及配套工程建设，适时开展西线工程前期研究。要全面推进节水型社会建设，把节水工

作贯穿于国民经济发展和群众生产生活的全过程，采取工程、技术、法律、行政、经济等多种手段强化节水，切实转变用水方式，不断提高水资源利用效率和效益。

《规划》是《中华人民共和国水法》规定的国家水资源战略规划，是我国水资源开发、利用、节约、保护和管理的重要依据。《规划》的制定和实施，对指导今后一个时期我国水资源宏观配置、开发利用、节约保护与科学管理工作，着力解决我国突出的水资源问题，积极应对气候变化，推动水资源可持续利用，促进经济长期平稳较快发展和社会和谐发展，具有十分重要的现实意义和战略意义。

南水北调东线里下河水源调整工程启动建设

2010年11月25日，位于江苏省境内的南水北调东线里下河水源调整工程召开建设动员会议，标志南水北调东线江苏段工程进入全面加快实施新阶段，为实现2013年东线工程建成通水奠定坚实基础。国务院南水北调办主任鄂竟平，江苏省省委常委、副省长黄莉新出席动员会议并讲话。

鄂竟平在讲话中指出，江苏省对南水北调东线工程来说，具有举足轻重的地位。既是水源区，又是输水干线，还是治污的关键和重点。既承担为其他省市送水的任务，也负责自己的分用水，责任和义务都很重大。江苏段工程建设和污染治理的成果，不仅体现在本省，更为重要的是为我国北方地区经济社会发展作出贡献。近年来，江苏省无论是工程项目还是治污项目，总体进展都很顺利，并且部分工程已经发挥效益，取得了显著成就。这些得益于江苏省省委、省政府的充分重视，得益于沿线各级党委、政府的全力支持，得益于广大建设者的辛勤工作。他同时指出，既要看到取得的成就，又要看清面临的形势，即在建工程的数量比较多，未开工建设的工程数量也很多，而距离全线通水的期限只有三年，可用于工程施工的时间很少。

对南水北调东线江苏段工程建设，他提出了四点要求：一是尽最大可能加快工程的建设速度，没开工的争取早开工，在建的争取早竣工，工程建设要全面提速。二是发扬优良传统，继续重视工程质量，严抓严管，争取江苏省境内各单元工程实现全优。三是在污染治理取得重大进展的基础上，不停步，不满足一时达标，开展深度治污，尽最大可能使输水河道的水质更好些。四是继续强化管理，努力降低工程建设成本，不但实现工程建设又好又快，而且投资要尽可能用的最少。

黄莉新在讲话中要求江苏省各级各有关部门以高度负责的态度，加快工程建设步伐，确保早日发挥工程效益。一是切实加强组织领导。工程沿线各级党委、政府要高度重视工程建设，及时协调解决相关问题，为工程建设提供良好保障。江苏省各有关部门要各司其职，搞好服务。二是严格工程建设管理。工程建设管理单位要优化工程设计，严格建设程序，认真执行“四项制度”，全面落实安全生产责任制，严格质量标准和操作规程，严把原材料进口关，严把施工过程关，严把竣工验收关，确保工程建设质量。三是维护群众合法权益。坚持以人为本、阳光操作、和谐拆迁，切实维护被征地群众合法利益，保证工程建设顺利实施。四是努力实现“三个安全”。切实加强制度建设，强化监督管理，深化廉政教育，切实管好、用好工程资金，确保工程安全、资金安全和干部安全。

里下河水源调整工程是南水北调东线工程的重要组成部分，也是南水北调江苏省境内单项投资最大的主体工程。主要通过实施水源工程和灌区调整工程，实现将目前常年由江都站抽引供给里下河自流灌区的大部分抽水量置换出来用于北调，并且常年保证宝应站抽100m^3/s流量的站下水位和调整灌区按现状用水水平引水灌溉。其中，水源工程包括河道开挖、疏浚工程、跨河桥梁工程和沿线影响处理工程；灌区调整工程需在原灌区尾部疏浚引河，集中或分散建设泵站和影响配套建筑物工程。工程静态总投资为22.3亿元，工期3年，建成后既可以保证南水北调向北调水目标的实现，也对促进沿线供水、排涝和航运等能力提高具有重要作用，是工程沿线干部群众盼望已久的民生工程。

国务院南水北调办投资计划司、建设管理司、环境保护司、征地移民司负责同志出席建设动员会议。

南水北调宣传工作专家座谈会在北京市召开

2010年11月26日，国务院南水北调办在北京市召开南水北调宣传工作专家座谈会，邀请中央宣传主管部门、部分中央主要新闻单位和有关部门的负责同志，共同研究加强南水北调宣传工作的思路和措施，为又好又快建设南水北调工程营造良好氛围。国务院南水北调办党组成员、副主任李津成主持会议并讲话，办党组成员、副主任蒋旭光出席会议。

李津成指出，南水北调工程自2002年开工建设以来，各项工作进展顺利，特别是总体可行性研究批复以后，工程进入全面建设、加快建设的新阶段。截至目前，工程建设取得可喜进展，东、中线一期工程全线开工，关键性节点工程处于可控状态，部分完工项目已开始发挥效益；治污环保工作进展顺利，东线河道水质呈持续改善状态，中线丹江口库区水质保持良好；征地移民工作积极推进，库区第一批移民搬迁即将结束，实现了和谐搬迁的阶段性目标；文物保护成果显著，积极开展了抢救性文物发掘工作。南水北调工程创造了多项世界之最，在工程规模、科技创新、渠道开挖、泵站群建设等方面取得了举世瞩目的成就。

李津成强调，当前，南水北调工程施工和移民均已进入高峰期，进入实现如期通水目标的关键期。南水北调宣传工作要及时跟上，进一步创新思路，拓宽载体，加大力度，扩大声势，赢取社会各界更多的理解和支持，为工程又好又快建设营造良好舆论氛围。要加强与中央宣传主管部门的沟通联系，拓宽渠道，创新载体，巩固成果，争取支持，全面加大南水北调宣传工作力度。要密切与中央主要新闻媒体的联络，加强同社会各类媒体的合作，抓住工程建设主要节点，加强策划，改进思路，形成宣传报道的声势。要积极研究新形势下各种宣传载体所发挥的作用，通过纪录片、专题片、文艺片、报告文学、小说、文艺演出等多种形式，多渠道、多层次、多角度地宣传报道南水北调工程。要通过各种方式，宣传和推介南水北调工程，使社会各界全面了解南水北调工程的必要性和紧迫性，为全面加快工程各项工作营造良好社会氛围。

与会专家一致认为，南水北调工程是当前国家在水资源优化配置方面实施的战略性工程，也是功在当代、惠及子孙的民心工程、民生工程。南水北调工程自2002年开工建设，在“十一五”期间全面推进、加快建设，并将在“十二五”期间实现东、中线一期工程通水的目标，将对中国经济社会可持续发展起到重要的促进和保障作用。大家表示，将通过各种方式和途径，积极协调、全力支持南水北调宣传工作，把南水北调这一事关全局和保障民生的重大工程宣传好、介绍好，促进南水北调工程又好又快建设，使之早日造福于人民。各位专家还对加强和改进南水北调宣传工作提出了意见和建议。

国务院南水北调办总经济师兼环境保护司司长张力威，综合司、建设管理司、征地移民司主要负责同志参加会议。

湖北省南水北调中线丹江口库区大规模移民搬迁任务圆满完成

截至2010年11月28日，湖北省圆满完成18 023户、76 652人的外迁移民搬迁安置任务，标志着湖北省丹江口库区大规模移民搬迁任务圆满完成。

湖北省按照既定部署，经过库区、安置区各级党委政府和广大移民干部的不懈努力，积极争取移民群众的积极配合，完成了18 023户、76 652人的外迁移民搬迁安置任务（其中，试点移民2432户、10 352人，大规模移民15 591户、66 300人），比原规划外迁17 778户、73 802人增加了245户、2850人。此前，河南省于2010年9月圆满完成了丹江口库区第一批移民60 886人的集中搬迁任务，已启动第二批移民搬迁相关工作。截至11月底，河南、湖北两省已完成丹江口库区14.9万移民搬迁安置工作（其中，河南省7.3万人，湖北省7.6万人），占规划搬迁移民34.5万人的43%。

近年来，在国务院南水北调建委的正确领导下，河南、湖北两省各级党委、政府高度重视，移民部门精心组织，有关部门密切配合，两年完成近15万移民搬迁任务，且做到不伤、不亡、不漏一人，实现了和谐搬迁、平安搬迁的目标。特别是2010年，搬迁近13万人，移民跨区域搬迁规模和强度在中国水利史上是空前的，为中线工程如期通水创造了条件。

此外，南水北调东、中线一期干线工程的征迁累计完成征占地58万亩（其中，永久征地38.5万亩，临时占地19.5万亩），约占总数97.42万亩的60%；累计搬迁人口7万人，约占总数10.14万人的70%；生产安置16万人，约占总数29.14万人的55%；拆迁房屋350万 m^2（其中，城镇150万 m^2，农村200万 m^2）。

南水北调工程征地移民工作座谈会在邯郸市召开

2010年12月16日，南水北调工程征地移民工作座谈会在河北省邯郸市召开，会议总结前一阶段征地移民工作，研究解决问题，部署2011年征地移民任务。国务院南北调办副主任蒋旭光出席座谈会并讲话。

蒋旭光指出，近年来，在工程沿线各级党委、政府的高度重视下，征地移民主管部门精心组织、积极协调，南水北调征地移民工作取得积极进展：顺利完成2010年丹江口库区大规模移民搬迁任务，累计完成14.9万移民搬迁安置工作；干线征迁实现大规模土地交付使用，保障和促进了工程建设；在征地移民管理体制框架下，逐步建立一系列规章制度，形成了覆盖征地移民各层面、各环节的协调机制；征地移民工作取得了良好社会效益，在库区移民迁安两地和干线营造了“心系移民、情牵群众、和谐移民、和谐征迁”的良好局面，南水北调征地移民工作积累了宝贵经验。

蒋旭光指出，下一阶段征地移民工作要认真研究和妥善处理好重点问题。一是库区移民搬迁进度问题。河南、湖北两省要因地制宜、攻坚克难，按进度、按计划完成2011年的移民搬迁任务。具体搬迁进度、时间，要实事求是，科学安排。二是库区河南、湖北两省移民政策平衡问题。在实施中，要特别关注容易引起群众攀比的政策平衡，密切关注苗头性、共性问题。妥善解决库区移民价差问题。三是库区移民建房质量和建房方式问题。河南、湖北两省要认真排查、鉴定移民房屋质量，集中开展移民房屋修缮工作。移民房屋建房方式不论是自建还是统建，相应管理措施要及时跟进到位。对2011年的移民建房，要加强政府监管，落实政府责任，探索通过以奖代补、以奖促进度等办法，确保质量和进度。四是研究解决好移民身份界定、用地划拨、集体财产分割、发挥基层组织作用等问题。五是干线施工环境保障问题。优化施工工艺和施工方法，尽量避免对群众生产生活造成大的影响，及时处理好扰民和阻工问题，妥善处理群众的合理诉求。六是干线临时用地交付及管理使用问题。各有关方面要高度重视，研究采取相应措施予以解决。

会前，蒋旭光到河北邯石段磁县二标渠道边坡衬砌试验段和滏槽河北支排水倒虹吸施工现场考察干线征迁和工程建设。河北省政府副秘书长曹振国、省南水北调办主任袁福、邯郸市政府副市长赵险峰，国务院南水北调办征地移民司、建设管理司负责同志参加考察。

工程沿线七省市征地移民主管部门和中线建管局、中线水源公司与会代表分别作了交流发言。国务院南水北调办有关司、单位负责同志参加了会议。丹江口水库库区移民有关重点市县的分管领导应邀参加会议。

湖北省南水北调丹江口库区移民外迁工作总结表彰会议在武汉市召开

2010 年 12 月 28 日，湖北省省委、省政府在武汉市召开南水北调中线工程丹江口库区移民外迁工作总结表彰会议。会议回顾总结了湖北省前段移民外迁工作，表彰了十堰市政府等 149 个先进单位和袁新云等 299 名先进工作者，对已迁移民后续稳定发展和库区内迁复建工作进行了安排部署。国务院南水北调办主任鄂竟平，湖北省省委书记李鸿忠出席会议并作重要讲话。湖北省省委副书记、代省长王国生主持会议。湖北省省委副书记、武汉市市委书记杨松宣读了湖北省省委、省政府的表彰决定。国务院南水北调办副主任蒋旭光，湖北省人大常委会副主任罗辉、副省长田承忠、省政协副主席仇小乐、省军区副司令员占俊等出席会议。田承忠在会上作工作总结和部署。

鄂竟平在讲话中指出，湖北省在南水北调中线工程建设中具有特殊地位，湖北省的移民工作对实现国务院南水北调建委确定的通水目标具有重要意义。2010 年湖北移民外迁的强度、规模都超过了当年三峡工程，创造了库区移民工作的新的历史。湖北省移民工作为南水北调工程创造了好的经验：一是领导重视，保障有力；二是政策惠民、以人为本；三是干部务实、尽心竭力。这些经验值得总结和推广，对其他地方开展工作具有重要的借鉴作用。

鄂竟平强调，当前南水北调工程施工和移民进入了高峰期，确保实现通水目标的关键期。湖北省丹江口水库移民搬迁情况复杂，任务繁重，责任重大，事关南水北调中线工程建设大局。针对丹江口库区移民下一阶段工作，鄂竟平要求认真贯彻李克强副总理、回良玉副总理的重要指示精神，一要统筹兼顾，全力做好库区移民有关工作，倒排工期，梳理节点，在做好移民搬迁的同时，统筹做好城集镇迁建、专业项目改建等各项工作，确保移民工作目标任务的实现。二要抢抓机遇，努力改善库区生产生活条件，优化产业布局，走一条生产发展、生态良好、生活富裕、人水和谐的新路子，促进库区经济社会新发展。三要开拓思路，创新工作方式、方法，在做深、做细、做实群众工作上下工夫，维护政策统一性、严肃性和公信力，提升群众工作水平。四要强化预防，尽力做好移民信访工作，既维护移民正当权益，又努力把矛盾化解在基层，维护社会稳定。

李鸿忠在讲话中指出，在党中央、国务院正确领导下，在国务院南水北调办等部门的大力支持下，湖北省上下齐心协力，克难攻坚，用一年多时间，胜利完成了南水北调移民外迁工作任务，创造了移民工作的新纪录。

对下一阶段移民工作，李鸿忠强调，关键要严格落实移民工作责任制，一级抓一级，层层抓落实，确保各项责任和工作落实到位。要把丹江口库区移民工作当作湖北省"天大的事"来办，进一步抓好已迁移民的后续发展和库区移民内迁安置。已迁移民的后续发展，要突出"稳"、"富"二字，稳定是重点，致富是根本。库区移民内迁安置，要突出"早"、"实"二字，把各项规划和建设工作抓早、抓实。要带着对移民群众的深厚感情，再接再厉做好南水北调移民工作，实现"搬得出、稳得住、快发展、早致富"，向党中央、国务院和人民群众交一份满意的答卷。

国务院南水北调办征地移民司，中线水源公司，湖北省各有关市县、省直及地方有关部门负责同志，以及受表彰的先进单位和个人代表参加会议。郧县、天门市作典型发言。

南水北调东线山东干线主体工程全面开工建设

2010 年 12 月 30 日，南水北调东线山东济南以东段、南四湖—东平湖段、鲁北段三大输水渠工程正式开工，标志着南水北调山东段干线主体工程进入全面开工、整体推进、加速建设的新阶段。国务院南水北调办主任鄂竟平、山东省省长姜大明出席仪式并讲话。国务院南水北调办副主任张野出席开工仪式。

鄂竟平指出，南水北调东线一期工程山东段是关键段，也是重点段，同时也是一期工程的主要受水区。山东段工程种类多、情况复杂，既有新渠道、老河道，也有泵站、水库、穿黄隧洞，还有治污环保工程。山东段工程建设顺利，水质达标，其贡献不仅仅体现在山东省，还将为其他省、市的工程建设和治污环保提供重要经验，同时也为河北省、天津市等地引用长江水奠定基础。自 2002 年工程开工以来，山东省无论是工程项目还是治污项目，总体进展顺利，济平干渠工程作为全国第一个通过国家验收的工程，为整个南水北调工程建设树立了样板。

姜大明在讲话中说，南水北调工程是党中央、国务院适应我国经济社会发展需要作出的重大战略决策，是一项造福当代、惠及后人的宏伟事业。山东省境内工程自开工以来，在国务院南水北调建委的领导下，在国务院南水北调办的大力支持下，经过广大工程建设者的不懈努力，取得了显著进展和积极成效。他表示，山东省将继续发扬成绩，以对党和人民高度负责的精神，抓住机遇，乘势而上，又好又快地推进工程建设，确保如期实现东线一期工程 2013 年通水目标。

姜大明要求，各级、各部门要切实加强领导，把南水北调工程建设摆上重要议事日程，主要负责同志亲自抓，及时协调解决工程建设中的重大问题。坚持以人为本，正确处理工程建设和保护沿线群众利益、促进当地发展的关系，深入、细致地做好移民安置、土地征用、迁占补偿等工作，切实保障群众合法权益。加大宣传力度，广泛动员全社会力量支持工程建设，营造和谐的建设环境，确保工程建设任务胜利完成。各参建单位要各负其责，密切配合，精心设计，精心施工，精心管理，努力把工程建设成为优质示范工程、节俭高效工程、廉洁安全工程。

此次开工建设的济南以东段、南四湖—东平湖段、鲁北段三大输水渠工程，是沟通长江、淮河、黄河、海河和连接胶东输水干线的纽带。三条输水渠总投资 85 亿元，总长度 377km，总工期 18 ~ 36 个月。工程建成后，将形成鲁南、鲁北、济南以东直到青、烟、威三个供水片，并具备向河北省、天津市应急供水的条件，有效解决这些地区水资源的紧缺问题。

国务院南水北调办建设管理司、水利部有关司局、山东省南水北调工程建设指挥部有关成员单位负责人，工程沿线市、县政府主要负责人，市、县水利部门及南水北调办事机构主要负责人，工程参建单位代表等300余人参加仪式。

重 要 讲 话

国务院南水北调办主任鄂竟平在国务院副总理李克强主持召开的南水北调工程建设工作座谈会上的发言

（2010年10月9日）

这次克强副总理在百忙之中亲临工程现场视察，体现了党中央、国务院对南水北调工程建设的亲切关怀，给南水北调工程建设者以巨大鼓舞，必将对南水北调工程建设各项工作起到巨大的推动作用。

下面，我概要汇报南水北调工程建设的有关情况。

一、关于南水北调工程总体进展情况

国务院南水北调工程建设委员会（简称国务院南水北调建委）第四次全体会议以来，工程建设全面展开，工程质量和安全处于受控状态，东线治污和中线水源保护工作稳步推进，征地移民工作平稳有序，各项工作都取得了积极进展。

（一）工程建设全面展开

一是长期制约项目开工的初步设计批复取得重要进展。已累计完成134项设计单元工程的批复，占全部155项的86%。批复初步设计总投资规模约2046亿元，占可行性研究总投资的80%。

二是工程建设进度不断加快。中线干线工程黄河以北全线开工，黄河以南部分节点工程开工，湖北汉江下游治理4项工程已开工2项；东线干线工程黄河以南段，大部已开工建设，黄河以北段2010年底前可实现开工；丹江口大坝加高除溢流坝面外，全部加高到顶；东线和中线穿黄工程全线贯通。截至目前，南水北调东、中线一期工程155项设计单元工程中，基本建成33项，占21%，在建67项，占43%，未开工55项，占36%。截至2010年8月底，主体工程累计完成投资626亿元，占可行性研究批复总投资的24.6%。

三是已建工程持续发挥效益。南水北调京石段工程在2009年完成向北京市临时应急供水4.35亿m^3后，2010年继续向北京市应急调水，已经累计放水2.1亿m^3，有效地缓解了北京市水资源短缺状况。东线山东省和江苏省的部分工程在防汛排涝中发挥了作用。

四是质量管理和安全生产管理进一步加强。建立了质量监督巡视员制度和委托项目质量管理联络员制度。近期，针对以往工程建设中出现的常见多发性质量问题，进一步完善了工程质量监督和质量奖惩制度。工程质量处于受控状态。没有发生重大安全生产事故。

五是科技创新取得丰硕成果。自工程开工以来，共取得科技成果52项，其中获国家及省部级奖7项，国内专利授权34项。

（二）征地移民工作稳步推进

干线征迁。截至目前，累计完成征地42.5万亩；累计搬迁人口6.9万人；生产安置14.7万人。

库区移民。截至2010年9月底，丹江口库区移民已完成11.3万人，占库区移民总数

33.5万人的33%。2010年是第一批大规模移民启动之年，河南、湖北两省省委、省政府高度重视，省领导靠前指挥，政府各有关部门相互配合，各级移民部门深入基层，扎实工作。河南省专门成立了省移民搬迁指挥部，省直部门组成工作组、督察组，深入移民工作一线检查指导。重视移民人口公示复核、补偿补助资金兑付等工作。河南省已经圆满完成了丹江口库区第一批移民集中搬迁任务，成功实现“不伤、不亡、不漏、不掉一人”和谐搬迁的目标；湖北省到2010年底也将完成第一批移民搬迁任务。已搬迁移民在当地党委、政府和各部门的帮扶下，正在逐步融入新的环境，开始新的生活。

文物保护。总体可行性研究批复文物保护项目710个，总经费9.85亿元。截至2010年9月，已下达8.3亿元，文物保护工作总体满足工程建设需要。

（三）治污环保取得阶段性成果

东线治污。国务院批准的治污规划中426项治污项目已全部开工，统计到第二季度末完成399项，完成率94%，输水沿线污染物总量削减明显，黄河以南36个考核断面，有25个断面水质达标，达标率69%。国务院南水北调工程建设委员会办公室（简称国务院南水北调办）会同环保部等五部委联合印发了《关于进一步深化南水北调东线工程治污工作的通知》，就深化东线治污环保工作提出具体要求。江苏省对水质不达标的控制单元提出综合治理措施。山东省已启动全省水系生态建设工作。东线治污由工程措施逐步向工程与生物措施相结合转变。

中线水源保护。《丹江口库区及上游水污染防治和水土保持规划》已累计安排投资47.96亿元，占规划投资的69%。初步建立了水源区生态补偿机制，从2008年开始，中央财政一般性转移支付对水源区三省43个县累计支付生态补偿资金约50亿元。《丹江口库区及上游经济社会发展规划》已编制完成。北京、天津、河北、河南四省市中线总干渠两侧水源保护区划定方案全部编制完成，天津市、河南省已经省（市）政府批准实施。

南水北调工程建设所取得的成就，是在党中央、国务院领导同志的关心和支持下，在国务院南水北调建委的正确领导下，中央各部门和沿线各省市团结协作、共同努力的结果。工程开工以来，国家发展和改革委员会（简称国家发改委）、中华人民共和国财政部（简称财政部）在工程建设投资计划、资金安排上给予有力保障；中华人民共和国国土资源部（简称国土资源部）在办理工程建设用地工作上急事急办，特事特办；中华人民共和国环境保护部（简称环保部）对东线治污和中线水源保护工作给予了大力支持；中华人民共和国水利部（简称水利部）在前期工作方面始终提供有力的基础支撑；沿线各省市在工程建设、征地移民、治污环保、建设环境维护等各个方面都付出了艰辛的努力。在此，我代表国务院南水北调办向各有关方表示衷心的感谢。

二、关于下一步工作

克强副总理在2010年8月指出，南水北调工程施工和移民征地均已进入高峰期，也是确保按期通水的关键时期，这个判断是十分正确的。当前南水北调工程建设面临的形势是：工程完成的总投资只有1/4，至少还有3/4的任务要在今后三年多的时间内完成。36%的设计单元项目尚未开工，部分控制通水目标的关键建筑物如期完工非常困难。随着工程建设战线的延长，管理工作量成倍增加，进度、质量、安全生产监督管理将面临更大压力，部分完工工程的运行管理面临新的挑战。丹江口库区移民大规模搬迁进入高峰，保障移民生产、生活，维护社会稳定的任务十分繁重。跨渠桥梁建设、铁路改线、专项设施迁建等滞后于主体工程建设。东线治污在规划项目完成后，距离水质稳定达标的要求还有不小的距离，如何继续深化治污措施是摆在我们面前的紧迫课题，中线水环境保护工作进入攻坚阶段，实现水源保护和库区经济社会发展的双赢，还要采取新的措施。此外，南水北调工程基金征收不能按计划完成、配套工程建设滞后于主体工程建设等，都会对通水目标的实现及发挥工程综合效益产生重要影响。总之，形势是严峻的，对此应有清醒的认识。

下一阶段，国务院南水北调办将紧紧围绕实现国务院南水北调建委确定的通水目标，全力推进工程建设提速，确保工程质量和安全，严格控制投资规模，统筹协调工程建设、征地移民、治污环保等各项工作，实现工程按期完工并质量优良，投资合理，移民和谐搬迁，东线水质稳定达标和中线水源保护目标。

为此，近期重点抓好以下五方面工作。

（一）全力推进工程建设提速

近期，我们对工程建设进度问题进行了深入研究，对在建和未开工的122项工程进行了逐项分析，提出了各项目分阶段建设目标和总体建设目标。对制约建设进度的各项因素，提出针对性的措施。特别是对未开工项目，从初步设计审批到征地拆迁和施工安排，采取了强硬措施。细化各单项工程的建设计划，明确各方工作任务和责任，把建设任务落实到每一月、每一周。对工期较长的控制性单元工程，将采取超常规措施优化工期。准备定期召开建设会商会，及时解决建设过程中的重大问题。与沿线地方政府进一步加强协调，共同维护良好建设环境，减少施工干扰，保证工程建设顺利进行。

（二）确保工程质量和安全生产

前一阶段，国务院南水北调办对质量管理工作进行了总结，对以往出现的质量问题进行归类分析，并查找了原因。下一步将采取针对性的措施，避免重大的问题再次出现。我们将以“如临深渊、如履薄冰”的态度，认真抓好南水北调工程质量。进一步完善质量保障体系，严抓过程控制，真正把质量管理的责任落实到项目法人、项目建设管理机构以及设计、监理、施工等各个管理环节。严格质量奖惩，我们正在制定南水北调工程质量问题目录，在划清责任的基础上，将实施严厉的处罚制度。此外，同时严格落实安全生产责任制，防止意外事故的发生。加强关键技术和施工工艺的攻关，用新技术保证和提高工程质量。

（三）严格控制投资规模并确保资金安全

把降低建设成本、控制工程投资规模作为重要任务。严格未批工程初步设计审查及概算核定，在保证工程质量的前提下，采取技术及管理措施，千方百计控制工程投资，严控建设过程中设计变更。确保按合理工期施工，努力实现均衡生产、有序建设，避免施工强度大起大落和因工期延长增加投资。严格合同管理，优化资金结构，提高投资效益。加强资金使用的监督和审计，加强合同、采购、财务等关键环节的控制，避免资金浪费，确保资金安全。

（四）稳步推进移民工作维护社会稳定

在确保社会和谐稳定的前提下，加快征地移民进度。落实国务院南水北调建委确定的征地移民管理体制，逐级落实征地移民责任。认真总结丹江口库区第一批大规模移民搬迁的经验，做好第二批移民搬迁的各项准备工作。特别注意移民的后期帮扶工作，帮助移民尽快度过适应期，实现长期稳定。干线征迁，重点抓好中线黄河以南段，尤其是沙河以南段，对工期紧张的项目提前安排。统筹解决干线征迁中的实际问题。

（五）进一步深化治污环保工作

当前，东线治污的关键是尽快查明影响水质达标的原因，并有针对性地完善原治理规划。在此基础上，及时开展新一轮专项治理，以确保通水前水质全部并长期稳定达标。我们将协调有关部门和沿线两省，进一步深化治污措施，建立治污目标考核的长效机制。

中线要配合国家发展改革委等部门制定和修编规划，加快项目实施进度。配合财政部等部门研究制定完善中央财政转移支付中线水源区生态补偿的办法和监督管理措施。

除以上五个方面工作之外，还要针对南水北调中线干线工程建设中的两大技术难题，尽快寻找有效应对之策。

一是膨胀土处理。膨胀土处理是水利工程中的一个世界性技术难题，目前尚未有完善的处理方法。南水北调中线干线总干渠穿越膨胀土（岩）段累计超过386km，其中约有60km属于强膨胀土地段。自2008年底以来，技术人员在中线南阳试验段采取多种试验方法，取得了一批重要参数，但技术上仍有缺陷，处理不好将严重影响整个南水北调工程的工期和质量。下一步，我们将在现有试验基础上继续深入研究，选择最优处理方法，确保穿越膨胀土的渠道安全。

二是连续高填方渠道的安全问题。南水北调中线干线总干渠超过460km属于填方和半填方渠道，最大填方高度达23m。并且，高填方渠道多数位于黄河以南，渠道设计流量普遍超过300m³/s，加大流量最大达到420m³/s，一旦类似于2008年涞水跑水的事故发生在高填方渠段，后果之严重将难以估量。因此，需要攻克高填方渠道施工质量监管技术和建后管护技术，国务院南水北调办将为此而努力，确保高填方渠道安全。

三、几点建议

南水北调工程建设涉及面广，需要各有关部门、沿线各级政府继续给予大力支持，为此建议：

（一）创建更好的工程建设环境

南水北调工程建设已进入高峰期，迫切需要良好的工程建设环境。希望沿线各省进一步加大工作力度，加强宣传组织，进一步调动工程沿线各级地方政府和群众支持工程建设的积极性，及时排查和处理矛盾，维护良好建设环境。要加大征地拆迁力度，提高交地效率，2010年底前要完成干线所有用地的征迁任务，这样才能保证工程建设顺利进行。

（二）加快专项设施迁建进度

南水北调工程穿越城市、道路、铁路、河流众多，目前相应的公路桥梁（近1700座）施工、铁路改线和专项设施改移与主体工程建设没有实现同步协调推进，特别是跨渠桥梁工程建设，进度严重滞后，严重制约工程正常建设进度。希望各省要按照国务院南水北调办、中华人民共和国交通运输部（简称交通运输部）、国家发展改革委、财政部四部委关于南水北调工程跨渠桥梁建设与管理的有关意见，加快未建桥梁工程建设，加强已建跨渠桥梁的运行管理。中央有关部门继续加大对南水北调工程建设的支持力度，加大铁路改线和各专项设施迁移和建设实施力度，确保主体工程建设的需要。

（三）相关省市要考虑丹江口库区移民对口支援工作

丹江口库区和移民安置区为南水北调工程建设作出了重大贡献，积极开展南水北调丹江口库区移民对口支援工作是十分必要的。建议：建立对口支援工作平台，相关受水区省市研究对库区和移民安置区的帮扶，通过有效的对口支援项目实施，让库区和移民得实惠，实现受水区和水源区的双赢。

（四）统筹协调东线治污和中线水源保护工作

随着南水北调东、中线一期工程通水时限的临近，东线实现通水前全线达到Ⅲ类水质目标、中线水源区长期保持优良水质，任务十分艰巨。建议：一是针对东线治污面临的新问题，在完善规划中将增加截污导流工程和退耕还湿工程等新内容，建议国家给予政策和资金上的支持；在国家重点流域“十二五”水污染防治规划中，将东线治污工作作为重中之重，在治污项目中优先安排并尽快实施。二是修编《丹江口库区及上游水污染防治和水土保持规划》尽快完成报批，并在“十二五”期间优先实施。三是水源区河南、湖北、陕西三省地方政府，在中央财政一般性转移支付水源区生态补偿后，切实落实规划实施所需的地方配套资金。

（五）加快配套工程建设步伐

干线工程建设已经全线提速，若配套工程建设持续滞后于主体工程，势必影响工程综合效益的发挥。希望有关省市积极采取措施，进一步加大南水北调配套工程建设力度，加强与主体工程的衔接，确保配套工程与主体工程协调推进，同步发挥效益。

国务院南水北调办主任鄂竟平在河南省南水北调丹江口库区第一批移民安置总结表彰暨第二批移民安置再动员电视电话会议上的讲话

（2010 年 10 月 26 日）

尊敬的郭庚茂省长，各位领导，同志们：

今天河南省召开会议，对丹江口库区第一批移民安置工作进行全面地回顾和总结，对在移民安置工作中涌现出的先进集体、先进个人进行隆重表彰，对第二批移民安置工作进行全面部署，非常重要和及时。这是河南省认真贯彻党的十七届五中全会精神，深入贯彻落实李克强副总理 10 月 9 日主持召开的南水北调工程建设座谈会精神的重要举措，体现了河南省省委、省政府对南水北调工程建设特别是对丹江口库区移民安置工作的高度重视。我相信，这次会议对于进一步坚定信心，凝聚力量，确保全面实现丹江口库区移民搬迁目标，推进南水北调各项工作快速进行，必将起到十分重要的作用。在此，我代表国务院南水北调办，对河南省第一批移民安置工作取得圆满成功表示热烈祝贺！向受到表彰的先进集体和先进个人表示深深敬意！向库区和工程沿线广大干部群众、全体工程建设者表示衷心感谢！

丹江口库区移民安置工作事关南水北调工程建设大局，事关库区人民切身利益，事关迁安区社会稳定，是一项复杂的系统工程和民生工程。经过充分研究，河南省省委、省政府果断提出“四年任务，两年完成”的奋斗目标，合乎民心、顺应民意，但也要承受着高强度、高难度工作任务所带来的巨大压力和挑战，这充分体现了河南省省委、省政府关注民生、敢于负责的勇气、魄力和远见。河南省在一年内完成 6.1 万人的搬迁任务，年度移民跨区域安置强度超过了当年三峡、小浪底工程。并且大规模移民实现了和谐搬迁、移民安定、社会稳定，取得了了不起的成就，这在中国水利史上是空前的。

刚才听了几位同志的发言和满仓副省长的讲话，结合前不久到河南省的实地调研，我对河南省丹江口库区移民迁安工作有以下突出的感受：

一是各级党委、政府高度重视，组织得力。河南省委、省政府讲政治、讲大局、讲奉献，始终把南水北调工程摆在关乎民生、关乎区域经济社会可持续发展的重要位置，作为河南人民自己的大事要事来抓。河南省委、省政府果断提出了库区移民安置“四年任务，两年完成”的奋斗目标，并围绕这个目标采取一系列得力的措施。河南省省委书记卢展工、省长郭庚茂、省委副书记叶冬松和副省长刘满仓等领导同志经常深入一线、靠前指挥；省直各有关部门分工协作、齐抓共管；地方各级党委、政府把移民安置工作作为“一号工程”、“一把手工程”和“一票否决工程”。全省上下组建了领导有力、运转高效的移民安置指挥体系，形成了共同参与、合力攻坚的“一盘棋”格局，所有这些为移民安置工作的顺利推进提供了坚强的政治和组织保障。

二是政府主导与移民意愿有机地结合。在新村建设过程中，河南省充分尊重移民意愿，在安置点选择、户型选择等方面广泛听取移民群众的合理化意见和建议。在工作中充分发挥政府主导优势，把中央政策和地方政策有机集成，把各类支农惠农和新农村建设资金优先用于移民新村建设；在移民新村建设的质量上，严把“五道关口”（招标投标关、市场准入关、材料进场关、监测检验关、竣工验收关），贯彻“四位一体”（政府监督、中介监理、企业自控、移民参与），落实“三个机制”（每月一次互督互查，关键时间节点评比奖惩，搬迁前省、市、县三级验收），形成了一套完整的质量保证体系。这些经验是宝贵的，具有重要的示范作用。

三是有一支过得硬的干部队伍和扎实的工作作风。河南省的各级干部牢记使命，恪尽职守，吃苦耐劳，作风严谨。在安置对接中，能够组织人员分包到组、到户、到人，能够细讲政策法规，倾听移民心声；在移民搬迁中，制定了详细的工作预案和操作流程，对老弱病残孕等特殊群体给予特殊照顾，实行人性化操作；在移民搬迁后，全方位做好移民搬迁后续工作，及时划拨土地，扎实开展培训，积极安排就业。河南省的各级干部能够把移民工作做得如此深细，实属不易，难能可贵，令人敬佩。

正是由于河南省省委、省政府的坚强领导、高度重视，正是由于涉及的各级党委、政府充分发挥了组织领导作用，正是由于政策到位、措施得力，正是由于广大干部认真负责、艰苦努力，才保证了从思想动员、实施管理、搬迁筹划、组织协调到后续帮扶、生产发展等阶段的环环相扣、层层深入，才取得了7个多月时间完成63个移民新村建设任务、80多天时间集中搬迁76批次6万多人的辉煌战果。这是新时期水库移民大规模集中、和谐搬迁的成功实践，是整合资源多渠道、多途径解决移民问题的有益探索，是社会主义制度决策高效、组织有力、集中力量办大事优越性的具体体现，这将在新中国移民史上留下浓墨重彩的一笔。你们的经验对南水北调各项工作具有积极的示范作用，对中国的水利建设，甚至对中国的所有移民工作都具有重要的示范作用，值得广泛推广。

当前，南水北调各项工作已经全面展开，面临的任务异常艰巨而繁重。李克强副总理在今年8月指出，南水北调工程施工和征地移民均已进入高峰期，也是确保按期通水的关键时期。我们要看到，截至目前，南水北调工程只完成了总投资的1/4，还有3/4的任务要在今后三年多的时间内完成。部分单元工程尚未开工，部分控制通水目标的关键建筑物如期完工存在难度；东线治污规划基本完成，但仍有近1/3的断面水质不达标，中线水源保护进入攻坚阶段，实现水源保护和库区经济社会发展双赢亟需采取新的措施；随着工程建设的进一步拓展，施工战线越来越长，管理跨度越来越大，质量安全面临新的挑战。单就丹江口库区移民任务来说，需要搬迁人口34.5万人，到今年年底，河南、湖北两省预计累计搬迁14.5万人。按照国务院南水北调建委确定的“四年任务，两年基本完成”的移民目标，明年还要完成剩余20万人的搬迁，其中有17万多的农村移民搬迁，2万多集镇居民及企业人员需要安置。仅河南省就要完成8万多移民迁安，3万多线上留置人口需要妥善处理。第一期的任务集中在农村移民，主要在外迁，可以集中力量，毕其功于一役。明年任务则更加繁重，工作内容更加复杂，既有外迁移民，也有后靠移民；既有城（集）镇迁建，也有公路、电力线路等大量专业项目复建。所有这些工作，都要围绕国务院南水北调建委确定的通水目标，不打折扣地完成，任务是十分艰巨的。

党的十七届五中全会的胜利召开以及李克强副总理在南阳市主持召开的南水北调工程建设座谈会，为南水北调工程建设创造了更加良好的环境和更加有利的形势。我们高兴地看到，河南省经过努力，已经形成各级领导高度重视、有关部门积极配合、全社会共同关心帮助的浓厚氛围，风气正、态势好、劲头足，为干好下步工作奠定了坚实基础。希望同志们深入贯彻李克强副总理在南阳座谈会上的重要讲话精神，再接再厉，扎实做好丹江口库区移民安置各阶段工作，全面、平稳地实现“四年任务，两年完成”的迁安目标。为此，我有以下四点希望：

一要充分估计工作中的困难，研究新情况，解决新问题，探索新方法。据了解，第一批移民大多是库区相对艰苦的群众，搬迁意愿高，基层组织作用发挥的好；那些在库区自然条件较好、生活水平较高的村，相当多的要放在第二批来实施。还有，原材料价格不断上涨，移民诉求日益多样，表达方式日益多元等，这些在客观上都增加了移民工作的难度。可以预见，第二批移民的困难程度，矛盾协调的复杂性，维护稳定的艰巨性等，都要远超现在。这就需要我们有解放思想、实事求是、大胆探索、勇于开拓的精神，立足新的实践，把握新的特点，认真研究和探索并解决移民工作中出现的各种新情况、新问题，找出解决问题的新方法。

二要切实落实好各项移民政策，抓好政策的执行和解释。要贯彻落实胡锦涛总书记在党的十七届五中全会上的讲话精神，做深细的群众工作。要把国家移民政策和有关规定讲深讲透，做到移民涉及哪里，政策的宣传解释就延伸到哪里，让广大移民群众和基层工作的同志们，全面正确地理解和掌握政策界限。在政策执行过程中，要继续坚持公开、公正、及时、透明，切实维护政策的统一性、严肃性和公信力。在坚持以人为本、亲情操作的同时，强化移民的法制教育，正确引导广大移民以理性合法方式表达诉求。

三要深入细致地做好后期帮扶工作，研究后期帮扶的政策与界限。移民由山区、库区迁到平原，周边环境改变较大，社会关系改变较大，在心理、气候环境、风俗习惯、收入渠道、生活氛围、生产条件等方面短期内还难完全适应，从“搬得出”到“稳得住、可发展、能致富”需要一个较长时间的帮扶过程。所以，需要认真研究后期帮扶的政策与界限，让广大干部做到心中有数，让移民群众做到心中有数，让周边群众做到心中有数。要确保事事有人管，困难有人帮，忧愁有人排，使移民群众平稳度过“阵痛期”，早日安心扎根。要扎实做好房屋修缮、资金兑付、生产用地划拨、生产技能培训、帮助解决就业等工作，让移民群众尽快步入发展生产、劳动致富的轨道上来。

四要切实做好移民信访稳定工作。由于各相关政策缺乏必要的统筹性，加之新时期群众利益诉求意愿不断增加，使得南水北调丹江口库区移民、库区老移民、后靠群众，以及干线征地群众、安置地原住民等各类群体存在各种不同的诉求，加之移民迁出数量增加，使得最近移民进京上访有增多的趋势，这是一个必然的过程。我们要充分认识当前移民安置工作面临的复杂形势和风险挑战，充分认识做好移民工作、维护稳定大局的长期性、艰巨性和复杂性，把握好新形势下移民信访稳定工作出现的新情况、新特点，有预见性、针对性地做好工作，既要维护移民正当权益，又要控制移民进京上访，确保社会大局稳定。

同志们，河南是一片充满希望的热土，河南有一支干事创业的干部队伍。国务院南水北调办将一如既往地关心、支持河南省南水北调各项工作，尽力为南水北调工程建设、征地移民工作的顺利开展创造条件、提供服务。让我们紧密团结在以胡锦涛总书记为核心的党中央周围，进一步振奋精神，团结协作，攻坚克难，顽强拼搏，不断取得南水北调工作的新成就、新跨越，为丹江口库区移民的早搬迁、早发展，为顺利实现国务院南水北调建委确定的通水目标作出新的、更大的贡献！

谢谢大家！

国务院南水北调办主任鄂竟平在国务院南水北调办创先争优活动座谈会上的讲话

（2010 年 11 月 10 日）

根据录音整理

下面，我想就国务院南水北调办开展创先争优活动与大家交流一些看法。总的来说，创先争优活动是一件大事，我们必须把它搞好。但是各单位都有自己的特点，开展活动自然要有自己的特色。像我们国务院南水北调办这样的单位，怎么做才具有特色，才能够取得实实在在的成效，这是一个很重要的问题。今天，我主要想就这个问题谈三点看法。

一是要把围绕南水北调工程建设中心任务，履行好组织协调职能作为我们创先争优活动的着眼点。

开展创先争优活动，我们应该以什么为着眼点，这很重要。刚才传达、学习了习近平同志最近在国土资源部调研时的重要讲话，有两句话讲得非常好，就是要围绕中心任务，立足本职岗位创先争优。我们一定要准确地理解和把握这两句话的精髓，认真贯彻落实。我认为，国务院南水北调办开展创先争优活动，就是要着眼南水北调工程建设的中心任务，履行好国务院赋予我们的职能。南水北调工程建设的中心任务说起来很复杂，但概括起来也只有这么几句话：就是要确保工程在确定的通水日期前全面建成，并且质量优良，投资合理，水质达标，移民稳定。我们创先争优就是要在这几个方面下工夫，能不能通过开展创先争优活动使工程按期建成，甚至尽量争取提前建成，使工程的质量再好一些，优秀率再高一点，并且能够把钱花得最少。当然水质和移民工作也非常重要。希望通过创先争优活动，在这个方面能够取得佳绩。我认为创先争优就是要围绕这个中心任务。

我们学习、贯彻习近平同志的讲话精神，就是要注意深刻理解什么叫“立足本职岗位创先争优”。我理解，对国务院南水北调办来说，就是要立足我们的职能来开展创先争优。简单地讲，就是要着眼于“组织协调”。什么叫组织协调，组织什么，协调什么？问题听起来很简单，其实不简单。请同志们一定要继续下工夫把这四个字搞清楚。这四个字对国务院南水北调办开展好创先争优，履行好职责是十分重要的，只有真正把这四个字搞清楚，你才知道该干什么，不该干什么，有多大的权利和义务，这样才能够真正工作到位。来国务院南水北调办这段时间，我对这个问题有很多体会，比如说东线治污问题，对于我们就是“协调”。与李主任和环境保护司一起研究了几次，应当说，在这个问题上我们有我们的想法，而两个省还有好几个部委又各有各自的意见，特别是环境保护部、发展改革委，各有各的立场。因此，研究这些问题之前，就要先搞清楚什么叫协调，到底应该怎么协调。环境保护司做得不错，搞清楚了，就是因为我们真正把自己的定位搞准确了，关系处理得就很好，协调两个省和有关部门就把问题说清楚了。今后也应当这样，开展工作时，大家要特别注意把我们的职责搞清楚。这是我想说的第一个问题，我们创先争优的着眼点是什么，就是要围绕中心任务，立足于我们的职能去开展工作，我想这才是党和国家所希望的。

二是要把创先争优活动的重点放在破解南水北调工程建设的难题上。

要通过破解难题来全面地推进工程建设，努力把南水北调工程建成世界一流工程。我认为能建成世界一流工程，就是领先的，就是优秀的。为什么要把创先争优活动的重点放在破解难题上？我们通过学习习近平同志的讲话，就可以很好地认识到这一点。习近平同志在讲话中特别突出了五个“紧紧围绕”。他讲，一要紧紧围绕服务党和国家工作大局创先争优，二要紧紧围绕保障和改善民生创先争优，三要紧紧围绕改进机关作风创先争优，四要紧紧围绕创新机关党建工作创先争优，五要紧紧围绕提高干部素质创先争优。这五个“紧紧围绕”，是实实在在的五句话，中心突出，重点明确。我们要认真学习深入思考，准确把握和贯彻。我理解，这五个“紧紧围绕”的中心思想，就是围绕党和国家的大局需要，通过努力解决当前突出的、重要的并带有普遍性的问题，这是开展创先争优活动的重点。对国务院南水北调办来讲，工作大局就是把南水北调工程建设好，而突出的、重要的并带有普遍性的问题，应该也很明确，就是这几个月以来，大家费心竭力地去研究解决的以下几个难题。

（一）进度问题。这对我们南水北调工程建设来说太重要了，到今天为止，总共155个设计单元工程中，在建的加上没开工的还有122个，其中有41个为控制性工程，跟两个月前没有什么变化。昨天上午我讲了一句话叫做“有喜有忧”，这忧就是指的这41个控制性工程。什么叫控制性工程？说简单一点，就是这41个工程里面，有一个不能在通水前建成，通水目标就实现不了。譬如，任何一个渡槽没建成，就不能全线通水。问题在于我们紧张忙碌了两个月，控制性工程仍然是41个。所以，我们得想办法加快建设步伐，确保它们能够在通水前完成。当然，我知道破解它不是一件容易的事。我认为建设管理司开展创先争优活动，破解这道难题是最重要的任务。我今天冒昧地说一句，如果到明年年底这41个控制性工程减少30个，就剩11个了，建设管理司创先争优就取得了重大的成绩，如果到2012年底41个归零，没有控制性工程了，建设管理司成绩巨大，要进行表彰。

什么叫创先争优？把重点难点问题解决了就是最大的创先，最大的争优。当然，进度问题不只是建设管理司的事，投资计划司、南水北调工程设计管理中心、中线建管局等都有责任，各司各单位创先争优整个过程都要盯住这个问题。

（二）质量问题。我们忙碌了三个月，努力寻找破解质量问题的措施，现在看隐患、后患、不利因素都还存在，问题不少，有些隐患是不得了的事，一旦出事就要闯大祸。监督司、建设管理司等有关单位在创先争优活动中一定要把质量工作作为重点对待。我想，如果明年监督司能依据国务院南水北调办即将出台的监管规定，抓住一两个典型给予严肃处理，以儆效尤，就会大大提高我们的质量管理水平，就是在创先争优活动中取得了成绩。如果明年建设管理司、中线建管局等在高填方渠道的建设质量管理上能够有实质性的突破，我认为建设管理司、中线建管局等在创先争优活动中是有成绩的。其他有关单位也要注意做好这方面的工作。

（三）投资控制问题。这是一个复杂的问题。对国务院南水北调办来说，必须要控制工程建设投资，因为国家和人民希望用最少的钱把工程建好。但地方政府和设计单位、施工企业、监理企业等与我们的想法却不尽一致。我们就是要在众多利益矛盾中间开展工作。一边是一大批人想着多要钱，越多越好，一边是要求不能多给，花钱要合理，我们难啊，可是难也得干好啊。我们在创先争优活动中就是要盯住这类难题，到底怎么解决，投资计划司、经济与财务司等要下大力气研究，要有管用的措施。

前两天我听说经济与财务司有一件事情做得不错，就是在贷款利息方面下了很大的工夫争取了一些优惠，这对下一步控制投资规模大有好处，实际是为控制投资规模作出了贡献，希望继续努力。如果经过投资计划司、经济与财务司等单位的努力，把工程投资增幅控制在可行性研究概算的10%以内，我认为创先争优就很有成果。

（四）水质问题。这个问题不确定的因素太多，利益关系复杂，协调起来难度大，问题是东线治理到现在完成了94%的治污项目，可还有28%的断面没有达标，中线丹江口水库的水质有恶化的趋势。这两个难题现在是实实在在地摆在我们面前，必须要解决好。因此，我特别希望环境保护司在开展创先争优活动过程中，盯住水质问题。如果能在明年一年内把解决中线和东线问题要采取的措施说清楚，尤其是如果能通过完善东线治污规划，明年上一批新的必要的治污项目，丹江口库区开建新一轮环保和水保项目，就是工作做到位了，创先争优活动就有成效。

（五）移民问题。应该说，移民工作前一阶段总体上是好的，要充分肯定，库区移民比较顺利，干线征迁也很顺利。昨天开主任专题办公会的时候，特别表扬了征地移民司，因为工程建设用地征迁按照月度计划，10月应是9个单元工程的干线征迁任务，结果征地移民司完成了24个单元工程的征迁，说明工作做得好，该表扬。但是，我们一定要看到移民、征地的问题远比想象的要复杂得多，严重得多，尤其是全面进入移民高峰期以后，不可知因素太多，真的不知道会有什么事情发生。上周的移民上访给我们敲响了警钟，我们真是要做到警钟长鸣，常备不懈，谨慎、妥善地处理好这类问题。通过创先争优活动，征地移民司要把移民工作再仔细地理一理，按期实现移民搬迁，保持稳定，这是基本目标、基本要求。但对创先争优来说，就是还要进一步提高工作水平。就是希望征地移民司能够增强预见性，对事态处置、对基层工作提出一些前瞻性的指导意见，并且在加强必要的防范措施上有新的考虑。如果能做到这样，也就是创先争优了。

（六）重大技术问题。我们越来越觉得技术问题不能小看，比如膨胀土问题，这段时间尽管各司、各单位密切配合工作，全力攻关，但到现在还没有处理结论，众说纷纭，包括重量级的专家、院士一起来研讨，尚无结果。然而无论如何，我们也必须处理好这个问题，否则，它迟早是要捣乱的。还有海水淡化问题，我们要加强这方面的研究，弄清楚海水淡化的成本问题、耗能问题、水质问题和生态环境问题。我们一定要主动做工作，邀请一些具有海水淡化工作热情和技术资质的专家一起认真地搞清楚这些问题，否则，会影响下一步东中线的二期，影响西线工程。希望各部门各单位在创先争优活动中要注意盯住这些重大的技术问题，不要因为技术问题影响了南水北调工程建设的大局。

总之，我认为开展创先争优活动，就是要瞄准这些重大问题，有针对性地开展工作，努力破解难题，破解得越早越好，解决得越彻底越好，每破解一个难题，我们就可以前进一步，破解得越多，我们的进步就越大，全部破解了，我们南水北调工程也就建好了，也就是创先，更是争优了。为此，希望大家能够统一认识，一定要把创先争优活动的重点放在破解这些难题上，这是我讲的第二点。

三是创先争优活动中，国务院南水北调办自身要特别重视党员干部队伍作风建设。

习近平同志讲得很明确，创先争优活动要在推动科学发展、促进社会和谐、服务人民群众、加强基层组织方面取得成效。对国务院南水北调办自身建设来说，我认为应该把重点放在党员干部队伍的作风建设上。通过创先争优活动，使我们的党员干部的工作作风、生活作风、学风比过去更好，使我们的机关作风比过去更正。我认为做到这一点对机关组织建设来说，就是最重要的收获，这个收获将长期受益。前几天在办党组民主生活会上，我特别提出要加强机关作风建设，并希望能在五个方面重点加强：一是要强化求真务实的作风，形成实干创新的风气；二是要强化清正廉洁作风，形成贪占可耻的风气；三是要强化联系群众的作风，形成为民办事的风气；四是要强化艰苦奋斗的作风，形成勤俭节约的风气；五是要强化勤思爱学的作风，形成积极进取的风气。这五句话乍听起来好像是套话，其实不然。这是我来国务院南水北调办工作三个多月的体会和收获。对我们这样一个国务院的办事机构，主要任务是办事，要办事，没有一个好作风能行吗？我们的党员干部应该有一个务实的作风。面对几千亿元工程的招投标等利益诱惑，应该注意廉政。我们要建2800多千米引水渠河，同时还要移民45万人，涉及面广、量多的基层职工和群众，应该密切联系实际，联系基层，联系老百姓。我再次强调，要认真学习、贯彻胡锦涛总书记在党的十七届五中全会上“关于做好新形势下群众工作”的重要讲话精神，做好南水北调工程建设中的群众工作。最近我们也在研究落实这方面的工作。再有就是要有艰苦奋斗的作风。我们是2546亿元工程投资的“管账先生”，钱要花的合理，就必须有勤俭节约的作风。还有前面我讲了，南水北调工程建设已经并还将遇到很多难题，有工程方面的，也有管理方面的，要想破解这些难题，首先就要搞明白这些难题，要想搞明白，没有好的学风和创新精神能行吗？总之，我想没有这些好的作风，我们很难适应工作的需要。

我认为，任何一位同志，要想在南水北调站住脚，首先要有好的作风，作风上不去，干也干不好。培养一个好的作风，对于干部的成长，对于干部的发展进步，是有很大作用的。说到作风，我要说说今天的会议发言，也算是联系实际吧。一开始李主任就讲了，会议内容多，时间紧，请六位发言的时间控制在十分钟以内。这中间，我就看了表，记了下来，结果绝大多数发言的同志没有按照李主任的要求限时发言。并且我感觉到有的同志的发言里面，空的东西、大话不少，还有的发言里面，有些话不应该在这个场合说，层次不对。这充分反映出会风问题，会风不正作风能行吗？我们通知开座谈会，你就应该好好研究研究，这个座谈会该说什么，要对题，要务实。我今天正式提出来，今后开会让说5分钟就说5分钟，并且要讲有用的话。同志们一定要有一个好的作风，做事一定要认真一点，务实一点。尤其我们今天参加座谈会的同志，都是司局级干部，各位的作风对机关来说太重要了，我们的一举一动，一言一行，干部职工看得真切，直接影响到他们。

同志们，说到作风，不是空话，作风是党性的表现，不是个小问题。所以，我特别希望我们创先争优活动，能高度重视党员干部队伍的作风建设，尤其要重视我前面说的五个方面的作风建设。希望各单位在做好繁忙的业务工作的同时，注意培养干部好的作风，要把这项工作放在重要位置，切实抓好。对此，直属机关党委的责任要更大一些，机关党的工作一定要把党员干部队伍的作风建设放在突出的位置，抓实、抓好。作风建设一是要靠思想政治工作，二是要靠好的机制。关于完善机关运行机制的有关工作，办公室正在积极推进。思路是，先分清职责，后责任追究，奖优罚劣。我希望直属机关党委和各单位要通过创先争优活动，在思想政治工作方面创造出更多的适销对路、管用见效的好形式、好方法，以全面提高国务院南水北调办的思想政治工作水平，为又好又快建设南水北调工程提供强大的精神动力。

今天我的讲话说了三个方面，一是开展创先争优活动，要把着眼点放在围绕工程建设中心任务、履行好组织协调职能上；二是开展创先争优活动，要把重点放在破解工程建设中的难题上；三是在创先争优活动中，要特别重视党员干部队伍作风建设。这就是我今天的讲话要点，供各部门各单位在下一阶段创先争优活动中参考。

国务院南水北调办主任鄂竟平在南水北调工程建设进度（第一次）协调会上的讲话

（2010年11月19日）

同志们：

对这次进度协调会，各单位都很重视。这次会议是进度方面的第一次协调会，我想讲两个方面的情况，第一方面想说说关于学习李克强副总理重要讲话的一点心得，第二方面想说说关于抓工程进度的三点要求。

第一方面，关于学习李克强副总理重要讲话的一点心得。南阳会议之后，很多同志找我说这个会开得好、效果好。这个会最重要的成果是克强副总理作的重要讲话。克强副总理的讲话有两个关键词，一个是“高峰期”，一个是“关键期”。其实在南阳会议之前，我单独给克强副总理、良玉副总理汇报工作的时候，两位领导都不约而同地讲了这两个关键词。为什么这两位国务院领导不约而同地强调这两个关键词呢？值得我们很好地去分析理解。为了能够很好地理解这两个词，国务院南水北调办组织相关单位进行了大讨论，前两天听了讨论情况的汇总汇报，发现讨论的不行，深度不够，还需继续理解。这两个词看着很简单，也很直观，但其实很有深意。下面就把我的一些体会给各位汇报一下。

直观讲这两个词不难理解，所谓“高峰期”很清楚。前七年投资花了四分之一，后三年多一点要花四分之三的钱，从投资上来看肯定是进入高峰了。前七年155个设计单元工程竣工了33个，还有122个要在后三年多一点时间内完成，平均一年就要竣工40个上下，这不是高峰期是什么？再有移民，前七年移民不到8万人，今年15万人，明年20万人，移民也是高峰。在管理上，过去开工项目少，移民也少，管理工作也不多，下一步各项工作全面开展，工作量肯定要成倍甚至十几倍增加，还会涉及社会问题，从管理上讲也是进入高峰了。直观上这样理解也对，所以有的司局讨论的时候，把这些东西罗列后认为两位国务院领导讲的“高峰期”指的就是工作量进入高峰期了。而认为“关键期”就是讲只剩下三年左右的时间了，就东线工程建设而言只有31个月的时间，这期间还要预留小半年验收的时间。中线剩的时间也不多了，最多40个月时间了。这么点时间我们要干那么多工程，把那么多钱花好，移民还要不出事，质量也要保证，水质到时候也要达标，三年多时间干这么多活，还得干好，所以这三年很关键。对“两期”这么理解不能说不对，一开始我也这么认为，后来结合工作实际，经过深入学习，我发现绝对不是这么简单。

这两个词内涵还是很深刻的，我理解恐怕大家要从“很艰难、有风险”这六个字去加深对“高峰期”和“关键期”内涵的理解。什么叫“很艰难”？到今天为止，我们仍面临着一大堆非常难以解决的难题，这三个月国务院南水北调办反复深入研究，至今为止还有一些难题没有完全说清楚。总的来说我们面临的难题是“五加一”，一进度、二质量、三投资、四水质、五移民，这是五个至关重要的难题，还有一个“一”是指重大的技术难题，比如膨胀土、高填方渠道质量管理等重大的技术难题。这“五加一”难题确实是非常之难。比如，进度方面，到目前为止在122个开工和没有开工的项目中，有一批在进度上面临着重大的问题，建设管理司用了一个多月的时间对这些项目进行了梳理，已把41个项目列为控制性工程。这41个项目中，有的项目如果按照现在的计划工期去施工，通水前肯定完成不了，还有的项目只能在通水前三个月内勉强完成。建设管理司已把不能完成的4个项目列成红色项目，37个完成很危险的项目列成黄色项目，要对这些项目重点督办，因为弄不好就完成不了。还有质量，全线开工2800多公里，形形色色的、各种不同类型的项目，现有体制机制下有很多漏洞和隐患，后患不说无穷也至少众多。投资控制方面是一个矛盾，国务院南水北调办在这个矛盾中努力工作，什么矛盾？有想多要钱的，有希望少给钱的，我们就在“多”与“少”之间协调，非常困难。如各省的同志在研究每个工程项目的时候，都希望初步设计批复的投资越多越好，我完全理解。施工单位、监理单位在施工过程中肯定也想多挣点钱，越多越好，这也是毫无疑问的。问题是国家给国务院南水北调办的任务是：你要以最少的钱来把这个工程建完建好。最后国务院要问你这个钱花得合理不合理。到底合理不合理，不能光听自己说，还会有他人评价你，这个问题现在很难说清。水质问题，克强副总理特别批示了要处理好东线水质问题，原因很简单，东线治污工程426项，已经完成402项，95%快完成了，但是水质还有将近三分之一的断面没有达标。还有中线，现在水质一直是达标的，但是趋势不好，相当多的支流水质是恶化的，一年不如一年，这个趋势大家还是看得到的，如果这么恶化下去，有一天库区水质也要因此而超标，到底怎么解决？32条支流涉及若干个县，你治理什么内容？需要多大工作量？先干什么工作？这些问题都很复杂，都是非常难解决的。移民问题更不用说了，里面的难题现在谁都说不清楚。

同志们，“很艰难”这三个字是说任务艰巨，难点太多，并不简简单单是说四分之三剩余工程量的问题、20万移民没有移完的问题，而是体现在任务艰巨，体现在“难”上，高峰期主要指的不是量的问题是指的艰难，这是我对高峰期的体会。

后三个字“有风险”，到底有什么风险？我认为不是一个风险而是两个风险。很长时间里我一直认为是一个风险，认为是工程的风险，这段时间下来我提高了认识，认识到所谓关键期，不仅对工程建设来说是关键时期，而且对我们这支队伍也是重大考验。不光是工程方面有风险，还有人的风险——我们这些建设者的风险，我们这支队伍的风险。这么多的艰巨任务，这么多的难点，弄不好工程真有到通水那天干不完的危险。质量、移民、水质统统都有风险，这是工程上的风险，大家能够体会到，这里我想重点说说“人”的风险。国务院已经明确南水北调工程“2013年东线通水，2014年中线通水”，假如没有说得过去的理由而完不成任务，对我们来说意味什么？那就是不称职，在这件事上打败仗了，说再不好听的咱们这些人没有资格承建这么重要的任务，是误国误民，我们这支队伍也就完了。这不是风险这是什么？搞工程建设就好比战争年代打攻坚战，按时攻下，我们就赢了，不能按时攻下，敌人援军一到，自己就有被消灭的危险。这就是关键时刻，南水北调工程建设也是这样一个道理。因为有风险才关键，希望大家一定要把对“关键期”的理解统一到这样一个认识上来。我们的责任非常之大，风险也非常之大。

第二方面，南水北调工程建设已过去7年了，但进度问题却越来越突出，其中最突出的是国务院南水北调办提出了41个控制性工程，所谓控制性工程就是任何一个工程建不完，整个工程就不能通水。所以这是决不能容许的，必需要用志在必得的决心，毫不犹豫地把进度抓上去。怎么抓？11月9日那天我和张野副主任开了主任办公会，专门研究了进度问题，在会议上我提出三点要求，今天重复一下这三点要求，一抓细、二抓实、三抓死，这三抓就是国务院南水北调办对抓工程进度的意见。

第一抓细。体现在三个方面，一是要按照通水目标要求，详细制定41个控制性设计单元工程的施工计划，要以月为单位，把每个工程的详细计划制定出来，同时要体现工程节点，比如渠道，每个月应该挖多少，什么时候渠道要挖完，什么时候要把混凝土浇完，要有节点的计划，每个工程都要细化。二是要细化确保工程施工所需要的必要条件和应采取的措施。

就是说，要根据施工计划，明确需要什么条件、需要什么措施，这些都要细化，也就是到底用什么措施，提供什么保证，才能把施工计划顺利地进行下去。三是从施工单位、监理单位一直到国务院南水北调办，要把各个单位在41个控制性设计单元工程施工过程中应负的责任全部细化。抓细主要指这三个方面，要想真抓就得先把它搞清楚，这是最基本的。

第二抓实。什么叫抓实？就是要以月为单位，把以上细化的东西兑现，这就叫做抓实。重点是每个月要查一次，对41个控制性设计单元工程每个月要查一次，看这个月进度完成得怎么样。要实实在在查，如没有完成，是什么原因？谁的事？应该怎么补？这个月的计划没有完成，对整个工程进度会造成什么影响，都要进行评估。要月月有说法，计划必落实，遇事快速处置，以月保年。总之，实实在在地盯住工程的进度，实实在在地去研究问题和解决问题。我跟张野副主任今后每个月都要听李新军同志一次关于进度工作的汇报。11月9日办里开了进度会，听的是10月份的进度情况。会议开得很实，重点盯住影响工程进度的问题，研究部署了相关工作。制定的措施针对性强，责任落实的很具体，优差清楚，奖罚明确。现在看，在进度问题上，来虚的不行，力度小了也不行，只能实抓、大抓。希望各省、各个法人，每个月也要认真地研究一次进度问题，当然研究问题不是主要目的，目的是一定要针对问题赶快处理，这就叫抓实。

第三抓死。什么叫抓死？抓死就是没有商量。前面讲我们到了关键时刻，关键时刻就是没有商量，只有一种选择，就是在工程与人之间进行选择。工程建设的后门已经给关死了，41个控制性设计单元工程必须得在通水前干完，这是不可动摇的目标。什么叫在工程与人之间选择？很简单，工程必须得完，你能干就干，干不了换人，换能干的来干，这就是选择。这个选择是从施工单位开始，包括所有有关单位和责任人，包括监理，包括法人，包括各省，包括国务院南水北调办，也包括我。国务院南水北调办非常明确41个控制性设计单元工程必须要在通水前干完，不能商量，谁能干完谁干，谁干不完，我一旦发现你不行我毫不犹豫换人，这就叫抓死。41个控制性设计单元工程每个单元工程每个月的进度，都不能轻易地改变，月季度有变化，一定要有充足的理由，半年的进度基本不变，全年的施工进度是绝对不能变的。为此，下一步恐怕要实行这么一个制度，三个月为一个考核的单元，如果三个月计划没有完成的，国务院南水北调办就要下书面的整改通知书，并且在通知书里明确提出具体的意见；如果半年的计划不能完成的，公开通报批评，限令整改；如果年度计划不能完成的，又没有不可抗拒的理由，那就要考虑换人、换队伍。这一条不能含糊。这一制度要体现在以下两个方面：一是在招标的时候要在合同里头反映出来，施工单位要投这个标，必须在进度上按照国务院南水北调办说的，如果一年下来不能够完成进度计划，在合同里说清楚要换人；二是要体现在下一步准备要签署的工程进度责任书里面。我说的季度、半年、年度进度监管问题，请有关司局做好相关的工作，这就叫抓死。

国务院南水北调办对工程建设目标初步考虑，经过我们努力工作，争取明年一年的时间，41个控制性工程有20个左右变成白色项目，不再作为控制性工程来对待，争取明年年底手里剩20来个控制性工程，到后年年底一个都不能有了，这就是我们的目标。让我们大家一起按照这个目标来努力。

国务院南水北调办主任鄂竟平在湖北省南水北调丹江口水库外迁移民总结表彰会议上的讲话

（2010年12月28日）

尊敬的鸿忠书记、国生省长，同志们：

今天湖北省省委、省政府召开会议，对丹江口水库移民工作进行回顾和总结，对先进单位、先进个人进行隆重表彰，对已外迁移民的生产生活和后续稳定发展作出安排，对明年库区移民工作进行再动员、再部署，非常重要和及时。我相信，通过总结经验，明确目标，落实措施，会使湖北省丹江口库区移民的迁安工作更加顺利，因此我认为这次会议对于确保全面实现国务院南水北调建委确定的移民搬迁目标，将起到十分重要的作用。在此，我代表国务院南水北调办，对湖北省圆满完成今年的移民任务表示热烈祝贺！向受到表彰的先进单位和先进个人表示深深敬意！向库区和安置区广大干部群众表示衷心感谢！

湖北省在南水北调中线工程建设中具有特殊地位，湖北省的工作对实现国务院确定的通水目标，具有重要的意义。湖北省向北方地区输送宝贵的水资源，为北方地区社会经济可持续发展作出了实实在在的支持。虽然国家帮助湖北省开展了汉江下游的四项治理工程，但湖北省的牺牲和奉献更大，是有目共睹的，尤其是广大移民舍小家、顾大家的崇高精神更是令人感动，所有这些，北方地区人民是永远不会忘记的。与此同时，湖北省还肩负着保护水源地和库区移民搬迁的双重艰巨任务，尤其是库区移民，湖北省的规模最大、项目最多、任务最重，要做好极不容易，但是湖北省做到了今年6.6万移民顺利外迁，并且“不伤、不亡、不漏”一人，车不掉漆，人不破皮，真正实现了和谐搬迁、平安搬迁。年度移民外迁强度、规模均超过了当年三峡工程，如此大规模、跨区域外迁能有这样的结果，其成就令人赞叹，湖北省创造了水库移民新的历史。

刚才听了库区及安置区部分市县同志的发言，感人肺腑、令人振奋，结合这段时间以来的工作体会，我深深感受到湖北省移民工作的经验值得认真总结：

一是领导重视，保障有力。湖北省各级党委、政府始终把库区移民工作摆到重要议事日程，省领导更是如此。鸿忠书记率先垂范，多次亲自决策部署，提出坚持“三心三优”（即移民干部要有热心、爱心、责任心，对移民群众要优先、优越、优厚）做好移民工作，把移民工作当作湖北省三件天大的事（防汛、血防、移民）来抓好落实。国生省长刚来湖北省不久，也非常关心库区移民工作。承忠副省长身体力行，亲自部署、检查和指导工作，并经常深入基层，解决突出矛盾和问题，付出大量心血。省、市、县各级政府都成立了主要领导亲自挂帅的移民安置指挥部，库区与外迁安置区地方政府密切配合、无缝衔接，省直各部门齐心协力，所有这些为外迁移民工作的顺利开展提供了坚实的组织保证和机制保障。

二是政策惠民，以人为本。湖北省充分整合中央政策和地方政策，把移民新村建设与社会主义新农村建设、当地经济社会发展结合起来，将移民生产资料、住房建设、基础设施、公益配套和社会保障“五位一体”统筹考虑，一次规划到位，一次建设到位。实施了“六个一”的帮扶措施（即每人一份口粮田、每户一套好住房、每户一口沼气池、每人一份后期扶持补助、每个符合条件的移民优先办理一份新型农村社会养老保险、每户培训转移一个劳动力等）。在鼓励搬迁、线上资源补偿、土地整治、移民发展生产、房屋建设、移民社会保障等方面出台了一系列强有力的支持和帮扶政策，这些最大限度地惠及移民，让移民群众得实惠，为实现移民的长治久安，打下了坚实的基础。

三是干部务实，尽心竭力。湖北省负责移民工作的干部队伍有事业心，经验丰富，业务能力强，求真务实，善于在新形势下研究新问题、探索新方法，敢于采取新措施，能够在不同历史时期，不同政策条件下，与时俱进地开展移民工作。我们认为以群众工作为核心内容的移民工作，就是要依靠基层的干部职工。湖北省的各级干部牢记使命，恪尽职守，吃苦耐劳，作风严谨，在工作中洒下了汗水、苦水、泪水，甚至血水。正是由于深入细致的移民工作，才营造了良好的党群干群关系，让为国家作出重要贡献和牺牲的移民群众，切实感受到党的关怀，感受到社会主义大家庭的温暖，心平气顺的外迁，这实属不易。因此，如果论功劳的话，我认为广大基层干部的功劳是第一位的功劳，在此，我再一次向他们表示深深的敬意！

总之，湖北省同志们的工作，为南水北调工程建设作出了突出贡献，丰富了我国水库移民工作的实践，为移民工作增添了宝贵的财富，值得我们好好总结，弘扬光大。

同志们，当前，南水北调各项工作已经全面展开，李克强副总理在南阳市主持召开的南水北调工程建设座谈会上明确指出，南水北调工程施工和征地移民均已进入高峰期，也是确保按期通水的关键时期，任务艰巨而繁重。丹江口库区移民事关工程建设的大局，是实现中线通水目标的关键性要素。按照国务院确定的“四年任务，两年基本完成”的移民目标，明年湖北省还要完成10多万移民迁安工作，并且既有后靠农村移民，又有集镇居民及企业人员安置；既有城（集）镇迁建，又有公路、电力线路等大量专业项目复建。任务将更加繁重，工作内容将更加复杂。因此，希望同志们深入贯彻李克强副总理在南阳座谈会上的重要讲话精神，抓住有利时机，再接再厉，全面实现库区移民“四年任务，两年基本完成”的目标。为此，我有以下四点具体希望：

一要统筹兼顾，全力做好库区移民各项工作，确保和谐搬迁。相比较而言，湖北省的丹江口水库移民搬迁内容复杂，任务更重。既有外迁移民，也有2.5万人的城集镇居民和企业人员。城集镇迁建、单位迁建、企业补偿迁建、公路复建等近七成的工作量集中在湖北省。尤其是由外迁调整为后靠移民的安置方案尚未最终落实。因此，要在做好移民群众搬迁的同时，统筹做好城集镇迁建、专业项目改复建等各项工作，倒排工期，梳理节点，总体把控好进度。要尽早落实外迁调整为后靠安置的1万多人的安置方案，制定和完善移民自建房的质量和进度保证措施，妥善做好已搬迁移民后期帮扶工作，细化、实化帮扶措施，统筹做好房屋修缮、资金兑付、移民人口核定、生产用地划拨、生产技能培训、劳动力就业等各项工作。

二要抢抓机遇，努力改善库区群众生产生活条件，促进库区经济社会新发展。要让库区广大干部群众充分理解中央的部署。在看到湖北省在为南水北调工程作出重大牺牲和贡献的同时，也要看到工程建设为丹江口水库初期工程遗留问题的妥善解决和库区经济社会发展带来的契机。要紧紧抓住机遇，改善库区群众的生产条件，提高生活水平；促进库区产业结构的调整，优化产业布局，加快转变经济发展方式，实现经济社会发展的转型，走出一条生产发展，生态良好，生活富裕，人水和谐的科学发展的新路子。

三要开拓思路，着力创新工作方式方法，提高群众工作水平。胡锦涛总书记在党的十七届五中全会上，专门强调加强和改进新形势下群众工作。水库移民工作就是直接面对移民的群众工作，要在做深、做细、做实群众工作上下工夫，切实落实好各项移民政策，做好政策的执行和解释。在政策执行过程中，要继续坚持公开、公正、及时、透明，切实维护政策的统一性、严肃性和公信力。在坚持以人为本、亲情操作的同时，强化移民的法制教育，正确引导广大移民。要妥善处理好后靠移民与外迁移民的关系，妥善处理好新移民与老移民、线上涉淹村组留置人口的关系。要以实效为前提，力拓新思路、创造新方法。

四要强化预防，尽力做好移民信访工作，维护社会稳定。当前我国正处于改革攻坚期，政策在不断完善，但在一定时期、特定区域，还难以完全满足新时期群众利益诉求，丹江口库区移民情况复杂，众多历史积累的矛盾和尖锐的实现问题都通过移民搬迁充分暴露出来。可以预料，移民进京上访、集体上访还会发生，客观上在所难免。基层党委和政府，要充分认识做好移民工作、维护稳定大局的艰巨性和复杂性，信访稳定与移民搬迁一定要两手抓。及时发现苗头，摸清共性，把握规律，有预见性、针对性地做好工作，既要维护移民正当权益，又要努力把矛盾、问题解决在基层，确保社会大局稳定。

同志们，荆楚大地，人杰地灵。湖北省有着悠久的历史和璀璨的文化；湖北省有着无私奉献、艰苦奋斗的群众和艰辛付出、勇于开拓的干部队伍；湖北省有着大规模移民外迁的成功经验和良好的氛围，所有这些都是弥足珍贵的。在南水北调工程建设上，你们正在担当新的使命、创造新的业绩。你们的奉献和付出，国家不会忘记，受水区群众不会忘记。今后，国务院南水北调办将一如既往地关心、支持湖北省南水北调各项工作，尽全力为库区移民工作创造条件、提供服务。让我们发扬求真务实、真抓实干的作风，坚定信心，继续拼搏，为丹江口库区移民福祉，为库区经济社会发展，为如期实现国务院确定的通水目标而努力奋斗！

元旦春节将至，在此祝大家工作顺利、身体安康、家庭幸福！

谢谢大家！

国务院南水北调办主任张基尧在东线治污暨截污导流工程建设现场会上的讲话

（2010年7月5日）

实施南水北调工程是优化我国水资源配置、缓解北方地区水资源短缺的国家战略性举措，更是落实科学发展观、建设资源节约型和环境友好型社会的重要实践。治污环保是南水北调工程的重要组成部分，是工程成败的关键。目前，南水北调工程建设正加快推进，各项工作取得显著进展，治污环保工作取得了阶段性成果。这次会议主要任务是：贯彻落实国务院南水北调工程建设委员会第四次全体会议精神，总结东线治污工作经验，加强南水北调治污环保工作交流、创新工作理念，进一步推动南水北调治污环保工作。

这次会议之所以在山东省召开，主要是因为南水北调东线治污重点、难点都在山东省，山东省积极探索、勇于创新，治污工作成效显著。昨天，会议代表参观了兖矿鲁化污水处理厂、深滕污水处理有限公司、新源热电厂、城漷河截蓄导流工程、泉上煤矿塌陷坑湿地，对山东省“治、用、保”并举的综合治污理念有了直观的感受和认识，收获很大，很受启发。刚才，山东省和江苏省环保、调水部门以及滕州市政府作了交流发言，使大家对东线治污又有了深入了解；万志副省长、力军副部长发表了讲话，我很赞成。下面我讲三个方面的问题。

一、东线治污环保工作进展明显，经验值得总结和学习

东线治污工作进展体现在三个方面。

一是东线治污规划项目完成九成以上。根据南水北调东线工程治污规划，苏、鲁两省治污实施方案中426项工程已全部开工，截至目前，已经完成399项，完成率94%。目前，山东省已加快了截污导流工程建设，预计到2010年底前全部建成并投入使用；人工湿地项目也将在2011年底前全部完成；江苏省4项截污导流工程，已有3项建成投入运行。

二是已建工程投入运行，如期发挥设计效益。苏、鲁两省通过采取BOT或TOT方式融集社会资金、全面提高城市污水处理收费标准、加快污水收集管网建设、推进污水处理产业化进程、强化设施运行监管等综合措施，有效保证了城市污水处理厂建成并全部投入使用，目前2/3的城市污水处理厂运行负荷率在80%以上。通过对污水处理厂和重点工业污染源安装在线监控装置，采取定期、不定期驻厂取样监测等监督检查措施，对废污水排放实施严格有效地监控，保证了已建工程设计效益发挥，已经完成的工业点源治理项目废污水达标排放率在90%以上。

三是沿线污染物总量削减明显，水质和生态持续改善。经过沿线各地共同努力，东线沿线主要污染物排放总量大幅削减，2006年较规划前COD、氨氮浓度均削减了80%以上，在此基础上，2008年较2006年COD和氨氮的入河量又削减了52.7%和74.2%，污染物排放总量基本达到或接近目标控制总量，输水干线沿线水质和生态环境得到持续改善，部分污染较重的河段水质提高明显。2010年一季度，黄河以南36个考核断面中，达标断面23个，达标率为66%。其中，江苏省境内输水干线水质已基本达到Ⅲ类，徐州南四湖支流复新河虽然还未达标，但水质已由劣Ⅴ类提高到了Ⅳ类。山东省境内输水干线水质接近50%达到Ⅲ类，尚未达标断面水质中主要污染物浓度已大幅下降，南四湖周边污染较重的入湖支流洸府河、城漷河、东渔河等水质改善较大，南四湖、东平湖水体水质由劣Ⅴ类提高到了Ⅳ类，湖区内又出现了曾经绝迹的鱼类，特别是对环境敏感的小银鱼又重现于河湖中，湖边野生植物、珍稀鸟类日渐增多，重现了湖区的生机和活力。

东线治污之所以取得以上成绩，归纳起来主要有以下四个方面的经验：

（一）东线治污领导重视、组织有力、目标明确

一是领导重视。党中央、国务院历来高度重视南水北调工程治污环保工作，在工程规划阶段镕基总理就提出“先节水后调水，先治污后通水，先环保后用水”的“三先三后”原则。在工程建设实施阶段，家宝总理多次指出，要把水污染防治作为重中之重，使南水北调工程成为“清水走廊”、“绿色走廊”，发挥带动重点流域水污染防治的辐射作用。克强副总理多次就治污环保工作作出批示。培炎、良玉副总理亲自视察东线治污工作。有关部委积极贯彻党中央、国务院的指示，组织编制了《南水北调东线工程治污规划》、《南水北调东线工程治污规划实施意见》，与苏、鲁两省政府签订了治污责任书，组织了东线治污工作的考核。苏、鲁两省各级地方政府主要领导亲自抓东线治污工作，经常召集各相关部门协调重大问题，深入一线调查，现场办公。各级领导重视是东线治污取得成效的关键。

二是组织有力。苏、鲁两省分别成立了由省及调水沿线各地市政府领导挂帅的“南水北调东线工程治污工作领导小组”和“淮河流域水污染防治工作领导小组”，统一指挥、协调治污工作。为了开展好日常工作，江苏省还在省南水北调办设立了由发展改革、环保、建设和水利部门职能处室负责人组成的治污处。山东省政府领导带队，邀请省人大常委会同志参加，每季度组织省、市、县三级联动，开展环境执法检查，对工业污染源、污水处理厂排污口、河流断面水质情况进行明察暗访，组织严格考核，每月公布调水沿线重点流域出入境断面水质和治污项目进度等，各项组织工作有条不紊，为治污工作提供了有力保证。

三是目标明确。《南水北调东线工程治污规划》经国务院批准，确定了东线治污目标，即输水沿线全程达到国家地表水Ⅲ类标准，并据此划分治污单元，将每一个流域控制断面水质目标落实到沿线各级地方政府、企业单位，既有总体目标，又有省、市、县明确治污责任主体目标，各企业落实的减排目标。目标明确为责任明确及建立责任体系创造了先决条件。

（二）东线治污规划科学、理念创新、政策到位

一是规划科学。东线处于经济较发达地区，工程主要利用原来已被严重污染的湖泊、河道进行调蓄、输水。为加强东线治污工作，国务院批准了《南水北调东线工程治污规划》并落实了治污项目建设资金。《南水北调东线工程治污规划》在总结淮河流域治污经验的基础上，针对东线治污工作目标，预测了污染物排放控制总量，并以控制单元为基础对污染负荷进行优化分解，建立了污染源与环境目标间的相应关系，设置了工业结构调整、工业综合治理、城镇污水处理及再生水利用、流域综合整治和截污导流等五大类项目，形成了一套较为科学、系统的治污体系。两省根据规划编制实施方案，对治污项目进行优化，增加了部分船舶污染防治、城市生活垃圾处理，调整了截污导流和工业水污染治理项目。项目方案经反复论证、比选，既体现了民主决策、科学决策，又兼顾了各方利益。

二是理念创新。山东省紧密围绕水质目标要求，结合治污工程的特点和当地实际，在实践中探索出了一条“治、用、保”并举的创新之路。“治”，是通过采取工业结构调整、清洁生产、末端治理、环境基础设施建设、面源污染治理、河湖清淤疏浚和强化环境管理在内的全过程污染防治；“用”，是在污染治理的基础上，因地制宜，利用流域内季节性河道和闲置洼地，建设中水截、蓄、导、用设施，合理规划中水回用工程，力求中水不进入输水干线；“保”，是在保障防洪安全的前提下，综合采用河流入湖口人工湿地水质净化、河道走廊湿地修复、湖滨及湖区湿地修复等生态修复和保护措施，对流域的生态恢复过程进行强化。“治、用、保”并举的一体化治污思路，充分体现了减少污染物排放、水资源循环利用、促进经济增长方式转变的循环经济理念。这一创新的治污理念已经贯彻到山东省的治污工作中，通过示范工程建设，取得了明显效果。如滕州市城漷河和北沙河水污染综合防治工程，采取了“点源治理、集中处理、截蓄导用、湿地净化”相结合的综合治理措施，使主要河流城漷河出境断面水质 COD 浓度由 2005 年的 150mg/L 下降到 30mg/L 以下，氨氮浓度由 8mg/L 下降到 2mg/L 以下，最终通过人工湿地对入湖河水进行深度净化，达到Ⅲ类水质标准。

三是政策到位。苏、鲁两省在治污规划实施过程中，针对南水北调沿线结构性污染较为突出的问题，不断完善地方法规和标准体系，发布了一系列加强水污染防治和生态建设的条例、办法等规范性文件，从淘汰落后产能、提升准入门槛、提高排放标准、推进清洁生产、治理船舶污染等方面入手，为全面深化治污工作提供了有力的法规和政策保障。山东省在2006 年率先颁布实施了严于国家标准的地方性南水北调沿线水污染物综合排放标准，山东省人大常委会审议通过了《山东省南水北调工程沿线区域水污染防治条例》，以地方立法的形式对水污染防治工作进行了规范，在治污措施、环境监督管理、面源污染治理、生态修复与保护、生态补偿等方面作出了一系列有针对性的规定。对于环境容量饱和的区域，禁止新增排污总量的项目建设，严格控制新上造纸、化工、酿造等重污染项目。山东省按照“先算、后审、再批”的程序，有效控制新增污染项目；对未按时完成污染物削减指标、污染物超标排放、河流断面水质长期超标的市或县（市、区），实行区域限批；认真落实重点企业监管等“四个办法”，抽查监测重点企业、城镇污水处理厂、主要河流断面，开展整治违法排污企业保障群众健康环保专项行动，保持严厉打击环境违法行为的高压态势。江苏省明确了省、市、县三级建设项目环境影响评价的审批权限，对越权审批，违法、违规审批作

出了具体的处理规定；提高了苏北地区化工行业准入门槛；将新建项目安排到工业区，同时加快治理老项目，逐步实施搬迁，实行污染物集中处理。两省通过采取把好环境准入关、严格区域限批、强化日常监管和环境执法、加强环境监管能力建设，探索环境安全预警监测体系和应急处置体系等措施，构筑水质安全防控体系。

（三）东线治污形成了一套行之有效的管理模式

一是落实了责任。国务院南水北调办受国务院委托，分别与江苏、山东两省人民政府签订了东线治污工作目标责任书。两省省委、省政府将治污目标任务完成情况纳入领导班子和干部考核目标，与调水沿线14个地市签订治污目标责任书。山东省各地市均把南水北调治污与“十一五”期间的污染减排任务结合起来，层层落实到各县和重点排污企业，并逐级签订了治污目标责任书，以“完不成任务就下岗”作为干部考核的约束性指标，把责任落到了实处。

二是建立了机制。国务院南水北调办与国家发展委、财政部、中华人民共和国监察部（简称监察部）、环保部、中华人民共和国住房和城乡建设部（简称住房和城乡建设部）水利部等部门建立了东线治污工作会商机制，积极协调东线治污的政策和投资等方面工作。经协商并报国务院同意，对东线治污资金管理方式进行了调整，明确江苏、山东两省征收的南水北调工程基金中用于治污部分直接由两省包干使用，实现水质、项目、资金“三包干”，有效调动了地方积极性，加快截污导流工程建设进程。苏、鲁两省建立了“政府领导、部门负责、环保监管、企业治理、舆论监督、公众参与”和“党委领导、人大监督、政府负责、环保监管、部门配合、公众参与、舆论监督”的环保工作机制，以控制单元为基础，以局部保整体，以支流保干流，将节水、治污、生态环境保护与调水工程有机结合起来，建立起“调水水质、排污总量、规划项目、建设投资和治污责任”五位一体的治污机制，有效解决了规划制定到规划实施过程中各项工作的衔接。

三是同时发挥了政府与市场两个作用。按照“政府引导、企业为主、市场化运作”的原则，两省在治污工作中充分发挥政府主导作用的同时，也充分运用市场调节机制解决治污工程建设及运行问题。积极发挥政府职能，江苏省落实“以奖代补”财政资金1.35亿元、山东省落实到位3000多万元，支持淮河流域暨南水北调沿线污水处理厂管网建设。山东省调水沿线黄河以南段所有县（市、区）均建成污水处理厂，全部执行一级排放标准，并建立了检查、抽查、暗访和调度相结合的督察检查制度，对污水处理厂建设及运行情况实行月调度、月检查、月通报；枣庄市自我加压，要求每个区（市）至少有一座污水处理厂，每个污水处理厂有一套完备的污水管网、一套除磷脱氮工艺、一套中水回用网络、一套污泥处置设施、一套自动在线监控系统、一套企业化运行机制。两省充分发挥市场机制作用，污水处理设施建设及管理的市场化改革取得积极效果，江苏省26个污水处理厂有17个采用BOT方式建设运营，共融集社会资金8.7亿元；调水沿线所有地市污水处理费征收标准已全部提高到1～1.2元/t，实现了污水处理厂管网配套，为污水处理设施实现投资主体多元化、运营主体企业化、运行管理市场化创造了条件。

四是严格实施考核。为了落实东线治污责任主体对本行政区域治污工作及调水水质负责的目标责任，国务院印发了《南水北调东线工程治污规划实施意见》，建立了南水北调东线治污监督检查机制。国务院南水北调办等六部委按照各自职责，团结协作，分别在2005年和2008年，共同对治污目标进行考核，并将考核结果及时上报国务院，促进地方完成阶段性治污目标。国务院南水北调工程建设委员会专家委员会（简称国务院南水北调建委专家委）还先后两次组织专家组对东线治污进行调研，提出了建议，为国务院南水北调建委决策和有关部委工作提供了重要依据。

（四）东线治污探索了一套较为成熟的工作经验

一是部委共同协作，及时指导工作。在治污工作的不同阶段，国务院有关部门积极协调东线治污中的有关问题，多次联合深入调研，检查考核，及时提出了指导意见和建议。近日，国务院南水北调办等国务院六部委联合印发了《关于进一步深化南水北调东线工程治污工作的通知》，明确提出了强化治污责任，巩固已有治污成果，进一步深化治污理念，持续扎实做好东线治污环保工作的具体要求。部委的共同协作和指导，促进并支持了东线治污各方面工作。

二是加强项目管理，保证规划目标。苏、鲁两省根据国务院批准的东线治污规划，结合实际编制实施方案，将规划目标分解到实施方案的每个项目中。在治污工程建设中实行项目管理，按基本建设程序组织前期工作，严格按招标投标制、合同管理制、建设监理制组织建设，确保每个项目扎扎实实取得实效，以项目管理目标的实现保障规划目标的实现。山东省在截污导流工程的基础上，还主动增加配套资金，建设提水泵站、输水管道等配套工程，紧密结合当地实际，将中水充分利用于农田灌溉、工业用水和生态环境。21 个截污导流工程除了可以向附近工业和生态景观供水外，还可以为区域内 200 万亩农田提供灌溉水源。截污导流工程在有效减少污染的同时，还促进了农业、工业生产的发展，提高了河道防洪防涝能力，改善了河流两岸的交通条件、城市景观及生态环境，使其项目功能得到提升，资金使用效率得到提高，起到了一举多得、事半功倍的效果。

三是多方筹集资金，保证建设运营。在做好治污项目前期工作及建设计划，落实好中央资金的基础上，为保证用于治污的南水北调工程基金及时足额到位，苏、鲁两省分别制定了具体的年度项目实施计划和资金筹措使用计划，并积极利用国家“以奖促治”、“以奖代补”等环保政策多渠道筹集治污资金，研究制定污染赔偿和生态补偿等奖惩措施。此外，苏、鲁两省都加快了污水处理费的调整步伐，分别出台了多项关于污水处理费征收和使用的管理办法，为已建成的污水处理厂正常运行发挥效益提供了保障。

四是加强监督监测、开展联合执法。苏、鲁两省对考核断面实行每月例行监测，定期公布调水沿线重点流域出入境断面水质和治污项目进度。苏、鲁两省还开展了“整治违法排污，保障群众健康”环保专项行动，严肃查处违法排污企业。江苏省自上而下向南水北调治污工程派驻纪检监察工作组，对工程建设实施，尤其是资金使用情况进行全过程监督。山东省还开展了政府统一领导，环保、监察等有关部门参与的联合执法。

南水北调东线治污成效显著，经验可贵。成绩的取得是在党中央、国务院的关怀和山东、江苏两省政府领导下，各级地方政府和有关部门团结协作、探索实践的结果，是全体环保工作者、沿线企业及群众共同努力、无私奉献的结果，在此，我代表国务院南水北调办向为东线治污工作作出成绩的各级地方政府和有关同志表示衷心的感谢！

二、通水目标日益临近，治污环保形势严峻、任务艰巨，务必树立信心，战胜困难，迎接挑战

我们总结东线治污工作所取得的诸多成绩的同时，还要通过总结经验，查找不足，目的是为了进一步做好今后的工作。按照国务院南水北调建委确定的目标，东线工程 2013 年通水，中线工程 2014 年通水，东线工程距通水时限仅有 3 年时间，中线工程距通水也仅剩 4 年的时间，要完成国务院南水北调建委会确定的治污环保目标任务，保证通水时水质稳定达标，仍面临巨大的压力和挑战。我们要客观面对摆在我们面前的困难，以高度的政治责任感和使命感，迎难而上，全面完成党中央、国务院交给我们的任务。

目前存在的困难和挑战主要有以下六个方面：

一是治污环保工程急需进一步加快建设。截至目前，东线截污导流工程、流域综合治理、人工湿地项目工程进展仍不能满足《南水北调东线工程治污规划》确定的进度要求，中线水源区《丹江口库区及上游水污染防治和水土保持规划》近期项目实施仅完成原计划的70%，其污水垃圾处理设施建设甚至落后于全国的环保规划。

二是仍存在部分监测断面水质不达标。江苏省徐州市的复新河和扬州市的北澄子河水质不达标，这些河流生态基流小，达标难度较大。山东省不达标河流近60%，主要集中在南四湖周边地区，因截污导流工程和人工湿地建设进展缓慢，无法有效实施污水的截蓄导用和水质净化深度降解，对湖体水质造成直接影响。中线水源区丹江口库区虽然总体上水质良好，但近十几年来水环境质量呈逐步下降的倾向，总磷总氮日益增高，部分入库支流水质较差，湖北省境内神定河等支流水质甚至为劣Ⅴ类，部分库湾已经出现中度富营养化。随着中线水源区经济发展，污染物排放仍然呈继续增多趋势，2009年库区坝上和陶岔监测断面COD上升到历史次高点2.5～3mg/L，控制不好就会向Ⅲ类水质演变，对水质状况不能盲目乐观。

三是部分已建治污环保工程未充分发挥应有作用。东线污水处理厂建设和工业点源治理项目大部分完成或接近完成，水质持续改善，但基础并不牢固，污水收集管网、船舶污水及垃圾收集系统、与截污导流工程配套的湿地、灌溉设施建设尚待完善，各环湖生态系统的建设恢复更是一项需要长期坚持的任务。中线水源地丹江口库区各市县污水处理厂基本建成，但因管网不配套不能按设计负荷运行，效益不能充分发挥。

四是面源污染、船舶污染治理工作急需加强。随着东线、中线城市与工业等点源污染治理工作的进展，原来表现不突出的农业面源、渔业养殖和船舶航运等污染占整个污染总量的比重日益增加，有些地区面源污染已经成为水污染治理和环保工作的重点。

五是水源区及沿线环境管理和应急能力仍显不足。从近年来的水源区及沿线环境执法和环境污染事件看，环境执法和监管能力仍不能满足实际需要，部分工业企业超标和违法排污情况时有发生，环境风险隐患较为突出，尤其是跨界污染、小矿产开发、重金属及有毒有害物质污染事件造成的社会危害和影响明显加大。

六是水源保护和地方经济社会发展矛盾凸显。东线调水沿线人口稠密，发展迅速，GDP约6年翻一番，污染物排放总量居高不下，同时兼顾防洪排涝、航运、水产养殖等，水质进一步改善的难度越来越大。中线水源地丹江口库区及上游地处欠发达的中西部地区，生态环境脆弱，发展速度加快，排污量逐年增多，关闭污染企业造成财税减少、下岗职工增多、社会保障支出增加，发展与保护的矛盾突出。

面对上述六个方面的困难和挑战，也要看到我们做好工作的有利因素，树立我们迎接挑战、克服困难的信心。党中央、国务院高度重视南水北调治污环保，沿线干部群众生态环保意识大大增强，这是我们做好工作的最重要保障，具体讲，有以下四个有利条件。

一是国务院有关部委对南水北调工程治污环保大力支持。国家发展改革委在治污环保规划、项目投资方面给予南水北调工程大力的支持，目前正组织编制丹江口库区及上游经济社会发展规划，结合“十二五”修编水污染防治和水土保持规划。财政部在转移支付生态补偿方面对南水北调水源区予以了重点支持，增强了水源地建设生态、保护水源的财政能力。环境保护部在行业管理及执法方面对南水北调工程予以支持，积极协调在“十二五”规划中对南水北调东中线水质进行深层次的治理和保护。城乡住房和城乡建设部在安排南水北调沿线城镇污水垃圾处理设施上予以重点倾斜。交通运输部积极将东线航运污染问题纳入运河综合治理规划。水利部积极参与了南水北调工程水资源保护及水土保持工作。有关部委还共同建立部际联席会议制度，组织开展南水北调治污环保考核等。党中央国务院的重视以及国家有关部委的支持和指导，会极大地推动南水北调治污环保工作。

二是地方政府讲政治顾大局，主动做好南水北调治污环保工作。南水北调工程开工以来，东中线水源区及沿线地方党委政府以科学发展观为指导，积极采取有力措施，不断加大生态建设和环境保护工作力度，表现了高度的政治责任感，出台了一系列的政策法规，层层落实减排责任，省级领导挂帅，部门齐抓共管，狠抓治污减排，推动结构调整，依法取缔关停一大批污染严重的中小企业。刚才我们谈到东线苏鲁两省地方政府做的很多具体工作，中线水源区及沿线政府对保护中线水源区高度重视，河南、湖北、陕西三省关闭污染严重的中小企业近千家，对曾为当地支柱产业但污水排放严重超标的黄姜加工业进行了全面清理，种植面积大幅度减少；中线干线沿线北京市、天津市、河北省、河南省认真按照国务院南水北调办、环保部、国土资源部、水利部关于总干渠两侧水源保护区划定工作通知，积极制订了保护区划定方案。南水北调所穿越的大中城市积极做好截污和导流工作，不让处理后的中水进入干渠。在沿线地方党委政府的大力支持下，南水北调治污环保工作取得了实实在在的进展，为今后南水北调治污环保工作提供了重要保障。

三是几年来南水北调治污环保工作进展明显，为今后工作打下了基础。前面我们总结了东线治污 7 年的工作实践取得的丰富经验，基本形成了较为符合实际的政策体系、管理体制和工作方法，为进一步深化东线治污环保创造了条件。中线水源保护 5 年来的工作探索，初步形成了相应的政策体系，并通过前阶段对工作的评估，正在进一步完善规划、探索建立中线水源保护的长效机制。

四是随着贯彻落实科学发展观、转变经济增长方式，生态建设和环境保护工作进一步加强，南水北调治污环保面临着新机遇。胡锦涛总书记在十七大报告中指出，必须把建设资源节约型、环境友好型社会放在工业化、现代化发展战略的突出位置，要完善有利于节约能源资源和保护生态环境的法律和政策，落实节能减排工作责任制。总书记的讲话体现了党和政府对我国发展阶段的科学判断和对人类社会发展规律的深刻把握，得到了世界各国的高度评价和全国人民的积极拥护，使生态建设和环境保护工作处在了我国经济社会发展中的优先地位。不久前，《国务院关于进一步加大工作力度确保实现“十一五”节能减排目标的通知》（国发〔2010〕12 号），要求各地区、各部门把节能减排作为调整经济结构、转变发展方式的重要抓手，加大资金投入，强化责任考核，完善政策机制，加强综合协调，确保完成节能减排的国家目标。

有党中央、国务院的高度重视，有沿线地方政府和群众的拥护支持，在全民开展生态建设和环境保护的大好时机下，我们应该为能直接参与南水北调工程治污环保工作感到自豪，应该进一步树立信心，完成这一伟大的历史使命。

三、进一步推进南水北调治污环保工作，早日实现清水走廊、绿色长廊目标

南水北调是宏大的系统工程，也是功在

当代、泽及子孙的历史性工程。能否实现清水走廊、绿色长廊的目标，能否将优质、清洁的长江水输送到北方，既关系到工程本身的成败，也关系到水源区及沿线地方的民生改善和社会稳定，更关系到我国在国际社会中的形象。通过总结东线治污经验，我们看到了希望。但是，我们还远远不能为目前取得的进展感到满足，要清醒地看到，实现通水前水质达标，在3~4年的有限的时间里，还有大量工作。而在通水后永续保持水质稳定达标，不可能毕其功于一役，更要做长期的努力。各地区、各有关部门要进一步统一思想、提高认识，增强做好南水北调治污环保工作的责任感、使命感和紧迫感，加强领导、搞好协调、精心组织、有序推进。

（一）进一步推进东线治污环保工作

1. 巩固成果，抓紧实现东线全程水质达标

东线工程仍有近40%断面未达标，要巩固已取得的治污成果，确保已达标断面不出现反弹，未达标断面要进一步落实达标时限，早日实现东线全程水质达标。

一是要进一步加强截污导流工程、流域综合整治和人工湿地等规划项目建设，优化设计方案，落实建设资金，加快建设进度，搞好配套设施，确保治污项目实效。2010年底前，要全面完成截污导流和流域综合整治项目主体工程建设，2011年要全部建成并发挥效益，2011年底全部完成人工湿地建设。要进一步加强城镇污水处理厂配套管网建设，确保污水处理设施真正发挥治污效益。

二是在对单元治污方案实施效果进行评估的基础上，根据实际情况和工作需要，进一步完善单元治污方案，深化治理措施，重点是：

（1）要加强京杭运河段航运水污染防治工作，对主航道两侧散乱小码头进行拆迁整合，加强防污技术改造、溢油应急处置系统建设和垃圾及油污水接收处理系统运行管理。

（2）要控制水产养殖污染。实行湖区功能区制度和人工养殖总量控制制度，科学制定养殖规模、品种和密度，改进网箱、围网等养殖方式，禁止使用违禁药物和违规违法捕捞，依法清理养殖区外其他人工养殖设施。

（3）要控制面源污染。江苏省要在调水源头及沿线重点地区，加强输水干线城区段整治，做好引江河道与湿地保护、生态林网与生态廊道、生态环境监测预警系统等建设；山东省要结合本省生态建设总体规划，做好南四湖38万亩围垦圩田的退耕还湿工作，在调水汇水区发展绿色、有机、高效农业，降低农药、化肥施用量，推广有机农产品种植养殖。国务院办公厅转发的《关于实施“以奖促治”加快解决突出的农村环境问题实施方案》（国办发〔2009〕11号），将南水北调工程水源区及沿线纳入重点支持范围，苏、鲁两省要积极在沿线开展农村环境治理工作，减少农村生活污水垃圾直排入河入湖，进一步控制农村面源污染。

三是要加强环境安全风险管理与预警体系建设。开展调水沿线环境隐患企业环境风险评估，建立环境风险源动态档案并定期更新，在重要河流和环境敏感区域设置环境安全预警监测点位，进一步完善环境应急预案和应急处置设施建设，并定期组织应急演练。

2. 着眼长远，将东线治污与重点流域水污染防治有机结合

《南水北调东线工程治污规划》即将实施完成，这并不意味着东线治污任务的结束。保证东线水质长期稳定达标，要求我们不断开拓思路、深化理念、拓展领域、探索方法、完善制度，把污染治理的重点由“工程治理为主”转变到“生态建设与工程治理相结合、实行综合治理”上来。经与有关部门研究，从“十二五”开始，东线治污工作

将作为淮河、海河流域水污染防治规划的重点，沿线各级地方政府及调水部门要做好工作。主要是：认真研究全国流域水污染防治的共性问题和南水北调东线治污的个性问题，结合东线通水时限，分阶段提出南水北调水质保护目标；统筹考虑调水水质保护与地方经济社会发展，兼顾近期和远期水质保护要求，提出项目建设任务；制定主要污染排放量及入河（湖）量削减指标等工作指标；突出环湖和沿线生态带建设、污水资源化利用、面源污染治理等通水后治污环保工作重点。

3. 深化考核，促进东线治污环保向广度、深度发展

国务院有关部委将继续组织实施东线治污工作考核。请苏、鲁两省政府对各控制单元治污工作进行自查，沿线控制断面凡达不到调水目标要求的或超过污染物总量控制指标的，要暂停审批该地区相关流域除污染减排和生态恢复项目外所有建设项目，并视情况提出限排或停止排放污染物的要求。对未完成治污目标、未通过考核且整改不到位或因工作不力造成重大社会影响的，依法追究有关人员责任。

（二）进一步推进中线水源保护工作

1. 抓紧实施和完善《丹江口库区及上游水污染防治和水土保持规划》，加大治污工作力度，实现水质全面达标

一是抓紧《丹江口库区及上游水污染防治和水土保持规划》的实施，水源区河南、湖北、陕西三省要积极落实配套资金，加快规划实施进度，已开工项目要加快建设，早日建成投入运行发挥治污效益。

二是加快《丹江口库区及上游水污染防治和水土保持规划》修编、完善。通过修编，进一步完善规划体系以及规划实施的体制机制，制定每一条入库支流和控制监测断面水质限期达标的时限和目标责任制，其中神定河、泗河、灌河、淇河和汉、丹江城区段要作为重点，确保丹江口库区水质有关指标稳定在地表水标准Ⅱ类以上。请水源区三省做好充分的准备，研究规划修编后加快前期工作和配套资金落实的措施，确保规划实施进度。

三是加强丹江口库区及上游地区环境保护执法监管力度。建立排污单位环境责任追究制度，明确排污单位水环境保护职责，督促排污单位落实规划要求。特别要提醒的是，在目前黄姜皂素市场价格回升的情况下，严防已关闭黄姜企业死灰复燃，重新生产偷排、偷放；在易发暴雨、洪水、泥石流山区，要注意矿山企业尾矿库安全，防止垮塌污染水源。

2. 统筹中线水源保护政策措施，实现南水北调与沿线经济社会和谐共赢

中线水源保护目前已有《丹江口库区及上游水污染防治和水土保持规划》、中央财政转移支付生态补偿、总干渠两侧水源保护区等政策措施，目前正在制订《丹江口库区及上游地区经济社会发展规划》、丹江口库区水源保护区划定方案等。这些政策均围绕中线水源保护并以促进当地经济社会发展为目标，应统筹兼顾，有机联系，发挥综合效益。需要协调国务院有关部委的，国务院南水北调办将努力做好工作；地方政府要用好生态补偿资金，完善治污环保设施配套，保证治污设施正常运转发挥效益，并积极处置因关闭污染企业造成的职工安置问题，确保社会稳定。中线水源区及沿线各省市，要根据国办发〔2009〕11 号文件精神，积极在沿线开展农村环境整治工作，特别是在库区周边和总干渠保护区范围内，做好农村生活污水垃圾处理，严防污染物直排入库入渠，防止污染地下水渗入总干渠。

关于中线总干渠水源保护区划定问题，天津市已经完成划定工作，北京市、河南省的划定方案已经上报省（市）政府，河北省的划定方案也已基本形成。请北京市、河北省、河南省加大工作力度，尽快完成划定任务，为总干渠水源保护区开展环保执法提供

依据。

同志们，南水北调治污环保工作责任重大、使命光荣。让我们以这次会议为契机，进一步统一思想、坚定信心，落实责任、强化措施，步调一致、扎实工作，巩固成果、深化治理，全面贯彻执行国务院南水北调建委关于南水北调治污环保工作的各项部署，确保南水北调治污环保各项任务目标的实现，打造南水北调“清水廊道、绿色长廊”，充分发挥南水北调治污环保的辐射作用及经济、社会、生态等综合效益，向党中央、国务院以及工程沿线人民交上一份满意的答卷！

湖北省省长李鸿忠在全省南水北调工作会议上的讲话

（2010 年 3 月 1 日）

刚才，承忠同志对今年南水北调工作作了全面部署，并与有关市政府签订了责任状，希望大家切实抓好贯彻落实。下面，我再简要强调几点：

一、责任重大，地位重要，任务繁重，既是严峻挑战，又是重大机遇

南水北调工程，是党中央、国务院解决我国水资源地域分布不均问题作出的重大战略决策，对缓解我国北方地区水资源短缺问题，推动经济结构战略性调整，改善生态环境，提高人民群众的生活水平，增强综合国力，具有十分重大的意义。我国的水资源有两大特点：一是时间分布不均。对湖北省来讲，年降雨量高的超过 1600mm，有的时候在一两个月就全部降下来，有的时候几个月不降雨，那就出现了水旱灾害。二是空间分布不均。有的地方旱、有的地方涝。现在，我们这里墒情不错，春耕、备耕的基础较好，但是在云南、四川、贵州等地出现了几十年未遇的大旱，国家防汛抗旱总指挥部已经宣布进入紧急状态。为了解决北方人民生活用水、经济社会发展用水问题，必须实施南水北调工程。

我省在南水北调中线工程中，地位特殊，责任重大，是源头、是上游，是第一环节。一是处在调水的源头，我们是水源所在地；二是处在上游，决定成败的、最重要的工作在我们这里；三是处在南水北调中线工程的第一环节，我们的工作事关全局。有一句诗讲：“问渠哪得清如许，为有源头活水来”，不但要有水送，还要送活水、清水。要保证一库清水送北方，关键在环保，成败在移民。移民工作做不了，水也送不走。我们要从讲政治、讲大局的高度，认识到我们是源头的工作、上游的工作、第一环节的工作，认识再提高，工作再加力，坚决把我们的工作做好。

南水北调工程对我们来说，既是严峻挑战，更是重大发展机遇，特别是对汉江流域经济社会发展的一个重大机遇。我们必须迎难而上，乘势而上，抓住机遇，促进发展。比如，关于移民问题，任务非常繁重，非常艰巨，是块硬骨头。2010 年 1 月 20 日，湖北省省委、省政府专门召开了丹江口库区移民工作会议。2010 年 2 月 20 日，我和承忠同志到潜江开现场会，再督促，再检查。总的看，湖北省省委、省政府的要求部署、落实下去了，在潜江市看的两个移民点，还是相当令人鼓舞、振奋。规划布局比较好，建设标准比较高，像一栋一栋别墅一样，而且潜江土地的配置、基础设施、社区的配套条件也都非常不错。如果按照规划完成，移民的生产生活特别是居住条件将大为改善，实现移民奔小康的跃进。再如对于减缓调水影响的相关工作，也是难得的机遇。建设好引江济汉工程、兴隆水利枢纽工程，完成汉江几级水电枢纽工程，整个汉江流域生态环境、水资源的配置、农田水利设施、灌溉条件，都将是一个跃进式的发展。引江济汉工程实施之后，会形成几百千米的、在中国也是独一无二的沿江的产业带。因此，做好南水北调工作，对我们来说，既是挑战，又是机遇。我们一定要在迎接严峻挑战的同时，紧紧抓住难得的发展机遇。

二、明确目标，突出重点，统筹谋划，切实办好三件大事

一是打好丹江口库区移民搬迁这场攻坚战。无论是十堰还是相关的各个市，一定要按照“423”工作计划（四年任务两年完成、三年彻底收尾），打好这场攻坚战。在这个问题上，已经专门开了会议，会上我们讲了一些“狠”话，因为这项工作的力度必须加大加强，确保移民搬迁工作顺利推进，按期完成。

二是建设好两大工程。第一，兴隆水利枢纽工程。2009年已经实现了大江截流，2010年要加快实施，保质、保量完成计划任务，确保安全度汛。第二，保证引江济汉工程2010年3月26日如期开工。这两项工程的建设，对2010年全省的经济社会发展，也将有直接带动作用。

三是抓好三个综合治理工程。第一，库区上游的水污染防治和水土保持工作。北方各个省都想要中线工程的水。为什么呢？中线工程丹江口水库的水质好。如果我们上游的水污染防治工作出了问题，就难保一库清水送北方，就是我们源头工作的失职。第二，汉江中下游生态环保问题。南水北调要调相当量的水到北方，对汉江中下游生态环境会产生一定影响。如果我们没有把引江济汉、兴隆工程这些工程建设好，就不能减缓调水对汉江中下游生态环境的影响。这方面工作必须做好。第三，汉江中下游的综合开发。这是一个战略性工程，不仅是水生态、水资源的调配，还包括产业带、农业、工业、旅游业、城镇的开发建设等。我们编印了《汉江中下游综合开发总体规划》，下一步还要深化完善这一规划。

三件事在推动的过程中要注意抓好“三个结合”：

一是要把南水北调移民工作与建设社会主义新农村结合起来，促进移民率先走上奔小康的道路。要把国家的政策、省委省政府和迁入与迁出两边的相关政策落实好。按照移民工作“三优”的方针，把各方面的政策都集成落实到移民点上，切实做到移民不仅不受损失，而且还会受益，一步进入社会主义新农村，生活水平提前进小康。

二是要把南水北调工程与湖北省的科学发展结合起来。党中央、国务院高度重视南水北调工程，提出要实现调水区和受水区双赢、共同发展，并安排了一系列的工程。这实际上为我们推进湖北省特别是汉江流域经济社会发展创造了一次重大的机遇。我们要通过做好南水北调工程，多争取一些支持，开创汉江流域经济社会发展的新局面。

三是把当前与长远结合起来。在抓好当前建设的同时，要注重从长计议，抓紧谋划汉江湖北流域的水源补充方案。前几天，在长江水利委员会成立六十周年纪念活动期间，罗书记亲自出面，我们与水利部和长江水利委员会商量了这件事。水利部和长江水利委员会统一调配，在陕西省境内规划引汉济渭工程，初期是调水5亿m^3，实际上是调水10亿m^3，这样对丹江口水库的水源还会造成进一步的影响。为了解决这一问题，我们争取另外一个引江济汉的工程，从丹江口水库的上游，从神农溪经过堵河进入到丹江口水库。水利部、长江水利委员会明确表示予以支持。这是事关汉江流域长远发展的关键性工程。必须看到，在推进南水北调工程的过程中争取这项工作，和有关的工程做得差不多了再去推进这项工作，力度是不一样的，从国家有关部门那里获得的支持力度也不一样，任何事情都有一个时机问题，2010年一定要注意把握好时机，把更长远的引江济汉工作做好。

三、强化领导、狠抓落实，努力实现今年南水北调工作的“四个确保”

承忠同志的讲话，强调了“四个确保”，我非常赞同。一是确保引江济汉工程的按期开工；二是确保兴隆水利枢纽工程安全度汛；三是确保丹江口水库移民工作“423”计划，完成好搬迁任务；四是确保汉江流域生态环保和抓住机遇促进发展，实现汉江中下游经济社会发展新的突破。

要通过落实“四个确保”，体现“四个意识”：一是讲政治的大局意识。抓好移民，抓好水生态保护，确保一库清水送北方，就是讲政治，就是讲大局。二是抓发展的机遇意识。比如，引江济汉我们能够在2010年3月开工是争取来的。这是机遇意识的体现，需要有这份紧迫感。汉江流域中下游的综合开发问题，趁着南水北调工程建设阶段加大力度，就是体现我们能够抓住机遇。三是尽职尽责的岗位责任意识。四是抓落实、打硬仗的“能力席位”意识。实现“四个确保”，才能体现出我们完成工作的能力和水平。

在2010年1月20日的丹江口库区移民工作会议上我讲过，做好移民工作不在于能力，大家都有这个能力，关键在力度，在落实。我们今年正月初七去潜江、天门，看到的情况很好，层层抓落实，层层抓推进，潜江腊月二十八还在开移民工作会议，过完了初三马上进入工作状态，干部到位，工作到位，各方面工作进度就上去了。我们就是要通过“四个确保”，体现出务实、协调，形成合力的工作作风，发扬光大我们湖北省干部队伍善于克难攻坚的能力和风采。

2010年，无论从国务院南水北调建委的部署来看，还是从我们这项工作当中本年的任务来看，都是时间紧、任务重、非常艰巨的一年。我相信，只要我们同心同德、共同努力，就一定能按期实现湖北省省委、省政府的部署，完成党中央、国务院交给我们的任务。

河北省省长陈全国在南水北调中线邯石段工程开工动员会上的讲话

（2010年4月13日）

在全省上下认真学习贯彻全国两会精神，集中精力抓落实，齐心协力保增长，千方百计促发展之际，南水北调中线邯石段工程今天正式开工，这标志着南水北调中线河北境内主体工程实现了全面开工建设，进入了新一轮建设高潮。这是全省经济社会发展的一件大事、喜事和盛事。在此，我代表河北省委、省政府，向南水北调中线邯石段的顺利开工表示热烈的祝贺！对多年来关心、支持、帮助河北省工作的张基尧主任、张野副主任及国务院南水北调办、南水北调中线干线工程建设管理局（简称中线建管局）的各位领导和同志们表示衷心的感谢！向出席今天开工仪式的各位嘉宾和朋友们表示热烈的欢迎！

南水北调工程具有深远战略意义和重大现实意义。水是重要的战略性资源，是经济社会发展的最基本需要和基础保障。兴建南水北调工程，是党中央、国务院为缓解华北地区缺水矛盾作出的重大战略决策。南水北调工程是构建社会主义和谐社会，实现我国经济社会可持续发展和长治久安的政治工程、生态工程、民心工程、千秋伟业工程。工程的实施必将对缓解我省水资源严重短缺状况，改善和提升生态环境，促进产业结构调整，打造沿线经济新的增长极，加快社会主义新农村建设，发展新型旅游产业，促进河北经济社会全面、协调、可持续发展，具有十分重要的意义。要站在实践科学发展观的高度认识南水北调工程的重要性，站在扩内需、保增长的高度认识南水北调工程的紧迫性，站在打造河北省发展新优势的高度认识南水北调工程的基础性，站在关注民生、改善民生的高度增强南水北调工程的宗旨意识，站在检验执政能力的高度增强南水北调工程的责任意识。沿线各级政府和有关部门一定要认真负责、扎实工作，竭尽全力、不遗余力促进和保障工程建设顺利进行。

南水北调中线工程建设是我省经济社会发展的难得机遇。我省要实现经济新跨越，必须进一步夯实基础设施、基础产业。其中，基础设施包括水利、能源、交通、信息化。只有基础打好了，发展才有后劲、才有潜力。所以，南水北调中线工程既是国家的重点工程，也是河北省的发展工程、生存工程、富民强省工程；不仅是国家的战略工程，更是河北省的重大基础工程。加快南水北调河北段工程建设，不仅是对国家长远发展的巨大贡献，也是我省建设沿海经济社会发展强省的重要基础性工作。我省是南水北调中线工程的主要受水区，主体工程长，配套工程多。工程建成后，可以显著改善我省生态环境和投资环境，必将成为拉动我省经济社会发展的巨大动力。沿线地区要充分利用南水北调中线工程带来的投资拉动机遇和未来生态环境优势，调整新结构、谋划新项目、规划新园区、出台新举措、建设新环境，促进地方经济又好又快发展。要超前研究，科学规划，把经济产业带与水利风景有机结合，倾力打造太行山西部清水走廊、绿色长廊，建成一条亮丽风景线，建设宜居宜看环境和观光产业园，让群众切实感受到南水北调以人为本、科学发展的具体成果。

顺利推进南水北调工程建设是我们义不容辞的责任。国务院南水北调工程建设委员会第四次全体会议明确2010年南水北调工程投资量将超过以往7年之和。未来几年，我省将成为南水北调工程建设主战场和影响中线工程建设的关键因素，时间紧迫，任务繁重，责任重大。国务院南水北调办对我省南水北调工作始终给予重点关注、倾心支持。确保建设一流工程、提供一流服务、营造一流环境是河北省省委、省政府向党中央作出的政治保证，向社会各界作出的庄严承诺。工程质量、服务水平、建设环境事关河北形象，彰显执政水平，考验干事能力。希望沿线各级党委、政府和有关部门讲政治、顾大局、讲风格、讲奉献，站在自觉践行科学发展观的高度，站在全面建设小康社会、奋力推进我省经济发展的高度，站在应对经济危机、保障经济平稳快速发展的高度，正确处理个人和集体、局部和全局、当前和长远的关系，急事急办、特事特办，为南水北调工程营造一流环境、提供一流服务。希望沿线群众识大体、顾大局，以国家利益为重，积极支持配合工程建设，为工程建设创造良好的外部环境。

邯石段工程是南水北调中线河北省境内最后一段开工建设的主体工程，是保证2014年总干渠通水的关键环节。沿线各级党委、政府和有关部门一定要坚持加快工程建设不松劲，高度重视、精细安排，尽快掀起建设高潮；坚持以人为本、和谐征迁不动摇，妥善处理各方面利益关系，实现沿线社会稳定；坚持实施工程建设全面管理不懈怠，确保工程质量、进度、安全，高标准、高水平、高效率加强工程建设管理；坚持优化施工环境不推诿，加强宣传教育，打击违法犯罪；坚持党风廉政建设不麻痹，强化资金管理，严格执行程序，确保资金安全、干部安全和工程安全。

各位领导，各位嘉宾，朋友们，同志们，南水北调工程功在当代、利在千秋。我们一定要解放思想，服从大局，服务发展，关注民生，整合一切优势资源，凝聚一切积极力量，以高度的政治觉悟和高昂的斗志，发扬前一阶段吃苦耐劳、顽强拼搏、争创一流的优良作风，工作热情不减弱，再鼓干劲、自我加压、乘势而上，加快工程建设步伐，确保工程建设在河北省境内顺利进行，努力把河北省南水北调工程建成经得起历史和人民检验的一流工程、生态工程、廉洁工程、民心工程、和谐工程，为如期实现南水北调中线工程2013年主体工程完工、2014年汛后通水目标，为推进我省经济社会新发展、新跨越作出更大的贡献！以实际行动向党中央、国务院和全省人民交上一份放心、满意的答卷！

谢谢大家！

江苏省省长罗志军在江苏省南水北调工程建设领导小组会议上的讲话

（2010年7月5日）

今天，我们召开江苏省南水北调工程建设领导小组会议，主要任务是贯彻落实国务院南水北调工程建设委员会第四次全体会议精神，回顾总结江苏省南水北调工程建设情况，研究部署全面加快工程建设的各项任务。刚才，我省南水北调办负责同志汇报了南水北调工程建设情况和下一阶段工作打算，有关市和省有关部门负责同志进行了讨论发言，莉新同志作了讲话。下面，我讲几点意见。

一、充分认识加快南水北调工程建设的重要意义

兴建南水北调工程，是党中央、国务院作出的一项重大决策。我省是南水北调东线工程的源头地区，在国家南水北调总体格局中具有举足轻重的地位。我省南水北调工程自2002年12月开工建设以来，各地各有关部门做了大量工作，工程建设总体进展顺利。一是前期工作全面完成。所有单项工程的初步设计按时完成，为全面加快建设、确保实现2013年全线通水目标奠定了坚实基础。二是工程建设实现了阶段性目标。工程自开工以来，已完成投资43.5亿元，占计划投资的34%，已初步具备调水出省的工程能力，实现了阶段性建设目标。三是水污染治理取得较大进展。102项治污项目已经完成98项，境内14个水质控制断面有12个达到Ⅲ类水标准，沿线水质有了一定好转。四是征地移民稳妥推进。沿线各级政府及有关部门坚持以人为本、阳光拆迁，妥善安置征迁群众的生产生活，保证了工程建设顺利推进，维护了工程沿线地区和谐稳定。在工程建设过程中，工程沿线各地和江苏省各有关部门加强组织协调，精心部署安排，密切协作配合，为推进工程建设奠定了坚实基础。

为加快推进南水北调工程建设，2009年12月1日，中央政治局常委、国务院副总理李克强主持召开了国务院南水北调工程建设委员会第四次全体会议，要求加强组织领导，加快工程建设步伐，提高建设管理水平，确保东线一期工程2013年建成通水。这是党中央、国务院对南水北调工程建设作出的新的重大部署，江苏省作为东线工程的源头地区，肩负着重大而艰巨的任务。我们要坚决贯彻中央的决策部署，紧紧围绕2013年全面建成通水的目标任务，切实统一思想认识，进一步加强组织领导，落实各项政策措施，确保如期完成建设任务。第一，加快南水北调工程建设，是贯彻扩大内需方针、拉动经济增长的重要举措。南水北调工程投资规模大，我省今后4年的工程投资接近90亿元，拉动效益明显，将有力地促进沿线地区经济增长。第二，加快南水北调工程建设，是提高我省苏北地区水资源保障水平的重要举措。南水北调东线一期工程建成后，新增供水36亿m^3，其中我省增供水量达到19亿m^3，占53.5%，将从根本上解决苏北地区缺水问题，为经济社会发展提供水资源保障。第三，加快南水北调工程建设，是促进工程沿线地区环境保护和生态建设的重要举措。南水北调输水干线穿越淮安、宿迁、徐州市城区和不少中小城镇，调水工程和治污工程同步实施，将大大地促进沿线治污工程建设和产业结构调整，有效改善城市水环境和输水沿线生态环境。加快南水北调工程建设，意义重大、影响深远，工程沿线各地各有关部门要从全局和战略高度，深入贯彻国务院南水北调工程建设委员会第四次全体会议精神，把思想和行动统一到中央的决策部署上来，充分认识加快工程建设的重要性、紧迫性，牢固树立大局意识、机遇意识，紧紧抓住当前有利时机，加大工作力度，加快建设步伐，提高管理水平，确保按期完成工程建设任务。

二、又好又快推进我省南水北调工程建设

根据中央的部署要求，今后几年我省南水北调工程建设的总的要求是：坚持以科学发展观为指导，深入贯彻国务院南水北调工程建设委员会第四次全体会议精神，加强组织领导，加快建设步伐，强化建设管理，健全完善建设管理机制，突出源头工程和省界工程，扩大抽江北送能力；先期完成运河线工程，逐步扩大调水规模；坚持调水工程和治污工程同步实施，保证实现水量、水质“双达标”，确保2013年全面建成通水。着重要抓好以下四个方面的工作：

（一）明确总体目标，统筹安排建设任务。今年开始，我省南水北调工程建设进入全面提速阶段。原则同意我省南水北调办提出的今后几年我省工程建设总体安排和分年建设计划。要实现这一目标，原则上所有项目今年都要开工建设，这是保证2013年工程建成通水的关键所在。要加强施工组织，合理安排工期，严格质量管理，把每年的建设任务落到实处，确保按期通水，力争有所提前。除了按期完成主体工程建设外，还要统筹推进配套工程建设，充分用好增供水量，把水供到需要的地方去。江苏省水利厅、江苏省南水北调办要抓紧编制完善配套工程规划，尽快起步实施，并积极争取国家资金补助，力求与主体工程同步发挥效益。

（二）加大治污力度，切实加强工程沿线环境保护。加强治污环保，是南水北调东线工程建设成败的关键。江苏省作为东线工程的源头地区，保证“调Ⅲ类水出省”是我们应尽的职责。要将治污环保工作放到更加突出的位置，切实抓出成效。要严格执行《江苏省市县党政主要领导干部环保实绩考核实施细则》，分解落实工作责任，把南水北调治污与淮河流域治污工作结合起来，与改善区域水环境、提升城市形象结合起来，确保2012年水质全面达标。要加强境内14个国控水质断面监测，及时掌握水质动态状况。对未达标的2个断面，江苏省发展改革委、江苏省环保厅要抓紧研究提出进一步治理方案，落实关键措施，尽早实现达标。要结合治污工程建设，调整优化沿线地区产业结构，提高企业准入门槛，严格项目审批程序，坚决禁止高耗能、高污染企业，限期整顿关闭污染严重的企业。工程沿线地区要加大环保专项整治力度，全面排查水质安全隐患，限期进行整治，努力把我省南水北调工程建成“清水走廊”、“绿色走廊”。

（三）强化建设管理，确保工程建设质量。确保工程质量和安全，是南水北调工程建设的生命线。要加强工程建设管理，充分发挥项目法人的责任主体作用，对工程的质量、安全、进度、筹资和资金使用负总责。健全完善工程建设各项规章制度，加强工程质量管理，充分发挥监理作用，建立多层次的质量保证体系，确保工程质量。严格落实安全生产责任制，强化监督检查，严防出现重大安全事故。优化工程设计，科学安排施工，合理控制投资，厉行节约，降低成本。

（四）加强运行管理，充分发挥工程整体效益。我省境内的南水北调工程，是在现有江水北调工程基础上扩大规模和向北延伸。

全面建成投入运行以后，既要保证调水出省，又要服务省内区域用水、防洪排涝、农业灌溉、交通航运等需求，建立一个科学、合理的运行管理体制机制非常重要。当前，要抓紧做好以下三个方面的工作：一是抓紧研究建立我省南水北调工程管理体制，既保证国家新建南水北调工程与我省已有江水北调工程统一运行，又注意处理好不同层次资产的关系，充分发挥工程的整体效益。二是积极配合国家有关部门起草《南水北调工程供用水管理条例》，充分反映我省的意见和要求。三是抓紧研究我省两部制水价实施方案，与国家提出的方案相衔接。

三、切实加强南水北调工程建设的组织领导

今后几年是我省南水北调工程建设的高峰期，各地各有关部门要加强组织领导，加大协调力度，落实保障措施，确保工程建设顺利推进。

第一，加强组织协调。南水北调工程涉及范围广、建设任务重、工作责任大。各地各有关部门要加强协调配合，形成工作合力，提供高效、优质服务。在征地拆迁、供电、贷款、基金筹措等方面，江苏省各有关部门要加强沟通协调，共同做好工作。这次会议之前，江苏省政府调整充实了工程建设领导小组，各成员单位要各司其职、各负其责，通力协作、合力推进。江苏省南水北调办要充分发挥职能作用，及时掌握情况，加强联系协调，强化督促检查，推动工作落实。

第二，强化基金征管。加强南水北调基金征管，是保证工程建设顺利推进的重要举措。各地各有关部门要以高度负责的态度，严格执行江苏省政府确定的基金征收政策，确保基金足额征收、及时上缴、规范使用，保证南水北调工程建设资金需要。要严格执行基金征缴标准，对越权出台的基金减征、缓征、免征政策要进行全面清理。加强基金征缴制度建设和规范管理，建立基金财政专户，严格实行按月征收和按月缴库制度，确保基金及时足额缴入省库，严禁任何形式的截留、挪用。加大基金征缴监督考核力度，对行动迟缓、工作不力的要予以通报批评。加强党风廉政建设，加大监督和审计力度，保证建设资金规范使用，最大限度地发挥投资效益。

第三，维护群众利益。做好征地补偿和移民安置工作，事关工程沿线地区人民群众的切身利益，事关我省南水北调工程建设能否顺利推进。按照《南水北调工程建设征地补偿和移民安置暂行办法》，我省境内南水北调工程征地拆迁安置由沿线各级政府负责实施。各市政府要切实负起责任，确保按期完成征地拆迁安置任务，为加快工程建设提供保障。要坚持以人为本、阳光拆迁，及时兑付征迁补偿，确保搬迁群众搬得出、稳得住、逐步能致富。南水北调工程是国家重点工程，工程用地手续是项目开工的前提条件，要尽快办理工程土地征用手续。各级国土管理部门要千方百计为南水北调工程建设服务，认真组织工程征地手续报批工作，保证工程建设用地需要。

同志们，加快南水北调工程建设，任务艰巨，责任重大，使命光荣。我们要深入贯彻落实科学发展观，按照党中央的决策部署，以高度负责的态度，又好又快地推进境内南水北调工程建设，早日发挥工程效益，为全国南水北调工程建设大局和建设美好江苏作出新的、更大的贡献。

山东省省长姜大明在山东省南水北调工程建设指挥部成员扩大会议上的讲话

（2010年1月13日）

这次南水北调工程建设指挥部成员扩大会议，是在我省南水北调工程进入全面提速和整体推进阶段召开的一次重要会议。这次会议对于我们贯彻落实中央经济工作会议和国务院南水北调工程建设委员会第四次全体会议精神，进一步统一思想，明确任务，强化措施，落实责任，确保按期实现南水北调东线一期工程2013年建成通水的目标，具有十分重要的意义。刚才，传达学习了国务院会议精神，听取了南水北调工程建设和水质保障工作的情况汇报，两个市作了表态发言，表彰了南水北调工程征地移民先进单位和先进个人。在这里，我代表省委、省政府向受到表彰的单位和个人表示热烈的祝贺！向辛勤奋战在工程建设第一线的广大职工表示诚挚的问候！下面，我讲三点意见。

一、进一步认识加快推进南水北调工程建设的重要性和紧迫性

我省南水北调工程自2002年12月开工建设以来，通过不懈努力，取得了阶段性成果，全线开工、加速建设的局面初步形成。干线主体工程前期工作基本完成，实现了两湖段工程与航运结合实施，济南市区段工程与小清河综合治理结合实施，截污导流工程与防洪除涝、灌溉、生态保护结合实施，综合效益显著；在建工程全面推进，工程建设质量优良；完建工程管理逐步规范，在东平湖黄河防洪、小清河生态补水、沿途农田排涝和灌溉等方面发挥了重要作用；征地迁占稳步推进，工程建设环境和谐稳定；廉政建设不断加强，确保了“工程、资金、干部”三个安全，这些成绩来之不易。但是，我们也要清醒地看到，我省南水北调工程建设面临的形势仍然严峻，任务非常艰巨。我们必须进一步提高对南水北调工程重要性和紧迫性的认识，增强工作主动性，形成支持南水北调工程建设的浓厚氛围，确保顺利实现国务院确定的目标任务，让南水北调工程早日为山东省经济社会发展服务。

第一，要进一步认识加快推进南水北调工程建设对经济社会发展的重要作用。推进南水北调工程建设，对于合理配置大江大河水资源，缓解北方地区水资源短缺现象，促进经济结构调整、转变发展方式以及生产生活方式，具有重要意义。我省水资源严重短缺且时空分布不均，严重影响着工农业生产、城乡居民生活以及生态环境安全。全省可利用水资源量仅为303亿m^3，亩均水资源量263m^3，人均水资源量322m^3，各项数据分别列全国第24位、27位、28位。我省以占全国1.09%的水资源量，耕种着占全国6.2%的土地，养育着占全国7.1%的人口，生产了占全国8.19%的粮食，提供了占全国8.6%的农业增加值和25.6%的农副产品出口创汇，创造了占全国10%强的GDP，水资源的开发利用总体上可以说已超过极限，过度地开发利用造成的河道干涸、地下水位下降、漏斗区扩大、海水入侵倒灌等生态环境问题和城市用水挤占农业用水的问题尤其值得重视。可以说，南水北调东线一期工程主要就是解决山东省的水资源短缺问题。这项工程的建设，将从战略上调整全省的水资源布局，构筑我省“南北贯通、东西互济、库河串联、水系联网”的现代化水网，实现长江水、淮河水、黄河水和当地水的联合调度和优化配置，为全省经济社会可持续发展提供可靠的水资源支撑。

第二，要进一步认识加快推进南水北调工程建设面临的艰巨任务。2008年10月31日，国务院南水北调工程建设委员会第三次全体会议确定了东、中线通水目标，要求东线一期工程于2013年建成通水，我省必须于2012年底全面完成主体工程建设任务。用3年的时间完成这样艰巨的任务，是对各级各有关部门能力和素质的考验。我省南水北调一期干线工程静态投资172亿元，考虑到物价上涨等因素，动态投资将达到220亿元，再加上205亿元的配套工程，不算治污投资，工程总投资就达425亿元。那么，从现在到2012年底不足3年的时间，我省需完成剩余

150多亿元干线工程投资和205亿元的配套工程投资，平均每年要完成120亿元左右，这还没考虑汛期和冬季施工的不利影响。按要求完成投资计划时间十分紧迫，不容有任何懈怠。因此，我们必须坚定决心，强化措施，全力以赴加快工程建设进度。

第三，要进一步认识加快推进南水北调工程建设的制约因素。当前，我省南水北调工程建设中的主要制约因素有：一是征地迁占工作严重制约工程建设。南水北调工程战线长、征地多、补偿标准偏低，主体工程需永久征地11万多亩，目前仅完成1.7万亩，任务还十分繁重。二是工程建设的外部环境有待进一步改善。有些地方和单位“等、靠、要”思想比较严重，协调的难度比较大。个别地方施工环境比较恶劣，不同程度地干扰和影响了工程建设。三是各地前期工作和配套工程建设进展不平衡。剩余主体工程协调审查批复的任务比较紧迫，续建配套工程的前期工作进展较慢，《南水北调东线工程山东省续建配套工程规划报告》还没进行评审，各市可行性研究报告编制工作不平衡，除烟台、潍坊、淄博、济南、济宁、德州六市外，其他市的可行性研究报告还没有上报。四是调水沿线治污任务仍很艰巨。国家确定的南水北调东线黄河以南段22个考核断面达标率仅为47.5%。沿线面源污染日益突出，特别是作为东线工程输水干线和重要调蓄湖泊的南四湖和东平湖，总磷、总氮指标仍超标严重，农药、化肥造成的氮磷等面源污染已上升为影响水质的主要矛盾。这些问题的存在，势必影响南水北调工程的顺利推进，我们必须高度重视，认真加以解决。

二、优质高效推进南水北调工程建设

根据国务院南水北调工程建设委员会第四次全体会议的部署，我省今年南水北调工程建设的主要任务是：干线主体工程鲁北段、济南以东段要全部开工建设，在建工程在完成原来剩余投资计划的基础上，确保完成干线工程投资39.9亿元的建设任务；完成济平干渠的竣工验收和配套工程前期各项工作，开工建设配套相关工程；加大南水北调工程基金的征缴力度，完成2010年4.5亿元的基金征缴计划；完成所有开工建设项目的征地迁占和专项设施迁移工作，创造无障碍施工环境，确保满足工程建设需要。完成上述任务，要突出抓好以下几方面：

（一）全力确保工程质量和安全。质量和安全是南水北调工程建设的生命线。要始终把工程质量安全作为工程建设管理的核心任务，处理好工程进度和质量安全的关系，坚持进度服从质量、服从安全，切实加强质量和安全控制，确保把工程建设成为经得起时间和历史考验的一流工程。要继续坚持行之有效的质量管理制度和措施，强化项目法人制、建设监理制、招标投标制和合同管理制度“四项制度”，并根据工程涉及面广、线路长、项目多的实际情况，进一步完善质量保障体系。要强化设计、监理、施工单位一线监理人员和施工人员的责任，加强过程控制，严把验收环节，确保工程质量。要加强安全监管，全面贯彻落实国家和山东省有关安全生产管理的规定和要求，坚持“安全第一，预防为主，综合治理”的方针，加强组织领导，认真落实安全生产责任制，绝不能留下安全隐患。要进一步完善安全生产事故应急预案，早部署、早动员、早预防，保持工程建设安全无事故的良好局面。

（二）全力确保征地迁占工作高效、有序开展。征地移民工作是南水北调工程建设的基础。坚持“政府领导、分级负责、县为基础、项目法人参与”的管理体制，认真执行《山东省南水北调主体工程征地迁占补偿和施工环境保障责任书》，有关市、县政府要按照南水北调工程开工计划和施工进度要求，有力、有序、有效地开展征地迁占工作，为工程按时开工、顺利施工创造良好的环境和条件。从目前情况看，任务最集中的地方是两湖段（南四湖—东平湖段）、鲁北段、济南以东段工程，沿线市县政府要及早与省南水北调局衔接，及早研究编制征地迁占实施方案并及早组织实施，确保这些工程不因征地迁占问题延误工期。其他干线主体工程沿线有关市县要迅速解决征地迁占遗留问题，绝不能因为征地迁占问题而影响工程建设进度。截污导流工程和配套工程的征迁工作、工程建设、工程管理都由有关市县负责，要统筹兼顾，妥善处理好各方面的关系，做到和谐征迁、科学建设、加快推进。要认真落实征地补偿政策，省级承担的补助资金实行区别对待、分类指导的原则，重点向征地面积大、补偿任务重、经济欠发达的市倾斜。省补助资金从省级调控资金中统筹安排，各市、县政府要确保增加的征地补偿资金及时、足额到位。

（三）全力确保治污环保达到国家要求。治污环保是南水北调工程成败的关键。沿线各级政府和有关部门要从全省的大局出发，认真履行对辖区环境质量的法定责任，切实担负起保障调水水质安全的重大使命，坚持“先节水后调水、先治污后通水、先环保后用水”的原则，把节水、治污和生态环境保护放在更加突出的位置，进一步明确任务，细化分工，加强调度，狠抓落实，确保沿线水质稳定并逐步改善，在我省境内保证一渠清水。要重点抓好三个体系建设：一是加快环南四湖、东平湖大生态带体系建设。以“治、用、保”并举的流域治污措施为指导，综合运用工程、技术、生态的办法，调整湖区经济结构，转变湖区发展方式，修复生态系统，削减入湖污染负荷，提高水体自净能力，让南四湖、东平湖休养生息。二是加快中水回用体系建设。中水回用对实现行政辖区内水资源充分利用、污染减排和保障调水干线水质具有重要作用。对此，有关部门要认真研究制定鼓励中水回用政策，引导用水单位多使用中水，培育中水回用市场，促进中水回用产业化发展，努力确保南水北调沿线排放达到要求。三是加快治污环保预警体系建设。要加强源头控制，实施新建项目环境风险评估制度，调水沿线所有新建、扩建、改建项目都要提出科学的预警监测措施、应急处置措施。要定期开展环境隐患排查，在调水沿线关键节点，设置治污环保风险预警监测点位，严控污染排放，发现问题及时查处。

（四）全力确保工程建设资金需要。2010年是工程建设的关键年，建设资金能否按计划到位至关重要。从目前情况来看，进度要求和资金保障之间有矛盾，压力比较大。要充分认识到，绝不能由于资金瓶颈限制工程的顺利推进，因为工程进度越往后延，成本越高，投入越大，所以一定要确保资金筹措到位。各级政府要高度重视，千方百计促使南水北调工程建设基金按照规定的要求及时到位。在基金不能满足工程需要的情况下，积极协调使用银行贷款，保证工程不间断地顺利推进。根据山东省政府下发的《山东省南水北调工程基金筹集和使用管理办法》，山东省财政厅要及时做好专项资金的筹集和上缴。特别是各市要尽快分解落实水资源费征缴目标任务，明确征缴责任，强化征管措施，加大征缴工作力度，确保年度水资源费上缴任务的按时完成。同时，各个方面要加强资金监督管理，保证资金高效、安全使用，努力提高资金使用效益。

（五）全力确保配套续建工程与主体工程同步运行。只有配套工程和主体工程同步建设、同步完成，才能确保主体工程建成后的效益发挥。目前，我省续建配套工程的前期工作进展较慢，当务之急要抓紧做好配套工程前期工作，尽快审查续建配套工程规划。各市县要根据省里的统一部署和要求，严格按照承诺的水量开展配套工程的规划设计工作，争取上半年全部完成可行性研究和初步设计的编制上报工作，确保2010年下半年开工建设，形成干线工程与续建配套工程同步建设、全面推进的局面。各级各部门要按照

"特事特办、急事急办"的原则，进一步简化审批程序和环节，加快审查审批速度。同时要进一步加大项目前期工作投入，保证前期工作经费充足，为配套工程建设创造必要条件。对于续建配套工程建设所需资金，南水北调建委会第四次会议确定可以使用中央代地方发行的国债用于配套工程建设，有关部门要搞好衔接，抓好相关资金的落实。沿线地方政府要高度重视，不等不靠，在基础设施建设中把南水北调配套工程放在首位，多方筹资，克服困难，确保配套工程和主体工程协同推进。

三、切实强化组织领导和责任落实

南水北调工程涉及面广、任务繁重、影响深远，必须进一步强化组织领导，强化协调配合，强化督促检查，形成狠抓落实的强大合力。

（一）强化组织领导。会前，山东省政府研究调整了指挥部成员名单，我任指挥，万志、兆前等同志任副指挥，省直有关部门负责人和工程沿线各市市长任成员。为保证指挥部成员之间充分沟通，及时协调研究解决工程建设中的重大问题，省指挥部成员会议今后要形成例会制度，每年至少召开一次。工程沿线党委、政府要积极主动地克服困难、解决问题、化解矛盾。分管领导同志要深入一线，靠前指挥，敢于负责，推动各项重点工作落到实处。

（二）强化责任落实。南水北调工程，是一项艰巨繁重的系统工程，需要各级政府、各有关部门全力配合、协同作战。各级政府要克服一切困难，全面负责地做好南水北调工程征地迁占、移民安置和施工环境保障工作，督促有关部门和单位依法办事，把征地拆迁和安置费用落实到位，确保各类补偿资金及时、足额兑现。要坚持规范运作、阳光征迁、和谐征迁，强化监督检查，严禁占压、挪用、截留征地迁占和安置资金，对征地迁占不到位、安置不落实的，要严肃追究责任，确保群众权益不受侵害。对于工程建设和征地迁占中发生的群体性事件和重大问题，要明确责任人限期解决，不能按时解决又没有正当理由的，要追究有关责任人的责任。指挥部省直成员单位要做到既分工负责、各司其职，又相互协调、密切配合，真正形成沟通顺畅、衔接严密、运转高效、保障有力的工作机制。山东省发展改革委要及时完成项目审批，下达投资计划，协调有关部门落实省级配套资金，抓好市级配套资金督促落实；国土和林业部门要严格按照国家批复的标准和规模，尽快完成土地和林地征用手续办理工作；公安部门要确保良好的外部施工环境；交通、电力、通信等部门要积极做好相应的专项设施迁移工作。各有关部门要全力以赴做好工作，确保南水北调工程顺利进行。

（三）强化考核监督。山东省政府已经研究确定，将南水北调工程征地移民拆迁和施工环境保障工作纳入地方政府工作业绩考核体系，进一步加强对南水北调工程征地移民、专项设施迁建、配套资金、施工环境保障等工作的监督考核。山东省政府将组织督导组，对南水北调征地移民和施工环境保障工作进行督促检查，对工程建设中出现的问题及时提出整改意见；同时实行征地移民工作周报、半月报、月报制度，及时向山东省南水北调工程建设指挥部领导、成员单位、市县区政府领导通报征地移民工作情况，对工作不力的要严肃批评，并追究责任。

（四）强化廉政建设。南水北调工程规模大，战线长，资金投入大，管理层次多，在当前建筑市场十分复杂的形势下，人员管理、资金管理面临严峻考验。纪检监察机关、审计部门、工程建设管理单位一定要讲政治、讲大局，坚持工程建设与廉政建设两手抓、两手硬，确保"资金安全、工程安全、人员安全"。要扎实开展重点领域突出问题专项治理活动，加强对权力运行的制约和监督，重点监督领导干部违反规定插手工程建设市场交易活动等以权谋私问题，重点加强关键环节、重点岗位和关键权力的制约和监督，依法查处违法违纪行为。审计部门要严格工程资金监管，进一步加大审计与稽查力度，规范工程建设资金使用，严禁截留、挤占、挪用。工程建设管理单位要加强制度建设，加大党风廉政教育力度，切实落实好党风廉政建设责任制，把监督落实到工程决策建设的各个环节，切实管好用好工程资金，防止腐败发生。

同志们，推进南水北调工程建设，意义重大，任务艰巨，使命光荣。让我们更加紧密地团结在以胡锦涛同志为总书记的党中央周围，在山东省省委的坚强领导下，以对国家、对人民高度负责的精神，切实增强责任感和紧迫感，团结奋斗，勇于拼搏，更好、更快地推进工程建设，为促进我省经济社会健康发展、加快建设经济文化强省作出新贡献！

河南省省长郭庚茂在河南省南水北调丹江口库区第一批移民安置总结表彰暨第二批移民安置再动员会议上的讲话

（2010 年 10 月 26 日）

这次会议是河南省省委、省政府召开的重要会议。国务院南水北调办鄂竟平主任、蒋旭光副主任专程来河南省参加这次会议，体现了国家对南水北调工作的高度重视和对河南省工作的关心支持。刚才，竟平主任站在国家全局的高度，发表了重要讲话，对我省的移民工作给予了肯定和鼓励，对下一步工作提出了要求；刘满仓同志代表河南省省委、省政府和移民安置指挥部，对前一阶段的工作作了总结，对下一阶段的库区移民搬迁进行了全面的安排部署，希望各级各部门深入领会，认真贯彻和落实。下面，我讲三点意见：

一、成绩来之不易，可喜可贺

2009 年以来，河南省全省上下特别是广大移民干部群众，团结奋进、连续作战、攻坚克难，圆满完成了丹江口库区第一批移民 6 万余人的集中搬迁任务，及时启动了第二批 8 万多移民的新村建设工作，全面展开了第一批移民的后续帮扶工作，确保了库区和移民安置区大局稳定。总体上看，我省移民安置工作达到了预期目标，取得了阶段性胜利。前不久，国务院副总理李克强专程到我省视察南水北调中线工程建设和丹江口库区移民工作，并在南阳市召开了南水北调工程建设工作座谈会，代表国务院对河南工作给予了充分肯定。

经过一年多的实践，证明省委、省政府提出的库区移民搬迁“四年任务、两年完成”目标是符合实际的，这个决策也是正确的。一是符合群众利益。停建令颁布之后的七八年来，库区移民房屋停建，透风漏雨，群众生产生活面临很大困难，苦不堪言，要求早日解决问题、摆脱困境的呼声非常强烈。移民搬迁“四年任务、两年完成”的决策，顺应了广大库区群众“早搬迁、早安定、早发展”的迫切要求，有群众基础，有民意基础。二是国家大力支持。国家对移民搬迁的政策基本成熟，该解决的主要问题都有了明确的说法，而且比较符合实际，在移民搬迁上真正贯彻了科学发展观，具体体现了以人为本，最大限度地保障了群众合理合情的诉求。三是安置条件具备。从迁出地到接收地，各个方面的条件基本成熟。四是面临难得机遇。在应对金融危机冲击、扩大内需的背景下，做好移民迁安工作不但能解决移民搬迁问题，而且可以带动内需，促进经济发展。

回顾库区移民搬迁的历程，我们能够取得这样的成绩，主要得益于五个方面的努力：一是得益于党中央、国务院的正确领导和国务院南水北调办等有关部门的大力支持。面对大额度的资金调度以及其他很复杂、很具体的政策和难题，没有国家的大力支持，我们是做不成移民迁安这件大事的。二是得益于全省各级党委、政府的高度重视。各级党委、政府和各个部门都给予了坚强的领导、坚定的支持，确实形成了“举全省之力做好移民迁安工作”的局面。三是得益于各级、各部门齐抓共管、协同配合。四是得益于广大移民干部扎实的工作和辛勤的劳动。特别是做移民思想工作、组织搬迁的一线移民干部，涌现了很多非常感人的典型事迹。五是得益于移民群众和安置地群众的无私奉献。移民群众虽然故土难离，但仍离乡背井，坚决搬迁；安置地群众采取推磨转圈、滚动调地的方法，为安置移民调整出宝贵的土地，表现了中国人顾全大局、勇于奉献牺牲的高贵品质和风格。

总体看，我省移民安置的决策是正确的，前段工作是成功的，成绩来之不易，确实可喜可贺。在此，我代表河南省省委、省政府，向奋战在丹江口库区移民搬迁的广大干部群众表示亲切的慰问！向今天受表彰的优秀（先进）单位和先进个人代表表示热烈的祝贺！向关心支持丹江口库区移民工作的国务院南水北调办等国家部委和社会各界表示衷心的感谢！

二、经验弥足珍贵，要坚持发扬和光大

在丹江口库区移民搬迁过程当中，我们注重把国家要求和本地实际相结合，创造性地开展工作，积累了宝贵经验。概括起来，主要有以下几点：

一是坚持把移民搬迁作为一项重要政治任务来抓，切实加强领导。河南省省委、省政府要求各级党委、政府站在政治和全局的高度，把库区移民搬迁工作作为贯彻落实科学发展观、检验执政能力和水平的重要标准，举全省之力去抓。在工作中，各级党政主要领导亲自挂帅、亲自部署、亲力亲为，分管领导具体负责，深入一线，靠前指挥，为工作顺利推进提供了强有力的组织保障。

二是坚持维护好广大移民群众的根本利益，体现以人为本。在这次南水北调工程建设和移民搬迁当中，省委、省政府反复强调，一定要贯彻好科学发展观，坚持以人为本，坚持把维护群众的根本利益和现实的合法权益放在首位，切实解决好。因为我们工作的出发点站在群众的根本利益上，维护了群众的根本利益，充分考虑了群众现实的合理利益诉求，使大多数群众成为国家重点建设工程建设的受益者而不是利益受害者，所以争取了大多数群众的理解和支持，这是我们做好工作的基石和前提。

三是坚持中央和地方政策有机集成，做到相互促进。一方面，对于移民本身的政策，我们认真落实，不突不破，不折不扣；另一方面，我们运用扶贫开发、民生工程、新农村建设等方面的资金，通过把移民本身的政策和其他方面的政策有机集成，为移民创造更好的生产生活条件，做到移民政策和其他惠民政策相互补充、相互促进。

四是坚持各部门分工协作、齐抓共管，形成工作合力。省委、省政府实行省直厅局包县工作责任制，25 个厅局的包县干部，驻村蹲点，一包到底，切实发挥了作用。各有关市、县也实行了市包县、县包乡、县乡干部包村包户的逐级分包制度。在搬迁过程中，各级各部门上下配合、左右联动、通力合作，确保了大规模移民迁安任务的圆满完成。

五是坚持做好思想宣传工作，争取移民群众的理解和支持。充分考虑到移民和征地拆迁涉及面广、政策性强、敏感性高的特点，千方百计把党的政策和政府的关怀宣传到户、讲解到人，让移民群众理解政策，引导群众着眼长远、顾全大局，支持南水北调工作。同时，从移民群众的切身利益出发，入情入理地做好思想工作，稳定群众情绪，及时送温暖，认真帮助解决实际困难，妥善化解矛盾纠纷，以真心换真情，推动了移民和征地征迁工作的顺利开展。

三、再接再厉，奋力夺取库区移民搬迁的全面胜利

丹江口库区移民安置是整个南水北调工程建设的难点和关键，其工作成效事关工程建设的成败，事关库区群众的切身利益，事关社会大局和谐稳定。虽然我们圆满完成了第一批移民搬迁任务，但第二批还需要搬迁安置 8 万多人，人更多、点更多、面更广、情况更复杂。我们取得了阶段性的胜利，但是也进入了一个关键时期，进入了一个攻坚、决战的阶段。面对艰巨任务，河南省省委、省政府要求大家，一定要迎难而上，奋勇拼搏，以实际行动贯彻落实国务院在河南省召开的南水北调座谈会和李克强副总理重要讲话的精神，确保第二批移民平安搬迁、和谐搬迁，夺取丹江口库区移民工作和南水北调工程建设的全面胜利。

一要继续加强领导。各级各部门主要领导要继续对移民迁安工作高度重视，确保工作热情不降、力度不减，对工作的进展情况要经常过问、持续关注，把握工作动态，及时解决移民搬迁中出现的实际问题，协调解决工作中遇到的重大问题。

二要密切部门合作。省移民安置指挥部、省南水北调办和省政府移民办要继续发挥职能作用，做好沟通协调和督促指导。各部门要结合各自的分管工作，强化责任，齐心协力，共同做好库区移民工作。要牢固树立“移民无小事”意识，对于涉及移民迁安的事情，各级各部门都要急事急办、要事先办、特事特办，体贴入微，温暖人心，以情感人，通过真心真情，换得移民的理解。

三要严格把握政策。对有关移民政策，要不折不扣、不突不破地加以落实。既要不折不扣地维护移民利益，也要不突不破保持政策平衡，要一把尺子量到底，维护政策的统一性、严肃性、公平性，防止因政策的前后不一出现反复。同时，要把扶贫开发、民生工程、新农村建设等有联系的项目和资金优先安排支持移民新村建设，把更多惠民措施用到移民身上，争取为移民创造更好的生产生活条件，确保第二批移民搬迁工作顺利推进，切实做到“搬得出、稳得住、快发展、能致富”。

四要营造良好环境。要继续发挥好新闻媒体的宣传导向作用，教育和引导广大移民群众积极主动配合搬迁，引导全社会关心、支持移民迁安工作。要把移民信访稳定问题纳入信访稳定工作体系，实行分级负责、属地管理，定期通报，及时处理各地的信访、上访事件，把矛盾和问题消除在一线、化解在萌芽状态，避免因问题解决不及时而引起连锁反应，形成区域性的不稳定局面。一旦出现突发性的群体事件，要迅速启动应急预案，及时妥善处置，确保大局稳定，努力为移民搬迁工作营造良好的社会氛围。

同志们，丹江口库区移民迁安最后的决战已经全面打响，我们已经打了一个胜仗，希望大家继续保持高昂斗志，坚定必胜信念，奋力克难攻坚，确保圆满完成移民迁安任务，为保证南水北调中线工程顺利实施、为加快中原崛起作出新的贡献！

谢谢大家！

北京市副市长夏占义在南水北调工程建设工作座谈会上的发言

（2010 年 10 月 9 日）

南水北调是党中央、国务院为缓解我国北方水资源短缺和生态环境恶化状况，促进全国水资源整体优化配置的重大决策。近年来，我国北方地区连年降雨量偏少，水资源短缺形势加剧，更加凸显这一决策的前瞻性、科学性。

现将北京市南水北调工作情况汇报如下：

一、干线北京段按时建成

南水北调中线北京段全长80km，全部为地下管涵。2003年12月30日工程开工，2008年4月28日主体工程完工，2010年5月完成合同验收。

工程建设坚持“机制创新保效率、科技创新保质量、管理创新保安全”，突破了西四环暗涵下穿五棵松地铁、大口径PCCP管道制造安装等一系列技术难关，科技创新112项，产生技术标准3项。

完成投资82.2亿元，其中国家投资66.2亿元（建设资金59.5亿元，拆迁资金6.7亿元），北京市补贴16亿元，补充干线工程征地拆迁资金不足。

北京市应缴纳南水北调基金54.3亿元，计划于2012年上缴完毕，目前已按进度足额上缴40.7亿元。

2008年前，同步建设市内配套12km输水工程，改造了3座自来水厂，完成投资30亿元。具备每年消纳河北省应急来水4亿m^3的能力，具备常年引水条件。

二、京石段先期发挥效益，冀水进京

按国务院部署，经国务院南水北调办、国家发展改革委、水利部等部门协调，河北省、北京市友好协商，在河北省的大力支持下，2008年9月起，利用先期建成的南水北调京石段应急供水工程，两次从河北省3座水库向北京市应急调水，目前第二次调水正在进行。截至2010年10月5日，两次应急调水北京市累计收水5亿m^3。

应急调水过程中，北京市联合调度密云水库地表水、本地地下水、南水北调水，精细管理南水北调管线、自来水厂、自备井、市内自来水输配管网等在线设施；科技攻关，克服水源变化引起的自来水处理、输配水管网适应性等问题；及时应对突发事件，确保了宝贵的南水北调应急来水的顺畅消纳，确保了城市供水安全、稳定。

南水北调中线京石段应急供水工程先期建成并发挥工程效益，是国家正确决策的结果。3年来，工程运行安全稳定，工程质量经受住了输水运行考验；先后调来5亿m^3水，替代了密云水库供水，避免了密云水库这一战略水源蓄水降到死库容，有力保障了首都水资源安全。

三、北京市内配套工程按计划推进

按照国务院南水北调建委确定的南水北调中线“2013年完工，2014年汛后通水”建设目标，北京市已制定和发布了市内配套工程总体规划。

按规划，2014年前，建设完成近百千米输水涵洞、3个调蓄工程，新建、改建8座自来水厂，预算投资300亿元，具备年消纳10亿m^3南水北调来水能力。2015～2020年，全面完成北京市南水北调配套工程建设任务，具备接纳年调水14亿m^3南水北调来水的能力。届时，北京市将实现密云水库水、地下水、再生水、雨洪水和南水北调来水“五水联调”，有效缓解北京市水资源紧缺局面，提升生态环境质量，大大提高首都水源资安全保障水平。

按照北京市内配套工程规划计划，目前南干渠、大宁调蓄水库等重点项目正在施工，2011年市内配套工程将全面开工、掀起建设高潮。

北京市已经连续12年干旱，历史罕见。截至目前，2010年北京全市降雨仅为486mm，全年可形成水资源量预计为20亿m^3左右，为多年平均的54%，比1999年以来连续多年干旱平均值还少6亿m^3，干旱已成定局。目前，密云水库蓄水只有9.9亿m^3，比2009年同期少1.4亿m^3；官厅水库已降至死库容。三大地下应急水源地地下水埋深由10m左右降至 40m，已接近开采极限；以地下水为水源的自来水厂取水能力平均衰减 50% 以上；城市应急水源地周边农用机井 50% 以上抽不出水。2014 年前，北京市平均存在 4.3 亿 m^3 城市生活供水硬缺口。

北京市将坚决按照国务院统一部署，在国务院南水北调办、水利部、国家发展改革委等部委的指导下，在兄弟省市的支持下，按照 2014 年南水北调中线建成通水的目标，加快市内配套工程建设；做好已建工程的保护管理运用，确保工程效益的正常发挥，保障首都水资源安全。

谢谢大家。

CHINA SOUTH-TO-NORTH WATER DIVERSION PROJECT CONSTRUCTION YEARBOOK

贰 政策法规·重要文件

POLICIES,LAWS AND REGULA-
TIONS·IMPORTANT FILES

政 策 法 规

国务院南水北调工程建设委员会办公室

南水北调工程质量监督导则

2010年3月9日
（国调办建管〔2010〕20号）

1 总 则

1.0.1 为加强南水北调工程质量监督管理工作，规范质量监督行为，根据《南水北调工程质量监督管理办法》及国家有关规定制定本导则。

1.0.2 本导则适用于南水北调主体工程的质量监督工作，配套工程的质量监督工作可参照执行。

1.0.3 南水北调工程质量监督工作采用巡回抽查和派驻项目站现场监督相结合的方式进行，质量监督检查以抽查为主。

1.0.4 南水北调工程质量监督工作实行站长（巡回抽查组组长）负责制和分项目（或标段）质量巡视员制。

1.0.5 南水北调工程质量监督工作主要对各参建单位的质量体系、质量行为、实体质量、工程验收、质量资料、质量缺陷备案及质量事故处理等进行监督检查。

2 质量监督机构职责

2.0.1 南水北调工程建设监管中心（以下简称监管中心）、南水北调工程各省（直辖市）质量监督站（以下简称省市质监站）的职责，按《南水北调工程质量监督管理办法》执行。

2.0.2 监管中心和省市质监站根据工作需要，按照职责分工，在工程项目开工前确定质量监督工作方式，明确项目站站长（巡回抽查组组长）。

2.0.3 项目站（巡回抽查组）主要职责：

1 贯彻执行国家有关工程建设质量管理的方针、政策和法律法规及国务院南水北调工程建设委员会办公室（以下简称南水北调办）的有关规定。

2 承担受监工程的质量监督工作。

3 了解受监工程的质量和质量管理状况，及时报告质量监督信息。

4 整理、保管、移交质量监督资料。

2.0.4 项目站站长（巡回抽查组组长）主要职责：

1 主持项目站（巡回抽查组）工作。

2 组织制定项目站（巡回抽查组）管理制度、岗位职责和质量监督计划等。

3 组织质量监督检查。

4 组织编写工程质量监督报告、质量监督文件、质量监督简报等，编报质量监督信息。

2.0.5 质量巡视员主要职责：

分项目（或标段）质量巡视员由国务院南水北调办聘请，其主要职责是：

1 全过程负责所巡视范围的质量监督工作。

2 主要职责是以个人巡视、组成质量专项巡视组或参加监管中心、省市质监站巡回抽查组的方式定期和不定期开展巡视工作，客观、公正、及时地评价被巡视项目的质量管理和工程实体质量情况，及时发现问题，提出整改意见。

3 督促落实整改措施。

4 对不断改进质量监督管理工作提出合理化建议，编写质量巡视有关信息。

3 质量监督内容和权限

3.0.1 项目法人或项目建设管理单位应于南水北调主体工程开工前，及时办理质量监督手续。工程质量监督期自办理质量监督手续开始，到工程通过竣工验收为止。

3.0.2 质量监督工作的主要依据：

1 国家法律法规和南水北调工程建设管理的有关规定。

2 工程建设标准强制性条文。

3 有关技术标准。

4 经批准的工程设计文件。

5 合同文件。

6 其他重要文件。

3.0.3 项目站（巡回抽查组）的主要工作内容：

1 制订质量监督总计划或实施细则，根据工作需要制订年度质量监督计划。

2 对工程项目划分及其调整进行确认。

3 对责任主体和有关机构履行质量管理责任、建立质量管理体系及质量管理行为情况进行监督检查。

4 按照工程建设标准强制性条文的要求，做好相关工作。

5 对工程实体质量进行监督抽查和必要的监督检测。

6 对工程质量有关文件和资料进行监督检查。

7 对工程施工质量验收情况进行监督检查。

8 对工程质量缺陷备案及质量事故处理情况进行监督检查。

9 对重要隐蔽单元工程及关键部位单元工程质量等级签证表、分部工程验收签证书、单位工程验收鉴定书、合同项目完成验收鉴定书及阶段验收（项目法人或项目建设管理单位主持时）鉴定书进行核备。

10 参加工程阶段验收（需要时）、设计单元工程完工（竣工）验收和单项（设计单元）工程通水验收，提交设计单元工程完工（竣工）验收和单项（设计单元）工程通水验收质量监督报告。

11 其他规定内容。

3.0.4 质量监督的权限如下：

1 对项目法人或项目建设管理单位、监理单位、设计单位、施工单位等责任主体的资质（资格）等级、经营范围进行核查，发现越级承包、转包或违法分包工程等不符合规定或合同要求的，责成项目法人或项目建设管理单位限期改正。

2 质量监督人员持证进入施工现场开展质量监督检查，对工程有关部位进行检查，调阅项目法人或项目建设管理单位、监理和施工等单位的质量检验检测成果、质量检查记录、施工记录、施工组织设计、监理实施细则、监理日志、质量评定和验收资料，以及其他与质量相关的资料等。

3 对违反技术规程、规范、质量标准或设计文件的，责成责任单位采取措施纠正。

4 对使用未经检验或检验不合格的设备、材料、构配件及中间产品等，责成责任单位采取措施纠正。

5 对造成重大工程质量事故的，报请有关部门或司法机关调查，依法追究相关单位和个人的责任。

4 质量监督计划编制

4.0.1 监管中心或省市质监站应根据质量监督年度工作安排，结合工程建设的具体情况，编制质量监督年度工作计划，印送各项目站（巡查组），报南水北调办备案。监管中心或省市质监站年度质量监督计划主要包括以下内容：质量监督项目范围、监督工作主要内容及安排、有关建议等。

4.0.2 项目站（巡回抽查组）应结合所监督工程项目的特点，编制质量监督计划或实施细则，在工程项目质量监督手续办理完毕后20个工作日内，印送项目法人或项目建设管理单位及其他参建单位并报监管中心或省市质监站备案。

4.0.3 项目站（巡回抽查组）应根据项目监督工作安排，结合工程建设的具体情况和工作需要，编制年度质量监督计划，印送项目法人或项目建设管理单位及其他参建单位并报监管中心或省市质监站备案。

4.0.4 项目站（巡回抽查组）质量监督计划包括的主要内容：

1 工程项目基本情况。

2 编制原则与依据。

3 工作内容和预定的监督时间。

4 人员安排。

5 措施与方法。

项目站（巡回抽查组）质量监督计划编写大纲见附录A（略）（按文字调整表格）。

5 工程项目划分确认

5.0.1 南水北调主体工程开工前，项目法人或项目建设管理单位应根据有关规定将工程项目的单位工程、分部工程的项目划分方案，单元（工序）工程的划分原则，以及确定的主要单位工程、主要分部工程、重要隐蔽单元工程和关键部位单元工程报送项目站（巡回抽查组）。

5.0.2 项目站（巡回抽查组）收到项目划分书面报告后，应在14个工作日内对项目划分进行确认并将确认结果书面通知项目法人或项目建设管理单位。

5.0.3 工程实施过程中，需对单位工程、主要分部工程、重要隐蔽单元工程和关键部位单元工程的项目划分进行调整时，项目法人或项目建设管理单位应重新报送项目站（巡回抽查组）确认。

6 质量体系监督检查

6.0.1 对工程参建单位资质进行复核，并填写《工程参建单位资质及经营范围复核记录表》，格式见附录B表1（略）。

6.0.2 对工程参建单位的质量管理体系进行监督检查，并填写《工程参建单位质量管理体系监督检查记录表》，格式见附录B表2～表5（略）。

6.0.3 对项目法人或项目建设管理单位质量管理体系监督检查的主要内容：

1 现场机构和人员。主要检查工程质量管理机构设立、质量管理人员配备等情况。

2 规章制度。重点检查工程质量检查、施工图及文件审查与交底、工程质量管理例会、工程质量事故报告、工程质量问题调查处理、工程质量文件管理及信息报送等制度的建设情况。

3 质量责任制。主要检查项目法人或项目建设管理单位质量责任是否落实到人、是否与参建单位签订质量责任书等情况。

6.0.4 对监理单位质量控制体系监督检查的主要内容：

1 现场机构和人员。检查现场监理机构组建，人员到位，以及总监理工程师、总质检师、监理工程师、监理员持证上岗等情况。

2 规章制度。重点检查各种岗位质量责任制、质量控制、监理例会、施工图审查、旁站监理、工程质量平行检测与跟踪检测、质量缺陷检查处理及备案、工程验收、监理日志、监理月报等制度的建设情况。

3 监理规划和监理实施细则。主要检查监理规划是否全面、合理；监理实施细则是否满足有关规程规范要求，是否具有针对性和可操作性。

4 监理机构设立现场试验室的，主要检查现场试验室的试验人员、仪器设备、规章制度、操作规程等情况；委托质量检测单位代行检测的，主要检查受委托单位的资质、委托检测项目及签订委托合同等情况。

6.0.5 对施工单位质量保证体系监督检查的主要内容：

1 现场机构和人员。主要检查现场机构组建情况，项目经理、总工程师、总质检师和质量管理人员的上岗条件及到位情况。

2 现场质检机构。主要检查现场专职质检机构的设立情况，质检员的资格证书、数量等情况。

3 现场试验室。主要检查现场试验室操作人员、试验仪器设备、规章制度、操作规程等情况。监督检查后填写《施工单位工地试验室人员情况监督检查记录表》、《施工单位工地试验室制度与试验规程监督检查记录表》，格式见附录B表6、表7（略）；委托质量检测单位代行检测的，主要检查受委托单位的资质、委托检测项目及委托合同等情况。

4 规章制度及技术文件。重点检查工程质量岗位责任、工程质量管理、工程原材料检验、技术交底、“三检制”落实、验收评定等制度的建设情况；检查施工组织设计、施工方案、作业指导书、施工工艺及试验方案等技术文件编制情况。

5 特殊工种作业人员持证上岗情况。

6.0.6 对设计单位现场服务体系监督检查的主要内容：

1 现场机构及人员。主要检查现场设计代表机构设立、现场设计代表人员的到位及专业配备等情况。

2 规章制度。主要检查现场服务岗位责任制、设计技术交底、现场设计通知及设计变更管理等制度建设情况。

6.0.7 对主要设备与材料供应单位在施工现场监督检查的主要内容：

1 设备与材料供应单位资质（资格）及业绩情况。

2 设备与材料出厂检验制度情况。

7 质量行为监督检查

7.0.1 对工程参建单位的质量管理体系的运行，有关法律法规、工程建设标准强制性条文、技术标准的执行，质量责任和义务的履行等情况进行监督检查，并填写工程参建单位质量行为监督检查记录表，格式见附录B表8～表11（略）。

7.0.2 对工程参建单位的质量事故及质量缺陷处理备案情况进行监督检查，并填写《质量事故及缺陷处理情况监督检查记录表》，格式见附录B表12（略）。

7.0.3 对项目法人或项目建设管理单位质量行为监督检查的主要内容：

1 项目法人或项目建设管理单位质量管理体系运行情况。

2 项目法人或项目建设管理单位对其他参建单位的质量体系运行、质量行为、质量责任制落实和工程实体质量等进行经常性检查的情况，对重要隐蔽单元工程和关键部位单元工程质量的抽检情况，项目管理质量检查检验资料（主要包括质量检查记录、抽检报告等）情况。

3 组织工程验收情况。

4 对采购的设备、材料、构配件及中间产品质量检查（检验）情况进行检查，以及对使用新材料组织鉴定的情况。

5 组织设计交底，设计变更管理等情况。

6 对工程分包单位的审核确认情况。

7 对质量监督、质量检查意见的整改和落实情况，质量事故和质量缺陷处理后组织工程实体质量检测情况。

7.0.4 对监理单位质量行为监督检查的主要内容：

1 监理单位质量控制体系运行情况。

2 设备、材料、构配件、中间产品质量和工程实体质量的平行检测及跟踪检测的情况。

3 组织对工程实体及外观质量检查的情况。

4 监理例会制度执行情况。

5 监理日志、监理月报编制等情况。

6 单元（工序）质量控制情况。监理工程师履行岗位职责情况，关键工序、关键部位旁站监理情况，对质量检验与评定等签认核定情况。

7 质量检验与评定情况。及时进行单元工程质量检验与评定情况；重要隐蔽单元工程和关键部位单元工程抽检及组成联合小组检查核定质量等级情况。

8 对施工组织设计、施工方案、作业指导书、工艺试验、开工报告等审批情况。

9 质量事故、质量缺陷处理过程控制，及质量缺陷备案情况。

7.0.5 对施工单位质量行为监督检查的主要内容：

1 施工单位质量保障体系运行情况。

2 设备、材料、构配件及中间产品质量检查（检验）情况。

3 单元工程质量检验与评定，特别是对重要隐蔽单元工程和关键部位单元工程的质量检验与评定情况。

4 实体质量检测和见证取样。主要检查内容包括检测项目、数量、检测作业程序和行为、成果资料等。

5 采用新技术、新材料、新方法、新工艺的审批情况。

6 工程质量“三检制”的执行情况。

7 机械设备等资源到位情况，混凝土拌和楼等主要施工设备检验校核情况。

8 技术交底情况。

9 对分包单位的管理情况。

10 施工技术资料的收集、整理情况。

11 试验室管理情况。

12 质量缺陷和质量事故处理情况。

7.0.6 对设计单位现场服务行为监督检查的主要内容：

1 图纸供应与设计文件及时到位情况。

2 设计变更程序执行情况。

3 参加设计技术交底情况。

4 对施工过程中出现有关问题及时解决的情况。

5 参加工程验收情况。

6 参与质量事故及缺陷分析情况。

8 工程实体质量监督检查

8.0.1 项目站（巡回抽查组）可通过日常巡视检查和必要的质量监督检测对工程实体质量进行监督检查。监督检查以涉及工程安全的主体部分工程为重点，主要内容包括基础处理、土石方开挖与填筑、混凝土等工程。

8.0.2 日常巡视主要检查材料、中间产品、施工现场作业、工程外观等质量情况。

8.0.3 项目站（巡回抽查组）或会同项目法人根据工程施工情况和质量监督工作需要，对材料、中间产品和工程实体进行必要的质量监督检测。监督检测可以采用独立检测和跟踪检测相结合的方式进行。独立检测是由监管中心或省市质监站委托具有相应资格的检测机构开展的检测活动；跟踪检测是项目站（巡回抽查组）见证取样并进行必要的检测过程跟踪，由现场施工单位或监理单位试验室进行的质量检测。

8.0.4 监督检测结果出现质量不合格的，应及时通知项目建设管理单位处理。

8.0.5 项目站（巡回抽查组）可结合现场检查情况，对参建单位的设备、材料、构配件、中间产品及工程实体质量检验资料进行抽查。

9 工程验收质量监督工作

9.0.1 工程验收质量监督工作包括现场监督检查、参加验收活动、核备验收成果性文件和提交质量监督报告等。

9.0.2 对项目法人或项目建设管理单位工程验收质量监督检查主要包括：工程验收工作方案和计划的制订与实施，验收条件、验收程序和验收组织、验收资料及成果文件情况，及有关质量问题处理情况。

9.0.3 对重要隐蔽单元工程（关键部位单元

工程）质量检验与评定工作监督检查的主要内容：

1 单元工程施工质量及工序施工质量的检验与评定情况。

2 质量问题及处理情况。

3 质量等级核定条件和时间、核定程序及组织、核定资料、签证表等情况。

9.0.4 分部工程验收质量监督检查的主要内容：

1 单元工程施工质量检验与评定情况。

2 质量问题处理、质量缺陷备案及验收遗留问题处理情况。

3 分部工程验收条件和时间、验收程序及验收组织、验收资料、验收签证书等情况。

9.0.5 单位工程验收质量监督检查的主要内容：

1 分部工程验收及其遗留问题处理情况。

2 单位工程外观质量评定情况。

3 单位工程验收条件和时间、验收程序及验收组织、验收资料、验收鉴定书等情况。

9.0.6 合同项目完成验收质量监督检查的主要内容：

1 历次验收及其遗留问题处理情况。

2 验收条件和时间、验收程序及验收组织、验收资料、验收鉴定书等情况。

9.0.7 项目站（巡回抽查组）应按规定对重要隐蔽单元工程（关键部位单元工程）、分部工程验收签证书和单位工程验收、合同项目完成验收及由项目法人或项目建设管理单位主持的阶段验收鉴定书进行核备，并签署核备意见。项目站（巡回抽查组）核备工作结束后，应及时将签署核备意见后的验收签证或鉴定书返还有关单位，同时自留一份存档。

9.0.8 核备工作主要依据是南水北调工程验收有关规定、施工过程中的日常质量监督检查、有关验收资料及验收组织的抽查复核等情况，在验收资料的监督抽查基础上，重点审核施工质量验收的管理程序与行为。核备工作应仔细、严谨，并做好相应的工作记录。

9.0.9 核备意见的文字签署应规范，对验收签证或鉴定书上的“质量监督机构核备意见”栏一般按下述格式填写：

1 核备没有发现问题时，签署“同意核备”和落款日期，并加盖项目站或巡回抽查组公章。

2 核备发现一些非原则性问题时，可同意核备，签署“同意核备，但应进一步（或提出具体时限要求）完善如下有关工作或问题（问题较多时可增加附页）”和落款日期，并加盖项目站或巡回抽查组公章。

3 发现有必须进行整改或其他原则性问题时，项目站或巡回抽查组应发文退回验收签证或鉴定书，并要求有关责任单位整改。整改后重新报项目站或巡回抽查组核备，经复核无问题后，签署“××××××通知要求整改的有关问题已经得到整改落实，同意核备”和落款日期，并加盖项目站或巡回抽查组公章。

4 在核备《重要隐蔽单元工程（关键工程部位单元工程）质量等级签证表》没有发现问题后，签署项目站或巡回抽查组的核备意见。签署可以在该表格的标题处或其他空白处签写“同意核备”和落款日期，并加盖项目站或巡回抽查组公章。

9.0.10 项目站（巡回抽查组）应参加设计单元工程完工（竣工）验收、单项（设计单元）工程通水验收工作，根据需要参加工程阶段验收和合同验收。

9.0.11 设计单元完工（竣工）和单项（设计单元）工程通水验收时，项目站（巡回抽查组）应提交相应的工程质量监督报告。质量监督报告编写大纲见附录C（略）。

10 质量监督检查结果处理

10.0.1 项目站（巡回抽查组）对工程参建单位的质量监督检查情况，应及时填写监督记录，并视情况整理形成相关监督文件。

10.0.2 项目站（巡回抽查组）对检查发现的一般问题，除口头通知责任单位整改外，还应在监督日志（或监督检查记录）中记录备案；对检查发现的较严重问题，应形成质量监督检查结果通知书，责成责任单位整改，并适时对整改后的情况进行监督检查。

10.0.3 项目站（巡回抽查组）的质量监督检查结果通知书应及时发送项目法人或项目建设管理单位，同时抄报南水北调工程质量监督行政主管部门、抄送相关单位。对通知要求整改不到位或拒不整改的，项目站（巡回抽查组）应及时上报南水北调工程质量监督行政主管部门，同时可将此行为记载为不良记录。

10.0.4 监管中心或省市质监站可组织开展质量专项检查，检查后应及时编写质量专项检查报告，并将检查结果及意见发送有关单位。质量专项检查报告编写大纲见附录D（略）。

11 质量监督信息报送

11.0.1 监管中心、省市质监站应按南水北调办有关规定和要求，定期向南水北调办质量监督行政主管部门报送质量监督信息。省市质监站还应同时将质量监督信息报送有关省（直辖市）南水北调办事机构。

11.0.2 项目站（巡回抽查组）应按照《南水北调工程质量监督信息管理办法》质量监督信息报表的要求，按规定编制月报表、季报表，于每月（季）末报上级主管部门。

11.0.3 项目站（巡回抽查组）应及时了解和掌握工程质量动态并上报监管中心或省市监督站，由监管中心或省市监督站按月汇总编写质量监督简报，于次月5日前上报南水北调工程质量监督行政主管部门。质量监督简报的主要内容及编制要求见附录E（略）。

11.0.4 项目站（巡回抽查组）应编制年度质量监督工作总结，上报监管中心和省市监督站，由监管中心和省市监督站汇总上报南水北调工程质量监督行政主管部门。工作总结内容包括年度主要工作、存在问题与建议、下年度工作安排等。

12 质量监督资料管理

12.0.1 项目站（巡回抽查组）应建立完整的工程项目质量监督资料管理体系。工程项目质量监督资料应以项目站（巡回抽查组）为单位归档成卷，始于办理质量监督手续，终于工程项目竣工验收，真实记录质量监督全过程工作成果。

12.0.2 项目站（巡回抽查组）应建立完善的资料管理制度，认真及时做好质量监督资料的收集、整理和移交工作。

12.0.3 质量监督资料管理工作由项目站站长（巡回抽查组组长）负责，并指定专人具体实施。

12.0.4 质量监督资料应按类别分类整理，主要包括以下内容：

1 实施质量监督的文件。

2 质量监督规章制度。

3 质量监督计划文件。

4 收发文件的签收、签发记录。

5 工程项目划分文件。

6 质量体系的监督检查资料。

7 质量行为的监督检查资料。

8 工程实体质量的监督检查和检测资料。

9 工程验收核备资料。

10 质量监督报告。

11 质量监督工作的其他相关资料和文件。

质量监督资料的类别及资料项目名称详见附录F（略）。

12.0.5 项目站（巡回抽查组）机构撤销前一个月内，向上级主管部门移交档案资料，并办理移交手续。

13 附　　则

13.0.1 本导则由南水北调办负责解释。

13.0.2 本导则自发布之日起施行。

南水北调干线工程征迁安置验收办法

2010年3月9日
（国调办征地〔2010〕19号）

第一条 为做好南水北调干线工程征迁安置验收工作，明确验收职责，规范验收行为，根据《大中型水利水电工程建设征地补偿和移民安置条例》、《南水北调工程建设征地补偿和移民安置暂行办法》和《南水北调工程验收管理规定》，制定本办法。

第二条 本办法适用于南水北调东、中线一期干线工程设计单元工程完工阶段的征迁安置验收工作。

东、中线一期主体工程竣工阶段的征迁安置验收有关事宜，待主体工程竣工验收事宜明确后，再行明确。

第三条 征迁安置验收应在设计单元工程完工验收前完成。

征迁安置验收工作应以设计单元为单位组织开展。多个设计单元工程一并实施征迁安置的，可按实施范围进行验收，但在时间安排上，应服从设计单元工程完工验收的总体要求，征迁安置财务决算应以设计单元为单位进行。

第四条 国务院南水北调办负责设计单元工程完工阶段征迁安置验收的监督。

省级征迁安置主管部门（以下简称省级主管部门）负责本行政区域内南水北调工程征迁安置工作的验收，项目法人参与。

第五条 验收由省级主管部门主持，与地方政府、项目法人、有关单位（部门）的代表以及专家组成验收委员会。

第六条 征迁安置验收的依据是国家和省级人民政府的有关法规制度和规范性文件、征地补偿和移民安置责任书、批复的设计单元初步设计报告及变更报告、投资与任务包干协议、经省级人民政府批准的征迁安置实施方案等。

第七条 征迁安置验收应具备的条件是征迁安置补偿资金完成兑付，征用地手续办理完毕，征迁安置实施方案规定的任务完成，征迁安置财务决算完成，有关市、县完成自验收，征迁安置档案通过验收等。

征迁安置财务决算，按国务院南水北调办有关规定进行。

有关市、县自验收和档案验收办法，由省级主管部门规定。

第八条 省级主管部门在设计单元工程具备征迁安置验收条件时，应及时提出验收申请和工作大纲，商项目法人同意，报国务院南水北调办审核批准。

验收申请和工作大纲核准后，即可组织实施。

第九条 征迁安置验收的具体组织方式、程序、要求、方法和时间安排等内容，应在验收工作大纲中规定。

第十条 参与征迁安置实施的设计、监理、监测评估等单位应做好验收准备和配合工作，参加验收，并负责报告相关情况和解答验收委员会提出的问题。

第十一条 征迁安置验收前有关单位应根据要求及时提交以下材料：征迁安置实施管理工作报告（含征迁安置效果评价内容），市、县自验收报告，监理监测报告，档案验收报告，财务决算报告，验收需要的其他材料。

有关单位应对其提供材料的真实性、完整性负责。

第十二条 验收的成果性文件是征迁安置验收意见书。验收结论分为合格和不合格。验收结论应经过三分之二以上的验收委员会成员同意。对于不同意见应有明确记载。

验收委员会对验收的结论负责。

第十三条 征迁安置验收意见书应包括以下内容：

（一）工程项目概况。

（二）征迁安置实施管理情况及评价，包括：农村补偿和安置、城（集）镇迁建、企事业单位迁建、专业项目迁建、征用地手续办理、监理监测、资金使用管理、档案管理等情况及相应评价。

（三）存在问题、整改要求及建议。

（四）验收结论性意见和验收委员会成员签字表。

第十四条 征迁安置验收中发现的问题，由验收委员会提出明确的处理意见建议，由省级主管部门负责协调解决。

第十五条 征迁安置验收通过之日起20个工作日内，省级主管部门应将验收意见书报国务院南水北调办备案，同时送项目法人。

第十六条 省际边界设计单元工程的征迁安置验收，由涉及区域的省级主管部门按照本办法有关规定分别组织。

第十七条 项目法人组织实施的项目验收，由项目法人比照本办法有关规定执行。

第十八条 文物保护项目按《南水北调东、中线一期工程文物保护管理办法》的规定，另行验收。

第十九条 省级主管部门应根据本办法，结合本地实际，制定实施细则，报国务院南水北调办备案。

第二十条 本办法由国务院南水北调办负责解释。

第二十一条 本办法自印发之日起施行。

南水北调工程建设重特大安全事故应急预案

2010年4月6日

（国调办建管〔2010〕45号）

1 总 则

1.1 目的

规范南水北调主体工程建设重特大安全事故的应急管理和应急响应程序，提高事故应急处置能力，有效预防、及时控制南水北调工程建设重特大安全事故的危害，最大限度地预防和减少人员伤害和财产损失，保证工程建设顺利进行。

1.2 编制依据

1.2.1 《中华人民共和国安全生产法》、《中华人民共和国水法》、《中华人民共和国突发事件应对法》、《生产安全事故报告和调查处理条例》、《生产安全事故信息报告和处置办法》、《建设工程安全生产管理条例》等国家法律法规。

1.2.2 《国家突发公共事件总体应急预案》及《国家安全生产事故灾难应急预案》等应急预案。

1.2.3 《国务院关于进一步加强安全生产工作的决定》、《国务院关于特大安全事故行政责任追究的规定》、《南水北调工程建设管理的若干意见》等有关规定。

1.3 适用范围

1.3.1 本预案适用于南水北调主体工程建设过程中发生的下列事故的应对工作：

（1）特别重大（Ⅰ级）事故和重大（Ⅱ级）事故。事故等级划分的具体规定见附则。

（2）其他需要由国务院南水北调工程建设委员会办公室（以下简称南水北调办）处置的安全事故。

1.3.2 南水北调工程建设重特大安全事故主要包括：

（1）重特大土石方塌方和结构坍塌事故。

（2）重特大特种设备或施工机械事故。

（3）重特大火灾、爆炸及环境污染事故。

（4）重特大工程质量安全事故。

（5）完工项目工程运行过程中出现的重大水质污染、渠道决口、渡槽及桥梁等工程垮塌，泵站严重运行事故等重特大事故。

（6）其他原因造成的工程建设重特大安全事故。

1.3.3 南水北调工程建设过程中涉及的自然灾害、公共卫生、社会安全等事故，按照国务院、地方人民政府及相关行业专项应急预案执行。

1.4 应急预案体系

南水北调工程建设安全事故应急预案包括：

（1）南水北调工程建设重特大安全事故应急预案，即本预案。是南水北调工程建设安全事故应急预案体系的总纲，是南水北调办应对重特大安全事故的规范性文件，属于南水北调工程行业专项应急预案。

（2）综合应急预案。综合应急预案由项目法人及直管、代建和委托单位编制。省（直辖市）南水北调工程建设办事机构［以下简称省（市）南水北调办事机构］结合本省南水北调工程特点，可编制省（市）南水北调工程建设安全事故应急预案，作为省（市）南水北调办综合应急预案。综合应急预案报上级主管部门及南水北调办备案。

（3）参建单位专项应急预案和现场处置方案。参建单位针对承担工程，为应对工程建设安全事故而制订的应急预案。专项应急预案和现场处置方案报项目法人及上级主管部门备案。

1.5 工作原则

1.5.1 以人为本、安全第一。把保障人民群众的生命安全和健康作为首要任务，最大限度地预防和减少突发事故造成的人员伤亡和危害。

1.5.2 统一领导、分级负责。在国务院和国务院南水北调工程建设委员会统一领导下，南水北调办、省（市）南水北调办事机构、项目法人按照各自的职责和权限，负责有关事故灾难的应急管理和处置工作。

1.5.3 条块结合、属地为主。南水北调工程建设重特大安全事故的应急救援，遵循属地为主的原则，项目法人积极配合地方人民政府组建现场应急指挥机构，并服从现场应急指挥机构的指挥。现场应急指挥机构组建到位履行职责前，项目法人仍应当做好救援抢险工作。南水北调办予以协调和指导，省（市）南水北调办事机构积极协调配合。

1.5.4 依靠科学，依法规范。采用先进技术，发挥专家和专业人员的作用，提高应急管理和救援的技术水平和指挥能力；依据有关法律、法规，加强应急管理，使应急管理和救援工作规范化、制度化、法制化。

1.5.5 预防为主，平战结合。贯彻落实“安全第一，预防为主，综合治理”的方针，坚持事故应急与预防工作相结合。做好预防、预测、预警和预报工作，做好常态下的风险评估、物资储备、队伍建设、装备完善、预案演练等工作。

2 组织体系及职责

南水北调工程建设重特大安全事故应急组织指挥体系在国务院和国务院南水北调工程建设委员会的统一领导下，由南水北调办、省（市）南水北调办事机构、工程项目法人、施工和其他参建单位应急管理和救援机构组成，见图1（略）。

2.1 南水北调办职责

2.1.1 制定南水北调工程建设重特大安全事故应急预案工作制度和办法；协调、指导和监督南水北调工程建设重特大安全事故应急体系的建立和实施；协调、指导和参与重特大安全事故的应急救援、处理；检查督促各省（市）南水北调办事机构、各项目法人制定和完善应急预案，落实预案措施；及时了解掌握工程建设重特大安全事故情况，根据情况需要，向国务院报告事故情况；组织或配合国务院以及国家安全生产监督管理等职能部门进行事故调查、分析、处理及评估工作；负责制订重特大安全事故信息发布方案和信息发布工作。

南水北调办设立南水北调工程建设重特大事故应急处理领导小组（以下简称领导小

组），负责具体工作。领导小组组成：

组　长：张　野　南水北调办副主任

副组长：李新军　南水北调办建设管理司司长

成　员：彭克加　南水北调办综合司副司长

孙平生　南水北调办投资计划司副司长

熊中才　南水北调办经济与财务司副司长

苏克敬　南水北调办建设管理司副司长

刘国华　南水北调办环境保护司副司长

邓培全　南水北调办征地移民司副司长

刘　岩　南水北调办监督司副司长

张忠义　南水北调工程建设监管中心主任

吴　健　南水北调工程建设监管中心副主任

2.1.2　领导小组下设办公室，办公室设在南水北调办建设管理司。主要职责为：传达领导小组的各项指令，汇总事故信息并报告（通报）事故情况，负责南水北调工程建设重特大安全事故应急预案的日常事务工作；组织事故应急管理和救援相关知识的宣传、培训和演练；承办领导小组交办的其他事项。

2.1.3　根据需要，领导小组可设专家技术组、事故救援和后勤保障组、事故调查组等若干个专业组（以下统称为专业组）。专业组的设置，由领导小组根据具体情况确定。有关专家从南水北调办安全生产专家库中选择；特殊专业或有特殊要求的专家，由领导小组办公室商请国务院有关部门和单位推荐。各专业组在领导小组的组织协调下，为事故应急救援和处置提供专业支援和技术支撑，开展具体的应急处理工作，主要职责：

（1）专家技术组：根据重特大安全事故类别和性质，及时调集和组织安全、施工、监理、设计、科研等相关技术专家，分析事故发生原因，评估预测事故发展趋势，提出削减事故对人员和财产危害的应急救援技术措施和对策，为领导小组及现场应急指挥机构提供决策依据和技术支持。

（2）事故救援和后勤保障组：按照领导小组及其办公室的要求，具体协调和指导事故现场救援，负责相关后勤保障并及时向领导小组报告事故救援情况。

（3）事故调查组：按照事故调查规则和程序，全面、科学、客观、公正、实事求是地收集事故资料，以及其他可能涉及事故的相关信息，详细掌握事故情况，查明事故原因，评估事故影响程度，分清事故责任并提出相应处理意见，提出防止事故重复发生的意见和建议，写出事故调查报告，配合上级有关部门的事故调查。

2.2　省（市）南水北调办事机构职责

省（市）南水北调办事机构负责制定相关的配套应急预案，并报南水北调办备案；结合本地实际，组建重特大事故应急处理领导小组；协调、指导本省（市）南水北调工程建设安全事故应急救援处置及善后处理；及时向地方人民政府报告事故情况；对项目法人应急预案的制订和落实进行监督检查。

2.3　项目法人职责

南水北调工程项目法人是安全生产的责任主体，其主要负责人是所负责工程建设安全生产第一责任人。项目法人应设立工程建设重特大事故应急指挥机构，第一行政领导任总指挥，为事故预防及事故发生后的应急救援和处置提供组织保障，并服从于现场应急指挥机构的领导。

项目法人主要职责：

（1）制定所管辖工程的安全事故应急预案，明确处理事故的应急方针、制度、应急组织机构及相关职责，以及应急行动、措施、保障等基本要求和程序。

（2）事故发生后，迅速采取有效措施组织抢救，防止事故扩大和蔓延，努力减少人员伤亡和财产损失，同时按规定立即报告国务院南水北调办、地方人民政府和省（市）南水北调办事机构。

（3）组织配合医疗救护和抢险救援的设备、物资、器材和人力投入应急救援，并做好与地方有关应急救援机构的联系。

（4）配合事故调查和善后处理。

（5）组织应急管理和救援的宣传、培训和演练。

（6）完成事故救援和处理的其他相关工作。

（7）委托建设管理和代建的项目，相应安全生产及应急处理职责应当在项目委托管理合同中明确。

对于较大及一般安全事故，项目法人根据工程建设的特点与实际，可能发生事故的性质、规模和范围等情况设置具体项目事故应急指挥机构。

项目法人应急指挥机构应当公布联系人及联络方式并报上级及其他相关应急救援和指挥机构。

2.4　施工及项目其他参建单位的职责

施工等参建单位依据承担工程的特点，针对具体的事故类别、危险源和应急保障制定专项应急预案，明确应急救援程序和具体的应急救援措施，建立事故应急处理领导小组；针对具体的装置、场所或设施、岗位制订现场处置方案。

2.4.1　施工单位职责

（1）根据国家法律法规和南水北调办的规定，按照项目法人要求，参加项目事故应急指挥机构并承担相应职责。

（2）建立本单位事故应急救援组织。

（3）结合工程建设实际和特点，工程项目部制订专项应急预案和现场处置方案。

（4）配备应急救援器材、设备，组织应急管理和救援的宣传、培训和演练。

（5）事故发生后，迅速采取有效措施，组织应急救援工作，抢救生命，防止事故扩大和蔓延，努力减少人员伤亡和财产损失。

（6）及时向项目法人、地方人民政府和省（市）南水北调办事机构报告事故情况。

（7）配合事故调查处理，妥善处理事故善后事宜。

2.4.2　其他参建单位职责

（1）按项目法人要求参加项目事故应急指挥机构并承担相应职责。

（2）依据有关规定，配合施工单位，参与制定工程项目建设安全事故专项应急预案和现场处置方案。

（3）开展经常性的安全生产检查、事故救援和培训教育，定期组织应急救援演练，有效预防安全事故发生，提高应急救援能力。

（4）充分利用现有救援资源，包括人员、技术、机械、设备、通信联络、特种工器具等资源，高效组织、密切配合应急救援工作，防止安全事故的损失进一步扩大和蔓延。

（5）配合事故调查处理，妥善处理事故善后事宜。

2.5　现场应急指挥机构及职责

重特大安全事故发生后，依照国家关于应急管理的有关规定组建的现场应急指挥机构，负责事故现场应急救援的统一指挥。

现场应急指挥机构的主要职责：

（1）组织指挥事故现场救援，提出并实施控制事态发展的措施。

（2）按照国家有关规定做好现场保护的有关工作。

（3）根据授权负责现场信息发布工作。

（4）为事故调查、分析和处理提供资料。

（5）完成与现场事故救援有关的其他工作。

2.6　事故救援联络协调机制

按照国家规定，南水北调办、项目法人、省（市）南水北调办事机构有关部门和单位应当建立事故救援联络协调机制。在事故发生时，应当做好与其他部门和单位应急预案衔接的有关工作，做到事故信息和资源共享。

3 预警预防机制

相关单位应针对工程建设可能发生的重特大安全事故，完善预警预防机制，开展风险分析评估，做到早发现、早预防、早处置。

3.1 危险源监控

项目法人、施工等参建单位以及投入运行工程管理部门应当加强对重大危险源的监控，对可能引发特别重大事故的险情，或者其他灾害、灾难可能引发安全事故灾难的重要信息应及时上报。

3.2 预警预防信息

3.2.1 建立预警支持系统。南水北调办、省（市）南水北调办事机构和项目法人在利用现有资源的基础上，建立相关技术支持平台，保证信息准确，渠道畅通；反应灵敏，运转高效；资源共享，指挥有力。

3.2.2 项目法人应组织有关专家及建设管理、设计、施工及监理等单位，对工程建设过程中可能面临的重大灾害风险作出分析评估，特别是对土石方塌方和结构坍塌、特种设备或施工机械、火灾、爆炸、环境污染、工程质量等可能引起重特大安全事故的灾害风险作出评估。项目法人还应组织完工项目工程管理部门对工程运行中可能出现重特大安全事故风险进行分析评估。在分析评估基础上，准确识别危险源和危险有害因素，做好对工程建设和运行过程中的事故监测和预防。各级部门应定期更新危险源统计表，施工等参建单位及完工项目工程管理部门报项目法人，由项目法人汇总后每半年报南水北调办，同时按项目属地报省南水北调办事机构。

3.2.3 对可能引起重特大安全事故的险情，项目建设管理机构应当经核实后立即报告项目法人和工程所在地人民政府；项目法人应当在核实险情后2h内报告南水北调办和省（市）南水北调办事机构。

3.3 预警级别及发布

3.3.1 对照事故等级，南水北调工程建设事故应急预警级别分为Ⅰ级（特别重大安全事故）、Ⅱ级（重大安全事故）、Ⅲ级（较大安全事故）和Ⅳ级（一般安全事故）四级预警。

3.3.2 预警发布要遵循科学慎重、预防为主的原则。可能发生特别重大（Ⅰ级）和重大（Ⅱ级）安全事故，由项目法人报请南水北调办发布。对可能发生较大（Ⅲ级）、一般（Ⅳ级）安全事故的，由项目法人应急指挥机构发布预警指令。

3.3.3 预警发布应符合国家有关规定。

3.4 预警行动

3.4.1 项目法人、项目建设管理机构、施工及其他参建单位应根据工程实际和环境情况，编制事故灾害防治方案，明确防范的对象、范围，提出防治措施，确定防治责任人，有效应对各种险情。

3.4.2 项目法人、省（市）南水北调办事机构接到可能导致南水北调工程建设重特大安全事故的信息后，及时确定应对方案，并按照预案做好应急准备。

3.4.3 南水北调办接到可能导致南水北调工程建设重特大安全事故的信息后，密切关注事态进展，及时给予指导协调，并按照预案做好应急准备工作。

4 应 急 响 应

根据发生的安全事故等级，按Ⅰ级（特别重大安全事故）、Ⅱ级（重大安全事故）、Ⅲ级（较大安全事故）、Ⅳ级（一般安全事故），四级响应启动相应预案。

4.1 事故报告

4.1.1 Ⅰ级、Ⅱ级事故发生后，事故现场有关人员应当立即报告本单位负责人和项目建设管理单位，单位负责人接到报告后，应当于1h内向事故发生地县级以上人民政府安全生产监督管理部门报告。

4.1.2 项目建设管理单位立即报告工程所在地人民政府、省（市）南水北调办事机构和项目法人；项目法人应当在接到报告后2h内报告南水北调办和省（直辖市）人民政府；省（市）南水北调办事机构接到报告后，应当立即报告省（直辖市）人民政府；南水北调办接到报告后2h内，报告国务院，同时抄送国务院安全生产委员会办公室、工程所在地省级人民政府和国务院有关部门、单位。

4.1.3 情况紧急时，事故报告单位可越级上报。

4.1.4 有关单位和人员报送、报告突发事件信息，应当做到及时、客观、真实，不得迟报、谎报、瞒报和漏报。

事故报告内容主要有：

（1）事故发生工程项目及参建单位概况。

（2）事故发生的时间、地点以及事故现场情况。

（3）事故的简要经过。

（4）事故已经造成或者可能造成的伤亡人数（包括下落不明的人数）和初步估计的直接经济损失。

（5）已经采取的措施。

（6）其他应当报告的情况。

重特大安全事故信息报告格式参见附录10.3（其表格略）。

4.1.5 事故报告后出现新情况的，应按照《生产安全事故报告和调查处理条例》的相关规定及时补报。

4.2　分级响应

4.2.1 Ⅰ级、Ⅱ级事故发生后，南水北调办立即启动本应急预案，协调组织事故应急救援抢险，组织专家及相关资源参加救援，提供技术支撑，协调省（直辖市）人民政府和国家有关部门参与应急救援的有关工作。有关救援工作进展情况，及时报告国务院，同时抄送国务院安全生产委员会办公室和国务院有关部门。需要其他部门应急力量支援时，应及时提出请求。

Ⅰ级、Ⅱ级事故发生后，领导小组组长或其委托的副组长应当立即到达事故现场，指挥应急救援工作，领导小组成员迅速就位履行职责。

Ⅰ级、Ⅱ级事故发生后，省（市）南水北调办事机构、工程项目法人、施工和其他参建单位应当启动相应预案，各级应急指挥机构应立即开展应急救援，并服从现场应急指挥机构的统一指挥。

Ⅰ级事故发生导致国家突发公共事件总体应急预案或专项预案启动时，本预案响应行动服从相应预案安排。

4.2.2 Ⅲ级、Ⅳ级应急响应行动的组织由项目法人、省（市）南水北调办事机构决定。超出本级应急救援处置能力时，及时报请上一级应急指挥机构启动相应应急预案。有关救援工作进展情况，及时报告南水北调办。

4.3　紧急处置

4.3.1 Ⅰ级、Ⅱ级事故发生后，事故发生单位必须迅速营救伤员，抢救财产，采取有效措施，防止事故进一步扩大。根据事态发展变化情况，出现急剧恶化的特殊险情时，现场应急救援指挥机构在充分考虑专家和有关方面意见的基础上，依法及时采取紧急处置措施。

4.3.2 做好现场保护工作，因抢救人员防止事故扩大以及为减少事故损害等原因需移动现场物件时，应做出明显的标志，拍照、录像，记录及绘制事故现场图，认真保存现场的重要物证和痕迹。

4.3.3 项目法人、施工和其他参建单位按现场应急指挥机构的指挥调度，提供应急救援所需资源，确保救援工作顺利实施。

4.3.4 参加紧急处置的各单位，随时向上级人民政府或主管单位汇报有关事故灾情变化、救援进展情况等重要信息。

4.4 指挥和协调

4.4.1 重特大安全事故发生后，现场应急指挥机构负责现场应急救援的指挥。项目法人及各参建单位在现场应急指挥机构统一指挥下，密切配合、共同实施抢险救援和紧急处置行动。现场应急指挥机构组建前，事发单位和先期到达的应急救援队伍必须迅速、有效地实施救援。

省（市）南水北调办事机构协调工程所在地人民政府事故救援、事故发生地相关范围内的治安环境安全，做好人民群众的安全防护工作，保证应急救援人员工作安全，防止衍生、次生事故的发生。

4.4.2 现场指挥、协调、决策应以科学、事实为基础，充分发扬民主，果断决策，全面、科学、合理地考虑工程建设实际情况、事故性质及影响、事故发展及趋势、资源状况及需求、现场及外围环境条件、应急人员安全等情况，充分利用专家对事故的调查、监测、信息分析、技术咨询、救援方案、损失评估等方面的意见，削减事故影响及损失，避免事故的蔓延和扩大。

4.4.3 在事故现场参与救援的所有单位和个人，应服从领导、听从指挥，并及时向现场应急指挥机构汇报有关重要信息。

4.4.4 信息共享和处理

（1）重特大安全事故发生后，常规信息、现场信息由项目法人负责采集，具体信息采集的范围、内容、方式、传输渠道和要求，按照国家相关规定执行，并在项目法人应急预案中明确。

（2）重特大安全事故有关信息必须及时报送南水北调办，并按规定同时报送工程所在地人民政府，其他事故有关信息按有关规定执行，并报南水北调办备案。

（3）事故信息上报和公开按照规定程序执行。

4.5 医疗卫生救助

事故发生单位应当及时、准确地向地方人民政府及事发地卫生行政主管部门报告医疗卫生救助需求，并快速与就近的医疗卫生单位取得联系，寻求医疗卫生救助。

4.6 应急救援人员的安全防护

4.6.1 重特大事故的应急救援应高度重视应急人员的安全防护，应急人员进入危险区域前，应采取防护措施以保证自身安全。

4.6.2 项目法人、施工和其他参建单位应根据工程特点、环境条件、事故类型及特征，事先准备必要的应急安全防护装备，以备救援时使用。

4.6.3 事故现场应急指挥机构根据情况决定应急救援人员的进入和撤出，根据需要具体协调、调集相应的安全防护装备。

4.7 群众的安全防护

4.7.1 重特大安全事故发生后，现场应急指挥机构负责组织群众的安全防护工作，决定应急状态下群众疏散、转移和安置的方式、范围、路线、程序。

4.7.2 根据事故状态，现场应急指挥机构应划定危险区域，商请当地人民政府和上级领导机构及时发布通告，防止人、畜进入危险区域，并在事故现场危险区域设置明显警示标志。

4.7.3 项目法人应当与工程所在地人民政府建立应急互动机制，确定保护群众安全需要采取的防护措施。

4.7.4 省（市）南水北调办事机构协调工程所在地人民政府加强社会治安综合治理，确保事故灾害区域的社会稳定。

4.8 事故调查分析、检测与后果评估

4.8.1 重特大安全事故现场救援处置工作结束后，南水北调办组织或配合国务院以及国家安全生产监督管理等职能部门进行事故调查、检测、分析及评估工作，事故相关项目法人、施工和其他参建单位配合。

4.8.2 国务院或其授权成立事故调查组的，南水北调办配合或参与相关调查工作。事故调查组对重特大安全事故进行全面、科学、公正的调查研究，评估危害程度，考评应急救援指挥效能和实际应急效能，提出需要改进的应急救援方案和措施。

4.8.3 各级应急指挥机构及项目法人应通过事故调查评估，总结经验教训，完善工程安全事故预防措施和应急预案。

4.8.4 国家对重特大安全事故的调查分析、检测与后果评估另有规定的，从其规定。

4.9 信息发布

4.9.1 Ⅰ级、Ⅱ级事故信息发布工作由南水北调办按照国家有关法律法规和南水北调办关于信息发布的有关规定执行。Ⅲ级、Ⅳ级事故的信息发布由项目法人按照有关规定发布，并报南水北调办和相关省（市）南水北调办事机构。

4.9.2 安全事故信息发布应当及时、准确、客观、全面。

4.9.3 信息发布形式主要包括授权发布、散发新闻稿、组织报道、接受记者采访、举行新闻发布会等。

4.10 应急结束

安全事故现场应急救援活动结束，事故现场得以控制，环境符合相关标准，导致次生、衍生事故的隐患消除，调查取证完成后，事故现场应急指挥机构宣布应急救援结束，应急救援队伍撤离现场。

Ⅰ、Ⅱ级事故应急处置工作由南水北调办宣布解除应急状态；Ⅲ、Ⅳ级事故应急处置工作由项目法人宣布解除应急状态。

启动国家突发公共事件总体应急预案或专项预案实施应急处置的，其应急状态解除按相关预案规定办理。

5 后期处置

5.1 善后处置

5.1.1 重特大安全事故应急救援结束后，根据事故发生区域、影响范围，由南水北调办或省（市）南水北调办事机构协调工程所在地人民政府及有关部门进行事故善后处置。

5.1.2 项目法人及事故发生单位应负责各项善后工作，妥善解决伤亡人员的善后处理，以及受影响人员的生活安排。对紧急调集、征用有关单位及个人的物资，要按照规定给予抚恤、补助或补偿。

5.1.3 项目法人、事故发生单位及其他有关单位应积极配合事故的调查、分析、处理和评估。

5.1.4 项目法人组织有关单位共同研究，采取有效措施，尽快恢复工程的正常建设。

5.2 事故调查报告和经验教训总结

5.2.1 重特大安全事故调查与处理应实事求是，尊重科学，严格按有关法律、行政法规执行。重特大安全事故如系责任事故，事故发生单位必须按照“事故原因未查明不放过，事故责任者未处理不放过，整改措施未落实不放过，有关人员未受到教育不放过”（即“四不放过”）的原则处理。

5.2.2 重特大安全事故调查报告由事故调查组负责完成。

5.2.3 项目法人、事故发生单位及其他参建单位，应从事故中总结经验，吸取教训，采取有效措施进行整改，确保后续工程安全、保质保量地完成，同时根据需要，修订相应应急预案。各级应急指挥机构应针对工程建设各个方面和环节进行定性定量的总结、分析、评估，总结经验，找出问题，吸取教训，提出改进意见和建议，以进一步做好安全工作。

5.3 保险

项目法人和工程参建各单位应当依法办理工程和意外伤害保险。重特大安全事故应急救援结束后，项目法人及相关责任单位应及时协助办理保险理赔和落实工伤待遇。

6 保障措施

6.1 通信与信息保障

6.1.1 各应急指挥机构和参与事故应急救援各有关单位及联系人员的通讯方式，由各有关单位提供，南水北调办汇总编印分送各有关单位，需要上报的，报有关部门备案。有关单位及人员通讯方式发生变化的，应及时通知南水北调办以便及时更新。

6.1.2 应急通信应充分利用公共广播和电视等媒体发布信息，通知群众尽快撤离危险区域，确保人民群众的生命安全。

6.1.3 重特大安全事故应急管理和救援期间，现场指挥和救援通讯方式以无线对讲为主，辅以有线电话（含传真）、手机、微波等专用无线或有线通信、互联网，特殊情况时，启用卫星通信等备用设备或其他联络渠道。

6.1.4 涉及应急预案中需要的通信系统及设备，由有关单位根据需要配置并在配套预案中明确，各单位应加强维护，确保应急期间及时进行信息采集及信息畅通。

6.1.5 通信与信息联络需要保密的，按照国家有关规定执行。

6.2 应急队伍保障

6.2.1 应急队伍应首先充分利用工程建设各参建单位及人员，作为先期应急管理和救援队伍。

6.2.2 必要时动用工程所在地人民政府及有关部门的应急救援资源（包括政府、机关团体、企事业单位、公益团体、志愿队伍及其他社会公众力量等），作为后继应急管理和救援队伍。项目法人（或建管单位）应事先调查了解工程所在地的应急救援资源情况，并在其制订的具体事故应急预案中明确后继应急管理和救援队伍的来源、专业、数量、调用程序和保障措施等。

6.2.3 特殊事故的专业应急救援队伍应依靠工程所在地人民政府来保障，如消防、医疗卫生、水下抢救等，根据事故的具体情况可以作为先期或增援应急管理和救援队伍。

6.2.4 必要时请求工程所在地部队作为应急管理和救援增援队伍。

6.2.5 项目法人（或建管单位）应与工程所在地人民政府、部队、有关专业应急队伍保持密切联系。必要时可共同组织应急救援培训和演练。

6.2.6 应急队伍的调用由应急救援指挥机构统一协调、指挥和调用，有关单位应予以配合。

6.2.7 有关应急救援队伍应根据工程特点，定期或不定期进行应急抢险培训，应急救援处置演练。

6.3 应急物资装备保障

6.3.1 根据可能突发的重特大安全事故性质、特征、后果及其应急预案要求，南水北调办、省（市）南水北调办事机构、项目法人、施工和其他参建单位根据工作需要应当配备适量或明确专用应急机械、设备、器材、工具等物资装备，以保障应急救援调用。

6.3.2 项目法人在制订具体的应急预案时，应明确备用物资装备的类型、数量、性能、存放位置，并定期进行检查维护。应急救援时立即报现场应急指挥机构以供调用。

6.3.3 救援装备应首先充分利用工程建设的既有资源，必要时动用工程所在地人民政府及有关部门的应急装备或其他社会资源。项目法人应事先尽可能调查了解工程所在地人民政府的应急装备及资源情况，并在其制订的具体事故应急预案中明确可能需要调用的装备及资源、调用程序和保障措施等。

6.4 经费保障

6.4.1 各参建单位应当做好事故应急的必要资金准备。应急救援资金首先由事故责任单位承担，事故责任单位暂时无力承担的，由当地人民政府、项目法人协调解决。南水北调办应急管理和救援工作资金按照《财政应急保障预案》的规定解决。

6.4.2 事故应急管理和救援完毕后，有关费用根据事故调查、分析结果，按国家有关规定进行处理。

6.4.3 国家另有规定的，从其规定。

6.5 其他保障

6.5.1 交通运输保障

（1）交通运输应首先充分利用工程建设施工现场的既有运输工具，项目法人应在其制订的具体事故应急预案中明确交通运输工具的来源、型式与功能、数量、状况、调用程序和保障措施等。必要时，动用工程所在地人民政府及有关部门、其他企事业单位、社会公众、部队等拥有的运输工具。

（2）项目法人及工程参建单位在工程施工过程中，应合理组织，随时保证施工现场交通畅通（包括水平和垂直运输），特殊情况时应当明确保障临时应急交通通道畅通的措施。

6.5.2 治安保障

（1）项目法人及参建单位在日常工作中，应密切与当地公安机关的联系，在公安机关指导下，按照有关法律、法规，加强内部治安保卫机构和内部治安保卫制度建设。

（2）项目法人及参建单位应充分利用内部治安保卫力量维护工程内部治安秩序，保护重要部位、重要文件资料安全，保护现场，保全证据，抢救受伤人员，并及时向公安机关报告。

（3）项目法人在必要时请当地公安机关和相关部门、单位给予支援，在公安机关的统一指挥下，维护现场治安秩序。

（4）项目法人及参建单位在具体事故应急预案中应明确规定内部治安保卫机构在事故处理中的具体工作，并定期组织演练。

6.5.3 技术保障

（1）南水北调办整合南水北调工程建设各级应急救援（技术、经济及管理等）专家库，根据工程重特大安全事故的具体情况，及时派遣或调整现场应急救援专家成员。

（2）南水北调办负责统一组织有关单位对南水北调工程安全事故的预测、预警、预防、应急管理和救援技术进行研究，提高应急监测、预防、处置及信息处理的技术水平，增强技术储备。

（3）南水北调工程重特大安全事故风险评估、预防和处置的技术研究及咨询可依托有关专业机构。

（4）有关省（市）南水北调办事机构、项目法人及工程参建单位也应具有事故应急管理和救援的一般技术储备和保障。

6.5.4 医疗卫生保障

医疗卫生以就近和有医疗救治能力与专长为原则，依靠工程所在地各医疗卫生机构。各项目法人（或建管单位）应熟悉当地医疗救治机构分布、救治能力和专长，掌握联系方法，定期保持联系。

当与应急救援医疗机构相距较远时，项目法人应组织、督促有关单位配备必要的现场医疗救护条件，以备事故发生时，能采取临时应急救治措施。

7 宣传、培训和演练

7.1 宣传

南水北调办、省（市）南水北调办事机构、项目法人组织应急法律法规和工程建设事故预防、避险、避灾、自救、互救常识的宣传工作。项目法人还应根据工程建设和运行管理实际和事故可能影响的范围，与工程所在地人民政府建立互动机制，采取多种形式向工程参建单位、人员或公众宣传相关应急知识。

7.2 培训

7.2.1 南水北调办负责对省（市）南水北调办事机构、项目法人应急指挥机构有关领导及人员统一组织应急管理、应急救援等培训。

7.2.2 培训对象包括有关领导、应急人员、工程参建单位有关人员等，培训工作应做到合理规范，保证培训工作质量和实际效果。

7.2.3 项目法人应组织各参建单位人员进行各类安全事故及应急预案教育，对其应急救援人员进行上岗前培训和常规性培训。培训工作应结合实际，采取多种形式，定期与不定期相结合，原则上每年至少组织一次。

7.3 演练

7.3.1 南水北调工程各级应急指挥机构根据工程进展情况和总体工作安排，适时组织相关单位进行应急救援演练。

7.3.2 项目法人根据工程具体情况及事故特点，组织工程参建单位进行突发事故应急救援演习，必要时邀请工程所在地人民政府及有关部门参与。

7.3.3 演练结束后，组织单位总结经验，完善事故防范措施和应急预案。

8 监督、检查与奖惩

8.1 监督、检查

8.1.1 南水北调办对项目法人、省（市）南水北调办事机构实施应急预案进行指导和协调。

8.1.2 按照工程建设管理事权划分，项目法人、省（市）南水北调办事机构对工程参建单位制定和实施应急预案进行监督检查。

8.1.3 对检查发现的问题，监督检查单位应当及时责令整改，拒不执行的，报请有关主管部门予以处罚。

8.2 奖惩

8.2.1 对南水北调工程建设重特大安全事故应急管理和救援工作作出突出贡献的集体和个人，南水北调办给予表彰或奖励。

8.2.2 对工程建设中玩忽职守造成重特大安全事故和在安全事故发生后隐瞒不报、谎报、故意延迟不报的，依照国家有关法律法规和有关规定，追究当事人和单位负责人责任；构成犯罪的，依照法律追究责任。

8.2.3 各级应急指挥机构、项目法人、施工和其他参建单位按本预案要求，承担各自职责和责任。在南水北调工程建设重特大事故应急管理和救援中，由于玩忽职守、渎职、违法违规等行为造成严重后果的，依照国家有关法律及行政法规，追究当事人责任，予以处罚；构成犯罪的，依照法律追究责任。

9 附　　则

9.1 术语和定义

南水北调工程建设安全事故等级划分标准如下。

9.1.1 特别重大（Ⅰ级）事故

是指造成30人以上死亡，或者100人以上重伤（包括急性工业中毒，下同），或者1亿元以上直接经济损失的事故。

9.1.2 重大（Ⅱ级）事故

是指造成10人以上30人以下死亡，或者50人以上100人以下重伤，或者5000万元以上1亿元以下直接经济损失的事故。

9.1.3 较大（Ⅲ级）事故

是指造成3人以上10人以下死亡，或者10人以上50人以下重伤，或者1000万元以上5000万元以下直接经济损失的事故。

9.1.4 一般（Ⅳ级）事故

一般事故，是指造成3人以下死亡，或者10人以下重伤，或者1000万元以下直接经济损失的事故。

上述事故等级划分表述中，“以上”包括本数，“以下”不包括本数。

根据国家有关规定和南水北调工程建设实际情况，事故等级将适时作出调整。

9.2 维护与更新

本预案由南水北调办具体负责管理与更新，报国务院备案，同时抄送有关部门及工程沿线省（直辖市）人民政府。

根据工程建设实际，适时对本预案组织评审，并视评审结果和具体情况进行相应修改、完善或修订。

省（市）南水北调办事机构和项目法人制订及其更新的事故应急预案应报南水北调办备案。

9.3 国际沟通与协作

按照国家外事有关规定，积极开展国际同类型工程预防和处置重特大安全事故的经验交流，借鉴国外经验，进一步做好南水北调工程建设重特大安全事故的防范与处置工作。

9.4 制订与解释部门

本预案由南水北调办制订并负责解释。

联系部门：南水北调办建设管理司

联系电话：010－63204856

传　　真：010－63204857

9.5 应急预案实施

本应急预案自发布之日起实施。

10 附　　录

10.1 与重特大安全事故相关的应急预案

有关省（市）南水北调办事机构应根据事权划分、职责分工和工程建设具体情况，制订相应安全事故应急预案，并与本预案及省（市）突发公共事件应急预案相衔接。

项目法人针对可能发生的重特大安全事故性质、特点和类别，制订详细、可行的安全事故应急预案，并与本预案以及所在省（市）突发公共事件应急预案相衔接。

施工等参建单位针对承担工程，为应对工程建设安全事故而制订专项应急预案和现场处置方案，应密切与本预案、省（市）南水北调办应急预案、项目法人应急预案及当地市、县突发公共事件应急预案相衔接。

10.2 有关应急部门、机构或人员的联系方式

10.2.1 国家有关部门值班电话

国务院南水北调工程建设委员会办公室：010-63204856

国家安全生产监督管理总局：010-64463100，010-64463200

10.2.2 省（市）南水北调办事机构

北京市南水北调工程建委会办公室：010-88028399

天津市南水北调工程建委会办公室：022-58790713

河北省南水北调工程建委会办公室：0311-86219738（白），0311-86045654（夜）

江苏省南水北调工程建设领导小组办公室：025-86338481

山东省南水北调工程建设管理局：0531-86974049

河南省南水北调中线工程建设领导小组办公室：0371-69156622（白），0371-69156899（夜）

湖北省南水北调工程建设领导小组办公室：027-87221139

10.2.3 项目法人

南水北调中线干线工程建设管理局：010-88657159（白），010-88657130（夜）

南水北调中线水源有限责任公司：0719-5374012

南水北调东线江苏水源有限责任公司：025-86338476

南水北调东线山东干线有限责任公司：0531-86974049

湖北省南水北调工程建设管理局：027-87221142

10.3 重特大安全事故报告及信息发布格式

10.3.1 重特大安全事故信息报告内容及格式

10.3.2 信息发布内容框架

（1）事件基本情况及进展情况。

（2）领导指示。

（3）应急救援工作成效。

（4）下一步的计划。

（5）需要澄清的问题。

10.3.3 预案启动格式框架

（1）信息来源。

（2）事件现状。

（3）宣布事项。

（4）宣布人。

南水北调工程征地移民档案管理办法

2010年4月29日
（国调办征地〔2010〕57号）

第一条 为规范南水北调工程征地补偿和移民安置档案（以下简称征地移民档案）管理，维护征地移民档案的完整、准确、系统和安全，充分发挥征地移民档案的作用，根据《中华人民共和国档案法》、《重大建设项目档案验收办法》、《南水北调工程建设征地补偿和移民安置暂行办法》以及国家有关档案工作规范和标准，结合南水北调工程征地移民工作实际，制定本办法。

第二条 征地移民档案是指负责或参与南水北调工程征地移民工作的各有关单位在征地移民工作中所形成的有价值的文字、图表、声像、照片、电子文件、实物等不同形式与载体的历史记录。

征地移民档案工作是南水北调工程建设重要的基础性工作，是南水北调工程征地移民工作的重要组成部分。

第三条 本办法适用于南水北调工程建设征地移民档案管理工作。

第四条 在国家档案行政管理部门的监督、指导下，国务院南水北调工程建设委员会办公室（以下简称国务院南水北调办）负责征地移民档案管理工作的组织协调和监督指导。

省、市、县各级征地移民主管部门作为征地移民档案工作主管部门，负责对本行政区域内征地移民档案工作的统一领导和管理，业务上接受上级主管部门和同级档案行政管理部门的监督和指导。

各项目法人按照工作职责，做好各自征地移民档案管理工作。

设计、勘测定界、监理、监测评估单位负责做好相应的征地移民档案收集、整理、归档工作，并按规定向省级征地移民主管部门和项目法人移交。

第五条 征地移民档案的收集、整理、归档、验收、移交等应纳入负责或参与南水北调工程征地移民工作各单位的工作内容，明确负责部门和责任人，确保征地移民档案完整、准确、系统、安全。

任何部门、单位和个人均不得以任何借口拒绝归档或将档案据为己有。

第六条 从事征地移民工作的单位或部门，按照“谁产生，谁整理”的原则，将征地移民工作中形成的文件进行收集、整理，并及时做好移交工作。

第七条 省、市、县级征地移民主管部门产生或经办的文件由本单位整理归档。县级以下征地移民工作产生的文件，按有关要求归档整理后向县级征地移民主管部门移交，为便于工作可保留副本。

设计、勘测定界、监理、监测评估等参建单位产生的文件，由产生单位在征地移民档案验收前完成归档工作，并纳入验收范围。在征地移民档案通过验收后，设计、勘测定界、监理、监测评估等参建单位应按规定移交给省级征地移民主管部门和项目法人，交接各方应认真履行交接手续。

项目法人征地移民工作产生的文件，作为工程建设项目档案材料的组成部分进行归档。

第八条 征地移民档案采取定期归档，具体归档时间由各单位根据实际情况确定。归档文件材料须按要求进行系统整理，由负责人审查并签署意见。未归档或归档不符合要求的，不得进行征地移民档案验收。

第九条 干线工程征地拆迁档案归档范围及保管期限，参照《南水北调东中线第一期工程档案分类编号及保管期限对照表》（国调办综〔2009〕13号），由干线工程沿线各省级征地移民主管部门结合实际，商同级档案行政管理部门确定。

丹江口库区征地移民档案归档范围及保管期限，由涉及的省级征地移民主管部门结合实际，商同级档案行政管理部门确定。

第十条 征地移民档案收集、整理应符合以下要求：

（一）根据归档范围，将本单位或部门产生的各类文件材料收集齐全。

（二）按照国家有关标准与规范，分类整理，保持文件材料之间的有机联系和成套性，区别不同的保管期限，便于保管和利用。

文书档案按照《文书档案案卷格式》（GB/T 9705—2008）或《归档文件整理规范》（DA/T 22—2000）的规定整理、归档；征地移民项目档案按照《国家重大建设项目文件归档要求与档案整理规范》（DA/T 28—2002）和《水利工程建设项目档案管理规定》（水办〔2005〕480 号）的要求进行整理、归档；会计档案按照财政部、国家档案局颁发的《会计档案管理办法》（财会字〔1998〕32 号）进行整理、归档。征地移民工作过程中产生的录音、录像、照片、光盘、磁盘等特殊载体的档案材料，应标注事由、时间、地点、人物、作者等说明性内容，参照《照片档案管理规范》（GB/T 11821—2002）和《电子文件归档与管理规范》（GB/T 18894—2002）进行整理、归档。

（三）归档文件材料应做到字迹清楚、数据准确、签字手续完备，书写材料符合耐久性要求。

第十一条 丹江口库区移民的迁出县（市、区）和迁入县（市、区）、干线工程征迁涉及的县（市、区），必须按照归档范围要求，建立完整的征地移民档案。

县级征地移民档案中，分户、集体、城（集）镇迁建、工矿企业迁建、专项设施迁建或复建等材料应齐全完整。

外迁移民迁出前形成的档案资料由迁出县（市、区）征地移民主管部门负责收集并按户整理后，将复制件交迁入县（市、区）征地移民主管部门保管。

第十二条 各级征地移民主管部门和项目法人应建立健全征地移民档案收集、整理、保管、移交、鉴定销毁、利用、保密等各项规章制度，落实岗位责任制。

第十三条 保管征地移民档案应有符合档案保护要求的、满足档案工作需要的库房、设备，档案装具要符合国家有关标准和技术规范的要求。

第十四条 征地移民档案验收是南水北调工程征地补偿和移民安置专项验收的前提。

干线设计单元工程的征地拆迁档案验收，应在设计单元完工阶段征迁安置验收前完成；丹江口库区征地移民档案验收，应在库区移民初验前完成。

干线工程设计单元完工阶段征地拆迁档案、库区移民初验阶段的征地移民档案验收有关事宜，由省级征地移民主管部门商同级档案行政管理部门确定。

项目法人形成的征地移民档案，与工程建设项目档案一并验收。

主体工程竣工阶段征地移民档案验收事宜，待主体工程竣工验收事宜确定后，另行明确。

第十五条 省、市、县级征地移民主管部门应对在征地移民档案工作中作出突出成绩的部门或人员，给予表彰和奖励。

对于违反本办法的单位或个人，上级主管部门可采取通报批评等方式限期整改；对逾期未改，并负有直接责任的领导和具体负责人，上级主管部门可视具体情况予以处分。违反档案法律法规的，依法追究法律责任。

第十六条 南水北调东中线第一期工程主体工程竣工验收通过后，地方各级征地移民主管部门保管的档案，按照国家有关规定，移交同级地方国家综合档案馆。

征地移民档案移交时必须履行交接手续，确认账物相符后，双方经手人应在交接凭证上签字。

第十七条 文物保护项目形成的档案，按国家有关规定管理。

第十八条 省级征地移民主管部门与同级档案行政管理部门应根据本办法，结合工作实际，制定实施细则，与归档范围一并报国务院南水北调办备案。

第十九条 本办法由国务院南水北调办负责解释。

第二十条 本办法自印发之日起施行。

南水北调东线一期工程治污工作目标责任考核办法

2010年11月5日

（国调办环保函〔2010〕68号）

第一条 为保证南水北调东线工程治污目标的实现，进一步落实治污行政首长责任制，按照“先节水后调水、先治污后通水、先环保后用水”的原则，根据《国务院办公厅关于转发环境保护部等部门重点流域水污染防治专项规划实施情况考核暂行办法的通知》（国办发〔2009〕38号）及有关规定，制定本办法。

第二条 考核以国务院批复的《南水北调东线工程治污规划》、《国务院批转南水北调办等部门关于南水北调东线工程治污规划实施意见的通知》（国函〔2003〕104号）以及江苏、山东两省的《南水北调东线工程治污工作目标责任书》、《南水北调东线工程控制单元治污实施方案》为依据。

第三条 本办法适用于对南水北调东线一期工程通水前的治污工作考核。东线治污年度考核纳入国家重点流域水污染防治日常考核。

第四条 考核工作以实现2013年底前，南水北调东线一期工程控制单元治污方案确定的治污项目全部建成并达标排放，控制单元各断面水质及入河排污总量达到规划治理要求，输水干线全线达到Ⅲ类水质标准为目标。

第五条 江苏、山东两省人民政府是实施南水北调东线治污工作的责任主体，对本辖区内的治污工作负总责。沿线各级政府对辖区内控制单元治污目标负责。

第六条 通水前治污工作考核，可根据南水北调东线一期工程建设情况确定，初步安排在2013年第三季度。

第七条 考核内容包括项目指标和水质指标。

项目指标，即治污项目建设及运行情况。治污项目为江苏、山东两省批复的南水北调东线控制单元治污实施方案确定的工业结构调整、工业综合治理、城镇污水处理及再生利用、截污导流、流域综合整治和垃圾处理设施建设等项目。相关行政主管部门的验收报告或认可文件为治污项目建设及运行情况的考核依据。

水质指标，即各控制单元考核断面水质综合达标率。考核指标为COD（高锰酸盐指数）和氨氮。人工监测数据（为主）和水质自动监测站监测数据（为辅）为断面水质综合达标率的考核依据。

第八条 考核工作采用百分制记分，其中水质指标70分，项目指标30分。考核结果分为好（80分以上）、较好（70分以上，80分以下）、一般（60分以上，70分以下）、差（60分以下）。考核结果为差的认定为未通过考核。

第九条 江苏、山东两省人民政府对南水北调东线各控制单元治污工作进行自查，自查内容除项目指标、水质指标和入河量指标外，还包括用于治污的南水北调工程基金征收和使用情况、排污单位的废水达标排放情况、城镇污水处理率和生活垃圾无害化处理率及收费情况、突发性水污染事故发生和处置情况、法规政策执行情况、监督检查情况等。自查报告于考核前一个月报国务院南水北调办、国家发展改革委、监察部、环保部、住房城乡建设部和水利部。

第十条 考核工作由环境保护部负责会同国家发展改革委、监察部、住房城乡建设部、水利部和国务院南水北调办组成考核组进行。

国务院有关部门根据《国务院批转南水北调办等部门关于南水北调东线工程治污规划实施意见的通知》（国函〔2003〕104号）确定的职责分工，分别就有关工作提出考核意见，经考核组汇总后提出考核报告，并向国务院报告，经国务院同意后，向社会公告。

第十一条 考核结果经国务院同意后，交由干部主管部门，依照中央组织部印发的《体现科学发展观要求的地方党政领导班子和领导干部综合考核评价试行办法》的规定，作为对江苏、山东两省人民政府领导班子和领导干部综合考核评价的重要依据。

对通水前的考核，沿线控制断面凡达不到调水目标要求的或超过污染物总量控制指标的，暂停审批该地区相关流域除污染减排和生态恢复项目外所有建设项目的环境影响评价文件的工作，并视情况提出限排或停止排放污染物的要求。

对未达到治污目标、未通过考核且整改不到位或因工作不力造成重大社会影响的，监察机关按照《环境保护违法违纪行为处分暂行规定》（监察部、环保总局令第10号）等法律法规，追究有关责任人员的责任。

第十二条 对在考核工作中瞒报、谎报情况的地区，予以通报批评。对直接责任人员，要严肃处理。

第十三条 江苏、山东两省人民政府可根据本办法，结合实际情况，制定本省具体考核办法，确保南水北调东线一期工程治污工作目标的实现。

第十四条 本办法自印发之日起施行。

沿线各省（直辖市）

北京市南水北调配套工程合同监督管理办法（试行）

2010年4月20日

（京调办〔2010〕64号）

第一条 为加强北京市南水北调配套工程（以下简称配套工程）建设阶段基本建设合同的监督管理，控制合同风险，根据国家有关法律、法规以及国务院南水北调工程建设委员会办公室的有关规定，制定本办法。

第二条 本办法所称的合同是指以北京市南水北调配套工程各项目法人为合同一方主体，与所有参与配套工程建设单位（以下简称参建单位）签订的属于以下几类基本建设合同、协议或其他具有合同性质的文件：

（一）委托建设或代建合同。

（二）工程施工合同。

（三）建设监理合同。

（四）勘察、设计合同。

（五）物资、设备采购合同。

（六）与配套工程建设有关的其他重要合同。

第三条 各项目法人对配套工程的合同管理负总责。

各项目法人应制定并完善相应的合同管理办法，并将合同管理纳入项目法人日常工作重点。

第四条 根据国家有关法律法规，必须招标的工程建设合同，由项目法人代表签订；其他合同，项目法人代表可以授权其他相关负责人签订。

第五条 工程需要委托或代建时，项目法人应向北京市南水北调工程建设委员会办公室（以下简称北京市南水北调办）申请批准，形成的合同报北京市南水北调办备案。

第六条 合同的订立一律采用书面形式，并且按照相关规定做到手续齐备。

第七条 合同的潜在签约方存在以下情况之一的，项目法人不得与其签订合同：

（一）主体资格不合格的或不具备相应资质的。

（二）资信状况不良或不明的。

（三）无履约能力或履约能力差的。

（四）未经法定代表人授权委托要求签约的。

（五）其他违反法律、法规和规章的。

第八条 项目法人在合同谈判前应完成合同文本的拟定工作。拟定合同文本时，应采用规范性合同范本；没有合同范本的，由项目法人组织编写合同文本，可以组织有关方面专家对合同条款进行审查，合同文本必须符合相关法律、法规的规定。

第九条 合同的变更和索赔由项目法人进行审查核定，按有关规定办理。

第十条 合同执行中发生纠纷，首先由合同双方协商解决；协商不成，按合同约定方式进行仲裁或诉讼，项目法人将相关情况向北京市南水北调办报告。

第十一条 项目法人按照合同约定或国家有关规定组织合同验收。

第十二条 项目法人负责收集、整理合同履行过程中的各类原始资料，建立合同档案。

第十三条 未按照有关法律、法规、规章的规定执行合同管理，给配套工程造成损失的，按有关规定对项目法人及相关责任人员进行处理。

第十四条 有关单位和个人对合同涉及的保密事项应执行相关保密规定。

第十五条 本办法由北京市南水北调办负责解释。

第十六条 本办法自发布之日起施行。

北京市南水北调配套工程建设项目开工审批管理办法（试行）

2010年4月20日

（京调办〔2010〕65号）

第一条 为进一步规范北京市南水北调配套工程建设程序，加强工程建设项目开工审批管理，依法有序地开展工程建设。根据国家有关法律、法规，结合北京市南水北调工程实际，制定本办法。

第二条 北京市南水北调配套工程实行开工审批制度。凡纳入北京市南水北调配套工程的各项基本建设项目，开工前项目法人均须办理开工审批手续。

第三条 北京市南水北调工程建设委员会办公室（以下简称北京市南水北调办）依法对北京市南水北调配套工程的建设进行监督管理，负责工程建设项目的开工审批工作。

第四条 采取代建制或委托制的工程建设项目，项目建设单位负责准备开工审批材料，由项目法人审查后报北京市南水北调办审批。

第五条 申请开工的建设项目，须具备下列条件：

（一）项目法人（或项目建设单位）已设立，项目组织管理机构和规章制度健全，项目法定代表人和管理机构成员已到位。

（二）项目初步设计及概算已批复。

（三）项目已列入投资计划，建设资金已

落实。

（四）已办理质量监督手续。

（五）主体工程的施工、监理等单位已确定，施工、监理等合同已签订，能够满足主体工程开工需要。

（六）项目法人与设计单位已签订施工图供图计划，主体工程施工图纸至少满足连续三个月施工的需要。

（七）施工准备和征地拆迁等工作能够满足主体工程开工需要。

（八）建设需要的主要设备和材料已落实来源，能够满足主体工程施工需要。

（九）项目施工组织设计已编制完成。

第六条 申请办理开工审批须提交的材料。

（一）开工审批申请表（1式3份，见附表）（略）。

（二）申请报告（1式3份），主要包括以下内容：

1. 工程概况。

2. 项目法人（或项目建设单位）的机构和人员情况。

3. 可行性研究、初步设计文件批复情况；施工图供图情况。

4. 投资落实和资金到位情况。

5. 质量监督手续办理情况。

6. 工程施工、监理等单位招标和合同签订情况。

7. 征地拆迁工作完成情况。

8. 施工准备完成情况和主要设备材料采购情况。

9. 其他应说明的情况。

（三）附录材料。

1. 项目法人组建批准文件（复印件）。

2. 工程建设项目代建或委托合同（复印件）。

3. 可行性研究、初步设计批准文件（复印件）。

4. 建设资金落实情况、年度投资计划下达情况（证明材料）。

5. 质量监督书（复印件）。

6. 施工图供图计划（复印件）。

7. 招标备案文件及勘察设计、监理、施工等合同副本。

8. 工程建设有关征地、拆迁及施工准备等情况（相关材料）。

9. 其他证明材料。

第七条 工程开工前，应按以下程序履行开工审批：

（一）申请。项目法人填写工程开工审批申请表，向北京市南水北调办提出申请报告并提交相关附录材料。

（二）受理。北京市南水北调办受理开工审批申请，并对申请材料进行检查。材料齐全且符合规定的，予以受理；需要补正材料的，应通知项目法人予以补正。

（三）初审。根据国家有关规定对申请材料进行审查，提出处理意见，报北京市南水北调办主管领导。

（四）审定。北京市南水北调办主管领导根据处理意见对申请材料进行审定，是否同意其开工。

（五）告知。北京市南水北调办对开工申请手续进行批复，按照档案管理规定将材料整理归档。

第八条 开工审批时限：

北京市南水北调办在受理项目法人开工申请后，应在20个工作日内完成审查并办理开工批复手续。

第九条 项目法人应当自开工申请批准之日起三个月内开工。因故不能按期开工的，应当向北京市南水北调办申请延期；延期以两次为限，每次不超过三个月。在三个月内既不开工又不申请延期或者超过批准延期时限的，开工审批文件自行废止。两次延期后仍因故不能按期开工的，应当重新申请开工。

第十条 在建工程项目因故中止施工的，项目法人应当向北京市南水北调办报告，并按照规定做好工程的维护管理工作。工程恢复施工时，应当向北京市南水北调办报告；中止施工满一年的工程恢复施工前，应当重新申请开工。

第十一条 对未经批准擅自开工、开工审批文件废止后仍开工或弄虚作假骗取开工审批的建设项目，北京市南水北调办责令其立即停工，限期改正，对有关责任人给予行政处分。

第十二条 本办法由北京市南水北调办负责解释。

第十三条 本办法自颁布之日起执行。

北京市南水北调配套工程质量目标考核办法（试行）

2010 年 4 月 20 日

（京调办〔2010〕66 号）

第一条 为进一步加强北京市南水北调配套工程（以下简称配套工程）建设质量管理，落实配套工程建设质量责任制，提高配套工程建设质量，根据《建设工程质量管理条例》、国务院南水北调办相关制度及《北京市南水北调配套工程管理办法》，结合配套工程建设实际，制定本办法。

第二条 本办法适用于配套工程建设的质量管理目标考核。

第三条 质量目标考核的对象分别为项目法人、勘察（测）设计单位、监理单位和施工（安装）单位等工程参建单位。

第四条 为确保配套工程建设质量目标的实现，北京市南水北调工程建设委员会办公室（以下简称北京市南水北调办）与各项目法人签署质量目标责任书。

项目法人与有关参建单位签署质量管理目标责任书。

各参建单位内部签订质量责任书。

第五条 质量目标考核的工作由北京市南水北调办统一领导，北京市南水北调工程质量监督站参加，项目法人分级负责组织实施。

第六条 项目法人的质量目标由北京市南水北调办组建考核组进行考核。

第七条 勘察（测）设计、监理、施工（安装）等参建单位的质量目标，由项目法人组建考核组进行考核，北京市南水北调工程质量监督站参加。

第八条 勘察（测）设计、监理和施工（安装）等单位内部质量目标的考核分别由本单位组建考核组进行自查自评。

第九条 北京市南水北调办、项目法人组建的质量目标考核组应由主管质量的领导、质量监督机构负责人和有关专家及工作人员组成，其考核组成员根据考核工作需要，可确定为 5 人以上奇数。

第十条 考核组成员实行回避制度。

考核组成员在考核工作中应当秉承客观、公正原则。

第十一条 考核组有权向有关单位（机构）和人员了解工程质量情况，并要求提供相关文件、资料，有关单位和人员不得拒绝。

有关单位和人员应对反映的情况以及提供的相关文件和资料的真实性负责。

第十二条 质量目标考核根据质量责任书以及国务院《建设工程质量管理条例》中规定的工程各参建单位的质量责任，按照质量目标考核标准（详见附表 1.1 ~ 附表 1.4）（略）进行考核评价。

考核组织单位可以在附件的基础上根据考核需要增、减考核项目以及细化考核内容和标准分值及赋分原则。

第十三条 质量目标考核采用自查自评与组织考核相结合的办法。

北京市南水北调办对项目法人的质量目标考核，每年进行一次，考核应在次年 3 月底以前完成；项目法人对勘察（测）设计、监理和施工（安装）等参建单位的质量目标考核每半年进行一次，上半年考核应在7月底以前完成，下半年考核应在次年1月底以前完成，并将考核结果报北京市南水北调办。

被考核单位应根据本单位具体情况和质量目标考核的标准，每年应制订质量目标考核实施方案或计划，并在被考核前，完成自查自评。申请考核时，应同时上报申请报告和自评成果，并按照考核标准中的要求分类、分项规范地准备好相关文件、资料。

第十四条 项目质量目标考核可按下列程序进行：听取被考核单位汇报，查阅有关资料，对项目管理层和作业层进行调查，考察已完工程，对项目管理进行考核评价，与被考核单位沟通评价意见，提出考核评价报告。

第十五条 考核开始前，项目考核组应向被考核单位提供下列资料：考核评估方案及程序；考核评估内容及说明等。考核结束后，项目考核组应向被考核单位提供初步评价意见。

第十六条 被考核单位应按照考核标准向考核组提供下列资料：

（一）质量目标、签订的工程质量责任书。

（二）质量管理体系、质量管理机构岗位职责。

（三）质量管理制度及执行情况。

（四）质量缺陷登记及质量事故处理。

（五）设计变更。

（六）文档管理。

（七）自查自评的汇报材料。

（八）项目质量目标的实施计划、完成情况和质量总结。

第十七条 对各单位的质量目标考核结果分为Ⅰ、Ⅱ、Ⅲ、Ⅳ四个等级。总得分率在90%以上且每一类得分率不低于85%，评为Ⅰ级质量管理单位；总得分率在85%以上且每一类得分率不低于80%，评为Ⅱ级质量管理单位；总得分率和每一类得分率均不低于75%，评为Ⅲ级质量管理单位，对其中部分项目需要进行整改的，由考核组在考核报告中提出；总得分率或有一类得分率低于75%，评为Ⅳ级质量管理单位。

第十八条 项目法人对勘察（测）设计、监理、施工（安装）等参建单位质量目标的考核结果由组织考核单位在考核完成后10个工作日内报送北京市南水北调办审核。

第十九条 北京市南水北调办在每年4月底以前公布上一年质量目标的考核结果。

北京市南水北调办将在考核结果为Ⅰ级的单位中评选质量管理优秀单位，并对单位以及相关人员予以表彰。

对考核结果为Ⅳ级的单位予以通报批评。

第二十条 质量目标考核结果为Ⅳ级或在考核期内发生一般以上质量事故（质量事故分类详见附表2）（略）的单位为质量目标考核结果不合格单位。质量目标考核结果不合格的单位应当及时进行整改，按照限期达到考核标准。

第二十一条 质量目标考核结果不合格，经过整改仍达不到其考核标准或在考核期内发生过较大以上质量事故的直接责任单位，北京市南水北调办将严肃查处，提请有关部门依法对其进行处理，并作为不良行为信息记入信用档案。

第二十二条 本办法由北京市南水北调办负责解释。

第二十三条 本办法自发布之日起施行。

北京市南水北调配套工程建设安全生产目标考核管理办法（试行）

2010年4月20日

（京调办〔2010〕67号）

第一条 为进一步强化安全生产目标管理，落实安全生产责任制，防止和减少生产安全事故，保证北京市南水北调配套工程建设顺利进行，根据《中华人民共和国安全生产法》、《建设工程安全生产管理条例》、《北京市南水北调配套工程管理办法》等有关法律法规和国务院南水北调办规章制度，结合北京市南水北调配套工程建设实际，制定本办法。

第二条 本办法适用于北京市南水北调配套工程建设安全生产目标考核。

第三条 安全生产目标考核对象分别为项目法人、勘察（测）设计单位、监理单位、施工单位等工程参建单位。

第四条 为确保配套工程建设安全生产目标的实现，北京市南水北调工程建设委员会办公室（以下简称北京市南水北调办）与各项目法人签署安全生产目标责任书。

项目法人与有关参建单位签署安全生产目标责任书。

各参建单位内部签订安全生产目标责任书。

第五条 安全生产目标考核工作由北京市南水北调办、项目法人分级负责组织实施。其中：

（一）北京市南水北调办负责对项目法人进行安全生产目标考核；

（二）项目法人负责对设计、监理、施工等参建单位进行安全生产目标考核，并将考核结果报北京市南水北调办。

第六条 安全生产目标考核分为安全生产工作目标和生产安全事故控制指标考核。

安全生产工作目标分为通用目标和项目适用性目标。

生产安全事故实际发生率超过控制指标时，考核对象的安全生产目标考核结果为不合格。

第七条 通用目标是考核对象应当完成的安全生产目标，考核采用合格制。

考核组织单位可以在附件的基础上根据考核需要，经北京市南水北调办同意增加考核项目。

考核项目中有一项不具备时，则考核结果为不合格。

第八条 项目适用性目标考核是在通用目标考核合格的基础上，根据工程项目具体情况进行的评估考核。

考核组织单位可以在附件的基础上根据考核需要增加考核项目以及细化考核内容和权重。

第九条 安全生产目标考核采取自查自评与组织考核相结合、年度考核与日常考核相结合的办法。

安全生产目标考核应当每年至少进行一次。

第十条 北京市南水北调办组织的安全生产目标考核由有关工作人员以及专家组成的考核工作组负责。

考核工作组成员实行回避制度。

考核工作组成员在考核工作中应当诚信公正，恪尽职守。

第十一条 考核工作组有权向有关单位和人员了解安全生产情况，并要求其提供相关文件、资料，有关单位和人员不得拒绝。

有关单位和个人应对反映的情况以及提供的相关文件和资料的真实性负责。

第十二条 通用目标考核结果不合格的单位应当及时进行整顿，按照限期达到合格标准。

发生较大生产安全事故时，由有关部门对其进行处理，并作为不良行为信息纳入北京市南水北调办的信用档案。

生产安全事故等级执行国务院《生产安全事故报告和调查处理条例》的有关规定。

第十三条 考核对象通用目标考核结果合格且未发生造成人员死亡或直接经济损失的一般及等级以上生产安全事故或事故非直接责任单位，适用性目标考核结果分为Ⅰ、Ⅱ、Ⅲ、Ⅳ四个等级，其中Ⅰ级，应当90%以上的考核内容评估为A级，没有D级；

Ⅱ级，应当80%以上的考核内容评估为A级，没有D级；Ⅲ级，考核内容评估为D级的不超过20%；Ⅳ级，考核内容评估为D级的超过20%以上。

考核结果为Ⅳ级的单位应当由考核单位责令进行整改。

本条所称的“以上”包括本数。

第十四条 北京市南水北调办在每年4月底以前公布上一年安全生产目标的考核结果。

北京市南水北调办将在考核结果为Ⅰ级的单位中评选安全生产管理优秀单位，并对单位以及相关人员予以表彰。

对考核结果为Ⅳ级的单位予以通报批评。

第十五条 本办法由北京市南水北调办负责解释。

第十六条 本办法自发布之日起施行。

北京市南水北调配套工程建设征地拆迁监理暂行办法

2010年7月1日
（京调办〔2010〕98号）

第一条 为了规范北京市南水北调配套工程建设征地拆迁监理工作，对工程征地拆迁项目实施有序管理，依据《北京市南水北调配套工程建设管理办法》，参照国家和北京市相关规定，考虑北京市南水北调配套工程征地拆迁项目特点，制定本办法。

第二条 本办法适用于北京市南水北调配套工程政府全额投资项目建设征地拆迁监理（以下简称监理）工作。

本办法所称征地拆迁，包括工程建设所需的永久占地及补偿、临时占地及补偿、房屋和地上物的评估、拆迁、拆除及补偿、树木伐移及补偿等内容。

专项设施迁建、基础设施建设、文物保护等监理执行相关行业规定。

第三条 北京市南水北调工程建设委员会办公室（以下简称市南水北调办）负责北京市南水北调配套工程征地拆迁监理的管理工作。

北京市南水北调工程拆迁办公室（以下简称市南水北调拆迁办）作为北京市南水北调配套工程政府全额投资项目征地拆迁项目主体，依据国家和北京市有关招标投标的法律法规，通过公开招标方式，确定中标监理单位，并签订委托监理合同。

监理单位应按照监理合同的约定实施征地拆迁监理，监理项目实行总监理工程师负责制。

市南水北调拆迁办与区南水北调办事机构（以下简称区南水北调办）签订征地拆迁工作协议，委托区南水北调办组织实施南水北调配套工程所在区县征地拆迁工作。区南水北调办是各区征地拆迁的组织实施方，具有被监理方的性质。

市南水北调拆迁办依据国家和北京市有关招标投标的法律法规，通过公开招标方式，确定中标评估、拆迁、拆除单位，并签订委托工作合同。评估、拆迁、拆除单位在各自的工作范围内开展工作，是征地拆迁项目具体实施单位，是被监理的对象。

第四条 监理单位必须具备以下条件：

（一）能独立承担民事责任的法人。

（二）与市南水北调办、工程项目法人、市南水北调拆迁办、区南水北调办、拆迁评估、拆迁和拆除实施单位（统称实施单位）和项目设计单位无隶属关系。

（三）具有监理单位资质，或为拆迁单位与监理单位的联合体。

（四）具有完成相应监理工作的经历和资源。

第五条 中标监理单位不得转让、分包监理业务。主要监理人员应保持相对稳定。总监理工程师的变更，须经市南水北调拆迁办同意，并由市南水北调拆迁办书面通知区南水北调办、设计单位和实施单位；其他主要监理人员的变更须报市南水北调拆迁办备案。

第六条 监理单位的主要职责是：

（一）对征地拆迁工作的全过程进行监理，对征地拆迁实物量进行确认，对工作进度、资金兑付、工作质量等进行核实、监督。

（二）对征地拆迁方案的变更提出意见。

（三）定期向市南水北调拆迁办报告征地拆迁实施情况，提交监理月报、半年报、年报；根据征地拆迁工作需要提交监理专题报告；协助市南水北调拆迁办开展验收工作，提交征地拆迁阶段性验收和竣工验收监理工作报告。

（四）对征地拆迁实施过程中涉及的安全生产、环境保护和水土保持等事项进行监督检查，现场监理机构应根据工作需要配备相应的专业监理人员。

（五）协助市南水北调拆迁办起草征地拆迁的合同、协议、资金使用计划等。

（六）协助市南水北调拆迁办编制项目征地拆迁实施方案，审核被监理单位编制的分项实施方案，并督促被监理单位实施。

（七）参与征地拆迁实施过程中的问题处理，对征地拆迁有关问题进行协调。

第七条 监理单位应按以下程序实施监理：

（一）依照监理合同组建现场监理机构和配备监理人员，并在监理合同约定的时间内派驻现场监理人员，及时展开监理工作。

（二）依据批复的初步设计报告中征地拆迁有关内容、监理投标文件及委托监理合同的有关约定编制监理规划。

监理规划要明确监理机构的工作范围、内容、目标和依据，确定监理工作制度、程序、方法和措施。

监理单位编制监理规划时应当包括安全生产监理方案，明确安全监理内容、工作程序和制度措施。

（三）依据监理规划和征地拆迁分项实施方案，分别编制监理实施细则。编制的监理实施细则中应包括安全管理的具体操作程序。

（四）将监理机构组成、人员组成及职责分工、监理规划和监理实施细则报送市南水北调拆迁办，由市南水北调拆迁办书面通知区南水北调办、设计单位和实施单位。

（五）在开展现场监理工作前，就监理规划和监理实施细则规定的有关内容向区南水北调办、设计单位和实施单位进行监理工作交底。

（六）按照监理合同的约定，组织设计单位进行现场设计交底，核查并签发征地拆迁范围图，作为评估、拆迁、拆除、树木伐移等实施单位工作的依据。

（七）按照编制的监理实施细则开展监理工作，编制并提交监理报告。

（八）在完成监理合同约定的全部工作内容后，向市南水北调拆迁办及时移交监理档案资料。

第八条 监理单位应当协助市南水北调拆迁办编制付款计划，审核区南水北调办提交的用款计划；现场核查拆迁实物量，检查征地拆迁补偿资金兑付情况；依据征地拆迁补偿协议、征地拆迁进展情况和被拆迁人的付款申请，签发付款凭证。

第九条 市南水北调拆迁办应当按照监理合同，及时、足额支付监理单位报酬，不得无故削减或者拖延支付。

第十条 本办法由市南水北调办负责解释。

第十一条 本办法自印发之日起施行。

天津市南水北调配套工程建设稽察规定

2010 年 3 月 4 日
（津调水建〔2010〕5 号）

第一条 为加强南水北调天津市配套工

程（以下简称市南水北调工程）建设管理，规范建设行为，确保工程质量，提高投资效益，依据《南水北调工程建设稽察办法》、《南水北调天津市配套工程建设管理办法》等有关规定，制定本规定。

第二条 本规定适用于市南水北调工程建设稽察，南水北调中线一期天津干线工程委托项目参照执行。

第三条 天津市南水北调工程建设委员会办公室（以下简称市调水办）负责市南水北调工程项目的稽察工作。

第四条 市南水北调工程建设稽察的基本任务是：依据国家有关法律法规、规章制度和技术标准，对市南水北调工程建设项目建设质量、进度、资金使用及建设行为等进行监督检查。

第五条 市南水北调工程建设项目法人及所有参建单位应接受市调水办的稽察，如实提供与建设项目有关的文件、合同等有关材料，并提供必要的工作条件。

第六条 市调水办根据工程建设需要组建稽察组，具体负责对工程项目进行稽察。稽察组由组长、稽察专家及工作人员组成，稽察工作由稽察组组长负责，稽察组组长由市调水办确定并在稽察通知中明确。

第七条 稽察组主要职责：

（一）具体负责稽察项目的现场稽察工作。

（二）客观、公正、及时地评价被稽察项目的建设情况，提出整改意见，以书面形式向市调水办提交稽察报告，并对稽察报告负责。

（三）督促被稽察单位落实整改意见。

（四）完成市调水办交办的其他工作。

第八条 稽察人员开展稽察工作，应履行以下义务：

（一）依法行使职责，坚持原则，秉公办事，自觉维护国家利益。

（二）深入项目现场，客观公正、实事求是地反映工程建设情况和问题，认真完成稽察任务。

（三）自觉遵守廉洁自律的有关规定。

（四）保守国家机密和被稽察单位的商业秘密。

第九条 工程项目稽察包括下列内容：

（一）建设程序稽察包括检查履行建设程序是否符合国家有关规定。

（二）工程施工期的设计工作稽察包括检查设计变更、设计单位现场服务、供图进度情况及设计工作质量等。

（三）建设管理稽察包括项目法人负责制、招标投标制、建设监理制和合同管理制的执行情况，设计、监理、施工等有关单位资质和人员资格等情况。

（四）投资计划下达与执行情况稽察包括年度投资计划执行情况，概预算执行情况，工程投资完成情况，工程进度、形象面貌和实物工程量完成情况等。

（五）资金使用和管理稽察包括资金使用、工程价款结算、各项费用支出情况，会计基础工作建设和财务会计制度执行情况等。

（六）工程质量稽察包括质量保证体系建设情况，工程质量检测和质量评定情况，原材料进场检验、中间产品验收和进场设备质量检验情况，工程质量现状和质量事故处理情况，单元工程、分部工程、单位工程验收情况，工程档案资料整理情况，政府质量监督情况等。

第十条 稽察组开展稽察工作，可采取下列形式：

（一）听取项目法人就有关建设程序、建设管理、计划执行、资金使用和管理、工程质量、工程进度等情况的汇报，并可以提出询问，召开与稽察有关的会议。

（二）查阅被稽察单位有关建设项目的财务报告、会计凭证、会计账簿等财务会计资料及其他有关资料。

（三）进入工程项目现场查验、调查、核实建设项目招标投标、工程质量、安全生产、工程进度等情况。

（四）查阅现场有关建设管理、招标投标、工程质量、安全生产的资料和合同。

（五）在任何时间进入施工、仓储、办公、检测试验场地等与建设项目有关的场所或地点，向有关单位了解情况，听取意见，必要时可以要求被稽察单位有关人员做出书面证明。

（六）对发现的问题可以延伸调查、取证和核实，对于工程质量必要时可以要求复检或委托第三方重新进行质量检测。

第十一条 稽察工作应按以下程序进行：

（一）市调水办根据年度工程建设计划安排，结合工程规模、工程投资结构、工程重要性和工程建设情况等因素制订稽察方案，确定稽察工程项目。

（二）市调水办在开展稽察前一周内下达稽察通知书。

（三）稽察组组长根据年度稽察方案和稽察项目有关情况，制订稽察工作计划，并率稽察组赴工程项目现场进行稽察。

（四）现场稽察结束后，稽察组组长就稽察情况与项目法人或现场管理机构交换意见，通报稽察情况。

（五）稽察组及时向市调水办提交事实清楚、客观公正的稽察报告，稽察报告由稽察组组长签署。

（六）市调水办依程序下达整改意见通知书或稽察意见书。

（七）针对工程项目存在的问题，项目法人及有关单位按整改意见通知书的要求进行整改，并在规定时间内将整改情况向市调水办报告。

第十二条 稽察组应适时跟踪整改意见落实情况，并根据整改意见落实情况组织稽察复查。

第十三条 稽察报告应包括以下内容：

（一）工程项目概况。

（二）工程项目施工期的设计工作情况。

（三）工程项目建设管理情况：项目法人责任制、招标投标制、建设监理制、合同管理制。

（四）计划下达与执行情况。

（五）资金使用与管理情况。

（六）工程质量管理体系与质量监督等情况。

（七）存在的主要问题及整改建议。

（八）市调水办要求报告或稽察组组长认为有必要报告的其他内容。

第十四条 稽察人员应当按照国家有关法律、法规、规章和技术标准以及市南水北调工程的有关规章制度，对工程项目建设活动进行稽察。

第十五条 稽察组对稽察中发现的问题，应向被稽察单位核实，听取意见；被稽察单位提出异议的，稽察组根据具体情况，予以核定。

第十六条 稽察组在稽察工作中发现紧急情况应立即向市调水办报告。

第十七条 稽察人员不得参与、不得干预被稽察项目的建设活动；不得与被稽察项目有关的单位串通，编造虚假稽察报告。稽察人员对被稽察项目的重大问题应及时上报。稽察人员不得接受被稽察项目有关单位的馈赠、报酬等费用，不得参加有可能影响公正履行职责的宴请、娱乐、旅游等活动，不得通过稽察工作为自己、亲友及他人谋取私利。

第十八条 稽察人员依法执行公务受法律保护，任何组织和个人不得拒绝、阻碍稽察人员依法执行公务，不得打击报复稽察人员。

第十九条 稽察人员为保证工程建设质量、提高投资效益、避免重大质量事故作出重要贡献的，由市调水办给予表彰或奖励。

第二十条 被稽察单位应积极协助稽察人员的工作，如实提供稽察工作所需要的文件、数据、合同（协议）、账簿、凭证和报表等资料，不得拒绝、隐匿或弄虚作假。

第二十一条 对稽察中提出的问题，被稽察单位可向稽察人员进行申辩；对整改或处理意见有异议的，被稽察单位可向市调水办提出申诉，申诉期间仍应执行原整改或处理意见。

第二十二条 被稽察项目的项目法人及有关单位发现稽察人员有违规行为的，有权向市调水办报告。

第二十三条 被稽察项目有关单位和人员有下列行为之一的，市调水办视其情节轻重予以相应处理。

（一）拒绝、阻碍稽察人员依法执行稽察任务或打击报复稽察人员的。

（二）拒不提供与工程项目有关的文件、数据、合同（协议）、账簿、凭证、报表等资料，或者隐匿、伪造资料，或者提供虚假情况、虚假证词的。

（三）可能影响稽察人员公正履行职责的其他行为。

第二十四条 本规定自颁布之日起施行。

河北省南水北调中线干线工程受委托项目重特大安全事故应急预案

2010年5月18日

（冀调水建〔2010〕18号）

为提高我省南水北调中线干线工程受委托项目重特大安全生产事故应急的快速反应能力，科学、高效、有序地组织事故应急救援工作，最大限度地减少人员伤亡、财产损失和社会影响，维护人民群众的生命安全和社会稳定，根据《中华人民共和国安全生产法》、《河北省安全生产事故灾难应急预案》和国务院南水北调工程建设委员会办公室《南水北调工程建设重特大安全事故应急预案》等有关法律法规，结合我省南水北调工程建设情况，制定本预案。

一、应急救援范围

在我省南水北调工程受委托项目建设活动中发生3人及以上重大生产安全事故，或者有可能造成一次死亡3人及以上事故的重大险情。

二、工作原则

我省南水北调工程受委托项目建设重大安全事故应急救援应当坚持以人为本、安全第一；统一领导、分级负责；条块结合、属地为主；平战结合、预防为主；快速反应、协同应对；依靠科学、依法规范的原则。河北省南水北调工程建设委员会办公室和建设管理单位、施工及参建单位均应建立南水北调工程建设重大安全事故应急救援组织体系。

三、组织体系及相关机构职责

河北省南水北调工程建设委员会办公室根据省政府和国务院南水北调工程建设委员会办公室应急工作制度和办法，建立省南水北调工程重大安全事故应急处理领导小组，具体组织指挥应急救援工作。应急救援体系由河北省南水北调工程建设委员会办公室、工程建设管理单位和施工及参建单位的安全事故应急指挥部组成。

（一）重特大事故应急处理领导小组组成

组　长：袁　福（省南水北调办主任）

副组长：宋　伟（省南水北调办副主任）

成　员：陈　尉（省南水北调办综合处处长）

王　周（省南水北调办财务处处长）

陈曦亮（省南水北调办投资计划处处长）

郭　岭（省南水北调办建设管理处调研员）

李国强（省南水北调办设计环境处处长）

牟纯儒（河北省建管局局长）

曹洪波（河北省建管中心主任）

（二）重特大事故应急处理领导小组主要职责

贯彻落实国家、省有关工程建设重大安全事故预防和应急救援的规定；拟订全省南水北调工程重大安全事故应急工作制度，制定《河北省南水北调中线干线工程受委托项目重特大安全事故应急预案》，建立和完善省南水北调应急救援组织体系网络；指导、协调受委托项目重大安全事故的应急救援工作，调动受委托项目建设管理单位、施工及参建单位的应急救援资源，必要时请求政府及有关部门支持；及时向省政府和国务院南水北调工程建设委员会办公室报告事故的动态信息；组织开展事故应急技术研究、应急知识宣传教育等工作。

（三）工作机构设置及其主要职责

重特大事故应急处理领导小组下设办公室，办公室设在河北省南水北调工程建设委员会办公室建设管理处。主要职责为：传达领导小组的各项指令，汇总事故信息并报告（通报）事故情况，负责南水北调工程建设重特大事故应急预案的日常事务工作；组织事故应急管理和救援相关知识的宣传、培训和演练；承办领导小组交办的其他事项。

根据需要，领导小组可设专家组、事故救援和后勤保障组、警卫治安组和事故调查组。

专家组：根据重特大安全事故类别和性质，及时调集和组织安全、施工、监理、设计、科研等相关技术专家，分析事故发生原因，评估预测事故发展趋势，提出削减事故对人员和财产危害的应急救援技术措施和对策，为领导小组及现场应急指挥机构提供决策依据和技术支持。

事故救援和后勤保障组：由建设管理处牵头，综合处，建设管理单位参加。按照领导小组及其办公室的要求，具体协调和指导事故现场救援，负责相关后勤保障并及时向领导小组报告事故救援情况。

警卫治安组：由建设管理单位根据事故情况，协调当地公安部门派员组成，担负事故现场的秩序维护工作。

事故调查组：按照事故调查规则和程序，由办公室建设管理处和建设管理单位参加，配合有关部门全面、科学、客观、公正、实事求是地收集事故资料，以及其他可能涉及事故的相关信息，详细掌握事故情况，查明事故原因，评估事故影响程度，分清事故责任并提出相应处理意见，写出事故调查报告，提出防止事故重复发生的意见和建议。

（四）建设管理单位的职责

制订所负责工程的安全事故应急预案，明确工程各参建单位的责任，落实应急救援的具体措施；事故发生后，迅速采取有效措施组织抢救，防止事故扩大和蔓延，努力减少人员伤亡和财产损失；接受现场应急指挥机构的领导和指挥；组织配合医疗救护和抢险救援的设备、物资、器材和人力投入应急救援，并做好与地方有关应急救援机构的联系；配合事故调查、分析和善后处理；组织应急管理和救援的宣传、培训和演练；完成事故救援和处理的其他相关工作。

（五）施工及参建单位的职责

根据国家法律法规的规定和国务院南水北调工程建设委员会办公室制定的应急救援预案，按照建设管理单位要求，参加项目事故应急指挥机构并承担相应职责；建立本单位事故应急救援组织；结合工程建设实际和特点，制定事故应急救援预案；配备应急救援器材、设备；组织应急管理和救援的宣传、培训和演练；配合事故调查处理；妥善处理事故善后事宜。

（六）现场应急救援指挥部职责

现场应急救援指挥部以属地管理为主。按照省应急救援预案规定，较大以上安全生产事故灾难发生后，事发地设区市政府应当根据应急响应的级别和有关应急预案的规定，成立由其主要负责人或者主管负责人任指挥长、河北省南水北调工程建设委员会办公室、建设管理单位参加的现场应急救援指挥部。该指挥部按照应急预案的规定，组织实施事故现场的应急处置工作，并及时向省政府和国务院南水北调工程建设委员会办公室报告事故灾难事态进展及救援情况。所有参与应急救援的队伍和工作人员均应服从现场指挥部的指挥。

四、重大安全事故报告、预警和现场保护

根据发生的安全事故等级，按Ⅰ级（特别重大安全事故）、Ⅱ级（重大安全事故）、Ⅲ级（较大安全事故）、Ⅳ级（一般安全事故）四级响应报告制度。

Ⅰ级、Ⅱ级事故发生后，事故现场有关人员应当立即报告本单位负责人和建设管理单位；建设管理单位立即报告工程所在地设区市人民政府，河北省南水北调工程建设委员会办公室和项目法人；河北省南水北调工程建设委员会办公室接到报告后1h内向省政府和国务院南水北调工程建设委员会办公室报告。在紧急情况下，安全生产事故灾难的信息可越级上报。

Ⅲ级事故发生后，事故现场有关人员应当立即报告本单位负责人和建设管理单位；建设管理单位立即报告工程所在地设区市人民政府、河北省南水北调工程建设委员会办公室和项目法人。

Ⅳ级事故发生后的报告制度由建设管理单位按有关规定上报。

事故报告内容为：事故发生的单位、时间、地点、事故类别、伤亡人数、影响范围、事故初步原因，以及所采取的应急措施，需要协助事故抢救和处理的有关事项，事故的报告单位、签发人和报告时间。

建设管理单位、施工及参建单位应根据工程实际和环境情况，编制事故灾害防治方案，明确防范的对象、范围，提出防治措施，确定防治责任人。

建设管理单位接到可能导致南水北调工程建设重特大事故的信息后，及时确定应对方案，并按照预案做好应急准备。

河北省南水北调工程建设委员会办公室接到可能导致南水北调工程建设重特大事故信息后，密切关注事态进展，及时给予指导协调，并按照预案做好应急准备工作。

事故发生后，事故发生单位必须严格保护事故现场。凡与事故有关的物体、痕迹、状态不得随意挪动和破坏。因抢救人员为防止事故扩大以及疏散交通等原因需要移动现场物体的，应当通过拍照、绘制事故现场图等方式对事故现场做出标记和详细记录，妥善保存现场重要痕迹、书证、物证等证据。

五、应急响应

1. 分级响应

Ⅰ级应急响应按照《国家安全生产事故灾难应急预案》和国务院南水北调工程建设委员会办公室的规定执行。河北省南水北调工程建设委员会办公室和有关部门要按照国务院安委会办公室和国务院南水北调工程建设委员会办公室的要求做好应急处置工作。

Ⅱ级应急响应按照《河北省安全生产事故灾难应急预案》和国务院南水北调工程建设委员会办公室的规定执行。河北省南水北调工程建设委员会办公室和有关部门要按照省安委会办公室和国务院南水北调工程建设委员会办公室的要求做好应急处置工作。

Ⅲ级应急响应按照本预案规定执行，河北省南水北调工程建设委员会办公室主动配合事故发生地设区市，做好应急处置工作。

Ⅳ级应急响应按照建设管理单位制定的预案规定执行，建设管理单位主动配合事故发生地设区市，做好应急处置工作。

Ⅰ级、Ⅱ级、Ⅲ级事故发生后，河北省南水北调工程建设委员会办公室、建设管理单位、施工及参建单位应当启动相应预案，应急指挥机构应当立即运作，各有关单位负责人迅速到位，及时组织实施相应事故应急救援，服从现场应急指挥机构的统一领导和指挥。

在需要进行Ⅲ级应急响应时，由省南水北调事故应急处理领导小组决定启用本预案。

在进行Ⅲ级响应时，省南水北调事故应急处理领导小组应当采取下列措施：开通与设区市安委会办公室、现场应急救援指挥部、建设管理单位（现场项目部）的联系，随时掌握事态发展情况；及时向省南水北调事故应急处理领导小组报告事故灾难基本情况和事态发展、应急处置工作开展及救援进展情况；派出有关人员和专家赶赴现场参加、指导应急处置工作；对可能引发社会安全突发事件的，要及时向省政府报告，同时通报有关应急救援指挥机构及当地南水北调办事机构。

在进行Ⅲ级响应时，建设管理单位应当采取下列措施：启动本单位应急预案和本单位应急指挥机构；协调组织本单位所管辖部门的应急救援力量和有关专家开展应急救援工作，并及时向省南水北调事故应急处理领导小组办公室报告救援工作进展情况和其他有关信息；需要其他部门的应急支援时，及时向省南水北调事故应急处理领导小组办公室或所在地市安全委员会办公室提出请求；其他必要措施。

2. 指挥和协调

安全事故发生后，按照属地管理、归口管理的原则，各级政府成立现场应急指挥机构，负责现场应急救援的指挥。专家组、建设管理单位及各参建单位在现场应急指挥机构统一指挥下，密切配合、共同实施抢险救援和紧急处置行动。现场应急指挥机构组建前，事发单位和先期到达的应急救援队伍必须在事发地政府的协调指挥下，迅速实施先期处置工作，全力控制事故发展态势，防止衍生、次生、耦合等事故的发生。

省南水北调事故应急处理领导小组办公室和建设管理单位要按照各自分工做好以下工作：就应急救援有关重大事项的决策提出建议，并组织落实各项决策；提出现场应急行动原则要求；派出有关专家和工作人员配合救援指挥工作；协调调动有关应急力量实施救援行动；及时向省安委会、国务院南水北调工程建设委员会办公室报告应急救援行动的进展情况；必要时请求有关方面的支援。

3. 紧急处置

事故发生后，事故发生单位必须迅速营救伤员，抢救财产，采取有效措施，防止事故进一步扩大。建设管理单位、施工及参建单位按现场应急指挥机构的指挥调度，提供应急救援所需资源，确保救援工作顺利实施。根据事态发展变化情况，现场指挥部在充分考虑专家和各方意见的基础上，决定应急处置方案，采取紧急处置措施。

根据安全生产事故灾难特点，明确保护应急人员和群众安全的必要防护措施，准备好防护装备。现场应急指挥部根据需要负责具体协调、组织、调集等相关管理工作。

4. 事故现场检测与评估

现场应急救援指挥部要成立事故现场检测与评估小组，综合分析和评价检测数据，查找事故原因，评估事故发展趋势，预测事故严重后果，为制订现场抢救方案提供参考。省南水北调事故应急处理领导小组办公室、建设管理单位、施工参建单位要积极配合事故现场检测与评估小组的工作。建设管理单位、施工参建单位应通过事故调查评估，总结经验教训，完善工程安全事故预防措施和应急救援预案。

5. 信息发布

Ⅲ级、Ⅳ级事故的信息发布由建设管理单位按照有关规定发布，并报河北省南水北调工程建设委员会办公室。安全事故信息发布应当实事求是、及时准确。

6. 应急结束

现场应急处置工作完成后，经现场应急

救援指挥部确认、省南水北调事故应急处理领导小组批准，终止实施本预案，现场应急处置工作结束，应急救援队伍撤离现场。

六、后期处置

安全事故应急救援结束后，根据事故发生区域、影响范围，省南水北调事故应急处理领导小组会同协调工程所在地人民政府及有关部门进行事故善后处置。建设管理单位及事故发生单位应负责各项善后工作，妥善解决伤亡人员的善后处理，以及受影响人员的生活安排，保证社会稳定，尽快恢复正常秩序。

安全生产事故发生后，建设管理单位和施工参建单位要及时协助办理保险理赔和落实工伤待遇问题。

安全生产事故灾难由各级安全生产监督管理部门负责组成调查组进行调查，省南水北调事故应急处理领导小组、建设管理单位、施工及参建单位要积极配合开展工作。事故发生单位必须按照“事故原因未查明不放过，事故责任者未处理不放过，整改措施未落实不放过，有关人员未受到教育不放过”（即“四不放过”）的原则处理。

七、保障措施

1. 通信与信息保障

省南水北调事故应急处理领导小组办公室要建立全省南水北调工程的安全生产事故灾难应急救援综合信息和事故灾难信息报告系统。分别建立与国务院南水北调工程建设委员会办公室、有关市安全生产部门、项目法人和建设管理单位的信息联系。建设管理单位要建立与有关市安全生产部门、项目法人和各施工参建单位的信息联系。有关单位及人员通信方式发生变化的要及时告知，保证联系畅通。

2. 应急救援与保障

根据可能突发的重特大安全事故性质、特征、后果及其应急预案要求，河北省南水北调工程建设委员会办公室、建设管理单位、施工及参建单位根据工作需要在其制定的具体事故应急预案中明确现场救援与（工程）抢险及物资装备保障、应急队伍保障、交通运输保障、医疗卫生保障、治安保障和资金保障等保障措施。

3. 技术储备与保障

省南水北调事故应急处理领导小组成立安全生产事故灾难应急救援专家组，提供多种联系方式，为应急救援工作提供技术支持和保障。

4. 监督检查

省南水北调事故应急处理领导小组对本预案的实施情况进行检查监督，建设管理单位和施工参建单位要予以密切配合和支持，并保障各项应急准备措施到位。

八、宣传、培训和演习

1. 宣传

河北省南水北调工程建设委员会办公室、建设管理单位应组织应急法律法规和工程建设事故预防、避险、避灾、自救、互救常识的宣传工作。建设管理单位还应根据工程建设实际和事故可能影响范围，与工程所在地人民政府建立互动机制，采取多种形式向工程参建单位、人员或公众宣传相关应急知识。

2. 培训

河北省南水北调工程建设委员会办公室和建设管理单位负责对施工参建单位应急指挥机构有关领导及人员统一组织应急管理、应急救援等培训。培训对象包括有关领导、应急人员、工程参建单位有关人员等，培训工作应做到合理规范，保证培训工作质量和实际效果。培训工作应结合实际，采取多种形式，定期与不定期相结合，原则上每年至少组织一次。

3. 演习

河北省南水北调工程建设委员会办公室根据工程进展情况和总体工作安排，适时选定某一工程，组织相关单位进行重特大安全事故应急救援演练。建设管理单位应急指挥机构应根据工程具体情况及事故特点，组织工程参建单位进行突发事故应急救援演习，必要时邀请工程所在地人民政府及有关部门或社会公众参与。演练结束后，组织单位总结经验，完善事故防范措施和应急预案。

九、附则

1. 名词术语

南水北调工程建设安全事故等级划分标准如下。

特别重大（Ⅰ级）事故

造成30人以上死亡（含失踪），或危及30人以上生命安全，或1亿元以上直接经济损失，或100人以上中毒（重伤），或需要紧急转移安置10万人以上的安全事故。

重大（Ⅱ级）事故

造成10人以上、30人以下死亡（含失踪），或危及10人以上、30人以下生命安全，或直接经济损失5000万元以上、1亿元以下的事故，或50人以上、100人以下中毒（重伤），或需要紧急转移安置5万人以上、10万人以下的安全事故。

较大（Ⅲ级）事故

造成3人以上，10人以下死亡（含失踪），或危及3人以上、10人以下生命安全，或30人以上、50人以下中毒（重伤），或直接经济损失较大的安全事故。

一般（Ⅳ级）事故

造成3人以下死亡（含失踪），或危及3人以下生命安全，或30人以下中毒（重伤），或直接经济损失不大的安全事故。

上述事故等级划分表述中，“以上”含本数，“以下”不含本数。

根据国家有关规定和南水北调工程建设实际情况，事故等级将适时作出调整。

2. 预案管理与更新

本预案由河北省南水北调工程建设委员会办公室具体负责管理与更新，报国务院南水北调工程建设委员会办公室、省安全生产监督管理办公室备案。

根据工程建设实际，适时对本预案组织评审，并视评审结果和具体情况进行相应修改、完善或修订。

3. 奖励与责任追究

对南水北调工程建设重特大安全事故应急管理和救援工作作出突出贡献的单位、集体或个人，河北省南水北调工程建设委员会办公室进行表彰和奖励。

对工程建设中玩忽职守造成重特大安全事故和在安全事故发生后隐瞒不报、谎报、故意延迟不报的，依照国家有关法律法规和有关规定，追究当事人和单位负责人责任；构成犯罪的，依照法律追究责任。

4. 制定与解释部门

本预案由河北省南水北调工程建设委员会办公室制定并负责解释。

联系部门：河北省南水北调工程建设委员会办公室建设管理处

联系人：郭　岭

手机：13803340372

部门联系电话：0311－85185538

部门传真电话：0311－85185538

5. 预案实施时间

本应急预案自发布之日起实施。

山东省南水北调工程征地移民实施方案编报和审查管理办法

2010年7月12日

（鲁调水政字〔2010〕31号）

第一条　为加快山东省南水北调工程建设进度，规范征地移民实施方案编报和审查工作，根据国家及行业主管部门的有关规定，结合山东省南水北调工程实际，制定本办法。

第二条　本办法适用于山东境内南水北调东线一期主体工程。

第三条　征地移民实施方案既是征地移

民技施阶段的设计文件，也是征地移民实施的重要依据。

第四条 设计单元工程初步设计批复后，由县级人民政府（或南水北调指挥机构）组织设计、勘测定界、征地移民监理、当地国土、林业、乡（镇）等单位及产权人对占用土地的面积、地类、权属及附属物、专项设施等项目进行调查，调查成果与初步设计文件及批复文件作为编制征地移民实施方案的依据。

第五条 征地移民实施方案以及设计单元工程中的县（市、区）为单位由县人民政府（或南水北调指挥机构）和设计单位共同编制完成。

第六条 县级征地移民实施方案编制时，勘测定界、征地移民监理单位及相关单位提供相应的技术服务。

第七条 跨县（市、区）的设计单元工程征地移民实施方案，在已批准的县级征地移民实施方案的基础上，由设计单位负责另行编制；不跨县的设计单元工程征地移民实施方案以县为单位编制后，同时作为征地移民技施设计文件，设计单位不再另行编制征地移民实施方案。

第八条 征地移民实施方案编制的内容及格式，应符合《山东省南水北调工程征地移民实施方案编制大纲》的要求。

第九条 县（市、区）级人民政府（或南水北调指挥机构）和设计单位共同编制的征地移民实施方案，报市级人民政府（或南水北调指挥机构）评审后批复，组织评审等相关费用由县级南水北调办事机构承担。

第十条 征地移民实施方案评审专家组由省、市南水北调办事机构，市国土、林业、项目法人、现场建管机构、征地移民监理单位相关专业人员组成，根据工作需要可聘请其他单位和系统的专家参加。

第十一条 征地移民实施方案预算要按照初步设计批复及省、市、县包干的费用控制，允许内部调节，列支乡村工作经费及奖励经费的总和不得超过直接补偿经费的1.5%。

第十二条 各市南水北调办事机构应加强对辖区内各县（市、区）征地移民实施方案编制工作的指导，在省、市、县南水北调办事机构协商一致的基础上，征地移民实施方案方可评审，评审通过后的实施方案报省南水北调办事机构备案。

第十三条 本办法自公布之日起实施。

第十四条 以前我省各级制定的南水北调征地移民相关规定与本办法不一致的，以本办法为准。

第十五条 本办法由山东省南水北调工程建设管理局政策法规处负责解释。

山东省南水北调工程委托项目建设资金管理暂行办法

2010年7月12日

（鲁调水企财字〔2010〕46号）

第一章 总 则

第一条 为规范山东南水北调工程委托项目建设资金管理，提高投资效益，根据国务院南水北调办公室《南水北调工程建设资金管理办法》（国调办经财〔2008〕135号）、《南水北调工程竣工（完工）财务决算编制规定》（国调办经财〔2008〕159号）、《南水北调工程委托项目管理办法（试行）》（国调办建管〔2004〕79号）等规定，结合山东省南水北调委托项目实际情况，制定本办法。

第二条 本办法适用山东境内南水北调工程委托项目的建设资金管理。委托建设管理单位是委托项目建设资金管理的责任主体。

第三条 建设资金管理的原则是：统筹安排，分级管理；制度健全，程序规范；专款专用，讲求效益；职责清晰，各负其责。

第四条 委托建设管理单位按照与南水北调东线山东干线有限责任公司（简称山东干线公司）签订的委托建设管理协议具体承担委托项目的建设资金管理，并对建设资金的管理使用情况负责。

第五条 委托建管单位应严格执行有关法律法规和财经制度，采取切实措施，对资金实行全过程管理。应符合以下基本要求：

（一）依法使用工程资金。

（二）按工程概算和委托建管协议控制投资。

（三）依据合同按程序预付和结算支付工程款。

（四）依据基本建设财务会计制度核算工程成本。

（五）加强监督检查。

第二章　资 金 筹 集

第六条 山东干线公司依据委托建设管理协议，统筹安排委托项目的建设资金，提高资金使用效率。

第七条 山东干线公司依据国务院南水北调办公室下达的年度基本建设支出预算编制月度、季度用款计划，委托建设管理单位负责编制委托项目的用款计划报山东干线公司。

第三章　投资控制与奖惩

第八条 南水北调工程投资实行静态控制和动态管理。山东境内工程投资控制管理按照《〈南水北调工程投资静态控制和动态管理规定〉山东省实施办法（暂行）》（鲁调水企财字〔2009〕34号）执行。

第九条 委托建设管理单位应按照国务院南水北调办《南水北调工程项目管理预算编制办法》及山东干线公司制定的相应实施办法编制委托项目管理预算。

第十条 委托项目管理预算应“总量控制、合理调整”的原则，结合委托建设管理单位工程招标实际情况编制。

第十一条 委托项目管理预算以设计单元工程为编制单位，当主体建筑工程招标完成时，由委托建设管理单位委托具有相应资质的单位在30个工作日内编制完成，并提交山东干线公司组织审查。

第十二条 委托建设管理单位要加强委托项目管理费的管理和使用，不得突破项目管理预算的额度。

第十三条 工程建设实施过程中，委托建设管理单位要及时掌握国家及地方政策调整及价格变动情况，根据价差报告编制要求收集相关资料。

第十四条 委托项目工期不超过30个月的设计单元工程，在主体工程完工后编制价差报告；委托项目工期超过30个月的，在工期过半和主体工程完工后分两次编制价差报告。

委托建设管理单位在每年5月底前，将价差报告上报山东干线公司。

第十五条 经核定的工程项目价差投资在工程完工时一并纳入投资控制考评。

第十六条 南水北调工程投资控制实行奖惩制度。山东干线公司负责组织对委托建设管理单位的投资控制考评。山东境内工程投资控制奖惩按照财政部、国务院南水北调办公室《南水北调工程投资控制奖惩办法》（财建〔2006〕1113号）执行。

第十七条 委托建设管理单位获得的建设实施阶段投资节余奖励用于弥补建设管理费超支、管理设施建设、参建人员及工程质量奖励等。

第四章　合 同 管 理

第十八条 南水北调工程建设管理实行合同管理制，委托建设管理单位应严格合同管理，工程建设过程中的经济事项均应纳入合同管理。

第十九条 委托建设管理单位应依据法

律法规和国务院南水北调办公室有关合同管理规定，制定本单位的合同管理办法，规范合同的立项、谈判、签订、备案、履行、变更、争议调解、验收、存档及印章管理等行为。

合同应由法定代表人签署；委托他人签署合同的，必须由法定代表人书面授权。

合同立项和签订应实行内部会签制度。

合同专用章应由专人保管，并建立严格的用印制度。

第二十条 合同应采用规范性合同范本。确无可适用的规范性合同范本，可以制定专门的合同文本。金额较大的合同项目应组织有关法律、合同、经济、技术等方面专家严格审查合同条款。

第二十一条 山东干线公司接受国务院南水北调办公室对合同执行情况的监督管理，签订重要和重大项目合同接受国务院南水北调办公室的派员监督。山东干线公司对委托建设管理单位的合同制定和执行情况进行指导、监督与检查。

第二十二条 委托建设管理单位应严格履行合同约定的责任和义务。合同条件发生变化，应按程序变更合同或签订补充合同。

第二十三条 委托建设管理单位应加强合同履行的过程控制和管理，建立合同管理台账和合同档案，做到合同管理台账明晰准确、合同档案完整。

第五章 资金拨付、支付管理

第二十四条 委托建设管理单位应依据委托建设管理协议和工程建设进度及资金需要，分次向山东干线公司提出用款申请。用款申请应说明已拨付资金的使用、结余情况和本次用款申请数额及用途。

第二十五条 山东干线公司对委托建设管理单位用款申请进行审核，按程序批准后，统筹安排建设资金的拨付。

第二十六条 委托建设管理单位应依据相关法规和制度制定建设资金支付办法，明确支付程序和责任，规范建设资金支付行为。

第二十七条 委托建设管理单位应依据合同约定支付合同价款。

第二十八条 委托建设管理单位应及时合理科学拨付和结算工程资金，严格执行资金拨付计划，尽力减少年度资金结余数额。

第二十九条 工程款必须支付到合同约定的户名及账号。收款方变更收款方名称、开户银行及账号，应出具盖有其法人公章、财务专用章、法定代表人签字的书面证明。

第三十条 委托建设管理单位合同价款一律通过银行结算，不得用现金支付。

第三十一条 支付合同尾款前，应全面清理合同执行和验收情况，妥善处理遗留问题。

第六章 财务会计

第三十二条 委托建设管理单位应设置专门的财务会计机构，负责工程建设资金管理，并配备专职财务会计人员，实行会计、出纳分设。财务会计人员必须取得从业资格证书。

第三十三条 委托建设管理单位执行财政部制定的《基本建设财务管理规定》、《国有建设单位会计制度》和国务院南水北调办公室印发的《南水北调工程会计基础工作指南》。

第三十四条 委托建设管理单位应法设置会计账簿，及时、准确、完整地反映工程建设资金的使用情况，提供真实的会计信息资料。

委托建设管理单位法定代表人对本单位会计工作和会计资料的真实性、完整性负责。

第三十五条 委托建设管理单位按照《国有建设单位会计制度》的规定使用会计科目，会计核算明细项目设置要注意与工程概算（或项目管理预算）、计划统计对应项目保持衔接。

第三十六条 委托建设管理单位所有工程建设资金的收支应纳入财务部门统一核算和管理，严禁设立账外账，严禁设立“小金库”，严禁公款私存。

第三十七条 委托建设管理单位应对工程建设资金实行专户存储，在一家商业银行开设一个资金账户，专门用于委托项目建设资金的核算。严禁多头开户，严禁出借账户。

委托建设管理单位开设、变更、撤销银行账户，应以正式文件报山东干线公司备案。

第三十八条 委托建设管理单位要正确核算工程建设成本，以单个设计单元工程为成本核算对象。凡能分清成本核算对象的，直接计入相关工程成本；不能分清成本核算对象的，年度终了时按照各设计单元工程当年实际完成投资额进行预分摊，竣工财务决算时再按实际应分摊数进行调整。

第三十九条 委托建设管理单位要按时向山东干线公司报送月度会计报表、年度财务决算报告，报表要内容完整，数字真实准确，严禁弄虚作假。

第四十条 委托建设管理单位的会计凭证、会计账簿、会计报表、完工财务决算、会计电算化电子数据、会计软件资料和其他会计资料等、均应按财政部、国家档案局制定的《会计档案管理办法》规定建立会计档案，并妥善保管。

第四十一条 委托建设管理单位应制定会计档案管理制度，落实岗位责任，确保会计档案安全完好。委托建设管理项目完工验收后，委托建设管理单位应将全部会计核算资料移交给向办理交接手续山东干线公司。

第七章 完工财务决算

第四十二条 委托项目完工后，由委托建设管理单位负责编制完工财务决算。完工财务决算编制的具体规定执行山东干线公司《转发国务院南水北调办公室〈南水北调工程竣工（完工）财务决算编制规定〉的通知》（鲁调水企财字〔2008〕35号）。

完工财务决算应在工程完工验收前完成，并提交工程验收委员会通过。

第四十三条 委托建设管理单位应从工程开工之日起，指定专人收集、整理和核对完工财务决算资料。编制完工财务决算前，应全面清理基本建设项目档案资料、盘点核实财产物资、清偿债权债务，做好账务处理，做到账账、账证、账实、账表相符。

第四十四条 委托建设管理单位应落实完工财务决算编制的组织和人员，明确财务会计、计划统计、工程技术、设备物资等部门的相应职责。设计、施工、监理等单位应及时提供有关资料，做好配合工作。

第四十五条 委托建设管理单位的法定代表人对本单位编制的完工财务决算的真实性、完善性负责。

第四十六条 委托建设管理单位编制的完工财务决算，经山东干线公司审核后报国务院南水北调办公室审计。

第八章 监督检查

第四十七条 山东干线公司对委托建设管理单位资金管理使用情况进行监督检查。

第四十八条 委托建设管理单位应加强工程建设资金管理使用情况的内部监督检查。认真检查国家有关法律法规、财经制度、内部控制制度和岗位责任制的执行情况，对监督检查发现的问题及时纠正。

第四十九条 委托建设管理单位应建立资金管理责任制度和重大事项报告制度。在建设过程中，发现下列重大资金管理的事项时应及时向山东干线公司报告。

（一）重大金额索赔。

（二）资金管理使用中的重大违规、违纪、违法问题。

（三）其他涉及资金管理的重大事项。

第五十条 委托建设管理单位应主动接

受外部监督检查，积极配合国家、山东干线公司对建设资金使用情况的审计、稽察及专项检查，如实提供资料，实事求是说明情况和问题。

第五十一条 对审计、稽察、专项检查中发现的问题，委托建设管理单位要按照整改要求组织整改，并作出书面整改报告报山东干线公司。对截留、挤占和挪用建设资金以及因工作失职造成资金损失或浪费的，要追究当事人和有关负责人的责任。

第九章 附 则

第五十二条 本办法自印发之日起执行，由山东干线公司负责解释。

山东省南水北调工程征地移民设计变更管理暂行办法

2010年8月18日
（鲁调水征字〔2010〕7号）

干线主体工程沿线各市、县（市、区）南水北调办事机构：

为规范我省南水北调工程征地移民设计变更管理工作，加强征地移民实施管理，促进工程顺利实施，根据国家及行业主管部门的有关规定，结合山东省南水北调工程实际，制定了《山东省南水北调工程征地移民设计变更管理暂行办法》，现印发给你们，请认真贯彻执行。

第一条 为加强征地移民实施管理，规范设计变更行为，明确各方责权，加快征地移民工作进度，根据国家及行业部门有关规定，结合山东省南水北调工程征地移民实施工作实际，制定本办法。

第二条 本办法所称设计变更是指征地移民实施方案批复后，因征地移民实施内容发生变化需要增加征地移民投资，旨在修改完善设计的行为。

第三条 本办法适用于山东境内南水北调东线一期主体工程。

第四条 省、市南水北调办事机构是南水北调工程征地移民设计变更管理的责任主体。

第五条 设计变更行为由县级南水北调办事机构提出，征地移民监理、设计等单位参与审核。

第六条 征地移民设计变更动用预备费范围：

1. 经省级及以上主管部门批准的永久征地面积超出投资包干协议面积。

2. 经省级及以上主管部门批准的临时用地面积及使用时间超出投资包干协议面积及使用时间。

3. 掉项、漏项的专项设施。

4. 耕地开垦费、森林植被恢复费合计超出二者初步设计批复概算。

第七条 设计变更报告不需要动用征地移民预备费的设计变更项目，由县级人民政府（或南水北调指挥机构）与设计单位共同编制，由市级人民政府（或南水北调指挥机构）组织评审并批复，报省南水北调工程建设管理局备案。

第八条 实施方案中结余的征地移民资金仍要用于征地移民工作。结余资金使用方案由县级人民政府（或南水北调指挥机构）编报，市级人民政府（或南水北调指挥机构）组织评审并批复，报省南水北调工程建设管理局备案。

第九条 对于需要动用征地移民基本预备费的设计变更项目，由县级人民政府（或南水北调指挥机构）和设计单位共同编制设计变更报告，经征地移民监理单位审核后，由县级人民政府（或南水北调指挥机构）报市级人民政府（或南水北调指挥机构），市级人民政府（或南水北调指挥机构）初审后报省级南水北调办事机构，由省级南水北调办事机构组织评审并批复后下达相应资金。

第十条 不动用预备费的，征地移民设计变更评审专家组由市南水北调办事机构与省南水北调办事机构协商后确定；动用预备费的，征地移民设计变更评审专家组由省南水北调办事机构确定。

第十一条 设计变更报告编制要符合设计规范要求，达到技施阶段设计深度并附预算，根据需要附相关图纸和资料。

第十二条 各单位应当加强对设计变更文件的档案管理工作。

第十三条 设计变更的相关组织费用由县级南水北调办事机构承担。

第十四条 本办法自公布之日起实施。

第十五条 以前本省制定的南水北调征地移民相关规定与本办法不一致的，以本办法为准。本办法由山东省南水北调工程建设管理局征迁安置处负责解释。

山东省南水北调工程建设目标管理考核暂行办法

2010 年 11 月 9 日
（鲁调水办字〔2010〕54 号）

第一章 总 则

第一条 为加强工程建设目标管理，建立科学有效的工作考核体系，充分调动广大职工的工作积极性和主动性，促进我省南水北调工程建设又好又快发展，借鉴目标管理、平衡记分卡等管理方法和手段，结合工程建设实际，制定本办法。

第二条 省南水北调工程建设的目标管理考核，坚持以科学发展观为指导，以确保 2012 年底完成干线主体工程，实现 2013 年通水为目标，建立目标明确、职责清晰、科学量化、便于操作、控制有力、持续改进、奖惩落实的考核体系，全面推进我省南水北调工程建设顺利实施。

第三条 目标管理考核坚持实事求是、客观公正、科学评价、严格奖惩的原则，重在调控工程建设目标任务完成情况，促进工程建设目标按时保质完成。

第四条 本办法适用于各单项工程建管局（含委托、代建、联建单位，下同）、局机关各处室、干线公司机关各部办和局属单位。

各单项工程建管局（以下简称各建管局），局机关各处室、干线公司机关各部办和局属单位（以下简称各部门、单位）。

第二章 考 核 组 织

第五条 成立局目标管理考核领导小组，负责目标管理考核工作的领导。由省南水北调局局长任组长，其他局领导任副组长，局机关各处室、干线公司各部办局主要负责人为成员。其主要职责是：

（一）审定省南水北调系统目标管理考核指标体系。

（二）协调解决目标管理考核工作中的重大问题。

（三）审定目标管理考核实施细则。

（四）审定考核结果。

第六条 局目标管理考核领导小组下设考核办公室，具体负责目标管理考核的组织、综合协调和考核评比的汇总工作。局办公室会同纪检督查室和稽查处具体承担考核办公室的职能。

专项指标对口管理的局机关各处室，在局目标管理考核领导小组的领导下承担专项指标的考评工作。

第三章 考核内容、考核指标的制定和调整

第七条 根据不同考核对象分别确定考核内容。

（一）对各建管局主要考核以下内容：

1. 投资计划、施工进度计划完成情况。

2. 质量管理体系建设及工程质量控制指标。

3. 安全生产责任制落实及工程安全控制指标。

4. 施工环境协调工作完成情况。

5. 工程档案资料整理及其他工程建设管理工作情况。

6. 上级部门历次审计、稽察整改意见的落实情况。

7. 资金使用及廉政建设情况。

8. 领导交办其他工作完成情况。

（二）对各部门（单位）主要考核以下内容：

1. 为工程建设一线服务工作情况。

2. 重点工作完成情况。

3. 年度任务分解完成情况。

4. 本部门、单位职能落实情况。

5. 资金使用及廉政建设情况。

6. 上级部门历次审计、稽察整改意见的落实情况。

7. 领导交办其他工作完成情况。

第八条 考核指标的制定以省局下达的“南水北调工程年度建设目标任务分解表”，各建管局、部门（单位）的职能和承担主要工作为依据。

由建设管理处牵头，以2012年底干线主体工程完工为总目标，采取倒排工期法，编制“南水北调工程建设计划进度总体控制网络图”和“南水北调工程年度建设目标任务分解表”。

第九条 各建管局根据省局下达的“南水北调工程年度建设目标任务分解表”，按周确定具体指标和指标值。

各部门（单位）根据省局下达的“南水北调工程年度建设目标任务分解表”，按月确定具体指标和指标值。

第十条 各建管局、各部门（单位）确定的具体指标和指标值，经省局考核领导小组办公室汇总审核，报省局考核领导小组审定后，形成目标管理考核指标体系，省局正式印发并作为考核主要依据。

第十一条 指标和指标值一经确定，一般不予调整。

在指标实施过程中，确因外部客观因素或不可抗力影响（如国务院南水北调办、省委省政府计划任务调整、涉及专项征迁、文物保护及自然界的突发因素影响等）需作调整的，由被考核单位提出指标调整书面申请，报经省局考核领导小组审定。申请必须含补救措施，工程建设进度总体指标（2012年底完成主体工程）不能改变。

第四章 考核时间和考核方法

第十二条 各建管局、各部门（单位）每月须进行自查，自查报告报省局考核领导小组办公室。省局考核领导小组办公室每季对各建管局、各部门（单位）进行一次考核，考核结果报省局领导考核小组。

省局领导考核小组对各建管局、各部门（单位）进行半年和年度考核。

第十三条 半年和年度考核采取定量指标、定性指标、领导评价和民主评议四种方式进行。考核前由省局考核领导小组审定《目标管理考核实施细则》。

（一）定量指标考核

定量指标主要是指投资计划、工程建设进度、质量和安全控制指标完成情况等可以用数量准确衡量的指标。每项指标分值满分均为100分，乘以所占权重，得出单项指标考评得分。

（二）定性指标考核

定性指标主要是指不能精确衡量，无法具体量化的工作目标。每项指标分值满分均为100分，按照计分规则打分，乘以所占权重，得出考评得分。

（三）领导评价

领导评价在年度考核时进行，局领导根据各建管局、部门（单位）年度述职报告，主要针对思想政治建设、工作实绩、团结协调和工作作风、廉政建设等方面情况，结合平时掌握情况进行评价。评价分好、较好、一般、较差四个等次。

（四）民主评议

召开半年和年度民主评议大会，参会人员填写《部门、单位年度民主评议表》。

第五章 动态管理

第十四条 为加强目标管理过程控制，及时协调解决影响和制约工程建设的实际问题，实现管理工作的持续改进，对目标管理考核工作实行动态管理。

第十五条 建立工程建设分析调度会议制度。

工程建设月分析调度会议。由局长或局长委托的副局长主持召开。参加会议人员为各建管局、各部门（单位）主要负责任人。会议主要听取各单项工程现场建管机构的自查工作汇报，分析研究解决工程建设中存在的问题。

工程建设季分析调度会议。由局长主持召开。参加会议人员为各市南水北调局（办）、各建管局、各部门（单位）主要负责任人。

工程建设季分析调度会议主要包括以下内容：

（一）听取各部门、单位工作进展情况汇报。

（二）协调解决工程建设和目标实施中的重大问题。

（三）通报目标管理指标考核情况（季度自查、考核）。

（四）对工程建设管理和目标实施工作提出加强和改进措施，安排部署近期工程建设管理重点工作。

第十六条 建立督查督办制度。

针对被考核单位工作考核中发现的问题，由纪检督查室组织督察督办，督促落实解决。

第六章 奖惩措施

第十七条 对年终考核列前三名的建管局授予“省南水北调建设管理先进单位”称号，给予一定的物质奖励。

对年终考核列前三名的部门（单位）授予“省南水北调先进集体”荣誉称号，给予一定的物质奖励。

第十八条 对评为省南水北调先进单位、先进集体所在党支部推荐参加上级党委“创先争优”活动先进党组织评选，其主要负责人年度考核结果推荐为“优秀”等次，并推荐参加上级党委“创先争优”活动优秀共产党员评选，申报记功奖励；给予薪酬工资晋级等物质奖励，并作为职务晋升的重要依据。

第十九条 对工程进度严重滞后，工程建设中出现重大质量和安全责任事故的现场建管机构，实行“一票否决制”，单位及其主要负责人不得参加各类先进评选，并由考核领导小组对其主要负责人进行诫勉谈话或依纪给予处理。

对年度考核结果为一般及较差等级的机关部门，其主要负责人不得参加各类先进评选，年度考核不得评为“优秀”和“良好”等次，并由考核委员会对其进行诫勉谈话。

第七章 附则

第二十条 本办法由省南水北调局目标管理考核领导小组办公室负责解释。

第二十一条 本办法自公布之日起施行。

河南省南水北调中线工程建设进度管理办法

2010年11月12日

（豫调建〔2010〕39号）

第一章 总则

第一条 为了加强河南省南水北调中线工程建设进度管理，建立和规范进度管理体系，保证工程总体工期目标的实现，根据国家有关法律、法规、国务院南水北调工程建设委员会办公室（以下简称国务院南水北调办）和南水北调中线干线工程建设管理局（以下简称中线建管局）相关规定，结合河南省南水北调中线工程建设的实际情况，制定本办法

第二条 河南省南水北调中线工程建设进度管理的指导思想是：建立健全进度管理体系，明确各级机构的职责，通过风险分析，制订各级进度计划和防范性对策，按照进度管理程序，严格各级进度计划的制订、检查和更新，确保总体工期目标的实现。

第三条 本办法适用于河南省南水北调中线工程建设全过程（包括工程筹建期、工程准备期、主体工程施工期和工程完建期）的进度管理工作，配套工程可参照执行。

第二章 进度管理体系及各方职责

第四条 河南省南水北调中线工程采用集中统一管理、分项目实施的进度管理方式。建立河南省南水北调中线工程建设管理局（以下简称省建管局）负总责，省建管局组建的现场项目建设管理处（以下简称项目建管处）管理，监理人控制，设计、承包人保证的进度管理体系。

第五条 河南省南水北调中线工程建设进度计划按照总体进度计划、实施总进度计划、控制性总进度计划和施工总进度计划四级进度管理。

（一）总体进度计划是由省建管局依据批准初步设计和中线建管局以设计单元工程为单位对工程进度的要求编制的里程碑目标进度计划，是河南省南水北调中线工程建设进度管理的指导性文件，也是招标文件编制工期的依据。

（二）实施总进度计划是由项目建管处根据省建管局编制的总体进度计划，在监理人编制的控制性总进度计划的基础上，以施工标段为单位编制的各设计单元工程的进度计划，应明确各标段里程碑目标和总工期目标。

（三）控制性总进度计划是由监理人依据合同文件，在承包人编制的施工总进度计划的基础上汇总编制而成的进度计划，是监理人实施进度控制的依据。

（四）施工总进度计划是由承包人根据合同文件编制的所承包标段的施工进度计划。

第六条 省建管局对工程总体进度负最终管理责任。其主要职责是：负责工程总体进度的宏观管理；负责编制工程总体进度计划，确定各设计单元工程的里程碑目标和总工期目标；负责研究解决影响工程进度的重大问题；负责编制下达年度计划。

第七条 项目建管处对工程项目进度管理负直接责任。其主要职责是：负责管辖范围内工程项目进度管理；负责编制实施总进度计划和年度实施计划，确定各标段的里程碑目标和总工期目标；负责提供现场施工条件并协调项目外部环境；负责编报进度管理月报（包含在相应的工程建设管理月报中）、年报及其他进度专题报告。

第八条 监理人对承监工程项目进度进行控制。其主要职责是：编制控制性总进度计划；审批施工总进度计划以及分解的年、季、月计划；跟踪监督、检查、记录施工进度计划的实施；对实际进度定期进行对比、检查、分析，对出现的偏差采取应对措施；审查承包人的进度报告，并编报监理报告。

第九条 设计单位对所承担工程的设计进度负责。其主要职责是：根据勘察设计合同和批准的施工进度计划，编报总体和年度设计工作计划；按照现行规范、规程、标准及相关技术条款对施工进度计划提出意见；按照签订的供图协议及时提交施工图纸并做好设计技术交底等设计服务，跟踪工程进展情况，及时解决影响施工进度的设计问题。

第十条 承包人对承包工程项目的施工进度承担直接责任。其主要职责是：编制施工总进度计划、编制分解的年、季、月进度计划和单项工程施工措施计划；按照计划投入人员、机械设备等施工资源并合理组织、科学管理、文明施工；对项目建管处负责事项的延误（期）承担提醒、报告和补救义务；逐日检查实际进度并如实记录、报告；对进度偏差提出改进措施并修订进度计划，经批准实施；按时提交各类进度报表、报告。

第三章 进度计划的编制和报批

第十一条 进度计划的编制

（一）进度计划的编制原则

进度计划应依据国家有关政策、法令、规程规范和有关工程建设合同、上级部门发布的有关进度计划的指令等进行编制。

进度计划应建立在设计报告和合同文件的基础上，合理的进行施工组织设计，并做到组织、措施及资源落实。

进度计划应在确保工程质量、安全、环境和合理配置资源的前提下，按照前紧后松的原则进行编制。

进度计划中各施工程序应合理衔接、统筹兼顾、减少干扰，施工安排要保持连续、均衡。

进度计划中采用的有关指标既要先进又要适当留有余地。

进度计划的编制必须服从上一级进度计划的要求。

（二）进度计划的编制要求及内容

进度计划的编制要求及内容详见附件1（略）。

第十二条 进度计划的报批程序

（一）总体进度计划

省建管局在工程项目初步设计批准后，编制工程总体进度计划，发送项目建管处和有关设计单位，并报中线建管局。

（二）实施总进度计划

项目建管处应在工程开工后，及时组织编制所辖范围工程的实施总进度计划，实施总进度计划应在工程开工后56天内报省建管局备案。

（三）控制性总进度计划

监理人应在施工合同签订后的49天内，编制承监工程的控制性总进度计划报送项目建管处。项目建管处应在收到该计划后14天内批复。

（四）施工总进度计划

承包人应在施工合同签订后的28天内，编制承包工程的施工总进度计划报送监理人。监理人应在收到该计划后14天内批复。

上述进度计划均应同时以书面和电子文件两种形式报送。

进度计划管理流程图详见附件2（略）。

第四章 进度计划的实施

第十三条 进度计划的分解与报批

（一）施工总进度计划的分解与报批

承包人应根据批准的施工总进度计划及其格式、内容要求编制年度施工进度计划，并于每年12月5日前向监理人报送；监理人应在收到该计划7天内完成审批，并报送项目建管处审批，由项目建管处报省建管局备案。

承包人应在前一年12月20日、当年3月20日、6月20日、9月20日前提交季度施工进度计划；监理人应在收到该计划7天内完成审批，并报送项目建管处核备。

承包人应在前一月20日前提交月施工进度计划；监理人应在收到该计划7天内完成审批，并报送项目建管处。

承包人应在单项工程开工前28天内，按照合同要求的内容向监理人提交施工措施计划，监理人应在收到该计划14天内完成审批，并报项目建管处核备。

对于当年开工的工程，承包人应按施工合同和监理人的要求编报年、季、月施工进度计划。

（二）控制性总进度计划的分解与报批

监理人应根据批准的控制性总进度计划及其格式、内容要求编制控制性年度计划，并于每年12月10日前向项目建管处报送。

（三）实施总进度计划的分解与报批

项目建管处应根据实施总进度计划及其格式、内容要求编制实施年度计划，并于每年12月20日前报送省建管局。实施年度计划应包括年度新开工项目进度计划。

（四）总体进度计划的分解与报批

省建管局应根据总体进度计划、项目建设管理单位报送的实施年度计划，结合工程实际情况编制下达年度计划，并于每年12月30日前报中线建管局备案。

第十四条 进度记录及报告

承包人应按要求的格式，如实记录和报告进度实施情况，并经监理人审核确认。日报应于次日提交并签字确认，周报应在周五12时、月报应于每月25日、季报是该季度最末一个月的25日、年报在12月25日提交。其他专题报告按要求提交。

监理人应按要求的格式填写值班记录、巡视记录、监理日志、监理大事记等，逐日记录工程进展情况，编制年、季、月、周进度报表、报告，并按要求提交进度专题报告。周报应在下周一、月报应于每月28日、季报是该季度的最末一个月的28日、年报在每年12月28日提交。

项目建管处应按要求的格式如实记录工程建设大事记，并按要求的格式编制月报、年报。月报应在下月1日前、年报应在下一年元月5日前报省建管局，省建管局月报在下月5日前，年报元月10日前报中线建管局。

季报可与该季度最末一月的月报合报，年报可与12月的月报合报。各类报告的数据统计时间为承包人提交报告日中午12时。

第十五条 进度协调会议

省建管局根据工程的实际进展情况，不定期召开工程总进度协调会议，检查总体进度计划执行情况，协调解决有关影响总体工程进展的重大事宜。

项目建管处应定期（月、季）或不定期召开工程进度协调会议，检查所辖区域各项工程的进展，协调解决影响工程进展的有关事宜。

监理人应按要求召开第一次工地会议和周、月进度协调例会，检查进度计划执行情况，协调解决施工中发生的工程变更以及与其他承包人的相互干扰和矛盾。

相关单位应为进度协调会议提交书面的进度报告。会议形成的纪要应发送各相关单位执行。

第十六条 进度计划调整和修订

在工程实施过程中，不论何种原因引起的工期延误（期），承包人均应及时作出调整，并将修订的进度计划和拟采取的措施报送监理人审批。

若进度偏差有可能影响合同工期目标的实现时，修订的进度计划经监理人、项目建管处审查后报省建管局审批；若进度偏差有可能致使设计单元工程的总工期及完工日期超过总体进度计划确定的工期目标时，省建管局应及时修订实施总进度计划报中线建管局审批，并根据审批情况及时调整相关合同的工期目标，处理工期延误（期）引起的合同问题。

第五章 工程进度管理考核与奖惩

第十七条 省建管局将另行制定综合考核与奖惩办法，对各合同单位的进度管理工作进行考核和奖惩。对合同里程碑目标的考核与奖惩按照合同的约定执行。

第六章 附 则

第十八条 本办法由省建管局负责解释。

第十九条 本办法自颁布之日起执行。

湖北省南水北调工程合同管理办法（试行）

2010年5月26日
（鄂调水局〔2010〕68号）

第一章 总 则

第一条 为规范我省南水北调汉江中下游治理工程（以下简称省南水北调工程）合同管理，加强风险控制，保护合同当事人合法权益，根据国家有关法律、法规以及国务院南水北调工程建设委员会办公室（以下简称国务院南水北调办）、湖北省人民政府关于南水北调工程建设管理有关规定，制定本办法。

第二条 本办法所称合同是指以省南水北调工程建设管理局（以下简称省南水北调局）为一方主体签订的有关南水北调工程勘测设计、建筑安装工程、监理、监测、科研试验、咨询论证、技术服务、物资设备采购等合同（包括协议或其他具有合同性质的文件）。

征地拆迁安置、环境保护、水污染防治、水土保持及文物保护等合同可参照本办法进行管理。

第三条 省南水北调工程建设严格实行合同管理制。合同管理实行归口管理制、评审会签制、履约责任制、检查报告制。

第四条 省南水北调工程合同管理全过程接受省南水北调工程领导小组办公室（以下简称省南水北调办）的监督。

第二章 合同管理职责划分

第五条 合同实行主管部门、专业管理部门和履约责任部门分层次管理。合同分类管理职责划分见附件一（略）。

第六条 规划处是合同主管部门，负责合同的归口管理。

省南水北调局相关处按职责分工负责相关合同技术条款的拟订或审核及履约阶段的专业管理，是相关合同的专业管理部门。

省南水北调局各处、现场建设管理单位按职责分工负责相关合同履约管理，是相关合同履约责任部门。

合同管理相关部门及单位合同管理职责见附件二（略）。

第七条 采取委托制或代建制建设管理的工程项目依据签订的项目建设管理协议进行合同管理。

第三章 合 同 分 类

第八条 合同依据工程项目、合同内容进行分类。

第九条 合同实行“统一编码、号码唯一”，由省南水北调局合同主管部门负责统一编码管理。合同号码具体格式如下：HBNS-BD-××（工程代码）××（分类代码）-××（年份）-××（序号）。

（一）汉江中下游治理工程代码：

兴隆枢纽工程——XL

引江济汉工程——YJ

闸站改造工程——ZZ

航道整治工程——HD

综合——ZH

（二）汉江中下游治理工程合同分类代码：

建筑安装工程合同——01

物资设备采购合同——02

勘测设计合同——03

监理、监测合同——04

科研、咨询及技术服务合同——05

其他合同——06

第四章 合 同 订 立

第十条 合同订立的一般程序：

（一）对合同潜在签约方的资格和资信审查。

（二）合同签约方的确定。

（三）合同文本拟订及评审。

（四）合同谈判。

（五）合同会签及审批。

（六）合同签订。

第十一条 合同订立前，由合同主管部门组织相关处和现场建设管理单位对潜在的签约方进行资格和资信审查，提交资格和资信审查报告。资格和资信审查一般包括潜在签约方的主体资格、财务状况、相关业绩、委托授权等内容。

项目实行招标的，对投标人的资格和资信的审查按省南水北调办招标投标管理规定执行。

第十二条 潜在签约方存在下列情况之一的，不得与其签订合同：

（一）主体资格不合格的。

（二）资信状况不好或不明的。

（三）无履约能力或履约能力差的。

（四）非法定代表人未经授权委托要求签约的。

（五）其他违反法律、法规和规章的。

第十三条 合同谈判前应由合同主管部门拟定合同文本。拟订合同文本时，优先采用合同范本。

第十四条 合同文本一般应包括以下内容：

（一）合同标的。

（二）合同价格。

（三）合同标的数量或工程量或工作量。

（四）技术规范和质量标准、验收规程规范及验收程序。

（五）合同支付条款。

（六）合同履行期限、地点和方式。

（七）变更、索赔和合同解除条款。

（八）合同的奖惩条款与违约责任。

（九）合同纠纷解决条款。

（十）必要的其他条款。

第十五条 合同主管部门拟订合同文本后，组织各有关处、现场建设管理单位、监理单位、招标代理机构、南水北调工程湖北质量监督站、法律顾问按职责分工进行初审。重大合同根据需要由合同主管部门组织有关法律、经济、技术和合同管理等方面的专家对合同条款进行严格审查。参与评审各方提出合同评审意见书。湖北省南水北调工程建设管理局合同评审意见书格式见附件三、附件四（略）。

第十六条 合同文本经评审后，由合同主管部门组织各相关处、现场建设管理单位、监理单位进行合同谈判。招标代理机构、南水北调工程湖北质量监督站、法律顾问等参加会议。

第十七条 合同谈判过程中，不应变更招投标文件的实质性内容，如总价、单价、质量标准、工期等。谈判过程中遇到需要协调解决的问题，应按程序报告。

第十八条 经谈判确定的合同文本，由合同主管部门按程序组织相关处进行会签并报分管局领导审核，局法定代表人审批或授权审批。相关处在会签中若发现重大错误、遗漏或不妥，需在会签中予以明确并提出修改意见，必要时由合同主管部门组织复审。湖北省南水北调工程建设管理局合同审批表见附件五（略）。

第十九条 合同必须由法定代表人或其授权委托人签订。省南水北调局法人授权委托书由合同主管部门办理。

第二十条 合同签订应盖合同专用章。省南水北调局合同专用章使用由合同主管部门负责管理。

第二十一条 签订后的合同文件应按管理规定及时向相关各方发放。湖北省南水北调工程建设管理局合同文件发放表见附件六（略）。

第五章 履 行 管 理

第二十二条 承包人不得将所承担的工

程项目进行转包或违法分包。发现承包人转包或违法分包时，应要求其改正，并报请省南水北调办查处；拒不改正的，可终止合同。

第二十三条 各相关处和现场建设管理单位应定期对合同履行情况进行检查，检查内容主要包括质量、安全、进度、投资控制等方面。

第二十四条 现场建设管理单位应定期将合同履行情况报告省南水北调局。省南水北调局及时评估合同执行情况，对严重违反合同约定的行为及时进行处理。

第二十五条 对合同履行过程中出现的索赔和反索赔情况，监理单位和现场建设管理单位应提出预处理方案报省南水北调局。局合同主管部门组织进行审核，提出处理意见，报省南水北调局领导审批后再按程序办理。

第二十六条 合同在履行中发生争议、纠纷，合同当事人应首先通过协商解决。协商无效时，合同当事人应以书面形式提请南水北调工程合同争议调解委员会调解。调解无效时，应按合同约定申请仲裁或提出法律诉讼。

第六章　变更管理

第二十七条 变更应遵循“处理及时、程序规范、论证科学、审批严格、责任明确”的原则。

第二十八条 变更由省南水北调局和现场建设管理单位根据职责分工和管理权限进行管理。

第二十九条 变更的范围与内容包括：

（一）增加或减少合同中任何一项工作内容。

（二）增加或减少合同中关键项目的工程量超过专用合同条款规定的百分比。

（三）取消合同中任何一项工作（但被取消的工作不能转由发包人或其他承包人实施）。

（四）改变合同中任何一项工作的标准或性质。

（五）改变工程建筑物的形式、基线、标高、位置或尺寸。

（六）改变合同中任何一项工程的完工日期或改变已批准的施工顺序。

（七）追加为完成工程所需的任何额外工作。

第三十条 变更包括设计变更和施工变更，施工变更包括承包人提出的变更和发包人提出的变更。

变更处理职责及程序：

（一）设计变更：包括重大设计变更和一般设计变更。设计变更应由设计单位根据工程建设实际情况提出，报省南水北调局同意后开始启动。重大设计变更报告由省南水北调局组织初审，报国务院南水北调办审批后实施。一般设计变更报告由现场建设管理单位进行初审，报省南水北调局审批后实施。监理单位根据审批意见发出变更指示，进入变更费用审批程序。

（二）承包人提出的变更：承包人向监理单位报送变更意向书，监理单位审查变更是否符合合同规定，若变更不符合合同规定，监理单位告知承包人不予变更；若变更符合合同规定，监理单位复核后送现场建设管理单位进行初审，提出初审意见报省南水北调局审查审批。监理单位根据审批意见发出变更指示，进入变更费用审批程序。变更意向书格式见附件七（略）。

（三）发包人提出的变更：发包人根据工程建设实际情况提出的变更，监理单位直接按合同规定发出变更指示，进入变更费用审批程序。

第三十一条 变更费用审批程序：

承包人在收到监理单位发出的变更指示后，向监理单位提出变更报价书。监理单位对变更报价书进行初审后报现场建设管理单位。现场建设管理单位组织复审后报省南水北调局组织审查审批。监理单位根据审批意见发出变更决定。

第七章　档 案 管 理

第三十二条　合同履约责任部门负责收集、整理合同履行过程中的各类相关原始资料，建立合同档案，合同履行完毕或合同的权利义务终止后，负责及时将全套合同资料提交合同主管部门。

第三十三条　合同主管部门按规定及时将合同档案移交省南水北调局档案管理责任部门存档。合同档案资料包括合同协议书、合同条款、补充协议、变更、索赔资料、有关纪要、价款结算报表及竣工决算等文件。

第三十四条　合同文件存档后，正本不得外借，副本外借时，要按规定办理好借阅手续，并及时回收。

第三十五条　合同项目完工验收资料及档案管理要求的归档资料管理执行省南水北调局有关规定。

第八章　附　　则

第三十六条　合同订立、合同执行及合同资料的管理执行国家有关保密规定。

第三十七条　本办法由省南水北调局负责解释。本办法自发布之日起实施。原《湖北省南水北调工程合同管理实施细则》同时废止。

湖北省南水北调工程建设资金管理办法

2010 年 8 月 30 日
（鄂调水局〔2010〕118 号）

第一章　总　　则

第一条　为加强和规范湖北省南水北调工程建设资金管理，切实管好、用好南水北调工程建设资金，根据国家法律法规及国务院南水北调办《南水北调工程建设资金管理办法》等有关规定，结合我省南水北调工程建设的实际情况，制定本办法。

第二条　本办法适用于由湖北省南水北调工程建设管理局（以下简称省南水北调局）承担项目法人的建设项目。

第三条　省南水北调工程建设资金管理的基本原则：

1. 统一管理、分级负责原则。省南水北调局是建管合一的项目法人，对工程建设资金管理负总责。各建管处（办）是项目法人的现场管理机构，对受委托办理的工程结算和费用管理负责。

2. 专款专用、专户管理原则。各用款单位只能在一家商业银行开设专用账户，做到专户存储，专账核算，专人管理，任何单位和个人不得截留、挤占和挪用建设资金。

3. 合理使用、讲究效益原则。项目资金管理必须按规章办事，厉行节约，提高资金使用效益。

第二章　管 理 职 责

第四条　省南水北调局建设资金管理的主要职责是：

1. 贯彻执行国家和上级主管部门颁布的基本建设法规、制度。

2. 建立、健全基本建设资金内部管理制度。

3. 负责落实工程建设资金，保证工程用款。

4. 审核、汇总编报年度基本建设支出预算和建设单位年度财务决算。

5. 依据合同按程序结算支付价款，按照预算对各建管处（办）核拨建设资金，依据基本建设财务会计制度核算工程成本，并同时对资金使用情况进行指导和监督。

6. 收集、汇总、报送基本建设资金使用管理信息，编报建设项目的投资效益分析报告。

7. 负责组织办理工程竣工决算。

第五条 各项目建设管理处（办）建设资金管理的主要职责：

1. 贯彻国家和上级主管部门颁布的基本建设法规、制度。

2. 建立、健全基本建设资金内部管理制度。

3. 编制本单位年度费用预算和财务决算。

4. 审核各施工单位上报的价款结算单，办理省南水北调局委托的小额工程价款结算和本单位项目建设管理费的核算。

5. 收集、汇总并上报基本建设资金使用管理信息，参与建设项目预算支出效益分析报告的编制。

6. 参与办理建设项目竣工决算。

第三章 预 算 管 理

第六条 工程建设资金实行预算管理，省南水北调局根据批准后的项目管理预算，结合工程建设情况，编制年度基本建设支出预算，报国务院南水北调办。

第七条 省南水北调局根据批准的年度支出预算及时组织编制用款计划，落实基本建设资金。

第八条 严格执行经批准的年度基本建设支出预算，不得随意调整，确需调整的，经省南水北调局确认后按原申报程序报批。

第四章 资金使用管理

第九条 严格合同管理，加强预付工程款、预付备料款、工程进度结算款的管理；严格控制各项借支，及时清理往来款项，防止呆账形成。

第十条 控制现金支出数量，超过现金支付限额规定的款项一律通过银行进行结算，合同价款禁止现金结算。

第十一条 项目法人购建的自用固定资产必须通过“固定资产”科目核算，逐月提取折旧。

第十二条 工程价款结算与支付执行《湖北省南水北调工程建设管理局工程价款结算支付办法》。

第十三条 对于设计变更而造成的价款变动执行《湖北省南水北调工程合同管理办法（试行)》。

第十四条 基本预备费的使用必须按有关程序办理报批手续。

第十五条 项目完工后形成的结余资金应严格按照国务院南水北调办公室颁布的《南水北调工程投资控制奖惩办法》进行分配和使用。

第五章 建设单位管理费的管理

第十六条 建设单位管理费管理坚持厉行节约，预算控制的原则，建设单位管理费使用总额不得超过国调办批准的工程项目管理预算。建设单位管理费实行总额控制，分年度据实列支。

第十七条 各建管处（办）的建设单位管理费实行预算管理，各建管处（办）要按年度编制建设单位管理费预算报省南水北调局审批。对于建管费年度支出预算中明确要求需要另行报批的支出项目要及时报省南水北调局审批。各项目建管处（办）的建管费按季申请拨付。

第十八条 严格按有关规定的内容和开支标准控制管理费用的各项支出：

1. 差旅费。差旅费支出执行同级财政相关规定，从严控制建设期间的相关补助，各建管处（办）工作人员领取施工补助的，不得重复享受出差补贴。

2. 会议费。会议费实行预算控制，依据参加会议人数、会期及会议费综合定额标准，编制会议费支出预算，经单位分管财务的领导审批后方可在会议定点饭店（宾馆）召开。

3. 招待费。应严格按接待标准控制支出，坚持对口接待，严格限制陪同人数。

4. 车辆燃油、维修和保险费用。车辆的

保险和日常维修保养需统一管理。车辆日常维修费结算，须附维修保养清单。车辆需大修的，要事前填报大修申请，并编制大修费用预算，经财务部门会签、单位负责人审批后实施。

第六章　竣工（完工）决算管理

第十九条　要求准确、及时、真实地上报基本建设会计报表。各项目建设管理处（办）应将每月月报（包括资金平衡表、待摊投资明细表、建设管理费明细表、往来款项明细表）于当月结束5日内上报省调水局；季报在月报的基础上另附财务情况说明书，于季度终了7日内上报省南水北调局；年报按国务院南水北调办的要求由省南水北调局负责统一汇总上报。

第二十条　工程完工后，省南水北调局应按国务院南水北调办公室颁布的《南水北调工程竣工（完工）财务决算编制规定》的要求，在设计单元工程验收前，组织编报设计单元工程完工财务决算。全部工程竣工后由省南水北调局组织编制竣工财务决算。征地补偿和移民安置项目竣工（完工）财务决算按设计单元工程由省南水北调办组织编制。

第二十一条　省南水北调局、各项目建设管理处（办）应从工程开工之日起，指定专人收集、整理和核对竣工（完工）财务决算资料，明确各部门的相应职责。编制竣工（完工）财务决算前，应全面清理基本建设项目档案资料，盘点核实实物资产、清偿债权债务，做好账务处理，做到账账、账证、账实相符。

第七章　资金监督与检查

第二十二条　省南水北调局和各建管处（办）要认真接受有关部门依法开展的各种审计、检查和稽查，省南水北调局要加强对外沟通，负责对所属单位的监督检查，加强对建管处（办）的指导、监督和培训管理。

第二十三条　建立健全规章制度，及时转发上级有关财务管理文件，强化内部监督、内部管理和内部控制。

第二十四条　监督检查的重点：①有无截留、挤占和挪用建设资金；②有无计划外工程和超标准建设；③单位财务管理、资金拨付和账户管理等内控制度是否健全并落实到位；④是否建立并坚持重大事项报告制度；⑤对基本建设资金是否实行了专账管理、专款专用，是否存在滞留、截留、挤占和挪用建设资金的问题；⑥违反规定乱开支现象；⑦施工单位资金流向和使用情况；⑧会计机构和会计人员的设置情况、会计人员持证上岗情况；⑨财务会计报告的规范性、准确性和真实性。

第二十五条　要加强审计、检查和稽察的配合工作，做到审计前主动自查自纠，审计过程中积极配合，审计结束后抓紧整改，举一反三，杜绝类似问题发生。

第八章　附　　则

第二十六条　本办法由省南水北调局负责解释。

第二十七条　本办法自颁发之日起执行。

项目法人单位

南水北调中线干线工程验收管理办法（试行）

2010年1月11日
（中线局工〔2010〕8号）

第一章 总 则

第一条 为贯彻国务院南水北调工程建设委员会办公室（以下简称南水北调办）有关验收规定，加强南水北调中线干线工程验收管理工作，明确验收职责，规范工程验收行为，提高验收工作质量，做好政府主管部门验收相关准备工作，依据《南水北调工程验收管理规定》、《南水北调工程验收工作导则》、国家及行业有关规定，结合南水北调中线干线工程的实际情况，制定本办法。

第二条 南水北调中线干线工程验收分为施工合同验收和政府主管部门组织的验收。

施工合同验收包括分部工程验收、单位工程验收、合同项目完成验收、合同中约定的其他验收。其他验收包括项目法人（或项目管理单位）根据工程建设需要增设的阶段验收等。

政府主管部门组织的验收包括设计单元工程完工（竣工）验收、单项（设计单元）工程通水验收、南水北调办和国家及行业规定的有关专项验收、南水北调工程竣工验收。

第三条 验收工作的主要依据是：国家现行有关法律、法规、规章，南水北调办、国家及行业有关技术标准和规定，上级政府主管部门有关文件，批准的设计文件及相应的工程变更，施工图纸、技术要求、技术说明书和施工合同等。

第四条 南水北调中线干线工程的建设项目具备施工合同验收条件时，相应的责任单位应及时提出验收申请，验收组织单位及时组织验收。政府主管部门组织的验收准备工作按有关规定和政府主管部门的要求进行。

第五条 需要移交其他行业部门管理使用的工程（跨渠桥梁、灌溉渡槽等）和内部管理使用的供电、消防等工程，其验收工作应执行相关行业部门的有关验收规定。

第六条 施工合同验收工作所需费用由相应合同的施工单位承担。政府主管部门验收及整个建设项目竣工验收活动所需费用（包括质量监督机构进行工程质量检测）由项目管理单位承担。

项目管理单位、施工单位和监理单位应按要求分别负责编制验收提供资料及备查资料，并分别承担相应费用。

第七条 验收的成果文件是各类验收鉴定书（签证书）。

第八条 本办法适用于南水北调中线干线工程由南水北调中线干线工程建设管理局（以下简称中线建管局）组织的验收工作。

第二章 验收管理体系及各方职责

第九条 南水北调中线干线工程的施工合同验收工作由中线建管局负责组织和领导，项目管理单位依据有关规定和委托管理合同、代建管理合同负责实施。

第十条 施工合同验收由项目管理单位（中线建管局直属的项目建设管理部、委托地方管理的建设管理单位以及代建制管理的项目管理单位）、设计单位、监理单位、施工单位及主要设备供应（制造）单位、运行管理单位（相应的直管项目建设管理部）等单位代表组成的验收工作组具体负责，验收工作组对相应的验收工作负直接责任。

第十一条 施工合同验收工作组成员应具有工程验收所需要的中级以上职称或相应执业资格，具有相关的专业知识。除特邀专家外，各参建单位的验收工作组成员是代表所在单位参加工程验收，应持有所在单位（或现场机构）的书面授权确认书。

第十二条 对于合同项目完成验收后现场机构已撤销的，在参加政府主管部门验收时，参建单位的代表应持有所在单位的书面授权文件。

第十三条 需邀请专家参加的单位工程验收，由项目建设管理单位确定并负责邀请。

第十四条 分部工程验收由监理单位主持。单位工程验收、合同项目完成验收由项目管理单位主持，并及时通知相应的直管建管部和中线建管局。其他施工合同验收主持单位由中线建管局协调确定。

第十五条 项目管理单位、设计单位、施工单位、监理单位应建立相应的验收管理体系，包括验收组织机构、验收工作人员及其职责、验收管理工作制度。项目管理单位应在第一个分部工程验收前60个工作日将验收管理体系文件报中线建管局备案。

第十六条 中线建管局验收管理的主要职责：

（一）贯彻落实南水北调办、国家及行业政府主管部门颁发的工程验收管理的法律、法规、规程，对南水北调中线干线工程施工合同验收的组织协调工作负责。

（二）制定中线干线工程验收管理办法及有关实施细则，建立中线干线工程验收管理体系并监督、检查该体系的运行。

（三）制订中线干线工程总体验收工作计划，核查项目管理单位的验收工作计划并监督执行。

（四）监督检查项目管理单位验收工作，开展验收技术培训工作，协调验收工作中的有关事项。

（五）组织并督促相关单位开展中线干线工程政府主管部门验收准备工作。

（六）开展设计单元工程项目法人验收工作。

（七）组织开展中线干线工程安全评估工作。

（八）根据工程建设及运行管理的需要增设必要的验收。

第十七条 项目管理单位验收管理的主要职责：

（一）贯彻落实南水北调办、国家及行业政府主管部门颁发的工程验收管理的法律、法规、规程，对所承担建设管理的工程验收工作负责。

（二）建立验收管理体系并监督、检查该体系的运行。

（三）制订验收工作方案和计划。

（四）组织实施施工合同验收工作，主持单位工程验收和合同项目完成验收，监督分部工程验收工作。

（五）选择有代表性的工程组织开展施工合同验收示范性工作。

（六）组织参建单位配合中线建管局开展安全评估工作。

（七）完成政府主管部门验收的相关准备工作。

（八）组织验收资料的整编工作，完成应由项目法人准备的有关验收资料和备查资料；编写工程验收建设管理工作报告和其他相应报告。

（九）审核施工合同验收归档资料；合同项目完成验收后按规定进行汇总并集中保管；设计单元工程项目完工（竣工）验收后按规定移交。

（十）直管项目建设管理部代表运行管理单位参加单位工程、合同项目完成验收，代表项目法人参加合同项目完成验收。

（十一）完成验收规程、导则规定的或合同约定的其他职责。

第十八条 设计单位验收管理的主要

职责：

（一）建立设计单位的验收管理体系并负责该体系的运行。

（二）根据工程建设和运行管理的要求，在招标文件和设计文件中，明确验收标准，并根据需要进行相应的补充。

（三）参加验收工作，编写并提交相应的设计工作报告，对施工质量提出评价意见，对涉及工程运行安全的地质条件进行评价。

（四）提交验收所需资料。

（五）做好工程安全评估配合工作，提供评估所需资料。

（六）完成验收规程、导则规定的或合同约定的其他职责。

第十九条 监理单位验收管理的主要职责：

（一）建立监理机构的验收管理体系并负责该体系的运行，监督检查施工单位验收体系的建立和运行情况。

（二）审核施工单位提交的施工合同验收工作计划，报项目管理单位。

（三）主持分部工程验收，参与其他验收，并提交相应的监理工作报告。

（四）按各类验收要求准备监理验收资料。

（五）协助项目管理单位的各项验收准备工作。

（六）核查施工单位验收资料。

（七）完成验收规程、导则规定的或合同约定的其他职责。

第二十条 施工单位验收管理的主要职责：

（一）建立施工合同验收的管理体系，并负责该体系的运行。

（二）编制施工合同验收工作方案和计划报监理机构审核。

（三）准备验收前的相关工作，包括施工现场整理（清理）、资料整理等。

（四）提交施工管理工作报告。

（五）收集、整理施工资料，按验收要求准备应由施工单位准备的验收资料，合同项目完成验收后向项目管理单位移交。

（六）参加合同约定的各类工程验收及政府主管部门组织的验收。

（七）完成验收规程、导则规定的或合同约定的其他职责。

第二十一条 主要设备供应（制造）单位验收管理的主要职责：

（一）参加合同约定的有关验收及政府主管部门组织的验收。

（二）提交验收所需的相关资料。

第三章 验收工作方案和计划

第二十二条 项目管理单位结合工程建设计划及时组织制订验收工作方案和计划。验收工作方案和计划应以设计单元工程为单位，在项目划分确认后60个工作日内报送中线建管局，并报相应的工程验收监督管理部门备案。

第二十三条 项目管理单位在报送工程年度实施计划的同时，将需调整的工程验收工作方案和计划报送中线建管局，并报工程验收监督管理部门备案。

第四章 施工合同验收的组织与管理

第二十四条 分部工程验收由监理单位主持，主持人应是监理机构的总监理工程师或副总监理工程师。

对委托、代建项目的分部工程验收，直管项目建设管理部视情况派人参加，不作为验收工作组成员。

第二十五条 单位工程验收和合同项目完成验收由项目管理单位主持，主持人为主持单位的相关负责人。

第二十六条 当合同项目仅包含1个单位工程时，可将单位工程验收与合同项目完成验收一并进行，但应同时满足相应的验收条件，形成相应的验收成果性文件。

第二十七条 在合同项目完成验收时，项目管理单位应组织各参建单位按有关要求提交水土保持、环境保护等专项工程（工作）实施情况专题报告或资料。

第二十八条 委托、代建项目的项目管理单位在施工合同验收的5个工作日前通知相应的直管项目建设管理部，并抄报中线建管局。

第二十九条 项目管理单位应于每月5日前随同建设管理月报，报送当月的施工合同验收项目安排。

第五章 政府主管部门验收的准备工作

第三十条 项目管理单位应按照《南水北调工程验收工作导则》和中线建管局编制的验收准备工作方案及计划（包括专项验收工作方案计划等）要求，组织各参建单位做好政府主管部门验收的准备和配合工作。

第三十一条 项目管理单位应保持与验收相关的政府主管部门联系，以便政府主管部门组织的验收及时开展。

第三十二条 各专项工程（工作）具备验收条件后30个工作日内，项目管理单位按照专项验收工作方案及计划的要求组织参建单位进行专项验收自查，符合验收要求后，由项目管理单位向中线建管局（或政府主管部门）提出专项验收申请。

第三十三条 对南水北调办确定需进行安全评估的项目，由中线建管局确定安全评估机构和实施方案，项目管理单位组织各参建单位做好相关的准备和配合工作。

第三十四条 项目管理单位应在设计单元工程所有施工合同验收、专项验收和安全评估完成后60个工作日内完成设计单元工程完工（竣工）验收自查，并提出设计单元工程完工（竣工）验收申请。

验收前自查工作由项目管理单位主持，勘测、设计、监理、施工、主要设备制造（供应）以及运行管理等单位的代表参加。

第三十五条 项目管理单位组织工程验收自查前，应提前10个工作日通知质量监督机构、中线建管局，同时向验收监督管理部门报告。验收自查的内容参照验收规程的要求。

第三十六条 项目管理单位应在验收的15个工作日前按照验收导则和验收工作方案和计划的要求将有关验收报告和资料报送验收相关单位。

第三十七条 按照导则及政府主管部门的要求，中线建管局组织项目法人验收和其他验收自查工作。

第六章 遗留问题及处理与工程移交

第三十八条 通过合同项目完成验收或投入使用验收后，项目管理单位和施工单位应在30个工作日内完成合同项目的移交工作；同时应在施工合同或验收鉴定书约定的时间内完成工程档案资料的移交工作；办理具体交接手续的同时，施工单位应按验收导则的规定向项目管理单位递交工程质量保修书，由监理机构颁发工程移交证书；工程质量保修期以工程通过合同项目完成验收开始计算，但合同另有约定的除外。

施工单位递交了工程质量保修书、完成施工现场清理以及提交竣工验收资料后，项目管理单位应在30个工作日内向施工单位颁发合同项目完成证书。

第三十九条 实行委托或代建的项目，在设计单元工程完工（竣工）验收鉴定书印发后60个工作日内，由中线建管局与项目管理单位按验收导则的要求以及代建合同或委托合同的约定，组织专人负责完成工程及工程档案资料的移交工作。

第四十条 工程移交应包括工程实体、其他固定资产和工程档案资料等，应按照初步设计等有关批准文件进行逐项清点，并办理移交手续。办理工程移交，应有完整的文字记录和双方法定代表人（或委托代理人）签字。

第四十一条 影响工程正常运行的项目

或工作不能作为验收遗留问题处理，施工合同验收时尾工工作量所需资金不宜超过合同价的3%。

第四十二条 施工合同验收的遗留问题处理应由项目管理单位负责，按照验收鉴定书（签证书）、合同约定等要求，督促有关责任单位在下一阶段验收之前处理完毕，并由项目管理单位及时组织验收，施工合同验收的所有遗留问题应在保修期结束前全部处理完成。

对合同项目完成验收前难以处理的遗留问题，须分清合同责任，由项目管理单位提交处理方案报中线建管局审批。

第七章 验收工作的监督检查与指导

第四十三条 中线建管局对施工合同验收工作及遗留问题的处理进行监督检查，对发现的问题提出整改要求。

第四十四条 项目管理单位应当及时落实施工合同验收工作计划，组织开展施工合同验收示范性工作，开展有关验收工作业务培训。

第四十五条 项目管理单位在验收示范性工作开展前5个工作日通知中线建管局，委托、代建项目应同时通知直管项目建设管理部。

第八章 考核与奖惩

第四十六条 验收工作考核纳入《南水北调中线干线工程投资控制考评及奖惩管理办法（暂行）》、《南水北调中线干线工程建设管理局直管项目建设管理部目标管理责任制考核暂行办法（修订）》和《南水北调中线干线工程优秀建设单位评比办法（试行）》中，对参建单位的考核还应结合合同约定进行。

第四十七条 项目管理单位、设计单位、监理单位、施工单位及主要设备供应（制造）单位、运行管理单位（相应直管项目建管部）对验收中提交报告和资料的真实性、完整性负责，由于验收资料不真实、不完整等原因导致有关验收结论有误的，由提供资料的单位和人员承担责任。

第四十八条 验收工作组成员在验收工作中有弄虚作假、玩忽职守等行为的，依照有关规定处理。

第九章 附 则

第四十九条 本办法由中线建管局负责解释，自颁布之日起执行。

南水北调中线水源工程丹江口大坝加高施工合同验收管理办法

2010年5月10日
（中水源工〔2010〕74号）

1 总 则

1.1 为加强南水北调中线水源工程丹江口大坝加高施工合同验收管理工作，明确各参建单位的验收职责，规范验收行为，提高验收工作质量，根据《南水北调工程验收管理规定》、《南水北调工程验收工作导则》（NSBD 10—2007）、《水利水电建设工程验收规程》（SL 223—2008）、《水利水电工程施工质量检验与评定规程》（SL 176—2007）以及国家、行业等有关规定和标准，结合南水北调中线水源工程丹江口大坝加高建设管理的特点，制定本办法。

1.2 南水北调中线水源工程丹江口大坝加高施工合同验收包括分部工程验收、单位工程验收、合同项目完成验收以及合同约定的其他验收。其他验收包括项目法人根据工程建设需要增设的阶段验收（如：部分工程投入使用验收）。

1.3 施工合同验收的依据主要是施工合同，同时还应满足南水北调办、国家及行业有关规定。

1.4 施工合同验收包括以下主要内容：

1 检查所验工程是否按照批准的设计文件进行建设。

2 检查所验工程在设计、施工、设备制造安装等方面的质量及相关资料的收集完整性、整理规范性和归档情况。

3 检查所验工程是否具备运行或进行下一阶段建设的条件，是否有尾工项目。

4 检查历次验收遗留问题的处理情况及相关记录，对验收中发现的问题提出处理要求并落实责任单位。

5 评定所验工程施工质量等级。

6 讨论并形成验收结论。

1.5 项目法人在工程项目划分确认后，应组织监理单位、设计单位、施工单位及时制订验收工作方案和计划，格式见附录1（略），并报南水北调中线丹江口大坝加高工程质量监督项目站核备。

1.6 丹江口大坝加高工程施工合同项目的分部工程验收主持单位为项目监理机构，单位工程、合同项目完成验收、部分工程投入使用验收主持单位为项目法人。

1.7 验收工作由验收主持单位组织的验收工作组负责。施工合同验收工作组由项目法人、监理单位、设计单位、施工单位、主要设备供应（制造）单位的授权代表组成，授权书格式见附录2（略）。验收主持单位根据验收工作的需要可邀请有关专家参加验收工作。

1.8 验收的成果性文件是各类验收鉴定书（或签证书），验收工作组成员应在验收鉴定书上签字。验收结论应经过三分之二以上验收工作组成员同意。对验收结论持有异议的，应将保留意见在验收鉴定书上明确记载并由保留意见人签字。无异议的，保留意见栏空白。

1.9 验收中发现的问题，其处理原则由验收工作组协商确定，验收工作组组长对争议问题有裁决权。若半数以上的组员不同意裁决意见时，报验收主持单位决定。

1.10 需要移交其他行业部门管理使用的工程和内部管理使用的供电、消防等工程，其验收工作应执行相关行业部门的有关验收规定。

1.11 验收资料分为应提供的资料和需备查的资料。需提供和备查的资料按《南水北调工程验收工作导则》（NSBD 10—2007）、《水利水电建设工程验收规程》（SL 223—2008）的要求准备，提供和备查的资料目录见附录3（略）和附录4（略）。资料制备份数依据验收导则、南水北调中线水源公司工程档案管理办法、合同要求及相应的验收工作需要确定。金结、机电产品出厂资料，进场后，有关单位应按合同进行交货检查和验收，检查产品出厂合格证、设备安装说明书及有关技术文件，安装时由施工单位负责保管，施工合同验收时由施工（安装）单位统一提供。验收资料制备由验收主持单位统一组织，有关参建单位须按有关规范和合同要求准备各类验收资料，并保证其提交资料的真实、完善，且承担相应的责任。验收前，验收主持单位需完成对拟提交验收资料的完整性、规范性检查，对不符合要求的提出整改意见。验收提供资料需加盖现场机构公章。

1.12 验收资料和成果性文件应按《南水北调工程验收工作导则》、《南水北调中线水源公司工程档案管理办法》要求制备。除图纸和表格外，验收资料的规格宜为A4（210mm × 297mm）。参建单位的有关验收工作管理报告按技术文件体例编制，各章名用宋体小2号粗体字，各节名用宋体3号粗体字，内容用仿宋4号字，每页25行，每行32个字。文件正本应加盖现场机构印章且不得采用复印件。竣工图及声像材料须标注的内容清楚、签字（章）手续完备，归档图纸应按《技术制图 复制图的折叠方法》（GB/T 10609.3—1989）要求统一折叠。建设声像材料由参建单位指定专人，负责各自产生的照片、胶片、录音、录像等声像材料的收集、整理、归档工作。

工程建设重要阶段、重大事件、事故，必须要有完整的声像材料归档。重要隐蔽单元工程和关键部位单元工程如建基面、裂缝处理等应提供图像资料。

1.13 本办法适用于南水北调中线水源工程丹江口大坝加高施工合同验收的各项验收工作。

2 分部工程验收

2.1 分部工程验收是在分部工程所属的单元工程完成（经批准认可的尾工项目除外），在该分部工程质量检验与评定的基础上，由验收工作组对该分部工程质量进行的符合性评价。

2.2 分部工程验收由项目监理机构主持。验收工作组由项目法人、勘测（需要时）、设计、监理、施工、主要设备供应（制造）等工程参建单位的代表组成，组长由总监理工程师或副总监理工程师担任。验收前验收主持单位应通知质量监督机构参加。

2.3 分部工程验收工作组成员应具有中级及其以上技术职称（或相应执业资格）和专业知识。参加分部工程验收的每个单位代表人数不宜超过2名。

2.4 分部工程完成应及时验收，每批次验收同类型项目的分部工程不宜超过3个，每批次验收的不同类型项目的分部工程不宜超过2个。

2.5 分部工程验收应具备以下条件：

1 分部工程的所有单元工程已经完成。

2 单元工程已经完成质量检验与评定且全部合格，有关质量缺陷已经处理完毕或有下阶段处理意见。

3 验收所需要的资料已经满足要求。

4 合同中约定的其他条件。

2.6 分部工程验收的主要工作：

1 检查工程完成情况。

2 检查单元工程的质量检验与评定是否符合有关规定。

3 检查中间产品、混凝土试件等质量是否符合有关规定，检查原材料、金结及启闭机制造质量、机电产品质量是否合格。

4 鉴定工程质量是否满足国家强制性标准要求以及是否达到合同约定的标准。

5 对分部工程质量进行评定。

6 对遗留问题提出处理意见。

7 对验收中发现的问题提出处理要求并落实责任处理单位。

8 讨论并最终形成“分部工程验收签证书”。

2.7 分部工程验收程序：

1 施工单位向监理单位提交“分部工程验收申请报告”，其格式见附录5（略）。

2 监理机构收到“分部工程验收申请报告”后进行审查，决定是否同意进行验收并签署意见，有关意见须在15个工作日内作出。如同意验收，制定验收大纲，其格式见附录6（略）。

3 监理机构需在同意验收后7个工作日内制定完成验收大纲，并上报项目法人，分送参验单位。

4 项目法人将确定的验收时间、地点通知质量监督机构。

5 召开验收会议：

（1）介绍参会代表，讨论确定验收议程。

（2）听取参建单位情况汇报，其中施工单位应准备施工管理工作报告（格式见附录7）（略）、监理单位准备监理工作报告（格式见附录8）（略）。

（3）现场检查工程完成情况和工程质量。

（4）检查工程质量评定及相关档案资料（至少满足分部工程验收签证书附件1的要求）。

（5）对遗留问题提出处理意见；对验收中发现的问题提出处理要求并落实责任处理单位。

（6）验收工作组讨论并通过“分部工程验收签证书”，其格式见附录9（略）。

2.8 分部工程验收的主要成果性文件是“分部工程验收签证书”，验收工作组成员在签证书正本上签字。签证书正本数按中线水源公司、参加验收单位和质量监督机构各一份及归档所需要的份数（4份）确定，不少于10份。

2.9 监理单位在验收结束后15个工作日内将“分部工程验收签证书”、授权书、验收工作大纲、施工和监理管理工作报告、分部工程施工质量评定表、重要隐蔽（关键部位）单元工程统计表以及签证书中要求的相关附件报项目法人。

2.10 项目法人在分部工程通过验收之日起30个工作日内，将“分部工程验收签证书”正本报质量监督机构核备。

2.11 项目法人在收到质量监督机构核备后的签证书之日起15个工作日内分送有关单位。

2.12 当质量监督机构对分部工程验收工作或验收结论持有异议并提出进一步处理意见时，项目法人组织参加验收单位及时处理并将处理意见落实情况反馈质量监督机构。

2.13 分部工程验收遗留问题，在验收后按要求进行处理，处理情况应有书面记录［格式见分部工程验收签证书附件2（略）］，并由相关责任单位代表签字，随分部工程验收签证书一并归档。

3 单位工程验收

3.1 单位工程验收是在单位工程所属的分部工程完成（经批准认可的尾工项目除外），在该单位工程质量检验与评定的基础上，由验收工作组对该单位工程质量进行的符合性评价。

3.2 单位工程验收由项目法人主持。验收工作组由项目法人、勘测（需要时）、设计、监理、施工、主要设备供应（制造）、运行管理等单位的代表组成，组长由主持单位的主要负责人或技术负责人担任。必要时，可邀请上述单位以外的专家参加。

3.3 单位工程验收工作组成员应具有中级及其以上技术职称（或相应执业资格）和专业知识，每个单位代表人数不宜超过3名。

3.4 每次组织的单位工程验收以1个为宜。

3.5 单位工程验收应具备以下条件：

1 主要分部工程已经完成并通过分部工程验收。

2 其他分部工程已经完成或基本完成，遗留尾工不影响分部工程的质量评定结论。

3 分部工程验收遗留问题已经处理完毕并经过验收，未处理的遗留问题应有充分的理由并有下阶段处理意见。

4 验收所需的资料满足要求，包括施工图纸以及竣工图纸。

5 施工场地已经进行清理。

6 合同中约定的其他条件。

3.6 单位工程验收的主要工作：

1 检查工程完成情况。

2 检查工程外观质量。

3 检查工程监测资料分析结果是否符合有关规定。

4 检查分部工程验收遗留问题处理情况。

5 对单位工程质量进行检验与评定。

6 对遗留问题提出处理意见。

7 对验收中发现的问题提出处理要求并落实责任处理单位。

8 检查可以投入使用的单位工程是否具备安全运行条件。

9 讨论并最终形成“单位工程验收鉴定书”。

3.7 单位工程验收程序：

1 施工单位向监理机构提交“单位工程验收申请报告”，其格式见附录10（略）。

2 监理机构收到“单位工程验收申请报告”，5个工作日内签署审核意见，并报项目法人，不具备条件的须说明理由。

3 项目法人收到监理审核意见后在15个工作日内，决定是否同意进行验收，并签署审批意见。如同意验收，项目法人应在单位工程验收15个工作日前，确定验收时间及验收工作组成员，编制验收大纲［格式参照附录6（略）］并分发有关参验单位，不同意验收应明确理由。

4 验收大纲应报质量监督机构，主要单位工程验收应通知验收监督管理部门。

5 召开验收会议：

（1）介绍参会代表：讨论确定验收议程。

（2）分组检查各单位准备情况。

（3）听取参建单位的汇报，验收工作报告格式见附录11～附录14（略）。

（4）现场检查工程完成情况和工程质量。

（5）检查单元工程、分部工程质量评定与验收及相关档案资料。

（6）对遗留问题提出处理意见。

（7）对验收中发现的问题提出处理要求，落实责任单位。

（8）验收工作组成员分别提出本单位对单位工程完成情况及质量情况的评价意见。

（9）检查需投入使用的单位工程是否具备安全运行条件。

（10）验收工作组提出单位工程质量评定等结论性意见，讨论并通过“单位工程验收鉴定书”，格式见附录15（略）。

3.8 单位工程验收的主要成果性文件是“单位工程验收鉴定书”，验收工作组成员在鉴定书正本上签字。鉴定书正本数量可按参加验收单位、质量监督机构、验收监督管理部门各一份以及归档所需要的份数确定，不少于10份。

3.9 项目法人在验收通过后30日内将鉴定书报质量监督机构核备；项目管理单位应在收到核备后的“单位工程验收鉴定书”之日起30个工作日，将其报验收监督管理部门备案并行文发送有关单位。

3.10 单位工程验收遗留问题，在验收后按要求进行处理，处理情况应有书面记录，并由相关责任单位代表签字，随单位工程验收鉴定书一并归档。

4 合同项目完成验收

4.1 合同项目完成验收是指项目法人与施工、安装（制造）单位依法订立的南水北调中线水源工程丹江口大坝加高合同项目完成后，对合同内容依据合同约定进行的验收。

4.2 合同项目完成后，应进行合同项目完成验收。当合同项目仅包含一个单位工程（或分部工程、单元工程）时，可将单位工程（或分部工程、单元工程）验收与合同项目完成验收一并进行，但应同时满足相应的（单元工程、分部工程、单位工程、合同项目完成）验收条件。

4.3 合同项目完成验收由项目法人主持。验收工作组由项目法人、勘测（需要时）、设计、监理、施工、主要设备供应（制造）、运行管理等单位的代表组成，组长由主持单位的主要负责人或技术负责人担任。必要时，可邀请工程参建单位以外的专家参加。

4.4 验收工作组成员应具有中级及其以上技术、经济职称（或相应执业资格）和专业知识，每个单位代表人数不宜超过3名。

4.5 合同项目完成验收应具备以下条件：

1 合同范围内的工程项目和工作已经按合同文件的要求完成，但经项目法人同意列入保修期完成的尾工除外。

2 工程项目已经完成合同文件要求进行的各种验收。

3 施工现场已经进行了清理并符合合同文件要求。

4 已经试运行（或部分投入使用）的工程安全可靠，符合合同文件的要求。

5 工程有关观测仪器和设备已经按设计要求安装和调试，并已经测得初始值及施工期各项观测值。

6 历次验收发现的问题及质量缺陷已处理完毕。

7 验收资料已整理完毕并满足验收要求，包括施工图纸和竣工图。

8 合同中约定的其他条件。

4.6 合同项目完成验收主要工作：

1 检查合同范围内工程项目和工作完成情况。

2 检查施工现场清理情况。

3 检查验收资料整理情况。

4 检查施工期工程投入使用或试运行情况。

5 检查合同完工结算情况。

6 审查有关验收报告。

7 确定合同范围内项目遗留尾工和处理意见。

8 对验收中发现的问题提出处理要求并落实责任处理单位。

9 对合同项目工程质量进行检验和评定。

10 讨论并最终形成“合同项目完成验收鉴定书”。

4.7 合同项目完成验收程序：

1 施工单位应及时向监理机构提交“合同项目完成验收申请报告”，其格式见附录16（略）。

2 监理机构自收到“合同项目完成验收申请报告”10个工作日内，签署审核意见，并报项目法人。

3 项目法人收到监理审核意见后在15个工作日内，决定是否同意进行验收并签署审批意见。如同意验收应编制验收大纲［格式参照附录6（略）］，不同意验收应明确理由。

4 项目法人在合同项目完成验收15个工作日前，将确定的验收时间及验收工作组成员，报质量监督机构和验收监督管理部门。

5 召开验收会议：

（1）介绍验收会议代表，讨论确定会议议程。

（2）分组检查各单位准备情况。

（3）听取参建单位的汇报，验收工作报告格式见附录17～附录21（略）。

（4）现场检查工程完成情况和工程质量（包括遗留问题处理情况）。

（5）检查单元工程、分部工程、单位工程质量评定与验收及相关档案资料。

（6）对验收中发现的问题提出处理要求，落实责任单位。

（7）验收工作组成员分别提出本单位对合同项目完成情况及质量情况的评价意见。

（8）对合同项目的运行条件（或运行状况）进行检查和评价。

（9）验收工作组提出合同项目完成验收及评定等结论性意见，讨论并通过“合同项目完成验收鉴定书”，格式见附录22（略）。

4.8 合同项目完成验收的主要成果性文件是“合同项目完成验收鉴定书”。验收工作组成员在鉴定书正本上签字。鉴定书正本数量可按参加验收单位、质量监督机构、验收监督管理部门各一份以及归档所需要的份数确定，不少于10份。

4.9 项目法人在验收通过后30个工作日内将鉴定书报质量监督机构核备；项目管理单位应在收到核备后的“合同项目完成验收鉴定书”之日起30个工作日，将其报验收监督管理部门备案并行文发送有关单位。

4.10 合同项目完成验收发现的问题，在验收后按要求进行处理，处理情况应有书面记录，并由相关责任单位代表签字，随合同项目完成验收鉴定书一并归档。

4.11 合同完工验收授权书和鉴定书需盖合同章和单位本部公章。

5 合同项目保修期满验收

5.1 合同项目保修期满时，应进行合同项目保修期满验收。

5.2 合同项目保修期满验收由项目法人主持。验收工作组由项目法人、勘测（需要时）、设计、监理、施工、主要设备供应（制造）、运行管理等单位的代表组成，组长由主持单位的主要负责人或技术负责人担任。

5.3 验收组成员应具有中级及其以上技术、经济职称（或相应执业资格）和专业知识，每个单位代表人数不宜超过1名。

5.4 合同项目保修期满验收应具备以下条件：

1 历次验收发现的问题及质量缺陷已处理完毕。

2 在保修期期间发现的质量问题已全部解决并通过监理检查，质量满足要求。

3 施工现场已经进行了清理并符合合同文件要求。

4 合同中约定的其他条件。

5.5 合同项目保修期满验收主要工作：

1 检查历次验收发现的问题及质量缺陷处理情况。

2 检查施工现场清理情况。

3 检查保修期施工资料整理情况。

4 讨论并通过“合同项目保修期满验收签证书”。

5.6 合同项目保修期满验收程序：

1 施工单位向项目管理单位提交“合同项目保修期满验收申请报告”，其格式见附录23（略）。

2 项目法人收到后在7个工作日内，决定是否进行验收。

3 项目法人在合同项目保修期满验收3个工作日前，通知验收工作组成员单位。

4 召开验收会议：

（1）听取施工单位的汇报。

（2）检查工程施工现场清理情况。

（3）现场检查工程完成情况和工程质量（包括遗留问题处理情况）。

（4）验收工作组讨论并通过“合同项目保修期满验收签证书”，格式见附录24（略）。

5.7 合同项目保修期满验收的主要成果性文件是“合同项目保修期满验收签证书”。验收工作组成员需对成果签字确认。

5.8 项目法人在验收后7个工作日内将合同项目保修期满验收签证书发送有关单位，同时向施工单位颁发“合同项目质量保修责任终止证书”，格式见附录25（略）。

6 部分工程投入使用验收

6.1 部分工程投入使用验收是指部分已完成工程需要投入使用的，在该工程质量检验与评定的基础上，由验收组对其质量进行的符合性评价。

6.2 部分工程投入使用验收由项目法人主持。验收工作组由项目法人、勘测（需要时）、设计、监理、施工、主要设备供应（制造）、运行管理等单位的代表组成，组长由项目法人主要负责人或技术负责人担任。必要时，可邀请上述单位以外的专家参加。

6.3 部分工程投入使用验收工作组成员应具有中级及以上技术职称，每个单位代表人数不宜超过3人。

6.4 工程建设具备投入使用验收条件时，施工单位应向项目法人提出部分工程投入使用验收申请报告，其格式见附录26（略）。验收主持单位应自收到申请报告之日起15个工作日内决定是否同意进行部分工程投入使用验收。

6.5 部分工程投入使用验收应具备以下条件：

1 拟投入使用工程已按批准设计文件规定的内容完成并已通过相应的验收。

2 拟投入使用工程已具备运行管理条件。

3 工程投入使用后，不影响其他工程正常施工，且其他工程施工不影响部分工程安全运行（包括采取防护措施）。

4 项目法人与运行管理单位已签订部分工程提前使用协议。

5 工程调度运行方案已编制完成；度汛方案已经有管辖权的防汛指挥部门批准，相关措施已落实。

6.6 部分工程投入使用验收的主要工作：

1 检查拟投入使用工程是否已按批准设

计完成。

2 检查工程是否已具备正常运行条件。

3 鉴定工程施工质量。

4 检查工程的调度运用、度汛方案落实情况。

5 对验收中发现的问题提出处理意见。

6 讨论并通过“部分工程投入使用验收鉴定书”。

6.7 部分工程投入使用验收程序：

1 施工单位向监理机构提交“部分工程投入施工验收申请报告”。

2 监理机构收到部分工程投入施工验收申请报告，5个工作日内签署审核意见，并报项目法人，不具备条件的须说明理由。

3 项目法人收到监理审核意见后在15个工作日内，决定是否同意进行验收，并签署审批意见。如同意验收应编制验收大纲［格式参照附录6（略）］，不同意验收应明确理由。

4 项目法人在部分工程投入使用验收15个工作日前，将确定的验收时间及验收工作组成员，报质量监督机构和验收监督管理部门。

5 召开验收会议：

（1）介绍会议代表，讨论确定会议议程。

（2）分组检查各单位准备情况。

（3）听取参建单位的汇报，验收工作报告格式见附录27～附录31（略）。

（4）现场检查工程完成情况和工程质量。

（5）检查工程质量评定与验收及相关档案资料。

（6）对遗留问题提出处理意见。

（7）对验收中发现的问题提出处理要求，落实责任单位。

（8）检查工程项目是否具备投入使用条件。

（9）验收工作组提出单位工程质量评定等结论性意见，讨论并通过“部分工程投入使用验收鉴定书”，格式见附录32（略）。

6.8 部分工程投入使用验收鉴定书是部分工程投入使用运行的依据，也是施工单位向项目法人交接和项目法人向运行管理单位移交的依据。数量按参加验收单位、质量监督站各1份以及归档所需要的份数确定。自验收鉴定书通过之日起30个工作日内，由项目法人发送有关单位。

6.9 工程有少量建设内容未完成，但不影响工程正常运行，施工单位已对尾工做出安排的，经项目法人商运行管理单位同意，可进行投入使用验收。

南水北调东线江苏境内工程施工质量及安全生产管理考核办法

2010年1月21日

（苏水源工〔2010〕11号）

第一条 为进一步加强对南水北调东线江苏境内工程现场施工质量和安全生产管理，提高工程建设水平，激励施工单位争创优质工程和安全工程，根据江苏水源公司质量、安全生产管理有关规定及各主体工程施工合同文件，制定本办法。

第二条 本办法适用于南水北调江苏境内主体土建施工及设备安装合同，非主体工程或采用非水利行业标准评定的工程暂不适用。

第三条 为加强施工质量和安全生产管理，各主体工程施工合同中设立施工质量和安全生产措施费，其中50%为目标费用于实现施工质量和安全生产目标奖励，50%为管理费用于日常质量和安全管理工作状况考核奖励。

第四条 施工质量目标费（50%）中，20%用于施工质量达到优良目标时奖励，30%用于超过优良标准的奖励；安全生产目标费（50%）中，30%用于安全生产无事故的奖励，20%用于获得文明工地称号的奖励；均按照合同约定方式支付。

第五条 本办法主要针对主体工程施工合同文件中所规定的施工质量、安全生产目标措施费中管理费用的考核，通过对施工单位质量、安全生产日常管理工作的考核，确定施工单位施工质量和安全生产管理费用。

第六条 考核工作由各现场建设管理单位牵头，具体工作可由监理单位负责，现场建设管理单位会同监理单位组成考核组进行考核。江苏水源公司视情况参加，需要时也可邀请质量、安全监督部门参加。考核组人数一般以不少于7人为宜。

第七条 一般情况下自工程正式开工后每一季度考核一次，特殊情况下考核周期由考核组确定。

第八条 考核工作的一般程序为：

一、察看工程施工现场。

二、听取施工单位汇报。

三、监理单位介绍日常管理情况。

四、查阅相关资料。

五、考核组评议。

六、考核组成员独立赋分。

七、形成考评报告。

八、交换意见。

第九条 考核内容主要为施工单位在施工质量、安全生产方面对施工组织，质量保证措施及效果，安全保证措施、投入及效果，过程控制、现场情况等进行综合评价。具体考核内容及赋分标准详见附件（略）。

第十条 在考核前，施工单位应对考核期施工质量、安全生产等进行自我考核并形成自考报告，同时按照考核内容提出自考意见，供考核组审查。

第十一条 日常施工质量、安全生产管理工作中，建设、监理单位应加强对相关工作的监督和检查，并做好相关记录，建立健全相关台账，为考核工作打好基础。

第十二条 考核过程中，考核组成员对照考核标准并结合平常施工单位管理情况进行独立赋分，经查实发现赋分明显有失公正的，其评分作废并取消其考核资格。

第十三条 考核采用百分制。根据考核组各成员赋分情况统计考核得分，按照考核组各成员赋分去除最高分和最低分算术平均值计算综合得分。

第十四条 施工单位质量管理存在下列情况者，经监理单位举证，在考核结果中再行扣分：

一、未按规定的内容、方式和比例对原材料进行质量检测的，扣减5分。

二、未及时进行工序报验或未严格履行工序管理的，扣减5分。

三、隐瞒质量缺陷或未及时进行质量缺陷备案和处理的，扣减5分。

四、未真实评定工程施工质量或质量评定有弄虚作假行为的，扣减5分。

第十五条 施工单位安全管理存在下列情况者，经监理单位举证，在考核结果中再行扣分：

一、安全生产责任制不落实，或未层层落实责任制的，扣减5分。

二、未按规定对职工进行岗前培训，作业前未进行安全教育的，扣减5分。

三、现场场面混乱、不整齐，安全防护不到位，经费投入不足的，扣减5分。

四、职工宿舍、食堂等场所不整洁、不卫生，存在脏乱差现象的，扣减3分。

五、建筑材料、施工机具未按规定堆放、排列较乱的，扣减3分。

六、监理以上单位查出安全隐患未及时整改或整改不彻底的，扣减5分。

第十六条 质量或安全管理考核得分满70分为合格，低于70分为不合格，考核不合格的必须限期整改达到合格且不得支付目标措施费。

第十七条 质量或安全管理连续两次考核不合格的，监理单位应要求施工单位撤换质量或安全管理人员，连续三次考核不合格的，监理单位应报告现场建设管理单位要求施工单位撤换相关责任人直至项目经理。

第十八条 因施工单位质量或安全管理不力，导致工程发生等级或以上质量或安全事故的，考核为不合格并没收全部质量或安全措施费。

第十九条 建设及监理单位在现场指证施工单位现场管理存在问题需罚款的（办法由监理会同建设单位制定），其费用不得在相关工程措施费中开支，按照罚款性质分别由责任单位或责任人另行承担。

第二十条 考核组考核报告和考核结果是相关措施费支付的直接依据，考核工作结束后由监理单位整理，报建设单位归档。

第二十一条 根据考核得分情况，质量或安全管理费按下述公式计算：

考核期质量或安全管理费 = 考核期完成合同额 ×1%（或 0.8%）×50% ×考核得分/100。

质量或安全管理费在考核后一个月支付50%，剩余管理费待工程完工、未发生等级质量或安全事故后支付。

第二十二条 施工单位应对各项措施费进行严格的管理，并将相关费用使用情况报建设、监理单位备案。原则上除一部分用于增强措施投资外，一般应将不少于支付措施费的30%奖励给尽责尽力为本工程服务的现场技术骨干和管理人员。

第二十三条 本办法由江苏水源公司负责解释。

第二十四条 本办法自颁发之日起执行。

重　要　文　件

国家发展和改革委员会

国家发展改革委关于下达2010年南水北调工程第一批投资计划的通知

（发改投资〔2010〕484号）

国务院南水北调办公室：

经研究，决定从2010年中央预算内投资中安排64.2亿元，国家重大水利工程建设基金中安排310亿元，南水北调工程基金安排25亿元，专项用于南水北调中、东线一期工程建设（具体方案见附件）。请按照国务院批复的南水北调中、东线一期工程可行性研究总报告，控制好总投资规模，严格工程建设内容和标准，尽快按有关规定完成各单项工程初步设计的概算核定和审批工作；要统筹安排各项资金，抓紧落实各项建设任务，加快工程建设，按时完成建设任务；本批投资计划执行情况纳入新增中央投资项目建设进展情况旬报制度范围，请按规定及时报送相关信息。

附件：2010年南水北调工程第一批投资计划下达表（略）

国家发展和改革委员会
二〇一〇年三月十二日

国家发展改革委关于下达南水北调工程2010年第二批投资计划的通知

（发改投资〔2010〕1358号）

国务院南水北调办公室：

经研究，决定从2010年中央预算内投资

中安排0.8亿元，用于南水北调工程东线一期长江至骆马湖段其他工程建设，同时下达利用银行贷款9亿元用于东线一期鲁北段工程的投资计划。请按照初步设计批复要求控制好投资规模，严格工程建设内容和标准，尽快按有关规定完成各项工作；要统筹安排工程建设年度投资，抓紧落实各项建设任务，加快工程建设，按时完成建设任务；本批投资计划执行情况纳入新增中央投资项目建设进展情况旬报制度范围，请按规定及时报送相关信息。

附件：南水北调工程2010年第二批投资计划下达表（略）

国家发展和改革委员会
二〇一〇年六月二十九日

国家发展改革委关于增加安排南水北调工程2010年度银行贷款计划的通知

（发改投资〔2010〕2942号）

国务院南水北调办：

你办《关于申请增加下达南水北调中线一期丹江口库区移民安置工程2010年国家重大水利工程建设基金投资计划的函》（国调办投计函〔2010〕66号）收悉。经研究，现通知如下：

一、同意增加安排你办2010年银行贷款计划48.8亿元，用于河南省丹江口库区移民安置工程。该部分银行贷款本息由国家重大水利工程建设基金偿还。

二、我委发改投资〔2010〕484号文中下达的国家重大水利工程建设基金310亿元，其中130.98亿元由2010年实际征收的国家重大水利工程建设基金安排（包括直接用于南水北调工程的124.98亿元和用于偿还银行贷款当年利息的6亿元）；其余179.02亿元为银行贷款计划，该部分贷款本息由国家重大水利工程建设基金偿还。

三、请你办据此做好相关银行贷款计划落实工作，并严格按照国务院批复的南水北调中线一期工程可行性研究总报告，控制好总投资规模，严格工程建设内容和标准，抓紧落实工程建设任务，加快工程建设进度，按时完成建设任务。本批投资计划执行情况纳入新增中央投资项目建设进展情况旬报制度范围，请按规定及时报送相关信息。

国家发展和改革委员会
二〇一〇年十二月十四日

财　政　部

财政部、国家发展改革委、审计署、国务院南水北调办关于加强南水北调工程基金征缴工作的通知

（财综〔2010〕21号）

北京市、天津市、河北省、江苏省、山东省、河南省财政厅（局）、发展改革委、物价局、审计厅（局）、南水北调办事机构，财政部驻北京市、天津市、河北省、江苏省、山东省、河南省财政监察专员办事处，审计署驻京津冀、郑州、济南、南京特派员办事处：

为贯彻落实国务院南水北调工程建设委员会第四次全体会议精神，加强南水北调工程基金征缴工作，确保按时完成南水北调工程基金筹集任务，现就有关问题通知如下：

一、务必高度重视南水北调工程基金征缴工作

南水北调工程基金（以下简称基金）是保证南水北调工程顺利实施的重要资金来源。2004年，国务院办公厅印发的《南水北调工程基金筹集和使用管理办法》（国办发〔2004〕86号）实施以来，南水北调工程受水区的北京市、天津市、河北省、江苏省、山东省、河南省（以下简称6省市）人民政府为落实基金筹集任务做了许多工作，结合本地实际制定了筹集基金的具体实施办法，并采取了一些加强征管的措施。但是，基金实际征缴情况不理想，部分省市没有按期完成基金上缴任务，有的地方欠缴金额较大，基金征缴进度难以满足南水北调工程建设资金需要。国务院高度重视基金征缴工作，国办发〔2004〕86号文件明确要求，6省市人民政府要切实采取有效措施，确保基金足额征收。国务院南水北调工程建设委员会第四次全体会议明确提出，要着力解决基金征缴问题，要求有关地方人民政府高度重视，使基金按规定要求及时征缴到位。目前，南水北调工程进度日见紧迫，今后几年工程投资规模和强度明显加大，如果基金不能及时足额筹集到位，工程建设将受到资金缺口的制约，直接影响工程建设进度，进而影响工程建设目标的全面实现。各相关省市要从大局出发，进一步增强责任感和紧迫感，增强工作主动性，切实做好基金征缴工作，采取更加有效的措施，确保按期完成国务院确定的基金筹集任务。

二、切实落实南水北调工程基金征缴责任

按照国务院批准，财政部会同国家发展改革委、国务院南水北调办、审计署联合印发的《关于调整南水北调工程基金分年度上缴额度及有关问题的通知》（财综〔2009〕21号）的要求，6省市人民政府主要负责同志对本地区基金筹集工作负总责，地方各级人民政府要层层建立责任制，确保任务明确、责任到位，切实将基金征缴工作落到实处。各相关省市要将财综〔2009〕21号文件确定的分年度基金上缴额度，层层分解落实到市、县，明确地方各级人民政府基金筹集任务。市、县征缴的基金统一汇集到省级财政，由省级财政集中上缴中央国库。省级对市级、市级对县级完成基金上缴任务情况进行严格监督考核，并建立有效的考核奖惩制度。对未完成基金上缴任务的地区，要严肃追究责任。明确基金征缴部门的职责，县级以上水行政主管部门要认真贯彻执行基金筹集政策，加大基金征收力度，严格征收措施，确保应征尽征，全面提高基金征收率。县级以上财政部门要加强基金征收管理，及时归集基金收入并足额上缴国库。

三、进一步完善南水北调工程基金征缴措施

6省市要按照确保按时完成基金筹集任务的要求，制定本地区基金筹集办法。目前，仍未按规定完成基金筹集任务的省市，要完善基金筹集办法，采取多种措施，使基金及时征缴到位。一是加大对现行水资源费支出结构调整力度，水资源费首先用于保证筹集基金的需要，提高从水资源费收入中划入基金的比例；二是调整省、市、县三级水资源费分配政策，加大省级统筹力度，增加省级分享比例，省级增加的水资源费收入全部划入基金；三是根据分年度基金筹集任务，需要进一步提高水资源费征收标准筹集基金的地区，要综合考虑水价调整空间、各环节水价调整计划和社会承受能力等因素调整水资源费征收标准，增加的收入全部划入基金，不得挪作他用；四是拓宽基金筹集渠道，通过征收水资源费不能完成基金筹集任务的，应通过财政预算安排资金筹集基金。要确保将筹集的基金收入及时足额上缴中央国库。市、县征收的基金收入按规定足额上缴省级财政，不得截留、挤占和挪用，省级财政汇集的基金收入要及时足额上缴中央国库，不得占压、拖延上缴。在未完成基金上缴任务前，不得动用基金用于南水北调配套工程建设和其他水利工程建设。

四、加强南水北调工程基金征缴的监督检查

6省市要按照财综〔2009〕21号文件规定，于每年1月底之前完成上一年度基金上缴任务。目前，尚未完成2008年和2009年度基金上缴任务的省市，务必尽快上缴基金。财政部将会同有关部门加强对6省市基金征缴情况的督促检查，财政部驻6省市财政监察专员办事处要将基金纳入非税收入就地监缴范围，按规定督促省级财政部门将基金及时足额缴入中央国库。审计署将进一步加强对6省市基金征缴管理情况的监督检查。各级行政监察机关将依照相关法律、法规，对不遵守法律、法令和有关政策，违反行政纪律，造成不良后果的相关行政机关及其工作人员严肃追究责任。对应征不征、随意减免或者隐瞒、截留、挤占、挪用、拖延上缴基金的单位及责任人，依照《财政违法行为处罚处分条例》（国务院令第427号）和《违反行政事业性收费和罚没收入收支两条线管理规定行政处分暂行规定》（国务院令第281号）进行处罚或行政处分，构成犯罪的，依法追究刑事责任。

财政部
国家发展和改革委员会
审计署
国务院南水北调工程建设委员会办公室
二〇一〇年四月一日

财政部、国家税务总局关于免征国家重大水利工程建设基金的城市维护建设税和教育费附加的通知

（财税〔2010〕44号）

各省、自治区、直辖市、计划单列市财政厅（局）、地方税务局，新疆生产建设兵团财务局：

经国务院批准，为支持国家重大水利工程建设，对国家重大水利工程建设基金免征城市维护建设税和教育费附加。

本通知自发文之日起执行。

财政部
国家税务总局
二〇一〇年五月二十五日

交 通 运 输 部

关于进一步做好南水北调工程跨渠桥梁建设与管理工作的通知

（交公路发〔2010〕113号）

河北、江苏、山东、河南、湖北省交通运输厅，北京市交通委员会，天津市市政公路管理局：

南水北调工程跨渠桥梁（以下简称跨渠桥梁）是南水北调工程的重要组成部分，自2003年12月开工建设以来，总体进展顺利，但部分跨渠桥梁存在移交不及时、通行车辆超限超载严重等问题。为贯彻落实国务院南水北调工程建设委员会第四次全体会议精神，进一步做好跨渠桥梁建设与管理工作，保证

南水北调工程建设顺利进行，现将有关要求通知如下：

一、进一步提高认识，加大跨渠桥梁建设与管理工作的组织领导和协调力度。推进南水北调工程建设，对于合理配置大江大河资源，缓解北方地区水资源短缺现象，推进经济结构调整和转变发展方式具有重大意义。沿线各级交通运输主管部门要从全局出发，提高认识，进一步增强责任感、紧迫感和工作主动性，加大组织领导和协调力度，进一步推进跨渠桥梁的建设与管理工作，为南水北调工程的顺利实施创造条件。

二、加快前期工作，精心组织跨渠桥梁建设。承担跨渠桥梁建设任务的地方各级交通运输主管部门，要按照南水北调主体工程建设的总体要求，积极主动与南水北调工程项目法人沟通协商，根据公路桥梁技术标准，抓紧组织跨渠桥梁的设计、招投标等前期工作，精心组织实施，确保工程质量和进度，及时会同南水北调工程项目法人做好竣（交）工验收工作。当前，河北、河南省交通运输主管部门要重点抓好南水北调中线一期工程漳河北至石家庄段、沙河南至黄河南段、陶岔渠首至沙河南段跨渠桥梁建设。

三、按有关规定要求，加快已建成跨渠桥梁的验收和移交工作。沿线省级交通运输主管部门要按照《关于南水北调工程跨渠桥梁建设与管理有关意见的函》（国调办建管函〔2008〕31号），积极与南水北调工程验收单位协商确定跨渠公路桥梁竣（交）工验收程序和移交办法。对已建成具备交工验收条件的，应尽快协调相关项目法人委托具备相应桥梁检测资质的机构，按照公路桥梁技术规范等有关规定进行质量检测，并由南水北调工程质量监督机构依法出具质量鉴定意见。对质量鉴定合格并完成合同完工（交工）验收的跨渠桥梁，要按照移交办法，及时移交给相应的公路养护管理单位，进入试运营期。试运营期满后，要及时会同南水北调项目法人进行竣工验收。工程质量鉴定、竣（交）工验收及试运营期内保修所需资金按有关规定由南水北调工程项目法人承担。

四、采取有效措施，确保跨渠桥梁安全进行。对已接收的跨渠桥梁，相关养护管理单位要认真履行职责，加强养护管理，确保跨渠桥梁处于良好的技术状态。同时，根据跨渠桥梁的实际承载能力，设立限载、限高、限宽等警示标志和设施。沿线交通运输主管部门要高度重视跨渠桥梁的治超工作，将其纳入治超工作范围，加强对跨渠桥梁附近的采石场、矿场等货运源头管理，采取设置固定治超检测站点、流动治超等多种有效措施，杜绝非法超限超载车辆以及超过桥梁承载能力的车辆通行，确保跨渠桥梁安全运行。

交通运输部

二〇一〇年三月三日

国 家 电 网 公 司

关于加快推进南水北调供电工程建设的通知

（国家电网发展〔2010〕958号）

北京市电力公司，天津市电力公司，河北省电力公司，山东电力集团公司，江苏省电力公司，河南省电力公司：

根据国家统一部署，南水北调东、中线一期工程正在提速建设。沿线各单位认真落实公司要求，总体上保证了工程建设的顺利推进。为做好南水北调后续供电工程的建设工作，现将有关要求通知如下：

（一）各单位要按照《关于进一步做好南水北调工程永久、临时供（用）电工程建设及电力专项设施迁建协调工作的通知》（国调办投计〔2008〕28号）要求，提高供电工程设计审查效率，加快项目审批进度；按照现行电网设计标准和规程规范，合理确定工程投资；全力做好供电工程建设和实施工作。

（二）要进一步完善联系沟通机制，积极同属地南水北调办公室沟通，加强对所属地市公司和相关设计单位的组织领导，及时协调解决好供电工程实施中出现的问题。

南水北调工程是国家重大战略性基础设施，请各相关单位高度重视，积极做好供电工程各项工作，确保南水北调工程顺利实施。如遇重大问题，及时向公司总部报告。

联系人：

国家电网公司发展策划部，王雅丽，010-66598586

国家电网公司生产技术部，刘文平，010-66598560

国家电网公司

二〇一〇年七月十五日

国务院南水北调工程建设委员会办公室

关于建立南水北调干线工程征迁安置实施协调制度的通知

（综征地〔2010〕3号）

北京、天津、河北、江苏、山东、湖北省（直辖市）南水北调办事机构，河南省移民办，南水北调干线各项目法人：

征迁安置是南水北调工程建设的基础。2010年是南水北调工程全线开工建设的关键一年，征地拆迁协调面临的任务更加繁重。根据第四次建委会关于进一步做好南水北调东、中线一期干线工程征迁安置工作，保障工程建设用地需要，营造良好施工环境的要求，现就建立南水北调东、中线一期干线工程征迁安置实施协调制度有关事宜通知如下：

一、干线工程沿线各省（直辖市）要建立干线工程征迁安置实施协调制度，定期召开征迁安置实施协调会，协调解决本行政区域内工程征迁安置工作和环境保障中存在的问题，促进工程用地移交、专项设施迁建和环境保障工作。

二、协调会由工程沿线各省级征地移民主管部门组织，工程涉及的有关市、县征迁主管部门、项目法人、建管、设计、监理以及专项设施主管等单位（部门）参加。会议形成的纪要发送与会单位，并发送国务院南水北调办、本省（直辖市）分管南水北调工程建设的领导、有关地市分管领导。

三、协调会召开时间，根据各省情况，确定为每月召开一次，特殊情况可随时召开。

四、请各省（直辖市）征地移民主管部门提前5个工作日将协调会议题、召开时间、地点等事项通知我办，我办将派员参加。

联系人：韦耀国

电话：010-63204845

传真：010-63205267

特此通知。

国务院南水北调工程建设委员会办公室综合司

二〇一〇年一月六日

关于调整国务院南水北调工程建设委员会办公室安全生产领导小组和南水北调工程建设重特大事故应急处理领导小组组成人员的通知

（国调办综〔2010〕18号）

各有关单位：

根据工作需要和人员变动情况，经研究，决定对国务院南水北调工程建设委员会办公室安全生产领导小组和南水北调工程建设重特大事故应急处理领导小组组成人员做适当调整。现将调整后的名单通知如下：

一、国务院南水北调工程建设委员会办公室安全生产领导小组名单

组　长：张　野　国务院南水北调办副主任

副组长：李新军　国务院南水北调办建设管理司司长

成　员：彭克加　国务院南水北调办综合司副司长

孙平生　国务院南水北调办投资计划司副司长

熊中才　国务院南水北调办经济与财务司副司长

苏克敬　国务院南水北调办建设管理司副司长

刘国华　国务院南水北调办环境保护司副司长

邓培全　国务院南水北调办征地移民司副司长

刘　岩　国务院南水北调办监督司副司长

张忠义　南水北调工程建设监管中心主任

吴　健　南水北调工程建设监管中心副主任

二、南水北调工程建设重特大事故应急处理领导小组名单

组　长：张　野　国务院南水北调办副主任

副组长：李新军　国务院南水北调办建设管理司司长

成　员：彭克加　国务院南水北调办综合司副司长

孙平生　国务院南水北调办投资计划司副司长

熊中才　国务院南水北调办经济与财务司副司长

苏克敬　国务院南水北调办建设管理司副司长

刘国华　国务院南水北调办环境保护司副司长

邓培全　国务院南水北调办征地移民司副司长

刘　岩　国务院南水北调办监督司副司长

张忠义　南水北调工程建设监管中心主任

吴　健　南水北调工程建设监管中心副主任

特此通知。

国务院南水北调工程建设委员会办公室

二○一○年三月五日

关于做好南水北调中线京石段工程通水工作的通知

（国调办建管〔2010〕75号）

河北省、北京市南水北调办公室，南水北调中线干线工程建设管理局：

南水北调中线京石段工程即将二次通水，为保证通水安全，确保通水任务顺利完成，现将有关事宜通知如下：

一、各单位要高度重视京石段工程的通水

工作，精心组织，科学安排，密切配合，加强协调，采取切实有力的措施，以高度的责任感和强烈的使命感，扎实做好通水有关的各项工作，确保通水工作顺利实施。

二、河北省、北京市南水北调办公室要加强通水期所辖区域社会治安和环境治理工作的协调，严防通水期发生破坏工程设施、设备及干扰通水事件，负责组织营造安全和谐的通水环境，及时组织协调处理通水期发生的应急事件。要分别做好河北省调水水库至南水北调中线干线工程、北京境内南水北调中线干线工程至市内配套工程通水期的综合协调工作。

三、中线建管局要做好通水期京石段工程的运行、维护和监测工作，确保通水安全。要加大研究力度，视工程运行工况，及时调整通水计划，确保工程安全。要统筹协调，对于通水期间一般事件的协调，要按照已形成的协调机制与有关方面协调处理；重大事件的协调，要及时报告我办，并抄送北京市、河北省有关单位。要组织通水期日常信息的收集整理，编印通水日报报送我办，并抄送河北省、北京市南水北调办公室。

京石段工程二次通水是中线工程在建设期发挥工程效益和社会效益的重要实践，是缓解北京缺水严峻形势的重要举措。通水工作组织和工程运用，对南水北调工程建设和工程建设期的管理至关重要，请各单位认真组织、周密安排，扎扎实实做好通水各项工作，切实保证通水工作顺利完成。

国务院南水北调工程建设委员会办公室

二〇一〇年五月十八日

关于进一步深化南水北调东线工程治污工作的通知

（综环保函〔2010〕223 号）

江苏省、山东省人民政府办公厅：

治污环保是南水北调工程成败的关键，关系到工程效益的发挥。近年来，南水北调东线沿线江苏、山东两省认真贯彻落实国务院批复的《南水北调东线工程治污规划》和批转的《南水北调东线工程治污规划实施意见》，下大力气解决沿线污染问题，治污环保工作取得了明显成效。但目前东线治污工作总体进度仍不能满足当前形势的需要，部分治污项目建设进展缓慢，近 4 成控制断面水质不能达到目标要求，深化污染治理、巩固已有治污成果、保证调水安全的任务依然十分艰巨。

为落实国务院南水北调工程建设委员会第四次全体会议精神，切实加强东线治污工作，确保东线一期工程 2013 年通水水质安全，现就进一步深化南水北调东线工程治污工作通知如下：

一、强化治污责任，进一步加快在建规划治污项目建设

江苏、山东两省人民政府是东线治污的责任主体，对本辖区内的输水水质负总责。沿线各级政府要按照“先节水后调水、先治污后通水、先环保后用水”的要求，切实担负起保障调水水质安全的重大使命，进一步加快在建规划治污项目截污导流工程、流域综合整治和人工湿地建设，下大力气突出解决沿线部分控制断面水质不达标问题。

为确保东线一期水质安全，单元治污方案确定的治污项目应在 2012 年年底前全部建成并达标排放，控制单元断面水质及入河排污总量达到规划目标要求，输水干线全线达到地表水Ⅲ类水质标准。凡达不到治理目标要求的，暂停审批该地区相关流域除污染减排和生态恢复项目外所有建设项目的环境影响评价文件的工作，并视情况提出限排或停止排放污染物的要求。

国务院有关部门将对治污实施情况进行考核，考核结果经国务院同意后，根据

《国务院办公厅关于转发环境保护部等部门重点流域水污染防治专项规划实施情况考核暂行办法的通知》（国办发〔2009〕38号）精神，依照中央组织部印发的《体现科学发展观要求的地方党政领导班子和领导干部综合考核评价试行办法》的规定，作为对两省人民政府领导班子和领导干部综合考核评价的重要依据。对未达到治污目标、未通过考核且整改不到位或因工作不力造成重大社会影响的，监察部门将按照《环境保护违法违纪行为处分暂行规定》（监察部、环保总局令第10号）等法律法规，追究有关责任人员的责任。

二、充分发挥已建治污设施工程效益，进一步巩固已有治污成果

要综合运用法律、经济、科技和必要的行政手段，巩固已有治污成果。一是输水干线大堤或设计洪水位淹没线以内不得设置排污口，原有排污口应在2012年底前全部拆除。二是进一步加大产业结构调整力度，坚决淘汰落后产能，严把建设项目审批关，防止“边治理、边污染，边保护、边破坏”现象的发生。三是加强对已建治污设施的运行监管，保证治污工程效益的发挥。沿线要进一步加强城镇污水处理厂配套管网建设，大力推进雨污分流，污水处理设施应达到国家对运行负荷率的规定，确保污水处理设施正常运行的费用，推进再生水利用。及时研究制定截污导流工程运行调度方案，做好与东线调水工程和单元治污体系的衔接。加强流域综合整治和人工湿地等规划项目建设，发挥示范带动作用。

要及时对省辖单元治污方案实施效果进行评估。在对各控制单元治污项目建设、水质改善、污染物排放总量控制等情况进行全面梳理和分析的基础上，两省可根据自身实际情况和工作需要，从保证沿线水质持续、稳定达标的角度，进一步完善单元治污方案，深化相关治理措施。新增治理项目投资可从用于治污的南水北调工程基金、银行贷款或地方自筹等多个渠道统筹解决。

三、进一步深化治污理念，持续扎实做好东线治污环保工作

要在巩固已有治污成果的基础上，进一步深化治污理念，把污染治理的重点由工程治理为主转变到生态建设与工程治理相结合、实行综合治理上来，实施最严格的水资源管理制度，加强各控制断面水质监测和重点污染源的监控，建立健全突发性污染事故应急体系。继续加大沿线治污执法和节水、再生水利用力度，加强工程沿线生态环境保护的规划与建设，做好农业面源污染和村镇污染防治，加强航运污染综合治理。结合国家淮河和海河重点流域水污染防治“十二五”规划制定工作，进一步推进南水北调沿线治污环保工作。

国务院南水北调工程建设委员会办公室综合司
国家发展和改革委员会办公厅
监察部办公厅
环境保护部办公厅
住房和城乡建设部办公厅
水利部办公厅
二〇一〇年六月三日

关于进一步做好南水北调丹江口库区移民安置有关工作的通知

（综征地〔2010〕78号）

河南省移民办公室、湖北省移民局：

南水北调工程丹江口库区大规模移民搬迁工作在河南、湖北两省各级党委和政府的领导下，通过各级移民部门的精心组织、相关部门的密切配合和广大基层干部的辛勤努力，取得了阶段性成果。为进一步深入扎实地做好丹江口库区移民安置工作、圆满完成建委会第四次全体会议确定的移民安置任务、实现移民"搬得出、稳得住、在发展中能致富"的目标，现将有关工作通知如下：

一、进一步加快移民搬迁实施工作，确保按期完成移民搬迁任务

目前，丹江口库区移民试点工作已基本结束，第一批大规模移民搬迁工作正在进行，第二批移民新村建设工作已经启动。今、明两年是库区移民搬迁高峰年，各级移民主管部门要进一步提高认识，加强领导，落实责任，周密计划，切实做好移民搬迁各项工作的有效衔接，加快移民工作实施进度，确保国务院南水北调工程建设委员会第四次全体会议确定的移民搬迁任务圆满完成。同时，要严格履行搬迁前的验收程序，做好搬迁前的各项准备工作，迁出区和迁入区要协调一致，无缝衔接，制定详细的移民搬迁实施方案，实现平安搬迁、和谐搬迁、顺利搬迁。

二、统筹安排好库区移民各项工作

按照国家批复的丹江口库区移民安置任务，除农村移民任务外，还包括城集镇、单位、企业以及文物保护等专业项目的迁（改、复）建等工作，要抓紧开展相关工作，加大工作组织和协调力度，统筹安排，加快实施。

三、加强组织管理，保证移民建房和相关工程质量

在丹江口库区移民安置工作中，要高度重视移民基础设施和相关工程的建设质量，尤其是移民房屋质量，保证让移民住上质量高、无缺陷的新房。充分发挥各级质量和安全监督机构的作用，进一步完善规章制度，规范市场行为，健全保证体系，落实任务与责任。

目前，两省正值主汛期，各级移民部门要密切关注和认真排查强降雨可能给移民的生产生活带来的困难和问题，确保移民群众安全度汛。

四、做好移民搬迁后的生产生活安排

远迁异地的移民在安置区已经开始了新的生产生活，在心理、生活习惯以及社会关系等方面都有一个适应过程。各级地方政府和移民部门要高度重视移民搬迁后的各项工作。及时建立和完善移民新村党支部和村委会组织机构，健全基层组织；及时与移民结算有关补偿安置费用，尽快分配生产用地；针对安置区生产条件，开展移民种植技术培训和技能培训，引导移民创业和再就业，尽可能满足移民在生活和生产方面的需要；对存在质量问题的住房要及时修缮；进一步完善移民新村基础设施建设，保证水、电、路等设施正常使用。真正视移民为亲人，及时主动关心、关怀移民的生产生活，把移民搬迁后的生产生活帮扶工作作为一项长期的任务，抓实、抓好。

五、进一步做好矛盾纠纷排查化解工作

近期，库区移民群众上访和信访次数明显增多，各种矛盾纠纷呈上升态势，各级移民部门要加强对移民问题的认识和预判，对可能引发群体性事件的因素要早研究、早预防，协调督促基层努力在第一时间和地点，低成本、高效率地做好移民矛盾纠纷排查化解，做到"小事不出村，大事不出乡（镇），矛盾不上交"，及时解决和处理好移民的合法诉求，切实保证库区和安置区社会稳定。

特此通知。

国务院南水北调工程建设委员会办公室综合司

二〇一〇年八月九日

关于进一步规范南水北调工程建设资金管理有关事项的通知

（国调办经财〔2010〕180号）

各项目法人、各省（直辖市）南水北调征地移民机构：

为进一步加快推进南水北调工程建设，

确保工程建设资金供应，提高资金使用效益，规范资金拨付，加强资金监管，依据《南水北调工程建设资金管理办法》和财政部的相关规定及要求，现就进一步规范南水北调工程建设资金管理有关事项通知如下：

一、切实保障工程建设资金供应，充分满足工程建设需要。当前工程建设处于投资高峰期，资金供应规模逐步增大，资金供应压力日益加大，各项目法人财务部门要紧紧围绕工程建设这一中心任务，把确保工程建设资金供应作为头等重大事项来抓，充分满足工程建设一线的资金需求。同时，为更好地筹集和安排年度工程建设资金，各项目法人要依据年度投资计划，在准确预测工程建设进度的基础上，提出下一年度各月份的资金需求数，于每年12月底前以书面文件报送我办。

二、增强资金预算执行力，推进工程建设。各项目法人要从按期实现工程建设目标的高度出发，充分认识执行我办下达的基本建设、基金支出预算的重要性，通过加快工程建设进度，增强预算执行力度，确保完成当年预算。既要严格执行拨付或支付资金的相关程序，又要简化办事环节，提高拨付或支付资金的效率，及时拨付或支付资金。

三、提高资金使用效率，着力控制账面资金余额。中央预算内资金、南水北调工程基金和重大水利工程建设基金等财政性资金，是南水北调工程建设资金的重要来源，必须严格按财政性资金支付管理要求办理。目前南水北调工程实行的财政性资金由财政直接拨付到项目法人的国库集中支付办法，是确保工程建设资金及时、便捷供应的制度保障，是推进工程建设顺利实施的重要举措。为确保现行财政支付制度的有效运行，各项目法人、建设管理单位和各级南水北调征地移民机构要严格执行国库集中支付管理制度的各项规定，提高资金管理水平和资金使用效率，有效避免资金滞留、积压。在满足工程建设和征地移民工作资金需要前提下，各单位要着力控制账面资金余额，将其压缩到最低限度。各项目法人和各省（直辖市）南水北调征地移民机构应于每月5日前，将汇总上月底项目法人及建设管理单位和各级征地移民机构的银行存款账面余额电传我办（经济与财务司）

四、依据工程建设进度，分次申请拨付资金。为避免工程建设资金积压，各项目法人应依据工程建设进度，在准确预测工程建设资金需要的基础上，分次申请拨付资金，保持申请拨付资金规模与实际支付资金规模相衔接。每次申请拨付资金，都要如实阐明所需资金规模的理由，报送所管辖各项目本月和下个月的资金需求情况和有关材料，主要内容包括：①本单位所管辖各项目的投资完成及预付款情况；②上次申请拨付到位资金的使用和结余情况，包括支付工程进度款、材料设备款、前期工程经费及主要合同支付进度等；③申请拨付资金时本单位和相关省（直辖市）南水北调征地移民机构的账面资金结余情况，并附加盖单位公章的银行存款总账余额账页和银行对账单；④本次申请资金的支付范围及各项目按月资金需求情况，并附各项目资金需求情况表（格式见附件1）。

各省（直辖市）南水北调征地移民机构应配合相关项目法人做好征地移民资金结余情况报送工作。

五、规范编制资金支付申请书。各项目法人申请拨付中央预算内资金（含国债专项资金）、南水北调工程基金和重大水利工程建设基金时，应依据我办下达的基本建设、基金支出预算，以及我办核定的项目法人资金需求和资金结构，规范编制“项目法人财政直接支付申请书”（格式见附件2）一式两份；申请拨付过渡性资金时，应依据我办下达的重大水利工程建设基金投资计划，以及我办核定的项目法人使用过渡性资金项目和金额，规范编制“项目法人重大水利工程建设基金［预支］支付申请书”（格式见附件3）一式两份。各项目法人要如实编制资金支付申请书，做到内容完整、准确无误。

六、严格执行会计制度，做好会计核算工作。各项目法人收到财政部或我办拨付的各项工程建设资金后，按下述方式进行会计核算：

（一）中央预算内资金、国债专项资金仍分别在“基建拨款——本年基建基金拨款”和“基建拨款——本年国债专用资金拨款”会计科目下进行核算。

（二）南水北调工程基金在“基建拨款——本年专项建设基金拨款”科目下设三级明细科目“南水北调工程基金”进行核算。

（三）重大水利工程建设基金在“基建拨款——本年专项建设基金拨款”科目下设三级明细科目“重大水利工程建设基金”进行核算。

（四）过渡性资金先在“上级拨入投资借款”会计科目下设二级明细科目“重大水利工程建设基金［预支］”进行核算。待财政部分批下达偿还过渡性资金的重大水利工程建设基金支出预算后，各项目法人再按我办分解下达的重大水利基金工程建设支出预算，将原来在“上级拨入投资借款——重大水利工程建设基金［预支］”会计科目核算的过渡性资金转入“基建拨款——本年专项建设基金拨款——重大水利工程建设基金”会计科目进行核算。

七、强化资金监管，保障资金安全。各项目法人和省（直辖市）南水北调征地移民机构应统筹安排使用各项建设资金，要将有效控制账面资金余额作为资金监管的重要内容和手段。各项目法人要加强对直管项目管理机构的管理，加大对委托、代建单位的监督力度。各省（直辖市）南水北调征地移民机构也要依据各市、县征地移民工作进度及资金支付需要，分次拨付资金，强化对各市、县征地移民机构的指导、监督、检查，有效控制各级征地移民机构的账面资金余额，切实防止资金挪用、挤占等违法违规现象的发生，确保征地移民资金安全。

附件：

1. 南水北调东、中线一期工程资金需求情况表（略）

2. 项目法人财政直接支付申请书（略）

3. 项目法人重大水利工程建设基金［预支］支付申请书（略）

国务院南水北调工程建设委员会办公室
二〇一〇年九月二日

关于建立南水北调工程建设进度协调会制度的通知

（国调办建管〔2010〕198号）

各省（直辖市）南水北调办事机构，各项目法人，淮委建管局：

为推进南水北调工程建设进度，及时协调解决工程建设进度管理中存在的重大问题，确保建设目标的如期实现，根据国务院南水北调办公室主任办公会会议纪要（第3期），决定建立南水北调工程建设进度协调会制度。现将有关事项通知如下：

一、南水北调工程建设进度协调会由国务院南水北调办主持，原则上每季度召开一次。参加单位主要包括国务院南水北调办有关司、有关省（直辖市）南水北调办事机构、项目法人、淮委建管局、有关省（直辖市）南水北调工程建设管理单位等。会议具体时间、地点会前通知。

二、会议的主要任务是：督促检查各有关单位进度管理工作落实情况，对各项目法人所辖工程进度情况进行考核，通报综合排名情况；围绕与工程建设进度有关的问题进行研究讨论、协调决策。会议形成会议纪要。会议议题由会议主持单位确定，各省（直辖市）南水北调办事机构、各项目法人、淮委建管局于会前一周，向会议主持单位提出需会议协调解决的问题。

三、有关（直辖市）南水北调办事机构及项目法人等单位负责会议研究确定事项的落实，并负责将落实情况及时报告会议主持单位。国务院南水北调办有关司根据工作职责分工，负责监督检查。

国务院南水北调工程建设委员会办公室

二〇一〇年九月二十日

关于加强南水北调工程建设控制性项目进度管理的通知

（国调办建管函〔2010〕59号）

各项目法人、淮委建管局、安徽省南水北调东线洪泽湖抬高蓄水影响处理办公室：

为强化工程建设进度管理，保证南水北调东、中线一期工程通水目标的如期实现，我办结合工程建设实际，对各设计单元工程建设工期进行了梳理，研究提出了南水北调工程建设控制性项目名单（见附件）。为确保工程建设目标的实现，请各有关单位依据各自工作职责，进一步结合工程建设实际，对工期较紧的44项控制性设计单元工程的建设进度进行逐项分析，根据项目建设内容、工程量及工程特点，分析影响和制约工程建设进度的难点，明确工作重点，提出并制定加快工程建设进度的针对性保证措施和具体工作要求。请各有关单位于2010年10月15日前将有关材料报送我办建设管理司。

请各有关单位务必充分认识做好控制性设计单元工程建设进度管理工作的重要性和紧迫性，采取有效措施，加强对工程建设进度工作的协调指导和督促检查，指导参建单位科学合理安排好各项目的施工计划，及时协调解决好影响工程建设进度的有关问题，促进南水北调工程又好又快建设。

联系人：白咸勇

联系电话：010-63204575

电子邮箱：baixy@ mwr. gov. cn

附件：南水北调工程建设控制性项目一览表（略）

国务院南水北调工程建设委员会办公室

二〇一〇年九月二十日

关于南水北调东、中线一期工程建设目标安排意见的通知

（国调办建管〔2010〕202号）

各有关省（直辖市）南水北调办公室（建管局），各项目法人，淮委治淮工程建设局：

为确保南水北调工程如期实现通水，现就南水北调东、中线一期工程建设目标安排意见通知如下：

一、总体目标及总体建设进度安排

（一）总体目标

东线一期工程2013年通水，中线一期工程2013年完成主体工程，2014年汛后通水。

（二）总体建设进度安排

东线一期工程中，与通水直接相关的工程2013年6月底前建设完成；中线一期工程中，主体工程2013年12月底前建设完成，与通水直接相关的其他工程2014年4月底前建设完成；丹江口库区移民2012年12月底前搬迁完毕；东线水质2013年6月底前达标，中线水质通水时保持稳定；血吸虫北移防护工程、文物保护及汉江中下游治理工程等项目在通水前基本实施完毕。

二、东线工程建设进度安排

已完工项目保持完好，确保通水时能安全可靠投入运行。在建和未建工程按以下目标进行控制：

（一）江苏境内工程

1. 泵站工程

2013年6月底前，建成运河线淮安二站、泗阳站、刘老涧二站、皂河一站、皂河二站5项泵站工程。2013年6月底前，完成运西线泗洪站、金湖站、洪泽站、邳州站、睢宁二站5项泵站工程的主体工程建设，2013年10月底前全部建成。

2. 河（渠）道工程

2013年6月底前，建成运河线骆马湖以南中运河影响处理工程、沿运闸洞漏水处理工程2项工程。2013年6月底前，完成运西线金宝航道、高水河整治、徐洪河影响处理3项工程的主体工程建设，2013年10月底前全部建成。

3. 管理工程

2013年6月底前，东线江苏段调度运行管理系统工程具备调度运行调试条件，2013年10月底前具备运行调度条件。

2013年10月底前，东线江苏段管理设施专项工程满足运行调度要求。

（二）山东境内工程

1. 泵站工程

2013年6月底前，建成韩庄泵站、长沟泵站、邓楼泵站、八里湾泵站4项泵站工程。

2. 河（渠）道工程

2013年6月底前，建成梁济运河段工程、柳长河段工程、南四湖湖内疏浚工程、济南市区段工程、济南以东至引黄济青明渠段工程、陈庄输水线路工程、鲁北段七一、六五河段工程8项河（渠）道工程。

3. 倒虹吸工程

2011年12月底前，建成东线穿黄工程。

4. 蓄水工程

2013年6月底前，建成东湖水库工程、双王城水库工程、大屯水库工程3项水库工程和东平湖输蓄水影响处理工程。

5. 管理工程

2013年6月底前，东线山东段调度运行管理系统工程具备调度运行调试条件，2013年10月底前具备运行调度条件。

2013年10月底前，东线山东段管理设施专项工程满足运行调度要求。

（三）苏鲁皖省界工程

2012年12月底前，建成大沙河闸、杨官屯河闸和南四湖水质监测工程3项工程。

2013年6月底前，建成南四湖下级湖抬高蓄水位影响处理工程。

2013年6月底前，完成洪泽湖抬高蓄水位影响处理工程水下部分的工程建设，2013年10月底前全部建成。

（四）其他工程

2013年6月底前，血吸虫北移防护工程、文物保护和其他专项工程实施完毕。

2013年6月底前，东线治污工程建设项目全部建成。

（五）水质

2013年6月底前，东线输水干线水质达到地表水Ⅲ类水质标准并保持稳定。

三、中线工程建设进度安排

已完工项目保持完好，确保通水时能安全可靠投入运行。在建和未建工程按以下目标进行控制：

（一）中线干线工程

1. 渡槽工程

2013年12月底前，建成沙河、湍河、洺河、澧河、双洎河5项渡槽工程。

2. 倒虹吸工程

2013年12月底前，建成穿黄河、穿漳、南沙河、白河、北汝河、沁河、石门河7项倒虹吸工程。

3. 箱涵工程

2012年12月底前，建成天津干线段6项箱涵工程。

4. 渠道工程

2013年12月底前，建成黄河以北全部19项渠道工程。2013年12月底前，完成黄河以南16项渠道工程一级马道（运行维护路）以下工程和所有渠道交叉建筑物（包括河渠、渠渠、铁路、公路交叉建筑物）、左岸排水、控制建筑物工程建设。2014年4月底前，全部建成。

5. 管理工程

2013年12月底前，基本建成中线干线自动化调度与运行管理决策支持系统工程，2014年4月底前全部建成。

2013年12月底前，建成北京段、河北段、穿黄工程管理专项和中线干线其他工程。

（二）陶岔渠首工程

2013年12月底前，建成陶岔渠首工程。2014年汛前，完成蓄水安全评估与蓄水验收工作。

（三）丹江口大坝加高工程

2013年12月底前，建成丹江口大坝加高工程。2014年汛前，完成蓄水安全评估与蓄水验收工作。

2013年12月底前，基本建成中线水源调度运行管理系统工程，2014年4月底前全部建成。

（四）丹江口库区移民安置工程

2012年12月底前，完成库区移民安置工作，包括移民搬迁，城集镇、工矿企业和专业项目的迁（改、复）建，文物保护及库底初步清理等任务。

2013年12月底前，完成库底全面清理和下闸蓄水前的验收工作。

（五）丹江口库区及上游水污染防治和水土保持工程

2014年通水前，丹江口库区及上游水污染防治和水土保持规划中通水前应实施的项目建设完成，取水口保持地表水Ⅱ类水质标准。

四、汉江中下游治理工程建设进度安排

2013年2月底前，建成兴隆水利枢纽工程和汉江中下游航道整治工程。

2013年12月底前，基本建成引江济汉工程、引江济汉调度运行管理系统工程、汉江中下游泽口闸改造工程、汉江中下游其他闸站改造工程。

南水北调工程建设目标已经明确，各有关省（直辖市）南水北调办公室（建管局）、项目法人和项目建设管理单位，要严格落实建设目标要求，对在建和未开工的项目进行逐项梳理，尤其是对工期紧张的项目，要倒排工期，研究提出加快进度、缩短工期的具体措施和办法，切实加快工程建设进度。施工、监理、设计等各参建单位要严格履行合同，采取切实有效的措施，确保合同工期。目前南水北调工程建设已进入关键时期，各有关方面要进一步统一思想，坚定信心，全力做好工程建设各项工作，确保南水北调工程通水目标如期实现。

国务院南水北调工程建设委员会办公室
二〇一〇年九月二十九日

关于进一步加强南水北调工程征地移民资金管理的通知

（国调办经财〔2010〕215号）

各项目法人、各省（市）征地移民机构：

征地移民工作是南水北调工程建设十分重要的组成部分，不仅关系到工程建设顺利进行，而且涉及广大移民群众的切身利益，关系到相关地区经济社会发展和稳定。南水北调工程征地移民工作任务繁重，资金量大，管理层次和主体多，涉及面广，加强征地移民资金管理，确保资金安全高效使用，任务非常艰巨。自南水北调工程开工以来，各级地方政府和南水北调征地移民机构、项目法人采取措施不断加强征地移民资金管理，初步形成一套征地移民资金管理体系，有力促进和保障了征地移民工作的开展。但从近几年对南水北调工程项目稽察和专项审计情况看，征地移民资金管理工作仍存在不容忽视的问题。为进一步加强征地移民资金管理，现就有关事项通知如下：

一、各级南水北调办事机构、征地移民机构、项目法人要进一步提高对征地移民资金管理重要性、敏感性和复杂性的认识。各单位要切实加强领导，高度重视征地移民资金管理工作，严格执行资金管理规章制度，分清责任，落实责任，采取综合措施，不断提高征地移民资金管理水平。

二、要进一步建立和完善征地移民资金规章制度，加大制度法规的执行力度。各单位要依据国务院南水北调工程建设委员会印发的《南水北调工程建设征地补偿和移民安置暂行办法》和我办制定的《南水北调工程建设征地补偿和移民安置资金管理办法》以及财政部发布的《南水北调工程征地移民资金会计核算办法》等各项管理制度，结合自身实际情况制定实施细则，使资金管理各环节都有法可依、有章可循。规章制度要注重实效性和可操作性。要强化制度的执行力度，从根本上解决有章不循和规章制度执行不到位的问题，使严格按制度和程序办事成为自觉行为。

三、要严格按规定履行审批程序。征地移民初步设计批准后，各省（市）征地移民机构要认真组织编制实施方案，并按规定程序履行报批手续。实施方案调整和变更的项目，也应严格按照程序履行审批手续。已经实施但没有经过规定程序审批实施方案的，应清理实施内容，补充编制实施方案，按规定程序报批；实施过程中发生变更没有履行审批程序的，应详细说明变更的原因，补充报批程序。

四、要严格执行概算，按规定的支出范围使用征地移民资金。征地移民由省级人民政府负责，县为基础，投资实行包干管理。尽管实行包干原则，但要按照批准的概算控制投资，在概算范围内解决好征地移民问题，绝不能以包代管，征地移民资金的具体使用要执行国家有关资金管理制度，并履行必要的审批程序和手续。

五、要确保征地移民资金专款专用，征地移民投资要全部用于征地移民工作。要严格按照批准的征迁安置规划和实施方案实施和使用资金，杜绝随意扩大开支范围、实施未经批准的项目等挪用资金行为。

六、征地移民资金按政策规定应该兑付给群众的补偿款必须足额兑付到位。要保证依法足额和及时支付土地补偿费、安置补助费以及地上附着物和青苗补偿费，不允许截留克扣。

七、村集体补偿资金的使用要依法履行村民代表会议程序。对村集体补偿资金的使用，要召开村民代表大会讨论通过，杜绝随意使用村集体资金，甚至挪作他用的情况。

八、在保证资金供应的前提下，尽量减少资金积压。各项目法人和各级征地移民机构要依据实施方案按季分月编制征地移民资金使用计划，依据工作进度分次申请拨付资金，控制账面资金余额，确保征地移民资金到位后，及时有效使用，减少积压，提高资金使用效率。

九、规范县级以下征地移民资金会计核算管理。县级以下征地移民资金应严格按照报账制进行会计核算，征地移民资金逐级拨付到乡、镇、村时应作“应收款”核算，乡、镇、村移民资金兑付到位后，应按兑付的原始凭证核销“应收款”，同时转征地移民支出。杜绝以拨作支情况发生。

十、加强银行账户和现金管理。要严格按照规章制度加强对银行存款、现金管理。每一单位只能在一家银行开户，不得多头开户和违规转存资金；不得将征地移民资金划拨到个人账户管理和核算；各级征地移民机构要加强现金管理，除兑付移民个人补偿款使用现金外，其他环节均不得大额使用现金。

十一、征地移民工程基础设施工程项目符合招标条件的，要依法履行招标程序，不得将工程委托给无资质或借用资质的单位和个人；要依法签订工程施工合同，严格履行合同约定的责任和义务，价款支付要与签订的合同相一致，同时要监督合同乙方严格按合同履行。

十二、进一步强化监督，要综合利用审计、稽察、日常检查等各种监督手段，加强征地移民资金使用情况监督检查。发挥已有监督机制的作用，发现问题及时整改。特别要针对资金管理容易出问题的关键环节和重点部门以及敏感问题加强监督和控制，杜绝违规违纪问题发生。

十三、要加强对基层征地移民资金管理的指导。省、地（市）、县要加强对基层征地移民机构及乡、村移民资金管理的指导和帮助，指导基层单位资金管理制度建设、核算体制建立、银行账户开设等，确保基层征地移民资金规范使用和正确核算。

十四、要进一步加强征地移民工作人员和会计工作人员的培训。征地移民资金是否得到规范管理和有效使用，关键在具体操作人员的责任意识和管理水平。各省（市）征地移民机构要组织基层征地移民工作人员和财会人员认真学习贯彻有关移民资金管理规章制度，进一步开展形式多样的培训工作，增强法律意识、责任意识，使具体工作人员熟悉政策、精通业务，在每一笔征地移民资金使用管理和会计核算时均能按照规定程序规范操作。

十五、明确职责，分清责任，建立处罚、奖励和考核机制。按规定把征地移民资金管好用好是各级用款单位的责任，谁出问题谁负责，要层层分解，明确责任，落实到人。按照《会计法》规定，会计信息失真和资金管理的第一责任人是单位法定代表人，各单位领导一定要引起高度重视，财务部门一定要认真履行职责，把好关，理好财。各单位要加强考核，量化指标，按工作职责要求对工作质量进行考核，对在征地移民资金管理工作中作出突出贡献的，要进行表彰和奖励；对领导不力、工作不实、玩忽职守，致使工作出现重大问题并造成恶劣影响的，要严肃纪律，严格处理，绝不姑息。

十六、认真落实历次稽察、审计整改意见。对历次审计、稽察提出的问题，各单位要认真组织逐条整改到位，不留隐患，并通过整改，认真吸取教训，完善制度和机制，提高管理水平。

特此通知。

国务院南水北调工程建设委员会办公室

二〇一〇年十月十二日

关于调整国务院南水北调办工程建设领域突出问题专项治理工作领导小组成员的通知

（国调办建管〔2010〕220号）

各省（直辖市）南水北调办事机构，南水北调工程各项目法人：

根据工作需要，经研究，对国务院南水北调办工程建设领域突出问题专项治理工作领导小组人员进行调整。调整后组成人员如下：

组　长：鄂竟平　国务院南水北调办主任
副组长：李津成　国务院南水北调办副主任
　　　　张　野　国务院南水北调办副主任
　　　　蒋旭光　国务院南水北调办副主任
成　员：沈凤生　国务院南水北调办总工程师
　　　　张力威　国务院南水北调办总经济

师、环境保护司司长
卢胜芳 国务院南水北调办综合司巡视员兼副司长
刘春生 国务院南水北调办投资计划司司长
朱卫东 国务院南水北调办经济与财务司司长
李新军 国务院南水北调办建设管理司司长
袁松龄 国务院南水北调办征地移民司司长
李鹏程 国务院南水北调办监督司司长
杜鸿礼 国务院南水北调办直属机关党委常务副书记
彭克加 国务院南水北调办直属机关纪委书记
王志民 国务院南水北调办政策及技术研究中心主任
张忠义 南水北调工程建设监管中心主任
李　勇 南水北调工程设计管理中心主任
孙国升 北京市南水北调办主任
张志颇 天津市南水北调办副主任
王树山 河南省南水北调办主任
袁　福 河北省南水北调办主任
张劲松 江苏省南水北调办副主任
孙义福 山东省南水北调建管局局长
郭志高 湖北省南水北调办副主任

领导小组办公室成员不变。

特此通知。

国务院南水北调工程建设委员会办公室

二〇一〇年十月十三日

关于进一步加强南水北调东、中线一期工程投资控制管理措施的通知

（综投计〔2010〕104号）

各有关单位：

为加强南水北调东、中线一期工程初步设计审查审批阶段和建设施工阶段的投资控制，实现按国家批准的东、中线一期工程总体可研确定的总投资进行控制的投资控制总目标，确保办公室确定的东、中线一期工程建设目标的顺利实现，现提出进一步加强南水北调东、中线一期工程投资控制管理的措施，请各有关单位认真遵照执行。

一、进一步加强东、中线一期设计单元工程初步设计审查审批投资控制

（一）强化协调，进一步加强投资控制管理的督导决策

根据《关于成立南水北调工程前期工作临时督导领导小组的通知》（国调办投计〔2010〕186号）的要求，办公室成立南水北调前期工作协调督导领导小组（以下简称领导小组），领导小组将加强前期工作督导，确保前期工作进度符合东、中线一期工程建设目标的需要，确保投资得到有效控制。领导小组根据初步设计审查审批工作需要召开专题会，协调解决初步设计阶段涉及技术方案或投资变化较大的有关重大问题。

各相关部门、各单位要根据《关于成立南水北调工程前期工作临时督导领导小组的通知》的要求，成立相应的前期工作领导小组，高度重视投资控制管理，及时沟通，加强协作，确保做到涉及重大投资变化事宜早申报、早协调、早研究、早决策。

（二）明确责任，深入开展初步设计审查审批阶段投资控制管理

请各有关单位严格按照办公室印发的

《关于进一步加强南水北调工程初步设计组织管理，规范和加快初步设计审查工作的通知》（综投计〔2009〕52号）、《关于进一步做好南水北调东、中线一期工程投资控制分析工作的通知》（综投计函〔2010〕299号）相关要求，各司其职，加强投资控制管理意识，认真组织开展投资控制分析工作。

1. 对我办已经批复的设计单元工程

请各有关单位要切实按照上述有关规定，梳理投资变化情况及原因，配合办公室整理完善投资控制分析报告及相关专项档案的建设工作。

2. 对已开展审查审批设计单元工程

请南水北调工程设计管理中心（以下简称设管中心）严格按照批复可研确定的工程内容、有关技术标准及南水北调适用的政策、规定，认真审查工程规模、建设内容、设计标准，确定合理的技术方案和建设工期。同时，严格执行国家相关政策及有关行业规程规范，认真组织开展初步设计概算评审及投资控制工作。

工程部分投资控制以初步设计审查单位审定的技术方案为基础，严格控制搭车、扩大规模等建设内容；以现行规程规范为依据，认真核实渠道及建筑物结构尺寸及相关工程量、设备数量及标准，实事求是控制好各类工程量系数、工程单价及相关计划标准；参照相关行业规程规范、定额标准，认真核实铁路穿越、跨渠桥梁、电力迁建等建设标准、规模，严格控制各类计费项目。

征地移民部分投资控制要对实物指标、规模以上企业、典型设计安置点进行必要的现场查勘（抽查），确保实物指标的准确及安置方案的落实；认真核实各类结构调整、电力迁建相关间接费计列、生产桥投资分摊等；坚持与已审批项目的一致性，做好未审批与已审批项目和东中线项目的平衡及衔接。

初步设计概算核定批复阶段，请设管中心组织项目法人及有关方面对初步设计阶段与可研阶段在技术方案上或投资上有较大变化的相关内容向办公室提供必要的专题补充报告，专题补充报告对具体技术方案或投资变化的原因及必要性进行详细系统的阐述，并附相关分析成果和图表。

3. 对初步设计正在组织编制设计单元工程及专项项目

请项目法人单位加强投资控制自查，严格控制搭车、扩大规模等建设内容。切实加强项目法人初步设计编制指导、协调和初审制度，对初步设计阶段与可研阶段在技术方案上或投资上有较大变化的相关内容，须由项目法人在初步设计报告之外，向办公室提供必要的说明。

初步设计审查审批阶段参照对已开展审查审批设计单元工程投资控制措施执行。

（三）落实激励机制，表彰前期工作投资控制管理先进单位

办公室组织研究确定南水北调东、中线一期工程前期工作评价及相关考核办法，其中将投资控制管理作为前期工作评价的重要依据。

二、进一步加强东、中线一期工程施工建设投资控制

（一）加强施工准备阶段的投资控制

1. 加强招标设计和施工图设计管理

一是要研究建立投资控制激励和约束机制，提高设计单位优化设计的主动性和积极性，进一步优化招标设计和施工图设计，减少施工阶段的变更，降低实施风险；二是健全招标设计和施工图审查机制，强化设计质量和技术把关。

2. 加强招标投标管理

一是合理控制招标结余，为建设期间的投资控制创造条件；二是严格规范招标投标行为，防止不良市场竞争，防止串标、围标、抬标价等严重影响投资控制的因素出现；三是提高招标文件质量，完善合同内容和条款，合理确定合同工期，控制变更和索赔事件

发生。

3. 加强项目管理预算编制管理

一是要编制好项目管理预算，合理调整资金结构，严格控制静态投资；二是明确各设计单元工程投资控制总目标，并对总目标作进一步分解，作为各项目建设管理单位投资控制目标，制定资金使用计划，以各分解投资控制目标的实现保证总体投资控制目标的实现。

4. 加强施工组织设计

一是要根据工程建设需要统筹安排，编制科学合理的工程建设进度计划，确保关键工程和关键环节进度；二是加强施工组织设计，优化施工方案，按照均衡生产、科学施工、节约成本的原则，选择经济合理、先进可行的施工方案，最大限度提高劳动效率，降低工程造价；三是充分发挥监理的作用，加强施工组织设计方案审查。项目法人、项目管理单位或其现场建管机构也要派员参与审查工作。

5. 加强施工条件创造

一是协调有关方面进一步加快征迁工作进度，按照合同条件如期提交施工场地，同时，要配合各级地方政府，积极营造良好的施工环境，保证正常、连续施工；二是及时支付进度款，保质保量如期提供设计图纸、工程设备、材料等，避免造成违约索赔；三是协调有关方面加强与铁路、交通、市政和电力等行业有关部门沟通与协作，加快专项建设进度，满足主体工程建设需要，保证建设进度。

（二）加强施工过程的投资控制

1. 加强合同变更、索赔管理和保险理赔管理

一是严格合同管理，严格执行变更和索赔管理制度，制定具体管理措施，在处理变更、索赔事项中，要以合同为依据，严格履行审批程序，分清责任，实事求是地处理变更和索赔。同时，要加强各建管单位反索赔意识，增强反索赔能力。二是加强工程变更的技术可行性和经济合理性论证工件，对投资影响较大的工程变更，要进行多方案的比选和技术、经济论证。三是及时研究解决必要的变更和索赔，避免形成遗留问题，加大处理难度，带来投资增加。四是项目法人要进一步加强保险理赔工作，有效减少由于不可预见因素带来经济损失引起的投资增加，转移工程建设的不可预见风险。

2. 加强各项费用支出管理

一是项目法人要进一步加强项目建设管理费用支出管理和考核，严格控制项目建设管理费实际支出不突破预算；二是要加强先期完工项目运行和维护管理费用管理，提高效率，节约维护管理费用支出；三是严格执行国务院南水北调办与有关行业部门达成的一致意见，有效控制有关专项工程建设投资费用的增加。

3. 加强工程计量支付管理

一是要督促施工单位按照合同规定和施工组织设计方案施工，不得随意增加工作内容和工作量；二是要进一步发挥现场建管机构和监理的现场监督和控制作用，严格工程量计量支付环节审核，严把工程进度款支付审批关，合理控制制支出。

4. 加强投资控制动态管理

一是项目法人要建立施工期间投资控制统计台账，利用现代化管理手段和软件系统，加强投资控制动态管理和风险预警，实时跟踪工程投资控制情况，及时、全面掌握工程变更和索赔情况，定期进行投资控制情况统计分析，提出控制工程投资突破的方案和措施；二是要定期（每季度）向国务院南水北调办汇报施工期间投资控制情况。

5. 加强投资控制监督检查

要充分发挥现有政府监督管理体系的作用，建立投资控制专项检查和稽查机制，及时查处投资控制不力和浪费投资行为。项目法人要明确专门机构和人员，定期对投资控

制工作各阶段目标进行督促，确保投资控制目标实现。

6. 加强委托、代建项目投资控制管理

项目法人要依据《南水北调工程投资控制奖惩办法》（财建〔2006〕1113号），进一步研究具体的工作激励和约束措施，尽快研究建立起对委托和代建项目在施工过程中的奖惩考核日常管理机制，要把奖惩的措施落实到工程建设过程中，切实调动代建单位和委托管理单位控制投资的积极性和主动性。

7. 加强进度管理

一是项目法人根据工程建设总体进度计划，组织现场管理和设计、施工等工程参建单位，制定并严格执行年度计划；二是要强化合同管理，严肃合同工期，督促施工等参建单位认真履行合同，及时兑现合同中承诺的人力资源、设备资源和各种管理资源，确保工程建设进度；三是要强化进度管理责任，建立健全工程建设进度责任制和责任追究制，在确保工程质量安全的前提下加快已开工项目建设进度，避免因进度滞后引起的投资增加，有效控制工程建设成本。

8. 加强资金管理

严格执行有关法律法规和财经制度，依据《南水北调工程建设资金管理办法》等一系列规章制度，对工程建设资金实行全过程监管，做到制度健全、程序规范、专款专用、讲求效益。

（三）做好竣（完）工阶段财务决算

各项目法人应按照《南水北调工程竣工（完工）财务决算编制规定》要求，及时编制竣（完）工财务决策，做到数字准确，内容完整。设计、施工、监理等单位应积极配合做好竣（完）工财务决算编制工作。办公室对各项目法人报送的完工财务决算进行审计后，按《南水北调工程投资控制奖惩办法》兑现奖惩。

三、切实加强投资静态控制和动态管理

请各有关单位严格执行建委会颁布的《南水北调工程投资静态控制和动态管理规定》（国调委发〔2008〕1号）和办公室发布的《南水北调工程项目管理预算编制办法（暂行）》（国调办投计〔2008〕154号）和《南水北调工程价差报告编制办法（暂行）》（国调办投计〔2008〕155号），确保实现工程建设各阶段的投资控制目标。

项目法人要以批复的设计单元工程初步设计静态投资为依据，通过采取设计优化、完善概算结构、组织编报项目管理预算、科学组织施工、加强管理等措施，将投资切实控制在其管理的各设计单元工程静态投资总和的范围内。

项目法人对工程建设实施过程中发生的动态投资，通过逐年编报年度价差报告、据实计列建设期贷款利息投资、严格设计变更管理等措施，对动态投资进行有效管理。

国务院南水北调工程建设委员会办公室

二〇一〇年十月二十日

关于强化南水北调工程建设资金支付管理有关事项的通知

（国调办经财〔2010〕275号）

各项目法人，各省（直辖市）南水北调征地移民机构：

为加快推进南水北调工程建设，确保工程建设高峰期和关键期的资金供应，提高资金使用效率，保障资金安全，针对当前各单位账面积存资金过大问题，现就强化资金支付管理的有关事项通知如下：

一、南水北调系统各单位要高度重视资金支付管理，不断提高资金管理精细化水平，着力提高资金使用效率，要在严格遵守财经制度的前提下，采取切实有效的措施消化账面积存资金。

二、统筹安排使用资金，加强资金拨付

审核管理，对账面积存资金过大和存在不合理积存资金的单位，原则上不得拨付新的资金。今后各项目法人每次提取银行贷款时，应事先报我办同意。

三、准确预测工程建设及征地移民资金需求，按照既要保障资金支付或兑付需要，又要防止资金积存的要求，申请拨付资金。

四、切实提高资金支付或兑付工作效率，每个月制订资金支付或兑付计划表，对具备支付或兑付资金条件的，按有关程序规定及时办理相关手续。

五、继续做好每个月银行存款账面余额汇总统计工作，并对相应资金积存情况进行分析，提出消化资金积存的有效措施。

六、将本月资金支付或兑付计划表、上月底银行存款账面余额汇总表及情况分析和处理措施，于每个月5日前电传我办（经济与财务司）。

国务院南水北调工程建设委员会办公室

二○一○年十二月二十四日

国务院南水北调办其他重要文件一览表

序号	文 件 名	文 号	发布日期
1	关于下达南水北调工程建设2010年第一批投资计划的通知	国调办投计〔2010〕4号	2010年1月8日
2	关于南水北调中线水源工程丹江口水库建设征地移民安置环境保护和水土保持初步设计、中线水源调度系统管理专项工程设计招标分标方案的批复	国调办投计〔2010〕5号	2010年1月14日
3	关于南水北调东线一期长江—骆马湖段其他工程骆马湖以南中运河影响处理工程初步设计报告（概算）的批复	国调办投计〔2010〕9号	2010年2月3日
4	关于南水北调东线一期长江—骆马湖段其他工程淮安二站改造工程初步设计报告（概算）的批复	国调办投计〔2010〕10号	2010年2月2日
5	关于南水北调中线一期引江济汉工程初步设计报告（概算）的批复	国调办投计〔2010〕13号	2010年2月10日
6	关于南水北调东线一期南四湖水资源控制工程大沙河闸设计单元工程变更设计报告（概算）的批复	国调办投计〔2010〕21号	2010年3月9日
7	关于南水北调东线一期南四湖水资源控制工程杨官屯河闸设计单元工程变更设计报告（概算）的批复	国调办投计〔2010〕22号	2010年3月9日
8	关于南水北调东线一期长江—骆马湖段其他工程金湖站工程初步设计报告的批复	国调办投计〔2010〕34号	2010年3月29日
9	关于下达南水北调工程2010年第二批投资计划的通知	国调办投计〔2010〕40号	2010年4月2日
10	关于南水北调中线一期工程总干渠沙河南—黄河南段潮河段工程初步设计报告（概算）的批复	国调办投计〔2010〕46号	2010年4月7日
11	关于南水北调东线一期南四湖—东平湖段输水与航运结合工程湖内疏浚工程初步设计报告（概算）的批复	国调办投计〔2010〕49号	2010年4月15日

续表

序号	文件名	文号	发布日期
12	关于下达2010年南水北调工程初步设计工作投资计划的通知	国调办投计〔2010〕56号	2010年4月26日
13	关于下达南水北调工程2010年第三批投资计划的通知	国调办投计〔2010〕58号	2010年5月4日
14	关于南水北调东线一期长江—骆马湖段其他工程高水河整治工程初步设计报告（概算）的批复	国调办投计〔2010〕72号	2010年5月17日
15	关于南水北调中线一期穿黄工程生产桥初步设计报告的批复	国调办投计〔2010〕73号	2010年5月17日
16	关于南水北调东线一期南四湖—东平湖段输水与航运结合工程长沟泵站、邓楼泵站、八里湾泵站和引黄灌区灌溉影响处理等设计单元工程临时占地耕地占用税的批复	国调办投计〔2010〕76号	2010年5月19日
17	关于南水北调东线一期长江—骆马湖段其他工程金宝航道工程初步设计报告的批复	国调办投计〔2010〕92号	2010年6月2日
18	关于南水北调东线一期南四湖—东平湖段输水与航运结合工程湖内疏浚工程占地耕地占用税的批复	国调办投计〔2010〕95号	2010年6月3日
19	关于南水北调东线一期鲁北段工程大屯水库工程初步设计报告的批复	国调办投计〔2010〕96号	2010年6月4日
20	关于南水北调中线一期总干渠沙河南—黄河南段禹州和长葛段工程初步设计报告的批复	国调办投计〔2010〕98号	2010年6月8日
21	关于下达南水北调工程2010年第四批投资计划的通知	国调办投计〔2010〕99号	2010年6月9日
22	关于南水北调中线一期京石段应急供水工程（北京段）永久供电工程初步设计报告的批复	国调办投计〔2010〕109号	2010年6月21日
23	关于南水北调东线一期鲁北段工程灌区影响处理工程初步设计报告的批复	国调办投计〔2010〕110号	2010年6月29日
24	关于南水北调中线一期工程总干渠陶岔渠首—沙河南段白河倒虹吸工程初步设计报告的批复	国调办投计〔2010〕120号	2010年7月12日
25	关于南水北调中线一期工程丹江口大坝加高工程初步设计阶段坝区建设征地移民安置规划补充报告的批复	国调办投计〔2010〕122号	2010年7月12日
26	关于南水北调中线一期工程总干渠陶岔渠首—沙河南段澧河渡槽工程初步设计报告的批复	国调办投计〔2010〕135号	2010年7月15日
27	关于南水北调中线一期工程总干渠漳河北—古运河南段电力专项设施迁建工程初步设计报告的批复	国调办投计〔2010〕139号	2010年7月16日

续表

序号	文件名	文号	发布日期
28	关于南水北调中线一期工程天津干线河北段输变电工程迁建规划初步设计报告的批复	国调办投计〔2010〕140号	2010年7月16日
29	关于南水北调中线一期工程总干渠陶岔渠道—沙河南段湍河渡槽工程初步设计报告的批复	国调办设计〔2010〕147号	2010年7月23日
30	关于南水北调东线一期蔺家坝泵站工程机电设备重大设计变更的批复	国调办投计〔2010〕154号	2010年8月4日
31	关于南水北调东线一期长江—骆马湖段其他工程洪泽湖抬高蓄水位影响处理工程（安徽省境内）初步设计报告的批复	国调办投计〔2010〕155号	2010年8月7日
32	关于南水北调东线一期南四湖—东平湖段输水与航运结合工程柳长河段工程初步设计报告的批复	国调办投计〔2010〕156号	2010年8月9日
33	关于南水北调东线一期南四湖—东平湖段输水与航运结合工程梁济运河段工程初步设计报告的批复	国调办投计〔2010〕157号	2010年8月9日
34	关于下达南水北调工程2010年第五批投资计划的通知	国调办投计〔2010〕165号	2010年8月23日
35	关于南水北调中线一期温博段工程、沁河倒虹吸工程等5项设计单元工程项目管理预算的批复	国调办投计〔2010〕181号	2010年9月6日
36	关于南水北调中线一期焦作2段工程、辉县段工程等4项设计单元工程项目管理预算的批复	国调办投计〔2010〕182号	2010年9月6日
37	关于南水北调东线一期鲁北段工程小运河段工程初步设计报告的批复	国调办投计〔2010〕196号	2010年9月16日
38	关于南水北调东线一期胶东干线济南—引黄济青段工程明渠段工程初步设计报告的批复	国调办投计〔2010〕197号	2010年9月16日
39	关于南水北调东线一期长江—骆马湖段其他工程睢宁二站工程初步设计报告的批复	国调办投计〔2010〕205号	2010年9月28日
40	关于南水北调东线一期鲁北段工程七一、六五河段工程初步设计报告的批复	国调办投计〔2010〕206号	2010年9月28日
41	关于南水北调东线一期长江—骆马湖段其他工程江苏省洪泽湖抬高蓄水位影响处理工程初步设计报告的批复	国调办投计〔2010〕207号	2010年9月28日
42	关于南水北调东线一期长江—骆马湖段其他工程邳州站工程初步设计报告的批复	国调办投计〔2010〕208号	2010年9月28日
43	关于南水北调东线一期长江—骆马湖段其他工程里下河水源调整工程初步设计报告的批复	国调办投计〔2010〕209号	2010年9月28日
44	关于南水北调中线一期工程天津干线天津市1、2段工程追加耕地占用税的批复	国调办投计〔2010〕210号	2010年9月30日
45	关于南水北调中线一期工程总干渠陶岔渠首—沙河南段鲁山南1段工程初步设计报告的批复	国调办投计〔2010〕221号	2010年10月14日

续表

序号	文件名	文号	发布日期
46	关于南水北调中线一期工程总干渠沙河南—黄河南段鲁山北段、宝丰—郏县段、新郑南段和双洎河渡槽段工程初步设计报告的批复	国调办投计〔2010〕222号	2010年10月14日
47	关于南水北调中线一期总干渠陶岔渠首—沙河南段工程鲁山南2段工程初步设计报告的批复	国调办投计〔2010〕223号	2010年10月14日
48	关于南水北调中线一期总干渠沙河南—黄河南郑州2段、潮河段、沙河渡槽段、禹州和长葛段4个设计单元公路交叉工程、生产桥及铁路交叉工程初步设计报告的批复	国调办投计〔2010〕224号	2010年10月14日
49	关于南水北调中线一期工程总干渠沙河南—黄河南段郑州1段工程初步设计报告的批复	国调办投计〔2010〕225号	2010年10月14日
50	关于南水北调中线一期工程总干渠沙河南—黄河南段荥阳段工程初步设计报告的批复	国调办投计〔2010〕226号	2010年10月14日
51	关于南水北调中线一期总干渠陶岔渠首—沙河南段工程淅川县段、镇平县段、南阳市段、方城段和叶县段工程初步设计报告的批复	国调办投计〔2010〕227号	2010年10月14日
52	关于南水北调东线一期长江—骆马湖段其他工程徐洪河影响处理工程初步设计报告的批复	国调办投计〔2010〕237号	2010年10月29日
53	关于南水北调东线一期长江—骆马湖段其他工程洪泽站工程初步设计报告的批复	国调办投计〔2010〕238号	2010年10月29日
54	关于下达南水北调工程2010年第六批投资计划的通知	国调办投计〔2010〕248号	2010年11月10日
55	关于下达南水北调工程2010年第七批投资计划的通知	国调办投计〔2010〕281号	2010年12月29日
56	关于南水北调中线一期工程总干渠沙河南—黄河南段郑州2段、潮河段、沙河渡槽段、禹州和长葛段4个设计单元工程电力设施复建工程初步设计报告的批复	国调办投计〔2010〕282号	2010年12月29日
57	关于下达2010年南水北调工程基金和重大水利工程建设基金支出预算的通知	国调办经财〔2010〕39号	2010年3月30日
58	关于下达南水北调工程2010年中央预算内基建支出预算的通知	国调办经财〔2010〕91号	2010年5月24日
59	关于下达南水北调工程2010年中央预算内基建支出预算的通知	国调办经财〔2010〕158号	2010年8月10日
60	关于下达2010年第二批南水北调工程基金和重大水利工程建设基金支出预算的通知	国调办经财〔2010〕200号	2010年9月20日

续表

序号	文件名	文号	发布日期
61	关于南水北调东线一期皂河站工程开工请示的批复	国调办建管〔2010〕1号	2010年1月5日
62	关于做好南水北调工程冬春施工有关工作的通知	国调办建管〔2010〕3号	2010年1月8日
63	关于印发《2010年南水北调工程质量管理年活动方案》的通知	国调办建管〔2010〕26号	2010年3月22日
64	关于进一步加强南水北调工程监理单位信用管理的意见	国调办建管〔2010〕27号	2010年3月22日
65	关于南水北调中线一期邯郸市—邯郸县段工程、永年县段工程、洺河渡槽工程、沙河市段工程、邢台县和内丘县段工程、临城县段工程开工请示的批复	国调办建管〔2010〕28号	2010年3月22日
66	关于南水北调中线一期鹿泉市段工程和石家庄市区段工程开工请示的批复	国调办建管〔2010〕29号	2010年3月22日
67	关于南水北调中线一期引江济汉工程开工请示的批复	国调办建管〔2010〕30号	2010年3月22日
68	关于继续深入开展"安全生产年"活动的通知	国调办建管〔2010〕32号	2010年3月23日
69	关于增加南水北调中线一期工程陶岔渠首枢纽工程通信工程标段的批复	国调办建管〔2010〕41号	2010年4月2日
70	关于南水北调东线一期南四湖—东平湖段输水与航运结合工程引黄灌区灌溉影响处理工程开工请示的批复	国调办建管〔2010〕43号	2010年4月6日
71	关于南水北调中线一期工程总干渠漳河北—古运河南高邑—元氏段设计单元工程开工请示的批复	国调办建管〔2010〕47号	2010年4月12日
72	关于南水北调中线一期工程总干渠漳河北—古运河南邢台市区段、南沙河倒虹吸、邯郸市磁县干渠段设计单元工程开工请示的批复	国调办建管〔2010〕48号	2010年4月12日
73	关于南水北调东线一期工程高水河整治工程和淮安二站工程招标分标方案的批复	国调办建管〔2010〕50号	2010年4月15日
74	关于南水北调中线一期总干渠漳河北—古运河南（委托河北建设管理项目）调整施工SG1标段分标方案的批复	国调办建管〔2010〕51号	2010年4月15日
75	关于南水北调东线一期工程金湖站工程招标分标方案的批复	国调办建管〔2010〕52号	2010年4月19日
76	关于南水北调中线一期工程天津干线工程第2、4设计单元穿越既有铁路立交工程施工、监理招标分标方案的批复	国调办建管〔2010〕53号	2010年4月19日
77	关于同意成立南水北调中线南沙河倒虹吸工程质量监督项目站的批复	国调办建管〔2010〕59号	2010年4月30日
78	关于南水北调东线一期工程济南—引黄济青段双王城水库工程开工的批复	国调办建管〔2010〕60号	2010年5月4日
79	关于南水北调东线一期工程济南—引黄济青段东湖水库工程开工的批复	国调办建管〔2010〕61号	2010年5月4日
80	关于做好2010年南水北调工程安全度汛工作的通知	国调办建管〔2010〕62号	2010年5月5日

续表

序号	文件名	文号	发布日期
81	关于同意成立南水北调中线沙河渡槽工程质量监督项目站的批复	国调办建管〔2010〕68号	2010年5月17日
82	关于增加南水北调东线一期工程二级坝泵站工程招标标段的批复	国调办建管〔2010〕69号	2010年5月21日
83	关于南水北调东线一期工程南四湖—东平湖段输水与航运结合工程（第二批）、鲁北段大屯水库和灌区影响工程分标方案的批复	国调办建管〔2010〕88号	2010年5月21日
84	关于南水北调中线干线工程自动化调度与运行管理决策支持系统分标方案的批复	国调办建管〔2010〕90号	2010年5月24日
85	关于开展2010年南水北调工程“安全生产月”活动的通知	国调办建管〔2010〕93号	2010年5月26日
86	关于调整南水北调中线一期工程总干渠漳河北—古运河南（委托河北建设管理项目）安全监测分标方案的批复	国调办建管〔2010〕97号	2010年6月7日
87	关于同意南水北调东线一期金湖站工程开工的批复	国调办建管〔2010〕101号	2010年6月9日
88	关于南水北调东线一期山东境内工程建设领域突出问题专项治理重点检查整改意见的通知	国调办建管〔2010〕115号	2010年7月8日
89	关于南水北调东线一期江苏境内工程建设领域突出问题专项治理重点检查整改意见的通知	国调办建管〔2010〕117号	2010年7月8日
90	关于发布《南水北调中线汉江兴隆水利枢纽工程单元工程质量检验与评定标准》NSBD 14—2010的通知	国调办建管〔2010〕121号	2010年7月12日
91	关于南水北调中线一期工程总干渠（委托河南建管项目）安阳段生产桥和活水村公路桥工程、禹州和长葛段、白河渠道倒虹吸、郑州1段分标方案的批复	国调办建管〔2010〕131号	2010年7月13日
92	关于南水北调中线一期工程总干渠沙河南—黄河南段潮河段工程开工请示的批复	国调办建管〔2010〕133号	2010年7月13日
93	关于南水北调东线一期工程金宝航道工程、骆马湖以南中运河影响处理工程招标分标方案的批复	国调办建管〔2010〕134号	2010年7月14日
94	关于南水北调中线干线天津干线工程第2、4设计单元穿越既有铁路立交工程施工、监理评标专家抽取有关问题的批复	国调办建管〔2010〕148号	2010年7月28日
95	关于进一步做好南水北调工程安全度汛工作的通知	国调办建管〔2010〕150号	2010年7月29日
96	关于南水北调东线一期南四湖—东平湖段输水与航运结合工程邓楼泵站工程开工请示的批复	国调办建管〔2010〕166号	2010年8月29日
97	关于南水北调东线一期南四湖—东平湖段输水与航运结合工程八里湾泵站工程开工请示的批复	国调办建管〔2010〕167号	2010年8月29日
98	关于南水北调中线一期工程双洎河、镇平段、叶县段（含澧河渡槽）代建标分标方案的批复	国调办建管〔2010〕187号	2010年9月8日

续表

序号	文件名	文号	发布日期
99	关于南水北调中线一期工程总干渠湍河渡槽、澧河渡槽（中线建管局直管项目）分标方案的批复	国调办建管〔2010〕189号	2010年9月8日
100	关于南水北调东线一期洪泽湖抬高蓄水位影响处理工程（安徽省境内）2010年投资计划项目招标分标方案的批复	国调办建管〔2010〕190号	2010年9月9日
101	关于印发南水北调中线天津干线工程质量巡视意见的通知	国调办建管〔2010〕193号	2010年9月16日
102	关于南水北调中线干线工程科技项目招标分标方案的批复	国调办建管〔2010〕195号	2010年9月16日
103	关于南水北调中线一期工程总干渠禹州和长葛段工程开工请示的批复	国调办建管〔2010〕203号	2010年9月28日
104	关于南水北调东线一期金宝航道工程开工请示的批复	国调办建管〔2010〕204号	2010年9月28日
105	关于南水北调中线一期工程总干渠陶岔—黄河南段委托建管项目方城段等设计单元工程分标方案的批复	国调办建管〔2010〕216号	2010年10月12日
106	关于南水北调中线一期工程总干渠陶岔—黄河南段中线局直管项目淅川段等设计单元工程分标方案的批复	国调办建管〔2010〕217号	2010年10月12日
107	关于南水北调东线一期淮安二站改造工程开工请示的批复	国调办建管〔2010〕228号	2010年10月15日
108	关于南水北调东线一期骆马湖以南中运河影响处理工程开工请示的批复	国调办建管〔2010〕229号	2010年10月15日
109	关于南水北调东线一期工程里下河水源调整工程招标分标方案的批复	国调办建管〔2010〕235号	2010年10月21日
110	关于南水北调东线一期高水河整治工程开工请示的批复	国调办建管〔2010〕241号	2010年11月2日
111	关于南水北调东线一期胶东干线济南—引黄济青段工程明渠段工程招标分标方案的批复	国调办建管〔2010〕242号	2010年11月4日
112	关于南水北调东线一期鲁北段工程小运河段工程招标分标方案的批复	国调办建管〔2010〕243号	2010年11月4日
113	关于调增南水北调东线一期洪泽湖抬高蓄水位影响处理工程（安徽境内）2010年投资计划项目招标分标方案的批复	国调办建管〔2010〕244号	2010年11月4日
114	关于南水北调中线一期工程总干渠陶岔渠首—沙河南段白河倒虹吸工程开工请示的批复	国调办建管〔2010〕250号	2010年11月16日
115	关于南水北调东线一期鲁北段大屯水库工程开工请示的批复	国调办建管〔2010〕251号	2010年11月16日
116	关于南水北调中线一期工程总干渠穿黄工程、黄河北—漳河南段（中线建管局直管项目）、穿漳河工程永久供电分标方案的批复	国调办建管〔2010〕252号	2010年11月18日

续表

序号	文件名	文号	发布日期
117	关于发送《南水北调东线一期工程东平湖—济南段输水工程设计单元工程完工验收鉴定书》的通知	国调办建管〔2010〕253号	2010年11月21日
118	关于南水北调东线一期洪泽湖抬高蓄水位影响处理工程（安徽省境内）开工请示的批复	国调办建管〔2010〕254号	2010年11月26日
119	关于发布《渠道混凝土衬砌机械化施工单元工程质量检验评定标准》NSBD 8—2010的通知	国调办建管〔2010〕255号	2010年11月30日
120	关于南水北调东线一期鲁北段七一六五河输水工程分标方案的批复	国调办建管〔2010〕258号	2010年12月3日
121	关于南水北调东线一期工程洪泽站工程分标方案的批复	国调办建管〔2010〕259号	2010年12月3日
122	关于南水北调东线一期里下河水源调整工程开工请示的批复	国调办建管〔2010〕260号	2010年12月3日
123	关于南水北调中线邯石段桥梁工程建设行政监督问题的批复	国调办建管〔2010〕262号	2010年12月7日
124	关于南水北调东线一期工程南四湖—东平湖段输水与航运结合工程柳长河段工程开工请示的批复	国调办建管〔2010〕263号	2010年12月9日
125	关于南水北调东线一期工程南四湖—东平湖段输水与航运结合工程梁济运河段工程开工请示的批复	国调办建管〔2010〕264号	2010年12月9日
126	关于南水北调东线一期工程睢宁二站工程分标方案的批复	国调办建管〔2010〕265号	2010年12月9日
127	关于南水北调东线一期工程邳州站工程分标方案的批复	国调办建管〔2010〕266号	2010年12月9日
128	关于南水北调东线一期工程洪泽湖抬高蓄水位影响处理工程（安徽省境内）宿州市工程建设监理招标有关问题的批复	国调办建管〔2010〕268号	2010年12月13日
129	关于南水北调中线一期工程总干渠陶岔—沙河南段湍河渡槽工程开工请示的批复	国调办建管〔2010〕270号	2010年12月16日
130	关于南水北调中线干线工程自动化调度与运行管理决策支持系统（京石段以外）工程开工请示的批复	国调办建管〔2010〕271号	2010年12月16日
131	关于南水北调中线一期工程总干渠沙河南—黄河南段宝丰—郏县段工程开工请示的批复	国调办建管〔2010〕274号	2010年12月21日
132	关于南水北调东线一期工程洪泽湖抬高蓄水位影响处理工程分标方案的批复	国调办建管〔2010〕276号	2010年12月27日
133	关于南水北调东线一期徐洪河影响处理工程分标方案的批复	国调办建管〔2010〕277号	2010年12月27日
134	关于南水北调东线一期工程鲁北段小运河输水工程开工请示的批复	国调办建管〔2010〕278号	2010年12月28日
135	关于补批南水北调东线一期二级坝泵站工程开工报告请示的批复	国调办建管〔2010〕279号	2010年12月28日

续表

序号	文 件 名	文 号	发布日期
136	关于南水北调东线一期工程济南—引黄济青段明渠段工程开工请示的批复	国调办建管〔2010〕280号	2010年12月28日
137	关于南水北调东线一期南四湖水资源控制工程杨官屯河闸开工请示的批复	国调办建管〔2010〕283号	2010年12月31日
138	关于南水北调中线京石段应急供水工程水土保持设施技术评估与环境保护验收调查分标方案的批复	国调办环保〔2010〕63号	2010年5月12日
139	关于河南省丹江口库区移民安置监督评估分标方案的批复	国调办征地〔2010〕2号	2010年1月7日
140	关于动用征地移民预备费解决中线一期天津干线工程征迁工作有关费用的批复	国调办征地〔2010〕44号	2010年4月6日
141	关于南水北调中线一期工程丹江口水库初步设计阶段建设征地移民安置规划设计报告的批复	国调办征地〔2010〕74号	2010年5月17日
142	关于动用征地移民预备费解决中线一期工程天津干线河北段征迁工作有关费用的批复	国调办征地〔2010〕77号	2010年5月20日
143	关于动用南水北调中线一期工程安阳段征迁预备费的批复	国调办征地〔2010〕114号	2010年7月2日
144	关于南水北调东线一期长江—骆马湖段其他工程里下河水源调整工程征地移民监理和监测评估招标分标方案的批复	国调办征地〔2010〕219号	2010年10月13日
145	关于中线一期工程北京市段文物保护预备费的批复	国调办征地〔2010〕267号	2010年12月13日
146	关于解决南水北调天津干线工程廊坊段征迁安置资金缺口的批复	国调办征地〔2010〕272号	2010年12月17日
147	关于加强南水北调干线工程征迁安置实施管理有关工作的通知	综征地〔2010〕10号	2010年1月15日
148	关于湖北省丹江口库区、安置区移民因洪灾损失给予补助的意见	综征地〔2010〕111号	2010年11月9日
149	关于南水北调中线一期引江济汉工程征地拆迁安置监督评估项目分标方案的批复	综征地函〔2010〕36号	2010年1月26日

沿线各省（直辖市）

沿线各省（直辖市）重要文件一览表

序号	文 件 名	文 号	发布单位	发布日期
1	关于天津市南水北调中线滨海新区供水一期工程初步设计报告的批复	津调水规〔2010〕25号	天津市南水北调工程建设委员会办公室	2010年12月16日
2	关于核定南水北调中线滨海新区供水一期工程初步设计概算的复函	津发改函〔2010〕198号	天津市发展和改革委员会	2010年12月15日

续表

序号	文 件 名	文 号	发布单位	发布日期
3	河北省南水北调工程建设委员会关于加快我省南水北调配套工程建设的通知	冀调委字〔2010〕3 号	河北省南水北调工程建设委员会	2010 年 11 月 30 日
4	山东省南水北调工程建设管理局关于加强南水北调工程征地边界管理工作的通知	鲁调水政字〔2010〕13 号	山东省南水北调工程建设管理局	2010 年 4 月 3 日
5	河南省人民政府移民工作领导小组关于对《南水北调中线一期工程总干渠沙河南—黄河南沙河渡槽工程征迁安置实施规划报告》和《南水北调中线一期工程总干渠沙河南—黄河南北汝河倒虹吸工程征迁安置实施规划报告》的批复	豫移〔2010〕4 号	河南省人民政府移民工作领导小组	2010 年 4 月 30 日
6	河南省人民政府移民工作领导小组关于对《南水北调中线一期工程总干渠沙河南—黄河南禹州和长葛段征迁安置实施规划报告》的批复	豫移〔2010〕10 号	河南省人民政府移民工作领导小组	2010 年 8 月 10 日
7	河南省人民政府移民工作领导小组关于对《南水北调中线一期工程总干渠沙河南—黄河南潮河段征迁安置实施规划报告》的批复	豫移〔2010〕14 号	河南省人民政府移民工作领导小组	2010 年 9 月 15 日
8	河南省南水北调丹江口库区移民安置指挥部关于对《南水北调中线一期工程河南省丹江口水库建设征地移民安置试点规划调整报告》的批复	豫移指〔2010〕13 号	河南省南水北调丹江口库区移民安置指挥部	2010 年 5 月 19 日
9	河南省南水北调工程建设管理局关于南水北调中线一期工程总干渠白河倒虹吸招标设计报告的批复	豫调建投〔2010〕24 号	河南省南水北调工程建设管理局	2010 年 9 月 2 日

CHINA SOUTH-TO-NORTH WATER DIVERSION PROJECT CONSTRUCTION YEARBOOK

叁 综合管理

GENERAL MANAGEMENT

综　　述

总　体　进　展

概　　述

2010年是南水北调各项工作加速推进、干线工程全面开工建设的一年，南水北调工程进入施工和移民的高峰期，进入确保实现工程通水目标的关键期。国务院副总理李克强、回良玉听取南水北调工作情况汇报，并提出明确要求、作出重要指示。李克强还亲临南水北调工程建设现场视察，并在河南省南阳市主持召开南水北调工程建设工作座谈会。在党中央、国务院的高度重视和正确领导下，在中央各部门和沿线各省市的团结协作和共同努力下，在沿线广大干群的大力配合和积极支持下，南水北调系统以科学发展观为统领，扎实开展创先争优活动，深入贯彻落实国务院南水北调工程建设委员会第四次全体会议工作部署和南水北调工程建设工作座谈会议精神，攻坚克难，团结协作，各项工作全面展开、扎实推进，取得了明显进展。

（朱　涛　姜成山）

前　期　工　作

2010年，国务院南水北调工程建设委员会办公室（以下简称国务院南水北调办）先后印发了《关于加快南水北调东、中线一期设计单元工程已委托初步设计审查和概算评审工作的通知》、《关于进一步加强南水北调东、中线一期工程初步设计组织管理工作的通知》，并以国务院南水北调工程建设委员会（以下简称国务院南水北调建委）确定的通水目标为约束，预留工程通水前6个月的技术验收时间，按照东线一期主体工程2013年6月底前完成，中线一期主体工程2013年12月底前完成，与通水直接相关的其他工程2014年3月底前完成的要求，采取主次有别、先后有序的策略，定时间，定任务，定质量，加强组织协调，完善工作制度，优化工作程序，提高设计质量，整合审查资源，加大审批力度，使长期制约项目开工的初步设计批复取得重要进展。2010年，共组织批复40个设计单元工程（东线21个，中线19个）及8个专项工程（东线2个，中线6个），与通水直接相关的主体工程设计单元工程均已批复，累计批复136个（东线56个，中线80个），占155个设计单元工程（东线68个，不含东线截污导流工程；中线87个）总数的88%；批复投资规模1110亿元（东线138亿元，中线972亿元），占已批复初步设计投资规模的51.5%，超过开工以来前8年批复投资总额，累计批复2138亿元（东线265亿元，中线1873亿元），占可行性研究总投资2289亿（不含东线治污地方批复项目）的93.4%，单年批复投资规模创开工以来新高。

（朱　涛　姜成山）

工程建设管理和进展

2010年，国务院南水北调办先后印发了《关于南水北调东、中线一期工程建设目标安排意见的通知》、《关于加强南水北调工程建设控制性项目进度管理的通知》、《关于南水北调东、中线一期工程建设目标意见的通知》和《关于建立南水北调工程建设进度协调会制度的通知》，加强组织协调，落实工作措施，并组织召开南水北调工程建设进度（第一次）协调会，工程建设进度不断加快。2010年新开工项目40项，开工规模566亿元，创南水北调工程建设史上最高纪录。截至2010年底，全部155项单元工程中，基本建成33项，占21%，在建79项，占51%，未开工43项，占28%；主体工程累计完成投资798亿元，其中，2010年度完成投资408亿元，占51%，创开工8年来之最。中线黄河以北全线和黄河以南重要节点工程开工，汉江下游治理4项工程已开工2项；东线山东省境内全线和江苏省境内大部分工程开工建设；丹江口大坝除溢流坝面外，全部加高到顶；东线和中线穿黄工程全线贯通；济平干渠工程顺利通过国家组织的设计单元工程完工验收；各地配套工程建设开始启动，前期工作进程加快，其中北京市、天津市已进入实施阶段。

2010年，以开展“质量管理年”、“安全生产年”活动为载体，国务院南水北调办组织编写了《南水北调工程质量问题目录》，研究建立了施工单位、监理单位总质检师和质量监督巡视员制度，在中线试点监理监管系统和土方填筑质量实时监控系统，并针对以往工程建设中出现的常见多发性质量问题，着手制定《南水北调工程建设质量问题责任追究管理办法》，修订印发《南水北调工程建设重特大安全事故应急预案》、《南水北调工程建设安全生产管理办法》和《南水北调工程安全生产目标考核办法》，进一步完善了工程质量监督和奖惩制度，没有发生较大以上质量和安全生产事故。截至2010年底，东、中线一期工程共评定单元工程179 445个，合格率100%，优良率87.8%。

已建工程持续发挥效益。中线京石段工程在2009年完成向北京临时应急供水4.35亿m^3后，2010年继续向北京市应急调水，截至2010年底调水3.3亿m^3，有效缓解了北京水资源短缺状况。东线山东省和江苏省的部分已完工程在防汛排涝和抗旱中发挥了作用。

（朱　涛　姜成山）

东线治污和中线水源保护工作

2010年，国务院南水北调办认真贯彻落实国务院领导提出的“三先三后”（先节水后调水，先治污后通水，先环保后用水）原则，进一步加大东线治污和中线水源保护协调力度，东线治污和中线水源保护工作取得新的进展。

东线治污方面，规划确定的426项治污项目全部开工，已完成404项，完成率94.8%。已建治污工程陆续投入运行，如期发挥设计效益，2/3城市污水处理厂运行负荷率达80%以上。江苏、山东两省对水质不达标的控制单元提出了综合治理措施，东线治污由工程措施逐步向工程与生态措施相结合转变。国务院南水北调办会同国家发展和改革委员会（以下简称国家发展改革委）等联合颁布了《南水北调东线一期工程治污工作目标责任考核办法》，将东线治污考核纳入国家重点流域水污染防治日常考核，形成长效机制。

中线水源保护方面，截至2010年底，《丹江口库区及上游水污染防治和水土保持规划》累计下达投资56.66亿元，占规划近期总投资的81.1%，近期97项水污染防治项目，建成38项，在建19项，已建在建率58.7%，规划中期评估和修编工作基本完成；初步建立水源区生态保护的财政转移支付机制，从2008年起向水源区43个县市一般性转移支付资金累计约57.47亿元；《丹江口库区及上游地区经济社会发展规划》已基本编制完成；北京、天津、河北、河南四省（市）中线总干渠两侧水源保护区划定方案全部编制完成，其中天津市、河南省政府已经批准实施。丹江口水源继续保持地表水Ⅱ类水质。

（朱　涛　姜成山）

征　地　移　民

南水北调工程沿线各省（市）认真贯彻落实"建委会领导、省级人民政府负责、县为基础、项目法人参与"的征地移民管理体制，丹江口库区移民工作平稳有序，干线征迁进度明显加快。

2010年东、中线一期工程完成征地43万亩，搬迁人口1.3万人，生产安置6.1万人。截至2010年底，累计征地67.1万亩（永久用地39.2万亩，临时用地27.9万亩），搬迁人口7.3万人，完成72%；生产安置18.9万人，完成65%；拆迁房屋377.7万m^2（城镇150万m^2，农村227.7万m^2），满足了南水北调工程建设的需要。

2010年丹江口库区移民工作，河南省第一批大规模搬迁和湖北省外迁安置任务全部完成，搬迁移民12.8万人（河南省6.2万人，湖北省6.6万人）。截至2010年底已累计搬迁14.9万人（河南省7.3万人，湖北省7.6万人），占库区移民总数34.5万的43%。河南、湖北两省省委、省政府高度重视，省领导靠前指挥，政府各有关部门相互配合，各级移民部门深入基层，扎实工作，实现了移民搬迁过程平稳、顺利。已搬迁移民在当地党委、政府和各部门的帮扶下，正在逐步融入新的环境，开始新的生活。河南省第二批移民和湖北省后靠安置工作顺利启动。

文物保护方面，总体可行性研究批复文物保护项目710个，总经费9.85亿元。截至2010年底，已下达8.3亿元，文物保护工作总体满足工程建设需要。

（朱　涛　姜成山）

技术研究和创新

2010年，"十一五"国家科技支撑计划"南水北调工程若干关键技术研究与应用"项目完成课题成果评审及推广应用。自南水北调工程开工以来，共取得新产品（新品种）、新材料、新工艺、新装置等科技成果63项；获得国内专利授权59项，其中国内发明专利授权16项；获得国家科技进步二等奖2项，省部级科技一等奖2项、二等奖3项。

2010年，国务院南水北调办狠抓对质量安全有重大影响的技术问题的攻关，数次召开主任专题办公会和不同层面的专家论证会，专门研究技术问题。目前膨胀土（岩）渠道处理措施、高填方渠道施工质量控制、大型渡槽设计施工、中线穿黄工程隧洞内衬施工等制约工程建设的重要技术问题的研究都取得了重大进展，多数都有了初步处理方案。

（朱　涛　姜成山）

资金管理和监督稽察工作

2010年，国务院南水北调办开展了工程建设资金、征地移民资金使用管理自查自纠和"小金库"专项治理工作；委托11家会计师事务所对各项目法人和建设管理单位、征地移民机构南水北调工程建设资金和征地移民资金进行了全面审计；对过渡性资金融资实行精细管理，制定了过渡性资金使用、本息偿还等管理制度，大力节约资金；重视初步设计管理，严控投资规模，发布了《关于进一步加强南水北调工程初步设计组织管理，规范和加快初步设计审查工作的通知》；强化设计变更管理，严格控制增加投资，印发了

《关于进一步加强南水北调东、中线一期工程设计变更管理工作的通知》和《南水北调工程重大设计变更审查审批工作方案》。全年资金日常监管到位，资金使用规范，没有发生资金使用责任问题。

为适应工程建设管理要求和稽察工作需要，国务院南水北调办扩大稽察涵盖范围，创新稽察工作方式，提高稽察工作质量，加强稽察整改落实。2010 年组织经常性稽察（复查）14 组次，设计、质量、合同财务、征地移民、建筑材料采购等专项稽察（复查）15 组次，充分发挥了各类稽察专家的作用，及时发现了被稽察项目建设过程中存在的问题，使工程现场一些管理问题得以及时纠正，有效提高了被稽察项目的建设管理水平。及时受理、办理社会举报，严肃查处违规、违纪案件。以招标投标、合同结算、设备采购和工程专包、分包等关键环节为重点，控制源头，完善制度，标本兼治，惩防并举，着力构建教育、制度、监督并重的惩治和预防腐败体系，确保了“工程安全、资金安全、干部安全”。

（朱　涛　姜成山）

南水北调工程档案管理

2010 年 11 月 24 ~ 26 日，国务院南水北调办组织国家档案局等有关单位专家组成验收专家组，对南水北调东线蔺家坝泵站和骆马湖水资源控制工程两个设计单元工程进行了工程档案专项验收。验收组专家分别听取了蔺家坝泵站和骆马湖水资源控制工程两个设计单元工程项目法人、设计单位、施工单位、监理单位对工程档案管理情况的汇报，实地查看了各工程建设现场，检查了工程档案管理情况，并对工程档案整编质量及归档情况进行了抽查。上述两个设计单元工程在建设、施工、监理过程中分别形成蔺家坝泵站工程档案 693 卷、骆马湖水资源控制工程档案 164 卷。专家组一致认为，南水北调东线一期蔺家坝泵站、骆马湖水资源控制工程两个设计单元工程档案组织及管理工作达到了《国家重大建设项目文件归档要求与档案整理规范》、《南水北调东中线第一期工程档案管理规定》、《南水北调工程验收管理规定》等有关规定要求，同意通过工程档案专项验收。

2010 年 12 月 27 ~ 29 日，国务院南水北调办组织国家档案局等有关单位专家组成验收专家组，对南水北调东线台儿庄泵站、姚楼河闸、潘庄引河闸工程三个设计单元工程进行了工程档案专项验收。验收组专家分别听取了台儿庄泵站、姚楼河闸、潘庄引河闸工程三个设计单元工程项目法人、设计单位、施工单位、监理单位对工程档案管理情况的汇报，实地查看了各工程建设现场，检查了工程档案管理情况，并对工程档案整编质量及归档情况进行了抽查。上述三个设计单元工程在建设、施工、监理过程中分别形成台儿庄泵站工程档案 829 卷、姚楼河闸工程档案 167 卷、潘庄引河闸工程档案 170 卷。专家组一致认为，南水北调东线一期台儿庄泵站、姚楼河闸、潘庄引河闸工程三个设计单元工程档案组织及管理工作达到了《国家重大建设项目文件归档要求与档案整理规范》、《南水北调东中线第一期工程档案管理规定》、《南水北调工程验收管理规定》等有关规定要求，同意通过工程档案专项验收。

（姜　水）

前 期 工 作

《南水北调供用水管理条例》立法前期工作

2010年，国务院法制办公室将《南水北调供用水管理条例》纳入2010年立法计划一档。水利部高度重视条例立法工作，政策法规司、南水北调规划设计管理局（以下简称水利部调水局）将此项工作列为2010年的一项重要工作任务，在组织对有关部委和省（市）反馈的意见逐条进行归类整理的基础上，认真分析研究有关部委和省（市）提出的意见，对《南水北调供用水管理条例》（征求意见稿）进行修改完善，先后两次向水利部领导进行专题汇报。2010年6月1日，水利部召开部长专题办公会议，研究审议《南水北调供用水管理条例》征求意见修改稿。2010年6月28日，水利部以办政法〔2010〕503号文再次征求有关部委和省（市）的意见。在反复修改完善的基础上，形成了《南水北调供用水管理条例》（草案）。2010年12月16日水利部召开部务会议，对《南水北调供用水管理条例》（草案）进行了审议。按照水利部部务会议要求，水利部调水局配合政策法规司对《南水北调供用水管理条例》（草案）进行进一步修改完善后，报送国务院法制办公室。

（杨占军）

南水北调工程运行管理研究工作

根据水利部批复的《南水北调东中线一期工程运行管理前期工作任务书》及有关专项研究安排，水利部调水局组织相关研究部门和技术单位开展的《南水北调东线一期工程运行管理方案研究》、《南水北调东线一期工程省界交水方式研究》、《南水北调中线一期工程运行管理方案研究》、《南水北调供用水管理条例（草案）编制》、《南水北调中线京石段应急供水实施方案》、《现状城市挤占农业与生态用水的返还方案研究》、《南水北调东线一期工程水质风险与应急调度策略研究》、《南水北调中线一期工程水量调度实施方案研究》等8项专题研究工作均取得阶段成果，其中《南水北调中线京石段应急供水实施方案》为2010年北京市应急调水提供了有力的技术支撑，《南水北调东线一期工程省界交水方式研究》和《南水北调中线一期工程水量调度方案研究》项目研究成果进一步深化后可应用于工程运行管理。

（杨占军）

南水北调西线工程前期工作

2010年6月，中共中央、国务院印发《关于深入实施西部大开发战略的若干意见》，提出适时开展南水北调西线工程前期工作。2010年11月，国务院批复《全国水资源综合规划》，提出逐步构建国家水资源调配体系，加快南水北调东、中线一期工程及配套工程建设，适时开展西线工程前期工作研究。为了争取南水北调西线工程前期工作早日重新启动，水利部调水局与有关部门和单位就有关问题进行研究，2010年6月组织邀请国务院发展研究中心、中国科学院和水利部有关司局及单位，对南水北调西线工程受水六省区水资源情势进行深入调查研究，为重启南水北调西线工程研究论证和推动下一步工作创造了有利条件。

（杨占军）

北京市应急调水组织协调工作

鉴于近十年来北京市水资源持续紧张局面，2010年北京市提出希望继续实施从河北省黄壁庄等3座水库应急调水。水利部要求把确保首都供水安全作为一项重要任务，明确由水利部调水局具体负责应急调水有关组织协调工作。水利部调水局认真组织，抓好落实，会同水利部规划计划司、水资源司、国家防汛抗旱总指挥部办公室和海河水利委员会组织编制了调水实施方案，并多次召开协调会议，研究落实调水安排，5月25日应急调水工作顺利启动。调水过程中，建立了调水情况周报制度，定期通报调水有关情况。有关各方面加强情况沟通，确保了调水工作的顺利进行，原计划调水2亿m^3的任务提前50天圆满完成。经各方进一步协调，后续调水持续进行，截至2010年12月31日，河北省黄壁庄等3座水库累计已放水3.37亿m^3，调水入京2.55亿m^3，为保证首都供水安全发挥了重要作用。通过两次向北京市应急调水的成功实践，建立和形成了有效的工作协调机制，同时为做好南水北调工程运行管理工作积累了有益的经验。

（杨占军）

南水北调工程项目技术审查

2010年，南水北调工程设计管理中心委托水利部水利水电规划设计总院（以下简称水利部水规总院）的技术审查共40项，其中：25项设计单元，12项专项专题，3项变更设计，已全部安排审查。

2010年度，水利部水规总院完成了中线沙河—黄河南的鲁山北段等7个设计单元、陶岔渠首—沙河南的淅川县段等7个设计单元、汉江中下游部分闸站改造和局部航道整治2个设计单元的审查；完成了东线长江—骆马湖段的洪泽站等6个设计单元，东平湖蓄水影响处理工程、胶东干线济南—引黄济青段工程陈庄输水线路、东线江苏段专项工程中血吸虫北移防护工程等3个设计单元的技术审查。完成了南水北调东线第一期工程调度运行管理系统总体初步设计方案、东线一期管理设施专项总体初步设计方案、东线血吸虫北移防护工程，南水北调中线沙河南—黄河南郑州2段等工程跨渠桥梁及丹江口水库移民安置工程等10个专项工程的审查工作。完成了东线第一期工程二级坝泵站、韩庄泵站供电线路工程和济南—引黄济青段东湖水库工程增设济南市区放水洞、双王城水库工程增设泄水洞等2项设计变更报告的审查；完成了中线一期工程丹江口大坝加高工程溢流坝堰面延期加高、引江济汉工程结合通航、穿黄工程北岸明渠段增设陈沟旅游路和新朱路跨渠公路桥及黄河北—美河北辉县段设计单元小官庄北沟局部线路调整等4个设计变更报告的审查。完成中线一期工程总干渠河南段（温博段、沁河段、焦作1段、鹤壁段、汤阴段）工程项目管理预算等11项管理预算报告审查。

40项技术审查项目如下：

（一）初步设计报告审查

（1）《南水北调东线第一期工程洪泽湖抬高蓄水位安徽省影响处理工程初步设计报告》。

（2）《南水北调东线第一期工程鲁北段大屯水库工程初步设计报告》。

（3）《南水北调东线第一期工程鲁北段临清、夏津、武城灌区影响处理工程初步设计报告》。

（4）《南水北调东线第一期南四湖—东平

湖段输水与航运结合工程梁济运河段、柳长河段初步设计报告》。

(5)《南水北调东线第一期工程金宝航道工程初步设计报告》。

(6)《南水北调东线第一期工程里下河水源调整工程初步设计报告》。

(7)《南水北调东线第一期鲁北段七一、六五河输水工程初步设计报告》。

(8)《南水北调东线第一期鲁北段小运河输水工程初步设计报告》。

(9)《南水北调东线第一期工程济南—引黄济青明渠段输水工程初步设计报告》。

(10)《南水北调东线第一期工程睢宁二站工程初步设计报告》。

(11)《南水北调东线第一期工程江苏省洪泽湖抬高蓄水位影响处理工程初步设计报告》。

(12)《南水北调东线第一期工程邳州站工程初步设计报告》。

(13)《南水北调东线第一期工程徐洪河影响处理工程初步设计报告》。

(14)《南水北调东线第一期工程洪泽站工程初步设计报告》。

(15)《南水北调东线一期胶东干线济南—引黄济青段工程陈庄输水线路设计单元工程初步设计报告》。

(16)《南水北调中线一期工程总干渠陶岔渠首—沙河南干渠工程白河倒虹吸初步设计报告》。

(17)《南水北调中线一期工程总干渠沙河南—黄河南禹州和长葛段工程初步设计报告》。

(18)《南水北调中线一期工程总干渠陶岔渠首—沙河南段工程澧河渡槽初步设计报告》。

(19)《南水北调中线一期工程总干渠陶岔渠首—沙河南段工程湍河渡槽初步设计报告》。

(20)《南水北调中线一期工程总干渠陶岔渠首—沙河南段工程鲁山南1段初步设计报告》。

(21)《南水北调中线一期工程总干渠陶岔渠首—沙河南段工程鲁山南2段初步设计报告》。

(22)《南水北调中线一期工程总干渠沙河南—黄河南段工程郑州1段初步设计报告》。

(23)《南水北调中线一期工程总干渠陶岔渠首—沙河南段工程淅川段、镇平段、南阳段、方城段和叶县段初步设计报告》。

(24)《南水北调中线一期工程总干渠沙河南—黄河南鲁山北段、宝丰—郏县段、新郑南段和双洎河渡槽段工程初步设计报告》。

(25)《南水北调中线一期工程总干渠沙河南—黄河南段工程荥阳段初步设计报告》。

(二) 设计变更审查

(1)《南水北调东线第一期工程蔺家坝泵站工程机电设备重大设计变更报告》。

(2)《南水北调东线第一期工程二级坝泵站、韩庄泵站供电线路工程初步设计变更报告》。

(3)《南水北调中线一期穿黄工程北岸明渠段增设陈沟旅游路和新朱路跨渠公路桥设计变更报告》。

(三) 专题报告审查

(1)《南水北调中线一期工程初步设计阶段丹江口水库建设征地城(集)镇迁建规划设计报告》。

(2)《南水北调中线一期工程总干渠沙河南—黄河南沙河渡槽段、禹州和长葛段、潮河段及郑州2段公路桥、生产桥专题报告及两处铁路交叉建筑物初步设计报告》。

(3)《南水北调中线一期工程丹江口大坝加高工程初步设计阶段坝区建设征地移民安置规划补充报告》。

(4)《南水北调中线一期工程丹江口水库初步设计阶段建设征地移民安置规划设计报告》。

（5）《南水北调中线一期工程漳河北—古运河南段电力专项设施迁建工程初步设计报告》。

（6）《南水北调中线一期工程天津干线河北段输变电工程迁建规划初步设计报告》。

（7）《南水北调中线一期工程总干渠沙河南—黄河南沙河渡槽段、禹州和长葛段、潮河段、郑州2段初步设计阶段电力设施复建专题报告》。

（8）《南水北调东线第一期工程南四湖水资源控制工程大沙河闸变更设计核定概算》。

（9）《南水北调东线第一期工程南四湖水资源控制工程杨官屯河闸变更设计核定概算》。

（10）《南水北调中线一期工程总干渠河南段（温博段、沁河段、焦作1段、鹤壁段、汤阴段）工程项目管理预算》。

（11）《南水北调中线一期工程总干渠河南段（焦作2段、辉县段、石门河段、安阳段）工程项目管理预算》。

（12）《南水北调中线一期工程天津干线天津市1、2段初步设计概算价格水平年调整专题报告》。

（冀建疆　关春曼　高　音）

南水北调东线一期工程重点项目审查

（一）《南水北调东线第一期工程蔺家坝泵站工程机电设备重大设计变更报告》审查

蔺家坝泵站是南水北调东线第一期工程的第9级泵站，位于骆马湖—南四湖段不牢河输水线末端，提水进入南四湖，设计流量为75m^3/s，与韩庄运河线的韩庄泵站联合运行，共同满足南水北调东线一期入南四湖下级湖流量200m^3/s的目标。蔺家坝泵站安装4台2800ZGQ25-2.0型后置灯泡式贯流泵（其中1台备用），总装机5000kW，设计扬程2.40m。

根据国务院南水北调办《关于加强南水北调工程设计变更管理工作的通知》以及《关于南水北调东线一期蔺家坝泵站工程机电设备设计变更有关事宜的函》要求，淮河水利委员会治淮工程建设管理局（以下简称淮委建管局）委托中水淮河规划设计研究有限公司（以下简称中水淮河公司）编写了《南水北调东线第一期工程蔺家坝泵站工程机电设备重大设计变更报告》。

受南水北调工程设计管理中心的委托，水利部水规总院于2009年11月7日对中水淮河公司编制、淮委建管局报送的《南水北调东线第一期工程蔺家坝泵站工程机电设备重大设计变更报告》进行了审查。会后，设计单位对报告进行了修改完善，补充提供了有关的设备招标、评标文件。2010年5月11日，水利部水规总院对报告进行了复审，并于2010年8月4日以水总规〔2010〕599号文将审查意见提交南水北调工程设计管理中心。

（二）《南水北调东线第一期工程江苏省洪泽湖抬高蓄水位影响处理工程初步设计报告》审查

根据南水北调东线第一期工程规划，洪泽湖正常蓄水位从目前的13.0m提高到13.5m，可增加淮河利用水量，提高供水保证率。工程任务是对受洪泽湖抬高正常蓄水位影响的江苏省境内支流河道、圩区、洼地排涝工程等进行治理，主要措施包括加固改造、拆除重建和新建圩区排涝泵站，修建滨湖圩堤护坡，新建、拆除重建通湖河道节制闸。

江苏省境内的洪泽湖周边抬高蓄水位影响处理范围约429km^2，分为淮阴洪泽、泗阳、宿城、泗洪、盱眙等5个片区。需新建3座套闸和节制闸，拆除重建3座现有节制闸；处理泵站126座，其中新建8座，拆除重建91座，加固改造27座；护砌滨湖圩堤24处，总长48.45km。核定工程静态总投资为25 674

万元。

受南水北调工程设计管理中心的委托，水利部水规总院于2010年1月19～21日在北京市对《南水北调东线第一期工程江苏省洪泽湖抬高蓄水位影响处理工程初步设计报告》进行了审查。会后，设计单位根据初步审查意见对报告进行了修改和完善，水利部水规总院于2010年6月11～13日对修改后的报告进行了复审，于2010年7月20日以水总规〔2010〕654号文将审查意见提交南水北调工程设计管理中心。

（三）《南水北调东线第一期工程睢宁二站工程初步设计报告》审查

南水北调东线第一期睢宁泵站由睢宁一站和睢宁二站组成，是南水北调东线第一期工程的第5级抽水泵站，工程的主要任务是与泗洪泵站、邳州泵站一起，通过徐洪河输水线向骆马湖输水100m³/s，与中运河共同满足向骆马湖调水275m³/s的目标。睢宁二站建设内容为：新建睢宁二站，改建睢宁一站主要变电设施、清污机桥，修建对外交通道路和桥梁。

睢宁站设计流量为110m³/s，其中已建的睢宁一站设计流量为50m³/s，睢宁二站新增设计流量60m³/s。考虑睢宁一站、二站共用备用流量20m³/s，睢宁二站设备输水流量采用80m³/s。睢宁二站设计净扬程为8.3m，泵站安装4台机组，其中1台备用，总装机容量为12 600kW。泵站按100年一遇洪水设计，300年一遇洪水校核。核定工程静态总投资为24 075万元。

受南水北调工程设计管理中心的委托，水利部水规总院于2010年1月19～23日在北京市对《南水北调东线第一期工程睢宁二站初步设计报告》进行了审查。会后设计单位根据初步审查意见对报告进行了修改。水利部水规总院于2010年6月10～11日对修改后的报告进行了复审，于2010年8月12日将审查意见提交南水北调工程设计管理中心。

（四）《南水北调东线第一期工程徐洪河影响处理工程初步设计报告》审查

根据南水北调东线规划，徐洪河线路设计输水流量为120～100m³/s，与中运河共同承担南水北调东线第一期工程出洪泽湖350m³/s、入骆马湖275m³/s的调水任务。

徐洪河影响处理工程的主要任务是建设和改造因徐洪河输水水位抬高后沿线受影响的工程，主要建设内容是入湖段抽槽与湖口清障，堤防险工处理和河坡防护，改建桥梁，新建、改建沿线淹没和受影响的灌排泵站，新建、改建节制闸、套闸和地涵，修建堤顶管理道路等。

受南水北调工程设计管理中心的委托，水利部水规总院于2010年1月19～25日在北京市对《南水北调东线第一期工程徐洪河影响处理工程初步设计报告》进行了审查。会后，设计单位根据初步审查意见对报告进行了修改，水利部水规总院于2010年5月22～23日对修改后的报告进行了复审。设计单位又对报告做了进一步修改，水利部水规总院审核后，于2010年8月26日以水总规〔2010〕739号文将审查意见提交南水北调工程设计管理中心。

（五）《南水北调东线第一期工程洪泽站工程初步设计报告》审查

洪泽泵站是南水北调东线第一期工程的第3级抽水泵站，工程的主要任务是与金湖站联合运行，通过金宝航道、入江水道三河段向洪泽湖调水150m³/s，与淮阴泵站共同达到入洪泽湖流量450m³/s的目标，向洪泽湖周边及以北地区供水，并结合宝应湖、白马湖地区排涝。

洪泽泵站设计流量为150m³/s，供水期设计净扬程为6.0m，排涝期设计净扬程为6.6m，泵站安装5台机组，总装机容量17 750kW。结合血吸虫病防治要求，对引水渠两侧修建护坡6150m；修建泵站管理道路

10.1km；对受影响的周边灌溉、排涝渠系进行补偿处理。核定工程静态总投资为50 564万元。

受南水北调工程设计管理中心的委托，水利部水规总院于2010年2月23～25日在北京市对《南水北调东线第一期工程洪泽站工程初步设计报告》进行了审查。会后，设计单位根据初步审查意见对报告进行了修改和完善，水利部水规总院于2010年6月对修改后的报告进行了复审，设计单位进一步修改了报告。水利部水规总院审核后，于2010年8月26日以水总规〔2010〕740号文将审查意见提交南水北调工程设计管理中心。

（六）《南水北调东线第一期工程里下河水源调整工程初步设计报告》审查

根据南水北调工程总体规划，为使江都泵站抽水流量尽量北送，以保证南水北调东线第一期工程的供水目标，需实施里下河水源调整工程，将原由江水北调工程供水的沿里运河和苏北灌溉总渠的部分灌溉面积调整为由里下河东引工程供水。

里下河水源调整工程由水源工程和灌区调整工程组成，其中水源工程主要建设内容是拓浚卤汀河、扩挖新通扬运河、开挖拓浚大三王河、新建大三王河节制闸；灌区调整工程涉及扬州、淮安、盐城三市，主要建设内容是疏浚引河、新建提水泵站、灌区水系调整等。

里下河水源调整的灌区范围为目前由北调江水和淮水灌溉的沿运河自流灌区及苏北灌溉总渠尾部南北灌区，现状灌溉面积为531.23万亩。根据南水北调东线规划，将其中的342.55万亩调整为由里下河东引工程供水（其中由大套站灌溉的173.5万亩目前已调整为里下河水源，本次新增169.05万亩），保留沿运河、沿总渠灌溉面积188.68万亩。扬州市沿运河灌区调整灌溉面积为50.68万亩，淮安市为8.97万亩；盐城市沿总渠调整灌溉面积为109.4万亩。

受南水北调工程设计管理中心的委托，水利部水规总院在江苏省泰州市对《南水北调东线第一期工程里下河水源调整工程初步设计报告》进行了审查。会后，设计单位根据初步审查意见对报告进行了修改和完善，水利部水规总院于2010年1月9～11日对修订后的报告进行了复审，并以水总规〔2010〕305号文将审查意见提交南水北调工程设计管理中心。

（七）《南水北调东线第一期工程邳州站工程初步设计报告》审查

邳州站是南水北调东线第一期工程的第6级抽水泵站，工程的主要任务是与泗洪泵站、睢宁泵站一起，通过徐洪河线向骆马湖输水100m^3/s，与中运河共同满足向骆马湖调水275m^3/s的目标，并结合房亭河以北地区的排涝。工程主要建设内容为：新建泵站厂房、变电所，开挖上下游引河，新建清污机桥、交通桥，配套建设刘集南闸，修建泵站对外交通道路，补偿建设双杨灌溉涵洞等。

邳州站设计输水流量为100m^3/s；相机结合房北片236.5km^2（不牢河以南、中运河以西、房亭河以北，古运河以东区域）的排涝，排涝标准为5年一遇。调水期泵站设计净扬程为3.1m，排涝期设计净扬程为4.0m，安装4台机组，总装机容量8000kW。核定工程静态总投资为31 813万元。

受南水北调工程设计管理中心的委托，水利部水规总院于2010年3月24～26日在北京市对《南水北调东线第一期工程邳州站工程初步设计报告》进行了审查。会后，设计单位根据初步审查意见对报告进行了修改，水利部水规总院于2010年6月9～10日对修改后的报告进行了复审；设计单位又进一步修改了报告。2010年8月13日，水利部水规总院以水总规〔2010〕655号文将审查意见提交南水北调工程设计管理中心。

（八）《南水北调东线第一期工程沿运闸洞漏水处理工程初步设计报告》审查

南水北调东线第一期工程利用江苏省境内的高水河、里运河、中运河、徐洪河、不牢河等河道输水，沿线现有的众多涵闸大多建于20世纪60～70年代，由于年久失修，多数闸门和启闭机破损，漏水严重。为减少水资源流失，提高输水效率，须对输水线路沿线存在漏水问题的涵闸进行处理。

沿运闸洞漏水处理的范围为与南水北调东线输水有关的河道（湖泊），包括高水河、里运河、二河、苏北灌溉总渠阜宁腰闸以西段、中运河、不牢河、徐洪河、房亭河、民便河，以及洪泽湖、骆马湖、南四湖周边等，涉及江苏省扬州、淮安、宿迁、徐州、盐城等五市。漏水闸洞处理方式分为更换或维修闸门、启闭机，更换门槽埋件、更换或维修闸门与启闭机，以及拆除重建等三大类。处理措施以对闸门、启闭机和埋件进行更换维修为主，部分漏水严重的涵闸按原规模拆除重建。共处理闸洞170座，其中第一类更换或维修闸门、启闭机的40座，第二类更换门槽埋件、更换或维修闸门与启闭机的120座，第三类拆除重建的10座。核定工程静态总投资为12 095万元。

受南水北调工程设计管理中心的委托，水利部水规总院于2010年11月14～16日在北京市对《南水北调东线第一期工程沿运闸洞漏水处理工程初步设计报告》进行了审查。会后，设计单位根据初步审查意见对报告进行了修改。水利部水规总院审核后，于2011年3月14日以水总规〔2011〕60号文将审查意见提交南水北调工程设计管理中心。

（九）《南水北调东线第一期工程鲁北段小运河输水工程初步设计报告》审查

小运河输水工程是南水北调东线第一期工程鲁北段工程的重要组成部分，主要任务是将由穿黄河工程送至黄河北的江水继续输送至临清邱屯闸，满足沿线聊城地区城市用水，并通过七一、六五河继续向德州市供水，也为向天津市、河北省应急供水创造条件，兼顾排涝和行洪。

工程主要建设内容为：新开挖输水渠道40.076km，扩挖疏浚现有河道58.134km；对10段输水河道进行护砌；新建东阿、阳谷莘县、东昌府区、聊城、高唐、茌平、冠县等7座分水闸；新建、拆除重建、改建8座节制闸和枢纽、44座倒虹吸、151座穿堤涵闸、133座桥梁；修建截污干管17.471km，排水暗涵1.634km；新建堤顶管理道路99.422km，防护网109.304km。

受南水北调工程设计管理中心的委托，水利部水规总院对《南水北调东线第一期鲁北段小运河输水工程初步设计报告》进行了审查。会后，设计单位根据初步审查意见对报告进行了修改和完善，水利部水规总院于2009年11月对修改后的报告进行了复审。根据复审会议要求，设计单位对报告做了进一步修改，于2010年4月提出再次修改后的报告。根据国务院南水北调办的要求，山东省交通部门对山东省境内的南水北调东线桥梁工程进行了行业审查。水利部水规总院根据南水北调工程设计管理中心的要求，结合山东交通部门的意见，于2010年6月对小运河桥梁工程和输水工程初步设计报告进行了审核，并于2010年7月12日以水总规〔2010〕590号文将审查意见提交南水北调工程设计管理中心。

（十）《南水北调东线第一期工程七一、六五河输水工程》审查

七一、六五河输水工程是南水北调东线第一期工程鲁北段工程的重要组成部分，主要任务是将通过小运河调来的江水继续北送至德州市，沿线向临清、夏津等县城供水，兼顾排涝和行洪。

根据南水北调东线第一期工程总体可行性研究，鲁北段工程供水范围为聊城市、德

州市的16个市、县、区，穿黄河枢纽工程出口多年平均水量为4.42亿 m^3，分水口门总供水量为3.796 7亿 m^3，其中小运河段沿线供水量1.428 3亿 m^3，七一、六五河段沿线供水量1.149 9亿 m^3，末端入大屯水库水量1.218 5亿 m^3。

七一、六五河输水工程起点临清邱屯闸上设计水位31.39m、闸下水位31.24m，终点六五河入大屯水库口设计水位20.0m。河道设计输水流量为25.5~13.7m^3/s；排涝标准为5年一遇，防洪标准为20年一遇。

受南水北调工程设计管理中心的委托，水利部水规总院对《南水北调东线第一期鲁北段七一、六五河输水工程初步设计报告》进行了审查。会后，设计单位根据初步审查意见对报告进行了修改和完善。2009年底，水利部水规总院组织有关单位和人员对报告进行了复审。此后，设计单位又对报告做了进一步修改，于2010年4月提出再次修改后的报告。根据国务院南水北调办的要求，山东省交通部门对山东省境内的南水北调东线桥梁工程进行了行业审查。水利部水规总院根据南水北调工程设计管理中心的要求，结合山东交通部门的意见，于2010年6月对《南水北调东线七一、六五河桥梁工程和输水工程初步设计报告》进行了审核，于2010年7月12日以水总规〔2010〕579号文将审查意见提交南水北调工程设计管理中心。

（十一）《南北调东线第一期工程胶东干线济南—引黄济青段工程陈庄输水线路设计单元工程初步设计报告》审查

济南—引黄济青明渠段输水工程是南水北调东线第一期工程胶东输水干线西段的组成部分，该段工程起点位于济南市区段暗涵工程出口，沿小清河北侧开挖明渠，输水进入引黄济青输水渠，可贯通济南—胶东地区调引长江水的输水通道，向山东省胶东地区城市生活工业及高新农业供水。

该段工程2009年实施过程中，在济南以东陈庄村附近发现历史文物遗址，根据国务院南水北调办和有关各方研究决定，将涉及陈庄遗址的济南—引黄济青明渠段11.305km输水明渠[桩号(76+590)~(87+895)]进行线路调整，作为独立单元工程进行设计。

山东省胶东输水干线工程的供水范围为山东省的济南、滨州、淄博、东营、潍坊、青岛、烟台、威海8个市的57个县（市、区)，供水保证率为95%，设计年供水量为8.77亿 m^3，多年平均供水量为7.46亿 m^3。通过陈庄输水线路的年供水量为7.589亿 m^3，主要向沿线淄博、滨州分水和送水入小清河分洪道子槽，向下段的东营、潍坊、青岛、烟台、威海等城市供水。

济南—引黄济青明渠段陈庄输水线路工程的设计流量为50m^3/s，加大流量为60m^3/s；设计水位为13.09~8.49m。

山东省文物保护单位出具了陈庄遗址申报全国重点文物保护单位的有关材料，初定陈庄遗址保护范围为遗址边界以外300m、建设控制范围再外延500m。为避让陈庄遗址，设计提出了5条输水线路方案进行比选，最终选定绕村明渠输水方案。

陈庄输水工程自济南—引黄济青明渠（76+590）桩号起，沿小清河左岸至吉池沟，之后沿吉池沟右岸向东北方向至胡家屋子再折向东，至樊家林引清渠后顺渠向南至小清河左岸并进入小清河分洪闸下，接原济南—引黄济青明渠段输水线路。陈庄输水线路单元工程线路总长13.225km，需新挖明渠13.09km，进行渠道衬砌；新建节制闸2座、分水闸1座；新建倒虹吸21座、渡槽2座；修建跨渠公路桥6座、生产桥9座、人行桥4座；修建13.09km交通管理道路。核定工程静态总投资为30 401万元，其中工程部分投资13 978万元，桥梁工程投资2291万元，移民环境投资14 132万元。

受南水北调工程设计管理中心的委托，水利部水规总院于2010年9月10～12日在北京市对《南水北调东线一期胶东干线济南—引黄济青段工程陈庄输水线路设计单元工程初步设计报告》进行了审查。会后，设计单位根据初步审查意见对报告进行了修改。水利部水规总院对修改报告进行审核后，于2010年11月30日以水总规〔2010〕1011号文将审查意见提交南水北调工程设计管理中心。

（李小燕）

南水北调中线一期工程重点项目审查

（一）《南水北调中线一期工程总干渠陶岔渠首—沙河南段工程鲁山南1段初步设计报告》审查

南水北调中线一期工程总干渠陶岔渠首—沙河南段工程鲁山南1段位于河南省鲁山县境内，是南水北调中线一期工程的组成部分，担负向鲁山南1段以北的输水任务。线路起点位于鲁山县杨蛮庄东北，终点为鲁山县范庄村南。渠段设计流量320m³/s，加大流量380m³/s。起点设计水位133.89m，终点设计水位133.168m。线路全长13.451km，其中明渠长13.095km，建筑物长0.356km。各类交叉建筑物共24座，其中河渠交叉建筑物1座、左岸排水建筑物6座、渠渠交叉建筑物10座、公路交叉建筑物7座。

受南水北调工程设计管理中心委托，水利部水规总院于2010年1月28～31日在北京市召开会议对《南水北调中线一期工程总干渠陶岔渠首—沙河南段工程鲁山南1段初步设计报告》进行了审查，并于2010年2月以水总设〔2010〕132号文将审查意见（初稿）提交南水北调工程设计管理中心。审查会后，设计单位根据审查意见（初稿）对初步设计报告进行了补充和修改，水利部水规总院对修改后的报告进行了复核。2010年7月，水利部水规总院以水总设〔2010〕628号文将审查意见提交南水北调工程设计管理中心。

按2008年四季度价格水平，核定鲁山南1段初步设计静态总投资为110 400万元，总投资117 218万元。

（二）《南水北调中线一期工程总干渠陶岔渠首—沙河南段工程鲁山南2段初步设计报告》审查

南水北调中线一期工程总干渠陶岔渠首—沙河南段工程鲁山南2段位于河南省鲁山县境内，是南水北调中线一期工程的组成部分，担负向鲁山南2段以北的供输水任务。线路起点位于鲁山县西盆窑村东北，终点位于沙河南岸鲁山县薛寨北。渠段设计流量320m³/s，加大流量380m³/s。起点设计水位133.168m，终点设计水位132.370m。线路全长9.780km，其中明渠长9.066km，建筑物长0.714km。各类交叉建筑物共19座，其中河渠交叉建筑物2座、左岸排水建筑物3座、渠渠交叉建筑物6座、分水口门1座、节制闸1座、退水闸1座、公路交叉建筑物5座。

鲁山南2段初步设计报告由中水北方勘测设计研究有限责任公司编制完成。南水北调中线干线工程建设管理局（以下简称中线建管局）以中线局技〔2009〕65号文将初步设计报告上报了国务院南水北调办。受南水北调工程设计管理中心委托，水利部水规总院于2010年1月28～31日在北京市召开会议对《南水北调中线一期工程总干渠陶岔渠首—沙河南段工程鲁山南2段初步设计报告》进行了审查，并于2010年2月以水总设〔2010〕132号文将审查意见（初稿）提交南水北调工程设计管理中心。审查会后，设计单位根据审查意见（初稿）对初步设计报告进行了补充和修改，水利部水规总院对修改后的报告进行了复核。2010年7月，水利部水规总院以水总设〔2010〕629号文将审查意见提交南水北调工程设计管理中心。

按2008年四季度价格水平，核定鲁山南2段初步设计静态总投资为83 684万元，总投资为86 673万元。

（三）《南水北调中线一期工程总干渠沙河南—黄河南鲁山北段、宝丰至郏县段、新郑南段和双洎河渡槽段工程初步设计报告》审查

南水北调中线一期工程总干渠鲁山北段、宝丰至郏县段、新郑南段和双洎河渡槽段为南水北调中线一期工程总干渠河南—黄河南段干渠的组成部分。4个设计单元线路总长66.545km（不含北汝河倒虹吸），其中明渠长62.024km，建筑物长4.521km，各类交叉建筑物共111座（不含北汝河倒虹吸）。

鲁山北段起点位于鲁山坡流槽出口后50m处，终点为鲁山县和宝丰县交界处。渠段设计流量和加大流量分别为320 m^3/s和380m^3/s。起点设计水位130.489m，终点设计水位130.191m。线路全长7.744km，均为明渠段。各类交叉建筑物共18座，其中左岸排水建筑物10座、渠渠交叉建筑物3座、公路交叉建筑物5座。

宝丰至郏县段起点为鲁山北段终点，终点为兰河渡槽出口后100m处。起点—高庄分水口门设计流量和加大流量分别为320 m^3/s和380m^3/s，高庄分水口门—宝丰至郏县段终点的设计流量和加大流量分别为315m^3/s和375m^3/s。起点设计水位130.191m，终点设计水位127.166m。线路全长40.769km（不含北汝河倒虹吸），其中明渠长38.318km、建筑物长2.451km。各类交叉建筑物共68座（不含北汝河倒虹吸），其中河渠交叉建筑物8座、左岸排水建筑物16座、渠渠交叉建筑物8座、节制闸2座、退水闸1座、分水口门3座、公路交叉建筑物27座、铁路交叉3座。

新郑南段起点为长葛市和新郑市交界处，终点为新郑市西北王老庄南双洎河渡槽进口前150m处。设计流量和加大流量分别为305m^3/s和365m^3/s。起点设计水位124.528m，终点设计水位123.524m。线路全长16.183km，其中明渠长15.190km、建筑物长0.993km。各类交叉建筑物共19座，其中河渠交叉建筑物2座、左岸排水建筑物7座、渠渠交叉建筑物1座、退水闸1座、公路交叉建筑物7座、铁路交叉建筑物1座。

双洎河渡槽段起点接新郑南段终点，终点为新密铁路倒虹吸出口。设计流量和加大流量分别为305m^3/s和365m^3/s。起点设计水位123.524m，终点设计水位123.154m。线路全长1.849km，其中明渠长0.772km、建筑物长1.077km。各类交叉建筑物共6座，其中河渠交叉建筑物1座、左岸排水建筑物1座、节制闸1座、退水闸1座、公路交叉建筑物1座、铁路交叉建筑物1座。

鲁山北段、宝丰至郏县段、新郑南段和双洎河渡槽段4个设计单元初步设计报告由河南省水利勘测设计研究有限公司编制完成。中线建管局以中线局技〔2009〕64号文将初步设计报告上报国务院南水北调办。

受南水北调工程设计管理中心委托，水利部水规总院于2010年3月6～14日在河南省郑州市召开会议对《南水北调中线一期工程总干渠沙河南—黄河南鲁山北段、宝丰至郏县段、新郑南段和双洎河渡槽段工程初步设计报告》进行了审查，并于2010年3月以水总设〔2010〕244号文将审查意见（初稿）提交南水北调工程设计管理中心。审查会后，设计单位根据审查意见（初稿）对4个设计单元初步设计报告进行了补充和修改。2010年6月18～21日，水利部水规总院对修改后的初步设计报告进行了复审。复审会后，设

计单位根据复审意见对初步设计报告进行了进一步修改。2010 年 8 月，水利部水规总院以水总设〔2010〕695 号文将审查意见提交南水北调工程设计管理中心。

按 2008 年四季度价格水平，核定南水北调中线一期工程总干渠沙河南—黄河南鲁山北段、宝丰至郏县段、新郑南段和双洎河渡槽段工程初步设计静态总投资为696 678万元（含公路、铁路及供电线路等工程），其中鲁山北段静态总投资为63 065万元，宝丰至郏县段静态总投资为414 049万元，新郑南段静态总投资为146 515万元，双洎河渡槽段静态总投资为73 049万元。

（四）《南水北调中线一期工程总干渠沙河南—黄河南段工程荥阳段初步设计报告》审查

南水北调中线一期工程总干渠沙河南—黄河南段工程荥阳段位于河南省荥阳市境内，是南水北调中线一期工程总干渠的组成部分，担负向郑州市及以北地区的输供水任务。线路起点位于荥阳市东陈庄东北，终点位于新店村东北与穿黄工程 A 点相接。渠段设计流量为 $265m^3/s$，加大流量为 $320m^3/s$。起点设计水位 119.236m，终点设计水位 118.0m。线路全长 23.973km，其中明渠长 23.257km，建筑物长 0.716km。各类交叉建筑物共 28 座，其中河渠交叉建筑物 2 座、左岸排水建筑物 5 座、渠渠交叉建筑物 1 座、公路交叉建筑物 15 座、铁路交叉建筑物 1 座、分水口门 2 座、节制闸 1 座、退水闸 1 座。

荥阳段初步设计报告由长江勘测规划设计研究有限责任公司编制完成。中线建管局以中线局技〔2009〕64 号文将初步设计报告上报了国务院南水北调办。受南水北调工程设计管理中心委托，水利部水规总院于 2010 年 2 月 24 ~ 27 日在北京市召开会议对《南水北调中线一期工程总干渠沙河南—黄河南段工程荥阳段初步设计报告》进行了审查，并于 2010 年 3 月以水总设〔2010〕193 号文将审查意见（初稿）提交南水北调工程设计管理中心。审查会后，设计单位根据审查意见（初稿）对初步设计报告进行了补充和修改，水利部水规总院对修改后的报告进行了复核。2010 年 8 月，水利部水规总院以水总设〔2010〕705 号文将审查意见提交南水北调工程设计管理中心。

按 2008 年四季度价格水平，核定荥阳段初步设计静态总投资为228 293万元。

（五）《南水北调中线一期工程总干渠沙河南—黄河南段工程郑州 1 段初步设计报告》审查

南水北调中线一期工程总干渠沙河南—黄河南段工程郑州 1 段位于河南省郑州市境内，是南水北调中线一期工程总干渠的组成部分，担负向郑州市及以北地区的输供水任务。线路起点位于郑州市贾鲁河南岸郑湾附近，终点位于郑州市董岗村西北。渠段起点—中原西路分水口设计流量为 $285m^3/s$，加大流量为 $345m^3/s$；中原西路分水口—渠段终点设计流量为 $265m^3/s$，加大流量为 $320m^3/s$。起点断面设计水位 119.775m，终点设计水位 119.236m。线路全长 9.773km，其中明渠长 9.432km，建筑物长 0.341km。各类交叉建筑物共 18 座，其中河渠交叉建筑物 3 座、左岸排水建筑物 3 座、分水口门 1 座、节制闸 1 座、退水闸 1 座、公路交叉建筑物 9 座。

《南水北调中线一期工程总干渠沙河南—黄河南段工程郑州 1 段初步设计报告》由黄河勘测规划设计有限公司编制完成。中线建管局以中线局技〔2009〕64 号文将初步设计报告上报了国务院南水北调办。

受南水北调工程设计管理中心委托，水利部水规总院于 2010 年 3 月 14 ~ 16 日在河南省郑州市召开会议对《南水北调中线一期工程总干渠沙河南—黄河南段工程郑州 1 段初步设计报告》进行了审查，并于 2010 年 3 月以水总设〔2010〕257 号文将审查意见（初稿）提交南水北调工程设计管理中心。审查会后，设计单位根据审查意见（初稿）对初步设计报告进行了补充和修改，水利部水规总院对修改后的报告进行了复核。2010 年 7 月，水利部水规总院以水总设〔2010〕671 号文将审查意见提交南水北调工程设计管理中心。

按 2008 年四季度价格水平，核定郑州 1 段初步设计静态总投资为147 843万元。

（六）《南水北调中线一期工程总干渠陶岔渠首—沙河南段工程淅川、镇平、南阳、方城和叶县段初步设计报告》审查

南水北调中线一期工程总干渠淅川、镇平、南阳、方城和叶县段为南水北调中线一期工程总干渠陶岔渠首—沙河南段干渠的组成部分。5 个设计单元线路总长 210.234km（不含湍河渡槽、白河倒虹吸、澧河渡槽、南阳膨胀土试验段），其中明渠段总长 203.541km，建筑物总长 6.693km，各类交叉建筑物总数 303 座。5 个设计单元共分为 4 个流量段，陶岔—彭家设计流量和加大流量分别为 $350m^3/s$ 和 $420m^3/s$；彭家—大寨设计流量和加大流量分别为 $340m^3/s$ 和 $410m^3/s$；大寨—辛庄设计流量和加大流量分别为 $330m^3/s$ 和 $400m^3/s$；辛庄—叶县段末端设计流量和加大流量分别为 $320m^3/s$ 和 $380m^3/s$。

淅川段起点位于淅川县陶岔渠首闸下游消力池末端公路桥下游，终点位于镇平县马庄镇南邓州市和镇平县交界处。起点设计水位 147.368m，终点设计水位 144.375m。线路全长 50.77km（不含湍河渡槽 1.03km），其中明渠长 49.57km、建筑物长 1.2km。各类交叉建筑物共 64 座（不含湍河渡槽），其中河渠交叉建筑物 6 座、左岸排水建筑物 16 座、渠渠交叉建筑物 3 座、分水口门 3 座、节制闸 1 座、退水闸 2 座、公路交叉建筑物 33 座。

镇平段起点为淅川段终点，终点位于潦河西岸镇平县和南阳市卧龙区交界处。起点设计水位 144.375m，终点设计水位 142.540m。线路全长 35.825km，其中明渠长 35.12km，建筑物长 0.705km。各类交叉建筑物共 50 座，其中河渠交叉建筑物 5 座、左岸排水建筑物 18 座、渠渠交叉建筑物 1 座、节制闸 1 座、公路交叉建筑物 25 座。

南阳段起点为镇平段终点，终点位于小清河支流东岸南阳市宛城区和方城县交界处。起点设计水位 142.540m，终点设计水位 139.435m。线路全长 33.439km（不含南阳膨胀土试验段 2.05km 和白河倒虹吸 1.337km），其中明渠长 31.459km，建筑物长 1.98km。各类交叉建筑物共 60 座（不含白河倒虹吸），其中河渠交叉建筑物 4 座、左岸排水建筑物 19 座、渠渠交叉建筑物 4 座、分水口门 3 座、节制闸 1 座、退水闸 1 座、公路交叉建筑物 24 座、铁路交叉建筑物 4 座。

方城段起点为南阳段终点，终点位于三里河北岸方城县和叶县交界处。起点设计水位 139.435m，终点设计水位 135.727m。线路全长 60.794km，其中明渠长 58.336km、建筑物长 2.458km。各类交叉建筑物共 85 座，其中河渠交叉建筑物 8 座、左岸排水建筑物 22 座、渠渠交叉建筑物 11 座、分水口门 3 座、节制闸 3 座、退水闸 2 座、公路交叉建筑物 36 座。

叶县段起点为方城段终点，终点位于杨蛮庄叶县和鲁山县交界处。起点设计水位 135.727m，终点设计水位 133.890m。线路全长 29.406km（不含澧河渡槽 0.86km），其中明渠长 29.056km、建筑物长 0.35km。各类交叉建筑物共 44 座（不含澧河渡槽），其中河渠交叉建筑物 1 座、左岸排水建筑物 17 座、渠渠交叉建筑物 8 座、分水口门 1 座、公路交叉建筑物 17 座。

淅川、镇平、南阳、方城和叶县段 5 个设计单元初步设计报告由长江勘测规划设计

研究有限责任公司编制完成。中线建管局以中线局技〔2009〕65号文将初步设计报告上报国务院南水北调办。受南水北调工程设计管理中心委托，水利部水规总院于2010年1月19~24日在北京召开会议对《南水北调中线一期工程总干渠陶岔渠首—沙河南段工程淅川、镇平、南阳、方城和叶县段初步设计报告》进行了审查，并于2010年1月以水总设〔2010〕102号文将审查意见（初稿）提交南水北调工程设计管理中心。审查会后，设计单位根据审查意见（初稿）对初步设计报告进行了补充和修改。2010年5月，水利部水规总院在北京对修改后的初步设计报告进行了复核。复核后，设计单位对初步设计报告再次进行了修改。2010年8月，水利部水规总院以水总设〔2010〕680号文将审查意见提交南水北调工程设计管理中心。

按2008年四季度价格水平，核定南水北调中线一期工程总干渠陶岔渠首—沙河南段工程淅川段、镇平段、南阳段、方城段和叶县段初步设计静态总投资为2 195 949万元（含公路、铁路、供电线路等投资），其中淅川段工程静态总投资为678 244万元，镇平段工程静态总投资为315 597万元，南阳段工程静态总投资为406 417万元，方城段工程静态总投资为500 700万元，叶县段工程静态总投资为294 991万元。

（吴建疆）

环　境　保　护

概　　述

党中央、国务院高度重视南水北调治污环保工作，南水北调工程沿线各级党委政府和环保部门认真贯彻落实中央要求和胡锦涛总书记“让江河湖泊休养生息、再现生机”重要指示，按照国务院南水北调建委部署，不断加大治污力度，水污染防治工作取得积极进展。

（环境保护部）

水　质　现　状

（一）东线水质状况

2010年总体为轻度污染。10个国控监测断面中，Ⅰ~Ⅲ类、Ⅳ类和劣Ⅴ类水质的断面比例分别为60.0%、30.0%和10.0%。与上年相比，水质有所好转。主要污染指标为高锰酸盐指数、五日生化需氧量和石油类。

（二）中线水质状况

2010年监测结果表明，丹江口水库总体为Ⅱ类水质（总氮不参评），属于中营养状态，水质较去年无明显变化，主要污染指标是总氮。

（环境保护部）

东线治污和中线水源区水污染防治项目进展

截至2010年底，东线治污控制单元实施方案确定的426项治污项目中，已经完成404项，完成率94.8%；在建22项，占5.2%。通过采取各项综合措施，东线治污效果逐步显现，输水干线水质得到持续改善。36个考核断面中，有24个断面水质达到规划治理目标，达标率为66.7%。

中线规划近期水污染防治项目97项，建成38项，在建19项，已建在建率58.7%；

未动工40项，占41.3%。

（环境保护部）

水环境保护工作

（一）治污规划

国务院南水北调办、环境保护部和有关部门联合印发了《关于进一步深化南水北调东线工程治污工作的通知》，严格东线治污工作要求。2010年7月，国务院南水北调办和环境保护部联合召开了南水北调东线治污暨截污导流工程建设现场会，推动南水北调治污工作。环境保护部配合国家发展改革委和国务院南水北调办进行《丹江口库区及上游水污染防治和水土保持规划》修编工作。

（二）调水干线水源保护

环境保护部配合有关部门开展了南水北调中线一期工程总干渠两侧水源保护区划定工作，中线四省（市）方案已基本完成，其中天津市、河南省的方案已分别经天津市政府、河南省政府批准。丹江口库区水源涵养区已经列为我国50个重要生态功能区之一。山东省、江苏省等省紧密围绕东线水质目标，切实加大水源保护力度，南四湖、东平湖、骆马湖等湖泊水质改善明显。

（三）治污科技支撑

水体污染控制与治理科技重大专项“十一五”期间，设置了4个有关南水北调的课题，国家投入1.6亿元。环境保护部联合国家发展改革委、水利部共同组织开展了中线丹江口水库生态安全评估工作，已取得初步成果，目前正在制定相应的生态安全保障综合方案。

（四）环境监督管理

在环境保护部开展的整治违法排污企业保障群众健康环保专项行动、重金属污染企业专项检查等工作中，均将南水北调沿线作为监督检查的重点。同时，环保部门强化了南水北调沿线建设项目管理，严格环评审批，从源头控制污染。在环境保护部会同有关部门编制的重金属污染防治、城市饮用水水源地环境保护、地下水污染防治等专项规划中，也对南水北调沿线予以了重点倾斜。

（五）治污工作考核机制

为落实李克强副总理的重要批示精神，环境保护部配合国务院南水北调办制定了《南水北调东线一期工程治污目标责任考核办法》，建立了治污目标责任考核制度，推动治污责任落实。

（环境保护部）

文　物　保　护

概　述

（一）总体进度

截至2010年12月底，南水北调东、中线一期工程文物保护工作进展顺利，中线干渠京石段、河北南段、河南段文物保护工作全部完成，丹江口库区、东线山东段、江苏段文物保护工作进展顺利，累计已完成考古发掘面积近133万m^2，占总工作量的78%。

（二）项目审查和批准

为进一步做好南水北调遇真宫保护工作，在多次征求专家意见的基础上，国家文物局与国务院南水北调办商议决定，同意采取原地垫高方式保护遇真宫，并于2010年2月批复《关于遇真宫保护工程的意见》（办保函〔2010〕86号），要求湖北省文物局指导地方人民政府，抓紧制订遇真宫垫高保护工程设计方案。

（国家文物局）

检查监督

2010年4月20日，国家文物局局长单霁翔一行深入丹江口库区，实地考察、调研湖北省南水北调工程文物保护工作。单霁翔局长一行先后考察了湖北南水北调博物馆（十堰市博物馆）南水北调工程出土文物展、湖北南水北调郧县出土文物整理基地和郧县博物馆，冒雨查看了中国社会科学院考古研究所承担的郧县青龙泉遗址考古工地，并听取了湖北省文物局有关库区文物保护工作情况的汇报。单霁翔对湖北省南水北调工程丹江口库区文物保护工作给予了充分肯定。他指出，南水北调是关系国计民生的重大工程，丹江口库区是南水北调水源工程所在地，高质高效地抢救、保护好工程涉及的文物，对南水北调工程建设具有重要意义。库区文物保护工作开展以来，湖北省文物局精心组织，地方政府和文物部门密切配合，各考古单位全力投入，克服时间紧、任务重等困难，取得了重大阶段性成果，为工程建设赢得了时间。他强调，目前南水北调工程建设已进入加快推进的新阶段，文物抢救保护工作刻不容缓，任务十分艰巨。他要求有关单位进一步认真贯彻落实科学发展观，强化大局意识，妥善处理工程建设与文物保护的关系，全力以赴、科学细致地做好库区文物抢救保护工作；进一步认真贯彻执行文物保护工作方针，强化科研意识，确保文物保护工作的质量和水平；进一步加强资料整理和出土文物修复，切实将发掘成果保护好、研究好、利用好，确保文物保护成果尽快惠及广大民众。同时他指出，当地政府要全力支持、加强协调，为文物抢救保护工作的顺利开展提供有力保障。

2010年11月27～28日，国务院南水北调办、国家文物局联合组成检查组，深入湖北省和河南省丹江口库区检查南水北调工程文物保护工作。检查组在武当山召开了湖北省南水北调工程文物保护工作汇报会，听取了湖北省文物局、湖北省文物考古研究所、武汉大学等单位关于近年湖北省南水北调工程文物保护工作总体情况和武当山遇真宫、郧县辽瓦店子遗址考古发掘工作情况的汇报，并检查了武当山遇真宫、郧县辽瓦店子遗址考古发掘现场。检查组提出以下意见：

（1）湖北省在总结三峡工程文物保护工作经验的基础上，率先在全国创新文物保护工作制度建设和文物整理基地建设，为大型工程建设中的文物保护工作提供了可资借鉴的经验，对于科学、规范地做好新时期文物保护管理工作起到了重要促进作用。

（2）应在前期工作基础上，继续狠抓南水北调工程文物保护，尤其是重点抓好世界文化遗产遇真宫的保护工作，倒排工期，确保在丹江口水库蓄水前圆满完成遇真宫垫高保护的基建工程。

（3）继续以课题意识为导向，抓紧开展文物修复、整理和研究，稳步推进考古报告出版。

（4）层层落实安全责任制，采取有效措施，确保人员、文物和经费使用安全，努力开创文化遗产保护成果人人共享的大好局面，为实现文物保护与工程建设两不误的“和谐双赢”目标不懈努力。

2010年10月25～27日，国家文物局组织有关专家对南水北调工程河南段淅川下寨遗址、淅川双河—狮子岗旧石器地点、淅川王庄墓地、鲁山杨南（马厂）遗址、禹州后屯遗址、郑州蒋寨遗址等考古发掘项目进行检查。检查组考察了发掘现场和临时库房，听取了考古队的工作汇报以及监理单位的监理报告，检查了文字、图纸、相片及影像资料，并逐项评分，形成相关意见和建议。

2010年11月26～29日，国家文物局组织有关专家对南水北调工程山东段和江苏段考古发掘项目进行检查。检查组专家在实地考察土桥闸遗址考古工地时指出，土桥闸遗址规模较大、保存较好、具有重要价值，建议原址保护，同时应积极申报全国重点文物保护单位。山东省文物局已与调水部门研商土桥闸遗址保护方案，土桥闸作为会通河节制闸群的组成部分现已列入大运河申报世界文化遗产专家推荐预备名单，并列入第七批全国重点文物保护单位专家推荐名单。

此外，为进一步加强南水北调考古工地管理，确保人员和文物安全，国家文物局下发《关于加强考古发掘工地安全工作的紧急通知》（办保发〔2010〕6号），要求有关单位进一步落实安全规章制度，加强安全防范措施，做好安全教育培训工作，制定突发事件应急预案，以确保施工人员和当地人民群众生命财产安全。

（国家文物局）

重大考古成果

山东省高青陈庄西周城址入选“2009年全国十大考古新发现”。河南省新郑望京楼夏商时期城址、河北省赞皇西高北朝家族墓地入围“2010年全国十大考古新发现”。

（国家文物局）

报告出版

河南省文物部门2010年出版了《百泉、郭柳与山彪》、《南阳镇平程庄墓地》两部考古发掘报告。湖北省文物部门2010年11月出版了《湖北省南水北调工程重要考古发现Ⅱ》。

（国家文物局）

专题会议

2010年3月23～26日，河北省文物局在石家庄市组织召开河北省南水北调田野考古汇报会。参与河北省南水北调考古工作的北京大学、中国社会科学院考古研究所等27家田野考古发掘单位代表、考古发掘监理单位代表，以及有关专家约40余人参加会议。国家文物局、国务院南水北调办、中线建管局、河北省南水北调工程建设委员会、河北省文物局有关领导参加会议。会议回顾了河北省南水北调工程文物保护工作概况，听取了24个重点项目的成果汇报，部署了下一阶段南水北调文物保护工作，并进行了学术交流。会议提出以下要求：①对于未完成的考古工作要按时完成并要保质保量；②要加强各地的管理，确保田野工作更好完成；③对于大多已完工的考古工作要认真进行资料整理；④加强各段各省之间的交流和研究；⑤做好文物的后期保护工作。

（国家文物局）

投资计划管理

概　述

截至2010年底，水利部和国务院南水北调办共批复初步设计136个（东线56个、中线80个），见图1。批复的初步设计总投资规模为2138亿元（东线265亿元、中线1873亿元）。

截至2010年底，国家累计安排国务院南水北调办负责投资计划管理的南水北调主体工程建设项目投资计划1149.8亿元。其中安排工程建设投资计划1127.3亿元，初步设计工作投资14.2亿元，文物保护工作投资8.3亿元。

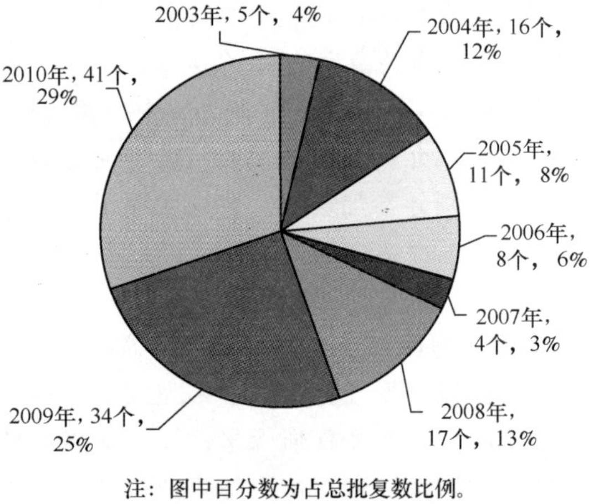

注：图中百分数为占总批复数比例。

图1　南水北调工程初步设计年度批复情况图

截至2010年底，南水北调主体工程建设项目累计完成投资797.7亿元（不含截污导流、初步设计和文物保护投资）。其中：2003年完成投资7.7亿元，2004年完成投资12.6亿元，2005年完成投资18.3亿元，2006年完成投资80.5亿元，2007年完成投资71.3亿元，2008年完成投资51.1亿元，2009年完成投资147.9亿元，2010年完成投资408.3亿元。

（马永征）

投资计划管理

（一）指导思想和原则

深入贯彻科学发展观，积极落实南阳南水北调工程建设工作座谈会会议精神和有关会议纪要精神，又好又快地推进南水北调工程建设。在南水北调东、中线一期工程实现阶段性目标的基础上，加快续建工程、控制性工程和省界工程建设，加大投入力度，抓紧新开工建设一批具备前期工作基础的工程，工程建设进入高峰期。

（二）投资总体情况

截至2010年底，国家累计安排国务院南水北调办负责投资计划管理的南水北调主体工程建设项目投资计划1149.8亿元，按投资来源分：中央预算内投资232.7亿元，中央预算内专项资金106.5亿元，南水北调工程基金112亿元，银行贷款339.8亿元，国家重大水利工程建设基金358.8亿元。

其中：工程建设安排投资1127.3亿元（中央预算内投资213.3亿元，中央预算内专项资金106.0亿元，南水北调工程基金111.9亿元，银行贷款339.8亿元，国家重大水利工程建设基金356.3亿元）。东线工程建设安排投资148.3亿元（中央预算内投资27.2亿元，中央预算内专项资金20.0亿元，南水北调工程基金18.9亿元，银行贷款41.3亿元，国家重大水利工程建设基金40.9亿元）；中线工程建设安排投资979.0亿元（中央预算内投资186.1亿元，中央预算内专项资金86.0亿元，南水北调工程基金93.0亿元，银行贷款298.5亿元，国家重大水利工程建设基金315.4亿元）。

初步设计工作安排投资14.2亿元（全部

为中央预算内投资）。

文物保护工作安排投资8.3亿元（中央预算内投资5.3亿元，中央预算内专项资金0.5亿元，国家重大水利工程建设基金2.5亿元）。

（三）年度投资计划安排

2010年，国家安排南水北调主体工程建设项目投资计划528.6亿元，按投资来源分：中央预算内投资65.0亿元，南水北调工程基金25.0亿元，银行贷款79.8亿元，国家重大水利工程建设基金358.8亿元。

其中：工程建设安排投资524.2亿元（中央预算内投资63.1亿元，南水北调工程基金25.0亿元，银行贷款79.8亿元，国家重大水利工程建设基金356.3亿元）。东线工程建设安排投资58.0亿元（中央预算内投资5.1亿元，南水北调工程基金1.5亿元，银行贷款10.5亿元，国家重大水利工程建设基金40.9亿元）；中线工程建设安排投资466.2亿元（中央预算内投资58.0亿元，南水北调工程基金23.5亿元，银行贷款69.3亿元，国家重大水利工程建设基金315.4亿元）。

初步设计工作安排投资0.5亿元（全部为中央预算内投资）。

文物保护工作安排投资3.9亿元（中央预算内投资1.4亿元，国家重大水利工程建设基金2.5亿元）。

由国务院南水北调办负责组织实施的南水北调工程总体可行性研究静态投资和已安排工程建设投资情况见图2。

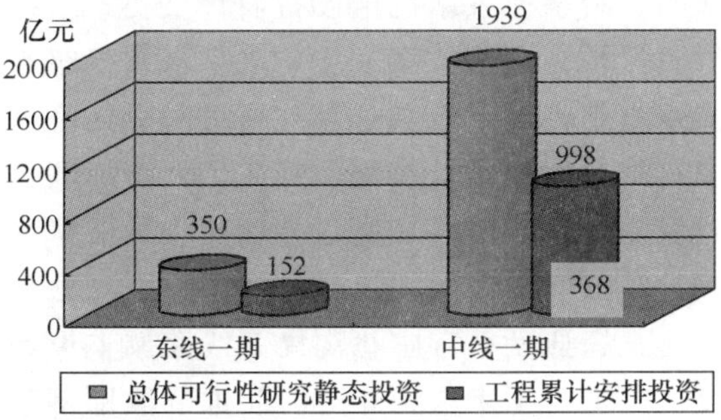

图2 总体可行性研究静态投资和已安排工程建设投资情况图

主要用于24项单项（专项）工程建设，其中东线单项工程5项，分别为穿黄河工程、胶东干线济南—引黄济青段工程、南四湖—东平湖段工程、鲁北段工程、长江—骆马湖段其他工程；中线单项工程13项，分别为漳河北—古运河南段工程、穿漳河工程、黄河北—漳河南段工程、沙河南—黄河南段工程、陶岔渠首—沙河南段工程、天津干线工程、中线干线工程自动化调度与运行管理决策支持系统、京石段应急供水工程、丹江口水利枢纽大坝加高工程、丹江口库区移民安置工程、陶岔渠首枢纽工程、兴隆水利枢纽工程、引江济汉工程；专项工程6项，分别为东中线一期工程年度价差投资、东中线一期工程初步设计工作投资、南水北调丹江口库区文物保护项目、南水北调中线干线文物保护项目、南水北调汉江中下游文物保护项目、南水北调山东文物保护项目。

（刘　军）

工程投资完成情况

（一）工程累计投资完成情况

截至2010年底，南水北调工程累计完成投资797.7亿元（不含截污导流、初步设计和文物保护投资），其中：2003年完成投资7.7亿元，2004年完成投资12.6亿元，2005年完成投资18.3亿元，2006年完成投资80.5亿元，2007年完成投资71.3亿元，2008年完成投资51.1亿元，2009年完成投资147.9亿元，2010年完成投资408.3亿元。累计完成土石方66 122万m^3，累计完成混凝土浇筑1337万m^3。

（二）2010年工程投资完成情况

2010年南水北调工程建设安排投资524.2亿元，完成投资408.3亿元（不含截污导流、初步设计和文物保护投资）。其中东线一期工程完成投资43.8亿元，占东线一期工程累计完成投资的39.8%；中线一期工程完成投资

364.5 亿元。占中线一期工程累计完成投资的 53.0%。

（马永征）

重大专题和基础设施建设

2010 年，国务院南水北调办进一步加强管理，及时总结项目进展情况，积极研究项目建设内容，加快项目成果推广应用，严格项目审查审批。

2003～2010 年，国务院南水北调办组织开展了与南水北调工程建设管理相关的重大专题和基础设施、能力建设项目 12 项，国家发展改革委累计安排投资16 358万元（中央预算内投资），其中 2003 年 2000 万元、2004 年 3000 万元、2005 年 4500 万元、2006 年 2990 万元、2007 年 1068 万元、2008 年 1200 万元、2009 年 1600 万元，2010 年无新安排计划。累计完成投资14 113万元。

（马永征）

初步设计审批工作

2010 年，南水北调东、中线一期工程初步设计审查审批工作取得了重大突破，共完成 9 个单项工程的 41 个设计单元工程初步设计（其中：东线 20 个，中线 21 个）及部分专项工程的审查审批工作，关键或控制性设计单元工程已完成批复，为实现工程建设目标奠定了前期工作基础。2010 年批复设计单元工程初步设计投资规模 1110 亿元（其中：东线 138 亿元，中线 972 亿元，与地方共建项目仅计入南水北调工程分摊投资）。

（一）东线

分别是：东线一期长江—骆马湖段其他工程高水河整治工程、淮安二站改造工程、金湖站工程、洪泽站工程、邳州站工程、睢宁二站工程、金宝航道工程、里下河水源补偿工程、骆马湖以南中运河影响处理工程、徐洪河影响处理工程；洪泽湖抬高蓄水位影响处理江苏省境内工程、洪泽湖抬高蓄水位影响处理安徽省境内工程；胶东干线济南—引黄济青段工程明渠段工程；南四湖—东平湖段工程湖内疏浚工程、梁济运河段工程、柳长河段工程；鲁北段小运河段工程、七一六五河段工程、鲁北段灌区影响处理工程、大屯水库工程。

（二）中线

分别是：中线一期京石段北京永久供电工程；沙河南—黄河南段工程北鲁山北段工程、宝丰至郏县段工程、禹州和长葛段工程、潮河段工程、新郑和中牟段工程、双洎河渡槽工程、郑州 1 段工程、荥阳段工程；陶岔渠首—沙河南段工程淅川县段工程、湍河渡槽工程、镇平县段工程、南阳市段工程、白河倒虹吸工程、方城段工程、叶县段工程、澧河渡槽工程、鲁山南 1 段工程、鲁山南 2 段工程；引江济汉主体工程、丹江口大坝加高库区移民安置工程等。

（马永征）

重大设计变更审查

严格执行设计变更管理有关办法，对项目法人报送的重大设计变更，及时组织审查批复。2010 年完成了大沙河、杨官屯闸设计变更（概算）、安阳段生产桥设计变更、北京段配套工程大宁水库防渗工程穿越永定河倒虹吸、蔺家坝泵站机组设备设计变更、东线穿黄河预注灌浆方案变更、兴隆水利枢纽水毁恢复工程等批复和处理，组织对引江济汉工程结合通航设计变更、丹江口大坝加高工程溢流坝堰面延期加高设计变更、丹江口大坝加高工程初期大坝混凝土缺陷检查与处理报告、辉县段小官庄北沟局部线路调整设计变更等进行了审查，并对河北邯邢段邯钢改线设计变更、焦作 2 段中铝检修厂线铁路桥设计变更以及焦作城区桥梁引道变引桥等进行研究处理。

（刘　军）

专题专项技术审查

2010年，组织审查并批复了的专项内容有：东线邓楼泵站工程耕地占用税、湖内疏浚工程耕地占用税、长沟泵站工程耕地占用税；中线漳河北—古运河南段电力专项设施迁建工程；郑州2段、潮河段、沙河渡槽、禹州和长葛段电力设施复建工程；郑州2段、潮河段、沙河渡槽、禹州和长葛段桥梁专项工程；天津1、2段新增耕地占用税；天津干线河北段输变电工程迁建规划等内容。

（马永征）

初步设计技术复核

2010年组织对南水北调东线一期长江—骆马湖段其他工程睢宁二站工程抗震设计开展技术复核。组织对中线一期陶岔渠首—沙河南段湍河渡槽工程跨度设计方案进行了比选论证。

（马永征）

初步设计审查

2010年，南水北调工程设计管理中心共完成初步设计审查28项。

（1）南水北调工程设计管理中心委托水利部水规总院于2009年8月24～28日对中线建管局报送的《南水北调中线一期工程白河倒虹吸工程初步设计报告》进行了审查，并提出了审查意见（初稿）。2010年1月，水利部水规总院对项目法人组织修改的初步设计报告进行复核后提出了正式审查意见。1月29日，南水北调工程设计管理中心以设管技〔2010〕11号文向国务院南水北调办报送了审查意见和工作建议。

（2）南水北调工程设计管理中心委托水利部水规总院于2009年8月17～23日对南水北调东线山东干线有限责任公司（以下简称山东干线公司）报送的《南水北调东线第一期工程鲁北段大屯水库初步设计报告》进行了审查，并提出了初步审查意见。11月9～12日，水利部水规总院对山东干线公司根据初审意见组织修改的初步设计报告进行了复审。2010年1月29日，南水北调工程设计管理中心以设管技〔2010〕12号文向国务院南水北调办报送了审查意见和工作建议。

（3）南水北调工程设计管理中心委托水利部水规总院于2009年8月17～23日对山东干线公司报送的《南水北调东线第一期工程鲁北段灌区影响处理工程初步设计报告》进行了审查，并提出了初步审查意见。11月9～12日，水利部水规总院对山东干线公司根据初审意见组织修改的初步设计报告进行了复审。2010年3月3日，南水北调工程设计管理中心以设管技〔2010〕18号文向国务院南水北调办报送了审查意见和工作建议。

（4）南水北调工程设计管理中心委托水利部水规总院于2009年10月12～16日对中线建管局报送的《南水北调中线一期工程沙河南—黄河南禹州和长葛段工程初步设计报告》进行了审查，并提出了审查意见（初稿）。2010年1月，水利部水规总院对项目法人组织修改的初步设计报告进行复核后提出了正式审查意见。3月19日，南水北调工程设计管理中心以设管技〔2010〕25号文向国务院南水北调办报送了审查意见和工作建议。

（5）南水北调工程设计管理中心委托水利部水规总院于2009年3月20～21日对中线建管局报送的《南水北调中线一期穿黄工程生产桥初步设计报告》进行了审查，并提出了审查意见（初稿）。11月7～10日，水利部水规总院对项目法人组织修改的初步设计报告进行了复审。2010年3月26日，南水北调工程设计管理中心以设管技〔2010〕27号文向国务院南水北调办报送了审查意见和工作建议。

（6）南水北调工程设计管理中心委托水利部水规总院于2009年9月2～5日对安徽省南水北调东线一期洪泽湖抬高蓄水位影响处理工程建设管理办公室报送的《南水北调东线第一期工程洪泽湖抬高蓄水位影响处理工程（安徽省境内）初步设计报告》进行了审查，并提出了初步审查意见。2010年1月，水利部水规总院对项目法人组织修改的初步设计报告进行复核后提出了正式审查意见。3月30日，南水北调工程设计管理中心以设管技〔2010〕28号文向国务院南水北调办报送了审查意见和工作建议。

（7）南水北调工程设计管理中心委托水利部水规总院于2009年8月24～28日对南水北调东线江苏水源有限责任公司（以下简称江苏水源公司）报送的《南水北调东线第一期工程金宝航道工程初步设计报告》进行了审查，并提出了初步审查意见。12月18～20日，水利部水规总院对江苏水源公司根据初审意见组织修改的初步设计报告进行了复审。2010年4月6日，南水北调工程设计管理中心以设管技〔2010〕30号文向国务院南水北调办报送了审查意见和工作建议。

（8）南水北调工程设计管理中心委托水利部水规总院于2009年8月24～28日对中线建管局报送的南水北调中线一期工程陶岔渠首—沙河南澧河渡槽、湍河渡槽初步设计报告进行了审查，并提出了审查意见（初稿）。2010年2月，水利部水规总院对项目法人组织修改的初步设计报告进行复核后提出了正式审查意见。4月7日，南水北调工程设计管理中心分别以设管技〔2010〕31、32号文向国务院南水北调办报送了两个设计单元工程的初步设计审查意见和工作建议。

（9）南水北调工程设计管理中心委托水利部水规总院会同交通运输部规划研究院于2009年5月13～16日对山东干线公司报送的《南水北调东线第一期南四湖—东平湖段输水与航运结合工程梁济运河段初步设计报告》、《南水北调东线第一期南四湖—东平湖段输水与航运结合工程柳长河段初步设计报告》进行了审查，并提出了审查意见（初稿）。6月29日，交通运输部规划研究院对梁济运河、柳长河桥梁工程专题报告进行了审查。12月27～29日，南水北调工程设计管理中心组织水利部水规总院和交通运输部规划研究院对修改后的梁济运河、柳长河输水河道工程和桥梁工程设计报告进行了复审。2010年4月16日，南水北调工程设计管理中心分别以设管技〔2010〕40、41号文向国务院南水北调办报送了两个设计单元工程的初步设计审查意见和工作建议。

（10）南水北调工程设计管理中心委托水利部水规总院于2009年10月23～28日对江苏水源公司报送的《南水北调东线第一期工程里下河水源调整工程初步设计报告》进行了审查，并提出了初步审查意见。2010年1月9～11日，水利部水规总院对江苏水源公司根据初审意见组织修改的初步设计报告进行了复审。4月19日，南水北调工程设计管理中心以设管技〔2010〕42号文向国务院南水北调办报送了审查意见和工作建议。

（11）南水北调工程设计管理中心委托水利部水规总院于2010年1月11～13日对中线水源公司报送的《南水北调中线一期丹江口水库初步设计阶段建设征地移民安置规划设计总报告》进行了审查。5月19日，南水北调工程设计管理中心以设管技〔2010〕46号文向国务院南水北调办报送了审查意见和工作建议。

（12）南水北调工程设计管理中心委托水利部水规总院于2009年11月11日对中线建管局报送的南水北调中线一期天津干线工程河北段输变电迁建专项工程初步设计报告进行了审查。2010年4月29～30日，水利部水规总院对项目法人组织修改的初步设计报告进行了复审。5月21日，南水北调工程设计管理中心以设管技〔2010〕64号文向国务院南水北调办报送了审查意见和工作建议。

（13）南水北调工程设计管理中心委托水利部水规总院于2009年11月12日对中线建管局报送的南水北调中线一期漳河北—古运河南段电力设施专项迁建工程初步设计报告进行了审查。2010年4月29～30日，水利部水规总院对项目法人组织修改的初步设计报告进行了复审。5月21日，南水北调工程设计管理中心以设管技〔2010〕65号文向国务院南水北调办报送了审查意见和工作建议。

（14）南水北调工程设计管理中心委托水利部水规总院于2010年1月14日对中线水源公司报送的《南水北调中线一期工程丹江口大坝加高工程初步设计阶段坝区建设征地移民安置规划补充设计报告》进行了审查。6月11日，南水北调工程设计管理中心以设管技〔2010〕78号文向国务院南水北调办报送了审查意见和工作建议。

（15）南水北调工程设计管理中心委托水利部水规总院于2009年8月17～23日对山东干线公司报送的《南水北调东线第一期工程鲁北段小运河输水工程初步设计报告》进行了审查，并提出了初步审查意见。11月9～12日，水利部水规总院对山东干线公司根据初审意见组织修改的初步设计报告进行了复审。2010年7月12日，南水北调工程设计管理中心以设管技〔2010〕89号文向国务院南水北调办报送了审查意见和工作建议。

（16）南水北调工程设计管理中心委托水利部水规总院于2009年2月17～23日对山东干线公司报送的《南水北调东线第一期工程济南—引黄济青明渠段输水工程初步设计报告》进行了审查，并提出了初步审查意见。4月22～25日，水利部水规总院对山东干线公司根据初审意见组织修改的初步设计报告进行了复审。2010年7月13日，南水北调工程设计管理中心以设管技〔2010〕91号文向国务院南水北调办报送了审查意见和工作建议。

（17）南水北调工程设计管理中心委托水利部水规总院于2010年1月28～31日对中线建管局报送的南水北调中线一期工程总干渠陶岔渠首—沙河南段工程鲁山南1段、鲁山南2段初步设计报告进行了审查，并提出了审查意见（初稿）。2010年5月，水利部水规总院对项目法人组织修改的初步设计报告进行复核后提出了正式审查意见。7月23日，南水北调工程设计管理中心以设管技〔2010〕93、94号文向国务院南水北调办报送了审查意见和工作建议。

（18）南水北调工程设计管理中心委托水利部水规总院于2009年8月17～23日对山东干线公司报送的《南水北调东线第一期工程鲁北段七一、六五河输水工程初步设计报告》进行了审查，并提出了初步审查意见。11月9～12日，水利部水规总院对山东干线公司根据初审意见组织修改的初步设计报告进行了复审。2010年8月6日，南水北调工程设计管理中心以设管技〔2010〕101号文向国务院南水北调办报送了审查意见和工作建议。

（19）南水北调工程设计管理中心委托水利部水规总院于2010年3月24～27日对江苏水源公司报送的《南水北调东线第一期工程邳州站工程初步设计报告》进行了审查，并提出了初步审查意见。6月7～13日，水利部水规总院对江苏水源公司根据初审意见组织修改的初步设计报告进行了复审。8月6日，南水北调工程设计管理中心以设管技〔2010〕103号文向国务院南水北调办报送了审查意见和工作建议。

（20）南水北调工程设计管理中心委托水利部水规总院于2010年1月19～23日对江苏水源公司报送的《南水北调东线第一期工程睢宁二站工程初步设计报告》进行了审查，并提出了初步审查意见。6月7～13日，水利部水规总院对江苏水源公司根据初审意见组织修改的初步设计报告进行了复审。8月6日，南水北调工程设计管理中心以设管技〔2010〕104号文向国务院南水北调办报送了审查意见和工作建议。

（21）南水北调工程设计管理中心委托水利部水规总院于2010年1月19～23日对江苏水源公司报送的《南水北调东线第一期工程洪泽湖抬高蓄水位江苏省影响处理工程初步设计报告》进行了审查，并提出了初步审查意见。6月7～13日，水利部水规总院对江苏水源公司根据初审意见组织修改的初步设计报告进行了复审。8月6日，南水北调工程设计管理中心以设管技〔2010〕105号文向国务院南水北调办报送了审查意见和工作建议。

（22）南水北调工程设计管理中心委托水利部水规总院于2010年3月14～16日对中线建管局报送的《南水北调中线一期工程沙河南—黄河南郑州1段初步设计报告》进行了审查，并提出了审查意见（初稿）。7月27日，水利部水规总院提出了正式审查意见。8月22日，南水北调工程设计管理中心以设管技〔2010〕108号文向国务院南水北调办报送了审查意见和工作建议。

（23）南水北调工程设计管理中心委托水规总院于2010年2月24～27日对中线建管局报送的《南水北调中线一期工程沙河南—黄河南荥阳段初步设计报告》进行了审查，并提出了审查意见（初稿）。8月9日，水利部水规总院提出了正式审查意见。8月22日，南水北调工程设计管理中心以设管技〔2010〕109号文向国务院南水北调办报送了审查意见和工作建议。

（24）南水北调工程设计管理中心委托水利部水规总院于2010年1月19～24日对中线建管局报送的南水北调中线一期工程陶岔渠首—沙河南淅川段、镇平段、南阳段、方城段、叶县段初步设计报告进行了审查，并提出了审查意见（初稿）。2010年5月，水利部水规总院对项目法人组织修改的初步设计报告进行了复核，8月3日提出了正式审查意见。8月22日，南水北调工程设计管理中心以设管技〔2010〕110号文向国务院南水北调办报送了五个设计单元工程的初步设计审查意见和工作建议。

（25）南水北调工程设计管理中心委托水利部水规总院于2010年3月6～14日对中线建管局报送的南水北调中线一期工程沙河南—黄河南鲁山北段、宝丰—郏县段、新郑南段、双洎河渡槽段初步设计报告进行了审查，并提出了审查意见（初稿）。6月18～21日，水利部水规总院对项目法人组织修改的初步设计报告进行了复审，8月6日提出了正式审查意见。8月22日，南水北调工程设计管理中心以设管技〔2010〕111号文向国务院南水北调办报送了四个设计单元工程的初步设计审查意见和工作建议。

（26）南水北调工程设计管理中心委托水利部水规总院于2010年1月19～23日对江苏水源公司报送的《南水北调东线第一期工程徐洪河影响处理工程初步设计报告》进行了审查，并提出了初步审查意见。5月22～23日，水利部水规总院对江苏水源公司根据初审意见组织修改的初步设计报告进行了复审。9月1日，南水北调工程设计管理中心以设管技〔2010〕127号文向国务院南水北调办报送了审查意见和工作建议。

（27）南水北调工程设计管理中心委托水利部水规总院于2010年2月24～27日对江苏水源公司报送的《南水北调东线第一期工程洪泽站初步设计报告》进行了审查，并提出了初步审查意见。6月7～13日，水利部水规总院对江苏水源公司根据初审意见组织修改的初步设计报告进行了复审。9月2日，南水北调工程设计管理中心以设管技〔2010〕128号文向国务院南水北调办报送了审查意见和工作建议。

（28）南水北调工程设计管理中心委托水利部水规总院于2010年9月9～12日对山东干线公司报送的《南水北调东线第一期工程济南—引黄济青陈庄输水线路工程初步设计报告》进行了审查，并提出了初步审查意见。2010年11月，水利部水规总院对山东干线公司根据初审意见组织修改的初步设计报告进行复核后提出了正式审查意见。12月10日，南水北调工程设计管理中心以设管技〔2010〕160号文向国务院南水北调办报送了审查意见和工作建议。

（李志竑　阎红梅）

专题报告审查

2010年，南水北调工程设计管理中心全年共完成专题项目审查2项。

（1）南水北调工程设计管理中心委托水利部水规总院于2010年6月18～21日对南水北调中线一期工程总干渠沙河南—黄河南沙河渡槽段、禹州和长葛段、潮河段、郑州2段等4个设计单元工程跨渠桥梁专题报告进行了审查，并于2010年8月22日以设管技〔2010〕112号文将审查意见上报国务院南水北调办。

（2）南水北调工程设计管理中心委托水利部水规总院于2010年3月14～16日对南水北调中线一期工程总干渠沙河南—黄河南沙河渡槽段、禹州和长葛段、潮河段、郑州2段等4个设计单元工程电力设施复建专题报告进行了审查，并于2010年8月27日以设管技〔2010〕121号文将审查意见上报国务院南水北调办。

（李志竑　阎红梅）

重大设计变更审查

2010年，南水北调工程设计管理中心共完成重大设计变更审查3项。

（1）南水北调工程设计管理中心委托水利部水规总院于2009年11月4～6日对《南水北调东线第一期工程南四湖水资源控制工程大沙河闸变更设计报告》进行了审查，并于2010年1月22日以设管技〔2010〕8号文将核定概算上报国务院南水北调办。

（2）南水北调工程设计管理中心委托水利部水规总院于2009年11月4～6日对《南水北调东线第一期工程南四湖水资源控制工程杨官屯河闸变更设计报告》进行了审查，并于2010年1月27日以设管技〔2010〕10号文将核定概算上报国务院南水北调办。

（3）南水北调工程设计管理中心委托水利部水规总院于2009年11月4～6日对《南水北调东线第一期工程蔺家坝泵站工程机电设备重大设计变更报告》进行了审查。2010年5月11日，水利部水规总院对项目法人组织修改的初步设计报告进行了复审。7月14日，南水北调工程设计管理中心以设管技〔2010〕92号文向国务院南水北调办报送了审核意见，8月2日，南水北调工程设计管理中心以设管技〔2010〕96号文向国务院南水北调办报送了补充意见。

（李志竑　阎红梅）

概算评审

2010年，南水北调工程设计管理中心共完成概算评审42项：

（1）南水北调中线一期京石段应急供水工程（北京段）永久供电工程。

（2）南水北调东线第一期工程长江—骆马湖段金宝航道工程。

（3）南水北调东线第一期工程里下河水源调整工程。

（4）南水北调中线一期工程总干渠沙河南—黄河南禹州和长葛段工程。

（5）南水北调东线第一期南四湖—东平湖段输水与航运结合工程梁济运河段工程。

（6）南水北调东线第一期南四湖—东平湖段输水与航运结合工程柳长河段工程。

（7）南水北调东线第一期鲁北段大屯水库工程。

（8）南水北调中线一期工程漳河北至古运河南段电力专项设施迁建工程。

（9）南水北调东线第一期工程徐洪河影响处理工程。

（10）南水北调中线一期工程天津干线河北段输变电工程迁建规划。

（11）南水北调中线一期穿黄工程项目管理预算。

（12）南水北调东线第一期工程洪泽湖抬高蓄水位影响处理工程（安徽省境内）。

（13）南水北调东线第一期工程济南—引黄济青明渠段输水工程。

（14）南水北调中线一期工程总干渠陶岔渠首至沙河南段工程鲁山南 2 段。

（15）南水北调中线一期工程总干渠沙河南—黄河南沙河镀槽段、禹州和长葛段、潮河段及郑州 2 段公路桥、生产桥专题报告及两处铁路交叉建筑物初步设计报告（5 项）。

（16）南水北调东线第一期工程江苏省洪泽湖抬高蓄水位影响处理工程。

（17）南水北调东线第一期工程邳州站工程。

（18）南水北调东线第一期工程睢宁二站工程。

（19）南水北调中线一期工程总干渠沙河南—黄河南沙河渡槽段、禹州和长葛段、潮河段、郑州 2 段初步设计阶段电力设施复建专题报告。

（20）南水北调东线第一期鲁北段七一、六五河输水工程。

（21）南水北调中线一期工程总干渠陶岔渠首—沙河南段工程淅川段。

（22）南水北调中线一期工程总干渠陶岔渠首—沙河南段工程方城段。

（23）南水北调中线一期工程总干渠陶岔渠首—沙河南段工程叶县段。

（24）南水北调中线一期工程总干渠陶岔渠首—沙河南段工程南阳段。

（25）南水北调中线一期工程总干渠陶岔渠首—沙河南段工程镇平段。

（26）南水北调中线一期工程总干渠沙河南—黄河南双洎河渡槽段。

（27）南水北调中线一期工程总干渠沙河南—黄河南鲁山北段工程。

（28）南水北调中线一期工程总干渠沙河南—黄河南段工程荥阳段。

（29）南水北调中线一期工程总干渠沙河南—黄河南宝丰至郏县段工程。

（30）南水北调中线一期工程总干渠沙河南—黄河南新郑南段工程。

（31）南水北调中线一期工程总干渠沙河南—黄河南段工程郑州 1 段。

（32）南水北调中线一期工程天津干线天津市 2 段初步设计概算价格水平年调整专题报告。

（33）南水北调中线一期工程天津干线天津市 1 段初步设计概算价格水平年调整专题报告。

（34）南水北调东线一期胶东干线济南—引黄济青段工程陈庄输水线路设计单元工程。

（35）南水北调东线第一期工程金湖站工程。

（36）南水北调中线一期工程总干渠陶岔渠首—沙河南干渠工程白河倒虹吸。

（37）南水北调中线一期工程总干渠陶岔渠首—沙河南干渠工程澧河渡槽。

（38）南水北调中线一期工程总干渠陶岔渠首—沙河南干渠工程湍河渡槽。

（39）南水北调中线一期工程总干渠黄河北—漳河南新乡和卫辉段工程项目管理预算。

（40）南水北调东线第一期工程高水河整治工程。

（41）南水北调东线第一期工程鲁北段灌区影响处理工程。

（42）南水北调中线一期工程丹江口水库初步设计阶段建设征地移民安置规划设计报告。

（杨元月）

制 度 建 设

（1）年度计划管理。根据南水北调工程投资计划管理的实际情况，国务院南水北调办修改完善并印发了《南水北调工程建设投资计划管理办法》。

（2）初步设计管理。国务院南水北调办主任专题办公会专门研究东中线一期工程前期工作进度，明确了《南水北调东、中线一期工程初步设计审查审批方案》。

印发实施了《关于进一步加强南水北调工程初步设计组织管理，规范和加快初步设计审查工作的通知》（综投计〔2009〕52号），从初步设计上报、审查及概算评审三个阶段加强初步设计组织管理，规范初步设计概算投资分析工作，以利办公室组织开展初步设计批复，严格把握南水北调工程建设内容和标准，做好投资控制相关工作。

印发了《关于进一步加强南水北调东、中线一期工程初步设计组织管理工作的通知》（综投计函〔2010〕111号），要求进一步加快工程初步设计编报和审查审批进度，明确和相关行业交叉问题的协调依据。

（3）重大设计变更管理。印发了《关于进一步加强南水北调东、中线一期工程设计变更管理工作的通知》（综投计〔2010〕118号），要求进一步加强工程建设中设计变更管理工作，并进一步明确了设计变更审查审批程序，规范了重大设计变更报告编制，从严控制设计变更投资增加。

（4）投资控制管理。印发了《关于进一步做好南水北调东、中线一期工程投资分析控制工作的通知》（综投计函〔2010〕299号），进一步细化投资控制分析相关内容，明确投资分析控制相关要求，加强投资控制分析工作。

（马永征）

资金筹措与管理使用

概 述

2010年，国家重大水利工程建设基金开始征收并投入南水北调工程建设；南水北调工程过渡性资金融资工作有序开展，充分保障了工程建设资金需要；资金使用管理不断完善，规章制度进一步健全，预算管理成效显著；资金监管更加扎实，财务审计逐步纳入常态化管理；财务人员业务培训力度不断加大，队伍素质进一步增强；经济政策研究有序推进，阶段性成果已在南水北调工程建设中发挥作用。

（邓文峰）

资 金 筹 措

（一）国家重大水利工程建设基金政策落实情况

根据《国家重大水利工程建设基金征收使用管理暂行办法》（财综〔2009〕90号），国家重大水利工程建设基金（以下简称重大水利基金）于2010年1月1日起正式开始征收。北京、天津、河北、河南、山东、江苏、上海、浙江、安徽、江西、湖北、湖南、广东、重庆等14个南水北调工程和三峡工程直接受益省份（以下简称14个省份）筹集的重大水利基金，纳入中央财政预算管理，专项用于南水北调工程建设、三峡工程后续工作和支付三峡工程公益性资产运行维护费用、支付重大水利基金代征手续费。对重大水利基金征收增值税而减少的收入，由中央财政预算安排相应资金予以弥补，并计入“国家重大水利工程建设基金收入”科目核算。对南水北调工程建设和三峡工程后续工作的分配比例，财政部暂按75:25的比例掌握。5月25日，为支持国家重大水利工程建设，经国务院批准，财政部、国家税务总局联合印发了《关于免征国家重大水利工程建设基金的城市维护建设税和教育费附加的通知》（财税〔2010〕44号）。

2010年起中央财政开始安排使用重大水利基金，国家发展改革委下达南水北调工程2010年投资计划中的重大水利基金为358.8亿元，其中当年重大水利基金预算安排124.98亿元，其余利用南水北调工程过渡性资金解决。财政部在国务院南水北调办2010年部门预算中安排的重大水利基金预算总额为130.98亿元，其中：直接用于南水北调工程建设124.98亿元（包括东线江苏水源工程7.4亿元、东线山东干线工程25.1亿元、中线水源工程50亿元、中线干线工程37.48亿元、汉江中下游工程5亿元）；用于偿付南水北调工程过渡性融资贷款利息、印花税等支出6亿元。

截至2010年底，14个省份累计上缴中央国库，并按现有分配比例可安排用于南水北调工程建设的重大水利基金总额为137.32亿元（含增值税返还资金24亿元）。财政部累计拨付重大水利基金127.28亿元，其中直接用于南水北调工程建设的重大水利基金预算124.98亿元全部执行完毕；用于偿付南水北调工程过渡性融资贷款利息、印花税等2.3亿元，占相应预算6亿元的38.33%。

（二）南水北调工程过渡性资金融资工作

1月14日，经国务院同意，财政部印发了《关于南水北调工程过渡性融资有关问题的复函》（财综函〔2010〕1号），函复国务院南水北调办，在南水北调工程建设期间，当重大水利基金不能满足南水北调工程投资需要时，先利用银行贷款等过渡性融资解决，再用以后年度征收的重大水利基金偿还贷款本息；国务院南水北调办作为南水北调工程过渡性资金（以下简称过渡性资金）融资主体，负责融资和偿还贷款本息等资金统贷统还工作。根据财综函〔2010〕1号文，国务院南水北调办随即着手开展过渡性资金融资的各项工作，包括拟定融资方案、接洽金融机构、开展融资合同谈判、签订等。

为落实解决过渡性资金借款利息支付等事宜，财政部会同国务院南水北调办研究制定了过渡性资金使用、本息偿还等管理制度，在下达给国务院南水北调办的重大水利基金预算中，单独列项“偿还南水北调工程建设过渡性资金贷款利息及印花税等相关支出”，纳入中央财政预算管理。为规范过渡性资金使用管理，国务院南水北调办研究制定了过渡性资金申请、配置、审核、提款、拨付等具体操作程序及要求。

截至2010年底，经与有关金融机构谈判，国务院南水北调办相继与中国邮政储蓄银行、中国民生银行、深圳发展银行、太平资产管理有限公司、中国农业银行、中信银行等6家金融机构累计签订过渡性资金借款合同310亿元，后续借款合同谈判工作也在有序进行中。

截至2010年底，根据工程建设投资需要，国务院南水北调办累计提用并拨付过渡性资金116.26亿元，其中中线水源公司67亿元、中线干线建设管理局45.61亿元、山东干线公司0.25亿元、淮委建管局（陶岔渠首）2.5亿元、安徽省洪泽湖抬高蓄水位影响处理工程建设管理办公室0.9亿元。此外，国务院南水北调办累计偿付2010年过渡性资金借款利息、印花税等2.3亿元。

（三）南水北调工程基金政策落实情况

为贯彻落实国务院南水北调建委第四次全体会议精神，加强南水北调工程基金征缴工作，确保按时完成南水北调工程基金筹集任务，4月1日，财政部、国家发展改革委、审计署、国务院南水北调办联合印发了《关于加强南水北调工程基金征缴工作的通知》（财综〔2010〕21号）。国务院有关部门对未完成基金上缴任务的省市开展了专项审计，中央扩大内需促进经济增长政策落实检查工作小组对未完成基金上缴任务的省市下达了整改通知书，进一步加大了南水北调工程基金督缴力度，有关省市政府部门也进一步加大了基金征缴力度。

截至2010年底，6省市累计上缴中央国库的南水北调工程基金为90.98亿元，占应筹集基金总额的41.4%，其中：北京市44.1亿元、天津市13.365亿元、河北省6.35亿元、河南省9.23亿元、山东省10.76亿元、江苏省7.17亿元。江苏、山东两省分别直接投入南水北调主体工程建设资金3.91亿元（其中江苏省0.03亿元、山东省3.88亿元，可抵其基金上缴额度），6省市累计完成基金任务94.89亿元，占应筹集基金总额度的43.1%。

截至2010年底，财政部全年共向南水北调主体工程各项目法人拨付南水北调工程基金15.2亿元，其中东线江苏水源工程1.6亿元、东线山东干线工程0.9亿元、中线干线工程12.7亿元。此外，2010年财政部还向山东省拨付南水北调工程基金3.1亿元，用于山东省截污导流工程建设。财政部累计拨付南水北调工程基金86.75亿元，其中东线江苏水源工程7.17亿元、东线山东干线工程10.75亿元（含截污导流工程3.1亿元）、中线干线工程68.83亿元。

（四）银团贷款实施情况

2010年，南水北调东、中线一期主体工程银团贷款继续在工程建设中发挥重要作用，保障了工程建设资金需求。截至2010年底，各项目法人累计提取银团贷款309.71亿元，其中：江苏水源公司10亿元、山东干线公司27.11亿元、中线水源公司64.6亿元、中线建管局208亿元。此外，根据国务院南水北调建委第三次全体会议确定的东、中线一期工程建设目标，各项目法人与主体工程银团协商调整了银团贷款协议中的提款期限，并签订了补充协议。

（五）南水北调工程贷款中央财政贴息政策实施情况

5月20日，财政部印发了《关于调整基本建设贷款中央财政贴息时间的通知》（财办建〔2010〕43号），通知要求从2010年开始，每年办理中央财政贴息的时间改为当年7月，贴息周期相应修改为上年6月21日至本年6月20日，其中2010年贴息周期为2009年9月21日至2010年6月20日。

6月13日，国务院南水北调办转发了《关于调整基本建设贷款中央财政贴息时间的通知》（财办建〔2010〕43号），要求各项目法人按有关规定，切实办理好中央财政贴息申请事项，并于每年7月10日前上报有关申请材料。

8月24日，财政部印发了《关于下达2010年基本建设贷款中央财政贴息预算（拨款）的通知》（财建〔2010〕512号），2010年对南水北调工程贷款贴息2452万元，其中：中线穿黄工程708万元、惠南庄泵站工程375万元、古运河枢纽工程120万元、丹江口水利枢纽大坝加高工程656万元、东线一期穿黄河工程19万元、江都站枢纽改造工程149万元、淮阴三站枢纽工程123万元、淮安四站枢纽工程181万元、刘老涧二站枢纽工程39万元、泗洪站枢纽工程31万元、泗阳站枢纽工程23万元、皂河二站枢纽工程28万元。

2010年南水北调工程获得中央财政贴息总额2452万元，比2006年的300万元增长了7倍多，比2009年的2011万元增长21.9%，中央财政贴息对南水北调工程的支持力度进一步加大。

（邓文峰）

资金使用管理

（一）资金到位及使用情况

2010年，财政部累计拨付各项目法人的南水北调工程建设资金总额为2 051 809万元，其中：中央预算内资金（含国债专项）650 000万元、南水北调工程基金152 009万元、重大水利基金1 249 800万元。国务院南水北调办根据基建及基金支出预算和年度投资计划分解到各项目法人和建设管理单位，其中：江苏水源公司141 000万元，山东干线公司261 800万元，中线水源公司894 000万元，中线建管局504 309万元，湖北省南水北调工程建设管理局250 700万元。

截至2010年底，财政部累计拨付南水北调工程建设资金5 478 794万元，其中：中央预算内资金（含国债专项）3 392 450万元、南水北调工程基金836 544万元、重大水利基金1 249 800万元，地方配套资金（南水北调工程基金办法颁布前的地方配套资金）39 100万元，项目法人从银行贷款3 127 100万元，国务院南水北调办筹集拨付过渡性资金1 162 600万元。

截至2010年底，南水北调东、中线一期工程建设累计完成基建支出9 201 539.88万元，其中东线一期工程江苏境内累计完成基建支出354 073.51万元，东线一期工程山东境内累计完成基建支出865 848.12万元，中线一期水源工程累计完成基建支出2 470 105.67万元，中线一期干线工程累计完成基建支出5 272 331.72万元，中线一期汉江中下游治理工程累计完成基建支出203 796.96万元，中线一期陶岔渠首枢纽工程27 644.49万元，直属事业单位累计完成初步设计前期工作基建支出7739.41万元。

（二）决算和预算工作

根据财政部编制2009年度部门决算报表、财政性资金投资基本建设项目决算报表、住房改革支出决算报表的要求，国务院南水北调办对2009年度预算执行情况进行了系统分析，提出了完善预算管理和资金管理的建议，在此基础上汇总编制了2009年部门决算报表、财政性资金投资基本建设项目决算报表、中央行政事业单位住房改革支出决算报表，并于2010年3月报送财政部。

按照国务院机关事务管理局《关于编报2009年中央行政事业单位国有资产年度决算报告的通知》（国管资〔2010〕167号）的要求，国务院南水北调办组织办机关和直属事业单位对2009年12月31日前所占用的国有资产进行了全面清查，在此基础上填报了2009年度国有资产年度决算报表。

根据财政部关于项目预算绩效考评的要求，国务院南水北调办组织直属事业单位对纳入2009年绩效考评试点的2个项目开展了绩效考评工作。

根据财政部下达的2010年部门预算和基本建设资金预算，国务院南水北调办按照预算法的规定，将2010年预算分解下达到各预算执行单位，并要求各单位严格按照预算批复的范围和标准控制支出。

7月，根据财政部的统一要求，国务院南水北调办组织完成2011年部门预算（一上）编制和上报工作。11月，国务院南水北调办按照财政部深化预算改革的要求，对财政部下达的2011年部门预算（一下）控制数进行了细化，将基本支出预算细化到基层预算单位，项目支出预算细化到具体执行单位，在此基础上汇总编制了2011年中央部门预算（二上）并报送财政部。

（三）预算执行进度

自2010年初起，为落实财政部关于加强预算执行管理要求，国务院南水北调办积极采取措施加快财政资金支付进度。

（1）建立了预算执行进度通报机制和监督制度，按月召开了预算执行情况通报会。

（2）要求各预算执行单位高度重视预算执行，建立由预算执行单位主要负责人为第一责任人的制度，明确项目负责人和联系人的具体责任。

（3）建立了预算进度约谈制度，约谈项目进展缓慢单位负责人，分析原因，提出加快项目实施进度的具体措施，落实项目至年底前实施进度计划和结余资金的额度。

（4）严格执行预算管理制度，要求各单位严格执行项目预算，不得随意扩大开支范围，也不得擅自超出预算规模，严禁在项目中列支与该项目无关的任何费用。

（5）及时向财政部提供预算执行进度分析说明，每旬向财政部提供预算执行情况分析说明，按类逐项分析进度情况，说明为加快预算执行进度采取的措施等。

（四）南水北调系统第二次经济财务工作会议

4月，国务院南水北调办在江苏省扬州市召开了南水北调系统第二次经济财务工作会议，总结了2005年南水北调系统第一次经济财务工作会议以来，南水北调工程建设资金筹措、预算管理、资金监管、政策研究等经济财务工作的经验及教训，分析了当前面临的形势和任务，研究部署了下一阶段工作，会议还表彰了南水北调系统资金管理先进单位及先进工作者。

（五）财会人员业务培训

9月，为进一步加强南水北调工程征地移民资金管理，针对审计中发现的征地移民资金管理中的共性问题，国务院南水北调办在河南省许昌市召开南水北调工程征地移民资金管理座谈会，通报了审计和稽察发现的问题，以会代训的形式，对各项目法人、项目建设管理单位、地市级以上征地移民机构的负责人及财务部门、审计部门和移民征迁部门负责人及有关人员130余人进行了培训。

12月，国务院南水北调办在北京举办了南水北调系统2010年度会计决算培训班，就2010年度决算报表软件操作方法进行了系统培训，各省市南水北调办事机构和移民机构、各项目法人、各直属事业单位的财务人员参加了培训。

（史晓立　邓文峰）

资　金　监　管

（一）资金使用审计监督

2010年初，国务院南水北调办委托会计师事务所对江苏水源公司、山东干线公司、中线水源公司、中线建管局、湖北省南水北调工程建设管理局2009年度工程建设资金使用和管理情况，以及北京、河北、河南、江苏、山东、湖北等6省市境内2009年度征地移民资金使用情况进行审计。对审计提出的问题，国务院南水北调办于7～9月向有关被审计单位下达了整改意见书，督促各单位进行整改。各被审计单位根据审计整改意见书的要求，于12月底前进行了整改，并向国务院南水北调办报告了整改情况。

2～3月，审计署农林水利审计局派出审计组对国务院南水北调办2009年预算执行和其他财政收支情况及决算（草案）进行了审计。

3月，财政部委托财政部财政评审中心对国务院南水北调办“办公楼购置”项目进行了预算评审。

10月，国务院南水北调办在南水北调系统开展了为期三个月的工程建设资金和征地移民资金使用管理情况自查。各省（直辖市）征地移民机构、各项目法人及建管单位按要求进行了自查自纠，并报送了自查自纠情况。

（二）“小金库”治理工作

自3月下旬起，根据中央治理“小金库”

工作领导小组《关于做好2010年"小金库"治理工作的通知》和《关于"小金库"治理信息反馈和数据上报的通知》要求，国务院南水北调办开展了"小金库"治理工作"回头看"工作，按季度报送"小金库"问题统计表、处理处罚处分情况和举报受理、办理工作情况表，并向中央治理"小金库"工作领导小组办公室报送了"小金库"治理工作总结报告。

6月，根据中共中央纪委、监察部、财政部、审计署、国务院国资委《关于印发〈国有及国有控股企业"小金库"专项治理实施办法〉的通知》（中纪发〔2009〕29号）要求，国务院南水北调办组织中线建管局开展了国有企业"小金库"专项治理工作，于9月底前完成了自查自纠阶段工作、11月底前完成了重点检查阶段工作，并分阶段向中央治理"小金库"工作领导小组办公室报送了工作总结。

12月，国务院南水北调办在北京召开了"小金库"治理工作会议，贯彻落实贺国强同志的重要讲话和批示精神，再次部署排查，与所属各单位一把手签订"小金库"治理工作责任书，并将"小金库"治理工作情况列为年终考核的依据之一，作为建立长效机制的重要措施。

（三）完工项目财务决算工作

根据《南水北调工程竣（完）工财务决算编制规定》，国务院南水北调办分别于5月和11月委托会计师事务所对山东干线公司负责建设的南水北调东线一期东平湖—济南段输水工程和江苏水源公司负责建设的南水北调东线一期刘山站、解台站工程开展了完工财务决算审计。10月，国务院南水北调办核准了济平干渠工程完工财务决算。

（四）资金管理制度建设

9月2日，国务院南水北调办印发了《关于进一步规范南水北调工程建设资金管理有关事项的通知》（国调办经财〔2010〕180号），对南水北调工程建设资金筹集、预算执行、申请、拨付、会计核算和资金监管等有关事项作了明确要求。

10月12日，国务院南水北调办印发了《关于进一步加强南水北调工程征地移民资金管理的通知》（国调办经财〔2010〕215号），对征地移民资金管理提出了明确要求。

12月24日，国务院南水北调办印发了《关于强化南水北调工程建设资金支付管理有关事项的通知》（国调办经财〔2010年〕275号），要求各项目法人、各省市征地移民机构，进一步强化资金支付管理，提高资金使用效率，保障资金安全。

（史晓立　邓文峰）

南水北调工程经济政策研究

2010年，为进一步促进南水北调工程建设顺利开展和保障工程建成后的良性运行，国务院有关部门对南水北调工程经济有关问题开展了深入研究。

（一）开展资金管理专题调研

8月，为保障工程建设资金供应和资金使用安全，提高资金使用效益，国务院南水北调办开展了专项调研并撰写了调研报告，在此基础上制定下发了进一步规范工程建设资金管理的通知文件，对工程建设资金申请、拨付、会计核算和资金监管等事项提出了明确的要求。10月，国务院南水北调办对系统各单位账面积存资金情况进行专题调研，在此基础上制定并下发了强化工程建设资金支付管理的通知文件，要求有关单位提高资金使用效率，保障资金安全。

（二）开展工程水价研究有关工作

4月，国家发展改革委、水利部、国务院南水北调办在河南省郑州市组织召开南水北调工程供水价格座谈会，研究落实南水北调工程两部制水价政策的对策建议，推进有关省市启动南水北调工程水价研究工作。北京、天津、河北、河南、江苏、山东等南水北调工程受水区6省市物价主管部门、南水北调办事机构，以及南水北调东、中线一期工程水源、干线4个项目法人等单位的代表参加了会议。

（三）开展建设期利息支出测算研究

10月，为控制工程投资总规模，国务院南水北调办对南水北调东、中线一期主体工程建设期利息支出情况进行了测算，研究提出了下一步控制建设期利息支出的对策措施。

（四）开展丹江口库区移民经济问题研究

为保证南水北调中线一期丹江口库区移民安置工作正常开展，国务院有关部门对丹江口库区移民投资价差、基本预备费等经济政策问题进行了研究，建议将水库移民价差按2.5%价格指数计列进概算投资，同时将基本预备费率由10%提高到11%。该政策建议已纳入国务院南水北调办2010年5月17日印发的《关于南水北调中线一期工程丹江口水库初步设计阶段建设征地移民安置规划设计报告的批复》（国调办征地〔2010〕74号）。

（五）开展南水北调工程资本金核算方法研究

为明晰中央和地方出资人的股权份额，保障南水北调工程建成后顺利良性运行，国务院南水北调办委托复旦大学开展南水北调工程资本金核算方法研究。研究的主要内容包括：在研究细化南水北调工程资本金来源及构成的基础上，研究分析影响资本金核算的因素及作用，尤其是对部分省市未按计划任务及时入库并投入工程建设的南水北调基金在核算资本金时该如何处理，对工程建成后征收的用于偿还部分银行贷款本息的南水北调基金如何折算资本金，对新老资产在资本金核算中如何体现等问题，最后研究提出各项目法人所管辖工程的资本金核算方法。课题研究工作进展顺利，研究承担单位已于2010年底前提出研究报告初稿。

（六）开展南水北调工程贷款偿还问题研究

为保证工程建成后的顺利良性运行，国务院南水北调办委托华中科技大学开展南水北调工程资本金核算方法研究。研究的主要内容包括：南水北调工程各项目法人贷款本金额度、利息额度测算及分摊方法、本息还款资金来源和还款方式，以及有关政策建议等问题。课题研究工作进展顺利，承担单位已于2010年底前提出研究报告初稿。

（七）开展设计单元项目完工概算执行情况考核办法研究

为加强南水北调工程投资控制管理，细化、分解和完善《南水北调工程投资控制奖惩办法》的有关原则内容，制定规范已完工项目概算执行考核工作的指导性文件，及时兑现奖惩政策，充分调动参建各方开展投资控制的积极性，国务院南水北调办委托北京中天久经济财务咨询公司开展设计单元项目完工概算执行情况考核办法研究，课题研究工作进展顺利。

（邓文峰）

存在的问题

尽管南水北调工程建设资金筹措及使用管理工作成效显著，但也面临复杂而艰难的形势，特别是在当前工程建设的“高峰期”和“关键期”，仍存在一些需要逐个破解的难题。

（1）资金筹集的压力加大。重大水利基金入库额度存在不确定性、南水北调工程基金征缴不理想、信贷资金供应风险增大，资金筹措和供应的难度加大，加之配套工程筹资困难和比可行性研究投资增加的投资规模不确定及其来源或渠道未明确。过渡性融资受宏观经济形势变化，利率变动总体趋升，工作难度加大。

（2）资金监管难度加大。工程战线拉长、

参建单位增多、资金投入量增大，资金监管任务明显加重，需要采取更加有力的监管措施。

（3）完工财务决算任务繁重。南水北调工程有150多个设计单元工程，大部分需要在通水前完成完工决算和工程完工验收，工作量极大。目前仅完成一项工程的完工决算，大量已基本完工项目均未完成完工决算编制。

（4）资金管理制度执行不到位。执行制度严肃性还不够，有令不行、有禁不止的现象仍时有发生，审计整改意见落实不及时或整改不到位现象的依然存在。

上述这些问题都需要在今后的工作中认真研究加以破解。

（邓文峰）

建设与管理

概　　述

2010年，南水北调工程建设取得新突破，工程建设进度不断加快，新开工40项设计单元工程，在建项目建设有序推进，已建工程持续发挥效益。工程建设管理体制和制度建设进一步健全完善，多项管理制度印发实施；一批专用施工技术标准正式发布，建设管理的规范化水平持续提高；工程质量和安全生产管理全面加强，质量和安全生产状况总体良好；国家“十一五”科技支撑计划项目“南水北调工程若干关键技术研究与应用”顺利实施，取得了一批新的科研成果，部分已应用于工程建设中；招标投标管理、市场监管力度进一步加大，南水北调建筑市场整体规范有序。

（罗　刚　张　晶）

工程建设项目进展

2010年新开工设计单元工程40项，分别是中线干线磁县段工程、邯郸市—邯郸县段工程、永年县段工程、洺河渡槽工程、沙河市段工程、南沙河倒虹吸工程、邢台市段工程、邢台县和内丘县段工程、临城县段工程、高邑县至元氏县段工程、鹿泉市段工程、石家庄市区段工程、禹州和长葛段工程、宝丰—郏县段工程、潮河段工程、白河倒虹吸工程、湍河渡槽工程、中线干线自动化调度与运行管理决策支持系统；江苏省境内高水河整治工程、淮安二站改造工程、皂河二站工程、皂河一站改造、金湖站工程、金宝航道工程、里下河水源补偿工程、骆马湖以南中运河影响处理工程；山东省境内杨官屯河闸工程、二级坝泵站工程（2010年补批）、邓楼泵站工程、八里湾泵站工程、梁济运河段工程、柳长河段工程、引黄灌区影响处理工程、东湖水库工程、双王城水库工程、大屯水库工程、鲁北段小运河段、明渠段工程；湖北省境内引江济汉进口至荆江大堤段工程；安徽省境内洪泽湖抬高蓄水影响处理工程。中线黄河以北全线和黄河以南重要节点工程开工，东线山东省境内全线和江苏省境内大部分工程开工建设。在建工程建设不断加快，中线丹江口大坝已全部加高到顶，东、中线穿黄工程全线贯通。

截至2010年底，南水北调东中线一期工程在建项目投资总规模达1739.5亿元，完成投资798.4亿元，占在建项目总投资的44%，工程项目累计完成土石方66 122万m^3，占在建设计单元项目总土石方量的64%；累计完成混凝土浇筑1337万m^3，占在建设计单元项目混凝土总量的44%。

（宋晓蕾　罗　刚）

工程项目管理和建设管理

项目法人直接管理、委托制和代建制相结合的建设管理模式顺利实施。进一步加大市场监管、招标投标监管力度。加强南水北调工程进度管理，围绕“东线 2013 年通水，中线 2014 年汛后通水”的建设目标，对南水北调东、中线一期 155 项设计单元工程的工期进行了逐项研究梳理，提出工程建设目标安排意见，印发了《关于南水北调东、中线一期工程建设目标安排意见的通知》。督促指导项目法人按照工程建设目标安排意见的要求，制订各设计单元工程分年度建设目标和 2011 年分季度、月度建设计划。研究分析工程建设的重点和难点，明确了 41 项控制性工程，提出加强控制性项目建设进度的意见和要求，印发了《关于加强南水北调工程建设控制性项目进度管理的通知》；督促指导项目法人对控制性项目进行逐项分析，明确阶段工作目标和重点环节；指导项目法人对控制性项目进行逐项登记造册。组织召开南水北调工程建设进度（第一次）协调会，及时协调解决影响工程建设进度的问题。严格按照工程建设程序审批项目开工。加强南水北调在建工程质量监督管理，组织开展质量管理年活动。对南水北调工程跨渠桥梁进行调研和登记造册。加强文明施工管理，开展文明工地创建工作。

（赵世新　罗　刚）

工程技术管理

2010 年以来，国务院南水北调办组织开展了“南水北调工程建设管理技术（经验）成果交流活动”，出版了论文集；组织开展了南水北调工程渠道和泵站技术成果交流会，推广渠道和泵站建设的实用技术成果；组织开展了南水北调 PCCP 工程和泵站工程建设技术论文征集活动；督促指导中线建管局研究提出加强高填方和膨胀土段施工技术要求和规范。

（张　晶）

质量管理

2010 年，在国务院南水北调工程建设委员会的正确领导下，国务院南水北调办高度重视工程质量管理工作，督促项目法人等有关单位落实质量管理各项规章制度，完善“政府监督、项目法人负责、监理控制、设计和施工保证”的质量管理体系，工程质量管理得到全面加强，南水北调工程质量整体处于受控状态。

国务院南水北调办研究分析南水北调工程建设中可能出现的质量问题，组织编写了《南水北调工程质量问题目录》，明确可能存在的实体质量问题和管理行为质量问题；加强工程质量管理目标考核，研究制定了《南水北调工程建设质量管理目标考核办法》，明确项目法人及参建各方的质量管理责任和考核的标准、程序，并组织开展了试点考核工作；组织开展质量管理年活动，研究制定了《2010 年度南水北调工程质量管理年活动方案》，组织召开了南水北调工程质量安全工作会及质量管理年动员会，评选表彰了质量管理先进集体和个人，安排部署相关工作；督促指导中线建管局研究提出加强高填方和膨胀土段施工技术要求和加强质量控制的措施；指导项目法人开展质量经常性检查和飞行检查工作。

国务院南水北调办研究建立了质量监督巡视员制度，编制了《南水北调工程质量巡视办法》，开展了天津段质量监督巡视工作；组织召开了南水北调工程质量监督座谈会，开展南水北调工程质量监督管理培训，总结、交流质量监督经验，研究落实进一步加强质量监督工作的相关措施；设立了南水北调中线南沙河倒虹吸、沙河渡槽等重点项目质量监督站，调整了南水北调工程河北质量监督站站长；督促指导各质量监督站和重点项目站，严格按照年度质量监督计划，开展质量监督工作，及时报送质量监督信息；配合专家委员会组织开展了中线工程质量检查工作。

截至2010年底，南水北调东、中线一期工程共评定单元工程179 445个，合格率为100%；参加优良评定的单元工程155 557个，其中优良136 509个，优良率87.8%。

（张　晶）

安　全　生　产

2010年，国务院南水北调办坚持“安全第一，预防为主，综合治理”的方针，深入贯彻落实国务院关于开展“安全生产年”等活动的工作部署，结合南水北调工程建设实际，以加强监管、落实责任为重点，进一步加大安全生产监督管理和检查力度，完善制度机制建设，规范安全生产管理行为，安全生产管理不断加强。

组织召开了南水北调办安全生产领导小组第八次全体会议和南水北调工程建设质量安全工作会暨质量管理年动员会议，全面部署2010年安全生产工作。组织开展了安全生产目标考核和安全生产先进评选表彰工作。认真贯彻《国务院办公厅关于继续深入开展“安全生产年”活动的通知》精神，在南水北调工程建设中认真组织开展了安全生产执法活动、治理行动、宣传教育行动等“三项活动”。对“安全生产月”活动进行专题安排，扎实部署开展好安全生产宣传教育活动。贯彻落实《国务院关于进一步加强企业安全生产工作的通知》，就加强参建单位安全生产工作进行安排部署。组织开展了《南水北调工程安全生产目标考核办法》修订工作。督促参建单位做好汛期、节假日、敏感时期安全生产工作。在各方的共同努力下，全年南水北调工程安全生产未发生人员死亡事故，圆满实现了年初提出的安全生产管理目标。

（白咸勇）

科　技　工　作

2010年，“十一五”国家科技支撑计划项目“南水北调工程若干关键技术研究与应用”和“南水北调工程建设重大关键技术研究及应用”项目顺利实施，取得了一批新的科研成果，部分已应用于工程建设中，优化了设计，解决了难题，实现了关键技术的突破。

国务院南水北调办组织对“十一五”国家科技支撑计划“南水北调工程若干关键技术研究与应用”重大项目逐项进行了检查，并及时完成课题成果评审及推广应用；组织召开了“南水北调工程若干关键技术研究与应用”课题验收工作座谈会，研究制定了课题验收工作程序、验收指南和工作安排，完成了第一批和第二批课题验收工作；加强与科技部的联系，主动争取支持，组织开展了南水北调工程“十二五”国家科技支撑计划课题初步论证，研究提出了南水北调重大科技需求，并正式报送科技部。

南水北调工程建设重大关键技术研究及应用项目9大课题29个子课题中已完成28个，其中大部分已通过办公室组织的专家评审，部分成果已经应用于南水北调工程设计和施工中，优化了设计，解决了一系列南水北调工程重要建筑物的结构、材料、施工技术与工艺、质量控制、关键设备等难题，实现了关键技术的突破。

几年来，南水北调科研工作已取得一批科技成果：新产品（或新品种）、新材料、新工艺、新装置等63项；获得国内专利授权59项，其中获得国内发明专利授权16项；获得国家科技进步二等奖2项，获得省部级科技一等奖2项、二等奖3项。

（张　晶）

验收和运行管理

督促指导项目法人做好施工合同验收工作，及时协调解决工程验收过程中发现的问题；督促指导有关方面做好已完工项目的验收准备；组织完成东线济平干渠工程设计单元工程完工验收。开展工程运行管理研究，分析南水北调工程运行管理问题，提出运行管理体制初步意见；加强与水利部的沟通，提出《南水北调供用水管理条例》修改意见和建议；组织开展渠道工程运行管理问题研究，起草了《南水北调工程渠道运行管理规程》。协调实现京石段应急供水，督促项目法人及时完成京石段工程尾工建设；协调、配合水利部调水局、海河水利委员会等单位，做好京石段工程二次输水工作。

（罗　刚　宋晓蕾）

规章制度建设

2010年，国务院南水北调办进一步加强制度建设，在严格已有规章制度执行的基础上，组织制定了多项工程建设管理方面的规章制度，并以多种形式进行贯彻落实。

根据工程建设需要，国务院南水北调办在梳理已颁布技术标准的基础上，制定印发了《南水北调中线汉江兴隆水利枢纽工程单元工程质量检验与评定标准》；修订印发了《渠道混凝土衬砌机械化施工单元工程质量检验评定标准》；组织有关方面对已发布的14项技术标准进行了评估和汇编；制定印发了《南水北调工程质量监督导则》、《关于进一步加强南水北调工程监理单位信用管理的意见》；组织开展《南水北调工程渠道运行管理规程》编制；修订印发了《南水北调工程建设重特大安全事故应急预案》。

（张　晶　罗　刚）

生　态　环　境

概　　述

2010年，南水北调工程东线治污及中线水源保护工作扎实推进，成效明显。

（一）东线

在国务院有关部门和南水北调东线工程沿线江苏、山东两省的共同努力下，东线治污环保工作取得了明显进展，南水北调东线一期工程控制单元治污实施方案确定的426个治污项目全部开工建设，90%以上项目已建成并投运。规划工业点源治理项目和城镇污水处理及再生利用项目已全部完成，工业排放标准和中水再生利用率得到进一步提高。截污导流项目全面提速，已投入运行的工程在当地防汛排涝和防灾抗旱中起到了积极的作用。流域综合整治全面推进，生态环境综合治理效益明显。输水沿线水质和生态环境持续改善。

（二）中线

在国务院有关部门及中线水源区及沿线省（直辖市）人民政府及有关部门的共同努力下，中线水源保护工作向深入发展。《丹江口库区及上游水污染防治和水土保持规划》累计安排投资56.66亿元，一批污水处理厂和垃圾填埋场建成投入运行，累计完成水土流失治理约1万km^2，有效削减了进入丹江口水库的污染物，水库及上游水质继续保持总体良好水平，水质监测断面年度评价满足规划水质目标的80%。进一步加大中央财政生态补偿转移支付力度，促进水源区环境治理和生态建设，开展《丹江口库区及上游水污染防治和水土保持规划》修编和《丹江口库区及上游地区经济社会发展规划》编制，为确保调水水质达标和长期保持水质良好奠定工作基础。中线总干渠两侧保护区划定工作取得积极进展，沿线4省市已经完成方案编制，天津市、河南省已经批复划定方案，所划定的保护区已依法有效防范污染风险。

（边　玮　任　静　柯　征）

东线治污工作

（一）南水北调东线治污工作

2010年6月，为落实国务院南水北调建委第四次全体会议精神，促进东线治污工程全面加快建设，巩固近年来治污工作取得的成果，保持东线水质持续改善的良好势头，国务院南水北调办、国家发展改革委、监察部、环境保护部、住房和城乡建设部、水利部六部委联合印发《关于进一步深化南水北调东线工程治污工作的通知》（综环保函〔2010〕223号），就明确治污期限、强化治污责任、加快规划项目建设、巩固治污成效，深化治污理念、做好“十二五”规划等方面提出了具体要求。

（二）南水北调东线一期工程治污工作目标责任考核办法

2010年11月9日，国务院南水北调办、国家发展改革委、监察部、环境保护部、住房和城乡建设部、水利部六部委联合印发《关于印发南水北调东线一期工程治污工作目标责任考核办法的通知》（国调办环保函〔2010〕68号），以加强和规范南水北调东线一期工程治污考核工作，建立健全水质安全监督管理长效机制，为确保实现2013年东线工程如期通水创造条件。该办法明确，东线一期工程治污工作目标责任考核以实现2013年底前控制单元治污方案确定的治污项目全部建成并达标排放，控制单元各断面水质及入河排污总量达到规划治理要求，输水干线全线达到Ⅲ类水质标准为目标。江苏、山东两省政府是实施东线治污工作的责任主体，对本辖区内的治污工作负总责。沿线各级政府对辖区内控制单元治污目标负责。考核内容包括项目指标和水质指标。其中，项目指标是治污项目建设及运行情况，水质考核指标为COD（高锰酸盐指数）和氨氮。考核结果将作为对江苏省、山东省政府领导班子和领导干部综合考核评价的重要依据。

（三）东线治污规划补充实施方案编制

2010年9月6日，国务院南水北调办会同国家发展改革委和环境保护部联合印发《关于转发国务院领导批示和开展东线治污评估工作的函》（综环保函〔2010〕338号）。江苏、山东两省在对南水北调东线治污规划实施和治污环保工作进行评估的基础上，为确保实现2013年通水水质目标，分别编制完成了《江苏省控制单元达标治理补充方案》和《山东省南水北调东线一期山东段水质达标补充实施方案》，并已分报江苏省、山东省政府，待批复后实施。

（四）南水北调东线治污环保工作经验交流现场会

2010年7月4~5日，国务院南水北调办和环境保护部在山东省滕州市共同组织召开南水北调东线治污暨截污导流工程建设现场会。会议期间，南水北调工程沿线7省（直辖市）有关部门就水源保护和治污环保工作经验和做法进行了全面深入的交流，与会代表现场考察了山东省“治、用、保”并举的综合治理示范项目和重点河流、湖泊水质情况，总结回顾了东线7年治污取得的显著成绩，充分肯定了江苏、山东两省在治污理念方面取得的创新和突破，为全面加速推进输水沿线治污环保工作，重点针对治污工作仍然面临的压力和挑战，提出了下一步工作的目标方向和具体要求，部署了下一阶段南水北调工程东、中线水源保护和治污环保的主要工作。

（五）南水北调东线一期工程环境保护、水土保持专项验收

2010年11月17日，南水北调东线一期工程骆马湖—南四湖段刘山泵站、解台泵站和蔺家坝泵站通过环境保护部组织的环境保护专项验收。

2010年12月3～4日，南水北调东线第一期工程南四湖水资源控制工程姚楼河闸和潘庄引河闸工程、骆马湖水资源控制工程水土保持设施通过水利部组织的专项验收。

（六）截污导流工程通过环境保护、水土保持专项验收

2010年6月26日，江苏省宿迁市截污导流工程通过江苏省水利厅组织的水土保持专项验收。

2010年12月，受环境保护部委托，山东省环保厅组织验收组对南水北调东线一期工程山东省21个截污导流工程进行了现场环境保护验收。工程所在的临沂、枣庄、济宁、菏泽、泰安、聊城、德州等7个市，以及所在县（区）环保局参加现场验收。

（边 玮 任 静）

东线治污项目进展

截至2010年底，《南水北调东线工程治污规划》控制单元治污实施方案确定的426项治污项目全部开工，已建成404项，完成率94.8%。其中，规划214项工业点源治理项目和155项城市污水及再生利用项目全部完成；31项流域综合整治项目建成11项、在建20项，其中有15项为山东南四湖环湖人工湿地项目；26项截污导流项目建成24项、在建2项。

江苏省102项治污项目中，已经完成98项，在建4项，完成率为96%。其中，65项工业点源治理项目全部完成；26项城市污水处理及再生利用项目全部完成；6项流域综合整治项目完成4项，在建2项，分别是江都水源生态保护项目和徐州桃园氧化塘改建柳新污水处理厂项目；5项截污导流项目中，泰州市、扬州市和宿迁市3项已完成，淮安市、徐州市2项主体工程已基本完成。

山东省324项治污项目中，已经完成306项，在建18项，完成率为94.4%。其中，149项工业点源治理项目和129项城市污水处理及再生利用项目全部完成；25项流域综合整治项目完成7项，在建18项；21项截污导流项目的主体工程已全部完工。

（边 玮 任 静）

东线截污导流工程建设进展

截至2010年底，江苏截污导流工程累计完成投资13.68亿元。江都市截污导流工程已顺利通过竣工验收并投入运行（含地方配套）；宿迁市截污导流工程已完成联合试运行验收；淮安市截污导流工程及徐州市截污导流工程主体工程已基本完成。

山东省截污导流工程累计完成投资10.91亿元。宁阳、金乡、微山、曲阜、嘉祥、鱼台、滕州、临沂、临清、菏泽市截污导流项目主体工程已完工，准备完工验收。枣庄市小季河、峄城大沙河、薛城小沙河、梁山县、聊城金堤河、夏津县、武城县、济宁市截污导流主体工程也基本完工，配套工程正抓紧实施。

（边 玮 任 静）

中线水源保护工作进展

（一）《丹江口库区及上游水污染防治和水土保持规划》实施和修编

2010年安排《丹江口库区及上游水污染防治和水土保持规划》投资9.85亿元，累计安排资金完成计划的81.1%。建成和在建水污染防治项目57项，累计完成水土流失治理

面积 9977km^2。

1月11日，国家发展改革委、国务院南水北调办联合印发《关于开展丹江口库区及上游水污染防治和水土保持规划修编工作的通知》（发改办地区〔2010〕65号），启动规划修编工作。由国家发展改革委、国务院南水北调办、环境保护部、住房和城乡建设部、水利部等部门组成规划修编工作组，成立了由中国环境规划设计院、中国林业规划研究院、长江流域水土保持局等技术单位参加的修编技术组，5月完成了规划修订本初稿的编制。根据6月9日专家审查会意见，修编技术组进行了修改，10月22日召开专家评审会，与会专家原则同意修订内容，提出进一步修改意见，技术组根据评审意见修改后形成征求意见稿。

（二）《丹江口库区及上游地区经济社会发展规划》编制

在2009年起草的规划文本基础上，根据规划确定的水源区功能定位、发展方向和目标及扶持的重点领域，对规划中拟安排的建设内容进行梳理，研究协调扶持资金渠道。

（三）中央财政通过对国家重点生态功能区转移支付继续对中线水源区实施生态补偿

继2008年、2009年中央财政通过转移支付生态补偿水源区，为进一步做好这项工作，11月上旬财政部会同国务院南水北调办到水源区进行检查调研，研究通过监控评估机制提高生态功能区转移支付资金使用效率的办法。2010年水源区生态补偿转移支付24.95亿元，进一步加大了生态补偿力度。

（四）水源区生态文明建设

6月3日，南水北调中线水源区生态文明建设论坛在西安市召开。全国人大常委会副委员长、九三学社中央主席韩启德，陕西省委书记、省人大常委会主任赵乐际，国务院南水北调办公室副主任李津成，陕西省人民政府副省长吴登昌，全国政协常委、九三学社中央副主席赖明出席会议。全国人大、财政部、农业部、水利部、环境保护部等中央部门的代表，来自陕西、湖北、河南省政府及有关部门代表参加了论坛。

（五）南水北调中线总干渠两侧水源保护区划定

7月5日，河南省人民政府批复《南水北调中线一期工程（河南段）两侧水源保护区划定方案》，加上之前天津市划定的保护区，中线总干渠两侧已划定的保护区总面积 3116km^2，占拟划定总面积的2/3，为防止输水过程污染提供了法律保障。

（柯　征　徐　燕）

丹江口库区及上游水污染防治和水土保持规划实施进展

（一）水污染防治项目

截至2010年底，规划近期水污染防治97个项目中，建成38项，在建19项，已建在建率58.7%；未动工40项，占41.3%。其中53个工业点源治理项目建成18项，在建13项，已建在建率为58.5%；19个污水处理项目建成13项，在建4项，已建在建率89.5%；8个垃圾处理项目建成7个，在建1个，已建在建率100%；5个垃圾清理项目在建1项，在建率为20%。7个生态农业区示范项目和5个监测能力建设项目均未动工。

分省情况为：河南省水污染防治项目37项，建成12项，在建4项，未动工21项，已建在建率43.2%。其中，西峡县、淅川县污水和垃圾处理项目，河南宛西制药公司，西峡县龙城集团，西峡县发源肉联有限公司，西保冶材集团公司，淅川铝业集团有限公司，栾川众鑫矿冶有限公司，栾川三强钼钨有限公司，栾川太保山有限责任公司等清洁生产项目已建成投运。湖北省水污染防治项目34项，建成16项，在建8项，已建在建率70.1%。其中，竹山县、竹溪县、郧县等污水处理厂，郧县城关、十堰刘家沟、丁家沟和武当山垃圾处理场，以及十堰市医疗废物处理中心已建成投运。陕西省水污染防治项目21项，建成10项，在建7项，已建在建率81%，汉中市江北污水处理厂二期、安康市江南污水处理厂二期、商洛市污水处理工程，以及城固酒业有限公司、商洛市亨丰纸业有限公司等清洁生产项目已经投入试运行。

此外，为实现规划项目与国家“十一五”城镇污水和垃圾处理设施建设目标相一致，按照第二次部际联席会议精神，2010年下半年，国家发展改革委先行安排了陕西省远期20个县级污水和垃圾处理设施建设项目，安排投资1.12亿元。

（二）水土保持项目

截至2010年底，水土保持项目中央补助资金20亿元已经全部下达。下达陕西省水土流失治理投资19.16亿元，湖北省10.39亿元，河南省4.79亿元。长江水利委员会组织开展的水土保持监测、湿地恢复与保护、小流域治理示范、中心苗圃建设等项目未实施。

（三）投资情况

根据河南省、湖北省、陕西省三省提供的资料，截至2010年底，已累计下达规划投资56.66亿元，占规划近期总投资的81.1%。其中，中央补助36.43亿元，占规划中央近期总投资的86.7%。其中，河南省9.04亿元（中央补助5.31亿元），占该省总投资的60.5%；湖北省22.94亿元（中央补助16.56亿元），占87.3%；陕西省24.68亿元（中央投资14.56亿元），占86.2%。

（李道峰）

丹江口库区及上游水质情况

河南省、湖北省、陕西省三省环保部门和长江水利委员会对水源区水质进行监测。从2010年监测情况看，三省环保部门监测的24个断面中，Ⅰ～Ⅱ类水断面为20个，占监测断面总数的83%。长江水利委员会监测的丹江口库区的白河、浪河口下、水库（坝上）、台子山、清泉沟、陶岔、水库（坝下）7个断面中，湖北境内的浪河口下和水库（坝上）2个断面全年为Ⅲ类，其他断面个别时段为Ⅲ类，全年总体为Ⅱ类。综合分析2010年全年监测数据，水质达到Ⅰ～Ⅱ类的监测断面占80%。

其中：南水北调中线工程取水口陶岔断面水质保持在Ⅰ～Ⅱ类。汉、丹江上游陕西省15个监测断面中，除汉江干流洋县南柳渡断面水质为Ⅲ类（未达标）外，其他断面水质全部为Ⅰ～Ⅱ类。汉江出陕西省境白河断面以及陕西、湖北交界的郧西羊尾断面水质均为Ⅱ类；河南老灌河西峡党子岭和淅川张营断面入库水质分别为Ⅲ类。

（李道峰）

南水北调东线血吸虫病监测工作

鉴于南水北调东线工程源头地区血吸虫病流行和钉螺分布现状，为了确保南水北调东线供水安全，江苏省血吸虫病防治研究所和相关部门根据国务院南水北调办及预防控制血吸虫病中长期规划要求，继续开展了南水北调东线工程钉螺北移扩散可能性的监测研究，同时继续实施《南水北调东线工程江苏段血吸虫病监测和防治工作方案（2006～2010）》。

2010年，在东线工程血吸虫病监测区开展了6个水源河段、3个输水河段及12个监测点钉螺分布和扩散情况的监测调查。结果监测查出钉螺面积111.82万m^2，其中99.44%在水源河道。输水河道仅少量钉螺分布在33°15′以南的里运河高邮段（钉螺面积0.37万m^2，系原有螺区残留）及江都水利枢纽消力池滩地（钉螺面积0.253万m^2，系携带扩散所致），监测表明输水河道钉螺分布位置稳定，未发生北移或继发扩散。

（黄轶昕）

征 地 移 民

概 述

2010年南水北调工程建设进入高峰期、关键期，南水北调征地移民工作落实国务院南水北调工程建设委员会第四次全体会议要求和在南阳召开的国务院南水北调工程建设座谈会精神，按照“保进度、保通水”要求，以推动干线工程征迁、库区移民搬迁、保障工程建设为重点，依据国家征地移民政策，落实省级政府负责制，服务工程建设，在制度建设、前期工作、实施管理、维护建设良好环境等方面工作得到进一步加强。

在国务院南水北调建委的正确领导下，沿线地方各级人民政府和有关方面共同努力、密切配合，不断推进征地移民工作，维护被征地群众合法权益，促进工程建设良好环境和社会稳定，满足了工程建设要求，取得了丰硕的成果，为工程建设顺利推进发挥了积极作用。

（王宝恩）

工 作 进 度

（1）库区方面：2010年完成了丹江口库区移民12.8万人的搬迁任务，其中河南省6.2万人、湖北省6.6万人，已累计搬迁移民14.9万人，占规划任务34.5万人的43%，做到不伤、不亡、不漏一人，实现了和谐搬迁、平安搬迁。

（2）干线方面：据统计，2010全年，东、中线一期干线工程提交建设用地40.1万亩（其中永久占地21.7万亩，临时占地18.4万亩），搬迁人口2.2万人，拆迁房屋105.87万m^2，生产安置6.3万人（其中农业3.1万人），拆迁工业企业216处，专项设施2389处，完成征迁安置投资121.1亿元。

据统计，自工程开工至2010年底，东、中线一期干线工程累计提交建设用地66万亩，其中永久占地36.7万亩，临时占地29.3万亩，搬迁人口7.3万人，拆迁房屋388.5万m^2，生产安置18万人（其中农业11.1万人），搬迁工业企业884处，改移专项设施6367处，完成征迁安置投资221.6亿元。

（盛 晴）

政 策 研 究

（1）国务院南水北调办以《关于南水北调丹江口水库移民安置点宜城市邓林农场移民生产生活有关情况的报告》（国调办征地〔2010〕11号）向国务院报告了湖北省宜城市邓林农场移民安置事件的后续进展情况，以及国务院南水北调办和湖北省有关部门及相关市、县党委、政府采取的措施。通过采取有力措施，稳定了移民群众的思想情绪，移民群众搬迁后的生产生活有序开展。

（2）2010年开展了《南水北调工程预防和处置征地移民群体性事件》、《南水北调丹江口库区移民安置区建设与社会主义新农村建设融合机制研究》和《南水北调干线工程临时用地复垦责任和机制研究》三个方面的研究工作，研究成果对库区移民安置工作、维护社会稳定和干线临时用地复垦工作起到了积极的促进作用。

（3）结合南水北调干线工程临时用地复垦责任及机制研究工作，2010年8月国务院南水北调办在天津市召开临时用地复垦工作座谈会，对干线临时用地复垦作出安排部署。

（4）2010年，按照统一部署，先后组织举办了南水北调征地移民验收、档案管理、政策法规和实施管理培训班，邀请了多位专家对我国的水利工程及南水北调工程的征地移民验收、档案管理、政策法规、实施管理、信访处理、预防职务犯罪等内容进行了授课。工程沿线各省（直辖市）和重点地市的征迁主管部门以及项目法人单位派员220多人参加了培训，促进了其业务水平的提高。

（曹纪文　谭　文）

实施管理和协调

（1）为加强库区移民实施管理工作，及时掌握工作进展情况，有针对性地开展监督检查，国务院南水北调办下发了《关于定期报送丹江口库区移民安置实施进展情况的通知》和《关于报送2010年度丹江口水库移民投资计划具体实施项目的通知》，要求河南、湖北两省移民主管部门，定期报送库区移民安置工作进展情况；根据已批复的2010年库区移民投资计划，按项目对投资计划进行详细分解和细化，落实到具体项目，以便于及时掌握移民安置工作动态。

为保证移民房屋的建设质量和进度，切实维护移民合法权益，关心移民的切身利益。定期召开移民安置现场观摩会，适时开展库区移民建房质量和进度检查，有力地促进了库区移民工作稳妥顺利进行。

（2）干线征迁是工程建设重要组成部分，也是保障工程建设顺利实施的基础。2010年1月7日，印发《关于建立南水北调干线工程征迁安置实施协调制度的通知》（综征地〔2010〕3号），对加强干线工程征迁安置实施，建立实施协调制度，协调解决本行政区域内工程征迁安置工作和环境保障中存在的问题，促进工程用地移交、专项设施迁建和环境保障工作作出部署。1月15日印发《关于加强南水北调干线工程征迁安置实施管理有关工作的通知》（综征地〔2010〕10号），对加强干线工程征迁安置实施方案编制、报备，加强征迁安置实施管理，规范征迁安置实施中设计变更程序，明确各级批准权限，明确重大设计变更批复程序，做好设计变更文件资料的整理和规定等作出部署。

7～8月，按照国务院南水北调办“抓实、抓细、抓死”的工作要求，组织河南、山东、江苏等省征迁主管部门确定征迁进度计划，明确征迁各关键节点和关键环节。以控制工期的设计单元项目为抓手，积极协调各省按照征迁进度计划，抓住征迁各关键节点和关键环节，督促沿线各省采取超常规方式，压茬进行，加快征迁，确保干线工程永久建设用地年底前交付建管单位。中线河南黄河以南段，10月底前完成所有批复设计单元永久用地提前征用工作；东线山东段，12月底前完成两湖段、济南以东明渠段、鲁北段永久用地征用工作；东线江苏段，2010年底前完成已批复设计单元的建设用地征用工作，全部具备进场作业条件。截至2010年底，国务院南水北调办确定的东、中线一期主体工程41项控制性设计单元中，已有26项设计单元工程提前完成永久用地交付，为工程开工建设提供了用地保障。

积极协调了干线征迁过程中出现的重大问题，保障了工程建设需要。在现场调研基础上，对东线山东陈庄文物遗址影响问题，及时协调国家文物局，明确意见，促进了济南以东明渠段设计单元的审查和批复。组织协调了中线京石段北京段遗留问题处理，协调了东线穿黄河工程征迁稽察问题处理、河北省调剂省控预备费解决天津干线廊坊段征迁资金缺口问题，河北南段和天津干线河北段电力专项审批、河北南段矿产压覆处理及河南中线穿黄工程征迁变更、大营石料场生产恢复协调、陶岔渠首工程施工对灌区影响等重大问题。

及时协调、处理了干线工程实施过程中的具体问题。经商国务院南水北调办相关司，做好国控预备费使用审批工作，完成中线天津干线河北段4个设计单元工程临时耕地占用税补列，天津市1、2段工程耕地占用税追加，东线两湖段各设计单元耕地占用税补列审批工作。协同国务院南水北调办建设管理司及时批复了东线鲁北段、金宝航道工程、里下河水源调整工程征地拆迁监理、监测招标分标方案。

（王宝恩　谭　文）

前期工作

（1）完成丹江口库区移民初步设计审查审批工作。2010年5月19日，国务院南水北调办以《关于南水北调中线一期工程丹江口水库初步设计阶段建设征地移民安置规划设计报告的批复》（国调办征地〔2010〕74号）对库区移民安置初步设计报告进行了批复。在组织协调编制和审批初步设计规划中，全面贯彻落实国务院南水北调建委第四次建委会精神，充分考虑了库区移民工作的特殊性，完善有关补偿政策，为实现库区移民搬得出、稳得住、在发展中能致富的目标奠定了基础。

（2）确定遇真宫文物保护方案。遇真宫文物保护工作是丹江口库区文物保护中的重点和难点，为了加快遇真宫保护方案的编制和审批工作，多次督促湖北省文物部门加快方案的编制工作，协调国家文物局尽快批复有关工作。国家文物局《关于遇真宫保护工程的意见》（办保函〔2010〕86号）同意开展遇真宫保护抬高方案的设计工作，要求湖北省文物局抓紧开展工作，满足文物保护工作进度要求。

（3）加快库区移民水土保持、环境保护设计。督促协调中线水源公司组织设计单位尽快完成库区移民安置水土保持、环境保护初步设计工作，保证移民新村的水土保持、环境保护工作及时跟上，保持移民新村美好环境。

（4）按照初步设计审查安排，国务院南水北调办征地移民司先后组织并参与中线黄河南段各设计单元，东线江苏剩余设计单元，山东明渠段、两湖段、鲁北段各设计单元初步设计征地移民安置规划的审查审批工作。工作中，注意把握政策和标准相对统一，用足用好现行政策，不给征迁实施遗留大的问题。协调完成江苏段、山东段建设用地补偿标准的复核调整工作。

（5）协调处理大运河保护申遗和保护规划与南水北调东线二、三期建设的衔接问题。对国家文物局征求意见的《大运河文化遗产保护条例（草案）》、《中国大运河遗产保护与管理总体规划》提出意见建议，并参加了国家文物局文物保护与考古司12月7日在京组织召开的《中国大运河遗产保护与管理总体规划》征求意见会议，配合水利部协调南水北调工程总体规划与大运河总体规划工作。

（谭　文　朱东恺）

建设用地工作

根据国家发展改革委《关于编制2011年国民经济和社会发展计划（草案）的通知》要求，按照工程项目需要和七省市上报土地利用计划，对照总体可行性研究和南水北调工程2011年投资计划草案，编制完成了2011年南水北调工程建设用地计划，纳入全国建设用地计划。

截至2010年底，东线山东济平干渠工程、韩庄段工程（台儿庄泵站、万年闸泵站、韩庄泵站），中线京石段应急供水工程北京段工程（第一批组卷）、京石段应急供水工程河北段工程（第一批组卷）、中线穿黄工程、安阳段工程、新乡潞王坟膨胀土试验段工程、丹江口大坝加高工程（坝区）以及湖北兴隆水利枢纽（坝区）用地手续已经获得批复。

（盛　晴）

信访稳定工作

针对库区移民进入大规模搬迁阶段、干线征迁集中开展的现状，为做好工程征地移民维稳工作，9月初，国务院南水北调办组织召开了南水北调工程征地移民预防和处置群体性事件工作座谈会。会议传达了中央有关社会稳定的会议和文件精神，总结交流了南水北调工程预防和处置群体性事件工作经验，分析了南水北调工程征地移民维稳形势，研究部署了近一个时期预防和处置群体性事件工作，确保工程建设又好又快推进。

积极督促沿线相关省市开展群体性事件隐患排查和矛盾纠纷化解工作，力争将矛盾化解在基层，将群体性事件消除在萌芽状态，为工程建设营造良好的建设环境。对于进京到国务院南水北调办越级上访的群众，做好接访工作，耐心细致地做好政策解释和劝返说服工作。对于群众反映的问题，督促相关省市严格按照国家有关政策和程序实施各项征地移民工作，及时做好信访答复解释和问题处理工作，及时化解基层征地移民工作中的矛盾纠纷。

（曹纪文）

制度建设

（1）为了进一步加强移民管理工作，国务院南水北调办下发了《关于进一步做好丹江口库区移民搬迁工作的通知》（综征地〔2010〕78号）、《关于定期报送丹江口库区移民安置实施进展情况的通知》（综征地函〔2010〕37号）、《关于报送2010年度丹江口水库移民投资计划具体实施项目的通知》（综征地函〔2010〕41号）和《关于尽快组织开展丹江口库区移民后靠和专业项目恢复改建等有关工作的通知》等文件。

（2）组织完成了《南水北调干线工程征迁安置验收办法》、《南水北调工程征地移民档案管理办法》的编制工作，印发《南水北调干线工程征迁安置验收办法》（国调办征地〔2010〕19号），与国家档案局联合印发《南水北调工程征地移民档案管理办法》（国调办征地〔2010〕57号），并相应做好宣传贯彻工作。

（王宝恩　盛　晴）

其　他

（一）召开了南水北调工程建设征地移民表彰会

根据国务院南水北调办党组决定，于2010年6月23日在武汉召开了“南水北调工程丹江口库区移民试点和干线征迁工作总结表彰大会”，对64个先进集体和141名先进个人进行了表彰。国务院南水北调办领导在会上对丹江口库区试点移民工作和近期干线征迁工作进行了全面总结，对丹江口库区大规模移民和干线征迁工作作出了全面部署，进一步落实了工程建设征地移民地方负责制，有力地促进了南水北调工程征地移民工作的顺利开展。

（二）召开了南水北调工程征地移民工作座谈会

根据国务院南水北调办统一部署，为进一步做好2011年度征地移民工作，2010年12月中旬组织召开了南水北调工程征地移民工作座谈会。会议全面总结了近年来征地移民工作取得的成绩、主要经验和做法，对存在的问题和下一步工作提出了明确要求，要求工程建设沿线各省市征地移民主管部门、各项目法人做到征地移民与维护稳定并重，移民安置与工程建设双赢，为工程建设提供用地保障和良好的社会环境。会议围绕在南水北调工程建设全面提速、工程建设和征地移民进入高峰期和关键期，进行了充分交流。各地征地移民主管部门和项目法人表示，在下一步工作中，要精心组织、周密安排、辛勤工作，保证完成2011年库区移民搬迁任务和干线及时交付建设用地，保障工程建设需要。

（三）开展了库区文物保护检查工作

为全面了解丹江口库区文物保护工作进展情况，督促地方文物部门加快文物保护工作进度，规范实施管理工作，满足中线工程通水目标要求。2010年11月26～30日，国务院南水北调办与国家文物局联合组织专家对丹江口库区文物保护工作进行了检查，有力地促进了库区文物保护工作进展，进一步规范了有关程序管理。

（四）及时答复人大建议和政协提案

对有关征地移民方面人大建议和政协提案，及时主动与会办单位联系，沟通有关会办意见，做好有关答复工作，按照要求及时完成了6件人大建议和政协提案的答复工作。

（谭　文　朱东恺）

监　督　稽　察

概　述

2010年，国务院南水北调办监督稽察工作紧密围绕南水北调中心工作，积极组织开展了工程建设稽察、做好举报受理和办理工作，以及配合中央扩大内需促进经济增长政策落实专项检查等工作。全年先后开展项目稽察（复查）29组次，派出稽察专家235人次，下发稽察整改意见通知29份。2010年稽察工作，专项稽察范围有所扩大，工作方式方法有所创新，更好地适应了工程建设管理要求与稽察工作需要。

根据工程建设进展情况，国务院南水北调办与有关省（市）南水北调办、项目法人及参建单位开展了稽察工作交流，对规范新开工项目建设管理行为起到了积极促进的作用。

根据工作需要，国务院南水北调办组织召开了一年一度的南水北调工程建设稽察专家培训班、稽察工作座谈会和稽察工作年度总结会，总结稽察工作经验，进一步加强稽察队伍建设，促进稽察工作整体水平的提高。

2010年，国务院南水北调办共受理办理各类工程建设举报34件。其中，由国务院南水北调办直接组织调查的12件，委托地方南水北调办调查的22件。举报反映的问题涉及征地补偿及移民安置、工程建设、招标投标、环境污染、诈骗等方面。凡署名举报的，均向举报人反馈了调查处理结果。

（皮　钧　魏　伟）

专　项　检　查

配合中央扩大内需促进经济增长政策落实情况专项检查。继2009年中央扩大内需落实情况检查组到南水北调工程进行检查后，2010年4月，中央检查组又对南水北调工程进行了复查。2010年9月，根据中纪委、监察部的统一要求，国务院南水北调办又汇总上报了南水北调系统关于扩大内需落实情况及工程领域突出问题专项治理工作的报告。在上述工作中，国务院南水北调办监督司作为牵头部门，在有关司（中心）的支持和协助下，对中央检查组的工作提供了配合和服务，对中央扩大内需促进经济增长政策落实检查工作领导小组办公室两次发文要求整改的问题进行了督促整改，较好地完成了该项任务。

（魏　伟　赖斯芸）

项　目　稽　察

根据年度稽察工作计划和工程项目施工

进展情况，2010年，国务院南水北调办监督司会同南水北调工程建设监管中心先后组织经常性稽察（复查）14组次，设计、质量、合同财务、征地移民、建筑材料采购等专项稽察（复查）15组次，共计29组次。其中：国务院南水北调办直接组织26组次，与国家发展改革委联合组织1组次，委托山东省南水北调工程建设管理局组织2组次。根据项目情况，国务院南水北调办已下达稽察整改意见通知29份。截至12月31日，收到稽察整改意见落实情况报告24份，稽察整改意见落实情况总体较好。

2010年项目稽察（复查）工作有以下特点：

（1）稽察工作量明显增加。2010年，国务院南水北调办共计组织了29组次的各类稽察，共派出稽察工作人员235人次，稽察范围基本涵盖了2009～2010年新开工的工程项目。通过稽察，及时发现了被稽察项目工程建设过程中存在的问题；通过加强对整改落实情况的监督，使施工现场一些管理问题得以纠正，各参建单位完善了管理制度，提高了规范工程建设行为的自觉性，有效地促进了被稽察项目建设管理水平的提高。

（2）专项稽察涵盖范围有所扩大。2010年，国务院南水北调办组织工程建设及征地移民专项稽察15项，涵盖了勘测设计、工程质量、资金合同、征地移民和原材料采购等专项内容。针对工程建设的不同阶段，国务院南水北调办还在京石段工程完工后进入合同索赔处理的高峰期，组织了对北京市、河北省的资金和合同管理专项稽察复查；在京石段试运行通水一年后的停水期，进行了质量专项稽察；针对社会上曝光的一些在建筑材料采购方面存在的问题，组织了南水北调工程原材料采购专项稽察等。有针对性的专项稽察，更具体、细致地分析了工程建设过程中存在的问题，有利于问题的解决。

2010年，分别组织对河南、天津、河北、山东、江苏等省市的10个设计单元工程进行了5个组次的设计专项稽察。设计专项稽察的主要内容围绕初步设计审查意见中遗留问题的处理和落实工作展开，连带对设计单元工程招标设计、施工图设计阶段概算控制、设计变更等工作进行检查。通过设计专项稽察，发现了在初步设计审查遗留问题处理落实工作以及设计变更处理工作中的一些问题，并就这些问题提出了整改意见和建议。从整改情况分析，设计专项稽察工作取得了预期的成效。

（3）专项稽察工作方式方法有所创新。为更好地保证稽察工作的效果，国务院南水北调办监督司尝试了采取不预先通知，赴现场临时决定稽察对象与范围的方式，对湖北省和河南省的原材料采购专项稽察。为确保稽察整改意见落实到位，积极与有关主管部门沟通协调，如针对丹江口库区移民湖北省存在的一些重大问题，将有关情况转发至湖北省人民政府，取得有效支持与大力协助，敦促问题得到及时纠正与整改。稽察过程中发现的紧急问题，现场要求立即整改，如兴隆水利枢纽防洪度汛的围堰高程在汛期前未达到设计要求，存在严重安全隐患问题，稽察组现场多次与有关单位沟通，要求对此给予高度重视，限期完成。此后修建完成的防洪围堰在今年汛期经受住了汉江洪水的考验。实践证明，这些方式方法收到了良好效果。

（4）重视稽察前准备工作和被稽察单位的自查工作。对政策性、专业性强的稽察项目采取“两步走”的方式，以保证稽察工作效果。如：国务院南水北调办监督司在丹江口库区移民安置试点稽察工作中，第一步，国务院南水北调办监督司稽察前专程赴湖北、河南两省与当地移民主管部门进行调研和工作交流，为其做好自查和稽察准备工作提供服务；第二步，在省移民主管部门开展自查的基础上，国务院南水北调办组织了专项稽察。这些措施对保证征地移民稽察工作的效果、提高工作效率起到了积极的作用。

（皮　钧　魏　伟）

质量监督

2010年南水北调工程建设监管中心在沙河渡槽工程、北汝河倒虹吸工程、漳河北—古运河南段磁县段、邢台市区段、高邑元氏段和南沙河倒虹吸工程等新开工项目设立了质量监督项目站和巡回抽查组，监管中心现场质量监督机构达到了14个。

2010年，南水北调工程建设监管中心加大了监督检查频次、监督检测频次和督促整改的力度。共组织现场质量监督机构开展检查764次，发出书面监督检查意见139份，提出要求整改的质量问题1100多次；对各参建单位重要隐蔽（关键部位）单元工程联合质量评定情况进行监督检查85次；对施工单位使用的原材料和中间产品，以及工程实体质量进行监督检测或监督检查施工单位质量检测行为775组次。

在现场质量监督机构检查基础上，南水北调工程建设监管中心在2010年加大了质量监督专项巡查力度，共开展专项巡查13次，对20个设计单元工程、44个施工标段进行了监督检查，共发出巡查报告15份，提出质量问题和建议400多项。对发现的问题及时提出了整改要求，并对整改情况进行了复查。

（岳松涛）

稽察相关工作

（一）召开稽察专业人员培训会

2010年3月2~5日，国务院南水北调办监督司和南水北调工程建设监管中心联合举办了新聘稽察专家培训班，国务院南水北调办副主任张野出席开幕式并作重要讲话。会上邀请国务院南水北调办投资计划司、经济与财务司和征地移民司的主要领导对南水北调投资计划、经济财务、征地移民等工作和相关管理法规进行介绍；邀请稽察组长和经验丰富的稽察专家就稽察工作内容、方法、注意事项及近期稽察工作特点等内容进行专题授课。共有60余名稽察专家和稽察工作人员参加了培训，收到良好效果。

（二）召开稽察工作座谈会

2010年7月底，国务院南水北调办监督司和南水北调工程建设监管中心联合召开了2010年稽察工作座谈会。会上对上半年的稽察工作进行了小结，对下半年的工作提出了新的要求。近30名稽察专家和稽察工作人员针对南水北调工程建设的新形势，就稽察工作如何适应工程建设的各项要求，进一步加强稽察工作尤其是整改和处罚力度等开展了研讨。

（三）召开年度稽察工作总结会

2010年12月下旬，国务院南水北调办监督司和南水北调工程建设监管中心联合召开了2010年度稽察工作总结会，就南水北调工程建设“高峰期、关键期”的“很艰难、有风险”的特点，以及新形势下监督司职能调整的情况进行了介绍，对进一步做好监督稽察工作提出了要求。30余名稽察专家和稽察工作人员，就全年的稽察工作进行了梳理与分析，提出意见和建议，形成了《2010年度项目稽察汇总报告（初稿）》。

（四）继续开展稽察工作交流

2010年共进行了9次稽察工作交流，分别为：对天津干线保定1段工程和陶岔渠首枢纽工程组织了2次经常性稽察工作交流；对河南省、湖北省南水北调移民机构进行了2次征地移民稽察交流；对河南省、天津市、山东省、江苏省、湖北省有关项目法人（建设管理单位）和设计院进行了5次设计稽察交流。通过与建管、监理、设计、施工单位有关人员进行广泛交流，宣讲稽察工作内容、程序、要求和工程建设中经常出现的问题以及项目稽察的一些案例，不但有利于稽察工作的开展，也对提高建设管理水平、预防有关问题的发生起到了积极作用。

（魏　伟　庆　瑜）

举报受理和办理

2010年，国务院南水北调办监督司正式受理办理各类工程举报34件，包括信函、群众来访、电话、传真、电子邮件等方式。举报反映的内容主要涉及招标投标（15件）、工程建设（10件）、征地补偿及移民安置（8件）和诈骗（1件）等方面的问题，其中：直接处理的有12件（进行举报调查5次），转地方或项目法人调查处理的有22件。凡署名举报的，均向举报人反馈了调查处理结果。

从2010年的举报受理及办理情况分析：

（1）举报事项及内容基本上是伴随工程进展情况而来的，如：招标量大，相关的举报就多；征地移民工作量加大，相关的举报就会增加。

（2）举报人反映的情况中，不属实的多，完全属实的少，但的确有属实的因素或内容。即便是不属实或不完全属实，通过调查核实这一过程，也有利于进一步规范工程管理工作，及时纠正存在的问题，并对以后的工作提供警示。

（3）在上述举报中，实名举报的数量有所增加，这也与往年的情况有所不同，这无疑从客观上加强了举报受理及办理的严肃性，同时也对稽察工作人员的业务能力提出了更高的要求。从实际工作情况看，未发生因举报处理不当而引起举报人不满的事件。

（赖斯芸　庆　瑜）

稽察队伍建设

2010年，在保证原有稽察专家库专家基本力量相对稳定的基础上，国务院南水北调办面向全国水利水电行业各专业专家，增聘了33名经验丰富、身体健康、愿意从事稽察工作的专家作为南水北调工程建设稽察专家，目前在库稽察专家126名。

稽察专家库专家的充实和调整基本满足了南水北调工程建设高峰期和关键期的稽察队伍建设，为各项稽察工作的顺利开展奠定了基础。2010年，国务院南水北调办持续加强稽察队伍年轻干部在工程一线实践中的培养和锻炼，不断提高稽察工作人员整体素质，保证了稽察工作的水平和效率。

（李笑一　熊雁晖）

规章制度建设

2010年，为加强南水北调工程质量管理和合同管理，规范相关工作，国务院南水北调办进一步加强了相关制度建设，在已有规章制度的基础上，组织制定了《南水北调工程建设质量问题责任追究管理办法（试行）》（征求意见稿）和《南水北调工程合同监督管理规定（试行）》（征求意见稿）。

2010年9月，根据国务院南水北调办主任专题办公会的会议决定，由国务院南水北调办建设管理司和监督司共同负责编制起草《南水北调工程建设质量问题责任追究管理办法（试行）》。建设管理司和监督司先后分别组织召开专家咨询会、制度研讨会等6次，对办法的编制与起草进行充分的论证与研究。2010年12月底，由监督司将相关工作成果统一汇总，形成《南水北调工程建设质量问题责任追究管理办法（试行）》（征求意见稿），待向南水北调工程建设系统的所有参建单位广泛征求意见。

2010年10月，根据国务院南水北调办主任专题办公会的会议决定，由国务院南水北调办监督司负责编制起草《南水北调工程合同监督管理规定（试行）》。监督司先后组织召开有关专家咨询会、制度研讨会等4次，对办法的编制与起草进行充分的论证与研究。2010年12月底，监督司形成并提交了《南水北调工程合同监督管理规定（试行）》（征求意见稿），待向南水北调工程建设系统的所有参建单位广泛征求意见。

在上述办法的编制起草过程中，各省（市）南水北调办事机构、省（市）南水北调建设管理单位、省（市）南水北调征地移民主管部门、各项目法人，以及有关参加南水北调工程建设的勘测设计、施工、监理等单位提出了很好的修改意见与建议，为有关办法的制定提供了坚实的基础。

（熊雁晖　赖斯芸）

存在问题

为应对南水北调工程建设高峰期和关键期，国务院南水北调办稽察工作应在以下几个方面加强工作：

（1）积极适应工程建设高峰期、关键期新要求，进行监督职能调整，做好各项监督工作。职能调整对国务院南水北调办监督司在工作方法、工作深度、政策性水平上提出了更高的要求，要进一步提高认识，转变惯性思维方式；加强学习和业务培训，进一步提高工作人员的业务素质和政策性水平。

（2）要做好重大问题的调查工作。总结以往组织专项调查的工作经验，增加责任感，改进工作方法，做好重大问题调查处理的有关工作，探索形成南水北调重大问题调查工作的新模式。

（3）做好专项稽察的各方面工作。一是对如何开展专项稽察进行研究；二是密切关注工程建设的进展情况，做好专项稽察的各项准备工作。

（熊雁晖）

技术咨询

专家委员会工作

国务院南水北调工程建设委员会专家委员会（以下简称南水北调建委专家委）遵循国务院南水北调建委的工作部署，根据国务院南水北调办2010年工作的任务和要求，紧紧围绕工程建设中的重大关键技术、施工工艺、质量监督等问题开展技术咨询、质量检查、调研考察及关键技术专题研究等活动，对工程建设起到了积极的推动作用。

（汪易森　吴　健　胡　玮　冯晓波）

重大关键技术咨询

（一）南水北调中线工程天津市1段穿越京沪高速施工方案技术咨询

2010年4月7～8日，南水北调建委专家委在北京市召开了南水北调中线工程天津市1段穿越京沪高速施工方案技术咨询会。

与会专家听取了天津市水利工程建设管理中心关于南水北调中线一期工程天津干线天津市1段穿越京沪高速公路工程建管情况的汇报和天津市市政工程设计院关于天津市1段工程TJ5－2标穿越京沪高速公路箱涵工程设计变更情况的汇报，并进行了认真研讨，本着确保工程安全、经济合理的原则，对设计和施工技术方案提出了许多优化建议。

（二）《南水北调水权交易准市场机制设计书及影响评估的实验研究》立项建议的技术咨询

2010年5月10日，南水北调建委专家委在北京市召开小型技术座谈会，对东北师范大学城市与环境科学学院副教授张郁通过人民来信方式提出的《南水北调水权交易准市场机制设计书及影响评估的实验研究》进行了讨论。

会议就项目申请书中提出的国内外水市场理论与实践研究、南水北调双向调节准市场机制设计、南水北调双向调节准市场机制的实验研究、南水北调双向调节准市场机制影响评估的实验分析等问题提出了咨询建议及评价。

（三）南水北调中线汉江中下游治理工程技术咨询

南水北调建委专家委于2010年5月16～19日在武汉市召开了南水北调中线汉江中下游治理工程技术咨询会。

与会专家和代表听取了长江勘测规划设计研究有限责任公司和兴隆水利枢纽工程建设管理处关于工程设计情况和建管情况的汇报，查阅了相关资料，并进行了认真研讨，对引江济汉工程进口段工程总布置方案、渗流稳定计算地质参数选择和兴隆枢纽导流明渠安全维护、基坑降水、塑性混凝土墙质量评价等问题提出了咨询意见。

（四）《非饱和土渗流与变形耦合弹塑性三维有限元分析及在南水北调东线大屯平原水库工程中的应用研究》中间成果评审

南水北调建委专家委于2010年6月10日在北京市召开了《非饱和土渗流与变形耦合弹塑性三维有限元分析及在南水北调东线大屯平原水库工程中的应用研究》成果评审会。

与会专家和代表听取了河海大学关于研究成果的汇报。专家组对研究成果进行了深入的讨论和评议，肯定了研究成果，提出了修改完善建议。

（五）黄河以南高地下水位渠道设计方案技术咨询

南水北调中线总干渠黄河以南渠段存在高地下水位对渠道渗流稳定、边坡稳定、衬砌结构抗浮稳定及施工期、运行期、检修期渗控安全问题，长江勘测规划设计研究有限责任公司和河南省水利勘测设计研究有限公司分别提交了《南水北调中线一期工程总干渠陶岔—鲁山段高地下水位渠道渗控设计专题报告》和《南水北调中线一期工程沙河南—黄河南第3标段高地下水位渠道设计》，提出了高地下水位渠段的渗流分析成果和渗控设计方案。2010年6月25～28日，南水北调建委专家委受中线建管局委托在京召开技术咨询会，对南水北调中线一期工程黄河以南高地下水位渠道设计方案进行了技术咨询。与会专家和代表对设计方案进行技术咨询并提出了详细的建议和意见。

（六）南水北调中线总干渠焦作2段白庄地裂缝处理技术咨询

为分析焦作2段白庄地裂缝的活动性、发展趋势及对渠道的影响，南水北调建委专家委于2010年7月12～15日在郑州市召开了南水北调中线总干渠焦作2段白庄地裂缝处理技术咨询会。

与会专家和代表查勘了焦作2段白庄地裂缝现场，听取了相关单位的汇报，对地裂缝处理问题进行了深入的研究探讨，分析了地裂缝的成因、影响因素及目前的稳定状态，并对问题的解决提出了建议及可行的方法。

（七）《南水北调中线一期工程总干渠禹州段煤矿采空区稳定性研究报告》评审

2010年7月12～15日，南水北调建委专家委在郑州市组织召开了《南水北调中线一期工程总干渠禹州段煤矿采空区稳定性研究报告》评审会。

与会专家和代表查勘了禹州段煤矿采空区现场，听取了煤矿采空区关键技术研究课题组关于煤矿采空区稳定性研究的汇报。专家组对《南水北调中线一期工程总干渠禹州段煤矿采空区稳定性研究报告》进行了评审，肯定了研究成果，提出了修改完善建议，并对采空区处理提出了建议。

（八）盾构隧道开舱及维护技术研究专题评审

南水北调建委专家委于2010年9月1～2日在郑州市召开了盾构隧道开舱及维护技术

专题研究评审会。

与会专家和代表赴南水北调穿黄工程盾构施工贯通现场进行了细致的调研，并听取了河海大学关于研究成果的汇报。专家组对研究成果进行了深入的讨论和评议，肯定了研究成果，提出了修改完善建议。

（九）丹江口大坝加高工程溢流坝堰面延期加高重大设计变更报告评审

2010 年 9 月 25～27 日，南水北调建委专家委在北京市组织召开了《南水北调中线一期丹江口大坝加高工程溢流坝堰面延期加高重大设计变更报告》评审会。对该报告中关于溢流坝堰面加高进度计划调整、闸墩加固设计、加高施工期间防洪水位调整、施工组织设计以及变更涉及的工程费用等技术问题进行了深入的讨论和评审，并提出了意见和建议。

（十）南水北调中线总干渠膨胀土试验段试验研究中间成果技术咨询

南水北调建委专家委于 2010 年 9 月 28～29 日在北京市召开了南水北调中线总干渠膨胀土试验段试验研究中间成果技术咨询会。

与会专家和代表听取了试验承担单位关于中线总干渠膨胀土段试验研究情况的汇报并进行了认真讨论，肯定了研究成果，提出了修改完善建议。

（十一）南水北调中线一期工程沙河渡槽设计施工技术咨询

南水北调建委专家委于 2010 年 10 月 25～27日在北京市召开了中线总干渠沙河渡槽设计、施工技术咨询会。

与会专家和代表听取了相关单位所作的工程建设、设计、施工和监理情况的汇报并进行了认真讨论，并就沙河渡槽相邻跨基础不均匀沉降、预制槽身间的止水结构、梁式渡槽（U 形槽）预应力混凝土施工技术要求以及槽身预制、吊装、运输和就位等方面的设计、施工技术问题提出了意见和建议。

（十二）南水北调中线工程冰期输水能力模式及冰害防治研究技术咨询

南水北调建委专家委于 2010 年 11 月 8～9 日在北京市召开南水北调中线冰期输水研究课题技术咨询会。

与会专家和代表听取了课题承担单位所作的汇报并进行了认真讨论，结合南水北调中线总干渠冰期输水的特点和类似工程冰期输水运行的经验教训，针对提交的初步研究成果（重点是冰期输水对总干渠输水能力的影响，必要的防冰、拦冰措施，冰害的防治方法等）提出了相关意见和建议。

（十三）南水北调中线工程水力学参数系统辨识关键技术研究技术咨询

南水北调建委专家委于 2010 年 11 月 10～11 日在北京市召开了南水北调中线工程水力学参数系统辨识关键技术研究技术咨询会。

与会专家和代表听取了相关单位所作的课题研究情况汇报并进行了认真讨论，对研究内容给予了肯定，并提出相关建议。

（汪易森　吴　健　胡　玮　冯晓波）

关键技术研讨

（一）国家防洪标准（征求意见稿）有关问题的技术研讨

2010 年 4 月 22～23 日，南水北调建委专家委在北京市召开技术讨论会。

会议主要根据国家防洪标准主编单位水利部水规总院要求，对目前已提出的国家防洪标准（征求意见稿）中涉及南水北调等大型供水工程的防洪标准问题进行讨论，结合南水北调工程等大型调水工程的实际情况，提出了补充、修改意见。

（二）《南水北调中线工程水力学参数系统辨识关键技术研究》初步成果研讨

2010 年 6 月 11 日，南水北调建委专家委在北京市召开了《南水北调中线工程水力学参数系统辨识关键技术研究》初步成果研讨会。与会专家和代表听取了中国水利水电科学研究院关于课题的初步成果汇报。专家组对初步成果进行了深入的讨论和评议，肯定了研究成果，提出了修改完善建议。

（三）南水北调中线一期总干渠京石段应急工程河北省渠段工程量分析研讨

南水北调建委专家委于2010年10月14～16日在北京市召开了南水北调中线一期总干渠京石段应急工程河北省渠段工程量分析研讨会。

2009年对南水北调中线一期总干渠京石段应急工程河北省渠段工程量统计分析研究课题的评审意见中需要补充修改的内容主要是：将土方开挖和石方开挖分开统计，并增加将土方开挖和石方开挖合并为土石方开挖统计分析的内容；增加初步设计以后勘察及设计变更的主要内容、未完项目工程量影响和典型项目分析；补充不同流量、不同地理条件渠段的工程量统计分析。本次会议主要对修订成果进行研讨分析，并提出了意见和建议。

（汪易森　吴　健　胡　玮　冯晓波）

考察调研工作

（一）南水北调中线河南段工程设计工作调研

由于南水北调中线河南段设计工作是2010年南水北调工程建设的重点，根据南水北调建委专家委工作安排，南水北调建委专家委于2010年4月27～29日组织开展南水北调中线河南段工程设计调研。此次调研主要赴河南省水利勘测设计研究有限公司（以下简称河南院），了解其设计工作的有关情况，提出了调研报告。

调研报告主要针对河南院承担南水北调中线工程设计任务概况，提高设计质量、加快设计进度的主要措施、河南院提出需尽快解决的问题等进行了阐述，并根据调研的情况提出了详细的意见和建议。

（二）丹江口库区移民安置河南省调研

南水北调建委专家委于9月12～17日开展了南水北调丹江口库区移民安置河南调研工作。

期间，专家组一行沿途听取了河南省和平顶山市宝丰县、漯河市临颍县、郑州市中牟县、新乡市原阳县，以及有关乡镇地方政府主管部门等的汇报，现场考察了分属上述四个县的马川新村、周湾新村、姚湾新村、狮子岗新村等安置点，与移民群众座谈交流，对试点移民实施情况进行了了解，并提出了调研报告。

调研报告主要针对移民安置情况、主要做法和经验、存在的问题等进行了阐述，并根据调研的情况提出了详细的意见和建议。

（汪易森　吴　健　胡　玮　冯晓波）

工程质量检查

为了解南水北调工程质量管理情况，南水北调建委专家委于2010年11月组织18位专家对南水北调中线一期黄河北—漳河南渠段部分在建项目进行了工程质量检查。专家组领导小组由潘家铮、陆佑楣、郑守仁、高安泽、宁远和汪易森组成，下分为三个检查小组，分别前往安阳段、辉县段和焦作段进行工程质量检查。

11月18日，专家组专家在北京市集合并参加了南水北调建委专家委召开的质量检查预备会，会议提出了本次质量检查的总体要求是：深入现场，抓住关键；看听结合，以看为主；找准问题，分析原因；提出措施，帮助改进。19～21日，三个检查小组分别前往安阳段、辉县段和焦作段工地，对工程的渠道、建筑物、交通桥的设计、监理、施工情况进行质量检查。专家组在现场跟班查看施工和监理实际工作情况，在认真查看施工现场，查阅设计文件、监理文件、施工质量管理文件、原材料质量检测资料、单元及分部工程验收资料的基础上，就检查中发现的问题与建设、设计、监理和施工单位进行了座谈。

各检查小组22日上午总结，下午各专家组返回北京，23日就检查结果向质量检查领导小组进行了汇报。随后由南水北调建委专家委提交了质量调研报告。

（汪易森　吴　健　胡　玮　冯晓波）

其　他

（一）南水北调中线一期工程总干渠禹州段煤矿采空区稳定性专题研究

南水北调中线一期工程总干渠由南至北通过河南省、河北省境内的11座煤矿，存在压煤和渠道通过采空区的稳定问题。其中采空区内渠道的稳定问题主要集中在河南省境内的禹州段和焦作段（焦作段经过大量技术经济论证工作，渠道基本避开了煤矿采空区），而禹州段总干渠线路无法避开采空区，采空区及其稳定问题显得尤其突出。

禹州段采空区在开采时间与水平、采空程度、回采率大小、回填程度和安全煤柱形式等方面均不一样，存在一定的变形现象。在禹州段方案比选及初步设计阶段，勘察设计单位是在收集资料的基础上，进行了相关的工程地质勘察工作，根据国内外类似采空区的经验，对禹州段采空区的稳定性进行了宏观分析与定性评价，但没有进行过地表变形监测及相关数值模拟计算等定量分析工作。因此禹州段煤矿采空区的稳定问题是否还对渠道工程存在影响是十分突出的技术问题，随着工程的相继开工建设，对这些问题进行全面、深入的研究已经十分迫切。

南水北调建委专家委委托江河水利水电咨询中心对南水北调中线一期工程总干渠禹州段煤矿采空区稳定性进行专题研究工作，提交了《南水北调中线一期工程总干渠禹州段煤矿采空区稳定性研究报告》，并于2010年7月12～15日在郑州市通过了《南水北调中线一期工程总干渠禹州段煤矿采空区稳定性研究报告》评审。评审会上与会专家和代表听取了南水北调中线一期工程总干渠禹州段煤矿采空区稳定性专题研究的汇报，并进行了认真讨论，会后项目承担单位根据评审会评审意见和建议做了补充和完善。

（二）非饱和土渗流与变形耦合弹塑性三维有限元分析及在南水北调东线大屯平原水库工程中的应用专题研究

鉴于南水北调东线大屯水库地形复杂，地基土的渗透系数较大且无相对不透水层，若采用垂直防渗的措施，其防渗深度将会较深。经过专家论证分析，决定在大屯水库采用库底全铺土工膜坝坡铺膜相结合的防渗方案。但采用该方案需解决膜下气压破坏问题，目前，国内外对于平原水库中膜下气压的产生机理和分布规律的研究几乎没有，大部分的设计均凭借工程经验。基于此，南水北调建委专家委委托河海大学进行此项专题研究工作，该项专题研究采用基于多孔介质力学的非饱和土固结理论来研究土工膜下气压的大小及分布规律，同时研究对气压影响较大的影响因素，从而从理论上指导工程实际。

该项目研究的主要内容是在考虑非饱和土渗流场与应力场耦合的作用下，采用数值计算的方法，通过建立大屯水库围坝和地基的三维有限元模型，分析地下水位上升、水库正常蓄水、水库快速降水、土工膜存在缺陷等工况下土工膜下气场的变化规律、验证膜上压重覆土厚及排气盲沟排气阀设计方案的合理性，为大屯平原水库防渗设计提供依据，同时也为南水北调工程中其他平原水库的防渗设计提供参考。

南水北调建委专家委于2010年6月10日在北京市召开了《非饱和土渗流与变形耦合弹塑性三维有限元分析及在南水北调东线大屯平原水库工程中的应用研究》成果评审会，评审会上与会专家和代表听取了课题组的汇报，并进行了认真讨论，会后项目承担单位根据评审会评审意见和建议做了补充和完善。

（三）南水北调中线工程水力学参数系统辨识关键技术专题研究

南水北调中线工程是一项复杂的大型跨流域调水工程，其输水线路长、流量变化大，涉及问题复杂，影响沿程糙率因素较多，沿程糙率系数取值的合理性将直接影响渠道输水能力和工程运行管理。因此，为进一步检验工程设计中糙率系数取值的合理性，在工程试通水过程中需要实测渠道糙率并研究其影响因素，为南水北调中线一期工程的设计和运行管理提供参考依据。

南水北调建委专家委委托中国水利水电科学研究院开展了南水北调中线工程水力学参数系统辨识关键技术专题研究工作，2010年6月11日，南水北调建委专家委在北京市召开了“南水北调中线工程水力学参数系统辨识关键技术研究”初步成果研讨会。与会专家和代表听取了中国水利水电科学研究院关于课题的初步成果汇报。专家组对初步成果进行了深入的讨论和评议，对报告内容提出了修改意见。课题组按照专家意见对报告进行了修改补充，于2010年11月完成了《南水北调中线工程水力学参数系统辨识关键技术研究报告（修订本）》，2010年11月10～11日在北京市召开了南水北调中线工程水力学参数系统辨识关键技术研究技术咨询会，与会专家和代表听取了项目承担单位所作的课题研究汇报并进行了认真讨论，对研究内容给予了肯定，并提出相关建议。

该项目主要研究内容为调水工程水力学关键参数辨识理论和方法、水力测量误差对糙率率定误差的影响、南水北调中线工程水力学关键参数辨识（包括渠道、隧洞、渡槽沿程糙率，闸门、阀门特性）等。

该项目解决的关键难题是：①渠道糙率误差与水力测量误差的函数关系；②测量误差、渠道长度、壅水对糙率率定误差影响规律；③如何减少测量误差对糙率率定精度的影响；④渠道沿程糙率与水力半径的函数关系；⑤考虑渠道断面形态变化及水力测量误差的影响，渠道沿程糙率系数的系统辨识等；⑥闸门特性的动态系统辨识技术。

（四）盾构隧道开舱及维护技术专题研究

地下隧道的盾构施工法在我国的应用越来越广泛，最近在国内修建的过江过河及海底隧道中，大断面泥水加压盾构的频繁使用引人注目。过河越江隧道一般都具有掘进距离长、地下水压大的特点，而且由于其穿越地层的地质条件及水文条件比较复杂，围岩条件变化多端。在这样复杂的施工环境条件下盾构机经常会出现一些故障，如刀头磨损、刀盘磨损、碎石机故障等，这时必须要对盾构机进行开舱检查、更换部件，严重时要进行较大范围的维修。在地下水压大、地质条件复杂、渗透性高的地层中进行开舱属于高难技术，国内外的相关研究都很少。开舱往往会引起开挖面坍塌、地下水击穿，尤其会引起人身安全，恶劣时甚至会造成整个隧道报废，因此具有极大的工程风险。为了保障盾构机的安全开舱，尽量减少工期的延误以及对隧道的影响，有必要根据已有的盾构机带压进舱的施工经验，较为全面地分析施工状况、开舱参数及开舱效果，总结盾构开舱中必须注意的技术要点。弄清楚不同地质条件下、不同施工状态下开舱可能会面临的种种问题，并建立解决这些问题的相关理论和方法，形成盾构开舱及维护的技术体系。这样不仅对工程本身有重要的指导意义，而且对我国盾构技术的应用和发展有很大的推动意义。

为此，南水北调建委专家委依托穿黄隧道盾构施工，委托河海大学开展了盾构隧道开舱及维护技术专题研究工作，提交了《盾构隧道开舱及维护技术研究报告》，并于2010年9月1～2日在河南郑州召开了盾构隧道开舱及维护技术专题研究评审会，与会专家和代表赴南水北调穿黄工程盾构施工贯通现场进行了细致的调研，听取了河海大学关于研究成果的汇报，对研究成果进行了深入的讨论和评议，肯定了研究成果。会后项目承担单位根据评审会评审意见和建议做了补充和完善。

专题研究课题组根据南水北调中线穿黄隧道盾构开舱及维护等不同实例的研究，对开挖面稳定的保障、盾构机开舱维护等方面问题进行了深入的探讨，形成了盾构机开舱及维护技术体系，实现了专题研究的目的。

（汪易森　吴　健　胡　玮　冯晓波）

关键技术研究与应用

重大专题及关键技术研究

2010年，“十一五”国家科技支撑计划项目“南水北调工程若干关键技术研究与应用”和“南水北调工程建设重大关键技术研究及应用”项目顺利实施，取得了一批新的科研成果，部分已应用于工程建设中，优化了设计，解决了难题，实现了关键技术的突破。

国务院南水北调办组织对“十一五”国家科技支撑计划——“南水北调工程若干关键技术研究与应用”重大项目逐项进行了检查，并及时完成课题成果评审及推广应用，取得一批新技术成果，并应用于工程建设；组织召开了“南水北调工程若干关键技术研究与应用”课题验收工作座谈会，研究制定了课题验收工作程序、验收指南和工作安排，完成了第一批和第二批课题验收工作；加强与科技部的联系，主动争取支持，组织开展了南水北调工程“十二五”国家科技支撑计划课题初步论证，研究提出了南水北调重大科技需求，并正式报送科技部。

几年来，已取得一批科技成果：研制新产品（或新品种）、新材料、新工艺、新装置等63项；获得国内专利授权59项，其中获得国内发明专利授权16项；获得国家科技进步二等奖2项，获得省部级科技一等奖2项、二等奖3项。

（张　晶）

重大关键技术研究及应用

国务院南水北调办于2004年3月将“南水北调工程建设重大关键技术研究及应用”列入重大专题，2004年8月3日国家发展改革委对“南水北调工程建设重大关键技术研究及应用”项目予以批复，本项目正式列入中央预算内投资计划，项目正式立项，批准项目中央预算内投资规模为2500万元。批准项目包括11大项目27个子课题，见表1。

表1　“南水北调工程建设重大关键技术研究及应用”项目完成情况一览表

序号	项　目	完成情况	完成年度
一	南水北调工程项目管理技术研究及应用		
（一）	南水北调工程专用技术评价标准研究及应用		
1	《南水北调工程验收管理规定》编制	已经发布实施	2006年度
2	《南水北调质量监督导则》编制	已经完成研究	2009年度
3	《南水北调工程施工质量检查验收规定》编制	已经完成研究	2009年度

续表

序号	项　　目	完成情况	完成年度
4	《渠道混凝土衬砌机械化施工技术规程》编制	已经发布实施	2006 年度
5	《南水北调工程建设验收安全评价规则》编制	已经发布实施	2007 年度
6	《南水北调工程建设验收遗留问题处理规则》编制	已经发布实施	2007 年度
7	《南水北调工程建设验收程序及规范性文件导则》编制	已经发布实施	2007 年度
（二）	南水北调工程管理技术研究及应用		
1	南水北调工程建设引进先进管理方式——合作管理（Partnering）应用研究	已经完成研究	2006 年度
（三）	南水北调工程文物保护管理工作研究		2007 年度
1	南水北调工程文物保护管理工作研究	已经完成研究	2007 年度
2	南水北调东线一期工程大运河历史文化环境保护与建设研究	已经完成研究	2007 年度
二	南水北调中线工程长距离调水水力调配与运行控制技术研究	已经完成研究	2008 年度
三	南水北调东线一期工程低扬程大流量水泵机组技术研究与应用		
1	《南水北调泵站工程水泵采购、监造、安装、验收指导意见》编制	已经发布实施	2005 年度
2	南水北调东线一期工程低扬程大流量水泵机组技术研究及应用	已经完成研究	2007 年度
3	南水北调东线一期工程低扬程大流量水泵装置水力特性、模型开发及试验研究（含贯流泵装置模型同台试验）	已经完成研究	2009 年度
四	南水北调工程高性能混凝土抗裂技术研究及应用		
1	南水北调工程高性能混凝土抗裂技术研究及应用	已经完成研究	2008 年度
2	南水北调工程超高韧性绿色 ECC 新型材料研究及应用	已经完成研究	2008 年度
五	大型渡槽结构优化设计及动力分析		
1	大型渡槽结构优化设计及动力分析	已经完成研究	2008 年度
2	大型渡槽结构施工和运营期动态跟踪、温度荷载及动力分析	已经完成研究	2008 年度
3	大型渡槽结构优化、动力特性及响应性分析、温度荷载及冰荷载作用影响研究	已经完成研究	2008 年度
六	土袋技术在膨胀土地基处理中的应用研究	已经完成研究	2008 年度
七	穿黄隧洞工程抗震安全及施工关键技术研究		
（一）	南水北调中线一期穿黄隧洞工程抗震安全技术研究	已经完成研究	2009 年度
（二）	穿黄工程盾构施工关键技术研究	已经完成研究	2010 年度
（三）	穿黄工程盾构隧洞衬砌施工关键技术研究与应用	正在实施中	
八	丹江口大坝加高工程关键技术研究	已经完成研究	2006 年度
九	南水北调中线一期工程渠道地质参数研究	已经完成研究	2007 年度
十	南水北调中线一期工程渠道边坡设计研究	已经完成研究	2007 年度
十一	南水北调中线一期工程渠岸超高研究	已经完成研究	2007 年度

南水北调工程建设重大关键技术研究及应用项目研究工作自 2004 年开始，分年度实施。在前 5 年开展相关工作的基础上，2010 年继续开展各课题项目研究的实施。截至

2010年底，26个课题已经研究完成，1个课题仍在实施或完善相关研究工作。

（岳松涛）

南水北调中线总干渠供水调度关键技术问题

南水北调中线干线工程贯通长江、淮河、黄河、海河四大流域，涉及北京、天津、河北、河南、湖北等省市，渠线全长1432km，年均调水量95亿m^3，渠线布置在黄淮海平原西部，地势西南高、东北低，全线以自流输水为主。南水北调中线工程供水调度涉及水资源合理分配和总干渠输水调度两方面的关键技术问题。中线工程作为典型跨流域、跨地区长距离大型调水工程，流域间和地区间水事关系复杂，调水与防洪、发电、航运、灌溉等水资源利用应综合平衡，生产、生活、生态用水部门在利用外调水和本地水之间要协调，水源区和受水区的来水情势、需水情势季节性变化大，存在着相互制约、相互影响的关系，其水资源管理是一个涉及多流域、多地区、多部门、多目标的复杂决策问题。在制定供水方案时不仅要考虑水源区的供水计划，还需将丹江口可调水量与受水区的水资源进行调剂和分配，实现水资源的合理配置和南北兼顾。对于如此复杂的水资源大系统，如何协调各地区各部门之间的水资源供求关系，进行科学、合理、高效、便捷的调度，是促进工程效益充分发挥，促进水资源在更高层次和更大范围上重新优化组合和平衡，以及经济效益、社会效益、生态环境效益统一的关键性问题。

供水方案确定后，输水调度是实现供水目标的途径。南水北调中线干线工程沿途有60多个节制闸控制渠道的输水过程，由80多个分水口门向用户供水，运行过程中要求干渠沿线各类控制设施有机配合，安全地将用户所需水量按规定的时间送至用户。由于输水系统由一系列的明渠、交叉建筑物构成，节制闸、分水口门沿线分布，任一分水口门分水流量发生变化或节制闸的闸门开度发生变化都将引起一定渠道范围内的水位波动，且沿线渠道流量需要在一定程度上进行调整，其调整幅度与流量变化的幅度、变化过程、相关节制闸配合情况等因素相关。中线工程渠道水位允许变幅小，且无在线调节水库，为保证渠道运行安全，运行过程中应将水位变化和流量变化控制在一定范围内。总干渠由南向北跨越不同气候区域，水流由暖温带流向半寒冷地区，在冬季运行时，黄河以北渠道中的水流由于受寒冷气温的影响，将有不同程度的冰凌产生而处于冰期输水状态，输水调度需解决冰期输水渠道在结冰期、冰盖稳定期、融冰期等不同时期的水位流量控制要求，调度运行条件苛刻。目前，如此大规模调水工程的输水运行调度问题国内尚无先例。

中线建管局正在抓紧组织实施南水北调中线一期工程总干渠全线供水调度方案研究及编制工作，先期建成的南水北调中线京石段应急供水工程已成功应用项目研究成果，实现向北京市应急供水。项目通过开展京石段应急供水调度方案、水源区不同频率水文年可供水量模型、受水区不同频率水文年需调水量模型、供水计划生成模型、总干渠水力学模型及软件开发、冰期输水调度方案、闸门控制模式及指令生成软件开发、应急预案及对策、供水调度软件集成与调试、中线输水调度规程等子课题的研究工作，实现工程建成后的通水运行阶段，在满足汉江水资源合理配置的条件下将丹江口水库有限的水资源进行合理分配，并将北调水量按计划安全、适时、适量、高效地输送到中线总干渠沿线各分水口门。

（姚　雄）

国际合作与交流

概 述

2010年，国务院南水北调办在国际合作与交流工作中，认真贯彻落实中央关于外事工作的新要求，严格外事纪律，加强外事管理。紧密结合工程建设实际，深化国际交流合作，外事工作取得积极成效。国务院南水北调办领导高级访问团、司局级出国考察团组和出国培训工作有序开展，接待了德国、英国、美国代表团对国务院南水北调办的访问。

（胡周汉　何韵华）

外事工作管理

2010年，国务院南水北调办认真贯彻国家关于严格出国（境）团组的有关要求，加强外事管理，进一步规范出国审批、外事接待等工作程序，加强护照管理和外事教育工作，拓宽了外事工作联络渠道。

（胡周汉　何韵华）

重要外事活动

2010年2月26日，国务院南水北调办总经济师张力威在国务院南水北调办会见了德国驻华大使馆公使柯殷先生（Dr. Ingo Karsten）一行。张力威首先对柯殷先生一行的来访表示欢迎，并就德方提出的南水北调工程的有关问题进行了解答。

2010年4月8日，国务院南水北调办公室副主任宁远会见了英国ARUP公司David Evans先生和清华大学王光谦院士一行。David Evans先生介绍了ARUP公司的情况，双方就将来可能的合作领域进行了交流。

（胡周汉　何韵华）

项目培训与考察

经国家外国专家局批准，2010年组织完成了赴美国大型调水工程建设财务管理培训班、赴瑞典水污染防治和饮用水水源保护培训班，组织司局级及以下人员对印度和印度尼西亚水利工程运行管理、巴西水利工程征地移民、英国大型工程项目监督后评价、法国和瑞士闸站监控系统、日本屏幕系统进行了考察。通过出国培训和考察，加强了国际交流和合作，学习了国外工程技术和管理等方面的有益经验。

（胡周汉　何韵华）

新闻宣传

概 述

2010年，中央和地方新闻媒体围绕党中央、国务院和国务院南水北调工程建设委员会关于南水北调工程的战略部署和方针政策，对工程建设、丹江口库区移民搬迁及干线征迁、东线治污及中线水源地保护、完建项目发挥效益等工作进行了大量卓有成效的宣传报道，在社会上产生了良好的反响，为引导社会舆论、营造良好氛围发挥了重要作用。

（杜丙照　杨　栋）

宣传工作

（一）宣传报道

（1）结合重大宣传部署，围绕工程建设进展，展示南水北调工程形象。结合国家“十一五”宣传报道，组织中央主要新闻媒体对南水北调工程建设成果进行集中报道，为工程建设营造良好氛围。协调系统内各单位积极宣传和贯彻南水北调工程建设工作座谈会重要精神。

（2）围绕工程开工建设、重要节点工程完工报道，展示南水北调工程新进展。与各省（市）南水北调办事机构、项目法人、移民机构及治污机构宣传部门紧密配合，先后组织中央和地方媒体围绕征地移民总结表彰会、工程建设管理工作座谈会、东线治污暨截污导流现场会、质量安全工作会、征地移民工作座谈会等重要会议，河北邯石段、江苏运西线、湖北引江济汉等工程开工，京石段二次供水、丹江口大坝加高到顶、东中线穿黄工程贯通、丹江口库区第一批移民集中搬迁等工作积极开展宣传报道。积极做好国务院南水北调办领导调研考察工作的宣传报道工作，及时传达领导指示精神，推进有关工作开展。

（3）组织策划重点宣传活动。协调《人民日报》海外版，就南水北调中线工程建设、移民搬迁、生态环保和文物保护等内容进行重点报道。协调新华社《瞭望》新闻周刊记者，对国务院南水北调办领导进行专访。做好西班牙独立电视、英国天空新闻频道等境外媒体采访工作。组织《经济日报》和中国南水北调报做好南水北调工程科技创新成果的重点报道工作。协调国务院新闻办拍摄南水北调工程宣传片。协同国务院新闻办，组织国内外媒体，赴湖北省就工程建设、库区移民安置、水源保护等工作进行集中采访报道。协调《中国报告文学》编辑部会员李木子赴南水北调中线采访写作。

（4）编制宣传工作计划。根据南水北调工作实际和进度安排，组织编制《2011～2015年南水北调宣传工作计划》，先后征求国务院南水北调办机关各司、直属各单位的意见和建议；听取系统内各单位的意见和建议；听取中央宣传主管部门、中央主要新闻媒体、中国作家协会等单位专家的咨询建议；在国务院南水北调办主任专题办公会上进行审议。

（5）做好日常宣传工作，及时传递声音。围绕国务院南水北调办机关重要会议、重要活动开展专项宣传，传达贯彻中央和国务院南水北调办领导有关工程建设工作的重要指示和工作部署，在指导和推动工程建设又好又快进行方面发挥了重要作用。

（二）宣传管理

（1）继续巩固南水北调工程宣传在国家宣传大格局中的地位。加强与宣传主管部门的沟通联系，积极争取将南水北调工程纳入中宣部的重点宣传范围，紧跟中央宣传工作部署，做好工程建设宏观宣传报道工作。

（2）加强对全系统各单位宣传工作的指导和协调。召开宣传工作座谈会，统一思想，凝聚力量，谋划未来5年宣传工作计划，为加大宣传力度创造条件。工作中，注意与各单位宣传部门保持密切联系，加强工作指导，积极推动各项宣传工作。积极协调中宣部新闻局发布南水北调征地移民宣传报道工作意见。组织完成《南水北调工程建设新闻集（2009年卷）》、《中国南水北调工程建设年鉴（2010）》的编印工作。

（3）加强宣传主阵地建设。协调中线建管局做好中国南水北调报有关工作，研究版面风格、栏目设置等工作，做好重要稿件的内容审查工作，协调开展通讯员业务培训。完成“中国南水北调”网站的改版工作，进一步强化其在宣传和信息发布方面的作用。

（4）加强与新闻媒体的合作。通过“走出去、请进来”等不同方式，经常互通信息，了解各媒体选题重点，及时提供资料，保证工程建设权威信息的及时传播。结合工程建设不同阶段和不同重点，积极主动地组织选题，提供给媒体记者参考，充分发挥双方的合力，共同营造工程建设宣传与合作媒体报道双赢的局面。

（5）做好涉外媒体管理工作。安排接待国外媒体6次，客观介绍南水北调工程情况，取得积极效果。

（杜丙照　杨　栋）

信 息 工 作

（一）完善和巩固信息渠道

继续健全上通中央、下联各省南水北调办事机构、各项目法人的政务信息网络渠道，并在工作中积极发挥作用，为决策提供信息。继续加强与国务院办公厅、中共中央办公厅、维稳联席会议等上级信息部门的联络沟通，畅通与中国政府网的信息渠道，及时传递工程建设和政务信息。

（二）提高信息质量和时效

充分发挥各类平台的作用，信息报送的质量进一步提高，时效性进一步增强。2010年，向上报送专报21期、简报13期、特稿专稿4件，被国务院《昨日要情》、《维稳联席会议简报》、国务院办公厅秘书局等采用。国务院南水北调办机关共收到各单位综合口报送的专报、简报1000余期，反映各单位工作部署和重要进展等不同方面，信息的针对性、信息质量和时效性大幅提高。

（三）做好信息公开工作

利用国务院南水北调办门户网站，及时发布工程建设投资、建设进展、东线水质和水源地水质情况，公布相关政策法规、管理制度，工程建设动态得到及时反映。国务院南水北调办网站制作专题19个，发布信息2700余条（仅主页）。归口做好国务院南水北调办政府信息公开工作，在国务院南水北调办网站开设信息公开专栏，及时发布政府信息，全年共受理25起公开申请。按照要求，及时公布2009年政府信息公开工作报告。

（四）加强舆情收集工作

及时收集整理国内外媒体报道情况，全年制发《近日媒体关注》57期，供国务院南水北调办领导和机关参阅。

（杜丙照　杨　栋）

政 策 法 规

（一）归口做好法规审查工作

协调国务院南水北调办有关司做好《南水北调供用水管理条例》、《南水北调干线工程征迁安置验收办法》、《南水北调工程征地移民档案管理办法》、《南水北调中线一期工程丹江口水库建设征地补偿和移民安置验收管理办法》、《南水北调工程建设质量问题责任追究管理办法》等规章及规范性文件的审查工作。

（二）做好规章及规范性文件清理工作

按照国务院办公厅要求，协调国务院南水北调办机关各司做好面向南水北调系统的规章及规范性文件清理工作，有关结果已报国务院，现行有效的规章及规范性文件已通过网站向社会公布。为服务和保障工程建设，汇总编辑出版南水北调工程规章汇编。

（三）协调推进普法工作

紧紧围绕南水北调工程建设中心工作，在已建立的普法工作格局下，加大普法工作力度，促进工程建设顺利进行。根据2010年度工程建设和普法工作需要，研究制定《2010年南水北调系统普法工作要点》，安排部署普法工作。做好“五五”普法验收总结工作，召开座谈会总结表彰普法工作先进集体和个人。

（杜丙照　杨　栋）

北京市新闻宣传

（一）宣传工作机制

1. 组织领导

按照年初确定的全年宣传重点和实施方案，形成了主要领导直接抓、分管领导具体抓、责任处室牵头抓、其他部门配合抓的宣传工作格局，与工程建设管理同步推进、互相促进。

2. 通讯员队伍建设

依托各处、各下属单位组建了一支约70名通讯员组成的宣传队伍，落实责任，确保来自一线的信息能够及时准确地上报。

3. 能力建设

2010年共组织4次宣传员培训，以专家授课和实习报道相结合，提高宣传员的业务能力，提高工作水平。聘请社会专业力量指导，摄影摄像人员深入一线拍摄、整理工程建设影像资料，已完成跟踪纪实拍摄任务120余项，收集照片资料9700余张，拍摄视频300分钟。

（二）宣传重点内容

1. 突出宣传各级领导对北京市南水北调工程的关心和支持

2010年，国务院南水北调办及北京市领导多次亲临北京市南水北调工程一线，视察工程建设和调水运行情况。通过及时宣传传达领导的调研情况及重要指示，极大地振奋了广大南水北调建设者的精神，鼓舞了士气。

2. 突出宣传工程建设中心工作

围绕配套工程建设，为营造良好施工环境积极开展工作。组织开展征集、评选配套工程宣传标语口号活动，对配套工程施工现场横幅标语及围挡提出统一要求；高度重视群众意见，着力加强征地拆迁政策的宣传、解释，避免群众意见积累；采取悬挂标语、知识宣讲、印发安全读物等多种形式，切实提高施工人员的安全生产意识；在“五五普法”的最后一年，通过继续开展一系列法律进一线活动，提高了建设者的法制素养，打造了良好的依法施工氛围。

3. 突出宣传对南水北调工程和水源的保护

为配合冀水二次进京，组织策划水日、水周宣讲活动。在第18届“世界水日”、第23届“中国水周”之际，开展“保护生命水源、你我健康同行”活动，向北京市民发放《南水北调工程保护小知识》手册，倡议全社会共同守护生命水源。

4. 突出宣传南水北调基层建设者的风貌

结合“创先争优”活动，从工程建设各条战线上推选出“群众心目中的好党员”，号召北京市南水北调全系统人员“学习先进、争当先进、赶超先进”；立足配套工程征地拆迁难点，撰写深度报道，突出征地拆迁的人文情怀；宣传农民工建设风采，激发基层一线建设者的建设热情；利用组织参加北京市直属机关第三届运动会的契机，以体育精神激励广大职工在工作中精诚协作、无私奉献。

（三）宣传形式

（1）创新宣传载体，创办《北京南水北调报》，试刊6期，刊登一线文章200余篇，为全体建设者搭建了一个及时发布工作信息、大力弘扬南水北调精神、有效推动精神文明建设及广大职工互相交流的平台；继续做好传统“三报”即工程建设周报、简报和专报的编印工作，全年印发《工程建设周报》48期、《简报》44期、《专报》15期；因地制宜地利用展板，宣传工程建设管理、机关党建、政策法规、职工活动等，扩大宣传范围，强化宣传效果。

（2）鼓励通讯员积极投稿，2010年通讯员作品刊登在《中国水利报》4篇、《中国南水北调》报11篇、《北京水务报》16篇；进一步完善北京市南水北调网建设，利用网络资源，加强政务信息公开与新闻宣传的有机结合。

（3）编辑《建设中的南水北调2009》，

通过生动的照片、具体的事件，记录和再现北京市南水北调工作2009年进展；改造完善北京市南水北调工程建设展室，全年接待社会各界来访50批次共计千余人以及社会媒体采访4次，工程建设展室已成为展示宣传南水北调工程的窗口。

（4）先后筹办了“北京市南水北调2010年春节团拜会”、“北京市南水北调中秋团圆会”等大型文艺活动，通过文艺汇演慰问一线建设者，凝聚人心、鼓舞士气，充分展示了建设者团结向上的精神风貌。

（李闽峰　杨　颖　赵　慧）

天津市新闻宣传

2010年，天津市南水北调办将信息宣传工作视为南水北调工作的重要内容，充分认识宣传信息工作对于南水北调工程建设的重要意义，将其作为南水北调工作的重要组成部分，切实增强服务意识、主动意识和责任意识，通过扎实的工作，全面、快速、准确、深入地为各级领导科学决策提供信息支持，为各参建单位和社会公众提供良好的信息服务，全面反映工程建设大好局面，多角度宣传建设者风采，深入挖掘工程建设亮点，切实维护南水北调工程的良好形象，巩固良好的工作环境和社会舆论环境。

（一）宣传管理

（1）坚持“先信息、后宣传”的原则，使政务信息工作和新闻宣传工作有机结合，协调推进。印发了全年信息宣传工作要点，明确年度工作任务和工作要求。健全了信息宣传工作组织体系，完善了信息宣传工作网络，为工作开展提供了坚实的组织保障。建立起信息宣传工作例会制度，组织各单位信息宣传工作人员，定期召开工作协调会，及时调整工作重点，制订工作计划，细化工作安排，确保长期任务和短期目标协调推进。

（2）做到工作要求落实到位。认真学习、深刻领会、规范实践相关文件精神和各项工作要求，把各项基础工作做深、做细、做足、做好，把握新闻宣传主动权，坚持正面宣传报道，针对工程建设重大进展、重要会议和领导同志的重要活动等重点宣传主题，提前制定工作预案，在充分展示南水北调工作成绩的同时，把握好舆论导向。

（3）做到考核激励到位。坚持按月、年统计天津市南水北调办机关各部门和各参建单位信息稿件采用情况和新闻宣传稿件刊发情况，按刊用稿件的信息刊物和新闻媒体的重要性加权赋值，量化考核，并将考核结果通报，全年考核结果纳入各单位年度工作考核目标范围。组织开展宣传信息工作评先推优，对表现突出的单位和个人予以表彰，激励各单位和具体工作人员加大工作力度、提高工作水平。

（二）宣传创新

2010年共组织新闻单位采访16次，新闻媒体刊发、播发报道80余条，其中，天津市权威电视新闻栏目《天津新闻》播发新闻报道8条、《天津日报》刊发报道10条；特别是南水北调天津段工程作为“十一五”期间水利工程建设成就回顾的部分内容，被中央电视台《新闻联播》栏目头条播发。累计编发《南水北调信息》110期，并结合较重要工作进展情况，向国务院南水北调办报送专报3期。“天津南水北调”网站宣传优势得到进一步发挥，除刊发网站宣传稿件外，回复广大群众就南水北调工作提出的问题30余条。网站的互动性进一步增强，点击率进一步提高，被关注度进一步提升。2010年，天津市水利工程建设管理中心被国务院南水北调办授予“南水北调宣传工作先进集体”称号。

（何　睦）

河北省新闻宣传

2010年河北省南水北调宣传工作围绕中

心、服务大局，全年各类新闻媒体、网站刊发河北省南水北调文章、消息2000多条，印发信息简报、专报500余期，“河北省南水北调网”访问量突破38万人次。特别是百日劳动竞赛和“三到位三落实”活动期间，组织开展了一系列宣传活动，为促进和谐征迁、创优施工环境、加快工程建设提供了有力保障。

（一）征迁安置宣传

在天津干线和邯石段征迁安置工作中，各级各单位开展了多形式、多层次的宣传活动。通过悬挂横幅、刷写标语、出动宣传车、张贴宣传画、发放“明白纸”、制作展板橱窗以及乡村广播、面对面解释沟通等多种方式，向广大群众宣讲政策，解疑释惑，赢得群众理解和支持。组织开展了2010年“五五”普法法律及南水北调工程相关知识竞赛活动，进行法制和南水北调工程建设知识普及宣传。天津市级各大新闻媒体推出了南水北调专栏、专题，播放征迁安置专题宣传片，营造了浓厚的社会氛围，促进了征迁安置攻坚月活动深入开展。《中国南水北调》报刊载河北省南水北调中线和谐征迁促发展的报道，河北省省长陈全国、纪委书记臧胜业、副省长张和作了重要批示，激励各级南水北调办事机构更加奋发有为地做好征迁工作。

（二）建设成果宣传

围绕第二次向北京市应急供水，广泛宣传南水北调工程建设成果，加强供水安全宣传教育。与河北省公安厅联合印发了5000多份供水安全公告，在京石段沿线渠道、桥梁、街道进行张贴。刷写安全警示标语，悬挂安全警示标牌，发放近40万份“明白纸”，向沿途村庄发放安全供水广播稿和录音磁带，每天早中晚播放，沿线各县电视台每晚黄金时段以滚动字幕或专题新闻形式播放供水公告，使安全供水知识在沿线社会妇孺皆知。协调教育部门与沿线中小学生家长悉数签订了安全责任书，发放《告家长及学生通知书》近35万份，实现了沿途中小学生全覆盖。《河北日报》、《中国水利报》、《中国南水北调报》等多次适时报道了供水情况、安保工作做法、水质保护知识等，构筑了安全供水宣传舆论防线。

（三）重大活动宣传

“三到位三落实”活动（即宣传发动到位、组织管理到位、环境协调到位，落实临时占地、落实电力和桥梁建管责任、落实专项迁建任务）和百日劳动竞赛期间，全面加强宣传工作，确保宣传发动到位，把宣传工作作为“三到位三落实”活动和劳动竞赛考核的重要内容，制订详细宣传工作计划，明确宣传重点，量化考核指标，每月通报考核情况。“河北省南水北调”网站开设了“媒体关注”专栏，及时展示各级新闻媒体刊发的河北省南水北调消息、通讯。活动期间，市级以上媒体刊播河北省南水北调文章、消息百余条，河北省政府、国务院南水北调办、中线建管局及河北省南水北调办网站刊发相关信息800多条，为保障和促进工程建设营造了良好的舆论氛围和社会环境。

（四）日常宣传

组织新闻媒体记者深入工程沿线乡村、施工现场进行采访，报道重要活动、重大进展，及时反映工程建设成果。邯石段开工、河北省南水北调配套工程建设工作会议，中央和河北省内主流新闻媒体都作了及时报道。“河北省南水北调”网开设了“文化建设”专栏，及时报道工程建设中涌现的感人事例，展现建设者风采。各级南水北调办和建管单位密切配合，深入开展工民和谐共建活动，为当地百姓做好事、办实事，帮助他们解决生产生活困难，扩大了南水北调工程在社会上的影响，赢得了沿线群众的理解和支持，优化了工程建设环境。

（张秀丽）

江苏省新闻宣传

2010年，江苏省南水北调办紧紧围绕南

水北调中心工作，坚持正确的舆论导向，不断创新宣传报道实践，为又好又快推进工程建设提供了良好的舆论支持。

（一）重点宣传报道

江苏省南水北调办抓住工程开工建设、重要会议、领导调研等重要活动，统筹做好宣传组织工作，借势宣传，为有力有序推进工程建设服务。2010年7月，抓住江苏省南水北调工程建设领导小组会议召开和运西线工程开工时机，认真策划宣传方案，将江苏省落实国务院决策部署、推进工程建设的情况，在人民日报、新华日报、新华网、中国新闻网、中国南水北调网、中国江苏网和江苏卫视等中央和江苏省主流媒体上进行了宣传报道。在江都市截污导流工程正式投入运行之际，《人民日报》经济版头条以《南水北调东线首个截污导流工程投入运行》为题作了深度报道，取得了较好的宣传效果。2010年9月，《红旗》画刊刊登了以《为有源头活水来》为题的纪实报道，全面报道江苏省南水北调工程建设取得的阶段性成果。

（二）宣传形式

2010年2月，江都市截污导流工程正式投入运行，这是南水北调东线第一个全面建成、第一个落实管理单位、第一个正式投入运行的截污导流工程。江苏省南水北调办首次尝试以新闻发布会形式宣传这一公众关注的事件，中央、江苏省、江都市数十家主流媒体参加发布会，取得了较好效果。2010年7月，运西线工程开工之际，江苏省南水北调办超前筹划，事先协同新华日报记者深入采访，在江苏省领导小组会议召开和工程开工前后，《新华日报》连续刊登《造福苏北4000万百姓的大工程》等3篇系列报道，社会反响大，宣传效果好。2010年，江苏省南水北调办会同江苏省科技出版社出版的《南水北调——东线源头探索与实践》一书，从科普、技术角度宣传了南水北调工程，获得华东地区科学技术出版“优秀图书一等奖”。

（三）能力建设

2010年，江苏省南水北调办注重加强宣传队伍建设，市县级南水北调办事机构和现场建设机构均明确了分管领导和宣传员，配好通联队伍，建立用稿激励机制，鼓励通联人员多观察、多思考、多撰稿。加强与新闻媒体的沟通协作，做到常联系、交朋友，加强与各市南水北调办、征迁机构和现场建设单位的互动配合，上下联运，形成合力。精心管理好江苏南水北调网站，全年发布原创稿件400余篇。

（杨金海　袁连冲）

山东省新闻宣传

2010年，山东省南水北调办在省级以上媒体发表新闻稿件280多篇，在省级以上电视台、广播电台播出新闻160多次，编发《工程动态》116期，编辑《每周要情》51期，制作南水北调宣传片4部，印发南水北调宣传画册、宣传彩页2万多份，在中国南水北调、山东省南水北调等网站刊发宣传信息近3100多条次，全面宣传南水北调工程重大意义和工程建设取得的巨大成就，为工程建设营造了良好的舆论环境和建设氛围。

（一）宣传网络

扩大宣传工作覆盖面，按照工程建设推进到哪里，宣传工作就开展到哪里的要求，建立了一支覆盖山东省南水北调工程建设管理局、山东干线公司、山东省南水北调工程建设管理局属单位、各现场建管机构和各市南水北调办事机构60余人的宣传信息骨干队伍。采取走出去、请进来的办法，对这些骨干加强业务培训交流。聘请中国水利报、中国南水北调报、山东省摄影家协会的记者专家进行新闻报道、摄影等专业培训；派出4批20多名宣传信息工作骨干参加国务院南水北调办、中国水利报、中国南水北调报举办的宣传信息业务培训班和交流活动，有效提高了宣传信息业务骨干的工作水平。加大宣传工作投入，更新了专业的摄影、摄像器材，对山东省南水北调网站进行了重新设计和设备更新，促进了宣传信息工作开展。

（二）宣传策划

结合东线穿黄河隧洞贯通、济平干渠工程顺利通过国家完工验收、鲁北段工程开工、山东省南水北调工程建设管理工作会议召开、干线主体工程全面开工等重大事项和重要节点，组织人民日报、新华社、中国水利报、中国环境报、经济日报等中央新闻媒体和大众日报、山东省电视台、山东省广播电台等省内主要媒体展开集中和专题报道，大力宣传南水北调重大意义和取得的显著进展，社会反响强烈。几次大的活动，新华社均发了通稿，中央电视台“新闻联播”予以播发。

对社会关注度高的调水治污工作组织进行重点报道，及时宣传国家和山东省委、省政府加强南水北调水污染防治的重要决策和一系列重大举措，在新华社、《大众日报》、《中国南水北调》报、《中国水利报》刊发反映治污工作进展、水质改善，截污导流工程发挥“治、用、保”综合作用和效益的专题文章20多篇。结合东线治污暨截污导流工程建设现场会在山东召开，对山东省在加快推进截污导流工程建设，采取综合措施做好调水治污工作的经验做法进行了重点报道，使社会公众及时了解南水北调东线治污工作取得的进展和成效，坚定了对南水北调水质达标的信心。

（三）舆论宣传

结合“世界水日”和“中国水周”，在济南市泉城广场和济平干渠等工程沿线广泛宣传南水北调工程建设成就和济平干渠投入运行后在防洪、排涝、改善周边生态环境中发挥的重要作用，出动流动宣传车20多部，发放宣传材料6万多份，并在重点乡镇、村庄张贴标语、横幅等。参加“魅力山东——山东‘十一五’建设成果大型图片展”，工程沿线各市在地方电视台开设南水北调专题栏目，全面介绍南水北调工程。通过宣传面的扩大，进一步提高了南水北调工程的社会知名度和影响力，促进了人人支持南水北调工程建设、爱护南水北调工程良好氛围的形成。

（四）宣传创新

不断拓宽宣传信息来源，紧紧围绕工程建设难点、热点问题有针对性地组织好信息采集、上报工作，丰富宣传形式。及时编发《南水北调工程动态》116期、《每周要情》51期。制作了《山东南水北调宣传画册》、南水北调邮政贺卡、济平干渠宣传专题片和多种宣传画册，开展了人物专访，组织摄影家协会会员到工地进行摄影采风，举办了职工文化艺术作品展，通过多种形式生动反映广大建设者献身南水北调的精神风采，激发了建设热情。

（五）网站改版

为加大南水北调宣传力度，2010年对山东省南水北调网站进行了全新改版设计，优化了页面，增设了“建设风采”等栏目，更新了网站设备，配备专门人员对南水北调网站进行维护和信息更新，充分发挥网站信息容量大、更新速度快、社会受众广、交互性强的优势。2010年在山东省南水北调网站发布更新南水北调工程动态、建设信息、宣传稿件、有关政策法规等近2400多条，在中国南水北调网站发布信息稿件500多条次，进一步提高了南水北调工程在全社会的影响力。

（杨建伟）

河南省新闻宣传

（一）新闻媒体宣传

围绕河南省南水北调工程建设和移民征迁工作，以营造氛围、优化环境为目标，精心策划，周密安排，组织开展各种专题宣传报道。如劳动竞赛活动、质量管理年活动、移民搬迁和干线征迁等，组织中央驻河南省新闻媒体和河南日报、河南省电视台、电台、农村报等主流媒体进行深入采访报道，多次在《河南日报》刊登专版进行集中宣传。注重在中国南水北调报的宣传，及时与编辑部沟通，及时传送稿件，在《中国南水北调报》发稿107篇。同时，要求各项目建管处结合实际和重点工作，采取多种形式，充分利用当地报纸、电视、广播等媒体资源开展宣传报道工作。主流媒体刊发有关河南省南水北调方面的新闻作品1000多篇，为工程建设营造良好舆论氛围。

（二）政务信息宣传

坚持政务信息为工程建设服务，为领导决策服务，做好信息收集、整理、报送、发布等工作，努力提高信息时效和质量，充分发挥信息作用，做到反映灵敏，传递迅速，不拖延、不迟报、不漏报，准确、及时、全面、规范。一年来，编发简报65期。

（三）网络媒体宣传

充分发挥河南省南水北调门户网站的作用，不断更新版块，及时上传信息，努力丰富内容，2010年以来上传各类信息598条，上传照片660多幅，点击量达到40多万次；同时，及时向国务院南水北调办、中线建管局网站传送信息，努力扩大宣传效果；新华网、人民网、大河网等知名新闻网站也多次刊发有关河南省南水北调工程建设和移民征迁方面的报道，取得理想的宣传效果。

（田自红）

湖北省新闻宣传

湖北省是南水北调中线工程核心水源区、丹江口库区主要移民区、调水影响区，区位特殊，地位特殊，任务繁重。与之相适应，宣传报道的任务十分繁重。湖北省南水北调局坚持团结、稳定、鼓劲，正面宣传为主的工作方针，宣传工作做到了与南水北调大局同声呼应，与各个阶段的中心工作同步合拍，与广大干部职工的要求同频共振，充分发挥了引导舆论、沟通信息、指导工作、外塑形象、内聚力量的重要作用，为湖北省南水北调工作营造了良好的舆论氛围。

（一）专题报道

围绕兴隆水利枢纽工程截流合龙仪式和引江济汉工程开工典礼这两次规格高、规模大的活动，以及兴隆水利枢纽工程抗御汉江多年罕见的大洪水，组织中央电视台、人民日报、新华社、中国南水北调报、人民长江报、湖北日报、湖北电视台、湖北人民广播电台等媒体协调行动，互相呼应，形成合力，共发表新闻作品近200条、20万字。其中，中央电视台、湖北电视台还对兴隆水利枢纽工程行截流合龙仪式进行了现场直播。

（二）常规报道

按照“大事不漏报、正事不歪报、日常事经常报”的思路，以大力宣传湖北省支持、服务南水北调工程的态度，以及为南水北调所作的牺牲贡献；大力宣传湖北省作为中线水源地的特殊地位，以及南水北调给湖北省带来的发展机遇为主旨，着力开展宣传工作，共编发简报50期，在有关媒体发表新闻400多篇。

（三）宣传管理

2010年全年发稿880条。湖北省南水北调网信息量大，更新速度快，正在成为内部交流学习的园地、对外展示建设成就和工作业绩的窗口，接受社会监督的平台，联系上、下级和群众的纽带。

（龚富华）

南水北调中线干线工程建设管理局新闻宣传

（一）《中国南水北调》报

2010年，《中国南水北调》报的新闻宣传报道质量不断提高，报道面不断扩展。充分利用行业优势，坚持突出行业特色，始终站在南水北调工程建设的最前沿，创新宣传报道思路和方式，推出了一些有深度、有创意的精品，展现了南水北调工程战线的新进展、新风貌。相继开设了“畅谈2010司长访谈”、“市县长访谈”、“各抒己见”、“劳动竞赛进行时”等栏目，展现了南水北调工程战线的新进展、新风貌，宣传了工程建设成就。

《中国南水北调》报从一版到四版，注重反映一线建设者精神风貌，挖掘南水北调精神内涵，形式、内容、题材逐步丰富，较好地发挥了为工程建设凝聚力量、营造氛围的作用。开展有奖读报活动，有上千名建设者参加答卷，35人获得奖励。

为切实发挥《中国南水北调》报的作用，各通联站积极配合报社整体策划，在时间紧、任务重的情况下，按照报社编辑部的要求高质量地完成报道任务，实现了报社和通联站的紧密联动。各通联站注重通讯员培训，扩大报纸发行范围，充分发挥自身优势，积极主动采写新闻报道，涌现出一大批优秀新闻作品。

2010年以来，报纸发行总量不断提升。随着工程建设的全线铺开，报纸影响力不断扩大，报纸现在发行已经超过1.1万份。上至国务院南水北调办及国务院南水北调建委成员单位，下到普通建设者，横向跨越各省、市、自治区水利部门和流域相关机构，有不少社会读者要求赠阅报纸。

（二）宣传工作

为配合工程建设，营造中线干线工程建设高潮的社会氛围，中线建管局积极与中央主流媒体联络，并加强了宣传的整体策划力量，多次邀请相关媒体的领导、记者前往施工一线进行考察调研，加深媒体对南水北调工程的认识。共接待中央电视台、人民日报等国内媒体10余次，特别是抓住了2010年穿黄工程两条隧洞贯通的节点，在中央主流媒体集中刊发稿件，形成了规模传播的效应。充分挖掘宣传资源，组织关注工程的各界人士到工程现场采风3次，展现了南水北调工程战线的新进展、新风貌，宣传了工程建设成就。

（三）信息工作

加强《信息专报》、《工作简报》的编发。编发《信息专报》6期，编发《工作简报》18期。加强大事记及年鉴材料的编辑整理工作，完成2009年大事记的整理及年鉴材料的编辑工作，两项文字的编辑量合计为10余万字；加强中线建管局门户网站信息的审查，根据国务院南水北调办公室宣传口径的调整，及时对网站发布的信息进行重新审查；及时与各建管单位沟通宣传口径的调整，保持发布信息的一致。

（四）宣传队伍建设

通讯员队伍建设上立足抓早抓好，通讯员队伍覆盖各建管单位、设计单位、监理单位、施工单位，工程延伸到哪里，通讯员队伍就建设到哪里。积极与通讯员沟通，每季度发布宣传要点，及时沟通通讯员生活工作情况，了解工程进展，提供新闻线索。为了充分调动他们的工作积极性，2010年6月，南水北调中线干线工程建设管理局召开了表彰会，表彰奖励了一大批优秀通讯员和优秀通联单位。抓好通讯员的培训，除在年初举办全系统的通讯员培训班外，还根据实际情况在工程沿线分片举办了若干次的通讯员培训班，提高了整个通联队伍的采写能力。

（五）普法工作

中线建管局根据国务院南水北调办“五五”普法规划，在调查研究、广泛征求意见的基础上，制定印发了《2010年“五五”普法工作实施方案》，并编排了切实可行的普法活动日程。

1. 层层部署工程一线“五五”普法工作

积极做好思想发动工作，鼓励、支持工程一线开展普法宣传教育活动。在中线建管局机关，各直管、委托、代建单位共开展宣传动员活动7次，灵活采取多种形式，营造浓厚的法制宣传舆论氛围，全面安排部署年度普法计划。

2. 开展“五五”普法自查工作

按照实施方案的要求，首先组织中线建管局属各部门、各直管建管部自查“五五”普法落实情况，查找不足、总结经验；再由中线建管局普法领导小组深入工程一线，对各直管建管部进行检查；最后由中线建管局普法领导小组办公室将自查情况汇总，及时上报国务院南水北调办。

3. 开展“送法到一线”试点活动

围绕“依法建设中线工程，营造和谐有序建设环境”核心主题，以基层法制宣传为重点，创新“法律进工程”活动形式，开创性地组织开展“送法到一线”试点活动。通过对工程情况和法律需求的了解，组织成立律师宣讲团，在河北直管建管部举办了运行管理法律知识专题讲座，以讲座培训、现场咨询、座谈研讨等形式，把法律知识切实送到一线去，帮助基层提高运用法律武器解决工程一线实际问题的能力。

4. 开展法律培训

结合国家新颁布或修订的与职工工作和生活息息相关的法律法规，开展有针对性的法律培训，努力提高职工的法制观念和法律素质。在中线建管局机关组织开展了《侵权责任法》专题讲座，帮助职工加深了对相关法律基本内容的理解，增强了坚守正确行为准则、保护自身合法权益的意识。

5. 企业规章制度建设

在制定规章制度过程中，为确保程序和内容的合理性、合法性，中线建管局普法领导小组办公室在发挥自身作用的同时，充分借助法律顾问的专业优势，协调其参与中线建管局规章制度建设工作，有力推进了依法治企工作的贯彻实施。

2010 年，中线建管局普法工作取得了明显成效，获得了有关部门的充分肯定。河北直管建管部、侯纯辉同志分别获得了 2006 ~ 2010 年全国法制宣传教育先进单位、先进个人称号；综合管理部、侯纯辉同志分别获得了南水北调系统“五五”普法工作先进集体单位、先进个人称号。

（王志文　秦　昊）

南水北调中线水源有限责任公司新闻宣传

（一）宣传工作

2010 年中线水源公司的宣传信息工作紧紧围绕着“服务工程建设、营造和谐氛围”这一主题，精心策划，针对重大节点组织重点宣传报道。2010 年 3 月 31 日，丹江口大坝加高工程混凝土坝全线加高到顶时，新华社、人民日报、中国政府网、经济日报、光明日报进行报道，起到了良好的宣传效果。在抗击汉江洪水的过程中，新华社、中央人民广播电台、中国网等国内主流媒体报道了加高中的丹江口大坝加高工程发挥防洪效益，使人们更加深入地了解了南水北调工程建设的巨大效益。

积极做好媒体采访的配合工作，每次媒体记者来工地采访，中线水源公司都指定专人负责接待，联系采访对象，提供有关材料，协助拍摄。当工程建设的主要节点实现时，中线水源公司都主动与有关媒体进行联系，组织记者深入工地进行采访。由于与各媒体保持良好的合作关系，中央电视台、新华社、中国水利报、湖北日报等新闻机构的记者经常深入工地，进行宣传报道工作。2010 年中线水源公司先后接待了中央及涉外媒体采访团、凤凰卫视、西班牙独立电视台等媒体的采访工作。《人民日报》海外版采写了《巨龙飞起丹江口》，扩大了工程的影响力；《中国南水北调》报刊发的《拔天倚地立汉江》，系统翔实地报道了工程建设过程。

在做好日常宣传工作的同时，中线水源公司还拓展宣传范围：

（1）在工地醒目位置设置宣传牌，介绍工程建设情况。

（2）编印了工程建设管理情况小册子提供给记者，提高他们对工程建设重要性的认识。

（3）积极收集上报各种信息，为领导决策提供依据。

（4）与当地宣传部门紧密配合，在当地形象宣传片中展示南水北调工程建设成就，在世博会和第四届世界传统武术节十堰市的形象宣传片中，对中线水源地一库清水进行了介绍。

2010 年，中线水源公司在各网站、报纸、电视台共发表新闻稿件 124 篇，上报信息专报 23 期、工作简报 12 期，较好地反映了中线水源工程建设的最新进展和精神风貌。中线水源公司综合部被国务院南水北调办评为宣传工作先进集体，被中国南水北调报评为先进通联站。

（二）普法工作

2010 年是“五五”普法和“法律进工程”活动的最后一年，为了切实做好中线水源公司“五五”普法的总结验收工作，中线水源公司下发了年度计划和对“五五”普法工作进行检查验收的文件，要求各参建单位认真做好法制宣传教育工作，总结“五五”普法及“法律进工程”活动开展以来的经验。中线水源公司还制作了宣传板报，以图片的形式回顾了“五五”普法的各项工作，并以格言、漫画、法律知识问答等形式进行了法制宣传和教育。结合质量管理年、安全生产活动月等活动，在全体参建人员中开展有关质量、安全等方面的法律法规教育。中线水源公司综合部获得国务院南水北调办“五五”普法先进集体称号。

（班静东）

南水北调东线江苏水源有限责任公司新闻宣传

2010 年，江苏水源公司紧紧围绕国务院南水北调办确定的宣传工作重点，结合江苏省境内新一轮工程陆续开工的实际，认真组织日常宣传报道工作，突出抓好重要活动和工程建设重要节点的宣传，组织开展了有一定规模、声势的重点宣传报道。

（一）江苏南水北调网站

对新开工项目及时完善组建通联队伍，对采编人员加强考核，建立奖励机制，2010 年底在江苏省新开工项目综合管理会议上，对所有供稿单位发放相应稿费，进一步调动其投稿积极性。2010 年以来已累计编写动态信息 352 条，并被中国南水北调网站、江苏水利网站和江苏省国资委网站等媒体转载。鉴于报送的稿件质量参差不齐，江苏水源公司认真做好上网稿件审核把关工作，累计核稿 185 条。截至 2010 年底，江苏南水北调网站访问量已经超过 215 万人次。

（二）《工程月报》

江苏水源公司每月坚持对全月工作进行总结，对工程进展情况和建设管理情况做分析，对月度任务层层分解落实，及时送交有关方面阅读参考，宣传江苏省南水北调工程进展情况。

（三）建设成果宣传

围绕运西线（金宝航道、金湖站）工程开工及第一次领导小组会议筹备，制作完成新版电视专题片《东方水脉》、工程建设专题宣传展板和工程宣传画册，图文并茂地宣传了江苏省南水北调阶段建设成果。

（四）对外宣传报道

利用《中国南水北调》报这一平台，组织江苏水源公司和现场机构信息宣传工作人员积极投稿。目前，《中国南水北调》报已成为宣传主阵地，同时还邀请该报记者深入采访，撰写有深度、有力度的文章，重点宣传工程建设中的亮点。在《新华日报》分三期，展开江苏南水北调系列报道；结合江苏省南水北调工程建设领导小组会议、运西线（金宝航道、金湖站）工程开工仪式，在江苏省电视台和《新华日报》、《扬子晚报》加大宣传力度和广度，扩大受众面，加强江苏省南水北调工程建设阶段成果和建设高潮的宣传，营造良好的工程建设舆论氛围。此外，江苏水源公司配合国务院南水北调办完成江苏段影像采编任务，积极配合美国探索频道、国务院新闻办公室、《瞭望》周刊、《红旗》杂志等媒体记者开展专题宣传报道，努力营造良好的工程建设氛围。

（五）未来五年宣传工作重点

围绕南水北调东线江苏水源有限责任公司“十二五”发展规划和总体实施计划，研究提出今后五年江苏省南水北调宣传工作思路和工作重点，进一步细化工作方案，提前做好各项准备工作。

（六）宣传培训

于2010年底举办信息宣传培训班，加强新开工项目通讯员新闻写作培训，提高通联队伍写作水平，完善队伍建设。2010年江苏水源公司综合部被国务院南水北调办评为“南水北调系统2010年信息宣传工作先进单位”，被《中国南水北调》报评为“标兵通联站”。

（余　真）

CHINA SOUTH-TO-NORTH WATER DIVERSION PROJECT CONSTRUCTION YEARBOOK

肆 东线工程

THE EASTERN ROUTE PROJECT
OF THE SNWDP

综　述

江　苏　段

概　述

2010年，南水北调江苏境内工程已进入施工的高峰期和实现如期通水目标的关键期。江苏省南水北调工程建设委员会领导小组办公室（以下简称江苏省南水北调办）和南水北调东线江苏水源有限责任公司（以下简称江苏水源公司）认真贯彻落实国务院副总理李克强在南水北调工程建设工作座谈会上的讲话精神，紧紧围绕2013年汛前东线工程建成通水总体目标，进一步完善工程总体实施计划，加大前期工作组织力度，抓紧新项目开工和在建工程扫尾，强化工程建设管理，统筹协调，周密组织，精心施工，攻坚克难，工程建设有力有序推进，较好地完成了全年工作任务。江苏水源公司被国务院南水北调工程建设委员会办公室（以下简称国务院南水北调办）分别评为质量、安全、资金管理先进单位，被江苏省精神文明建设指导委员会授予“2007～2009年江苏省群众性精神文明建设先进单位”。“大型水泵液压关键技术研究与应用”科研项目被评为江苏省科技成果一等奖。

（一）调水工程建设

按照既要加快推进在建工程建设，又要创造条件确保开工建设一批新项目的要求，2010年江苏水源公司坚持统筹安排、加快建设、合理布局的原则，保证了年度建设任务按时完成。

（1）先期批复的19个设计单元工程验收工作取得进展，已基本完成扫尾工作。2010年，江苏省南水北调工程先期批复的19个设计单元工程基本建成处于扫尾阶段，主要任务是加快扫尾工程验收工作。截至2010年底，三阳河潼河河道、宝应站、解台站、刘山站、蔺家坝站、骆马湖水资源控制等6项工程已完成消防、水土保持、环保、档案等专项验收及安全评估，淮安四站、淮安四站输水河道、淮阴三站、江都站改造工程水土保持已具备验收条件，环保专项和安全评估正在准备。

（2）2009年开工的5个设计单元工程进展顺利，年度建设任务适度超前。刘老涧二站工程泵站主体厂房已砌筑完成，主机泵已安装完成，具备水下工程验收条件；泗阳站工程完成进水流道浇筑，水泵层具备浇筑条件；泗洪站船闸混凝土工程基本完成，节制闸正在浇筑底板；皂河一站正在进行一站配套建筑物基坑土方开挖和2号机组拆卸；皂河二站已完成进出水流道混凝土浇筑。

（3）2010年拟开工的项目按期实施，实现新开工项目建设计划。金湖站完成清污机桥混凝土浇筑和泵站底板混凝土浇筑。金宝航道、高水河整治、淮安二站改造、骆马湖以南中运河影响处理和里下河水源调整等工程已开工建设；洪泽站、邳州站、睢宁二站等工程开工准备有序推进。

截至2010年12月底，累计完成投资60.56亿元，占工程总投资的47.2%。其中2010年度完成投资20.72亿元，占年度计划的103.6%。

（二）治污工程建设

根据《东线工程治污规划》和《江苏段控制单元治污实施方案》，江苏省南水北调治污项目共有102项。截至2010年底，所有项目已全部开工实施，完成99项，完成率97%；3项在建，在建率3%。其中，65项工业点源治理项目和26项污水处理厂已全部完成；6项综合整治项目已全部开工建设，其中，苏北运河船舶污染综合整治、江都垃圾场搬迁、高邮黑液塘、徐州大吴氧化塘改建污水处理厂、徐州桃园氧化塘改建污水处理厂项目已经完成；江都源头生态保护项目正抓紧实施；5项截污导流工程全部开工建设，其中江都、泰州、宿迁市截污导流工程已经建成，淮安、徐州市截污导流主体工程已经建设完成。

2010年，江苏省14个考核断面高锰酸盐指数和氨氮的综合达标率分别为97.21%和98.86%，南水北调东线江苏段水质不断改善。

（余　真　杨金海　袁连冲）

前 期 工 作

2010年，江苏省南水北调办和江苏水源公司认真抓好各项前期工作，重点做好新开工项目初步设计的编制报审工作，江苏省南水北调配套工程规划已报江苏省政府。

（一）调水工程

2010年，江苏水源公司共计组织完成16个设计单元工程编制、报审和审查审批配合工作。其中骆马湖以南中运河影响处理、高水河整治、淮安二站改造、金湖站、金宝航道、里下河水源调整、徐洪河影响处理、洪泽湖抬高蓄水位影响处理、洪泽站、邳州站及睢宁二站工程等11个设计单元工程初步设计已批复；沿运闸洞漏水处理、血吸虫北移防护工程2个设计单元工程已由水利部水利水电规划设计总院（以下简称水利部水规总院）完成审查；东线江苏段管理设施专项工程初步设计、调度运行管理系统工程子单元通信网络初步设计，已通过江苏水源公司初审，上报国务院南水北调办审查；南四湖下级湖抬高蓄水位影响处理工程初步设计编制完成。

在做好初步设计组织工作的同时，根据2010年开工计划以及年度投资计划安排，江苏水源公司超前组织完成了金湖站、金宝航道、里下河水源调整、皂河站、泗洪站二期、骆马湖以南中运河影响处理、高水河整治、淮安二站改造及洪泽站、睢宁二站、邳州站等一批新开工项目招标设计，针对洪泽湖抬高蓄水位影响处理工程及徐洪河影响处理工程的特点，组织完成2项工程实施阶段总体设计。同时，根据新开工项目和在建工程施工进度急、任务重的特点，制定了施工图供图及报审计划并严格执行，在保证初步设计、招标设计进度安排的前提下，确保了施工图审查有序开展，2010年共完成刘老涧二站、皂河站、泗阳站、泗洪站、金湖站、金宝航道、高水河整治等设计单元工程施工图的审查及批复工作，为工程实施做好技术保障。

（二）截污导流工程

2010年，江苏省南水北调办完成对淮安、徐州市截污导流工程年度开工项目招标文件的审查，为加快推进截污导流工程建设提供了保障。

（三）配套工程

2010年，江苏省南水北调办继续推进南水北调配套工程规划编制工作，广泛听取有关单位和行业专家的意见建议，反复讨论修改，结合用水户概化、水资源配置、灌区续建配套、水质保护、供水区运管体制试点研究等若干专题的研究，将规划编制工作做深做实。《江苏省南水北调配套工程规划》已上报江苏省政府，并配合江苏省发展改革委做好规划审查工作。

（薛刘宇　刘丽君　阎　玮）

投 资 计 划 管 理

（一）投资计划完成情况

2010年，江苏段工程年度计划完成投资

20亿元，实际完成20.72亿元，其中调水工程完成17.46亿元，截污导流工程完成3.2亿元，文物保护专项投资0.07亿元，占工程建设年度计划的103.6%。截至2010年底，江苏省南水北调工程累计完成投资60.56亿元，其中调水工程46.81亿元，占已开工项目总投资91.47亿元的50.2%，截污导流工程13.68亿元，占开工项目总投资15.07亿元的90.8%。文物保护等专项投资700万元。调水工程累计完成土方4626.85万m^3，砌石31.13万m^3，混凝土浇筑50.27万m^3，金属结构制造安装5343.84t，机电设备安装86台套。

（二）工程进展

2010年，南水北调江苏段各项工程取得新进展，调水工程中，长江—骆马湖段工程、骆马湖—南四湖段工程、骆马湖水资源控制工程、苏鲁省界南四湖水资源控制工程等一批单项工程基本建设完成。洪泽湖—骆马湖段工程中，2009年开工建设的泗阳站、泗洪站、刘老涧二站、皂河站工程，以及2010年开工建设的金湖站、金宝航道、淮安二站改造、高水河整治、骆马湖以南中运河影响处理、里下河水源调整等一批单项工程正加快建设；截污导流工程中，江都、宿迁两市截污导流工程已基本建设完成，淮安、徐州两市截污导流工程基本完成主体工程施工。在依托江水北调的基础上，江苏省南水北调工程已具备送水出省的条件。

1. 调水工程

（1）2009年以前批复的设计单元工程基本建成，三阳河潼河河道、宝应站、解台站、刘山站、蔺家坝站、淮安四站、淮安四站输水河道、骆马湖水资源控制等8项工程已完成各项专项验收，除征迁专项外，已初步具备完工验收条件。淮阴三站、江都站改造工程已通过合同和水土保持验收。

（2）2009年开工建设的刘老涧二站、泗阳站、泗洪站、皂河一站改造、皂河二站等5项工程正在抓紧建设。刘老涧二站工程泵站主体和节制闸、清污机桥混凝土浇筑全部结束，主机泵等进入安装调试阶段。皂河一站改造工程完成副厂房、高低压室改造；配套建筑物基坑土方开挖，引水闸墩墙、顶板混凝土及部分涵洞底板混凝土完成浇筑；上下游翼墙底板、墙身施工以及厂房门厅、流道改造正在进行。皂河二站工程施工码头投入使用，变电所主体结构基本完成。泵站主体出水流道层正在进行驼峰底板立模扎筋。上下游引河堤防填筑及墙后土方、管理区土方回填继续进行。邳洪河北闸完成闸室墩墙，上下游第一、二节翼墙墙身混凝土浇筑，正在进行防冲槽抛石施工。泗阳站工程泵站主体完成南侧出水流道浇筑，完成胸墙、挡水墙至工作桥台浇筑，南副厂房灌注桩开始施工。泵站主体北侧出水流道完成钢筋及模板制作安装，已经具备浇筑条件。完成下游南侧翼墙浇筑，北侧翼墙正在进行钢筋绑扎和模板制作安装工作。上游引河继续进行素土回填。泗洪站工程船闸工程施工继续进行，闸室底板及闸室墙全部完成。节制闸围堰和导流河排泥场围堰完成土方填筑，节制闸工程继续进行基坑开挖和节制闸河道土方开挖，完成3块底板混凝土封底，导流河工程基本完成，徐洪河左堤已基本填筑至设计标准。

（3）2010年开工建设的工程抓紧实施。金湖站工程征地拆迁工作全部完成，泵站主体底板浇筑完成，清污机桥土建施工基本结束。金宝航道工程征地移民工作继续推进，各标段施工单位加快机械设备进场和预制砌块生产。淮安二站改造工程已开始控制楼拆除、护坡整修和上游工作桥维修的施工。自动化系统采购与安装标已招标结束。骆马湖以南中运河影响处理工程征地拆迁工作进入尾声，泗阳县、宿豫区境内多钻头深搅桩防渗工程继续实施，其余各主要节点桩基施工基本完成，部分涵洞、泵站完成封底。里下河水源调整工程征地拆迁工作加快推进，卤汀河段部分疏浚标段和沿线灌区部分影响处理标段施工单位开始陆续进场实施。高水河整治工程征地拆迁工作抓紧推进，各施工标段河道疏浚及土方开挖向前推进。洪泽站、邳州站、睢宁二站、洪泽湖抬高蓄水位影响处理、徐洪河影响处理等5项设计单元工程也已完成现场建设管理机构组建，开展征地拆迁工作。

2. 截污导流工程

2010年由江苏省南水北调办负责组织建设的四项截污导流工程中，江都、宿迁两市截污导流工程已建设完成并投入运行；淮安、徐州两市截污导流工程顺利完成年度目标任务，基本完成主体工程建设。

（薛刘宇　刘丽君　洪剑陵　阎　玮）

建 设 管 理

（一）现场机构设置

2010年新成立了江苏省南水北调金宝航道工程建设局，下设南水北调金湖站工程建设处、南水北调淮安工程建设处和金宝航道大汕子枢纽工程部，具体负责金湖站工程、金宝航道工程和大汕子枢纽工程的建设管理；抽调江苏省灌溉总渠管理处骨干力量，组建江苏省南水北调淮安二站改造工程建设处，较好地解决了淮安二站改造和运行的关系；考虑河道工程复杂性、施工协调难度大等问题，分别委托扬州市和宿迁市组织实施高水河整治工程和骆马湖以南中运河影响处理工程；对于工程投资较大的里下河水源调整工程，分别委托泰州市、扬州市、淮安市和盐城市组织实施各自境内工程，同时成立江苏省南水北调里下河水源调整工程建设局，具体负责协调处理工程建设管理。

（二）工程招投标

2010年共完成招投标标段65个，其中完成在建工程25个标段，完成新开工项目淮安二站、金湖站、金宝航道、骆马湖以南中运河影响处理、高水河整治、里下河水源调整等6个设计单元40个标段招标工作，完成批复概算投资13.8亿元，有效地控制了工程投资。

（三）合同管理

本着“科学发展、风险共担、实事求是、过程控制”的原则，江苏水源公司继续加强合同管理工作，加强合同支付工作，及时高效地完成合同支付审核，确保现场建设的顺利实施。为加强工程投资控制，提高工程建设管理的计划性和目的性，利于合同管理，推行合同规划制度，有效地控制非招标合同的数量，提高了建设资金的利用率。同时，2010年在抓好各项工作的同时，集中完成淮安四站、淮安四站输水河道、江都站改造等工程合同变更，为相关设计单元工程的主体工程施工合同结算和决算工作，乃至设计单元工程验收奠定了基础。

（四）质量管理

2010年，江苏省南水北调共验评10个单位工程，全部合格，其中按水利行业评定6个单位工程全部优良，优良率100%。2010年江苏省南水北调各在建工程质量管理情况良好，未发生质量事故，江苏水源公司被国务院南水北调办评为“质量管理先进单位”。

（五）安全管理

2010年是江苏省南水北调工程自开工建设以来完成投资最多的一年，工程建设进入密集期，建设管理工作任务重、时间紧、要求高。江苏水源公司会同各现场建设管理单位紧密配合，抓进度、重质量，认真贯彻“安全第一、预防为主、综合治理”的安全生产管理方针，始终把安全生产当做重要工作常抓不懈，完善“项目法人（建设单位）负责、监理单位控制、施工单位保证和政府监督相结合”的安全生产管理体制，健全安全生产责任网络，建立和完善安全生产检查体系，落实安全生产措施，真正做到思想重视、措施落实、工作到位，为工程顺利实施提供了有力保障。2010年，江苏省境内在建工程安全生产、防汛工作由于抓得紧、抓得实，没有发生一起安全生产事故和防汛事故。2010年，江苏水源公司被国务院南水北调办评为“安全生产管理优秀单位”。

（六）文明工地

2010年，江苏水源公司根据《南水北调工程文明工地建设管理规定》，成立文明工地创建领导小组，制定文明工地创建规划、工作计划等，坚持一手抓工程建设，一手抓精神文明建设，以文明工地创建为载体，加强宣传报道，以人为本，关心职工生活，构建美化和谐的施工环境，积极开展党风、廉政教育，开展丰富多彩的业余文化生活，引导全员参与，营造安全、规范施工的浓厚氛围，从而提高建设管理水平，规范工程建设行为，提升职工综合素质，努力建设南水北调精品工程和人民群众满意工程。根据国务院南水北调办要求，组织刘老涧二站、泗洪站、泗阳站等3个在建项目完成文明工地申报工作。

（施　伟）

科学技术

2010年，江苏水源公司紧紧围绕前期工作和工程建设积极组织科研项目，坚持“产、学、研”紧密结合，加强南水北调科技创新，为南水北调工程建设和管理提供了有力的技术支撑。

（一）科技工作组织管理

为使科研成果尽早应用于工程建设中，江苏水源公司组织完成了“十一五”国家科技支撑项目“大型贯流泵关键技术与泵站联合调度优化”及“工程建设与调度管理决策支持技术研究课题分专题——工程建设与运营初期的管理实践研究”2个重大科技项目的研究、成果总结和结题验收工作。同时，先后完成了“膨胀土改良技术研究与工程应用”、“皂河一站水泵模型开发与装置试验研究”、“泥水快速分离固结技术及工程应用研究”、“堆场淤泥固化周转使用技术及工程应用研究”、“灯泡贯流泵站结构受力分析及机组振动响应研究”、“灯泡贯流泵结构振动成因分析及对策研究”、“邳州泵站特低扬程泵装置优化水力设计、方案比较及应用研究”等多项课题研究和成果验收。

（二）科技成果推广应用

在科技管理工作中，江苏水源公司始终坚持科研项目“从工程中来，到工程中去”的原则，着力加强“产、学、研”联合攻关的机制建立，取得了一批先进实用的科研成果，有关成果在相关工程前期工作和工程建设中得到普遍推广应用，解决了工程建设的难点问题，提升了工程建设技术水平，取得了良好的经济和社会效益。

（1）通过开展“疏浚淤泥堆场处理技术现场试验”，基本形成了河道淤泥综合处理关键技术和施工工法、工艺，相关研究成果即将在金宝航道工程中得到应用，预计可节省土地20%～30%，缩短土地占用周期一半以上。

（2）“十一五”科技支撑项目“大型贯流泵关键技术与泵站联合调度优化”课题取得的贯流泵装置水力装置模型研究成果已用于南水北调东线一期金湖站、泗洪站招标设计选型，并将在泗洪站贯流泵机组生产中得到使用。

（3）“邳州泵站特低扬程泵装置优化水力设计、方案比较及应用研究”项目研究成果已应用于邳州泵站工程招标设计和工程建设。

另外，“高比转速斜流泵装置研究开发”、“皂河一站水泵模型开发与装置试验研究”、“泗阳站CFG桩地基处理与复杂底部结构防裂缝技术”等项目获得的研究成果已在南水北调东线一期洪泽站、睢宁站、皂河一站、泗阳站等工程中应用。

（三）科技项目申报和成果管理

2010年，江苏水源公司组织了10余个项目，积极向国务院南水北调办、水利部和江苏省有关部门申报科技创新项目计划。其中，组织编制“南水北调东线河湖疏浚工程堆场关键技术研究”和“南水北调东线梯级泵站（群）优化运行关键技术研究与应用”2个项目建议书申报国家“十二五”科技支撑项目规划；组织编制“高比转速混流泵水力模型研究开发”及“大型泵站结构设计分析方法与有限元实用化研究”2个项目申报水利部公益性专项科技计划。同时，组织“大型水泵液压调节关键技术研究与应用”及“灯泡贯流泵装置研究开发”2项成果申报江苏省科技进步奖和江苏省水利科技优秀成果奖，经评审，2项成果均获得江苏省水利科技进步一等奖，“大型水泵液压调节关键技术研究与应用”并获江苏省科技进步一等奖，实现江苏省水利行业科技进步成果的重大突破。

（孙依春）

征 地 移 民

2010年，江苏省南水北调办坚持“保证工程顺利进行，保证群众安居乐业”的原则，认真组织开展工程征地拆迁和移民安置工作，全年征迁工作目标基本完成，开工工程建设用地得到保证，在建工程征迁安置实施顺利，工程用地手续办理加快推进。截至2010年底，累计完成工程永久用地4.5万亩，临时用地2.3万亩，拆迁居民户3600多户，搬迁人口1.4万人，生产安置人口约1.1万人，拆迁各类房屋43.7万m^2。全年完成征迁投资9.69亿元。

（一）新开工项目征迁工作

1. 组织实物量复核

在初步设计批复过程中，成立由省、市、县、乡、村组以及监理、国土、水利等单位组成的联合调查组，对实物量进行全面复核。其中，2010年1月，完成皂河二站工程现场测放、征地红线移交以及临时占地范围确定。4月，完成金湖泵站现场测放征地红线和实物量复核。6、7月，组织金宝航道Ⅰ标段现场测放征地红线，完成交桩手续并进行现场实物量复核。9月，成立4个联合调查组对卤汀河工程进行全面调查复核，为卤汀河工程按时开工奠定了坚实的基础，同时安排对淮安二站、高水河、骆马湖以南中运河进行实物量复核。10月，组织对金宝航道Ⅱ标实物量进行复核。

2. 落实征迁监督评估单位

为保证工程开工用地，在征迁需要提前实施、实物量联合调查复核需要监督评估单位的情况下，对监理监测费用小于50万元的征迁项目采取委托方式确定监理监测评估单位，对超过50万元的按规定组织监理招标工作。对2010年开工的金湖站、皂河二站、淮安二站改造、骆马湖以南中运河影响处理、洪泽站、邳州站、睢宁二站工程移民监理、监测评估单位进行了委托，并签订委托协议，提前介入征迁实施。对金宝航道、里下河水源调整工程移民监理、监测评估单位的招投标则提前做好准备，提前编制招标文件，初步设计批复文件下达后即进行招标文件审查和招投标。里下河水源调整卤汀河工程实物量复核，则采取先委托移民监理部分工作，等招投标后再结算的灵活办法，保证工作提前开展。

3. 签订征迁投资包干协议

通过复核实物量、测算补偿概算，并与市、县多次沟通交换意见达成一致后，分别与泰州市政府、扬州市政府和金湖县、宝应县、洪泽县、邳州市、睢宁县、泗阳县、宿豫区等县（区）政府签订了里下河水源调整（卤汀河、灌区调整）、金宝航道、高水河整治、金湖站、洪泽站、邳州站、睢宁二站、骆马湖以南中运河影响处理等工程征地拆迁任务和资金包干协议。明确拆迁安置任务及完成时间和补偿资金总额，要求各工程边实施拆迁安置，边抓紧编制实施方案。

4. 组织征迁工作业务培训

为保证新开工程征迁工作规范实施，提高工作人员的政策水平和工作水平，在征迁开始前对各地补偿标准进行调研，组织对征迁人员进行培训。2010 年 9 月对金宝航道、卤汀河及骆马湖以南中运河等征迁人员进行集中培训，将征迁方面的国家法律法规、国家南水北调征地移民文件和江苏省南水北调征地移民文件编印成册，征迁工作人员人手一份，并分别对睢宁二站、洪泽站和灌区调整工程盐城拆迁工作人员、财务管理人员进行培训和现场指导。

5. 拨付征迁补偿资金

协调财务部门，提出用款计划，超前筹措资金，提前预拨，保证征地拆迁的补偿兑付到位。先后完成卤汀河工程开工点，江都、兴化、海陵开工地段地面附着物的拆迁和清除，及时兑付补偿，按时提供临时用地，保证了工程开工用地。

6. 办理工程用地手续

对 2010 年开工的项目，及时按要求提供图纸给国土部门，办理用地手续，金湖站工程用地材料已经上报国土资源部，皂河二站用地手续报江苏省国土厅，卤汀河、洪泽站、邳州站、睢宁二站、高水河、灌区调整等正在进行勘测定界。

（二）营造和谐工程建设环境

1. 发挥征迁现场协调机制作用

为加快金宝航道工程征迁实施，江苏省南水北调办多次到金湖及宝应现场办公，针对水面围网拆除等问题召开专门协调会，加快征迁工作进度，并建立了现场协调机制，由江苏省南水北调办、江苏水源公司、现场建设处、市县政府及拆迁办等人员组成经常性的现场协调小组，及时协调处理征迁和工程建设涉及的“扰民”和“民扰”问题。江苏省南水北调办领导还到泰州、扬州市现场办公，推进征迁进度。

2. 协调处理边界工程征迁矛盾

苏鲁两省省界杨官屯闸、姚楼河闸、大沙河闸一直是征迁难题，2010 年江苏省南水北调办加大协调力度，积极反映协调地方需求，多次去徐州、沛县与地方政府就大沙河闸、杨官屯河闸施工建设进行会谈，并形成纪要文件，逐项落实推进，圆满完成边界工程征迁工作。组织有关部门妥善处理白马湖渔民渔网倒伏上访问题，提出具体解决办法，对楚州区南闸镇渔民渔网倒伏上访问题给予一次性解决。现场协调处理泗洪站工程赔建排坊嘴泵站引起的排涝和灌溉问题，保证工程建设不受影响，保证和谐的建设环境。针对皂河二站工程建设过程中，当地群众擅自拦路收费，要求宿豫区政府严厉打击。对金宝航道红线范围内渔民养殖，多次和江苏省海洋渔业局及下属渔管会联系，做好渔民的安置工作。

（三）建设用地手续办理

2010 年，江苏省南水北调办将用地手续办理作为大事来办，召开用地手续办理协调推进会，每月督查建设用地手续办理进度。三阳河潼河宝应站工程用地报批材料已经报国土资源部，徐州境内刘山、解台、蔺家坝、骆马湖水资源控制工程用地报批材料完成，宿迁境内泗洪站、泗阳站、皂河二站用地报批材料完成，淮安四站及淮安四站输水河道工程用地材料已报江苏省国土资源厅审查。协助、指导徐州市做好截污导流工程用地手续办理相关工作，促进勘测定界工作进行，指导地方做好相关准备工作。协调淮安市、江都市截污导流工程建设用地材料完善、费用交纳，淮安市、江都市截污导流工程建设用地手续已经批准。

（四）移民专项验收

刘山、解台、蔺家坝、骆马湖水资源控制、淮阴三站、淮安四站、淮安四站输水河道工程征地拆迁和移民安置工作基本结束，但一直未能进行移民专项验收。2010 年，江苏省南水北调办要求各地加强实施方案变更的完善手续，积极处理遗留问题，做好征迁扫尾，整理移民档案。为加强征迁档案管理和验收，会同江苏省档案局印发了《江苏省南水北调工程征地移民档案管理实施细则》。淮安四站、淮安四站输水河道工程楚州区征地拆迁和移民安置通过区级验收，对江都市截污导流移民工作进行了专项验收。

（五）加强征地移民资金检查

为了进一步规范移民资金管理，全面摸清征迁安置资金的使用情况，江苏省南水北调办配合做好国务院南水北调办对2009年工程征地移民资金专项审计工作，督查有关市、县做好征地移民资金专项审计的配合及整改工作。加强对新开工程征迁资金使用的指导和检查，及时整改发现的问题。

（王志林　徐忠阳）

工程审计与稽察

（一）工程审计

1. 配合国务院南水北调办开展审计复查及专项审计

2010年2月下旬，国务院南水北调办委托北京中永信会计师事务所对江苏水源公司落实2008年度专项审计整改情况进行复查，同时对2009年度工程建设资金开展专项审计。江苏水源公司对此非常重视，精心准备、积极配合。从审计结果来看，江苏水源公司能严格执行国家有关财经法规和公司的规章制度，资金使用规范，确保了工程建设资金安全规范。在国务院南水北调办组织的对刘老涧二站工程稽察中，江苏省南水北调办和江苏水源公司积极配合，对稽察中发现的问题，认真分析原因，制定整改措施，督促现场参建各方及时落实到位，并借此次稽察的契机，吸取经验，总结得失，要求所有在建单项工程各有关参建单位自查自纠，促进了工程整体建设管理水平的提高。

2. 开展“小金库”专项治理重点检查

根据江苏省治理“小金库”工作领导小组要求，10月下旬，江苏水源公司成立“小金库”专项检查组，对泗洪站、皂河站、泗阳站工程建设处进行“小金库”专项治理重点检查。检查组通过查阅凭证、账簿、相关会计资料，以及询问有关经办人员的方式，对各建设处的“小金库”自查自纠工作开展情况、工程资金流向、周转金的使用情况和往来款项等方面进行认真的检查，对部分财务管理不到位的情况提出整改意见。通过检查，进一步完善内部管理监督机制，确保“小金库”专项治理工作顺利开展。

3. 配合完成刘山、解台站完工财务预决算现场审计

受国务院南水北调办委托，北京中永信会计师事务所于2010年11月下旬在江苏省徐州市开展刘山、解台站完工财务预决算审计工作。审计期间，江苏水源公司及相关建设单位积极配合，及时提供有关资料，审计过程中与审计人员加强沟通交流，得到了审计人员的好评。这是继三阳河潼河宝应站工程之后，江苏省南水北调工程第二批通过完工财务预决算审计的项目，为下一步设计单元工程完工验收奠定了基础。

（二）招投标监督

江苏省南水北调办和江苏省纪委、省监察厅派驻南水北调东线江苏段工程纪检监察工作组，分别履行招投标工作的行政监督和纪检监察职责。在招投标监督管理工作中，坚持“公平、公正、公开、廉洁”的原则，严格过程控制，年度招标投标工作开展始终保持规范有序。

2010年，共完成对76个招标标段的监督管理工作，其中包括江都站改造工程、刘老涧二站工程、泗阳站工程、泗洪站工程、皂河站工程、金湖站工程、金宝航道工程、淮安二站改造工程、骆马湖以南中运河影响处理工程、高水河整治工程、里下河水源调整

工程等65个调水工程标段，里下河水源调整工程和金宝航道工程中3个征地移民监理与监测评估标段，以及徐州市截污导流工程8个标段。

在招投标过程的监督管理中，江苏省南水北调办与纪检监察部门紧密配合，加强监管力度，不断探索和创新工作方式方法，采取各种措施以更好保证招标投标工作质量。①坚持依法监督，严格执行相关法律法规。②创新工作方法，更好地实现监督管理目标。在总结以往招标投标工作成功经验的基础上，继续积极探索更好地对招投标过程进行监督管理的工作方式和方法，如进一步利用江苏水利评标中心，构建江苏南水北调招投标的有形市场；继续推行无标底招标、公布指导价招标、限价招标有机结合的招标方式；推行招投标备案制度和资格预审制度，严格项目经理、总监及主要技术负责人查勘现场制度；推行在招投标过程中的项目经理和总监理工程师的答辩程序等。③推进开放竞争，构建面向全国的江苏省南水北调招投标市场。2010年，江苏省南水北调工程招标项目中，省外企业中标比率大大提升，达到26.3%，一大批优秀企业参与到土建施工、监理、机电设备制造等标段的建设实施中，参建单位遍及江苏、山东、上海、天津、浙江、湖北、湖南、河南等省（市），充分体现了江苏省南水北调工程招标投标市场的良好竞争环境。通过这些措施方法，有力保证了南水北调东线江苏境内工程建设平稳、有序地开展。

（三）工程质量监督

根据国家南水北调工程质量监督管理办法，2010年，南水北调工程江苏质量监督站重点加强对刘老涧二站、泗洪站、泗阳站、皂河一站改造工程、皂河二站、金湖站、金宝航道等7个在建设计单元工程的监督巡查，参与工程阶段验收；继续积极推动三阳河潼河河道、宝应站等已完设计单元的质量总评工作；完成了皂河一站改造工程、皂河二站、金湖站、金宝航道等4个年度新开工设计单元工程巡回抽查组的组建工作，并办理质量监督申报手续；继续做好淮安、宿迁、徐州等市截污导流工程的质量监督工作，定期开展质量监督巡查，参加合同工程的完工验收和联合试运行验收。

2010年累计组织开展了32次调水工程质量监督巡查和20次截污导流工程的质量监督巡查，有力地促进了工程质量管理水平的提高，确保南水北调调水工程和截污导流工程质量状况继续呈现平稳态势，工程建设整体质量水平保持良好。

（薛刘宇　刘丽君　宁震宇）

工　程　基　金

江苏省政府及有关部门十分重视南水北调工程建设基金征收工作，积极采取多种措施落实基金工作。

（1）江苏省政府专门印发《关于加强南水北调工程建设基金征收管理工作意见的通知》，落实基金征收政策，明确征收措施。

（2）江苏省政府多次召开专题征管会议，督促各地政府落实调价政策，强化征管措施，加强征管考核。

（3）江苏省水利厅会同省审计厅对全省89家自来水企业和100家用水大户开展了“两费”专项稽察，重点查处南水北调工程建设基金拖欠、挪用、违规减免等行为。

（4）江苏省水利厅将南水北调工程建设基金调价与征收到位情况与年度评优、省级水利投资挂钩制度，实行一票否决，同时对基金任务征收不到位的地区实行取水许可、排污口审批限批，督促各地强化征收。

（5）江苏省水利厅联合省财政、物价等部门专门出台水资源费征收使用管理实施办法，对取水计量、收费管理、价格调整等提出明确要求。

（6）加快实施江苏省水资源管理信息系

统，强化计量管理，杜绝协议收费。

（7）江苏省政府办公厅转发省水利厅、省财政厅、省物价局《关于加强南水北调工程建设基金征缴管理工作的意见》（苏政办发〔2010〕39号），进一步规范全南水北调工程建设基金征缴工作。

（8）组织专项督查，2010年7月8～20日，江苏省水利厅、省财政厅、省审计厅、省物价局、省南水北调办公室联合组成3个工作组，对全省南水北调工程建设基金征缴情况进行专项督查，有力地推动了全省南水北调工程建设基金征缴进度。

截至2010年底，江苏省已累计征收南水北调工程建设基金9.07亿元，按计划累计上缴国家财政的8.77亿元南水北调工程建设基金已及时足额上缴，同时省财政调度28 904万元，用于治污工程建设。

（陈红卫　张树麟）

环　境　保　护

江苏省是东线工程的源头，保证清洁水源出省是江苏省的重大职责。江苏省委、省政府紧紧围绕“先节水后调水，先治污后通水，先环保后用水”的总体原则，坚持把做好南水北调治污工作作为贯彻科学发展观、加强环境保护、加快生态省建设的重要举措。2010年对治污方案实施情况进行全面检查评估，对江苏省境内14个水质监测断面加强观测，对尚未稳定达标的3个断面，在认真调查评估的基础上，提出了进一步治理达标方案，待江苏省政府批准后抓紧实施，确保2012年达到水质目标。

（陈红卫　张树麟）

文　物　保　护

南水北调工程东线控制性文物二期保护项目（江苏段）涉及泗州城遗址、项王城遗址等地下文物点8处。

2010年9月，江苏省文物局主持召开了南水北调工程第二批控制性文物保护项目启动会议，制定了控制性文物保护工作实施方案。明确8处文物点的考古发掘工作由南京博物院主持，相关市县文博单位协调配合，工作从2010年下半年开始。由于南水北调二期工程所涉及的文物点均临河（湖）面水，遗址地下水位较高，给田野工作带来较大困难。截至2010年底，完成泗州城勘探面积56 000m^2，完成项王城完成勘探面积50 000m^2，完成小龙头遗址勘探面积2000m^2、发掘面积255m^2，完成王屋基遗址发掘面积2000m^2。

（王志林　徐忠阳）

治污工程进展及水质

（一）工程进展

2010年，《南水北调东线工程江苏段控制单元治污实施方案》确定的102项治污项目已完成99项，完成率97%；3项在建，在建率3%。其中，65项工业点源治理项目和26项污水处理厂已全部完成；6项综合整治项目已全部开工建设，其中，苏北运河船舶污染综合整治、江都垃圾场搬迁、高邮黑液塘、徐州大吴氧化塘改建污水处理厂、徐州桃园氧化塘改建污水处理厂已经完成；江都源头生态保护项目正抓紧实施；5项截污导流工程全部开工建设，其中江都、泰州、宿迁市截污导流工程已经建成，淮安、徐州市截污导流工程主体工程已经基本完成，进入工程扫尾和部分配套工程建设阶段。

江苏省针对目前治污工作进展和治污工程效果，紧紧围绕2012年境内输水干线全线水质达标的要求，2010年重点开展了8项工作：

（1）研究部署新一轮水污染防治工作。江苏省政府分别于7月17日、8月8日召开专题会议，研究部署南水北调工作，对治污环保工作提出明确要求，对不稳定达标断面治理、水质监测监管、新增截污导流工程、污水管网建设、南水北调工程区域水污染防治管理办法等工作落实了牵头责任单位。

（2）对不稳定达标断面所在控制单元进行评估。江苏省南水北调办组织江苏省环境科学研究院对复兴河控制单元治污情况进行评估，分析存在的问题，提出进一步治理的建议措施。

（3）组织编制了不稳定达标断面的进一步治理的方案。由江苏省环保厅牵头，组织相关技术单位编制了复兴河沙庄桥桥断面、北澄子河三垛西大桥断面、京杭运河邳州张楼断面达标方案，组织专家审查完善后上报江苏省政府。

（4）开展新增截污导流工程前期工作。鉴于南水北调输水干线水质持续稳定达标的需要和地方增加环境容量的需要，计划增加建设丰沛、新沂、睢宁、宿迁等部分市县城区尾水导流工程，进一步削减入河湖污染物，保障调水水质。相关设计单位正在编制可行性研究报告。

（5）编制污水处理厂配套管网建设规划。为充分发挥污水处理厂的功能效益，建设部门组织编制了南水北调沿线26个污水处理厂配套管网建设规划，工程投资规模20亿元左右，规划已进入审查报批程序。

（6）开展新沂河尾水通道扩建完善工程的前期工作。为减小徐州市、宿迁市以及部分县（市）城市尾水对连云港送清水的影响，拟对新沂河尾水通道进行扩建完善，项目可行性研究报告编制已经开展。

（7）积极推进江都市南水北调源头保护综合整治。作为南水北调东线水源的源头，取水区的环境治理对确保调水干线水质稳定达标至关重要。江都市规划在取水功能区20多平方公里范围内，实施生态防护林带、生态湿地和污水收集处理工程，工程总投资约46.78亿元，该项目已经编制了规划建议书，正在争取国家有关部门的支持。

（8）切实加强环境监管工作。开展制定《江苏省南水北调工程沿线区域水污染防治条例》的调研和起草工作，为进一步加强水污染防治提供政策法规支撑。组织编制了南水北调沿线14个水质监测断面自动监测站网建设方案，并已报江苏省政府待批。

（二）水质情况

按照《南水北调东线江苏段14个控制单元治污方案》要求，在调水干线设定14个水质控制断面，控制指标中的水环境质量指标主要是高锰酸盐指数、溶解氧、氨氮、石油类、挥发酚、五日生化需氧量6项；污染物总量控制指标是化学需氧量和氨氮。2010年，江苏省14个考核断面高锰酸盐指数和氨氮的综合达标率分别为97.21%和98.86%，南水北调东线江苏段水质在不断改善。

（陈红卫　张树麟）

山　东　段

概　述

2010年，南水北调东线一期工程山东段工程建设进展顺利。截至2010年底，南水北调东线一期山东段11个单项、54个设计单元工程中，有8个单项、49个设计单元工程获得批复并开工建设，累计批复总投资183.3亿元，下达计划投资117.7亿元，完成投资88.8亿元。

（一）前期工作

国务院南水北调办2010年8、9月批复南四湖—东平湖段的梁济运河和柳长河工程，济南—引黄济青段济东明渠段工程，鲁北段的小运河和七一、六五河工程等5个设计单元工程的初步设计，为2010年底南水北调东线山东段干线主体工程全面开工建设提供了条件。剩余未批复的5个设计单元工程中，济南—引黄济青段陈庄输水工程初步设计已上报国务院南水北调办，并通过水利部水规总院初审；管理设施、调度运行管理系统和东平湖蓄水影响处理工程初步设计已通过南水北调东线山东干线有限责任公司（以下简称山东干线公司）初审并上报国务院南水北调办待审；南四湖下级湖抬高蓄水位影响处理工程由山东、江苏两省委托中水淮河规划设计研究有限公司开展初步设计报告编制工作。2010年12月，山东省发展改革委组织专家评审通过《南水北调东线工程山东省续建配套工程规划报告》，并报省政府待批。淄博等市编制上报了可行性研究报告。

（二）在建工程

截至2010年底，南水北调东线一期山东段干线主体工程8个单项、49个设计单元工程全面开工建设。率先开工的济平干渠工程已经通过完工验收，发挥了应有的经济效益和社会效益；21项中水截蓄导用工程基本完成，国务院南水北调办和环境保护部在滕州市召开现场会，向全国推广山东省治污经验；韩庄运河段工程的万年闸、台儿庄泵站已经建成；韩庄泵站、二级坝泵站基本完成；穿黄河隧洞工程已经贯通；济南市区段工程加快推进；东湖水库、双王城水库、大屯水库、长沟泵站、邓楼泵站、八里湾泵站等工程均按计划实施；南四湖—东平湖段、济南以东明渠段、鲁北段输水渠工程全线开工建设。

（三）征迁工作

在国务院南水北调办批复两湖段梁济运河和柳长河、济南以东明渠段、鲁北段小运河三大段工程之后，用两个多月的时间完成了三大段工程6.1万亩建设用地交付任务，确保了干线主体工程提前全面开工建设。截至2010年底，南水北调东线一期山东段（不含截污导流工程）共完成永久征地8万亩、临时征地3万亩，安置人口2.2万人，完成征地移民总投资约40亿元。

（四）质量安全管理

始终把质量与安全作为工程建设管理的核心任务，切实加强、持之以恒、常抓不懈，确保了山东省南水北调各在建工程质量和安全始终处于受控状态。

（1）加强监管力量。经山东省机构编制委员会批准，山东省南水北调工程建设管理局（以下简称山东省南水北调建管局）增设稽察处，建立了稽察专家库，聘请4名有丰富工程建设管理经验的专家任组长，开展经常性稽察、举报调查和工程质量监督管理工作。

（2）加强工程现场管理力量。在干线主体各单项工程及设计单元工程分别设立现场建管机构，配备了有施工经验的管理人员，驻扎在工程一线现场组织、协调工程建设管理工作。

（3）严格执行《中华人民共和国招标投标法》等法律法规，规范招标评标程序，公平、公正、公开择优选择一流建设队伍。

（4）严格执行项目法人制、建设监理制、招标投标制和合同管理制，强化设计、监理、施工、质检单位责任，严把验收环节，确保工程质量。

截至2010年底，已评定的单元工程和分部工程质量优良率分别达到92%和95%，单位工程质量优良率100%，开工以来未发生任何重大质量和安全事故。

（五）完建工程运行管理

对已完工和即将完工的工程，提前安排调研，及时提出管理对策。

（1）积极探索南水北调工程运行管理的政策与体制机制。济平干渠工程由山东干线公司组建济平干渠管理局直接管理，并进行了管养分离的实践。台儿庄泵站、万年闸泵站委托山东省胶东调水局负责工程建成后的运行管理工作，探索委托管理的路子。

（2）与公安部门联合，建立治安室，强化安保措施，有效遏制了工程范围内乱种、乱放、拉土、放牧等违法违规现象的发生蔓延。

（3）加强运行人员的预先培训。制定了2009～2013年五年全员培训规划，现已完成了泵站运行管理和全线调度管理人才的培养培训，为工程建成后全面投入运行奠定了坚实基础。

（六）创新工作

如期实现建设目标和通水目标，山东省面临着重重挑战。为此，山东省南水北调建管局党委创新思路、创新措施，有力、有序、有效地推进各项工作开展。

（1）建立倒逼机制。压缩时间节点、压茬开展工作，采取超常规措施，全力加快南水北调工程建设。

（2）强化工作调度。建立了工程建设月分析和季分析调度会议制度，定期调度工程建设及工作进展情况，逐一研究、分析、解决工程建设中存在的问题。

（3）加强督查督办工作，将重点工作任务分解到分管领导、责任部门和主要责任人，明确完成时限，并跟踪督办，有力促进了各项工作任务的落实。

（4）建立健全目标管理考核奖惩制度。建立健全了覆盖山东省南水北调系统的目标管理考核奖惩制度体系，对按时完成或提前完成的单位给予奖励和表彰，对不能按时完成目标任务的单位和责任人坚决给予处罚并通报批评。

（5）科技支撑作用不断增强。紧紧围绕南水北调工程建设、运行管理的实际需要开展技术攻关、自主创新和科技成果推广转化，取得了一批科研成果，为工程建设管理提供了有力的科技支撑。紧密结合山东境内济平干渠、穿黄河工程、韩庄运河段工程建设实际开展技术攻关，解决了穿黄河滩地埋管、南干渠等工程混凝土抗渗、抗冻融、抗冲刷和抗裂等特性混凝土配制及大体积混凝土施工技术等工程实际问题。进行了泵站压矿调查和场地采动灾害效应评价与分析专题研究，为二级坝泵站厂区平台保安煤柱预留范围确定和安全管理措施制定奠定了基础。对穿黄河工程闸前疏挖段、出湖闸、南干渠、滩地埋管，济南市区段输水暗涵工程软地基处理，两湖段工程长沟、邓楼泵站的立式泵站等进行了设计优化，解决了工程建设中的关键技术问题。

（武　健　杨建伟）

前　期　工　作

截至2010年底，南水北调东线一期山东段11个单项工程的54个设计单元工程已批复8个单项的49个设计单元工程。其中：2010年以前批复了41个，2010年内批复了8个，剩余5个未批复。剩余的设计单元工程初步设计报告均已上报国务院南水北调办，正在审批过程中。

（一）2010年内批复设计单元工程概况

南四湖湖内疏浚工程于2010年4月15日批复（国调办投计〔2010〕49号、国调办投计〔2010〕95号），共批复总投资23 348万元。

梁济运河段工程于2010年8月9日批复（国调办投计〔2010〕157号），批复总投资72 447万元（计入南水北调工程部分）。

柳长河段工程于2010年8月9日批复（国调办投计〔2010〕156号），批复总投资47 787万元（计入南水北调工程部分）。

明渠段工程于2010年9月16日批复（国调办投计〔2010〕197号），批复总投资254 179万元。

小运河段工程于2010年9月16日批复

（国调办投计〔2010〕196号），批复总投资238 821万元。

七一、六五河段工程于2010年9月28日批复（国调办投计〔2010〕206号），批复总投资61 774万元。

鲁北段灌区影响处理工程于2010年6月29日批复（国调办投计〔2010〕110号），批复总投资31 369万元。

大屯水库工程于2010年6月4日批复（国调办投计〔2010〕96号），批复总投资111 377万元。

（二）未批复设计单元工程前期工作进展情况

1. 东平湖蓄水影响处理工程

东平湖蓄水影响处理工程初步设计报告委托中水北方勘测设计研究有限公司负责编制。2010年11月11～13日，山东干线公司组织专家对初步设计报告进行了初审；2010年11月26日，山东干线公司以《关于报送南水北调东线一期工程东平湖输蓄水影响处理工程初步设计报告的报告》（鲁调水企计字〔2010〕8号），将东平湖蓄水影响处理工程初步设计报告上报国务院南水北调办。

2. 南四湖下级湖抬高蓄水位影响工程

2010年12月，山东干线公司和江苏水源公司共同委托中水淮河规划设计研究有限公司，编制完成南四湖下级湖抬高蓄水位影响处理工程初步设计报告。

3. 管理设施专项和调度运行管理系统工程

南水北调工程设计管理中心委托中水淮河规划设计研究有限公司负责编制南水北调东线一期工程管理设施专项总体初步设计方案、调度运行管理系统总体初步设计方案。山东干线公司委托山东省水利勘测设计院负责编制山东境内管理设施专项初步设计报告。通过招标，北京电信规划设计院有限公司与山东省水利勘测设计院组成设计联合体负责编制山东境内调度运行管理系统初步设计报告。

（1）总体初步设计方案。2010年12月25～27日，水利部水规总院在北京组织专家对南水北调东线一期工程管理设施专项总体初步设计方案进行了预审。12月27～29日，水利部水规总院在北京组织专家对南水北调东线一期工程调度运行管理系统总体初步设计方案进行了预审。

（2）山东境内管理设施专项初步设计。2008年10月8日，山东干线公司组织专家对山东境内管理设施专项初步设计报告进行了审查，并于2008年10月14日以“鲁调水企财字〔2010〕18号”文，将山东境内管理设施专项初步设计报告上报国务院南水北调办。2009年6月11日，山东干线公司以《关于审批南水北调东线第一期工程山东境内干线工程管理方案的请示》（鲁调水企财字〔2009〕22号），将修改完善后的工程管理专项报告上报国务院南水北调办。国务院南水北调办于2009年10月提出了修改意见。2010年6月24～25日，山东干线公司对修改完善后的初步设计报告再次进行了初审，并于2010年7月9日以《关于报送南水北调东线一期山东段调度运行管理系统初步设计报告的报告》（鲁调水企财字〔2010〕44号）上报国务院南水北调办。

（3）山东境内调度运行管理系统初步设计。2010年9月1～3日，山东干线公司组织专家对山东境内调度运行管理系统初步设计报告进行了审查，并于2010年9月9日以《关于报送〈南水北调东线一期工程山东境内管理设施初步设计报告〉的请示》（鲁调水企计字〔2010〕2号），将山东境内管理设施专项初步设计报告上报国务院南水北调办。

4. 陈庄输水线路工程

2010年8月19～20日，山东干线公司组织专家对陈庄输水线路初步设计报告进行了审查，并于2010年8月30以《关于报送南水北调东线一期胶东干线济南—引黄济青段工程陈庄输水线路设计单元工程初步设计报告的报告》（鲁调水企财字〔2010〕58号），将陈庄输水线路工程初步设计报告上报国务院南水北调办。2010年9月10～12日，水利部水规总院在北京组织专家对陈庄输水线路工程初步设计方案进行了审查，待批复。

（徐国涛　郑　拓）

投资计划管理

截至2010年底，国家累计批复山东南水北调工程项目总投资1 832 522万元，累计下达投资计划1 176 637万元（不包括水利部下达的前期工作经费，下同），累计到位资金988 180万元，累计完成投资887 903万元。

（一）计划下达情况

截至2010年底，国家共下达山东省南水北调工程投资计划1 176 637万元，其中：中央投资348 271万元，南水北调工程基金142 309万元,国家重大水利建设基金287 500万元，贷款398 557万元。

（二）资金到位情况

截至2010年底，共到位资金988 180万元，其中：中央投资348 271万元，南水北调工程基金115 309万元，国家重大水利建设基金253 500万元，贷款271 100万元。

（三）投资完成情况

截至2010年12月底，累计完成投资887 903万元。

（四）工程形象进度

（1）台儿庄泵站工程。于2005年12月12日开工建设，截至2010年底，累计完成土石方开挖99.76万m^3、土石方回填11.34万m^3、混凝土浇筑5.37万m^3。

（2）万年闸泵站工程。于2004年11月18日开工建设，截至2010年底，累计完成土石方开挖119.27万m^3、土石方回填46.6万m^3、混凝土浇筑5.06万m^3。

（3）韩庄泵站工程。于2007年4月3日开工建设，截至2010年底，累计完成土石方开挖100.32万m^3、土石方回填42万m^3、混凝土浇筑4.36万m^3。

（4）韩庄运河段水资源控制工程。于2008年3月12日开工建设。

（5）二级坝泵站工程。于2007年3月30日开工建设，截至2010年底，累计完成土石方开挖91.5万m^3、土石方回填65.8万m^3、混凝土浇筑4.5万m^3。

（6）姚楼河闸工程。于2008年9月开工建设，截至2010年底，累计完成土石方开挖1.98万m^3、土石方回填6.59万m^3、混凝土浇筑0.99万m^3。

（7）杨官屯河闸工程。于2010年12月开工建设，截至2010年底，累计完成土石方开挖0.55万m^3。

（8）大沙河闸工程。于2009年3月开工建设，截至2010年底，累计完成土石方开挖47.71万m^3、土石方回填7.28万m^3、混凝土浇筑2.78万m^3。

（9）潘庄引河闸工程。于2008年12月16日开工建设，截至2010年底，累计完成土石方开挖1.36万m^3、土石方回填4.94万m^3、混凝土浇筑0.42万m^3。

（10）长沟泵站工程。于2009年12月5日开工建设，截至2010年底，累计完成土石方开挖42万m^3、土石方回填39.19万m^3、混凝土浇筑4.88万m^3。

（11）邓楼泵站工程。于2010年1月2日开工建设，截至2010年底，累计完成土石方开挖39万m^3、土石方回填14.6万m^3、混凝土浇筑1.95万m^3。

（12）八里湾泵站工程。于2010年9月16日开工建设，截至2010年底，累计完成土石方开挖17.5万m^3、土石方回填5.49万m^3、混凝土浇筑0.051万m^3。

（13）引黄灌区影响工程。于2010年4月13日开工建设，截至2010年底，累计完成土石方开挖102万m^3、土石方回填76.5万m^3、混凝土浇筑4.32万m^3。

（14）穿黄河南区工程。于2008年9月1日开工建设，截至2010年底，累计完成土石方开挖209万m^3、土石方回填143万m^3、混凝土浇筑11.3万m^3。

（15）穿黄河北区工程。于2008年3月1日开工建设，截至2010年底，累计完成土石方开挖163.3万m^3、土石方回填119万m^3、混凝土浇筑7.6万m^3。

（16）济南市区段工程。于2008年11月12日开工建设，截至2010年底，累计完成土石方开挖384.1万m^3、土石方回填126.7万m^3、混凝土浇筑65.4万m^3。

（17）东湖水库工程。于2010年6月6日开工建设，截至2010年底，累计完成土石方开挖313.03万m^3、土石方回填302.4万m^3、混凝土浇筑0.8万m^3。

（18）双王城水库工程。于2010年8月6日开工建设，截至2010年底，累计完成土石方开挖196.56万m^3、土石方回填119万m^3、混凝土浇筑1.87万m^3。

（19）鲁北段大屯水库工程。于2010年11月25日开工建设，截至2010年底，累计完成土石方开挖44.8万m^3、土石方回填3.9万m^3。

（段志强　郭晓翠）

建 设 管 理

（一）工程招投标

2010年共完成招投标项目67个，其中：韩庄泵站工程泵站自动化1个；二级坝泵站工程主副厂房装修工程1个；水资源控制工程杨官屯河闸闸门、启闭机1个，大沙河闸工程计算机监控系统采购与安装1个；穿黄河工程东平湖湖内疏浚1个；济南市区段工程施工3个，东湖水库工程监理及围坝建筑安装3个，双王城水库工程监理及围坝建筑安装4个，济东段明渠工程监理及施工12个；两湖段工程长沟泵站工程管理设施工程，金属结构设备采购，计算机监控系统设计、制作、安装，机电设备采购4个；邓楼泵站工程管理设施工程，金属结构设备采购，计算机监控系统设计、制作、安装，机电设备采购4个；八里湾泵站工程监理、主体建筑工程、金属结构及机电设备和辅机系统安装工程、金属结构设备采购及机电设备采购4个；梁济运河监理及施工5个；柳长河监理及施工4个；鲁北段工程征地移民监理7个；大屯水库工程监理及围坝建筑安装4个；小运河工程监理及施工8个。

全年共签订监理招标合同额8790.03万元，施工招标合同额624 447.33万元，设备采购招标合同额7304.79万元，总计签订招标合同额640 542.15万元。

所有招标项目均采用公开招标方式，合理划分标段，并报国务院南水北调办审批。在招标文件规定的时间、地点进行开标，评标委员会严格按照评标原则、评标办法进行封闭评标并确定中标候选人，在规定的时间按规定的程序在南水北调网站进行公示，并按照规定及时进行合同谈判及合同签订工作。开标过程实行了公证制度，山东省监察厅驻水利厅监察专员办公室和山东省南水北调建管局派员对评标过程进行全过程监督。所有的招标工作开展有序，公平合理，时间上、程序上均未出现任何不规范情况。

（二）合同管理

山东省南水北调建管局和山东干线公司始终把合同管理贯穿于工程建设的全过程，不断加强合同管理工作，严格合同管理，并认真履行合同规定的义务和责任。

（1）完成了《南水北调东线山东干线有限责任公司招标设计与施工图设计审查管理规定》、《南水北调东线山东干线有限责任公司合同文件管理规定》、《南水北调东线山东干线有限责任公司工程建设承包合同计量支付管理规定》、《南水北调东线山东干线有限责任公司工程变更管理规定》修订起草工作。

(2) 为加强投资控制，保证工程资金安全，优选了三家造价咨询专业机构分别作为山东干线公司直管两湖段工程、鲁北段工程以及济南以东段工程施工全过程跟踪审计单位，进一步加强了投资控制的严格性。

(3) 2010年审核计量支付资料102份，支付工程预付款17 037.08万元。审定完成投资39 482.92万元，扣回工程预付款11 027.15万元，扣回材料款3721.54万元，扣保留金2619.39万元，实际支付工程款21 490.64万元。

(4) 严格审查设计变更。2010年共审查60项变更申请。其中济南市区段工程变更申请10项；两湖段工程变更申请15项；穿黄河工程设计变更22项；韩庄运河段工程设计变更13项。

(5) 组织完成了已开工的南四湖—东平湖段输水与航运结合工程（另附加韩庄泵站和二级坝泵站）的工程保险经纪服务项目的招标工作、工程保险培训工作、保险公司招标工作和对各设计单元工程的投保工作。

(三) 质量管理

(1) 成立了山东省南水北调工程质量管理领导小组，进一步完善了质量保证体系，落实了各层次的工程质量责任制。

(2) 制定并印发了《南水北调东线一期混凝土结构质量缺陷管理规定》、《关于进一步加强南水北调工程质量管理和质量监督工作的意见》等文件，各参建单位也都结合工程实际，制定和完善了如质量检查、关键部位单元工程验收等质量管理制度，进一步规范了工程建设管理工作。

(3) 按照国务院南水北调办关于开展南水北调工程质量管理年活动的工作部署和要求，成立了质量管理年活动领导小组，制定并印发了《2010年山东省南水北调工程质量管理年活动方案》，明确了工作重点、目标任务和时间要求等。

(4) 针对水泥土搅拌桩施工易出现质量问题等实际情况，及时下发了《关于进一步加强水泥土搅拌桩质量管理工作的通知》，对已施工的搅拌桩工程组织开展了质量大检查活动，同时各项目管理、监理、施工单位也都加强了在建工程的监督、检查，强化了现场质量控制，开展了不同层次的质量检查活动，有效地保证了工程质量。

(5) 进一步加强、规范了质量监督工作。加强了现场质量监督力量，充实了质量监督人员；组织召开了两次质量监督工作座谈会，总结部署了质量监督工作；印发了质量监督站《印章管理及使用规定》和《山东省南水北调工程聘用质量监督员管理办法》；及时向国务院南水北调办报送了12期质量监督信息，向南水北调工程建设监管中心申报了2011年监督费支出计划；批复了长沟、邓楼、八里湾泵站，引黄灌区灌溉影响处理工程及大屯水库等工程项目划分；对参建单位质量管理体系和质量管理行为进行了检查；按有关规定对重要隐蔽工程、分部工程、单位工程和合同项目验收进行了监督，对验收成果进行了核备。

(6) 2010年山东段已完工程质量情况良好，累计已评定的11 905个单元工程质量全部合格，其中达到优良等级的有11 000个，单元工程质量优良率92%；累计已评定的158个分部工程质量全部合格，其中达到优良等级的有151个，分部工程质量优良率96%；累计已评定的11个单位工程质量全部合格，其中达到优良等级的有11个，单位工程质量优良率100%。

(7) 2010年南水北调工程山东质量监督站、山东干线公司等10个单位被国务院南水北调办评为2009年度质量管理先进集体，19人被评为先进个人。

(四) 安全管理

1. 加强组织机构、制度建设

根据山东省南水北调建管局领导分工和

各部门人员变动情况，及时调整了山东省南水北调工程安全生产领导小组和重特大事故应急处理领导小组，进一步加强了对安全生产的组织领导；建立了安全生产检查书制度，强化了安全生产监督检查责任；各参建单位也都非常重视组织机构和制度建设，开工之初，就结合工程实际，建立了安全生产和防汛领导小组，设立了安全生产专职机构，配备了安全生产管理人员，制定了安全生产管理和安全生产检查等制度。构建了项目法人负责、政府领导监督、监理单位控制、施工单位保证的较为完善的安全生产管理体系。

2. 落实安全生产责任制

为贯彻落实山东省水利安全委员会《关于建立安全生产网格管理责任制的通知》（鲁水安字〔2010〕10号）要求，进一步落实安全生产责任制，建立了山东省南水北调工程安全生产网格管理责任制。按照“谁分管，谁负责；分级划分，逐步细化”的原则，逐级明确安全网格范围和责任人，实现了安全生产全覆盖、无缝隙监管。同时，山东省南水北调建管局和山东干线公司及各市南水北调办事机构，山东干线公司和各现场建管机构（委托建设管理单位）签订了《山东省南水北调工程2010年度安全生产责任书》，并建立了安全生产管理考核奖惩机制。各现场建管机构、委托建设管理单位与监理、施工等参建单位也相应层层签订责任书，确定了安全生产和防汛目标，明确了各参建单位安全生产和防汛责任及要求，全方位、多层次地加强了安全生产责任制。

3. 及时部署安全生产工作

（1）组织召开了山东省南水北调工程2010年度安全生产、防汛暨建设调度会议和安全生产领导小组会议，及时传达学习了上级安全生产和防汛有关会议和文件精神，部署了安全生产和防汛工作。

（2）针对节假日、冬季和夏季等敏感时期易出现安全生产事故的特点，及时部署做好安全生产工作，开展有针对性、有重点的检查、排查活动，并坚持做到“五有”，即有通知、有要求、有检查、有通报、有整改。

（3）遇恶劣天气及时发出预警，共发布了8期，其中暴雨预警6期、高温预警1期、低温预警1期。

4. 深入开展“安全生产年”活动

按照国家关于继续深入开展“安全生产年”活动要求，及时下发通知，明确了“安全生产年”活动的总体思路、工作目标、工作重点、工作要求。通过加强安全生产体制机制建设，加大隐患排查治理力度，促进安全生产责任制落实，开展“安全生产月”活动等措施，扎实推进安全生产“三项行动”，有效地杜绝了安全生产责任事故的发生。

5. 加强安全生产教育和培训

（1）组织开展了“安全生产月”活动。各现场建管机构、委托建设管理单位结合各自工作实际，采取张贴标语、悬挂横幅、设立宣传栏，发放安全生产资料、举行安全生产培训班等形式，进行了多种形式的宣传教育活动。

（2）为推动安全生产法律法规的贯彻落实，提高广大职工安全法制意识，山东省南水北调建管局组织举办了山东省南水北调工程安全生产知识竞赛，共有来自现场建管机构、委托建设管理单位，监理及施工单位的安全生产负责同志、专职安全生产管理人员70余人参加了竞赛。

6. 安全生产检查活动

（1）组织开展了隐患排查治理活动。山东省南水北调建管局和山东干线公司根据国务院南水北调办、山东省政府及山东省水利厅对隐患排查治理工作的排部署，结合工程实际，针对薄弱环节和突出问题，开展了安全生产隐患排查治理工作，全面深入排查治理各类事故隐患。既排查基础设施、机械设备、作业现场、生产环境中的隐患，也排查思想作风、规章制度、教育培训等方面的问题，切实把工作做深、做细，不留盲区，不留死角。对检查发现的隐患，能立即整改的要求立即整改，不能立即整改的，要求明确整改时限，落实整改措施，强化整改责任，加强监督检查，坚决进行治理，确保取得实效。

（2）组织开展了安全生产专项检查活动。6月21～22日和12月27～29日，山东省南水北调建管局抽调各现场建管机构质量安全部主任组成检查组，对各在建工程分别进行了汛期和冬季安全生产专项检查。对检查中发现的不安全因素和事故隐患，责令有关单位制定切实可行的整改措施和计划，限期解决，并要求举一反三避免类似情况再次发生。通过检查，有力地促进了安全生产工作，确保了生产安全。

7. 应急预案建设

为切实做好安全应急预案的编制工作，提高预案的实效性和可操作性，山东省南水北调建管局成立了山东省南水北调工程建设安全事故应急预案编制工作组，组织、指导事故应急预案的编制工作。根据国务院南水北调办《南水北调工程建设重特大安全事故应急预案》（国调办建管〔2010〕45号），结合工程建设进展情况，山东省南水北调建管局组织力量对《山东省南水北调工程建设安全事故综合应急预案》进行了修订和完善。各现场建管机构也按照有关要求制定了事故应急预案，并督促各参建单位根据工程特点、施工环境、季节变化和周边社会资源等因素，持续改进和完善了如防汛、防塌方、防高空坠落、防火等专项应急预案和现场处置方案，落实了救援队伍，储备了应急物资，为事故应急处理提供了基本条件。

2010年未发生一起安全生产死亡事故，保持了连续八年无安全生产责任事故的良好态势，圆满完成了年度目标任务，山东省南水北调建管局建设管理处等8个单位被国务院南水北调办评为安全管理先进集体，10人被评为先进个人。

（五）文明工地建设

山东省南水北调建管局和山东干线公司高度重视文明工地建设，把文明工地建设作为提高工程建设管理水平，促进工程质量，保证安全生产，促进工程建设现场管理制度化、规范化、标准化和创建和谐建设环境的重要措施来抓，在工程建设中倡导全员、全方位、全过程文明施工，大力加强文明工地建设。

（1）成立了文明工地创建组织机构，制定了文明工地创建措施方案和管理规定。

（2）加强弃土弃渣的堆放和利用、施工道路、施工照明等工程的整体规划和布置。

（3）加强噪声、粉尘等污染控制。施工机械采用消音式排气管，强化消音措施，日间靠近村庄运输时尽量减少鸣喇叭次数，夜间施工禁止车辆鸣笛。对施工场地、道路和弃土场每天定时进行洒水养护，保持作业面、路面湿润，减少空气中灰尘量。水泥等材料采用封闭运输方式，防止散落，减少沿路扬尘，最大限度减少噪声和粉尘污染。

（4）对弃土弃渣采取了防护和复耕措施，结合填埋坑塘，帮助地方解决了一些实际问题。

（5）现场建管机构、工会、团委组织开展了职工联欢会、乒乓球比赛、篮球友好邀请赛等丰富多彩的文体活动，陶冶了情操，促进了交流，增强了凝聚力。

（6）加强协调和沟通，逐步形成了地方政府积极参与，各有关部门热情服务、大力支持，当地人民群众理解和信任的和谐施工环境，保证了工程施工顺利进行。

（蔡家宏　李玉波）

科　学　技　术

（一）承担的科技项目进展情况

（1）山东省南水北调建管局等单位承担

的"十一五"国家科技支撑计划课题"大型渠道设计与施工新技术研究"完成课题任务，于11月3~4日通过了国务院南水北调办组织的课题验收。获得了20余项发明和实用新型专利，具有广泛的推广应用价值，成果总体达到国际领先水平。

（2）山东省调水工程技术研究中心等单位承担的"十一五"科技支撑课题"东、中线一期工程沿线区域生态影响评估技术研究"专题四"河流及湖沼湿地水文调控技术及其生态效应示范"研究，于11月6日在北京通过专题验收。

（3）山东省南水北调建管局等单位承担的山东省自主创新重大科技专项"南水北调（山东段）工程关键技术研究"取得较大进展。

（4）山东干线公司委托山东大学开展了南水北调东线一期工程水价研究。

（5）山东省调水工程技术研究中心等单位承担的水利部"948"引进计划项目"大型渠道清污技术引进"，全面完成了项目任务，达到了预期目的，项目成果已应用于南水北调万年闸泵站和二级坝泵站等工程，并推广应用于胶东调水、东北哈达山水利工程等。

（6）山东省调水工程技术研究中心等单位承担的水利部"948"引进计划项目"水下淤积量快速测定与淤泥层三维空间分布图像构建技术"，于2010年7月28日通过了水利部"948"项目管理办公室组织的验收。

（7）承担完成了《渠道混凝土衬砌机械化施工质量评定验收标准》修订工作。该标准已于2010年12月6日由国务院南水北调办颁布实施。

（8）承担的《南水北调工程渠道运行管理规程》编制工作已完成初稿。

（二）科技成果获奖与专利授权情况

1. 科技成果获奖情况

"渠道边坡优化技术"获山东省科技进步三等奖，"大型渠道清污技术及设备研制"、"斜坡混凝土振捣密实成型技术开发研究"等获山东水利科技进步一等奖，"南水北调东线长沟、邓楼泵站流道优化设计与模型试验研究"、"大型渠道混凝土抗裂优化新技术研究"、"渠道混凝土衬砌无损检测技术"、"基于三维模型的渠道土石方优化设计系统"、"渠道沿线生态环境修复技术"等获山东水利科技进步二等奖，"长斜坡振动滑模成型机"获济南市专利奖二等奖。

2. 专利授权情况

2010年度共授权发明专利1项，实用新型专利8项，计算机软件著作权2项，见表1。

表1　　专利授权情况统计表

序号	专利号或著作权号	项　目
1	2008101975821	一种渠道保温结构及其施工方法
2	200920281490	一种拦污栅或清污机用栅体
3	200920253318	回转式清污机用新型耙齿结构
4	200920290068	一种清污机智能电控柜
5	200920239023	门式启闭机的旋转轨道装置
6	200920239022	门式启闭机车轮组转向机构
7	200920239021	门式启闭机
8	200920239025	一种回转式清污机
9	200920239024	一种用于清污机前的破冰装置
10	2010SR069557	水下淤积探测数据处理、解释与淤积量计算与三维成像系统
11	2010SR019226	渠道混凝土衬砌无损检测数据处理系统软件

（李典基　马国庆）

征　地　移　民

（一）组织实施

1. 韩庄运河段工程

枣庄市峄城区、台儿庄区人民政府及南

水北调办事机构以设计单元工程为单位编制了县级征地移民财务决算和实施管理报告，完成了征地移民档案整理归档工作，做好了征地移民验收的准备工作，其中峄城区已完成征地移民县级验收。

2. 南四湖水资源控制工程

完成了杨官屯河闸和大沙河闸二次征迁，2010年3月9日，举行了两闸二次征迁建设用地交付使用现场会，交付了建设用地。

3. 穿黄河工程

东平县临时用地复垦设计方案通过专家评审，预拨临时用地复垦资金400万元，督促施工企业开始实施临时用地复垦工作。完成了东阿县位山老村复垦及新村建设工作，并通过专项验收。完成了黄河古道排水沟、闸前疏浚及生产桥工程施工增加临时用地及清除附着物工作。完成了斑鸠店镇集镇搬迁，并解决了斑鸠店镇集镇供电设施补偿问题。2010年5月28日，山东省南水北调建管局联合山东省国土资源厅召开了穿黄河工程征地报卷工作会议。

4. 南四湖—东平湖段输水与航运结合工程

（1）梁济运河、柳长河工程。完成了勘测定界和外业调查工作，沿线7个县（区）编制完成了地上附着物补偿实施方案，济宁、泰安市南水北调工程建设指挥部组织专家进行了评审。完成了2.3万亩土地的附着物清除工作，交付了建设用地。

（2）八里湾泵站工程。完成了191亩建设用地的征用补偿、附着物清除等工作，协调办理了使用林地手续。

（3）长沟、邓楼泵站、引黄灌区影响处理工程。协调地方政府和建管单位，解决了三个设计单元工程施工环境影响问题，保障了工程建设的顺利进行。完成了引黄灌区影响处理工程建设用地及界桩交付验收工作。

5. 济南—引黄济青段工程

（1）济南市区段工程。完成了10kV标山线和裕兴线等电力专项迁建以及振达阀门厂宿舍、新沙村民房、废品收购站、虹吸干河闸等房屋附着物拆迁任务，重点解决了裕兴化工厂、洛口服装市场、天桥区王炉、北辛两村等严重影响工程建设的房屋拆迁问题。组织协调小清河指挥部和有关单位在现场及时解决了多个施工影响问题，保障了工程建设顺利进行。协调完成了设计漏项的槐荫区提水泵站和灌溉渠道复建任务。

（2）东湖、双王城水库。完成了两个水库工程1.9万亩永久征地的勘测定界、附着物清除、专项设施迁建和库底清理等工作，双王城水库交付永久及临时界桩241个、交付建设用地11 141亩；东湖水库交付永久及临时界桩176个、交付建设用地8162.12亩。协调召开了东湖水库征地移民补偿增加项目专家评审会，追加补偿投资772.4万元。配合地方做好库区群众思想工作，对因同地不同价问题上访的多批群众进行耐心解释和安抚，维护了工程建设环境和社会稳定。

（3）济南以东明渠段（简称明渠段）工程。完成了明渠段沿线7个县（市、区）征地移民地上附着物补偿实施方案编制和审查工作。完成了1.3万亩永久占地、2690亩临时用地勘测定界、外业调查、附着物清除等工作，交付了建设用地。

6. 鲁北段工程

（1）大屯水库。完成了大屯水库9683亩永久占地、73亩临时用地的勘测定界、外业调查和附着物清除和交地工作。协调解决了大屯水库部分被征地群众因对征地补偿款分配问题存有异议而集体上访的事件。

（2）小运河段工程。完成了小运河工程98km线路10 115亩永久征地、7543亩临时用地的勘测定界和外业调查工作。完成了小运河段沿线6县（市、区）地上附着物补偿方案的编制审查工作。完成了附着物清除任务，交付了建设用地，工程顺利开工。

（二）征地手续办理

（1）2010年9月30日，山东省国土资源部办公厅以国土资函〔2010〕1023号，批复了山东省南水北调控制工期的长沟泵站、邓楼泵站、八里湾泵站、灌区影响处理、东湖水库、双王城水库6个设计单元工程先行用地手续。

（2）2011年3月10～11日，山东省南水北调建管局联合山东省国土资源厅召开了南水北调山东段控制工期工程先行用地项目勘测定界成果验收会，对长沟泵站等6个先行用地项目勘测定界技术报告进行了审查，并予以通过验收。

（三）征地移民资金使用与管理

2010年，穿黄河工程完成投资152.3万元；两湖段邓楼泵站完成投资19.3万元，八里湾泵站完成投资1063.2万元，引黄灌区影响工程完成投资206.6万元，梁济运河完成32 671.9万元，柳长河完成21 117.7万元；济南—引黄济青段济南市区段工程完成投资111.2万元，东湖水库完成17 510.5万元，双王城水库完成5667万元，济南以东明渠段完成94 933.6万元；鲁北段大屯水库完成投资51 345万元，小运河段完成69 870.8万元，七一、六五河完成5173.6万元。

（四）制度与机制建设

（1）2010年度，制定出台了山东省南水北调工程征地移民实施方案编报和审查管理及设计变更管理两个办法，下发了《关于加强南水北调工程征地边界管理工作的通知》、《关于进一步做好南水北调工程征地移民情况通报工作的通知》、《关于山东省南水北调工程征地移民实施方案编报和审查管理办法修订有关事宜的通知》、《关于南水北调工程征地移民实施方案编制有关问题的通知》等文件。

（2）2010年11月3日，山东省南水北调建管局与山东省国土资源厅召开南水北调工程征地座谈会。会议确定建立了山东省国土资源厅、山东省南水北调建管局征地工作联系机制，明确了联络员。

（五）征地移民业务培训

2010年10月10日，山东省南水北调建管局在济南市举办了济南—引黄济青段、鲁北段工程征地移民业务培训班。

（六）征地移民招投标

2010年，完成了鲁北段工程征地移民监理与监测评估的整个招标程序，确定了鲁北段征地移民监理队伍和监测评估队伍。

（七）征地移民评比表彰和奖励

（1）2010年1月13日，山东省南水北调工程建设指挥部成员会议召开，会议对2009年度山东省南水北调工程征地移民先进单位和先进个人进行了表彰奖励。

（2）2010年6月23日，国务院南水北调办在湖北省武汉市召开南水北调工程丹江口库区移民试点和干线征迁工作总结表彰大会，会议表彰了丹江口库区移民试点和干线征迁工作先进集体和个人，其中山东省有5家先进单位、10名先进个人获得表彰。

（3）为加快工程实施进度，在两湖段、济南—引黄济青段、鲁北段等三大段工程征地移民工作中，采取了奖励政策，明确对于能够根据省里下达的实施计划要求按时完成征迁任务的市、县、乡各级南水北调指挥机构，分别给予一定的奖励资金。2010年，对按要求完成征迁工作的市、县、乡，共兑现奖励资金740万元。

（八）征地移民考核与督查通报

（1）根据山东省委组织部安排，完成了对各有关市人民政府2009年度南水北调工作的考核打分工作。

（2）2010年11月29日～12月3日，由山东省国土资源厅、山东省林业局、山东省南水北调建管局任组长单位，组成三个工作组，分赴南水北调干线工程沿线济南等八个市进行督导检查。

（3）对于征地移民工作进展缓慢、进度

滞后的市、县，实行了通报制度，2010年度共编发《南水北调工程征地移民情况通报》17期。

（九）征地移民审计与稽察

（1）山东省审计厅派出审计调查组，对南水北调工程山东段征地区片价地方配套资金筹集管理使用情况进行了专门审计。

（2）完成了国务院南水北调办征地移民专项审计以及济平干渠验收审计工作。

（黄国军）

工程审计与稽察

（一）工程审计

2010年2月25日～3月20日，按照国务院南水北调办《关于开展2009年度南水北调工程建设资金审计的通知》要求，江苏兴光会计师事务所对山东境内2009年度工程建设资金及征地移民资金进行了专项审计。

2010年4月2～15日，根据审计署《关于审计财政部具体组织2009年度中央预算执行情况的通知》，审计署驻济南特派办对南水北调工程基金征缴、管理、使用情况进行了延伸审计。

2010年6月1日～7月6日，按照国务院南水北调办《关于开展南水北调工程完工财务决算审计的通知》，北京兴华会计师事务所对《南水北调东线一期东平湖—济南段输水工程完工财务预决算》进行了全面审计。

2010年10月28日～11月10日，山东省审计厅根据省政府工作安排，向山东省南水北调建管局下达《专项审计调查通知书》（鲁审农调通〔2010〕36号），对山东省南水北调工程征地补偿资金（地方部分）筹集管理使用情况进行了审计调查。

2010年10月11日～12月5日，按照国务院南水北调办《关于开展南水北调工程建设资金和征地移民资金使用管理情况自查的通知》，山东干线公司对山东境内南水北调工程建设资金和征地移民资金使用情况进行了自查，并于2010年12月30日上报了《关于报送山东境内南水北调工程建设资金和征地移民资金使用管理情况自查情况的报告》（鲁调水企财字〔2010〕70号）。

2010年11月24日～2011年1月15日，山东省南水北调建管局组织了南水北调工程建设资金和征地移民资金内部审计工作，对山东省境内2010年度征地移民资金的使用管理情况及以前年度审计主体工程建设资金、稽察提出整改意见的落实情况进行了全面审计。

（二）工程稽察

2010年，对南水北调东线一期山东段工程进行了7个项目的工程质量大检查、15个项目的工程建设稽察和3个项目的工程征地移民稽察。

（1）开展质量联合大检查。2010年1月20～25日，组织四个检查组，分别对济南市区段工程、韩庄泵站工程、二级坝泵站工程、穿黄河枢纽工程和枣庄市、微山县、菏泽市截污导流工程等7个项目进行了质量大检查。检查内容为现场建管机构质量管理情况、监理单位质量控制情况、施工单位质量保证情况、工程实体质量情况。

（2）实施稽察工作。2010年共组织进行4次工程建设稽察和1次征地移民专项稽察。3月20日～4月2日，组织对韩庄泵站工程和枣庄市、临沂市、曲阜市、金乡县、嘉祥县、鱼台县截污导流工程7个项目进行了全面稽察。

4月7～17日，组织对长沟泵站、邓楼泵站、两湖段灌区影响工程征地移民等3个项目进行了专项稽察。

5月10～22日，按照国务院南水北调办的要求，分别对穿黄河枢纽工程和济南市区段工程建设进行了稽察复查。

8月3～14日，组织对夏津县、武城县、聊城市、临清市截污导流工程4个项目进行了全面稽察。

12月22~27日，组织对长沟泵站、邓楼泵站工程进行了以工程质量和安全生产为主的专项稽察。

针对专家组历次稽察、检查提出的问题和整改意见，责成、督促有关单位立即进行整改，确保整改意见得到落实，并形成整改落实情况报告。

（3）配合国务院南水北调办稽察并做好督促整改落实工作。2010年7月12~25日，配合国务院南水北调办稽察组对长沟、邓楼泵站工程进行设计专项稽察，对穿黄河枢纽工程进行征地移民专项稽察；8月17~26日对韩庄泵站工程进行建设稽察；10月10~18日，对大沙河闸工程进行建设稽察。针对国务院南水北调办下达的二级坝泵站、穿黄河枢纽工程、韩庄泵站建设稽察整改通知和济南市区段、穿黄河枢纽工程建设稽察复查整改通知以及长沟、邓楼泵站工程的设计专项稽察整改通知，负责分解整改工作任务，明确责任单位和部门，督促整改落实并汇总上报工作。

（刘传霞　刘晓娜）

环 境 保 护

南水北调东线工程治污工作涉及山东省9个市，涵盖南四湖、东平湖、沂沭河、省辖海河等流域。2010年，山东省南水北调沿线治污工作按照国家统一部署，严格遵循“先节水后调水，先治污后通水，先环保后用水”的原则，围绕国家确定的东线一期工程2013年建成通水、2012年底输水干线达到Ⅲ类水质的目标，不断加大治污力度，扎实推进各项治污工作。

（一）环保工作机制

为确保调水水质如期稳定达标，调水沿线各市均把南水北调治污与“十一五”期间的污染减排任务结合起来，层层落实到了各县和重点排污企业，并逐级签订了治污目标责任书，落实治污责任。山东省委、省政府印发的《关于进一步加强节能减排工作的意见》、《关于健全推动科学发展促进社会和谐考核监督体系的意见》和《山东省县域经济社会发展年度综合评价及考核办法》，把治污减排任务作为约束性指标，纳入县域经济社会发展考核体系，极大地促进了各市治污减排工作的开展。2010年9月，山东省政府印发了《关于明确南水北调沿线治污工作任务和分工的通知》，对今后三年省辖南水北调沿线治污工作任务和分工进行了专门部署。山东省人大、省政协定期组织开展监督检查和调研，省政府各有关部门按照职责分工，密切配合、团结治污，较好地构建起了党委领导、政府负责、人大政协监督、部门齐抓共管、全社会共同努力的环保工作大格局，有力地推动了山东省辖南水北调沿线治污工作的开展。在国家重点流域治污工作考核中，先后由济宁、菏泽、枣庄、临沂市代表山东省参加淮河流域考核，实现了“四连冠”，先后由聊城、德州市代表山东省参加海河流域考核，实现了“两连冠”。

（二）城镇污水集中处理工程

山东省政府先后印发了《关于提高污水处理费征收标准促进城市污水处理市场化的通知》、《山东省城市污水处理费征收使用管理办法》，对提高污水处理费标准和征收、使用、管理等进行了调整和规范。目前，调水沿线黄河以南段所有设区城市都已将污水处理费征收标准提高到1元/t，所有县（市、区）均至少建成1座污水处理厂，全部执行Ⅰ级排放标准。山东省住房城乡建设、监察部门建立了正常检查、抽查、暗访和调度相结合的督察检查制度，对污水处理厂建设及运行情况实行一月一调度、一月一检查、一月一通报，为保障城市污水处理厂和污水管网的建设、运行发挥了重要作用。

截至2010年底，山东省辖南水北调沿线已建成80座污水处理厂，全部正常运行1年以上，总日处理能力为355.2万t，平均负荷运转率达到87%。

（三）环境瓶颈问题

立足于山东省资源环境现状，山东省从造纸、印染、化工等重点行业入手，对经济社会发展中重大环境瓶颈问题进行解析，攻克了一批具有全局性、带动性的污染治理关键共性技术，目前已有100余项成果进入产业化推广阶段，有效突破了部分污染行业的环保瓶颈。山东省自主研发的重大科技专项“造纸废水深度处理与回用技术研究”取得重要突破，目前已在山东、湖北、江西、天津、吉林等5个省推广应用。2009年，环境保护部在山东省举办了全国造纸行业水污染物排放标准宣贯暨治污经验交流会，肯定并推广了山东省地方标准和造纸污染防治经验。2010年，工业和信息化部淘汰落后产能，在全国共淘汰279家造纸企业，山东省仅有1家。

（四）环境监管

（1）加快构建环境安全防控体系。制定实施了《关于构建全省环境安全防控体系的实施意见》，围绕预防、预警和应急三大环节，建立完善了环境风险评估、隐患排查、事故预警和应急处置四项工作机制，初步形成了全防全控的环境安全防控体系。组织开展重点行业企业环境风险及化学品安全隐患排查，建立环境风险动态管理档案，基本摸清了排放重金属等剧毒物质的环境风险源底数。

（2）严把环境准入关，把总量减排作为环评审批的前置性条件，实施“先算、后审、再批”的审批程序，有效地控制了新增污染物排放。

（3）强化环境执法，坚持日常执法监管与环保专项行动相结合，实行超标即应急的“零容忍”工作机制，创新采用“快速溯源法”，严肃查处环境违法行为。

（4）加强调度通报，定期向各级党委、政府、人大、政协通报河流水质状况，在省内主要媒体通报污染最重的5个河流断面责任地区，接受社会监督。

（5）加强环境监管能力建设。山东省辖南水北调沿线流域工业企业已安装运行水质在线监测设施709台（套）、河流断面水质自动监测设施343台（套）、污水处理厂在线监测设施278台（套）、重金属在线监测设施102台（套）。实时的监测数据为工作决策提供了科学依据，对全省水环境质量的持续改善，起到了重要作用。

（相福亮）

文 物 保 护

（一）开展待实施项目的文物保护工作

根据国家发展改革委批复下达的经费，与水利部门签订了文物保护协议。按照协议要求，山东省文化厅南水北调文物保护工作办公室积极做好文物保护项目的组织实施。

2010年7月，国务院南水北调办邀请有关专家在济南举行南水北调工程山东段文物保护项目招标会。此次招标会主要是对南水北调山东段的37个地下文物点和4个地上文物点进行招标。参加招标会的有文物和水利部门的专家及项目承担单位的代表。专家们对每个项目承担单位的资质进行了审查，对投标书进行了认真的审阅，通过评议、表决，确立了各个文物保护项目的承担单位、协作单位和监理单位。

下半年，各项目承担单位积极做好田野的调查、勘探发掘工作，各项目都有重要进展，主要有：

（1）山东省文物考古研究所考完成19个文物点中近半数文物点的勘探工作，在聊城河隈张庄遗址上发现大量明清时期烧制贡砖的窑址。

（2）山东大学东方考古研究中心对聊城市西梭堤遗址进行了发掘，发掘面积约 $3000m^2$。出土了丰富的考古遗迹，主要有房址5座、灶址12座、灰坑41个、墓葬5座、活动面2处、道路1条、沟6条。出土了具有明显金代晚期特征的瓷器、陶器、石器、铁器、骨器等文物300余件。瓷器以磁州窑系的为主，定窑系瓷器也占一定比例。陶器多为泥质红陶盆。石器多为粗砂岩的石磨残片。根据遗迹和遗物所反映的特征，确定这是一处以金代晚期遗存为主体的乡村聚落遗址。

（3）山东省文物考古研究所在聊城市东昌府区发掘土桥闸遗址，发现明成化七年（1471年）以来运河上的闸口。遗址位于梁水镇土闸村中，为京杭大运河的重要设施。船闸由大石块垒砌的燕翅、迎水、闸口、分水、燕尾、裹头、东西闸墩及南北侧底部的保护石墙和木桩组成。发掘工作除对船闸进行了全面的清理、对东侧闸墩上的大王庙进行了部分发掘外，还将调查与试掘相结合，确定了月河的位置与深度，对下游的减水闸进行了确定，并调查清代穿运河涵洞一座。出土文物有瓷器、陶器、铜器、铁器、玉石器近万件，石碑两方。聊城土桥闸的发掘，是京杭大运河山东段船闸的首次发掘，也是大运河上完整揭露的第一座船闸，为研究大运河的水工设施及运河沿岸的物质文化习俗提供了实物资料，也为京杭大运河申报世界文化遗产提供了一批新的重要资料。

（4）山东省文物考古研究所在对临清市河隈张庄遗址勘探后，发现明清时期的窑址，在征得有关方面同意后，对遗址进行了发掘。到2010年底为止，揭露面积 $4000m^2$，发现了9座窑址、2条道路、1座取土坑、3座灰坑及一段左侧河堤。遗物主要为大量青砖块，有的在砖侧面戳印款铭，如“萬曆四年……”、“順治……戶孟守科作頭崔文舉造”、“康熙二十八年臨清磚窯戶孟守科作頭崔振先造”等，另有出土少量青花瓷片。据乾隆十四年《临清州志》记载，明永乐初，“臨清設營繕分司督之，歲額城磚百萬”，成为明、清两代京城建筑主要供砖基地。如北京故宫、天坛、定陵等建筑上就有印刻来自临清窑户的青砖。该遗址即为明清时代的官砖窑址之一，这为研究烧砖官窑的生产状况提供了实物资料。

（5）山东省文物考古研究所对武城大屯水库库区内的墓葬进行发掘。共发掘清理东周至汉代的灰坑4个，唐宋墓葬20余座。墓葬随葬品有陶罐、陶壶、三彩炉、青瓷碗、瓷壶、瓷灯盏、瑞兽葡萄铜镜、开元通宝铜钱、铜带扣、铁釜、铁炉、铁鼎等各类文物30余件。武城大屯水库唐宋墓葬清理与发掘，以及东周、汉代遗址的发现，极大地丰富了该地区的历史文化内涵，为研究鲁西北一带东周、汉代，尤其是唐宋时期的政治、经济、文化、艺术以及当时人们的葬制葬俗等，提供了实物资料。

（6）山东省文物考古研究所继续对双王城库区发掘。2010年度年继续对SS8、07遗址进行了发掘，发掘面积 $12\,100m^2$，清理商代和宋元时期大量与制盐有关的重要遗迹。

1）SS8遗址位于遗址群西部，发掘面积2100余平方米。商代遗存主要位于发掘南部，主要为商代晚期的制盐作坊遗址，其基本布局为：以盐灶为中轴线，南北两侧对称分布有储卤坑，蒸发池位于西部，而生产垃圾如盔形器碎片、烧土和草木灰则倾倒在盐灶南北两侧和东部的大型灰坑内；卤水井位于盐灶北侧，近底部填有厚近1m的草木灰。出土遗物多为制盐用具——盔形器，多为残片，完整者较少，生活用器极少。宋元时期遗存主要位于发掘区北部地势低洼的区域。清理的遗迹多为与制盐有关的井、灶、沟、灰坑等，出土的少量瓷片如碗等为生活器具，而体型较大的盆、瓮等器具，应与制盐有关。

2）07 遗址位于遗址群东北部，发掘面积近 10 000m^2。文化遗存分属商周和宋金两个时期。商周遗存主要为制盐作坊，基本布局为：盐灶、储卤坑等位于地势最高的北部，卤水井分布在南侧，而生产垃圾如盔形器碎片、烧土和草木灰则倾倒在盐灶南侧。宋元时期遗迹有盐灶、沟、灰坑等。遗址的发掘，对商代及宋元时期的盐业工艺研究具有重要的意义。宋元时期的盐井、盐灶、沟等遗迹以及体型较大的盆、瓮等制盐器具的发现，为研究当时的制盐工艺提供了实物资料。

（7）山东省博物馆对博兴县疃子遗址进行了勘探、发掘。勘探面积35 000m^2，发掘面积 1000m^2。遗址分 A、B 两区，文化层时代为唐至明清时期。此次共发掘遗迹 32 个，其中墓葬 2 座、房址 2 座、灰坑 21 座、灰沟 6 条。发掘出土较完整的遗物 76 件，有陶器、瓷器、铜钱、铁器、玉石、漆器等，其中以瓷器为多，器形中以碗为主，另有罐、钵、盆、饰件等。初步判断，大部分器物为唐至宋时期的遗物，少部分为明清以后遗物。H2 出土大量陶、瓷器及骨、石制品等，复原器物多达 26 件。其中包括部分较为精美的白瓷和青瓷器，分属多个窑口，如耀州窑、景德镇窑等。

（二）开展南水北调文物保护工程的监理与检查工作

为保证南水北调工程文物保护工作的质量，督促监理单位加强对考古工地的监理工作。根据南水北调文物保护工程监理办法，监理人员在田野工作开始后，对发掘工作进行了跟踪监理。山东省文化厅南水北调文物保护工作办公室多次到工地进行检查。

2010 年 11 月，山东省文化厅南水北调文物保护工作办公室邀请国家文物局派出田野工地检查小组，对山东省境内南水北调文物保护发掘工地进行了检查。检查小组根据预定的检查项目对每个工地进行了评分，对部分考古工地提出了具体的要求。

12 月，山东省文化厅南水北调文物保护工作办公室邀请国家文物局专家组到聊城土桥闸遗址进行考察指导，专家组对土桥闸考古工作取得的成果给予充分的肯定。结合此次专家组的考察，山东省文化厅南水北调文物保护工作办公室在发掘现场举行了成果鉴定暨新闻发布会，各大媒体对此作了详细的报道，引起了社会的广泛关注。

（三）陈庄绕村明渠输水线路的文物保护工作

为配合南水北调东线高青县陈庄绕村明渠输水线路工程建设，2010 年 12 月中旬，山东省文化厅南水北调文物保护工作办公室委托山东省文物考古研究所对工程经过的线路进行了文物调查工作。通过调查，共发现文物点 4 个。此后，对 4 个文物点进行了勘探，确定了 1 处文物发掘点。

（四）组织课题研究

随着南水北调工程文物保护工作的开展，一些重要发现不断出现，工程中文物保护课题研究提到议事议程。

寿光双王城盐业遗址的发掘被国家文物局评为 2008 年全国十大考古新发现后，以此为基础，以“山东渤海沿岸盐业遗址调查与研究”为课题向山东省社会科学规划管理办公室申报社科重点课题并被立项。2009 年底至 2010 年初，组织山东大学、山东省文物考古研究所派专业人员对寿光、昌邑等地进行了区域调查，发现各个时期的制盐遗址 500 余处，大大丰富了盐业考古研究的资料。

陈庄遗址的发掘，引起了社会的广泛关注。为做好陈庄遗址的保护工作，多次邀请有关专家进行考察指导，并就陈庄的发掘成果，举办了成果鉴定暨新闻发布会。

2010 年 5 月，在国家文物局评选全国十大考古新发现的活动中，陈庄遗址的发掘被评为2009年度全国十大考古新发现。

下半年，结合陈庄遗址的发现，山东省文物考古研究所组织业务人员对昌邑、临淄、寿光等县重要的商周遗址进行了考古勘探工作。

（五）南水北调文物保护成果的展示工作

为做好南水北调文物保护工作的宣传与展示，结合山东考古馆陈列，山东省文物考古研究所将南水北调文物保护项目中获全国十大考古新发现的寿光双王城、高青陈庄遗址的考古成果进行了展示。

寿光双王城盐业遗址展示区复原了商周时期的盐灶，并以大量图片说明制盐过程及中国古代制盐业的历史。

陈庄遗址展示区将陈庄遗址出土的马坑、车马坑整体搬运到展室内，通过真实的遗迹遗物，展示了陈庄考古的重要成果。

（黄国军）

治污工程进展及水质

（一）治污工程进展情况

截至2010年底，《南水北调东线工程山东段控制单元治污方案》（以下简称《治污方案》）确定的324个治污项目，已完成306个，完成率为94.4%，有18个项目处于在建阶段，预计到2011年底全部完成。其中，129个城市污水处理及相关设施项目、149个工业治理项目、21个中水截蓄导用项目主体工程和8个垃圾处理项目已全部完成；16个综合治理项目（即人工湿地水质净化工程）已完成1个，其余15个主体工程已完成；1个船舶污染治理打捆项目正在建设。

（二）水质情况

与《治污方案》基准年2002年相比，2010年山东省南水北调沿线高锰酸盐指数和氨氮浓度分别下降了70.4%和90.5%；与2009年相比，分别下降了13.0%和31.8%。

（相福亮）

在 建 工 程

三阳河、潼河、宝应站工程

工 程 概 况

三阳河、潼河、宝应站工程于2005年底基本建成，并投入试运行，其中宝应站工程于2005年10月9日顺利通过试运行验收。

2005年9月~2007年9月，宝应站第一个招标委托管理合同期执行结束。江苏水源公司对宝应站两年的运行管理进行了严格的考核，由于中标管理单位江都管理处在宝应站的两年管理中，严格按照合同，高度重视宝应站工作，认真对泵站进行了细致、全面的管理养护，江苏水源公司充分认可了其对宝应站的管理，决定继续与江都管理处签订第二、第三个宝应站管理合同（2007年9月~2009年9月、2009年9月~2013年12月），期间宝应站管理项目部连续5年考核被评为优秀。

（朱建军）

工 程 运 行 管 理

2010年是宝应站采用招标管理第三个管

理合同期的第一年，江苏水源公司与江都管理处认真总结四年管理的经验与不足，对于宝应站下一步的管理明确了思路。

江都管理处以管理“江都第五站”的思想指导宝应站的管理工作，各相关职能部门的管理延伸至宝应站管理，宝应站管理项目部在日常管理中严格按照行业规范、宝应站管理招投标文件、管理合同等要求开展管理工作。受客观情况所限，宝应站主机组正式运行时间短，为保证工程设备可靠运转，宝应站管理项目部积极开展设备试运转与模拟试运转工作，每月将所有辅助设备投入正式运转，将主机组在上位机进行模拟运转，检查检验设备运行工况；梅雨季节，项目部加强了电气设备的防潮与干燥力度，定期检测电机绝缘，水泵层各开关柜内电加热器全部投运除湿、去潮；每月及时上报工作总结与工作计划，管理中发现问题及时上报江苏水源公司，并在批准后积极落实解决相关问题。

（朱建军）

长江—骆马湖段工程

概　述

工程概况

南水北调东线一期长江—骆马湖段工程的主要建设任务是扩建完善长江—洪泽湖的里运河输水线路，建设内容包括江都站改造工程、淮安四站工程、淮安四站输水河道工程、淮阴三站工程。该工程与其他工程联合运行，可实现南水北调东线一期工程第一梯级抽江水 500m^3/s，第二、第三梯级通过里运河输水入洪泽湖 300m^3/s 的目标，并可改善白马湖和新河地区的排涝条件。

（周灿华　刘媛媛）

江都站改造工程

工程概况

江都水利枢纽工程位于江苏省扬州市以东 14km 的江都市境内、淮河入江水道的尾闾与新通扬运河的交汇处。工程由 4 座大型电力抽水泵站、12 座节制闸及其他配套设施组成，具有灌溉、泄洪、排涝、通航、发电、改善生态环境等综合功能。

（周灿华　刘媛媛）

工程投资

2010 年，江都站共完成混凝土478m^3，金属结构制造 1007t。完成投资 3192 万元，占年度计划 800 万元的 399%。除江都船闸改建工程外的概算投资已基本完成。

截至 2010 年底，累计完成形象工程投资 23 968 万元，占批复总投资的 94.59%。

（周灿华　刘媛媛）

工 程 进 展

江都三站更新改造工程于2006年11月6日开工，合同工程已全部完成，于2009年11月10日进行了试运行验收，2010年10月11日进行了单位工程完工验收，2010年12月28日完成了档案专项验收。

江都四站更新改造工程于2008年9月开工，合同工程已全部完成，于2010年6月23日进行了试运行验收，2010年11月11日进行了单位工程完工验收，2010年12月28日完成了档案专项验收。

水土保持工程于2010年6月完成了工程招标，受夏季高温影响，工程于9月正式开工，至10月中旬顺利完成，2011年2月19日通过了专项验收。

2010年，江都三站更新改造工程主要完成了主厂房抗震加固、管理用房新建、主副厂房及管理用房装饰、周边环境整治等项目；江都四站更新改造工程主要完成了最后3台机组的安装调试、自动化监控系统的完善和调试、主副厂房装饰、检修门槽改造、下游翼墙加固及混凝土碳化防护处理、检修门移动式龙门吊安装等项目；环境保护及其他附属工程也按计划基本完成。

（周灿华　刘媛媛）

工 程 质 量 评 定

江都站改造工程共划分单位工程7个、单元工程1288个，目前已完成6个单位工程、1286个单元工程。经监理处复评，按水利标准评定的单位工程5个，全部达到优良等级，单元工程943个，优良个数839个，优良率89%，已完工程达到了水利工程优良等级。另外，按非水利标准评定的单位工程1个，单元工程343个，全部合格，实现了“杜绝重大质量事故，积极争创优质工程”的年度质量目标。2010年未发生一起质量事故。

（周灿华　刘媛媛）

淮 阴 三 站 工 程

工 程 概 况

淮阴三站工程位于江苏省淮安市清浦区和平镇境内，与现有淮阴一站并列布置，和淮阴一、二站及在建的洪泽站共同组成南水北调东线第三梯级。工程建成后，具有向北调水、提高灌溉保证率、改善水环境、提高航运保证率等功能。

2009年11月，江苏水源公司与江苏省灌溉总渠管理处签订了淮阴三站工程委托管理合同，管理单位成立江苏省南水北调淮阴三站工程管理项目部（以下简称淮阴三站项目部），具体负责工程的委托管理工作。自2009年10月委托管理以来，淮阴三站项目部工作重点逐渐完成“组建筹备—配合施工单位安装调试—配合建设单位机组试运行—执行合同文件”的阶段重心转移。根据管理合同的内容，对照委托人江苏水源公司委托文件要求和管理处受托文件承诺，积极组织开展各项工作。

按照受托管理文件的要求和根据淮阴三站现场设备的具体情况，淮阴三站项目部制定了运行管理规章制度、工程技术管理办法及管理细则，做到日常管理制度化、规范化，明确每周工作内容及工作重点。

（江洪群）

运 行 管 理

淮阴三站项目部，隶属于江苏省灌溉总

渠管理处（以下简称总渠管理处），负责对所委托工程的现场管理工作。淮阴三站项目部除接受江苏水源公司的检查、指导、考核和调度外，为保证淮阴三站工程的有效管理，总渠管理处各职能部门已将淮阴三站工程纳入正常的管理范围。

淮阴三站项目部人员配置齐全（运行期28人，非运行期16人）。目前将管理运行人员分成三个班组，白天人员全部上班，完成工程维护、检查等任务。夜晚两人值班，做好安全保卫及应急的倒电操作等工作。

淮阴三站项目部管理范围包括泵站、下游清污机桥、变电所1号主变压器、10kV系统及公共部分、挡洪闸、上游引河两侧至挡洪闸、下游引河，北至淮阴站管理所围墙，南至总渠北堤，泵站生产、生活区、通信、观测等管理设施。管理内容包括：工程建（构）筑物、设备及附属设施的管理，工程用地范围土地、水域及环境等水政管理，工程运行管理，工程建设档案管理等。

南水北调淮阴三站运行严格服从委托人的调度，接到委托人运行指令后，泵站应在4h内开机投入运行；停机运行应在1h内完成。委托人在整个管理期内随时有权通知开、停机。

淮阴三站项目部负责机组及相关机电控制设备的日常操作、检查、维护、保养和设备校验工作，保障设备完好；维修项目根据工程检查情况制订维修方案和计划，上报委托人；所有机电设备按规定编号、标色，开关、阀门等有开关方向标志的标明方向；所有机电设备建档挂卡，记录设备维修及现状情况，并明确责任人；建筑物、设备（包括水文测站基本设施及专用仪器）养护完好，确保设备表面无油污、积尘及破损现象；按规定对电气设备（包括避雷设施）、仪表、安全器具等进行各项试验、校验、油化验及特种设备的检测等，试（校）验记录齐全，手续齐备，资料及时整理、分析、存档，校验不合格的器具，淮阴三站项目部负责进行更换；按照要求，对所管设备每年进行汛前、汛后、经常性检查，确保设备处于完好状态。

2010年7月2日，淮阴三站进行了年度试运行，4台主机均运行正常，开、停主机后变频器与励磁系统、工作闸门、事故闸门联动均正常，各项运行参数均显示正常，圆满完成了年度试运行工作。

（江洪群）

工 程 验 收

截至2010年底，主要完成的工程项目验收工作如下：

2006年5月23日，高良涧越闸拆建（挡洪闸）工程通过了水下工程阶段验收。

2007年6月20日，高良涧越闸拆建（挡洪闸）工程通过投入使用验收。

2009年6月26日，淮阴三站泵站主体工程通过了水下工程阶段验收。

2009年12月13日，淮阴三站泵站工程机组设备通过了试运行验收。

2010年11月30日，淮阴三站泵站、清污机桥等单位工程顺利通过了验收。

（江洪群）

淮 安 四 站 工 程

工 程 概 况

淮安四站工程地处淮河流域下游平原区，位于江苏省淮安市楚州区三堡乡境内里运河与灌溉总渠交汇处，和已建成的淮安一、二、三站共同组成南水北调东线一期工程的第二个梯级，梯级的规模流量300m^3/s，加上备机在内的总装机规模为340m³/s。工程于2006年2月8日正式开工，至2008年8月基本建成，2008年9月9日通过了试运行验收。

2010年是淮安四站工程管理项目部（以下简称淮安四站项目部）进行委托管理的第二年，淮安四站项目部严格按照委托管理文件的要求，认真履行合同，积极高效地开展各项工程管理工作。2010年，淮安四站项目部在工程管理、安全管理、教育培训方面均取得了一定的成绩。

（卢　飞）

运 行 管 理

在日常管理工作中，淮安四站项目部严格履行委托管理合同要求，把常规检查和试运行形成制度，按时完成并做好记录。每周完成一次辅机系统常规检查、建筑物和上下游河道检查，每月完成一次专项检查、测量主电机定转子绝缘电阻和设备检查性试运行。全年共完成辅机常规检查及水工建筑物常规检查各50余次，专项检查、检查性试运行和主电机绝缘电阻测量各12次。

淮安四站项目部按管理文件要求完成各种水工观测任务，全年共完成4次垂直位移观测，1次上、下游侧水下工程检查，2次河床断面观测，1次断面桩高程考证，1次大断面观测。

（一）防汛工作

淮安四站项目部以汛前、汛后检查工作为重点，注重日常维护管理，抓好工程的检查保养工作。在汛前、汛后检查工作中针对试运行中发现的问题，严格按照“严、高、细、实、全”的要求，认真对照总渠管理处《淮安四站工程管理项目考核评分细则》，查看图纸、分析原因，有重点、有步骤地进行处理，消除存在的隐患，保证工程设备始终处于良好的工作状态。

淮安四站项目部在汛前检查中加强了试运行检查，完成了油压装置、风机等辅机系统的检查性试运行，以确保各种控制状态下设备均能正常运行；对屋顶的供水管道进行了检修；对各管道、闸阀以及电动机破损的油漆面进行除锈、补漆；将压力表计送质检所进行了检定；加强了对行车、压力容器等特种设备的检查养护；对站用变压器、9台6kV高压开关柜、7台0.4kV低压开关柜、4台套励磁柜（含励磁变压器）、直流柜、4台保护柜、6台PLC柜、18台动力柜（盘、箱）等进行检查和外表积尘清理。

淮安四站项目部在汛后检查中，排定日程对主辅机进行了全面的清理检查。于9月1～7日，完成了主机组绝缘、仪表和微机保护装置的预防性试验，试验结果显示机组绝缘、6kV电缆均合格，仪表检验正常，微机保护装置均正常。

淮安四站项目部针对总渠管理处和江苏水源公司汛前检查提出的整改意见进行部署，制定方案、逐条实施，又快又好地完成了各项整改工作，确保了安全度汛。

（二）设备维护

淮安四站设备均在保修期内，因此，淮安四站项目部对日常管理中发现的小问题及时组织人员维修，一时无法解决的向淮安四站建设处进行汇报。汛前淮安四站项目部加强了对故障设备的检查与维护，完成了主电机轴颜色调整、储能罐维修养护、消防管道维护、液压启闭机维修养护、电缆桥架维修养护、垂直位移观测点标定、清污机维修养护、建筑物室内外保洁、景观台养护、上下游护坡维修等维修养护项目。

在汛期淮安四站项目部对淮安四站办公楼的正门墙面及两侧墙面进行了处理，铲除了已经开裂破损的墙面，重新粉刷；对电缆层的回水管重新进行了密封处理；对淮安四站大门口排水设施进行完善处理；对淮安四站的上下游护坡植被进行了保养，全面清除了表面的杂草和垃圾。

在日常检查中发现叶轮外壳大量起皮起泡，局部出现渗水点，经与无锡锡泵有限公司协商后，于2010年3月16日开始对4台机组叶轮外壳渗水进行处理，铲除全部漆皮后对砂眼点打磨补焊，3月底全部完成。

日常巡视中发现机组局部有渗油现象，尤其以2号和4号机组较为明显。6月17日，经日立泵制造（无锡）有限公司、天津天骄水电控制设备厂、江苏省水利建设工程有限公司和淮安四站项目部联合检查，确认了渗油点为电机主轴上端面与受油器轴套连接处和电机励磁线圈引线处两个部位。经过一周的检修，6月23日完成，目前渗油情况已得到控制。

淮安四站排水设施完善和行车调色工程经江苏水源公司批准，严格项目管理，在总渠管理处网站公开发布招标公告，组织有工管、财务、纪检人员参加的评标小组，公开、公平、公正合理地选择施工队伍，加强过程质量监督与检查。

（三）安全生产

淮安四站项目部成立了安全领导工作小组、防汛领导小组，明确了安全管理职责，并定期召开安全生产会议和组织安全生产学习，认真学习安全法规、运行规程、防汛预案以及上级重要指示精神，落实安全生产措施，确保安全生产工作落到实处。针对淮安四站的情况制定了各项运行管理规章制度、方法、预案等，重要操作制度和工程图表按照处汛前检查细则要求制作上墙，并根据实际情况变化修订完善了《防汛预案》、《反事故预案》、《规章制度》，同时组织职工学习和模拟演练。

加强安全用器具的管理工作，做好绝缘手套、绝缘靴等绝缘用具和接地线的保管工作，按规定于汛前和汛后进行了两次试验。做好安全帽、登高工具、安全带等用具的检查保养。对全部的灭火器材进行称重检查，进行了安全消防演习，组织职工进行操作练习。

每月组织一次安全生产专项检查和水政执法巡查，每月召开全体职工的安全工作例会，组织职工进行安全规程、技术管理办法和水政执法等方面知识的学习，开展各种宣传教育活动，不断提高思想认识，牢固树立“安全第一”的思想。

6月，按总渠管理处统一部署，项目部有效开展“安全生产月”活动，向职工宣传“1+3”安全监控体系的背景和现实意义。张贴安全工作宣传标语，并对整个站区进行一次安全生产工作全面检查，消除安全隐患。6月24日召开全体职工安全生产专题会议，28日组织职工学习站内的消防自动报警装置的使用方法，讲解了手持式和推车式灭火器的操作。还利用在职工中征集“安全短信”的契机，进一步营造“人人讲安全、事事讲安全”的氛围。

每月开展水政执法巡查，对淮安四站管理范围内的堤防、河道违法行为进行制止。每周完成一次建筑物、上下游河道及护坡常规检查。汛期为防止出现险情，加强巡视检查的力度，并针对淮安四站的具体情况，修订完善《防汛预案》和《反事故应急预案》。

（四）职工教育

淮安四站项目部人员来自多个部门，技术水平参差不齐。主要采取理论学习、现场调试、交流学习等方法促进职工技术水平提高。利用每次辅机设备试运行进行模拟操作演练，不断提高职工操作水平和处理突发情况的能力。此外，还组织人员编写淮安四站培训教材，将设备使用、故障处理、日常管理等内容写入培训教材中。

淮安四站项目部积极组织职工参加总渠管理处的“每月一试”活动，按时完成试题答卷，并请技术人员进行批改和讲解。积极参加各种技能比赛，组织职工专门进行培训和练习，努力做到最好。

（卢　飞）

淮安四站输水河道工程

工 程 概 况

淮安四站输水河道工程位于洪泽湖下游白马湖地区，涉及淮安市楚州区、扬州市宝应县及江苏省白马湖农场，是南水北调东线工程的重要组成部分，设计抽水规模 $100m^3/s$，站下新河输水河道连接里运河和白马湖，全长29.8km，由运西河(7.5km)、穿湖段(2.3km)及新河(20km)三段组成。工程于2005年12月中旬相继开工，2008年6月5日全部完成。

（姜兆清）

运 行 管 理

淮安四站输水河道管理所成立于2009年6月，现有管理人员20人，下设办公室、工程科、财务科、水政监察中队。主要负责运西河、穿湖段、新河及新河沿线及运西河部分跨河桥梁、新河沿线口门封闭工程的管理工作。管理房屋及附属设施总面积约 $600m^2$。淮安四站输水河道及主要控制建筑物的调度服从淮安四站进行调度。

淮安四站输水河道管理所紧紧围绕管理目标，为加强输水河道管理，制定了新河、运西河巡查制度，新河工程管理及水政执法岗位责任制，新河、运西河执法人员守则，工程管理人员考核办法等制度和措施。认真做好新河、运西河管理人员的岗位培训，同时学习《水法》、《防洪法》、《河道管理条例》等法律法规，并邀请相关专业技术人员对职工进行培训，提高职工业务知识水平和管理能力。安排人员定期或不定期地对堆堤进行巡查，着力加强执法力度与宣传力度，严厉打击了各种违章、违法行为，有效保护了河道工程的完好与安全，充分发挥了河道工程的防洪、排涝、灌溉、供水等综合效益，保障了人民的生命财产安全，切实打造清水走廊，确保了河道畅通和引水水质要求。

（姜兆清）

长江—骆马湖段其他工程

概 述

工 程 概 况

东线一期江苏省境内工程措施主要是利用、改造现有江水北调工程，并按规划要求开辟新的输水线路。根据《关于进一步加强南水北调东、中线一期工程初步设计工作的通知》（国调办投计〔2006〕100号），江苏境内及省界工程初步设计阶段项目划分为三阳河潼河宝应站工程、骆马湖—南四湖段江苏境内工程，长江—骆马湖段2003年度工程，长江—骆马湖段其他工程，江苏省截污导流工程，东线江苏段专项工程，南四湖水资源控制、水质监测工程和骆马湖水资源控制工程，南四湖下级湖抬高蓄水位影响处理工程8个单项共计40个设计单元工程。

2003～2005年，国家先行批复了三阳河潼河宝应站工程、骆马湖—南四湖段江苏境内工程、长江—骆马湖段2003年度工程等单项工程，以满足利用原江水北调京杭运河输水线先期送水出省要求，2009年陆续批复刘老涧二站等长江—骆马湖段其他工程初步设计。

长江—骆马湖段其他工程主要建设内容：扩建、改造运河一线调水工程，完善金宝航道、徐洪河一线调水工程，新建8座泵站、改造2座泵站。此外，实施里下河水源调整、洪泽湖抬高蓄水位影响处理等项目。

金宝航道工程于2010年9月28日开工建设。洪泽湖抬高蓄水位影响处理工程于2010年11月26日开工建设。

（戴敬秋　乔建成）

高水河整治工程

工程概况

高水河位于江都市和邗江区境内，河道自江都抽水站至邵伯轮船码头，全长15.2km，是江都站向北送水入里运河的唯一河道，也是沟通里运河与芒稻河的通航河道。高水河于1963年开挖，1965年7月竣工，由于受当时施工条件限制，且经过四十多年的运行，高水河现状存在较多问题。高水河整治工程的任务是：河道疏浚3.3km，堤防加高培厚1.0km，防渗处理4km，填塘固基1.0km，护坡整修、新建23.38km，狗獾洞处理15km，沿线穿堤建筑物加固11座，西岸水系调整，贯通东堤管理道路12km。通过拓浚浅窄段河道、加固堤防及沿线建筑物等，使其满足南水北调东线一期工程确定的输水流量400m^3/s要求。

（戴敬秋　乔建成）

工程投资

高水河整治工程初步设计概算总投资14 654万元，其中：工程部分投资8890万元，移民4963万元、水土保持324万元、环保工程投资314万元，建设期贷款利息163万元，建设工期2年。

2010年，计划完成投资6600万元，其中施工投资2400万元，征迁部分4200万元。2011年计划完成概算投资5100万元，其中施工投资4600万元，征迁部分500万元。2012年计划完成概算投资2954万元，其中施工投资2691万元，征迁部分263万元。

2010年，实际完成投资6600万元，其中工程部分实际完成投资2400万元，征迁部分实际完成投资4200万元。

（戴敬秋　乔建成）

招标投标

招标过程均在监察部门监督、指导下进行。高水河工程划分为3个施工标和1个监理标。工程招投标遵循公开、公平、公正和诚实守信的原则，择优选择承包商。采取招标代理形式进行国内公开招标。招标工作由江苏水源公司统一组织。

施工1标包括：东堤及邵仙枢纽以北西堤沿线堤防复堤加固、堤防防渗处理、堤后填塘固基、堤防护砌、堤防狗獾洞处理、穿堤建筑物、管理道路，河道拓浚段陆上土方开挖等，及相应堤段的水土保持、环境保护等专项设计。

施工2标包括：邵仙枢纽以南西堤沿线堤防堤后填塘固基、堤防护砌、穿堤建筑物，西岸水系调整等，及相应堤段的水土保持、环境保护等专项设计。

施工3标包括：河道拓浚段水下施工，结合东堤防渗平台填筑进行排泥场布置，南塘、黑鱼塘陆上填筑，邵伯中埂部分切除等工程，及相应排泥场及堤段的水土保持、环境保护等专项设计。

通过一系列严格的招标程序，施工1标中标单位为扬州水利建筑工程公司，施工2标中标单位为邗江水利建筑工程总队，施工3标中标单位为江苏龙川水利建筑工程公司，监理标中标单位为南京江宏监理咨询有限责任公司。中标后，施工1、2、3标施工人员和机械已基本按照招标文件要求和投标文件承诺及时进场。

（戴敬秋　乔建成）

建设管理

江苏省南水北调扬州工程建设处（以下简称扬州建设处）作为现场建设管理机构，扬州建设处内设主任室、总工室、综合科、工程科、财务科。同时成立了扬州市南水北调工程征地拆迁安置办公室，负责工程的征地拆迁及相关矛盾协调，为工程顺利实施提供了组织保证。目前扬州建设处现场办公地点安排在江都昭关灌区管理处。同时及时明确了扬州建设处有关人员的岗位职责，成立了质量管理领导小组、安全生产领导小组等组织机构，建立健全和修订完善各项制度，形成用制度管事、用制度管权、用制度管人的机制。

（戴敬秋　乔建成）

工程施工

本着“科学规范、精细廉洁”的方针，扬州建设处不断完善措施，强化现场管理，力争工程建设管理水平有新突破。扬州建设处牢固树立精品工程意识，将质量第一的理念始终贯穿于工程建设的全过程，认真履行建设单位各项管理责任，充分调动施工、监理单位的主动性和积极性，及时协调解决工程中出现的各类矛盾。同时坚持每周召开一次工地协调例会，每月开展一次质量安全大检查，真正做到抓工程质量有措施、有标准、有检查、有落实。对在工程质量检查中发现的问题，要求施工单位立即整改，通过一系列强有力的手段和措施，进一步提高了施工单位的质量意识。经过参建单位的共同努力，高水河整治工程圆满完成年度建设任务。

2010年，高水河整治工程计划完成土方开挖135万m^3，土方回填40万m^3，混凝土及钢筋混凝土8474m^3。实际完成土方开挖18万m^3，土方回填8万m^3，混凝土及钢筋混凝土1700m^3。

（戴敬秋　乔建成）

工程监理

高水河整治工程由南京江宏监理咨询有限公司负责监理，监理单位按照合同和监理规范的要求，组建了高水河整治工程监理部，按照工程的专业需要配备了经验丰富的专业技术监理人员，实行总监负责制，并根据工程进展，及时调整监理的相关人员，满足工程现场管理需要。配备了总监、总质检师，以及工程所需的相关专业（土建、测量、造价、安全等）监理工程师和监理员，总监、总质检师均为国家注册监理工程师、高级工程师，专业监理工程师和监理员也均持证上岗。按照监理合同和监理规范要求，开展监理工作。监理部在进场后及时编写《南水北调东线第一期工程高水河整治工程监理规划》，并根据工程进度和所涉及的工种编写监理实施细则，以指导监理工作正常、有序开展。为了做好各项工作，监理部建立了技术方案审查、工序报验、设计图纸交底、监理旁站等相应的工作制度。

（戴敬秋　乔建成）

质量管理

施工1、2、3标项目部进场后，扬州建

设处要求施工单位和各监理组健全管理网络，落实质量职能，将各管理职能分解落实到每个管理岗位上，且与质量管理目标挂钩，明确职责，确定质量分解目标，把各阶段工程质量根据总体质量要求，进行细化分解，并落实到管理岗位上。组织施工和监理单位讨论制定了《南水北调高水河整治工程施工现场考核细则》和《南水北调高水河整治工程监理现场考核细则》。坚持施工日报制，及时汇报当日施工情况及第二天计划安排，明确各工序质量负责人。利用工程例会定期总结分析前一段工程中的质量情况，找出影响工程质量的因素并进行质量预控，确保工程质量处于受控状态。截至2010年底，工程现场已完工程质量均能满足招标文件的要求。

（戴敬秋　乔建成）

安　全　生　产

施工单位进场后按照“省级安全文明工地”的标准搭设施工临时设施和组织现场施工。扬州建设处要求施工和监理单位建立安全生产领导小组，建立各级各部门安全生产责任制。组织施工和监理单位进行本标段施工期安全隐患源排查，并进行分级管理，落实到人。要求施工和监理单位根据安全隐患源的分级，制定安全应急预案，加强安全知识培训和宣传。截至2010年底，工程现场未发生一起安全事故。

（戴敬秋　乔建成）

淮安二站改造工程

工　程　概　况

淮安二站位于淮安市楚州区南郊三堡、京杭大运河和苏北灌溉总渠的交汇处，是淮安水利枢纽工程的重要组成部分，也是南水北调的第二级泵站之一，为二等大（1）型工程。该站与淮安一站、淮安三站和淮安四站共同抽引江都站和宝应站输送的长江水入苏北灌溉总渠，输送至淮阴站下，满足南水北调东线第一期工程第二、第三梯级抽水300m^3/s的规划目标。

淮安二站于1975年1月动工兴建，1978年12月竣工，装有2台套立式液压全调节轴流泵，叶轮直径4.5m，单机流量60m^3/s，配套5000kW立式同步电动机，额定电压6kV。改造工程主要内容有更换2台主水泵、主电动机、高低压开关柜、直流屏，维修励磁屏；增设微机监控系统、微机保护系统、视频监视系统、管理自动化系统与调度运行管理系统；桥式起重机进行大修加固；主厂房钢筋混凝土加固处理，更换行车梁，排架柱加固处理；下游引河清淤、护坡整修等。

主要工程量：土方开挖2.97万m^3，土方填筑0.88万m^3，砌石0.16万m^3，混凝土及钢筋混凝土0.05万m^3，主机泵安装2台套，金属结构制造安装88t，高压开关柜安装7台，低压开关柜安装6台，直流屏安装4台，辅机动力柜安装2台，电缆采购3000m，以及全站的自动控制系统、微机保护系统、视频监视系统、办公自动化系统和调度管理系统各1套。

批复建设工期为2年。

（戴敬秋　乔建成）

工　程　投　资

淮安二站改造工程批复总投资5323万元。根据工程实施方案，2010年计划完成投资1900万元，实际完成投资1926万元，圆满完成了年度建设任务。在经费使用方面，严格按照合同工期、合同价款的支付方式进行控制和支付，无越权使用工程预备费现象，无超前支付、无合同支付、不合格支付等现象。

（戴敬秋　乔建成）

招　标　投　标

根据批复，淮安二站改造工程共划分为7个标段，分别为建设监理、水泵及其附属设备采购、电动机及其附属设备采购、土建施工及设备安装、自动化系统采购及安装、高低压开关柜采购标、电缆采购标。招标由南水北调东线江苏水源有限责任公司组织，遵循公平、公正和诚实守信的原则，择优选择承包商。2010年度共完成5个标段的招标工作。

（戴敬秋　乔建成）

建　设　管　理

2010年4月初，江苏省南水北调淮安二站改造工程建设处（以下简称淮安二站建设处）正式成立，下设工程科、综合科、财务科三个部门。工程于2010年10月正式开工建设。

（一）建立健全规章制度，规范建设行为

制定了《江苏省南水北调淮安二站改造工程建设处管理规章制度》、《江苏省南水北调淮安二站改造工程建设处岗位职责》、《江苏省南水北调淮安二站改造工程建设处党风廉政实施意见》等规章制度，成立了质量管理、安全生产、党风廉政建设、文明工地创建等工作领导小组，确保工作职责明确，责任落实到位。

（二）严格执行建设程序，规范建管行为

按照水利工程基本建设程序和南水北调工程建设的有关规定，及时办理了工程开工申请、分标方案、质量监督申请等手续。2010年签订主要工程合同5份、服务合同2份。执行过程中，认真履行合同规定的职责，加强对合同的动态控制；建设过程中，注重超前计划、超前安排，避免由于工作的不到位和疏忽引起变更和索赔。

（三）积极开展文明工地创建活动

通过建立健全组织机构，制定并落实文明工地活动实施办法；通过加强现场安全和环境管理，确保施工现场保护措施齐备、标识齐全规范、材料堆放有序、管理制度张贴上墙等，创造良好的工程建设环境。

（戴敬秋　乔建成）

工　程　进　展

截至2010年底，电动机、水泵正在设计生产过程中，设计图纸已经初步形成。12月4日土建施工单位正式进场，12月19日淮安二站原控制楼及上游便桥开始拆除，12月25日开始进行下游护坡整修工作。

作为新开工的改造工程，淮安二站虽已进入改造程序，但运行任务仍然非常繁重，从2010年11月中旬开机运行至年底尚未停机，相比新建工程，设计、施工的难度更大，需要协调配合的环节多。为确保改造工程顺利、高效、优质开展，在改造工程初期重点抓好工程设计工作，在土建施工进场后，定期召开建设例会，贯彻落实施工计划，协调克服施工影响因素，营造和谐共建的施工氛围，确保各节点工期顺利实现。

（戴敬秋　乔建成）

工　程　监　理

淮安二站改造工程的监理单位是江苏科兴工程建设监理有限公司，监理单位按照合同和监理规范的要求，组建了淮安二站改造工程监理部，按照工程的专业需要配备了监理人员，实行总监负责制，并根据工程进展，及时调整监理的相关人员，满足工程现场管理需要。监理部严格按照监理工作要求，加强质量事前控制，重视事中检查，及时进行事后的验收确认。通过巡视、旁站、测量、分析性复核、跟踪检测、平行检测等手段，确保工程在建设过程中施工质量处于受控状态。

（戴敬秋　乔建成）

质　量　管　理

淮安二站工程始终将创省部级优良工程作为工程建设和质量管理的目标，通过建立健全质量管理网络，加强施工管理，接受质量监督，积极采用新材料、新技术等，确保工程质量可控。

（一）建立健全质量管理网络

淮安二站建设处成立了质量管理领导小组，建设处主任为组长，对工程质量负总责，工程科具体负责工程质量管理工作。构建了建设单位负总责、监理单位控制、施工单位保证、政府监督相结合的质量管理体系。建设处主任、总工、总监、项目经理及项目部各工种负责人组成质量检查小组，定期检查工程质量。

（二）严格原材料、中间产品的质量控制

各批材料进场前施工单位都按照有关规定和规程进行相关的送检、报验；监理单位按照规范要求进行平行检测。部分工程混凝土采用现场自拌，所需的砂、石、水泥等原材料由建设处、监理处、项目部三方共同调研并经试验比较后确定供应商。

（三）着力过程控制，确保质量形成过程处于受控状态

在工程实施过程中，淮安二站建设处现场人员每天到工地巡查。建设处主任带队每月进行质量检查活动不少于2次，确保质量形成过程处于受控状态。

（戴敬秋　乔建成）

安　全　生　产

淮安二站建设处始终坚持“安全生产、预防为主”的指导思想，认真执行各项规定、规程，落实责任，强化管理，开工至今未发生任何安全事故。

（一）建立健全安全管理组织机构

淮安二站建设处成立了以建设处主任为组长的工程安全生产领导小组，并落实了专职安全员。监理处、项目部也成立了相应组织机构。建立形成了建设、监理、施工单位安全责任组织网络，各负其责，各司其职。在健全了安全生产网络的同时，建设处还制定了《淮安二站改造工程安全生产管理制度》，并将江苏水源公司印发的《南水北调江苏境内工程安全生产管理办法》转发各参建单位，要求对照执行。

（二）制定事故预防应急预案，防范和应对突发事件的发生

淮安二站建设处根据《南水北调工程建设重特大事故应急预案》的要求，结合淮安二站改造工程的特点，制定了《南水北调淮安二站改造工程事故应急预案》。针对淮安二站工程有可能发生的事故，进行分析、归类，制定对策，并结合工程进展情况对应急预案及时进行修订完善。

（三）加强现场管理，提高参建人员安全意识

淮安二站建设处组织监理、施工单位对各自的安全生产台账、特殊工种人员持证上岗情况等进行了专门检查，利用工地巡查、例会、专项检查等方式就检查情况及时要求整改落实，并进行跟踪检查。定期召开安全生产会议，及时排查安全生产隐患，对施工过程中的房屋拆除、上游便桥拆除等临时工程进行道路封闭等临时安全管理措施，确保工程顺利进行。同时建设、监理、施工三方专职安全员每天巡视在现场，发现安全隐患

及时整改完善。

（戴敬秋 乔建成）

施工科技

在工程建设中，突出抓好技术创新工作，与设备生产厂家共同对新技术、新工艺进行攻关，整体提升工程科技含量。为优化装置型式，建设处与监理、设计单位、河海大学等对水泵模型装置进行了试验研究，为水泵叶轮和装置的合理选定提供了科学依据。在电动机的设计方面，淮安二站建设处提出了不拆卸上导瓦进行油冷却器检修的方案，并协助厂家进行技术攻关。目前设计方案已经定型，在机组投入运行后，针对油冷却器的渗漏故障，大大减少检修工作量。

（戴敬秋 乔建成）

泗阳站工程

工程概况

泗阳站枢纽是南水北调东线多级提水系统的第四梯级。泗阳站枢纽现有泵站两座，其中建成于1983年的泗阳一站总装机流量$100m^3/s$，建成于1996年的泗阳二站总装机流量$66m^3/s$。根据《泗阳站改建工程可行性研究报告》，拆除泗阳一站，新建泗阳站。泗阳泵站枢纽的主要任务是：新建泗阳站和原泗阳二站共同运用，调水出洪泽湖$230m^3/s$，通过中运河输水线，与刘老涧泵站枢纽、皂河泵站枢纽联合运用，实现一期工程输水$175m^3/s$入骆马湖的规划目标；同时，为泗阳泵站枢纽与刘老涧泵站枢纽之间的乡镇生活、工农业生产和航运补充水源。

工程于2009年12月30日开工建设。

（戴敬秋 乔建成）

工程投资

2010年，泗阳站工程计划完成投资8500万元，实际完成投资9020万元，实际完成投资占计划完成投资的106%。其中：建筑工程完成投资3700万元，安装330万元，设备及工器具购置2200万元，其他费用完成投资2790万元。

（戴敬秋 乔建成）

招标投标

泗阳站工程招标工作按照国务院南水北调办批复的分标方案组织实施，对照分标方案，闸下交通桥施工标因与土建施工及设备安装标合招而取消，液压启闭设备采购及安装标因出水流道改为虹吸而取消。2010年度泗阳站已完成批复的全部标段招标工作。

经招投标选定的泗阳站工程参建单位：

（1）勘测、设计单位为上海勘测设计研究院。

（2）监理单位为江苏河海建设工程监理有限公司。

（3）施工单位为中国水利水电第十一工程局有限公司。

（4）钢材供应单位为江苏省水利物资总站。

（5）水泵及附属设备供应单位为日立泵制造（无锡）有限公司。

（6）电动机及附属设备供应单位为上海电气集团上海电机厂有限公司。

（7）高低压开关柜供应单位为江苏大全长江电器股份有限公司。

（8）电缆供应单位为江苏南亚电缆集团有限公司。

（9）清污机设备供应单位为江苏一环集

团有限公司。

（10）变压器采购供应单位为江苏新科水利电力成套设备有限公司（变压器生产单位为南通晓星变压器有限公司）。

（11）10kV组合开关（GIS）供应单位为山东泰开高压开关有限公司。

（12）微机监控、视频监控系统设备采购及安装单位为南京南瑞集团公司。

（戴敬秋　乔建成）

建设管理

江苏省南水北调泗阳站工程建设处（以下简称泗阳站建设处）是项目法人派驻现场的建设管理机构，建设处在成立之初就提出了“科学管理、规范有序、和谐发展、与时俱进”的建设管理理念，确立了“优质、高效、和谐、廉洁、安全、文明建设好南水北调泗阳站工程”的建设目标。泗阳站建设处下设综合、工程、财务等科室，成立了安全生产领导小组、质量管理领导小组、精神文明建设领导小组等组织机构。泗阳站建设处主任任领导小组组长，分管副主任任常务副组长，主要参建方领导任副组长。为规范建管行为，泗阳站建设处根据国务院南水北调办、江苏水源公司有关规定，结合实际，制定了各类管理办法、制度、实施细则以及部门和岗位工作职责等近30项规章制度。

参建各方根据国务院南水北调办关于开展文明工地建设的有关规定，成立了由建设、施工、监理单位负责人组成的精神文明建设领导小组，积极组织做好各项创建工作。2010年全国“安全生产月”期间泗阳站建设处组织参建各方，举行了隆重的升国旗仪式。“七一”期间，泗阳站建设处结合党员先进性教育，组织全体党员干部赴黄花岗烈士陵园，凭吊革命先烈，重温入党誓词。文明工地的创建活动，大大提高了参建人员的工作热情。

（戴敬秋　乔建成）

工程进展

（1）导流河工程2009年12月30日开工，2010年1月28日通过了水下阶段验收，4月2日导流河通过单位工程验收，交付泗阳闸站管理所使用。

（2）闸下交通桥为临时（施工阶段）结合永久工程项目。于2010年1月16日开始搭设水上作业平台，9月底泗阳站建设处主持闸下交通桥（临时）工程完工验收，10月1日通车，交付施工单位施工期使用。

（3）泵站主体工程一期上、下游围堰棱体分别于2010年1月底、2月初先后合龙，3月25日填筑至设计断面；3月29日通过工程验收。基坑围封降水于3月11日开始施工，至4月18日先后完成水泥搅拌桩围封施工和降水井、测压管施工。

（4）南侧1号底板7月23日完成褥垫层和混凝土封底施工，具备底板施工条件。8月9日南侧块底板开仓浇筑，2010年底完成泵站电机层混凝土浇筑。

（戴敬秋　乔建成）

工程施工

（一）施工环境

泗阳站工程所在地水陆交通发达，陆路有徐淮公路横穿，水路有京杭运河纵贯，交通运输十分方便。新建泗阳泵站位于现状泗阳一站下游河道内，施工场地区位于泗阳闸站管理所院内。水电十一局项目部按照文明工地创建要求，对场区进行了全封闭，并在上下游围堰北岸设置了门卫岗亭，有专职人员看守，施工受外界干扰少，施工环境较好。

泗阳二站进场道路，由于年久失修无法承受重载车辆通过，水电十一局项目部部分材料运输车辆通行后使路面受损较为严重，影响了当地百姓的出行。通过泗阳站建设处、项目部与当地村委会的有效沟通，水电十一局项目部对受损道路进行了维修并负责日常维护，解决了可能引发的施工矛盾，获得了当地百姓的好评。

（二）安全防范措施

泗阳站深基坑、高边坡防护，高空作业、临时用电、吊装作业、临边洞口防护等安全问题较为常见，安全形势不容乐观。为了防范生产安全事故的发生，制定了《泗阳站深基坑高边坡防护方案》、《吊装作业制度》、《临时用电方案》等十余项安全技术方案。泗阳站建设处要求水电十一局项目部对进场工人加大安全宣教、培训力度，各班组作业队配备专兼职安全员，高空、吊装等危险作业有安全员监控施工。

（三）施工验收

在参建各方的共同努力下，泗阳站工程质量始终处于受控状态。截至2010年底，共完成单位工程1个，评定为优良；分部工程评定7个，其中合格3个，优良4个；单元工程评定46个，合格17个，优良29个。

（戴敬秋　乔建成）

施　工　科　技

泗阳站工程水工建筑物混凝土桩复合地基加固应用研究和超长底板复杂结构高温施工混凝土防裂研究项目于2010年9月被列为江苏省水利科技重点项目。

泗阳站工程因天然地基承载力不满足要求，设计采用工民建常用的水泥粉煤灰碎石桩（CFG桩）法加固复合地基。桩顶褥垫层材料是保证桩与桩间土共同受力的关键，现场试验过程中，泗阳站建设处组织参建各方创新试验方法，取得重大突破。泗阳站工程经多次试验提出了桩顶部位回填夯实100mm厚水泥土、桩周边保留原状土的复合褥垫层方案。该方案在保证地基满足挡水水工建筑物防渗要求的同时，可以有效传递上部荷载，控制桩、土承载比例，充分发挥复合地基承载作用，对保证工程安全提供了有效的技术支撑。

（戴敬秋　乔建成）

刘老涧二站工程

工　程　概　况

刘老涧二站位于江苏省宿迁市东南约18km的大运河上，与刘老涧一站，睢宁一、二站等工程共同组成南水北调东线第一期工程第五个梯级。泵站设计净扬程3.7m，设计流量$80m^3/s$，采用堤身式块基型结构，肘形进水流道，整体虹吸式出水流道，真空破坏阀断流。

（夏　平）

工　程　投　资

刘老涧二站工程投资计划分三年完成，2009年已完成投资7103万元，2010年计划完成投资9800万元，2011年完成投资3819万元。

截至2010年底，刘老涧二站工程累计完成投资10 906万元。其中：建设安装工程4820万元，设备及工器具购置3302万元，其他费用2784万元（供电线路工程、环境保护工程、建设管理费等）。

（夏　平）

招　标　投　标

依据国务院南水北调办对工程分标方案的批复，刘老涧二站工程共划分为11个标段。其中监理标1个、施工标2个、设备采购标8个，2010年完成11个标段中剩余5个设备采购标的招标工作。各标段的供货单位分别为：清污设备由江苏一环集团有限公司供应，高低压开关柜由江苏大全长江电气股份有限公司供应，变压器由江苏新科水利电力成套设备有限公司供应，电缆由江苏南亚电缆集团有限公司供应，自动化系统采购及安装由南京南瑞集团公司承建。

（夏　平）

工　程　进　展

截至2010年底，泵站工程站身混凝土浇筑全部结束，主厂房和检修间框架及墙体砌筑、粉刷全部完成，行车安装调试完毕，检修闸门等金属结构全部完成，正在进行厂房装饰。刘老涧二站水下工程已全部完成，具备水下阶段验收条件，实现了年初制定的各项建设目标。

刘老涧二站工程共划分为5个单位工程、85个分部工程，其中按水利标准评定的有2个单位工程、21个分部工程、392个单元工程；按非水利标准评定的有3个单位工程、64个分部工程、290个分项工程（暂定）。

2010年，按水利标准评定的单元数共165个，经监理复评157个优良，优良率95.2%；按非水利标准评定的227个分项工程，全部合格，合格率为100%。

（夏　平）

皂河一站改造工程

工　程　概　况

皂河站是南水北调东线第六梯级泵站之一，位于江苏省宿迁市皂河镇北5km处。现有皂河一站安装直径5.7m立式混流泵配7000kW同步电动机2台套，设计流量200m³/s。

皂河一站改造工程主要建设内容为：更新改造现有机泵及附属设备；更换、改造原电气设备、拦污栅、启闭机、闸门等；泵站土建维修加固；一站下游新建穿邳洪河地涵、引水闸、清污机桥及公路桥。

皂河一站改造工程批准概算投资1.22亿元。2010年，计划完成投资4100万元，实际完成投资4100万元，占计划的100%。

（吴大俊）

建　设　管　理

皂河一站改造工程由江苏省南水北调皂河站工程建设处（以下简称皂河站建设处）负责建设管理工作，下设综合、工程、财务等3个科室。皂河站建设处制定了各部门工作职责和实施细则等规章制度，成立了安全生产、质量管理、精神文明建设等领导小组。

皂河一站改造工程共分11个标段。招标工作由江苏水源公司统一组织。皂河站建设处始终把“建设优质工程，争创部优省优”作为工程建设和质量管理的目标。工程建设管理过程中，强化质量意识，狠抓关键环节，把工程质量管理贯穿于建设全过程，落实到每一个方案、每一个流程、每一道工序。

皂河站建设处始终坚持贯彻落实“安全第一，预防为主，综合治理”方针，将安全生产管理贯穿于工程建设全过程，参建各方明确任务、强化管理、狠抓落实。2010年未发生任何安全事故，安全生产状况良好。

（吴大俊）

工　程　进　展

皂河一站改造工程主体工程施工单位6月

进场开始临时设施搭设。9月下旬开始构筑邳洪河上、下游施工围堰，10月15日围堰合龙。10月25日排除河道积水，开始主体工程施工。皂河一站配套建筑物穿邳洪河地涵及引水闸土建工程11月8日引水闸基坑土方开挖结束，11月18日引水闸底板浇筑结束，11月27日引水闸下涵洞（9.0～12.0m）浇筑结束，12月22日引水闸墩墙（12.0～22.0m）混凝土浇筑结束。一站清污机桥11月26日完成基坑土方开挖，12月2日完成南侧底板混凝土浇筑。

2010年完成的主要工程量为：土方开挖17.8万m^3，混凝土浇筑0.6万m^3。

（吴大俊）

工程监理

皂河一站工程由上海宏波工程咨询管理有限公司负责监理，监理单位按照合同和监理规范的要求，组建了皂河站工程监理部，按照工程的专业需要配备了从事过多个重大工程监理、经验丰富的专业技术监理人员，实行总监负责制，并根据工程进展，及时调整监理的相关人员，满足工程现场管理需要。

皂河站工程监理部在进场后及时编写《南水北调东线第一期工程皂河一站工程监理规划》，并根据工程进度和所涉及的工种编写监理实施细则，以指导监理工作正常、有序开展。为了做好各项工作，监理部建立了相应的工作制度，有技术方案审查制度、隐蔽验收制度、基坑验槽制度、工序报验制度、混凝土开仓浇筑审查制度、设计图纸交底制度、监理旁站制度等。

（吴大俊）

皂河二站工程

工程概况

皂河站是南水北调东线第六梯级泵站之一，位于江苏省宿迁市皂河镇北5km处。现有皂河一站安装直径5.7m立式混流泵配7000kW同步电动机2台套，设计流量200m^3/s。

皂河二站工程主要建设内容为：新建75m^3/s泵站一座，安装叶轮直径2.7m立式轴流泵配2000kW同步电动机3台套，下游配套清污机桥和公路桥；新建一、二站共用110kV户内变电所；邳洪河下段疏浚；新建邳洪河北闸；新建皂河站的管理设施及环境绿化等。工程建成后，皂河抽水站可从中运河向骆马湖抽水175m^3/s，与运西徐洪河输水线路共同满足向骆马湖调水275m^3/s的目标，并可结合邳洪河和黄墩湖地区排涝。

（吴大俊）

工程投资

皂河二站工程批准概算投资2.73亿元。2010年，计划完成投资6900万元，实际完成投资7240万元，占计划的105%。

（吴大俊）

招标投标

皂河二站工程共分12个标段。招标工作按国务院南水北调办招标程序由江苏水源公司统一组织。

（吴大俊）

建设管理

皂河二站工程现场成立了皂河站建设处，具体负责现场建设管理工作，下设综合、工程、财务等3个科室。皂河站建设处制定了各部门工作职责和实施细则等规章制度，成立了安全生产、质量管理、精神文明建设等领导小组。皂河二站工程由上海宏波工程咨询管理有限公司负责监理。

（吴大俊）

工程进展

2010年1月20日，皂河站工程开工典礼在工地现场隆重举行，标志着皂河站正式进入施工阶段。施工码头3月中旬开始施工，9月完成水下工程验收。变电所6月完成场地填筑进行管桩施工，12月底完成主体结构施工。主体工程施工单位6月进场开始临时设施搭设。9月下旬开始构筑邳洪河上、下游施工围堰，10月15日围堰合龙。10月25日排除河道积水，开始主体工程施工。泵站工程11月14日完成进水流道层混凝土浇筑。邳洪河北闸土建工程11月5日闸室基坑土方开挖结束，11月17日底板混凝土浇筑结束，12月17日墩墙及交通桥浇筑结束。

2010年，完成的主要工程量为：土方开挖54万m^3，土方回填38万m^3，混凝土浇筑1.5万m^3。

（吴大俊）

泗洪站工程

工程概况

泗洪站工程是南水北调东线一期工程的第四梯级泵站，位于江苏省泗洪县朱湖镇东南的徐洪河上，距洪泽湖顾勒河口上游约16km处。其主要任务是从洪泽湖抽水入徐洪河，经濉宁泵站和邳州泵站向骆马湖输水100m^3/s，与中运河线共同满足向骆马湖调水275m^3/s的目标。

泗洪站工程主要建设内容为泵站、船闸、徐洪河节制闸、排涝调节闸、利民河排涝闸，是集调水、排涝、挡洪、航运交通多种功能为一体的重要水利枢纽。

主要工程量包括土方挖填559万m^3、混凝土浇筑13.4万m^3、砌石及垫层12.7万m^3、钢筋制作安装9952t，金属结构制作安装1560t。施工总工期48个月。

（王永刚　史文锦）

工程投资

泗洪站枢纽工程概算总投资55 893万元，其中建筑工程17 845万元，机电设备6826万元，金属结构设备及安装工程3626万元，施工临时工程2215万元，独立费用7886万元，基本预备费2303万元，移民环境5206万元，输变电线路1241万元，设备费补差6095万元，建设期贷款利息2650万元。

根据总体投资计划，2010年度计划完成投资19 834万元，2011年度计划完成投资13 266万元；2012年度计划完成投资15 563万元，2013年度计划完成投资7230万元。

2010年，工程累计完成投资1.98亿元，占概算投资5.58亿元的35.5%。

（王永刚　史文锦）

建设管理

现场管理机构为江苏省南水北调泗洪站工程建设处（以下简称泗洪站建设处），勘测设计单位为淮安市水利勘测设计研究院有限公司，监理单位为江苏省苏水工程建设监理有限公司，施工单位为江苏省水利建设工程有限公司，材料供应商为江苏省水利物质总站，质量监督机构为南水北调工程江苏质量监督站。

泗洪站建设处定期召开办公例会，进行月工作总结与计划，参加监理组织召开的工地例会，把握关键工作，及时协调矛盾，按计划保证了工程节点工期。及时报送工程建设月报、进度统计报表和质量信息月报等报表，时刻掌握工程建设实际进度情况。

泗洪站建设处建立健全了质量管理组织网络，制定质量管理规章制度，落实质量管理责任制，严把原材料进场关。及时组织召开施工方案审查会，落实各项技术措施，进行质量例行检查活动，并积极配合开展质量监督活动。截至2010年底，累计完成的174个单元工程，全部合格，其中优良169个，优良率97.1%。

2010年，泗洪站工程没有发生安全事故。

（王永刚　史文锦）

工程进展

2010年，泗洪站工程正式开始船闸、节制闸及泵站引河等主体工程施工，6月底完成导流河通水阶段验收，提前满足导流和导航的条件。船闸工程主体土建基本完成，开始闸（阀）门安装，同时加紧靠船墩、导航墙等附属工程的施工。汛后开工的徐洪河节制闸工程完成了底板和2孔闸墩及交通桥的浇筑。

2010年度累计完成土方挖填301.3万m^3，占合同量的53.9%；完成混凝土浇筑3.6万m^3，占合同工程量的26.7%；完成钢筋制作安装2760t，占合同工程量的27.7%；完成金属结构制造安装395t，占合同工程量的25.32%。

（1）临时工程：完成节制闸围堰和导流河排泥场围堰土方填筑。

（2）船闸工程：闸室底板及闸室墙全部完成；上、下闸首完成底板及输水廊道，并浇筑至高程18.5m（液压启闭机工作层）；继续进行导航墙、翼墙底板、墙身和靠船墩施工；闸室两侧土方回填至高程16m。

（3）节制闸工程：进行节制闸河道土方开挖、完成了底板浇筑，并完成2孔闸墩和交通桥的浇筑。

（4）导流河工程：基本完成合同量，正在进行两头预留坝的开挖。

（5）堤防工程：新建徐洪河左堤填筑已基本填筑至设计标准。

（6）金属结构：完成船闸闸门、埋件厂内制作和船闸埋件现场安装；基本完成液压启闭机厂内制造；完成节制闸闸门的厂内拼装。

（7）其他：完成灯泡贯流泵机组成套设备采购招标；完成本标段永久进场道路的施工；开始船闸上、下闸首房建工程施工。

（王永刚　史文锦）

金湖站工程

工程概况

金湖站为南水北调东线一期工程第二个梯级站，位于江苏省金湖县银集镇境内，三河拦河坝下的金宝航道输水线上。工程主要包括泵站、跨河公路桥、淮河入江水道东、西偏泓闸及套闸等建筑物，其主要任务是通过与下级洪泽站联合运行，由金宝航道、入江水道三河段向洪泽湖调水150m^3/s，为洪泽湖周边及以北地区供水，并结合宝应湖地区排涝。

泵站设计流量150m^3/s，安装灯泡贯流泵5台套（含备机1台套），单机设计流量37.5m^3/s，配套电动机功率2200kW，总装机容量11 000kW；清污机桥桥长113m，计24

跨，安装回转式清污机10台套，皮带输送机1道；站上跨河公路桥共7跨，每跨20m，宽12.0m，桥面顶高程15.0m；泵站上游引河长200m，底宽60m，下游引河长550m，底宽50m。泵站梯级控制工程入江水道东、西偏泓闸和套闸按原规模拆建，漫水公路维修。

主要工程量：土方开挖101.21万m^3，土方填筑75.09万m^3，砌石及垫层5.65万m^3，混凝土及钢筋混凝土浇筑4.53万m^3，钢结构制作安装878t。

工程于2010年7月开工建设，工期30个月。

（施　伟　郭　军）

工 程 投 资

南水北调金湖站工程初步设计于2010年3月由国务院南水北调办批复。工程总投资37 822万元，静态总投资36 722万元，其中建筑工程7830万元，机电设备及安装工程6146万元，金属结构设备及安装工程2280万元，施工临时工程1771万元，独立费用4501万元，移民环境部分5169万元，供电设施工程1583万元，水泵、电动机国际招标设备价差补6088万元。

根据工程总体实施方案，金湖站工程2010年度计划投资8650万元，2011年度计划投资15 278万元，2012年度计划投资13 894万元。

2010年，金湖站工程累计完成投资10 796万元，具体为：土建施工1867万元，贯流泵成套设备采购2281万元，清污设备采购205万元，殡仪馆迁建200万元，供电线路90万元，征地拆迁3664万元，勘测设计、监理、建设管理和科研等2489万元。

江苏省南水北调金湖站工程建设处（以下简称金湖站建设处）严格贯彻、执行目标责任状和工程总体实施方案要求，对照投资计划分解表，严抓合同管理，超额完成年度建设任务和投资目标。

（施　伟　郭　军）

建 设 管 理

金湖站工程项目法人为江苏水源公司，金湖站建设处是项目法人派驻现场的建设管理机构。金湖站建设处于2010年1月28日获准成立，3月10日揭牌，确立了“高标准、严要求、讲科学、促和谐，建设优质高效精品工程”的建设管理理念。

金湖站建设处下设综合科、工程科、财务科，有针对性地制定了建设处工作规则、车辆、公务接待、食堂等8个内部管理制度和细则，成立了质量、安全、合同管理、防汛、廉政文化建设、文明工地创建、档案管理等9个专项领导小组，编制了《工程总体实施方案》和《年度实施方案》，进一步细化了工程节点工期，明确了建设任务，编制印发了《金湖站质量和安全事故应急预案》、《金湖站工程质量管理细则》、《金湖站工程安全生产管理细则》、《安全工作制度》和《安全生产检查制度》等。

针对文明工地创建，金湖站建设处制定印发了《金湖站工程文明工地创建细则》，严格要求参建各方做好有关创建工作，增设宣传橱窗，树立安全警示标牌和宣传标语，美化职工宿舍，丰富职工文娱活动。

（施　伟　郭　军）

工 程 进 展

年度建设目标：2010年度完成征地拆迁、部分站身混凝土浇筑，上下游引河开挖和清污机桥土建施工，完成投资任务8650万元。

工程形象进度：2010年度金湖站工程已完成泵站底板混凝土浇筑、上下游翼墙底板浇筑、上下游引河开挖和清污机桥土建施工。

截至2010年12月底，金湖站工程年度累计完成投资9672万元（其中工程投资6008万元，征迁投资3664万元），占批复总投资的25.6%，占年度建设目标的111.8%，累计完成土方挖填27.3万m^3，混凝土5045m^3，圆满了完成年度建设目标和任务。

（施 伟 郭 军）

工 程 施 工

金湖站工程施工单位为江苏省水利建设工程有限公司，工程开工前，项目部根据工程施工要求和实际特征情况编报了项目施工组织设计，合理安排施工工期，科学优化施工工艺，强化工程安全防护，特别是做好上下游施工围堰预留和工场子堰的防护，加强施工场内降排水工作。

金湖站建设处高度注重施工方案的优化工作，通过召开专家咨询会等形式，力争做到方案最优、投资最省、效果最好。针对金湖站工程淤泥质土河道开挖及堤防填筑的难点，金湖站建设处委托河海大学对淤泥质土堤防填筑施工技术进行专题研究，并召开了引河土方施工方案审查会；委托河海大学对上游堤防基础粉喷桩处理进行方案优化，根据专家咨询会意见，确定采用长墙连拱式水泥粉喷桩施工方案；对工程总体实施方案、年度实施方案、基坑降排水方案、泵站底板浇筑和流道混凝土浇筑方案组织召开了专家咨询会。

（施 伟 郭 军）

工 程 监 理

金湖站工程监理单位为江苏省苏水工程建设监理有限公司。

监理单位按照合同和监理规范的要求，组建了金湖站工程监理处，实行了总监负责制，并按照工程专业需要配备了经验丰富的专业技术监理人员，同时根据工程进展情况，配备了总监、副总监，以及工程所需的相关专业（土建、测量、金属结构、水机、造价、安全等）监理工程师和监理员，满足了工程现场管理需要，所有人员均持证上岗，严格按照监理合同和监理规范要求，开展监理工作。监理处在进场后及时编写《南水北调东线第一期工程金湖站工程监理细则》和《金湖站工程设备监造计划》，同时建立了技术方案审查制度、隐蔽验收制度、基坑验槽制度、工序报验制度、混凝土开仓浇筑审查制度、设计图纸交底制度和监理旁站制度等相应的工作制度。

金湖站监理处严格按照要求，加强质量事前控制，重视事中检查，及时进行事后的验收确认。通过巡视、旁站、测量、分析性复核、跟踪检测、平行检测等手段，确保工程在建设过程中施工质量处于受控状态。

监理通过审查施工单位申报的总进度计划和月进度计划对工程进度进行动态控制，同时对施工单位的资源配置、进场设备数量和完好情况、进场施工班组的技术水平等影响施工进度的因素进行检查，对施工中出现影响进度的外在因素进行协调和解决，使工程进度满足合同要求。

监理按照合同要求对工程进行合同管理和投资控制，对合同外工程和合同增加工程进行严格把关，对其工程量进行三方现场签证，对新增项目单价根据相关定额和规定进行审查；对索赔事件严格按合同条款和相关规定进行审查，为业主把好关；对合同内工程严格按规定进行审查和支付。

金湖站监理处及时审查项目部编写的安全生产规章制度和落实情况，审查项目部配备的专职安全员持证上岗情况，对项目部编写的专项施工技术方案中的安全生产部分进行重点审查，同时监理工程师每天在现场巡查安全生产情况，对发现有违法安全操作的行为，当即制止，并责令施工单位立即整改，消除安全隐患。另外，监理部还定期组织安全生产专项检查。

（施　伟　郭　军）

质　量　管　理

金湖站工程质量监督机构为南水北调江苏质量监督站，施工单位质量检测单位为江苏省引江建筑材料实验室，业主委托质量检测单位为河海大学实验中心。

金湖站建设处组织成立了由建设处和监理、设计、土建承包单位相关人员组成的工程质量管理领导小组，明确了质量管理责任网络，建立了质量工作例会制度，通过工地例会和质量管理例会对工程质量进行动态跟踪和控制，对工程质量情况及时分析研究，以便准确作出部署。

根据《金湖站工程质量管理细则》和《工程建设标准强制性条文（水利工程部分）》要求，严格现场质量控制，加强监理监督检查。对工程主要环节、关键部位进行了梳理，列出了工程主要施工质量控制点为：上、下游引河堤防特别是上游堤防的填筑，清污机桥混凝土浇筑，清污机安装，泵站底板、流道混凝土浇筑，贯流泵机组的安装，上游堤防搅拌桩基础处理，公路桥灌注桩等重要隐蔽工程等。

加强“三检制”的执行，控制原材料质量，严把施工工艺，监理单位配备各专业监理工程师持证上岗，对重要隐蔽工程和关键工序实行旁站监理，并做好各项记录。金湖站建设处质检员坚持巡查，参与工序质量检验，发现问题及时整改，强化过程控制，确保质量处于受控状态。

对已完成的单元工程，及时开展验收和质量评定，目前金湖站已完成81个单元工程质量评定，优良率达98.76%。

（施　伟　郭　军）

安　全　生　产

工程自开工之日起，金湖站建设处就组织成立了由参建各方组成的工程安全生产领导小组，建设处综合科为安全生产责任部门，明确了专职安全员，制定了安全生产领导小组工作规则，形成了安全生产责任网络，落实了责任和任务。

施工前，金湖站建设处与施工单位签订了安全生产责任状，编制印发了《金湖站工程安全生产管理细则》，工地每月开展专题安全检查不少于2次、安全例会1次，监理处每周对现场安全检查不少于3次，项目部定期组织员工开展安全培训教育和技术交底会。加强工地现场安全宣传和安全防护设施投入，及时发放人员安全防护用品。

认真组织编制了《防汛预案》、《工程建设重大质量与安全事故应急预案》和《施工现场重大事故应急救援专项预案》等专项预案，及时对工程现场重大危险源进行更新登记，落实防护措施，明确责任人。

截至2010年底，金湖站工程未发生任何安全生产事故。

（施　伟　郭　军）

里下河水源调整工程

工　程　概　况

根据南水北调工程总体规划，为使江都站抽水流量尽量北送，以保证南水北调东线一期工程供水目标，需要实施里下河水源调整工程，将原由江水北调工程供水的沿里运河和苏北灌溉总渠的部分灌溉面积调整为里下河东引工程供水。

里下河水源调整工程的作用是：一是将

目前常年由江都站抽引供给里下河自流灌区的大部分抽水量置换出来用于北调；二是要常年保证宝应站抽 100m^3/s 流量的站下水位和调整灌区按现状用水水平引水灌溉。为此，需要将沿里运河和苏北灌溉总渠原由江都站抽水供给或补给的 342.55 万亩灌区调整到东引灌区，按现状用水水平配置水源工程和灌区调整工程。

工程主要建设内容包括水源工程和灌区调整工程。水源工程主要建设内容是拓浚卤汀河，扩挖新通扬运河，开挖拓浚大三王河，新建大三王河节制闸等；灌区调整工程主要建设内容是疏浚引河，新建提水泵站，灌区水系调整等。根据水源灌区调整需要新建提水泵站 35 座，疏浚引水河、渠 23 条，配套建设涵、闸、桥等小型影响建筑物工程。

批复工程施工总工期 3 年，其中卤汀河、大三王河、盐城境内灌区水源调整施工工期为 3 年，扬州、淮安灌区水源调整施工工期为 1 年。

（张金魁）

工 程 投 资

工程核定概算投资 222 888 万元（含江苏省投资 52 100 万元），其中工程投资 96 488 万元、移民投资 126 400 万元。

截至 2010 年底，完成投资 5941 万元，其中泰州市建设处完成投资 800 万元，扬州市建设处完成投资 4551 万元，盐城市建设处完成投资 590 万元，占总投资的 2.7%。

（张金魁）

招 标 投 标

工程招投标遵循公开、公平、公正和诚实守信的原则，择优选择承包商。采取自主招标和招标代理形式进行国内公开招标。招标工作按国务院南水北调办招标程序由江苏水源公司统一组织。招标过程均在监察部门监督、指导下进行。里下河水源调整工程共分 30 个标段，其中施工标 22 个，设备采购标 3 个，监理标 5 个。

2010 年度在国务院南水北调办、江苏省南水北调办、江苏水源公司的正确领导和关心支持下，参建各方齐心协力，狠抓计划落实，有序推进工程建设。完成了卤汀河工程施工 1 标，卤汀河工程施工 4 标，卤汀河工程施工 5 标，卤汀河桥梁工程施工 2 标（兴化），卤汀河影响工程施工标，扬州灌区调整工程施工 2 标，淮安境内灌区调整工程施工标，阜宁站土建及安装工程标和阜宁水电站、小中河闸、小中河疏浚土建及安装工程标等施工标；卤汀河海陵、姜堰、江都境内工程建设监理标，卤汀河兴化境内工程建设监理标，扬州、淮安境内灌区调整工程建设监理标，盐城境内灌区调整工程建设监理标共 13 个标的招投标工作。工程质量、进度、投资有效控制，安全生产、文明工地创建活动态势平稳，全面完成了年度建设目标。

（张金魁）

建 设 管 理

为加强对南水北调里下河水源调整工程的建设管理，江苏水源公司成立江苏省南水北调里下河水源调整工程建设局负责项目的建设管理工作。同时委托工程所在的泰州市、扬州市、盐城市和淮安市政府或水利局，分别设立泰州市南水北调卤汀河拓浚工程建设处（以下简称泰州市建设处）、扬州市南水北调里下河水源调整工程建设处（以下简称扬州市建设处）、盐城市南水北调里下河水源调整工程建设处（以下简称盐城市建设处）、淮安市南水北调里下河水源调整工程建设处（以下简称淮安市建设处），分别具体负责境内里下河水源调整工程现场管理工作。

泰州市建设处负责实施境内卤汀河及配套桥梁工程，概算投资13.39亿元，其中移民投资8.63亿元、工程投资4.67亿元。

扬州市建设处负责实施大三王河、境内卤汀河及配套桥梁工程，以及扬州市灌区调整工程，概算投资5.60亿元，其中移民投资3.05亿元、工程投资2.52亿元。

盐城市建设处负责实施盐城市灌区调整工程，概算投资2.92亿元，其中移民投资1.01亿元、工程投资1.89亿元。

淮安市建设处负责实施淮安市灌区调整工程，概算投资0.38亿元，其中移民投资0.20亿元、工程投资0.18亿元。

各建设处下设综合、工程、财务等3个科室，制定了各部门工作职责和实施细则等规章制度，成立了安全生产、质量管理、精神文明建设等领导小组。

（张金魁）

工　程　进　展

2010年，各施工单位已相继完成了项目部的组建与进驻，基本完成卤汀河工程1标、4标、5标河道开挖区与弃土区部分征迁工作，完成施工队伍进场、进场道路、施工房屋工作，实施部分排泥场围堰填筑工作；完成卤汀河桥梁工程施工2标、卤汀河影响工程标、扬州灌区调整工程2标部分的征迁工作，并完成施工队伍进场、进场道路、施工房屋等工作；淮安灌区调整工程、盐城灌区调整工程完成部分移民征迁工作并及时提供施工场地，为施工队伍年内进场提供了条件。

截至2010年底，累计完成土方工程量1万m^3。已实施的6个施工标，土方工程量880万m^3，石方工程量3.11万m^3，混凝土工程量3.18万m^3。

（张金魁）

骆马湖以南中运河影响处理工程

工　程　概　况

骆马湖以南中运河位于江苏省淮安市淮阴区和宿迁市泗阳县、宿城区、宿豫区境内，南起杨庄闸，北至皂河闸，全长111.2km，其中杨庄闸—泗阳闸30.2km，泗阳闸—刘老涧闸32.4km，刘老涧闸—皂河闸48.6km。河道既是京杭运河的一部分，也是南水北调的主要输水干线，同时还是黄墩湖和邳洪河地区以及两岸农田的排涝干河，在必要时如有条件，还可帮助排泄骆马湖部分洪水，是一条具有输水、航运、排涝、行洪等多功能的综合利用河道。

根据初步设计工程批复，南水北调东线第一期骆马湖以南中运河影响处理工程总投资11 197万元。工程建设主要由堤防复堤、堤防防渗处理、穿堤建筑物拆建、护坡护砌、堤顶道路等组成：①堤防复堤1.2km；②7段堤防防渗险工处理，防渗长14.312km，其中垂直铺膜7.762km，多头小直径深搅桩6.55km；③堤防护砌7.55km，其中新建护砌2.65km，加高接长4.6km，拆除重建0.3km；④新、拆建堤防穿堤建筑14座；⑤沿线影响工程共需要处理14座，其中拆、新建8座泵站，加固泵站6座；⑥修建堤防管理道路69.2km，其中新建道路60km，维修道路9.2km。

主要工程量：土方填挖54.67万m^3，砌石及垫层2.15万m^3，混凝土及钢筋混凝土浇筑2万m^3，钢筋制作安装589t。

工程总体计划工期24个月。

（唐　伟）

工 程 投 资

根据江苏水源公司投资计划要求，骆马湖以南中运河影响处理工程2010年计划投资5500万元，其中移民征迁完成1500万元，工程计划完成4000万元。截至2010年底，工程共完成投资5610万元，其中移民征迁费用1600万元，工程建设等投资共完成4010万元，超额完成了江苏水源公司制定的5500万元投资要求。

（唐　伟）

招 标 投 标

骆马湖以南中运河影响处理工程于2010年9月15日实行统一招标。宿迁市的泗阳县、宿城区、宿豫区，淮安市的淮阴区共四个工程部参与工程招标投标活动。

工程建筑物最高等级为二级（右堤），其余皆为四级（左堤）和五级圩区影响泵站等建筑物。计划防渗等技术要求高的工程由水利水电一级施工资质企业参与竞争，其余工程由二级以上施工资质企业参与竞争。

工程共分7个标段，其中监理2个标、施工5个标。

施工5个标段分别是堤防防渗、防汛道路涵闸、泵站、块石护坡工程。

在施工5个标段中，根据招标计划，分二期招标。市建设处负责实施的堤防防渗处理工程、三个县区工程部负责实施的3个标段工程作为第一期招标。防汛道路计划作为第二期招标，2011年5月初对施工2标进行招标。

（唐　伟）

建 设 管 理

2010年8月12日，由江苏水源公司与宿迁市水务局签订了委托建管协议，明确了双方的职、权、利。根据协议要求，宿迁市水务局成立了宿迁市骆马湖以南中运河影响处理工程建设处。

由于该工程具有线长、点多、面广、量大等特点，管理难度大，必须紧紧依靠县区技术力量，充分发挥他们的工作积极性。为此按行政区域，分别成立了宿豫区、宿城区、泗阳县、淮阴区四个工程部，工程部分别对本行政区域内的工程建设管理负责。

（唐　伟）

工 程 进 展

截至2010年底，施工1标防渗工程完成泗阳段机械垂直铺膜，多头小直径搅拌桩共完成约1万m^2。宿城区、宿豫区、泗阳县各单体建筑基坑已经全部开挖完毕，并已经完成底板浇筑。城南排涝站、卓玛涵洞、卓玛排涝站、西门闸等涉及城市排涝及农田灌溉的建筑都已经完成洞身浇筑，且完成对水泵、钢闸门、启闭机等机电设备采购。

（唐　伟）

质 量 管 理

该工程规模小，施工点分散，给建设管理带来一定的难度，在质量控制方面，需要精心安排，确保工程如期建成。

工程建设涉及专业多、承包人多，协调工作量大。有垂直铺塑、多钻头深层搅拌桩、高压顶喷堤防加固防渗技术，模袋混凝土护坡，铰链式预制混凝土块护坡和预制混凝土护砌技术，包含了水工建筑、金属结构制造安装、机电设备制造安装、自动化、工民建、测量、试验、水土保持、安全、环保等多个专业。4个标段同时施工，各承包人间、各专业间的配合，工序间的互相衔接协调工作量大，因此质量控制尤为重要。

（1）加强对原材料检测。首先保证施工单位自检：进场的原材料常规试验检测必须满足规范要求。严禁材料未检先用或先用后检，不得出现漏检、少检等现象；其次要求监理单位做好平等检测与跟踪检测。

（2）混凝土施工质量。涵闸、泵站较大体积混凝土浇筑，洞身、墩墙等部位易出现混凝土温度收缩裂缝，混凝土浇筑质量的控制是质量控制工作的关键点。

（3）机电设备及金属结构的监造、安装质量是保证该工程充分发挥效益的关键。

（4）机械垂直铺膜防渗工程的施工接头处理及铺膜范围内与建筑物间接头处理的质量控制是其防渗效果达到设计要求的关键；多头小直径深层搅拌桩防渗工程施工质量与施工接头处理质量是防渗效果的关键。

（唐　伟）

骆马湖—南四湖段江苏境内工程

概　　述

工　程　概　况

骆马湖—南四湖段江苏境内工程是连接骆马湖与南四湖省际间的调水工程，采用不牢河和韩庄运河双线输水，通过不牢河和顺堤河输水，实现从骆马湖（中运河）抽引 125m^3/s 供不牢河沿线用水并调水入南四湖下级湖 75m^3/s 的规划目标。工程主要建设内容是改扩建刘山泵站、解台泵站和新建蔺家坝泵站。刘山泵站、解台泵站和蔺家坝泵站为一等工程，主体工程为 1 级建筑物，次要建筑物为 3 级。泵站设计洪水标准为 100 年一遇，校核洪水标准为 300 年一遇。

（唐　伟）

刘 山 站 工 程

工　程　概　况

刘山站是南水北调东线第一期工程的第七梯级泵站，位于江苏省邳州市宿羊山镇境内。刘山站工程分为主体工程和导流工程两部分。工程于 2005 年 3 月开工建设，2008 年 10 月基本建成，与解台站、蔺家坝站联合运行，其主要任务是扩大江苏境内骆马湖至南四湖的输水规模，共同实现出骆马湖 125m^3/s，向南四湖供水 75m^3/s 的调水目标。

（邓阿龙）

运　行　管　理

徐州市水利局通过竞标获得南水北调刘山站工程管理资格，徐州市水利局党委高度重视南水北调刘山站的工程管理工作，在全局抽调具有一定管理经验的技术骨干组建了南水北调刘山站工程管理项目部（以下简称刘山站项目部），项目部设经理、副经理、技术负责人，下设综合科、工程科、财务科三个职能科室，工程科下设三个运行班。

刘山站项目部进驻后，一方面抓紧熟悉刘山站机电设备原理、特性，制定了《刘山站工程管理办法》、《刘山站运行操作规程》、

《刘山站反事故预案》、《刘山站防汛预案》等制度规程，并及时制定了项目经理岗位职责、技术负责人岗位职责、职能科室和运行班岗位职责等规章制度。

刘山站项目部坚持每天对管理范围内的机电设备、水工建筑物进行巡视检查、卫生清理；每周进行安全巡视检查，每月进行单机调试、维护；每季度开展机组联合调试；每年汛前开展汛前大检查、汛前进行维修养护，并委托第三方对刘山站机电设备进行预防性试验；汛期坚持24小时防汛值班制度，实行工作票、操作票等“二票三制”制度，确保设备安全运行无事故；汛后及时组织技术人员开展汛后安全大检查，对发现问题及时组织人员进行维修处理，确保设备工况处于良好。

项目部还定期进行工程观测，包括每周一次测压管扬压力观测、每月一次建筑物伸缩缝观测、每季度一次建筑物垂直位移观测、汛前汛后分别进行上下游河床断面测量、定期进行主电动机绝缘电阻测量等。对测量记录及时进行计算、校核、归档；并对其他资料，包括安全巡视记录、机组调试记录、机组检查记录、设备缺陷维修记录、工作票、操作票、汛期值班记录、班组运行日志、工程管理大事记等进行整理、校核、归档。

刘山站项目部重视职工培训，包括业务培训和安全培训。2010年度定期组织人员对职工进行业务培训，效果显著，有两位职工顺利通过江苏省水利厅组织的技师考核并取得技师资格。业务培训不但提升了职工的业务水平，扩展了职工的知识面；同时为泵站安全生产奠定了技术基础。

2010年度管理经费累计投入160.7万元，其中工程管理投入60.3万元、管理人员工资福利74.2万元、岁修工程16.2万元、其他10万元。

刘山站项目部的各项管理工作获得了各级领导的充分肯定和认可，在江苏水源公司2010年度运行管理考核中被评为优秀等级。

（邓阿龙）

工 程 验 收

在江苏水源公司组织下，刘山站项目部积极配合刘山站建设处先后做好刘山站消防工程、环境保护工程等专项工程验收工作。

2010年3月2日，邳州市消防大队对刘山站消防设施进行专项验收，并在网上备案。

2010年11月17日，环境保护部在徐州市召开南水北调骆马湖—南四湖段江苏境内工程竣工环境保护现场验收会议，顺利通过刘山站环保工程验收。

（邓阿龙）

工 程 效 益

南水北调刘山站位于沂沭河流域京杭运河不牢河段上，具体位置处于邳洲市宿羊山镇梁口村北侧，与刘山船闸共同组成京杭运河第七梯级水利枢纽工程，上游距解台站枢纽工程40.36km，下游衔接中运河口，距离10km，承接丰县、沛县西南部和市区故黄河以北地区的洪涝水，控制流域面积1333.3km^2，属于河道型水库的控制工程，节制闸闸门启闭十分频繁。2010年刘山站累计启闭调整37次，共泄洪2.84亿m^3，安全度汛无事故，充分发挥了工程效益。

（邓阿龙）

解台站工程

工 程 概 况

解台站是南水北调东线工程的第八级抽水泵站。工程位于徐州市贾汪区境内。解台站设计流量125m^3/s。主体工程包括泵站（机组5台套，含备机1台）、节制闸（设计流量500m^3/s）、拆除解台老闸建公路桥等工程，闸站合建布置形式。导流工程包括导流河、导流闸（设计流量 $250m^3/s$）和灌溉闸拆除建公路桥工程。

2008 年 8 月，由江苏水源公司组织解台泵站主机组的试运行，试运行结束后，交由江苏省南水北调解台站工程管理项目部（以下简称解台站项目部）管理。

（黄九常）

运 行 管 理

（一）管理机构

解台站工程担负着南水北调第八级调水任务，工程投资大，自动化程度高。针对工程的特点，江苏省南水北调解台泵站工程管理项目部配备了精干的管理人员。项目经理部设立了行政部、技术部、财务部三个职能管理部门，部门岗位职责明确。根据各位管理人员的技术特点，分工合理、责任落实，做到了日常管理有序。

（二）管理范围

南水北调解台站的管理范围主要为解台泵站、解台节制闸、相应水利工程用地（院内）、相关的变配电设施及其他配套管理设施。

（三）管理设施

解台站办公楼工程包括接待室、职工办公楼、宿舍、食堂等办公设施，总建筑面积 $2385m^2$，为钢筋混凝土全框架结构，主体 2 层，局部 3 ~4 层，该工程土建部分包含于解台站主体工程施工合同中，2006 年 10 月开始基础工程施工，2008 年投入使用。

（四）调度运用

抽水站主机的开停由江苏水源公司运行管理部直接调度。节制闸开关闸经过江苏水源公司批准，由徐州市防汛防旱指挥部将指令下达到徐州市解台闸管理处，再由其下达给解台站项目部。值班人员在收到开关闸指令后，填写操作票，按照开关闸操作程序进行操作。此外，按照要求，汛期节制闸上下游水位、开关闸时间、泄水流量等实行日报制度，报江苏水源公司运行管理部。

（五）设备维护

平时注重对各种设备经常性检查、清理、养护，及时更换常规易损件，使之处于完好状态。汛前、汛后对设备进行了重点检查、维护、保养，编写了汛前、汛后检查报告并及时报送备案。

（六）运行费用管理

规范财务管理，提高资金使用效率。根据招标文件的要求，项目部设立了专用账户，配备了兼职财务管理人员，一方面要求财会人员认真学习《会计法》和南水北调的有关财务规定，坚决按财务制度办事；另一方面要求财务部认真做好财务收支的计划、控制、核算、分析和考核工作，确保管理经费的专款专用，接受和配合相关检查监督和审计，及时编报财务报表和完成竣工财务决算。

（七）工程管理养护

项目部除了开展设备、工程的正常维修养护外，还编报并经江苏水源公司批准下达了保护单元箱维修，闸门液压系统 PLC 卡与电池更换，补充部分透平油和液压油，增设办公楼空调防盗装置，资料室、档案室增设除湿机，直流系统完善和主机组渗油处理共计 7 项专项工程，总经费 12.42 万元。截至 2010 年 12 月，7 项维修工程基本完成。

（八）林木管理

解台站现有管理区范围 $18.9hm^2$，除水面外，绿化面积 $14.5hm^2$，已栽种各类树木 6000 余棵，绿篱色块地被植物 2100 余 m^2，各类草皮面积达 $54\ 000m^2$。

解台站项目部对站区的绿化、美化工作非常重视，为了保证绿化成果，努力提高草皮、树木等的成活率，按照绿化要求，进行浇水、施肥、除草、治虫和修剪等工作，并对部分植物进行了更换。解台站的环境美化有了显著的提高。

（九）治安管理

项目部非常重视解台站的治安工作，一是从贾汪区公安分局保安大队聘请2名保安，24小时不间断负责门卫工作；二是要求值班人员加强站区巡视，确保站区安全，未发生偷盗事件。

（十）质量管理

无论是对工程设施、设备的日常管理还是在岁修专项工程的实施过程中，项目部都注重质量管理，以水利行业泵站、水闸的有关规程、规范为标准，开展各项工作，进行了每年一次的电气定期预防性试验、透平油变压器油及液压油的化验、行车和安全用具的检测等，确保了设备的完好。

（十一）管理机制探索

由于南水北调东线部分工程正在建设过程中、电费价格较高等原因，部分完建泵站的主机组长期未能运行，建议完建泵站的机组能定期试运行，以检验设备的状况。目前，江苏水源公司拟根据工情、水情等情况，实施完建泵站主机组的定期试运行工作。

（马玉祥）

工　程　验　收

2010年，完成3项工程验收：1月7～8日，解台站工程通过了由江苏水源公司主持的合同项目完成验收；11月17日由环境保护部完成对南水北调解台站设计单元工程环保验收；11月16～22日，国务院南水北调办组织人员完成对解台站工程结算升级审计。

（马玉祥）

工程效益发挥

2010年，在江苏水源公司和江苏省骆运水利工程管理处的正确领导下，项目部全体人员以科学发展观为指导，尽职尽责，各项工作有序开展，工程管理水平得到了进一步提高，做到了安全运行无事故。节制闸全年开关闸98次，泄排水2.5亿m^3，为徐州地区的工农业生产及航运事业发挥了巨大的社会和经济效益。

（马玉祥）

蔺家坝泵站工程

工　程　概　况

南水北调东线第一期工程蔺家坝泵站工程为南水北调东线工程的第九级泵站，位于江苏省徐州市铜山县境内，布置在郑集河口以南1.5km，湖西大堤以西的顺堤河滩地上，主要任务是向南四湖下级湖输水，并结合排涝。设计流量75m^3/s，设计扬程2.4m，平均扬程2.08m，泵站装机4台（其中1台备用）2850ZGQ－2.5灯泡贯流机组，总装机容量5000kW。工程为Ⅰ等工程，主要建筑物为1级，主要建筑物有：主泵房、副厂房、安装间、清污机桥、进水前池、出水池、防洪闸和进出水渠等。

（黄九常）

运　行　管　理

（一）管理机构

现场管理机构为江苏省南水北调蔺家坝泵站工程管理项目部（以下简称蔺家坝项目部），现有常驻人员11名。其中：高级工程师1名，工程师3名，助理工程师1名，技师4名，高级工1名，中级工1名。另外还聘请了保安3名、保洁员2名。

项目经理部设立了工程部、综合部、财务部三个职能管理部门。

（二）管理范围

南水北调蔺家坝泵站的管理范围主要为蔺家坝泵站、防洪闸及配套的水利工程用地、相关的变配电设施及其他配套管理设施。

（三）管理设施

蔺家坝泵站管理设施包括办公楼、宿舍楼各1座。办公楼内设有办公室、会议室、档案室、职工活动室等；宿舍楼内设有职工食堂。

（四）调度运用

蔺家坝泵站的控制运用由江苏水源公司运行管理部直接调度。

（五）设备维护

注重对各种设备经常性检查、清理、养护，及时更换常规易损件，使之处于完好状态。汛前、汛后对设备进行重点检查、维护、保养，编写汛前、汛后检查报告，并及时将检查报告报送江苏水源公司备案。

（六）工程管理养护

2010年，蔺家坝项目部在积极开展设备、工程的正常维修养护的同时，还完成江苏水源公司下达的维修项目5项，共完成经费10.998万元。

（七）林木管理

蔺家坝泵站内绿化林木等2010年5月前由水土保持工程Ⅰ、Ⅱ标段中标单位蚌埠市园林绿化工程有限公司、淮安水源绿化工程有限公司进行现场维护，2010年5月后由淮安水源绿化工程有限公司进行现场维护。

（八）治安管理

蔺家坝项目部非常重视蔺家坝站的治安工作，一是从徐州振宇安全护卫服务有限公司聘请了3名保安，24小时不间断负责门卫工作；二是要求值班人员加强站区巡视，确保站区安全。

（九）运行费用管理

规范财务管理，提高资金使用效率。根据委托管理文件的要求，蔺家坝项目部配备了兼职财务管理人员，一方面要求财会人员认真学习《会计法》和南水北调的有关财务规定，坚决按财务制度办事；另一方面要求财务部认真做好财务收支的计划、控制、核算、分析和考核工作，确保管理经费的专款专用，接受和配合相关检查监督和审计，及时编报财务报表和完成竣工财务决算。

（十）质量管理

在对工程设施、设备的日常管理和岁修专项工程实施过程中，蔺家坝项目部注重质量管理，以水利行业泵站、水闸的有关规程、规范为标准，开展各项工作。进行每年一次的电气定期预防性试验、透平油变压器油及液压油的化验、行车和安全用具的检测等，确保设备的完好。

（黄九常）

工程验收

2010年共完成工程验收4项。3月30日，通过了由江苏水源公司组织的合同项目完成验收；4月20日，通过了由江苏水源公司组织的工程合同项目档案专项验收；11月17日，通过了由环境保护部组织的南水北调东线一期蔺家坝站设计单元工程环保验收；11月25～26日，通过了由国务院南水北调办组织的南水北调东线一期蔺家坝泵站设计单元工程档案专项验收。

（黄九常）

工程效益

2010年，在江苏水源公司的正确领导下，项目部全体人员以科学发展观为指导，尽职尽责，各项工作有序开展，工程管理水平得到了进一步提高，做到了安全运行无事故。全年蔺家坝泵站共开机运行11台次、43台时，抽水350万m^3。

（黄九常）

韩庄运河段工程

概　述

工　程　概　况

南水北调韩庄运河段工程位于山东省的南部，是南水北调东线第一期工程的重要组成部分，是实现南水北调向北输水和省际供水目标的关键性工程。韩庄运河是京杭大运河的一部分，上起南四湖下级湖出口韩庄闸，流经济宁市微山县、枣庄市峄城区、台儿庄区，至苏鲁省界陶沟河口与中运河相接，全长 42.7km，南水北调东线一期工程在该段利用韩庄运河现有河道输水。

韩庄运河段工程包括台儿庄、万年闸和韩庄 3 座泵站，其主要任务是抽引骆马湖来水输送到南四湖下级湖。

（黄九常）

台儿庄泵站工程

工　程　概　况

台儿庄泵站工程是南水北调东线工程的第七级泵站，位于山东省枣庄市台儿庄区境内，由山东干线公司委托淮河水利委员会治淮工程建设管理局负责建设。该工程由泵站站区和生活管理区两部分组成，主要建筑物包括主泵房、副厂房、安装间、进出水池、进出水渠、排涝涵洞、清污机闸、交通桥和办公生活设施等。

2009 年 11 月 24 日泵站机组通过试运行验收。主机泵设备、起重机设备、电气设备、闸门启闭机设备、计算机监控系统及辅机设备安装等工程已按批准的设计内容全部完成，试运行期间各设备运行正常，主要设备的制造安装质量及主要技术参数满足设计要求，符合有关规程、规范的规定，工程档案资料基本齐全。

（姜志敏）

运　行　管　理

（一）管理机构

山东省南水北调韩庄运河段工程建设管理局下设台儿庄泵站管理处具体负责工程建设管理工作，管理处内设工程科和综合科开展运行管理各项工作。2010 年度台儿庄泵站运行管理人员 16 人，基本能满足非运行期泵站日常维护保养的需求。

（二）管理范围

站区：东起进水渠进口、西至出水渠出口，南至建筑物南侧外边线以南 10m，北至韩庄运河北堤顶。东西方向总长约 1800m，南北方向总宽 160m。

管理区：泵站管理区设在泵站东面、韩庄运河北侧的弃渣场处，距泵站约 2.5km，与泵站之间通过韩庄运河北堤连接，交通较方便。管理区内布置办公楼、仓库、油库、机修车间、职工宿舍等管理设施。

（三）调度运用

根据山东省南水北调工程建设管理局《关于韩庄运河段泵站机组开机维护有关试验的请示》的批复，从2010年11月下旬开始每两月依次对泵站1台机组开机维护1次，每年对泵站机组联动（4台）开机维护1次。

汛期按照调度指令协助台儿庄城区防洪排涝。

（四）设备养护

2010年4月28日、2010年12月7日共两次对设备进行全面的养护。同时为确保移交后的设备能够“随用随开”，台儿庄泵站制定了2010年下半年运行管理培训计划，做好并完善设备的养护工作。

（五）管理养护

2010年7月27日台儿庄泵站工程由淮河水利委员会治淮工程建设管理局移交山东干线公司进行运行管理。工程移交前后，泵站运行管理人员做了大量工作。

2010年3～7月，编写了《南水北调东线一期工程韩庄运河段工程台儿庄泵站工程运行管理试行办法》，工程运行管理各项规章制度基本建立健全；积极参与工程建设，做好与运行管理的衔接工作，督促相关单位处理了机组安装、试运行验收中发现的金属结构设备锈蚀、清污机无法远程操作等40多个问题。

8月4日召开韩庄局泵站运行管理座谈会，确定了泵站运行管理开拓创新与探路，搞好职工培训，定期维护演练、未雨绸缪，推行岗位责任制、促进运行管理工作更好更快发展的工作思路和目标。8月上旬制定设备日常维护管理与职工培训工作计划并且细化到周，设备日常维护工作稳步开展，先后协助或独立处理了4号（5号）液压站远控、2号主变压器漏油等十多个遗留问题；人员理论和模拟操作培训工作扎实推进，职工基本具备独立开机操作能力；编制完成了《南水北调东线一期工程山东段已建成泵站工程运行管理费用的请示》；先后于9月9日、11月13日、12月15日、12月17日四次举行（或参加）台儿庄泵站遗留问题协调会议，目前110kV电力线路T接改线等遗留尾工及问题正在积极协商处理中。

4月28日、12月7日，按照设备管理的有关规定，对泵站机组进行了两次全面的维护保养，为锻炼运行管理人员技术能力、完善运行管理制度积累了宝贵的经验。

（六）林木管理

水土保持工程验收前以施工单位管理为主，水土保持专项验收后，针对办公生活管理区树木成活率低等问题，积极与原建设单位沟通协调，准备进行补植处理。

（七）治安管理

以运行人员值班看护为主，积极与当地公安机关联系，准备成立治安办公室。

（八）工程验收工作

（1）验收准备。验收工作以淮河水利委员会治淮工程建设管理局为主，台儿庄泵站管理处辅助配合。正按照验收计划和国务院南水北调办有关验收规定，积极进行。

（2）专项验收情况。2010年，台儿庄泵站基本完成初步设计批复的内容。完成了档案、水土保持专项验收工作。

（姜志敏）

万年闸泵站工程

工 程 概 况

万年闸泵站位于韩庄运河中段，是南水北调东线工程的第八级泵站，也是山东省境内的第二级泵站。该泵站枢纽西距韩庄泵站枢纽16km，东距台儿庄泵站枢纽14km，位于韩庄运河北三支沟入口以下万年闸村北、杨闸官村南。泵站设计输水规模125m^3/s，设计扬程5.49m，水泵机型为5台立式轴流泵，单机设计流量31.5m^3/s，总装机机容量14 000kW。

万年闸泵站于2004年11月18日开工建设；2008年7月29日，通过了水下工程阶段验收；2010年5月25日，通过了泵站机组联合试运行验收。

（任庆旺）

运 行 管 理

（一）管理机构

山东省南水北调韩庄运河段工程建设管理局下设万年闸泵站管理处具体负责万年闸泵站运行管理工作。根据万年闸泵站现阶段工程建设收尾验收和工程已进入运行管理前期的特点，结合“一岗双责”的要求，确定管理机构设置及职能如下：

设主任1人，负责泵站管理全面工作。分管泵站工程管理、工程验收、档案管理及后勤等综合管理工作。

设运行副总工程师1人，负责泵站运行、设备检修维护等安全生产工作。分管泵站运行管理、质量安全、调度运行等工作。

设质量安全科、运行管理科、工程管理科、综合管理科4个科室。

（二）调度运行及设备维护保养工作

2010年，经过建管、设计、监理、施工等各参建单位的共同努力，万年闸泵站完成了除水土保持工程外的8个单位工程验收和6个合同项目完成验收工作。

2010年5月23～25日，通过了机组联合试运行阶段验收。联合试运行期间，泵站主机泵设备、起重机设备、电气设备、闸门启闭机、计算机监控系统及辅机等设备运行基本正常，主要设备的制造安装质量及主要技术参数满足设计要求，符合有关规程、规范的规定。

联合试运行验收完成后，万年闸泵站人员根据泵站技术管理规程、泵站技术改造规程等规范及管理办法编制了万年闸泵站运行管理方案，为泵站的后期管理提供管理依据。依照方案，泵站人员积极加强引水闸、引水渠、出水闸、出口防洪闸、前池、出水池等水工建筑物的日常巡视和泵站设备的日常维护保养，对发现的问题及时、认真解决。严格日常巡视和保养，保证了泵站水工建筑物及设备的完好率。同时，万年闸泵站还以2个月为周期，每2个月进行开机维护运行1次。保证了整个泵站始终处于热备用状态。

为使设备处于完好的热备用状态，万年闸泵站各机组每2个月进行一次联合试运行，以便及时发现问题及时解决，定期启动对机组的防潮和设备绝缘都有好处，并且能够提升运行人员的业务水平和操作技能。非运行期间每周对设备进行一次巡回检查，发现问题及时消除。对设备定期进行加油换油，机械设备及电气盘柜定期进行清扫工作。每周坚持开展一次泵站运行理论讲座和现场模拟操作培训，使运行人员的理论水平和现场实际操作能力不断提升。

（三）运行费用管理

运行期间开展小指标竞赛活动，奖罚分明，努力降低设备耗电率和供水单耗，提高泵站运行效率。同时，建立各项考核制度，制定泵站考核实施细则并进行量化，每月或每季度根据量化指标进行一次考核。

（任庆旺）

工 程 验 收

截至2010年底，万年闸泵站工程已完成分部工程验收45个，单位工程验收8个，合同项目完成验收6个，除水土保持工程外，项目法人验收工作已全部完成。各参建单位正在进行完工结算等竣工验收前的各项准备工作。

工程专项验收方面，已完成消防工程专

项验收、工程档案项目法人专项验收。

（任庆旺）

工 程 效 益

（一）排涝效益

万年闸泵站引水渠、出水渠均设有跌水，可以连通附近农田排涝渠道。汛期，泵站渠道容纳了部分农田涝水。同时，在运河水位低于引水渠水位时，万年闸泵站引水闸进行了提闸，及时排除了附近农田的涝水。

（二）社会和生态效益

万年闸泵站工程所建新206国道公路桥、交通桥已通车，改善了当地交通条件。同时，泵站出水口在枣庄市峄城区开发的沿河湿地公园中，一渠碧水，万亩荷塘，水利工程与当地景观相结合，成为一道美丽的风景线。

（任庆旺）

韩庄泵站工程

工 程 概 况

韩庄泵站是南水北调东线第一期工程的第九级抽水梯级泵站，也是山东省境内的第三级泵站，位于山东省枣庄市峄城区古邵镇八里沟村西。韩庄泵站是一个跨县际工程，52.68亩位于济宁市微山县韩庄镇，502.62亩位于枣庄市古邵镇，总征收和收回土地555.22亩。

（黄九常）

工 程 投 资

2010年，计划完成投资额为10 555万元，2010年施工标共完成3217万元，设备采购支付6588万元，年度累计完成金额为9813万元，占年计划投资的93%。截至2010年底，累计完成投资22 220万元，占概算投资的98%，其中，土建投资7538万元，安装260万元，征迁安置1703万元，设备购置10 827万元，其他费用1892万元。

（黄九常）

招 标 投 标

截至2010年底，韩庄泵站已完成土建及安装监理、设备监造监理、征迁移民监理、出水渠工程11标、枢纽工程施工19标、管理区工程施工22标、水泵机组及其附属设备采购、金属结构及清污机设备采购20标、液压启闭机采购21标、电气设备采购23标、自动化设备采购24标共11个招标项目工作，上述招标均采用公开招标。

（黄九常）

工 程 进 展

（一）年度工程进展

2010年4月中旬门机进场并安装调试，4月下旬具备安装水泵条件。水泵机组4月上旬2台进场，4月底陆续进行水泵安装，8月安装结束。

2010年8月变频器进场安装，办公自动化设备8月进场安装。

2010年5月开始变电站施工，7月施工结束，电气设备8月进场安装。

2010年9～10月进行电缆敷设安装。

2010年5月完成110kV电力线路的施工图设计，麦收后开始电力线路安装，10月安装结束，11月通过验收并送电运行。

2010年11月下旬进行水泵机组初步调试，12月进行联合试运行。

2010年12月底完成韩庄泵站所有的剩余

工程，具备验收条件。

2010年完成的工程量：2010年韩庄泵站完成土石方开挖14.5万m^3，占2010年度计划的74%，累计完成118.9万m^3；完成土石方回填23.82万m^3，累计完成36.82万m^3，土方回填已基本完成；混凝土浇筑1.89万m^3，占2010年度计划的196.6%，累计完成4.04万m^3。浆砌石完成0.73万m^3，累计完成1.29万m^3；钢筋制作安装60.44t，累计完成3017t；金属结构安装完成689t，累计完成699.65t。

闸门、门机、启闭机全部制造完成，门机安装完成，安装主厂房进水口防洪闸门5扇、引水闸5扇。水泵机组全部安装调整完毕。电气设备制造完成80%，自动化设备完成设计。

（二）各标段工程形象进度

11标出水渠及交通工程：出水渠枣庄段施工完成，微山段渠坡渠底护砌完成50%；出水渠及胜利渠交通桥已全部完成。

19标泵站枢纽工程：至2010年7月28日，韩庄泵站主厂房中联浇筑完成后，韩庄泵站主机段主体工程已全部完成。6月25日，韩庄泵站副厂房地基通过验收。目前副厂房框架结构已完成，已经封顶，正在墙体砌筑和内部装修工程。引水渠742m混凝土衬砌除右侧临时便道50m未施工外，已全部完成，引水闸工程土建部分基本完成，闸门也已安装完毕；排涝涵洞工程也已基本完成。

20标金属结构：2010年6月6日，引水闸、主厂房工作闸门、拦污栅等金属结构通过验收，闸门、门机全部制造完成。2010年8月7日，韩庄泵站门式起重机通过了出厂验收。8月11日，门机开始进场。10月29日，韩庄泵站门式起重机安装完成通过荷载试验。已安装主厂房进水口防洪闸门5扇、引水闸5扇。

21标液压启闭机：液压启闭机全部制造完成。

22标泵站管理区工程：办公楼、传达室、配电室、车库等建筑安装与装修工程均已完成。

23标电气设备：电气设备制造完成80%。

24标自动化系统：自动化设备已经完成设计，2010年6月1日与东深电子股份有限公司签订购置合同。

水泵机组：2010年1月19~20日，进行水泵电机的性能验收试验，电机性能试验合格。11月4日上午，韩庄泵站五台水泵机组通过水路运至韩庄泵站临时码头。12月3日，韩庄泵站水泵机组正式开始安装。

（黄九常）

工 程 验 收

工程验收中严格执行国家验收评定规范和南水北调工程验收管理办法。韩庄泵站2010年共完成612个单元工程质量评定，全部优良；完成11个分部工程，优良8个。累计完成1166个单元工程质量评定，优良1119个。

（黄九常）

南四湖水资源控制、水质监测工程和骆马湖水资源控制工程

概 述

工 程 概 况

南四湖水资源控制、水质监测工程和骆马湖水资源控制工程是南水北调东线一期工程的重要组成部分，工程包括二级坝泵站工程、姚楼河闸工程、杨官屯河闸工程、大沙河闸工程、潘庄引河闸工程、南四湖水质监

测工程、骆马湖水资源控制工程等7个设计单元工程。南四湖水资源控制工程主要解决上级湖江苏用水、下级湖山东用水的控制问题；南四湖水质监测工程主要对南水北调输入南四湖的水量，支流入湖、出湖水量，南四湖北送的水量，江苏及山东两省引水量等实施水量监测；骆马湖水资源控制工程的主要任务是控制非正常引水，正常情况下保证工程调水和航道通航，在非调水期则对骆马湖水资源进行有效控制。

（赵　斌　任德常　石　静）

二级坝泵站工程

工　程　概　况

二级坝泵站工程是南水北调东线第一期工程的第十级抽水梯级泵站，位于南四湖中部，山东省微山县欢城镇境内。设计输水流量为125m^3/s，设计净扬程3.21m，装机5台后置式灯泡贯流泵（4用1备），单机流量31.5m^3/s，单机功率1650kW，多年平均设计装机利用时间4364h。

截至2010年底，二级坝泵站工程完成工程建设投资23055.06万元，其中2010年完成工程建设投资8348.43万元。

（赵　斌　任德常　石　静）

招　标　投　标

根据标段类型编制招标书，经国务院南水北调办批准后上网进行招标公告，由招标代理单位出售标书，到国务院南水北调办专家库存抽取评标专家，开标后由评标专家组进行评标，推荐中标单位，上网公示后确立中标单位，发中标通知书，签订合同。2010年签订合同情况见表1。

表1　　2010年签订合同情况表

序号	合同编号	合同名称	签订单位	签订时间
1	NSBD-EJBBZ-28	引水渠、导流渠工程测量合同	山东省水利勘测设计院	2010年5月12日
2	NSBD-EJBBZ-30	输电线路工程勘测设计合同	济宁圣地电力设计院有限公司	2010年11月3日
3	NSBD-EJBBZ-32	临时生活设施房屋修缮工程合同	福幸装饰	2010年11月19日
4	NSBD-EJBBZ-33	技术服务合同	水利部水利水电规划设计总院	2010年5月

（赵　斌　任德常　石　静）

工　程　进　展

2010年度二级坝泵站主体工程实际完成的工程量为：5台灯泡贯流泵机组设备安装，开挖土方153万m^3，填筑土方93万m^3，钢筋混凝土5.7万m^3，浆砌石1.7万m^3，金属结构制作安装872t，灌注桩1676m。

（1）引水渠工程于2007年3月30日开工，2009年5月11日完成引水渠工程单位工程验收。

（2）引水渠交通桥于2008年5月12日开

工，2009年5月11日完成引水渠交通桥工程单位工程验收。

（3）二级坝公路桥于2008年10月30日开工，2010年4月6日完成二级坝公路桥工程单位工程验收。

（4）主副厂房土建及设备安装工程于2008年10月26日开工。进水闸土建及金属结构安装工程施工已全部完成，剩余主要工程任务是清污机安装调试。主厂房建筑面积约$1059m^2$，2009年11月26日完成主厂房屋面（封顶）混凝土浇筑；水泵机组已完成5台水泵机组主体安装，附属设备已安装就位。副厂房共8层，建筑面积约$2740m^2$。于2009年12月1日开工建设，2010年8月16日封顶。变电所工程于2010年8月1日开工建设，2010年11月1日封顶。变压器已安装就位，正在进行GIS安装施工。出水渠工程基本完成，2010年度11月22日已通过水下工程阶段验收，并已顺利充水。

（赵　斌　任德常　石　静）

工程质量评定

进水闸工程累计评定单元工程个数137个，其中优良128个，优良率93.4%；主副厂房土建及安装工程累计评定单元工程个数476个，其中优良435个，优良率91.3%；出水渠累计评定单元工程个数86个，其中优良77个，优良率89.5%。

（赵　斌　任德常　石　静）

施工科技

二级坝泵站工程主泵房的底板、翼墙、流道等均属于大体积混凝土，其中底板尺寸顺水流方向41.8m，垂直水流方向46.8m。底板混凝土最薄处厚1.6m，局部厚4m，属于典型的大体积混凝土，总混凝土方量约为$4200m^3$，采用整体无缝结构，防裂抗渗要求较高。为保证混凝土浇筑质量，在施工前组织设计、监理、施工单位并邀请国内相关知名专家在施工现场针对混凝土浇筑实施方案召开多次研讨会，经过多次的施工方案比较，决定采用跳仓施工，并在主泵房底板混凝土施工过程中采取了预埋冷却水管等一系列温控防裂措施，混凝土浇筑完成后按时做好温度监测工作及加强养护，确保了泵房底板混凝土施工质量，大底板混凝土浇筑取得了成功，没有发现明显的裂缝。

二级坝泵站水泵是采用后置式灯泡贯流泵，单机流量$31.5m^3/s$，单机功率1650kW，叶轮直径3m。通过国际招标由日本株式会社荏原制作所、荏原博泵泵业有限公司供应，在设计、制造方面技术较为先进。为做好安装工作，多次召开水泵机组设计联络、安装协调会议，并督促安装单位严格按照日方指导人员的要求去做，确保水泵机组的安装质量。5台机组已全部安装完毕。

（赵　斌　任德常　石　静）

杨官屯河闸工程

工程概况

南四湖承担着南水北调东线的调蓄和输水任务。在南水北调运行期间，为保证南四湖地区的正常输水和水资源统一管理，需对南四湖周边众多入湖河流进行有效控制。第一期规划在上级湖湖西大沙河、姚楼河、杨官屯河和下级湖湖东潘庄引河的河口上新建控制闸。杨官屯河闸是四个水资源控制工程中的一个，并兼有挡洪、泄洪、排涝和通航等功能，是南水北调东线工程中的重要组成部分。

杨官屯河闸设计泄洪标准为20年一遇，排涝标准为10年一遇，主要建筑物级别为1级，次要建筑物级别为3级。位于山东、江苏两省交界处杨官屯河入南四湖（上级湖）的湖口处，闸轴线距湖西大堤约130.0m，闸两侧通过杨官屯河堤与湖西大堤连接。该闸共2孔，单孔净宽8～12m，采用钢筋混凝土框架式结构，底板厚1.3m，底板顶面高程29.8m，南侧闸孔兼做船闸（Ⅶ级航道）的上闸首；中墩厚1.2m，边墩厚1.0m，墩顶高程为40.0m；采用钢筋混凝土灌注桩基础，船闸闸首布置于湖外侧，上闸首工作闸门为双扉平面工作钢闸门，下闸首工作闸门采用平面钢闸门，固定卷扬式启闭机。

2005年，水利部以（水总〔2005〕179号）批复了杨官屯河闸工程初步设计。工程总投资3014万元（发改投资〔2005〕518号），施工总工期为20个月，跨三个年度，主体工程施工需在一个非汛期内完成。2009年11月，国务院南水北调办批复了杨官屯河闸工程变更设计报告。2010年3月，国务院南水北调办以国调办投计〔2010〕22号核定杨官屯河闸工程总投资5528万元。

（赵 斌 任德常 石 静）

工 程 投 资

国家发展改革委核定杨官屯河闸工程总投资5528万元，其中建筑工程2103万元，机电设备及安装198万元，金属结构设备及安装231万元，施工临时工程1052万元，独立费用1183万元，基本预备费286万元，工程占地补偿费276万元，环境保护工程42万元，水土保持工程80万元，建设期贷款利息77万元。

2010年度实际完成投资1423万元（不含征迁），其中建筑工程1035万元，其他388万元（勘测设计费、监理费及建管费等）。

（赵 斌 任德常 石 静）

招 标 投 标

2007年8月21日，国务院南水北调办以《关于南水北调东线姚楼河闸工程和杨官屯河闸工程招标分标方案的批复》（国调办建管〔2007〕96号）批复了杨官屯河闸工程分标方案，共分建设监理（含设备监造）、杨官屯河闸建筑安装、杨官屯河闸闸门和启闭机设备采购、杨官屯河闸供电工程等4个标。

建设单位在杨官屯河闸工程建设过程中严格按国家有关政策法规和基建程序办事。按照公平、公正、择优的原则开展招评标工作，整个招标过程实现全过程“阳光操作”，评标专家根据规定专门从国务院南水北调办专家库中抽取，监察部门对招标全过程进行了监督。

（赵 斌 任德常 石 静）

建 设 管 理

杨官屯河闸工程项目法人为山东干线公司与江苏水源公司，项目法人联合与淮河水利委员会治淮工程建设管理局签署了《委托建设管理协议》，明确划分了项目法人与建设管理单位的职责，淮河水利委员会南水北调东线工程建设管理局作为现场派出机构具体负责工程建设管理工作。

杨官屯河闸工程制定了质量管理制度，完善了管理组织体系，健全了质量保证、检查、监督体系建设。

杨官屯河闸实行周例会、月报表及年度方案制度，开工初编制总进度计划及总施工组织设计方案，随工程建设进展分解到年、月、周，随时了解工程进展情况并根据总目标计划进行调整。

杨官屯河闸招标文件中明确了安全生产无事故和创建设文明工地的目标要求，开工初期编制了安全生产及文明工地实施方案，并分解到年度目标、月计划与周例会中，实行以周保月、以月保年、以年保总目标的措施。

（赵　斌　任德常　石　静）

工　程　进　展

2007年底，施工单位进驻工程现场，由于设计变更及征迁问题未解决，2010年8月才开始进行临时工程钢板桩围堰施工，12月下旬经国务院南水北调办批复工程正式开工建设。

2010年12月31日，杨官屯河闸完成钢板桩围堰和土围堰施工，正在进行节制闸和船闸上闸首灌注桩施工。截至2010年底，累计完成土石方开挖0.55万m^3。

（赵　斌　任德常　石　静）

安　全　生　产

开工伊始，成立了以建设单位负责同志为组长，各参建单位负责人为成员的安全生产领导小组，制定了《杨官屯河闸工程安全生产管理办法》、《安全生产实施细则》、《工程重特大安全事故应急预案》等办法，并督促监理、施工单位结合工程特点建立了一系列切实可行的安全管理规章制度。此外，还建立了安全生产责任人网络表，将安全生产责任落实到人。建设、监理单位建立了安全生产检查体系，建设单位每天有专人进行安全生产检查，发现问题及时要求整改。施工单位建立了以项目经理总负责的安全生产保证体系，现场配有专职安全员，跟班巡回检查。

该工程对参建单位安全生产工作实行年度考核制度，2010年度安全生产目标考核自评结果1级。

（赵　斌　任德常　石　静）

大沙河闸工程

工　程　概　况

大沙河闸位于江苏省与山东省交界处，闸址坐落在大沙河入南四湖的河口处，闸轴线距湖西大堤约130m，具备引水、排涝、泄洪、挡洪和通航的功能，主要任务是在维护当地分水原则不变的情况下有效控制南四湖周边地区计划用水和确保向北送水。

主体工程计划分两期、利用两个非汛期实施完成：一期为2009年10月~2010年5月，主要完成左岸船闸及岸翼墙、2孔节制闸和右岸岸翼墙施工，船闸具备通航条件；二期为2010年9月~2011年5月底，完成二期工程水下阶段验收；2011年底具备完工验收条件。

（赵　斌　任德常　石　静）

工　程　投　资

2010年3月国务院南水北调办以国调办投计〔2010〕21号《关于南水北调东线一期南四湖水资源控制工程大沙河闸设计单元工程变更设计报告（概算）的批复》，核定大沙河闸设计单元工程变更部分静态总投资4444万元。大沙河河闸工程批复总投资调整为10 968万元，其中建筑工程4758万元，机电设备及安装461万元，金属结构设备及安装930万元，施工临时工程794万元，独立费用2216万元，基本预备费550万元，工程占地补偿费736万元，环境保护工程69万元，水土保持工程143万元，建设期贷款利息311万元。

2010年，计划完成投资5105万元，实际完成投资5105万元，其中建筑工程3370万元，设备工器具购置445万元，其他1290

万元。

（赵 斌 任德常 石 静）

工 程 进 展

2009年3月开始施工，2010年汛前完成一期工程水下工程阶段验收，9月底开始二期工程施工，12月底完成节制闸闸室90%以上工程量。计划完成工程量：土方开挖30.21万m^3、土方回填11.51万m^3（含新增堤防改线土方）、混凝土2.3万m^3、金属结构577.5t。

2010年12月31日工程形象进度为：船闸完成；节制闸第一联基本完成；节制闸底板、6孔闸墩和湖外侧海漫混凝土浇筑完成；正在进行节制闸墩墙混凝土浇筑和上、下游土方开挖等；完成工程量为：土方54.99万m^3、石方1.82万m^3、混凝土浇筑2.59万m^3、钢筋制作安装1419t，金属结构制造安装97t。

（赵 斌 任德常 石 静）

工 程 质 量

大沙河闸工程质量评定分为按水利标准评定与按非水利标准评定两类，2010年累计完成按非水利标准评定分项工程98个，合格率100%；按水利标准评定单元工程106个，合格率100%，优良率100%。

（赵 斌 任德常 石 静）

潘庄引河闸工程

工 程 概 况

潘庄引河闸是南水北调东线第一期工程南四湖水资源控制工程的重要组成部分，位于南四湖湖东大堤与潘庄引河交汇处附近。其主要任务为：正常情况下参与引水、排涝、泄洪、挡洪；南水北调工程调水期，潘庄引河河口实施测流计量，对南四湖水资源实施有效控制与管理。

（赵 斌 任德常 石 静）

工 程 进 展

潘庄引河闸工程于2008年12月16日正式开工，2009年6月10日通过水下工程阶段验收，2010年3月，完成工程初步设计建设内容，工程具备投入运行条件，2010年4月30日，通过单位工程暨合同项目完成验收。

2010年12月4日，工程通过水土保持专项验收。

2010年12月29日，通过设计单元工程档案专项验收。

2010年4月30日，工程通过单位工程暨合同项目完成验收。

潘庄引河闸工程自合同项目完成验收后由建设单位委托施工单位进行临时运行管理。

（赵 斌 任德常 石 静）

姚楼河闸工程

工 程 概 况

姚楼河闸工程是南水北调东线第一期工程南四湖水资源控制工程的重要组成部分，其主要任务是在南水北调运行期间，加强对南四湖水资源的控制与管理，并兼有挡洪、泄洪、排涝和通航等功能。

（赵 斌 任德常 石 静）

工 程 进 展

姚楼河闸工程2007年12月施工单位进驻现场，2008年9月底主体工程正式开工。

2010年4月28日，工程通过单位工程暨合同项目完成验收。

2010年9月，工程通过消防专项验收。

2010年12月4日，工程通过水土保持专项验收。

2010年12月29日，工程通过设计单元工程档案专项验收。

2011年3月16日，工程通过竣工环境保护验收。

姚楼河闸工程自合同项目完成验收后由建设单位委托施工单位进行临时运行管理。

（赵 斌 任德常 石 静）

南四湖—东平湖段工程

概 述

工 程 概 况

南四湖—东平湖段输水与航运结合工程（以下简称两湖段工程）是南水北调东线一期工程的重要组成部分，是沟通黄河、淮河、海河和连接胶东输水干线、鲁北输水工程的咽喉，处于山东境内T字形输水大动脉的心脏地带，也是山东加快南水北调东线一期工程建设进度、确保2013年全线通水目标如期实现的关键性控制工程。该工程上接南四湖的上级湖，下至东平湖，输水线路全长约108km，途经济宁市的微山等7个县（区）和泰安市的东平县。由南四湖湖内疏浚工程、梁济运河输水航道工程、柳长河输水航道工程、长沟泵站、邓楼泵站、八里湾泵站和引黄灌区灌溉影响处理工程7个设计单元组成。一期工程设计输水流量100m^3/s，年调水13亿～14亿m^3，计划总工期3年，工程概算总投资约37.4亿元。

工程建成后，北可以向德州、聊城等鲁北地区并进而向冀东、天津供水；东可以通过已经建成的济平干渠向济南供水，并进而通过济南—引黄济青段和胶东输水干线调水至烟台、威海、青岛，以有效解决这些地区水资源的紧缺问题。短期内即可实现南四湖和东平湖之间水资源的联合调度，初步改善山东水资源空间分布不均的状况，对下步沂沭泗洪水利用、实现洪水资源化具有重大的现实意义。

（化晓锋）

建 设 管 理

政府层面，成立了山东省南水北调南四湖—东平湖段工程建设指挥部。为加强对工程建设的领导，加大协调力度，保障两湖段工程建设的顺利实施，指挥部在现场设办公室，具体负责征地移民和施工环境保障工作。整个工程移民迁占工作由山东省南水北调建管局委托地方政府组织实施。

法人层面，为全面做好两湖段工程的建设管理工作，经山东干线公司研究，并报山东省南水北调建管局同意，成立了山东省南水北调南四湖—东平湖段工程建设管理局（以下简称两湖段建管局），作为山东干线公司的派出机构，具体负责两湖段工程的建设管理工作。两湖段建管局内设综合部、工程技术部、迁占协调部、质量安全部，下设长沟泵站、邓楼泵站、梁济运河、柳长河四个建管处。

根据工程建设实际，按照国务院南水北调办的有关规定，山东干线公司将引黄灌区灌溉影响处理工程、八里湾泵站工程和南四湖湖内疏浚工程分别委托给梁山县南水北调局、黄河东平湖管理局和济宁市南水北调局组织实施，并签署了委托建管协议。

在工程进度控制中，要求项目部针对工地实际情况制订了详细的网络进度计划，并在实际控制中将该计划按工程进展情况划分为不同的阶段，每个阶段又进一步分解为按季、月、旬等不同层次的小阶段进度计划进行实际控制，同时针对进度控制中的难点、重点问题，依靠严格科学的管理及早预判、及时克服。

建立健全质量监督工作机制，完善监督手段，增强质量监督的权威性和有效性，加强对贯彻有关质量法规、规范情况的检查，坚持查处有法不依、执法不严、违法不究以及滥用职权的行为；负责检查、监督各参建单位建立健全质量体系，并在其资质允许范围内从事工程建设的质量工作；对影响工程质量的行为进行监督检查。

建立健全安全生产责任制度和安全生产教育培训制度，制定了安全生产规章制度和操作规程，保证本单位建立和完善安全生产条件所需要的资金投入，对水利工程进行定期和专项安全检查，并做好安全检查记录，并根据工程特点组织安全施工措施，消除安全事故隐患。

文明工地创建活动坚持“以人为本，注重实效”的原则，在工程建设的全过程、全方位提倡文明施工，营造和谐建设环境，调动各参建单位和全体建设者的积极性，做到现场整洁有序，实现管理规范高效，保证施工质量安全，促进工程顺利建设。

（化晓锋）

长沟泵站工程

工程概况

长沟泵站是南水北调东线工程的第十一级抽水梯级泵站，位于济宁市长沟镇新陈庄村北，泵站选用肘形进水流道，直管出水流道液压全调节立式轴流泵，一期设计输水流量 $100m^3/s$，多年平均调水量 14.27 亿 m^3，设计选用4台液压全调节式3100ZLQ-4 立式轴流泵，配套电机型号 TL2240-48，装机 4 台，其中备用 1 台，泵站总装机容量 8960kW。

（化晓锋）

工程投资

截至2010年底，长沟泵站累计下达投资 21 750 万元，其中中央预算内投资 8350 万元、南水北调工程基金 440 万元、国家重大水利建设基金 2000 万元、银行贷款 7000 万元，主要用于长沟泵站工程建设，截至 2010 年底累计完成投资 13 350 万元。

（化晓锋）

招标投标

2010 年 3 月 6 日，国务院南水北调办（国调办建管〔2009〕21 号）批复了长沟泵站设计单元工程分标方案，长沟泵站共划分为 9 个标段：其中监理 1 个、主体工程施工 1 个、管理设施工程 1 个、设备采购 2 个、电气设备 1 个、计算机控制系统 1 个、水土保持工程 1 个、供电设施工程 1 个。

截至 2010 年底，长沟泵站工程累计已完成 8 个标段的招标工作，其中监理 1 个，主体工程施工1个，管理设施工程1个，设备采购2个，电气设备1个，计算机控制系统1个、供电设施工程1个（已委托地方电力部门实施），剩余水土保持工程标段计划在2011年完成招标投标工作。

2010年工程招投标情况见表1。

表1　　2010年长沟泵站工程招投标情况

序号	合同编号	合同名称	招标代理单位	招标文件发布时间	开标日期	中标日期	中标单位	合同签订日期
1	NSBD/LHD-CHG003	长沟泵站管理区工程施工合同（标段3）	山东水务招标有限公司	2010年1月12日	2010年2月5日	2010年3月5日	山东北辰集团建筑安装有限公司	2010年3月12日
2	NSBD/LHD-CHG004	长沟泵站金属结构设备采购合同（标段4）	山东水务招标有限公司	2010年4月6日	2010年4月29日	2010年5月25日	山东水总机械工程有限公司	2010年6月4日
3	NSBD/LHD-CHG005	长沟泵站电气设备采购合同（标段5）	山东水务招标有限公司	2010年11月10日	2010年12月2日	2010年12月25日	上海基力电气有限公司	2010年12月30日
4	NSBD/LHD-CHG006	长沟泵站计算机监控系统采购合同（标段6）	山东水务招标有限公司	2010年11月10日	2010年12月2日	2010年12月25日	合肥三立自动化工程有限公司	2010年12月30日

（化晓锋）

工 程 进 展

截至2010年底，先后完成了主泵房段的基坑开挖、基坑围封和CFG桩基础加固，完成了主泵房底板、进水流道层、水泵层、出水流道层混凝土浇筑，完成了上下游连接段的清污机桥桥墩浇筑和桥板预制，完成了前池、进水池底板及两侧挡墙和出水池两侧翼墙。出水闸底部钢筋混凝土工程已全部完成，工作闸门和检修闸门已吊装就位。引水涵闸已完成基坑开挖和底板浇筑。节制闸正在进行基坑开挖工作。出水渠土方开挖已经完成。管理区办公楼主体工程已经完成。水泵电机、金属结构先后完成了流道设计、模型试验、装置验收、图纸设计等，现已进入设备下料和制造阶段，监造监理已进厂开展工作。

截至2010年底，累计完成的主要工程量为土石方开挖40.39万m^3，土石方回填38.7万m^3，混凝土浇筑4.73万m^3，钢筋制作安装2935.3t。

（化晓锋）

邓楼泵站工程

工 程 概 况

邓楼泵站是南水北调东线工程的第十二级抽水梯级泵站，位于梁山县韩岗镇司垓村以西，泵站选用肘形进水，低驼峰出水流道液压全调节立式轴流泵，一期设计输水流量100m^3/s，多年平均提水量13.60亿m^3，设计选用4台液压全调节式3100ZLQ-4立式轴流泵，配套电机型号TL2240-48，装机4台，其中备用1台，泵站总装机容量8960kW。

邓楼泵站工程包括主厂房、副厂房、引

水渠、出水渠、引水闸、出水闸、梁济运河节制闸、变电站、办公及生活福利设施等。

工程概算批复总投资25 575万元。工程量包括土方开挖80.188万m^3，土方填筑49.23万m^3，砌石1.568万m^3，混凝土及钢筋混凝土6.62万m^3，灌注桩0.339 5万m，钢筋制作安装0.33万t。工程总工期2.5年。

（化晓锋）

工程投资

两湖段建管局从严格合同管理抓起，有效控制工程投资。

（1）以合同管理为核心，认真履行合同。合同管理是工程建设管理的核心，是参建各方能够发挥整体功能的纽带，两湖段建管局把合同管理贯穿于工程建设的全过程，并严格按合同办事，促使合同管理规范化、制度化。

（2）重视合同文件的拟订工作。合同编制人员拟订初稿后，召集有关人员进行审查，必要时召集法律顾问或专家进行讨论，确保合同条款和法律的一致性、表述的准确性、通用和专用合同条款的对应性、内容的完备性、合同形式和本工程的适应性，并全面反映责、权、利的统一和公平、公正的原则，风险分摊尽量合理。

（3）严格执行合同，正确做好计量、支付工作。工程开工前将制定计量、付款的统一格式，施工中严格按照合同文件的约定，做到适时、适度、合法付款。

（4）严格控制工程变更。工程施工过程中对变更的提出、审查、批准和实施严格按照合同约定的程序和要求进行，对工程单价的变更严格按照合同规定的方法执行，更好地控制工程变更和造价。

截至2010年底，邓楼泵站累计下达投资20 350万元，其中中央预算内投资8350万元、国家重大水利建设基金5000万元、银行贷款7000万元，主要用于邓楼泵站工程建设。

（化晓锋）

招标投标

2010年3月6日，国务院南水北调办（国调办建管〔2009〕21号）批复了邓楼泵站设计单元工程分标方案，邓楼泵站共划分为9个标段：其中监理1个、主体工程施工1个、管理设施工程1个、设备采购2个、电气设备1个、计算机控制系统1个、水土保持工程1个、供电设施工程1个。

截至2010年底，邓楼泵站工程累计已完成8个标段的招标工作，其中监理1个，主体工程施工1个，管理设施工程1个，设备采购2个，电气设备1个，计算机控制系统1个标段，供电设施工程1个（已委托地方电力部门实施）。剩余水土保持工程标段计划在2011年完成招标投标工作。2010年招标投标情况见表1。

表1　2010年邓楼泵站工程招标投标情况

序号	合同编号	合同名称	招标代理单位	招标文件发布时间	开标日期	中标日期	中标单位	合同签订日期
1	NSBD/LHD/DL-003	邓楼泵站管理区工程施工合同（标段3）	山东水务招标有限公司	2010年1月12日	2010年2月5日	2010年3月5日	滕州市建筑安装工程集团公司	2010年3月12日
2	NSBD/LHD/DL-004	邓楼泵站金属结构设备采购合同（标段4）	山东水务招标有限公司	2010年4月6日	2010年4月29日	2010年5月25日	山东省水工机械厂和山东省水电设备厂联合体	2010年6月4日

续表

序号	合同编号	合同名称	招标代理单位	招标文件发布时间	开标日期	中标日期	中标单位	合同签订日期
3	NSBD/LHD/DL-005	邓楼泵站电气设备采购合同（标段5）	山东水务招标有限公司	2010年11月10日	2010年12月2日	2010年12月25日	许继电气有限公司	2010年12月30日
4	NSBD/LHD/DL-006	邓楼泵站计算机监控系统采购合同（标段6）	山东水务招标有限公司	2010年11月10日	2010年12月2日	2010年12月25日	山东双立电子工程有限公司	2010年12月30日

（化晓锋）

工 程 进 展

截至2010年底，先后完成了主泵房段的基坑开挖、基坑围封和CFG桩基础加固，完成了主泵房底板、进水流道层混凝土浇筑，上下游连接段完成了前池、进水池、出水池的两侧挡墙及翼墙。引水闸闸室底板及闸墩已浇筑完成。出水涵闸和节制闸工程正在进行基坑开挖工作。管理区办公楼主体工程已经完成。水泵、电机和金属结构先后完成了流道设计、模型试验、装置验收、图纸设计等，已进入设备下料和制造阶段，监造监理已进厂开展工作。累计完成土石方开挖39万m^3，土石方回填14.6万m^3，混凝土浇筑1.6万m^3，钢筋制作安装1080t。

（化晓锋）

八里湾泵站工程

工 程 概 况

八里湾泵站工程为南水北调东线第一期工程南四湖—东平湖段输水与航运结合工程的组成部分，位于山东省东平县境内的东平湖新湖滞洪区，是南水北调东线工程的第十三级泵站，也是黄河以南输水干线最后一级泵站。设计调水流量为100m^3/s，设计水位站上40.90m（85国家高程基准，下同），站下36.12m，设计净扬程4.78m，平均净扬程4.15m。工程主要任务是抽引前一级邓楼站的来水入东平湖的北调水100m^3/s，并结合东平湖新湖区的排涝。

八里湾泵站安装轴流泵4台，其中备机1台，叶轮直径3150mm，配额定功率为2800kW的同步电动机4台，总装机量11 200kW。

站址紧邻东平湖区二级湖堤的新湖区内，距原柳长河入东平湖口384.0m。泵站中心线方位为正北偏西4°，泵站采用提身式、正向进、出水布置，主要建筑物由泵房（包括副厂房、安装间）、清污机桥、进出水池、进出水渠、公路桥、堤防与站区平台等组成，出水渠东平湖侧设置拦船索。对外交通道路1.5km（含跨四分干渠桥、跨灌溉渠桥）。

泵站采用肘形进水流道，低驼峰直管出水流道，快速闸门断流，油压启闭机操作。

工程概算批复总投资26 577万元。主要工程量：土方开挖30.6万m^3，土方回填48.66万m^3，混凝土浇筑5.06万m^3，砌石1.2万m^3，水泥搅拌桩4.067万m^3，回填水泥土 0.71 万 m^3，钢筋制作安装 378.5t，金属结构安装 658.1t。工程总工期 30 个月。

（化晓锋）

建 设 管 理

八里湾泵站枢纽工程已委托给黄河东平湖管理局管理，黄河东平湖管理局下属的八里湾泵站工程建设管理局负责工程建设期的建设和管理工作。在投资计划管理方面，现场建管机构从严格合同管理抓起，有效控制工程投资。

截至 2010 年底，八里湾泵站累计下达投资 8441 万元，其中国家重大水利建设基金 1600 万元、银行贷款 6841 万元，主要用于八里湾泵站工程建设。

（化晓锋）

招 标 投 标

2010 年 5 月 21 日，国务院南水北调办（国调办建管〔2010〕88 号）批复了八里湾泵站工程分标方案。八里湾泵站共划分为 9 个标段，其中监理 1 个、主体工程施工 1 个、管理设施工程 1 个、设备采购 2 个、电气设备 1 个、计算机控制系统1 个、水土保持工程 1 个、供电设施工程 1 个。

截至 2010 年底，八里湾泵站工程共完成了 6 个标段的招标工作，其中监理标 1 个、主体工程施工 1 个、设备采购 2 个、供电设施工程 1 个，电气设备 1 个，剩余管理设施工程、水土保持工程和计算机控制系统等 3 个标段的招标工作计划 2011 年 6 月底前完成。2010 年招投标情况见表 1。

表 1　　2010 年八里湾泵站工程招投标情况

序号	合同编号	合同名称	招标代理单位	招标文件发布时间	开标日期	中标日期	中标单位	合同签订日期
1	NSBD/LHD-BLWJL	八里湾泵站枢纽工程监理合同	山东水务招标有限公司	2010 年 1 月 13 日	2010 年 2 月 9 日	2010 年 3 月 27 日	山东龙信达咨询监理有限公司	2010 年 4 月 1 日
2	NSBD/LHD-BLW002	八里湾泵站枢纽工程施工合同（标段 2）	山东水务招标有限公司	2010 年 1 月 13 日	2010 年 2 月 9 日	2010 年 3 月 27 日	山东黄河东平湖工程局	2010 年 3 月 29 日
3	NSBD/LHD-BLW003	八里湾泵站金属结构采购合同（标段 3）	山东水务招标有限公司	2010 年 5 月 13 日	2010 年 6 月 10 日	2010 年 7 月 13 日	山东水总机械工程有限公司	2010 年 7 月 29 日
4	NSBD/LHD-BLW004	八里湾泵站电气设备采购合同（标段 4）	山东水务招标有限公司	2010 年 11 月 5 日	2010 年 12 月 3 日	2010 年 12 月 31 日	正泰电气股份有限公司	2011 年 1 月 11 日
5	NSBD/LHD-LCH004	柳长河（东平）段工程施工合同（标段 4）	山东水务招标有限公司	2010 年 12 月 30 日	2011 年 1 月 25 日	2011 年 2 月 28 日	山东黄河东平湖工程局	2011 年 3 月 11 日

工 程 进 展

截至2010年底，先后完成了主泵房基坑开挖、基坑保持性降水、泵房基础CFG桩、主泵房地下连续墙工程、进水渠土方开挖工程。

完成的主要工程量：围封截渗墙上层水泥土搅拌桩8375m^2；高压喷射截渗墙9468m^2。泵室基坑开挖14.14万m^3；土方回填3.49万m^3；主泵房钢筋混凝土地下连续墙1641m^2，钢筋混凝土浇筑1100m^3，钢筋制作安装53.3t；主泵房CFG桩448根8424m，浇筑混凝土1653m^3；永久交通工程中四分干渠和排涝渠桥墩灌注桩14根304m，浇筑混凝土346m^3，钢筋制作安装23.65t；站区平台边坡水泥土搅拌桩14 856m^3；新建堤防水泥土搅拌桩2867 m^3。

（化晓锋）

梁济运河段工程

工 程 概 况

梁济运河段输水线路从南四湖湖口至邓楼泵站站下，长58.252km，其中：湖口—长沟泵站段，长26km，设计最小水深3.3m，设计河底高程28.7m，底宽66m，边坡1:3～1:4；长沟泵—邓楼泵站段，长32.252km，设计最小水深3.4m，设计河底高程30.8m，底宽45m，边坡1:2.5～1:4。

为防止船行波对河岸的冲刷，该输水河段采用现浇混凝土护坡；对司垓闸下0.8km险工段进行护底、护坡（两岸共2km）。

共需新建、重建主要交叉建筑物25座（处），包括新建支流口连接段7处、拆除重建生产桥13座、新建管理道路交通桥3座（小新河、泉河、郓城新河）、加固公路桥2座。

工程概算批复总投资170 065万元，批复工程总工期3年。

主要工程量：土方开挖1468.23万m^3，土方填筑28.9万m^3，砌石5.84万m^3，混凝土及钢筋混凝土浇筑61.92万m^3，钢筋制作安装376t，桥梁18座。

截至2010年底，梁济运河段工程累计下达投资19 000万元，全部为国家重大水利建设基金，主要用于梁济运河段工程建设。

（化晓锋）

招 标 投 标

2010年5月21日，国务院南水北调办（国调办建管〔2010〕88号）批复了梁济运河段设计单元工程分标方案。梁济运河段工程共划分为10个标段：其中监理2个、主体工程施工5个、管理设施工程1个、水土保持工程1个、供电设施工程1个。

梁济运河段工程自2010年8月9日批复初步设计概算以后，压茬开展了招标设计和招标文件编制及审查工作，9月30日发布了招标公告，10月30日完成了开标、评标工作，11月16日公示完成后在现场组织召开了施工准备动员会议，12月7日正式签署了监理、施工合同。

截至2010年底，梁济运河段工程累计已完成5个标段的招标工作，其中监理标2个、主体工程施工标3个，还有2个主体工程施工标及水土保持工程标计划在2011年上半年完成招标投标工作，供电设施工程标已委托地方电力部门实施，管理设施工程标还未设计，将择机完成招标工作。2010年招投标情况见表1。

表1　　2010年梁济运河段工程招投标情况

序号	合同编号	合同名称	招标代理单位	招标文件发布时间	开标日期	中标单位	合同签订日期
1	NSBD/LHD-LJYHJL-01	梁济运河段输水航道工程监理合同（标段1）	山东水务招标有限公司	2010年10月8日	2010年10月30日	山东省淮海工程建设监理有限公司	2010年12月7日
2	NSBD/LHD-LJYHJL-02	梁济运河段输水航道工程监理合同（标段2）	山东水务招标有限公司	2010年10月8日	2010年10月30日	黄河工程咨询监理有限责任公司	2010年12月7日
3	NSBD/LHD/LJYH003	梁济运河段输水航道工程施工合同（标段3）	山东水务招标有限公司	2010年10月8日	2010年10月30日	江苏省水利建设工程有限公司和中交天航港湾建设工程有限公司联合体	2010年12月7日
4	NSBD/LHD/LJYH004	梁济运河段输水航道工程施工合同（标段4）	山东水务招标有限公司	2010年10月8日	2010年10月30日	山东水利工程总公司和中交一航局第二工程有限公司	2010年12月7日
5	NSBD/LHD/LJYH005	梁济运河段输水河道工程施工合同（标段5）	山东水务招标有限公司	2010年10月8日	2010年10月30日	青州市水利建筑总公司和青岛海防工程局联合体	2010年12月7日

（化晓锋）

施工单位：Ⅲ标段为江苏省水利建设工程公司和中交天航港湾建设工程公司联合体，Ⅳ标段为山东水利工程总公司和中交一航局第二工程有限公司联合体，Ⅴ标段为青州市水利建筑总公司和青岛海防工程局联合体。

（化晓锋）

工 程 进 展

梁济运河段工程于2010年12月9号正式开工建设，计划2011年2月底完成移民征迁和施工准备。

（化晓锋）

柳 长 河 段 工 程

工 程 概 况

柳长河输水线路从邓楼泵站站上至八里湾泵站站下，输水航道长20.984km，其中新开挖河段6.587km，利用柳长河老河道疏浚拓挖14.397km。设计最小水深3.2m，设计河底高程33.2m，边坡1∶3，采用现浇混凝土板衬砌方案，设计河底宽45m，护坡不护底，渠底换填水泥土。

共需新建、重建交叉建筑物28座，包括公路桥4座、生产桥7座、涵闸12处、倒虹吸2座、渡槽1座、节制闸1座、连接段1处。

概算批复总投资94 240万元。工程总工期2年。

主要工程量：土方开挖644.74万m^3，土方填筑119.52万m^3，砌石1.45万m^3，混凝土及钢筋混凝土18.02万m^3，灌注桩238m，钢筋制作安装781t；桥梁11座。

截至2010年底，柳长河段工程累计下达投资16 053万元，全部为国家重大水利建设基金。

（化晓锋）

招 标 投 标

2010年5月21日，国务院南水北调办（国调办建管〔2010〕88号）批复了柳长河段设计单元工程分标方案。柳长河段共划分为7个标段，后经请示国务院南水北调办批准将柳长河段在东平县境内的工程单独划分为一个标段，柳长河段工程共分为8个标段：其中监理1个标段、主体工程施工4个标段、管理设施工程1个标段、水土保持工程1个标段、供电设施工程1个标段。

柳长河段工程自2010年8月9日批复初步设计概算以后，压茬开展了招标设计和招标文件编制及审查工作，9月30日发布了招标公告，10月30日完成了开标、评标工作，11月16日公示完成后在现场组织召开了施工准备动员会议，12月7日正式签署了监理、施工合同。

截至2010年底，柳长河段工程累计已完成4个标段的招标工作，其中监理1个、主体工程施工3个，还有1个主体工程施工标已经招标并即将公示。水土保持工程标段计划在2011年上半年完成招标投标工作，供电设施工程标已委托地方电力部门实施，管理设施工程标段将择机完成招标工作。2010年招投标情况见表1。

表1　　2010年柳长河段工程招投标情况

序号	合同编号	合同名称	招标代理单位	招标文件发布时间	开标日期	中标单位	合同签订日期
1	NSBD/LHD-LCHJL	柳长河段输水航道工程监理合同	山东水务招标有限公司	2010年10月8日	2010年10月30日	济宁市水利工程建设监理中心	2010年12月7日
2	NSBD/LHD/LCH-001	柳长河段输水航道工程施工合同（标段1）	山东水务招标有限公司	2010年10月8日	2010年10月30日	青岛瑞源工程集团有限公司和中交天津航道局有限公司联合体	2010年12月7日
3	NSBD/LHD/LCH-002	柳长河段输水航道工程施工合同（标段2）	山东水务招标有限公司	2010年10月8日	2010年10月30日	黑龙江省水利水电工程总公司和中交三航局第三工程有限公司联合体	2010年12月7日
4	NSBD/LHD/LCH-003	柳长河段输水航道工程施工合同（标段3）	山东水务招标有限公司	2010年10月8日	2010年10月30日	山东临沂水利工程总公司和广东金东海集团有限公司联合体	2010年12月7日

（化晓锋）

工　程　进　展

柳长河段工程于2010年12月9号正式开工建设。

施工单位：Ⅰ标段为青岛瑞源工程集团有限公司和中交天津航道局有限公司联合体，Ⅱ标段为黑龙江省水利水电工程总公司和中交三航局第三工程有限公司联合体，Ⅲ标段为山东临沂水利工程总公司和广东金东海集团有限公司联合体。供变电工程承包商为山东济宁圣地电业集团有限公司。

（化晓锋）

引黄灌区影响处理工程

工程概况

引黄灌区影响处理工程按灌区分为国那里灌区和陈垓灌区，主要为了解决南水北调利用梁济运河、柳长河输水对梁山县两引黄灌区造成的不利影响。

国那里灌区输水干渠控制灌溉面积37.09万亩（其中受南水北调输水影响面积26.31万亩），输水干渠渠首设计引水流量为23.0m^3/s，工程输水线路长41.04km，其中利用现有沟渠扩挖26.698km，新开挖渠道14.342km，衬砌渠道15.143km，新建改建配套建筑物77座，其中水闸11座、涵洞2座、渡槽2座、桥梁62座。

陈垓灌区输水干渠控制灌溉面积13.70万亩，输水干渠渠首设计引水流量为8.0m^3/s，工程输水线路长8.207km，其中利用现有沟渠扩挖7.618km，新开挖渠道0.589km，衬砌渠道1.663km，新建改建配套建筑物29座，其中水闸3座、涵洞1座、提灌站1座、桥梁24座。

工程概算批复总投资为18 659万元，工程总工期1年。

主要工程量：土方开挖151.30万m^3，土方填筑61.73万m^3，砌石2.63万m^3，混凝土及钢筋混凝土浇筑4.32万m^3，灌注桩12 298m，钢筋制作安装2837t。

（化晓锋）

工程投资

截至2010年底，引黄灌区影响处理工程累计下达投资18 659万元，其中中央预算内投资9000万元、国家重大水利建设基金1659万元、银行贷款8000万元，主要用于灌区影响工程建设，累计完成投资16 320万元。

（化晓锋）

招标投标

2010年3月6日，国务院南水北调办（国调办建管〔2009〕21号）批复了灌区影响处理工程设计单元工程分标方案，灌区影响处理工程共划分为4个标段：其中监理1个、主体工程施工2个、水土保持工程1个。

2009年6月16日批复初步设计概算以后，压茬开展了招标设计和招标文件编制及审查工作，顺利完成了主体工程的招标工作。

截至2010年底，引黄灌区影响处理工程累计已完成3个标段的招标工作，其中监理标1个、主体工程施工1个，剩余水土保持工程标段计划在2011年完成招标投标工作。2010年招标投标情况见表1。

表1　　2010年引黄灌区影响处理工程招标投标情况

序号	合同编号	合同名称	招标代理单位	招标文件发布时间	开标日期	中标日期	中标单位	合同签订日期
1	NSBD/LHD-YHGQJL	南水北调东线第一期工程两湖段输水航运结合工程引黄灌区灌溉影响处理工程监理合同	山东水务招标有限公司	2009年12月11日	2009年12月29日	2010年2月21日	济宁市水利工程建设监理中心	2010年2月27日

续表

序号	合同编号	合同名称	招标代理单位	招标文件发布时间	开标日期	中标日期	中标单位	合同签订日期
2	NSBD/LHD-YHGQ001	南水北调东线第一期工程两湖段输水航运结合工程引黄灌区灌溉影响处理工程施工合同（标段1）	山东水务招标有限公司	2009年12月11日	2009年12月29日	2010年2月21日	江苏盐城水利建设有限公司	2010年2月27日
3	NSBD/LHD-YHGQ002	南水北调东线第一期工程两湖段输水航运结合工程引黄灌区灌溉影响处理工程施工合同（标段2）	山东水务招标有限公司	2009年12月11日	2009年12月29日	2010年2月21日	河南省水利第一工程局	2010年2月27日

（化晓锋）

工 程 进 展

引黄灌区影响处理工程于2010年4月13日正式破土动工。截至2010年底，累计完成扩挖渠道28.6km，新挖渠道16.52km；完成渠道衬砌15.8km；完成生产桥68座、水闸5座、涵洞1座、渡槽1处。

（1）国那里灌区建筑物。完成桥梁48座，完成了干鱼头进水闸和唐宋庄节制闸的铺盖、消力池、闸墩、交通桥及机架桥排架等部位的浇筑，闸门已安装完毕。二分干进水闸铺盖、消力池、闸墩等部位已浇筑完成，代码河槽身已浇筑完成五分之四。

（2）陈垓灌区建筑物。完成桥梁20座；徐集粮所生产桥完成灌注桩灌注；完成桥板预制519块。崔庄尾水闸基本完成。共完成桩基204根，盖梁92块，桥面板预制519块。

截至2010年底，累计完成土石方开挖110.5万m^3，土石方回填75.6万m^3，混凝土浇筑4.3万m^3。

（化晓峰）

穿 黄 河 工 程

工 程 概 况

穿黄河工程是南水北调东线工程自黄河南岸的东平湖—黄河北岸的输水干渠之间的一段输水工程，全长7.87km，是南水北调东线的关键控制性项目。项目建设的主要目标是打通东线穿黄河隧洞，并连接东平湖和鲁北输水干线，实现调引长江水至鲁北地区，同时具备向河北省东部、天津市应急供水的条件。工程位于山东省东平和东阿两县境内，黄河下游中段，地处鲁中南山区与华北平原接壤带中部的剥蚀堆积孤山和残丘区。其中南岸输水渠段包括东平湖出湖闸、南干渠，全长2.54km；穿黄枢纽段包括子路堤埋管进口检修闸、滩地埋管、穿黄隧洞，全长4.61km；北岸穿引黄渠埋涵段包括隧洞出口连接段、穿引黄渠埋涵、出口闸和连接明渠，全长0.72km。

东线穿黄河工程一期建设按照一、二期结合实施，过黄河流量为100m^3/s。穿黄河工程等别为一等，主要建筑物为1级建筑物。工程永久占地725亩，临时占地5465亩。工程批复总投资6.13亿元，总工期3年。

穿黄河工程于2008年9月1日正式开工建设，截至2010年底闸前疏挖段、出湖闸、进口检修闸、滩地埋管主体工程已完成。南干渠除220国道桥及受影响的70m渠道外，其他工程已完成。闸前疏浚工程已完成招标工作。穿黄隧洞工程石方开挖已全部完成，并进行部分平洞混凝土衬砌施工。穿引黄渠埋涵工程完成穿引黄东、西渠渠道外侧箱涵混凝土浇筑，位山桥拆建。

（张铭锋）

工 程 投 资

2010年，计划完成投资13 787万元。其中建筑工程9093万元，机电设备安装工程222万元，金属结构设备安装工程622万元，施工临时工程595万元，独立费用632万元，基本预备费116万元，黄河大堤观测38万元，工程移民征地补偿2471万元，环境保护103万元，建设期贷款利息1810万元。

2010年，穿黄河工程实际完成总投资14 785万元。截至2010年底，穿黄河工程实际累计完成总投资40 260.9万元，占批复总概算61 321万元的65.7%。

（方云益　赵亮亮　史福全）

工 程 进 展

（一）2010年度建设目标

南区闸前疏挖段、出湖闸、南干渠、检修闸、滩地埋管、管理房全部完工并达到验收条件。北区穿黄隧洞工程完成进口竖井段衬砌以及平洞衬砌240m；穿引黄东、西渠渠道外侧箱涵混凝土浇筑，位山桥拆建；出口闸及连接段工程完成出口连接段基础处理、闸室段基础处理、闸室混凝土及土方回填，出口斜坡段完成基础处理。

2010年计划完成主要工程量包括：土方开挖60万m^3，土方回填70万m^3，石方开挖2.68万m^3，混凝土8.4万m^3。

（二）工程实际形象进度及主要工程量

截至2010年底，出湖闸工程已完工，闸前疏挖段土方已完成，渠堤填筑、衬砌板已完成，渠顶道路水稳层已完成。南干渠土方已完成，渠道衬砌除国道桥影响70m外已全部完成，4座生产桥已全部完成并具备通行条件，220国道桥下部混凝土浇筑已完成，准备进行桥板吊装施工。检修闸主体工程已完工，金属结构安装工程已完成。滩地埋管已完工。穿黄隧洞已完成隧洞斜井段、平洞段、竖井及隧洞进口段石方开挖，完成平洞混凝土衬砌190m、竖井下弯段混凝土衬砌。穿引黄渠埋涵工程（580m）完成消力池段、明渠段共220m，埋涵段（360m）完成了210m。出口闸及隧洞出口连接段工程完成了闸下埋管45m。

截至2010年底，穿黄河工程累计完成土方开挖366万m^3，占总工程量的98.8%；土方回填262万m^3，占总工程量的97.0%；混凝土浇筑18.9万m^3，占总工程量的88.3%；钢筋制作安装7977t，占总工程量的85.1%。

（潘淑庆　徐　峰）

工 程 验 收

根据《南水北调工程验收工作导则》（NSBD 10—2007）和《水利水电工程施工质量检验与评定规程》（SL 176—2007）相关要求和规定，严格验收程序，加强过程控制，特别加强基础开挖等重要隐蔽工程和关键部位工程的验收，不留后患，分部工程验收“验”字当头，验收前通过组织学习、邀请专家授课等形式，确保分部工程验收程序规范、资料齐全，为今后的单位工程验收打下基础。截至2010年底，穿黄河工程累计评定单元工程2270个，优良2108个，优良率92.9%；已验收分部工程36个，优良工程34个，优良率94.4%。

（赵　超　徐　峰）

安全生产

2010年，穿黄河工程各建管局结合上级部署及安排，定期组织安全工作会议和安全大检查，并建立安全生产检查档案。2010年底，按照国务院南水北调办安全生产目标管理考核办法对施工单位和监理单位进行了年终评比与考核，对发现的问题跟踪检查，督促相关责任单位做好整改工作。

同时，为做好穿黄河工程建设重大安全事故应急处置工作，有效预防、及时控制和消除工程建设中安全事故的危害，最大限度地减少人员伤亡和财产损失，根据有关规定，结合工程建设实际，在2009年编制的《南水北调东线第一期工程穿黄河工程建设重大质量与安全事故应急预案》基础上，进一步明确了责任，加强了事前预防及事故的应急准备工作。

为及时准确掌握穿黄河工程重大危险源的数量和分布状况，强化重大危险源管理，提高控制和防范风险的能力，杜绝重大生产事故发生，根据《穿黄南区工程重大危险源登记建档管理制度》，在隐患排查的基础上，要求各施工单位建立了完善的重大危险源安全管理档案和台账，向有关人员公示施工中不同阶段、不同时段的重大危险源名称、施工部位、可能发生的事故、防护措施和责任人等内容。在危险性较大的工程施工前，在施工区域设置警戒线和警示标志，并做好防护措施和应急救援工作，加强危险源防范工作，提高了认识，增强了安全意识，保证了安全生产工作的顺利实施。

（赵　超　徐　峰）

山东济平干渠工程

工程概况

济平干渠工程是南水北调东线一期工程的重要组成部分，也是向胶东输水的首段工程。工程先期引调东平湖水向济南市区及沿途县、区补充城镇生活和工业用水，改善沿线的生态环境，下一步向胶东地区输送长江水。

输水渠自东平湖陈山口出湖闸东侧的渠首引水闸取水，沿现有的济平干渠布置，经过东鹅山、姜沟，穿越浪溪河，绕过亭山头，穿玉带河，经刁山坡高地，过李山头、前后寨，经曹山洼、穿平阴县城防洪堤、田山灌区沉沙池后至博士山口；经栾湾洼、贵平洼，出贵平山口，进入孝里洼；沿长清滩区边缘，穿东风干渠、孝里河、红旗干渠、南大沙河，于长清县城西北的叶庄附近穿北大沙河，经玉清湖水库东侧穿玉符河及黄河大堤，于睦里庄闸下进入小清河，扩挖睦里庄段小清河至睦里庄跌水。

输水线路全长90.055km。输水渠采用梯形明渠全断面防渗衬砌型式，设计流量为$50m^3/s$，加大流量$60m^3/s$。全线共布置交叉建筑物212座，其中水闸33座，倒虹吸39座（其中穿河倒虹吸9座，穿输水渠倒虹吸30座），渡槽7座，桥梁130座（其中跨输水渠公路桥17座，跨输水渠交通桥90座，输水渠跨河交通桥5座，跨输水渠人行桥18座），排涝泵站2座，跌水1座。该工程是国家确定的南水北调首批开工项目之一，总投资130 591万元。2002年12月27日举行了工程开工典礼仪式，2005年12月底主体工程建成并一次试通水成功，2010年10月通过国家竣工验收，是全国南水北调第一个建成并发挥效益、第一个通过国家验收的南水北调单项工程。

（吕宏勇）

工程运行管理

（一）管理机构情况

山东干线公司组建济平干渠工程管理局，负责济平干渠工程的运行管理工作。2010年，按照国务院南水北调办《南水北调工程建设期完工项目运行管理与维修养护办法》等文件确定的“管养分离”的目标，山东干线公司继续委托山东润鲁水利工程养护有限公司负责对济平干渠工程进行维修养护工作。

（二）管理范围

济平干渠工程管理范围为东平湖渠首引水闸至睦里庄跌水闸。

（三）管理设施

济平干渠工程管理设施包括各管理站、各闸室管理房的办公、管理、检修、仓储设施等，以及各管理站的职工宿舍、办公物品、检修工具、运行观测仪器工具、通信、网络、电视等。另外为加强工程养护管理，采购了部分割草机、打药设备、喷灌机、农用三轮车、货车、小型挖掘机等设备用于渠道工程维护、林木管理工作。

2010年加快尾工建设进度，新增建设的6处管理房除渠首管理房外已有5处交付使用，新增建设的北大沙、南大沙交通桥已完成主体工程施工。另外在北大沙管理站扩建了会议室和车库，改善了管理条件。

（四）工程调度运用管理

济平干渠工程的调度运行权限属于山东干线公司，作为山东干线公司的派出机构，济平干渠工程管理局严格按照山东干线公司的指令对济平干渠工程进行相应的调度使用。

（五）工程维护

工程管理是核心工作，通过组建专业队伍，结合工程竣工验收要求，对工程全面养护维修。对启闭机房、桥梁、道路、限宽墩等建筑物、设施、设备，进行了全面排查、检修、维护；对所有建筑物管理房进行了粉刷，对原丢失的桥栏杆、限宽墩进行了补修，根据路况增加了部分限宽墩；对渠道的土方及边界沟进行整理，对堤顶道路增设排水槽，及时更换破损防护网；对闸门、启闭机等机电设备按规定进行保养。另外，还在工程沿线增设管护员责任牌，渠道和重要建筑物附近加密增设安全警示牌、标语等，对工程安全运行起到了良好的效果。

汛前对所有的穿涵倒虹吸及界内的排洪沟涵进行全面检查，清理疏通，对排泄洪闸门进行更换检修，针对汛期可能出现的问题制定防汛预案，成立防汛队伍，制定防汛制度，购买备齐防汛物资；防汛期间，依据预案明确职责，加强值班和昼夜巡查，及时排除安全隐患，确保主体工程安全度汛。

（六）工程法制管理

在济平干渠工程沿线依托当地公安部门组建的上、下游两个治安办公室，严格依法管理，创造了良好的水事环境。为加强干渠工程的治安保卫工作，及时制止并处理危害工程的违法、违规行为，努力创造和谐的管理环境，治安办公室加强日常巡逻、纠纷排查、矛盾化解，加大对危害工程安全事件的打击力度。组建治安办公室的经验得到了上级领导的肯定和认可，并将在山东南水北调工程运行管理中得到进一步完善、推广。

（七）质量管理及管理机制探索

济平干渠工程管理局严格质量管理，明确各相关部门职能。在前期制定的《管理站长岗位职责》、《管护员岗位职责》、《济平干渠工程管理维护考核办法》、《财务管理制度》等一系列规章制度的基础上，2010年又制定了《工程调度运行管理办法》、《巡查通报制度》、《苗木管理制度》、《闸室内部管理制度》、《闸门启闭机操作规程》等运行管理制度。日常管理中严格执行行业规范、规章制度、会议确定的工作事项。另外，采取集中学习、现场观摩、技术指导等多种形式，加强对管理站长、管护员的业务培训和素质教育。此外注重加强工程管理的巡查督办，通过独立的巡查督办工作，加强对各项制度的落实和重要事项的执行力度，并将巡查督办结果应用到季度、半年、年终考核中。

2010年，济平干渠管理局对管理站进行了调整，将原先设定的13个管理站合并为8个，各管理站管辖长度超过10km以上，初步实现了大站管理。

（吕宏勇）

工　程　效　益

（一）工程排涝

2010年8～10月，雨水集中且降水量较大，济平干渠工程沿线平阴镇、栾湾、孝里、归德、槐荫等地出现了严重内涝。按照山东省政府和山东省南水北调建管局的统一部署，经过科学调度，在保证工程安全的前提下，与地方政府配合，密切关注下游水位，及时调度，尽量降低干渠水位，排出沿线农田积水。先后利用济平干渠工程为沿线地区排涝90余天，共排出涝水近2000万m^3，使沿线3万多亩良田免受涝灾，保障了工程沿线农田及财产的安全，发挥了工程的综合效能，增强了南水北调的社会效益，收到了良好效果。

（二）生态输水

2010年10月，为确保国庆节、全国糖酒商品交易会和首届中国非物质文化遗产博览会期间小清河有充足的水量和良好的水质，共为小清河生态输水2次，供水近600万m^3，有效改善了小清河水质，确保了济南市小清河的生态和景观用水，美化了节日及活动期间济南市总体环境。调水期间，工作人员昼夜值班，发现问题及时处理，确保了工程的正常运行。

（吕宏勇）

环境保护及水土保持

济平干渠工程原有环境保护及水土保持工程已经完工并通过了专项验收。2010年对原有工程进行了维修养护。

截至2010年底，济平干渠工程沿线90km共植树56万余株，绿化草皮超过300万m^3，形成宽近100m、长90km的景观绿化带，打造了一条绿色长廊和生态长廊，为改善地方生态环境发挥了一定作用。

此外，完成范庄、玉符河苗木基地建设，已培育苗木10余万株；尝试开展了绿色农产品种植养殖；完成了国务院南水北调办下达的《南水北调东线一期工程济平干渠工程效益评估与研究》课题。

（吕宏勇）

工　程　验　收

济平干渠工程完工时间长、遗留问题多。2010年，济平干渠工程管理局根据验收要求，做好了尾工处理，清理施工单位拖欠当地民工看护费等遗留问题，并对多项工程进行了合同验收及结算验收。同时，积极协调设计、施工、监理等单位做好验收的各项准备工作。针对济平干渠各单项、竣工验收要求，对设计、工程建设、工程监理、工程档案、工程决算等资料进行了全面整理。

2010年10月，国务院南水北调办主持对济平干渠工程进行了国家竣工验收。工程验收结论为：工程已按照批准的设计内容建设完成，尾工已安排；施工过程中采用了大量新技术、新设备、新材料及新工艺，取得了良好效果；施工质量符合规程规范和设计要求；工程建设投资控制在批复的初步设计概算投资范围内，完工财务决算已通过审计和核准；征地补偿及移民安置、环境保护、水土保持、工程档案等已通过专项验收；运行管理单位已落实。工程试运行正常，效益显现，同意通过验收。

（吕宏勇）

胶东济南—引黄济青段工程

概　述

工　程　概　况

胶东济南—引黄济青段工程是南水北调东线第一期工程的重要组成部分，是山东省境内11个单项工程之一，输水线路全长152.3km，涉及济南、滨州、淄博和潍坊四个市；划分为济南市区段工程、东湖水库工程、双王城水库工程、明渠段工程和陈庄输水段工程5个设计单元工程，批复工程初步设计概算总投资73.479亿元。其中济南市区段工程初步设计报告于2008年10月9日经国务院南水北调办批复，批复概算静态总投资27.320 2亿元，建设工期2.5年，2008年11月1日开工，目前尚未全部完成，正在建设之中。东湖水库工程初步设计报告技术方案和概算分别于2009年8月28日和2009年11月27日经国务院南水北调办批复，批复概算总投资9.640 3亿元，施工总工期30个月，2009年12月31日举行了东湖水库和双王城水库工程建设动员大会，2010年5月13日施工单位正式进场施工，正在建设之中。双王城水库工程初步设计报告技术方案和概算分别于2009年9月2日和2009年12月28日经国务院南水北调办批复，批复概算总投资8.052 5亿元，建设工期2.5年，2009年12月31日举行了东湖水库和双王城水库工程建设动员大会，2010年8月6日正式开工建设。明渠段工程初步设计报告于2010年9月16日经国务院南水北调办批复，批复概算总投资25.417 9亿元，施工总工期30个月，2010年12月30日开工，正在建设之中。陈庄输水段工程初步设计报告于2011年1月19日经国务院南水北调办批复，批复概算总投资3.048 1亿元，施工总工期18个月，2011年3月8日发布招标公告开始招标，尚未开工。

（毕德义）

济南市区段工程

工　程　概　况

济南市区段工程西起济平干渠睦里庄跌水，东至济南市东的小清河洪家园桥下，横穿济南市区，全长27.921km，设计流量为50m^3/s，加大流量为60m^3/s。

济南市区段工程于2008年11月1日开工，建设工期2.5年。

工程建设质量目标：单元工程合格率100%；单元工程优良率85%；分部工程优良率80%，且主要分部工程优良；单位工程优良率90%，主体工程达到优良标准。

（毕德义）

工　程　投　资

2008年10月9日国务院南水北调办批复了工程初步设计报告，批复工程静态总投资273 202万元，其中工程部分投资161 448万元，输水线路穿铁路工程8403万元，移民环境投资103 351万元。

截至2010年底，累计下达投资计划273 202万元，批复概算投资已全部下达，累计完成投资194 922.47万元，占批复总投资的71.3%，其中，建筑工程及临时工程（施工合同额）93 367.5万元，征迁移民89 514.77万元，环境保护165.2万元，独立费用（勘测设计、建管费、监理费等）10 000万元，穿铁路工程1875万元。

2010年，实际完成投资45 110.19万元，其中，建筑工程及临时工程投资38 870.19万元（施工合同额），征迁移民4430万元，环境保护60万元，独立费用（勘测设计、建管费、监理费等）1000万元，穿铁路工程750万元。

（毕德义）

工 程 进 展

由于工程位于济南市主城区，征迁工作量多、难度大，特别是专项设施迁移复建周期长，与小清河综合治理工程结合、同步实施，交叉施工干扰影响大，严重制约了工程进度。根据进度滞后的实际情况，2010年初及时调整了工程总体建设方案，编制了年度建设方案，确保实现总体工期目标。

（一）年度建设目标

2010年底前完成输水暗涵主体工程施工，完成利用小清河输水段工程河道土方开挖及建筑物基础工程。但由于征迁、交叉施工影响和利用小清河段设计变更的影响，工程进度滞后。

（二）工程形象进度

济南市区段输水暗涵工程总长度23.27km，共分三批进行招标，截至2010年底，累计完成暗涵长度17.7km，占总长度的76%。其中：

（1）第一批招标工程为济洛路—洪家园桥段，长11.73km，划分为6个施工标段、2个监理标段，于2008年11月1日开工建设。截至2010年底，累计完成暗涵长度10.657km，占该段的90.9%。

（2）第二批招标工程为京福高速路—二环西路段，长4.8km，划分为1个监理标段、2个施工标段，于2009年2月28日开工。截至2010年底，暗涵主体工程全部完成。

（3）第三批招标工程为二环西路—济洛路段，长6.8km，划分为1个监理标段、3个施工标段，于2010年3月1日开工。截至2010年底，完成暗涵长度2.206km，占该段的32.4%。利用小清河输水段工程因设计方案变更，变更设计未完成，2010年未开工。

（三）完成主要工程量

2010年度实际完成土方开挖143.3万m^3，土方回填74.3万m^3，混凝土浇筑30万m^3，钢筋制作安装1.95万t。

截至2010年底，累计完成土方开挖376.1万m^3，占合同量的93.7%；土方回填128.3万m^3，占合同量的59.3%；混凝土浇筑63.5万m^3，占合同量的75.6%；钢筋制作安装5万t，占合同量的83.1%。

（毕德义）

工 程 施 工

截至2010年底，济南市区段工程共有11个施工企业中标参与工程施工，其中分别承建第4、5、6标段工程施工的山东水利工程总公司、山东大禹工程建设有限公司和山东省水利工程局于2009年底前已完成施工任务，2010年施工的8个标段情况如下：

1. 施工1标段

施工1标是济南市区段第一批招标工程，施工单位为中国水利水电第十三工程局有限公司。施工范围为济洛路—顺河高架路段输水暗涵［暗涵桩号（11+547）~（13+877）］，扣除标山路节点、穿林家桥铁路涵，实际标段长2222.16m。施工单位于2008年11月进场施工。施工1标输水暗涵共计155节

（每节长度一般为15m），截至2010年底累计完成117节，完成比例75.5%。

2. 施工2标段

施工2标是济南市区段第一批招标工程，施工单位为河南省水利第一工程局。施工范围为顺河高架路—历山路段输水暗涵［暗涵桩号（13+877）~（15+831）］，扣除历黄路节点，实际标段长1864m。施工单位于2008年11月进场施工。施工2标输水暗涵共计125节（每节长度一般为15m），截至2010年底累计完成115节，完成比例92%。

3. 施工3标段

施工3标是济南市区段第一批招标工程，施工单位为山东临沂水利工程总公司。施工范围为历山路—二环东路段输水暗涵［暗涵桩号（15+83）~（17+879）］，扣除历山北路节点下卧段、二环东路节点下卧段和穿黄台支线铁路涵，实际标段长1637m。施工单位于2008年11月进场施工。施工3标输水暗涵洞身主体工程于2010年8月全部完成。

4. 施工8标段

施工8标段是济南市区段第二批招标工程，施工单位为青州市水利建筑总公司。施工范围为京福高速路下段输水暗涵、渠道及节制闸工程，总长2780m，其中，利用小清河输水段88m［设计桩号(4+557)~(4+645)］，输水暗涵段2692m［桩号(0+000)~(2+692)］。施工单位于2009年3月进场施工。施工8标输水暗涵洞身主体工程于2010年5月全部完成，京福高速下小清河节制闸和出小清河节制闸工程因方案变更，2010年未实施。

5. 施工9标段

施工9标是济南市区段第二批招标工程，施工单位为中国铁建中铁十四局集团有限公司。施工范围为施工8标末端—二环西路段输水暗涵［暗涵桩号(2+692)~(4+829)］，长2137m。施工单位于2009年3月进场施工。施工1标输水暗涵共计147节（每节长度一般为15m），截至2010年底累计完成142节，完成比例96.6%。

6. 施工10标段

施工10标是济南市区段第三批招标工程，施工单位为山东临沂水利工程总公司。施工范围为二环西路—黄岗路段暗涵［暗涵桩号（4+823）~（7+271）］，长度2448m。施工单位于2010年3月进场施工。截至2010年底，完成109~163节钢筋混凝土暗涵外观质量验收工作。

7. 施工11标段

施工单位为中国水利水电第十六工程局有限公司。截至2010年底，完成验收的主要是黄岗段18~29节、王炉段80~68节、药山段91~113节。

8. 施工12标段

施工单位为安徽水安建设发展股份有限公司。2010年度实现了安全生产目标，未发生任何安全生产责任事故。

（毕德义）

明渠段工程

工 程 概 况

明渠段工程上起济南市区段输水工程，中间与陈庄输水设计单元工程衔接，下至引黄济青上节制闸，输水线路全长111.26km。分为两段：第一段自济南市区段输水暗涵出口至高青县前石村公路桥上游（陈庄输水设计单元起点），长76.685km，沿小清河左岸新辟明渠，全断面防渗衬砌，渠底宽9.1~13.5m，渠道边坡内坡1:2.25，外坡1:2.0；第二段自入小清河分洪道涵闸末端（陈庄输水设计单元终点）至引黄济青上节制闸，长34.575km，利用小清河分洪道子槽输水，其中新开子槽段为梯形土渠，渠底宽 14m，边坡 1:3，利用现有子槽段为半衬砌梯形明渠，渠底宽 38m，内外边坡 1:2。工程设计流量为 $50m^3/s$，加大流量为 $60m^3/s$。

沿线新建各类交叉建筑物 396 座，拆除重建交叉建筑物 5 座。其中，新建规模较大的交叉建筑物 274 座，包括水闸 21 座（其中节制闸 9 座、分水闸 8 座、泄水闸 4 座），倒虹吸及渡槽 95 座［其中输水渠穿河沟倒虹吸 5 座、河沟穿输水渠排水倒虹吸 73 座、穿输水渠灌溉渡槽（倒虹吸）17 座］，桥梁（涵）158 座（其中跨输水渠公路桥 39 座、生产桥 101 座、人行桥 11 座、输水渠跨河沟生产桥 3 座、穿铁路桥涵 1 处、公路桥涵 3 处）；拆除重建跨河生产桥 5 座；新建规模较小的交叉建筑物 122 座，包括穿渠灌排渡槽 40 座、穿渠灌排倒虹吸 82 座。

明渠段建设工期为 30 个月。

（许金民）

工 程 投 资

国务院南水北调办于 2010 年 9 月 16 日以国调办投计〔2010〕197 号文批复了工程初步设计报告，批复工程概算总投资254 179万元，静态总投资 248 141 万元，总投资 254 179 万元，其中建筑工程投资 57 758 万元，机电设备及安装 1910 万元，金属结构设备及安装 1578 万元，临时工程 8933 万元，独立费用 16 512万元，基本预备费 5201 万元，移民环境投资 127 015 万元，桥梁工程 26 252 万元，供电线路 2017 万元，穿铁路工程 965 万元，建设期贷款利息 6038 万元。批复工程施工总工期 30 个月。

2010 年完成征迁投资。

（许金民）

招 标 投 标

监理及施工单位进行了公开招标，2010 年 11 月 12 日发布招标公告，12 月 10 日开标评标；渠道及交叉建筑物建筑安装工程，机电及金属结构设备采购，交通安全，环境保护、水土保持等主体工程共分 9 个施工标段和 3 个监理标段。中标信息见表 1。

表 1　　明渠段工程监理、施工中标信息一览表

序号	标段	中标单位	桩号	长度（km）	中标价（万元）
1	监理 1 标	中水北方勘测设计研究有限责任公司	(0 +095) ~ (38 +868)	38.773	613.251 8
2	监理 2 标	河南华北水电工程监理有限公司	(38 +868) ~ (76 +590)	37.722	750.17
3	监理 3 标	河南立信工程咨询监理有限公司	(87 +895) ~ (122 +470)	35.575	396.48
4	施工 1 标	中铁十四局集团有限公司	(0 +095) ~ (10 +033)	10.128	11 810.68
5	施工 2 标	山东黄河工程集团有限公司	(10 +033) ~ (21 +537)	11.504	11 608.12
6	施工 3 标	山东大禹工程建设有限公司	(21 +537) ~ (30 +093)	8.556	6313.39
7	施工 4 标	葛洲坝集团三峡实业有限公司	(30 +093) ~ (38 +868)	8.775	8376.6
8	施工 5 标	山东省水利工程局	(38 +868) ~ (50 +127)	11.259	10 203.55
9	施工 6 标	中国水利水电第六工程局	(50 +127) ~ (62 +702)	12.575	11 718.19
10	施工 7 标	中铁十七局集团有限公司	(62 +702) ~ (76 +590)	13.888	9836.85
11	施工 8 标	中国水利水电第十三工程局	(87 +895) ~ (104 +985)	17.09	7407.03
12	施工 9 标	北京金河水务建设有限公司	(104 +985) ~ (122 +470)	17.485	10 428.86

施工合同工期：均为2010年12月26日~2012年6月30日。

施工合同总额：87 703.27万元。

尚未招标的工程有：10标（利用小清河分洪道子槽加固工程和东营分水闸工程），11标（房屋建筑工程及其他建筑工程），12标（供电线路工程），13标（张东线K39+366.97框架箱涵工程及自动化机电设备及安装工程）等工程。

（许金民）

工 程 进 展

明渠段工程由山东干线公司自行组织建设，2010年12月成立了山东省南水北调济南—引黄济青段工程建设管理局明渠段建管处，作为工程建设现场管理机构，以直接管理模式负责工程建设的质量、安全、进度及施工环境协调等工作。

明渠段工程2010年11月12日发布招标公告，12月10日开标评标，2010年12月20日~2010年12月24日进行招标公示。12月20日，全线工程建设范围内的地面附着物清理完成，各地交付工程建设用地。2010年12月15日召开拟中标单位见面、交流、动员会；12月21日组织召开设计、监理、施工单位交底会，布置施工前期准备工作；12月27~28日，组织监理、施工单位与沿线地方（市、区县、乡镇）政府领导见面会，协商施工临时用地征地问题及施工单位进场问题；12月30日召开了山东南水北调全面开工仪式。

工程建设永久征地已经完成，2010年12月28日交付施工单位，地面附着物已清理完毕，各类专项设施迁移除个别高压线路外计划于2011年2月底完成。

（许金民）

东湖水库工程

工 程 概 况

东湖水库工程是济南—引黄济青段工程的重要组成部分，是南水北调胶东干线工程的重要调蓄水库，位于济南—引黄济青段输水明渠的右侧，主要任务是调蓄南水北调东线分配给济南、章丘、滨州和淄博等城市的用水量，确保供水工程安全运行，保障南水北调东线胶东干线完成供水目标。

东湖水库处于济南市历城区东北部与章丘市交界处，白云湖与小清河之间，距济南市区约30km。水库永久占地8073.56亩，水库坝轴线全长8.125km，坝体采用复合土工膜斜墙土坝，最高蓄水位30.00m，死水位为19.00m，最大坝高13.7m，总库容为5377万m^3，调节库容为4700万m^3，死库容678万m^3。建成后每年向章丘供水1700万m^3，向济南市区年供水4050万m^3，向滨州、淄博两市年供水2347万m^3。

工程主要建设内容包括水库围坝、干线分水闸、小清河倒虹吸工程、入库泵站、穿围坝涵洞、出（入）库水闸、放水洞、排渗泵站及截渗沟等。

工程开工时间为2010年6月6日，工程施工总工期2.5年。

（范立庆）

工 程 投 资

工程批复总投资约96 400万元。截至2010年底，国务院南水北调办共下达东湖水库工程投资计划66 496万元，其中：中央预算内资金21 000亿元，银行贷款10 496万元，南水北调工程基金1000万元，国家重大水利建设基金34 000万元。完成投资57 046.01万元，其中建筑工程3518.15万元，征迁安置

50 672.86万元，其他费用2855万元（临时工程390万元、独立费用2430万元、水土保持及环境保护35万元），未进行设备、安装工程投资。

（范立庆）

招 标 投 标

国务院南水北调办于2009年9月24日以国调办建管〔2009〕179号文对东湖水库工程分标方案进行了批复。

根据批复的分标方案，东湖水库工程共划分9个标段。分别为：建设监理标、围坝建筑安装工程1标、围坝建筑安装工程2标、水泵及电机设备采购标、金属结构采购标、机电设备采购标、管理设施工程标、水土保持工程标、电力线路工程标。

根据东湖水库工程总体建设进度计划，东湖水库建管处于2010年11月编制上报东湖水库工程招投标计划，经2010年12月山东省南水北调工程建设管理工作会议审议，批复后的东湖水库工程招投标计划详见表1。

表1　　批复后的东湖水库工程招投标计划

序号	标号	标段名称	工程投资（万元）	招标方式	计划招标公告时间	计划招标完成时间	备　注
1	监理	东湖水库工程监理标段	518.4	国内公开	2010年1月	2010年3月	已招标
2	1标	东湖水库工程第一标段	11 502.84	国内公开	2010年1月	2010年3月	已招标
3	2标	东湖水库工程第二标段	11 630.77	国内公开	2010年1月	2010年3月	已招标
4	—	水泵及电机设备采购标	360	国内公开	2010年5月	2011年6月	
5	—	金属结构采购标	184	国内公开	2011年5月	2011年6月	
6	—	机电设备采购标	1330	国内公开	2011年5月	2011年6月	
7	—	管理设施工程	752	国内公开	2010年12月	2011年2月	
8	—	水土保持工程	237	国内公开	2011年10月	2012年12月	
9	—	电力线路工程	1256	委托		2011年3月	

2009年12月10日发布东湖水库工程招标公告，2010年1月6日东湖水库工程开标，2010年3月5日与中标单位签订合同。招标公告主要内容如下：

东湖监理分为1个标段，监理范围包括东湖水库土建施工及设备安装、设备制造、水土保持、房屋建筑等。

施工分为2个标段：东湖1标段的范围为（0+000）~（2+600）、（7+000）~（8+125），标段长3725m，含围坝、入库泵站（含入库闸、穿坝涵洞）、穿小清河倒虹吸、井家排水沟、干渠分水闸的土建施工及设备安装。东湖2标段的范围为（2+600）~（7+000），标段长4400m，含围坝、新建截渗沟、排渗泵站 、井家排水沟、干渠、供水洞的土建施工及设备安装。

中标情况见表2。

表 2　　东湖水库工程中标信息一览表

序号	标段	中标单位	桩号	长度（km）	中标价（万元）
1	监理标	山东省水利工程建设监理公司	(0+000)~(8+125)	8.125	518.4
2	施工1标	浙江省水电建筑安装有限公司	(0+000)~(2+600)、(7+000)~(8+125)	3.725	11 502.84
3	施工2标	内蒙古黄河工程股份有限公司	(2+600)~(7+000)	4.4	11 630.77
合计					23 652.01

截至2010年底，签订合同总金额为77 967.71万元，合同签订情况见表3。

表 3　　合同签订情况表

序号	合同名称	合同金额（万元）	备注
1	勘测设计合同	3136.21	总体工程
2	监理标	518.4	
3	施工1标	11 502.84	
4	施工2标	11 630.77	
5	征地及移民迁占合同	51 127.29	总体工程
6	水土保持检测	15	
7	环保检测	37.2	
合计		77 967.71	

（范立庆）

建　设　管　理

东湖水库工程由山东干线公司自行组织建设，2008年9月成立了山东省南水北调济南—引黄济青段工程建设管理局，作为工程建设现场管理机构，负责山东省南水北调济南—引黄济青段工程中济南市区段工程、东湖水库工程、双王城水库工程、明渠段工程及陈庄输水线路工程五个设计单元建设管理工作。

根据东湖水库工程建设需要，2009年11月成立了山东省南水北调济南—引黄济青段工程建设管理局东湖水库工程建设管理处，具体负责东湖水库工程建设的质量、安全、进度及施工环境协调等工作，东湖水库建管处下设综合科、工程科及质安科。

（范立庆）

工　程　进　展

（一）2010年度建设目标

（1）围坝清基：完成围坝清基土方量231 072m³，占围坝清基工程量的100%，完成投资129.75万元，占围坝清基投资的100%。

（2）库底清表：完成库底清表土方量565 050m³，占库底清表工程量的50%，完成投资378.169 7万元，占库底清表投资的50%。

（3）围坝填筑：完成围坝填筑2 080 000m³，占围坝填筑工程量的40%，完成投资2012.49万元，占围坝填筑投资的40%。

（4）下游平台填筑：完成下游平台填筑588 900m³，占下游平台填筑工程量的50%，完成投资509.11万元，占下游平台填筑投资的50%。

（5）截渗沟开挖：完成截渗沟开挖土方量92 235m³，占截渗沟开挖工程量的100%，完成投资51.19万元，占截渗沟开挖投资的100%。

（6）混凝土防渗墙：完成混凝土防渗墙浇筑8027m³，占混凝土防渗墙工程量的15%，完成投资607.21万元，占混凝土防渗墙投资的15%。

（二）主体工程主要工程量

截至2010年12月31号，东湖水库工程累计完成施工合同额3908.15万元，累计完成土方开挖313万m^3，累计完成土方回填302.4万m^3，累计完成截渗墙浇筑$8027m^3$，分别占合同总额的16.89%、39.5%、46.1%、15%。

（三）机电设备及金属结构制造及安装

东湖水库工程2010年开工半年多来，主要进行了围坝填筑与混凝土截渗墙施工，未进行机电设备及金属结构制造及安装工作。

（四）工程形象进度

截至2010年底，围坝清基全部完成并通过验收，截渗沟开挖全部完成，料场清表已完成合同量的57%，坝后压重平台填筑完成合同量的73%，围坝填筑完成合同量的40%，截渗墙塑性混凝土浇筑完成合同量的15.0%。

（范立庆）

工程质量

截至2010年底，完成3278个单元，评定332个单元，全部合格，其中优良单元320个，优良率96.4%。

开工以来累计评定情况详见表1。

表1　工程质量评定情况表

设计单元工程名称	开工时间	开工以来累计评定情况											
		单位工程				分部工程				单元工程			
		总数	已评定数	优良数	优良率（%）	总数	已评定数	优良数	优良率（%）	总数	已评定数	优良数	优良率（%）
南水北调东线一期工程济南—引黄济青段东湖水库工程	2010年6月6日	8	0	0	0	85	0	0	0	3278	332	320	96.4

（范立庆）

双王城水库工程

工程概况

双王城水库为中型平原水库，设计最高蓄水位12.50m，相应最大库容6150万m^3，设计死水位3.90m，死库容830万m^3，调节库容5320万m^3。年入库水量为7486万m^3，出库水量6357万m^3，蒸发渗漏损失水量1128万m^3。出库水量中包括向胶东地区年出库水量4357万m^3，向寿光市城区年供水量1000万m^3，水库周边地区高效农业年灌溉用水量1000万m^3，设计灌溉面积2万亩。设计最大入库流量$8.61m^3/s$，设计出库流量$28m^3/s$。主要工程建设内容包括：围坝、输水渠、供水洞、水闸、桥梁、涵洞、入库泵站、截渗沟及排渗泵站等。

双王城水库建设工期为2.5年，工程于2010年8月6日正式开工。

（王子春）

工程投资

工程总投资80 525万元，静态投资79 346万元（其中工程部分静态投资49 648万元，移民环境部分静态总投资28 404万元，供电线路工程静态总投资1294万元），建设期贷款利息为1179万元。

2010年计划完成投资36 593万元，实际完成32 849.95万元，占计划的89.77%。

（王子春）

招标投标

截至2010年底，双王城水库工程已完成

招标项目有4个，其中监理标1个，土建标3个。以上招标项目均已签订合同，合同金额共计29 410.18万元，见表1。

表1　2010年度双王城水库工程合同签订统计表

序号	标段划分	中标单位	合同金额（万元）
1	监理标	山东省科源工程建设监理中心	700.78
2	施工一标	北京金河水务建设有限公司	10 060.00
3	施工二标	华北水利水电工程集团有限公司	9185.90
4	施工三标	胜利油田胜利工程建设（集团）有限责任公司	9463.50
	小　计		29 410.18

工　程　进　展

截至2010年底，累计完成土方开挖215.96万m^3；土方回填123.41万m^3；混凝土浇筑1.64万m^3，累计完成施工合同金额4756.95万元。

（王子春）

安　全　生　产

在安全生产管理工作中首先进行了制度体系建设，先后制定了《济南—引黄济青段双王城水库工程安全生产管理办法》、《济南—引黄济青段双王城水库工程安全生产例会制度》《济南—引黄济青段双王城水库工程安全生产事故报告制度》、《济南—引黄济青段双王城水库工程重特大安全事故应急预案》以及《南水北调双王城水库工程安全生产隐患排查治理专项实施方案》、《关于加强济南—引黄济青段双王城水库工程建设重大危险源管理工作的通知》等制度文件。然后根据制度要求，安全领导小组人员每月定期对工地现场进行一次安全生产大检查，重点就危险源警示标示及安全管理、全员安全教育培训情况、劳保用品发放落实情况等进行监督检查，并将检查结果及时反馈到责任人，要求其对发现的问题限期予以改正。

在安全生产管理过程中始终把安全生产责任制放在首位，坚持谁分管谁负责的原则，将安全生产划分为办公、生活、施工现场等若干区域，采取分级管理的原则，哪一区域安全措施不到位由哪一区域的具体责任人整改落实，并将整改情况报上一级责任人检查验收。2010年建管单位共组织监理、施工单位负责人参加的安全生产大检查5次，防火及安全度汛演练各1次，并就每次检查出的问题迅速进行了通报，要求相关责任单位及时进行整改落实，通过一系列安全预防措施实施，实现了年初制定的无重特大安全责任事故的目标。

（王子春）

施　工　科　技

由于双王城水库工程地处沿海附近，地下水位及矿化度偏高地质条件复杂，施工单位始终注意学习和借鉴先进的施工经验，特别是对防渗墙施工中卤水环境下固壁及清孔泥浆配制、高水位条件下导墙两侧防塌孔井点降水，以及高浓度氯离子、硫酸根离子环境中防腐蚀混凝土配比等都进行了深入细致的探讨。

（王子春）

鲁北段工程

概 述

工 程 概 况

鲁北段工程是南水北调东线一期工程的重要组成部分，是实现向山东鲁北地区送水的重要保证，是实现向河北省、天津市应急调水的连接枢纽。工程涉及聊城、德州两市的东阿、阳谷、东昌府、开发区、茌平、临清、夏津和武城八个县（市、区），自位山穿黄隧洞出口向北，横跨徒骇河和马颊河，于草屯附近进入大屯水库，全长175.224km。该段工程建成后，将与已贯通的东线穿黄河工程连接，构成南水北调东线输水大动脉，将长江水调至鲁北地区，并可实现向河北省、天津市应急调水。鲁北段工程概算总投资44.334亿元，建设总工期为30个月，建设目标是2012年12月底整个工程完工并达到验收要求。

鲁北段工程主要建设内容包括小运河输水工程，七一、六五河输水工程，大屯水库蓄水工程和灌区影响处理工程四个设计单元。

小运河段输水工程新挖扩挖输水河道98.21km，设计流量50m^3/s。工程批复总投资23.882亿元，批复工程工期30个月。小运河段工程于2010年12月28日开工。

七一、六五河输水工程扩挖、整修清淤输水河道总长77.014km，设计流量25.5～13.7m^3/s；工程批复总投资6.177亿元，批复工程工期18个月。七一、六五河输水工程计划于2011年3月20日开工建设。

大屯水库蓄水工程围坝长8.914km，总库容5209万m^3；工程批复总投资11.138亿元，批复工程工期30个月。大屯水库工程已于2010年11月25日开工。

灌区影响工程主要包括新、扩挖渠道，清淤和新、改扩建各类建筑物等工程。工程总投资3.137亿元，批复工程工期12个月。灌区影响处理工程计划于2011年3月24日开工建设。

（王　鹏）

工 程 进 展

截至2010年底，鲁北段小运河输水工程，七一、六五河输水工程，大屯水库蓄水工程和灌区影响处理工程四个设计单元工程初步设计概算已经国务院南水北调办批复，批复概算总投资44.334 1亿元（静态总投资43.587 6亿元，建设期贷款利息7465万元）。

大屯水库蓄水工程和小运河输水工程已经完成了第一批监理、施工招标工作。截至2010年底，大屯水库蓄水工程的征地移民工作基本完成，其他三个设计单元的征地移民工作正在进行中。大屯水库蓄水工程累计完成土方开挖51.6万m^3，土方回填7.2万m^3。小运河输水工程正积极开展施工前的准备工作。

（王　鹏）

工 程 投 资

截至2010年底，鲁北段工程累计下达投资95 700万元，其中：征地移民投资80 637万元，工程投资3100万元。累计完成投资

86 337万元，其中：小运河输水工程完成移民投资 28 516 万元，工程部分投资 3100 万元；七一、六五河输水工程完成工程部分投资 800 万元；大屯水库蓄水工程完成移民投资52 121 万元，工程部分投资 1400 万元；灌区影响处理工程完成工程部分投资 400 万元。

（王　鹏）

小运河输水工程

工　程　概　况

小运河输水工程是实现向山东鲁北地区送水的重要保证，是实现向河北省、天津市应急调水的连接纽带。南水北调鲁北段小运河工程输水线路全长 98.289km，其中利用现状河道 58.156km，新开河道 40.133km。工程挖压占地影响范围主要涉及聊城市东阿县、阳谷县、东昌府区、开发区、茌平县、临清市，工程共影响 136 个行政村，总计 127 398 人。小运河段工程需要新建、重建、改建、维修、加固倒虹吸、节制闸、渡槽、涵闸、公路桥、生产桥和铁路桥等 7 类交叉建筑物，共计 296 处、372 座，新建交通管理道路 99.501km（七级镇段为双侧交通），周公河两岸截污管道 17.471km（其中左岸管道全长 8906m，右岸管道全长 8565m）。

小运河输水工程输水规模 $50m^3/s$，多年平均过黄河进入小运河的水量为 4.416 4 亿 m^3，经邱屯闸向七一、六五河输水流量为 $25.5m^3/s$，北送水量 26 022 万 m^3。工程批复总工期 30 个月。

主要工程量：土方开挖 1622 万 m^3，土方回填 655 万 m^3，砌石 15.43 万 m^3，混凝土及钢筋混凝土浇筑 44.26 万 m^3，混凝土灌注桩 21 295m，钢筋制作安装 17 074t。

（张　明　刘俊明）

工　程　投　资

根据《关于南水北调东线一期鲁北段工程小运河段工程初步设计报告的批复》（国调办投计〔2010〕196 号），小运河段工程静态总投资为 233 998 万元，建设期贷款利息 4823 万元，总投资 238 821 万元。其中工程部分 83 263 万元，铁路专项设施 10 358 万元，供电线路 1371 万元，桥梁工程 28 856 万元，七级镇生活污水处理工程 1000 万元，移民环境 109 150 万元。

截至 2010 年底，累计下达资金 3100 万元，完成投资 3100 万元。

（张　明　刘俊明）

招　标　投　标

根据《关于南水北调东线一期鲁北段工程小运河段工程招标分标方案的批复》（国调办建管〔2010〕243 号），鲁北段小运河段输水工程共划分 16 个标段，其中监理标段 2 个、施工标段 14 个。其周公河截污管道工程、穿铁路建筑物工程及七级镇生活污水处理工程、供电线路 4 个标段拟委托建设。

南水北调东线一期工程鲁北段工程小运河段工程（第一批）于 2010 年 11 月 16 日发布招标公告，2010 年 12 月 14 日开标，2010 年 12 月 25 日发布中标结果通知书。2010 年招投标情况见表 1。

表 1　　2010 年小运河工程监理及施工招投标情况表

序号	合同编号	合同名称	招标代理单位	招标文件发售时期	开标日期	定标日期	中标单位	合同签订日期
1	NSBD/LBD-XYHJL-01	东线一期工程鲁北段工程（第二批）小运河段监理合同书（标段 1）	山东水务招标有限公司	2010 年 11 月 22 ~ 26 日	2010 年 12 月 14 日	2010 年 12 月 25 日	青岛水工建设科技服务有限公司	2010 年 12 月 30 日
2	NSBD/LBD-XYHJL-02	东线一期工程鲁北段工程（第二批）小运河段监理合同书（标段 2）	山东水务招标有限公司	2010 年 11 月 22 ~ 26 日	2010 年 12 月 14 日	2010 年 12 月 25 日	河南大河工程建设管理有限公司	2010 年 12 月 30 日
3	NSBD/LBD-XYH01	东线一期工程鲁北段工程（第二批）小运河段工程施工合同书（标段 1）	山东水务招标有限公司	2010 年 11 月 22 ~ 26 日	2010 年 12 月 14 日	2010 年 12 月 25 日	山东黄河工程集团有限公司	2010 年 12 月 30 日
4	NSBD/LBD-XYH02	东线一期工程鲁北段工程（第二批）小运河段工程施工合同书（标段 2）	山东水务招标有限公司	2010 年 11 月 22 ~ 26 日	2010 年 12 月 14 日	2010 年 12 月 25 日	中国水电建设集团十五工程局有限公司	2010 年 12 月 30 日
5	NSBD/LBD-XYH03	东线一期工程鲁北段工程（第二批）小运河段工程施工合同书（标段 3）	山东水务招标有限公司	2010 年 11 月 22 ~ 26 日	2010 年 12 月 14 日	2010 年 12 月 25 日	江苏河海科技工程集团有限公司	2010 年 12 月 30 日
6	NSBD/LBD-XYH04	东线一期工程鲁北段工程（第二批）小运河段工程施工合同书（标段 4）	山东水务招标有限公司	2010 年 11 月 22 ~ 26 日	2010 年 12 月 14 日	2010 年 12 月 25 日	山东水利工程总公司	2010 年 12 月 30 日
7	NSBD/LBD-XYH05	东线一期工程鲁北段工程（第二批）小运河段工程施工合同书（标段 5）	山东水务招标有限公司	2010 年 11 月 22 ~ 26 日	2010 年 12 月 14 日	2010 年 12 月 25 日	华北水利水电工程集团有限公司	2010 年 12 月 30 日
8	NSBD/LBD-XYH06	东线一期工程鲁北段工程（第二批）小运河段工程施工合同书（标段 6）	山东水务招标有限公司	2010 年 11 月 22 ~ 26 日	2010 年 12 月 14 日	2010 年 12 月 25 日	黄河水电工程建设有限公司	2010 年 12 月 30 日

（张　明　刘俊明）

建 设 管 理

小运河工程建设管理模式采用直管和委托建管相结合的管理模式。其中铁路专项设施、供电线路工程、截污管道工程及七级镇生活污水处理工程（补助）委托行业主管部门或地方负责实施，工程由山东干线公司直管。山东省南水北调鲁北段工程建设管理局（以下简称鲁北局）工程作为山东干线公司派驻现场机构负责工程建设现场管理工作，鲁北局下设小运河建管处具体负责小运河段工程的现场管理工作。

（1）设计单位：山东省水利勘测设计院。

质量监督单位为南水北调工程山东质量监督站。

（2）监理单位：监理1标为青岛水工建设科技服务有限公司；监理2标为河南大河工程建设管理有限公司。

（3）施工单位：施工1标为山东黄河工程集团有限公司；施工2标为中国水利水电第十五工程局有限公司；施工3标为江苏河海科技工程集团有限公司；施工4标为山东水利工程总公司；施工5标为华北水利水电工程集团有限公司；施工6标为黄河水电工程建设有限公司。

（一）施工进度控制管理

小运河工程建设工期为30个月，建设工期目标是2012年12月底整个工程完工并达到验收要求。

1. 工程建设总进度安排

输水河道及沿线建筑物工程（含桥梁工程）：2010年12月30日~2012年9月30日；水土保持工程：2011年9月1日~2012年11月15日；管理设施工程：2011年9月1日~2012年11月15日；周公河截污管道工程、供电线路工程：计划于2011年底前完成，穿铁路建筑物工程：计划于2012年6月20日完成。

2. 施工进度目标

截至2011年6月30日，节点目标是计划完成总投资109 311万元，占批复静态总投资的46.7%；截至2011年12月31日，节点目标是计划完成总投资156 068万元，占批复静态总投资的66.7%；截至2012年6月30日，节点目标是计划完成总投资201 543万元，占批复静态总投资的86.1%；截至2012年12月31日，节点目标是计划完成总投资233 998万元，占批复静态总投资的100%，完成初步设计批复全部内容。

（二）工程质量管理

质量目标：单元工程优良率90%以上（含90%）；单位工程优良率90%以上（含90%）；工程外观得分率85%以上，设计单元工程优良。

质量管理体系：工程质量管理体系实行鲁北局负责、监理单位控制、施工单位保证和政府监督相结合的质量管理体制。

（三）安全生产管理

安全生产管理方针：安全第一、预防为主、综合治理。

安全生产目标：杜绝较大以上安全生产事故发生，避免一般安全生产事故发生，人员重伤及死亡事故率为零。

安全生产管理机构：鲁北局分两级成立安全生产领导小组：成立鲁北局安全生产领导小组，全面负责整个鲁北段工程的安全生产管理工作，由鲁北局局长任组长。小运河工程建管处成立小运河工程安全生产领导小组，具体负责小运河工程的安全生产管理工作，由建管处处长任组长，层层落实责任制。

（张 明 刘俊明）

工 程 进 展

2010年12月30日前完成征地范围内地面附着物清除工作，2010年12月31日完成交地手续。

小运河输水工程第一批招标于 2010 年 12 月 25 日发布中标通知书，其他标段计划于 2011 年 7 月 30 日前完成。

截至 2010 年底，完成投资 3100 万元。

（张　明　刘俊明）

工　程　施　工

小运河标段 1：由山东黄河工程集团有限公司承建，负责桩号(0 + 000) ~ (24 + 626)段工程施工，全长 24.626km。该标段地处东阿、阳谷县，主要工程内容为渠道土方开挖与回填、七级镇衬砌工程，以及该段范围内的建筑物、交通道路、护栏工程。

小运河标段 2：由中国水利水电第十五工程局有限公司承建，负责桩号(24 + 626) ~ (36 + 854)段工程施工，全长 12.228km。该标段地处阳谷县、东昌府区，主要工程内容为渠道土方开挖和回填、河道衬砌工程，以及该段范围内的建筑物、交通道路、护栏工程。

小运河标段 3：由江苏河海科技工程集团有限公司承建，负责桩号(36 + 854) ~ (48 + 802)段工程施工，全长 11.948km。该标段地处东昌府区，渠道为全断面衬砌形式。主要工程内容为渠道土方开挖与回填、河道衬砌工程，以及该段范围内的建筑物、交通道路、护栏工程。

小运河标段 4：由山东水利工程总公司承建，负责桩号(48 + 802) ~ (60 + 638)段工程施工，全长 11.836km。该标段地处聊城市东昌府区开发区，渠道为全断面衬砌形式。主要工程内容为渠道土方开挖与回填、河道衬砌工程，以及该段范围内的建筑物、交通道路、护栏工程。

小运河标段 5：由华北水利水电工程集团有限公司承建，负责桩号(60 + 638) ~ (73 + 105)段工程施工，全长 12.647km。渠道包括茌平县境内的一部分，另包括东昌府区、临清市及茌平县插花地。主要工程内容为渠道土方开挖与回填、河道衬砌工程，以及该段范围内的建筑物、交通道路、护栏工程。

小运河标段 6：由黄河水电工程建设有限公司承建，负责桩号(73 + 1050) ~ (98 + 289)段工程施工，全长 25.184km。该标段地处临清市，主要工程内容为渠道土方开挖与回填、险工护砌工程，以及该段范围内的建筑物、交通道路、护栏工程。

（张　明　刘俊明）

大屯水库工程

工　程　概　况

大屯水库工程位于山东省德州市武城县恩县洼东侧，距德州市德城区 25km，距武城县城 13km。水库围坝大致呈四边形，南临郑郝公路，东与六五河毗邻，北接 254 省道，西侧为利民河东支。

大屯水库设计最高蓄水位 29.80m，相应最大库容 5209 万 m^3，设计死水位 21.00m，死库容 745 万 m^3，水库调节库容 4464 万 m^3，向德州市德城区年供水量10 919万 m^3，向武城县城区年供水量 1583 万 m^3。水库围坝坝轴线总长 8913.99m，总占地面积 9732.90 亩。

大屯水库工程主要建设内容包括围坝、六五河改道、六五河节制闸、引水闸、入库泵站、德州供水洞和武城供水洞等。其中围坝、入库泵站、德州供水洞、武城供水洞、六五河节制闸、引水闸等主要建筑物级别为2级，六五河改道段等次要建筑物级别为3级。

主要工程量：土石方开挖1239.69万m^3，土石方回填1196.36万m^3，砌石63 616m^3，混凝土及钢筋混凝土浇筑85 154.6m^3，钢筋制作安装893.65t，水泥土搅拌桩23 367m，灌注桩3698m。

工程批复建设工期为30个月。

（田汉宫　周　兵）

工　程　进　展

2010年6月4日，国务院南水北调办以国调办投计〔2010〕96号文对大屯水库设计单元进行批复。2010年7月6日，在大屯水库库区召开了南水北调东线一期鲁北段工程建设动员大会，开始征迁工作。

2010年9月24日，在大屯水库施工现场组织召开了第一次工地会议，开始施工准备工作。2010年11月25日，现场总监理工程师签发项目工程开工令，大屯水库工程正式开工。

截至2010年底，各施工标段项目部临时设施全部完成，施工环库道路基本成型并保持畅通；库区内排水沟开挖完成，降排水体系施工全部完成，降排水措施得当，方案合理。完成了库内料场清表、坝基清基等部分开挖工作，完成了坝体土方填筑和压重平台填筑等部分回填工作。

2010年累计完成土方开挖51.6万m^3，完成土方回填7.2万m^3。完成移民环境投资51 250.52万元，完成施工投资870万元，科研设计分摊投资1400万元，累计完成投资53 520.52万元，占批复静态总投资的48.8%。

（田汉宫　周　兵）

工　程　投　资

工程批复的初步设计概算静态总投资109 747万元，建设期贷款利息为1630万元，总投资为111 377万元。其中工程部分52 333万元，移民环境部分56 685万元，供电线路工程为729万元。

2010年度下达投资计划66 400万元，其中移民环境投资51 250.52万元，工程施工投资13 749.48万元，科研设计分摊投资1400万元。

2010年度实际完成投资53 520.52万元，其中完成施工投资870万元，移民环境投资51 250.52万元，科研设计分摊投资1400万元。完成2010年度投资计划的80.6%。

2010年度实际支付资金56 055.52万元，包括工程预付款3405万元，移民环境投资51 250.52万元，科研设计分摊投资1400万元。

（田汉宫　周　兵）

招　标　投　标

（一）分标类型及标段

按照国务院南水北调办《关于南水北调东线一期工程南四湖—东平湖段输水与航运结合工程（第二批）、鲁北段大屯水库和灌区影响工程分标方案的批复》（国调办建管〔2010〕88号），根据工程布置特点、专业性质、投资情况，并考虑方便建设管理，大屯水库工程共划分为10个标段，分别为监理标、施工1标[（0+000）~（1+100）、（7+500）~（8+914）]、施工2标[（1+100）~（4+300）]、施工3标[（4+300）~（7+500）]、水泵及电机设备采购标、金属结构采购标、机电设备采购标、管理设施施工标、水土保持工程标、电力线路工程标，见表1。

表1　　大屯水库工程标段划分表

序号	标段	工作内容	合同额（万元）	备注
1	监理标	大屯水库土建施工及设备安装、设备制造、水土保持、房屋建筑等的监理工作	705.28	已招标
2	施工1标	桩号(0+000)~(1+100)、(7+500)~(8+914)，标段长2514m。含围坝填筑、库底铺膜、六五河改道及衬砌、六五河节制闸、引水闸、引水渠、入库泵站、围坝外侧排水沟的土建施工及设备安装	11 847.75	
3	施工2标	桩号(1+100)~(4+300)，标段长3200m。含围坝填筑 、库底铺膜、武城供水洞、围坝外侧排水沟、利民河东支衬砌的土建施工及设备安装	11 695.09	
4	施工3标	桩号(4+300)~(7+500)，标段长3200m。含围坝填筑、库底铺膜、德州供水洞、围坝外侧排水沟、六五河衬砌的土建施工及设备安装	12 120.98	
5	标段4	管理设施工程包括：附属生产房屋及办公用房、生活及文化福利建筑、其他建筑工程、交通道路等	985	未招标
6	标段5	水土保持工程	276	
7	标段6	水泵及电机设备采购标，包括入库泵站水泵电机设备采购	311	
8	标段7	金属结构采购标，包括节制闸、入库泵站、引水闸、供水洞的闸门、清(拦)污及启闭设备等的制作	320	
9	标段8	机电设备采购标，包括节制闸、入库泵站、引水闸、供水洞的电气、自动化设备采购	1665	
10	标段9	供电线路	729	委托招标

（二）开标定标及中标情况

南水北调东线一期工程鲁北段（第一批）大屯水库工程监理及施工招标包括监理标和施工1~3标。2010年7月21日，山东干线公司发布了招标公告，2010年8月17~18日开标、评标。

监理标：山东省科源工程建设监理中心，合同金额705.28万元。

施工1标：山东大禹工程建设有限公司，合同金额11 847.75万元。

施工2标：中国水利水电第十三工程局有限公司，合同金额11 695.09万元。

施工3标：北京通成达水务建设有限公司，合同金额12 120.98万元。

水泵及电机设备采购标、金属结构采购标、机电设备采购标等计划在2011年6月5日前完成招标工作；管理设施工程、水土保持工程等计划在2011年8月5日前完成招标工作。2010年招投标情况见表2。

表2　　大屯水库工程监理及施工招投标情况表

序号	合同编号	合同名称	招标代理单位	招标文件发布时间	开标日期	定标日期	中标单位	合同签订日期
1	NSBD/LBD-DT SHKJL	南水北调东线第一期工程鲁北段大屯水库工程监理合同	山东水务招标有限公司	2010年7月26日	2010年8月17日	2010年8月31日	山东省科源工程建设监理中心	2010年9月14日

续表

序号	合同编号	合同名称	招标代理单位	招标文件发布时间	开标日期	定标日期	中标单位	合同签订日期
2	NSBD/LBD-DTSHK001	南水北调东线第一期工程鲁北段大屯水库工程施工合同书（标段1）	山东水务招标有限公司	2010年7月26日	2010年8月17日	2010年8月31日	山东大禹工程建设有限公司	2010年9月14日
3	NSBD/LBD-DTSHK002	南水北调东线第一期工程鲁北段大屯水库工程施工合同书（标段2）	山东水务招标有限公司	2010年7月26日	2010年8月17日	2010年8月31日	中国水利水电第十三工程局有限公司	2010年9月14日
4	NSBD/LBD-DTSHK003	南水北调东线第一期工程鲁北段大屯水库工程施工合同书（标段3）	山东水务招标有限公司	2010年7月26日	2010年8月17日	2010年8月31日	北京通成达水务建设有限公司	2010年9月14日

（田汉宫　周　兵）

建 设 管 理

南水北调东线一期工程鲁北段大屯水库工程为山东干线公司直管项目，鲁北局作为山东干线公司派驻现场机构负责工程建设管理工作。该工程的征地移民工作，在山东省南水北调建管局领导下，由武城县政府负责实施。供电线路工程委托当地电力部门实施。

（一）施工进度控制管理

大屯水库工程建设工期为30个月，建设工期目标是2012年12月底工程完工并验收。

施工进度制约因素：围坝填筑和铺膜防渗工程、六五河节制闸工程只宜在非汛期施工；12月~次年2月为冬季施工期，不适宜土方填筑、砌石和混凝土浇筑工程施工。按照国务院南水北调工程建设委员会、山东省委和省政府确定的山东段南水北调工程2013年通水的目标要求，大屯水库工程面临施工有效工作日短、施工工程量大、施工工期紧等情况。

采取的措施：优化施工方案，精心组织施工，加大人员、设备、材料和资金等投入，多开工作面，确保按工期目标完成建设任务。

（二）质量管理

始终把工程质量放在第一位，坚持“质量第一、技术创新、科学管理、争创一流”的质量管理方针，认真贯彻落实国家、国务院南水北调办、水利部水利工程技术规范和质量标准、工程质量管理办法，为实现大屯水库工程“单元工程质量合格率100%，优良率90%以上（含90%）；单位工程质量优良率90%以上（含90%）；工程外观得分率85%以上；设计单元工程质量优良”的质量管理目标，制定了多项质量管理措施。

（1）各参建单位高度重视，加强组织领导，落实责任。

（2）对现场建管机构、施工单位质检机构、人员及工作情况做了明确规定，完善规章制度、施工要求与质量控制措施，严格重要隐蔽单元工程验收和各单元工程质量评定。

（3）对监理人员及质量监测设备的配备、监理工程师质量责任制、监理工程师持证上岗情况、旁站监理制度等进行了完善。

（4）对施工单位质检机构、人员、质检

资料、“三检制”情况进行检查、落实、整改、完善。

（三）安全管理

依照《南水北调工程建设安全生产目标考核管理办法》相关规定，进一步强化安全生产目标管理，落实各级安全生产责任制，保证南水北调鲁北段大屯水库工程建设顺利进行。制定并明确了各参建单位安全生产的规范性文件，建立安全生产例会制度，制定了保证安全生产的措施方案，对各参建单位的安全生产合格证进行了审查，明确了工程项目安全作业环境及安全施工措施费使用制度，制定了安全生产施工紧急预案，进行了工程开工前安全生产布置，建立了安全生产事故报告制度等。

（四）文明工地建设

为规范南水北调东线一期鲁北段大屯水库工程文明工地建设管理工作，推动文明工地创建活动，根据《南水北调工程文明工地建设管理规定》和南水北调山东干线公司有关要求，结合工程建设实际，鲁北局制定了《南水北调东线第一期工程鲁北段大屯水库工程创建文明建设工地实施办法》。

鲁北段大屯水库工程文明工地创建活动坚持“以人为本，注重实效”的原则，在工程建设中全过程、全方位提倡文明施工，营造和谐的建设环境，调动各参建单位和全体建设者的积极性，做到现场整洁有序，实现管理规范高效，保证施工质量安全，促进工程顺利建设。

（田汉宫　周　兵）

工　程　进　展

截至2010年底，工程永久、临时征地补偿和移民安置基本完成；施工项目部临时设施搭建、施工环库道路建设、库区内排水明沟开挖和六五河改道开挖全部完成；完成库区内料场清表、坝基清基、坝体土方填筑和坝后压重平台填筑等部分工作。累计完成土方开挖51.6万m^3，占土方开挖总量的4.2%；完成土方回填7.2万m^3，占土方回填总量的0.6%。

（田汉宫　周　兵）

截污导流工程

江苏省截污导流工程

工　程　概　述

江苏省截污导流工程主要由江都、淮安、宿迁和徐州市截污导流工程组成。泰州市截污导流工程未纳入治污规划，由泰州市政府组织实施。江苏省截污导流工程的主要内容是将污水处理厂和少数工业企业经处理达标排放的尾水拦截，通过埋设管道、疏浚老河道增加过流能力、开挖部分河道打通通道等方式导走，使尾水不再进入南水北调东线输水干线，保证输水干线三阳河段、大运河及里运河淮安城区段、中运河宿迁城区段、大运河徐州段形成清水廊道，实现南水北调东线江苏段干线输水水质稳定达到Ⅲ类水目标。江都、淮安、宿迁和徐州市截污导流工程总投资12.5亿元，其中，江都市截污导流工程0.81亿元，淮安市截污导流工程3.32亿元，宿迁市截污导流工程1.12亿元，徐州市截污导流工程7.25亿元。江都、宿迁市截污导流工程已于2009年底全面建成。淮安、徐州市截污导流工程2010年完成主体工程建设。

（陈红卫　张树麟）

江都市截污导流工程

江都市截污导流工程主要是在江都市城区污水收集处理的基础上，新建尾水提升泵站和尾水输送管道，将进入三阳河、新通扬运河的江都市清源污水处理厂尾水输送至长江主江堤外窦桥港。工程建设内容为铺设尾水输送干管22.92km，管线共穿越大小河道21条、等级公路6条；新建提升泵站1座。工程设计尾水排放规模为4万t/d，概算投资8125万元，工期12个月，工程于2007年12月10日开工建设。

截至2010年底，工程已经完成全部专项验收和竣工验收工作。2010年1月，江都市政府批复组建了江都市截污导流工程运行管理处，落实了运行资金，管理处编制人员13人。2010年2月，工程正式投入运行，每天24小时运行2~3台套，能够满足污水处理厂尾水排放量输送要求。全年累计输送尾水600万m^3以上。经江都市环境监测站检测，三阳河、通扬运河等主要污染物的浓度和相关污染物的标准指数均呈下降趋势，水质得到持续改善。

（陈红卫　张树麟）

淮安市截污导流工程

淮安市截污导流工程主要是将清浦、清河、开发区现状直接排入大运河、里运河的污水截流，送至污水处理厂集中处理后，尾水通过清安河排入淮河入海水道南泓。淮河入海水道将建尾水导流入海湿地处理工程，对尾水进一步生态处理后东排入海，有效改善南水北调输水干线大运河及里运河淮安城区段水质及水环境。工程主要建设内容为铺设沿大运河、里运河截污干管20.12km，配套建设污水提升泵站2座，移址重建清安河穿运洞，清除里运河污染底泥24.3km，里运河城区段护岸防护赔建9.19km，实施清安河河道疏浚22.04km。工程设计尾水排放规模为9.7万t/d，概算投资33 240万元，工期27个月，工程于2007年11月开工建设。

截至2010年底，已完成土建及设备购置安装工程共24个标段招投标工作。土建工程20个标段中，里运河疏浚及板桩护岸工程已全面完成并通过合同项目完成验收。清安河穿运洞移建工程已经完成，老穿运洞处理工程正在实施。桩号（4+100）以下段清安河疏浚护岸及配套建筑物工程已全面完成，即将组织合同项目完成验收，（4+100）以上段除利民自排洞和西安路泵站由于征迁矛盾及设计方案调整影响外，其余工程基本完成。干管工程中，天津路干管已通过合同验收，柯山路干管已全部完成准备验收，延安路、承德路、新民东路干管及北京南路污水提升泵站已全部完成，翔宇大道干管工程基本完成，漕运西路除两段长约300m拆迁工作未完外，其余工段全部完成，清扬路干管工程因征迁问题还有少量尾工。通莆路污水提升泵站及干管工程主体土建工程基本完成，即将进行设备安装。累计完成投资53 376万元（含地方配套）。

（陈红卫　张树麟）

宿迁市截污导流工程

宿迁市截污导流工程主要包括运西截污工程和尾水输送工程两部分。运西截污工程主要是封堵现有老城区12家工业企业向中运河的排污口，并沿运河铺设截污干管，将处理过的工业尾水收集至提升泵站；尾水输送工程主要是将尾水提升后通过管道输送至新沂河，经湿地处理后东排入海，有效改善南水北调输水干线中运河宿迁城区段水质及水环境。工程主要建设内容为铺设运西工业废水收集干管 6.3km，铺设尾水输送干管 23.2km；新建 0.25m^3/s、0.85m^3/s 提升泵站各 1 座。工程设计尾水排放规模 7 万 t/d，概算投资 11 164 万元，工期 18 个月，工程于 2007 年 12 月开工建设。

截至 2010 年底，工程已经建成，完成档案、水土保持专项验收，正在抓紧准备移民和环保专项验收和竣工验收工作。

（陈红卫　张树麟）

徐州市截污导流工程

徐州市截污导流工程主要是利用现有的河渠和新开渠道等，建立运河沿线区域尾水“蓄存、导流、回用”体系，将京杭运河不牢河段、中运河邳州段、房亭河等对南水北调东线工程有影响的区域尾水统筹考虑，对尾水进行收集、回用、导流，剩余尾水从大马庄涵洞处入新沂河北偏泓入海。工程建设内容为新开尾水渠道（涵管）25.7km，利用现状河道 144.58km（其中疏浚 85.83km）；建设干渠建筑物 42 座，其中控制涵闸 24 座、输水涵洞 14 座、混凝土渠道 3 座、提升泵站 1 座；新（改）建跨河桥梁 94 座，按照恢复原功能原则实施小型配套建筑物 116 座。工程设计尾水入新沂河排放规模为 41.09 万 t/d，概算投资 72 493 万元，工期 30 个月，工程于 2008 年 10 月 25 日开工建设。

截至 2010 年底，徐州市截污导流工程 37 个标段已完成 36 个标段的招标任务，剩余人工湿地和管理房工程招标工作正在准备。截污导流主体工程基本完成，44 座干渠建筑物已完成 42 座，剩余 2 座正在进行机电设备安装及附属工程的施工；新（改）建跨河桥梁 107 座已完成 95 座，12 座正在进行桥面施工；河道及征地移民工程已基本完成。2010 年，徐州市截污导流工程完成年度投资 2.41 亿元，累计完成投资 6.41 亿元，占总投资的 88.4%。

（陈红卫　张树麟）

山东省截污导流工程

工　程　概　述

南水北调东线一期工程山东段截污导流工程是国务院批准的《南水北调东线工程治污规划》和山东省人民政府批复的《南水北调东线工程山东段控制单元治污方案》中提出的“治、用、保”污染综合防治体系的组成部分。截污导流工程在山东省又称中水截蓄导用工程，其主要作用是将污染治理达标后的中水进行截、导、蓄、用，在调水期间使其不进入或少进入调水干线，以保证干线工程输水水质。

山东省截污导流工程共涉及南水北调东线工程山东段邳苍分洪道，韩庄运河，峄城大沙河，薛城小沙河，城漷河，老运河济宁段，泗河，老运河微山段，西支河，老万福河，洙水河，老运河梁山段，东鱼河，洸府河，小运河，卫运河，小运河—七一、六五河等 17 个控制单元，分散在 7 个市、30 个县（市、区）。分别是临沂市的邳苍分洪道截污导流工程，枣庄市的小季河、峄城大沙河、薛城小沙河、新薛河、薛城大沙河、城漷河、北沙河截污导流工程，济宁市的济宁城区、曲阜市、微山县、鱼台县、金乡县、嘉祥县、梁山县截污导流工程，菏泽市的东鱼河截污导流工程，泰安市的宁阳县洸河截污导流工程，聊城市金堤河、临清汇通河截污导流工程，德州市的武城县、夏津县截污导流工程，共21项工程，工程批复总投资12.09亿元。工程建成后每年可消化中水2.06亿m^3、径流1.39亿m^3，改善灌溉面积200万亩，可消减COD近5万t、氨氮3000多t。

截至2010年底，21项截污导流工程已基本完成主体工程建设，共完成投资11亿元，完成土方1808万m^3，混凝土及钢筋混凝土25.7万m^3，金属结构1801t。

（一）工程验收

2010年5月，召开了截污导流工程建设工作会议，分析了工程面临的形势和工作中存在的问题，围绕工程功能发挥部署相关工作，为工程验收做好准备。

（1）运行管理。积极协调各地项目法人落实管理人员、运行费用渠道和调度实施方案，为工程验收后早日投入运行打下基础。

（2）功能发挥。在资金使用上，在完成批准的初步设计工程内容的前提下，招标结余资金和基本预备费要首先用于完善中水回用设施建设。组织设计单位等对黄河以南17个项目的中水回用方案进行了现场调研和督促。组织技术力量，克服困难完成中水回用方案审核、批复工作。

（3）财务决算工作。聘请中介机构对完工项目普遍进行了财务决算指导，多数项目完成了结算审计。

（4）环境保护专项验收。通过协调国家有关部门，环境保护部同意委托山东省环保厅进行截污导流工程竣工环保验收。经多方协调，山东省环保厅确定将21个截污导流工程打捆进行环境验收。经精心组织、认真准备，截污导流工程竣工环保验收顺利通过。

（二）内部稽察

山东省南水北调建管局聘请专家组成稽察组，分批对截污导流工程全面进行内部稽察。针对存在的问题，督促各项目法人、监理、施工和设计单位及时整改，确保工程建设“三个安全”。同时，认真开展工程建设领域突出问题治理。组织项目法人针对工程各方面认真进行问题排查，对于查找出的问题，制定科学可行的措施，切实整改到位。

（三）召开现场会

山东省截污导流工程突破了原来工程设计的局限性。为使截污导流工程建成后能够实现良性运行，要求工程方案在首先满足保证水质功能的前提下，要尽可能结合当地防洪、除涝、灌溉、生态、交通、城市建设等需要，充分发挥南水北调工程的战略综合带动作用。国务院南水北调办领导对这一工作思路给予了充分肯定。2010年7月5日国务院南水北调办、环境保护部在滕州市联合召开了南水北调东线治污暨截污导流工程建设现场会，山东省就截污导流工程建设思路与实践在现场与南水北调各省市进行了交流。

（周建仁）

临沂市邳苍分洪道截污导流工程

临沂市邳苍分洪道截污导流工程为南水北调东线一期工程重要组成部分。通过节节灌溉回用，使中水就地消化，保证邳苍分洪道非汛期中水不排入中运河，为南水北调东线工程干线达到地表水Ⅲ类水质标准提供保障。工程初步设计概算总投资12 368.5万元，总工期为1.5年。

工程自2008年10月开工，截至2009年6月，主体工程已全部完工，尾工建设也基本完成，正在积极准备迎接工程竣工验收，待验收通过后交付工程管理单位运行使用。

（周建仁）

宁阳县洸河截污导流工程

宁阳县洸河截污导流工程是保证南水北调东线调水水质的配套工程，位于南四湖主要入湖河流洸府河上游，涉及洸河、宁阳沟两条河流。工程概算总投资5956万元。建设工期2年，2007年12月28日开工建设。

截至2010年底，后许桥、泗店、纸坊、古城等四座橡胶坝已建设完成，洸河、宁阳沟两条河道整治工程已全部完工；泗店、古城两座提水泵站已建设完成，古城—乡饮输水管道9.5km已铺设完毕，六座生产桥的改建已经完成。工程部分累计完成投资4730万元，独立费用支出850万元，移民水土保持环境投资完成300万元，总计完成投资5880万元，占总投资的99%。工程全面进入了试运行阶段。

12月2日，山东省南水北调建管局委托北京中天正会计事务所进点，对5个标段进行了完工结算的审计审核工作、工程资金的使用及征地补偿等各项工作，手续完备，资料齐全，工程的分部验收全部完成。12月24日，10个单位工程顺利通过了验收，年底完工结算工作全部完成。12月31日，顺利通过了山东省环保厅组织的环境保护验收。

工程截蓄效益显著，经过一年的试运行，县环保部门检测数据与2009年同期相比，COD、氨氮平均浓度分别下降了18.7%、62.5%，水质达到了地表水环境质量Ⅳ类标准。

（周建仁）

枣庄市薛城小沙河控制单元截污导流工程

薛城小沙河控制单元截污导流工程薛城小沙河、薛城大沙河和新薛河3条河道，控制面积1244km^2，总拦蓄量为352.5万m^3。核定工程静态总投资5675.63万元。主要工程量：土石方148.87万m^3，砌石0.53万m^3，混凝土及钢筋混凝土0.66万m^3。

2010年计划完成投资1020.84万元，计划完成土石方70万m^{3}和全部混凝土工程。2010年实际完成投资1024.84万元，完成土石方71万m^3，混凝土及钢筋混凝土全部完成，完成年度计划投资的100.3%。

截至2010年底，标段1的朱桥橡胶坝工程已基本完工，上游回水段扩挖工程完成土方63万m^3。标段2的所有工程已基本完工。标段3的渊子涯橡胶坝工程已完成，上游回水段扩挖工程正在进行。

（周建仁）

枣庄市峄城大沙河截污导流工程

峄城大沙河截污导流工程，控制面积625.5km^2，总拦蓄量938.1万m^3。工程主要内容：①新建大泛口、裴桥2座拦河闸；②在峄城大沙河分洪道处新建良庄橡胶坝1座；③对已建红旗闸和贾庄闸进行维修改造；④铺设3000m管道将台儿庄区中水排放改道入峄城大沙河。工程静态总投资4465.88万元。

2010年计划完成投资738.54万元，计划完成全部土石方和混凝土工程。实际完成投资769.5万元，土石方和混凝土工程已完成。

截至2010年底，主体工程已基本完工，累计完成投资3225.5万元。

（周建仁）

菏泽市东鱼河截污导流工程

菏泽市东鱼河截污导流工程是国家南水北调截污导流工程的一部分，是南水北调输水干线输水期间保证其水质的重要工程。工程概算总投资15 454.26万元。工程建设内容包括：在东鱼河北支的张衙门村、侯楼村、王双楼村和团结河的鹿楼村、后王楼村共新建5座拦河闸，利用开发区济菏高速公路取土坑新建雷泽湖水库并扩挖东鱼河北支，拦蓄城镇污水处理厂和工业企业达标排放的中水、当地径流及引黄河水，通过东鱼河北支、团结河、胜利河和东鱼河沿岸的原有和新建提水泵站为东鱼河流域的灌区供水。

截至2010年底，完成投资13 272.98万元，完成土方237.26万m^3，占总工程量的116.29%；石方1.884 5万m^3，占总工程量的112.51%；混凝土3.039万m^3，占总工程量的101.64%。

雷泽湖水库及配套工程、张衙门拦河闸及东鱼河北支河道扩挖工程、后王楼拦河闸及附属建筑物工程、鹿楼拦河闸及附属建筑物工程、王双楼拦河闸及附属建筑物工程、侯楼拦河闸及附属建筑物工程共7个单位工程已按设计全部完成，并通过单位工程验收。

（周建仁）

滕州市北沙河截污导流工程

滕州市北沙河截污导流工程共新建4座橡胶坝，设计总库容为223.28万m^3。工程等别为Ⅲ等，橡胶坝工程级别为3级，灌溉提水泵站级别为4级，设计防洪标准为20年一遇，批复总概算为5425.49万元。

滕州市北沙河截污导流工程于2008年6月开工建设，批复概算内的工程内容已于2010年12月完工。截至2010年底，累计完成投资4926.82万元，累计完成土石方123.16万m^3，混凝土1.33万m^3。

（周建仁）

滕州市城漷河截污导流工程

滕州市城漷河截污导流工程共新建6座橡胶坝，设计总库容为447.12万m^3。维修南池橡胶坝4座。批复总概算为11 325.81万元。

滕州市城漷河截污导流工程于2008年6月开工建设，批复概算内的工程内容已于2010年12月完工。截至2010年底，累计完成投资10 128.3万元，累计完成土石方328.64万m^3，混凝土2.55万m^3。

（周建仁）

金乡县截污导流工程

金乡县截污导流工程的建设任务是：在该控制单元全部实施完成治污工程的前提下，为实现金乡县老万福河的水质控制目标和总量控制目标，利用新建拦蓄工程，在南水北调东线工程输水期拦截城区工业企业和金乡污水处理厂达标排放的中水664.0万m^3，通过中水灌溉回用，可减少COD入河量448.4t，减少NH_3-N入河量77.3t。

该项目共计9处建筑物：新建金济河郭楼橡胶坝、大沙河王杰节制闸、金马河金鱼河交汇口连庄涵闸、大沙河孔楼生产桥、大沙河马集涵闸、金济河右岸周桥排灌站、大沙河左岸石岗排灌站、维修加固大沙河右岸高庄排灌站、大沙河五级沟涵闸。

截至2010年底，项目共完成土方开挖11.01万m^3，回填土方6.22万m^3，砌石工程8067m^3，混凝土工程10 020m^3，钢筋购置加工及安装604t，金属结构加工安装64.77t，机电设备购置安装66台套。

2010年，项目法人组织开展了竣工验收准备工作。

（周建仁）

曲阜市截污导流工程

曲阜市截污导流工程是南水北调东线第一期工程的重要组成部分，是南水北调输水干线在输水期间防止泗河支流沂河沿线工业、城市生活中水达标排放后影响调水水质的控制性配套工程，该工程在调水期需拦截水量1146.2万m^3。

南水北调东线第一期工程曲阜市截污导流工程位于曲阜市境内沂河下游，该工程分别在沂河郭家庄[设计桩号(4+720)]、杨庄[设计桩号(7+200)]新建橡胶坝1座，共计2座；在橡胶坝上游分别新建提水泵站1座，共计2座。

2010年，项目法人组织开展了竣工验收准备工作。2010年12月，曲阜市截污导流工程通过了单位工程合同验收。

（周建仁）

嘉祥县截污导流工程

嘉祥县截污导流工程利用前进河、洪山河拦蓄达标排放的中水及地表径流，并用于灌溉回用，满足治污规划和治污控制单元规定的控制指标要求。拦蓄总库容202.4万m^3，灌溉面积2.5万亩。

2008年7月以来陆续开工建设了河道疏浚工程、河闸工程。2010年5月完成主体工程，共完成土方开挖91.28万m^3，土方回填3.2万m^3，混凝土及砌石体拆除1768m^3，干砌石999m^3，浆砌石1578m^3，混凝土及钢筋混凝土浇筑5105m^3，灌注桩88m，桥头堡及启闭机房453.77m。

工程于2009年完成了主体工程建设。2010年，项目法人组织开展竣工验收准备工作。

（周建仁）

枣庄市小季河截污导流工程

工程建设目标是在干线调水期间该工程需拦截水量360.51万m^3，其中拦截中水206.4万m^3，天然径流154.11万m^3；拦截调蓄总库容105.43万m^3，改善灌溉面积2.0万亩。

截至2010年底，完成小季河截污导流工程投资4037.1万元。全面完成小季河截污导流工程合同项目和新增项目建设工作，并通过全部单位工程和合同项目验收。

（周建仁）

微山县截污导流工程

微山县截污导流工程位于微山县昭阳、夏镇、付村、欢城镇境内的老运河。工程主要任务是将污水处理达标排放的中水进行截、蓄、导、用，防止中水直接排放到南四湖，微山县老运河总拦蓄能力需要167.5万m^3，在保证2.8万亩的农田灌溉条件下，中水可基本就地消化，确保南四湖调水水质达到地表水Ⅲ类水质标准。

工程总投资6505万元，工期22个月。

2010年完成的主要建设项目是：老运河开挖，新建三河口枢纽，改建三孔桥节制闸和纸厂桥，维修夏镇航道河闸。截至11月30日工程全部完成，历时22个月，按预定工期完成。2010年12月进行结算、分部工程、单位工程、完工验收、移民验收和工程审计，进行档案整理，准备验收，配合山东省南水北调建管局完成水土保持、环境等专项验收。

2010年，工程完成投资2412万元。工程共完成土方开挖53.75万m^3，土方回填5.7m^3，砌石5394m^3，混凝土及钢筋混凝土浇筑15 772m^3，钢筋制作安装1113.5t，机房、泵房及桥头堡工程675m^3，金属结构制造安装115t。

（周建仁）

济宁市截污导流工程

济宁市截污导流工程是保障南水北调东线干线水质的一项重要工程措施。其任务是在南水北调调水期间（每年的10月至次年的5月），对济宁市污水处理厂12万t/d和济宁市高新区污水处理厂7万t/d共计19万t/d达标排放的中水进行联合调度。首先最大限度地利用老运河和洸府河湿地接纳中水；其余中水通过加压泵站、输水管道及蓼沟河、小新河、幸福河等现状河道，输送到3号井塌陷区调蓄，同时利用沿线2万亩农田进行灌溉回用。最后在非调水期间，通过提排泵站、幸福河排入南四湖。

2008年12月山东省发展和改革委员会以

鲁发改重点〔2008〕1575号批复了济宁市截污导流工程初步设计，工期为30个月（计划2008年12月31日开工，2011年上半年前竣工），核定工程总投资为18 603万元。

原计划2010年完成济宁市截污导流工程建设，2010年初对工程建设方案进行调整，在2010年9月30日前完成输水线路工程建设任务及蓄水区开挖工程的移民迁占工作并实施工程任务，年底前完成蓄水区开挖工程。

2010年度计划完成投资14 186.49万元，其中建筑工程3471万元，机电设备及安装工程663.6万元，金属结构设备及安装工程201万元，临时工程268万元，独立费用906万元，基本预备费439万元，移民补偿7913.83万元、水土保持及环境保护工程84.42万元、水质监测与保护240万元。

2010年度实际完成投资10 870万元，输水线路基本完成，蓄水区开挖除南部区域外也已完成，共计完成土方开挖155.55万m^3，土方回填16.75万m^3，干砌石1500m^3，浆砌块石2987m^3，混凝土浇筑5584m^3，钢筋制作安装441t。

（周建仁）

武城截污导流工程

南水北调东线第一期工程武城县截污导流工程，位于山东省德州市的武城县和平原县境内。其主要任务是：在该控制单元全部实施完成治污工程的前提下，为实现七一、六五河的水质控制目标和总量控制目标，通过新建拦蓄和导流工程，干线输水期间拦截武城县境内、导送平原县境内的下泄中水835.6万m^3，通过中水灌溉回用，减少COD入河量835.6t，减少NH_3-N入河量73.0t，实现污染物零入河的目标。

截至2010年底，武城县截污导流工程县境内的施工任务基本完成，包括标段1六六河清淤工程；新建、重建2座拦河闸、6座节制闸、2座交通桥，维修加固工程等。标段2由于平原县、德城区境内行政划分因素，区域内乡镇之间、县区之间排污、导污矛盾十分尖锐及其他原因，德州市人民政府通过全市水系建设对标段2的工程内容进行了优化整合，工程于2010年11月完工。

（周建仁）

夏津县截污导流工程

南水北调东线第一期夏津县截污导流工程位于鲁西北平原德州市西南部夏津县内，其主要任务是污水处理厂处理后的中水通过清淤后的三支沟进入青年河和城北改碱沟，有两条河道及相连支沟通过梯级拦河闸实行层层拦蓄并经河道沿岸灌溉回归工程引水灌溉。

夏津县截污导流工程总蓄水能力为171.8万m^3。工程主要建设内容包括：重建青年河范楼闸、李楼闸、北马庄闸，维修城北改碱沟齐庄闸；重建青年河及城北改碱沟上许小庄、孔庄、郑庄、齐庄桥等生产桥16座；重建青年河郑庄、孔庄2座提水泵站；治理三支沟6.2km河道清淤疏浚土方4.44万m^3，重建12座涵管。

工程于2008年12月23日举行开工仪式，2009年3月20日正式开工，2010年度完成3个分部工程：新建横河齐庄闸、治理郑庄扬水站、孔庄扬水站后输水干渠10.9km。截至2010年12月31日，27个分部工程已全部完成，共完成土方31.41万m^3，混凝土及钢筋混凝土6184m^3，砖石砌体7154m^3，购置安装2.5m×3m铸铁闸门2扇，3m×3.5m铸铁闸门6扇，3m×4m铸铁闸门2扇，1m×1m铸铁闸门1扇，2m×2m钢闸门4扇，2m×2.7m钢闸门2扇，螺杆式启闭机11台，电动葫芦6台，7002LB1.8-4.14水泵2台，6002LB-100D水泵2台，YL315L2-10电动机2台，YC355S-8电动机2台，SC9-250-10±5%/0.4变压器1台，SC9-

200-10 ±5%/0.4 变压器 1 台。

截至 2010 年底，共计完成投资 1828.74 万元，其中建筑工程投资 1360.88 万元，安装工程 26.86 万元，设备 254.55 万元，迁占移民 65.14 万元，建设管理费 121.18 万元，其他投资 1330 元。

（周建仁）

鱼台县截污导流工程

鱼台县南水北调截污导流工程位于鱼台县谷亭镇、唐马乡境内，在东鱼河唐马桥下游处新建唐马拦河闸，调水期可拦蓄中水量 811 万 m^3，拦截上流弃水量 2563.7 万 m^3，改善灌溉面积 7.6 万亩，拦蓄总库容 1094.5 万 m^3，工程运行满足《南水北调东线工程山东段控制单元治污方案》控制指标要求。

工程建设内容为：在东鱼河唐马桥下游［设计桩号（11+100）］处新建唐马拦河闸 1 座；维修加固西支河、惠河穿东鱼河的郭楼及林庄两穿堤涵洞；在鱼台县污水处理厂至唐马闸之间铺设玻璃钢输水管道 6.56km。唐马拦河闸总净宽 160m，共 16 孔，每孔净宽 10m，最高蓄水位 35.04m，挡水高度 3.3m。批复核定工程总投资为 4214 万元，计划建设工期为 1 年。

主体工程于 2009 年底完成。2010 年，项目法人组织开展了工程验收准备工作。

（周建仁）

临清市汇通河截污导流工程

南水北调东线第一期工程临清市汇通河截污导流工程位于临清市城区。其主要任务是将污水处理厂处理后的中水改排，不再排入临清六分干，以保证南水北调输水干线水质，中水排放规模 6 万 t/d。另外，市区原排入六分干的城市非汛期雨涝水不再排入六分干，进行改排。

工程主要建设内容包括河（渠）道整治工程和新建工程。河（渠）道整治工程包括：城区汇通河 1.18km 河道清淤疏浚；城区石河 1.07km 河道清淤疏浚；红旗渠 4.03km 河道清淤疏浚及建筑物改建。新建工程包括：红旗渠—北大洼铺设管线长度 0.67km（双排 ϕ2000mm 管）；北大洼—石河铺设管线长度 2.832km（双排 ϕ2000mm 管）；汇通河头闸口—入卫新河铺设管线长度 1.85km（单排 ϕ1200mm 管）；新建胡家湾倒虹吸 1 座；新建红旗渠入卫穿堤涵闸 1 座。

临清市汇通河截污导流工程建设计划工期为：2008 年 12 月 23 日开工，2009 年 12 月 23 日完工，工期 1 年。2010 年项目法人组织开展了竣工验收准备工作。

（周建仁）

聊城市金堤河截污导流工程

聊城市金堤河截污导流工程位于山东省聊城市南部，途径阳谷、东阿、东昌府三县（区）。根据山东省人民政府鲁政字〔2006〕90 号批复的《南水北调东线工程山东段控制单元治污方案》，其基本任务是：为避免由河南省下排入金堤河、小运河的污废水污染南水北调输水干线——小运河，将上游下泄的污废水进行改排。

2008 年 11 月，山东省发展和改革委员会批复了聊城市金堤河截污导流工程的初步设计工作，工期为 12 个月。工程总投资为 4839.6 万元。

工程于 2008 年 12 月 24 日正式开工建设，2009 年基本完成征迁工作和主要建筑物建设。截至 2010 年底，完成新改建桥梁 35 座（其中 2 座公路桥、32 座生产桥、1 座人行桥）、渡槽 10 座、涵闸 6 座、排涵 10 座、倒虹吸 1 座、马湾排水闸 1 座、马湾节制闸 1 座、油坊穿涵 1 座，完成投资约 4100 万元。

（周建仁）

梁山县截污导流工程

梁山县截污导流工程位于济宁市梁山县中部，总库容 330.6 万 m^3，灌溉面积 4.5 万亩。主要工程内容是开挖河道 28.472km，新建 1 座灌溉提水站，更换 1 座水闸电气及金属结构设备，拆除重建 3 座生产桥等。

项目于 2009 年 3 月 5 日开工建设，截至 2010 年 12 月 10 日，工程已全部完成。任庄、郑那里、东张博交通桥 3 个分部于 2010 年 3 月通过验收并投入运行。泵站、河道开挖等分部工程于 2010 年 12 月通过验收。2010 年 12 月 26 日，进行了单位工程验收。2010 年 12 月 31 日，进行了合同项目完工验收。

（周建仁）

新开工项目介绍

长江—骆马湖段其他工程 高水河整治工程

工 程 概 况

高水河是由江都站向北送水至里运河的河道，与三阳河、潼河一起承担南水北调东线一期工程向北输水 500m^3/s 的任务，并兼有行洪、排涝及航运功能。

高水河整治工程的主要内容是拓浚河道、加固堤防和沿线穿堤建筑物、排涝影响处理、完善管理道路和设施，包括：

（1）对邵仙闸以北（8+100）~（11+400）的 3.3km 浅窄段河道进行疏浚。

（2）对堤防加固处理，其中加高培厚堤防 2 段、总长 1.0km，防渗处理 4 段、总长 4.0km，填塘固基 5 处、总长 1.0km。西堤六闸—长河口段堤防的 1.4km 复堤和 1.2km 防渗工程另纳入治淮入江水道项目中考虑。

（3）对高水河(2+100)~(14+290)河段现有块石护坡进行整修，整修总长度为 24.33km，其中东堤 12.353km、西堤 11.977km。

（4）对东、西堤 15km 堤防范围内的狗獾洞进行处理。

（5）对高水河沿岸 12 座涵洞进行处理，其中加固肖桥洞、谈庄洞、土山洞等 3 座涵洞，拆除重建玉带洞、花园洞、稽家涵、塘里涵、小庄涵、七里洞、孙庄洞、黄泥口洞、许窑洞等 9 座涵洞。

（6）建设高水河东堤堤顶管理道路 12km，其中翻修道路 4.6km，新建道路 7.4km。经过村镇段的 4km 道路采用混凝土路面，其余 8km 为泥结石路面。

（7）南水北调东线通过高水河输水，对高水河与金湾河之间约 4.2km^2 区域排涝造成影响。建设丁里调向河、拦江调向河、塘里调向河的排涝影响处理工程，丁里、拦江、塘里 3 条调向河的设计排涝流量分别为 3.5m^3/s、2.0m^3/s、3.0m^3/s，疏浚总长度为 3.6km，修建农桥 7 座、涵洞 25 座、排涝涵 3 处。

高水河东堤及邵仙闸[桩号(8+000)]以北西堤为 1 级堤防，其余为 2 级堤防；沿线穿堤建筑物与所在堤防级别相同，次要建筑物为 3 级。

工程建筑物地震设计烈度为Ⅶ度，桩号（5+000）以北地震动峰值加速度为 0.1g，以南为 0.15g。

工程布置及建筑物

高水河整治工程主要包括疏浚河道，对

东、西大堤进行复堤、堤后填塘、狗獾洞处理、截渗和护砌，沿线穿堤建筑物进行拆除重建或加固。

（一）河道疏浚工程

（1）（8+100）~（11+400）段河道疏浚中心线采用现状河道中心线，局部适当偏移。

（2）疏浚设计断面，底高程-1.0m，底宽50m，河坡坡比1∶3。

（3）在满足输水要求基础上，结合填塘取土需要对桩号（13+300）~（14+100）段邵伯中埂部分进行切除。

（二）堤防加固工程

（1）东、西大堤除险加固堤防中心线基本维持现状，对复堤段局部略有调整。

（2）高水河除邵仙闸以北西堤按淮河入江水道防洪标准堤顶高程采用11.5m外，其余堤顶高程采用10.5m；1级堤防堤顶宽度采用8m，2级堤防堤顶宽度采用6m；边坡均为1∶3。

东堤桩号（13+200）~（13+500）进行加高培厚；东堤桩号（2+900）~（3+080）段采取在堤顶加筑子堰方式复堤。

（3）东堤桩号（2+250）~（2+350）和（9+700）~（9+800）堤段采用高压旋喷灌浆，西堤（12+800）~（13+600）采用多头小直径深层搅拌桩进行防渗处理，防渗深度自坝顶至坝基相对不透水层以下约为0.5m；东堤桩号（9+800）~（12+800）堤段，结合河道疏浚弃土在背水坡筑防渗平台，防渗平台宽30m。

（4）对东堤南塘［（12+900）~（13+200）］、黑鱼塘［（12+500）~（12+900）］、人字头坝［（3+200）附近40m］和西堤梁家港［（12+800）~（13+000）］、古运河口段［（2+000）附近60m］等5处进行填塘固基。

（5）堤身狗獾洞采用人工开挖、回填、夯实的方法处理。

（三）护砌工程

对高水河全线采用浆砌块石护坡，总长24.33km，其中新建段长1.975km，拆除重建段长15.487km，原有浆砌石加高、接脚4.198km，按血吸虫病防治要求对原有干砌块石加高、接脚，勾缝段2.67km。护砌上限为设计水位8.5m以上1.0m，下限为里运河最低通航水位6.0m以下0.5m。

（四）建筑物工程

（1）玉带洞等12座穿堤建筑物在原址按原规模拆除重建或加固。

（2）拆除重建玉带洞、稽家涵、塘里涵、小庄涵、七里洞、孙庄洞、黄泥口洞、花园洞和许窑洞。玉带洞洞身为1孔箱涵，其余涵洞洞身均为1孔圆管涵。玉带洞地基采用水泥土换填处理，其余采用天然地基。

（3）对肖桥洞和谈庄洞进行土建加固。拆除重建上游洞首排架、工作桥、人行便桥、翼墙及消力池底板，维修加固上下游连接段。

（五）东堤管理道路工程

东堤管理道路宽4.5m，采用泥结碎石路面和混凝土路面以及路面的结构型式。

长江—骆马湖段其他工程　淮安二站改造工程

工程概况

淮安二站工程是淮安枢纽的重要组成部分，也是南水北调东线第一期工程的第2级泵站。该泵站与淮安一站、三站、四站一起，共同满足通过里运河向苏北灌溉总渠输水300m^3/s的目标，其主要任务是排涝、供水和灌溉，改善航运。

淮安二站经多年运行，主要机电设备老化，效率降低，需要对泵站进行更新改造。本次改造的主要建设内容为：更换机组及配套辅助设备、电缆、检修闸门及启闭系统、拦污栅，行车更新改造，增设微机监控系统，厂房加固处理，开关室改造，接长控制楼，拆建交通桥，下游引河清淤和上下游护坡整修。

淮安二站按原设计流量 120m³/s 进行更新改造设计。

淮安二站特征水位和扬程：供水期站下进水池处设计水位为 5.23m，最高水位 6.5m，最低水位 4.52m，平均水位 5.23m；站上苏北灌溉总渠设计水位为 9.13m，最高水位 9.58m，最低水位 8.5m，平均水位 9.05m；排涝期站下设计水位 4.63m，最高水位 5.04m，最低水位 4.53m；站上设计水位 9.52m，最高水位 11.23m，最低水位 8.5m。

综合考虑供水、排涝情况，泵站设计净扬程为 4.89m，最大扬程 6.7m，最小扬程 2.0m。

淮安二站站下 50 年、200 年一遇洪水位分别为 6.7m、8.0m；站上 50 年、200 年一遇洪水位为 10.82m 和 11.23m。

淮安二站装机容量为 10 000kW，2 台机组。

泵站主要建筑物泵房及防渗范围内的翼墙为 2 级建筑物，次要建筑物为 3 级建筑物。泵站洪水标准为 50 年一遇设计，200 年一遇校核。

长江—骆马湖段其他工程　皂河二站工程

工　程　概　况

皂河站是南水北调东线一期工程的第 6 级抽水泵站，该梯级泵站由皂河一站和皂河二站组成，主要任务是与泗阳泵站、刘老涧泵站一起，通过中运河线向骆马湖输水 175m³/s，与运西徐洪河线共同满足向骆马湖调水 275m³/s 的目标，并结合邳洪河和黄墩湖地区排涝。

皂河二站工程主要建设内容为：新建皂河二站泵房、站下清污机桥、公路桥及邳洪河北闸；在皂河一站变电站基础上改建成一、二站共用变电站；疏浚邳洪河河道。

皂河梯级设计流量为 175m³/s。皂河二站装机流量为 75m³/s（共装机 3 台，单机流量 25m³/s），总装机容量为 6000kW。

皂河二站泵站站下设计水位为 18.3m；站上设计水位为 23.0m，设计净扬程为 4.7m。

皂河二站工程施工总工期为 30 个月。

皂河二站主要建筑物泵站站身、进水池、出水池及防渗范围内的翼墙为 1 级建筑物；其他次要建筑物及邳洪河北闸为 3 级建筑物，泵站上、下游引河堤防为 2 级堤防。

泵站设计洪水标准为 100 年一遇，校核洪水标准为 300 年一遇。泵站地震设计烈度为Ⅷ度，地震动峰值加速度为 0.3g，地震动反应谱特征周期为 0.35s。公路桥设计荷载为公路-Ⅱ级，泵站站下交通桥设计荷载按运行管理需要确定。

工程布置及建筑物

工程由泵房、站下清污机桥、变电所、下游公路桥、邳洪河北闸组成。皂河二站与皂河一站顺水流向中心距 330m，泵房在一条轴线上，站上、下游开挖进出引渠连接邳洪河和骆马湖，站下引渠布置清污机桥，站下引渠与邳洪河东堤相交处修建公路桥，站中心线以北约 1100m 处布置邳洪河北闸。

（一）泵站

泵房采用堤身式块基型结构，整体式底板。控制室位于泵房的南侧，检修间位于泵房的北侧。泵房、控制室、检修间均采用钢筋混凝土钻孔灌注桩基础。

清污机桥布置在下游公路桥以东约125m处，共14孔，中间10孔配回转式清污机，两侧边孔布置固定式拦污栅。

（二）邳洪河北闸

邳洪河北闸为开敞式水闸，每孔净宽8m，共6孔，每3孔一联。

上、下游翼墙采用钢筋混凝土扶壁式结构。

长江—骆马湖段其他工程　皂河一站改造工程

工　程　概　况

皂河站是南水北调东线一期工程的第6级抽水泵站，该梯级泵站由皂河一站和皂河二站组成，主要任务是与泗阳泵站、刘老涧泵站一起，通过中运河线向骆马湖输水175m³/s，与运西徐洪河线共同满足向骆马湖调水275m³/s的目标，并结合邳洪河和黄墩湖地区排涝。

皂河一站改造工程主要建设内容为：加固泵站，新建清污机桥、公路桥、引水闸和穿邳洪河地涵；泵站机组更新改造；更换、改造拦污栅、启闭机、闸门。

皂河梯级设计流量为175m³/s；黄墩湖地区排涝标准为5年一遇，排涝流量85m³/s；邳洪河5年一遇排涝流量为345m³/s。

皂河一站按原设计流量200m³/s进行更新改造，泵站站下设计水位为18.22m；站上设计水位为23.0m，设计净扬程为4.78m。皂河一站机组台数为2台，总装机容量为14 000kW。

皂河一站更新改造工程施工总工期为24个月。

皂河一站泵站站身、进水池、出水池及防渗范围内的翼墙等主要建筑物为1级建筑物，其他次要建筑物为3级；穿邳洪河地涵、引水闸及清污机桥等均为3级建筑物，其他次要建筑物为4级。

泵站设计洪水标准为100年一遇，校核洪水标准为300年一遇。泵站地震设计烈度为Ⅷ度，地震动峰值加速度为0.3g，地震动反应谱特征周期为0.35s。公路桥设计荷载为公路-Ⅱ级，泵站站下交通桥设计荷载按运行管理需要确定。

工程布置及建筑物

工程包括泵站加固，以及新建清污机桥、穿邳洪河地涵、引水闸和公路桥。泵站加固包括混凝土结构修补、裂缝处理、下游工作桥拆除重建、下游交通桥维修、房屋维修、增加控制室面积、引河浆砌块石护坡拆除重建、站下河道清淤及零星项目维修，以及上游墩头接长、增设拦污栅槽等项目。

（一）泵站加固

（1）进行混凝土结构修补和裂缝处理。

（2）拆除重建下游工作桥，新建启闭机房；拆除重建下游交通桥桥面、栏杆、人行道等。

（3）维修更换主厂房和上游启闭机房破损的屋面、墙面、地面和门窗等。

（4）根据电气设备的布置要求扩建控制室。

（5）对上下游引河损坏的浆砌块石护坡进行拆除重建。

（6）为满足黄墩小河地区灌溉送水要求，对上游墩头进行接长，增设拦污栅槽。

（7）维修上游拦河浮筒、电缆沟等零星项目。

（二）穿邳洪河地涵和引水闸

（1）涵洞采用钢筋混凝土箱式结构，共4孔，每孔净断面为3.2m×3.2m。引水闸为开敞式，与地涵末节洞身结合布置，共4孔，每孔净宽6m，整体底板。地涵、引水闸均采用天然地基。

（2）翼墙采用钢筋混凝土扶壁式、空箱扶壁式结构。翼墙除上、下游第三节采用水泥土搅拌桩复合地基外，其余采用天然地基。

（三）清污机桥

清污机桥共4孔，单孔净宽6m。

（四）公路桥

公路桥上部结构采用预应力钢筋混凝土空心板，基础采用钢筋混凝土灌注桩。

长江—骆马湖段其他工程　金湖站工程

工程概况

金湖站工程是南水北调东线一期工程的第2级抽水泵站，工程主要任务是与洪泽泵站一起向洪泽湖抽水150m^3/s，与里运河的淮安泵站、淮阴泵站共同满足南水北调东线一期工程入洪泽湖流量450m^3/s的目标，保证向苏北地区和山东省供水要求，并结合宝应湖地区的排涝。

金湖站工程主要建设内容为：新建金湖泵站、上下游引河、站下清污机桥、站上公路桥；结合淮河入江水道整治工程，拆除重建三河东、西偏泓闸和套闸，对三河漫水公路进行维修加固。

金湖泵站设计流量为150m^3/s，多年平均输水量约22亿m^3。采用后置灯泡贯流式水泵电动机组，装机5台（含1台备用），总装机容量为11 000kW。

金湖站工程输水期站下进水池设计水位为5.45m，站上设计水位7.9m。排涝期站下进水渠口设计水位为6.5m，站上出水渠口设计水位为10.95m。金湖泵站调水期设计扬程为2.45m，排涝期设计扬程为4.7m。

工程施工总工期为30个月。

工程主要建筑物泵站、进水池、出水池、防渗范围内的翼墙、站上堤防为1级建筑物，次要建筑物为3级。东、西偏泓闸闸室、套闸上闸首、防渗范围内的翼墙为3级建筑物，次要建筑物为4级。

泵站主要建筑物设计洪水标准为100年一遇，校核洪水标准为300年一遇。站上公路桥汽车荷载等级采用公路-Ⅱ级，东、西偏泓闸上公路桥荷载等级采用折减的公路-Ⅱ级。

工程布置及建筑物

泵站布置在三河拦河坝下老河床的南侧，站身距三河拦河坝轴线约200m。站上引河与三河拦河坝垂直，站下引河进口段与东西向金宝航道平顺衔接。站上公路桥轴线和三河拦河坝轴线重合。管理所布置于泵站北侧。东偏泓闸在原址重建，其布置与老闸保持一致，鱼道基本维持现状，在闸东侧预留按入江水道整治规模扩建的4孔闸位置。西偏泓闸及套闸布置（迁建）于金湖大桥下游约162m处，套闸布置在西偏泓闸西侧，上闸首与西偏泓闸的轴线一致，在闸东侧预留按入江水道整治规模扩建的7孔闸位置。对现有漫水公路进行整治。

（一）泵站

泵房采用堤身式布置，站身分设2块底板（3台一联和2台一联）。厂房布置在地面以下，站身两侧设空箱岸墙，北侧岸墙上布置地下检修间。控制室和变电所布置在泵站北侧的管理区内。泵房采用天然地基，控制室、变电所采用水泥土搅拌桩复合地基。

（二）前池和出水池

泵站上、下游翼墙采用直线接圆弧形平面布置。上下游翼墙除第三节采用水泥土搅拌桩复合地基外，其余采用天然地基。

（三）上、下游引河

上游引河河堤地基采用水泥土搅拌桩加固处理。

（四）清污机桥和站上公路桥

清污机桥布置于站下约93m引河内，采用板式桥面结构。清污机桥两侧河坡的部分地基采用水泥土搅拌桩加固处理。站上公路桥上部结构采用钢筋混凝土空心板结构，下部结构采用钻孔灌注桩基础。公路桥两侧边坡的部分地基采用水泥土搅拌桩加固。

（五）东、西偏泓闸、套闸

东、西偏泓闸采用钢筋混凝土开敞式结构，分别为6孔、3孔，单孔净宽10m。东偏泓闸闸身2孔一联，西偏泓闸为整体底板。套闸与西偏泓闸合建，上、下闸首采用开敞式结构、门底输水、消力池消能方式，闸室长度100m，净宽8m，为整体坞式结构。套闸上游与闸上游引河间布置导航墙和导航墩。东、西偏泓闸工作桥分别通过2.6m宽栈桥与大堤相连，栈桥采用混凝土预制空心板铺设，基础为钻孔灌注桩。东、西偏泓闸和套闸均采用天然地基。

长江—骆马湖段其他工程　金宝航道工程

工程概况

南水北调东线里运河输水线路在南运西闸处分为两路，一路沿里运河继续北上至淮安站；另一路通过南运西闸分入宝应湖，通过金宝航道工程向洪泽湖输水。金宝航道工程全长66.88km（张鼓墩—涂沟裁弯后全长64.4km），分为南运西闸—金湖段和金湖—洪泽段，其中南运西闸—金湖段输水线路长30.88km，主要利用金宝航道老河槽输水，需进行疏浚扩挖，并在大汕子修建隔堤，对张鼓墩—涂沟河道裁弯取直，裁弯取直段采用双线输水，裁弯取直后输水河道全长28.4km；金湖—洪泽段长36km，利用新三河（入江水道）输水。

金宝航道工程是南水北调东线从里运河向洪泽湖输水的通道，工程的主要任务是拓浚金宝航道河道，以满足南水北调一期通过金宝航道向洪泽湖输水150m^3/s、与淮安站和淮阴站共同入洪泽湖450m^3/s的目标，同时改善宝应湖地区的排涝和航运条件。

金宝航道工程的主要建设内容为：疏挖河道，河坡护砌，新建、加固圩堤；新建、拆除重建、加固改造沿线节制闸、支流河口闸、穿堤涵闸、排涝泵站；修建公路（生产）桥和堤顶管理道路。

工程布置及建筑物

（一）河道工程

（1）里运河西堤—宝应湖退水闸段及退水闸—（CS10＋000）段基本不需扩挖；（CS10＋000）—张鼓墩河底高程1.5m河底宽度40m，新开河段河底高程1.5m河底宽度30m、涂沟以下河段河底高程0.0m河底宽度40m，河坡坡比均为1∶3；张鼓墩以东及张鼓墩—涂沟老河道青坎宽度维持现状，新开河段结合取土要求左侧青坎宽采用10m控制，右侧青坎宽采用5m控制，涂沟以下河段青坎宽度均采用5m控制。

（2）对金宝航道与里运河交汇等处采取

河道局部扩挖处理措施。

（3）南运西闸—张鼓墩11.1km北堤退建加高至8.5m，为满足血防硬化要求，南侧退建加高至7.5m，两侧堤顶宽度分别采用4m和2m，堤坡1∶2.5。张鼓墩—涂沟取直段新开河两岸筑新堤，堤顶高程9m，顶宽4m，南堤结合管理道路顶宽4.5m，涂沟—金湖段南北两侧6段圩堤整理或恢复。上述堤段根据堤防现状分别采用堤顶高程7.5m、8m、8.5m、9m，堤顶宽分别采用2m及4m，局部结合管理道路要求为4.5m，堤坡均为1∶3。

（4）新开河段堤顶设5km长管理道路，新建涂沟河以西金宝航道左侧2.5km管理道路，路面宽度为4.5m。

（5）对金宝航道12.72km、新三河1.65km范围河坡进行工程防护，对涂沟以东河道进行血防硬化，采用混凝土护砌方案。

（二）新建配套工程

大汕子套闸、节制闸集中布置于新建大汕子拦河堤西侧。两闸的布置，即大汕子节制闸采用开敞式平底板结构，套闸上、下闸首均采用开敞平底结构型式。节制闸采用9孔，单孔净宽6m，总净宽54m。套闸规模采用6m×60m。

（三）影响工程

东、西中心闸，付兴一站，刘家涵等建筑物根据现状破坏情况进行加固。

（四）桥梁工程

公路桥采用公路-Ⅱ级荷载标准，生产桥采用公路-Ⅱ级折减标准，鉴于大汕子生产桥为施工与永久结合桥梁，其荷载应考虑施工荷载要求。

主跨及边跨基础采用钻孔灌注桩处理方案。

长江—骆马湖段其他工程　里下河水源调整工程

工 程 概 况

根据南水北调工程总体规划，为使江都泵站抽水流量尽量北送，以保证南水北调东线第一期工程的供水目标，需实施里下河水源调整工程，将原由江水北调工程供水的沿里运河和苏北灌溉总渠的部分灌溉面积调整为由里下河东引工程供水。

里下河水源调整工程由水源工程和灌区调整工程组成，其中水源工程主要建设内容是拓浚卤汀河，扩挖新通扬运河，开挖拓浚大三王河，新建大三王河节制闸；灌区调整工程涉及扬州、淮安、盐城三市，主要建设内容是疏浚引河，新建提水泵站，灌区水系调整等。

里下河水源调整工程施工总工期为3年。卤汀河、大三王河、盐城境内灌区调整工程施工工期为3年，扬州、淮安境内灌区调整工程施工工期为1年。

工程布置及建筑物

（一）卤汀河工程

卤汀河工程自泰州引江河出口至下官河全长59.48km，分为5段，即卤汀河与泰州引江河连接段、卤汀河车路河口以南段、车路河穿兴化城区段、卤汀河车路河口以北段和连接上官河与下官河的鹅尚河段，其中车路河穿兴化城区段、连接上官河与下官河的鹅尚河段已在其他项目中实施，该工程卤汀河河道工程涉及其余三段总长55.9km。

对卤汀河与泰州引江河连接段3.6km沿原河道中心线进行拓浚，拓浚后河道底高程

为 -5.5m、河底宽 100m，河坡坡比 1∶3；卤汀河车路河口以南段 47.7km 基本与现状老河道保持一致，部分河段为避开密集镇、村等向一侧扩宽，拓浚后河道底高程 -5.5m、河底宽 40m，河坡坡比 1∶3；基本同意卤汀河车路河口以北 4.6km 沿现状河道中心线进行拓浚，拓浚后河道底高程 -4m、底宽 40m，河坡坡比 1∶3。

（二）大三王河工程

（1）自三阳河直线开挖 5.4km 的新开河与现状大三王河连接，并对 6.28km 的大三王河进行拓挖，新挖和拓挖后河道底高程为 -2m,河底宽 20m。

（2）新开河段河坡坡比为 1∶3，两侧在 2m 高程设 5m 宽青坎。拓挖段西侧保持现状，东侧青坎宽度 5m。对柳堡镇东西岸总长 1.28km 范围进行护坡处理，护砌下限为 0m。柳堡集镇段东、西段在护坡的基础上以挡浪墙替代圩堤防洪，挡浪墙总长 1.28km。挡浪墙采用混凝土结构。

（3）水源节制闸布置在大三王河南端桩号（0+530）处。节制闸为三孔，中孔净宽 8m，边孔净宽 4m，水闸潼河侧布置生产桥。闸室采用钢筋混凝土平底板 U 形结构。

（三）扬州境内灌区调整

建设高邮、宝应各泵站，疏浚灌区引水河道。

（四）淮安境内灌区调整

建设头蒋桥和崔河泵站和涧河节制闸、蒋桥进水闸、南十四支节制闸等。疏浚灌区引水河道。

（五）盐城境内灌区调整

建设阜宁泵站、北坍泵站及阜东灌区 9 座泵站。

（六）桥梁工程

建设卤汀河和大三王河跨河交通公路桥，采用公路-Ⅱ级荷载标准；建设跨河交通生产桥，采用公路-Ⅱ级折减标准。

跨河交通桥按照公路等级及其现状道路宽度确定桥梁宽度。

长江—骆马湖段其他工程　骆马湖以南中运河影响处理工程

工 程 概 况

骆马湖以南中运河是京杭运河的一部分，也是南水北调东线的主要输水干线，兼有泄洪、排涝和航运等功能。骆马湖以南中运河向北输水 230～175m^3/s，与运西徐洪河线一起承担南水北调东线第一期工程入骆马湖流量 350m^3/s 的任务。

骆马湖以南中运河影响处理工程的建设内容包括：堤防复堤、防渗处理、河道防护；新建、维修加固和拆除重建穿堤建筑物及沿线灌排影响处理工程；新建和维修堤顶管理道路。

骆马湖以南中运河影响处理工程范围为骆南中运河泗阳—皂河段，全长 80.8km。

工程计划施工总工期为 24 个月。

骆马湖以南中运河输水河道工程级别为 2 级；右侧堤防为 2 级，左侧堤防为 4 级；穿堤建筑物的级别与相应堤防级别相同；灌排影响工程单项建筑物按其规模确定相应级别。

建筑物地震设计烈度及地震动峰值加速度采用工程所在地地震基本烈度及相应地震动峰值加速度。

工程布置及建筑物

工程包括堤防复堤、防渗处理及堤防护砌、沿线穿堤建筑物拆除重建和加固，以及影响处理工程。

（一）堤防

（1）对左堤（69 + 600）~（70 + 800）段进行复堤，采用自锁块挡土墙的加固方案。

（2）对右堤涧河头、仰化复隆、林宫程道、小黄河头众兴镇和左堤下淤口、卓玛、曹渡口等 7 段共 14.962km 堤防进行防渗处理。防渗深度小于 10m 的堤段采用机械垂直敷膜方案，大于 10m 的堤段采用多头小直径深搅桩方案垂直截渗。

（3）堤防护砌。护砌段全长 9.8km，其中新建护砌段 4.6km，加高接长 4.6km，拆除重建 0.6km。护坡上限为输水水位以上 0.5m，下限为最低通航水位以下 1m。

（二）穿堤涵闸

根据工程现状及存在问题，对西门闸等 14 座涵闸在原址拆除重建，对竹络坝渠首进行维修。

（三）影响处理工程

新建、拆建、加固相关泵站。

长江—骆马湖段其他工程　洪泽湖抬高蓄水位影响处理江苏省境内工程

工 程 概 况

根据南水北调东线第一期工程规划，洪泽湖正常蓄水位从目前的 13.0m 提高到 13.5m，可增加淮河利用水量，提高供水保证率。该工程的主要任务是对受洪泽湖抬高正常蓄水位影响的江苏省境内支流河道、圩区、洼地排涝工程等进行治理。

江苏省影响处理工程主要措施是加固改造、拆除重建和新建圩区排涝泵站，修建滨湖圩堤护坡，新建、拆除重建通湖河道节制闸。

江苏省影响处理范围：按非汛期淮河干流 5 年一遇设计洪水流量为 3000m^3/s、怀洪新河 5 年一遇设计洪水流量为 700m^3/s 及以洪泽湖规划正常蓄水位 13.5m 与现状正常蓄水位 13.0m 的回水位差值不超过 0.05m 处作为回水尖灭点等条件，确定淮河干流的回水影响末端为临淮关，怀洪新河的回水影响末端为西坝口；洪泽湖周边通湖河道按非汛期 10 年一遇洪水流量及洪泽湖水位 13.5m 与 13.0m 的回水位差值不超过 0.1m 处作为回水尖灭点确定回水影响范围；洪泽湖圩区以圩内排涝水位不超过 13.5m 确定影响范围。

江苏省境内的洪泽湖周边抬高蓄水位影响处理范围约 429km^2，分为淮阴洪泽、泗阳、宿城、泗洪、盱眙等 5 个片区。

主 要 建 筑 物

（一）滨湖圩堤防护工程

对圩堤护坡段堤面进行整坡处理，除大莲湖圩东风大堤外，其余护坡顶高程为洪泽湖正常蓄水位以上 1.5m，上限高程控制在 15.0m；下限高程滩面高程低于 12.0m 时为 12.0m，滩面高程高于 12.0m 时平滩面。大莲湖圩东风大堤护砌上限为 15.5m，下限为 13.0m。

泗洪县境内的应山圩、红旗新圩、临淮北圩等段水上采用 15cm 现浇混凝土护坡，其余圩段水上采用 12cm 现浇混凝土护坡，护坡下设 10cm 砂石混合垫层，水下护坡均采用膜袋混凝土。

（二）通湖河道节制闸

（1）结合张福河航道现状及排涝流量要求，张福河套闸上下闸首均采用单孔净宽

20m，闸身为整体式U形钢筋混凝土结构，套闸采用河道式闸室，闸室段长度120m。

（2）赵公河节制闸闸室采用开敞式平底结构，单孔净宽10m。进出水段翼墙采用U形结构，岸坡连接段翼墙采用扶壁式。闸室及进出水段基础采用混凝土灌注桩，翼墙等部位基础采用水泥搅拌桩基础处理方案。

（3）老场沟、高松河、五河闸进出口段部分翼墙淤泥土基础采用换填处理，黄码河节制闸闸室及翼墙基础采用预制管桩进行处理。

（三）新建和拆除重建泵站工程

新建8座泵站和拆建91座泵站，均采用立式轴流泵，配套异步电动机。各站均采用喇叭口进水、弯直管出水，拍门断流方式。

南四湖水资源控制、水质监测工程和骆马湖水资源控制工程　杨官屯河闸

工　程　概　况

南四湖承担着南水北调东线的调蓄和输水任务。在南水北调运行期间，为保证南四湖地区的正常输水和水资源统一管理，需对南四湖周边众多入湖河流进行有效控制。第一期规划在上级湖湖西大沙河、姚楼河、杨官屯河和下级湖湖东潘庄引河的河口上新建控制闸。杨官屯河闸即是四个水资源控制工程中的一个，并兼有挡洪、泄洪、排涝和通航等功能，是南水北调东线工程中的重要组成部分。

杨官屯河闸设计泄洪标准为20年一遇，排涝标准为10年一遇，泄洪流量156.0m^3/s，排涝流量104.0m^3/s，挡洪水位37.0m，航道等级按Ⅶ-（3）级设计。主要建筑物级别为1级，次要建筑物级别为3级，临时建筑物为4级建筑物。主要建筑物包括节制闸闸室、船闸上闸首，以及防渗范围内的上、下游翼墙和船闸闸室；次要建筑物包括船闸下闸首，以及防渗范围外的上、下游翼墙和船闸闸室。杨官屯河闸位于山东、江苏两省交界处杨官屯河入南四湖（上级湖）的湖口处，闸轴线距湖西大堤约130.0m，闸两侧通过杨官屯河堤与湖西大堤连接。该闸共2孔，单孔净宽8～12m,采用钢筋混凝土框架式结构，底板厚1.3m，底板顶面高程29.8m，南侧闸孔兼做船闸（Ⅶ级航道）的上闸首；中墩厚1.2m，边墩厚1.0m，墩顶高程为40.0m；采用钢筋混凝土灌注桩基础，船闸闸首布置于湖外侧，上闸首工作闸门为双扉平面工作钢闸门，下闸首工作闸门采用平面钢闸门，固定卷扬式启闭机。

2005年，水利部以水总〔2005〕179号文批复了杨官屯河闸工程初步设计。工程总投资3014万元（发改投资〔2005〕518号），总工期为20个月，跨三个年度，主体工程施工需在一个非汛期内完成。2009年11月，国务院南水北调办批复了杨官屯河闸工程变更设计报告。2010年3月，国务院南水北调办以国调办投计〔2010〕22号核定杨官屯河闸工程总投资5528万元。

工　程　总　体　布　置

为保证水闸泄水通畅，减少对上、下游河床的冲刷和堤防的影响，水闸的轴线与河道中心线正交，水闸中心线尽量与河道中心线一致，闸轴线距湖西大堤约130m。杨官屯

河节制闸共2孔，其中1孔设为船闸上闸首，闸湖内、外侧均设消能防冲设施，两侧通过土堤与湖西大堤连接。下闸首布置在距上闸首80.0m河道处，下闸首湖外侧有消能防冲设施。利用原河道兼做引航道。工程顺水流向总长220.0m，垂直水流向总宽170.0m。

主要建筑物

（一）闸室

杨官屯河节制闸共2孔，每孔净宽10.0m，靠河南侧闸孔布置为船闸的上闸首。

闸室（南侧孔为船闸上闸首）采用钢筋混凝土框架式结构，整体筏式底板，底板厚1.3m，底板顶面高程29.80m。闸室顺水流向长17.0m，垂直水流向宽23.20m。中墩厚1.2m，边墩厚1.0m，墩顶高程为40.0m，与湖西大堤堤顶高程相平。公路桥处墩顶高程降为39.3m。闸室顶板顶高程40.0m，顶板厚度0.7m，在工作闸门和检修闸门处开孔，平时闸门不开启时开孔处铺放钢盖板，顶板兼做检修桥。

公路桥位于节制闸湖外侧墩顶，桥面高程40.0m，桥面向两侧设横向排水坡度0.02。公路桥桥面总宽8.0m，桥面净宽7m，两侧各设0.5m宽护栏。公路桥为C40现浇混凝土结构。

闸墩顶设钢筋混凝土排架柱，柱截面为700mm×800mm。启闭机工作桥固结于排架柱顶横梁上，桥面高程47.15m，宽6.0m，房内配4台QP-2×160kN固定卷扬式启闭机及相应电气设备，机房面积156.8m^2。

闸室南岸桥头堡为三层钢筋混凝土框架结构，桥头堡垂直水流向10.3m，顺水流向6.5m，总面积200m^2。桥头堡坐落在厚约11.0m的回填土上，故采用灌注桩基础。

船闸下闸首采用钢筋混凝土开敞式结构，1孔，净宽10.0m，整体式底板，底板厚1.3m，底板面高程29.80m。墩厚1.0m，墩顶高程35.80m。船闸闸室采用U形整体结构。船闸闸室底板厚1.2m，顶面高程29.80m。两侧闸墙顶高程35.80m，墙顶悬挑1.2m的人行道，并设置安全栏杆及固定式系船柱。闸室分为四节，每节长度为20m，节间设止水材料。

下闸首闸墩顶设钢筋混凝土排架柱，柱截面为700mm×800mm。启闭机工作桥筒支于排架柱顶横梁上，桥面高程45.6m，宽4.4m，房内配2×160kN固定卷扬式启闭机及相应电气设备，机房总面积52.8m^2。

（二）翼墙

节制闸（含船闸上闸首）采用边墩挡土，闸室两侧未设岸墙。翼墙采用钢筋混凝土结构扶臂式挡土墙。下闸首位于河道内，不设岸翼墙。

湖内侧翼墙采用直线段与圆弧段相结合的布置方式，消力池部位翼墙为直线段，以10.0°扩散角延伸至消力池外缘，与半径15.0m的圆弧段连接，弧心角80.0°，圆弧段后接20.0m直线段挡土墙，底板宽度均为9.5m，翼墙总长为53.2m。

节制闸湖外侧南岸为船闸闸室。为减少船闸闸墙土压力，在公路湖外侧设钢筋混凝土悬臂式挡土墙，连接堤采用锥坡与船闸闸墙相接，长度20m。船闸闸墙挡土顶高程35.40~29.80m渐变。

湖外侧北岸翼墙也采用直线段与圆弧段相结合的布置方式，消力池部位翼墙为直线段，以10.0°扩散角延伸至消力池外缘，与半径15.0m的圆弧段连接，弧心角80.0°，底板宽度均为9.0m，翼墙总长为38.3m。

（三）防渗排水

1. 防渗

节制闸（含上闸首）承受双向水头，渗流控制工况为校核挡洪工况，即湖内侧水位37.0m，湖外侧水位32.8m。底板坐落在重粉质壤土层上，其下2.0m左右有渗透性较强的粉细砂夹黏土层，厚1.0~2.0m，透镜体状分布，需采取截渗措施。根据工程经验，桩基承台与其地基相脱离的事例时有发生，具体到该工程，施工期降水以及运用中水位变幅较大等均可能导致桩间土层变形并与底板脱开，因此为防止桩基承台（即闸底板）与地基土脱开形成闸底板下渗径短路，结合处理下卧细砂层，在闸底板湖内侧下设厚0.20m厚的水泥土搅拌桩防渗墙，将1-2粉细砂夹层截断，其目的是确保闸基的渗透稳定。结合工程地质条件，设计墙底高程23.5m，进入黏土层1m左右。以闸底板水平段及闸基防渗墙、湖内侧消力池底板构成水闸防渗地下轮廓线，总长41.5m，满足防渗长度要求。

2. 排水

与上述防渗布置相对应，在节制闸湖外侧消力池底板上布置排水孔，解决闸基排水出路问题，排水孔直径50mm，呈梅花形布置，孔距2m，排水孔下设砂石反滤料。另外由于消力池底板下砂层覆盖层较薄，故在反滤层下部布设2个减压井，揭穿下面细砂层上的重粉质壤土覆盖层，连通反滤料与细砂层，使其有效地削减1-2层承压水的不利影响。

（四）消能与防冲

1. 消力池

杨官屯河闸湖内、外均布置钢筋混凝土消力池，根据水力计算结果，湖内外侧消力池均按构造布置。湖内侧消力池长为15.0m，池深0.8m，底板厚0.6m，消力池底板顶面高程29.00m。节制闸湖外侧消力池，长为15.0m，池深0.6m，底板厚0.6m。消力池底板顶面高程29.20m。下闸首消力池采用整体U形钢筋混凝土结构，池长为10.0m，池深0.6m，板厚0.6m，消力池底板顶面高程29.00m。

2. 海漫与防冲槽

在节制闸湖内、外侧消力池后均设水平海漫，顶高程29.80m。湖内侧海漫总长33.0m，分两段，与消力池末端相接段为20.0m的现浇混凝土海漫，厚0.3m，下设0.1m的素混凝土垫层。后段为13.0m长浆砌石海漫，厚度0.4m，下设0.1m碎石垫层。湖外侧节制闸处海漫为长10.0m的现浇混凝土，厚0.3m。湖外侧下闸首考虑水流从消力池向河内扩散，设25.0m×25.0m的浆砌石海漫，厚度0.4m。节制闸湖内、外侧海漫末端均设抛石防冲槽，湖内侧防冲槽深1.5m，顶宽5.0m，底宽2.0m。湖外侧防冲槽深1.0m，顶宽5.0m，底宽2.0m。下闸首海漫外不设防冲槽。

（五）输水系统

船闸最高通航水位34.30m，最低通航水位32.80m，该船闸最大通航水头差为1.5m，级差较小，故采用门下输水的方式。由于充水量较小，可采用控制闸门开启方式，小流量充、泄水，故船闸闸室内不设消能设施。

（六）两岸连接及护砌

闸室两侧通过土堤与两岸湖西大堤连接，湖内、外侧边坡均为1:3。交通桥与土堤接头处设混凝土搭板，厚300mm，长6.0m，其下设水泥土深层搅拌桩，以保证连接顺畅。闸南侧湖内局部填至40.0m高程，其上设管理设施。湖内侧37.6m高程以上采用草皮护坡，37.6m高程以下采用120mm厚现浇混凝土护坡，与原堤防护坡相接。湖外侧36.8m高程以上采用草皮护坡，36.8m高程以下采用120mm厚现浇混凝土护坡。

水 力 机 械

杨官屯河闸有2孔节制闸，其中一孔兼作船闸上闸首，节制闸（含上闸首）为双扉平面闸门，下闸首为平面钢闸门。

（一）节制闸

节制闸共2孔，各设一道工作闸门。工作闸门按挡上级湖洪水设计。平时一孔工作闸门作为通航使用，节制闸另外一扇工作闸门不具备通航功能，只需满足挡洪和泄水的要求。工作闸门湖内侧预留一道检修闸门槽，不设检修闸门。

节制闸工作闸门湖内侧最高通航水位为34.3m，湖外侧最低通航水位为32.8m，挡洪水位37.0m。该闸门选用双扉工作闸门，闸门的操作方式为动水启闭。

双扉闸门主要设计参数如下：

孔口尺寸（宽×高）：10m×5.0m/10m×2.7m（上扉门/下扉门）（0.5m超高）。

闸门型式：露顶式。

设计水头：湖内7.2m/3.85m（下扉门/上扉门）；湖外3m。

底槛高程：29.8m。

孔口数量：2孔。

闸门数量：2扇。

支承型式：悬臂滚轮式。

止水型式：方头P形橡皮，湖内侧/湖外侧（上扉门/下扉门）。

节间止水型式：Ω形橡皮。

双扉闸门采用平面滚动式钢闸门，门体材料为Q235B，滚轮材料为ZG35CrMo，轴材料为40Cr，轴套采用钢基铜塑复合材料。

闸门主梁按刚度要求的最小梁高为980mm，设计为变截面结构型式，主梁跨中梁高为1200mm，主梁端部梁高与边梁等高，设计为500mm。

埋件采用焊接式组合结构，主轨及反轨均为焊接工字钢轨道。

上扉门与下扉门均选用QP-2×160kN固定卷扬启闭机来操作，启闭机总扬程约11m，上极限扬程为1.4m，电动机容量均为11kW。

（二）船闸下闸首工作闸门

船闸下闸首河右侧设有1道工作闸门，共1孔。工作闸门设计不考虑挡洪，当水位超过最高通航水位时，该闸门即开启并锁定在检修平台上。

工作闸门湖外侧最高通航水位为34.3m，湖内侧最低通航水位为32.8m。闸门型式为平面滚轮式。闸门的操作方式为动水启闭。其主要设计参数如下：

孔口尺寸（宽×高）：10m×（5～4.5）m（0.5m超高）。

闸门型式：露顶式。

设计水头：4.5m/2m（湖外/湖内）。

底槛高程：29.8m。

孔口数量：1孔。

闸门数量：1扇。

支承型式：悬臂滚轮式。

止水型式：L型。

下闸首工作闸门门体主要材料为Q235B，滚轮材料为ZG35CrMo，轴材料为40Cr，轴套采用钢基铜塑复合材料。

闸门主梁按刚度要求的最小梁高为980mm，设计为变截面结构型式，主梁跨中梁高为1200mm，主梁端部梁高与边梁等高，设计为500mm。

闸门埋件主轨选用铸钢轨，其他采用焊接式组合结构。

闸门的启闭设备选用QP-2×160kN固定卷扬式启闭机，启闭机总扬程约10m，上极限为1.4m，电动机容量为11kW。启闭机安装平台高程为45.6m。

南四湖—东平湖段工程　邓楼泵站工程

工　程　概　况

邓楼泵站是南水北调东线工程的第十二级抽水梯级泵站，位于梁山县韩岗镇司垓村以西，泵站选用肘形进水、低驼峰出水流道液压全调节立式轴流泵，一期设计输水流量100m^3/s，多年平均提水量13.60亿m^3，设计选用4台液压全调节式3100ZLQ-4立式轴流泵，配套电动机型号TL2240-48，装机4台，其中备用1台，泵站总装机容量8960kW。

邓楼泵站枢纽工程包括主厂房、副厂房、引水渠、出水渠、引水闸、出水闸、梁济运河节制闸、变电站、办公及生活福利设施等。

工程概算批复总投资25 575万元，土方开挖80.188万m^3，土方填筑49.23万m^3，砌石1.568万m^3，混凝土及钢筋混凝土浇筑6.62万m^3，灌注桩0.339 5万m，钢筋制作安装0.33万t。工程总工期2.5年。

邓楼泵站工程等别为一等，主要建筑物包括泵站、变电设施、引水闸、出水闸、节制闸为1级，次要建筑物为3级。梁济运河节制闸交通桥设计标准为公路Ⅱ级。

工程总体布置

邓楼泵站是南水北调东线工程的第12级抽水梯级泵站，工程位于山东省梁山县梁济运河和东平湖新湖区南大堤相交处，主要由泵站主厂房、副厂房、出水机房、变电站及引水渠、引水闸及拦污设施、出水渠、出水涵闸、梁济运河节制闸、泵站防洪围堤、管理设施及生活福利设施等组成。

泵站一期工程设计输水流量100m^3/s，设计选用4台液压全调节式3.1ZLQ.4立式轴流泵，其中1台备用，泵站总装机容量8960kW。

泵站一期工程进、出水轴线呈东南—西北向，与东平湖南围堤成62.160°夹角，与司垓闸轴线平行，距司垓闸轴线200m。

在引水闸前梁济运河河道滩地开挖引水渠长315m，引水闸为带胸墙的开敞式闸，底板长21m。闸室内设有5扇5m×6m平面钢闸门及1套（3节）叠梁式检修闸门，闸室工作门吊点中心线与闸轴线之交点坐标为x = 3 955 644.64，y = 39 426 916.73。在引水闸上游侧设置拦污栅，采用BSK500型全自动清污设备。后接泵站前池及进水池，水平长分别为30m和20m。

主厂房位于东平湖新湖区南围堤以南280m处，泵站主厂房机组中心线与泵站渠道轴线交点坐标为x = 3 955 718.62，y = 39 426 899.39。主厂房基础总宽32.2m，主厂房宽14.05m，内安装4台立式液压全调节轴流泵（3用1备），叶轮直径3100mm，单机流量33.5m^3/s，总调水流量100m^3/s，单机容量2240kW，总装机容量8960kW，主厂房与安装间整体布置，垂直水流向底板长41.80m；主、副厂房之间设分缝，副厂房垂直水流向轴线长40.20m。主厂房内设有320/50kN电动双梁桥式起重机1台，起重机跨度13.0m，出水机室上设有2×160kN双向门式启闭机1台。出水机房顺水向长6.9m，出水池水平段顺水流向长10.0m，陡坡段长35m。

出水涵闸为钢筋混凝土无压涵闸结构，出水涵闸总长78.00m，其中闸室顺水流向长18.0m。设有5扇5m×6m平面钢闸门及1套（4节/套）叠梁式检修闸门，闸室工作门吊点中心线与闸轴线之交点坐标为x = 3 956 053.82，y = 39 426 820.84。

出水渠总长583.19m，其中，泵站出水池—出水涵闸段长186.23m，出水涵闸—柳长河段长386.96m，出水渠出口接柳长河。

为了在南水北调工程调水运行期及东平湖洪水南排时防倒漾，以及节制梁济运河北侧来水以供灌溉之用和阻止上游中水进入调水渠道以防污染调水水质，需建梁济运河节制闸。该闸位于梁济运河河槽内，距引水渠进口1300m，闸室检修门吊点中心线与闸轴线交点坐标为x = 3 956 185.45，y = 39 425 878.99，该闸具有双向挡水之功能。节制闸为带有胸墙的开敞式平板钢闸门，共4孔，单孔净宽7.0m，闸门高5.5m，闸孔总净宽28.0m，闸室总净宽32.40m。闸室顺水流方向长15.0m，闸底板高程32.31m。

为防御泵站站区遭洪水危害，在泵站周

围设防洪围堤，与引水闸、出水涵闸及东平湖新湖区南围堤共同形成完整的泵站防洪体系。

为方便出水渠与柳长河的连接，泵站副厂房、变电所、生产管理区和生活区布置在主厂房东侧，安装间布置在主厂房的西侧，变电所采用户外式，布置在副厂房南侧。

站区设有场内交通道路与对外交通道路，在围堤上设坡道进出泵站场区，对外交通可经东平湖南围堤至梁山县城。

站区高程分两个层面：①枢组建筑物部分所处地面高程为40.0m；②站区办公区及生活区部分所处地面高程为43.45m。

工程永久占地351.8亩，弃土永久占地50亩。

主要建筑物

（一）主厂房

泵站主厂房为整体结构，基础宽32.20m，厂房宽14.05m，地面以上高19.8m。电动机层以上为框架结构。

主厂房内安装4台立式液压全调节轴流泵（3用1备），叶轮直径3100mm，单机流量33.5m^3/s，总调水流量100m^3/s，单机容量2240kW，总装机容量8960kW。电动机与水泵直联，电动机型号为TL2240-48。机组呈一字形排列，机组间距9.0m。主厂房设有320/50kN电动双梁桥式起重机1台，起重机跨度13m。

（二）副厂房

副厂房布置在主厂房的东侧，紧靠主厂房布置（之间设分缝），为钢筋混凝土框架结构，主要设有高、低压配电室，中控室及电工试验室等。平面布置呈L形，高11.60m，垂直水流向轴线长40.20m，东立面采用连廊将副厂房与110kV户外式变电所相连，副厂房为内廊式，直接与主厂房相通，中央控制室紧靠主厂房，其间设大面积玻璃窗，以方便运行管理。

（三）进水池、前池、出水池

前池为陡坡段，长30.0m，底高程由31.00m渐变为23.81m，纵向坡比为1:4.172，底宽由30.20m渐扩至34.70m，与进水池进口顺直连接。

进水池平面呈矩形布置，水平段长20.0m，宽34.70m，底高程23.53m，两岸地面高程40.00m。前池与进水池两岸为直线型钢筋混凝土卸荷式空箱挡土墙。

出水池平面呈矩形布置，水平段长10.0m，底宽35.20m，底高程31.59m，两岸地面高程40.00m。出水池后反坡段长35m，底宽34.70m，底高程由30.99m升至33.20m，坡比为1:15.837，后接出水渠，出水渠宽29.00m。出水池底板采用C20钢筋混凝土结构，厚0.50m，下设C10素混凝土垫层，厚0.10m。为适应不均匀沉降及温度变形，出水池底板采用错缝形式分缝。泵站出水池两岸为钢筋混凝土扶臂式挡土墙。

（四）其他建筑物

1. 引水闸及清污设施

引水闸与清污设施整体布置。引水闸为带有胸墙的开敞式平板钢闸门，闸孔净宽5.0m，共设5孔，闸孔总净宽25.0m，闸室净宽30.20m。闸室顺水流方向长20.0m，闸底板高程31.00m，中墩厚1.30m。设有5扇5m×6m平面钢闸门及1套（3节/套）叠梁式平面滑动钢闸门，闸上设有检修桥、机架桥和交通桥，检修桥桥面宽1.50m，桥面高程38.00m。闸室前设有钢筋混凝土铺盖长20.0m。闸室后设有消力池，长18.0m，浆砌石护坦，长27.0m。引水闸上游侧设固定式拦污栅、抓斗式自动清污机，共5孔，每孔净宽5m，中墩宽1.3m，总宽30.2m，清污工作桥与闸前交通桥合二为一，宽7.0m，桥面高程43.45m。上游两岸支挡建筑物采用扶臂式钢筋混凝土挡土墙。

2. 出水涵闸

出水涵闸为钢筋混凝土无压涵闸结构，总长78m，其中，闸室长18.0m，洞身长60.0m，单节洞长10.0m，涵闸每孔净宽5.0m，闸门及涵洞净高6.0m，共设5孔，总净宽25.0m，闸室总净宽29.40m。闸室顺水流方向长18.0m，闸底板高程33.20m，厚度1.2m，闸墩厚1.10m。设有5扇5m×6m平面钢闸门及1套（4节/套）叠梁式检修闸门，闸上设有检修桥、机架桥和引桥。出水侧设有消力池，长18.0m，钢筋混凝土护坦，长15.0m，厚0.5m，浆砌石护坦长10.0m，厚0.3m。上、下游两岸翼墙采用钢筋混凝土扶臂式挡土墙。

3. 梁济运河节制闸

节制闸为带有胸墙的开敞式平板钢闸门，共5孔，单孔净宽7.0m，闸门高5.5m，闸孔总净宽35.0m，闸室总净宽40.70m。闸室顺水流方向长14.0m，闸底板高程32.31m。闸室共分两联，左侧2孔加岸墙为一联，右侧3孔加岸墙为一联，中墩厚1.30m，缝墩厚1.80m，闸前设有胸墙和7m×5.5m平面钢闸门，闸上设有检修桥、机架桥和交通桥。闸室前有钢筋混凝土铺盖，长10.0m，闸室后设有钢筋混凝土消力池，水平段长25.0m，池深1.5m。闸后首先是2.0m长的平段，然后接8.0m长的陡坡段，陡坡比为1:4。上、下游两岸采用扶壁式和悬臂式钢筋混凝土挡土墙，共分四种墙高，墙顶高程38.28m，墙高为8.47m、7.48m、6.97m、4.76m。

4. 引水渠

引水渠总长226.62m，共分两段，其中梁济运河滩地段长155m，引水闸后段长71.62m。横断面为梯形，渠底宽30.20m，渠底高程30.30m，顶高程40.0，渠道挖深9.70m。为满足渠道边坡的稳定，在37.30m高程处设戗台1道，戗台宽5.0m，戗台以下边坡为1:3.0，戗台以上坡比采用1:2.5。梁济运河滩地段，戗台以下渠道内护底及护坡均采用浆砌块石加碎石垫层加土工布反滤衬砌；引水闸后段，戗台以下渠道内护坡采用混凝土预制板加保温层加土工布反滤衬砌，护底比护坡减少保温层。引水渠戗台以上渠道内坡，采用花格混凝土植草皮护坡。引水渠渠底采用平坡，为确保两岸边坡稳定，在距渠底0.15m及1.15m高程处设两排直径100mm的软式透水管，每隔30m设逆止式塑料排水管一处。

5. 出水渠

出水渠总长570.59m，其中，泵站出水池—出水涵闸段长183.63m，底宽29.0m，出水涵闸—柳长河段长386.96m，底宽20.20m，渠底高程33.20m。为确保两岸边坡稳定，在距渠底0.15m及1.15m高程处设两排直径100mm的软式透水管，每隔30m设逆止式塑料排水管一处。

6. 防洪围堤

由于泵站站址位于梁济运河北滩地处，地面高程40m，低于梁济运河300年一遇洪水相应水位41.95 m，故需另筑防洪围堤，确保泵站防洪安全，围堤顶高程43.45m（即防洪水位41.95m+1.5m超高），顶宽5.0m，混凝土路面，临水坡比1:3.0，干砌块石护砌，背水坡坡比1:3.0，植草皮护砌。迎水坡设土工膜防渗，堤脚处挖基槽，将防渗土工膜与地基连接，防止接触渗漏，背水坡设草皮护坡。结合厂区排水，在背水坡坡脚处设排水沟将堤坡集水引至出水渠内。

水力机械

（一）机组选型和装机容量的确定

设计选用4台液压全调节式3100ZLQ-4立式轴流泵，配套电动机型号TL2240-48，装机4台，其中备用1台，泵站总装机容量8960kW。

（二）泵站设备布置

泵站主厂房内安装4台立式液压全调节轴流泵，叶轮直径3100mm，电动机与水泵直联，电动机型号为TL2240-48。机组呈一字形排列，机组间距9.0m。主厂房设有320/50kN电动双梁桥式起重机1台，起重机跨度13.0m。

（三）断流方式

邓楼泵站为平直出水流道，出水流道断面尺寸为4.6m×7.7m，呈扁平状。断流方式采用油压快速门断流，为防止水泵启动时工作门开启迟缓或因故障不能动作，使电动机超载或水泵进入不稳定工况区，在工作门上开设溢流门，溢流门面积不小于5m^2。

（四）辅助设备

泵站设有油系统、气系统、供水和排水系统、水利监测系统、起重及机修设备等辅助系统。

南四湖—东平湖段工程　八里湾泵站工程

工 程 概 况

八里湾泵站枢纽工程为南水北调东线第一期工程南四湖—东平湖段输水与航运结合工程的组成部分，位于山东省东平县境内的东平湖新湖滞洪区，是南水北调东线工程的第13级泵站，也是黄河以南输水干线最后一级泵站。设计调水流量为100m^3/s，设计水位站上40.90m（85国家高程基准，下同），站下36.12m，设计净扬程4.78m，平均净扬程4.15m。工程主要任务是抽引前一级邓楼站的来水入东平湖的北调水100m^3/s，并结合东平湖新湖区的排涝。

主要建筑物由泵房（包括副厂房、安装间）、清污机桥、进出水池、进出水渠、公路桥、堤防与站区平台等组成，出水渠东平湖侧设置拦船索。对外交通道路长1.5km（含跨四分干渠桥、跨灌溉渠桥）。

工程概算批复总投资26 577万元，主要工程量：土方开挖为30.6万m^3，土方回填48.66万m^3，混凝土浇筑5.06万m^3，钢筋制作安装378.5t，金属结构安装658.1t。工程总工期30个月。

八里湾泵站枢纽工程等别为一等，主要建筑物包括泵站、变电设施、清污机桥、进出水池、进出水渠、公路桥等级为1级，次要建筑物为3级。梁济运河节制闸交通桥设计标准为公路-Ⅱ级。

工 程 总 体 布 置

泵站采用堤身式布置，站身直接挡洪，因新、老湖区滞洪水位分别为43.80m和44.80m，地面平均高程为37.30m，洪水高于原地面分别为6.50m和7.50m。设计泵房电机层（高程45.85m）与站区平台（顶高程45.10～46.10m）均高于防洪水位（新湖区44.80m、老湖区43.80m），办公、辅助生产及生活设施等均布置在填方站区平台上，考虑风浪影响，平台周围设置挡浪墙。进水渠上设清污机桥，出水渠穿过东平湖老湖区南堤，跨出水渠建公路桥连接新筑堤防段，恢复堤上交通。主泵房按挡洪水位设计，采用肘形进水流道，低驼峰平直管出水流道，快速闸门断流。

主要建筑物由泵房、清污机桥、进出水池、进出水渠、公路桥、堤防与站区平台等组成。泵站中心线方位为正北偏西40°，距原柳长河入东平湖口384m。泵站平面坐标为$x=3\ 977\ 121.46$，$y=29\ 425\ 828.11$（1954年北京坐标系）。泵站采用正向进、出水布置，主泵房中轴线距泵站基准线185.75m。清污机桥位于前池上缘的进水引渠上，轴线距泵房轴线106.45m，其间布置有前池、进水池。公路桥横跨于出水渠上，两端接东平湖老湖区南堤裁弯取直段，其轴线距基准线85m，距泵房轴线100.75m，其间布置有出水池。进水引渠接新开挖的柳长河，出水渠直接东平湖老湖区。站区平台与新筑堤防结合由土方填筑而成，顶高程45.10～46.10m，高于东平湖防洪水位43.80～44.80m。站区平台管理区面积约35亩，用以布置办公、辅助生产、文化生活及交通道路等设施，其周围设有高1.2m的挡浪墙。新筑堤防为原东平湖南堤的裁弯取直段，与新建公路桥相连，堤顶高程为47.30m。对外交通建长1.75km混凝土路面的道路与东平—梁山公路连接。

主要建筑物

（一）主厂房

泵房内安装4台立式轴流泵机组，以单列一字形布置，机组间距为8.40m，主泵房为整体块基型结构，4台机组设置在同一结构块体内，底板顺水流向长35.50m，垂直水流方向长34.70m；中墩厚1.30m，边墩厚1.20m，底板厚1.50m；垂直与顺水流向均不设缝分块。主泵房上部为13.50m净跨的钢筋混凝土排架结构，轻型钢架结构屋顶，总宽15.50m，高15.0m，跨度方向设1台320/50kN桥式起重机。主泵房自上而下共分为五层，依次为安装（电动机）层、联轴层、出水流道层（进水侧为交通廊道）、水泵层、进水流道层（出水侧为排水廊道）。结构等各主要部分设计高程分别为：安装层地面45.60m，联轴层地面40.65～41.50m，水泵层地面31.02m，进水流道进口底板顶27.20m，出水流道底板顶34.26m，底板最低底高程为24.60m，水泵叶轮中心高程31.92m，桥式起重机轨顶57.5m。上下各层间均设楼梯和廊道，以满足内部交通要求。

泵站采用肘形进水流道，低驼峰平直管出水流道，快速闸门断流，油压启闭机操作。

进水流道进口上缘高程33.20m，进口高6.00m，宽7.10m，内设0.60m厚隔墩；出水流道出口上缘高程38.26m，出口高4.00m，宽7.10m，内设0.60m厚隔墩。电动机安装高程为43.65m。

（二）安装间与副厂房

安装间布置在主泵房西侧，上部结构型式同主泵房，并与主泵房等宽为15.50 m，长度按1.5倍机组间距确定为12.70m，室内地面高程与主泵房一致为45.60m，高出室外地面0.5m，地面设有3.5m×3.5m吊物孔。安装间地下结构两层，与主泵房结构间分缝宽2cm，并在其间设若干钢支撑（500mm×500mm×15mm）对撑。安装间层面高程分别为41.5m、38.5m，为钢筋混凝土空箱结构，分别用于布置辅机设备和提供检修、安装通道，并部分用于其安全填土，安装间上、下层均与主泵房连通。安装间坐落于回填土上，采用箱形地下结构下设钢筋混凝土钻孔灌注桩基础。

副厂房位于主泵房东侧，长32.2m，宽21.2m，室内地面高程同主泵房为45.60m，建筑面积约1500m^2，框架结构，地面以上三层，第二层部分为电缆层，一层设有交通走道与主泵房连通。主要布置有主变压器、站用变压器、配电设备、中央控制室以及部分辅机设备等。副厂房地下箱形基础结构与主泵房间设沉降缝，缝宽2cm，并在其间设若干钢支撑（500mm×500mm×15mm）对撑（同安装间）。副厂房坐落在回填土上，基础采用箱形框架地下结构下设钢筋混凝土钻孔灌注桩基础。

（三）其他建筑物

1. 进水引渠

该泵站进水引渠自泵站前池上缘至新开挖的柳长河交界处总长255.0m，标准设计断面为河底高程31.30m、底宽43. 0m、两侧边坡1:3.5。新柳长河与进水引渠采用平面收缩、纵向变坡的方式过渡，即在河、渠交界处，引渠按新河断面即河底宽45.0m、河底高程33.20m、两侧边坡1:3延长35.0m后开始接平面收缩、纵向扩散段，该段长65.0m，底高程由33.2m渐变至31.3m，底宽由45.0m渐变至43.0m，边坡由1:3渐变至1:3.5；后接长155.0m的引渠标准段。进水引渠的护坡、护底沿水流方向依次为厚40cm的干砌石、浆砌石与厚20cm的混凝土砌块等。

2. 清污机桥

清污机桥位于进水渠上，距前池上缘45.0m，该桥受外部荷载作用较小，其布置与结构型式均由其功能要求决定。结构型式采用两侧斜坡式钢筋混凝土箱涵式结构，平底板基础，顺水流向长10.0m，共16孔，单孔均净宽4.55m。中间段主孔底板顶高程31.30m，底板厚0.9m，斜坡段底板厚0.7m。桥中墩厚0.7m，缝墩0.55 m，桥面宽7.0m，桥面高程39.30m。中间8孔配置8台抓斗式清污机；两侧斜坡段各4孔分别设置拦污栅，人工清污，皮带运输机清运污物。清污机桥面总长103.0m。

3. 前池及进、出水池

泵站采用正向进、出水方式。前池顺水流向长20.5m，宽43.0～32.3m，两侧为圆弧形直立式翼墙，上接进水引渠，顺水流向采用约1:5向下的纵坡与进水池连接，池底高程由31.3m渐变至27.2m。进水池顺水流向长17.0m，底宽32.3m，底高程27.20m，两侧为直线形直立式翼墙，上与前池、下与主泵房进水流道底连接。前池、进水池均采用钢筋混凝土底板，厚0.6m，底板设置冒水孔，下设厚0.6m 3级反滤层，前池反滤层下采用部分换砂处理，另设ϕ300mm减压井，底高程为22.0m，间距为4.0m，梅花形布置。前池、进水池两侧翼墙均为钢筋混凝土空箱扶臂式、扶臂式结构，墙顶高程39.50m。主泵房后接出水池，出水池长20.0m，宽32.3～37.2m，池底顶高程34.26m，厚0.6m，池底与泵房出水流道出口平顺连接。两侧为直线加圆弧形直立式翼墙，采用钢筋混凝土空箱扶臂式结构、扶臂式结构，墙顶高程47.30m。出水池后接出水渠，出水池后的出水渠底宽37.2m，经过长40.0m的一直线段，收缩为底宽30.0m的直线段（收缩段长15.0m），该直线段长50.0m，渠底高程为34.26m。在抛石防冲槽后5.25m处，渠底以1:35的坡度上翘，经过77.0m长，高程由34.26m渐变至36.46m直接东平湖。整个出水渠全长为182.0m，两侧边坡均为1:3.5。护底、护坡沿水流方向依次采用混凝土、浆砌石、干砌石（厚40cm）。出口段水下采用厚20cm的模袋混凝土护坡。

4. 公路桥

新建公路桥是恢复东平湖堤上公路交通的桥梁工程，位于东平湖老湖区南堤，横跨泵站出水渠，两端与新湖区南堤新建的裁弯取直段连接，桥轴线距主泵房出水侧边线83.0m。公路桥全长100.0m，桥面高程47.30m，行车道宽6.0m，与堤上公路路面同宽，两侧人行道宽各1.0m。该桥为中桥，按公路工程技术标准，桥面汽车荷载等级采用公路-Ⅱ级，设计洪水频率为50年一遇，即设计洪水位为44.8m，桥梁采用墩式钢筋混凝土预应力空心板简支结构，单孔跨径20.0m。

5. 堤防与站区平台

新建堤防为东平湖老湖区南堤横跨泵站出水渠公路桥两端的裁弯取直段，设计采用1级堤防标准，总长400.0m（不含公路桥）。设计采用均质土堤，梯形断面。堤防设计的主要几何参数分别为堤顶宽8.0 m，北侧边坡为1:3，堤脚平台顶高程为42.30m；南侧边坡为1:2，坡脚即站区平台顶高程为45.10～46.10m。设计堤顶高程为47.30m。堤防北侧采用厚40cm干砌石护坡、护脚，南侧采用草皮护坡。堤上公路按三级公路标准设计，采用沥青路面，双向车道，宽6.0m，两侧路肩宽各1.0m。

水力机械

八里湾泵站选用3100ZLQ34-4.8型立式轴流泵4台（其中备机1台），水泵叶轮直径为3100mm，转速为12r/min，配4台TL2800-48/3250型立式同步电动机，额定功率为2800kW，总装机功率11 200kW。水泵叶片调节采用液压全调节方式。

泵站采用肘形流道进水和平直管（低驼峰式）流道出水，并采用在出水流道出口设两道快速闸门的断流方式，为安全泄流，在快速门上设有小拍门。水泵叶轮中心安装高程为31.92m，水泵层高程为31.02m，联轴器层高程为40.65m，安装（电动机）层高程为45.60m。

主泵房内设320kN/50kN桥式起重机1台，起重机净跨13.5m，桥机轨道顶部高程为57.50m。

泵站设有油、气、水和水利监测等辅机系统。

南四湖—东平湖段工程　梁济运河段工程

工程概况

梁济运河输水线路从南四湖湖口至邓楼泵站站下，长58.252km，其中：湖口—长沟泵站段，长26km，设计最小水深3.3m，设计河底高程28.7m，底宽66m，边坡1:3～1:4；长沟泵站—邓楼泵站段，长32.252km，设计最小水深3.4m，设计河底高程30.8m，底宽45m，边坡1:2.5～1:4。

为防止船行波对河岸的冲刷，该输水河段采用现浇混凝土护坡，对司垓闸下0.8km险工段进行护底、护坡（两岸共2km）。

共需新建、重建主要交叉建筑物25座（处），包括新建支流口连接段7处，拆除重建生产桥13座，新建管理道路交通桥3座（小新河、泉河、郓城新河），加固公路桥2座。该工程概算批复总投资170 065万元，其中渠道工程：土方开挖1468.23万m^3，土方填筑28.9万m^3，砌石5.84万m^3，混凝土及钢筋混凝土浇筑61.92万m^3，钢筋制作安装376t；桥梁18座。初步设计批复工程总工期3年。

工程总体布置

梁济运河输水与航运结合线路平面布置为沿现状梁济运河扩大，从湖口至邓楼泵站站下全长58.252km，在现状工程基础上按一期工程设计输水流量100m^3/s进行扩宽挖深，河道拓宽以滩地较宽一侧为主进行，另一侧只进行修坡或少量开挖，开挖土方全部为弃土，弃土堆至堤外，(0+000－0)～(11+000)段采用集中吹填方式弃土，弃土高度2.0m，(11+000)～(58+252)段采用堤外平摊弃土，弃土高程不高于2.0m。为方便工程的管理运用，在西侧大堤顶修筑管理道路。

该输水线路长58.252km，利用梁济运河输水渠段沿线共需新建、重建主要交叉建筑物25座（处），包括新建支流口连接段7处、拆除重建生产桥13座、新建管理道路交通桥3座（小新河、泉河、郓城新河）、加固公路桥2座。

主要建筑物

（一）支流口连接段

河口连接段工程主要包括左岸护砌段、

河底护砌段、右岸护砌段。连接段垂直水流向分为干砌石段、浆砌石段、混凝土护砌段。砌石厚度0.3m；C30现浇混凝土护坡、护底，厚度30cm；左、右岸以及裹头连接段采用C30预制混凝土板护砌，板厚0.15m。

（二）桥梁工程

梁济运河按输水要求和三级航道标准（近期）扩挖后，战备大桥（跨径73.5m）、彭营公路桥、八里庙公路桥处因河道拓挖影响，桥址处需局部处理。现有14座生产桥因南水北调输水工程建设和航运需要，河道需扩宽和挖深，桥梁需拆除新建。拆建桥梁标准需满足梁济运河远期规划二级航道通航要求。14座重建桥梁采用满足通航要求的大跨径结构，公路2级载荷。

（三）排灌站与涵闸工程

据现场查勘统计，梁济运河邓楼以南的输水河道沿线现已建排灌站60座，站房建在运河大堤外侧，通过运河滩地内的进（出）水渠与梁济运河相连。梁济运河扩挖后，各站引（退）水口与梁济运河河底高差增大，对排灌站引（退）水沟与梁济运河交叉处进行防冲加固处理，共60处。梁济运河沿线已建（引）排水涵洞43座，闸室建在运河大堤内侧，通过运河滩地内的进（出）水渠与梁济运河相连。南水北调输水工程建成后，改变了涵闸所在的沟（渠）与梁济运河交叉处的地形条件，将带来局部冲刷问题。根据输水河道拓挖对涵洞进口连接段影响程度不同，对涵闸引（退）水口与梁济运河连接段进行防冲加固处理，共43处。

电气及金属结构

梁济运河沿线7座支流河口控制闸按二级负荷供电设计。

按二级负荷要求，各闸均设1台柴油发电机组作为备用电源。设10kV专用供电线路两条，分别由长沟和南旺35/10kV变电站引接：一条电源从输水河东北侧的长沟35/10kV变电站架空引至输水渠桩号为（21+000）附近，南跃进河、泉河、赵王河和小新河等四个河口控制闸均在此线路引接；另一条电源从输水河东北侧的南旺35/10kV变电站架空引至输水渠桩号为（37+000）附近，郓城新河、汶宁新河和湖东排水河等三个河口控制闸均在此线路引接。

该类建筑物的主要用电负荷为闸门启闭机电机和闸管所。

低压母线为单母线不分段接线，供电电压为380/220V。

各建筑物均选用SC9系列干式变压器1台，变压器采用XBG-12箱式变压器柜，其高压侧设备安装在箱内。

低压配电采用PRISMA系列低压配电柜。

柴油发电机组根据各闸的不同负荷分别选用THLC40PT和THLC64PT型。

各闸箱式变压器柜与PRISMA低压配电柜并排设置在变配电室内。柴油发电机组安装在专设的柴油发电机室。

各闸启闭机电机采用直接启动方式，经计算均能满足启动要求。

各闸机房顶部设有避雷带，作为直击雷保护。同时，为防止雷电波对电气设备的侵袭，在变压器高压侧装设阀型避雷器。

各闸利用水工建筑物钢筋网和启闭机基础埋件作为自然接地体。

电源进线空气开关、自动转换开关及启闭机回路交流接触器均在低压配电柜上用按钮操作，并有相应的红、绿灯指示。在机旁箱上装有闸门开度显示仪，每台启闭机上装有闸门开度传感器。各闸均设有一块监控监视柜，内装有GE9030型可编程控制器和单色触摸屏等设备，在管理所设有一台监控工作站，可现地或远程控制闸门的开启与关闭。

闸门的全开、全关位置均设有行程开关，对电气控制回路进行闭锁。

各有关回路分别采用自动空气开关、熔

断器、热继电器作为短路和过载保护；同时利用磁力启动器的低压释放性能，对启闭机电机进行低电压保护。

在监控监视柜内设有硬盘录像机、模拟电话适配器、网络交换机和UPS电源等网络设备。启闭机房内和机房外上下游各设一套智能一体化球机。配电室和每孔闸门设一套定焦摄像机。以上各设备通过网络交换机以太网口，经光缆与远方计算机控制中心连接，以实现远距离监控监视。

梁济运河支流河口控制闸共7座，金属结构设计包括工作闸门及其相应的启闭设备。闸门结构、防腐要求均相同。小新河、泉河、南跃进河、汶宁新河、赵王河、湖东排水河河口控制闸闸门配2×160kN卷扬式启闭机；郓城新河河口控制闸闸门配2×100kN卷扬式启闭机。

南四湖—东平湖段工程　柳长河段工程

工　程　概　况

柳长河输水线路从邓楼泵站站上至八里湾泵站站下，输水航道长20.984km，其中新开挖河段6.587km，利用柳长河老河道疏浚拓挖14.397km。设计最小水深3.2m，设计河底高程33.2m，边坡1:3，采用现浇混凝土板衬砌方案，设计河底宽45m，护坡不护底，渠底换填水泥土。

共需新建、重建交叉建筑物28座，包括公路桥4座、生产桥7座、涵闸12处、倒虹吸2座、渡槽1座、节制闸1座、连接段1处。

工程概算批复静态总投资94 240万元，主要工程量为：渠道工程：土方开挖644.74万m^3；土方填筑119.52万m^3，砌石1.45万m^3，混凝土及钢筋混凝土18.02万m^3，灌注桩238m，钢筋制作安装781t；桥梁11座。初步设计批复工程总工期2年。该段工程为大（一）型Ⅰ等工程。

工　程　总　体　布　置

邓楼泵站上—侯庄干沟（0+019）~（4+800）为新开输水河道，长4.881km输水线路自司垓闸上向西北，在孙坊村东南穿过兖（州）梁（山）公路，新建孙坊公路桥。穿过孙坊村和姚庄村之间的空地，在王庄村东南柳长河与其支沟侯庄干沟（4+800）交汇处以北上进入柳长河。在此处新建王庄枢纽，包括在入口处以下老河道上新建王庄节制闸、侯庄干沟上新建排涝闸各1处，此枢纽的主要作用：①防止在调水期间水量的流失；②汛期可使侯庄干沟的涝水顺利进入柳长河，而柳长河的涝水一部分经输水航道由司垓闸入梁济运河，另一部分由新建的王庄节制闸经柳长河至张桥闸进入梁济运河。

侯庄干沟以北输水航道入柳长河口—八里湾村南（4+800）~（19+599）段：输水线路进入柳长河后，沿柳长河两侧扩挖，在西洪庙村南穿越红庙公路桥，在国那里干渠穿过新建国那里倒虹吸，在老王庄村东北穿过济（南）菏（泽）公路，至八里湾村南（19+599），利用现状河道长14.799km。

八里湾村南—八里湾泵站（19+599）~（21+003）段：新开输水河段，长1.404km。输水线路在八里湾村南出柳长河后折向东北，进入东平县境内，在现状八里湾桥东侧穿过商（老庄）州（城）公路，穿过东平四分干输水渠，至八里湾泵站下。需新建八里湾公路桥和东平四分干输水渠渡槽。

柳长河输水航道线路长20.984km，为解决交通、灌溉、排水等各种问题，以及便于工程的管理和运用，在输水渠道西侧新修沥青路面20.984km，需新建、重建交叉建筑物62座（处）。

主要建筑物

柳长河段选定的输水线路主要利用柳长河老河道输水，按设计输水规模及航运要求对柳长河进行扩挖；输水渠首、末两段根据线路布置方案比较，采用新辟输水渠与柳长河连接。沿线需新建、重建各类建筑物共62座（处），其中公路桥5座、生产桥7座、节制闸1座、排涝闸2座、排涝站27座、涵闸16处、连接段1处、倒虹吸2座、渡槽1座。

（一）公路桥工程

柳长河输水工程实施后，对当地的交通枢纽影响较大。因输水线路的布置，致使原有公路交通中断而需新建横跨输水河的公路桥为孙坊公路桥、八里湾公路桥、王府集公路桥。输水工程既要保证输水和航运要求，也不应影响当地正常的交通体系，给当地群众生产和生活带来不便。根据综合利用要求，在原公路被中断处新建跨输水河的公路桥，孙坊公路桥、王府集公路桥按满足输水和通航要求新建；八里湾公路桥按满足输水要求新建。

由于河道的扩挖，致使原有公路桥不能正常使用的有老王庄公路桥和红庙公路桥，这两座桥均需按输水、通航、交通要求拆除重建。

（二）生产桥工程

因输水河道扩挖和线路布置中断当地交通，给当地群众生产和生活带来诸多不便，且考虑以后运行管理的便利，需要新建的生产桥共计4座。生产桥布置主要考虑避免输水河道线路布置给当地群众生产、生活带来不利影响，保证工程的顺利实施、输水安全和通航要求。在输水渠道开挖截断现有道路处新建4座生产桥分别为秦楼、姚庄、张庄、胡楼生产桥。此外，因输水河道扩挖，柳长河道上现有3座生产桥王庄、大刘庄和四柳树生产桥堵水严重，需要拆除重建。

在上述7座新建和拆建的生产桥中，除秦楼生产桥不需考虑通航要求外，其余6座生产桥均需按输水、通航要求进行设计。

（三）涵闸与排涝站工程

现状涵闸工程：根据输水和通航要求，柳长河河道需拓挖，致使两岸现有8座涵闸均被破坏。按不降低现状工程规模和排涝标准，不破坏现有排涝体系，“拆一建一”的原则，对影响范围内的涵闸拆除重建。因灌排沟渠较多，为避免输水期水量大量流失，保证输水安全，防止排涝期间涝水倒漾，拆建各涵闸均设闸门。

现状排涝站工程：河道扩挖后，影响范围内两岸现有27座排涝站均被破坏。按“拆一建一”的原则，对排涝站给予拆除重建。

新建涵闸工程：除上述拆建的建筑物外，为避免输水渠道布置给当地灌排体系造成的不利影响，维持现灌排体系功能，根据实际情况仍需新建部分涵闸。

柳长河输水工程选定线路方案邓楼泵站—侯庄干沟段为新开输水河道，需穿越孙坊、姚庄、张庄、王庄、王府集5条交通道路，这些道路两侧（张庄路东侧）排水沟均为当地主要排水沟渠，其排水功能应予保留，路两侧排水沟与新开输水河交叉处均需设涵闸，避免输水期水量流失，防止输水渠道内涝水倒漾。

姚庄干沟是柳长河较大的一条排水干沟，新开输水河截断了排水干沟，需在交叉处输水河两岸新建排水涵闸，恢复干沟的排涝功能。

柳长河输水工程选定线路方案八里湾村南—八里湾泵站段为新开输水河道，在设计桩号（20+720）处将四分干截断，为了恢复原灌溉功能，需在此兴建四分干渡槽。四分干原为灌排两用渠，四分干渡槽仅保留灌溉功能，涝水已不能通过原四分干排入柳长河老河道，需对排水体系进行调整，通过新建1座涵闸将涝水排入新辟输水河道。

在设计桩号（21+000）处输水河截断八里湾排水沟，该排水沟涝水原由东向西排入柳长河，输水河截断排水沟后，输水河以西排水沟仍可收集沿途排水支沟涝水，继续排向柳长河。输水河以东排水沟的涝水则需排入新开挖输水河，在排水沟与输水河东岸交叉处，需新建排涝涵闸。柳长河输水工程新建涵闸共8处。

（四）节制闸与排涝闸工程

柳长河输水工程选定线路方案邓楼泵站—侯庄干沟段约4.8km为新开输水河道，在王庄村东南柳长河与其支沟侯庄干沟交汇处进入柳长河。在输水河道王庄附近，需新建王庄枢纽工程。该枢纽建筑物包括在入口处以上老河道上新建王庄节制闸，侯庄干沟上建排涝闸。

馆驿干沟是当地重要的灌排两用沟渠，与柳长河交叉处现建有排涝闸。因柳长河输水结合航运工程建设的影响，原闸被破坏，需在输水河道与馆驿干沟交叉处［桩号（7+936）］拆除重建馆驿排涝闸。

（五）倒虹吸工程

柳长河输水工程实施后，国那里灌区利用原柳长河河道输水的灌溉体系被破坏，国那里灌区需根据影响程度进行调整。根据灌区影响处理工程布置要求，须设置与柳长河立体交叉建筑物，新建一座穿输水河道倒虹吸。国那里倒虹吸工程位于梁山县境内的国那里干渠与输水河交叉处，设计桩号（12+100）。

输水渠穿越孙坊公路时，孙坊公路南侧排水沟按柳长河东、西两岸排水涵闸设计，涝水排入新辟输水渠；孙坊公路北侧排水沟是当地一条灌排两用沟渠，保留排灌功能，灌溉引水源及涝水排入处均为柳长河老河道，需在输水渠穿越公路北侧排灌沟渠时，新建孙坊公路倒虹吸工程。

（六）渡槽工程

柳长河输水工程八里湾村南—八里湾泵站段为新开输水河道，在设计桩号（20+792）处将四分干截断，为了恢复原灌溉功能，需在此兴建四分干渡槽。渡槽工程位于东平县境内的四分干渠与输水河交叉处。

（七）八里湾连接段工程

由于规划输水线路自八里湾村南出柳长河，向北连接八里湾泵站进水渠，需新开输水河1.705km，新开挖输水河道河底低于原河底3.0m左右，原河道因为其功能要求依然保留，致使新老河道交叉处产生较大落差，老河道里的涝水进入输水河道时，新老河道交叉处会产生紊乱的水流，造成河道冲刷，影响河床稳定。为保证交叉处河道的稳定，使水流平稳过渡，同时满足新老河道的使用要求，需在桩号（19+946）处新建八里湾连接段工程。

电气及金属结构

（一）金属结构

1. 王庄节制闸金属结构

工作闸门为8m×（3.7～3.35）m露顶式平面定轮钢闸门，门体材料为Q235钢。闸门结构型式采用双主梁，悬臂式滚轮支承。启闭机采用2×100kN卷扬式启闭机，启闭机扬程8m。该启闭机具有对闸门启闭高度的现场显示及远传数字显示和自动控制功能，并能预定闸门开度上、下限和开度值；启闭机配有手摇机构、手电闭锁装置及行程开关。启闭机配有手摇机构、高度指示装置及行程开关。

2. 四分干渡槽金属结构

四分干渡槽进、出口涵洞设检修钢闸门，洞口尺寸2.0m×1.5m。设计水位：进口

38.50m，出口 38.35m；闸底板高程：进口 37.33m，出口 37.20m；设计水头：进口 1.17m，出口 1.15m；闸门为单向挡水，闸门不设起吊设备。孔数 1 孔。

3. 国那里倒虹吸金属结构

倒虹吸进口设铸铁闸门，闸前设拦污栅，洞口尺寸 2.8m×2.8m，共 2 孔；闸墩顶高程 40.10m，闸底板高程 34.80m，闸门配 120kN 单吊点手动螺杆式启闭机，闸门为单向挡水，检修水位 39.18 m，设计水头 4.38m；拦污栅不设起吊设备。倒虹吸出口设铸铁检修闸门，共 2 孔；墩顶高程 39.60m，闸底板高程 34.30m，闸门为单向挡水，检修水位 38.98m，设计水头 4.68m；闸门规格、启闭机与进口相同。

4. 孙坊倒虹吸金属结构

倒虹吸进口设铸铁闸门，闸前设拦污栅，洞口尺寸 2.0m×2.0m，共 1 孔；闸墩顶高程 40.90m，闸底板高程 34.80m。闸门配 50kN 单吊点手动螺杆式启闭机，闸门为单向挡水，检修水位 37.40m，设计水头 2.6m；拦污栅不设起吊设备。倒虹吸出口设铸铁闸门，闸前设拦污栅，洞口尺寸 2.0m×2.0m，共 1 孔；闸墩顶高程 40.90m，闸底板高程 34.60m。闸门配 50kN 单吊点手动螺杆式启闭机，闸门为单向挡水，检修水位 37.25m，设计水头 2.65m；拦污栅不设起吊设备。

5. 涵闸金属结构

柳长河涵闸均采用铸铁闸门，洞口尺寸有三种规格：2.5m×2.0m、2.0m×2.0m、1.5m×2.0m；配 30kN、50kN 单吊点手动螺杆式启闭机。闸门为单向挡水，最大水头差 2.71m。

（二）电气

柳长河沿线共设 3 座水闸，分别为王庄节制闸、侯庄干沟排涝闸、馆驿干沟排涝闸。王庄节制闸的目的主要是防止南水北调输水河输水时水流倒漾于老柳长河，同时考虑行洪，水流由北向南需在此分洪，故按二级负荷供电设计。其他两个闸主要目的是防止南水北调输水河输水时水流倒漾于各排水干沟，同时，干沟排涝时利用闸门控制水流进入输水河道，因此按三级负荷供电设计。

由于王庄节制闸具有防洪要求，因此设一台柴油发电机组作为备用电源。各闸均采用一回 10kV 线路供电。电源从输水河东侧的馆驿 35/10kV 变电站架空引至输水渠桩号（8+000）附近，然后沿输水线通过架空线路向上游各闸供电。

该类建筑物的主要用电负荷为闸门启闭机电机和闸管所。

各建筑物均选用 10kV 变压器一台，变压器选用 SC9 系列干式变压器，干式变压器含外罩。

低压母线为单母线不分段接线，供电电压为 380/220V。

低压配电采用 PRISMA 系列低压配电柜。

王庄节制闸柴油发电机组选用 THLC40PT 型。

王庄节制闸变压器柜与 PRISMA 低压配电柜并排设置在配电室内。柴油发电机组安装在专设的柴油发电机室。监控工作站和监视工作站安装在管理所中控室。

侯庄干沟排涝闸和馆驿干沟排涝闸的变压器柜与 PRISMA 低压配电柜并排设置在机房内。

各闸启闭机电机采用直接启动方式，经计算均能满足启动要求。

各闸机房顶部设有避雷带，作为直击雷保护。同时，为防止雷电波对电气设备的侵袭，在变压器高压侧装设氧化锌避雷器。

各闸利用水工建筑物钢筋网和启闭机基础埋件作为自然接地体。

电源进线空气开关、自动转换开关及启闭机回路交流接触器均在低压配电屏上用按钮操作，并有相应的红绿灯指示。在机旁箱上装有闸门开度显示仪，每台启闭机上装有闸门开度传感器。王庄闸设有一块监控监视柜，内装有 GE9030 型可编程控制器和单色

5.7 触摸屏等设备，在闸管所设有一台监控工作站，可现地或远程控制闸门的开启与关闭。

闸门的全开、全关位置均设有行程开关，对电气控制回路进行闭锁。

各有关回路分别采用自动空气开关、熔断器、热继电器作为短路和过载保护；同时利用磁力启动器的低压释放性能，对启闭机电机进行低电压保护。

王庄闸设有监视功能。在监控监视柜内设有硬盘录像机、模拟电话适配器、网络交换机和 UPS 电源等网络设备。机房内和机房外上下游各设一套智能一体化球机。配电室和每孔闸门设一套定焦摄像机。以上各设备通过网络交换机以太网口，经光缆与远方计算机控制中心连接，以实现远距离监控监视。

南四湖—东平湖段工程　引黄灌区影响处理工程

工 程 概 况

引黄灌区影响处理工程按灌区分为国那里灌区和陈垓灌区，主要为了解决南水北调利用梁济运河、柳长河输水对梁山县两引黄灌区造成的不利影响。

国那里灌区输水干渠控制灌溉面积 37.09 万亩（其中受南水北调输水影响面积 26.31 万亩），输水干渠渠首设计引水流量分别为 23.0 m^3/s，工程输水线路长 41.04km，其中利用现有沟渠扩挖 26.698km，新开挖渠道 14.342km，衬砌渠道 15.143km，新建改建配套建筑物 77 座，其中水闸 11 座、涵洞 2 座、渡槽 2 座、桥梁 62 座。

陈垓灌区输水干渠控制灌溉面积 13.70 万亩，输水干渠渠首设计引水流量分别为 8.0 m^3/s，工程输水线路长 8.207km，其中利用现有沟渠扩挖 7.618km，新开挖渠道 0.589km，衬砌渠道 1.663km，新建改建配套建筑物 29 座，其中水闸 3 座、涵洞 1 座、提灌站 1 座、桥梁 24 座。

该工程概算批复总投资为 18 659 万元，土方开挖 151.30 万 m^3，土方填筑 61.73 万 m^3，砌石 2.63 万 m^3，混凝土及钢筋混凝土 4.32 万 m^3，灌注桩 12 298m，钢筋制作安装 2837t。工程总工期 1 年。

东平湖新湖区围堤穿堤涵洞为 1 级建筑物，陈垓灌区邓楼引水闸为 2 级建筑物，国那里、陈垓灌区的节制闸、分水闸、提灌站等建筑物级别按流量分别为 3～5 级，与输水渠道交叉的公路和生产道路的桥梁为公路Ⅱ级或拆减的公路Ⅱ级；灌区设计保证率 50%。

工 程 总 体 布 置

（一）陈垓灌区

陈垓灌区输水干渠控制灌溉面积 13.70 万亩。渠首引水闸位于梁济运河邓楼防倒漾闸上游右岸，送水干渠依照规划原则，利用原有河道进行拓宽改造，自邓楼引水涵闸沿邓楼引水渠，经邓楼村西、郭楼村西向南，在郭楼村西南入鲁庙干沟，穿过梁济公路后，沿公路西侧路沟向东南，经耿乡、蔡林村东向东南至贾庄村东处折向南，沿徐集镇高新技术开发区交通路西沟至十一支沟。该线路需新建改建各类建筑物 30 座，包括水闸工程 3 座、提灌站 1 座、穿路涵洞 1 座、生产桥工程 25 座。

（二）国那里灌区

国那里灌区输水干渠由干鱼头进水闸引

水向东，利用现有总干渠输水过代码河渡槽后至三分干渠拐向南，扩挖三分干过梁（山）东（平）公路。在闫集村西北处拐向东并新辟输水干渠，在四柳树村东南利用倒虹吸穿柳长河向东，至四分干王庄村北，再向南扩挖四分干渠，经任庄村西、田店村西，于滑庄村西处至馆驿干沟，利用渡槽过馆驿干沟后继续向南，经侯集村西、唐楼村西，于侯庄村西入侯庄干沟。扩挖侯庄干沟向东，经西郝庄村南、毛庄村南、苏菜园村南，在田庄村东离开侯庄干沟拐向南，扩挖现有排水沟至冯庄村北。新辟输水线路绕过冯庄村后向南在冯庄村东南300m处利用穿堤涵洞穿东平湖新湖区围堤，向南过济菏高速公路，经王庄村西，于孙庄村东南处入时庄干沟、彭庄干沟，直至郭仓干沟。此外，柳长河以东、王庄村以北的原引柳长河的自流灌区改由从四分干上段引水灌溉，需对现已废弃的王庄村以北至李官屯段的四分干进行疏通整治。国那里输水干渠线路全长41.04km。输水渠控制灌溉面积37.09万亩。

国那里灌区全线共规划各类建筑物78座，包括水闸工程12座、穿堤（路）涵洞2座、渡槽工程2座、公路桥工程4座、生产桥工程58座。

主要建筑物

（一）水闸

国那里灌区有水闸12座，陈垓灌区有水闸3座。邓楼引水涵闸布置成涵洞式水闸，其他均布置成开敞式水闸。

（二）穿堤涵洞

穿堤涵洞位于东平湖新湖区围堤与输水渠交叉处，涵洞内水流流态为无压自由出流，设计过流能力为7.4m³/s，最大过流能力为9.6m³/s。该涵洞由进口连接段、闸室段、穿坝暗涵及出口连接段组成。闸室段为C25钢筋混凝土箱型结构，共一孔，孔口尺寸2.5m×2.5m，顺水流方向长为10.0m。穿堤暗涵为钢筋混凝土箱型结构，共一孔，总长50.0m，孔口尺寸为2.5m×2.5m，底板厚0.6m，边墙及顶板厚0.5m，进口底高程为35.54m，出口高程为35.09m。

（三）桥梁

国那里灌区需建桥59座。公路桥共4座，其中新建1座，重建3座；生产桥共55座，其中新建21座，重建34座。陈垓灌区需建桥27座。公路桥共18座，其中新建1座、改建17座；生产桥共9座，其中新建3座、改建6座。

公路桥荷载等级为公路-Ⅰ级，生产桥荷载等级为公路-Ⅱ级。桥梁上部结构采用钢筋混凝土空心板，下部结构设计采用钢筋混凝土钻孔灌注桩柱式墩台，跨度为8m、10m、13m三种。

（四）渡槽

国那里灌区送水干渠渡槽工程包括代码河、馆驿干沟2座渡槽。

代码河渡槽进口高程38.42m，进口设计水位40.22m，相应设计水深1.80m，设计流量23.0m³/s，由进口连接段、槽身、220国道公路涵洞、下游连接段组成，全长109.3m，槽身为C30钢筋混凝土结构，共2孔。

馆驿干沟渡槽由上游连接段、滑庄公路涵洞、进口斜坡段、槽身段、出口斜坡段、生产路涵洞、下游连接段组成，长74.4m，设计流量15.6m³/s，加大流量18.0m³/s。

（五）鲁庙提灌站

鲁庙提灌站灌溉面积1.5万亩，设计流量1.5m³/s，设计流量1.5m³/s，站上设计水位38.00m，站上最低水位37.50m，站下设计水位42.50m，设计净扬程4.50m，主要建筑物包括进水闸、前池、进水池、主副厂房、出水池、输水渠等。

进水闸紧靠陈垓输水干渠布置，闸前设八字翼墙与渠道衔接。进水闸后布置前池、进水池，进水池后为泵站主厂房。主厂房左侧布置副厂房。水流出泵站主厂房后经2根压力钢管至出水池，出水池后设500.0m长的矩形渠道与原灌溉渠道连接。选用500ZLB－85(＋2)型水泵2台，转速980r/m，扬程5.44m，单台流量0.76 m^3/s，配套电动机功率75kW。

电气及金属结构

（一）国那里灌区干鱼头进水闸电气

水闸的电源由附近10kV线路T接架空线引来，以单回10kV线路供电，线路长度2km。

变配电设计：水闸为三孔闸，设三台手电动螺杆式启闭机。启闭机配套电机为Y100L1-4型，额定功率2.2kW。另有约5kW照明及其他负荷，用电负荷等级为三级。该闸开启方式为一台启闭机开启一孔闸门，最大运行方式为一台电动机启动，两台运行。设一台30kVA变压器。

配电系统为低压380/220V，不分段单母线馈电。

启闭机电动机由配电箱馈电：变压器选用一台S9型节能油浸式变压器，阻抗电压$U_d=4\%$。低压配电箱选用XRL-05-08（改）系列配电箱。主要电气设备及载流导体均按所在回路工作电压、电流及使用环境进行选择，以短路动、热稳定检验，均满足要求。

（二）陈垓灌区邓楼引水涵洞电气

水闸的电源由附近10kV线路T接架空线引来，以单回10kV线路供电，线路长度2km。

变配电设计：该闸为两孔闸，设两台手电动螺杆式启闭机。启闭机配套电机为Y90L-4型，额定功率1.5kW。另有约5kW照明及其他负荷，用电负荷等级为三级。本闸开启方式为一台启闭机开启一孔闸门，最大运行方式为一台电动机启动，一台运行。设一台30kVA变压器。配电系统为低压380/220V，不分段单母线馈电。

启闭机电动机由配电箱馈电：变压器选用一台S9型节能油浸式变压器，阻抗电压$U_d=4\%$。低压配电箱选用XRL-05-08（改）系列配电箱。主要电气设备及载流导体均按所在回路工作电压、电流及使用环境进行选择，以短路动、热稳定检验，均满足要求。

（三）国那里灌区水闸金属结构

国那里灌区金属结构设计包括干鱼头进水闸、唐宋庄节制闸、闫集节制闸、王庄节制闸、侯庄节制闸、穿堤涵洞、西大屯节制闸等7座闸的闸门及启闭机设计。

干鱼头进水闸、唐宋庄节制闸、闫集节制闸、王庄节制闸单孔净宽尺寸均为2.5m，设计水头均为2.5m，闸门为铸铁闸门，配80kN手电两用螺杆式启闭机。穿堤涵洞单孔净宽尺寸为2.5m，设计水头为2.3m，启门水头2.44m，防洪挡水头8.69m，闸门为铸铁闸门，配80kN手电两用螺杆式启闭机。侯庄节制闸、西大屯节制闸单孔净宽尺寸为3.0m，设计水头均为1.8m，闸门为铸铁闸门，配50kN手电两用螺杆式启闭机。一分干进水闸、二分干进水闸、三分干进水闸、四分干进水闸、馆驿干沟分水闸单孔净宽尺寸均为2.0m，设计水头均为2.5m，开敞式，闸门为铸铁闸门，配80kN手动螺杆式启闭机。石钟楼节制闸、彭村节制闸单孔净宽尺寸均为2.0m，设计水头均为1.5m，开敞式，闸门为铸铁闸门，配50kN手电两用螺杆式启闭机。

（四）陈垓灌区水闸金属结构

陈垓灌区金属结构设计包括邓楼引水涵闸、拳运路节制闸、拳运路沟西分水闸、崔庄尾水闸、拳运路沟东分水闸、吕楼沟节制闸等6座闸的闸门及启闭机设计。

邓楼引水涵闸、拳运路节制闸、拳运路沟西分水闸、崔庄尾水闸单孔净宽均为2.5m，设计水头均为1.5m，闸门为铸铁闸门，配50kN手电两用螺杆式启闭机。拳运路沟东分水闸、吕楼沟节制闸单孔尺寸均为2.0m，设计水头均为1.5m，闸门为铸铁闸门，配50kN手动螺杆式启闭机。

胶东济南—引黄济青段工程 明渠段工程

工 程 概 况

济南—引黄济青明渠段上接济南市区段输水暗涵出口，下至小清河分洪道上节制闸接入引黄济青工程，全长 122.47km，其中沿小清河左岸新辟明渠输水段长 87.808km，入小清河分洪道后，利用新开和疏挖后的分洪道子槽输水段长 34.662km。

扣除陈庄输水线路设计单元工程 11.305km［桩号(76+590)~(87+895)处］后的明渠段工程长度为 111.165km，其中沿小清河左岸新辟明渠输水段长 76.59km，入小清河分洪道后，利用新开和疏挖后的分洪道子槽输水段长 34.575km。明渠段工程设计流量为 $50m^3/s$，加大流量为 $60m^3/s$。

国务院南水北调办于 2010 年 9 月 16 日以国调办投计〔2010〕197 号文批复了工程初步设计报告，批复工程概算总投资254 179万元，静态总投资248 141万元，其中建筑工程投资57 758万元，机电设备及安装 1910 万元，金属结构设备及安装 1578 万元，临时工程 8933 万元，独立费用16 512 万元，基本预备费5201 万元，移民环境投资127 015万元，桥梁工程26 252万元，供电线路 2017 万元，穿铁路工程 965 万元，建设期贷款利息 6038 万元。批复工程施工总工期 30 个月。

明渠段起点为济南市区段输水暗涵出口，后接小清河左堤外新辟明渠、小清河分洪道新挖子槽段及现状子槽输水至引黄济青上节制闸；输水渠沿线布置水闸、倒虹吸、渡槽、桥梁等渠系及交叉建筑物。输水渠采用梯形断面型式，全段面防渗衬砌。

沿线新建各类交叉建筑物 396 座，拆除重建交叉建筑物 5 座。其中，新建规模较大的交叉建筑物 274 座，包括水闸 21 座（其中节制闸 9 座、分水闸 8 座、泄水闸 4 座）；倒虹吸及渡槽 95 座［其中输水渠穿河沟倒虹吸 5 座、河沟穿输水渠排水倒虹吸 73 座、穿输水渠灌溉渡槽（倒虹吸）17 座］；桥梁（涵）158 座（其中跨输水渠公路桥 39 座、生产桥 101 座、人行桥 11 座、输水渠跨河沟生产桥 3 座、穿铁路桥涵 1 处、公路桥涵 3 处）；拆除重建跨河生产桥 5 座；新建规模较小的交叉建筑物 122 座，包括穿渠灌排渡槽 40 座，穿渠灌排倒虹吸 82 座。

明渠段工程输水渠，输水渠穿河倒虹吸，输水渠上节制闸、分水闸、泄水闸，以及河、沟、渠穿输水渠倒虹吸等为 1 级建筑物；次要建筑物为 3 级。

胶东济南—引黄济青段工程 东湖水库工程

工 程 概 况

东湖水库是南水北调东线胶东干线工程的重要调蓄水库，为围坝式平原调蓄水库，位于济南市东北部历城区与章丘市交界处，白云湖和小清河之间，距济南市区约 30km。主要建筑物包括围坝、分水闸、穿小清河入库倒虹吸、入库泵站、穿小清河出库倒虹吸及泄水闸、出库闸等。围坝高度 13.7m，设计库容为 5735 万 m^3，调节库容为 4700 万 m^3。

2009 年 8 月 28 日和 11 月 27 日国务院南

水北调办分别以国调办投计〔2009〕164号文和国调办投计〔2009〕230号文对东湖水库工程初步设计技术方案和概算进行了批复。批复初步设计概算总投资9.640 3亿元，其中工程部分3.858亿元、移民环境5.515 6亿元、供电线路0.125 6亿元，建设期贷款利息0.141 1亿元。施工总工期30个月。

主要工程量包括土石方开挖959.9万m^3，土石方回填760.05万m^3，砌石4.37万m^3，混凝土及钢筋混凝土浇筑9.76万m^3，钢筋制作安装1437t，水泥土搅拌桩4.9万m。

围坝近似五边形布置，其东、西、北三侧利用现有的四干排水沟、井家排水沟及小清河作为截渗沟，南侧新建截渗沟和排水泵站，分水闸及穿小清河倒虹吸、入库泵站、入库涵闸布置在围坝东北角处，向济南和章丘供水涵闸布置在南侧围坝上。

东湖水库工程围坝、穿小清河倒虹吸、入库泵站、入库涵闸、供水涵闸等主要建筑物为2级，次要建筑物为3级。

胶东济南—引黄济青段工程　双王城水库工程

工　程　概　况

双王城水库是南水北调东线胶东干线工程的重要调蓄水库，位于引黄济青输水渠的左侧，主要任务是调蓄南水北调工程分配给青岛、潍坊两市和寿光县城以及水库周边高效农业的水量。工程位于寿光市北部的羊口镇卧铺社区寇家坞村北废弃水库处，距市区约31km。利用原双王城水库扩建而成。水库大致为梯形，东、南坝轴线基本沿原水库坝线布置，西坝线距原水库坝线以西约755m，北坝线距原水库坝线以北约170m。双王城水库为中型平原水库，设计最高蓄水位12.5m，相应最大库容6150万m^3，设计死水位3.90m，死库容830万m^3，调节库容5320万m^3。

2009年9月2日和12月28日国务院南水北调办分别以国调办投计〔2009〕170号文和国调办投计〔2009〕248号文对双王城水库工程初步设计技术方案和概算进行了批复。批复概算总投资80 525万元，其中，工程部分投资49 648万元，移民环境投资28 404万元，供电线路1294万元，建设工期为2.5年。主要工程量包括土石方开挖1084.66万m^3，土石方回填713.7万m^3，砌石6.37万m^3，混凝土及钢筋混凝土9.93万m^3，钢筋制作安装957t。

围坝大致为梯形，四周布置截渗沟，围坝西南角处布置入库泵站和胶东输水洞，围坝东南角布置寿光市供水涵闸，围坝北侧布置排渗泵站。

水库工程围坝、入库泵站、入库涵闸、输水渠等主要建筑物为2级，次要建筑物为3级。

鲁北段工程　小运河段工程

工　程　概　况

小运河工程是南水北调东线第一期工程鲁北段工程的重要组成部分，主要任务是将由穿黄河工程送至黄河北的江水继续输送至临清邱屯闸，满足沿线聊城地区城市用水，并通过七一、六五河继续向德州市供水，也为向天津市、河北省应急供水创造条件，兼顾排涝和行洪。

小运河输水工程的主要建筑内容为河道开挖和护砌；新建、拆除重建、加固改造节制闸、分水闸、埋涵、穿堤涵闸、公路（铁路、生产）桥；修建堤顶管理道路和防护工程。

输水河道自位山穿黄隧洞出口开始，通过新开渠道和扩挖利用小运河、赵王河、周公河、临清小运河等现有河道向北输水，修建倒虹吸相继穿越位山三干、徒骇河、马颊河等河流，至临清邱屯闸止。输水线路全长98.21km，沿线设分水口门9座。

新开挖输水渠道40.076km，扩挖疏浚现有河道58.134km，其中小运河21.86km，赵王河1.237km，周公河12.81km，临清小运河22.227km；新建东阿、阳谷莘县、东昌府区、聊城、高唐、茌平、冠县等7座分水闸；新建、拆除重建夏堂、苏里井、姚屯、八里庄、十里铺枢纽、魏湾西小运河、戴湾、邱屯枢纽等8座节制闸和枢纽；倒虹吸44座，其中新建39座、拆除重建2座、改建3座；小运河穿堤涵闸共151座，其中新建113座，拆除重建37座，加固1座；新建渡槽11座；小运河段桥梁总数为133座；新建堤顶管理道路99.442km，其中混凝土路面38.416km，泥结石路面61.006km；小运河输水线路新开挖河道段和通过村镇段共54.652km渠道的两侧设置防护网，防护网总长109.304km。周公河截污干管总长17.471km，其中左岸8.906km，右岸8.565km；沿土闸村段0.817km输水渠两侧布置排水暗涵，总长1.634km。

小运河工程等别为一等。除设计桩号（25+328）~（60+560）河段输水河道级别为1级外，其余输水河道级别为2级；崔庄倒虹吸、徒骇河倒虹吸、马颊河倒虹吸、姚屯枢纽、十里铺枢纽、邱屯枢纽等建筑物为1级建筑物，其余节制闸、分水闸、涵闸、倒虹吸及渡槽等建筑物为2级，次要建筑物为3级。穿堤建筑物级别宜与所穿堤防级别相同。

主要建筑物

（一）节制闸工程

该工程夏堂、苏里井、姚屯等8座节制闸（枢纽）设计标准，按所在河道的规划或现状标准确定，均按5年一遇排涝，20年一遇防洪设计；各闸挡水位根据不同的作用，分别按输水水位或防洪水位确定；节制闸主要由上游连接段、闸室段和下游连接段三大部分组成，均为开敞式水闸。

（二）分水闸工程

小运河工程输水干线上共布置分水闸7座，分别为东阿分水闸、阳谷莘县分水闸、东昌府区分水闸、聊城分水闸、高唐分水闸、茌平分水闸和冠县分水闸，各分水闸均与输水渠正交，分水闸设计流量在1~4m^3/s之间。分水闸结构型式类似，主要由进口八字墙段、闸室段和出口连接段组成，均为单孔结构，闸孔净宽为1.5m。

（三）输水渠倒虹吸工程

小运河工程穿越位山三干、徒骇河、马颊河等三条河（渠）道，需建输水渠穿河（渠）倒虹吸3座，其中新建2座，分别为徒骇河倒虹吸和马颊河倒虹吸；重建1座，为崔庄倒虹吸。新建输水渠穿河两座倒虹吸均在入口建闸控制，并在进口处设泄水闸，泄水闸与倒虹吸结合布置。两座倒虹吸设计流量均与输水渠设计流量相同，均为50m^3/s。输水渠穿沟（渠）倒虹吸由进口渐变段、进口闸室（含启闭机房）段、桥头堡、倒虹吸管涵、出口渐变段、泄水闸等组成。

（四）穿堤涵闸工程

小运河穿堤涵闸共151座，其中新建113座，拆除重建37座，加固1座。

（五）穿输水渠倒虹吸工程

小运河倒虹吸共44座，其中新建39座，拆除重建2座，改建3座。

（六）渡槽工程

小运河新建渡槽111座。

（七）七级分干枢纽工程

输水渠采用涵洞形式由渡槽下穿过，涵洞顶部设渡槽与生产桥平行布置。枢纽主要由渡槽、输水涵洞、排涝涵闸及生产桥组成。

（八）桥梁工程

小运河段桥梁总数为133座，其中公路桥25座，新建10座、拆除重建13座、接长2座；生产桥97座，新建63座、拆除重建34座；人行桥11座，新建9座、拆除重建2座。

水力机械

夏堂、八里庄等节制闸工作门采用平面定轮闸门，启闭机采用固定卷扬式启闭机。

东阿、阳谷莘县等分水闸工作闸门采用平面定轮闸门，启闭机采用固定卷扬式启闭机，下阶段应研究适当抬高闸墩顶高程以避免启闭机动滑轮组泡水。

小运河代颜渠倒虹吸上、下层工作闸门采用平面定轮闸门，启闭机采用固定卷扬式启闭机，检修闸门采用叠梁闸门，启闭设备采用电动葫芦，进口设置拦污栅。

小运河西新河、德王东支倒虹吸进口闸门采用平面定轮闸门，朗营沟、羊角河倒虹吸进口工作闸门采用铸铁闸门，启闭机采用螺杆启闭机，进出口设置拦污栅。裕民渠等其他倒虹吸进、出口设置拦污栅。

小运河沿岸涵闸孔口尺寸较大的工作闸门采用平面定轮闸门，其余采用铸铁闸门，启闭机采用螺杆式启闭机。

建筑物附属涵闸孔口尺寸较大的工作闸门采用平面定轮闸门，其余采用铸铁闸门，启闭机采用螺杆式启闭机；建筑物附属倒虹吸设置拦污栅。

鲁北段工程　大屯水库工程

工程概况

大屯水库工程位于山东省德州市武城县恩县洼东侧，距德州市德城区25km，距武城县城13km。水库围坝大致呈四边形，南临郑郝公路，东与六五河毗邻，北接254省道，西侧为利民河东支。

大屯水库设计最高蓄水位29.80m，相应最大库容5209万m^3，设计死水位21.00m，死库容745万m^3，水库调节库容4464万m^3。向德州市德城区年供水量10 919万m^3，向武城县城区年供水量1583万m^3。水库围坝坝轴线总长8913.99m，总占地面积9732.90亩。

大屯水库主要建筑物级别为2级，次要建筑物级别为3级。

工程总体布置

根据大屯水库库址处地形、地质条件及周边河流分部情况，进行围坝轴线布置，水库围坝大致呈四边形，南临郑郝公路，西侧为利民河东支，东侧为六五河。大屯水库主要建筑物包括围坝、渠首进水闸、六五河节制闸、入库泵站、供水洞等各类建筑物5座。

工程总体布局为：水库在南水北调东线第一期工程鲁北输水干渠六五河段设计桩号175+450处左岸设进水闸引水，利用原六五河拐弯段作为入库泵站引水渠至入库本站前池，新建提水泵站入库。引江水通过水库调蓄后，向德州市的德城区、武城县城区供水。向德城区和武城县城区供水为全年均匀供水，利用压力管道输水至城区、县城水厂。向德城区供水设计流量为4.0m^3/s，向武城县城区供水设计流量 0.6m^3/s。水库围坝坝轴线总长 8913.99m，水库总占地面积 6.489km^2。

主要建筑物

（一）围坝工程

围坝轴线长 8913.99m，坝顶高程 32.30～32.65m，防浪墙顶高程 33.40～33.75m，坝顶宽 7.5m，上游边坡坡比为 1∶2.75。水库最高蓄水位 29.80m，死水位 21.00m。

围坝坝型为砂壤土和裂隙黏土混合坝型，上游坝坡采用预制混凝土块护坡，下游坝坡 27.6m 高程以上部分为草皮护坡，27.6m 高程以下部分为弃土平台。水库防渗采用坝体上游坡铺设复合土工膜和库底水平铺膜相结合的防渗方案。

（二）六五河节制闸

六五河节制闸位于六五河上，桩号 175+524 处，与泵站进水闸组成进水口枢纽。六五河节制闸设计流量 149.20m^3/s，设计挡水位 21.00m，排涝水位 22.40m；闸室底板顶高程 18.39m，单孔净宽 7.0m，共 5 孔；采用钢筋混凝土开敞式。

（三）进水闸

进水闸位于六五河左堤上，河道中泓桩号 175+450 处，设计引水流量12.65m^3/s，闸上设计水位 20.00m，闸下设计水位 19.95m；设计闸底板高程 18.40m，闸室单孔净宽 3.0m，共 2 孔，采用钢筋混凝土涵洞式平板钢闸门型式。

（四）入库泵站

入库泵站设计流量 12.65m^3/s，站前渠道末端渠底高程 17.90m，泵站前池设计水位 19.80m，最低水位 19.40m。水库死水位 21.0m，水库最高蓄水位 29.80m。

入库泵站主要有清污闸、前池及进水池、主副厂房及安装间、出水钢管、出水池、压力箱、穿坝涵洞与出水闸组成。主厂房共安装 4 台 1200HD-9（-2）混流泵，配备电动机型号 YL500-14。

入库泵站引水渠全长 150.0m，设计流量为 12.65m^3/s，设计渠底比降 1/300，设计底宽 4.0m，设计渠底高程 18.40～17.90m，边坡 1∶2.5。

（五）德州供水洞

德州供水洞位于围坝轴线桩号 5+761.64 处，设计流量 4.0m^3/s，年供水总量10 919万m^3，德州供水洞除城市供水外，兼有放空水库的功能。供水洞共 2 孔，单孔洞身断面 2.0m×2.0m，主要由连接段、闸室、涵洞、出水池等部分组成。

（六）武城供水洞

武城供水洞位于围坝轴线桩号 2+208.55 处，设计流量 0.6m^3/s，年供水总量 1583 万m^3。供水洞共 1 孔，单孔洞身断面 1.5m×2.0m，主要由连接段、闸室、涵洞、出水池等部分组成。

水力机械

大屯水库工程水力机械设计内容主要包括水库入库泵站水泵、电动机及其附属设备的选型与设计。

入库泵站选用 1200HD-9（-2）型水泵，水泵单机功率 560kW，共装机 4 台，其中备用 1 台，总装机容量 2240kW。

水泵一字形布置，机组间距 4.80m，为保证水泵安全稳定运行，在前池最低运行水位时，应保证水泵的最低淹没要求。吸水室底高程 15.90m，水泵层高程 19.20m，电动机层高程 23.40m。

为使泵站安全稳定运行，泵站需设供水系统、排水系统、水力监测系统、流量测量系统、起重系统。

（1）供水系统：采用深井供水，同时将前池做备用电源。

（2）排水系统：泵站设有集水廊道，设 2 台潜水泵，用于检修排水，水泵吸水室与集水廊道间设长柄阀。

（3）水力监测系统：泵站设水力监测系统，用于测量水库水位、前池水位、技术供水信号监测等。

（4）流量测量系统：每台水泵出水管设多声道超声波测流系统 4 套，安装于测流井内，以实现入库流量计量。

（5）起重系统：机组最大起吊重量 10t，主厂房设电动双梁桥式起重机 1 台，起重量 16/3.2t，跨度 8.6m。

CHINA SOUTH-TO-NORTH WATER DIVERSION PROJECT CONSTRUCTION YEARBOOK

伍 中线工程

THE MIDDLE ROUTE PROJECT OF THE SNWDP

综 述

干 线 工 程

前 期 工 作

南水北调中线干线工程全长1432km，分为京石段应急供水工程（古运河南—北京段）工程、漳河北—古运河南段工程、穿漳河工程、黄河北—漳河南段工程、穿黄工程、沙河南—黄河南段工程、陶岔渠首—沙河南段工程、陶岔渠首枢纽工程、天津干线工程和中线干线专项工程等10个单项工程，上述工程划分调整为77个初步设计单元工程。其中27个设计单元采用公开招标方式选择了初步设计及技施阶段勘测设计承担单位。

2010年，国务院南水北调办分别以文《关于南水北调中线一期京石段应急供水工程(北京段)永久供电工程初步设计报告的批复》(国调办投计〔2010〕109号)、《关于南水北调中线一期工程总干渠沙河南—黄河南段禹州和长葛段工程初步设计报告的批复》(国调办投计〔2010〕98号)、《关于南水北调中线一期工程总干渠沙河南—黄河南段鲁山北段、宝丰—郏县段、新郑南段和双洎河渡槽段工程初步设计报告的批复》(国调办投计〔2010〕222号)、《关于南水北调中线一期工程总干渠沙河南—黄河南段郑州1段工程初步设计报告的批复》(国调办投计〔2010〕225号)、《关于南水北调中线一期工程总干渠沙河南—黄河南段荥阳段工程初步设计报告的批复》(国调办投计〔2010〕226号)、《关于南水北调中线一期工程总干渠陶岔渠首—沙河南段湍河渡槽工程初步设计报告的批复》(国调办投计〔2010〕147号)、《关于南水北调中线一期工程总干渠陶岔渠首—沙河南段白河倒虹吸工程初步设计报告的批复》(国调办投计〔2010〕120号)、《关于南水北调中线一期工程总干渠陶岔渠首—沙河南段淅川县段、镇平县段、南阳市段、方城段和叶县段工程初步设计报告的批复》(国调办投计〔2010〕227号)、《关于南水北调中线一期工程总干渠陶岔渠首—沙河南段澧河渡槽工程初步设计报告的批复》(国调办投计〔2010〕135号)、《关于南水北调中线一期工程总干渠陶岔—沙河南段鲁山南1段工程初步设计报告的批复》(国调办投计〔2010〕221号)、《关于南水北调中线一期工程总干渠陶岔渠首—沙河南段鲁山南2段工程初步设计报告的批复》(国调办投计〔2010〕223号)、《关于南水北调中线一期工程总干渠沙河南—黄河南段潮河段工程初步设计报告(概算)的批复》(国调办投计〔2010〕46号)、《关于南水北调中线一期工程总干渠漳河北—古运河南段电力专项设施迁建工程初步设计报告的批复》(国调办投计〔2010〕139号)、《关于南水北调中线一期穿黄工程生产桥初步设计报告的批复》(国调办投计〔2010〕73号)、《关于南水北调中线一期工程总干渠沙河南—黄河南郑州2段、潮河段、沙河渡槽段、禹州和长葛段4个设计单元公路交叉工程、生产桥及铁路交叉工程初步设计报告的批复》(国调办投计〔2010〕224号)、《关于南水北调中线一期工程总干渠沙河南—黄河南段郑州2段、潮河段、沙河渡槽段、禹州和长葛段4个设计单元工程电力设施复建工程初步设计报告的批复》(国调办投计〔2010〕282号)、《关于南水北调中线一期工程天津干线河北段输变电工程迁建规划初步设计报告的批复》（国调办投计〔2010〕140号）等文件批复了北京段永久供电工程、禹州和长葛段工程、鲁山北段工程、宝丰—郏县段工程、新郑南段工程、双洎河渡槽段工程、郑州1段工程、荥阳段工程、湍河渡槽工程、白河倒虹吸工程、淅川县段工程、镇平县段工程、南阳市段工程、方城段工程、叶县段工程、澧河渡槽工程、鲁山南1段工程、鲁山南2段工程、潮河段工程（概算）等设计单元工程及漳河北—古运河南段电力专项设施迁建工程、穿黄工程生产桥、沙河南—黄河南段（郑州2段、潮河段、沙河渡槽、禹州和长葛段4个设计单元）公路交叉工程、生产桥与铁路交叉工程、电力设施复建工程、天津干线河北段输变电工程迁建规划等专题专项工程的初步设计报告。

截至2010年底，除穿黄工程管理专项外，中线干线工程设计单元的初步设计已全部获得批复。

（苏　霞）

工 程 投 资

2010年，国家共下达南水北调中线干线工程投资计划181.34亿元。其中工程建设投资179.34亿元（包括初步设计工作投资0.25亿元），文物保护投资2.00亿元；实际完成投资210.20亿元，其中工程建设完成投资208.90亿元（包括初步设计工作），文物保护完成投资1.30亿元。

截至2010年底，南水北调中线干线工程已批复75个设计单元工程的初步设计报告，总投资合计1274.91亿元（含文物保护投资和价差调整等）。按时间划分，2003年批复概算投资8.26亿元，2004年批复概算投资166.15亿元，2005年批复概算投资36.06亿元，2006年批复概算投资25.59亿元，2007年批复概算投资9.81亿元，2008年批复概算投资195.71亿元，2009年批复概算投资379.24亿元，2010年批复概算投资454.09亿元。按项目划分，批复京石段应急供水工程199.48亿元，漳河北—古运河南段工程214.11亿元，穿漳河工程3.83亿元，黄河北—漳河南段工程194.94亿元，穿黄工程31.94亿元，沙河南—黄河南段工程263.44亿元，陶岔渠首—沙河南段工程250.81亿元，天津干线工程93.86亿元，中线干线专项工程18.40亿元，文物保护工程4.10亿元。

截至2010年底，国家累计下达中线干线工程投资计划626.25亿元。其中，工程建设投资622.39亿元（包括初步设计工作投资7.06亿元），文物保护投资3.86亿元。按资金结构分，中央预算内投资111.12亿元，中央预算内专项资金（国债）80.85亿元，南水北调基金93.00亿元，银行贷款228.87亿元，重大水利建设基金112.41亿元。按时间划分，2003年下达2.30亿元，2004年下达35.69亿元，2005年下达48.55亿元，2006年下达71.49亿元，2007年下达72.10亿元，2008年下达100.75亿元，2009年下达114.02亿元，2010年下达181.34亿元。

截至2010年底，中线干线工程累计完成投资501.76亿元，其中，累计完成工程建设投资498.60亿元（包括初步设计4.98亿元），文物保护投资3.16亿元。

（李文斌）

招 标 投 标

2010年，南水北调中线干线工程共计招标150个标段，其中在建工程招标111个，新开工项目39个。

（一）在建工程

南水北调中线一期工程总干渠漳河北—古运河南段工程［南水北调中线干线工程建设管理局（以下简称中线建管局）直管］高邑县—元氏县段、磁县段、南沙河倒虹吸和邢台市段工程施工标于2009年12月4日发布招标公告。其中，高邑县赞皇段工程土建及设备安装标的中标人为中国水利水电第十一工程局有限公司，元氏县Ⅰ段工程土建及设备安装标的中标人为河北省水利工程局，元氏县Ⅱ段工程土建及设备安装标的中标人为中国水利水电第五工程局有限公司，磁县干渠工程第一施工标段土建及设备安装标的中标人为中铁十四局集团有限公司，磁县干渠工程第二施工标段土建及设备安装标的中标人为中国水利水电第十三工程局有限公司，磁县干渠工程第三施工标段土建及设备安装标的中标人为中铁十三局集团有限公司，南沙河倒虹吸工程南段土建及设备安装标的中标人为中国水电建设集团十五工程局有限公司，南沙河倒虹吸工程北段土建及设备安装标的中标人为天津振津工程集团有限公司，邢台市段工程土建及设备安装标的中标人为江南水利水电工程公司。

南水北调中线一期工程总干渠漳河北—古运河南段工程（委托河北省建设管理项目）建设监理JL2、JL4、JL5、JL6、JL7、JL8、JL9、JL10标于2009年12月8日发布了招标公告。其中，监理JL2标的中标人为中水东北勘测设计研究有限责任公司，监理JL4标的中标人为河北天和监理有限公司，监理JL5标的中标人为上海宏波工程咨询管理有限公司，监理JL6标的中标人为黄河水电工程建设有限公司，监理JL7标的中标人为山西省水利水电工程建设监理公司，监理JL8标的中标人为河北省水利水电工程监理咨询中心，监理JL9标的中标人为吉林松辽工程监理有限公司，监理JL10标的中标人为天津市冀水工程咨询中心。

南水北调中线一期工程总干渠漳河北—古运河南段工程（委托河北省建设管理项目）土建施工SG5、SG6、SG8、SG9施工标于2009年12月15日发布了招标公告。其中，SG5施工标的中标人为河北省水利工程局，SG6施工标的中标人为江南水利水电工程公司，SG8施工标的中标人为中国水利水电第十一工程局有限公司，SG9施工标的中标人为中国水利水电第十工程局有限公司。

南水北调中线一期工程总干渠漳河北—古运河南段工程（委托河北省建设管理项目）土建施工SG4、SG7、SG13、SG14施工标于2009年12月17日发布招标公告。其中，SG4施工标的中标人为中国水利水电第八工程局有限公司，SG7施工标的中标人为河北省水利工程局，SG13施工标的中标人为中国水利水电第十三工程局有限公司，SG14施工标的中标人为中铁十九局集团有限公司。

南水北调中线一期工程总干渠陶岔渠首—沙河南段、沙河南—黄河南段工程征地补偿和移民安置监理及监测评估标于2009年12月18日发布了招标公告。其中，监理1标的中标人为河南省河川工程监理有限公司，监理2标的中标人为河南立信工程咨询监理有限公司，监理3标的中标人为吉林松辽工程监理有限公司，监理4标的中标人为黄河勘测规划设计有限公司，监理5标的中标人为小浪底工程咨询有限公司，监理6标的中标人为河南黄河移民经济开发公司，监理7标的中标人为天津冀水工程咨询中心，监理8标的中标人为河南华北水电工程监理有限公司，监理9标的中标人为河南华兴建设监理有限公司，监测评估1标的中标人为江河水利水电咨询中心，监测评估2标的中标人为华北电力大学。

南水北调中线一期工程总干渠漳河北—古运河南段工程（委托河北省建设管理项目）土建施工SG3、SG10、SG11、SG12施工标于2009年12月24日发布了招标公告。其中，SG3施工标的中标人为河北省水利工程局，SG10施工标的中标人为葛洲坝集团第一工程有限公司，SG11施工标的中标人为中国水电建设集团十五工程局有限公司，SG12施工标的中标人为中国水利水电第一工程局有限公司。

南水北调中线一期工程天津干线西黑山进口闸—有压箱涵段、保定市1段、保定市2段、廊坊市段工程水土保持工程监测标于2009年12月31日发布了招标公告，中标人为中国水利水电科学研究院。

南水北调中线一期工程总干渠穿漳河交叉建筑物工程（简称穿漳河工程）和漳河北—古运河南段水土保持工程、环境保护工程监理、监测标于2009年12月31日发布了招标公告。其中，水土保持工程监理标的中标人为西安黄河工程监理有限公司，石家庄段水土保持工程监测标的中标人为长江水利委员会长江科学院，邢台段水土保持工程监测标的中标人为北京中水新华国际工程咨询有限公司，邯郸段（含穿漳河工程）水土保持工程监测标的中标人为北京华夏山川生态环境科技有限公司，石家庄段环境保护工程监理标的中标人为河南大河工程建设管理有限公司，邢台段环境保护工程监理标的中标人为北京市中冠水利工程监理有限公司，邯郸段（含穿漳河段）环境保护工程监理标的中标人为小浪底工程咨询有限公司，环境保护工程监测标的中标人为黄河勘测规划设计有限公司。

南水北调中线一期工程总干渠漳河北—古运河南段工程（委托河北省建设管理项目）建设监理JL1、JL3标、土建施工SG2施工标于2010年1月22日发布了招标公告。其中，建设监理JL1标的中标人为天津市冀水工程咨询中心，建设监理JL3标的中标人为佛山市顺水工程建设监理有限公司，土建施工SG2施工标的中标人为中国水利水电第二工程局有限公司。

南水北调中线一期工程总干渠沙河南—黄河南段工程（中线建管局直管项目）沙河渡槽工程安全监测于2010年3月9日发布招标公告，中标人为黄河勘测规划设计有限公司。

南水北调中线干线工程项目法人质量检测Ⅲ标段于2010年3月9日发布招标公告，中标人为长江水利委员会长江科学院。

南水北调中线一期工程总干渠沙河南—黄河南段工程（委托建设管理项目）潮河段、郑州2段工程安全监测于2010年4月14日发布招标公告，中标人为南京南瑞集团公司。

南水北调中线一期工程总干渠沙河南—黄河南段工程（委托建设管理项目）潮河段工程建设监理标、施工第1~7标段于2010年4月14日发布招标公告。其中，建设监理标的中标人为河南华北水电工程监理有限公司，第1施工标的中标人为中国安能建设总公司，第2施工标的中标人为中国水利水电第七工程局有限公司，第3施工标的中标人为河南省水利第一工程局，第4施工标的中标人为河南省水利第二工程局，第5施工标的中标人为中国水利水电第五工程局有限公司，第6施工标的中标人为黄河建工集团有限公司，第7施工标的中标人为中国水利水电第十三工程局有限公司。

南水北调中线一期工程总干渠穿漳河交叉建筑物工程机电设备采购标于2010年4月19日发布了资格预审公告，中标人为江苏大全长江电器股份有限公司。

南水北调中线一期工程总干渠黄河北—羑河北段工程（中线建管局直管和代建项目）电气设备采购标于2010年4月19日发布了资格预审公告。其中，电气采购第一标的中标人为江苏大全长江电器股份有限公司，电气采购第二标的中标人为上海鼎新电气（集团）有限公司。

南水北调中线一期工程天津干线工程西黑山进口闸—有压箱涵段、保定市境内1段、保定市境内2段、廊坊市境内段工程金属结构标于2010年4月19日发布了资格预审公告，中标人为河北省水利工程局。

南水北调一期中线工程京石段应急供水

工程应用系统集成招标项目于2010年4月21日发布了资格预审公告，中标人为中国软件与技术服务股份有限公司。

南水北调中线一期工程漳河北—古运河南段工程（委托河北省建设管理项目）聚乙烯闭孔泡沫塑料板标、橡胶止水带标、钢筋材料采购标于2010年4月27日发布了招标公告。其中，聚乙烯闭孔泡沫塑料板的中标人为石家庄启宏橡塑制品有限公司，橡胶止水带标的中标人为衡水宝力工程橡胶有限公司，钢筋材料采购标的中标人为河北省水利物资供应站。

南水北调中线一期工程漳河北—古运河南段工程（委托河北省建设管理项目）土建施工SG1－1施工标于2010年4月30日发布了招标公告，中标人为天津市水利工程有限公司。

南水北调中线一期工程漳河北—古运河南段工程（中线建管局直管工程）安全监测标于2010年6月22日发布招标公告，中标人为中水东北勘测设计研究有限责任公司。

南水北调中线一期工程漳河北—古运河南段工程（委托河北省建设管理项目）安全监测标于2010年6月22日发布了招标公告，中标人为长江勘测规划设计研究有限责任公司。

南水北调中线干线天津干线工程第2、4设计单元穿越既有铁路立交工程监理标、施工总价承包标于2010年7月7日发布了招标公告。其中，监理标的中标人为北京铁建工程监理有限公司，施工总价承包标的中标人为中铁六局集团有限公司。

南水北调中线一期工程漳河北—古运河南段工程（委托河北建设管理项目）聚苯乙烯泡沫保温板、复合土工膜和防护隔离网栏材料采购标于2010年7月9日发布了招标公告。其中，聚苯乙烯泡沫保温板材料采购第一标的中标人为北京敬业达新型建筑材料有限公司，聚苯乙烯泡沫保温板材料采购第二标的中标人为河北金威新型建筑材料有限公司，聚苯乙烯泡沫保温板材料采购第三标的中标人为北京波科曼挤塑制品有限公司，复合土工膜材料采购第一标的中标人为山东宏祥化纤集团有限公司，复合土工膜材料采购第二标的中标人为大连恒大高新材料开发有限公司，复合土工膜材料采购第三标的中标人为山东浩阳新型工程材料有限公司，防护隔离网栏材料采购第一标的中标人为安平县长明铁路器材有限公司，防护隔离网栏材料采购第二标的中标人为安平县鑫翔金属网业制造有限公司。

南水北调中线一期工程沙河南—黄河南段工程（委托建设管理项目）禹州长葛段工程建设监理标、施工第1～8标段、安全监测标于2010年7月28日发布了招标公告。其中，建设监理标的中标人为河南华北水电工程监理有限公司，第1施工标的中标人为中国安能建设总公司，第2施工标的中标人为中国水利水电第七工程局有限公司，第3施工标的中标人为河南省水利第一工程局，第4施工标的中标人为葛洲坝集团基础工程有限公司，第5施工标的中标人为中国水利水电第四工程局有限公司，第6施工标的中标人为中国水利水电第三工程局有限公司，第7施工标的中标人为河南省水利第二工程局，第8施工标的中标人为葛洲坝集团第五工程有限公司，安全监测标的中标人为长江水利委员会长江科学院。

南水北调中线一期工程安阳段工程生产桥和活水村北公路桥工程建设监理标、施工标于2010年7月28日发布了招标公告。其中，监理标的中标人为河南科光工程建设监理有限公司，施工标的中标人为河南省水利第一工程局。

南水北调中线一期工程总干渠漳河北—古运河南段工程（中线建管局直管工程）金属结构制造标、液压启闭机制造标于2010年8月10日发布了资格预审公告。其中，金属结构制造标的中标人为安徽水利开发股份有限公司，液压启闭机制造标的中标人为邵阳维克液压股份有限公司。

南水北调中线一期工程天津干线工程西黑山进口闸—有压箱涵段、保定市境内1段、保定市境内2段、廊坊市境内段工程电气设备采购标于2010年8月24日发布了资格预审公告，中标人为顺特电气设备有限公司。

南水北调中线一期工程陶岔渠首—沙河南段工程白河倒虹吸、南阳市段工程建设监理、施工、安全监测标于2010年8月24日发布了招标公告。其中，建设监理标的中标人为河南省河川工程监理有限公司，施工标的中标人为中国水利水电第十四工程局有限公司，安全监测标的中标人为黄河勘测规划设计有限公司。

南水北调中线京石段应急供水工程水土保持设施技术评估于2010年9月15日发布了招标公告，中标人为江河水利水电咨询中心。

南水北调中线一期工程漳河北—古运河南段工程（委托河北省建设管理项目）闸门及埋件制造标，电动葫芦、单梁式起重机制造标，卷扬启闭机、螺杆启闭机与铸铁闸门制造标，液压启闭机制造于2010年9月17日发布了招标公告。其中，闸门及埋件制造标的中标人为河北省水利工程局，电动葫芦、单梁式起重机制造标的中标人为天津起重设备有限公司，卷扬启闭机、螺杆启闭机与铸铁闸门制造标的中标人为江苏省水利机械制造有限公司，液压启闭机制造标的中标人为江苏武进液压启闭机有限公司。

南水北调中线干线自动化调度与运行管理决策支持系统监理一标、二标于2010年10月13日发布了招标公告。其中，监理一标的中标人为黄河工程咨询监理有限责任公司，监理二标的中标人为北京华通天畅工程监理咨询有限公司。

南水北调中线一期工程漳河北—古运河南段工程（委托河北省建设管理项目）金属结构设备监造标于2010年11月10日发布了招标公告，中标人为水利部水工金属结构质量检验测试中心。

南水北调中线一期工程漳河北—古运河南段工程（委托河北省建设管理项目）土建施工SG1－2施工标于2010年11月10日发布了招标公告，中标人为河北省水利工程局。

（二）新开工项目

南水北调中线一期工程陶岔渠首—沙河南段工程（中线建管局直管项目）湍河渡槽工程建设监理、叶县段（含澧河渡槽）工程建设监理标于2010年10月12日发布了招标公告。湍河渡槽工程建设监理标的中标人为中水淮河规划设计研究有限公司，叶县段（含澧河渡槽）工程建设监理标的中标人为甘肃省水利水电勘测设计研究院。

南水北调中线一期工程陶岔渠首—沙河南段工程（中线建管局直管项目）湍河渡槽工程施工标、澧河渡槽工程施工标于2010年10月12日发布了招标公告。其中，湍河渡槽工程施工标的中标人为中国葛洲坝集团股份有限公司，澧河渡槽工程施工标的中标人中国水利水电第八工程局有限公司。

南水北调中线一期工程沙河南—黄河南段工程双洎河渡槽工程代建项目建设管理标于2010年10月13日发布了资格预审公告，中标人为山西省万家寨引黄工程总公司。

南水北调中线一期工程陶岔渠首—沙河南段工程叶县段（含澧河渡槽）工程、镇平段工程代建项目建设管理标于2010年10月13日发布了资格预审公告。其中，叶县段（含澧河渡槽）工程代建项目建设管理标的中标人为长江水利委员会长江工程建设局，镇平段工程代建项目建设管理标的中标人为黄河水电工程建设有限公司。

南水北调中线一期工程沙河南—黄河南段工程（委托建设管理项目）宝丰—郏县段工程建设监理、施工、安全监测标于2010年

10月27日发布了招标公告。其中，工程建设监理的中标人为佛山市顺水工程建设监理有限公司，施工一标的中标人为中国水利水电第十一工程局有限公司，施工二标的中标人为中国水利水电第八工程局有限公司，施工三标的中标人为中国水利水电第九工程局有限公司，施工四标的中标人为中国水利水电第十六工程局有限公司，施工五标的中标人为河南省水利第一工程局，施工六标的中标人为河南水利建筑工程有限公司，施工七标的中标人为中国水利水电第六工程局有限公司，安全监测的中标人为长江勘测规划设计研究有限责任公司。

南水北调中线一期工程陶岔渠首—沙河南段工程（委托建设管理项目）南阳段工程第1~6施工标、安全监测标于2010年11月16日发布了招标公告。其中，施工1标的中标人为中国水利水电第十三工程局有限公司，施工2标的中标人为中国水利水电第十工程局有限公司，施工3标的中标人为河南省水利第二工程局，施工4标的中标人为河南省水利第一工程局，施工5标的中标人为中国水利水电第四工程局有限公司，施工6标的中标人为小浪底水利水电工程有限公司，安全监测的中标人为黄河勘测规划设计有限公司。

南水北调中线一期工程陶岔渠首—沙河南段工程（委托建设管理项目）南阳段工程第7施工标（程沟、姚湾及孙庄三座公路桥）于2010年11月16日发布了招标公告，中标人为中国水电建设集团路桥工程有限公司。

南水北调中线一期工程沙河南—黄河南段工程（中线建管局直管项目）鲁山北段工程建设监理于2010年11月16日发布了招标公告，中标人为黄河工程咨询监理有限责任公司。

南水北调中线一期工程沙河南—黄河南段工程（中线建管局代建项目）双洎河渡槽工程建设监理标、镇平段工程建设监理标于2010年11月16日发布了招标公告。其中，双洎河渡槽工程建设监理标的中标人为水利部丹江口水利枢纽管理局建设监理中心，镇平段工程建设监理标的中标人为北京阳光征信投资有限公司。

南水北调中线一期工程沙河南—黄河南段工程（中线建管局直管项目）荥阳段工程建设监理标于2010年11月16日发布了招标公告，中标人为北京燕波工程管理有限公司。

南水北调中线一期工程沙河南—黄河南段工程（中线建管局直管项目）荥阳段工程施工标于2010年11月24日发布了招标公告。其中，施工一标的中标人为河南省水利第一工程局，施工二标的中标人为中国水利水电第十一工程局有限公司。

南水北调中线一期工程陶岔渠首—沙河南段工程（中线建管局代建项目）镇平县段工程施工标于2010年11月24日发布了招标公告。其中，施工一标的中标人为中国水电建设集团第三工程局有限公司，施工二标的中标人为中国水电建设集团第十五工程局有限公司，施工三标的中标人为中国水电建设集团第十工程局有限公司。

南水北调中线一期工程沙河南—黄河南段工程（中线建管局直管项目）鲁山北段工程施工标于2010年11月24日发布了招标公告，中标人为中国水利水电第十六工程局有限公司。

南水北调中线一期工程沙河南—黄河南段工程（中线建管局代建项目）双洎河渡槽工程施工标于2010年11月24日发布了招标公告，中标人为中国水利水电第四工程局有限公司。

南水北调中线一期工程陶岔渠首—沙河南段工程鲁山南1段、鲁山南2段、淅川县段工程建设监理标于2010年12月1日发布了招标公告。其中，鲁山南1、2段工程建设监理标的中标人为河南省河川工程监理有限公司，淅川县段工程建设监理一标的中标人为黄河勘测规划设计有限公司，淅川县段工程建设监理二标的中标人为河南明珠工程管理有限公司，淅川县段工程建设监理三标的中标人为中国水利水电建设工程咨询北京公司。

（高　宇　刘　屹）

建　设　管　理

南水北调中线干线工程采用直管、代建和委托三种建设管理模式，项目法人为中线建管局。2010 年，代表项目法人对工程建设实施直接管理的直管项目建设管理单位有惠南庄泵站项目建设管理部、河北省直管项目建设管理部、河南省直管项目建设管理部和天津市直管项目建设管理部等四家；依据代建合同代表项目法人实施工程建设管理的代建项目建设管理单位有北拒马河暗渠项目建设管理部、代建Ⅰ标项目建设管理部、代建Ⅱ标项目建设管理部、鹤壁段代建项目建设管理部、汤阴段代建项目建设管理部、天津干渠廊坊段代建项目建设管理部等六家；依据委托合同代表项目法人实施工程建设管理的委托项目建设管理单位有北京市南水北调工程建设管理中心、北京市水利工程建设管理中心、河北省南水北调工程建设管理局、河北省南水北调工程建设管理中心、保定市水利工程建设管理中心、河南省南水北调工程建设管理局、天津市水利工程建设管理中心等七家。

截至 2010 年底，南水北调中线干线工程 76 个设计单元工程（不含陶岔渠首枢纽工程）除穿黄工程管理专题外，75 个设计单元工程的初步设计报告全部获得批复，基本完成施工招标工作。56 个设计单元工程已开工建设，共 221 个施工标，施工合同总额约 420 亿元，约占全线施工合同总额的 71%。其中，项目法人直管 41 个，代建管理 12 个，委托建设管理 168 个。

（汪　强　唐　涛）

工　程　进　展

2010 年，南水北调中线干线工程全面进入高峰期和关键期，工程建设速度和规模急剧增大。京石段应急供水工程顺利进行第二次临时通水；天津干线天津市境内工程进入尾工建设阶段，河北省境内工程进入施工高峰；漳河北—石家庄段工程主体工程施工全面展开；黄河北—漳河南段工程进入施工高峰；穿黄工程双线隧洞全线贯通；黄河以南部分节点项目相继开工，其中沙河渡槽、北汝河渠道倒虹吸主体工程施工全面展开。全年新开工项目 17 个设计单元，42 个施工标，施工合同额 130.7 亿元。全年完成土石方开挖 18 980万 m^3，土石方填筑 3575 万 m^3，混凝土浇筑 372 万 m^3；完成投资 210 亿元，占国务院南水北调办下达年计划投资的 116%。

截至 2010 年底，全线累计完成土石方开挖 4.1 亿 m^3，土石方填筑 1.04 亿 m^3，混凝土浇筑 964 万 m^3；主体工程土建施工合同累计完成投资 216 亿元，约占全线土建施工合同总额（不含工程管理专项等）的 37%。工程质量整体处于受控状态。累计进行单元工程质量评定 144 268 个，合格率 100%，优良率 90.7%；累计进行分部工程质量评定 1708 个，合格率 100%，优良率 85.8%；累计进行单位工程质量评定 71 个，合格率 100%，优良率 100%。

（汪　强　唐　涛）

金属结构和机电设备安装

截至 2010 年底，南水北调中线干线工程金属结构和机电设备安装工程中，已经开工的 58 个设计单元合同工程量金属结构安装 20 149t，机电设备安装 5105 台（套）；累计完成合同工程量金属结构安装 8218.5t、机电设备安装 1861 台（套）。2010 年，实际完成合同工程量金属结构安装665t、机电设备安装45台（套）。

（一）京石段应急供水工程

京石段应急供水工程19个设计单元中已经开工18个设计单元。设计单元合同工程量金属结构安装8960t、机电设备安装1980台（套）。截至2010年底，累计完成合同工程量金属结构安装7074t、机电设备安装1861台（套）。2010年，实际完成合同工程量金属结构安装35t、机电设备安装45台（套）。18个设计单元中金属结构和机电设备安装工程已经完成，实现通水。

（二）漳河北—古运河南段工程

漳河北—古运河南段工程共计12个设计单元已经全部开工。12个设计单元合同工程量金属结构安装2369t、机电设备安装525台（套）。截至2010年底，累计完成合同工程量金属结构安装5t；2010年，实际完成合同工程量金属结构安装5t。

（三）穿漳河工程

穿漳河工程1个设计单元已经开工。设计单元合同工程量金属结构安装483t、机电设备安装27台（套）。

（四）黄河北—漳河南段工程

黄河北—漳河南段工程共计11个设计单元，已经全部开工。11个设计单元合同工程量金属结构安装2729t、机电设备安装872台（套）。截至2010年底，累计完成合同工程量金属结构安装1020t；2010年，实际完成合同工程量金属结构安装602t。

（五）穿黄工程

穿黄工程1个设计单元已经开工。设计单元合同工程量金属结构安装797t、机电设备安装92台（套）。截至2010年底，累计完成合同工程量金属结构安装96.5t。

（六）沙河南—黄河南段工程

沙河南—黄河南段工程共计11个设计单元。截至2010年底，已开工5个设计单元。设计单元合同工程量金属结构安装2369t、机电设备安装749台（套）。

（七）陶岔渠首—沙河南段工程

陶岔渠首—沙河南段工程共计11个设计单元。截至2010年底，已开工2个设计单元。设计单元合同工程量金属结构安装1553t，机电设备安装490台（套）。

（八）天津干线工程

天津干线工程共计6个单元，已经全部开工。设计单元合同工程量金属结构安装889t、机电设备安装370台（套）。截至2010年底，累计完成合同工程量金属结构安装23t，2010年，实际完成合同工程量金属结构安装23t。

（隋立山）

征　地　移　民

2010年，在南水北调中线干线工程征地移民工作中，中线建管局作为项目法人积极参与、大力协助地方各级人民政府做好南水北调中线干线工程建设征地补偿和移民安置工作，保证和推进了工程建设。组织设计单位加快完成征迁初步设计，并在审查中及时发现问题、提出合理建议，截至2010年10月，中线干线工程征迁初步设计全部得到了批复。组织办理了开工工程的有关用地手续，保证了工程按时合法开工。按照工程建设需要，提出征迁工作计划，分解征迁任务与概算并协商省级征迁主管部门签订征迁包干协议。根据征迁工作实施进度积极筹措征迁资金，并及时拨付到征迁主管部门。协调督促征迁工作进度，及时提供工程建设用地。认真研究并积极协调征迁工作中的问题，通过动用征迁预备费及设计变更等方式予以解决。采取各种措施切实减少工程扰民，营造良好的施工环境。

2010年，基本完成了黄河以南段工程的永久用地征收工作，临时征地正在进行，电力迁建已基本结束；基本完成了邯郸—石家庄段工程的永久用地征收工作，临时征地和专项迁建正在进行；协调河北省电力公司和华北电网公司编制了电力迁建计划，签订了包干协议，开展了邯郸—石家庄段和天津干线河北段的电力迁建工作。

2010年，中线干线工程完成永久占地153 507亩，临时占地149 734亩，搬迁人口16 960人，拆迁房屋874 621m²，生产安置人口54 565人，拆迁企事业单位141个，拆迁专项设施2233处，文物保护发掘面积136 080m²。

截至2010年底，中线干线工程累计完成永久占地254 374亩，临时占地241 276亩，搬迁人口50 671人，拆迁房屋3 095 696m²，生产安置人口147 052人，拆迁企事业单位668个，拆迁专项设施5169处，文物保护发掘面积478 240m²。

（常志兵）

科 学 技 术

南水北调中线干线工程科技工作以解决南水北调中线干线工程中的关键技术问题，促进南水北调中线干线工程设计、施工和管理等各项任务的顺利开展，保障工程建设质量和进度为主要工作目标。2010年，中线建管局紧密围绕工程建设技术需求加强了科技工作管理力度，严把科技项目立项、评审和验收关，强化科技项目实施过程管理，着力加强科技成果的推广应用工作，组织完成了6项“十一五”国家科技支撑计划重大项目课题的成果总结、内部专题验收等课题验收准备工作；根据国务院南水北调办的有关要求组织上报了5项“十二五”国家科技支撑计划重大项目课题建议书；经中线建管局局长办公会审议批准新立项科技项目17项；正在组织实施科技项目16项；组织大型技术研讨和技术交流8次；组织编制成果应用指南或施工技术要求6项，为南水北调中线工程建设提供了强有力的技术支撑，保障了工程建设顺利进行，节省了工程投资。

（姚　雄）

审 计 稽 察

2010年，中线建管局先后配合或参与政府行政主管部门审计稽察28次。其中，配合审计署延伸审计1次，参与配合国务院南水北调办专项审计5次，参与配合国务院南水北调办稽察20次，接受国务院南水北调办委托组织检查2次，并组织开展了“小金库”专项治理工作。

（一）审计署对国务院南水北调办2009年度预算执行审计中的延伸审计

2010年2月，审计署组织国务院南水北调办2009年度预算执行审计时，对中线建管局进行了延伸审计。2010年6月，国务院南水北调办下发了《关于落实审计署〈审计决定书〉的通知》（国调办经财〔2010〕100号）。2010年7月9日，中线建管局向国务院南水北调办上报了《关于落实审计署〈审计决定书〉的报告》（中线局审〔2010〕14号）。

（二）国务院南水北调办2009年工程建设资金专项审计

2010年3月，国务院南水北调办分别对中线建管局及直管项目、北京市南水北调工程建设管理中心、河北省南水北调工程建设管理局、河北省南水北调建设管理中心和河南省南水北调中线工程建设管理局2009年度工程建设资金的使用和管理情况进行了专项审计，并于2010年7月12日、8月16日、9月16日分别以国调办经财〔2010〕123、127、161、162、163、192号文，向中线建管局下达了审计整改意见。中线建管局及时组织有关部门和单位进行了整改，并于2010年9～10月分别以中线局审〔2010〕33、35、36、37、41、43号文向国务院南水北调办上报了审计整改落实情况。

（三）国务院南水北调办2010年度稽察

2010年，国务院南水北调办分别组织对京石段应急供水工程进行了质量专项稽察，对郑州2段工程、沁河渠道倒虹吸工程、天津市境内1段工程、西黑山进口闸—有压箱涵段工程、洺河渡槽工程、南沙河倒虹吸工程进行了设计专项稽察，对自动化调度系统、焦作1段工程、焦作2段工程、新乡和卫辉段工程进行了经常性稽察，对天津市境内1段、2段工程进行了稽察复查。稽察后，国务院南水北调办分别以国调办监督〔2010〕7、14、42、54、67、70、71、112、113、136、146、194、227、230、234、396号和综监督函〔2010〕55号文，向中线建管局下达了相应的稽察整改意见。中线建管局及时组织有关部门和单位进行了整改，分别以中线局审〔2010〕1、7、11、12、13、17、23、28、29、31、34、39、49、51、52、53、57号文向国务院南水北调办上报了稽察整改落实情况。

（四）京石段委托项目合同与资金管理专项稽察整改意见的检查工作

2010年3月10日，国务院南水北调办下发综监督函〔2010〕88号文，委托中线建管局对京石段应急供水工程委托河北省和北京市管理项目落实合同管理与资金管理专项稽察整改意见情况进行检查。2010年4月12～23日，中线建管局组成检查组进行了检查，并于2010年8月3日以中线局审〔2010〕24号文向国务院南水北调办上报了检查情况。2010年10月15日，国务院南水北调办以国调办监督〔2010〕231、232号文向中线建管局下达了整改意见。2010年10月21日，中线建管局分别以中线局审〔2010〕44、45号文将该整改通知转发给北京市南水北调工程建设管理中心和河北省南水北调工程建设管理局。2010年12月3日，中线建管局审核检查整改情况后，分别以中线局审〔2010〕54、55号文向国务院南水北调办上报了检查结果的落实情况。

（五）“小金库”专项治理工作

2010年8月2日，中线建管局研究制订了《南水北调中线干线工程建设管理局“小金库”专项治理工作实施方案》（中线局审〔2010〕20号），对中线建管局机关本部及直管建管部“小金库”专项治理工作进行了专项部署和安排。随后，组织各部门、各直管建管部对照“国有企业‘小金库’主要表现形式”，深入开展自查。2010年10月18日，研究制定了《南水北调中线干线工程建设管理局“小金库”专项治理重点检查工作实施方案》（中线局审〔2010〕40号），组织实施了重点检查。重点检查中发现的问题，已督促有关部门和直管建管部进行了落实，并要求上报了整改落实情况。2010年12月31日，向国务院南水北调办上报了《关于南水北调中线干线工程建设管理局“小金库”专项治理工作开展情况的报告》。

（杨君伟）

工 程 档 案 管 理

2010年中线档案工作的中心任务是加强工程档案验收管理工作，为京石段应急供水工程建立档案专项验收试点，制定中线干线工程档案项目法人验收管理办法，为设计单元工程档案专项验收打基础。

（一）确定档案检查、验收、移交工作节点

参与中线工程施工合同完成验收管理办法有关条款的制定，规定了工程施工的各建设、验收阶段档案资料的相关检查职责，档案馆以通知的形式将京石段应急供水工程验收与档案资料检查、验收、移交节点对应表（见表1）下发京石段应急供水工程各参建单位，指导工程建设各验收阶段的档案管理工作。

表 1　　京石段应急供水工程验收与档案资料检查、验收、移交节点对应表

工程验收阶段	工程档案相关工作	资料检查/档案验收、移交主持单位
分部工程验收	检查单元工程质量评定及相关档案资料	监理单位
单位工程验收	检查单元工程、分部工程质量评定与验收及相关档案资料（含施工图纸及竣工图纸）	项目管理单位
合同项目完成验收	验收前，各项目管理单位组织档案预验收	项目管理单位
	合同验收合格后，参建各方将档案移交项目管理单位，项目管理单位按设计单元汇总，组织拟写档案管理工作报告	项目管理单位
	各项目管理单位提出专项验收申请，由中线建管局组织工程档案项目法人验收（以设计单元为单位，如一个设计单元由若干个建设管理单位管理，则以建设管理单位所辖本设计单元所有工程为一个验收单位）	中线建管局
设计单元工程验收	工程验收前，国务院南水北调办组织设计单元验收阶段的档案专项验收工程验收通过后 15 日内，各建设管理单位向中线建管局提出档案移交申请，在申请确认后的 1 个月内移交全部档案（“两全两简”及各单位自身产生归档文件的电子版），由中线建管局分别组织向南水北调办、运行管理单位移交并组织接收进馆	国务院南水北调办 中线建管局

（二）编制京石段应急供水工程档案补充编号表

为做好京石段应急供水工程档案专项验收工作，档案馆结合工程建设实际，在《京石段应急供水工程档案编号》（中线局综〔2009〕22 号）的基础上，补充编制了跨设计单元工程项目的档案编号，如永久供电 35kV 线路、沥青混凝土路面、机电设备采购与安装（单独招标项目）、河北段防护林等工程项目的档案编号，确保京石段应急供水工程档案编号的完整性，使相应的工程项目档案能及时按要求整理归档。

（三）工程档案项目法人验收试点工作

继续推行“示范先行”的工作原则，在漕河渡槽段工程建立档案验收试点，在中线建管局的精心组织下，成立档案验收指导组，与建管部密切配合，带领各参建单位认真细致的开展整编工作，对组卷原则、组卷方法、案卷题名的拟写等进行细化，规范各类报告、统计表的格式，对中线项目法人验收评分标准进行完善。

2010 年 11 月 9 日，中线建管局在保定市主持召开了漕河渡槽段工程档案项目法人验收会，拉开了中线工程档案项目法人验收序幕。漕河渡槽段工程档案管理贯穿了档案管理与工程建设同步的管理理念，实现了从档案整编到进馆的一体化管理。体现了“一体化管理”的成果：验收后的档案可直接接收进馆上架提供利用，无需再次整理，进馆档案即可实现电脑检索，大大提高了工程建设服务质量和效率。

2010 年，档案指导组对 6 个建管单位的 10 个相关工程进行了 17 次检查，中线建管局主持项目法人验收 2 个，通过 2 个，申请国务院南水北调办验收 1 个。

（四）工程档案项目法人验收办法

档案馆自 2009 年即着手拟订《中线干线工程档案项目法人验收管理办法》，在漕河渡槽段工程档案验收试点试用的基础上，进行了修改完善，定制了各类报告的模板，规范了验收组工作流程，形成了中线干线工程档案项目法人验收工作体系。在国家档案局、

国务院南水北调办、水利部等单位专家、代表参加的中线干线工程档案验收相关工作咨询会上，面对试点单位档案工作的成果，与会代表给予充分肯定：试点单位的档案工作是档案与工程建设同步的管理理念和档案一体化管理的先进管理体系的体现，南水北调中线干线工程档案管理在有些方面已经走在了全国重大项目档案管理的前列。

（五）档案管理知识宣贯及培训

在中线干线工程档案验收工作分片区的宣贯会上，结合京石段应急供水工程档案管理经验、教训，讲解项目档案管理知识及建设过程中资料管理应注意的问题，使各参建单位对中线干线工程档案管理规定有深入的了解，在建设过程中就明确法人对档案的要求，形成正确的档案管理理念。

结合机关档案工作和验收工作实际对直管建设管理单位档案人员进行脱产业务培训，让档案员通过实际整理档案、与档案检查组一道到参建单位检查档案验收准备情况，熟悉工程管理档案的整理工作流程，了解项目档案的整理方法及建设管理单位如何履行监督检查职能，为各直管建设管理单位履行档案管理职能打好基础。

（六）确保档案齐全完整的经济手段

2010 年，工程合同项目完成验收、合同完工结算款支付工作相继开始，在返还质保金的审核过程中，中线建管局档案主管部门履行了档案审核责任，凡档案未通过项目法人验收或未达到验收要求的合同项目，不予支付质保金。

面向全线建设管理单位下发了《关于在签发工程移交证书前做好档案审核工作的通知》，强调在签发工程移交证书前，工程档案应已通过工程档案项目法人验收并具备档案专项验收及移交的条件；在移交工程时应同时移交工程建设档案；在返还全部工程质保金时，应已通过设计单元工程的档案专项验收。要求各建设管理单位合理安排工作流程，严把审核关。在签发工程移交证书前做好工程档案的审核工作，签发工程移交证书要有档案主管部门会签，在返还质保金时，应有本单位档案主管部门审核。通知的下发，使各建设管理单位财务与档案管理部门密切配合，确保中线干线工程项目档案的齐全完整。

（七）档案库房建设

中线建管局档案馆设备已经全部到位并通过了由国家档案局科研所、北京家具行业协会、中央档案馆技术部等单位的专家组成的专家组的验收，智能化档案馆已投入使用。同时，参与京石段应急供水工程建设管理任务的两个直管建管部结合办公楼实际，建立了较规范的档案室。档案库房的建立，使工程档案在通过验收后随时接收进馆，服务运行管理。

（胡兴华）

管 理 制 度

2010 年，为适应工程建设发展形势的需要，中线建管局进一步加强内部管理工作，共制订或修订了 16 项规章制度，使相关项管理工作更加规范、有章可循。

（1）计划合同类。《南水北调中线干线工程建设管理局合同项目分类管理规定》、《南水北调中线干线工程建设管理局非招标项目采购管理办法》、《南水北调中线干线工程投资控制与合同管理巡查办法（试行）》。

（2）人力资源管理类。《南水北调中线干线工程建设管理局干部选拔任用办法》、《南水北调中线干线工程建设管理局直管项目建设管理部目标管理责任制考核办法》、《南水北调中线干线工程建设管理局专业技术人员任期考核办法（试行）》。

（3）财务与资产管理类。《南水北调中线干线设计单元工程完工财务决算编制办法》、《南水北调中线干线工程竣（完）工财务决算审核方案》。

（4）工程技术类。《南水北调中线干线工程初步设计审查意见和批复文件中提出的需下阶段研究解决的遗留问题处理和落实管理办法》。

（5）党群工作类。《南水北调中线干线工程建设管理局机关党建工作考评办法（试行）》。

（6）工程运行管理类。《南水北调京石段工程临时通水调度运行管理暂行规定》、《南水北调京石段工程2010年临时通水工程维护管理办法》、《南水北调京石段工程2010年临时通水工程保护管理暂行规定》、《南水北调中线干线工程京石段临时通水机电设备管理办法》、《南水北调京石段工程临时通水安全生产管理暂行规定》、《南水北调京石段工程临时通水突发事件应急预案（2010年）》。

（万金波）

水源工程

概述

按照国务院批准的南水北调工程总体规划及南水北调中线一期工程可研总报告，中线水源工程由丹江口大坝加高、丹江口大坝加高库区移民安置、陶岔渠首枢纽和中线水源专项等工程项目组成。中线水源公司承担丹江口大坝加高、丹江口大坝加高库区移民安置和中线水源专项工程的建设管理。陶岔渠首枢纽工程的建设管理，国务院南水北调办和水利部于2008年12月联合下文，将其交由淮河水利委员会承担。

2010年，丹江口大坝加高工程经过五年的建设，按期实现了大坝全线基本到顶的阶段性目标；库区移民安置工作取得了重大进展，全年完成库区移民外迁安置近12.8万人，移民搬迁的难度和强度在中国水库移民史上前所未有。中线水源公司完成投资200.64亿元，其中丹江口大坝加高工程2.04亿元，丹江口大坝加高库区移民安置工程197.2亿元，库区文物保护专项工程完成1.4亿元，各项工作进展顺利，较好地完成了年初既定的工作目标。

陶岔渠首枢纽工程于2009年10月开工建设，建设总工期42个月。2009年3月，淮河水利委员会治淮工程建设管理局组建淮河水利委员会南水北调中线一期陶岔渠首枢纽工程建设管理局（以下称陶岔建管局）作为现场管理机构具体负责工程建设管理工作。2010年度完成投资27 661万元，其中征地移民投资18 000万元、施工投资8473万元、其他投资1188万元。

（张乐群　柯　锐）

丹江口大坝加高工程

丹江口大坝加高工程主要包括混凝土坝培厚加高、左岸土石坝培厚加高及延长、新建右岸土石坝及董营副坝（位于河南淅川陶岔附近）、改扩建升船机、金属结构和机电设备更新改造等。大坝加高工程完建后，坝顶高程由162m增加至176.6m（最大坝高117m），坝顶长由2494m增加到3442m，升船机容量由150t级增加到300t级，装机容量仍为6×150MW不变。正常蓄水位由157m抬高至170m，相应库容由174.5亿m^3增加至290.5亿m^3，总库容339亿m^3，枢纽的功能转变为防洪、供水、发电、航运为主。通过优化调度，可使汉江中下游的防洪能力由目前的20年一遇提高到近100年一遇，满足一期调水95亿m^3的要求。

（一）工程进度

2010年，丹江口大坝加高工程除20孔溢流堰面按国务院南水北调办批复没有加高外，按期实现混凝土坝全部加高到顶，右岸土石坝全部填筑到顶，左岸土石坝基本到顶的阶段性目标。金属结构和机电设备改造项目进入高潮，已完成坝顶500t门式起重机安装和深孔弧门启闭系统的改造，全年完成大坝表孔闸门修复8套，工作门埋件拆除18孔，检修门埋件安装2孔，堵水叠梁门埋件制造2孔（162m高程以上），深孔弧门及埋件安装3孔；斜面升船机安装已基本完成，垂直升船机已完成轨道梁、沉船箱、提升机机架安装，全年完成金属结构安装量3558t；完成了大坝永久电缆通道、坝面500t门式起重机负荷开关及18坝段变电所至深孔启闭机供电电缆的置换，完善了大坝坝面照明，完成了大坝供电设备、照明设备、电缆及桥架、供排水及污水处理设备、消防设备、暖通空调设备、电梯等设备的采购制造，其中大部分设备已到货并开始安装；完成2台发电机，1台水轮机和主变压器的改造并投入了商业运行，机组出力增大，运行稳定，1、6号机复测工作已经结束，5号机水轮机改造已经开始；老坝体缺陷检查与处理继续进行，全年完成老坝体裂缝检查5035.21m^2，裂缝处理2448.62m。实现了年度工程形象目标。

（二）投资计划

根据2010年初中线水源公司董事会确定的建设目标，2010年丹江口大坝加高工程安排投资计划1.8亿元。丹江口大坝加高工程2010年实际完成投资2.04亿元。截至2010年底，工程累计完成投资19亿元，占初步设计概算总投资的78%。

（三）招标投标

2010年，完成了丹江口大坝加高消防系统设备采购、深孔启闭机集中控制系统设备采购、照明灯具及附件采购三个项目招标工作，中标金额共339万元。按照批复的丹江口大坝加高工程分标方案，结合工程进度要求，中线水源公司于2010年6月4日按国家有关规定发布了上述三个项目的招标公告，在国务院南水北调办的监督下2010年7月15～16日完成开标评标，8月11日发出中标通知书，并于8月16日按规定向国务院南水北调办报送了招投标情况报告。

（四）合同管理

一是按程序做好合同立项，严格审查合同条款，谨慎签订每项合同，每项合同的签订均有实施部门、纪检部门共同审核会签。全年共签订各类合同42个，合同金额16.81亿元。二是针对溢流面延迟加高的影响，对已签订的各项合同进行专项清理研究，及时商签延期补充协议。三是及时规范办理各类合同结算，保证工程建设资金需求。全年共办理结算126期次，结算总金额3.52亿元。四是加大、加快了合同变更处理力度，进一步理顺变更处理程序，保证变更项目及时办理结算。全年共处理合同变更13个，结算金额4490万元。

（五）质量管理

2010年，中线水源公司以“质量管理年”活动为契机，进一步完善质量保障体系，落实质量管理责任，完善质量管理措施，强化源头管理，精细过程控制，各负其责，保证了工程质量。全年完成主要单元工程896个，全部合格，其中优良816个，优良率91.1%，未发生任何质量事故，全年完成13项分部工程的验收，全部优良，实现了年度质量管理控制目标。

（六）安全管理

2010年，中线水源公司按照国家开展“安全隐患治理年”的要求，继续加大安全生产管理力度。通过进一步健全体系，完善机构，修订办法，落实责任，强化培训；坚持日巡查、周检查、月考评制度，奖惩结合；加强对重大危险源的管理，狠抓安全隐患的检查与整改，保证了施工安全。全年未发生任何安全事故，安全生产继续保持良好状态，实现了年度安全控制目标。

（黄朝君　李全宏）

库区征地移民工作

丹江口库区初期工程迁移人口38.2万人（其中湖北省231 794人，河南省150 925人），淹没和影响土地750km²。根据2010年5月批复的丹江口库区征地安置初设报告，水库蓄水位抬高至170m后，淹没涉及河南、湖北两省6个县（市、区），淹没及影响区土地面积307.7km²，全库区规划搬迁建房人口34.5万人，其中湖北省18.3万人，河南省16.2万人。按2008年价格水平，征地移民投资为473亿元（其中库区征地移民水土保持和环境保护部分工程投资尚未包括在内）。

（一）库区征地移民前期工作

中线水源公司于2008年10月组织修订库区征地移民初步设计报告。经过设计单位和河南、湖北两省移民部门的努力工作和多次的讨论、审查，中线水源公司于2010年2月将《南水北调丹江口水库初步设计阶段建设征地移民安置规划设计报告（审定稿）》上报国务院南水北调办。国务院南水北调办于2010年5月17日批复了该报告。

中线水源公司于2010年5月委托长江水资源保护科学研究所开展丹江口水库建设征地移民安置工程环境保护和水土保持初步设计工作。为保证设计质量和进度，中线水源公司积极协调两省配合设计单位开展工作，及时向国务院南水北调办征地移民司、环境保护司、南水北调工程设计管理中心汇报工作，听取意见并积极贯彻。国务院南水北调办已于2010年12月完成了水土保持、环境保护部分的正式审查。

（二）移民安置工作

河南、湖北两省已完成移民搬迁安置14.9万人，其中2010年完成12.8万人，完成投资197.2亿元。在2010年，专业项目复建、城集镇和工矿企业迁建已开始启动。在两省实施征地移民安置过程中，中线水源公司经常派人深入移民搬迁现场，实地了解掌握两省移民搬迁实施情况，配合国务院南水北调办协商解决两省实际问题。

根据国务院南水北调办批复计划和两省实施进度，中线水源公司及时筹措和拨付移民资金，保证了两省移民搬迁安置工作的正常进行和库区文物发掘工作顺利推进。

（三）非省属专业项目实施方案制定

由中线水源公司负责实施的丹江口库区大地测量观测基准网、水文观测项目复建及地震观测台网建设项目已开始编制实施方案。

（张乐群）

水土保持和环境保护工作

中线水源公司结合工程实际，按期完成了水土保持、环境保护设计报告和实施计划当年的工作内容。2010年完成左岸王大沟西区、尖山区，右岸蔡家沟、施工营地北区水土保持工程施工完工验收，共计绿化面积8.18万m²；委托绿化养护乔灌木18 100株、草坪41 751m²。

水土保持、环境保护监理除日常巡视外，定期组织各参建单位召开例会，对发现的问题及时要求整改和落实。由于参建各方的共同努力，全年施工未出现对周围环境造成不利影响的事件发生，一直处于受控状态。

全年共完成水土保持投资56.4万元、环境保护投资71.27万元，没有发生水土保持和环境保护方面的投诉事件。

（张乐群）

陶岔渠首枢纽工程

陶岔渠首枢纽工程位于河南省南阳市淅川县九重镇陶岔村，丹唐分水岭汤山、禹山垭口南侧，是南水北调中线一期工程输水总干渠的引水渠首。原有陶岔渠首闸于1974年建成，承担引丹灌溉任务，南水北调中线一期陶岔渠首枢纽工程建成后，该枢纽承担向北京、天津、河北、河南等省市输水任务，兼顾灌溉、发电。工程设计引水流量 $350m^3/s$，加大引水流量 $420m^3/s$。工程批复建设内容包括上游引渠护坡、挡水建筑物（重力坝、引水闸及水电站）、闸下消力池及电站尾水渠、两岸岸坡防护工程、下游交通桥及管理设施等，批复总投资 85 935 万元。主要工程量为土石方开挖及老建筑物拆除 71.81 万 m^3，土石方填筑 10.58 万 m^3，混凝土浇筑 19.11 万 m^3，金属结构制造安装 2185t。工程于 2009 年 10 月开工建设，建设计划总工期 42 个月。

受国务院南水北调办及水利部的委托，淮河水利委员会治淮工程建设管理局作为项目法人承担南水北调中线一期陶岔渠首枢纽工程建设管理工作。2009 年 3 月，淮河水利委员会治淮工程建设管理局组建淮委南水北调中线一期陶岔渠首枢纽工程建设管理局（以下称陶岔建管局）作为现场管理机构具体负责工程建设管理工作。

（一）工程进展

施工单位 2010 年 1 月 8 日组织人员、设备进场，3 月 22 日开工，4 月 3 日右岸破土动工，5 月 7 日开始大规模土石方开挖工，10 月基本完成坝基范围内土石方开挖。11 月右岸 11～14 号坝段坝基因设计变更进行了二次开挖，12 月基本完成。

主体工程 2010 年度完成土石方开挖 35.47 万 m^3，混凝土浇筑 $3784m^3$。

（二）工程投资

工程批复总投资 85 935 万元，其中静态总投资 81 808 万元（包括工程部分投资 57 856 万元，建设及施工场地征用费 23 383 万元，环境保护专项费 312 万元，水土保持专项费 257 万元），建设期贷款利息 4127 万元。陶岔渠首枢纽工程批复施工总工期 42 个月。

2010 年，陶岔渠首枢纽工程完成投资 27 661 万元，其中征地移民投资 18 000 万元、施工投资 8473 万元、其他投资 1188 万元。截至 2010 年底，累计完成投资 36 394 万元，其中征地移民投资 21 650 万元、施工投资 9561 万元、其他投资 5183 万元。

（三）招标投标

陶岔渠首枢纽工程共分为 14 个标段，分别是工程监理标、钢筋采购标、水泥采购标、下游交通桥施工标、管理设施施工标、水力发电及机械设备采购标、主体工程施工标、电气设备采购标、自动化系统标、通信设备采购标、启闭设备设计制造标、金属结构制造标、工程输电线路标、水土保持标。除工程输电线路标委托淅川县电业局实施外，其余标段全部实行国内公开招标。

2010 年，共完成五个标段的招标工作，具体包括自动化系统标、电气设备采购标、通信设备采购标、启闭设备设计制造标和金属结构制造标。

（四）质量管理

建设单位在树立工程参建单位强烈质量意识的基础上，建立健全工程建设质量管理体系，包括建设单位的质量检查体系，监理单位的质量控制体系和施工单位的质量保证体系，对工程的每一个环节和工序严格进行监督、检查与检测，严格按合同技术条款、国家有关规程、规范、标准和设计要求，对工程质量进行全方位和全过程的监督检查。督促监理单位在施工过程中对工程的关键部位实行旁站监督，对一般部位进行巡视检查的方式进行监理，对于工程施工质量、原材料、成品及半成品质量，要求监理单位严格按规范要求进行平行检测和跟踪检测，按监理实施细则对工程质量、进度和投资进行严格控制。要求施工单位建立健全质量保证体系，推行全面质量管理，严格按“三检制”程序进行质量控制。

（五）安全生产

建设单位坚持“安全第一，预防为主、综合治理”的方针，始终把安全生产当作头等大事来抓。认真贯彻执行国家有关安全生产的法律、法规、政策，以及行业安全技术、劳动安全等规程、规范。贯彻“安全生产，人人有责”的原则，主动接受上级主管部门的监督、指导。

（柯　锐　陈学礼　余　伟）

在　建　工　程

京石段应急供水工程

概　述

工　程　概　况

南水北调中线一期总干渠石家庄—北京段简称京石段，长307.461km，其中石家庄—北拒马河渠段长227.04km，采用全明渠自流输水型式，北京段长80.43km，采用管涵加压输水型式。工程共划分为19个设计单元，分别为永定河倒虹吸工程、惠南庄泵站工程、北拒马河暗渠工程、西四环暗涵工程、北京市穿五棵松地铁工程、北京段铁路交叉工程、北京段其他工程（惠南庄—大宁段工程、卢沟桥暗涵工程、团城湖明渠工程）、滹沱河倒虹吸工程、釜山隧洞工程、唐河倒虹吸工程、漕河渡槽工程、古运河枢纽工程、河北段其他工程、北京段永久供电工程、北京段工程管理专题、河北段工程管理专题、河北段生产桥建设工程、专项设施迁建工程和中线干线自动化调度与运行管理决策支持系统工程（京石应急段）。

该工程渠自南向北设计流量为220～30m^3/s，加大流量为240～35m^3/s。沿线共设置分水口门22处，其中河北段15处，北京段7处。河北段进口设计水位76.41m，加大水位76.83m，与北京交界处设计水位60.30m，加大水位60.40m，北京末端水位48.57m。

京石段应急供水工程为一等工程，总干渠渠道、管涵、隧洞、加压泵站、各类交叉建筑物及控制工程均为1级建筑物；附属建筑物为3级建筑物；临时建筑物为4级或5级建筑物。京石段总干渠工程主要建筑物包括11类，其中，明渠渠道202.16km，PCCP管道55.474km，低压暗涵17.88km，隧洞9座，河渠交叉建筑物25座，左岸排水建筑物103座，渠渠交叉建筑物33座，控制工程50座，铁路交叉建筑物14座，公路交叉建筑物131座，加压泵站1座。

2003年，京石段应急供水工程率先开工建设，2008年以来，已利用河北省岗南、黄壁庄、王快、西大洋四座水库，向北京市应急供水。

（宁　青　李　玲　汪　强）

工　程　投　资

京石段应急供水工程调整为19个设计单元工程，截至2010年底，国家已批复19个设计单元工程，批复京石段应急供水工程概算投资合计为199.45亿元，累计下达投资199.45亿元，占批复概算的100%。

截至2010年底，京石段应急供水工程累计完成投资总额169.21亿元，占批复总投资的85%。各年度分别完成投资为2004年3.88亿元，2005年6.98亿元，2006年57.66亿元，2007 年 53.01 亿元，2008 年 22.83 亿元，2009 年 19.78 亿元，2010 年 5.07 亿元。

京石段应急供水工程各设计单元工程投资完成情况见表 1。

表 1　　京石段应急供水工程各设计单元工程投资完成情况表　　万元

序号	项　　目	工程总投资	下达投资计划	完成投资		
				2010 年完成投资	累计完成投资	
					投资	占工程总投资比例
	京石段应急供水工程	1 994 799	1 994 799	198 411	1 651 731	83%
1	永定河倒虹吸工程	30 439	30 439	-115	29 225	96%
2	西四环暗涵工程	110 328	110 328	1148	100 782	91%
3	北京市穿五棵松地铁工程	5460	5460	687	5725	105%
4	北京段铁路交叉工程	17 717	17 717	1091	17 466	99%
5	北拒马河暗渠工程	14 463	14 463	262	9258	64%
6	惠南庄泵站工程	78 486	78 486	4126	50 987	65%
7	北京市境内其他工程	390 646	390 646	15 389	368 574	95%
8	滹沱河倒虹吸工程	55 859	55 859	302	47 674	85%
9	漕河渡槽段工程	88 331	88 331	611	71 662	81%
10	釜山隧洞工程	20 484	20 484	104	15 871	77%
11	唐河倒虹吸工程	22 516	22 516		21 586	96%
12	古运河枢纽工程	18 717	18 717	11	15 540	88%
13	河北境内其他工程	1 002 121	1 002 121	20 742	883 266	91%
14	北京段永久供电工程	5836	5836			
15	北京段工程管理专项	4749	4749			
16	河北段工程管理专项	8729	8729		3999	46%
17	河北段生产桥建设	36 675	36 675	295	24 649	68%
18	专项设施迁建	26 186	26 186			
19	中线干线自动化调度与运行管理决策支持系统工程（京石应急段）	57 057	57 057	5858	25 866	46%

（李文斌）

质　量　管　理

2010 年 1～4 月，京石段应急供水工程主要进行尾工和缺陷处理工作，5 月 25 日开始第二次临时通水。

截至 2010 年底，京石段应急供水工程质量安全情况总体良好，未发生较大以上质量安全事故。累计进行单元工程质量评定 109 620 个，优良 98 912 个，优良率 90.2%；累计进行分部工程质量评定 2322 个，优良 1988 个，优良率 85.6%；累计进行单位工程质量评定 122 个，优良 122 个，优良率 100%。

（刘　杰）

工 程 验 收

2010年，京石段应急供水工程完成分部工程验收1060个，单位工程验收229个，合同项目完成验收99个。

2010年，以京石段应急供水工程施工合同验收为重点，同时全面加强其他在建工程验收管理工作，进一步建立健全参建各方验收管理体系，规范验收程序和验收行为，开展验收培训，加强监督检查，积极推动各项验收工作顺利开展。

一是结合京石段应急供水工程实际情况制定下发了京石段应急供水工程验收工作计划，对各设计单元工程的专项验收准备工作提出了初步时间安排。二是组织召开了“南水北调中线京石段工程尾工、施工合同验收工作会议”，对京石段应急供水工程剩余尾工、缺陷处理和施工合同验收工作进行了全面动员部署。三是进一步加强施工合同验收管理，加大监督检查力度和频次，参与了京石段应急供水工程约30多个施工标的合同验收工作，实现了对施工合同验收工作监督检查指导目的，规范了各单位的验收程序、验收行为及验收档案资料整编工作。四是为及时反映京石段应急供水工程施工合同验收进展情况，建立京石段应急供水工程施工合同验收每周快报制度，共编制验收周报10期。五是对专项验收内容进行了梳理，进一步明确了水土保持、环境保护、消防设施、工程档案、财务完工决算、征地移民、安全评估等专项验收工作的牵头部门和配合单位，组织召开了2次专项验收专题会议。六是组织开展京石段应急供水工程的安全评估工作，组织召开多次安全评估工作会议研究部署安全评估工作，协调各单位积极配合评估单位到工程现场开展工作，及时跟踪安全评估工作进展，组织参建各方和安全评估单位就安全评估工作报告内容进行交换意见，除惠南庄泵站暂不具备安全评估条件外，其他12个安全评估项目已经完成评估工作。七是组织召开了京石段应急供水工程施工合同验收档案资料整编工作专题会，对工程验收资料制备、整编组卷等有关问题进行了明确统一。八是编制了京石段应急供水工程设计单元项目法人验收工作方案，准备适时启动设计单元项目法人验收工作。九是编制了桥梁验收与移交方案和计划，积极推动京石段应急供水工程桥梁验收移交工作，截至2010年底已验收移交59座桥。

（汪 强 陆 严）

工 程 运 行

为缓解首都北京水资源短缺局面，在水利部会同国务院南水北调办统一协调下，南水北调中线京石段应急供水工程2010年启动第二次向北京输水任务。这次输水自河北省的岗南、黄壁庄和王快水库引水，通过自流方式向北京市供水。

2010年5月25日，岗南、黄壁庄提闸放水，经由石津干渠入南水北调中线总干渠开始输水。8月19日，岗南、黄壁庄水库停止放水，供水水源切换到王快水库，经由沙河干渠入南水北调中线总干渠向北京供水。截至2010年10月5日，河北省岗南、黄壁庄、王快水库放水量超过2亿 m^3，完成水利部《2010年河北省三库（岗南、黄壁庄、王快）向北京市应急调水方案》确定的调水任务，北京市实收水量达1.56亿 m^3。

随后，根据北京市的请求，经各方协商确定，在完成原定应急调水2亿 m^3 基础上由河北省王快和安格庄水库继续通过该工程向北京市增加调水2亿 m^3。截至2010年底，河北省的岗南、黄壁庄及王快水库累计出库水量33 744万 m^3（岗南、黄壁庄出库11 208万 m^3，王快出库22 536万 m^3），入总干渠水量28 676万 m^3（含分水1223万 m^3），其中石津干渠入总干渠累计水量10 230万m^3，沙河干渠入总干渠累计水量18 446万m^3。北京实收水量25 474万m^3，水质Ⅱ类。对于缓解北京市的缺水状况，确保首都安全供水起到了重要作用。

此次输水控制方式仍采用闸前常水位方式运行，渠道沿线自南向北参与调度的节制闸有磁河节制闸、漠道沟节制闸、蒲阳河节制闸、岗头节制闸、北易水节制闸、坟庄河节制闸、北拒马河节制闸、永定河控制闸、团城湖末端闸等9座。运行过程中通过调节闸门开度控制闸前水位及供水流量。水源水库由岗南、黄壁庄水库切换至王快水库后，磁河节制闸、漠道沟节制闸退出调度运行；冬季运行期间新增放水河节制闸参与调度；渠道沿线各节制闸前、后设置水尺或自动水位计，实时记录各节制闸前、后水位；石津干渠入总干渠连接段、沙河干渠入总干渠连接段、北拒马河节制闸、惠南庄泵站处设置流量计，实时监测断面流量及累计输水量；田庄、中管头、七里庄、北拒马暗渠、大宁、团城湖设立6处水质固定监测站，惠南庄泵站处设置水质自动监测站，定期监测渠道水质。

根据机构和人员情况，结合这次运行管理需要，这次通水按三级管理机构组织运行：一级机构为南水北调中线干线工程建设管理局临时通水指挥部；二级机构为河北直管建设管理部、惠南庄直管建设管理部、北京建管中心；三级机构为由上述三个二级机构下设的管理处或其他运行服务单位，负责所辖范围内的通水运行管理和现地设施设备的运行操作，以及工程看护和巡查（兼内保）工作。在通水运行前，组织编制和印发了《南水北调京石段工程临时通水管理制度汇编》、《南水北调京石段工程临时通水机电设备运行规程》、《南水北调工程安全监测观测技术规程》、《南水北调京石段工程临时通水水工建筑物观测仪器设备操作及维护规程》、《南水北调京石段工程临时通水突发事件应急预案汇编》等管理制度，以及《京石段应急供水工程2010年临时通水运行实施方案》、《南水北调京石段工程2010年临时通水实施细则》等技术性指导文件。

这次通水进一步发挥了京石段应急供水工程的效益，进一步检验了京石段应急供水工程的施工质量和机电设备运行情况，以及京石段应急供水工程的通水组织和应急保障能力。

（郭　芳　韩黎明）

漳河北—古运河南段工程

概　述

工　程　概　况

漳河北—古运河南段工程南起漳河北岸（桩号0+000），沿京广铁路西侧的太行山东麓自西南向北，经过河北省邯郸、邢台两市，穿石家庄市的高邑、元氏两县，至石家庄市区的古运河南岸，由邢石段和邯邢段组成，全长238.544km。

漳河北—古运河南段工程包括磁县段工程、邯郸市—邯郸县段工程、永年县段工程、洺河渡槽工程、沙河市段工程、南沙河倒虹吸工程、邢台市段工程、邢台县和内丘县段工程、临城县段工程、高邑县—元氏县段工程、鹿泉市段工程和石家庄市区段工程共12个设计单元工程。该工程静态总投资1 517 377万元。

（张同颖）

磁县段工程

工程概况

磁县段工程起自河北省与河南省交界处的漳河北岸，止于磁县与邯郸县交界的河北村村西，总干渠全长40.056km。该渠段共布置建筑物36座，其中大型河渠交叉建筑物4座，左岸排水建筑物18座，渠渠交叉建筑物4座，控制性建筑物8座，铁路交叉建筑物2座。总干渠为一等工程，渠道及其交叉建筑物的主要部位为1级，次要部位级别为3级，设计流量235m^3/s，加大流量265m^3/s。

该工程于2010年6月1日开工建设，计划工期30个月。

（张同颖）

工程投资

磁县段工程总投资309 336万元，工程静态总投资186 518万元，移民、水土保持和环境保护静态总投资117 721万元，建设期还贷利息5097万元。

在工程静态总投资186 518万元中，建筑工程116 280万元，机电设备及安装工程4209万元，金属结构设备及安装工程1343万元，临时工程6689万元，独立费用25 749万元，预备费9256万元，铁路（外管）部分4814万元，公路交叉18 178万元。

在移民、水土保持和环境保护静态总投资117 721万元中，移民征迁费114 976万元，水土保持工程2108万元，环境保护费637万元。

截至2010年底，该工程完成总投资27 153.18万元，其中建筑工程26 197.29万元，独立费用955.89万元。

（张同颖）

招标投标

磁县段工程分标类型包括土建及设备安装标、监理标、电气设备采购标、金属结构设备采购标、安全监测标、水土保持和环境保护监理监测标。2010年，磁县段工程招投标情况见表1。

表1　2010年磁县段工程招投标情况表

序号	合同编号	合同名称	招标代理单位	中标单位	合同签订日期
1	ZXJ/JL/ZSD-001	南水北调中线一期总干渠漳河北—古运河南中线建管局直管工程建设监理第一标段	河北省水利水电第二勘测设计研究院	中水北方勘测设计研究有限责任公司	2010年3月
2	ZXJ/SG/ZSD-001	南水北调中线一期总干渠漳河北—古运河南中线建管局直管工程磁县干渠工程第一施工标段土建及设备安装		中铁十四局集团有限公司	2010年2月8日
3	ZXJ/SG/ZSD-002	南水北调中线一期总干渠漳河北—古运河南中线建管局直管工程磁县干渠工程第二施工标段土建及设备安装		中国水利水电第十三工程局有限公司	

续表

序号	合同编号	合同名称	招标代理单位	中标单位	合同签订日期
4	ZXJ/SG/ZSD-003	南水北调中线一期总干渠漳河北—古运河南中线建管局直管工程磁县干渠工程第三施工标段土建及设备安装	河北省水利水电第二勘测设计研究院	中铁十三局集团有限公司	2010年2月8日
5	ZXJ/JC/ZSD-001	南水北调中线一期工程总干渠漳河北—古运河南中线建管局直管工程安全监测		中水东北勘测设计研究有限责任公司	2010年8月31日
6	ZXJ/JC/YM-012	穿漳河交叉建筑物工程与漳河北—古运河南邯郸段（含穿漳）水土保持工程监测	河南大河招标有限公司	北京华夏山川生态环境科技有限公司	2010年3月12日
7	ZXJ/JC/YM-013	穿漳河交叉建筑物工程与漳河北—古运河南段环境保护工程监测	河南大河招标有限公司	黄河勘测规划设计有限公司	2010年3月12日
8	ZXJ/JL/YM-035	穿漳河交叉建筑物工程与漳河北—古运河南邯郸段（含穿漳）环境保护工程监理		小浪底工程咨询有限公司	
9	ZXJ/JL/YM-032	穿漳河交叉建筑物工程与漳河北—古运河南段水土保持工程监理		西安黄河工程监理有限公司	
10	ZXJ/CG/ZGD-001	南水北调中线一期总干渠漳河北—古运河南中线建管局直管工程金属结构制造合同	河北昊禹招标代理有限责任公司	中水北方勘测设计研究有限责任公司	2010年11月26日
11	ZXJ/CG/ZGD-002	南水北调中线一期总干渠漳河北—古运河南中线建管局直管工程液压启闭机制造合同		邵阳维克液压股份有限公司	

（张同颖）

建 设 管 理

磁县段工程为南水北调中线干线工程建设管理局直接管理项目，由中线建管局河北直管项目建设管理部负责现场建设管理。2010年初，组建了工程管理四处，具体负责磁县段工程施工现场的工程建设管理工作，该处层层分解工作职责，制定了相关岗位责任制度和20余项管理规章制度；同时，根据进度、质量、安全生产及文明施工管理、投资控制管理等专业分工明确了责任人，并成立了包括各参建单位主要人员在内的相应专项管理机构，明确了工作制度。现场管理突出发挥监理单位的作用，与设计单位建立了频繁有效的联络协调机制。

河北直管项目建设管理部与河北省各级南水北调办等各级政府主管部门加强沟通联系，建立了一系列有效的征迁协调联系机制，推动了磁县段工程于2010年6月1日顺利开工。

河北直管项目建设管理部严格执行相关标准、制度、文件及国家的规程规范，在文件审批及日常监督检查的基础上，坚持每季度对监理、设计单位进行考核，每月对施工单位进行检查考核；及时组织或参与隐蔽工程等验收、应急演练等，确保了工程建设的顺利进行，年内未发生任何质量、安全事故。

（张同颖）

工 程 进 展

2010 年，磁县段工程计划完成 7.42km 渠道的全断面开挖、14.24km 半挖半填和 2.1km 渠堤填筑施工，以及基本完成 36 座建筑物中的 18 座主体结构混凝土浇筑。截至 2010 年底，实际完成土石方开挖 1045.81 万 m^3、土石方回填 290.38 万 m^3、混凝土浇筑 8.382 万 m^3，分别占年度计划的 109.87%、137.17% 和 63.5%；完成建筑安装工程投资28 233.65 万元，占年度计划的 131.27%。

截至 2010 年底，累计完成总干渠 7.8km 全断面开挖，36m 边坡衬砌施工。建筑物方面完成情况如下：夯扩桩共62.13 万延米，民有南干渠渠渠交叉涵洞共 8 节管身混凝土浇筑；窑底沟倒虹吸共 8 节管身混凝土浇筑；讲武城沟左排倒虹吸共 8 节管身混凝土浇筑；民有北干渠渠渠交叉倒虹吸共 6 节管身混凝土浇筑；双庙沟河渠交叉河道倒虹吸共 8 节管身混凝土浇筑；刘庄沟左排倒虹吸共 6 节管身混凝土浇筑，老湾沟左排倒虹吸 3 节管身混凝土浇筑；滏阳河渡槽全部 80 根灌注桩施工，完成 1、5 号墩承台、边墩浇筑；高级渠（2）渠渠交叉倒虹吸、龙王庙沟左排倒虹吸、大营沟排水涵洞、澄漕河北支排水倒虹吸，管身段全部浇筑完成；于家店分水闸主体工程施工完毕；曲沟排水倒虹吸，累计完成 4 节管身段浇筑；李家岗东沟排水倒虹吸，2 节管身混凝土浇筑；牤牛河渡槽：钻孔桩完成 82 根，承台完成 1 个；西郝左岸排水涵洞，6 节涵身施工；东贺兰倒虹吸、南城西沟倒虹吸、种蓄场沟倒虹吸、河北沟倒虹吸，全部管身段。机电设备和金属结构在 2010 年度尚未施工。

（张同颖）

工 程 施 工

磁县段工程施工单位为中铁十四局集团有限公司、中国水利水电第十三工程局有限公司和中铁十三局集团有限公司。

2010 年，共进行单元工程验收评定 197 个，全部合格，其中优良 87 个，优良率 88.8%，未进行分部及单位工程验收。

2010 年，磁县段工程各参建单位完善安全管理（保证）体系，切实落实安全生产责任制。建管、监理及施工单位定期组织安全大检查；各类规章制度、技术措施、事故预防措施制定齐全；对事故隐患、危险源均进行了排查并提出了超前预防的措施意见；实战演练具有针对性，2010 年未发生任何安全事故。另外，还加强了文明施工和环境保护的力度。

（张同颖）

工 程 监 理

磁县段工程建设监理单位为中水北方勘测设计研究有限责任公司南水北调中线直管工程磁县段项目监理部，该监理部具体负责磁县段土建工程、机电及金属结构设备的安装、水土保持、环境保护、安全监测、闸门及埋件制造等监理工作。

监理部采用通知、指示、批复、签认等文件形式进行控制和管理；按照监理合同约定，在施工现场对工程项目的重要部位和关键工序的施工，实施旁站监理；对所监理的工程项目进行巡视检验、跟踪检测、平行检测；对参加工程建设各方之间的关系以及工程施工过程中出现的问题和争议及时进行调解。2010 年，在检查过程中发现的安全问题及安全隐患共计 1412 项，全部整改落实。

监理部加强了规程制度建设，编写了《监理规划》、《监理实施细则》、《质量管理组织机构图》，建立了岗位责任制。各单位开工前，监理部详细审查承包人的施工组织设计，提出修改意见；施工组织设计确定后，严格按施工组织设计施工，及时掌握承包人近期施工安排，人员及施工设备运行情况，督促采取有效措施，保证施工进度。建立由合同工程师、计量工程师、现场监理工程师共同负责的独立计量、支付、管理的工作体系；测量复核成果、计量基础等资料完备、准确；工程计量程序合理、计量准备及时，数据准确无误，严格按照程序及规定时间审核承包人计量结算资料，签发申请支付凭证；按要求每月编报统计报告及资金使用计划，建立健全统计分析台账；维护业主和承包人的合法权益。

（张同颖）

质 量 管 理

2010年，河北直管项目建设管理部与磁县段各参建单位签订了质量责任书；工程管理四处成立了质量管理工作委员会，明确了负责质量工作的领导和专职质量管理人员；督促各监理单位建立了监理质量控制体系，设计单位、施工单位建立了质量保证体系；督促监理、施工单位配备了符合要求的总质检师、专职质量管理人员，指导施工单位设立了质检部，具体负责施工过程的质量管理，明确了施工单位三检制中的复检人员、专检人员。

2010年，该工程累计完成单元工程197个，评定单元工程197个，合格率为100%，其中优良93个，优良率为94.9%，未进行分部及单位工程质量评定。2010年未发生任何质量事故。

（张同颖）

安 全 生 产

2010年，河北直管项目建设管理部成立了安全管理、安全度汛和安全事故应急处理领导小组，配备了专职安全管理人员，制定了一系列安全生产管理办法，与施工单位签订了安全生产责任书。成立了安全管理委员会，各参建单位成立了安全管理机构，安全度汛指挥部、安全事故现场应急指挥部。制定了《南水北调中线干线工程河北直管项目安全生产管理规定（试行）》等一系列安全管理规章制度，并在生产过程中，严格执行有关安全生产方针政策及规章制度。编制了火灾、触电、塌方、机械交通事故、防汛、突发公共卫生事件及突发环境因素事故等专项应急预案，对突发事故应急响应做了详细安排；组织对各项安全技术措施进行安全评估，并要求各施工单位加强危险源动态监管，确保管理责任到位，实现了从被动应对转向源头治理。2010年未发生任何安全事故。

（张同颖）

邯郸市—邯郸县段工程

工 程 概 况

邯郸市—邯郸县段是南水北调中线一期总干渠漳河北—古运河南邯邢段第2设计单元，该段工程起自磁县与邯郸县交界的河北村村西，止于邯郸县与永年县交界的西两岗村村西，起止桩号（40+056）～（61+162），全长21.112km，共分为3个施工标段。该工程等别为一等，主体建筑物为1级，次要部位级别为3级，设计流量230m³/s，加大流量250m³/s。工程计划工期33个月。

该工程总干渠全长21.112km，各类建筑物43座，其中大型河渠交叉工程2座，左岸排水工程9座，控制工程6座。工程主体工程量包括土石方开挖1129.9万m³、土石方回填484.17万m³、混凝土浇筑27.43万m³、钢筋制作安装9951t。

（胡春景　茹　悦）

工　程　投　资

邯郸市—邯郸县段工程静态总投资为102 330万元，其中建筑工程60 408万元，机电设备、金属结构设备及安装工程3455万元，临时工程3553万元，独立费用16 451万元，基本预备费5032万元，铁路交叉工程1900万元，公路交叉工程11 531万元。

截至2010年底，该段工程累计完成投资7329.96万元，其中2010年，完成投资6172万元。

（李　峤　胡春景　茹　悦）

招　标　投　标

2009年12月中旬，进行了邯郸市—邯郸县段工程的招标工作，其招标投标情况见表1。

表1　　邯郸市—邯郸县段工程招标投标情况表

序号	合同编号	合同名称	招标代理单位	招标文件发售日期	开标日期	定标日期	中标单位	合同签订日期
1	NSBD-ZG/SG2010-01（1）	土建施工SG1-1标施工合同	河北省水利水电第二勘测设计研究院	2010年5月5～11日	2010年5月31日	2010年6月1日	天津市水利工程有限公司	2010年7月20日
2	NSBD-ZG/SG2010-01（2）	土建施工SG1-2标施工合同	河北省水利水电第二勘测设计研究院	2010年11月15～19日	2010年12月10日	2010年12月11日	河北省水利工程局	
3	NSBD-ZG/SG2010-02	土建施工SG2标（邯郸县段）施工合同	河北省水利水电第二勘测设计研究院	2010年1月27日～2月2日	2010年2月25日	2010年2月27日	中国水利水电第二工程局有限公司	2010年4月19日
4	NSBD-ZG/JL2010-01	邯郸市—邯郸县段工程建设监理JL01标合同	河北省水利水电第二勘测设计研究院	2010年1月27日～2月2日	2010年2月25日	2010年2月27日	天津市冀水工程咨询中心	2010年4月18日
5	NSBD-ZG/JL2010-12	金属结构设备监造合同	河北省水利水电第二勘测设计研究院	2010年11月15～19日	2010年12月10日	2010年12月11日	水利部水工金属结构质量检验测试中心	
6	NSBD-ZG/CG1	聚乙烯闭孔泡沫塑料板协议书	河北昊禹招标代理有限责任公司	2010年5月4～10日	2010年5月26日	2010年5月27日	石家庄启宏橡塑制品有限公司	2010年7月6日
7	NSBD-ZG/CG3	聚苯乙烯泡沫保温板第一标材料采购协议书	河北昊禹招标代理有限责任公司	2010年7月15～21日	2010年8月10日	2010年8月12日	北京敬业达新型建筑材料有限公司	2010年11月8日

续表

序号	合同编号	合同名称	招标代理单位	招标文件发售日期	开标日期	定标日期	中标单位	合同签订日期
8	NSBD-ZG/CG6	复合土工膜第一标材料采购协议书	河北昊禹招标代理有限责任公司	2010年7月15~21日	2010年8月10日	2010年8月12日	山东宏祥化纤集团有限公司	2010年11月8日
9	NSBD-ZG/CG9	橡胶止水带采购协议书	河北昊禹招标代理有限责任公司	2010年5月4~10日	2010年5月26日	2010年5月27日	衡水宝力工程橡胶有限公司	2010年7月6日
10	NSBD-ZG/CG10	防护隔离网栏第一标段材料采购协议书	河北昊禹招标代理有限责任公司	2010年7月15~21日	2010年8月10日	2010年8月12日	安平县长明铁路器材有限公司	2010年11月8日
11	NSBD-ZG/CG12	钢筋材料采购协议	河北昊禹招标代理有限责任公司	2010年5月4~10日	2010年5月26日	2010年5月27日	河北省水利物资供应站	2010年7月6日
12	NSBD-ZG/JZ2010-01	闸门与埋件制造标协议书	河北省水利水电第二勘测设计研究院	2010年10月11~15日	2010年11月5日	2010年11月7日	河北省水利工程局	2010年12月16日
13	NSBD-ZG/JZ2010-02	液压启闭机制造标协议书	河北省水利水电第二勘测设计研究院	2010年10月11~15日	2010年11月5日	2010年11月7日	江苏武进液压启闭机有限公司	2010年12月16日
14	NSBD-ZG/JZ2010-03	卷扬启闭机、螺杆启闭机与铸铁闸门制造标协议书	河北省水利水电第二勘测设计研究院	2010年10月11~15日	2010年11月5日	2010年11月7日	江苏省水利机械制造有限公司	2010年12月16日
15	NSBD-ZG/JZ2010-04	电动葫芦、单梁式起重机制造标协议书	河北省水利水电第二勘测设计研究院	2010年10月11~15日	2010年11月5日	2010年11月7日	天津起重机设备有限公司	2010年12月16日

（王志波　李　峤）

建　设　管　理

邯郸市—邯郸县段工程委托河北省南水北调工程建设管理局负责建设管理，现场管理机构为河北省南水北调工程建设管理局第五建设部，在工程建设中全面实行项目法人负责制、招标投标制、建设监理制和合同管理制。设计单位为河北省水利水电勘测设计研究院，质量监督单位为南水北调工程河北质量监督站。

为确保工程建设管理科学、规范，河北省南水北调工程建设管理局及现场建设部成立之初就建立健全了质量、安全保证体系，进一步完善各项规章制度，明确了各级管理人员的岗位职责，保证了建设管理机构的正常运行。施工单位根据合同要求按时上报项目总进度计划，年、季度、月进度计划，经监理单位审批后严格执行，做到以周保月、以月保季、以季保年、以年保总的目标。

河北省南水北调工程建设管理局第五建设部严格要求各单位按照招投标文件，高标准进行了营区规划建设，设置了篮球场、羽毛球场、娱乐室、阅览室等活动场所，利用业余时间开展形式多样的文化活动。2010年6月30日，河北省南水北调工程建设管理局第五建设部组织了由所有参建单位参加的篮球比赛，创办了《五部天地》，给各参建单位提供了宣传的平台，营造了良好的工地文化。

（胡春景 茹 悦）

工 程 进 展

邯郸市—邯郸县段工程的三个施工标段，SG1-1标2010年下半年完成招标工作，SG1-2标没有完成招标工作，SG2标段于2010年6月正式开工。2010年，该工程进度目标为：土方开挖293万m^3、土方回填65万m^3、混凝土浇筑1.8万m^3；截至2010年底，该工程累计完成土石方开挖337.9万m^3、土石方回填5.8万m^3、混凝土浇筑1.38万m^3、钢筋制作安装1432t。

截至2010年底，SG2标渠道段大型建筑物（沁河渠道倒虹吸）主体工程开工，完成30%；3个左排建筑物主体工程开工；沁河倒虹吸5～15号管身段底板混凝土浇筑完成；11～15号管身段墙体混凝土浇筑完成；输元河倒虹吸1～6号管身段底板及墙体混凝土浇筑完成，3号管身段顶板混凝土浇筑完成；岳洼沟排水涵洞4～6号管身段混凝土浇筑完成，8、10、12号管身段底板混凝土浇筑完成；裕庄沟排水涵洞管身段混凝土垫层浇筑完成。机电设备和金属结构制造及安装尚不具备开工条件。

（胡春景 茹 悦）

工 程 施 工

施工单位在施工过程中，加强施工管理，使每个工序都处于可控状态，并做好施工记录，及时办理洽商变更，准确地进行中间计量，按时完成结算工作。施工单位建立了现场施工管理机构和质量检查机构，配备专职质检人员和测量、试验人员，施工中严格执行“三检制”，制定了工程质量岗位责任制，并明确了奖惩措施。

施工单位根据工程在施工过程中所需的设备和工种制定了39个安全生产操作规程，编制了42张安全生产管理表格。形成了项目安全生产管理的制度体系。施工单位聘请了邯郸县安监局对项目部和作业队的管理人员进行了培训，建立了进场人员的信息库，建立健全三级安全教育台账。做到进场一批教育一批，发现一个教育一个。发现现场安全隐患随时召集作业班组进行及时教育，接受三级教育人数共计为490人。

（胡春景 茹 悦）

工 程 监 理

工程监理工作范围为该标段内建筑工程、临时工程、运行道路、金属结构设备安装、安全监测设备安装、机电设备安装、各种预埋件安装等工程。

监理单位依据监理合同，组建现场监理机构，编制项目监理规划。采取现场记录、发布文件、旁站监理、巡视检验、跟踪检测、协调等监理手段实施管理工作。监理单位建立和健全质量控制体系，按照有关工程建设标准和强制性条文及施工合同约定，对所有施工质量活动及与质量活动相关的人员、材料、工程设备和施工设备、施工工法和施工环境进行监督和控制，按照事前审批、事中监督和事后检验等监理工作环节控制工程质量。

监理单位对工程中使用材料按有关规定和施工合同约定进行检验，并应查验材质证明和产品合格证。审批施工单位制定的施工控制网和原始地形图的施测方案，并对施工单位施测过程进行监督，对测量成果进行签认，或参加联合测量，共同签认测量结果。监理单位接到计量申请后，审查计量项目、范围、方式，审核施工单位提交的计量所需的资料、工程计量已具备的条件。

（胡春景　茹　悦）

质量管理

邯郸市—邯郸县段工程质量监督单位为南水北调工程河北质量监督站第五巡查组。河北省南水北调工程建设管理局建立完善了建管单位负责、监理单位控制、施工单位保证、设计单位服务、政府质量监督相结合的工程质量保证体系；制定了质量管理办法，建立了完善的质量检查制度，设置了专门的质量检查机构，配备了专职的质量检查人员，明确建设部各级人员质量职责，正确合理地分配质量管理体系过程，实施全面质量管理。

施工单位严格执行“三检制”，坚持“组织、落实、指导、监督、检查”的十字方针，认真执行自检、复检、终检的“三检制”，强化工程施工过程控制，保证工程质量达到设计和规范要求。2010 年已评定单元工程 73 个，全部合格，其中优良 67 个，优良率为 92%，满足质量目标的要求。

（胡春景　茹　悦）

安全生产

河北省南水北调工程建设管理局第五建设部坚持“安全第一、预防为主”的安全生产方针，确保安全生产目标的实现，成立了由项目经理为组长和参建各方负责人参加的安全管理委员会，负责安全管理工作。在施工过程中要求各单位强化职工安全意识教育和培训，各单位共进行安全生产教育培训 69 次，第五建设部共召开各种安全专题会议 8 次，进行安全生产检查 16 次，对检查中发现的问题进行限期整改，并复查。施工单位根据对本工程危险源的辨识，确定了 9 个项目级重大危险源，分别制定了管理方案，成立了项目部应急管理组织机构，制定了安全生产事故总的应急预案和 11 个专项应急预案，并在 2010 年 6～7 月，对防洪度汛和火灾事故进行了应急演练，取得了很好的效果。通过一系列的措施确保了施工的安全，2010 年未发生安全生产事故。

（胡春景　茹　悦）

永年县段工程

工程概况

永年县段工程分为洺河南［桩号(61 + 168)～(76 + 607)］和洺河北［桩号(77 + 537)～(79 + 360)］两段工程。洺河南段工程起自邯郸县与永年县交界的西两岗村村西，止于洺河南岸；洺河北段工程起自洺河北岸，止于邯郸市与邢台市交界的邓上村村北。该工程总干渠为一等工程，渠道及其交叉建筑物的主要部位为 1 级，次要部位级别为 3 级，设计流量 $230m^3/s$，加大流量 250 m^3/s。工程计划工期 33 个月。

该工程渠道总长 17.262km，布设各类建筑物 21 座，其中，大型河渠交叉建筑物 1 座，左岸排水建筑物 9 座，控制工程 1 座。该工程主体工程量包括土方开挖 944.47 万 m^3、土方回填 350.05 万 m^3、混凝土浇筑 17.6 万 m^3、钢筋制作安装 3601.79t。

（胡春景　茹　悦）

工程投资

永年县段工程静态总投资为 70 807 万元，其中建筑工程 45 953 万元，机电设备、金属结构设备及安装工程 1016 万元，临时工程

2164万元，独立费用10 824万元，基本预备费3597万元，公路交叉工程7253万元。

截至2010年底，该工程累计完成投资11 205.3万元。2010年，实际完成投资16 887万元。

（李　峤）

招　标　投　标

2009年12月中旬，进行了永年县段工程的招标工作，其招标投标情况见表1。

表1　永年县段工程招标投标情况表

序号	合同编号	合同名称	招标代理单位	招标文件发售日期	开标日期	定标日期	中标单位	合同签订日期
1	NSBD-ZG/SG2010-03	土建施工SG3标（永年县段）施工合同	河北省水利水电第二勘测设计研究院	2010年1月4～8日	2010年1月29日	2010年2月1日	河北省水利工程局	2010年3月18日
2	NSBD-ZG/JL2010-02	永年县段工程建设监理JL02标合同	河北昊禹招标代理有限责任公司	2009年12月14～18日	2010年1月12日	2010年1月14日	中水东北勘测设计研究有限责任公司	2010年3月8日
3	NSBD-ZG/JL2010-12	金属结构设备监造合同	河北省水利水电第二勘测设计研究院	2010年11月15～19日	2010年12月10日	2010年12月11日	水利部水工金属结构质量检验测试中心	
4	NSBD-ZG/CG1	聚乙烯闭孔泡沫塑料板协议书	河北昊禹招标代理有限责任公司	2010年5月4～10日	2010年5月26日	2010年5月27日	石家庄启宏橡塑制品有限公司	2010年7月6日
5	NSBD-ZG/CG3	聚苯乙烯泡沫保温板第一标材料采购协议书	河北昊禹招标代理有限责任公司	2010年7月15～21日	2010年8月10日	2010年8月12日	北京敬业达新型建筑材料有限公司	2010年11月8日
6	NSBD-ZG/CG6	复合土工膜第一标材料采购协议书	河北昊禹招标代理有限责任公司	2010年7月15～21日	2010年8月10日	2010年8月12日	山东宏祥化纤集团有限公司	2010年11月8日
7	NSBD-ZG/CG9	橡胶止水带采购协议书	河北昊禹招标代理有限责任公司	2010年5月4～10日	2010年5月26日	2010年5月27日	衡水宝力工程橡胶有限公司	2010年7月6日
8	NSBD-ZG/CG10	防护隔离网栏第一标段材料采购协议书	河北昊禹招标代理有限责任公司	2010年7月15～21日	2010年8月10日	2010年8月12日	安平县长明铁路器材有限公司	2010年11月8日
9	NSBD-ZG/CG12	钢筋材料采购协议	河北昊禹招标代理有限责任公司	2010年5月4～10日	2010年5月26日	2010年5月27日	河北省水利物资供应站	2010年7月6日
10	NSBD-ZG/JZ2010-01	闸门与埋件制造标协议书	河北省水利水电第二勘测设计研究院	2010年10月11～15日	2010年11月5日	2010年11月7日	河北省水利工程局	2010年12月16日

续表

序号	合同编号	合同名称	招标代理单位	招标文件发售日期	开标日期	定标日期	中标单位	合同签订日期
11	NSBD-ZG/JZ2010-02	液压启闭机制造标协议书	河北省水利水电第二勘测设计研究院	2010年10月11～15日	2010年11月5日	2010年11月7日	江苏武进液压启闭机有限公司	2010年12月16日
12	NSBD-ZG/JZ2010-03	卷扬启闭机、螺杆启闭机与铸铁闸门制造标协议书	河北省水利水电第二勘测设计研究院	2010年10月11～15日	2010年11月5日	2010年11月7日	江苏省水利机械制造有限公司	2010年12月16日
13	NSBD-ZG/JZ2010-04	电动葫芦、单梁式起重机制造标协议书	河北省水利水电第二勘测设计研究院	2010年10月11～15日	2010年11月5日	2010年11月7日	天津起重机设备有限公司	2010年12月16日

（王志波　李　峤）

建设管理

永年县段工程委托河北省南水北调工程建设管理局负责建设管理，现场管理机构为河北省南水北调工程建设管理局第五建设部，在工程建设中全面实行项目法人负责制、招标投标制、建设监理制和合同管理制。设计单位为河北省水利水电勘测设计研究院，质量监督单位为南水北调工程河北质量监督站。

为确保工程建设管理科学、规范，河北省南水北调工程建设管理局及现场建设部成立之初就建立健全健全了质量、安全保证体系，进一步完善各项规章制度，明确了各级管理人员的岗位职责，保证了建管机构的正常运行。

施工单位根据合同要求按时上报项目总进度计划，年、季度、月进度计划，经监理单位审批后严格执行，做到以周保月、以月保季、以季保年、以年保总的目标。

（胡春景　茹　悦）

工程进展

2010年6月17日，永年县段工程开工建设，2010年进度目标为完成土石方开挖665万m^3、土石方回填203万m^3、混凝土浇筑1.27万m^3。截至2010年底，累计完成土石方开挖449.35万m^3、土石方回填52.16万m^3、混凝土浇筑1.52万m^3、钢筋制作安装922.47t。

截至2010年底，完成洺河一支排洪涵洞管身段土方开挖，完成进口段和出口段部分土方开挖；完成管身段底板全部混凝土浇筑和进口段和出口段部分底板浇筑；完成北两岗排水倒虹吸土方开挖；完成管身段全部混凝土浇筑和部分进口段及出口段挡墙混凝土浇筑；完成曹庄沟排水涵洞土方开挖；完成管身段全部混凝土和部分进口段及出口段连接段、U型槽混凝土浇筑；完成马记湾排水倒虹吸土方开挖；完成管身段全部底板及4节管身墙体和顶板混凝土浇筑；完成西召庄排水涵洞地基强夯；完成大油村排水倒虹吸土方开挖；完成混凝土垫层浇筑；完成洺河二支排水倒虹吸土方开挖；完成混凝土垫层浇筑；完成洺山西沟排水涵洞土方开挖和基础换填的50%；完成邓上沟排水倒虹吸土方开挖50%和混凝土底板垫层50%。

（茹　悦）

工 程 施 工

施工单位成立了施工项目管理组织机构，制订了相应的工作计划、岗位职责规章制度、施工管理措施。

（1）土方工程，基坑开挖采用挖掘机挖装自卸汽车运土方案，基坑回填采用振动碾压实，边角部位采用蛙式打夯机分层回填，两侧墙填土平行上升。

（2）石方工程，施工时，根据实际地形、地质及开挖断面，合理确定开挖方式；对于面层风化岩、软岩用挖掘机开挖；较为零散、小方量石方段采用手风钻钻孔放小炮开挖；对于开挖断面小，边坡高在5m以下的石方地段，采用风钻钻孔，浅孔松动爆破；对于开挖高度在5m以上，岩石整体性好的地段，采用KQJ-100B潜孔钻或液压凿岩钻车钻孔，进行梯段分层深孔松动微差爆破；永久边坡开挖采用预裂爆破，建基面采用保护层开挖。

（3）左岸排水建筑物工程，该渠段左岸排水建筑物共9座，主要施工方法为：混凝土拌和站集中拌制，混凝土搅拌车运输至施工地点，由起重机吊料罐入仓或泵送混凝土输送入仓。混凝土振捣采用电动振动器振捣。混凝土养护方法以刷涂养护剂、洒水、土工膜覆盖等养护方法相结合。在加工场中，钢筋的接头采用闪光对头焊接。当不能进行闪光对接焊时，采用电弧焊（搭接焊、帮条焊、熔槽焊等）。涵洞、倒虹吸管身采用钢模台车或简易钢模台车，进出口挡土墙平直段采用散装钢模板，圆弧段模板采用定型圆弧模板，堵头模板采用定型模板，进出口钢筋混凝土护底、护坡采用普通钢模板。

（胡春景　茹　悦）

工 程 监 理

工程监理服务范围为永年县段工程的建筑工程、临时工程、运行道路、金属结构设备安装、安全监测设备安装、机电设备安装、各种预埋件安装等工程。

监理部制定了技术文件审核、审批制度，原材料、构配件和工程设备检验制度，单元工程质量检查验收制度，其他工程验收制度，工程计量付款签证制度，监理会议制度，工程施工信息报告等各项管理制度。监理部建立健全以总监理工程师为第一责任人的质量保证体系，明确各级监理人员应负的质量终身责任制；进行投资分析论证，按进度计划进行投资分解，编制各年资金计划，进行投资总体控制。

监理部审核施工组织设计和施工方案，合理开支施工措施费以及按合理工期组织施工，掌握工程进度，准确测定工程量，严格审核施工单位提交的工程结算书，确保工程款支付与工程形象进度的一致性。监理部严格控制工程变更和新增项目，组织相关单位审查确认工程变更及新增项目的可行性、合理性和必要性，按合同原则审核变更与新增项目的工程量、工期、单价和合价。

（胡春景　茹　悦）

质 量 管 理

永年县段工程质量监督单位为南水北调工程河北质量监督站第五巡查组。河北省南水北调工程建设管理局建立完善了建管单位负责、监理单位控制、施工单位保证、设计单位服务、政府质量监督相结合的工程质量保证体系。

河北省南水北调工程建设管理局制定了质量管理办法，建立了完善的质量检查制度，设置了专门的质量检查机构，配备了专职的质量检查人员，明确了建设部各级人员质量职责，正确合理地分配质量管理体系过程，实施全面质量管理。

该工程参建单位建立项目经理为第一责任

人的质量管理组织机构，质量保证体系的实施通过“教育和培训→检查和管理→质量自我检查→内部质量审核→质量体系监督→改进和提高”不断持续改进的PDCA循环来实现，努力实现“土建工程质量全部合格，单元工程优良率达到85%以上；金属结构及机电安装工程质量全部合格，单元工程优良率达到90%以上；分部工程合格率100%，优良率85%以上，且主要分部工程全部达到优良”的目标。

（茹　悦）

安全生产

河北省南水北调工程建设管理局第五建设部坚持“安全第一、预防为主”的安全生产方针，确保安全生产目标的实现，成立了由项目经理为组长和参建各方负责人参加的安全管理委员会，负责安全管理工作。在施工过程中要求各单位强化职工安全意识教育和培训，各单位共进行安全生产教育培训69次，第五建设部共召开各种安全专题会议8次，进行安全生产检查16次，对检查中发现的问题进行限期整改，并复查。施工单位根据对本工程危险源的辨识，确定了9个项目级重大危险源，分别制订了管理方案，成立了项目部应急管理组织机构，制订了安全生产事故总的应急预案和11个专项应急预案，并在2010年6月和7月对防洪度汛和火灾事故进行了应急演练，取得了很好的效果。通过一系列的措施确保了施工的安全，全年未发生安全生产事故。

参建单位为保证施工生产的人身安全、设备安全、结构安全、财产安全和适宜的施工环境，根据项目特点，制定安全施工组织设计或安全保证计划，对影响安全的各环节和要素，采用PDCA循环管理的模式，通过策划—实施与运行—检查与纠正措施—管理评审等过程，实施持续改进。

（胡春景）

施工科技

膨胀土换填施工工艺，由底至高分层摊铺碾压上升。为防止扰动渠底建基面，渠道换填前，先换填渠底3～4层，然后分层换填渠坡并预留30cm余量，铺料采用进占法，推土机配合人工平整，振动碾碾压待渠坡换填完毕后，再利用渠坡削坡土将渠底填筑设计换填高程。每层摊铺前，采用推土机在坡面上推出宽度不小于30cm高度为一层土料松铺厚度的小台阶（开蹬），以保证土体结合。为增加边坡换土层稳定性，斜层摊铺碾压自渠道中心向渠坡中心向渠坡倾斜坡度2%～3%，并对渠坡基土逐层开蹬铺土碾压，压实度不小于0.98。分段作业面100～200m。作业面分层统一铺土、统一碾压，整平使用推土机，避免出现界沟。渠基换填完毕后，作整坡压实及削坡处理。在测量人员的指挥下，用挖掘机在坡面上每隔10m开挖出样槽，由有经验的挖掘机司机按样槽进行保护层开挖，挖掘机开挖方向垂直于渠道轴线，由上而下顺坡开挖，土料拢集于坡下后，装车运至指定地点，经加水破碎后重新利用。削坡时距离建基面预留5～10mm的薄土层，该薄土层待下道工序施工前再清除。该预留部分清除时将挖掘机斗齿前焊接一块厚约20mm的钢板作为“刮板”，长度同挖掘机斗宽，宽度约为15mm，前缘与斗齿齐平，开挖方向垂直于渠道轴线，沿坡长自上而下将预留的薄土层刮除，人工用平头铁锹将坡面遗留的松土清至挖掘机附近，随“刮板”拢堆。在坡面上钉木桩，每5m作为一个断面，按坡度放样，在桩位上固定尼龙线，挂线后钉桩加密，人工对坡面进行整理，直至坡面符合规范要求。

（茹　悦）

洺河渡槽工程

工程概况

洺河渡槽工程位于邯郸市永年县城西邓底村与台口村之间的洺河上，起始桩号 76+607，终止桩号 77+537。该工程为一等工程，主体建筑物为1级，设计流量 230m^3/s，加大流量 250 m^3/s。工程计划工期 33 个月。

洺河渡槽工程总长 829m，其中进口段(包括进口渐变段、进口节制闸、进口连接段)长 87m，槽身段长 640m，出口段(包括出口连接段、出口检修闸、出口渐变段)长 102m。槽身段共布置 16 跨渡槽，单跨长 40.0m。上部结构为三槽一联带拉杆预应力钢筋混凝土矩形槽，渡槽纵坡为 1/3900。下部为实体重力墩，灌注桩基础，主要工程量包括土石方开挖 45.8 万 m^3、土石方回填 55.8 万 m^3、混凝土浇筑 9.93 万 m^3、钢筋制作安装 8200t。

（胡春景　茹　悦）

工程投资

洺河渡槽工程静态总投资为 31 387 万元，其中建筑工程 20 373 万元，机电设备、金属结构设备及安装工程 1887 万元，临时工程 1377 万元，独立费用 5973 万元，基本预备费 1777 万元。

截至 2010 年底，该工程累计完成投资 3580.12 万元。2010 年，实际完成投资 8380 万元。

（李　峤）

招标投标

2009 年 12 月中旬，开始进行洺河渡槽工程招标投标工作，其招标投标情况见表 1。

表 1　洺河渡槽工程招标投标情况表

序号	合同编号	合同名称	招标代理单位	招标文件发售日期	开标日期	定标日期	中标单位	合同签订日期
1	NSBD-ZG/SG2010-04	土建施工 SG04 标施工合同	河北昊禹招标代理有限责任公司	2009 年 12 月 22～28 日	2010 年 1 月 22 日	2010 年 1 月 25 日	中国水利水电第八工程局有限公司	2010 年 3 月 18 日
2	NSBD-ZG/JL2010-03	洺河渡槽段工程建设监理 JL03 标合同	河北省水利水电第二勘测设计研究院	2010 年 1 月 27 日～2 月 2 日	2010 年 2 月 25 日	2010 年 2 月 27 日	佛山市顺水工程建设监理有限公司	2010 年 4 月 18 日
3	NSBD-ZG/JL2010-12	金属结构设备监造合同	河北省水利水电第二勘测设计研究院	2010 年 11 月 15～19 日	2010 年 12 月 10 日	2010 年 12 月 11 日	水利部水工金属结构质量检验测试中心	
4	NSBD-ZG/CG1	聚乙烯闭孔泡沫塑料板协议书	河北昊禹招标代理有限责任公司	2010 年 5 月 4～10 日	2010 年 5 月 26 日	2010 年 5 月 27 日	石家庄启宏橡塑制品有限公司	2010 年 7 月 6 日

续表

序号	合同编号	合同名称	招标代理单位	招标文件发售日期	开标日期	定标日期	中标单位	合同签订日期
5	NSBD-ZG/CG3	聚苯乙烯泡沫保温板第一标材料采购协议书	河北昊禹招标代理有限责任公司	2010年7月15～21日	2010年8月10日	2010年8月12日	北京敬业达新型建筑材料有限公司	2010年11月8日
6	NSBD-ZG/CG6	复合土工膜第一标材料采购协议书	河北昊禹招标代理有限责任公司	2010年7月15～21日	2010年8月10日	2010年8月12日	山东宏祥化纤集团有限公司	2010年11月8日
7	NSBD-ZG/CG9	橡胶止水带采购协议书	河北昊禹招标代理有限责任公司	2010年5月4～10日	2010年5月26日	2010年5月27日	衡水宝力工程橡胶有限公司	2010年7月6日
8	NSBD-ZG/CG10	防护隔离网栏第一标段材料采购协议书	河北昊禹招标代理有限责任公司	2010年7月15～21日	2010年8月10日	2010年8月12日	安平县长明铁路器材有限公司	2010年11月8日
9	NSBD-ZG/CG12	钢筋材料采购协议	河北昊禹招标代理有限责任公司	2010年5月4～10日	2010年5月26日	2010年5月27日	河北省水利物资供应站	2010年7月6日
10	NSBD-ZG/JZ2010-01	闸门与埋件制造标协议书	河北省水利水电第二勘测设计研究院	2010年10月11～15日	2010年11月5日	2010年11月7日	河北省水利工程局	2010年12月16日
11	NSBD-ZG/JZ2010-02	液压启闭机制造标协议书	河北省水利水电第二勘测设计研究院	2010年10月11～15日	2010年11月5日	2010年11月7日	江苏武进液压启闭机有限公司	2010年12月16日
12	NSBD-ZG/JZ2010-03	卷扬启闭机、螺杆启闭机与铸铁闸门制造标协议书	河北省水利水电第二勘测设计研究院	2010年10月11～15日	2010年11月5日	2010年11月7日	江苏省水利机械制造有限公司	2010年12月16日
13	NSBD-ZG/JZ2010-04	电动葫芦、单梁式起重机制造标协议书	河北省水利水电第二勘测设计研究院	2010年10月11～15日	2010年11月5日	2010年11月7日	天津起重机设备有限公司	2010年12月16日

（王志波　李　峤）

建设管理

洺河渡槽工程委托河北省南水北调工程建设管理局负责建设管理，现场管理机构为河北省南水北调工程建设管理局第五建设部，在工程建设中全面实行项目法人负责制、招标投标制、建设监理制和合同管理制。设计单位为河北省水利水电勘测设计研究院，质量监督单位为南水北调工程河北质量监督站。

为确保工程建设管理科学、规范，河北省南水北调工程建设管理局及现场建设部成立之初就建立健全健全了质量、安全保证体系，进一步完善各项规章制度，明确了各级管理人员的岗位职责，保证了建管机构的正常运行。施工单位根据合同要求按时上报项目总、年、季度、月进度计划，经监理单位审批后严格执行，做到以周保月、以月保季、以季保年、以年保总的目标。

河北省南水北调工程建设管理局第五建设部严格要求各单位按照招投标文件，高标准进行了营区规划建设，设置了篮球场、羽毛球场、娱乐室、阅览室等活动场所，利用业余时间开展形式多样的文化活动。2010 年 6 月 30 日，建设部组织了由所有参建单位参加的篮球比赛，创办了《五部天地》，给各参建单位提供了宣传的平台，营造了良好的工地文化。

（胡春景　茹　悦）

工程进展

2010 年 6 月 16 日，洺河渡槽工程开工建设。2010 年进度目标为土石方开挖 36.95 万 m^3、土石方回填 17.36 万 m^3、混凝土浇筑 3.49 万 m^3。截至 2010 年底，累计完成土石方开挖 12.6 万 m^3、土石方回填 15.4 万 m^3、混凝土浇筑 1.55 万 m^3、钢筋制作安装 742.42t。

截至 2010 年底，完成洺河渡槽工程桩基础复勘孔施工，完成灌注桩浇筑 112 根，完成钻进 3095.12m，完成 13 ~ 17 号槽墩垫层、承台、墩身混凝土浇筑，完成出口渐变段 1、3 号扭坡混凝土浇筑，完成进出口段及退水闸段夯扩桩施工。

（茹　悦）

工程施工

洺河渡槽工程包括进口连接段、进口节制闸、槽身段、进出口检修闸、出口渐变段、退水闸和排冰闸等永久主体工程建筑物。其施工程序为：

（1）进出口渐变段。基础开挖→土方填筑→边坡喷混凝土→钢筋混凝土护砌、混凝土挡墙施工→渠底垫层混凝土施工→渠底钢筋混凝土施工。

（2）进口节制闸及出口检修闸。基础开挖→土方填筑→明渠施工（包括闸门槽）→闸墩施工→交通桥、工作桥施工→门库施工→闸室施工。

（3）进口连接段。基础开挖→基础处理→垫层混凝土施工→底板混凝土施工→侧墙混凝土施工→人行道、拉杆混凝土施工。

（4）槽身段。桩基施工→墩台帽施工→承重架搭设→底、侧模安装→钢筋安装→波纹管等安装→预应力筋穿束→端模支立固定→浇筑底板、底肋、部分侧墙混凝土→侧墙、拉杆钢筋安装→侧墙、拉杆模板安装→侧墙、拉杆混凝土浇筑→混凝土养护→侧模、端模拆除→预应力筋张拉→管道压浆→槽身二期混凝土浇筑→底模、承重架拆除。

（茹　悦）

工程监理

洺河渡槽工程监理服务范围包括该工程的建筑工程、临时工程、运行道路、金属结构设备安装、安全监测设备安装、机电设备安装、各项预埋件安装等工程。

工程监理部进场后制定监理规划等各项规章制度。制订专项工作的操作步骤—监理实施细则，具体落实本项目的质量、进度和投资控制等。根据所制定的工作计划和运行制度，规范化地开展监理工作，充分注意各项监理工作的逻辑顺序及不同专业的分工，按目标对监理工作的绩效进行检查考核，保证监理工作的状态和工作目标的确定性。

工程监理部审查施工单位的质量保证体系和措施；审查施工单位的实验室条件；督促施工单位建立质量检验制度（施工单位应建立原材料、中间产品和单元或工序质量检查表）并及时进行复核检验；督促施工单位建立质量追溯制度（施工单位应建立以单元工程为单位将原材料、中间产品和工序检验编号与该单元质量联系起来的质量记录追溯表）并及时审核确认，以便落实质量责任。

根据批准的工程施工控制性进度计划及其分解目标计划，协助委托人编制合同项目的付款计划；审查施工单位提交的资金流计划；工程量计量应按工程承包合同文件规定的程序和方法，通过实际测量进行；通过对工程计量的审核以及必要的抽查等控制手段，实现对工程量总量的控制和阶段性工程量的控制。

（胡春景）

质 量 管 理

洺河渡槽工程质量监督单位为南水北调工程河北质量监督站第五巡查组。河北省南水北调工程建设管理局建立完善了建管单位负责、监理单位控制、施工单位保证、设计单位服务、政府质量监督相结合的工程质量保证体系。

河北省南水北调工程建设管理局制定了质量管理办法，建立完善了的质量检查制度，设置了专门的质量检查机构，配备了专职的质量检查人员，明确了建设部各级人员质量职责，正确合理地分配质量管理体系过程，实施全面质量管理。该工程所有材料、设备、施工工艺和工程质量检验和验收均按招标文件技术条款及国家和行业颁发的技术标准、规程规范执行；在施工期间，执行最新国家或部颁发标准和规程规范。

（茹 悦）

安 全 生 产

河北省南水北调工程建设管理局第五建设部坚持“安全第一、预防为主”的安全生产方针，确保安全生产目标的实现，成立了由项目经理为组长和参建各方负责人参加的安全管理委员会，负责安全管理工作。在施工过程中要求各单位强化职工安全意识教育和培训，各单位共进行安全生产教育培训69次，第五建设部共召开各种安全专题会议8次，进行安全生产检查16次，对检查中发现的问题进行限期整改，并复查。施工单位根据对本工程危险源的辨识，确定了9个项目级重大危险源，分别制定了管理方案，成立了项目部应急管理组织机构，制定了安全生产事故总的应急预案和11个专项应急预案，并在2010年6月和7月对防洪度汛和火灾事故进行了应急演练，取得了很好的效果。通过一系列的措施确保了施工的安全，全年未发生安全生产事故。

参建单位在作业队设专职安全人员，专管施工工作面现场安全工作。各部门设一名兼职安全员，综合部门设一名专职消防员，在安全部门的监督指导下负责本作业队、本部门的日常安全管理工作，各作业队负责人为兼职安全员，在作业队专职安全员的指导下开展班组的安全工作，对本班人员在施工过程中的安全和健康全面负责，确保本班人员按照发包人的规定和作业指导书、安全施工措施进行施工，不违章作业。并配备急救员、专职医生、专职护士。

（茹 悦）

施 工 科 技

洺河渡槽工程在以下方面进行了创新：

（1）率先提出矩形三槽互联三向预应力简支结构的高架预应力过水结构型式，实现了不间断通水要求。

（2）通过减震支座设计，使其能够承受Ⅶ度地震作用。

（3）在大型混凝土输水渡槽中应用了槽壁保温防渗冗余工艺设计，即在槽内壁涂水泥基渗透结晶型防渗涂料。

（4）提出利用预应力进行变形协调，优化了断面，更便于施工。

（5）将防落梁和防碰撞措施应用到渡槽隔震设计中，适应隔震支座要求上部结构的可自由变形大的特点。

（6）采用永临结合的外墙保温工艺，即通过单面钢丝网架夹芯挤塑聚苯板现浇混凝土保温措施，解决渡槽外表面温度裂缝。

与常规矩形渡槽相比，洺河渡槽采用以墙代梁的结构型式使其自重减少约 38%，总荷载约减少 20%，工程造价节约 25%，具有显著的经济效益。

（李书群）

沙河市段工程

工程概况

沙河市段工程起自邯郸市与邢台市交界处的邓上村村北，桩号 79 +360，止于南沙河南岸，桩号 93 +621，共分为两个施工标段。该工程总干渠为一等工程，渠道及其交叉建筑物的主要部位为 1 级，次要部位级别为 3 级，设计流量 230m^3/s，加大流量 250m^3/s。工程计划工期 33 个月。

沙河市段工程总干渠全长 14.261km，其中渠道长 14.031km，建筑物长 0.230km，共布置各类建筑物 27 座，其中，大型河渠交叉建筑物 1 座，左岸排水建筑物 7 座，渠渠交叉建筑物 1 座，控制工程 1 座。该工程主要工程量包括土石方开挖 1744 万 m^3、土石方回填 92.77 万 m^3、混凝土浇筑 19.17 万 m^3、钢筋制作安装 3524.19t。

（胡春景　茹　悦）

工程投资

沙河市段工程静态总投资为 94 846 万元，其中建筑工程 59 498 万元，机电设备、金属结构设备及安装工程 1151 万元，临时工程 2733 万元，独立费用 14 937 万元，基本预备费 4699 万元，铁路交叉工程 3856 万元，公路交叉工程 7972 万元。

2010 年，计划完成投资 18 267.4 万元，实际完成投资19 997.725 3万元。

（李　峤）

招标投标

2009 年 12 月中旬，开始进行沙河市段工程招标工作，其招标投标情况见表 1。

表 1　　沙河市段工程招标投标情况表

序号	合同编号	合同名称	招标代理单位	招标文件发售日期	开标日期	定标日期	中标单位	合同签订日期
1	NSBD-ZG/SG2010-05	土建施工 SG5 标（沙河市区段）施工合同	河北省水利水电第二勘测设计研究院	2009 年 12 月 21 ~25 日	2010 年 1 月 15 日	2010 年 1 月 18 日	河北省水利工程局	2010 年 3 月 18 日
2	NSBD-ZG/SG2010-06	土建施工 SG6 标（沙河市区段）施工合同	河北省水利水电第二勘测设计研究院	2009 年 12 月 21 ~25 日	2010 年 1 月 15 日	2010 年 1 月 18 日	江南水利水电工程公司	2010 年 3 月 18 日

续表

序号	合同编号	合同名称	招标代理单位	招标文件发售日期	开标日期	定标日期	中标单位	合同签订日期
3	NSBD-ZG/JL2010-04	沙河市段工程建设监理 JL04 合同	河北昊禹招标代理有限责任公司	2009 年 12 月 14～18 日	2010 年 1 月 12 日	2010 年 1 月 14 日	河北天和监理有限公司	2010 年 3 月 8 日
4	NSBD-ZG/JL2010-12	金属结构设备监造合同	河北省水利水电第二勘测设计研究院	2010 年 11 月 15～19 日	2010 年 12 月 10 日	2010 年 12 月 11 日	水利部水工金属结构质量检验测试中心	
5	NSBD-ZG/CG1	聚乙烯闭孔泡沫塑料板协议书	河北昊禹招标代理有限责任公司	2010 年 5 月 4～10 日	2010 年 5 月 26 日	2010 年 5 月 27 日	石家庄启宏橡塑制品有限公司	2010 年 7 月 6 日
6	NSBD-ZG/CG3	聚苯乙烯泡沫保温板第一标材料采购协议书	河北昊禹招标代理有限责任公司	2010 年 7 月 15～21 日	2010 年 8 月 10 日	2010 年 8 月 12 日	北京敬业达新型建筑材料有限公司	2010 年 11 月 8 日
7	NSBD-ZG/CG6	复合土工膜第一标材料采购协议书	河北昊禹招标代理有限责任公司	2010 年 7 月 15～21 日	2010 年 8 月 10 日	2010 年 8 月 12 日	山东宏祥化纤集团有限公司	2010 年 11 月 8 日
8	NSBD-ZG/CG9	橡胶止水带采购协议书	河北昊禹招标代理有限责任公司	2010 年 5 月 4～10 日	2010 年 5 月 26 日	2010 年 5 月 27 日	衡水宝力工程橡胶有限公司	2010 年 7 月 6 日
9	NSBD-ZG/CG10	防护隔离网栏第一标段材料采购协议书	河北昊禹招标代理有限责任公司	2010 年 7 月 15～21 日	2010 年 8 月 10 日	2010 年 8 月 12 日	安平县长明铁路器材有限公司	2010 年 11 月 8 日
10	NSBD-ZG/CG12	钢筋材料采购协议	河北昊禹招标代理有限责任公司	2010 年 5 月 4～10 日	2010 年 5 月 26 日	2010 年 5 月 27 日	河北省水利物资供应站	2010 年 7 月 6 日
11	NSBD-ZG/JZ2010-01	闸门与埋件制造标协议书	河北省水利水电第二勘测设计研究院	2010 年 10 月 11～15 日	2010 年 11 月 5 日	2010 年 11 月 7 日	河北省水利工程局	2010 年 12 月 16 日
12	NSBD-ZG/JZ2010-02	液压启闭机制造标协议书	河北省水利水电第二勘测设计研究院	2010 年 10 月 11～15 日	2010 年 11 月 5 日	2010 年 11 月 7 日	江苏武进液压启闭机有限公司	2010 年 12 月 16 日
13	NSBD-ZG/JZ2010-03	卷扬启闭机、螺杆启闭机与铸铁闸门制造标协议书	河北省水利水电第二勘测设计研究院	2010 年 10 月 11～15 日	2010 年 11 月 5 日	2010 年 11 月 7 日	江苏省水利机械制造有限公司	2010 年 12 月 16 日
14	NSBD-ZG/JZ2010-04	电动葫芦、单梁式起重机制造标协议书	河北省水利水电第二勘测设计研究院	2010 年 10 月 11～15 日	2010 年 11 月 5 日	2010 年 11 月 7 日	天津起重机设备有限公司	2010 年 12 月 16 日

（王志波　李　峤）

建 设 管 理

沙河市段工程委托河北省南水北调工程建设管理局负责建设管理，现场管理机构为河北省南水北调工程建设管理局第五建设部，在工程建设中全面实行项目法人负责制、招标投标制、建设监理制和合同管理制。设计单位为河北省水利水电勘测设计研究院，质量监督单位为南水北调工程河北质量监督站。

为确保工程建设管理科学、规范，河北省南水北调工程建设管理局及现场建设部成立之初就建立健全了质量、安全保证体系，进一步完善各项规章制度，明确了各级管理人员的岗位职责，保证了建管机构的正常运行。施工单位根据合同要求按时上报项目总、年、季度、月进度计划，经监理单位审批后严格执行，做到以周保月、以月保季、以季保年、以年保总的目标。

河北省南水北调工程建设管理局第五建设部严格要求各单位按照招投标文件，高标准进行了营区规划建设，设置了篮球场、羽毛球场、娱乐室、阅览室等活动场所，利用业余时间开展形式多样的文化活动。2010 年 6 月 30 日，建设部组织了由所有参建单位参加的篮球比赛，创办了《五部天地》，给各参建单位提供了宣传的平台，营造了良好的工地文化。

（胡春景　茹　悦）

工 程 进 展

沙河市段工程两个施工标段于 2010 年 6 月开工。2010 年进度目标为：计划完成土石方开挖 613 万 m^3、土石方回填 11.1 万 m^3、混凝土浇筑 2.89 万 m^3。截至 2010 年底，该工程累计完成土石方开挖 922.032 万 m^3、土石方回填 11.62 万 m^3、混凝土浇筑 2.41 万 m^3、钢筋制作安装 1232t。

截至 2010 年底，SG5 标段渠道全断面土方开挖成型 108m，完成左岸防洪堤土方回填 4.6km，完成右侧渠坡混凝土衬砌 108m，完成小型预制构件 72 万块；完成沙沟排洪渡槽进、出口渐变段、连接段混凝土夯扩桩施工和进、出口交通桥及①、②、③、④墩灌注桩施工，以及预制 T 型梁（48 片）施工；完成冯庄沟排水渡槽灌注桩施工和预制 T 型梁（39 片）施工；完成侯庄南沟排水渡槽两个槽台施工和预制 T 型梁（25 片）施工；完成侯庄北沟排水渡槽两个槽台施工和预制 T 型梁（25 片）施工；完成两个 2 号槽墩承台及墩身施工。

截至 2010 年底，SG6 标段 600m 渠道开挖基本成型，上游 1.8km 深挖方段已开挖至 3 级马道；完成上郑沟倒虹吸 5 节管身段（共 7 节）底板混凝土浇筑；完成中高倒虹吸 7 节管身（共 8 节）混凝土浇筑；完成高店村沟渡槽下部承重结构的灌注桩已浇筑，桩基检测全部合格；完成两侧槽台混凝土浇筑；完成高店北沟渡槽下部承重结构和进口连接段垫层混凝土浇筑；完成赞善分水闸基坑土方开挖 70%；因地下水位高，完成 4 眼降水井。

（茹　悦）

工 程 施 工

施工单位组建强有力的现场管理机构，配置充足的施工资源，建立精干高效的现场管理体系，组建专业化施工队伍，投入充足可靠的施工设备，关键设备考虑约 20% 的备用量。

施工单位编制详细的施工组织设计和施工总进度计划，对关键线路和关键项目制定切实可行的工期保证措施和赶工措施，规划布置合理的施工通道、优化施工程序、规避施工干扰，确保工期目标的实现。

施工单位利用冬季进行土方开挖，解冻后开始浇筑混凝土，土方回填避开冬季施工，进行分期分区施工，土方开挖、混凝土浇筑和土方回填有机结合，平行展开、逐序流水作业，保证合同工期按期实现。实行“三检制”，首先合理确定专检、自检、互检的范围，明确检验内容，包括检验项目、检验标准、检测、试验方案和检验方法等。

（胡春景）

工程监理

沙河市段工程监理招标范围是该工程的建筑工程、临时工程、运行道路、金属结构设备安装、安全监测设备安装、机电设备安装、各种预埋件安装等工程。

监理单位编制监理规划、监理细则、监理质量体系等文件，编制了监理的安全及文明施工监督、审查施工单位的质量保证、合同工程项目施工组织设计审批、施工控制测量成果验收、进场材料的质量检验、施工安全措施计划审批、文明施工与环境保护措施等规定。

监理单位通过事前、事中、事后三个阶段全过程全方位地对施工质量进行控制。工程进度控制中，重点把各单项工程的实际工期控制在合同约定的工期内；施工阶段性目标和工程进度的总目标控制在工程承包合同的总工期内。

（胡春景　茹　悦）

质量管理

沙河市段工程质量监督单位为南水北调工程河北质量监督站第五巡查组。河北省南水北调工程建设管理局建立完善了建管单位负责、监理单位控制、施工单位保证、设计单位服务、政府质量监督相结合的工程质量保证体系。

河北省南水北调工程建设管理局制定了质量管理办法，建立了完善的质量检查制度，设置了专门的质量检查机构，配备了专职的质量检查人员，明确了建设部各级人员质量职责，正确合理地分配质量管理体系过程，实施全面质量管理。参建单位按照 ISO 9001:2000 质量管理体系标准和本合同工程实际情况，在工地建立健全以项目经理为第一责任人的质量保证体系，实行质量终身责任制，明确各级管理人员和施工作业人员的质量责任；编制适合本工程的质量管理计划，严格按计划中的质量要求控制各项目的施工质量，并制定专门的质量保证措施和质量奖惩措施；施工过程中将质量责任层层分解落实到部门、个人，做到全员、全方位、全过程的有效控制，确保工程质量合格率达到100%，土建优良率达到85%以上，金属结构安装优良率达到90%以上，工程总质量达到优良标准；消灭质量事故，杜绝由于质量问题引起的误工、返工等造成的工期损失和影响。

（胡春景　茹　悦）

安全生产

河北省南水北调工程建设管理局及建设部坚持“安全第一，预防为主”的方针，把安全生产当作头等大事来抓，狠抓安全生产和文明施工，确立了工程安全生产目标，建立了一整套长期有效的安全运行机制，为安全施工管理打下了坚实基础。

施工中建立健全安全组织保证体系，定期不定期召开安全生产会议，逐级签订安全承包责任制，制定好各项安全规则，达到全员参加、全面管理的目的，充分体现“安全生产、人人有责”。

为保证施工中的人身安全、设备安全和建筑结构安全，实现“无较大（Ⅲ级）以上事故，一般事故控制在千分之三，预防消除职业病；个人防护用品配置率达到100%；职业健康安全体系符合 GB/T 28001—2001 要求。”的安全管理目标，严格贯彻执行国家安全生产法规和法令，坚持“安全第一”和“安全生产，预防为主，防管结合，关爱生命，关注健康”的安全生产方针，建立以项目经理为安全生产第一责任人的安全生产管理组织机构，制定了安全生产责任制、安全生产奖罚制度、安全措施计划制度、安全生产教育制度、安全防火责任制度、劳动防护用品的发放管理、危险辨识及管理制度等各项安全管理制度及办法。

（茹　悦）

南沙河倒虹吸工程

工 程 概 况

南沙河倒虹吸工程位于邢台市与沙河市之间、高店村东北2km处，桩号(93+621)~(98+016)，总长4395m，其中渠道长2090m，建筑物长2305m。该工程由进口渠道、南段倒虹吸、中间明渠、北段倒虹吸、出口渠道五大部分组成，其中南、北段倒虹吸分别由进口渐变段、进口检修闸、管身、出口节制闸(或检修闸)、出口渐变段五部分组成。工程等别为一等，主要建筑物级别为1级，输水设计流量230m^3/s，加大流量250m^3/s。

2010年5月29日，该工程开工建设，计划工期36个月。

（张同颖）

工 程 投 资

南沙河倒虹吸工程总投资94 524万元，工程静态总投资72 735万元，移民、水土保持、环境保护静态总投资18 966万元，建设期还贷利息2823万元。

在工程静态总投资72 735万元中，建筑工程42 396万元，机电设备及安装工程1376万元，金属结构设备及安装工程964万元，临时工程9348万元，独立费用14 534万元，预备费4117万元。

在移民、水土保持、环境保护静态总投资18 966万元中，移民征迁费18 152万元，水土保持工程553万元，环境保护费261万元。

截至2010年底，完成总投资12 628.65万元，其中建筑工程12 011.53万元，设备及安装工程0.12万元，独立费用441.09万元，水土保持、环境保护费175.91万元。

（张同颖）

招 标 投 标

南沙河倒虹吸工程分标类型包括土建及设备安装、监理、电气设备采购、金属结构设备采购、安全监测、水土保持和环境保护监理监测。该工程2010年招标投标情况见表1。

表1　　南沙河倒虹吸工程招标投标情况表

序号	合同编号	合同名称	招标代理单位	中标单位	合同签订日期
1	ZXJ/JL/ZSD-002	南水北调中线一期总干渠漳河北—古运河南中线建管局直管工程建设监理第二标段	河北省水利水电第二勘测设计研究院	中水北方勘测设计研究有限责任公司	2010年2月
2	ZXJ/SG/ZSD-004	南水北调中线一期总干渠漳河北—古运河南中线建管局直管工程南沙河倒虹吸南段土建及设备安装		中国水电建设集团十五工程局有限公司	2010年2月8日

续表

序号	合同编号	合同名称	招标代理单位	中标单位	合同签订日期
3	ZXJ/SG/ZSD-005	南水北调中线一期总干渠漳河北—古运河南中线建管局直管工程南沙河倒虹吸北段土建及设备安装	河北省水利水电第二勘测设计研究院	天津振津工程集团有限公司	2010年2月8日
4	ZXJ/JC/ZSD-001	南水北调中线一期工程总干渠漳河北—古运河南中线建管局直管工程安全监测		中水东北勘测设计研究有限责任公司	2010年8月31日
5	ZXJ/JC/YM-013	穿漳河交叉建筑物工程与漳河北—古运河南段环境保护工程监测	河南大河招标有限公司	黄河勘测规划设计有限公司	2010年3月12日
6	ZXJ/JL/YM-032	穿漳河交叉建筑物工程与漳河北—古运河南段水土保持工程监理	河南大河招标有限公司	西安黄河工程监理有限公司	2010年3月12日
7	ZXJ/JC/YM-011	南水北调中线一期工程总干渠穿漳河交叉建筑物工程与漳河北—古运河南段邢台段水土保持工程监测		北京中水新华国际工程咨询有限公司	2010年3月12日
8	ZXJ/JL/YM-034	穿漳河交叉建筑物工程与漳河北—古运河南段邢台段环境保持工程监理		北京市中冠水利工程监理有限公司	2010年3月12日
9	ZXJ/CG/ZGD-001	南水北调中线一期总干渠漳河北—古运河南中线建管局直管工程金属结构制造合同	河北昊禹招标代理有限责任公司	安徽水利开发股份有限公司	2010年11月26日
10	ZXJ/CG/ZGD-002	南水北调中线一期总干渠漳河北—古运河南中线建管局直管工程液压启闭机制造合同		邵阳维克液压股份有限公司	

（张同颖）

建 设 管 理

南沙河倒虹吸工程为南水北调中线干线工程建设管理局直接管理项目，由南水北调中线干线工程建设管理局河北直管项目建设管理部具体负责现场工程建设管理。

2010年初，河北直管项目建设管理部组建了工程管理三处，具体负责南沙河倒虹吸段工程施工现场的工程建设管理工作，该处层层分解工作职责，制定了相关岗位责任制度和20余项管理规章制度。同时，根据进度、质量、安全生产及文明施工管理、投资控制管理等专业分工明确了责任人，并成立了包括各参建单位主要人员在内的相应专项管理机构，明确了工作制度。现场管理突出发挥监理单位的作用，与设计单位建立了频繁有效的联络协调机制。

2010年，河北直管项目建设管理部积极与河北省各级南水北调办等各级政府主管部门加强沟通联系，建立了一系列有效的征迁协调联系机制，推动了南沙河倒虹吸工程于2010年5月29日顺利开工。

工程建设管理中，河北直管项目建设管理部严格执行相关标准、制度、文件及国家的规程规范，在文件审批及日常监督检查的基础上，坚持每季度对监理、设计单位进行考核，每月对施工单位进行检查考核；及时组织或参与隐蔽工程等验收、应急演练等，确保了工程建设的顺利进行，2010年，未发生任何质量、安全事故。

（张同颖）

工 程 进 展

2010年，南沙河倒虹吸工程计划完成36节管身段开挖、32节管身混凝土浇筑和28节管身段回填，计划完成工程量分别为土石方开挖272.4万m^3、土石方回填118.7万m^3、混凝土浇筑5.491万m^3。截至2010年底，工程完成27节管身和10节底板混凝土浇筑，实际完成土石方开挖281.85万m^3、土石方回填126.91万m^3、混凝土浇筑5.333万m^3，分别占年度计划的103.47%、106.90%和97.12%。完成建筑安装工程投资12 187.57万元，占年度计划的107.07%。机电设备和金属结构2010年度尚未施工。

（张同颖）

工 程 施 工

南沙河倒虹吸工程按施工标段划分为南沙河倒虹吸南段工程和南沙河倒虹吸北段工程，分别由中国水电建设集团十五工程局有限公司和天津振津工程集团有限公司负责施工。

2010年，进行单元工程验收评定142个，全部合格，其中优良132个，优良率92.96%，未进行分部及单位工程验收。

2010年，工程参建各方完善安全管理（保证）体系，切实落实安全生产责任制。建管、监理及施工单位定期组织安全大检查；各类规章制度、技术措施、事故预防措施制定齐全；对事故隐患、危险源均进行了排查并提出了超前预防的措施意见；实战演练具有针对性，2010年未发生任何安全事故。

（张同颖）

工 程 监 理

南沙河倒虹吸工程建设监理单位为中水北方勘测设计研究有限责任公司中线建管局直管邢台段项目监理部。该监理部具体负责南沙河倒虹吸工程的土建工程、机电及金属结构设备的安装、水土保持、环境保护、安全监测、闸门及埋件制造等监理工作。

监理部采用通知、指示、批复、签认等文件形式进行控制和管理；按照监理合同约定，在施工现场对工程项目的重要部位和关键工序的施工，实施旁站监理；对所监理的工程项目进行巡视检验、跟踪检测、平行检测；对参加工程建设各方之间的关系以及工程施工过程中出现的问题和争议及时进行调解。

监理部制定了工程质量控制工作流程及质量控制措施，并在监理过程中贯彻和落实；督促承包人合理安排施工进展，控制关键路线项目各重要事件的进展；督促检查施工承包人建立健全安全管理工作体系和安全管理、文明施工工作制度，认真执行安全生产法规和文明工地建设规定，定期组织所监理工程项目内的大检查活动，及时处理安全隐患，督促文明施工。

（张同颖）

质 量 管 理

2010年，河北直管项目建设管理部与南沙河倒虹吸工程的各参建单位签订了质量责任书；工程管理三处成立了质量管理工作委员会，明确了负责质量工作的领导和专职质量管理人员；督促各监理单位建立了监理质量控制体系，设计单位、施工单位建立了质量保证体系；督促监理、施工单位配备了符合要求的总质检师、专职质量管理人员，指导施工单位设立了质检部，具体负责施工过程的质量管理，明确了施工单位三检制中的复检人员、专检人员。

南沙河倒虹吸工程划分为4个单位工程，41个分部工程，1664个单元工程。2010年，该工程完成单元工程142个，已评定单元工程142个，合格率为100%，其中优良132个，优良率为92.96%，未进行分部及单位工程质量评定。2010年未发生任何质量事故。

（张同颖）

安全生产

2010年，河北直管项目建设管理部成立了安全管理、安全度汛和安全事故应急处理领导小组，配备了专职安全管理人员，制定了一系列安全生产管理办法，与施工单位签订了安全生产责任书。

工程管理三处成立了安全管理委员会，各参建单位成立了安全管理机构，安全度汛指挥部、安全事故现场应急指挥部；制定了《南水北调中线干线工程河北直管项目安全生产管理规定（试行）》等一系列安全管理规章制度，并在生产过程中，严格执行有关安全生产方针政策及规章制度；编制了火灾、触电、塌方、机械交通事故、防汛、突发公共卫生事件及突发环境因素事故等专项应急预案，对突发事故应急响应作了详细安排；组织对各项安全技术措施进行安全评估，并要求各施工单位加强危险源动态监管，确保管理责任到位。2010年，未发生任何安全事故。

（张同颖）

邢台市段工程

工程概况

邢台市段工程起自南沙河倒虹吸北岸，止于邢台市桥西区与邢台县交界的会宁村西南，总长15.898km，其中渠道长15.033km、建筑物长0.865km，有大型河渠交叉建筑物2座，左岸排水建筑物共2座，节制闸和退水闸共3座，分水口门工程2座。桩号（98+016）~（110+077）段设计输水流量为230m^3/s，加大输水流量为250m^3/s；桩号（110+077）~（113+914）段设计输水流量为220m^3/s，加大输水流量为240m^3/s。

2010年5月29日，工程开工建设，计划工期36个月。（张同颖）

工程投资

邢台市段工程总投资176 101万元，工程静态总投资97 304万元，移民、水土保持和环境保护静态总投资73 223万元，建设期还贷利息5574万元。

在工程静态总投资97 304万元中，建筑工程54 177万元，机电设备及安装工程2723万元，金属结构设备及安装工程934万元，临时工程4412万元，独立费用13 975万元，预备费4573万元，公路交叉工程16 510万元。

在移民、水土保持和环境保护静态总投资73 223万元中，移民征迁费69 765万元，水土保持工程3011万元，环境保护费447万元。

截至2010年底，邢台市段工程完成投资13 278.94万元，其中建筑工程12 756.31万元，独立费用522.63万元，水土保持和环境保护费51.99万元。

（张同颖）

招标投标

邢台市段工程分标类型包括土建及设备

安装标、监理标、电气设备采购标、金属结构设备采购标、安全监测标、水土保持和环境保护监理监测标。该工程2010年招标投标情况见表1。

表1　　邢台市段工程招标投标情况表

序号	合同编号	合同名称	招标代理单位	中标单位	合同签订日期
1	ZXJ/JL/ZSD-002	南水北调中线一期总干渠漳河北—古运河南中线建管局直管工程建设监理第二标段	河北省水利水电第二勘测设计研究院	中水北方勘测设计研究有限责任公司	2010年2月
2	ZXJ/SG/ZSD-006	南水北调中线一期总干渠漳河北—古运河南中线建管局直管工程邢台市区段土建及设备安装		江南水利水电工程公司	2010年2月8日
3	ZXJ/JC/ZSD-001	南水北调中线一期工程总干渠漳河北—古运河南中线建管局直管工程安全监测标		中水东北勘测设计研究有限责任公司	2010年8月31日
4	ZXJ/JC/YM-013	穿漳河交叉建筑物工程与漳河北—古运河南段环境保护工程监测	河南大河招标有限公司	黄河勘测规划设计有限公司	2010年3月12日
5	ZXJ/JL/YM-032	穿漳河交叉建筑物工程与漳河北—古运河南段水土保持工程监理		西安黄河工程监理有限公司	
6	ZXJ/JC/YM-011	南水北调中线一期工程总干渠穿漳河交叉建筑物工程与漳河北—古运河南段邢台段水土保持工程监测		北京中水新华国际工程咨询有限公司	2010年3月12日
7	ZXJ/JL/YM-034	穿漳河交叉建筑物工程与漳河北—古运河南段邢台段环境保持工程监理	河南大河招标有限公司	北京市中冠水利工程监理有限公司	2010年3月12日
8	ZXJ/CG/ZGD-001	南水北调中线一期总干渠漳河北—古运河南中线建管局直管工程金属结构制造合同	河北昊禹招标代理有限责任公司	安徽水利开发股份有限公司	2010年11月26日
9	ZXJ/CG/ZGD-002	南水北调中线一期总干渠漳河北—古运河南中线建管局直管工程液压启闭机制造合同		邵阳维克液压股份有限公司	

（张同颖）

建　设　管　理

邢台市段工程为中线建管局直接管理项目，由河北直管项目建设管理部负责现场建设管理。

2010年初，河北直管项目建设管理部组建了工程管理三处，具体负责邢台市段工程施工现场的工程建设管理工作，该处制定了相关岗位责任制度和二十余项管理规章制度；

根据进度、质量、安全生产及文明施工管理、投资控制管理等专业分工明确了责任人，并成立了包括各参建单位主要人员在内的相应专项管理机构，明确了工作制度。现场管理突出发挥监理单位的作用，与设计单位建立频繁有效的联络协调机制。

河北直管项目建设管理部严格执行相关标准、制度、文件及国家的规程规范，在文件审批及日常监督检查的基础上，坚持每季度对监理、设计单位进行考核，每月对施工单位进行检查考核；及时组织或参与隐蔽工程等验收、应急演练等，确保了工程建设的顺利进行，2010 年未发生任何质量、安全事故。

（张同颖）

工　程　进　展

2010 年，邢台市段工程计划完成渠道 15.033km 一级马道以上开挖、9.03km 渠堤回填和 2.14km 渠道衬砌施工，基本完成 9 座建筑物中的 4 座主体结构混凝土浇筑。

截至 2010 年底，实际完成土石方开挖 786.78 万 m^3、土石方回填 51.01 万 m^3、混凝土浇筑 2.025 万 m^3，分别占年度计划的 132.54%、78.96% 和 144.64%；完成工程投资 12 890.25 万元，占年度计划的 128.9%。

截至2010 年底，累计完成7.8km 的总干渠全断面开挖，400m 边坡衬砌施工。建筑物方面完成情况如下：张东村沟排水渡槽下部结构、中跨及右边跨槽身施工；七里河倒虹吸工程一期管身及进口段开挖、砂卵石换填、检修闸底板钢筋制作安装，13 节管身垫层浇筑、10 节管身底板混凝土浇筑，4 节管身墙体混凝土浇筑，4 节管身顶板混凝土浇筑；南大郭分水闸开挖、基础换填及垫层浇筑；邓家庄分水闸开挖及出口涵洞 7 节；赵古庄沟排水渡槽开挖及中墩施工；牛尾中支排洪渡槽下部结构及中跨槽身施工。机电设备和金属结构 2010 年尚未施工。

（张同颖）

工　程　施　工

邢台市段工程施工单位为中国人民武装警察部队水电第一总队江南水利水电工程公司。

2010 年，进行单元工程验收评定 98 个，全部合格，其中优良 87 个，优良率 88.8%，未进行分部及单位工程验收。

2010 年，邢台市段工程各参建单位完善安全管理（保证）体系，切实落实安全生产责任制。建管、监理及施工单位定期组织安全大检查；各类规章制度、技术措施、事故预防措施制定齐全；对事故隐患、危险源均进行了排查并提出了超前预防的措施意见；实战演练具有针对性，2010 年未发生任何安全事故。另外，还加强了文明施工和环境保护力度。

（张同颖）

工　程　监　理

邢台市段工程建设监理单位为中水北方勘测设计研究有限责任公司中线建管局直管邢台段项目监理部，该监理部具体负责邢台市段工程土建工程、机电及金属结构设备的安装、水土保持、环境保护、安全监测、闸门及埋件制造等监理工作。

监理部采用通知、指示、批复、签认等文件形式进行控制和管理；按照监理合同约定，在施工现场对工程项目的重要部位和关键工序的施工，实施旁站监理；对所监理的工程项目进行巡视检验、跟踪检测、平行检测；对参加工程建设各方之间的关系以及工程施工过程中出现的问题和争议及时进行调解。

监理部制定了工程质量控制工作流程及质量控制措施，并在监理过程中贯彻和落实；督促承包人合理安排施工进展，控制关键路线项目各重要事件的进展，确保进度目标的实现；督促检查施工承包人建立、健全安全管理工作体系和安全管理、文明施工工作制度，认真执行安全生产法规和文明工地建设规定，定期组织所监理工程项目内的大检查活动，及时处理安全隐患，督促文明施工。

（张同颖）

质量管理

2010年，河北直管项目建设管理部与邢台市段工程各参建单位签订了质量责任书；工程管理三处成立了质量管理工作委员会，明确了负责质量工作的领导和专职质量管理人员；督促各监理单位建立了监理质量控制体系，设计单位、施工单位建立了质量保证体系；督促监理、施工单位配备了符合要求的总质检师、专职质量管理人员，指导施工单位设立了质检部，具体负责施工过程的质量管理，明确了施工单位三检制中的复检人员、专检人员。

2010年，累计完成单元工程98个，已评定单元工程98个，合格率为100%，其中优良93个，优良率为94.9%，未进行分部及单位工程质量评定。2010年未发生任何质量事故。

（张同颖）

安全生产

2010年，河北直管项目建设管理部成立了安全管理、安全度汛和安全事故应急处理领导小组，配备了专职安全管理人员，制定了一系列安全生产管理办法，与施工单位签订了安全生产责任书。

工程管理三处成立了安全管理委员会，各参建单位均成立了安全管理机构、安全度汛指挥部、安全事故现场应急指挥部。制定了《南水北调中线干线工程河北直管项目安全生产管理规定（试行）》等一系列安全管理规章制度，并在生产过程中，严格执行有关安全生产方针政策及规章制度。编制了火灾、触电、塌方、机械交通事故、防汛、突发公共卫生事件及突发环境因素事故等专项应急预案，对突发事故应急响应作了详细安排；组织对各项安全技术措施进行安全评估，并要求各施工单位加强危险源动态监管，确保管理责任到位。2010年未发生任何安全事故。

（张同颖）

邢台县和内丘县段工程

工程概况

邢台县和内丘县段工程桩号为（113+914）~（145+580），总干渠全长31.666km，共布置各类建筑物25座，其中，大型交叉建筑物5座，左岸排水建筑物共11座，铁路交叉建筑物1座，节制闸、退水闸、排冰闸共7座，分水闸1座。该工程为一等工程，主要建筑物级别为1级，大型河渠交叉建筑物的设计防洪标准为100年一遇，校核防洪标准300年一遇，左岸排水建筑物的设计防洪标准为50年一遇，校核防洪标准200年一遇，抗震设计烈度为Ⅶ度。

该工程主要工程量包括土石方开挖1525.47万m^3，土石方回填361.52万m^3，混凝土浇筑58.76万m^3，钢筋制作安装2.2251万t，砌石13.16万m^3。工程计划工期33个月（2010年6月~2013年3月）。

（李　峤）

工程投资

邢台县和内丘县段工程静态总投资为

155 380万元。其中，建筑工程95 071万元，机电设备、金属结构设备及安装工程5982万元，临时工程5758万元，独立费用21 966万元，基本预备费7727万元，铁路交叉工程2249万元，公路交叉工程16 627万元。

2010年，计划完成投资19 527万元，实际完成投资22 004万元。

（李　峤）

招　标　投　标

2009年12月中旬，邢台县和内丘县段工程开始进行招标工作，其招标投标情况见表1。

表1　　邢台县和内丘县段工程招标投标情况表

序号	合同编号	合同名称	招标代理单位	招标文件发售日期	开标日期	定标日期	中标单位	合同签订日期
1	NSBD-ZG/SG2010-07	土建施工SG07标施工合同	河北昊禹招标代理有限责任公司	2009年12月22～28日	2010年1月22日	2010年1月25日	河北省水利工程局	2010年3月18日
2	NSBD-ZG/SG2010-08	土建施工SG08标施工合同	河北省水利水电第二勘测设计研究院	2009年12月21～25日	2010年1月15日	2010年1月18日	中国水利水电第十一工程局有限公司	2010年3月18日
3	NSBD-ZG/SG2010-09	土建施工SG09标施工合同	河北省水利水电第二勘测设计研究院	2009年12月21～25日	2010年1月15日	2010年1月18日	中国水利水电第十工程局有限公司	2010年3月18日
4	NSBD-ZG/JL2010-05	邢台县段建设监理JL05标合同	河北昊禹招标代理有限责任公司	2009年12月14～18日	2010年1月12日	2010年1月14日	上海宏波工程咨询管理有限公司	2010年3月8日
5	NSBD-ZG/JL2010-06	内丘县段建设监理JL06标合同	河北昊禹招标代理有限责任公司	2009年12月14～18日	2010年1月12日	2010年1月14日	黄河水电工程建设有限公司	2010年3月8日
6	NSBD-ZG/JL2010-12	金属结构设备监造合同	河北省水利水电第二勘测设计研究院	2010年11月15～19日	2010年12月10日	2010年12月11日	水利部水工金属结构质量检验测试中心	
7	NSBD-ZG/CG1	聚乙烯闭孔泡沫塑料板协议书	河北昊禹招标代理有限责任公司	2010年5月4～10日	2010年5月26日	2010年5月27日	石家庄启宏橡塑制品有限公司	2010年7月6日
8	NSBD-ZG/CG9	橡胶止水带采购协议书	河北昊禹招标代理有限责任公司	2010年5月4～10日	2010年5月26	2010年5月27日	衡水宝力工程橡胶有限公司	2010年7月6日
9	NSBD-ZG/CG12	钢筋材料采购协议	河北昊禹招标代理有限责任公司	2010年5月4～10日	2010年5月26日	2010年5月27日	河北省水利物资供应站	2010年7月6日
10	NSBD-ZG/CG7	复合土工膜第二标段材料采购	河北昊禹招标代理有限责任公司	2010年7月15～21日	2010年8月10日	2010年8月12日	大连恒大高新材料开发有限公司	2010年11月8日

续表

序号	合同编号	合同名称	招标代理单位	招标文件发售日期	开标日期	定标日期	中标单位	合同签订日期
11	NSBD-ZG/CG4	聚苯乙烯泡沫保温板第二标段材料采购	河北昊禹招标代理有限责任公司	2010年7月15~21日	2010年8月10日	2010年8月12日	河北金威新型建筑材料有限公司	2010年11月8日
12	NSBD-ZG/CG11	防护网栏第二标段材料采购	河北昊禹招标代理有限责任公司	2010年7月15~21日	2010年8月10日	2010年8月12日	安平县鑫翔金属网业制造有限公司	2010年11月8日
13	NSBD-ZG/JZ2010-01	闸门与埋件制造标协议书	河北省水利水电第二勘测设计研究院	2010年10月11~15日	2010年11月5日	2010年11月7日	河北省水利工程局	2010年12月16日
14	NSBD-ZG/JZ2010-02	液压启闭机制造标协议书	河北省水利水电第二勘测设计研究院	2010年10月11~15日	2010年11月5日	2010年11月7日	江苏武进液压启闭机有限公司	2010年12月16日
15	NSBD-ZG/JZ2010-03	卷扬启闭机、螺杆启闭机与铸铁闸门制造标协议书	河北省水利水电第二勘测设计研究院	2010年10月11~15日	2010年11月5日	2010年11月7日	江苏省水利机械制造有限公司	2010年12月16日
16	NSBD-ZG/JZ2010-04	电动葫芦、单梁式起重机制造标协议书	河北省水利水电第二勘测设计研究院	2010年10月11~15日	2010年11月5日	2010年11月7日	天津起重机设备有限公司	2010年12月16日

（王志波　李　峤）

建　设　管　理

邢台县和内丘县段工程委托河北省南水北调工程建设管理局负责建设管理，现场管理机构为第四建设部。建设部在工程建设中全面实行项目法人负责制、招标投标制、建设监理制和合同管理制。建设单位在总结过去工作经验的基础上，充实了建设管理人员，建立健全了质量、安全保证体系，进一步完善各项规章制度，工作中坚持严格管理，明确各级质量责任。使质量责任可以追溯到具体责任人。使建设管理工作规范化、系统化。

在工程建设管理中，河北省南水北调工程建设管理局第四建设部通过周协调会对工程监理、施工情况进行统计分析，鼓励先进，鞭策落后。通过现场检查来监督施工过程控制。采取定期与不定期的安全、质量、文明施工现场检查，督促参建各方的工作。贯彻“百年大计、质量第一”的总方针。做到质量管理工作组织落实、制度落实、责任落实、措施手段落实、经费落实。严格控制工程进度。贯彻“安全第一、预防为主”的总方针。成立安全管理委员会，严格管理手段强化监督，切实做好安全生产工作。

各单位按照招投标文件，高标准地进行了营区规划建设，设置了篮球场、乒乓球、娱乐室、阅览室等活动项目及场所，组织各单位利用业余时间开展形式多样的文化活动。在国务院南水北调办、南水北调中线干线建设管理局、河北省南水北调办的网站和南水北调报刊上共发表工程建设文章34篇，创办了“四部宣传栏”和“第四建设部创文明工地‘对标夺旗争星’竞赛及‘安全、质量’评比成绩公布栏”，为各参建单位提供了展示和宣传的平台。同时不忘搞好工民共建，2010年12月30日，SG09标段向内丘县五郭乡中心小学捐助价值一万元的文具书籍。2010年9月至今，SG09标段帮助五郭村和北漳镇村民灌溉得到了沿线百姓的好评和支持。

（魏 欣 王迪明）

工 程 进 展

2010年5月23日，邢台县和内丘县段工程开工建设，2010年进度目标为完成土石方开挖805万m^3、土石方回填166万m^3、混凝土浇筑8.64万m^3、钢筋制作安装6476t。截至2010年底，累计完成土石方开挖878万m^3、土石方回填75万m^3、混凝土浇筑5.17万m^3、钢筋制作安装5597t。

（刘瑞锋 周国新 王 峰）

工 程 施 工

施工单位成立了施工项目管理组织机构，内设工程部、财务部、安全生产部、计划合同、物资部、质检部、综合部。结合工程实际情况，各部门制定了相应的工作计划、岗位职责规章制度、施工管理措施。工程部施工管理制度主要包括《施工现场管理制度》、《技术管理制度》、《工程项目质量管理制度》、《安全生产管理制度》、《测量放线控制制度》、《工程资料管理办法》、《施工进度计划管理办法》。

在施工过程中，施工单位加强施工管理，严格按照相关规程、规范和设计文件等施工，使每个工序都处于可控状态；认真做好施工日记和日志，对发现的变更及时办理，准确地进行工程量计量，并按时完成资金结算工作。施工单位建立了现场施工管理机构和质量检查机构，配备了专职质检人员和测量、试验人员，在施工过程中严格执行“三检制”，制定了工程质量岗位责任制，并明确了奖惩措施，保证了工程施工的质量；施工单位制定了各自标段的安全生产体系和安全生产各项制度，明确了逐级的专职安全负责人，并制定了特种设备和特种工序的安全生产操作规程和作业指导书，形成了项目安全生产管理的制度体系。

（周国新 王 峰 刘瑞锋）

工 程 监 理

上海宏波工程咨询管理有限公司（JL05标）和黄河水电工程建设有限公司（JL06标）作为邢台县和内丘县段工程监理单位，负责该工程的建筑工程、临时工程、运行道路、金属结构设备安装、安全监测设备安装、机电设备安装、各种预埋件安装、消防系统安装、内外部观测工程、水土保持、环境保护工程措施、临时用地的使用管理等与工程建设相关的监理项目及协调工作。

第四建设部采取“小业主，大监理”的建设管理模式，充分信任监理，最大限度地发挥监理人员的积极性、主动性，确保监理人员自主按合同约定履行职责；监理依据工程施工合同文件、设计文件、技术标准等相关要求进行进度、验收与质量控制；对施工全过程进行监督控制，对重要部位、关键工序进行旁站监理，切实落实“三检”制；对施工单位进场的工程设备、进场材料、构配件、中间产品进行跟踪检测和平行检测；对工程进行计量、支付，进行投资总体控制，对合同外工程或合同变更，进行严格审查，防止投资的不合理增加；牢固树立“安全第一、预防为主”的思想，杜绝群伤群亡事故，及时纠正施工违规现象，并督促采取措施予以改正或处理，及时消除安全隐患。按照“三控制，二管理，一协调”的原则，对工程进行有效的控制，科学地开展监理工作。

（庞章斌　魏　欣　王迪明）

质　量　管　理

河北省南水北调工程建设管理局第四建设部制定了质量管理办法，明确了建管、设计、监理、施工等参建各方在工程建设中的质量职责。贯彻“百年大计、质量第一”的总方针，以工程质量第一位为原则，单元工程质量目标为合格率100%、优良率90%以上，所有工程项目达到合同约定的质量标准。在工程质量管理工作中做到“五落实”，建立完善了建管单位负责、监理单位控制、施工单位保证、设计单位服务、政府质量监督相结合的工程质量保证体系，确保工程建设质量。建立落实了网络化质量责任制度，狠抓质量管理关键环节，一抓设计产品质量，二抓招投标管理，三抓六道关（原材料质量关、施工单位严格执行“三检”制、监理程序关、单元工程验收关、隐蔽工程建基面的联检关、工程变更关），四抓资金保障，五抓技术创新。

截至2010年底，已验收151个单元工程，合格率100%，优良率为93.4%；分部工程尚未验收。

（张文虎　王迪明）

安　全　生　产

邢台县和内丘县段工程各参建单位把安全工作始终放在首位，坚持“安全第一，预防为主”的总方针，狠抓安全生产和文明施工，加强风险意识，强化监督制约机制，强化职工安全意识教育，做到人人心中有安全，事事处处防隐患。提高全员安全意识和敬业精神，通过严格的安全管理手段和安全监督措施，定期不定期召开安全生产会议，及各种安全生产和文明施工检查，切实做好安全生产和文明施工工作。

为确保邢台县和内丘县段工程施工安全，实现安全生产零事故的总体目标，河北省南水北调工程建设管理局第四建设部建立编制了《安全管理办法》、《安全管理制度》、《安全教育制度》、《爆破作业安全规程》等安全管理制度；制订了《防汛预案》、《紧急情况下处理措施方案》。2010年，第四建设部共召开各种安全专题会议7次，每月进行1次安全生产检查；设立了“第四建设部创文明工地‘对标夺旗争星’竞赛及‘安全、质量’评比成绩公布栏”，将各项检查结果进行公示，充分调动各施工单位争先创优的积极性。

（郭贵有　李增华）

施　工　技　术

施工单位在SG08标段施工过程中，为保证大体积混凝土施工质量和浇筑速度，定制了移动龙门式布料机，满足了混凝土入仓强度，缩短了层间间隔时间，提高了工效，确保了混凝土的浇筑质量。

工程施工中使用的新技术有钢模台车的应用和套筒直螺纹钢筋连接技术的应用。工程施工中使用的新设备有可移动龙门式布料机和混凝土输送泵车。工程施工中使用的新方法为采用钢模板（分为腋角定型模板、墙体大模板、顶板模板和端头定型模板）。管身段混凝土分三层施工，墙体和顶板侧模使用了全钢大模板，顶板的承重模板的支承系统使用了自制全新钢模台车，端模采用了定型钢模，确保混凝土表面平整度的要求。

SG09标段结合京石段S18标段及在建南水北调汤阴Ⅰ标段渠道、分水闸、渡槽、左排及倒虹吸项目的施工经验，各大型渠道倒虹吸工程全部采用了三轨门架式皮带布料机技术、全钢模板连体施工工艺，同时为确保按期、高质量完成工程建设，施工单位就石方爆破多次召开专题会议，研究各种爆破参数，采用控制爆破新工艺，进行爆破试验，收到了良好效果，保证了工程顺利进行。

（王　峰）

临城县段工程

工程概况

临城县段工程桩号为（145+580）~（172+751），总干渠全长21.171km，共布置各类建筑物30座，其中，大型交叉建筑物3座，左岸排水建筑物共17座，渠渠交叉建筑物3座，控制性建筑物7座。该工程为一等工程，主要建筑物级别为1级，大型河渠交叉建筑物的设计防洪标准为100年一遇，校核防洪标准300年一遇，左岸排水建筑物的设计防洪标准为50年一遇，校核防洪标准200年一遇，抗震设计烈度为Ⅶ度。

主要工程量包括土石方开挖1487.46万m^3、土石方回填526.33万m^3、混凝土浇筑37.63万m^3、钢筋制作安装1.2741万t、砌石17.02万m^3。计划工期33个月（2010年6月~2013年3月）。

（王　峰　牛清波）

工程投资

临城县段工程静态总投资为132 928万元，其中建筑工程86 283万元，机电设备、金属结构设备及安装工程4622万元，临时工程4718万元，独立费用19 305万元，基本预备费6896万元，公路交叉工程11 104万元。

2010年，计划完成投资16 023万元，实际完成投资15 783万元。

（李　峤）

招标投标

2009年12月中旬，开始进行临城县段工程招标工作，其招标投标情况见表1。

表1　　临城县段工程招标投标情况表

序号	合同编号	合同名称	招标代理单位	招标文件发售日期	开标日期	定标日期	中标单位	合同签订日期
1	NSBD-ZG/SG2010-10	土建施工SG10标施工合同	河北省水利水电第二勘测设计研究院	2010年1月4~8日	2010年1月29日	2010年2月1日	葛洲坝集团第一工程有限公司	2010年3月18日
2	NSBD-ZG/SG2010-11	土建施工SG11标施工合同	河北省水利水电第二勘测设计研究院	2010年1月4~8日	2010年1月29日	2010年2月1日	中国水电建设集团十五工程局有限公司	2010年3月18日
3	NSBD-ZG/SG2010-12	土建施工SG12标施工合同	河北省水利水电第二勘测设计研究院	2010年1月4~8日	2010年1月29日	2010年2月1日	中国水利水电第一工程局有限公司	2010年3月18日
4	NSBD-ZG/JL2010-07	临城县北段建设监理JL07标合同	河北昊禹招标代理有限责任公司	2009年12月14~18日	2010年1月12日	2010年1月14日	山西省水利水电工程建设监理公司	2010年3月8日

续表

序号	合同编号	合同名称	招标代理单位	招标文件发售日期	开标日期	定标日期	中标单位	合同签订日期
5	NSBD-ZG/JL2010-08	临城县南建设监理JL08标合同	河北昊禹招标代理有限责任公司	2009年12月14~18日	2010年1月12日	2010年1月14日	河北省水利水电工程监理咨询中心	2010年3月8日
6	NSBD-ZG/JL2010-12	金属结构设备监造合同	河北省水利水电第二勘测设计研究院	2010年11月15~19日	2010年12月10	2010年12月11日	水利部水工金属结构质量检验测试中心	
7	NSBD-ZG/CG1	聚乙烯闭孔泡沫塑料板协议书	河北昊禹招标代理有限责任公司	2010年5月4~10日	2010年5月26日	2010年5月27日	石家庄启宏橡塑制品有限公司	2010年7月6日
8	NSBD-ZG/CG9	橡胶止水带采购协议书	河北昊禹招标代理有限责任公司	2010年5月4~10日	2010年5月26日	2010年5月27日	衡水宝力工程橡胶有限公司	2010年7月6日
9	NSBD-ZG/CG12	钢筋材料采购协议	河北昊禹招标代理有限责任公司	2010年5月4~10日	2010年5月26日	2010年5月27日	河北省水利物资供应站	2010年7月6日
10	NSBD-ZG/CG7	复合土工膜第二标段材料采购	河北昊禹招标代理有限责任公司	2010年7月15~21日	2010年8月10日	2010年8月12日	大连恒大高新材料开发有限公司	2010年11月8日
11	NSBD-ZG/CG4	聚苯乙烯泡沫保温板第二标段材料采购	河北昊禹招标代理有限责任公司	2010年7月15~21日	2010年8月10日	2010年8月12日	河北金威新型建筑材料有限公司	2010年11月8日
12	NSBD-ZG/CG11	防护网栏第二标段材料采购	河北昊禹招标代理有限责任公司	2010年7月15~21日	2010年8月10日	2010年8月12日	安平县鑫翔金属网业制造有限公司	2010年11月8日
13	NSBD-ZG/JZ2010-01	闸门与埋件制造标协议书	河北省水利水电第二勘测设计研究院	2010年10月11~15日	2010年11月5日	2010年11月7日	河北省水利工程局	2010年12月16日
14	NSBD-ZG/JZ2010-02	液压启闭机制造标协议书	河北省水利水电第二勘测设计研究院	2010年10月11~15日	2010年11月5日	2010年11月7日	江苏武进液压启闭机有限公司	2010年12月16日
15	NSBD-ZG/JZ2010-03	卷扬启闭机、螺杆启闭机与铸铁闸门制造标协议书	河北省水利水电第二勘测设计研究院	2010年10月11~15日	2010年11月5日	2010年11月7日	江苏省水利机械制造有限公司	2010年12月16日
16	NSBD-ZG/JZ2010-04	电动葫芦、单梁式起重机制造标协议书	河北省水利水电第二勘测设计研究院	2010年10月11~15日	2010年11月5日	2010年11月7日	天津起重机设备有限公司	2010年12月16日

（王志波　李　峤）

建　设　管　理

临城县段工程委托河北省南水北调工程建设管理局负责建设管理，现场管理机构为第四建设部。第四建设部在工程建设中全面实行项目法人负责制、招标投标制、建设监理制和合同管理制。建设单位建立健全了质量、安全保证体系，进一步完善各项规章制度，工作中坚持严格管理，明确各级质量责任，使质量责任可以追溯到具体责任人。

在工程建设中，河北省南水北调建设管理局第四建设部通过周协调会对工程监理、施工情况进行统计分析，鼓励先进，鞭策落后；通过现场检查监督施工过程控制；贯彻“百年大计、质量第一”的总方针，做到质量管理工作组织落实、制度落实、责任落实、措施手段落实、经费落实。贯彻“安全第一、预防为主”的总方针，成立安全管理委员会，严格管理手段强化监督，切实做好安全生产工作。各单位按照招投标文件，高标准的进行了营区规划建设，设置了篮球场、乒乓球室、娱乐室、阅览室等活动项目及场所，组织各单位利用业余时间开展形式多样的文化活动。同时，搞好工民共建，2010 年 10 月 7 日，组织 SG11 标段向临城县支角村小学捐赠了书包和文具，体现了工程建设与地方百姓工农共建的理念，得到了沿线百姓的理解和支持。

（魏　欣　王迪明）

工　程　进　展

2010 年 6 月 16 日，临城县段工程正式开工建设，2010 年进度目标为完成土石方开挖 389 万 m^3、土石方回填 144 万 m^3、混凝土浇筑 6.02 万 m^3、钢筋制作安装 3214t。截至 2010 年底，累计完成土石方开挖 644 万 m^3、土石方回填 93.7 万 m^3、混凝土浇筑 2.73 万 m^3、钢筋制作安装 1577t。

（刘瑞锋　周国新　王　峰）

工　程　施　工

临城县段工程施工单位成立了施工项目管理组织机构，内设工程部、财务部、安全生产部、计划合同部、物资部、质检部、综合部。结合工程实际情况，各部门制订了相应的工作计划、岗位职责规章制度和施工管理措施。施工管理制度主要包括《施工现场管理制度》、《技术管理制度》、《工程项目质量管理制度》、《安全生产管理制度》、《测量放线控制制度》、《工程资料管理办法》和《施工进度计划管理办法》。

在施工过程中，施工单位加强施工管理，严格按照相关规程、规范和设计文件等施工，使每个工序都处于可控状态；认真做好施工日记和日志，对发现的变更及时办理，准确地进行工程量计量，并按时完成资金结算工作；建立了现场施工管理机构和质量检查机构，配备了专职质检人员和测量、试验人员，在施工过程中严格执行“三检制”，制定了工程质量岗位责任制，并明确了奖惩措施，保证了工程施工的质量；制定了各自标段的安全生产体系和安全生产各项制度，明确了逐级的专职安全负责人，并根据本工程实际，制定了特种设备和特种工序的安全生产操作规程和作业指导书，形成了项目安全生产管理的制度体系。

（周国新　王　峰　刘瑞锋）

工　程　监　理

山西水利水电工程建设监理公司（JL07 标）和河北省水利水电工程监理咨询中心（JL08 标）作为监理单位负责临城县段工程内的建筑工程、临时工程、运行道路、金属结构设备安装、安全监测设备安装、机电设备安装、各种预埋件安装、消防系统安装、内外部观测工程、水土保持和环境保护工程措施、临时用地的使用管理等与工程建设相关的监理项目及协调工作。

河北省南水北调建设管理局第四建设部采取“小业主，大监理”的建设管理模式，充分信任监理，发挥监理人员的积极性、主动性，确保监理人员自主按合同约定履行职责。监理单位依据工程施工合同文件、设计文件、技术标准等相关要求进行进度、验收与质量控制，对施工全过程进行监督控制，对重要部位、关键工序进行旁站监理，切实落实“三检”制；对施工单位进场的工程设备、进场材料、构配件、中间产品进行跟踪检测和平行检测；对工程进行计量、支付，进行投资总体控制；对合同外工程或合同变更，进行严格审查，防止投资的不合理增加；牢固树立“安全第一、预防为主”的思想，杜绝群伤群亡事故，纠正施工违规现象，并督促采取措施予以改正或处理，消除安全隐患；按照“三控制，二管理，一协调”的原则，对工程进行有效的控制，科学地开展监理工作。

（庞章斌　魏　欣　王迪明）

质量管理

河北省南水北调建设管理局第四建设部制定了质量管理办法，明确了建管、设计、监理、施工等参建各方在工程建设中的质量职责；贯彻“百年大计、质量第一”的总方针，以工程质量第一位为原则，单元工程质量目标合格率100%、优良率90%以上，所有工程项目达到合同约定的质量标准；同时质量管理工作做到“五落实”，建立完善建管单位负责、监理单位控制、施工单位保证、设计单位服务、政府质量监督相结合的工程质量保证体系，确保工程建设质量；建立落实网络化质量责任制度，狠抓质量管理关键环节，一抓设计产品质量，二抓招投标管理，三抓六道关（原材料质量关、施工单位严格执行“三检”制、监理程序关、单元工程验收关、隐蔽工程建基面的联检关、工程变更关），四抓资金保障，五抓技术创新。

截至2010年底，已验收130个单元工程，合格率100%，优良率为85.4%；分部工程尚未验收。

（张文虎　王迪明）

安全生产

临城县段工程各参建单位把安全工作始终放在首位，坚持“安全第一，预防为主”的总方针，狠抓安全生产和文明施工，加强风险意识，强化监督制约机制，强化职工安全意识教育，做到人人心中有安全，事事处处防隐患；通过严格的安全管理手段和安全监督措施，定期不定期召开安全生产会议，及各种安全生产和文明施工检查，切实做好安全生产和文明施工工作。

河北省南水北调建设管理局第四工程建设部编制了《安全管理办法》、《安全管理制度》、《安全教育制度》、《爆破作业安全规程》等安全管理制度；汛期制定了《防汛预案》、《紧急情况下处理措施方案》；设立了“第四建设部创文明工地‘对标夺旗争星’竞赛及‘安全、质量’评比成绩公布栏”，及时将各项检查结果进行公示，充分激励调动了各施工单位争先创优的积极性。

（郭贵有　李增华）

高邑县—元氏县段工程

工程概况

高邑县—元氏县段工程起点为邢石界，起点桩号172+000，终点桩号212+741，总干渠长度40.741km。该渠段共布置建筑物33座，其中，大型河渠交叉建筑物6座，左岸排水建筑物13座，渠渠交叉建筑物7座，控制性建筑物7座。总干渠为一等工程，渠道及其交叉建筑物的主要部位为1级，次要部位级别为3级，设计流量 $220m^3/s$，加大流量 $240m^3/s$。

2010年5月29日，工程开工建设，计划工期30个月。

（张同颖）

工　程　投　资

高邑县—元氏县段工程总投资274 360万元，工程静态总投资156 564万元，其中移民、水土保持和环境保护静态总投资111 220万元，建设期还贷利息6576万元。

在工程静态总投资156 564万元中，建筑工程95 100万元，机电设备及安装工程3180万元，金属结构设备及安装工程3732万元，临时工程6476万元，独立费用24 021万元，预备费7951万元，渗漏控制工程1362万元，公路工程14 742万元。

在移民、水土保持和环境保护静态总投资111 220万元中，移民征迁费106 716万元，水土保持工程3637万元，环境保护费867万元。

截至2010年底，完成总投资23 773.79万元，其中建筑工程22 196.72万元，独立费用852.49万元，水土保持和环境保护费724.58万元。

（张同颖）

招　标　投　标

高邑县—元氏县段工程分标类型包括土建及设备安装、监理、电气设备采购、金属结构设备采购、安全监测、水保环保监理监测。该工程2010年招投标情况见表1。

表1　　高邑县—元氏县段工程招投标情况表

序号	合同编号	合同名称	招标代理单位	中标单位	合同签订日期
1	ZXJ/JL/ZSD-003	南水北调中线一期总干渠漳河北—古运河南中线建管局直管工程建设监理第三标段	河北昊禹招标代理有限责任公司	中国水利水电建设工程咨询北京公司	2010年2月
2	ZXJ/SG/ZSD-007	南水北调中线一期总干渠漳河北—古运河南段中线建管局直管工程高邑赞皇段土建及设备安装		中国水利水电第十一工程局有限公司	2010年2月8日
3	ZXJ/SG/ZSD-008	南水北调中线一期总干渠漳河北—古运河南段中线建管局直管工程元氏Ⅰ段土建及设备安装		河北省水利工程局	
4	ZXJ/SG/ZSD-009	南水北调中线一期总干渠漳河北—古运河南段中线建管局直管工程元氏Ⅱ段土建及设备安装		中国水利水电第五工程局有限公司	2010年2月8日
5	ZXJ/JC/ZSD-001	南水北调中线一期工程总干渠漳河北—古运河南中线建管局直管工程安全监测标	河北省水利水电第二勘测设计研究院	中水东北勘测设计研究有限责任公司	2010年8月31日

续表

序号	合同编号	合同名称	招标代理单位	中标单位	合同签订日期
6	ZXJ/JC/YM-013	穿漳河交叉建筑物工程与漳河北—古运河南段环境保护工程监测	河南大河招标有限公司	黄河勘测规划设计有限公司	2010年3月12日
7	ZXJ/JL/YM-032	穿漳河交叉建筑物工程与漳河北—古运河南段水土保持工程监理		西安黄河工程监理有限公司	
8	ZXJ/JC/YM-010	穿漳河交叉建筑物工程与漳河北—古运河南段石家庄段水土保持工程监测		长江水利委员会长江科学院	2010年3月12日
9	ZXJ/JL/YM-033	穿漳河交叉建筑物工程与漳河北—古运河南段石家庄段环境保护工程监理		河南大河工程建设管理有限公司	
10	ZXJ/CG/ZGD-001	南水北调中线一期总干渠漳河北—古运河南中线建管局直管工程金属结构制造合同	河北昊禹招标代理有限责任公司	安徽水利开发股份有限公司	2010年11月26日
11	ZXJ/CG/ZGD-002	南水北调中线一期总干渠漳河北—古运河南中线建管局直管工程液压启闭机制造合同		邵阳维克液压股份有限公司	

（张同颖）

建 设 管 理

高邑县—元氏县段工程为中线建管局直接管理项目，由河北直管项目建设管理部负责工程现场建设管理。

2010年初，河北直管项目建设管理部组建了工程管理二处，具体负责高邑县—元氏县段工程施工现场的工程建设管理工作，该处层层分解工作职责，制定了相关岗位责任制度和20余项管理规章制度；根据进度、质量、安全生产及文明施工管理、投资控制管理等专业分工明确了责任人，并成立了包括各参建单位主要人员在内的相应专项管理机构，明确了工作制度。现场管理突出发挥监理单位的作用，与设计单位建立频繁有效的联络协调机制。

河北直管项目建设管理部与河北省各级南水北调办等各级政府主管部门加强沟通联系，建立了一系列征迁协调联系机制，推动了该工程于2010年5月29日顺利开工。在工程建设中，河北直管项目建设管理部严格执行相关标准、制度、文件及国家的规程规范，在文件审批及日常监督检查的基础上，坚持每季度对监理、设计单位进行考核，每月对施工单位进行检查考核；及时组织或参与隐蔽工程等验收、应急演练等，确保了工程建设的顺利进行，2010年未发生任何质量、安全事故。

（张同颖）

工 程 进 展

2010年，高邑县—元氏县段工程计划完

成0.55km石方渠道开挖、3.06km土方渠道开挖和10km半挖半填渠首施工，以及33座建筑物中的19座基本完成主体结构混凝土浇筑。

截至2010年底，实际完成土石方开挖1100.43万m^3、土石方回填146.5万m^3、混凝土浇筑9.568万m^3，分别占年度计划的128.8%、89.2%和82.1%；完成建筑安装工程投资24184.25万元，占年度计划的108.78%。

截至2010年底，累计完成20.5km的总干渠施工和104m边坡衬砌施工。建筑物方面完成情况如下：泲河渡槽槽身段1～5号墩身浇筑，南焦沟排水涵洞4～10号管节混凝土浇筑，西高排水倒虹吸管身段混凝土浇筑，南邢郭一支倒虹吸全部土方开挖和混凝土施工，槐河（一）倒虹吸完成16个底板、8个墙体、3个顶板混凝土浇筑，槐河（二）倒虹吸完成10个底板、3个墙体混凝土浇筑，潴龙河倒虹吸完成9个底板浇筑、8个墙体、5个顶板混凝土浇筑，高级渠（2）渠渠交叉倒虹吸、龙王庙沟左排倒虹吸、大营沟排水涵洞、澄漕河北支排水倒虹吸管身段浇筑，西于科沟排水倒虹完成9个管身混凝土浇筑，赵同沟排水倒虹吸完成11个管身混凝土浇筑，北沙河倒虹吸完成水平管身段混凝土浇筑，八一总干斜渠倒虹吸完成管身段及出口竖井混凝土浇筑，八一三分干六支倒虹吸完成管身段混凝土浇筑，故城坡水区排水倒虹吸完成水平管身段及2节斜管混凝土浇筑，殷村沟排水倒虹吸完成水平管身段混凝土浇筑，西郝坡排水倒虹吸完成管身段混凝土浇筑。机电设备和金属结构2010年尚未施工。

（张同颖）

工 程 施 工

高邑县—元氏县段工程施工单位为中国水利水电第十一工程局有限公司、河北省水利工程局和中国水利水电第五工程局有限公司。

2010年，进行单元工程验收评定2820个，全部合格，其中优良2697个，优良率95.7%，未进行分部及单位工程验收。

2010年，该工程各参建单位完善安全管理（保证）体系，切实落实安全生产责任制，建设管理、监理和施工单位定期组织安全大检查；各类规章制度、技术措施、事故预防措施制定齐全；对事故隐患、危险源均进行了排查并提出了超前预防的措施意见，实战演练具有针对性，2010年未发生任何安全事故。

（张同颖）

工 程 监 理

高邑县—元氏县段工程建设监理单位为中国水利水电建设工程咨询北京公司南水北调中线高元段监理部。该监理部具体负责高邑县—元氏县段工程土建工程、机电及金属结构设备的安装、水土保持、环境保护、安全监测、闸门及埋件制造等监理工作。

该工程监理部采用通知、指示、批复、签认等文件形式进行控制和管理，按照监理合同约定，在施工现场对工程项目的重要部位和关键工序的施工，实施旁站监理，对所监理的工程项目进行巡视检验、跟踪检测、平行检测，对参加工程建设各方之间的关系以及工程施工过程中出现的问题和争议及时进行调解。

为确保工程质量，该工程监理部确立周、月质量例会制度、每周至少一次现场进度巡察，发现问题，及时改正；建立由合同工程师、计量工程师、现场监理工程师共同负责的独立计量、支付、管理的工作体系；编制了安全监理实施细则、重特大人身伤害事故应急预案、重特大火灾事故应急救援预案、重特大车辆交通事故应急救援预案、突发安全事故应急救援预案、安全生产事故管理综合应急预案、安全应急预案等指导性文件，建立了南水北调高元段安全管理体系。

（张同颖）

质 量 管 理

2010年，河北直管项目建设管理部与高邑县—元氏县段工程各参建单位签订了质量责任书。工程管理二处成立了质量管理工作委员会，明确了负责质量工作的领导和专职质量管理人员；督促各监理单位建立了监理质量控制体系，设计单位、施工单位建立了质量保证体系；督促监理、施工单位配备了符合要求的总质检师、专职质量管理人员，指导施工单位设立了质检部，具体负责施工过程的质量管理，明确了施工单位三检制中的复检人员、专检人员。

2010年，累计完成单元工程2820个，已评定单元工程2820个，合格率为100%，其中优良2697个，优良率为95.7%，未进行分部及单位工程质量评定。2010年未发生任何质量事故。

（张同颖）

安 全 生 产

2010年，河北直管项目建设管理部成立了安全管理、安全度汛和安全事故应急处理领导小组，配备了专职安全管理人员，制定了一系列安全生产管理办法，与施工单位签订了安全生产责任书。

工程管理二处成立了安全管理委员会，各参建单位相应成立了安全管理、安全度汛和安全事故应急指挥机构；制定了《南水北调中线干线工程河北直管项目安全生产管理规定（试行）》等一系列安全管理规章制度，并在生产过程中，严格执行有关安全生产方针政策及规章制度；编制了火灾、触电、塌方、机械交通事故、防汛、突发公共卫生事件及突发环境因素事故等专项应急预案，对突发事故应急响应作了详细安排；组织对各项安全技术措施进行安全评估，并要求各施工单位加强危险源动态监管，确保管理责任到位。2010年未发生任何安全事故。

（张同颖）

鹿泉市段工程

工 程 概 况

鹿泉市段工程位于鹿泉市境内，起点位于元氏县与鹿泉市交界处后黄家营村，终点位于石家庄市与鹿泉市交界处台头村。起点总干渠桩号为212+180，终点总干渠桩号为224+966，全长12.786km，其中渠道长11.459km、建筑物（占用水头）长1.327km。

该工程共布设各类交叉建筑物15座，总干渠渠道、各类交叉建筑物及控制工程等主要建筑物为1级建筑物，附属建筑物、河道防护工程及河穿渠工程的上下游连接段等次要建筑物为3级建筑物，施工导流等临时建筑物按4级或5级设计，渠线跨越地震基本烈度Ⅵ度区。

该工程主要工程量包括土方开挖557.92万m^3、土方回填183.77万m^3、混凝土浇筑25.98万m^3、钢筋制作安装1.14万t、砌石10.93万m^3。

该工程合同开工时间为2010年6月，完工时间为2013年3月，计划总工期为33个月。

（王志波　李　峤　赵玉华　聂金龙）

工 程 投 资

鹿泉市段工程静态总投资63 956万元，其中建筑工程37 814万元，机电设备、金属结构设备及安装工程4295万元，临时工程2035万元，独立费用10 342万元，基本预备费3269万元，渗漏控制及防冻胀工程1609万元，公路交叉建筑物4592万元。

（王志波　李　峤）

招　标　投　标

2009年12月中旬，鹿泉市段工程开始进行招标投标工作，其招标投标情况见表1。

表1　　鹿泉市段工程招标投标情况表

序号	合同编号	合同名称	招标代理单位	招标文件发售日期	开标日期	定标日期	中标单位	合同签订日期
1	NSBD-ZG/SG2010-13	土建施工SG13标（鹿泉段）施工合同	河北昊禹招标代理有限责任公司	2009年12月22～28日	2010年1月22日	2010年1月25日	中国水利水电第十三工程局有限公司	2010年3月18日
2	NSBD-ZG/JL2010-09	鹿泉市段工程建设监理JL09标合同	河北昊禹招标代理有限责任公司	2009年12月14～18日	2010年1月12日	2010年1月14日	吉林松辽工程监理有限公司	2010年3月8日
3	NSBD-ZG/JL2010-12	金属结构设备监造合同	河北省水利水电第二勘测设计研究院	2010年11月15～19日	2010年12月10日	2010年12月11日	水利部水工金属结构质量检验测试中心	
4	NSBD-ZG/CG1	聚乙烯闭孔泡沫塑料板协议书	河北昊禹招标代理有限责任公司	2010年5月4～10日	2010年5月26日	2010年5月27日	石家庄启宏橡塑制品有限公司	2010年7月6日
5	NSBD-ZG/CG5	聚苯乙烯泡沫保温板第三标材料采购协议书	河北昊禹招标代理有限责任公司	2010年7月15～21日	2010年8月10日	2010年8月12日	北京波科曼挤塑制品有限公司	2010年11月8日
6	NSBD-ZG/CG8	复合土工膜第三标段材料采购协议书	河北昊禹招标代理有限责任公司	2010年7月15～21日	2010年8月10日	2010年8月12日	山东浩阳新型工程材料有限公司	2010年11月8日
7	NSBD-ZG/CG9	橡胶止水带采购协议书	河北昊禹招标代理有限责任公司	2010年5月4～10日	2010年5月26日	2010年5月27日	衡水宝力工程橡胶有限公司	2010年7月6日
8	NSBD-ZG/CG11	防护隔离网栏第二标段材料采购协议书	河北昊禹招标代理有限责任公司	2010年7月15～21日	2010年8月10日	2010年8月12日	安平县鑫翔金属网业制造有限公司	2010年11月8日
9	NSBD-ZG/CG12	钢筋材料采购协议	河北昊禹招标代理有限责任公司	2010年5月4～10日	2010年5月26日	2010年5月27日	河北省水利物资供应站	2010年7月6日
10	NSBD-ZG/JZ2010-01	闸门与埋件制造标协议书	河北省水利水电第二勘测设计研究院	2010年10月11～15日	2010年11月5日	2010年11月7日	河北省水利工程局	2010年12月16日

续表

序号	合同编号	合同名称	招标代理单位	招标文件发售日期	开标日期	定标日期	中标单位	合同签订日期
11	NSBD-ZG/JZ2010-02	液压启闭机制造标协议书	河北省水利水电第二勘测设计研究院	2010 年 10 月 11 ~ 15 日	2010 年 11 月 5 日	2010 年 11 月 7 日	江苏武进液压启闭机有限公司	2010 年 12 月 16 日
12	NSBD-ZG/JZ2010-03	卷扬启闭机、螺杆启闭机与铸铁闸门制造标协议书	河北省水利水电第二勘测设计研究院	2010 年 10 月 11 ~ 15 日	2010 年 11 月 5 日	2010 年 11 月 7 日	江苏省水利机械制造有限公司	2010 年 12 月 16 日
13	NSBD-ZG/JZ2010-04	电动葫芦、单梁式起重机制造标协议书	河北省水利水电第二勘测设计研究院	2010 年 10 月 11 ~ 15 日	2010 年 11 月 5 日	2010 年 11 月 7 日	天津起重机设备有限公司	2010 年 12 月 16 日

（王志波　李　峤）

建　设　管　理

河北省南水北调工程建设管理局负责鹿泉市段工程的建设管理，现场管理机构为第一建设部。在工程建设中，第一建设部全面实行项目法人负责制、招标投标制、建设监理制和合同管理制。第一建设部配备了相应人力、物力，建立健全了质量、安全保证体系，进一步完善各项规章制度，工作中坚持严格要求、精细管理，抢进度、抓质量、保安全，全面履行职责；2010 年编报工程建设管理月报 6 期，及时反映工程建设情况进行归纳、分析、总结，提出问题及建议，为保证工程进度做好基础工作；认真贯彻落实“质量管理年活动”，组织专题质量培训，加大督促检查力度，从合同的履行、原材料的检验检测、设备及半成品的检查等进行全阶段、全过程控制；贯彻落实“安全第一，预防为主”的安全方针，组织安全生产专项培训，定期安全大检查，整改监督一条龙；针对汛期和冬季施工的特点，对施工现场进行拉网式检查，及时排查安全隐患，确保安全生产。2010 年未发生安全生产事故。另外，该工程建设部和施工单位联合与当地群众搞企地共建活动，创造了一个和谐的工程建设环境。

中国水利水电第十三局有限公司南水北调中线漳古段 SG13 标段施工项目部具体负责本工程的施工。由于弃土场问题和专项问题，该工程建筑物的施工显得滞后，2010 年 10 月 6 日，该工程第一仓混凝土才开始浇筑，并采取有效措施加快工程进度。

（赵玉华　聂金龙）

工　程　进　展

2010 年，鹿泉市段工程完成投资 7206 万元。截至 2010 年底，该工程累计完成工程量包括土方开挖 230.1 万 m^3、土方填筑 71.0 万 m^3、混凝土浇筑 4.17 万 m^3、钢筋制作安装 3380t。主要形象进度完成 8.5km 堤坝填筑施工、洨河渠道倒虹吸 1 ~ 10 号管身段施工、金河渠道倒虹吸 8 ~ 17 号管身段施工、普连河倒虹吸 1 ~ 10 号管身段施工、计三渠十五支倒虹吸 3 ~ 13 号管身段及出口竖井施工和洨河南支倒虹吸基础处理施工。

（赵玉华　聂金龙）

工 程 监 理

吉林松辽工程监理监测咨询有限公司负责鹿泉市段工程的监理工作。工作中，监理单位针对不同情况分别采取不同控制手段对质量进行控制；督促承包人建立完善的材料控制体系，建立材料监理控制细则，不合格的材料杜绝在工程上使用，对影响工程质量的环境因素，采取有效预防控制措施；在施工过程中，应坚持旁站监理，严格执行“三检制”，确保单位工程质量达到优良标准。

在安全和进度监理上，按照监理规范和监理细则对承包方实施管理；对影响工期的因素应提前预防，编制应急预案，避免影响工期的事件发生；及时分析对比实际进度与计划进度，找出影响因素，加以调整修正，保证整体进度的有效进行；监理人依据施工承包合同的约定，对工程投资进行控制和管理，协助发包人编制合同项目的付款计划，审查承包人提交的资金流计划，采用审核和抽查手段认真计量。

（赵玉华　聂金龙）

质 量 管 理

鹿泉市段工程建设单位始终贯彻质量方针，将质量管理体系贯穿于施工管理活动，工程施工质量受控，2010 年未发生质量事故。

健全了质量管理体系且有效运行，建立了从上到下的质量管理保证体系，制订了完善的质量管理制度，对关键工序进行了全程旁站，做到谁施工谁负责，谁负责谁签字。第一建设部以全员培训为目标，开展了形式多样的质量教育与培训工作，第一建设部组织施工技能培训 39 次；质量宣传栏 4 期；召开质量专题会议 9 次；质量宣传活动 12 次；质量交底 24 次。9 月份开展了“质量月活动”，组织相关人员学习项目部《施工质量管理办法》等质量管理制度，并对施工现场进行质量专项检查。在各工序开工前，对工程中可能出现的质量通病和质量薄弱环节进行了质量预防宣贯，在工程施工过程中对检查发现的问题进行纠正和总结，对可能影响施工质量的问题，要求作业队制定措施整改，做到了施工过程的质量受控。施工过程中坚持“三检制”制度，有效地将工程质量隐患消灭在萌芽状态。

截至 2010 年底，该工程累计完成 1062 个单元工程，合格 1062 个，合格率 100%；优良 1005 个，优良率 94.6%。

（赵玉华　聂金龙）

安 全 生 产

鹿泉市段工程成立安全管理领导小组，设立了专职的项目安全总监和专职安全管理部门，配足专、兼职安全员，形成全方位、多层次的安全管理体系，把安全工作落实到施工一线。

项目部制订培训制度、检查制度、消防制度等各项规章制度 27 项，拌和站、推土机、挖掘机等各类安全操作规程 21 项，制定了多项安全工作措施和计划，通过层层签订安全责任书，落实安全责任。2010 年下半年，项目部开展了“安全生产年”、“安全生产心中有数”、“交通专项治理”等多项活动，以及各类安全培训活动，提高了大家的安全生产意识和自救、互救能力。针对重要工序、防火、防触电等制定了相应的安全技术措施，并根据现场施工情况及时进行安全技术交底，共进行交底约 1200 人次；严格标准化施工，加强重要危险源的监控，对重要危险源进行辨识并制定了相应的应急预案，并且对两种重要危险源的应急预案进行了实施演练，确保重要危险源始终处于受控状态。通过一系列措施的实施，2010年未发生任何安全事故及环境事故，实现了项目安全管理目标和事故控制指标。

（赵玉华　聂金龙）

石家庄市区段工程

工程概况

石家庄市区段工程位于石家庄市桥西区和新华区，起点在鹿泉市与石家庄市交界处的台头村附近，起点总干渠桩号224+966，终点总干渠桩号为236+934.9。该段工程全长约12.266km。其中，渠道长10.969km；暗渠1座，长0.72km；左岸排水建筑物2座，控制性分水口门1座。总干渠设计流量为220m^3/s，加大流量为240m^3/s，起点设计水位为77.218m，终点设计水位为76.408m，总水头差为0.810m。

主体工程主要工程量包括土方开挖989万m^3、土方回填87万m^3、混凝土浇筑19.48万m^3、钢筋制作安装0.77万t、砌石10.74万m^3。

2010年6月15日，该工程开工建设，计划工期为33个月。

（王志波　李　峤　赵玉华　梁　冰）

工程投资

石家庄市区段工程静态总投资为111 616万元，其中，建筑工程49 952万元，机电设备、金属结构设备及安装工程2404万元，临时工程2163万元，独立费用14 372万元，基本预备费4133万元，铁路交叉工程13 157万元，渗漏控制及防冻胀工程910万元，公路交叉建筑物24 525万元。

（王志波　李　峤）

招标投标

2009年12月中旬，石家庄市区段工程开始进行招投标工作，其招投标情况见表1。

表1　石家庄市区段工程招投标情况表

序号	合同编号	合同名称	招标代理单位	招标文件发售日期	开标日期	定标日期	中标单位	合同签订日期
1	NSBD-ZG/SG2010-14	土建施工SG14标（石家庄市区段）施工合同	河北昊禹招标代理有限责任公司	2009年12月22～28日	2010年1月22日	2010年1月25日	中铁十九局集团有限公司	2010年3月18日
2	NSBD-ZG/JL2010-10	石家庄市区段工程建设监理JL10标合同	河北昊禹招标代理有限责任公司	2009年12月14～18日	2010年1月12日	2010年1月14日	天津市冀水工程咨询中心	2010年3月8日
3	NSBD-ZG/JL2010-12	金属结构设备监造合同	河北省水利水电第二勘测设计研究院	2010年11月15～19日	2010年12月10日	2010年12月11日	水利部水工金属结构质量检验测试中心	
4	NSBD-ZG/CG1	聚乙烯闭孔泡沫塑料板协议书	河北昊禹招标代理有限责任公司	2010年5月4～10日	2010年5月26日	2010年5月27日	石家庄启宏橡塑制品有限公司	2010年7月6日

续表

序号	合同编号	合同名称	招标代理单位	招标文件发售日期	开标日期	定标日期	中标单位	合同签订日期
5	NSBD-ZG/CG5	聚苯乙烯泡沫保温板第三标材料采购协议书	河北昊禹招标代理有限责任公司	2010年7月15~21日	2010年8月10日	2010年8月12日	北京波科曼挤塑制品有限公司	2010年11月8日
6	NSBD-ZG/CG8	复合土工膜第三标段材料采购协议书	河北昊禹招标代理有限责任公司	2010年7月15~21日	2010年8月10日	2010年8月12日	山东浩阳新型工程材料有限公司	2010年11月8日
7	NSBD-ZG/CG9	橡胶止水带采购协议书	河北昊禹招标代理有限责任公司	2010年5月4~10日	2010年5月26日	2010年5月27日	衡水宝力工程橡胶有限公司	2010年7月6日
8	NSBD-ZG/CG11	防护隔离网栏第二标段材料采购协议书	河北昊禹招标代理有限责任公司	2010年7月15~21日	2010年8月10日	2010年8月12日	安平县鑫翔金属网业制造有限公司	2010年11月8日
9	NSBD-ZG/CG12	钢筋材料采购协议	河北昊禹招标代理有限责任公司	2010年5月4~10日	2010年5月26日	2010年5月27日	河北省水利物资供应站	2010年7月6日
10	NSBD-ZG/JZ2010-01	闸门与埋件制造标协议书	河北省水利水电第二勘测设计研究院	2010年10月11~15日	2010年11月5日	2010年11月7日	河北省水利工程局	2010年12月16日
11	NSBD-ZG/JZ2010-02	液压启闭机制造标协议书	河北省水利水电第二勘测设计研究院	2010年10月11~15日	2010年11月5日	2010年11月7日	江苏武进液压启闭机有限公司	2010年12月16日
12	NSBD-ZG/JZ2010-03	卷扬启闭机、螺杆启闭机与铸铁闸门制造标协议书	河北省水利水电第二勘测设计研究院	2010年10月11~15日	2010年11月5日	2010年11月7日	江苏省水利机械制造有限公司	2010年12月16日
13	NSBD-ZG/JZ2010-04	电动葫芦、单梁式起重机制造标协议书	河北省水利水电第二勘测设计研究院	2010年10月11~15日	2010年11月5日	2010年11月7日	天津起重机设备有限公司	2010年12月16日

（王志波　李　峤）

建设管理

河北省南水北调工程建设管理局负责该工程建设管理，现场管理机构为第一建设部。在工程建设中全面实行项目法人负责制、招标投标制、建设监理制和合同管理制。

在工程建设中，第一建设部配备相应人力、物力，建立健全了质量、安全保证体系，进一步完善了各项规章制度，全面履行职责；2010年，编报工程建设管理月报6期，及时反映工程建设情况进行归纳、分析、总结，提出问题及建议；贯彻落实“质量管理年活动”，组织专题质量培训，加大督促检查力度，从合同的履行、原材料的检验检测、设备及半成品的检查等进行全阶段、全过程控制；贯彻落实“安全第一，预防为主”的安全方针，组织安全生产专项培训，定期安全大检查，整改监督一条龙；针对汛期和冬季施工的特点，对施工现场进行拉网式检查，及时排查安全隐患，确保安全生产，2010年未发生安全生产事故；第一建设部和施工单位联合与当地群众搞企地共建活动，创造了一个和谐的工程建设环境。

施工单位组建的项目经理部，具体负责项目的施工。项目经理部实行项目经理责任制，建立值班经理和值班工程师制度，做到每班都有值班经理和技术人员在施工现场，及时处理施工中出现的各种问题。

（赵玉华　梁　冰）

工 程 进 展

2010年，石家庄市区工程建设目标为土方开挖6 734 514m^3、土方回填372 083m^3、混凝土浇筑28 923.2m^3、钢筋制作安装1751.3t、砌石52 936m^3。

2010年，主体工程实际完成混凝土浇筑2.5万m^3、钢筋制作安装975.216t、土方开挖833.4万m^3、土方回填30.1万m^3。2010年工程形象进度为渠道土方开挖10.05km，最小开挖深度6m，最大开挖深度17.8m，渠道开挖成型断面7.7km，渠堤填筑左岸达到设计高程7.25km，右岸达到设计高程6.30km，渠道边坡衬砌完成1150m；完成台头沟倒虹吸管身段土方开挖，完成台头沟倒虹吸水平管身段（5~8号）垫层混凝土浇筑和5~8号管身段混凝土浇筑，累计完成进、出口段夯扩桩825根；完成华柴暗渠1~16号混凝土垫层和1、8~16号底板混凝土浇筑，以及9、12~16号墙身混凝土浇筑。

（赵玉华　梁　冰）

工 程 监 理

天津市冀水工程咨询中心负责监理石家庄市区段工程建设，实行总监理工程师负责制，工作中，采用现场记录、发布文件、旁站监理、巡视检验、跟踪检测、协调的监理手段执行各项监理工作管理；监督施工单位建立和健全质量保证体系，对所有施工质量活动及与质量活动相关的人员、材料、工程设备和施工设备、施工工法和施工环境进行监督和控制，按照事前审批、事中监督和事后检验等监理工作环节控制工程质量；依据合同约定控制好施工进度和工程造价，认真核实工程量，做好计量工作；督促施工单位建立健全施工安全保障体系和安全管理规章制度，对职工进行施工安全教育和培训；对施工组织设计中的施工安全措施进行审查。监理部协助发包人在每年汛前对施工单位的度汛方案及防汛预案的准备情况进行检查；对工程项目的重要部位和关键工序的施工，实施连续性的全过程检查、监督与管理，对所监理的工程项目进行的定期或不定期的检查、监督和管理。

（胡盛泉）

质 量 管 理

为更好地进行质量控制，第一建设部建立健全了质量保证体系和质量组织机构，成立了专门的质检机构，设立工地实验室，试验室由专职试验人员组成，负责现场各项取样工作，试验检测委托“河北省水利工程质量检测中心站”进行；在施工项目部相应建立了以项目经理为第一质量责任人质量组织管理机构和工程施工质量检查组织机构，确立了质量管理组织机构成员的岗位职责；各施工作业队，均设专职质量检查员；质量管理层层落实、逐级把关，持证上岗，使工程施工质量管理、检验与控制和安全生产监督检查工作，始终处于有效的控制状态；制定了质量监督制度和“三检制”工程施工质量检查，没有上道工序项目或单元工程质量检查合格证明，决不允许进行下道工序项目施工。

该工程共划分3450个单元工程。截至2010年底，已验收67个单元工程，其中63个优良，合格率100%，优良率为94%。

（赵玉华　梁　冰）

安　全　生　产

施工现场安全防范采用“三级防范体系”和“四级管理体系”相结合的方法进行现场安全管理，有效调动各个方面的力量，并且做到逐层有人落实；采用重点部位重点盯防，即项目部专职安全员及队级兼职安全员跟班作业，项目部安全总监、安质部长每天巡查的方法防范安全；次要部位采用项目部队级兼职安全员跟班作业，项目部专职安全员每天分段巡查，安全总监及安质部长每天抽查的方法防范安全；项目部安排每月进行安全的“大检查大整改”活动，对施工现场安全隐患认真排查整改不留死角，并有完善的奖罚标准和奖罚办法。2010年未发生任何安全事故。

（赵玉华　梁　冰）

穿 漳 河 工 程

工　程　概　况

穿漳河工程位于河南省安阳市安丰乡施家河村与河北省邯郸市讲武城之间，东距京广线漳河铁路桥约2km，西距107国道约2.5km，南距安阳市17km，北距邯郸市36km，其上游11.4km处建有岳城水库。

该工程建筑物采用渠道倒虹吸型式，由南向北分别由南岸连接渠道（包括退水闸、排冰闸）、进口渐变段、进口检修闸段、倒虹吸管身段、出口节制闸段、出口渐变段、北岸连接渠道等组成，在南岸连接渠道右侧设有退水、排冰闸。穿漳河工程轴线总长1081.81m，其中倒虹吸管身段轴线长619.18m。下游护岸位于工程轴线下游约1.26km，护岸工程顺流向长度500m。

漳河南岸总干渠设计水位92.19m，加大水位92.56m，北岸总干渠设计水位91.87m，加大水位92.25m，设计流量235m^3/s，加大流量265m^3/s。

该工程主要工程量包括土方开挖77.68万m^3、土方填筑70.73万m^3、砌石4.01万m^3、混凝土浇筑9.87万m^3、钢筋制作安装9646t、振冲碎石桩17.04万m^3。

（李合生　尹延飞　仝春华）

工　程　投　资

2010年，穿漳河工程计划完成投资9933万元（工程部分），实际完成投资11 203万元，占年计划的111%。截至2010年底，累计完成投资14 123万元，占合同额的54%。

（李合生　尹延飞）

招　标　投　标

2010年，穿漳河工程共进行了一个电气设备采购标的招标工作，合同金额251.84万元，中标单位是江苏大全长江电器股份有限公司。合同范围为穿漳河工程进出口配电控制房内开关柜、环网柜和柴油发电机等设备采购。其招投标情况见表1。

表1　　穿漳河工程招投标情况表

合同编号	合同名称	招标代理单位	招标文件发售日期	开标日期	定标日期	中标单位	合同签订日期
ZXJ/CG/ZHD-002	南水北调中线一期工程总干渠穿漳河工程供配电采购项目	中信国际招标有限公司	2010年4月26～30日	2010年5月7日	2010年7月12日	江苏大全长江电器股份有限公司	2010年8月5日

（李合生　尹延飞）

建　设　管　理

穿漳河工程的建设管理模式为直管制，由中线建管局河南直管项目建设管理部负责工程的建设管理，该工程的现场协调和管理由工程管理二处负责。

2009年5月27日，穿漳河工程开工建设，2009年7月1日，主体工程开工建设。2010年，该工程建设管理单位深入开展了"安全生产年"和"安全生产月"活动。截至2010年底，未发生任何安全事故，连续安全生产610天。

该工程建设单位编写了《穿漳河工程2010年度防洪度汛方案》，施工单位汛前编制了本标段的防洪度汛方案和措施，并按照度汛方案要求，准备了相应的防汛物资；2010年6月，举行了防洪度汛抢险应急演练；2010年6、8月，河南直管建设管理部组织了两次防汛大检查；制定了2010年度文明工地创建计划，深入开展了文明工地创建活动。

2010年，验收评定单元工程382个，全部合格，其中360个单元工程被评定为优良，单元工程合格率为100%，优良率为94%。截至2010年底，累计验收评定单元工程385个，全部合格，其中363个单元工程被评为优良，单元工程合格率为100%，优良率为94%。

（李合生　尹延飞）

工　程　进　展

2010年，穿漳河工程按照中线建管局制定的目标组织工程建设。截至2010年底，穿漳河工程基本实现了计划目标，部分项目超前完成。

（一）完成主要工程量

2010年，穿漳河工程完成北岸连接渠、出口渐变段、一期管身段基坑开挖和二期管身段基坑水上部分的土方开挖57.72万m^3，完成北岸连接渠、出口渐变段、出口节制闸室、倒虹吸管身段的地基处理加固振冲碎石桩11.31万m^3，完成进口检修闸、退水排冰闸、出口节制闸的部分混凝土和管身段一期工程1～18节混凝土浇筑5.29万m^3，完成钢筋制作安装4268t；完成穿漳河工程合同项目投资9933万元，占合同额42.16%。

（二）工程形象进度

2010年，穿漳河工程形象进度如下：

（1）土方开挖工程。完成北岸连接渠、出口渐变段、出口节制闸、一期倒虹吸管身段基坑土方开挖和二期管身段基坑水上部分的土方开挖。

（2）土方回填。完成进口连接渠和出口连接渠土方回填至设计高程、倒虹吸一期工程管顶水平段填筑和管身斜管段回填。

（3）混凝土浇筑。完成进水口导墙结构

混凝土浇筑、进口检修闸闸室混凝土浇筑、进口渐变段底板混凝土浇筑、退水排冰闸消力池、泄槽段结构混凝土浇筑、倒虹吸一期第1~18节混凝土浇筑，闸室段混凝土浇筑至88.19m高程。

（4）振冲碎石桩。完成北岸出口连接段、出口节制闸、出口渐变段地基加固处理振冲碎石桩。

（5）二期帷幕灌浆。完成二期帷幕灌浆。

（孙晓辉　李合生）

黄河北—漳河南段工程

概　述

工　程　概　况

黄河北—漳河南段工程起点为穿黄工程出口S点，终点为安阳县施家河村东豫、冀两省交界的穿漳河工程交叉建筑物进口，线路全长237.074km，设计流量为265~235m^3/s，加大流量为320~265m^3/s。该工程为一等工程，总干渠渠道、各类交叉建筑物和控制工程等主要建筑物为1级建筑物，附属建筑物、河道护岸工程等次要建筑物为3级建筑物，临时工程为4~5级建筑物。

该工程段渠道总长220.471km、建筑物总长16.603km，各类交叉建筑物339座，其中，河渠交叉建筑物37座、左岸排水建筑物73座、渠渠交叉建筑物23座、控制建筑物34座、公路交叉建筑物154座、铁路交叉建筑物18座。渠段工程由全挖、全填、半挖半填土质渠道、岩质及土岩结合渠道和河渠交叉工程、左岸排水工程、渠渠交叉工程、公路和铁路交叉工程、控制工程等组成。

该工程包括温博段、沁河渠道倒虹吸、焦作1段、焦作2段、辉县段、石门河倒虹吸、新乡和卫辉段、鹤壁段、汤阴段、潞王坟膨胀岩试验段、安阳段等11个设计单元，其中温博段、沁河渠道倒虹吸、焦作1段为直管项目，汤阴段、鹤壁段为代建项目，其他为委托建管项目。

（李　飞）

温博段工程

工　程　概　况

温博段工程起点位于河南省温县北张羌村穿黄工程的末端S点，终点为博爱县聂村东北过大沙河交叉建筑物出口。该渠段全长26.616km，其中明渠段长25.329km，沿线共布置各类交叉建筑物32座（不包括沁河渠道倒虹吸工程），其中河渠交叉建筑物6座，左岸排水建筑物4座，渠渠交叉建筑物2座，控制建筑物3座（节制闸1座，分水口门2座），跨渠公路桥17座。渠段起点设计水位108.000m，终点设计水位105.916m，总设计水头差2.084m。该段设计流量265m^3/s，加大流量320m^3/s。

主要工程量包括土方开挖951.36万m^3、土方填筑435.41万m^3、混凝土浇筑42.45万m^3、钢筋制作安装19 332.60t，以及机电设备安装、金属结构设备安装等。工程静态总投资为142 296万元，总投资150 136万元。

2009年4月底，工程开工建设，合同工期30个月。

（李　飞）

工　程　投　资

2010年，温博段工程计划完成投资37 034万元（工程部分），实际完成投资27 293万元，占年计划的74%。截至2010年底，累计完成投资36 562万元，占合同额的46%。

（岳广贤）

招　标　投　标

2010年，温博段工程共进行了2个电气设备采购标（含黄河北—羑河北段内直管和代建项目）的招标工作，合同总金额3150.68万元，其中温博段工程部分合同金额707.30万元。

黄河北—羑河北段（南水北调中线干线工程建设管理局直管和代建项目）电气设备采购第一标段，中标单位是江苏大全长江电器股份有限公司，合同范围为温博段、沁河渠道倒虹吸、焦作1段、鹤壁段和汤阴段工程内的高、低压开关柜等设备采购。

黄河北—羑河北段（南水北调中线干线工程建设管理局直管和代建项目）电气设备采购第二标段，中标单位是上海鼎新电气（集团）有限公司，合同范围为温博段、沁河渠道倒虹吸、焦作1段、鹤壁段和汤阴段工程内的柴油发电机、变压器等设备采购。

2010年，黄河北—羑河北段工程招投标情况见表1。

表1　　黄河北—羑河北段工程招标投标情况表

序号	合同编号	合同名称	招标代理单位	招标文件发售日期	开标日期	定标日期	中标单位	合同签订日期
1	ZXJ/CG/HYD-004	南水北调中线一期工程总干渠黄河北—羑河北段（中线建管局直管和代建项目）电气设备采购第一标段	河南省河川工程监理有限公司	2010年4月26~30日	2010年5月7日	2010年7月13日	江苏大全长江电器股份有限公司	2010年8月5日
2	ZXJ/CG/HYD-005	南水北调中线一期工程总干渠黄河北—羑河北段（中线建管局直管和代建项目）电气设备采购第二标段	河南省河川工程监理有限公司	2010年4月26~30日	2010年5月7日	2010年7月13日	上海鼎新电气（集团）有限公司	2010年8月5日

（岳广贤）

建　设　管　理

温博段工程由中线建管局河南直管项目建设管理部工程管理一处负责现场协调和管理工作。该工程3个标段于2009年5月15日~6月1日陆续开工。

2010年，温博段工程质量情况基本稳定，未发生任何质量事故，优良率数控指标均保持较高水平，共完成975个单元工程，其中

918 个单元工程优良，优良率 94.2%，达到工程质量目标，工程质量处于受控状态，工程质量优良。

（王志刚　赵　强）

工程进展

截至 2010 年底，温博段工程共完成工程投资 37 654.1 万元，累计完成土石方开挖 854.7 万 m^3，土石方回填 258.4 万 m^3，混凝土浇筑 18.8 万 m^3。

（1）温博段工程第一施工标段。渠道工程完成渠坡单面衬砌约 1217.5m，倒虹吸工程完成 2 座左岸排水倒虹吸和 1 座渠渠交叉倒虹吸，桥梁工程除马庄东南公路桥以外，其余桥梁下部结构基本完成；该工程共有 78 片预制梁和 2 联现浇箱梁，已完成 55 片箱梁预制。

（2）温博段工程第二施工标段。渠道工程开挖填筑已基本成型（除交叉建筑物处），渠道衬砌已完成单面渠坡衬砌约 1700m。4 座倒虹吸中，已经完成勒马河倒虹吸、王保涝河倒虹吸和幸福河干渠倒虹吸的混凝土浇筑施工，蒋沟河倒虹吸已经完成管身段和进出口闸室段的下部混凝土浇筑施工，桥梁下部结构已全部完成（除变更桥梁外），基本完成 2 座现浇生产桥施工，完成箱梁预制 33 片。

（3）温博段工程第三施工标段。渠道工程已基本完成渠道粗开挖和渠堤填筑施工（除交叉建筑物外），完成渠坡衬砌约 1460m，完成渠底衬砌 288m；北石涧排水倒虹吸已完工，幸福河渠道倒虹吸仅剩余出口闸室段及渐变段施工，大沙河渠道倒虹吸已完成一期施工，正在进行二期混凝土施工，剩余工程量主要有二期管身施工和进出口闸室段渐变段施工。5 座桥梁中已完成 4 座桥梁灌注桩施工，3 座桥梁的下部结构已完成施工（鹿村东生产桥仅完成灌注桩施工，北西尚西公路桥由于变更原因尚未施工），完成箱梁预制 15 片。

（鞠向楠）

安全生产

2010 年，河南直管项目建设管理部组织定期季度安全生产大检查 4 次，会同监理单位共同组织月度安全检查考核 8 次，针对不同时期组织进行“双节”期间安全生产检查、“两会”期间安全生产检查、防汛大检查、水土保持防汛检查、雨季施工用电安全大检查、防雷设施安全大检查、重点部位防汛检查、“国庆、中秋”节前安全检查、冬季施工安全大检查、农民工生活环境安全检查、特种设备安全大检查等一系列专项检查，共计 12 次。

编写修订了《河南直管项目安全生产应急预案》，修订完善河南直管项目安全生产施工应急领导小组，修订了《河南直管项目防汛抢险应急预案》，规范应急管理和应急响应程序，提高事故应急快速反应能力。2010 年，举行了安全事故应急预案演练，演练内容包括交通事故演练、消防灭火演练，检验应急预案的可操作性，开展了安全教育和培训。2010 年未发生安全事故，实现了年度安全管理目标。

（付　军）

施工科技

温博段工程第一施工标段委托华北水利水电学院开展了针对倒虹吸典型段进行温度测量和仿真计算的专题研究，该课题针对倒虹吸的工程特点，设计了合理的测控方案，提出对倒虹吸典型节管身混凝土不同部位进行温度观测，并根据子结构有限元仿真计算结果，对南水北调中线温博段倒虹吸典型部位的温度场和应力场进行了分析，提出建筑物混凝土各个季节易裂部位和可能开裂的时间段，同时也较为详细地提出了减小甚至避免施工中混凝土开裂的温控防裂措施，为南水北调中线混凝土防裂控制提供了建设性参考依据，减少了由于裂缝造成的修补、返工等工作，具有明显直接的经济效益和社会意义。

该课题的研究成果，不仅在温博段工程第一施工标段的实际施工中获得了成功，并且已经应用于温博段工程第二施工标段的勒马河倒虹吸和温博段工程第三施工标段的幸福河渠道倒虹吸、大沙河渠道倒虹吸工程建设中，取得了明显的经济效益。

（李　飞）

沁河渠道倒虹吸工程

工　程　概　况

沁河渠道倒虹吸工程位于河南省温县徐堡镇北、博温公路沁河大桥下游约300m处，是南水北调总干渠与沁河的交叉建筑物。该工程由进、出口渠道段和穿沁河渠道倒虹吸管身组成，设计流量265m^3/s，设计水位100.6～106.933m，加大流量320m^3/s，加大水位108.256～107.587m。

渠道倒虹吸轴线与沁河基本呈正交，建筑物总长1197m，其中进口渐变段长60m，进口闸室段长15m，倒虹管身段水平投影长1015m，出口闸室段长22m，出口渐变段长85m。设计管身横断面为一联3孔箱形钢筋混凝土结构，孔径为6.9m×6.9m（宽×高）的C30钢筋混凝土结构。

主要工程量包括土方开挖253.3万m^3、土方填筑215.8万m^3、混凝土浇筑11.66万m^3、钢筋制作安装6392.16t，以及机电设备安装、金属结构设备安装等。工程静态总投资为32 669万元，总投资34 469万元。

2009年6月1日，该工程开工建设，计划2012年5月31日完工。

（李　飞）

工　程　投　资

2010年，沁河渠道倒虹吸工程计划完成投资9655万元（工程部分），实际完成投资8778万元，占年计划的91%。截至2010年底，累计完成投资10 805万元，占合同额的46%。

（岳广贤）

招　标　投　标

2010年，沁河渠道倒虹吸工程的电气设备采购在黄河北—美河北（直管和代建项目）电气设备采购标中一并进行，该段合同金额106.53万元。

（岳广贤）

建　设　管　理

沁河倒虹吸工程由中线建管局河南直管项目建设管理部工程管理一处负责现场协调和管理工作。

2010年，该工程质量情况基本稳定，未发生任何质量事故，优良率数控指标均保持较高水平，共完成194个单元工程，其中180个单元工程优良，优良率92.8%，达到工程质量目标，工程质量处于受控状态，工程质量优良。

（王志刚　赵　强）

工　程　进　展

截至2010年底，沁河渠道倒虹吸工程共

完成工程投资 12 502 亿元，累计完成土石方开挖 198.7 万 m^3，土石方回填 78.2 万 m^3，混凝土浇筑 4.4 万 m^3，该工程一期土方开挖已经基本完成，4～23 节土方回填已全部完成，一期管身混凝土工程已全部完成并完成 1～23号管身预应力张拉施工，进口闸室下部混凝土浇筑已完成，渐变段浇筑 6 块，沁河右岸大堤已经完成恢复，二期土方开挖完成 95%，已基本开挖至建基面，垫层 C10 混凝土已经浇筑 13 节，底板浇筑 9 节，墙体浇筑 1 节。

（鞠向楠　王志刚）

焦作 1 段工程

工程概况

焦作 1 段工程起点位于河南省博爱县聂村东北大沙河渠倒虹出口，终点为焦作市苏蔺西李河渠倒虹出口，渠段总长 13.513km，其中明渠长 11.598km，建筑物长 1.915km。沿线共布置各类交叉建筑物 18 座，其中河渠交叉建筑物 5 座，控制建筑物 3 座（节制闸、退水闸、分水口门各 1 座），跨渠公路桥 9 座，铁路桥 1 座。渠段起点设计水位 105.916m，终点设计水位 104.686m，总设计水头差 1.23m，设计流量 $265m^3/s$，加大流量 $320m^3/s$。

主要工程量包括土方开挖 429.51 万 m^3、土方填筑 463.89 万 m^3、混凝土浇筑 41.45 万 m^3、钢筋制作安装 28 965t，以及机电设备安装、金属结构设备安装等。工程静态总投资为 196 626 万元，总投资 207 459 万元。

2009 年 4 月底，该工程开工建设，计划工期 30 个月。

（李　飞）

工程投资

2010 年，焦作 1 段工程计划完成投资27 796 万元（工程部分），实际完成投资25 636万元，占年计划的 92%。截至 2010 年底，累计完成投资 29 392 万元，占合同额的 38%。

（岳广贤）

招标投标

2010 年，焦作 1 段工程的电气设备采购在黄河北—羑河北段（直管和代建项目）电气设备采购标中一并进行，该段合同金额 844.84 万元。

（岳广贤）

建设管理

焦作 1 段工程由中线建管局河南直管项目建设管理部工程管理一处负责现场协调和管理工作。

2010 年，该工程质量情况基本稳定，未发生任何质量事故，优良率数控指标均保持较高水平，完成 394 个单元工程，其中 373 个单元工程优良，优良率 94.7%，达到工程质量目标，工程质量处于受控状态，工程质量优良。

（王志刚　赵　强）

工程进展

截至 2010 年底，焦作 1 段工程完成工程投资 26 128.3 万元，累计完成土石方开挖 189.81 万 m^3，土石方回填 266.5 万 m^3，混凝土浇筑 13.668 万 m^3。

（1）焦作 1 段工程Ⅰ标。渠道已完成

2.8km 渠堤填筑，完成挤密砂桩 185 371.2 延米，基础处理振冲碎石桩 5000 延米，白马门河倒虹吸完成 12 节管节混凝土、出口控制闸混凝土浇筑，完成白马门河倒虹吸工程基础处理 CFG 桩 16 271.85 延米，白马门河倒虹吸基础处理泥浆护壁钻孔灌注桩 4300 延米，完成南敬村公路桥、府城生产桥下部构造施工，完成丰收路公路桥绕行道路施工，桥梁灌注桩施工完成 10 根。

（2）焦作 1 段工程Ⅱ标。渠道已完成主干渠土方填筑 2.96km，普济河倒虹吸完成 7 节管身混凝土浇筑，完成 7 节管身段基坑回填，完成普济路绕行，完成出口闸室底板浇筑。闫河倒虹吸完成 11 节管身段混凝土浇筑，完成 11 节管身基坑回填，完成塔南路绕行。南通路公路桥灌注桩 22 根全部完成，民主路公路桥灌注桩 32 根全部完成，沁阳路公路桥灌注桩 24 根全部完成，焦东路公路桥灌注桩 28 根全部完成，4 座桥桥墩系梁、墩柱浇筑完成，桥墩、桥台盖梁浇筑完成。

（3）焦作 1 段工程Ⅲ标。渠道完成建设渣土清运，土方开挖全部完成，土方填筑成型 2km（除交叉建筑物占压段约 230m 及李河出口段 88.9m 外全部完成）。李河倒虹吸工程土方开挖全部完成，基础处理全部完成，进出口闸室段及管身段（共 19 节）混凝土浇筑全部完成，土方回填（除进出口渐变段外）全部完成；翁涧河倒虹吸因新月铁路线影响未施工，出口段水泥粉煤灰碎石桩试验完成。东环路公路桥灌注桩全部完成，墩柱完成 21 根；墙南村生产桥灌注桩全部完成，墩柱完成 16 根。

（王志刚　鞠向楠）

施 工 科 技

2010 年，焦作 1 段“南水北调中线一期工程挤密砂桩静压挤密工法应用研究”项目立项。

南水北调中线工程存在大量的粉土、粉砂土液化地层及湿陷性黄土地层，消除土层液化及黄土地层的湿陷性最有效的方法是采用挤密桩法。目前，挤密桩的施工方法常规的有振动沉管挤密工法、锤击成孔挤密工法及强夯与强夯置换挤密工法等，这些方法不同程度的存在环境污染、噪声污染及功效低的问题，为了提高功效、倡导绿色岩土工程施工，焦作 1 段有关参加单位对静压挤密桩工法进行立项研究。

主要研究内容：①静压挤密桩工法的设备改型研究；②静压挤密桩工法的施工工艺研究，结合南水北调中线工程液化地层处理施工，提出成套的静压挤密桩工法的施工工艺、设计指标和施工控制标准；③静压挤密桩工法的设计指南、质量控制、质量评定标准研究。

（李　飞）

焦作 2 段工程

工 程 概 况

焦作 2 段工程是南水北调中线一期工程总干渠第Ⅳ渠段（黄河北—美河北）工程的第 4 设计单元工程，途经焦作市的山阳区、马村区和修武县，设计桩号为（Ⅳ41 + 400）～（Ⅳ66 + 960），全长 25.56km，其中渠道长度 23.794km，占水头建筑物长度 1.766km。渠段内共有各类建筑物 46 座，其中，河渠交叉建筑物 3 座，左岸排水建筑物 3 座，分水闸 2 座，节制闸 1 座，退水闸 1 座，交通桥 18 座，生产桥 8 座，铁路桥 10 座（铁路桥不含在本次施工合同中）。

主体工程主要工程量共计4189.9万m^3，其中土方开挖2454.3万m^3、石方开挖1333.5万m^3、土方填筑292.8万m^3、混凝土浇筑56.3万m^3、砌石及垫层53万m^3、钢筋制作安装3.2万t。

焦作2段工程总干渠多为全挖方段，仅有少量半挖半填和全填方段，最大挖深约40m，最大填高约13m，设计流量为265、260m^3/s，加大流量为320、310m^3/s。

该工程划分为5个土建施工标段、1个监理标段、1个安全监测标段、2个金属结构制造标段、2个电气设备采购标段，共11个标段，其中金属结构制造、电气设备采购标段包括在黄河北—羑河北段建筑物金属结构设备采购标段中，在进场前由焦作段建管处负责管理。

（辛贺艳）

投 资 管 理

焦作2段工程总投资为351 729万元，静态总投资333 363万元，其中建筑工程159 846万元，机电设备及安装1298万元，金属结构设备及安装1596万元，临时工程5116万元，独立费用13 391万元，基本预备费9769万元，主材价差13 192万元，征地移民投资121 711万元，水土保持1369万元，环境保护542万元，其他部分投资5532万元，建设期贷款利息18 366万元。

2010年，该工程完成投资61 886万元。其中，建筑安装工程投资56 413万元，金属结构设备费用1140万元，机电设备费用420万元，独立费用3913万元。

截至2010年底，累计完成投资94 958万元，其中建筑安装工程投资83 951万元，金属结构设备费用1140万元，机电设备费用420万元，独立费用9447万元。

2010年，焦作2段工程计划进度目标为完成建筑安装工程投资5.7亿元，实际完成建筑安装工程投资56 413万元，占年度计划的98%，工程进度款结算46 000万元，监理费用436.7万元，工程质保金扣除2299.4万元，净支付38 065.5万元；截至2010年底，累计完成建筑安装工程投资83 950万元，占合同的61%，工程进度款结算68 357.9万元，监理费用946.2万元，工程预付款支付12 997万元，工程质保金扣除3418.2万元，净支付73 218.5万元。

（辛贺艳）

建 设 管 理

焦作2段工程委托河南省南水北调中线工程建设管理局负责建设，河南省南水北调中线工程建设管理局焦作段建设管理处具体负责焦作2段工程现场管理工作。

2010年，焦作段建设管理处完成5个土建标及安全监测、金属结构标质量监督手续报批工作。焦作段建管处会同监理、设计、施工等单位，对焦作2段工程进行工程项目划分，并报质量监督机构确认。该工程共划分为36个单位工程（主要单位工程9个），281个分部工程（主要分部工程132个）。在质量管理工作中，焦作建设管理处与质量监督单位保持密切联系和沟通，督促其他参建单位自觉接受政府质量监督，将工程建设行为有效地纳入政府监督网络。

（辛贺艳　赵志鹏）

工 程 进 展

（一）2010年度建设目标

（1）焦作2段工程计划完成渠道土石方开挖19km，渠堤填筑全部完成，防洪填筑完成12km，渠道混凝土衬砌完成6.5km。

（2）3座河渠交叉建筑物计划完成50%。山门河暗渠完成进出口段土石方开挖及进出口段扭曲面、渐变段、流槽段、闸室段底板混凝土浇筑，左右洞共1100m完成649m全断面开挖支护和底板衬砌。聩城寨倒虹吸完成进口渐变段和检修闸垫层混凝土浇筑，出口渐变段、控制闸和退水闸主体混凝土浇筑，24节管身完成16节混凝土浇筑及土石方回填施工。纸坊河倒虹吸完成进口渐变段、进口检修闸和出口控制闸主体混凝土浇筑，完成全部管身段混凝土浇筑。

（3）3座左排建筑物完成2座（后夏庄、位村排水渡槽），1座完成基础处理施工（小官庄排水渡槽）。2座分水口门完成主体混凝土施工（包括苏阑、白庄分水口门）。

（4）18座公路桥完成12座（建设路、碳素厂南、张田河东南、筑王水泥厂、九里山西南、演马庄煤矿东北、冯营工人新村、煤矿学校、云台大道、孟村东、白庄北、中州铝厂桥），其余6座完成下部结构。

（5）8座生产桥完成5座（包括苏蔺西北、西韩王西北、安阳城东南、申国东、白庄桥），其余3座完成下部结构。

2010年，计划完成土石方开挖1876万m^3，土石方填筑167万m^3，混凝土浇筑24万m^3，钢筋制作安装15 293t；计划完成建筑安装工程投资57 257万元。

（二）工程形象进度

截至2010年底，工程形象进度如下：

（1）明渠总长23.79km，其中13.5km开挖至保护层，高填方渠段填筑基本完成，渠道混凝土衬砌施工开始。

（2）3座河渠交叉建筑物中的纸坊河倒虹吸工程混凝土浇筑基本完成。山门河暗渠左洞开挖支护完成194m，占总长度的35%，二衬底板混凝土衬砌完成27m，占总长度的5%，边顶拱混凝土衬砌完成135m，占总长度的25%；右洞开挖支护完成246m，占总长度的45%，二衬底板混凝土衬砌完成9m，占总长度的2%，边顶拱混凝土衬砌完成180m，占总长度的33%。聩城寨倒虹吸5～24号管身段混凝土浇筑完成90%。

（3）18座公路桥开工16座，灌注桩施工完成60%，箱梁预制完成25%，其中7座灌注桩施工完成。

（4）8座生产桥开工5座，其中苏蔺西北生产桥完成灌注桩施工，安阳城东生产桥完成主体混凝土浇筑。

（5）3座左岸排水渡槽开工2座。其中位村排水渡槽完成桩基和箱梁预制施工；2座分水口的1座完成主体混凝土灌注。

2010年，实际完成土石方开挖2213万m^3，占本年计划的118%；土石方填筑112万m^3，占本年计划67%；混凝土浇筑12万m^3，占本年计划的49%；钢筋制作安装7862t，占本年计划的51%。截至2010年底，累计完成土石方开挖3488万m^3，占合同的92%；土石方填筑185万m^3，占合同的53%；混凝土浇筑14万m^3，占合同的25%；钢筋制作安装10 733t，占合同的34%。

（辛贺艳）

工程施工

（一）施工特点

（1）山门河暗渠是浅埋暗挖隧洞，地质条件复杂，地下水丰富。山门河隧洞穿过水彩社区，上部有居民房。在山门河位置洞顶埋深只有18m，且山门河常年有水，施工难度及安全风险较大。

（2）焦作2段工程渠底板以下5m至一级马道之间，招标设计膨胀土累计分布长度2.8km，渠道开挖后地质复核累计分布长度5.3km，涉及施工1、3、5标段，膨胀土处理施工控制是焦作2段工程重点、难点，且对渠道混凝土衬砌施工造成一定影响。

（3）焦作2段工程1.3km全填方渠段2009年汛前基本完成，最大填土高度近13m，截至2010年底还有4处7个缺口未回填。高填方渠段两侧均为居民和厂矿企业，存在一定安全隐患。加强高填方段质量控制十分重要。

（4）河渠交叉、公路交叉、铁路交叉工程较多；山门河暗渠是浅埋暗挖隧洞，地质条件复杂，地下水丰富。山门河隧洞穿过水彩社区，上部有居民房。在山门河位置洞顶埋深只有18m，且山门河常年有水，施工难度及安全风险较大。

（5）焦作2段工程穿越焦作市主城区和城乡结合部，渠线距离城镇、村庄距离较近，人、车过流量大，石方、钙质胶结层的爆破开挖、桩基施工受限。

（6）焦作2段工程涉及铁路交叉建筑物10座，涉及施工1、3、4、5标段，铁路施工占压渠段累计长2.5km，导致渠道开挖及衬砌施工不能全段面展开。

以上特点充分显现焦作2段施工难度较大，质量控制要求高，施工环境复杂，建设管理要求必须严。

（二）施工措施

根据焦作2段工程特点，焦作段建设管理处主要采取以下施工措施：

（1）加强协调与沟通，为工程建设创造良好的外部环境；推行建管处长负责、专职副处长主管、各业务科室共同参与的协调工作机制，全力配合地方征迁部门做好征地拆迁及环境协调工作。

（2）加强技术管理和施工技术方案储备，加快施工组织设计、单项施工方案的编制、审批进度，不因技术准备工作影响工程进度。

（3）要求施工单位内部挖潜，科学组织，精心安排，加大人力、设备、资源的投入，在保证质量、安全的前提下，坚持三班制作业，人停机不停，24h施工不间断，抢抓施工进度。

（4）以干促迁，工程用地一旦移交，马上组织机械进场施工，保证移交一段，施工一段。

（5）坚持建管月例会制度、监理旬例会制度，施工月报、旬报、日报制度，确保信息沟通畅通，及时掌握施工单位的人力、机械等资源配备情况和影响工程进展的因素，及时协调监理、设计、征迁部门解决问题。

（6）加压促进，积极组织宣传发动百日劳动竞赛活动，实行劳动竞赛专项旬报制度，逐标段排查影响工程施工的因素，鼓励参建单位比、学、赶、超，营造你追我赶、互帮共进、齐心协力、团结奋进的建设氛围，全力推进工程建设。

（辛贺艳）

安 全 生 产

焦作段建设管理处建立安全生产体系，成立安全生产领导小组，制定了《安全生产管理工作制度》、《安全生产责任制度》、《安全检查、隐患排查整改制度》等安全生产管理制度。建立了安全月报制度、安全月例会制度和安全隐患排查机制，完善了安全生产事故应急救援预案和安全生产事故处理机制。

焦作段建设管理处成立焦作2段应急处理组织机构，制定了应急预案编制计划，统筹考虑各标段的实际情况以及人力、物资、机械配置情况，在危险源分析评估和应急能力评估的基础上，组织编制了《南水北调焦作2段工程建设安全事故应急预案》和爆破、火灾、交通安全、机械伤害、触电等10余项专项应急预案以及60余项现场处置方案，真正形成一套行之有效的、完整的应急管理体系，组织参建单位开展焦作2段工程火灾事故和超标准洪水灾害应急演练。

2010年6～9月，焦作地区降雨达到30天以上，工程施工受影响天数达到50天以上。8月13、19、21日，焦作地区普降大到暴雨，对工程建设造成较大的影响，焦作2

段工程防洪度汛经受严峻的考验。截至2010年底，该工程实现了安全生产零事故目标，安全生产处于受控状态。

（赵志鹏）

施　工　科　技

焦作段建设管理处针对焦作2段工程涉及的建筑物种类多，地质复杂，绕煤矿采空区情况，积极协调组织相关部门开展相关科技研究工作。

（一）山门河暗渠科研工作

焦作2段第二施工标段的山门河暗渠为高地下水位水文地质条件下的大断面小净距双线马蹄形隧洞。洞身为两孔独立布置，两孔间净距24m，单孔开挖尺寸11.75m×11.75m（宽×高），结构型式为马蹄形。暗渠洞身段地质水文情况较差，洞身段围岩岩性以重粉质壤土、卵石为主，局部为泥岩，重粉质壤土（dlplQ2）多具中等膨胀潜势，卵石具强透水性，地下水位高于隧洞底部3~5m，围岩整体稳定性差，围岩工程地质分类判为Ⅴ类以上。

周边环境对暗渠施工较为不利。暗渠周边存在大量居民区楼房、水塔，北侧邻近煤矿采空区，暗渠进口段进洞约50m处（与山门河相邻）有交通流量较大的城市主干道公路从洞顶上部横向穿越，洞顶距路面覆盖层厚度26m，距河底覆盖层厚度约20m，地下水活动较丰富。隧洞洞口开挖深度40m，属高边坡，边坡地质结构一般为重粉质壤土和砂砾石互层结构。

暗渠施工难度极大。暗渠须在浅埋条件下自下部连续穿越交通干道和山门河河流，洞脸采用厚度（1.2m）刚性接头地连墙支护，施工必须同时兼顾各种不利条件，达到安全施工、质量受控、进度保证、经济效益和社会效益并重的目标。

建设管理处要求施工单位成立联合科技攻关小组，对山门河暗渠施工方案进行科学严谨编制，对暗渠地质情况进行细部勘测，结合国内同类工程施工经验拿出可行的施工方案。2010年11月7日，河南省南水北调建管局邀请专家对山门河暗渠施工方案进行了咨询，要求施工单位进一步加强观测和分析，严格按照“管超前、严注浆、短进尺、强支护、快封闭、勤量测”的原则做好施工管理和施工控制，确保工程质量、安全受控。项目部成立了联合科技攻关小组，积极申报山门河暗渠科研课题申请立项工作，课题的研究工作逐步完善。

（二）白庄工企站地裂缝科研情况

白庄地裂缝位于焦作2段白庄村与沿山村之间，总干渠设计桩号（Ⅳ61+300）~（Ⅳ62+560），存在裂缝渠段两侧均毗邻煤矿采空区（方庄矿与白庄矿），总干渠中心线距（白庄矿）地表塌陷影响边界最近约158m。为此焦作建管处积极向上级部门反映，联合有关科研单位，开展地裂缝研究课题立项工作。

2010年7月，河南省水利勘测有限公司编制完成了《南水北调中线一期工程总干渠焦作2段白庄工企站地裂缝勘察报告》，经地质勘测初步分析，裂缝成因受九里山断裂构造控制，在采矿活动引起的应力释放，地下水下降、地面水下渗诱发和激化的叠加作用的结果。

2010年7月12~15日，国务院南水北调工程建设委员会专家委员会在郑州组织召开南水北调中线总干渠焦作2段工程白庄地裂缝处理咨询会，经现场查勘，认真讨论后，形成咨询意见：“白庄地裂缝成因机理较复杂，与会专家组同意勘测单位所作的分析结论，并认为一年多以来的地表变形监测未发现裂缝有明显的变化，地表无错台变形，跨越裂缝的铁路、公路运行正常，地裂缝总体稳定。”

鉴于白庄地裂缝发育在隐伏的九里山断

裂的上方，岩土体结构差异显著，环境地质条件复杂，在环境条件变化的影响下裂缝仍有发生微小变形的可能，专家建议以适应变形的柔性材料处理为主，加强防渗措施，经专题研究，初步建议采用沿裂缝超挖深1.5m、底宽2m、边坡1∶0.5梯形断面后用C15混凝土回填封堵方案，此混凝土封堵处理方案，与两侧原状土结合紧密，不用碾压，换填封堵效果较好。

（辛贺艳）

辉县段工程

工程概况

辉县段工程是南水北调中线一期工程总干渠第Ⅳ渠段（黄河北—羑河北段）工程的第5设计单元，位于第Ⅳ渠段的中部，地域上属于河南省的辉县市。该设计单元自修武县与辉县市交界的纸坊河左岸起（总干渠设计桩号为Ⅳ66+960），与焦作2段的终点相接，终点位于辉县市与新乡凤泉区交界的孟坟河左岸（设计桩号为Ⅳ115+900），与新乡卫辉段起点相连接，全长47.39km[不包括石门河渠道倒虹吸工程（Ⅳ91+730）~（Ⅳ93+280）施工标段1.55km]，其中渠道长度43.40km，建筑物长度3.99km。该渠段共有各类建筑物77座，其中河渠交叉7座，渠渠交叉2座，左岸排水18座，分水闸2座，交通桥30座，节制闸3座，退水闸3座，生产桥12座。

辉县段工程渠道以全挖方断面为主，约占总长度63%，其中挖深超过15m的深挖方段约长1.5km，最大挖深约32m，半挖半填段约占该段渠道总长的37%。设计流量为260m^3/s，加大流量为310m^3/s，设计水位为102.961~98.939m。合同工程量包括土石方开挖3918万m^3、土石方填筑1715万m^3、混凝土浇筑100.1万m^3、砌石30.1万m^3、钢筋制作安装5.19万t、机电设备安装、金属结构设备安装、临时工程、水土保持工程及施工期环境保护工程等。

（刘元永）

工程投资

辉县段工程初步设计概算静态总投资379 468万元，总投资400 374万元。其中，建筑工程190 538万元，机电设备及安装4373万元，金属机构及安装6194万元，临时工程11 577万元，独立费用20 761万元，主材价差20 175万元，工程部分基本预备费15 218万元，移民及环境109 212万元，其他1420万元，建设期贷款利息20 906万元。

2010年，该工程计划完成投资94 522万元，实际完成建筑安装投资74 247万元，占年计划的78.5%。

（刘元永）

建设管理

辉县段工程建设管理处制定了质量、进度、安全、投资、合同、文明工地、廉政建设、学习会议、档案等管理制度，规范和完善了验收、变更、索赔、价款结算等程序，监理部、施工单位制定了相应的控制措施和保证措施，完善了管理制度。

建设管理处对工程进度实行动态管理，督促施工合理组织调配施工人员、机械和材料，采取多途径、多层面灵活机动地进行施工，同时多开工作面，要求全天24h不间断施工，人停机不停。制定了劳动竞赛专项旬报制度，根据各标段完成情况进行每旬排名，颁发“劳动竞赛标兵”流动红旗，激励各标段加大投入、合理组织，完成劳动竞赛目标。

建设管理处建立完善了质量联络员、信息员制度，增强各参建单位之间的沟通与联系，加强对工程项目的质量管理和考核；完善了质量管理工作台账，实行工程质量动态监控管理和登记备案制度；完善和健全了质量缺陷备案制度。下发了《关于进一步加强工程质量检查验收的通知》、《关于建立质量管理台账的通知》、《关于加强南水北调工程新乡段桥梁施工管理的通知》等文件。实行了质量追溯制，对关键部位的施工实行责任牌制度，对关键工序的施工实行实名制记录。加强了质量检测和施工过程的巡查，2010 年共检测原材料 185 组，中间产品和实体质量 244 组。截至 2010 年底，有 5 批不合格原材料被封存。

（杨长明）

工 程 进 展

2010 年，辉县段工程计划完成土石方开挖 1828.7 万 m^3、土石方回填 1326 万 m^3、混凝土浇筑 68.4 万 m^3；实际完成土石方开挖 1308.2 万 m^3、土石方填筑 350.1 万 m^3、混凝土浇筑 31.4 万 m^3。

2010 年，计划完成 37.4km 渠道开挖、28km 渠堤填筑和 11.7km 渠道混凝土衬砌，完成峪河暗渠、早生河倒虹吸、午峪河倒虹吸、黄水河渠道倒虹吸、黄水河支渠道倒虹吸和刘店干河暗渠一期工程施工，完成王村河倒虹吸、小凹沟倒虹吸洞身段及进出口闸室段工程施工，完成小蒲河、孟坟河一期工程管身段及闸室段混凝土施工；35 座交叉建筑物完成 22 座，42 座交通桥完成 38 座桥梁施工和 4 座下部结构施工。

截至 2010 年底，辉县段工程总干渠基本开挖成型，渠道土方填筑全面展开，渠坡防护有序进行，辉县段工程 1、2、5、6 标段开始渠道衬砌；7 座河渠交叉建筑物全部开工建设，正在进行基坑降水、主体混凝土浇筑施工，其中 3 座倒虹吸管身段混凝土浇筑完成；2 座渠渠交叉建筑物开工 1 座，管身段混凝土浇筑基本完成；18 座左岸排水建筑物开工建设 17 座，正在进行主体混凝土浇筑、桩基施工，其中 7 座左排建筑物主体工程施工基本完成；2 座分水闸开工 1 座；30 座公路桥开工 24 座，正在进行下部结构、箱梁预制施工；12 座生产桥有 9 座正在进行桩基、下部结构施工。

（刘元永）

工 程 监 理

2010 年，监理审批施工方案 162 个，审核、签发施工图纸 2309 张，组织设计技术交底会 9 次，组织混凝土浇筑仓前会 11 次，召开质量专题会 36 次。截至 2010 年底，监理平行检测水泥 18 组，占施工单位检测数量的 3.4%；跟踪检测水泥 242 组，占施工单位检测数量的 46%；平行检测钢筋 61 组，占施工单位检测数量的 11.5%；跟踪检测钢筋 184 组，占施工单位检测数量的 34.6%；平行检测粉煤灰 5 组，占施工单位检测数量的 5.3%；跟踪检测粉煤灰 51 组，占施工单位检测数量的 53.7%；平行检测混凝土抗压 148 组，占施工单位检测数量的 6.2%；跟踪检测混凝土抗压 2020 组，占施工单位检测数量的 84.8%；平行检测土方填筑压实度 1538 组，占施工单位检测数量的 9.3%；跟踪检测土方填筑压实度 16 340 组，占施工单位检测数量的 98.7%。组织召开 4 次专题会议，邀请专家对混凝土的浇筑质量进行评审，2010 年，备案质量缺陷 46 个。

2010 年，土建标共评定单元工程 970 个，其中按水利行业标准评定 570 个，全部合格，优良 545 个，优良率为 95.6%；按其他行业标准进行评定400个，全部合格。2010年，工程未出现质量事故，施工质量处于受控状态。

（李午阳）

石门河倒虹吸工程

工 程 概 况

石门河渠道倒虹吸工程位于河南省辉县市赵固乡大沙窝村西北约1.5km，设计桩号为（Ⅳ91 + 730）~（Ⅳ93 + 280），长1.55km，包括大型河渠交叉建筑物1座及倒虹吸两端总长374m的渠道、公路桥1座。该段设计流量260m^3/s，加大流量310m^3/s。工程规划永久占地353亩，临时占地717亩。主要工程量包括土石方开挖125万m^3、土石方填筑97万m^3、混凝土浇筑12.6万m^3、砌石2.4万m^3、钢筋制作安装1.01万t、机电设备安装、金属结构设备安装、临时工程、水土保持工程及施工期环境保护工程等。

（夏　川）

工 程 投 资

石门河倒吸虹工程初步设计概算静态总投资23 810万元，总投资25 122万元。其中，建筑工程13 526万元，机电设备及安装345万元，金属机构及安装533万元，临时工程1445万元，独立费用1545万元，主材价差1831万元，工程部分基本预备费1153万元，征地及环境3375万元，其他56万元，建设期贷款利息1312万元。

因水文地质条件变化，基坑降水施工难度大及受“8·18”洪灾影响（基坑全线被淹，至2010年底一直无法进行主体施工）影响，2010年实际完成建筑安装投资2730万元（不包括降水产值），占年计划的39.9%。

（夏　川）

工 程 进 展

2010年，石门河倒虹吸计划完成土石方开挖54.6万m^3、土石方回填71.5万m^3、混凝土浇筑7.60万m^3；实际完成土石方开挖31.9万m^3、土石方填筑0万m^3、混凝土浇筑2.35万m^3。

2010年，计划完成全部374m渠道开挖和渠堤填筑、倒虹吸一期工程施工、围堰二期及10节管身段底板混凝土施工，出口闸室段闸墩、出口渐变段翼墙混凝土施工，完成交通桥（1座）施工。因水文地质条件变化，基坑降水施工难度大及受“8·18”洪灾影响（基坑全线被淹，至2010年底一直无法进行主体施工），截至2010年底，石门河渠道倒虹吸完成进、出口闸室、渐变段土石方开挖，渠道全长374m，已开挖成型274.6m，占渠道的73.4%，倒虹吸管身段全长1015m，成型532.4m，占管身段的52.5%；完成（Ⅳ92 + 480）~（Ⅳ92 + 912.4）段垫层、9管节管身段及26管节底板混凝土浇筑；完成（Ⅳ92 + 460）~（Ⅳ92 + 876.4）管身段级配碎石换填施工。

（夏　川）

建 设 管 理

石门河倒虹吸工程划分为2个单位工程，其中主要单位工程1个。共划分17个分部工程，其中主要分部工程10个。2010年，评定34个单元工程，评定合格率100%。其中按水利行业标准进行评定34个，全部合格，优良32个，优良率92%。

建设管理单位组织施工管理人员对施工用电、高空作业、起重吊装、模板作业、脚手架搭设及钢筋制作安装等方面进行安全专项检查，查出安全隐患22处，整改22处。另外，项目部还组织电工、钢筋工、重机操作手和驾驶员、混凝土浇筑工、模板工和架子工等进行质量安全教育培训及技术交底累计511人次，确保了工程质量和无安全事故。

（乔云飞）

新乡和卫辉段工程

工 程 概 况

新乡和卫辉段工程是南水北调中线一期工程总干渠第Ⅳ渠段（黄河北—羑河北段）工程的第7设计单元，位于第Ⅳ渠段的中部，地域上属于河南省新乡市凤泉区和卫辉市。该设计单元起点位于新乡市凤泉区前郭柳村西南孟坟河渠倒虹吸出口（桩号Ⅳ115＋900），终点位于沧河倒虹吸出口（桩号Ⅳ144＋600），与鹤壁段工程起点相接。新乡和卫辉段工程被已开工的潞王坟试验段工程分隔成两段，潞王坟试验段工程长1.5km，起点设计桩号Ⅳ120＋498.3，终点设计桩号为Ⅳ121＋998.3。新乡和卫辉段全长27.20km，其中渠道长25.416km，建筑物长1.784km，共有各类交叉建筑物48座，其中河渠交叉4座，左岸排水9座，渠渠交叉2座，公路交叉20座，生产桥9座，控制建筑物4座（节制闸和退水闸各1座，分水口门2座）。

新乡和卫辉段渠段中渠道全挖方段长6.607km，全填方段长0.168km，半挖半填段长18.641km，分别占渠段总长的26.0%、0.7%、73.3%。渠道最大挖深21～34m，最大填高9m左右。总干渠设计流量250m^3/s，加大流量310m^3/s。该工程起点设计水位98.935m，终点设计水位97.061m，总水头差1.874m，扣除其中潞王坟试验段工程占用的0.075m水头后，新乡和卫辉段设计水头为1.799m。合同工程量包括土石方开挖1306万m^3、土石方填筑590万m^3、混凝土浇筑46.8万m^3、砌石16万m^3、钢筋制作安装2.25万t、机电设备安装、金属结构设备安装、临时工程、水土保持工程及施工期环境保护工程等。

（刘元永）

工 程 投 资

新乡和卫辉段工程初步设计概算静态总投资157 085万元，总投资165 739万元。其中，建筑工程80 789万元，机电设备及安装2021万元，金属机构及安装2197万元，临时工程4321万元，独立费用8730万元，主材价差7820万元，工程部分基本预备费6355万元，移民及环境44 468万元，其他383万元，建设期贷款利息8654万元。

2010年，该工程计划完成投资36 307万元，实际完成建筑安装投资32 240万元。

（刘元永）

建 设 管 理

新乡和卫辉段工程建设管理处负责工程施工的现场管理，对工程进度实行动态管理，督促施工合理组织调配施工人员、机械和材料，采取多途径、多层面灵活机动地进行施工，同时多开工作面，要求全天24h不间断施工，人停机不停，想方设法推进工程进度。为及时掌握工程建设实际情况，建设管理处制定了劳动竞赛专项旬报制度，根据各标段完成情况进行每旬排名，在全处建管例会上公布本旬建设情况并向劳动竞赛优秀施工单位颁发“劳动竞赛标兵”流动红旗，以激励各标段加大投入、合理组织，完成劳动竞赛目标。

2010年，新乡段建设管理处组织开展文明工地创建和劳动竞赛等活动，举办职工迎新春文体活动，9月举行了挖掘机、推土机和钢筋焊接等劳动技能比武活动，举行了“庆国庆、我们的节日文体活动”，以及组织监理、施工单位负责人到焦作段参观学习文明工地建设。

（杨长明）

工 程 进 展

2010年，新乡和卫辉段工程计划完成土石方开挖582.7万m^3、土石方回填465.5万m^3、混凝土浇筑26.1万m^3；实际完成土石方开挖541万m^3、土石方填筑118.1万m^3、混凝土浇筑4.71万m^3。

截至2010年底，该工程总干渠基本开挖成型，渠道土方填筑已全面展开，渠坡防护有序进行，新卫2标已开始渠道衬砌，4座河渠交叉建筑物全部开工建设，正在进行主体混凝土浇筑、管身回填施工，其中3座倒虹吸管身段混凝土浇筑基本完成；2座渠渠交叉建筑物全部开工建设，其中1座倒虹吸主体工程施工完成；9座左岸排水建筑物全部开工建设，正在进行主体混凝土浇筑施工，其中4座左岸排水建筑物主体工程施工基本完成；2座分水闸全部开工建设，其中温寺门分水闸完成涵管段垫层混凝土浇筑；20座公路桥开工14座，正在进行下部结构、箱梁预制施工；9座生产桥全部开工，正在进行桩基、下部结构施工。

（刘元永）

质 量 管 理

2010年，监理单位平行监理检测钢筋原材料47组，钢筋连接38组，水泥12组，粉煤灰8组，砂石料23组，橡胶止水6组，泡沫板4组，外加剂5组，铜止水4组全部合格。严格工序报验，落实“三检制”，监理平行检测填筑土压实度1997组，混凝土抗压试块238组，全部合格。监理部评定单元工程（不包括非水利标准评定的分项工程数）561个，全部合格，优良526个，优良率93.8%；非水利标准评定的分项工程数288个，全部合格，工程没出现质量事故，施工质量处于受控状态。

2010年，共检测原材料185组，中间产品和实体质量244组，累计有5批不合格原材料被封存。制订下发了《关于规范混凝土砂石料供货的通知》，明确实行四联单管理制度，各施工单位和砂石料供应商对每月砂石料的采购和供应情况进行统计上报。

对施工过程中存在的违反操作规程，不注重质量安全行为的施工、监理单位共进行44次处罚，对质量管理和安全生产管理目标完成较好的5个先进单位及43名先进个人进行表彰和奖励。每季度进行一次包括工程质量安全在内的综合检查评比活动，对施工单位、监理单位实行排名次考核，结合质量奖惩制度奖优罚劣；各参建单位质量管理人员全部持证上岗。

在安全生产方面，组织开展了“安全生产月”活动，活动内容包括：一是“全民安全教育日”活动；二是“创建平安南水北调”征文及书法比赛活动；三是6月中旬举办新乡段汽车驾驶员安全教育培训活动，邀请新乡市公安局交通安全专家授课；四是各监理部结合实际，以监理部为单位，统一组织安全应急抢险演练活动；五是各监理和施工项目部深入组织开展“找隐患、反违章、防事故”自查自纠活动。通过这些活动的开展，强化了安全意识，2010年未出现重大安全事故。

2010年，评定单元工程552个，质量全部合格，优良518个，优良率93.8%，未发生一起质量事故，实现了工程建设质量管理目标。

（王 浩 邹根中）

鹤壁段工程

工 程 概 况

鹤壁段工程[桩号(144+600)~(175+432.8)]是总干渠第Ⅳ渠段(黄河北—羑河北段)工程的第9设计单元，该工程起点在沧河渠倒虹吸出口导流堤末端，终点在汤阴县行政区划边界处，全长约30.8km，渠道起始断面设计流量250m³/s、加大流量300m³/s，终止断面设计流量245m³/s、加大流量280m³/s。总干渠以明渠为主，明渠与河流全部采用立交。渠道设计水深为7.0m，设计底宽8.0~19.0m，边坡相应为1:(2~3.5)，渠道一级马道开口宽54.9~71.7m，最大挖深21m，最大填高6m。工程包括大型河渠交叉建筑物4座、左岸排水建筑物14座、渠渠交叉建筑物4座、控制性建筑物5座、公路交叉建筑物21座、生产桥11座及铁路交叉建筑物1座等。

（许志宏 李合生）

工 程 投 资

2010年，鹤壁段工程计划完成投资51 627万元（工程部分），实际完成投资30 540万元，占年计划的59%。截至2010年底，累计完成投资42 076.4万元，占合同额的37.29%。

（岳广贤）

招 标 投 标

2010年，鹤壁段工程的电气设备采购在黄河北—羑河北段（直管和代建项目）电气设备采购标中一并进行，该段合同金额713.58万元。

（岳广贤）

建 设 管 理

鹤壁段工程的项目法人为中线建管局，通过公开招标选择湖南澧水流域水利水电开发有限责任公司为南水北调中线干线鹤壁段项目建设管理单位。依据代建管理合同，鹤壁段代建项目管理部是湖南澧水公司派出的现场管理机构，具体负责该工程的现场建设管理。

2010年，南水北调中线干线鹤壁段项目管理部组织安全大检查13次，专项验收检查150余次，整改隐患79项（次）、发布一级通报6次，组织各标段开展安全应急预案演练3次，对所有安全生产管理目标进行考核，考核结果为Ⅰ级。

（陈正榜 杨 健 何学春 石秀忠）

工 程 进 展

2010年，鹤壁段工程完成土石方开挖约182万m³，占年度计划196万m³的92.8%；土石方回填110万m³，占年度计划105万m³的104.8%；混凝土浇筑4.2万m³，占年度计划3.4万m³的123.5%。

2010年，各标段工程形象进展情况如下：

（1）Ⅰ标段[(Ⅳ144+600)~(Ⅳ155+600)]。完成土石方开挖约182万m³，占年度计划196万m³的92.8%；土石方回填110万m³，占年度计划105万m³的104.8%；混凝土浇筑4.2万m³，占年度计划3.4万m³的

123.5%。

(2) Ⅱ标段[(Ⅳ155+600)~(Ⅳ169+600)]。完成土石方开挖354万m^3,占年度计划247万m^3的90.36%,土方回填77万m^3,占年度计划189万m^3的92%,混凝土浇筑6.7万m^3,占年度计划8.6万m^3的92%。

(3) Ⅲ标段[(Ⅳ169+600)~(Ⅳ175+432.8)]。完成土石方开挖326万m^3,占年度计划303万m^3的107.6%;土方回填5万m^3,占年度计划58.7万m^3的8.5%;混凝土浇筑2万m^3,占年度计划3.7万m^3的54.1%。

(胡兰桂　袁国金)

汤阴段工程

工程概况

汤阴段工程是南水北调中线总干渠第Ⅳ渠段（黄河北—羑河北段）工程的组成部分，渠段起点位于安阳市汤阴县和鹤壁市的行政区划边界，设计桩号为Ⅳ175+432.8，终点位于安阳市汤阴县羑河渠倒虹工程出口渐变段末端后10m，设计桩号为Ⅳ196+749（即黄河北—羑河北段工程的终点，安阳段工程的起点）。

渠段总长21.316 2km，其中明渠长19.997km，建筑物长1.320km，沿线共布置各类交叉建筑物39座，其中河渠交叉建筑物3座，左岸排水建筑物9座，渠渠交叉建筑物4座，控制建筑物3座，跨渠公路桥11座，生产桥8座，铁路桥1座。渠段起点设计水位95.362m，终点设计水位94.045m，总设计水头差1.317m，设计流量245m^3/s、加大流量280m^3/s。

(岳广贤)

工程投资

2010年，汤阴段工程计划完成投资37 919万元（工程部分），实际完成投资23 053万元，占年计划的61%。截至2010年底，累计完成投资33 408万元，占合同额76 357万元的44%。

(岳广贤)

招标投标

2010年，汤阴段工程的电气设备采购在黄河北—羑河北段（直管和代建项目）电气设备采购标中一并进行，该段合同金额778.43万元。

(岳广贤)

建设管理

汤阴代建部采用直线职能形式建立的组织机构，建设管理机构设综合处、工程技术处、环境协调处和计划合同处。现场建设管理机构设项目经理1人。

截至2010年底，该工程永久用地实际交付4270.66亩，占规划用地的100%；临时用地实际交付6520.92亩，占规划用地的84.56%；专项拆迁完成89项，占拆迁总数的86.41%。

该工程共划分8个单位工程、181个分部工程，其中主要分部工程75个。截至2010年底，单元工程评定共计973个，全部合格，其中优良896个，优良率92.1%，无较大质量缺陷，2010年未发生质量事故。

(郭满金　许晓田　马喜元)

工程进展

(一) 主体工程完成的主要工程量

(1) 施工Ⅰ标段。截至2010年底，累计完成土石方开挖363.13万m^3，占合同工程量的72.54%；累计完成土方回填21.13万m^3，占合同工程量的17.45%；累计完成混凝土浇筑3.58万m^3，占合同工程量的26.88%；累计完成钢筋制作安装2932.6t，占合同工程量的56.42%。

（2）施工Ⅱ标段。截至2010年底累计完成土石方开挖299.252万m^3，占合同工程量的104.5%；累计完成土方回填26.86万m^3，占合同工程量的18.1%；累计完成混凝土浇筑1.79万m^3，占合同工程量的24.2%；累计完成钢筋制作安装1366.65t，占合同工程量的52.6%；累计完成工程投资（实际支付产值）6450.843 9万元，占合同金额的36.7%。

（3）施工Ⅲ标段。截至2010年底，累计完成土石方开挖130.47万m^3，占合同工程量的50.3%；累计完成土方回填50.54万m^3，占合同工程量的19.3%；累计完成混凝土浇筑6.23万m^3，占合同工程量的41.5%；累计完成钢筋制作安装4520t，占合同工程量的50.7%；累计完成工程投资10 998.7万元，占合同金额的40.0%。

（二）工程形象进度

（1）施工Ⅰ标段。截至2010年底，工程形象进度如下：

1）渠道地基处理。已全部完成。

2）永通河倒虹吸。永通河倒虹吸管身段混凝土浇筑完成，管身河床段回填完成，永通河恢复河道通水过流。

3）渠道。渠道部分开挖已成型4km，验收3.02km。正进行2.4km长段的渠道填筑。

4）左排等交叉建筑物。牛村沟左排倒虹吸管身段混凝土浇筑全部完成，进口段翼墙基础垫层混凝土浇筑完成；王老屯沟左排倒虹吸管身段混凝土浇筑全部完成，进、出口段各完成2段翼墙混凝土浇筑；长沙沟左排倒虹吸管身段混凝土浇筑完成，出口段完成1段翼墙及底板混凝土浇筑，完成扭面段浆砌石施工；琵琶寺南干一支倒虹吸钢筋、混凝土工程全部完成；琵琶寺北干分干渡槽完成全部桩基施工，1号和6号槽台、2~5号槽墩混凝土浇筑完成，完成3片矩形槽预制。

5）桥梁工程。王老屯西公路桥桩基全部完成，下部结构混凝土浇筑全部完成、箱梁预制完成；段庄东公路桥桩基全部完成，桥梁下部结构和箱梁预制施工全部完成；长沙西北公路桥完成全部灌注桩施工，1号和4号桥墩承台混凝土浇筑完成；前李朱西公路桥桩基全部完成，完成4个桥台和4根桥墩墩柱的混凝土浇筑；石庙村东公路桥完成全部灌注桩施工，下部结构浇筑完成，完成2片30m箱梁预制；长沙村东北生产桥灌注桩施工全部完成。

（2）施工Ⅱ标段。截至2010年底，工程形象进度如下：

1）渠道地基处理。已全部完成。

2）渠道。渠道基本开挖至设计断面，渠道验收3.19km，正进行0.9km长段的渠道填筑。

3）淤泥河涵渡。涵渡段土石方开挖已基本完成，涵洞进出口渐变段左（右）侧扭坡C20混凝土浇筑、护底混凝土浇筑已完成；涵洞洞身混凝土浇筑已全部完成；涵洞进出口挡土墙浇筑完成；涵洞式渡槽槽壁混凝土浇筑完成；涵洞进出口段浆砌石护坡和护底砌筑完成；渡槽出口段水泥土换填基本完工。

4）左排倒虹吸。①云村沟左排倒虹吸，管身段土、石方开挖全部完成，进出口段土方开挖基本完成，云村沟1~9号管身段浇筑完成，进、出口段混凝土浇筑全部完成；②光村沟左排倒虹吸，管身段石方开挖已完成，1~9号管身段浇筑完成，进、出口段混凝土浇筑全部完成；③三里屯南沟倒虹吸，管身段1~9号管身段浇筑完成，进口段3号翼墙浇筑完成，1号翼墙底板浇筑完成；④五里岗干渠恢复渠，土石方开挖、土方回填已基本完成。

5）桥梁工程。大云村公路桥0-3号灌注

桩浇筑完成，1-1 墩柱浇筑完成，0-2 接桩浇筑完成。

（3）施工Ⅲ标段。截至2010年底，工程形象进度如下：

1）渠道地基处理。强夯已全部完成，汤河以南段和高压线下方已变更为土挤密桩，现在正在进行土挤密桩施工。

2）渠道。(191+000)~(192+800)段长1.8km已开挖成型，(192+800)~(194+100)段因取弃平衡未开挖。(194+100)~(196+263)段为高填方段，正进行填筑。

3）汤河涵洞式渡槽。汤河涵洞式渡槽完成1节，完成总节数的比例20%，1、2、4号涵洞底板已浇筑完成，1号涵洞二期混凝土浇筑完成；汤河上、下游悬臂式挡土墙混凝土浇筑完成；涵洞上下游浆砌石砌筑基本完成，涵洞上游铺盖、下游护坦混凝土浇筑完成，正在进行2号涵洞、5号涵洞二期钢筋制作安装、模板支设。汤河涵洞式渡槽已完成灰土挤密桩施工。

4）羑河倒虹吸。完成管身段节数19节，占总节数的86.36%，2号管身段基坑土石方开挖完成，3号管身底板混凝土浇筑完成，出口闸边墩、中墩混凝土浇筑完成，已完成河道恢复过流，羑河倒虹吸进口段基础处理土挤密桩施工全部完成、进口段地基处理CFG桩施工全部完成。

5）左排倒虹吸等建筑物。董庄沟排水倒虹吸管身混凝土浇筑已全部完成，进口段混凝土浇筑完成，进口段浆砌石施工全部完成，三里屯北沟排水倒虹吸已完成管身混凝土浇筑及进口段混凝土浇筑，五里岗干渠倒虹吸管身段1~8号仓混凝土浇筑已完成，进口段混凝土浇筑完成，出口段混凝土浇筑完成，新汤北干渠倒虹吸，董庄分水口门工程尚未施工。

6）桥梁工程。董庄西公路桥导行路混凝土浇筑完成，三里屯公路桥进行桩基灌注桩钻孔施工。其他桥梁工程尚未施工。

（郭满金　赵　赳）

潞王坟试验段工程

工　程　概　况

潞王坟膨胀岩（土）试验段工程（简称潞王坟试验段工程）位于河南省新乡市凤泉区潞王坟乡，是南水北调中线工程总干渠第Ⅳ渠段（黄河北—羑河北段）工程的组成部分，全长1.5km，其中，用于试验的渠段长568m，共分为8个试验区，其余渠段为非试验区。

渠段内布置路渠交叉建筑物1座，为两泉路公路桥，桥梁荷载等级为公路-Ⅱ级，桥长150m。渠道设计流量250m^3/s，加大流量300m^3/s。渠道过水断面呈梯形，渠道底宽9.5~12m，设计水深7m。试验段属深挖方明渠段，最小挖深15m，最大挖深40m。该工程于2006年8月28日开工建设，计划总工期30个月。

该工程除作为南水北调永久工程的一部分外，还承担南水北调工程膨胀岩（土）试验研究的任务。试验段工程的实施分为两个阶段，即试验期间，试验区先按试验断面施工，非试验区按设计断面施工；试验结束后，试验区恢复至设计断面，恢复方案根据试验结果确定。

（马彦亮）

投　资　管　理

潞王坟试验段工程初步设计概算静态总投资25 946万元，总投资26 758万元。其中，建筑工程12 133万元，机电设备及安装工程

100万元，临时工程883万元，独立费用1310万元，工程部分基本预备费866万元，移民征地补偿费9467万元，水土保持工程91万元，环境保护工程214万元，试验研究费882万元，建设期贷款利息812万元。

2010年，潞王坟试验段计划完成投资1233万元，完成土石方开挖44.6万m^3、土石方回填26.6万m^3、混凝土浇筑0.60万m^3。由于试验观测时间延期（至2010年8月底）、渠道左岸塌滑体处理方案未定及两泉路公路桥变更等原因影响，2010年，实际完成建筑安装投资143.5万元，占年计划的11.6%，完成土石方开挖0.7万m^3，占年计划的1.6%，土石方填筑0.03万m^3，占年计划的0.1%，混凝土浇筑0.19万m^3，占年计划的31.1%。

（马彦亮）

建 设 管 理

（一）建设进度管理

在工程施工总进度计划的控制下，潞王坟试验段工程建设分阶段制定施工目标，编制年度进度计划、季度进度计划和月（旬）施工计划，将施工进度计划逐层细化，形成一个“旬保月、月保季、季保年、年保总计划”的计划体系。

（二）建设质量管理

加强质量检验工作，认真执行“三检”制，实行“质量一票否决权”，切实做好工程质量的全过程控制。配备专业的质量检测人员，共有专职质检人员6名，全部持证上岗，专职质量管理人员满足施工现场的需要。结合工程建设进展情况，实时在单位、分部、单元工程完成、达到验收条件后，按照验收评定标准收集整理检测评定资料，及时验收评定。

（三）建设安全管理

建立健全安全管理监督体系和安全生产管理组织机构，层层签订安全生产目标管理责任书，坚持“安全生产、预防为主”的方针，不断地对职工进行安全生产知识教育，不断加强安全生产隐患排查工作，重点进行专项检查及整治。

（马彦亮）

安阳段工程

工 程 概 况

安阳段工程处于南水北调中线工程总干渠第Ⅳ渠段（黄河北—羑河北段）工程的最北部，南起羑河渠道倒虹吸出口，北接Ⅴ渠段（穿漳工程）的起点，全长40.262km，其中渠道长39.299km。沿渠共布置各类交叉建筑物76座。总干渠设计流量245～235m^3/s，设计水深7.0m，渠道纵比降1/28 000，输水横断面采用梯形明渠，渠道边坡为1:2～1:3，渠底宽12.0～18.5m。主体建筑物主要工程量2619万m^3，其中土石方开挖1793万m^3、土石方填筑729万m^3、混凝土及钢筋混凝土浇筑50万m^3、钢筋制作安装2万t、钢绞线533t、砌石31万m^3、砂石垫层18万m^3。规划永久占地8164亩，临时占地6028亩，需拆迁房屋64 684m^2，安置人口1240人。批复总投资为206 215万元，静态投资192 042万元，其中工程部分投资143 596万元，移民和环境部分48 446万元（以上安阳段工程初步设计概算投资，暂未扣除穿漳河建筑物进口南移60m的工程投资）。计划工期40个月。

（马树军）

投 资 管 理

安阳段工程投资结构主要是中央预算内

投资6亿元，中央专项建设基金6亿元，银行贷款8亿元。

2010年，实际完成建筑安装投资11 214.84万元；截至2010年底，累计完成投资93 832.57万元，占合同金额的89.5%。2010年，共初审工程变更125项，变更增加投资金额10 321.35余万元。截至2010年底，累计审核工程变更261项，其中，安阳段建设管理处初审，中线建管局、河南省中线工程建设管理局批复的有58项，安阳段建设管理处认定的一般变更项目203项，增加金额共计13 255.39万元。

2010年是安阳段工程开工建设的第五年，第一批进场施工的3~6标段的工程建设进入扫尾阶段，第二批进场施工的1、2、7~9标段的工程进入施工关键期。该工程除因征地、专项设施迁建滞后影响工程建设进度外，基本实现投资计划管理目标。

（马树军）

招标投标

安阳段工程共划分为建设监理标、土建施工标、安全监测标、金属结构标、机电采购标等5类计18个标段。其中的4个建设监理标、11个土建施工标、1个安全检测标、1个金属结构标、1个机电采购标已于2006年、2007年、2010年完成招标工作；移民生产桥标（属移民项目）也于2010年8月完成招标工作，中标单位为河南省水利第一工程局承建（合同编号：HNJ-2010/HY/CG-007）。

（马树军）

建设管理

安阳段工程建设管理目标为确保该工程静态投资控制在与项目建设管理单位管理的内容对应的项目管理预算（即分解后的项目管理预算）之内；进度控制目标为确保工程建设在2012年12月31日之前基本完工；工程质量目标为单元工程全部合格，优良率达到85%以上，单位工程外观质量得分率85%以上，无重大质量事故；安全生产目标为杜绝群死、群伤的重特大事故发生，避免较大事故发生，减少一般事故发生，力争实现事故死亡率“零”目标；文明施工及环保水保目标为达到南水北调工程“文明工地”标准，达到环保水保设计目标。

2010年，安阳段工程建设管理处结合工程建设实际，采取各种措施加强质量管理工作，在已建立各项制度的基础上又补充完善《南水北调中线安阳段施工合同验收管理体系》、《南水北调中线一期工程安阳段工程验收管理办法》；注重质量培训工作，举行渠道衬砌施工技术交流会、工程验收工作宣贯会，编制了《南水北调安阳段工程质量控制简明要点》和《大型渠道混凝土衬砌施工管理及质量控制》；制订了《2010年安阳段质量管理年活动工作方案》，开展了渠道衬砌切缝大比武活动，进行渠道衬砌小发明评选活动。2010年该工程未出现质量事故，工程质量整体处于受控状态。

2010年，安阳段工程建设管理处加强安全生产宣传和教育培训工作，进一步调动监理人员进行安全管理的积极性，完善了安全生产管理规章制度，完备奖惩激励机制，以查漏补缺为重点，加强监管力度，继续推行隐患排查治理活动。同时，加强工程计量管理，对影响工程投资变化的工程变更、索赔等严格把关，使工程投资处于受控状态。2010年，该工程未发生一起较大以上安全生产事故。

2010年，安阳段工程建设管理处与安阳市南水北调办、沿线各级政府职能部门加强沟通协调，有计划、分重点，开展安阳段移民征地和专项设施迁建工作，排除影响工程施工的遗留问题；多上机械设备、增加人员、强化管理，做到技术问题限时解决、创造条件多开工作面，抓住有利施工条件，加快工程建设进度的管理和措施落实，实行歼灭战术，具备条件一段，建设完成一段。

2010 年，安阳段工程建设管理处廉政建设主要做四个方面工作，一是进一步加强领导，深入学习，营造氛围，不断提高党风廉政建设思想意识；二是以深入开展创先争优活动为契机，用实际行动推动党风廉政建设；三是结合 2010 “五五” 普法活动，深入开展党纪政纪条规教育；四是进一步完善管理制度、加大监管力度，严格管理，不断加强自身队伍建设。

（马树军）

工 程 进 展

2010 年，安阳段工程共完成土石方开挖 92.83 万 m^3，土石方回填 149.17 万 m^3，混凝土浇筑 10.02 万 m^3，钢筋制作安装 302.4t。截至 2010 年底，累计完成土石方开挖 1758.39 万 m^3，土石方回填 816.3 万 m^3，混凝土浇筑 45.56 万 m^3，钢筋制作安装 16 927t。

截至 2010 年底，完成安阳河退水闸、南流寺分水口门、小营分水口门主体工程，完成洪河渠道倒虹吸、张北河暗渠和安阳河渠道倒虹吸 3 座河渠交叉建筑物主体工程、管身段回填施工及金属结构的安装工作，完成 16 座左岸排水倒虹吸中的 15 座，基本完成刘家屯沟排水倒虹吸主体工程（出口段回填未完成），全部完成 9 座渠渠交叉建筑物，26 座公路桥中 18 座具备通车条件，完成 6 座桥的桥梁吊装工作（剩余引道工程因受征地拆迁影响未全部完成），北流寺西北公路桥正在进行上部结构施工，活水村公路桥正在进行桩基施工，安李支线铁路桥施工单位进场（因征迁和主体工程设计方案调整等原因，主体工程尚未开工，变更方案待批）。

（马树军）

工 程 施 工

（一）施工组织

2010 年初，编制了施工进度计划，并适度调整年度建设投资计划，申请上级有关部门核准；加大协调力度，创造条件启动垃圾山清理工程和安李支线铁路桥施工辅道填筑工程；移民生产桥工程项目完成招标工作，施工单位进场施工；组织 2、5、6 标段基本完成安阳河退水闸、南流寺分水口门、小营分水口门主体工程施工；组织 1、2、7、8、9 标段全面加快渠道混凝土衬砌作业；组织安全检测标、金属结构标等标段配合土建标的安装生产计划。

（二）施工管理

对征迁遗留问题采取“集中攻坚”策略，编制了 2010 年工程建设管理计划，向河南省南水北调工程建设管理局汇报了垃圾山工程变更、弃土场水保工程建设和 19 座移民生产桥问题。

（三）施工验收

一般工程验收由驻地监理工程师组织，监理、施工参与，重要工程及隐蔽工程则由建管、设计、地质、监理、施工联合验收。2010 年，共完成一般隐蔽工程验收 928 次，重要隐蔽工程验收 1155 次。完成分部工程验收 1 个，优良；完成单元工程 972 个，全部合格，其中优良 845 个，单元工程优良率 86.9%；共完成分项工程 508 个，全部合格。截至 2010 年底，累计完成单元工程 6411 个，全部合格，其中优良 5860 个，单元工程优良率 91.4%；累计分项工程 2215 个，全部合格。

（四）安全防范措施

建立以全面落实安全生产责任制度为核心的一系列安全生产管理规章制度。2010 年，共组织安全检查 24 次，下发整改通知 9 份，组织召开安全例会 10 次，编写安全检查简报

6期。对发现的隐患，要求责任单位实行定人、定期、定措施的整改，并对责任人进行相应处罚和教育。加强了急预案体系建设，更新事故应急预案和防汛预案，组织各类应急预案演练5次，参加人数173人。2010年未发生一起安全事故，实现了事故死亡率“零”的目标，工程安全生产处于受控状态。

（五）施工环境

协调解决部分取土场，垃圾山清运和桥梁引道等施工的扰民事件，协调解决阻碍工程建设的部分专项设施迁建，协调解决弃土场复耕等外部问题。内部环境，重点由施工单位控制，建管单位监督检查。组织文明工地考核，开展元旦职工文体活动、“劳动竞赛”、“技术比武”、“争先创优”等一系列活动，促进工程建设。

（马树军）

工 程 监 理

截至2010年底，完成单元工程的质量评定6827个，全部合格，优良6236个，单元工程优良率91.3%；分项工程评定2258个，全部合格；分部工程验收7个，质量评定全部为优良。2010年，该工程没有发生质量和较大以上安全事故，工程质量和安全生产全面处于受控状态。

截至2010年底，该工程累计完成建筑安装投资8.23亿元，占全部建筑安装投资的83%。2010年，工程总体进度比较滞后，主要原因是征地移民拆迁等外部原因引起的。

（何向东　李卫东）

安 全 生 产

建设单位的安全生产监督管理体系、监理单位的安全生产检查和控制体系、施工单位的安全生产保证体系等共同组成了安阳段工程安全生产管理体系。制订了一系列管理制度及办法，严格对照执行，对发现的隐患，要求责任单位实行定人、定期、定措施的整改，并对责任人进行相应处罚和教育。加强应急预案体系建设，更新事故应急预案和防汛预案，组织各类应急预案演练5次，参加人数173人。2010年未发生一起安全事故，实现事故死亡率“零”的目标，工程安全生产处于受控状态。

（马树军）

穿 黄 工 程

工 程 概 况

穿黄工程位于河南省郑州市黄河京广铁路桥上游约30km处，于孤柏山湾横穿黄河。工程南岸起自荥阳市王村化肥厂南的A点，终点为北岸温县南张羌乡马庄东的S点，总长19.30km，设计流量为265m³/s，加大流量为320m³/s。

穿黄工程为一等工程，由南岸明渠、南岸退水建筑物、进口建筑物、穿黄隧洞段、出口建筑物、北岸明渠、北岸新蟒河渠道倒虹吸、老蟒河河道倒虹吸、北岸防护堤、南北岸跨渠建筑物和南岸孤柏嘴控导工程等组成。该工程于2005年9月开工，总投资为31.37亿元。

（付　军）

工 程 投 资

2010年，穿黄工程计划完成投资35 037万元（工程部分），实际完成投资20 175万元，占年计划的58%。截至2010年底，累计完成投资165 014万元，占合同额的77%。

（岳广贤）

工 程 进 展

截至2010年底，穿黄工程共完成工程投资13.78亿元，累计完成土石方开挖1470万m^3、土石方回填442万m^3、混凝土浇筑30.49万m^3。

（1）Ⅰ标。南岸连接明渠单侧渠道衬砌4168m，穿黄A洞和B洞开挖衬砌后分别于2010年5月和8月移交给Ⅱ-A标和Ⅱ-B标，下游线检修通道JX3B段、JX2B段开挖支护及混凝土衬砌完成，退水洞两端合计完成开挖135m，衬砌127.16m；退水闸未施工。

（2）Ⅱ-A标。穿黄隧洞和邙山隧洞已顺利贯通，并完成盾构机的拆除工作，隧洞内衬砌完成底板混凝土衬砌3456m，出口建筑物累计完成土方开挖44.5万m^3，土石方回填44.6万m^3，混凝土浇筑6.9万m^3，钢筋制作安装10 800t。

（3）Ⅱ-B标。穿黄隧洞和邙山隧洞已顺利贯通，并完成盾构机的拆除工作，隧洞内衬砌完成底板混凝土衬砌2321m，占穿黄隧洞底板衬砌的55%。

（4）Ⅲ标。完成渠道外侧和新莽河倒虹吸两侧坡面植草51 296m^2，完成渠道单侧衬砌11 146.2m，3号路、司马路、陈家沟西路及老新孟路跨渠桥路面和连接道路两侧植草已基本完成。

（5）Ⅳ标。完成李村引水涵闸围堰和（KD1+120）~（KD1+226）段透水桩坝施工平台土方填筑50 050m^3，抛填土工袋19 880m^3，抛填土工袋铅丝笼11 032m^3。

（鞠向楠　王志刚）

质 量 管 理

2010年，穿黄工程质量情况基本稳定，未发生任何质量事故，优良率数控指标均保持较高水平，共完成2621个单元工程，其中2497个单元工程优良，优良率95.3%，达到工程质量目标，工程质量处于受控状态，工程质量优良。

（赵　强）

安 全 生 产

建立健全了安全生产管理组织机构，调整了河南直管建设管理部安全生产管理委员会的构成，成立了郑州—焦作片区安全生产管理委员会和河南直管建设管理部防汛指挥部。落实安全生产责任制，河南直管建设管理部与各施工单位签订了安全生产责任书，狠抓安全生产规章制度建设，制订并下发了一系列安全管理办法，各参建单位也制定了相应的安全管理办法，从制度上保证安全生产有章可循。

2010年，河南直管建设管理部组织定期季度安全生产大检查4次，会同监理单位共同组织月度安全检查考核8次，针对不同时期组织进行了“双节”期间安全生产检查、“两会”期间安全生产检查、防汛大检查、水土保持防汛检查、雨季施工用电安全大检查、防雷设施安全大检查、重点部位防汛检查、“国庆、中秋”节前安全检查、冬季施工安全大检查、农民工生活环境安全检查、特种设备安全大检查等一系列专项检查，共计12次。

编写了2010年《穿黄工程度汛方案》、调整了本单位和各参建单位的防汛指挥机构的人员组成，各施工单位汛前编制了本标段的防洪度汛方案和措施。2010年6月5日，在退水洞进口段举行防汛抢险应急演练，包括水情预报、巡视查险、队伍集结、设备集结、物料供应、制定抢护方案、组织抢险、队员和抢险设备的撤退等项目，检验了防汛应急指挥系统和抢险队员的应战能力。除此之外，还进行了两次防汛大检查。2010年，河南直管项目未发生安全事故，实现了年度安全管理目标。

（付　军）

施 工 科 技

中铁十六局集团水电七局联合体项目部承担了穿黄工程盾构掘进关键技术研究，研究的主要内容为：针对穿黄工程盾构始发技术研究、管片优化改造措施研究、刀盘优化维修及刀具选用技术研究、常压进舱下的地基加固措施研究、复合地层条件下超长距离隧洞的安全施工监测研究。2010 年完成了该项目的方案调研和论证，进行了各项技术研究项目的理论分析、数值计算及有关试验，并初步完成了技术研究成果的编制。

为解决穿黄隧洞在复杂条件下工作，研发双层复合衬砌结构，中线建管局委托长江勘测规划设计研究院作为技术负责单位，联合长江科学院进行穿黄隧洞衬砌 1:1 仿真试验研究。穿黄仿真试验研究分两个阶段进行。第一阶段开展准备性试验研究，于 2009 年完成；第二阶段开展地下模型试验研究，于 2010 年 6 月完成。2010 年 9 月，南水北调中线干线工程建设管理局组织专家对试验研究报告进行审查，确认完成了各项试验内容，达到了预期目标，并认为试验目的明确，设计合理，过程控制严谨，分析计算方法科学且针对性强，所获数据资料翔实，成果可靠，说服力强，可作为设计和施工方案优化的基础。

（李　飞）

沙河南—黄河南段工程

概　述

工 程 概 况

沙河南—黄河南段工程分为沙河渡槽工程、鲁山北段工程、宝丰—郏县段工程、北汝河渠道倒虹吸工程、禹州和长葛段工程、潮河段工程、新郑和中牟段工程（除潮河段）、双洎河渡槽工程、郑州 2 段工程、郑州 1 段工程、荥阳段工程共 11 项设计单元工程，现已全部开工。其中荥阳段工程、沙河渡槽工程和北汝河渠道倒虹吸工程为中线建管局直管项目。2009 年 12 月 30 日，沙河渡槽工程和北汝河渠道倒虹吸工程开工建设。

（付　军）

沙 河 渡 槽 工 程

工 程 概 况

沙河渡槽工程位于河南省鲁山县城东约 5km 处，总干渠桩号［SH(3)0 + 000］~［SH(3)11 + 938.1］，全长 11.938km，其中明渠长 2.888 1km，建筑物长 9.05km。总设计水头差 1.881m，其中渠道占用水头 0.111m，建筑物占用水头 1.77m，设计流量 320m^3/s，加大流量 380m^3/s。该工程跨沙河、将相河、大郎河，各类交叉建筑物共 12 座，其中沙河渡槽 1 座（包括沙河梁式渡槽、沙河—大郎河箱基渡槽、大郎河梁式渡槽、大郎河—鲁山坡箱基渡槽和鲁山坡落地槽），左岸排水建筑物

5 座，节制闸 1 座，退水闸 1 座。工程设计防洪标准按 100 年一遇洪水设计，300 年一遇洪水校核。

主要工程量包括土方开挖 255.10 万 m^3，石方开挖 39.64 万 m^3，土石方回填 256.63 万 m^3，混凝土和钢筋混凝土浇筑 123.27 万 m^3，砌石 7.55 万 m^3，钢筋制作安装 9.93 万 t，预应力钢绞线安装 3090t。

该工程于 2009 年 12 月开工建设，计划工期 41 个月。

（岳广贤）

工 程 投 资

2010 年，沙河渡槽工程计划完成投资 35 244万元（工程部分），实际完成投资 18 116万元，占年计划的 51%。截至 2010 年底，累计完成投资 18 116 万元，占合同额的 10%。

（岳广贤）

招 标 投 标

2010 年，沙河渡槽工程共进行 1 个安全监测标招标工作，合同金额 3134.16 万元。

沙河渡槽工程安全监测标的中标单位是黄河勘测规划设计有限公司。合同范围为沙河渡槽工程内渠道工程、沙河梁式渡槽、沙河—大郎河箱基渡槽、大郎河梁式渡槽段、大郎河—鲁山坡箱基渡槽、鲁山坡落地槽（含边坡监测）、左岸排水建筑物 5 座、控制建筑物 2 座（节制闸、退水闸各 1 座）等的监测仪器设备及材料的采购、运输、验收和保管；监测仪器和设备的率定、调试、安装、埋设、调试和维护及相关的土建工程、电缆敷设；与土建承包人的配合工作；施工期间及竣工验收前的数据采集、资料整编、分析工作及安全评价、观测设施和观测资料的移交及人员培训；并为发包人永久观测人员接收施工期观测工作提供必要的条件等。该工程 2010 年招标投标情况见表 1。

表 1　沙河渡槽工程招标投标情况表

序号	合同编号	合同名称	招标代理单位	招标文件发售日期	开标日期	定标日期	中标单位	合同签订日期
1	ZXJ/JC/SH-001	南水北调中线一期工程总干渠沙河南—黄河南段（中线建管局直管项目）沙河渡槽工程安全监测	河南省河川工程监理有限公司	2010 年 3 月 15～19 日	2010 年 4 月 8 日	2010 年 4 月 29 日	黄河勘测规划设计有限公司	2010 年 5 月

（岳广贤）

建 设 管 理

沙河渡槽工程的建设管理模式为直管制，由中线建管局河南直管项目建设管理部负责工程的建设管理，该工程建设管理部工程管理三处具体负责工程的现场建设管理。

河南直管项目建设管理部工程管理三处内部实行逐级负责的岗位责任制，以处长为领导层，下设综合组、工程组两个职能部门，明确各岗位分工、责任到人，主要履行对沙河渡槽工程的设计、监理、施工等各参建单位在施工准备阶段、建设实施阶段、竣工验收、移交阶段和缺陷责任期阶段的管理职能，以及代表河南直管建设管理部实施对叶县段代建项目的协调、监督管理等。

2010年8月27日，成立了河南直管项目建设管理部平顶山片区质量管理委员会，截至2010年底，工程质量情况基本稳定，未发生任何质量事故，优良率数控指标均保持较高水平，共完成132个单元工程，其中122个单元工程优良，优良率92%，达到工程质量目标，工程质量处于受控状态，工程质量优良。

2010年，河南直管项目建设管理部工程管理三处对工程组织定期季度安全生产大检查4次，会同监理单位共同组织月度安全检查考核8次，针对不同时期，组织进行防汛大检查、“三项行动”专项检查、“国庆”期间安全生产检查、冬季施工安全大检查、混凝土冬季施工安全检查、冬季消防大检查、春节等关键时期的专项检查10次。对施工单位2010年安全生产目标进行考核，考核结果符合要求。

河南直管项目建设管理部编写了2010年度《北汝河倒虹吸工程和沙河渡槽工程度汛方案》，调整了各防汛指挥部人员组成，各参建单位也及时修订和完善了防汛指挥机构，各施工单位汛前编制了所施工标段的防洪度汛方案和措施，按照度汛方案准备防汛物资。

（程世昭　崔浩朋　马胜利　董志斌）

工　程　进　展

2010年，沙河渡槽工程计划完成投资35 243.7万元（工程部分），实际完成投资17 752.2万元，占合同额的10.40%，完成土石方开挖104.0万m^3，土石方回填34万m^3，混凝土浇筑8.91万m^3。该工程实际进度如下：

（1）Ⅰ标。渠道工程土方填筑已全面展开（除4条跨渠桥占压段），填筑高程最高至133m。沙河渡槽预制场完成存槽台座30个，制槽台座5个，完成提槽机、架槽机的安装，已浇筑完成1榀槽体；沙河梁式渡槽段0~34号墩累计完成灌注桩施工562根，完成5个墩身浇筑，7个承台施工，沙河渡槽一期围堰已完成闭气；大郎河预制梁场土建工作已经开始。

（2）Ⅱ标。沙河—大郎河箱基渡槽已完成37块垫层混凝土浇筑、28跨箱基涵洞左右联部分箱涵底板、4跨箱涵顶板（槽身底板）和2跨槽身混凝土浇筑（单跨20m）。鲁平公路正在进行灌注桩施工。

（3）Ⅲ标。大郎河—鲁山坡箱基渡槽完成单联8节底板混凝土浇筑，鲁山坡落地槽段施工区已全面展开施工，鲁山坡开挖达到预留保护层，鲁山坡落地槽完成5~7号坡边坡支护，完成12节落地槽底板混凝土浇筑；完成青龙沟、白虎涧沟进口洞身段施工。

（程世昭）

宝丰—郏县段工程

工　程　概　况

宝丰—郏县段工程位于沙河南—黄河南段（总干渠第Ⅱ渠段）工程的中段，地域上属于河南省平顶山市的宝丰县和郏县。该工程始于第2设计单元鲁山北段的终点，止于郏县和禹州市交界兰河涵洞渡槽出口100m处，与禹州—长葛段工程起点相接。该工程起点总干渠设计桩号SH(3)19+707.0，大地坐标为$x=3\ 743\ 343.027$、$y=502\ 472.725$，终点总干渠设计桩号SH(3)61+957.6，大地坐标

为 $x=3\ 769\ 431.394$、$y=529\ 016.029$。该工程不含北汝河渠道倒虹吸工程段，全长40.768 6km，其中明渠段长38.317 6km，建筑物长2.451km。

该工程总干渠以明渠为主，明渠与河流交叉全部采用立交，共布置各类建筑物79座，其中河渠交叉建筑物8座，左岸排水建筑物16座，渠渠交叉建筑物8座，控制建筑物6座(节制闸2座，退水闸1座，分水口门3座)，跨渠公路桥27座，生产桥14座。主要工程量包括土石方开挖2101.46万 m^3，土方填筑1389.94万 m^3，混凝土及钢筋混凝土浇筑85.10万 m^3，砌石及砂石垫层105.45万 m^3。

该工程征地拆迁涉及平顶山市的宝丰、郏县两县，含7个乡镇47个行政村，总用地21 591.65亩，其中永久用地8834.03亩、临时用地12 757.62亩(其中按永久用地补偿面积2407.90亩)。占压房屋总面积72 966.39 m^2，其中农村房屋总面积61 602.05 m^2、企业房屋总面积410.89 m^2、单位房屋总面积4946.82 m^2、村组副业房屋面积6006.63 m^2。居民房屋涉及人口1945人(其中大营砂石料场影响180人、北汝河串流片治理122人)，涉及企业1家、单位8家、副业28户，影响专业项目线路222条。

该工程施工合同工期为2010年12月1日至2013年6月30日，计划工期31个月。

(谭　联)

工　程　投　资

宝丰—郏县段工程投资结构为国家财政预算拨款、南水北调工程基金和贷款。

该工程初步设计概算静态总投资(含公路、铁路及供电线路等工程)为393 903万元，其中工程投资211 227万元，公路桥工程投资16 940万元，铁路桥工程投资22 006万元，35kV线路工程投资1273万元，工程管理投资1285万元，移民、环境保护和水土保持部分投资141 172万元。该工程合同价177 837.388 5万元，2010年未进行结算。

(谭　联)

招　标　投　标

宝丰—郏县段工程共划分为7个土建施工标、1个安全监测标和1个监理标，2010年进行公开招标，其招投标情况见表1。

表1　2010年宝丰—郏县段工程招投标情况表

序号	合同编号	合同名称	招标代理单位	招标文件发售日期	开标日期	中标单位	合同签订日期
1	HNJ-2010/BJ/SG-001	南水北调中线一期工程总干渠沙河南—黄河南(委托建管项目)宝郏段第一施工标段	河南省河川工程监理有限公司	2010年11月1~5日	2010年11月21日	中国水利水电第十一工程局有限公司	2010年12月
2	HNJ-2010/BJ/SG-002	南水北调中线一期工程总干渠沙河南—黄河南(委托建管项目)宝郏段第二施工标段	河南省河川工程监理有限公司	2010年11月1~5日	2010年11月21日	中国水利水电第八工程局有限公司	2010年12月
3	HNJ-2010/BJ/SG-003	南水北调中线一期工程总干渠沙河南—黄河南(委托建管项目)宝郏段第三施工标段	河南省河川工程监理有限公司	2010年11月1~5日	2010年11月21日	中国水利水电第九工程局有限公司	2010年12月

续表

序号	合同编号	合同名称	招标代理单位	招标文件发售日期	开标日期	中标单位	合同签订日期
4	HNJ-2010/BJ/SG-004	南水北调中线一期工程总干渠沙河南—黄河南(委托建管项目)宝郏段第四施工标段	河南省河川工程监理有限公司	2010年11月1~5日	2010年11月21日	中国水利水电第十六工程局有限公司	2010年12月
5	HNJ-2010/BJ/SG-005	南水北调中线一期工程总干渠沙河南—黄河南(委托建管项目)宝郏段第五施工标段	河南省河川工程监理有限公司	2010年11月1~5日	2010年11月21日	河南省水利第一工程局	2010年12月
6	HNJ-2010/BJ/SG-006	南水北调中线一期工程总干渠沙河南—黄河南(委托建管项目)宝郏段第六施工标段	河南省河川工程监理有限公司	2010年11月1~5日	2010年11月21日	河南水利建筑工程有限公司	2010年12月
7	HNJ-2010/BJ/SG-007	南水北调中线一期工程总干渠沙河南—黄河南(委托建管项目)宝郏段第七施工标段	河南省河川工程监理有限公司	2010年11月1~5日	2010年11月21日	中国水利水电第六工程局有限公司	2010年12月
8	HNJ-2010/BJ/JL-001	南水北调中线一期工程总干渠沙河南—黄河南(委托建管项目)宝郏段建设监理	河南省河川工程监理有限公司	2010年11月1~5日	2010年11月21日	佛山市顺水工程建设监理有限公司	2010年12月
9	HNJ-2010/BJ/CG-001	南水北调中线一期工程总干渠沙河南—黄河南(委托建管项目)宝郏段安全监测	河南省河川工程监理有限公司	2010年11月1~5日	2010年11月21日	长江勘测规划设计研究有限责任公司	2010年12月

（谭　联）

建　设　管　理

宝丰—郏县段工程委托河南省南水北调中线工程建设管理局建设管理。2010年9月7日，成立河南省南水北调中线工程建设管理局平顶山建设管理处，具体负责该工程的现场建设管理。

平顶山建设管理处成立后，即展开前期准备工作，为中标单位成立现场监理部、施工标段项目部提供便利；与设计单位签订现场服务协议，成立现场设代处、地质处；与第三方实验室签订委托服务协议，成立现场实验室；开展建管处职工岗前培训，建立人员培训长效机制；督促参建单位按照合同(协议)承诺投入机械、人员、物资等；组织成立质量、安全委员会；建立建设管理例会制度；建立和实施施工单位综合考评制度。

该工程共划分单位工程64个，分部工程389个。其中主要单位工程15个，主要分部工程158个。施工标段进场时间2010年12月15日，主体工程开工时间2010年12月25日。2010年，该工程主要进行临时设施建设准备工作，首级控制网、原始地形测量工作。

（谭　联　赵继伟）

工 程 监 理

佛山市顺水工程建设监理有限公司通过招投标方式，取得该工程的监理任务，负责该工程的渠道、建筑物土建工程施工、机电设备安装、金属结构设备安装、安全监测、通信管道采购和敷设、临时工程、施工现场的水土保持工程和施工期环境保护工程等项目的建设监理，以及相应的金属结构、机电设备项目的监造工作等施工全过程建设监理（含保修期）。

2010 年 12 月 10 日，佛山市顺水工程建设监理有限公司组建南水北调中线工程总干渠宝丰—郏县段工程监理机构，进场开展监理工作，14 日，监理机构联合平顶山建管处召开第一次工地例会，进行第一次设计交底会、七个施工标段测量工作布置会，16 ~ 18 日组织进行测量控制点的移交工作。监理机构总监理工程师主持监理规划的编制工作，所有监理人员熟悉监理规划的编制并掌握其内容和要求，各专业监理工程师按规范要求进行监理实施细则的编制工作。

（范民举）

北汝河渠道倒虹吸工程

工 程 概 况

北汝河渠道倒虹吸工程位于河南省宝丰县东北大边庄与郏县渣园乡朱庄村之间的北汝河上，场地距宝丰县县城约 15km。渠段起点总干渠桩号为 SH(3)39 + 869.3，终点总干渠桩号为 SH(3)41 + 351.3，设计段总长 1482m。渠段起点设计水位 128.761m，终点设计水位 128.254m，总设计水头为 0.507m。该工程设计流量 315m^3/s，加大流量 375m^3/s。工程设计防洪标准按 100 年一遇洪水设计，300 年一遇洪水校核，计划总工期 37 个月。

该工程主要工程量包括土方开挖 64.71 万 m^3，石方开挖 76.98 万 m^3，土石方回填 121.99 万 m^3，混凝土和钢筋混凝土浇筑 21.24 万 m^3，砌石 2.41 万 m^3，钢筋制作安装 1.89 万 t。

（岳广贤）

工 程 投 资

2010 年，北汝河渠道倒虹吸工程计划完成投资 7190 万元（工程部分），实际完成投资 4667 万元，占年计划的 65%。截至 2010 年底，累计完成投资 4667 万元，占合同额的 17%。

（岳广贤）

建 设 管 理

北汝河渠道倒虹吸工程的建设管理模式为直管制，由中线建管局河南直管项目建设管理部负责工程的建设管理，现场协调和管理由河南直管项目建设管理部工程管理三处负责。

河南直管项目建设管理部工程管理三处内部实行逐级负责的岗位责任制，以处长为领导层，下设综合组、工程组两个职能部门，明确各岗位分工、责任到人，主要履行对工程的设计、监理、施工等各参建单位在施工准备阶段、建设实施阶段、竣工验收阶段、移交阶段和缺陷责任期阶段的管理职能，以及代表河南直管建设管理部实施对代建项目的协调、监督管理等。

2010 年 8 月 27 日，成立了河南直管项目建设管理部平顶山片区质量管理委员会，截至2010年底，工程质量情况基本稳定，未发生任何质量事故，优良率数控指标均保持较高水平，共完成50个单元工程，全部合格，其中45个单元工程优良，优良率90%，达到工程质量目标，工程质量处于受控状态，工程质量优良。

2010年，河南直管项目建设管理部工程管理三处对北汝河倒虹吸工程组织定期季度安全生产大检查4次，会同监理单位共同组织月度安全检查考核8次，针对不同时期，组织进行防汛大检查、"三项行动"专项检查、"国庆"期间安全生产检查、冬季施工安全大检查、混凝土冬季施工安全检查、冬季消防大检查、春节等关键时期的专项检查10次。对施工单位全年安全生产目标进行考核，考核结果符合要求。

河南直管项目建设管理部编写了2010年度《北汝河倒虹吸工程和沙河渡槽工程度汛方案》调整了各防汛指挥部人员组成，各参建单位也及时调整了防汛指挥机构的构成。各施工单位汛前编制了本标段的防洪度汛方案和措施，并按照度汛方案准备了防汛物资。2010年，北汝河渠道倒虹吸工程未发生安全事故，实现了年度安全管理目标。

2009年12月30日，该工程举行开工仪式，随后施工单位进场进行临建工程建设，2010年4月5日由监理部签发开工令，正式进入主体工程施工阶段。2010年未发生任何安全事故。

（马春安　董志斌　马胜利）

工　程　进　展

2010年，北汝河渠道倒虹吸工程实际完成土石方开挖82.28万m^3、混凝土浇筑1.71万m^3。

截至2010年底，完成一期、二期渠道土方开挖，完成36～38号、47～64号管身垫层混凝土浇筑，完成35～38号、47～64号第一联（左侧）底板、54～64号管身第二联（右侧）底板混凝土浇筑，完成36～38号、50～64号管身第一联（左侧）边墙、37～38号管身第二联（右侧）边墙、52～60号管身第二联（右侧）边墙混凝土浇筑，完成38、54～62号管身第一联（左侧）顶拱、55～56号管身第二联（右侧）顶拱混凝土浇筑。共计34个底板、29个边墙、12个顶拱管身混凝土浇筑及钢筋制作安装。

（程世昭）

禹州和长葛段工程

工　程　概　况

禹州和长葛段工程是南水北调中线总干渠第Ⅱ渠段（沙河南—黄河南段）的组成部分，该工程位于河南省禹州市和长葛市境内，起点位于兰河涵洞渡槽出口100m处，设计桩号SH(3)61+648.7，坐标x=3 769 431.394，y=529 016.029,终点位于长葛和新郑市交界，设计桩号SⅡ(3)115+348.7，坐标x=3 794 944.210，y=469 551.920。

该工程全长53.7km，其中，明渠长52.323km，建筑物长1.377km，总干渠设计流量为305～315m^3/s，设计水深7m，渠底比降1/23 400～1/26 000。总干渠以明渠为主，明渠和河流交叉全部采用立交，渠道过水断面为梯形，设计底宽为15.5～24.5m，堤顶宽5m，渠道一级边坡系数为2.0～3.5，二级边坡系数为1.5～3.25。

该工程渠道多为半挖半填断面（长度31 473m约占总长度的60%），少部分为全挖断面（19 622m约占总长度的37.5%）和全填断面（1228m约占总长度的2.5%，位置基本在河渠交叉处），渠道平均挖深约9.2m，渠道最大挖深达37.5m(施工一标范围内，设计桩号64+000附近)；渠道最大填筑高度12.5m(施工四标范围内，设计桩号77+550附近，左岸挖、右岸填)。

该工程沿途与30条大小河流、2条现有灌溉渠道、39条等级公路交叉，与铁路交叉2处，有各类建筑物97座，其中，河渠交叉建筑物5座(颍河、小南河、十字河、石良河、小洪河)，左岸排水建筑物25座，渠渠交叉建筑物2座(白沙南干、白沙东干)，分水闸4座(禹州3座，孔楼、任坡、孟坡；长葛1座，洼李)，退水闸1座(颍河倒虹吸退水闸)，节制闸2座(颍河倒虹吸节制闸、小洪河倒虹吸节制闸)，事故退水闸1座(禹州市南端事故闸)，公路桥39座，铁路桥2座(陉山铁路桥、平禹铁路桥)，生产桥16座(生产桥在实施过程中可能有调整)。

该工程主要工程量包括土石方开挖3402.09万m^3，土石方填筑1010.25万m^3，混凝土及钢筋混凝土浇筑70.44万m^3，砌石44.66万m^3，钢筋制作安装27 304t，充填灌浆43.93万m，帷幕灌浆28.35万m。

该工程征地拆迁涉及许昌市的禹州、长葛两市，含12个乡镇、64个行政村，总用地21 108.36亩(不含工程管理机构征地8.4亩)，其中永久占地11 710.8亩，临时用地9397.56亩，拆迁房屋总面积6.8万m^2，涉及人口2576人，企业5家，单位5家，副业户34家。影响专项线路290条。

该工程合同工期为2010年8月1日～2013年4月30日，工期长32个月。

（谭　联）

工　程　投　资

禹州和长葛段工程投资结构为国家财政预算拨款、南水北调工程基金和贷款。

该工程初步设计概算静态总投资435 755万元，其中工程投资247 627万元，征地移民投资（不含生产桥、输变电恢复）184 212万元，水土保持工程投资2938万元，环境保护工程投资978万元。该工程施工合同额174 066.2042万元。

2010年，该工程计划完成投资7800万元，实际完成投资6160万元。工程合同价177 837.388 5万元，2010年结算6888万元，占合同额的3.9%。

（谭　联）

招　标　投　标

禹州和长葛段工程共划分为8个施工标、1个安全监测标和1个监理标，2010年进行公开招标，其招投标情况见表1。

表1　2010年禹州和长葛段工程招投标情况

序号	合同编号	合同名称	招标代理单位	招标文件发售日期	开标日期	中标单位	合同签订日期
1	HNJ-2010/YC/SG-001	南水北调中线一期工程总干渠沙河南—黄河南（委托建管项目）禹州长葛段第一施工标段	河南省河川工程监理有限公司	2010年8月2～6日	2010年8月22日	中国水利水电第十二工程局有限公司	2010年9月10日
2	HNJ-2010/YC/SG-002	南水北调中线一期工程总干渠沙河南—黄河南（委托建管项目）禹州长葛段第二施工标段	河南省河川工程监理有限公司	2010年8月2～6日	2010年8月22日	中国葛洲坝集团股份有限公司	2010年9月10日

续表

序号	合同编号	合同名称	招标代理单位	招标文件发售日期	开标日期	中标单位	合同签订日期
3	HNJ-2010/YC/SG-003	南水北调中线一期工程总干渠沙河南—黄河南（委托建管项目）禹州长葛段第三施工标段	河南省河川工程监理有限公司	2010年8月2~6日	2010年8月22日	中国水电基础局有限公司	2010年9月10日
4	HNJ-2010/YC/SG-004	南水北调中线一期工程总干渠沙河南—黄河南（委托建管项目）禹州长葛段第四施工标段	河南省河川工程监理有限公司	2010年8月2~6日	2010年8月22日	葛洲坝集团基础工程有限公司	2010年9月10日
5	HNJ-2010/YC/SG-005	南水北调中线一期工程总干渠沙河南—黄河南（委托建管项目）禹州长葛段第五施工标段	河南省河川工程监理有限公司	2010年8月2~6日	2010年8月22日	中国水利水电第四工程局有限公司	2010年9月10日
6	HNJ-2010/YC/SG-006	南水北调中线一期工程总干渠沙河南—黄河南（委托建管项目）禹州长葛段第六施工标段	河南省河川工程监理有限公司	2010年8月2~6日	2010年8月22日	中国水利水电第三工程局有限公司	2010年9月10日
7	HNJ-2010/YC/SG-007	南水北调中线一期工程总干渠沙河南—黄河南（委托建管项目）禹州长葛段第七施工标段	河南省河川工程监理有限公司	2010年8月2~6日	2010年8月22日	河南省水利第二工程局	2010年9月10日
8	HNJ-2010/YC/SG-008	南水北调中线一期工程总干渠沙河南—黄河南（委托建管项目）禹州长葛段第八施工标段	河南省河川工程监理有限公司	2010年8月2~6日	2010年8月22日	葛洲坝集团第五工程有限公司	2010年9月10日
9	HNJ-2010/YC/JL-001	南水北调中线一期工程总干渠沙河南—黄河南（委托建管项目）禹州长葛段建设监理	河南省河川工程监理有限公司	2010年8月2~6日	2010年8月22日	江河水利水电咨询中心	2010年9月10日
10	HNJ-2010/YC/CG-001	南水北调中线一期工程总干渠沙河南—黄河南（委托建管项目）禹州长葛段安全监测	河南省河川工程监理有限公司	2010年8月2~6日	2010年8月22日	长江水利委员会长江科学院	2010年9月10日

（谭　联）

建 设 管 理

禹州和长葛段工程委托河南省南水北调中线工程建设管理局负责工程建设管理，2010年4月6日，成立了河南省南水北调中线工程建设管理局许昌段建设管理处具体负责工程现场的管理工作。

许昌段建设管理处成立后，即展开前期准备工作，为中标单位成立现场监理部、施工标段项目部提供便利；与设计单位签订现场服务协议，成立现场设代处、地质处；与第三方实验室签订委托服务协议，成立现场实验室；开展建管处职工岗前培训，建立人员培训长效机制；督促参建单位按照合同（协议）承诺投入机械、人员、物资等；组织成立质量、安全委员会；建立建管例会制度；建立和实施施工单位综合考评制度。

该工程共划分19个单位工程，254个分部工程，明确了重要隐蔽单元工程和关键部位单元工程、主要分部工程和主要单位工程。单元工程和主要单元工程划分，待施工图纸基本到位后，根据有关规程、规范和规定，由参建单位共同制定的单元工程划分原则，由施工单位划分后报南水北调工程河南质量监督站许昌项目站备案。

江河水利水电咨询中心负责该工程的土建工程施工（不含公路桥、生产桥、铁路桥）、机电设备及安装、金属结构设备及安装、安全监测、通信管道采购及敷设、临时工程、施工现场的水土保持工程及施工期环境保护工程等项目的建设监理工作。

（谭　联）

工 程 进 展

2010年9月18日，禹州和长葛段工程施工标段进场，2010年12月23日，主体工程开工建设。该工程2010年主要进行了临时设施、沿渠道路、辅助设施、混凝土拌和站、钢筋加工厂建设，以及采空区处理试验，渠道基础处理试验。

2010年，该工程主要工作是进行主体工程施工前期准备工作和地基处理试验、采空区灌浆试验。2010年的主要工程量包括土方开挖29.9万m^3，强重夯1.12万m^2，土挤密桩1万m^3。

（谭　联　赵继伟　刘海峰）

潮河段工程

工 程 概 况

潮河段工程起点位于新郑市梨园村南，与双洎河渡槽工程末端相连接，设计桩号SH(3)133+380.8，终点位于中牟县与郑州市交界处，与郑州2段工程起点相接，设计桩号SH(3)179+227.8，全长45.847km，其中明渠长45.244km，建筑物长0.603km。总干渠以明渠为主，全挖方段长25.084km，半挖半填段长19.18km，全填方段长0.98km，渠道最大挖深约27m，最大填高约11m。共布置各类建筑物80座，其中河渠交叉建筑物5座，左岸排水建筑物17座，分水闸2座，节制闸2座，公路桥36座，生产桥16座，铁路桥2座。

潮河段渠道设计流量305～295m^3/s、加大流量365～355m^3/s；设计水深为7.0m，加大水深为7.668～7.624m；渠道纵比降为1/24 000和1/26 000两种，其中1/26 000的占86.4%，总水位差2.009m；过水断面呈梯形，一级马道开口宽度57～79m，渠底宽为23.5～15m，堤顶宽5m，渠道边坡为1∶2.0～1∶3.5，其中1∶3.0边坡占1/4左右。

该工程主要工程量包括土石方开挖3167.82万m^3，土石方填筑553.44万m^3，混凝土及钢筋混凝土浇筑55.20万m^3，砌石及垫层162.04万m^3，钢筋制作安装1.28万t。

该渠段涉及郑州市的新郑市、中牟县和航空港区，含11个乡(镇、办事处)、55个行政村，工程总用地23 734.7亩，其中永久用地11 237.8亩(含管理机构用地4.65亩)、临时用地12 496.9亩(含按永久补偿760.79亩)。占压房屋总面积31 331.28m^2，搬迁人口206人，涉及企业6家、单位4家、副业15家，影响专项线路248条(含基站1处，不含电力专项和临时用地专项)。

2010年6月1日，该工程开工建设，总工期32个月。2010年，主要进行施工营地、右岸沿渠道路建设，基础处理，部分建筑物基坑开挖和渠道开挖。

(王逸飞)

工　程　投　资

潮河段工程初步设计概算静态总投资为393 317万元，其中工程部分投资207 984万元，铁路交叉建筑物工程投资20 147万元，移民、环境部分投资163 271万元，供电线路工程1558万元，中牟管理处投资357万元。

2010年，计划完成投资16 166.5万元，实际完成建筑安装投资16 500.6万元，占计划的102.07%。

(曹万杰)

招　标　投　标

潮河段工程共划分为1个监理标和7个土建施工标，施工合同金额166 609万元。2010年具体招投标情况见表1。

表1　　2010年潮河段工程招投标情况

序号	合同编号	合同名称	招标代理单位	招标文件发售日期	开标日期	中标单位	合同签订日期
1	HNJ-2010/CH/SG-001	南水北调中线一期工程总干渠沙河南—黄河南(委托建管项目)潮河段第一施工标段	河南省河川工程监理有限公司	2010年4月19～23日	2010年5月9日	中国安能建设总公司	2010年5月28日
2	HNJ-2010/CH/SG-002	南水北调中线一期工程总干渠沙河南—黄河南(委托建管项目)潮河段第二施工标段	河南省河川工程监理有限公司	2010年4月19～23日	2010年5月9日	中国水利水电第七工程局有限公司	2010年5月28日
3	HNJ-2010/CH/SG-003	南水北调中线一期工程总干渠沙河南—黄河南(委托建管项目)潮河段第三施工标段	河南省河川工程监理有限公司	2010年4月19～23日	2010年5月9日	河南省水利第一工程局	2010年5月28日
4	HNJ-2010/CH/SG-004	南水北调中线一期工程总干渠沙河南—黄河南(委托建管项目)潮河段第四施工标段	河南省河川工程监理有限公司	2010年4月19～23日	2010年5月9日	河南省水利第二工程局	2010年5月28日

续表

序号	合同编号	合同名称	招标代理单位	招标文件发售日期	开标日期	中标单位	合同签订日期
5	HNJ-2010/CH/SG-005	南水北调中线一期工程总干渠沙河南—黄河南(委托建管项目)潮河段第五施工标段	河南省河川工程监理有限公司	2010年4月19～23日	2010年5月9日	中国水利水电第五工程局有限公司	2010年5月28日
6	HNJ-2010/CH/SG-006	南水北调中线一期工程总干渠沙河南—黄河南(委托建管项目)潮河段第六施工标段	河南省河川工程监理有限公司	2010年4月19～23日	2010年5月9日	黄河建工集团有限公司	2010年5月28日
7	HNJ-2010/CH/SG-007	南水北调中线一期工程总干渠沙河南—黄河南(委托建管项目)潮河段第七施工标段	河南省河川工程监理有限公司	2010年4月19～23日	2010年5月9日	中国水利水电第十三工程局有限公司	2010年5月28日
8	HNJ-2010/CH/JL-001	南水北调中线一期工程总干渠沙河南—黄河南(委托建管项目)潮河段建设监理	河南省河川工程监理有限公司	2010年4月19～23日	2010年5月9日	河南华北水电工程监理有限公司	
9	HNJ-2010/CZ/CG-001	南水北调中线一期工程总干渠沙河南—黄河南(委托建管项目)潮河段、郑州2段安全监测	河南省河川工程监理有限公司	2010年4月19～23日	2010年5月9日	南京南瑞集团公司	

（李　嫣）

工　程　进　展

河南省南水北调中线工程建设管理局郑州段建设管处负责潮河段工程的现场管理工作。

2010年，潮河段工程渠道开挖成型6.5km，5座河渠交叉建筑物中的3座倒虹吸完成土方开挖和基础处理，2座渡槽完成基础处理，其中1座正在进行混凝土灌注桩施工；17座左排建筑物中的10座完成基础处理，3座完成土方开挖。

2010年，计划完成土石方开挖546.08万m^3，土石方填筑16.79万m^3，混凝土浇筑0.53万m^3。实际完成土石方开挖622万m^3，占合同工程量3224万m^3的19.29%；土石方填筑5万m^3，占合同工程量632万m^3的7.91%。

（王　涛　曹万杰）

工　程　监　理

河南华北水电工程监理有限公司承担潮河段工程建设的监理工作。合同项目建设监理范围为：①潮河段工程的土建工程施工、水力机械和电气设备安装、金属结构设备安装、安全监测、通信管道采购及敷设、临时工程、施工现场的水土保持工程及施工期环境保护工程等项目的建设监理工作(不含公路桥、生产桥、铁路桥、供电线路);②新郑南段、潮河段、郑州2段和郑州1段工程的闸门、卷扬式启闭机、液压式启闭机、金属结构及电气设备的监造。

(靳杰锋)

安全生产

河南省南水北调中线工程建设管理局郑州段建设管理处建立并完善了安全生产管理体系，成立了以建设管理处处长为组长的安全生产领导小组，负责安全生产管理工作;制定并完善了《安全生产管理工作制度》、《安全检查、隐患排查整改制度》、《安全生产、文明施工奖惩制度》、《安全生产责任制度》等15项管理制度;与各参建单位签订安全生产目标管理责任书，举办安全生产知识竞赛活动，进行安全专题培训，加大安全生产工作的资金投入，科学制定安全技术措施，定期不定期组织安全生产大检查或专项检查;针对高温季节和冬季施工安全问题，下发了《关于做好2010年防暑降温工作的通知》，并要求施工单位制定高温季节和冬季安全施工方案，组织进行消防演练。2010年，该工程未发生质量安全事故，安全生产处于受控状态。

(闫利明)

施工科技

针对潮河段挤密砂石桩施工工艺试验出现的振动沉管难以穿透坚硬土层的问题，建设管理处组织监理、施工、设计等单位进行现场试验研究，采用螺旋钻引孔振动沉管法、复合锤振动沉管法、锤击引孔振动沉管成桩法、锤击成桩法进行成孔成桩试验，并取得成功，分别委托河南省水利勘测有限公司、黄河水利委员会基本建设工程质量检测中心、河南科源水利建设工程检测有限公司(第三方实验室)进行现场标贯检测，2m桩间距的少部分检测合格，1.8m桩间距的均检测合格。2010年11月12日，在潮河段挤密砂石桩试验成果专家咨询会上，对采用螺旋钻引孔振动沉管法和锤击引孔振动沉管法试验成果进行了咨询研讨，得到与会专家们的认可。根据专家咨询意见，相关施工标段对已完成的试验成果报告进行了修改和完善，最终形成了各自的《挤密砂石桩试验成果报告》，监理部及时对试验成果进行批复。各施工标段根据批复意见组织挤密砂石桩现场施工，其实施原则为:在振动沉管桩机无法直接成孔的渠段可采用螺旋钻引孔振动沉管法或锤击引孔振动沉管法施工，桩间距为2.0m和1.8m，桩径不小于600mm，按正三角形布置。

(郭建水)

郑州2段工程

工程概况

郑州2段工程起点位于郑州市中牟县与管城区交界处潮河倒虹吸进口，设计桩号SH(3)179+227.8，终点位于郑州市西南金水河与贾鲁河之间郑湾村附近，设计桩号SH(3)201+188.4，全长21.961km，其中渠道长20.515km，建筑物长1.446km。明渠全挖方段长18.500km，半挖半填段长2.015km;最大挖深33m，最大填高1.2m。渠线穿越大小河流11条，与19条等级公路交叉。共布置有各类建筑物43座，其中河渠交叉建筑物4座，左岸排水建筑物6座，控制建筑物5座(节制闸2座、退水闸1座，分水口门2座)，公路桥22座、生产桥6座。

郑州2段工程渠道设计流量295～285m^3/s、加大流量355～345m^3/s，设计水深为7.0m，加大水深为7.644～7.699m，渠道纵比降为1/26 000和1/23 000两种，总水位差1.37m；过水断面采用梯形明渠，一级马道开口宽69～78m，渠底宽为18.5～12m，渠道边坡为1∶2.75～1∶3.5，其中1∶3.0边坡占60%。

郑州2段工程主要工程量包括土石方开挖3147万m^3，土石方填筑378万m^3，混凝土及钢筋混凝土浇筑46.9万m^3，砌石及垫层35.50万m^3，钢筋制作安装1.97万t。

郑州2段工程合同工期为2009年8月1日至2012年2月29日，工期长31个月。

（王逸飞）

工 程 投 资

郑州2段工程初步设计概算静态总投资292 373万元，其中工程投资141 426万元，征地拆迁投资138 415万元，水土保持和环境保护投资4552万元，35kV供电线路684万元，其他投资7296万元。

2010年，计划完成土石方开挖2087.6万m^3，土石方回填243.6万m^3，混凝土浇筑29.2万m^3；按照施工总进度计划要求，2010年，郑州2段工程计划完成投资55 390.3万元，实际完成建筑安装投资47 121.0万元，占年度计划的85%。

2010年，土建标段共计完成投资46 908.65万元，占年计划量55 390.37万元的84.69%；累计完成投资49 022.02万元，占合同额105 302.02万元的46.55%。

（曹万杰　王　涛）

招 标 投 标

郑州2段工程共划分为4个土建施工标和1个监理标，施工合同额105 302万元。2010年，其招投标情况见表1。

表1　　郑州2段工程招投标情况

序号	合同编号	合同名称	招标代理单位	招标文件发售时期	开标日期	中标单位	合同签订日期
1	HNJ-2010/CZ/CG-001	潮河段郑州2段安全监测合同	河南省河川工程监理有限公司	2010年4月19～23日	2010年5月9日	南京南瑞集团公司	2010年6月1日

（沈　涵）

建 设 管 理

（一）管理目标

（1）投资控制目标。确保该工程静态投资控制在与项目建设管理单位管理的内容对应的项目管理预算（即分解后的项目管理预算）之内。工程质量目标为单元工程全部合格，优良率达到85%以上，单位工程外观质量得分率85%以上，无重大质量事故。安全生产目标为杜绝群死、群伤的重特大事故发生，避免较大事故发生，减少一般事故发生，力争实现事故死亡率“零”目标。文明施工及环境保护和水土保持目标为达到南水北调工程“文明工地”标准，达到环境保护和水土保持设计目标。

（2）工程投资控制。根据年度建设目标，及时调整合同管理的重点，坚持“以事实为依据，以合同为准绳”的合同处理原则，加强工程计量管理，对影响工程投资变化的工程变更、索赔等严格把关，使工程投资处于受控状态。发挥监理作用，履行合同，核对各月结算资料，采取有效措施降低施工环境的影响，为施工单位创造顺利施工的良好条件。

(3)提高建设管理能力。学习政治理论和技术业务，创新工作思路，转变工作作风，增强全体干部职工的大局意识、法制意识和责任意识，全面提高业务能力，加强培训学习。

(4)重视廉政建设。坚持工程建设的高质量与廉政建设的高标准一起抓，以工程安全、资金安全、干部安全为准绳，不断深化党风廉政建设教育。组织开展廉政建设教育，集中收看《抵制诱惑警示录》、《秉公用权廉洁从政警示录》、“廉政中国”——《关于开展工程建设领域突出问题专项治理工作的意见》的解读廉政教育专题片，树立正确的权力观、利益观和地位观。

(二)管理内容

河南省南水北调中线工程建设管理局郑州段建设管理处作为河南省南水北调中线工程建设管理局的派出机构，主要负责郑州段工程的现场管理工作，其主要管理内容是：

(1)按照基本建设程序和批准的建设内容、规模、标准组织工程建设。

(2)参与郑州段工程的招标工作。

(3)负责工程质量、投资、工期控制。

(4)负责办理工程开工报告及质量监督手续。

(5)负责工程的安全生产和文明工地创建工作。

(6)负责工程的防汛、度汛工作。

(7)组织协调郑州境内南水北调工程的有关重大技术问题。

(8)配合有关部门做好南水北调工程的征地、拆迁安置、环境保护和文物保护工作。

(9)协调配合有关方面保障郑州境内的南水北调工程建设环境。

(10)负责工程建设的档案资料管理及统计报表的编报。

(11)参与竣工决算的编制。

(12)负责工程价款结算的计量和初审，配合上级部门的审计和稽查工作。

(三)安全管理

建立健全了安全生产管理体系，成立了以建设管理处处长为组长的安全生产活动领导小组，制定了《安全生产管理工作制度》、《安全生产责任制度》、《安全检查、隐患排查整改制度》、《重大危险源登记管理制度》等一系列规章制度、文明标示牌规定和创建工作计划，进行安全生产抽查和组织安全生产大检查，对监理单位的安全生产控制体系和施工单位的安全生产保证体系进行审查，积极开展文明工地的创建工作。监理单位制定安全施工监理细则，配备1名专职安全监理工程师，以经常性检查为主进行安全生产控制。各施工标段也相继成立相应的安全生产组织机构，制定相应的安全生产、安全度汛管理制度，明确职责，建立安全生产岗位责任制，形成较完善的安全生产管理网络体系。郑州段工程各项建设处于良好的运行状态。

为做好2010年安全度汛工作，建设管理处及早安排，要求各参建单位编制2010年度汛方案和应急预案，并于4月14～15日进行防汛演练，4月29日，组织召开2010年度汛方案专家咨询会，对汛期施工安全度汛措施进行咨询。2010年4月15、16日和7月24～26日，分别对所辖在建工程进行安全度汛大检查，重点检查防汛组织机构、防汛物质准备及汛期值班制度落实情况。2010年郑州2段工程汛期施工安全度汛。

(四)工程监理

黄河勘测规划设计有限公司负责郑州2段工程(不含公路桥、生产桥、供电线路)的土建工程施工、机电设备安装工程、金属结构设备安装、安全监测、临时工程、水土保持工程及施工期环境保护工程等项目的建设监理工作。

2010年，主要对四个标段的临建工程和

部分土方开挖工程实施监理。2010 年共发出各类通知 150 份，其中监理通知 73 份、警告通知 1 份、安全整改通知 6 个、工程整改通知 3 个、分部工程开工通知 67 份；审核、批复方案和计划 230 余份，签发 215 份图纸签发单，签发各类会议纪要 63 份。

2010 年，累计评定单元工程 864 个，优良 835 个，单元工程优良率 96.6%。

（王　涛　郑玉春　闫利明）

工　程　进　展

郑州 2 段工程明渠全长 20.515km，截至 2010 年底，累计成型 6.5km，其中 2010 年成型 6.5km。

2010 年，郑州 2 段的主要建设内容为潮河、魏河、十八里河、金水河 4 座渠道倒虹吸及 6 座左岸排水建筑物工程，18.5km 的渠道土方开挖、渠道换填工程。

截至 2010 年底，4 座河渠交叉建筑物中，魏河、潮河渠道倒虹吸完成一期导流明渠、围堰填筑，每座完成 24 个管节（单联）；十八里河渠道倒虹吸完成一期导流明渠、围堰填筑和一期管身段、控制闸主体施工完成；金水河渠道倒虹吸完成一、二期导流明渠、围堰填筑和 20 个管节（单联）、退水闸完成基坑土方开挖，出口节制闸完成五个墩身。6 座左岸排水建筑物，其中战马屯、贾寨沟左岸排水建筑物完成基础处理及基坑开挖并完成承台，杏园西北沟、荆胡沟完成基础处理及基坑开挖并完成 6 个承台，水泉沟左岸排水建筑物完成基础处理及基坑开挖并完成 2 个承台；贾寨沟左岸排水建筑物浇筑底板 2 块。控制性建筑物密侗分水口门 1 座完成主体工程施工。

2010 年，实际完成土方开挖 2186.34 万 m^3，占年计划量 2087.39 万 m^3 的 104.74%；截至 2010 年底，累计完成 2266.13 万 m^3，占合同工程量 3147.33 万 m^3 的 72.01%。2010 年，实际完成土方回填 70 万 m^3，占年计划量 243.64 万 m^3 的 28.66%；截至 2010 年底，累计完成 70 万 m^3，占合同工程量 377.8 万 m^3 的 18.52%。2010 年，实际完成混凝土浇筑 11 万 m^3，占年计划量 29.2 万 m^3 的 37.67%；截至 2010 年底，累计完成 11 万 m^3，占合同工程量 46.9 万 m^3 的 23.45%。2010 年，安全监测标完成工程投资 260 万元，占合同额 871.27 万元的 29.84%，完成的主要工程量包括两点位移计 27 套、渗压计 41 支、土压力计 36 支、钢筋计 224 支、应变计 146 支、无应力计 30 组、测缝计 45 支。

（王逸飞　王　涛）

陶岔渠首—沙河南段工程

概　　述

工　程　概　况

陶岔渠首—沙河南段工程是中线输水工程的首段，位于河南省南阳市和平顶山市境内，起点位于陶岔渠首闸后 300m，终点位于沙河南岸鲁山县薛寨北，线路长 238.742km，沿线经过河南省南阳市淅川、邓州、镇平、方城四县（市）及卧龙、宛城两个城郊区和平顶山市的叶县、鲁山县，共 8 个县（市、区）。陶岔渠首—沙河南段工程分为淅川县段工程、湍河渡槽工程、镇平县段工程、南阳市段工程、南阳膨胀土试验段工程、白河倒虹吸工程、方城段工程、叶县段工程、澧河渡槽工程、鲁山南1段工程、鲁山南2段工程共11个设计单元。其中已正式开工的设计单元有南阳膨胀土试验段工程、湍河渡槽工程和白河倒虹吸工程。

淅川县段工程和湍河渡槽工程为直管项目，由河南直管项目建设管理部工程管理四处具体负责现场协调和管理，办公地点设于河南省南阳市邓州市境内。2010年，淅川段工程和湍河渡槽工程进行了招投标工作。镇平段工程为代建项目，由黄河水电工程建设有限公司负责建设管理工作。2010年，镇平段工程进行了招投标工作。

（刘培苑）

湍河渡槽工程

工程概况

湍河渡槽工程位于河南省邓州市小王营—冀寨之间的湍河上，西距邓州—内乡省道3km，北距内乡县20km，南距邓州市26km。渡槽槽身为相互独立的3槽预应力混凝土U型结构，单跨40m，共18跨，单槽内空尺寸(高×宽)7.23m×9.0m，设计流量为350m^3/s，加大流量为420m^3/s。工程由右岸渠道连接段、进口渐变段、进口闸室段、进口连接段、槽身段、出口连接段、出口闸室段、出口渐变段、左岸渠道连接段等9段组成，其中右岸渠道连接段设退水闸1座，工程轴线总长1030m，起点桩号为TS36+289，末端桩号为TS37+319。

主要工程量包括土石方开挖15.0万m^3、土石方回填27.0万m^3、混凝土浇筑13.0万m^3、钢筋制作安装1.41万t，以及机电设备安装、金属结构设备安装等。

2010年12月28日，湍河渡槽工程开工建设，计划2013年8月31日完工。

（岳广贤）

工程投资

湍河渡槽工程概算批复总投资为45 353万元，工程静态总投资39 621万元，其中建筑工程22 927万元、机电设备及安装工程469万元、金属结构设备及安装工程1195万元、临时工程3180万元、独立费用9607万元、基本预备费2243万元；1:1仿真模型试验1216万元；移民环境静态总投资3122万元，其中建设及施工场地征用费2825万元、水土保持工程116万元、环境保护工程181万元；建设期贷款利息1394万元。

（岳广贤）

招标投标

2010年，湍河渡槽工程完成1个土建标和1个监理标招标工作，合同金额27 441.97万元。

湍河渡槽工程土建标(起点桩号TS36+289，终点桩号TS37+319)中标单位是中国葛洲坝集团股份有限公司，工程合同范围为土建工程施工、机电设备安装、金属结构设备安装、通信管道采购与敷设、工程安全监测配合、水土保持工程及施工期环境保护工程，以及为完成上述工作所必需的临时工程或设施等。

湍河渡槽工程建设监理标中标单位是中水淮河规划设计研究有限公司，监理范围为桩号(TS36+289)~(TS37+319)段内的建筑工程(含施工准备阶段)、机电设备采购及安装、金属结构设备制造及安装、陶岔渠首—黄河南段直管项目的液压启闭机与金属结构设备监造、专用供电线路架设、通信管道采购及敷设、工程安全监测、1∶1模型实验及桩基实验、临时工程、水土保持工程等项目施工全过程建设监理工作。2010年湍河渡槽工程招投标情况见表1。

表1　　湍河渡槽工程招投标情况表

序号	合同编号	合同名称	招标代理单位	招标文件发售日期	开标日期	定标日期	中标单位	合同签订日期
1	ZXJ/JL/THD-001	南水北调中线一期工程总干渠陶岔—沙河南段（中线建管局直管项目）湍河渡槽工程建设监理	扬子江工程咨询有限公司（湖北）	2010年10月18～22日	2010年11月11日	2010年11月29日	中水淮河规划设计研究有限公司	2010年12月
2	ZXJ/SG/THD-001	南水北调中线一期工程总干渠陶岔—沙河南段（中线建管局直管项目）湍河渡槽工程施工	扬子江工程咨询有限公司（湖北）	2010年10月18～22日	2010年11月18日	2010年12月2日	中国葛洲坝集团股份有限公司	2010年12月

（岳广贤）

建 设 管 理

湍河渡槽工程的建设管理模式为直管制，由中线建管局河南直管项目建设管理部负责工程的建设管理。淅川县段、湍河渡槽工程的现场协调和管理由河南直管建设管理部工程管理四处负责。

根据工程特点和工作需要，河南直管建设管理部工程管理四处明确各岗位分工、责任到人，主要履行对淅川县段、湍河渡槽工程8个施工标段和4个监理标段的设计、监理、施工等各参建单位在施工准备阶段、建设实施阶段、竣工验收、移交阶段和缺陷责任期阶段的管理职能，以及代表河南直管建设管理部实施对镇平县段工程代建项目的协调、监督管理等，办公地点设在南阳邓州。

（刘培苑）

南阳膨胀土试验段工程

工 程 概 况

南阳膨胀土试验段工程位于陶岔渠首—沙河南段南阳市境内，起点位于南阳市卧龙区靳岗乡孙庄东，终点位于南阳市卧龙区靳岗乡武庄西南，全长2.05km，其中桩号(100+500)～(101+850)为弱膨胀土渠段，桩号(101+850)～(102+550)为中膨胀土渠段。

该工程实施分两期进行，一期工程从施工开始至试验结束，渠道按试验方案设计的断面施工，完成后进行渠道运行工况模拟试验研究；二期工程是在试验结束后，按最终设计断面完成渠道工程施工，并完建公路桥和生产桥。

2008年11月28日，该工程正式开工建设，计划完工日期为2010年11月30日。2009年9月8日，中线建管局以《关于南水北调中线一期工程总干渠南阳段膨胀土试验段试验研究有关问题的函》(中线局技函〔2009〕

117号），"原则同意将南阳段膨胀土试验段现场试验期延长至2010年底"。由于现场试验期的延长，对建成的模拟试验渠段不能按原计划进行拆除，无法进行永久渠道的正常施工，南阳膨胀土试验段工期将延长一年。

（曾文学）

工程投资

南阳膨胀土试验段工程投资结构为国家财政预算拨款、南水北调工程基金和贷款。2010年，南阳膨胀土试验段工程的主要任务是丁洼东南跨渠公路桥施工和配合试验单位进行现场试验，计划完成建筑安装投资1524万元。经该工程建设管理处、监理及施工单位研究决定，调整2010年度建设计划，并通过监理单位对施工单位的年度计划进行修正为980.3万元。

截至2010年底，工程累计完成建筑安装投资4034万元，占合同的44%。2010年，实际完成建筑安装投资682万元。

该工程合同价9072.067万元，截至2010年底，累计结算工程款3744.822万元，占合同额的41.3%。2010年，实际结算857.7447万元，占合同额的9.5%。

（曾文学）

建设管理

（一）工程建设组织管理

南阳膨胀土试验段工程是中线建管局委托河南省建设管理的项目。2008年9月10日，河南省南水北调中线工程建设管理局成立河南省南水北调中线工程建设管理局南阳段建设管理处，具体负责工程现场的建设管理。

（二）施工进度控制

（1）按照合同要求，在征地拆迁、环境协调、资金保障等方面尽全力为施工单位提供良好的外部条件，做好服务工作共创无障碍施工环境。

（2）对建设期间出现的各种影响施工的问题及时协调处理，保证各项工作有序进行。

（3）严格管理，以合同为基础，根据总体建设方案制定年、月、周进度计划，作为进度控制的依据，严格执行，坚持以周计划保月计划，以月计划保年计划。要求施工单位加大投入，加强内部管理与协调，优化施工方案，细化保证措施，切实履行合同承诺；建设管理处通过召开建管月例会、进度专题会议，建立沟通渠道，及时研究、解决制约工程进度的主要问题，落实激励竞争机制，保证进度目标的顺利实现。

2010年，南阳膨胀土试验段工程渠道运行工况模拟试验进行正常，11月24日试验段一期单位工程顺利通过验收。

（曾文学）

工程进展

2010年，南阳膨胀土试验段工程建设进展目标：

（1）完成丁洼东南跨渠公路桥工程的施工。

（2）完成黄土岗南及武庄东弃土场水保工程施工。

（3）试验单位完成渠道运行工况模拟试验。

（4）施工单位配合试验单位完成防破损试验及其他试验项目。

（5）通过监控、检测及综合性评价，完成可指导南水北调中线工程膨胀土渠道设计与施工的初步成果。

2010年，该工程计划完成土方开挖2.4万m^3，土方填筑6.7万m^3，混凝土浇筑0.4万m^3。2010年实际主要完成的施工项目如下：完成直径2.0m的钻孔灌注桩8根，合计320m；完成桥墩柱8根；完成盖梁8根，其中桥台盖梁4根、桥墩盖梁4根；完成预应力箱梁27榀，其中40m的10根、30m的17根；完成黄土岗南弃土场水保工程施工。实际完成的主要工程量如下：2010年实际完成混凝土浇筑1985m^3，截至2010年底累计0.9万m^3，占合同量的32%；2010年实际完成钢筋制作安装393.95t，截至2010年底累计完成440.35t，占合同量的51%；2010年实际完成钢绞线61.24t，截至2010年底累计61.24t，占合同总量的68.3%；2010年实际完成试验充退水72万m^3，截至2010年底累计完成试验导水112万m^3，占合同量的106.7%。

（曾文学）

工　程　施　工

为配合试验单位完成试验任务和丁洼东南跨渠公路桥的施工，工程建设管理处组织监理、施工单位召开进度专题会，督促施工单位加大投入，优化施工方案，细化保证措施，落实奖惩办法，抓进度保质量促安全，提高机械化施工程度，加强重点工序的施工组织，确保进度计划完成。做到质量安全管理规范化、进度控制刚性化、投资控制精细化、文明创建常态化。监理单位加强现场控制力度，妥善处理工程建设质量、安全和进度的关系。加强源头管理，严格市场准入，强化质量安全措施，不断完善质量安全管理体系，进一步强化质量安全意识，工程质量安全始终处于受控状态。施工单位树立"干好是创牌子、干坏是砸牌子"的思想，铸精品工程，树良好形象。2010年未发生一起质量安全事故，质量安全状况良好。

2010年，该工程共完成单元工程评定6个，全部优良；完成桥梁分项工程的评定90个，全部合格。11月24日，试验段一期单位工程顺利通过验收。一期单位工程共13个分部工程，全部合格，其中12个分部工程评为优良，优良率92.3%；外观质量得分率87.7%，整体评定一期单位工程质量优良。

（曾文学）

工　程　监　理

河南省河川工程监理有限公司承担南水北调中线一期工程总干渠南阳膨胀土试验段工程的建设监理任务，该公司组建了南水北调南阳膨胀土试验段监理部，具体负责工程现场的监理工作。

（一）监理工作职责范围

南阳膨胀土试验段工程监理工作职责范围包括渠道建筑工程、配合试验单位进行相关设备安装及运行维护、监测仪器埋设的钻孔及试验期间的相关配合工作，跨渠公路桥和生产桥工程，临时工程等施工全过程建设监理（含保修期）。

（二）质量控制

南阳试验段工程监理部按照"事前、事中控制为主、重视事后控制"的原则，严把工程质量关，对承包人的施工过程进行全过程、全方面、全要素的质量控制，通过控制工序质量保证单元工程质量，通过控制单元工程质量保证分部工程质量，确保工程项目质量目标的实现。

在做好质量控制的同时，该监理部积极参与试验段技术难题分析，作出监理技术性总结，提升技术服务水平。试验观测期间出现渠坡滑坡和混凝土板裂缝等技术问题，监理部组织力量，根据监理过程中收集的基础数据，分析研究，提交《膨胀土渠道边坡滑坡原因初步分析及防治建议报告》、《混凝土衬砌板裂缝初步分析报告》和《膨胀土渠道监理控制要点和监理实施细则》，查找原因，提出建议，切实做好技术服务，为南阳试验段二期工程积累经验。

（三）进度控制

（1）严审承包人报送年进度计划和百日劳动竞赛计划，并对进度计划按月、周进行分解，对不合理的进行及时调整，严格按计划进行控制检查，要求施工单位编制月、周计划，并每周编制周报、每月编制月报，定期向业主通报。

(2)加强监理过程控制，在监理日常检查过程中发现问题及时解决，避免因每道工序完工验收时出现问题进行返工而影响施工时间。

(3)当施工过程中施工进度滞后时，及时查找、分析原因，采取相应的纠偏措施，确保年度计划目标的顺利实施。

(4)根据工程实际情况不定时组织召开进度协调会，及时解决协调施工过程中存在的问题。

(四)投资控制

实行计量签证制度，对已完工程，由施工、监理共现场量测、签证后作为计量支付的依据，监理机构对施工单位提交的进度付款申请认真核实、确认，质量不合格工程不得进入计量程序。2010 年，共进行 4 次工程款结算，共结算工程款7 169 591元，其中合同内结算5 449 462元，变更结算1 720 129元，结算项目主要为丁洼东南跨渠公路桥和黄土岗南弃土场水土保持工程。

(五)安全控制

南阳试验段工程监理部在箱梁预制前对龙门式起重机轨道承载力进行受力复核验算，同时组织相关各方每月对生产区、营地、生活区和材料场等进行一次联合隐患排查，专职安全监理工程师每月进行两次专项安全检查，对易发生人身安全事故的隐患进行专项排查，把用电管理、高空作业、大型机械设备运行、安全行车、农民工上岗教育、试验渠段边坡的防护与观测等作为检查重点，把关键时段和节假日作为检查重点，并通过召开安全专题会议的方式，解决问题，交流经验，明确重点，及时消除了安全隐患，全年安全处于受控状态。

2010 年，该工程共完成单元工程评定 6 个，全部优良；完成桥梁分项工程的评定 103 个，全部合格；组织分部验收 2 个，全部合格，其中优良 1 个，优良率 50%；配合建管处完成试验段一期单位工程的验收，评定等级为优良。

（郑　涛　张官珍　祁建华）

质　量　管　理

(一)完善质量管理体系

2010 年，完善了《南水北调中线南阳段建管处工作指南》、《南阳段工程质量管理奖惩办法》，制定了《2010 年南阳段质量管理年活动工作方案》，与各单位签订质量管理目标责任书，明确职责。

(二)加强质量培训工作

举办膨胀土施工技术交流会、工程验收工作宣贯会和多期新进场人员施工质量控制要点与膨胀土施工技术培训会；组织监理、施工单位到安阳、新乡、焦作建管处及湖南岳阳进行施工现场观摩学习。

(三)注重对施工过程的质量控制

施工期间，采用巡查、抽查、跟踪检查及委托检测(第三方试验室)等方式进行质量检查，随时掌握工程质量的动态情况。2010 年，桥梁分项工程质量共评定 90 个分项工程，全部合格。工程质量处于受控状态，2010 年未发生一起质量事故。

(四)重视工程质量评定和验收工作

组织对试验段一期工程填方试验区 2 个分部工程和一期单位工程进行验收，按照南水北调各种验收规章、规范的要求，督促监理、施工单位整理编写工程建设资料，核定单元、分部工程评定情况，检查原材料、中间产品自检、抽检频次和检测报告，检查不合格台账及不合格产品退场情况，检查工序三检制度落实情况，规范混凝土裂缝缺陷处理和备案程序。2010 年 11 月 24 日，进行了南阳膨胀土试验段一期工程单位工程验收工作，编写单位工程《验收大纲》、《验收鉴定书》和《建设管理工作报告》。通过验收组查阅资料、踏勘现场、听取各参建单位回报，认定该单位工程按合同文件规定的内容全部完成，工程质量符合合同、设计和规范要求，满足试验要求，工程投资控制合理，工程档案资料齐全，验收工作组成员一致同意通过验收，工程质量等级为优良。组织开展质量管理年活动，制定《2010年南阳段质量管理年活动工作方案》，查找混凝土板裂缝质量缺陷产生的原因，并对桥梁工程施工实体质量进行2次专项检查，对各种原材料抽检三次，没有不合格原材料进场；2010年10月，配合质量监督站对工地试验室资质、人员上岗情况、监测制度、设备率定、监测档案进行检查；同时结合建功立业劳动竞赛活动，定期对施工质量进行检查评比，对存在的问题及时发现及时整改。依靠监理，充分发挥监理的质量控制作用，按照"小业主、大监理"的管理模式，给监理充分授权，按照"公正、独立、自主"的原则，对工程施工质量进行控制，承担监理责任，同时对监理单位严格管理，督促其认真履行建设监理职责，对监理见证制、重点工序旁站制、巡查检查制、抽检制、平行检查制、质量缺陷备案制等监理控制制度落实情况进行检查，对监理质量管理中的缺位情况进行批评整改，保证监理工作的及时到位。

（王龙欣）

安　全　生　产

工程建设管理处与各参建单位签订《安全生产目标责任书》，进一步明确各参建单位的职责，同时，定期组织检查施工、监理、设计单位安全生产责任制的落实情况，并要求施工单位根据安全生产的需要划定重点防范责任区，使安全生产措施有保证、制度有落实、责任能具体。制定《安全生产奖惩实施细则》、《重特大安全事故应急预案》、《隐患排查制度》、《年度防汛预案》。围绕"安全生产年"活动的要求，制定学习计划，明确学习任务，采用安全生产专题会、月建管例会、监理例会、板报、警示牌、横幅等多种形式学习安全生产的法律、法规和规章，学习应对各种安全生产突发事件处理措施等内容；通过典型案例，开展经常性的安全生产培训教育，从思想上提高安全生产意识，警钟长鸣。2010年没有发生过质量事故，工程质量处于受控状态。

针对试验区充退水、桥梁脚手架高空作业、预应力箱梁张拉、吊装等危险源，做好跟踪检查、监督与防护；强化安全教育培训，对现场管理和生产人员进行安全教育，坚持对新进场人员进行安全教育培训，未经过培训不准上岗；做好各种安全防护设施，配备足够的劳动保护用品。通过加强安全生产监督管理，广泛开展安全生产大检查，深化安全生产专项整治，加大事故隐患整改力度，加强安全生产教育培训力度等工作，安全生产工作取得较好成绩，2010年未发生过安全事故。

（徐　辉）

白河倒虹吸工程

工　程　概　况

白河倒虹吸工程位于河南省南阳市蒲山镇蔡寨村东北，是南水北调中线总干渠穿越白河干流的交叉建筑物，距南阳市城北约15km。工程布置由进口至出口依次为进口渐变段、退水闸及过渡段、进口检修闸、倒虹吸管身、出口节制闸（检修闸）、出口渐变段。

该工程起点桩号为TS115＋190，终点桩号TS116＋527，全长1337m，其中进口渐变段长48m，过渡段长50m，进口闸室段长16m，出口闸室段长23m，出口渐变段长60m，埋管段水平投影长1140m。采用两孔一联共4孔的混凝土管道，顶、底板各厚1.3m，中隔墙厚1.2m、边墙1.3m，单孔管净尺寸6.7m×6.7m。

该工程设计流量为330m³/s，加大流量为400m³/s，进口设计水位高程140.624m，出口设计水位高程139.924m，进口段设退水闸，设计流量165m³/s，出口处设有节制闸。

该工程主要工程量包括土石方开挖143.4万m³，土石方回填105.97万m³、混凝土浇筑19.98万m³，钢筋制作安装2.0万t，金属结构安装671.7t。工程合同计划开工日期为2010年10月15日，完工日期为2013年5月14日，工期长31个月。

该工程征地涉及南阳市卧龙区、宛城区共2个区3个行政村，建设征地总面积1485.28亩，其中永久征地332.05亩（其中139.45亩为弃土场临时转永久占地）、临时用地1153.23亩。

（曾文学）

工 程 投 资

白河倒虹吸工程投资结构为国家财政预算拨款、南水北调工程基金和贷款。该工程总投资50 525万元，工程静态总投资为49 319万元，其中工程部分总投资42 294万元，移民和环境保护部分总投资7025万元。

在工程静态总投资中，建筑工程23 873万元，机电设备及安装工程618万元，金属结构设备及安装工程1336万元，临时工程5319万元，独立费用8754万元，基本预备费2394万元。

2010年，该工程计划完成投资1255万元，实际完成投资1255万元（其中施工临时工程投资1119万元，建筑工程投资136万元），占合同价29 841.980 4万元的4%，按照合同约定支付第一次工程预付款1193.679 2万元，占合同价29 841.980 4万元的4%。

（曾文学）

招 标 投 标

2010年，白河倒虹吸工程进行了一次招标投标工作，完成1个监理标、1个施工标及1个安全监测标的招标投标任务，其具体情况见表1。

表1　白河倒虹吸工程招投标情况

序号	合同编号	合同名称	招标代理单位	招标文件发售时期	开标日期	中标单位	合同签订日期
1	HNJ-2010/NY/JL-002	南水北调中线一期工程总干渠陶岔渠首—沙河南（委托建管项目）白河倒虹吸及南阳市段工程建设监理	河南科光工程建设监理有限公司	2010年8月30日～9月3日	2010年9月19日	河南省河川工程监理有限公司	2010年10月11日
2	HNJ-2010/BH/SG-001	南水北调中线一期工程总干渠陶岔渠首—沙河南（委托建管项目）白河倒虹吸工程施工	河南科光工程建设监理有限公司	2010年8月30日～9月3日	2010年9月19日	中国水利水电第十四工程局有限公司	2010年10月11日
3	HNJ-2010/BH/CG-001	南水北调中线一期工程总干渠陶岔渠首—沙河南（委托建管项目）白河倒虹吸工程安全监测	河南科光工程建设监理有限公司	2010年8月30日～9月3日	2010年9月19日	黄河勘测规划设计有限公司	2010年10月11日

（曾文学）

建 设 管 理

白河倒虹吸工程是中线建管局委托河南省建设管理的项目，由河南省南水北调中线工程建设管理局南阳段建设管理处，具体负责工程现场的建设管理。

白河倒虹吸工程的监理单位是河南省河川工程监理有限公司，2010 年 10 月 12 日，该公司成立现场监理机构并进驻现场，11 月 15 日签发开工令，南阳段白河倒虹吸工程正式开工。

2010 年，该工程计划完成营区及混凝土生产系统建设，一期导流围堰施工，1 ~ 7 节管身段部分土石方开挖。截至 2010 年底，该工程实际完成 1 ~ 7 节的土石方开挖 14.6 万 m^3，占合同量的 10.2%，完成一期导流围堰高压旋喷防渗墙施工 12 480m^2，完成围堰填筑 4500m^3。

（曾文学　郑　涛　张官珍　祁建华）

陶岔渠首枢纽工程

工 程 概 况

陶岔渠首枢纽工程位于河南省南阳市淅川县九重镇陶岔村，丹唐分水岭汤山、禹山垭口南侧，是南水北调中线一期工程输水总干渠的引水渠首。原有陶岔渠首闸于 1974 年建成，承担引丹灌溉任务，南水北调中线一期陶岔渠首枢纽工程建成后，该枢纽承担向北京、天津、河北、河南等省市输水任务，兼顾灌溉、发电。工程设计引水流量 350m^3/s，加大引水流量 420m^3/s。工程批复建设内容包括上游引渠护坡、挡水建筑物（重力坝、引水闸及水电站）、闸下消力池及电站尾水渠、两岸岸坡防护工程、下游交通桥及管理设施等，批复总投资 85 935 万元。主要工程量为土石方开挖及老建筑物拆除 71.81 万 m^3，土石方填筑 10.58 万 m^3，混凝土浇筑 19.11 万 m^3，金属结构制作安装 2185t。工程于 2009 年 10 月开工建设，计划总工期 42 个月。

受国务院南水北调办和水利部的委托，淮河水利委员会治淮工程建设管理局作为项目法人承担陶岔渠首枢纽工程建设管理工作。2009 年 3 月，淮河水利委员会治淮工程建设管理局组建淮河水利委员会南水北调中线一期陶岔渠首枢纽工程建设管理局作为现场管理机构具体负责工程建设管理工作。

（柯　锐）

工 程 投 资

陶岔渠首枢纽工程批复总投资 85 935 万元，其中静态总投资 81 808 万元（包括工程部分投资 57 856 万元，建设及施工场地征用费 23 383万元，环境保护专项费 312 万元，水土保持专项费 257 万元），建设期贷款利息 4127 万元。

截至 2010 年底，陶岔渠首枢纽工程累计安排投资计划 50 000 万元（不含直接下达长江勘测规划设计研究有限责任公司前期工作经费 1100 万元），下达投资计划累计到位资金 35 000 万元，其中 2009 年安排投资计划 10 000万元（国调办投计〔2009〕119 号文），全部为中央预算内投资，资金全部到位；2010 年，安排投资计划 40 000 万元（国调办投计〔2010〕40 号文），其中国家重大水利工程建设基金 30 000 万元，银行贷款 10 000 万元，目前到位资金 25 000 万元。

2010 年，该工程实际完成投资 27 661 万元，其中，征地移民投资 18 000 万元，施工投资8473万元，其他投资1188万元。截至2010年底，累计完成投资36 394万元，其中，征地移民投资21 650万元，施工投资9561万元，其他投资5183万元。

（余　伟）

招 标 投 标

陶岔渠首枢纽工程共分为14个标段，分别为工程监理标、钢筋采购标、水泥采购标、下游交通桥施工标、管理设施施工标、水力发电及机械设备采购标、主体工程施工标、电气设备采购标、自动化系统标、通信设备采购标、启闭设备设计制造标、金属结构制造标、工程输电线路标、水土保持标。除工程输电线路标委托淅川县电业局实施外，其余标段全部实行国内公开招标。分标类型为1个监理标、3个施工标（管理设施工程、下游交通桥工程、主体工程）、6个设备采购标（水力发电及机械设备、电气设备、启闭设备、金属结构设备、自动化系统、通信系统）、2个材料采购标（钢筋、水泥）、1个水土保持标和1个10kV输电线路标。

2010年，该工程完成的五个标段的招投标情况见表1。

表1　　陶岔渠首枢纽工程招投标情况表

序号	合同编号	标段名称	合同名称	招标代理机构	招标文件发售日期	开标日期	中标单位	合同签订日期
1	NSBD-TCSN-CG-04	自动化系统标	南水北调中线一期陶岔渠首枢纽工程自动化系统采购合同	安徽安兆工程技术咨询服务有限公司	2010年4月26～30日	2010年6月3日	合肥三立自动化工程有限公司	2010年7月17日
2	NSBD-TCSN-CG-05	电气设备采购标	南水北调中线一期陶岔渠首枢纽工程电气设备采购合同	安徽安兆工程技术咨询服务有限公司	2010年4月26～30日	2010年6月3日	华仪电气股份有限公司	2010年7月17日
3	NSBD-TCSN-CG-06	通信设备采购标	南水北调中线一期陶岔渠首枢纽工程通信设备采购合同	安徽安兆工程技术咨询服务有限公司	2010年8月13～19日	2010年9月16日	北京星海星科技发展有限公司	2010年11月21日
4	NSBD-TCSN-CG-07	启闭设备设计制造标	南水北调中线一期陶岔渠首枢纽工程启闭设备设计制造合同	安徽安兆工程技术咨询服务有限公司	2010年8月13～19日	2010年9月16日	郑州水工机械有限公司	2010年11月8日
5	NSBD-TCSN-CG-08	金属结构制造标	南水北调中线一期陶岔渠首枢纽工程金属结构制造合同	安徽安兆工程技术咨询服务有限公司	2010年8月13～19日	2010年9月16日	山东水总机械工程有限公司	2010年11月8日

（余　伟　陈学礼　柯　锐）

建设管理

淮河水利委员会南水北调中线一期陶岔渠首枢纽工程建设管理局具体负责陶岔渠首枢纽工程的建设管理工作，陶岔渠首枢纽工程建设管理局下设综合部、工程技术部、合同管理部与财务部，分工负责工程建设管理各项工作，2009年5月19日正式进驻工地现场。工程设计单位为长江勘测规划设计研究有限责任公司，质量监督单位为南水北调中线陶岔渠首枢纽工程质量监督项目站，监理单位为盐城市河海工程建设监理中心，管理设施工程、下游交通桥工程及主体工程施工单位分别为江苏新源建筑工程有限公司、河南豫源水利水电工程有限公司、中国水利水电第十一工程局有限公司。

下游交通桥工程划分为1个单位工程，32个分部工程，248个分项工程，具备评定条件的28个分部工程、217个分项工程评定全部合格。管理设施工程划分为1个单位，11个子单位工程，78个分部工程，499个分项工程，具备评定条件的69个分部工程、458个分项工程评定全部合格。主体工程划分为6个单位工程，54个分部工程，具备评定条件的93个单元工程，全部合格，91个优良。

（陈学礼　柯　锐）

工程进展

2010年，陶岔渠首枢纽工程进展如下：

（1）下游交通桥工程。截至2010年底，交通桥下部结构全部完成，上部结构112片预应力空心板完成预制及安装，栏杆完成预制及部分安装，桥面铺装层完成60%，工程基本完工。其中，2010年完成混凝土浇筑4017m^3，钢筋制作安装304.7t。

（2）管理设施工程。截至2010年底，管理设施工程9个单体建筑物主体及其装修工程全部完成，室外场地硬化基本结束，分部工程通过验收，工程基本完工。其中，2010年完成土方回填8757m^3，基础换砂垫层回填5433m^3，混凝土浇筑1695m^3，砖砌体砌筑2760m^3，钢筋制作安装326.45t。

（3）主体工程。2010年1月8日，施工单位组织人员、设备进场，3月22日开工；4月3日右岸破土动工，5月7日开始大规模土石方开挖；10月，基本完成坝基范围内土石方开挖；11月，右岸11～14坝段坝基因设计变更进行了二次开挖，12月基本完成；11月底，左岸非溢流坝段开始混凝土浇筑，随即开展安装场坝段、电站厂房坝段基础清理验收工作；12月，开始进行安装场坝段基础混凝土浇筑。2010年，主体工程度完成土石方开挖35.47万m^3，混凝土浇筑3784m^3。

（陈学礼）

丹江口大坝加高工程

工程概况

丹江口水利枢纽工程位于湖北省丹江口市汉江干流上，是一座具有防洪、供水（灌溉）、发电、航运及水产养殖等综合效益的大型水利枢纽工程，该工程于1958年9月正式开工兴建，1973年底按初期规模全部建成，其中河床混凝土坝水下部分已按后期最终规模兴建，两岸混凝土坝及土石坝按初期规模兴建。工程初期规模为水库正常蓄水位150m，坝顶高程162m，电站装机容量900MW，1975年国家计委批准将丹江口水利枢纽正常蓄水位提高到157m。

该工程为一等工程，大坝加高工程河床及两岸混凝土坝、左右岸土石坝及副坝、电站厂房等主要建筑物为1级，挡水建筑物按千年一遇洪水设计，可能最大洪水(万年一遇洪水加大20%)校核，电站厂房按200年一遇洪水设计，1000年一遇洪水校核；下游消能防冲设施洪水标准为100年一遇，护岸工程洪水标准为50年一遇；1级挡水建筑物的地震设计烈度采用Ⅶ度；通航主要建筑物为2级，次要建筑物为3级；下游消能防冲设施及护岸工程等建筑物为3级，临时建筑物为4级。

该工程主要包括河床混凝土坝培厚加高，左岸土石坝培厚加高及延长，新建右岸土石坝、左坝头副坝和董营副坝，改扩建升船机，金属结构、机电设备更新改造等。坝顶高程由162m加高至176.6m，坝长由2494m增加到3442m。通航建筑物的通航标准由150t级改造扩建为300t级。加高后正常蓄水位从157m提高至170m，库容从174.5亿m^3增加至290.5亿m^3，可相应增加库容116亿m^3，大坝加高后，可提高汉江中下游防洪能力，扩大防洪效益，近期调水量95亿m^3，后期调水量120亿~130亿m^3。

(黄朝君)

工 程 投 资

2010年，丹江口大坝加高工程安排投资计划1.8亿元，实际完成投资2.04亿元，截至2010年底，工程累计完成投资19亿元，占初步设计概算总投资的78%。2010年完成投资构成情况见表1。

表1 丹江口大坝加高工程完成投资情况表 万元

项目	合计	建筑工程	机电设备及安装工程	金属结构设备及安装工程	临时工程	独立费用	价差及基本预备费	移民及环境部分	建设期贷款利息
计划投资	18 030	3390	4903	3400	50	2917	500	120	2750
完成投资	20 417	6574	3621	3415	45	2991	833	57	2881

(李全宏)

招 标 投 标

2010年，完成了丹江口大坝加高消防系统设备采购、深孔启闭机集中控制系统设备采购、照明灯具及附件采购3个项目招标工作，中标金额共339万元。按照批复的丹江口大坝加高工程分标方案，结合工程进度要求，2010年6月4日，中线水源公司按国家有关规定发布了上述3个项目的招标公告，2010年7月15~16日完成开标评标，8月11日发出中标通知书，并于8月16日按规定向国务院南水北调办报送了招投标情况报告。招投标项目具体情况见表2。

表2 丹江口大坝加高工程招投标情况表

序号	合同编号	项目名称	招标代理机构	招标文件发售时间	开标时间	定标时间	中标单位	合同签订时间
1	ZSY/CG(2010)001	丹江口大坝加高消防系统设备采购	汉江集团丹江口水源招标有限公司	2010年6月10日	2010年7月15日	2010年8月11日	北京金海龙机电工程有限责任公司	2010年9月18日

续表

序号	合同编号	项目名称	招标代理机构	招标文件发售时间	开标时间	定标时间	中标单位	合同签订时间
2	ZSY/CG(2010)002	丹江口大坝加高深孔启闭机集控监理设备采购	汉江集团丹江口水源招标有限公司	2010年6月10日	2010年7月15日	2010年8月11日	南京钛能电气有限公司	2010年9月18日
3	ZSY/CG(2010)003	丹江口大坝加高照明灯具及其附件采购	汉江集团丹江口水源招标有限公司	2010年6月10日	2010年7月15日	2010年8月11日	武汉世纪照明有限公司	2010年9月18日

（李全宏）

工 程 进 展

截至2010年底，丹江口大坝加高工程除20孔溢流堰面没有加高外，混凝土坝全部加高到顶，右岸土石坝全部填筑到顶，左岸土石坝基本到顶。大坝堰顶门修复8套，检修门埋件安装2孔，堰顶堵水叠梁门埋件制作安装(162以上)2孔，工作门埋件拆除安装18孔，深孔弧门加固及埋件拆除安装3孔。坝顶2台500t门式起重机和11台深孔闸门启机、2台液压启闭机已安装完成。斜面升船机机械部分基本安装完成，绞车、斜架车、斜坡道设备均已安装就位；垂直升船机完成钢轨道梁、承船厢、提升机机架结构安装。

2010年4月，完成4号水轮发电机组及主变压器安装，经72h试运行和30天考核运行，投入使用，自此，已完成2台发电机(4、5号)改造；6月，完成1号机复测，10月，完成6号机复测；11月，开始5号水轮机改造，完成7号厂用变压器安装并投入运行，完成厂内渗漏排水泵系统安装并投入运行，厂内中低压储气罐改造正在进行中。同时，继续按照“裂缝检查与处理优先”的原则对老坝体混凝土缺陷进行检查与处理，工程形象满足总进度计划要求。

2010年，该工程实际完成工程量包括土石方开挖1.16万m^3，土石方填筑3.79万m^3，混凝土浇筑3.61万m^3，混凝土拆除0.14万m^3，混凝土结合面凿毛0.03万m^2，钢筋制作安装870.79t，帷幕灌浆0.21万m，裂缝处理2448.62万m，金属结构设备共完成安装3558t，机电设备制造及安装量完成约为总量的25%。

截至2010年底，主体工程累计完成土石方开挖58.84万m^3，土石坝填筑385.923 5万m^3，混凝土浇筑100.892 6万m^3，混凝土拆除3.55万m^3，混凝土结合面凿毛12.14万m^2，键槽切割5317.25m，钢筋制作安装9428.05t，锚筋18 973.00根，老坝体裂缝处理23 139.83m，帷幕灌浆25 835.59m，固结灌浆8067m；累计完成金属结构设备安装8000t，为总安装量的75%，机电设备制造及安装量完成约为总量的43%。

（黄朝君）

质 量 管 理

2010年5月，中线水源公司印发了《南水北调中线水源工程丹江口大坝施工合同验收管理办法》，进一步完善了“政府监督，项目法人负责、监理控制、设计和施工保证”的质量管理制度体系，明确了各参建单位的验收职责，规范了施工合同验收管理工作。以“质量管理年”活动为契机，进一步加大工程质量管理。

2010年，丹江口大坝加高工程已使用的原材料合格及中间产品质量全部合格。大坝加高工程共完成单元工程896个，全部合格，其中优良816个，优良率91.1%。2010年对已完分部工程包括右9-2号坝段地基防渗和新老混凝土结合面处理、34~44号坝段地基开挖与处理、4号机组改造等13个分部工程进行了验收，质量等级全部为优良。建筑物外观质量共检查4064个点，合格3827个，合格率94.2%，达到了优良质量标准，工程质量总体优良。2010年质量管理活动主要数据统计见表3。

表3　质量管理活动主要数据统计表

序号	工作成果类别	数量	单位
1	质量联合检查	50	次
2	验收工作及其他专题会议	30	份
3	分部工程验收、合同完工验收会议	14	次
4	质量检查纪要、函件、报告、通知、通报等发文	104	份
5	质量情况简报	12	期
6	质量管理年活动方案	1	份
7	审批监理细则等有关质量管理文件	4	份

（黄朝君）

安全生产

中线水源公司坚持“安全第一、预防为主、综合治理”的方针和“以人为本”的安全管理理念，不断巩固业已形成的“政府监管，业主统抓，监理监控，参建方各负其责”的安全生产管理体系，认真落实安全生产各项制度，结合国家开展“安全隐患治理年”的要求，开展了安全生产月活动、冬季防火专项行动、打击非法违法生产经营建设行为专项行动。督促参建单位熟悉《丹江口大坝加高工程建设安全事故应急预案》和“氨泄漏”、“水上运输”等12项重大危险源专项应急救援预案，规范了工程安全事故的应急管理和应急响应程序，明确了应急救援体系和职责，对相关人员进行安全培训及应急演练。加强对重大危险源动态跟踪检查，发现问题及时整改落实，防止了重特大事故的发生，2010年共进行各类安全生产培训26次，参加培训956人次，共检查发现一般性隐患368起，整改368起，隐患整改率100%，2010年未发生任何安全事故，安全生产继续保持良好状态，其安全管理相关数据统计见表4。

表4　安全管理相关数据统计表

序号	工作成果类别	数量	单位	备注
1	安全管理责任书	5	份	同监理、施工单位签订，均为一式两份，甲乙双方各执一份
2	安全生产大检查	55	次	组织各参建单位进行，发现一般性隐患368起，整改368起，隐患整改率100%
3	施工封闭区治安保卫检查	12	次	联合汉江集团保卫处进行，修复破坏钢网栅栏五处，3次抓住小偷，1次消除火警，多次劝退闲杂人员，保安值班巡逻较正常
4	文明施工专项整治	6	次	全工地范围2次，混凝土大坝廊道3次，混凝土坝顶1次（摩托车乱停乱放整顿）
5	应急演练	4	次	110人参加了“高处坠落”、“防大风”、“消防”、“防汛”应急演练
6	安全管理方案	2	份	发向各参建单位

续表

序号	工作成果类别	数量	单位	备　　注
7	安全生产通知、检查、函件、纪要、通报等发文	51	份	发向各参建单位
8	安全工作总结(专项报告)	11	份	发向上级机关
9	安全管理月报	24	份	报上级机关或地方职能部门
10	日巡视检查记录	7	本	安全管理依据，按期归档
11	安全文明简况	12	份	公司《工程简报》采用
12	安全培训	26	次	共956人次接受企业内部培训
13	安全标语牌(警示牌)	52	块	大幅(含消防标语牌)
14	安全知识竞赛	4	次	297人参赛
15	安全宣传画	30	张	办公场所、施工营地、施工现场张贴
16	安全图书	42	本	分发给各参建单位员工代表
17	安全录像	2	场	85人观看(5个光盘)
18	安全横幅	38	条	施工现场、办公场所张拉

（黄朝君）

度　汛　安　全

2010年汛前，中线水源公司研究制定了《南水北调中线水源丹江口大坝加高工程2010年施工度汛方案》和《南水北调中线水源丹江口大坝加高工程2010年特大洪水抢险预案》，成立了2010年度丹江口大坝加高工程防汛工程领导小组，积极动员参建设单位进行防汛准备，对照防汛预案，多次组织检查和落实；同时根据设计院下发的《丹江口大坝加高工程2010年度汛技术要求》中关于汛前工程形象的具体要求，组织各参建单位狠抓落实，保证施工进度，使汛前18号坝段加高至176.6m高程，保证了坝顶全线通畅，并完成了门式起重机轨道的安装，保证了坝顶启闭机、闸门等防汛设备随时进入正常工作状态，各部位高程均满足了度汛形象的要求。

中线水源公司一方面加强与丹江口水利枢纽管理局防汛指挥部的工作联系，另一方面则加强防汛准备和巡视检查。在出现1983年以来汉江最大、历史第二大入库洪峰，入库洪峰流量达34 100m^3/s时，水库加大拦蓄，成功削峰82%。新改造加高的丹江口大坝未出现任何异常，也经受住了洪水的考验。保证了汉江中下游防洪安全和兴隆枢纽的正常建设，已改造更新的坝顶500t门式起重机、深孔闸门启闭系统、深孔弧门在水库防汛调度中运用自如，工作效率大大提高，已改造更新后的发电机组，在没有达到额定水头的情况下，最大出力已达到172MW，工程效益凸显。

（黄朝君）

审　计　稽　察

2010年2月28日~3月24日，北京中建华会计师事务所对中线水源公司2009年建设资金的使用管理情况进行了专项审计，提出了审计建议。中线水源公司按照审计意见，逐一进行了整改，并向国务院南水北调办上报了《关于2009年工程建设资金专项审计发现问题整改意见落实情况的报告》，开展了工程建设资金和征地移民资金自查活动，下发了文件，各部门均按照公司要求进行了自查，并形成自查报告上报国调办，对历次稽察审计发现问题的整改情况进行了梳理，要求各部门将未整改到位问题按照整改意见要求整改到位，中线水源公司还聘请了社会中介机构开展了内部审计工作。

（班静东）

天津干线工程

概　述

工　程　概　况

天津干线工程是南水北调中线一期工程的重要组成部分，担负着向天津市和河北省保定市及廊坊地区部分县乡的输水任务。工程全长155km，共分为6个设计单元，依次分别为西黑山进口闸—有压箱涵段工程、保定市境内1段工程、保定市境内2段工程、廊坊市境内段工程、天津市境内1段工程、天津市境内2段工程。其中保定市境内1段工程、天津市境内1段工程分别委托河北省、天津市南水北调建设管理单位管理，廊坊市境内段部分工程[桩号(XW111+600)~(XW131+360)]为代建项目，其余均为中线建管局直接建设管理项目。

天津干线工程采用全箱涵无压接有压全自流输水方案，主要建筑物共有268座，包括西黑山进口闸枢纽(含排冰闸)1座、陡坡1座、调节池1座、检修闸3座、保水堰井8座、王庆坨连接井1座、分流井1座、外环河出口闸1座、通气孔69座、分水口9处，西黑山左岸排水涵洞1座、倒虹吸614座、铁路涵4座、公路涵107座。天津干线工程为一等工程，主要建筑物为1级。

（付清凯　李永鑫）

西黑山进口闸—有压箱涵段工程

工　程　概　况

西黑山进口闸—有压箱涵段工程西起河北省保定市徐水县西黑山村西总干渠，桩号为XW0+000，东至徐水县丁家庄南，桩号XW15+200，全长15.208km，设计流量50m³/s，加大流量60m³/s。该工程以2孔一联3.7m×3.7m和2孔一联4.4m×4.4m钢筋混凝土箱涵为主，其中无压段长6294.508m，有压段长4093m。其他建筑物包括西黑山进口闸枢纽、检修闸、调节池、保水堰、通气孔、排水涵洞、倒虹吸、高速公路涵及小型河(渠)、公路交叉建筑共计30座。主要工程量包括土方开挖423.56万m³、土方回填335.72万m³、混凝土浇筑38.2万m³、钢筋制作安装2.94万t、金属结构368.4t。

该工程于2009年7月31日举行了开工仪式，2009年进行了临建设施建设，2010年2月21日主体工程开工建设。

（付清凯　李永鑫）

工　程　投　资

西黑山进口闸—有压箱涵段工程概算总

投资74 395.70万元。2010年，西黑山进口闸—有压箱涵段工程计划完成投资14 779万元，实际完成投资14 336万元，占年度计划的97%。截至2010年底，累计完成投资14 814万元，占合同额的32.7%。

（付清凯　李永鑫）

招 标 投 标

西黑山进口闸—有压箱涵段工程分为1个土建标、1个监理标、1个安全监测标、1个金属结构制造标、1个电气设备采购标。2010年，该工程进行了金属结构制造标、水土保持工程监测标和电气设备采购标的招标工作。其中，金属结构标的中标单位为河北省水利工程局，水土保持工程监测标的中标单位为中国水利水电科学研究院，电气设备采购标的中标单位为顺特电气设备有限公司。

（付清凯　李永鑫）

建 设 管 理

西黑山进口闸—有压箱涵段工程为直管项目，由中线建管局天津直管项目建设管理部负责建设管理，现场协调和管理由天津直管建设管理部工程管理二处负责。

天津直管建设管理部工程管理二处内部采用线性组织机构形式，实行逐级负责的岗位责任制，明确岗位分工，责任到人，主要负责对西黑山进口闸—有压箱涵段工程的设计、监理、施工等各参建单位在施工准备、建设实施、竣工验收、移交和缺陷责任期的管理职能，办公地点设在河北省徐水县境内。

在天津直管项目建设管理部制定相关制度的基础上，工程管理二处以工程建设管理为中心，不断健全质量、安全、进度、文明施工及环境保护、水土保持等管理体系，健全安全生产管理委员会、质量管理委员会、文明工地创建领导小组结构，设立质量、安全等专职管理工程师岗位，建立相关管理规章制度，加大协调管理力度，对工程进行制度化、规范化管理，保证工程建设顺利进行。

2010年，该工程完成成型箱涵5.64km、土方开挖246万m^3、土方回填91万m^3、混凝土浇筑13.63万m^3。

2010年，验收评定单元工程823个，全部合格，其中737个优良，优良率为89.6%，工程质量情况良好，总体处于受控状态，未发生任何质量事故。

（付清凯　李永鑫）

工 程 监 理

西黑山进口闸—有压箱涵段工程的建设监理单位为天津市金帆工程建设监理有限公司，下设监理部具体负责该工程的现场监理工作。2010年，监理部建立健全了质量、进度、投资、安全等控制体系，落实相关责任人，全面负责现场监理管理工作；监理部编写了质量控制文件，监理规划、监理实施细则、进度计划实施细则、投资控制实施细则、安全控制监理细则等相关文件；监理部建立了技术措施和施工方案审查制度、施工进度报告制度、计量支付审核制度、现场安全控制制度等，在工作中严格执行实施细则和制度的相关规定。在工作中，通过现场记录、向施工单位发出指令文件、旁站监理、巡视检查、跟踪检测、平行检测、协调参建各方的关系等方式，监理部对西黑山进口闸—有压箱涵段工程履行监理职责，正确行使合同所赋予的监理权限，有效地控制工程建设投资、进度、质量、安全目标。

（付清凯　李永鑫）

安 全 生 产

2010年，天津直管项目建设管理部把安

全生产管理工作当作重中之重来抓，始终坚持“安全第一、预防为主、综合治理”的方针，确保了安全生产形势总体稳定，保证了工程建设顺利进行。

2010年初，天津直管项目建设管理部成立了安全生产领导小组、防洪度汛领导小组、安全事故综合应急领导小组，在工程管理二处设立了西黑山进口闸—有压箱涵段工程安全生产管理办公室，配备专职安全管理人员负责日常管理工作；制定和完善了《安全生产管理实施细则》、《安全事故应急预案》、《安全隐患排查整改制度》和《安全事故报告制度》等规章制度，建设管理部与施工单位签订了“安全生产协议书”，对参建各方进行质量安全培训；6月，开展了“质量安全月”活动和防汛应急演练，增强广大参建人员安全意识和防汛意识，提高应对突发汛情和抢险实战的能力；2010年，共开展安全生产大检查和月度安全考核10次，开展防汛、重大节假日安全专项检查9次。2010年，该工程未发生任何安全事故，安全生产、文明施工始终处于较好的状态。

（付清凯　李永鑫）

保定市境内1段工程

工　程　概　况

保定市境内1段工程位于河北省保定市徐水县、容城县、白沟白洋淀温泉城开发区和雄县境内，东西走向，相应的起止桩号为（XW15+200）~（XW60+842），渠线全长45.68km。工程主要以3孔4.4m×4.4m现浇钢筋混凝土输水箱涵为主，共包含穿越铁路建筑物1座（京广铁路涵）、穿越公路交叉建筑物35座、河渠交叉建筑物16座、保水堰3座、分水口门3座及检修闸和通气孔等共81座建筑物。工程等别为一等，主体建筑物为1级，设计输水流量为50m^3/s，加大输水流量为60m^3/s。

该工程主要工程量包括土石方开挖1226万m^3、土石方回填863万m^3、混凝土浇筑142万m^3、钢筋制作安装13万t。工程计划工期36个月。

（王　磊　韩　平　郝丹丹）

工　程　投　资

保定市境内1段工程静态总投资252 002.46万元，其中，工程静态投资230 557.71万元，征地及移民工程投资为19 841.00万元，环境保护工程投资为608.00万元，水土保持工程投资为995.75万元。工程主体工程量包括土方开挖1201.51万m^3、土方回填825.37万m^3、混凝土浇筑144.509万m^3、钢筋制作安装13.127万t。

2010年，该工程全面开工建设，主要进行了主体工程的施工，共完成投资62 544万元，完成分类分项工程52 433万元，占概算总金额的34.97%，完成措施项目投资6441万元，占概算总金额的83.17%，完成独立费用3670万元，占概算总金额的7.66%。截至2010年底，累计完成投资62 544万元，占概算总金额的22.36%。

（王　磊　韩　平　郝丹丹）

建　设　管　理

受南水北调中线干线工程建设管理局委托，河北省南水北调工程建设管理中心负责保定市境内1段工程的建设管理，建设管理中心采用一级管理模式，在工程建设中全面实行项目法人负责制、招标投标制、建设监理制和合同管理制。

该工程共划分为五个标段，施工单位分别为中国铁路建设第十七工程局集团有限公司(TJ2-1 标)、中国水利水电第十二工程局有限公司(TJ2-2 标)、中国水利水电第六工程局有限公司(TJ2-3 标)、中国水利水电第十六工程局有限公司(TJ2-4 标)和河北省水利工程局(TJ2-5 标)。监理单位为佛山市顺水工程建设监理有限公司(TJ2-J1 标)和河北天和监理有限公司(TJ2-J2 标)。

2010 年开工伊始，建设管理中心和各参建单位签订了《安全生产目标管理责任书》，随着"奋战六十天、开创新局面"和"奋战一百天、全面完成目标任务"劳动竞赛的顺利开展，各施工单位增加了资源设备投入，共投入钢模台车 62 台、布料机 36 套、定型模板 47 套，强力推动工程建设。经过参建单位的共同努力，完成了 2010 年工程建设任务和"杜绝群死群伤的重特大事故，避免较大事故发生，减少一般事故发生，确保事故死亡率'零'目标"的安全生产总目标任务。

2010 年，该工程完成单元工程质量评定 2089 个，全部合格，优良 1952 个，优良率 93.4%。

(王　磊　韩　平　郝丹丹)

工　程　进　展

2010 年，保定市境内 1 段工程计划完成土方开挖 567 万 m^3、土方回填 86.7 万 m^3、混凝土浇筑 49 万 m^3；实际完成混凝土浇筑 49 万 m^3(成型箱涵 15.5km)，土方开挖 650 万 m^3，土方回填 142 万 m^3，分别达到计划任务的 100%、115%、164%。

(王　磊　韩　平　郝丹丹)

施　工　技　术

2010 年，在混凝土工程施工中，各参建单位采用新技术、新工艺，如三轨门架式皮带布料机技术、钢模台车施工工艺得以推广。

工程计量结算采用"工程建设成本管理信息系统软件"进行月计量结算，实现了计量支付信息自动化，大大提高了工程月计量支付效率。完成"工程进度控制管理信息系统"研究与开发工作，经使用取得了良好的效果，完成"工程进度双代号网络图优化研究与分析"工作，对工程进度管理起到很好的推动作用。

(王　磊　韩　平　郝丹丹)

保定市境内 2 段工程

工　程　概　况

保定市境内 2 段工程位于河北省保定市境内，沿线经过河北省雄县、高碑店市，起止桩号为(XW60+842)~(XW75+927)，全长 15.085km，设计流量 50m^3/s，加大流量 60m^3/s。该工程以有压箱涵为主，采用 3 孔一联 4.4m×4.4m 现浇普通钢筋混凝土结构。除有压箱涵外，共有各类建筑物 26 座，其中河渠交叉建筑物 4 座，公路交叉建筑物 14 座，通气孔 7 座，分水口 1 座。有压箱涵段总长 13.807km，倒虹吸段总长 0.438km，公路涵段总长 0.720km，通气孔段总长 0.105km，分水口段总长 0.015km。主要工程量包括土方开挖 434.48 万 m^3、土方回填 308.87 万 m^3、混凝土浇筑 47.43 万 m^3、钢筋制作安装 3.79 万 t。

该工程于 2009 年 7 月 31 日举行了开工仪式，2009 年进行了临建设施建设，2009 年 12

月24日主体工程开工建设。

（付清凯　李永鑫）

工　程　投　资

保定市境内2段工程概算总投资81 331万元。2010年，该工程计划完成投资19 333万元，实际完成投资16 820万元，占年度计划的87%。截至2010年底，累计完成投资17 400万元，占合同额的32.4%。

（付清凯　李永鑫）

招　标　投　标

保定市境内2段工程分为1个土建标、1个监理标、1个安全监测标、1个金属结构制造标、1个电气设备采购标。2010年，该工程进行了金属结构制造标、水土保持工程监测标和电气设备采购标的招标工作。其中，金属结构标的中标单位为河北省水利工程局，水土保持工程监测标的中标单位为中国水利水电科学研究院，电气设备采购标的中标单位为顺特电气设备有限公司。

（付清凯　李永鑫）

建　设　管　理

保定市境内2段工程为直管项目，由中线建管局天津直管项目建设管理部负责建设管理，现场协调和管理由天津直管建设管理部工程管理二处具体负责。

天津直管建设管理部工程管理二处内部采用线性组织机构形式，实行逐级负责的岗位责任制，明确岗位分工，责任到人，主要负责对该工程的设计、监理、施工等各参建单位在施工准备、建设实施、竣工验收、移交和缺陷责任期的管理职能，办公地点设在河北省徐水县境内。

在天津直管建设管理部制定相关制度的基础上，工程管理二处以工程建设管理为中心，不断健全质量、安全、进度、文明施工及环保、水保等管理体系，健全安全生产管理委员会、质量管理委员会、文明工地创建领导小组，设立质量、安全等专职管理工程师岗位，建立相关管理规章制度，加大协调管理力度，对工程进行制度化、规范化管理，保证工程建设顺利进行。

2010年，该工程完成成型箱涵5.38km、土方开挖209万m^3、土方回填39万m^3、混凝土浇筑16.52万m^3。

2010年，验收评定单元工程1190个，全部合格，其中1079个优良，优良率为90.7%，工程质量情况良好，总体处于受控状态，未发生任何质量事故。

（付清凯　李永鑫）

工　程　监　理

保定市境内2段工程的建设监理单位为北京燕波工程管理有限公司，该公司下设监理部具体负责该工程的现场监理工作。2010年，监理部建立健全了质量、进度、投资、安全等控制体系，落实相关责任人，全面负责现场监理管理工作；监理部编写了质量控制文件，监理规划、监理实施细则、进度计划实施细则、投资控制实施细则、安全控制监理细则等相关文件；监理部建立了技术措施和施工方案审查制度、施工进度报告制度、计量支付审核制度、现场安全控制制度等，在工作中严格执行实施细则和制度的相关规定。在工作中，通过现场记录、向施工单位发出指令文件、旁站监理、巡视检查、跟踪检测、平行检测、协调参建各方的关系等方式，对保定市境内2段工程履行监理职责，正确行使合同所赋予的监理权限，有效地控制了工程建设投资、进度、质量、安全目标。

（付清凯　李永鑫）

安 全 生 产

2010年，天津直管项目建设管理部把安全生产管理工作当作重中之重来抓，始终坚持“安全第一、预防为主、综合治理”的方针，确保了安全生产形势总体稳定，保证了工程建设顺利进行。

2010年初，天津直管项目建设管理部成立了安全生产领导小组、防洪度汛领导小组、安全事故综合应急领导小组，在工程管理二处设立了保定市境2段工程安全生产管理办公室，配备专职安全管理人员负责日常管理工作；制定和完善了《安全生产管理实施细则》、《安全事故应急预案》、《安全隐患排查整改制度》和《安全事故报告制度》等规章制度，建设管理部与施工单位签订了“安全生产协议书”，对参建各方进行质量安全培训；6月，开展“质量安全月”活动和防汛应急演练，增强广大参建人员安全意识和防汛意识，提高应对突发汛情和抢险实战的能力；2010年，共开展安全生产大检查和月度安全考核12次，开展防汛、重大节假日安全专项检查10次，确保该工程2010年未发生任何安全事故。

（付清凯　李永鑫）

廊坊市境内段工程

工 程 概 况

廊坊市境内段工程位于河北省廊坊市境内，沿线经过廊坊市固安县、霸州市、永清县和安次区，线路全长55.434km，起止桩号为(XW75+927)~(XW131+360)，起点设计流量$50m^3/s$、加大流量$60m^3/s$，终点设计流量$45m^3/s$、加大流量$55m^3/s$。该工程以有压箱涵为主，采用3孔一联4.4m×4.4m钢筋混凝土箱涵，工程段包括检修闸、保水堰、通气孔、分水口门、倒虹吸、铁路交叉建筑物和公路交叉建筑物等，共计93座。该主要工程量包括土方开挖1022.93万m^3、土方回填728.03万m^3、混凝土浇筑111.94万m^3、钢筋制作安装9.26t、金属结构制造安装200.4t、机电设备安装139台套。

该工程共分五个标段，其中1、2、3标段为直管项目，4、5标段为代建项目。各标段情况简述如下：

(1)TJ4-1标。桩号为(XW75+927)~(XW88+232.720)，全长约12.31km。该段为现浇混凝土有压输水箱涵，其他主要建筑物包括保水堰1座、郑村排干倒虹吸1座、小型公路涵4座、通气孔5座、分水口门2座、小型倒虹吸6座、检修闸1座、京九铁路穿越。

(2)TJ4-2标。桩号为(XW88+232.720)~(XW99+897)，全长约11.67km。该段为现浇混凝土有压输水箱涵，其他主要建筑物包括京开公路涵、保水堰1座、牤牛河倒虹吸1座、小型公路涵5座、通气孔4座、小型倒虹吸4座、津霸铁路穿越。

(3)TJ4-3标。桩号为(XW99+897)~(XW111+600)，全长约11.70km。该段为现浇混凝土有压输水箱涵，其他主要建筑物包括通气孔5座、分水口门1座、小型倒虹吸5座、小型公路涵4座、保水堰1座、王泊排干倒虹吸1座。

(4)TJ4-4标。桩号为(XW111+600)~(XW122+212)，全长约10.61km。该段为现浇混凝土有压输水箱涵，其他主要建筑物包括通气孔6座、小型公路涵6座、分水口、小型倒虹吸1座、廊大公路涵、保水堰、分水口1座。

(5)TJ4-5标。桩号为(XW122+212)~

(XW131+360)，全长约9.15km。该段为现浇混凝土有压输水箱涵，其他主要建筑物包括小型公路涵8座、通气孔4座、津同公路涵、小型倒虹吸1座、津保高速公路穿越。

（付清凯　李永鑫）

工　程　投　资

廊坊市境内段工程概算总投资为331 760万元，2010年，该工程计划完成投资44 981万元，实际完成投资40 483万元(其中TJ4-1标14 173万元、TJ4-2标14 053万元、TJ4-3标12 256万元)，占年度计划的90%。截至2010年底，累计完成投资43 502万元，占合同额的32.4%。2010年，廊坊市境内段工程计划完成投资26 380万元，实际完成投资28 729万元(其中TJ4-4标13 962万元、TJ4-5标14 767万元)，占年度计划的108.9%；截至2010年底，累计完成投资28 729万元，占合同额的36%。

（付清凯　李永鑫）

招　标　投　标

廊坊市境内段直管工程分为3个土建标、1个监理标、1个安全监测标、1个金属结构制造标、1个电气设备采购标。2010年，该工程进行了金属结构制造标、水土保持工程监测标和电气设备采购标的招标工作，金属结构标的中标单位为河北省水利工程局，水土保持工程监测标的中标单位为中国水利水电科学研究院，电气设备采购标的中标单位为顺特电气设备有限公司。

廊坊市境内段代建工程分为2个土建标、1个监理标、1个安全监测标、1个金属结构制造标、1个电气设备采购标。代建单位为天津市水利工程建设管理中心。2010年，该工程进行了金属结构制造标、水土保持工程监测标和电气设备采购标的招标工作，金属结构标的中标单位为河北省水利工程局，水土保持工程监测标的中标单位为中国水利水电科学研究院，电气设备采购标的中标单位为顺特电气设备有限公司。

（付清凯　李永鑫）

建　设　管　理

廊坊市境内段工程1、2、3标段为直管项目，由中线建管局天津直管项目建设管理部负责建设管理，现场协调和管理由天津直管项目建设管理部工程管理三处负责。

天津直管项目建设管理部工程管理三处内部采用线性组织机构形式，实行逐级负责的岗位责任制，明确岗位分工，责任到人，主要负责对廊坊市段直管工程的设计、监理、施工等各参建单位在施工准备、建设实施、竣工验收、移交和缺陷责任期的管理职能，办公地点设在河北省霸州市。

廊坊市境内段工程TJ4-1、TJ4-2、TJ4-3标主体工程分别于2010年1月8日、1月10日、1月6日正式开工建设。在天津直管建设管理部制定相关制度的基础上，工程管理三处以工程建设管理为中心，不断健全质量、安全、进度、文明施工及环保、水保等管理体系，调整了安全生产管理委员会、质量管理委员会、文明工地创建领导小组人员结构，设立质量、安全等专职管理工程师岗位，建立相关管理规章制度，加大协调管理力度，对工程进行制度化、规范化管理，保证工程建设顺利进行。

该工程4、5标段为代建项目，由天津市水利工程建设管理中心负责建设管理，现场协调和管理由天津市水利工程建设管理中心代建项目部负责，2010年3月17日和25日，TJ4-4和TJ4-5标段主体工程正式开工建设。

2010年，验收评定单元工程2877个，全部合格，其中2633个优良，优良率为91.5%。该直管和代建工程质量情况良好，总体处于受控状态，未发生任何质量事故。

（付清凯　李永鑫）

工　程　进　展

2010年，廊坊市境内段工程开工建设，TJ4-1标共完成成型箱涵4.306km、土方开挖174万m^3、土方回填49万m^3、混凝土浇筑12.78万m^3；TJ4-2标共完成成型箱涵4.108km、土方开挖153万m^3、土方回填48万m^3、混凝土浇筑12.24万m^3；TJ4-3标共完成成型箱涵3.776km、土方开挖175万m^3、土方回填31万m^3，混凝土浇筑10.98万m^3；TJ4-4标共完成成型箱涵4.095km、土方开挖205.8万m^3、土方回填49.1万m^3、混凝土浇筑13.13万m^3；TJ4-5标共完成成型箱涵4.335km、土方开挖145.6万m^3、土方回填85.6万m^3、混凝土浇筑12.96万m^3。

（付清凯　李永鑫）

工　程　监　理

廊坊市境内段工程监理1标的建设监理单位为武汉长科工程建设监理有限公司，负责第1~3标段的监理工作；廊坊市境内段工程监理2标的建设监理单位为中国水利水电建设工程咨询西北公司，负责第4~5标段的监理工作。两监理单位均实行总监理工程师负责制，由总监理工程师全权负责现场监理机构的管理、运行。

两监理单位均成立了监理部，具体负责工程现场的监理工作。2010年，监理部建立健全了质量、进度、投资、安全等控制体系，落实相关责任人，全面负责现场监理管理工作；监理部编写了质量控制文件，监理规划、监理实施细则、进度计划实施细则、投资控制实施细则、安全控制监理细则等相关文件；监理部建立了技术措施和施工方案审查制度、施工进度报告制度、计量支付审核制度、现场安全控制制度等，在工作中严格执行实施细则和制度的相关规定。在工作中，通过现场记录、向施工单位发出指令文件、旁站监理、巡视检查、跟踪检测、平行检测、协调参建各方的关系等方式，对廊坊市境内段工程履行监理职责，正确行使合同所赋予的监理权限，有效地控制了工程建设投资、进度、质量、安全目标。

（付清凯　李永鑫）

安　全　生　产

2010年，天津直管项目建设管理部把安全生产管理工作当作重中之重来抓，始终坚持"安全第一、预防为主、综合治理"的方针，确保了安全生产形势总体稳定，保证了工程建设顺利进行。

2010年初，天津直管项目建设管理部成立了安全生产领导小组、防洪度汛领导小组、安全事故综合应急领导小组，在工程管理三处设立了廊坊市境内段工程安全生产管理办公室，配备专职安全管理人员负责日常管理工作，代建部也设立了相应的机构，配备了专职安全管理人员。建设管理部制定和完善了《安全生产管理实施细则》、《安全事故应急预案》、《安全隐患排查整改制度》和《安全事故报告制度》等规章制度，建设管理部与施工单位签订了"安全生产协议书"，对参建各方进行质量安全培训；6月，开展了"质量安全月"活动和防汛应急演练，增强了广大参建人员安全意识和防汛意识，提高了应对突发汛情和抢险实战的能力；2010年，建设管理部和代建部共开展安全生产大检查和月度安全考核70余次，开展防汛、重大节假日安全专项检查50余次，工程未发生任何安全事故，安全生产、文明施工总体较好。

（付清凯　李永鑫）

天津市境内1段工程

工 程 概 况

天津市境内1段工程为天津干线工程的第五设计单元，工程起点位于武清区王庆坨镇西南与河北省交界处，桩号XW131+360，终点位于西青区西青道以南奥森物流东侧，桩号XW151+021.365，线路全长19.661km，该工程自西向东穿越天津市的武清、西青、北辰三区。

天津市境内1段工程全部采用C30地下钢筋混凝土输水箱涵结构形式，以子牙河北分流井为界，其上游段为3孔4.4m×4.4m有压输水箱涵17.297km，设计输水流量$45m^3/s$，加大输水流量$55m^3/s$；其下游段为2孔3.6m×3.6m有压输水箱涵2.233km，设计输水流量$18m^3/s$，加大输水流量$28m^3/s$。工程主要建筑物有王庆坨连接井、子牙河北分流井、子牙河南检修闸、通气孔、子牙河河道倒虹吸及京沪高速公路、津同公路、京福公路、西青道、京沪铁路等公路、铁路穿越涵等。

天津市境内1段工程为一等工程，主要建筑物等级为1级，附属建筑物、防护工程及穿河道的上下游连接段等次要建筑物等级为3级，临时建筑物等级为4~5级。天津市防洪圈外部分的箱涵和沿线建筑物防洪标准按50年一遇洪水设计，200年一遇洪水校核，防洪圈以内部分防洪标准按200年一遇洪水设计。

该工程主要工程量为包括土方开挖651万m^3、土方回填505万m^3、混凝土浇筑61.6万m^3，核定工程静态总投资12.163 4亿元。

（付清凯　李永鑫）

工 程 进 展

2010年，天津市境内1段工程建成输水箱涵2.057km，完成土方开挖67.7万m^3、土方回填207.2万m^3、混凝土浇筑8.23万m^3。截至2010年底，累计建成输水箱涵19.275km，占总长度的98%；完成概算投资9.28亿元，占委托管理投资9.61亿元的97%；完成土方开挖669万m^3，占合同量的103%；完成土方回填507万m^3，占合同量的100%；完成混凝土浇筑61万m^3，占合同量的99%。

（付清凯　李永鑫）

工 程 监 理

天津市境内1段工程的建设监理单位为天津市金帆工程建设监理有限公司和天津市泽禹工程建设监理有限公司。天津市金帆工程建设监理有限公司承担天津市1段工程桩号(XW131+360)~(XW142+212)(包含TJ5-1、TJ5-2、TJ5-3、TJ5-4四个施工标段)范围内建筑工程、机电设备及安装工程、金属结构设备及安装工程、安全监测设备及安装工程、附属工程等的监理工作。天津市泽禹工程建设监理有限公司承担天津市1段工程桩号(XW142+212)~(XW151+021.365)(包含TJ5-5、TJ5-6、TJ5-7三个施工标段)范围内建筑工程、机电设备及安装工程、金属结构设备及安装工程、安全监测设备及安装工程、附属工程等的监理工作。

在工程监理过程中，采用现场记录、发布文件、监理旁站、巡视检查、跟踪检测、平行检测、见证取样等方法和手段对施工过程进行控制管理。2010年，两监理公司积极为发包人做好各项服务工作，对工程实施阶段控制管理工作做到了及时、有效、科学的管理，及时提供所需要的文件、数据等资料，做到了守法诚信、公正科学、业主满意、持续改进。

（付清凯　李永鑫）

质　量　管　理

天津市水利工程建设管理中心按照制定的各项规章制度和管理办法，切实加强质量管理工作。2010 年，结合工程的实际情况，进一步完善了《工程质量管理办法》、《工程质量管理制度》、《南水北调天津干线天津市境内 1 段工程质量检查表》等办法和制度，制订了"天津市境内 1 段工程 2010 质量管理年活动方案"，并组织开展了各项质量管理活动。编制了建筑、金属结构、机电等专业的工程质量评定表，便于工程建设项目的及时评定。

2010 年，天津市水利工程建设管理中心共组织召开质量管理工作专题会议 6 次，开展质量检查 7 次，进行质量管理人员培训计 40 余人次。工程质量总体良好，未发生工程质量事故。

截至 2010 年底，天津市境内 1 段工程共进行原材料和中间产品质量检测数量为：施工单位检测 13 247 组（其中监理见证检测 5313 组），监理平行检测 1793 组，建管中心检测 105 组，检测结果均满足相关标准和规范要求。土方填筑质量检测，施工单位土方取样检测 36 775 个点（其中监理见证检测 9170 点），监理平行检测 2503 个点，检测结果全部合格。天津市境内 1 段工程已评定单元工程 1796 个（参加优良率评定单元工程 1790 个），全部合格，其中 1653 个单元工程优良，优良率 92.3%。

（付清凯　李永鑫）

安　全　生　产

天津市水利工程建设管理中心结合实际情况，完善了《安全生产管理办法》、《安全生产与文明施工检查制度》与《安全生产与文明施工检查表》，编制了天津市境内 1 段工程 2010 年总体度汛方案、2010 年雨季基槽防护方案、子牙河穿越工程度汛方案和防汛抢险预案，制定了天津市境内 1 段工程 2010 安全生产管理年活动方案。

2010 年，天津市水利工程建设管理中心共组织召开安全生产专题例会 6 次，组织开展安全生产检查 9 次，全线安全生产和文明施工行为基本处于受控状态。

（付清凯　李永鑫）

天津市境内 2 段工程

工　程　概　况

天津市境内 2 段工程属天津干线工程尾端，位于天津市西青区中北镇中北工业园区内，起点位于西青道以南、奥森物流公司东侧，相应天津干线桩号为 XW151 + 021.365，沿园区内的春光路向南穿过阜盛道至元宝路，后折向东沿元宝路前行穿过星光路、曹庄排干，至外环河以西约 270m 处再折向北至天津干线工程终点，相应天津干线工程桩号为 XW155 + 218.236，全长 4196.871m。主要建筑物包括 2 孔一联 3.6m × 3.6m 有压输水钢筋混凝土箱涵，外环河出口闸，通气孔，曹庄排干倒虹吸，阜盛道公路涵和星光路公路涵。工程等别为一等，主体建筑物为 1 级，设计流量 18m^3/s，加大流量 28m^3/s。主要工程量包括土方开挖 78.81 万 m^3、土方回填 63.75 万 m^3、混凝土浇筑 8.15 万 m^3、钢筋制作安装 0.7 万 t、金属结构总量 35t。

（付清凯　李永鑫）

工 程 投 资

天津市境内2段工程概算总投资19 437万元。2010年，天津市境内2段工程计划完成投资8406万元，实际完成投资9499万元，占年度计划的113%。截至2010年底，累计完成投资14 212万元，占合同额的95.5%。

（付清凯　李永鑫）

建 设 管 理

天津市境内2段工程为直管项目，由中线建管局天津直管项目建设管理部负责建设管理，现场协调和管理由天津直管建设管理部工程管理一处负责。

2010年，该工程的主体工程施工基本完毕，施工单位为河北省水利工程局，监理单位为黄河水电工程建设有限公司。2010年初，天津直管项目建设管理部组织监理、施工单位将年度建设管理目标细化分解，与施工单位签订了目标责任书，要求监理、施工单位针对天津市境内2段工程特点进一步完善质量保证体系，以及加强施工现场管理力度，确保各项建设目标逐一落实。

2010年，该工程共完成成型箱涵2.83km、土方开挖50.73万m^3、土方回填42.46万m^3、混凝土浇筑5.66万m^3。

2010年，该工程质量情况良好，总体处于受控状态，未发生任何质量事故，已验收评定单元工程768个，合格单元工程768个，单元工程合格率为100%，其中优良单元工程729个，单元工程优良率为94.9%；完成了4个分部工程验收，已验收分部工程均为优良。

（付清凯　李永鑫）

工 程 监 理

黄河水电工程建设有限公司天津市境内2段工程监理部承担天津市境内2段工程的监理任务。2010年，根据该工程进入施工高峰期的实际情况，监理部加大了人员投入，完善了现场监理的工程质量管理、控制体系；健全了施工组织设计审核、批准制度，开工审批制度，原材料、成品、半成品、报验制度，现场材料见证取样和送检制度，技术交底制度，图纸审查及签发制度，重要隐蔽及关键部位单元工程验收签证制度，工程质量检验评定制度，混凝土工程质量检验工作制度，设计变更处理制度，工程文件收发管理制度，工程计量、支付签证制度，监理例会制度，工程质量事故处理制度，监理报告制度，分部工程验收签证制度，工程验收制度，现场记录制度，档案管理制度，监理部工作管理制度，混凝土结构质量缺陷检查备案制度，监理旁站制度，监理月报制度，平行检测制度，质量缺陷备案及处理制度等26份监理工作章程制度，并装订成册，上报建设管理部。通过上述措施，较好地完成了该工程2010年度的监理任务。

（付清凯　李永鑫）

安 全 生 产

2010年，天津直管项目建设管理部把安全生产管理工作当作重中之重来抓，始终坚持“安全第一、预防为主、综合治理”的方针，确保了安全生产形势总体稳定，保证了工程建设顺利进行。

2010年初，天津直管项目建设管理部成立了安全生产领导小组、防洪度汛领导小组、安全事故综合应急领导小组，在工程管理一处设立了天津市境内2段工程安全生产管理办公室，配备专职安全管理人员负责日常管理工作；制定和完善了《安全生产管理实施细则》、《安全事故应急预案》、《安全隐患排查整改制度》和《安全事故报告制度》等规章制度，建设管理部与施工单位签订了

"安全生产协议书"，对参建各方进行质量安全培训；6月，开展了"质量安全月"活动和防汛应急演练，增强了广大参建人员安全意识和防汛意识，提高了应对突发汛情和抢险实战的能力；2010年，共开展安全生产大检查和月度安全考核14次，开展防汛、重大节假日安全专项检查8次。2010年，该工程未发生任何安全事故，安全生产、文明施工总体较好。

（付清凯　李永鑫）

中线干线专项工程

中线干线自动化调度与运行管理决策支持系统工程

工　程　概　况

中线干线自动化调度与运行管理决策支持系统工程是南水北调中线干线工程运行管理的神经系统，对中线干线工程的高效运行、可靠监控、科学调度和安全管理起着至关重要的作用。该系统采用信息采集、信息处理、自动化控制、计算机网络、通信等先进技术，为中线干线工程正常输配水、工程安全、水质安全、运行管理等提供业务操作平台和决策支持环境。该系统由应用系统、应用支撑平台、数据存储与管理系统、计算机网络系统、通信系统、系统运行实体环境等六部分组成。

该系统建设目标为：以中线干线工程调水业务为核心，以全线闭环自动控制为重点，运用水利、通信、信息、自动控制等技术，建设服务于自动化调度监控、工程安全监测、水质监测、工程管理等业务的信息化作业平台和调度会商决策支撑环境，实现调度过程自动化和运行管理信息化，保障全线调水安全。

系统共分为两个设计单元，分别为京石段设计单元和京石段以外设计单元，批复静态总投资约21.3亿元（其中京石段约6.6亿元，京石段以外约14.7亿元）。全线自动化调度系统投资概算见表1。

表1　全线自动化调度系统投资概算表　万元

概算项目＼建管范围	总公司	惠南庄建管部	天津建管部	河北建管部	河南建管部	分项合计
工程费	26 355	14 840	16 822	48 109	85 042	191 168
建管费	171	91	116	364	617	1359
设计勘察费	1208	680	771	2206	3900	8765
监理费	260	136	206	587	1067	2256
其他费用	1319	742	842	2409	4258	9570
合计	29 313	16 489	18 757	53 675	94 884	213 118

初步设计阶段工作由招标选定的北京电信规划设计院有限公司、黄河勘测规划设计有限公司联合体承担，主要以《南水北调工程总体规划报告》、《南水北调中线一期工程可

行性研究总报告》、《南水北调中线干线工程自动化调度与运行管理决策支持系统设计招标文件》、南水北调中线一期工程总干渠相关初步设计规定及已完成的部分段落的初步设计报告为主要依据，按照初步设计大纲的要求，遵照国家、水利部、信息产业部及其他相关部委颁发的标准、规范进行设计标准。初步设计工作于2006年8月正式启动。2008年3月，国家发展和改革委员会正式批复了京石段自动化调度系统初步设计。2009年9月，国务院南水北调办批复了京石段以外系统初步设计。历时3年时间，该系统初步设计阶段工作已完成。

京石段应急供水工程总长300多公里，于2008年3月开工建设，涉及需要监控（测）的建筑物共有67座，其中，节制闸15座、退水闸13座、倒虹吸工作闸7座、分水闸（口门）22座、排冰闸1座、泵站1座、连通井3座、中心开关站2座；涉及的管理机构包括总公司及河北分公司、北京分公司、12个管理处；沿渠设54个通信站点，管理机构设15个通信站点。

（戴欣欣）

投资计划

南水北调中线干线工程自动化调度与运行管理决策支持系统分为京石段和京石段以外两个设计单元，共批复静态投资21.3亿元，其中京石段6.6亿元，京石段以外14.7亿元。截至2010年底，合同签订金额为4.11亿元，京石段累计完成投资2.37亿元，占合同总额的57%。

（戴欣欣）

招标投标

南水北调中线干线工程自动化调度与运行管理决策支持系统共分为48个标段，其中监理标5个，设备采购标6个，软件开发标8个，集成（或施工）标29个。目前已完成22个标招标工作，全部招标工作计划2011年底完成。

（戴欣欣）

工程实施

（一）工程进展

1. 京石段设计单元

京石段自动化调度系统建设范围涵盖贯穿渠道两侧约600余公里的通信管道及光缆工程，以及50余个现地站、12个管理处、2个分公司以及总公司的设备安装调试及集成。

2008年3月，该系统开工建设，截至2010年底，已完成河北段通信管道及光缆施工，古运河暗渠节制闸至惠南庄泵站现地站点（共39个）的通信设备安装以及部分应用系统设备安装，总公司以及惠南庄管理处设备安装等工作，累计完成合同额的55%。

2. 京石段以外设计单元

京石段以外系统建设范围涵盖贯穿渠道两侧约2500km的通信管道及光缆工程，以及203个现地站、35个管理处、3个分公司的设备安装调试及集成。

截至2010年底，已完成监理标招标工作，其他标段正处于招标准备阶段。

（二）进度计划安排

1. 原则

以土建工程（硅芯管、闸室、配电室、安全监测站房、水质自动监测站房等）、管理机构（分公司、管理处）、35kV专线等建设进度为前提，考虑到系统内部各专业建设的先后关系，以2013年12月完工为关门时间倒排工期。

2. 进度目标

2011年1月，该工程开工建设，计划2013年12月完工。

鉴于主体工程实施先后关系及进展情况，

系统建设工期暂按黄河北及黄河南两段分别排定。在倒排工期时，尽量考虑了系统内部各标段的相互制约因素及资源配置的合理性。系统开工日期以具备光缆施工进场条件确定，黄河以北段拟定为2011年4月1日，黄河以南段拟定为2012年1月1日；黄河以北土建工程进展较快，系统具备提前完工的条件，同时也便于各标段全力以赴突击黄河以南段工程，综合各因素拟定黄河以北完工日期为2013年4月30日；黄河以南完工日期拟定为2013年6月30日；2013年7~8月进行通信网络系统的联合调试；2013年9~12月进行应用系统联合调试。

涉及全线联调阶段的计划工期如下：

（1）2013年9~12月，针对水量调度、闸站监控、水质监测、视频监控、视频会议等与通水密切相关的应用系统进行全线联合调试。

（2）2013年7~8月，进行京石段、黄河北、黄河南通信、网络等硬件系统全线联合调试。

对于黄河以南段，以单机调试结束为完工时间工期分解如下：

（1）2013年6月，进行硬件系统设备单机调试工作。

（2）2012年10月~2013年4月，进行管理机构实体环境、各系统硬件设备安装工作。本阶段由于受制于现地站房及管理机构的建设，现地机房最晚一批提供工作面的时间不得晚于2012年12月底，管理机构最晚一批提供工作面的时间不得晚于2012年9月，否则设备安装工作难以按时完成。

（3）2012年7月~2013年2月，进行渠道两侧通信光缆的建设。由于35kV专线环网保护调试以及后续设备调试的要求，光缆工程关门时间为2013年2月。最晚一段提供工作面的硅芯管道不得晚于2012年11月底，否则光缆工程难以按时完成。

（4）合同签订至开始进场期间，进行各类前期准备工作，包括设计联络会、设备订货、设备生产、出厂验收等。

对于黄河以北段，以单机调试结束为完工时间，工期分解如下：

（1）2013年3~4月，进行硬件系统设备单机调试工作。

（2）2012年7月~2013年2月，进行管理机构实体环境、各系统硬件设备安装工作。本阶段由于受制于现地站房及管理机构的建设，现地机房最晚一批提供工作面的时间不得晚于2012年9月底，管理机构最晚一批提供工作面的时间不得晚于2012年6月底，否则设备安装工作难以按时完成。

（3）2012年1~11月，进行渠道两侧通信光缆的建设。由于35kV专线环网保护调试及后续设备调试的要求，光缆工程关门时间为2012年11月。最晚一段提供工作面的硅芯管道不得晚于2012年8月底，否则光缆工程难以按时完成。

（4）合同签订至开始进场期间，进行各类前期准备工作，包括设计联络会、设备订货、设备生产、出厂验收等。

（戴欣欣）

汉江兴隆水利枢纽工程

工 程 概 况

汉江兴隆水利枢纽工程是南水北调中线工程汉江中下游治理工程之一，也是汉江中下游水资源综合开发利用的一项重要工程，为汉江干流规划的最下一个梯级，其主要任务是枯水期壅高库区水位，改善库区沿岸灌溉和河道航运条件。该工程位于汉江下游湖北省潜江、天门市境内，上距丹江口水利枢纽378.3km，下距河口273.7km。工程正常蓄水位36.2m（黄海高程，以下同），相应库容2.73亿m^3，设计校核洪水位41.75m（相当于防洪高水位），总库容（校核洪水位以下库容）4.85亿m^3，灌溉面积327.6万亩，库区回水长度76.4km，规划航道等级为Ⅲ级，电站装机容量为4万kW。

该工程主要由泄水建筑物、通航建筑物、电站厂房、鱼道和两岸连接交通桥组成。泄水建筑物最大泄量19 400m^3/s，坝轴线总长2835m，泄水建筑物采用56孔开敞式平底闸，泄水闸前缘总长度952m，设计单宽流量18.5m^2/s，闸底板高程29.5m，闸顶高程44.7m，闸高17.7m，孔口净宽14m，闸门采用弧形门，尺寸为14m×8.2m；通航建筑物为单线一级船闸，按三级航道标准配套设计，闸室有效尺寸180m×23m×3.5m（长×宽×槛上水深）；电站厂房为河床径流式，水电站装机4台，额定水头4.18m，额定流量289m^3/s，总容量4万kW，保证出力8700kW，年发电量2.25亿kWh；两岸滩地交通桥，按与三级公路配套设计，桥面宽8m，交通桥采用预应力混凝土简支梁桥；鱼道采用单侧竖导式，设置在电站厂房右侧滩地上，进口位于电站厂房尾水渠右侧，鱼道轴线与坝轴线垂直，共设95个过鱼池，单个过鱼池长3.2m，间隔设置休息池，直线段上端设挡水闸门，距闸首30m处设观测室。

2009年2月26日，该工程开工建设，设计总工期4.5年。工程作为南水北调中线补偿性质的项目，由中央全额投资，其静态总投资30.49亿元（2008年三季度价格水平，不含临时耕地占用税）。2010年，该工程下达投资15亿元，实际完成投资6.644 2亿元。

（马荣辉）

招 标 投 标

2010年，汉江兴隆水利枢纽工程完成招标工作情况如下：一是完成第三批施工项目招标，分别为泄水闸土建及金属结构和机电设备安装工程，电站土建及金属结构安装工程，船闸土建及金属结构和机电安装工程；二是完成金属结构设备采购招标，共分为8个标块，其中第Ⅲ标块划分为3个标段，除第Ⅲ标块的第Ⅲ标段（清污船）外，其余8个标块共9个标段均为本次招标范围；三是兴隆枢纽第二批机电设备采购招标，包括公用设备采购、厂房桥式起重机设备采购、110kV变压器及其中性点设备采购、110kV GIS及敞开式电气设备采购及消防及火灾报警系统设备采购5个标段；四是完成汉江兴隆水利枢纽工程安全监测项目招标。

2010年，汉江兴隆水利枢纽工程招投标情况见表1。

表1　汉江兴隆水利枢纽工程招投标情况表

序号	标段名称	项目类型	招标代理单位	招标文件发售时间	开标时间	定标日期	合同签订日期	中标价（万元）	中标人
1	南水北调中线一期工程汉江兴隆水利枢纽泄水闸土建及金属结构、机电安装工程施工 HBNSBD-XL01-2009-04	施工	湖北腾升工程管理公司	2009年12月28日~2010年1月4日	2010年1月26日	2010年2月10日	2010年2月24日	32 803.158 8	中国水利水电第五工程局有限公司、中国水电基础局有限公司联合体

续表

序号	标段名称	项目类型	招标代理单位	招标文件发售时间	开标时间	定标日期	合同签订日期	中标价（万元）	中标人
2	南水北调中线一期工程汉江兴隆水利枢纽电站土建及金属结构安装工程施工 HBNSBD-XL01-2009-05	施工	湖北腾升工程管理公司	2009年12月28日～2010年1月4日	2010年1月26日	2010年2月10日	2010年2月24日	22 996.219 6	中国水利水电第十一工程局有限公司、中国水电基础局有限公司联合体
3	南水北调中线一期工程汉江兴隆水利枢纽船闸土建及金属结构、机电安装工程施工 HBNSBD-XL01-2009-06	施工	湖北腾升工程管理公司	2009年12月28日～2010年1月4日	2010年1月26日	2010年2月10日	2010年2月24日	20 303.453 6	中国水利水电第六工程局有限公司、河南省岩土工程有限公司联合体
4	电站机电设备安装与调试工程(合同编号HBNSBD-XL01-2010-3)	建筑安装	国信招标公司	2010年8月2～6日 2010年8月16～20日	2010年9月9日	2010年9月25日	2010年9月29日	1598.339 1	中国水利水电第三工程局有限公司
5	金属结构采购Ⅰ标块	设备采购	汉江集团丹江口水源招标有限公司	2010年5月5～13日	2010年5月26日	2010年6月13日	2010年6月30日	2774.144 3	江河机电装备工程有限公司
6	金属结构采购Ⅱ标块	设备采购	汉江集团丹江口水源招标有限公司	2010年5月5～13日	2010年5月26日	2010年6月13日	2010年6月30日	2812.988 9	湖北大禹水利水电建设有限责任公司
7	金属结构采购Ⅲ标块Ⅰ标段	设备采购	汉江集团丹江口水源招标有限公司	2010年5月5～13日	2010年5月26日	2010年6月13日	2010年6月30日	5088.000 0	武昌船舶重工有限责任公司

续表

序号	标段名称	项目类型	招标代理单位	招标文件发售时间	开标时间	定标日期	合同签订日期	中标价（万元）	中标人
8	金属结构采购Ⅲ标块Ⅱ标段	设备采购	汉江集团丹江口水源招标有限公司	2010年5月5～13日	2010年5月26日	2010年6月13日	2010年6月30日	147.421 4	湖北冶金建设有限公司
9	金属结构采购Ⅳ标块	设备采购	汉江集团丹江口水源招标有限公司	2010年5月5～13日	2010年6月10日	2010年7月6日	2010年7月30日	2260.392 9	中船重工中南装备有限责任公司
10	金属结构采购Ⅴ标块	设备采购	汉江集团丹江口水源招标有限公司	2010年5月5～13日	2010年6月10日	2010年7月6日	2010年7月30日	2873.919 9	浙江华东机电工程有限公司
11	金属结构采购Ⅵ标块	设备采购	汉江集团丹江口水源招标有限公司	2010年5月5～13日	2010年6月10日	2010年7月6日	2010年7月30日	673.680 0	江苏武进液压启闭机有限公司
12	金属结构采购Ⅶ标块	设备采购	汉江集团丹江口水源招标有限公司	2010年5月5～13日	2010年6月10日	2010年7月6日	2010年7月30日	2349.774 9	中国水电建设集团夹江水工机械有限公司
13	金属结构采购Ⅷ标块	设备采购	汉江集团丹江口水源招标有限公司	2010年5月5～13日	2010年6月10日	2010年7月6日	2010年7月30日	397.728 1	无锡俊达机电制造有限公司
14	消防及火灾报警系统设备采购	设备采购	汉江集团丹江口水源招标有限公司	2010年11月4～10日 2010年12月13～17日	2010年12月1日 2011年1月7日	2011年1月24日	2011年1月30日	409.765 6	南京消防器材股份有限公司
15	桥式起重机及其附属设备采购	设备采购	汉江集团丹江口水源招标有限公司	2010年11月4～10日 2010年12月13～17日	2010年12月1日 2011年1月7日	2011年1月24日	2011年2月22日	253.761 3	郑州水工机械有限公司

续表

序号	标段名称	项目类型	招标代理单位	招标文件发售时间	开标时间	定标日期	合同签订日期	中标价（万元）	中标人
16	110kV 变压器及其中性点设备采购	设备采购	汉江集团丹江口水源招标有限公司	2010年11月4～10日	2010年12月1日	2010年12月27日	2010年12月30日	435.000 0	武汉变压器有限责任公司
17	110kV GIS 及敞开式电气设备采购	设备采购	汉江集团丹江口水源招标有限公司	2010年11月4～10日	2010年12月1日	2010年12月27日	2010年12月30日	219.215 0	泰安泰山高压开关有限公司
18	公用设备采购	设备采购	汉江集团丹江口水源招标有限公司	2010年11月4～10日	2010年12月1日	2010年12月27日	2010年12月30日	615.860 0	武汉市鑫茂机电设备有限公司
19	安全监测	其他	湖北华傲水利水电工程咨询中心	2010年5月31日～6月4日	2010年6月24日	2010年7月13日	2010年8月25日	558.181 6	长江水利委员会长江科学院

（马荣辉）

建 设 管 理

湖北省南水北调兴隆枢纽工程建设管理处具体负责汉江兴隆水利枢纽工程的现场建设管理工作。

2010年汛期，由于受陕西、河南和湖北西北部连续强降雨的影响，汉江流域连续发生了四次较大的夏季洪水，该工程经受住了大洪水考验。其中，7月25日，汉江首次洪峰抵达兴隆水利枢纽工程围堰，围堰水位达到36.7m左右，超设防水位1.02m左右；7月27日，第二次洪峰以13 600m^3/s的流量（接近围堰设计防洪标准15 600m^3/s）再次来袭，兴隆坝址水位达到39.2m，超警戒水位0.8m；8月23日和9月9日，汉江第三次、四次洪峰通过兴隆水利枢纽工程，围堰水位分别超设防1.73m和1.52m。汛情出现之后，在湖北省南水北调工程防汛指挥部的统一指挥下，及时研究防汛对策，统一调配参建各单位协同作战，迅速形成了全员抗洪的局面，防汛形势异常严峻。在全长4.6km的围堰大堤上对三个预留缺口和上下游两个裹头共五处薄弱断面进行重点防护，增强堰体抵御洪水的能力。由于组织严密，措施得当，指挥有力，兴隆枢纽工程和全体参战人员都经受住了洪水的严峻考验。

在工程质量方面，通过质量预控和施工质量过程控制，工程质量满足合同规定和设计要求。其中，土建工程控制单元工程全部合格，优良率为90%；机电设备及金属结构安装工程控制单元工程全部合格，优良率为95%。截至年底，已完成验收工作的17个分部工程中，质量评定为优良的9个，永久类分部工程质量评定全部为优良。

（马荣辉）

工 程 进 展

2010年，汉江兴隆水利枢纽工程施工单位克服了春夏之交长达3个多月多雨天气影响、汉江4次大洪水的干扰以及地质条件的制约等诸多困难，4月开始泄水闸、电站、船闸3个主体工程施工，截至2010年底，该工程累计完成投资11.644 2亿元(含征地拆迁)，其中2010年完成投资6.644 2亿元。2010年，泄水闸开始底板混凝土浇筑，电站工程深搅施工基本结束，船闸工程深搅施工进入高峰期，泄水闸、电站、船闸3个主体工程完成土方开挖和填筑291.5万m^3、防渗墙1.41万m^2、混凝土浇筑3005.28m^3；左岸交通桥通车，右岸交通桥完成钻孔灌注桩2050m，雁门口人工骨料系统累计供应骨料41 300t。

(马荣辉)

引 江 济 汉 工 程

工 程 概 况

引江济汉工程主要是为满足汉江兴隆水利枢纽工程以下生态环境用水、河道外灌溉、供水及航运需水的要求，以及补充东荆河水量而兴建。该工程供水范围包括汉江兴隆水利枢纽工程以下的潜江市、仙桃市、汉川市、孝感市、东西湖区、蔡甸区、武汉市等7个市(区)，以及谢湾、泽口、东荆河区、江尾引提水区、沉湖区、汉川二站区等6个灌区，现有耕地面积645万亩，总人口889万人。工程建成后，可基本解决调水95亿m^3对汉江下游“水华”的影响，解决东荆河的灌溉水源问题，从一定程度上恢复汉江下游河道水位和航运保证率。

该工程拟从长江荆州市附近引水到汉江潜江市附近河段，工程沿线经过荆州、荆门、潜江等市，需穿越一些大型交通设施及重要水系，部分规划线路还将穿越江汉油田区，涉及面广，情况复杂，同时，工程连接长江和汉江，受三峡、丹江口两处大型水利工程影响较大，规划设计条件十分复杂。

该工程推荐线路龙高Ⅰ线进水口位于荆州市李埠镇龙洲垸，出水口为潜江市高石碑镇。拟在龙洲垸先建泵站，干渠沿东北向穿荆江大堤、太湖港总渠，从荆州市城北穿过汉宜高速公路，在郢城镇南向东偏北穿过庙湖、海子湖，走蛟尾镇北，穿长湖后港湖汊和西荆河后，在潜江市高石碑镇北穿过汉江干堤入汉江。渠道全长67.23km，设计流量350m^3/s，最大引水流量500m^3/s，其中补东荆河设计流量100m^3/s、补东荆河加大流量110m^3/s，多年平均每年补汉江水量21.9亿m^3、补东荆河水量6.1亿m^3。进口渠底高程26.5m，出口渠底高程25m，设计水深5.72～5.85m，设计底宽60m。各种交叉建筑物共计78座，其中涵闸16座，船闸5座，倒虹吸15座，橡胶坝3座，泵站1座，跨渠公路桥37座，跨渠铁路桥1座，另有与西气东输忠武线工程交叉一处。穿湖长度3.89km，穿砂基长度13.9km。渠首泵站装机容量6×2100kW，设计提水流量200m^3/s。

该工程静态总投资约61.69亿元，通航需增加的投资不列入南水北调，另行解决，计划总工期4年。

(马荣辉)

招 标 投 标

引江济汉工程施工监理划分为4个标段，该工程进口段施工及设备采购标段共划分为

12个。其中，主体建筑安装工程标4个，分别为渠道工程标、泵站与进水节制闸工程标、荆江大堤防洪闸工程标、泵站机电设备安装标；金属结构设备采购标2个，分别为金属结构采购标、金属结构启闭设备采购标；机电设备采购标4个，分别为泵站主机设备标、公用设备标、电气一次设备标、电气二次设备标；临时工程标2个，分别为房屋建筑工程标和施工供电工程标。该工程荆江大堤至高石碑段施工及设备采购标段共划分为41个，其中渠道工程标12个，枢纽工程标4个（拾桥河枢纽、西荆河枢纽、高石碑枢纽和拾桥河左岸节制闸工程），龙洲垸护岸工程标1个，堤顶道路标2个，水系恢复工程标3个，施工供电工程标3个，房屋建筑工程标2个，绿化工程标2个，金属结构采购工程标5个，电气设备采购标3个，安全监测工程标2个，调度中心标1个，工程保险标1个。东荆河工程施工共划分为4个标段，分别为马口、黄家口橡胶坝工程标，冯家口橡胶坝及通顺河补水工程标，田关闸加固工程标，刘岭闸加固工程标。

2010年，该工程完成4个监理标段招标工作，完成进口段泵站与进水节制闸土建及金属结构、机电设备安装工程和泵站泵组及其附属设备采购招标工作，完成引江济汉工程第二批施工项目拾桥河枢纽、渠道5标、渠道6标和出口高石碑枢纽4个标段招标工作。其招投标情况见表2。

表2　　2010年引江济汉工程招投标情况表

序号	标段名称	项目类型	所在城市	招标代理单位	招标文件发售时间	开标时间	定标日期	合同签订日期	中标价（万元）	中标人
1	监理1标进口段渠道(0+000)～(4+000)	监理	荆州	汉江集团丹江口水源招标有限公司	2010年2月20～26日	2010年3月12日	2010年3月20日	2010年3月25日	1024.480 5	湖北腾升工程管理有限公司
2	监理2标荆州段渠道(4+000)～(27+050)	监理	荆州	汉江集团丹江口水源招标有限公司	2010年2月20～26日	2010年3月12日	2010年3月20日	2010年5月25日	852.196 0	湖北路达胜工程技术咨询有限公司
3	监理3标荆门段渠道(27+050)～(61+735)	监理	荆门	汉江集团丹江口水源招标有限公司	2010年2月20～26日	2010年3月12日	2010年3月20日	2010年5月25日	1398.942 3	湖北华傲水利水电工程咨询中心
4	监理4标潜江段渠道(61+735)～(67+230)	监理	潜江	汉江集团丹江口水源招标有限公司	2010年2月20～26日	2010年3月12日	2010年3月20日	2010年5月25日	505.768 2	中国水利水电建设工程咨询西北公司
5	泵站与进水节制闸工程标	施工	荆州	湖北华傲水利水电工程咨询中心	2010年2月20～26日	2010年3月12日	2010年3月20日	2010年3月22日	19 508.370	葛洲坝集团第一工程有限公司

续表

序号	标段名称	项目类型	所在城市	招标代理单位	招标文件发售时间	开标时间	定标日期	合同签订日期	中标价（万元）	中标人
6	拾桥河枢纽土建及金属结构、电气设备安装工程施工 HBNSBD-YJ01-2010-03	施工	沙洋	湖北腾升工程管理公司	2010年8月16～20日	2010年9月7日	2010年9月25日	2010年9月29日	13 198.667 7	中国人民武装警察部队水电第二总队
7	渠道5标施工 HBNSBD-YJ01-2010-04	施工	沙洋	湖北腾升工程管理公司	2010年8月16～20日	2010年9月7日	2010年9月25日	2010年9月30日	8410.720 6	葛洲坝集团基础工程有限公司
8	渠道6标土建及金属结构、电气设备安装工程施工 HBNSBD-YJ01-2010-05	施工	沙洋	湖北腾升工程管理公司	2010年8月16～20日	2010年9月7日	2010年9月25日	2010年10月1日	7972.907 6	中国水电基础局有限公司
9	高石碑枢纽土建及金属结构、电气设备安装工程施工 HBNSBD-YJ01-2010-06	施工	潜江	湖北腾升工程管理公司	2010年8月16～20日	2010年9月7日	2010年9月25日	2010年10月2日	17 993.470 4	葛洲坝集团第一工程有限公司
10	进口段机电设备采购Ⅰ标（主机设备标）	设备采购	荆州	湖北华傲水利水电工程咨询中心	2010年2月20～26日	2010年3月12日	2010年3月20日	2010年6月7日	4690.830 0	日立泵制造（无锡）有限公司

（马荣辉）

建设管理

引江济汉工程采用法人自建制管理方式，同时，为充分调动地方政府参与工程建设的积极性，湖北省南水北调建设管理局组建湖北省南水北调引江济汉工程建设管理处具体负责进口段及枢纽建筑物的建设管理，由地市南水北调办事机构负责组建各地市引江济汉工程建设管理办公室，负责所辖区域内的渠道工程的建设管理。

2010年3月26日，引江济汉工程开工建设。其中，引江济汉进口泵站与进水节制闸工程、拾桥河枢纽、高石碑枢纽和渠道5标、渠道6标等5个施工标段首先开工建设。2010年，主要开展了引江济汉工程永久征地工作，以及进口泵站与节制闸工程完成施工场地控制网测量、场内临时施工道路规划、左侧场内干线施工道路试验段路基工程及进口段降水试验、降水井施工任务。2010年，下达投资10亿元，实际完成投资9.744 8亿元（含征地拆迁安置投资），完成土方开挖20万m^3。

（马荣辉）

征 地 移 民

河北省征地移民工作

2010年，按照国务院南水北调办工作部署，河北省从服务工程、加快工程建设出发，结合河北省实际，扎实开展征迁安置“突击月”和“三到位三落实”活动，不断创建良好的工程建设环境，保障了工程建设快速推进。

（一）总体进展

（1）京石段应急供水工程。截至2010年底，京石段应急供水工程征迁安置工作基本结束，累计完成5.02万亩永久占地和4万亩临时用地的征地任务，拆迁房屋17.57万m^2，迁建企事业单位44家、专项设施711处322km，绝大部分征迁遗留问题已得到妥善解决，后续二次征地组卷和验收准备工作已组织展开。243座跨渠桥梁中，首批（6座）桥梁交工验收和工程移交已经完成。

（2）天津干线工程河北段和邯石段工程。2010年初，天津干线工程河北段和邯石段工程沿线市县完成了补偿兑付方案的编制、审批，邯郸、邢台、石家庄、保定、廊坊五市均完成了邯石段工程永久征地补偿兑付和天津干线工程临时用地征地任务。2010年4月，天津干线工程河北段和邯石段工程全线实现开工建设。随后，沿线市县陆续展开临时用地征用和通信、管道、灌溉、电力等专项设施迁建。截至2010年底，天津干线工程河北段工程累计完成永久征地527亩，除部分管理用地外，永久征地任务全部完成；交付临时用地2.84万亩，绝大部分通信、灌溉、管道等专项设施完成迁建，电力设施迁建工作开始启动。邯石段工程累计完成永久征地5.29万亩，除邯郸市区段（原邯钢改线段）外，永久征地任务基本完成；交付临时用地2.56万亩，满足工程建设需要；通信、管道、灌溉、连接路等专项设施迁建恢复任务完成过半，电力迁建任务和迁建资金已经落实，迁建工作全面展开；邯石段工程跨渠桥梁258座，除邯郸市区段（5座）和石家庄市区段（3座）外，均与地方交通部门、规划、城建部门签订委托建设管理协议，部分跨渠交通桥梁已进场施工。

（二）工作组织

为加快工程建设进度，河北省在推进南水北调征迁安置工作过程中，不断加大工作力度，强化各项措施，征迁安置工作步伐快速推进。

（1）加强地方各级党委政府领导。河北省政府高度重视南水北调征迁安置工作，省长陈全国和副省长张和多次听取汇报、视察现场，并就有关工作进行专题部署。沿线市县党委政府把南水北调征迁安置和优化建设环境工作作为一项政治任务，认真履行职责，围绕省政府确定的工作目标，主要领导挂帅指挥，精心谋划，倒排工期，制定限期完成目标计划和严厉的奖惩考核制度，层层动员发动，逐级落实目标责任。

（2）地方各级南水北调办与有关部门协调联动。河北省各级南水北调办紧紧依靠当地党委、政府的大力支持和各部门的密切协作，创造性开展工作，最大限度缩短了兑付方案编审和补偿兑付准备时间。补偿兑付期间，市、县南水北调办和有关部门并肩作战，集中力量，加班加点，节假日不休息，争时间、抢进度，全力以赴推进工作。

（3）开展“攻坚月”和“三到位三落实”活动。为尽快掀起工程建设高潮，河北省自2010年7月20日起，组织沿线市县广泛开展征迁安置“攻坚月”活动，着力解决制约工程建设的征迁问题，奠定了工程建设快速推进的基础。2010年9月10日～12月18日，为进一步优化工程建设环境，响应国务院南水北调办关于加快工程建设、开展劳动竞赛活动的号召，河北省在邯石段和天津干线河北段工程沿线市县和建管单位，广泛开展了以宣传到位、组织管理到位、环境协调到位，落实临时占地、落实电力和桥梁建管责任、落实专项迁建任务为主要内容的“三到位三落实”活动，及时解决影响工程建设的节点问题，营造了良好施工环境，为中线建管局开展的“奋战一百天，全面完成目标任务”劳动竞赛提供了有力保障。

（4）协调调度机制。地方各级政府与南水北调办建立了工作协调调度会议制度，遇有重大问题，及时研究协调解决。逐级加强了督导检查力度，建立了工作进度日报告和通报制度，定期（时）向政府报告进度情况。河北省南水北调办成立了督导组，及时深入市县指导督促进度，主要领导多次深入工程现场检查督导，研究存在问题，部署下步工作。沿线各市政府主管领导现场办公，在一线指挥调度、督查督办。市、县南水北调办实行办领导包县、包村，现场督促工作的落实。

（5）政策宣传。地方各级南水北调办充分利用报刊、电台、电视台、网络等多种媒体，广泛宣传南水北调工程建设的重大意义、征迁安置有关政策和补偿标准，及时报道工作动态，印发宣传资料，广泛宣传发动。此外，还通过召开县、乡、村三级干部动员大会、设立宣传栏、出动宣传车、发放“明白纸”、张贴宣传标语、开辟政策咨询渠道等多种形式，让工程建设意义和征迁安置政策深入民心，赢得群众的理解支持，营造和谐的征迁环境。

（6）组织开展“工民”共建活动。河北省各级南水北调办充分发挥综合协调职能，活化工作机制，创新工作思路，与项目法人、建管和施工单位及时沟通、通报情况，协商解决施工扰民和民扰等问题。积极协调施工单位与沿线群众融洽关系，组织开展“工民”共建活动。省市县南水北调办有关领导多次深入工地慰问一线工人，组织沿线乡村、群众，成立义务宣传队、文艺队、治安联防队，采取给施工单位送水、送文艺、送文化、当协调员等形式，丰富工地文化生活。建管和施工单位在市县南水北调办的协调帮助下，纷纷与工程沿线村庄、学校、敬老院等联系，通过慰问沿线村庄、献爱心、送温暖、助学等各种形式，为当地群众做好事、办实事。通过一系列的“工民”和谐共建活动，不仅赢得了群众的理解支持，优化了建设环境，扩大了南水北调工程的社会影响，也为工程又好又快建设提供了保障。

（三）奖励制度

为表彰在“三到位三落实”活动中作出突出贡献的单位，调动各市加快推进征迁工作的积极性、主动性和创造性，依据《河北省南水北调办开展“三到位三落实”活动实施方案》，河北省南水北调办制定印发了《河北省南水北调办关于“三到位三落实”活动检查评比奖励办法》，本着物质奖励与精神奖励相结合的原则，对评分结果获得先进单位称号的市南水北调办，奖励征迁安置实施管理费20万元；对获得优胜单位称号的，奖励征迁安置实施管理费15万元。

（贾志忠）

河南省征地移民工作

2010年是南水北调中线工程在河南开工建设以来征地移民成效最为显著的一年。在河南省省委、省政府的领导和国务院南水北调办的精心指导下，经过河南省南水北调办、河南省政府移民工作领导小组办公室（以下简称河南省政府移民办）和各级各有关部门一年的努力，河南省顺利完成了丹江口库区第一批移民6.49万人的新村建设和移民搬迁任务，并及时启动了第二批移民8.61万人的新村建设工作；黄河以南干线工程建设用地征用工作获得突破性进展，征地工作进入收尾阶段，为工程建设实现“黄河北发展、黄河南连线”的目标提供了有利条件。

（一）丹江口库区移民工作

1. 第一批移民迁安工作

（1）基本情况。丹江口库区第一批移民涉及河南省南阳市淅川县57个移民村、471个村民小组、192处村组副业、65家村属单位和4家工业企业。淹没土地7.81万亩，其中耕地5万亩；房屋面积146.49万m^2；淹没影响人口14 887户63 855人。规划搬迁安置64 219人（实际核定移民66 418人），其中淅川县内安置6017人，出县安置60 401人。外迁安置涉及郑州、平顶山、新乡、许昌、漯河、南阳等6个省辖市的25个县（市、区），规划移民安置点81个（其中近迁外迁集中安置点63个，后靠集中安置点18个），新村占地8543.53亩，划拨生产用地84 541.18亩。按照河南省南水北调丹江口库区移民安置指挥部（以下简称河南省移民安置指挥部）的部署，第一批移民计划2009年10月启动，11月30日前完成移民新村征地和“三通一平”（通水、通电、通路，场地平整），2010年1月31日前完成移民房屋基础建设，5月20日前完成移民房屋建设，7月20日前完成移民新村基础设施和公益设施建设，8月31日前完成移民搬迁，9月30日前完成移民生产用地划拨及承包到户。

（2）进展情况。2009年10月20日，河南省移民安置指挥部在郑州召开会议，动员部署丹江口库区第一批移民安置实施工作。到2010年5月底完成了移民房屋主体工程建设，累计建设移民房屋14 445座，面积208.1万m^2，人均34.2m^2。7月20日完成了基础设施和公益设施建设，基础设施共新修供水管道20 470km，排水管道11 617km，村内道路2697.5km，新修对外连接路70.042km、改建61.8km。公益设施共新建学校44 950.81m^2，村委会24 408.38m^2，卫生室6058.2m^2，文化大院32 680.76m^2，超市2664.91m^2，其他1376.19m^2。8月底完成了新村建设扫尾工程。在精心准备和对移民新村进行分级检查验收的基础上，河南省移民安置指挥部按照“统筹考虑、梯次安排、先内后外、逐步展开”的原则，确定6月10日~9月10日为集中搬迁时间，并于6月17日在唐河县毕店镇凌岗移民新村举行了第一批移民搬迁启动仪式，第一批移民集中搬迁工作正式开始。截至9月4日，河南省用80天时间完成了第一批移民集中搬迁任务。在第一批移民搬迁中，搬迁安置双方共出动各类服务人员7万人（次），组织搬迁车辆10 859台（次），随车工作人员11 586人（次），集中搬迁移民13 761户60 886人（不含淅川县后靠和投亲靠友分散搬迁移民），圆满实现了“平安、文明、和谐搬迁”和“不伤、不亡、不漏、不掉一人”的目标。丹江口库区涉及河南省淅川县的16.2万移民，自2008年11月试点移民工作开展，已有7.59万人顺利搬迁，库区第二批8.61万移民计划于2011年8月底前全部搬出库区。

（3）后续工作。库区移民搬迁结束后，河南省移民安置指挥部办公室及时组织各地开展了移民后续工作。截至2010年12月31日，第一批移民各项手续有45个村已办理完毕；移民建房搬迁奖补资金有37个村已发放完毕，资金结算有13个移民村已经完成；共举办养殖业、种植业及加工业等各种技术培训班182期，培训移民24 122人（次）；共为移民划拨生产用地81 198.17亩，全部种上了小麦。为使移民群众在新的家园度过一个欢乐祥和的春节，2010年12月10日，河南省南水北调丹江口库区移民安置指挥部专门下发了《关于开展南水北调丹江口库区第一批移民冬季和“双节”送温暖活动的通知》，在6个省辖市25个县（市、区）组织开展了向第一批移民送温暖活动，全省累计发放送温暖资金1184万元，开展送钱、送物、送文化、送科技等送温暖活动310多次，为移民群众送去了春联、鞭炮、灯笼和鸡蛋、面粉、食用油、棉衣、棉被等年货和生活用品，送电影100多场、戏曲50多场、文艺演出40多场次、书籍7000多册（份）、发展项目100个、致富信息300多条，并对所有安置点移民进行了义诊。同时，河南省移民安置指挥部办公室向每户已经搬迁的移民发放了“新春慰问大礼包”（慰问信和春联），会同河南省歌舞剧院到每个已搬迁移民村举办了精彩的文艺演出。

2. 第二批移民迁安工作

（1）基本情况。丹江口库区第二批移民涉及淅川县101个村8.61万人，规划移民安置点115个，安置区涉及6个省辖市20个县（市区）。计划2010年9月30日前完成新村“三通一平”和移民房屋基础建设；2010年12月20日前完成移民房屋和公益设施主体工程建设；2011年4月20日前完成房屋和公益设施建设；5月20日完成基础设施建设；5月启动搬迁，8月31日前完成搬迁；9月30日前完成移民生产用地划拨及承包到户。

（2）进展情况。2010年6月12日，河南省正式启动了第二批移民新村建设工作。截至12月31日，第二批移民安置涉及的91个近迁外迁移民安置点，除3个社区和北王营安置点未完成对接外，其他安置点新村征地和“三通一平”任务已经完成，移民房屋基础和主体工程基本完成。87个安置点实际建房18 361户，其中一层7528户，已经封顶和接近封项的6504户，占86.4%，二层10 833户，已经封顶和接近封顶的有6974户，占64.4%。已经开始装饰装修工程的1152户。有67个安置点的公益设施已经开工建设，部分进度快的已经完成。

（二）干线征迁工作

（1）基本情况。南水北调中线工程在河南省总长731km，涉及南阳、平顶山、许昌、郑州、焦作、新乡、鹤壁、安阳共8个省辖市、41个县（市、区），干线（也称总干渠）建设用地共计36.08万亩（在初步设计批复过程中，经优化，干线建设用地数量和原计划相比约有减少），其中永久用地15.93万亩，临时用地20.15万亩。需拆迁居民房屋10 543户，搬迁居民42 522人；占压企事业单位326家；占压输电线路1060条、通信广电线路2804条、各类管道146条（处）。国家批复征迁安置总投资221.39亿元。2010年河南省南水北调中线工程干线征迁安置工作的主要任务是：完成黄河以北征迁安置工作扫尾任务，及时处理影响工程建设的征迁问题，维护良好建设环境，为黄河北工程进一步掀起建设高潮提供保障；做好郑州2段工程、沙河渡槽工程、北汝河倒虹吸工程、陶岔渠首枢纽工程征迁扫尾工作，为工程建设全面展开奠定基础；完成黄河南剩余渠段征迁安置工作，及时移交建设用地，完成专项迁建，居民搬迁和企事业单位拆迁，为工程全面开工创造条件，确保实现黄河南干线工程在2010年连线建设的目标。

（2）进展情况。围绕2010年征迁安置任务，河南省南水北调办、省政府移民办及时协调各有关市县征迁机构和各有关专项单位，坚持以人为本，和谐征迁，精心组织，科学调度，全力推进各项征迁安置工作，保证了中线工程河南段的全线开工。到2010年10

月，黄河以南工程建设永久用地一次性全部移交。此后，陆续开展了临时用地征用移交工作，计划2011年1月15日前移交完毕。截至2010年底，河南省累计移交建设用地34.66万亩，占任务的96%。其中永久用地完成移交15.93万亩，占任务的100%；临时用地完成移交18.73万亩（其中黄河以北5.26万亩，占任务的77%；黄河以南13.47万亩，占任务的100%）。已使用完毕的临时用地完成返还复垦5650亩。搬迁居民42 522人，拆除居民房屋10 523户，占任务的100%。拆除单位企业325家，占任务的99.7%。迁建电力设施1033条（处），占任务的97%。迁建通信广电线路2747条，占任务的98%。复建各类管道94条（处），占任务的64%。在搬迁群众生产生活安置方面，已完成生产用地调整的行政村有530个，占任务的83.2%；搬迁居民已完成建房的有6968户，占任务的66.3%。

（三）监理监测

1. 丹江口库区移民监理监测

河南省南水北调丹江口库区移民安置监督评估范围为河南省丹江口库区试点以外15.1万移民搬迁安置，以及3个城集镇迁建、36家企业迁改建、专项设施恢复改建、库底清理和文物保护等工作。监督评估内容为以上工作的实施进度、安置质量、资金使用管理，以及移民生产生活水平恢复等。

按照有利于工作、便于管理等原则，河南省政府移民办会同中线水源公司，将移民监督评估分为3个标。具体情况为：一是南阳市外迁移民安置监理标。负责南阳市邓州、唐河、社旗、新野、卧龙、宛城6个县（市、区）农村移民7.12万人的安置监理。二是郑州、平顶山、新乡、许昌、漯河5市移民安置监理标。负责郑州、平顶山、新乡、许昌、漯河5市，荥阳、中牟等18个县（市、区）农村移民5.63万人的安置监理。三是全省移民监测评估及淅川县移民安置监理标。负责全省6个市25个县（市、区）15.1万农村移民的监测评估，以及淅川县内2.35万人农村移民安置、3个城集镇迁建、36家工业企业迁改建、专业项目恢复改建、库底清理和文物保护等监理工作。

河南省政府移民办会同中线水源公司于2010年6月4日发布了招标公告，6月9～13日发售了标书，7月1日完成了开标与评标工作。评标委员会推荐的第一中标候选人分别为：监督评估1标为黄河勘测规划设计有限公司，监督评估2标为河南省黄河移民经济开发公司，监督评估3标为江河水利水电咨询中心。

中标结果公布后，3个中标单位随即进驻移民安置区开展工作，对各安置点实施情况进行巡检，及时上报旬报、月报等报表，报告实施情况和存在的问题。江河水利水电咨询公司派出人员赴淅川县就移民村经济收入、生活环境等情况进行了入户调查。

2. 干线征迁监理监测

江河水利水电咨询中心、小浪底咨询公司、河南华兴监理公司、北京市中冠农村水利工程监理有限公司、黄河设计公司分别继续对穿黄工程、黄羑段1标（焦作2段）、黄羑段2标（焦作1段）、黄羑段3标、黄羑段4标的监理监测评估，黄河设计公司同时还负责南阳试验段的征迁监理监测评估，上述监理监测单位对各渠段征迁安置进度、质量、资金拨付和使用情况及受影响群众生活水平恢复情况进行了认真细致地监理和监测评估，每月向河南省政府移民办提供工作监理监测月报，年终提供监理监测年报。

2010年，经中线建管局会同河南省政府移民办对黄河南干线征迁安置监理监测评估单位公开招标，确定了各单元工程的征迁监理监测评估单位。黄河南征迁监理1标为河南省河川工程监理有限公司，黄河南征迁监理2标为河南立信工程咨询监理有限公司，黄河南征迁监理3标为吉林松辽工程监理有限公司，黄河南征迁监理4标为黄河勘测规划设计有限公司，黄河南征迁监理5标为小浪底工程咨询有限公司；黄河南征迁监理6标为黄河移民经济开发公司，黄河南征迁监理7标为天津市冀水工程咨询中心，黄河南征迁监理8标为河南省华北水电工程监理有限公司，黄河南征迁监理9标为河南华兴建设监理公司。江河水利水电咨询中心负责沙河南—黄河南段工程征迁安置工作的监测评估，华北电力大学负责陶岔渠首—沙河南段工程征迁安置工作的监测评估。各监理单位配备了相应的人员和设备，积极履行监理监测职责，定期向河南省政府移民办报告各市县征迁安置工作开展情况，较好地完成了监理监测任务。

（四）制度建设

（1）丹江口库区移民制度。为切实做好丹江口库区移民的人口核定工作，保证库区大规模移民工作的顺利进行，2010年1月9日，河南省移民安置指挥部印发了《河南省南水北调丹江口库区移民人口管理办法》（豫移指〔2010〕1号），对移民人口复核的责任单位、人口核定办法、第一批移民人口包干基数计算、经费包干、奖惩等作出详细规定。同时，河南省移民安置指挥部办公室制定了《河南省南水北调丹江口库区移民迁安管理补助费分配使用管理办法（试行）》（豫移指办〔2010〕12号），明确了移民迁安管理补助费的适用范围、支出渠道、分配标准、使用办法等。2010年6月，河南省移民安置指挥部印发了《河南省南水北调丹江口库区第一批移民搬迁实施方案》和《河南省南水北调丹江口库区第二批移民安置工作实施意见》，指导各地做好第一批移民搬迁和第二批移民安置实施工作。

（2）干线征迁制度。为加快黄河以南工程的征迁进度，2010年7月2日，河南省政府移民工作领导小组办公室印发《河南省南水北调中线工程黄河南总干渠征迁安置工作机制》，明确了黄河南干线征迁安置工作工作需要遵循的几项制度，主要包括联席会议制度、征迁安置任务与投资包干、预备费使用管理办法、征迁实施中存在问题的处理要求、施工环境维护、征迁设计和监理单位的服务管理、监督管理等方面。这些制度，极大地规范和促进了黄河南征地拆迁工作。为全面加强临时用地的使用管理，12月21日，河南省政府移民办印发了《河南省南水北调中线工程黄河南总干渠临时用地补偿标准、使用要求及复垦措施的通知》，明确了临时用地的各项补偿标准，施工单位在使用过程中的具体要求，以及对复垦措施的具体规定。要求各建管单位督促有关施工企业认真履行临时用地的使用规定，规范使用临时用地。

（五）主要措施

河南省的南水北调征地移民工作总体进展顺利，成效显著。2010年10月，中共中央政治局常委、国务院副总理李克强专程到河南省视察并亲自主持召开南水北调工作座谈会，对河南省的南水北调工程建设和丹江口库区移民工作给予了充分肯定。国务院南水北调办主任鄂竟平上任后首次到河南省调研视察后，向省政府反馈意见时指出：河南的南水北调工作扎实细致，令我“感动”和“震撼”，河南省的经验对全国南水北调各项工作，对中国的水利建设，乃至对中国的所有移民工作都具有重要的示范作用。

河南省的征地移民工作能够取得顺利进展，主要是发挥了全省各级党委、政府和各有关部门的合力。具体来说，主要有以下几点措施：

（1）各级党委、政府高度重视。河南省委、省政府始终将南水北调移民征迁作为一项政治任务、阶段性中心工作和向全省人民承诺的十件大事之一提上重要日程。河南省委书记卢展工、省长郭庚茂和省委副书记叶冬松多次主持召开专题会议，研究部署南水北调有关事宜，并亲临移民征迁一线检查指导，对南水北调工作及时作出重要批示，提出明确要求。分管副省长刘满仓经常深入基层、深入一线，亲自督导、亲自协调，几乎跑遍了所有移民征迁新村和开工标段。省人大、省政协、省军区有关领导对南水北调工作高度重视，倾注真情，从环境营造、专项征迁、监督检查、合力攻坚等方面特别关切、经常过问。各市、县党委、政府都已把南水北调工作作为执政能力、执政水平的重大考验和实际检阅，作为培养、锻炼年轻干部的重要平台，主要领导亲自挂帅，分管领导现场指挥、亲力亲为。南水北调移民征迁工作在河南省已经成为各地积极主动、倾力参与的"一号工程"，成为各级主要领导普遍关心、时刻关注的"一把手工程"，成为一些地方政府严明纪律、严格奖惩的"一票否决工程"，为征地移民工作的积极推进提供了坚实的政治基础和组织保障。

（2）各级各部门通力合作、齐抓共管。按照河南省委、省政府的统一部署，河南省南水北调办、省政府移民办精心谋划，统筹安排，各级各部门目标一致，通力合作，集中力量打好征地移民攻坚战。各级各部门分工协作、上下联动，特事特办、急事急办，用80天时间顺利完成了丹江口库区6万多移民的集中搬迁任务，用7个月时间完成了黄河南480km以上干线建设永久用地的征用、移交任务。省直各有关部门实行移民迁安包县工作责任制，25个厅局抽调130多名干部组成工作组，由一名副厅级领导干部带队进驻有移民迁安任务的25个县（市、区），包县驻村，一包到底。各有关市、县在干线征迁和移民迁安的关键阶段，也实行了市包县、县包乡、县乡干部包村包户的逐级分包责任制。全省各级各部门已经形成了纵向一致、横向同心、合力攻坚的浓厚氛围。搞好移民征迁、服务好南水北调工程建设已经成为各级各部门及广大干部的共识和大局。

（3）中央和地方政策、资金有机集成、捆绑使用。河南省在坚持"不折不扣、不突不破"、用足用够国家政策的同时，积极协调、整合各项支农惠农政策和新农村建设资金，对库区、移民安置区和征迁群众给予倾斜支持。河南省36个省直厅局结合各自职能制定了具体细化的帮扶措施，向移民征迁县（市、区）支持资金达50多亿元。例如，河南省财政厅为每个移民新村建设安排资金50万元，并按迁安移民人数每人200元的标准在迁安两地分别计列工作经费；河南省国土资源厅把移民生产用地纳入土地整理范围；河南省教育厅把移民学校建设全部纳入中小学校舍安全工程和维修工程补助范围；河南省交通运输厅为移民村对外连接路每公里补助10万元；河南省人力资源和社会保障厅制定"四送十五项"帮扶政策，统筹安排移民就业培训等；河南省水利厅把移民纳入安全用水和农田水利配套范围；河南省农业厅将移民沼气池全部纳入补助；河南省卫生厅为每个移民村卫生室建设补助5万元；河南省林业厅为每个移民村安排绿化资金5万元；河南省体育局为每个移民村安排体育设施资金5万元。各有关市、县也为库区移民和征迁群众提供了有力支持。例如，郑州市按照市区土地每亩补贴1.5万元、县区土地每亩补差7000元的标准拿出9.8亿元，解决移民征迁用地与市场征地补偿的差额，按照每村300万元的标准对22个移民新村进行补贴和配套；平顶山市、县财政拿出2500万元，按照每户8000元的标准补贴库区移民和征迁群众建房；南阳市在各县（市、区）补贴的基础上，从市财政拿出3亿元用于补贴移民新村建设和生产发展。各项政策、资金的有效集成，为调动征迁移民积极性、提升新村新居建设标准创造了良好条件。

（4）广大干部务实重干、吃苦耐劳。各级干部已经把征地移民工作作为一种事业的选择、价值的体现和神圣的使命来对待，全心投入，全力服务。各级干部尤其是广大基层和南水北调、移民征迁系统的干部，他们进村入户，风雨无阻，牺牲了节假日和亲人团聚的机会，甚至忍受着误解和委屈，苦口婆心、不厌其烦地帮助群众解疑释惑，将全部心血和汗水倾注到工作之中，化解迁安过程中的矛盾和纠纷，减少因搬迁产生的思想波动和不稳定情绪，推动征地移民工作的顺利开展。

（5）以人为本，狠抓关键环节。在干线征迁上，坚持刚性政策、柔性操作，集成合力抓征迁、超前谋划抓征迁、不误农时抓征迁、奖惩严明抓征迁，进而创造了“河南征迁速度”，赢得了和谐征迁效果，为工程建设创造了良好条件。在移民新村建设上，按照交通便利、靠近城镇、经济发达、水土资源丰富的原则，科学规划每个移民安置点。为提高移民住房建设整体水平，河南省移民安置指挥部办公室会同河南省住房和城乡建设厅，从社会上广泛征集230多个美观实用的户型设计方案，经专家论证后将46个精品户型编印成册，发放到每个市县和移民村，让移民群众精挑细选、优中选优。坚持将社会主义新农村建设和移民新村建设有机结合，高起点规划、高标准建设，争取做到一次规划、一步到位，把每个移民新村率先建成当地新农村的示范村。实施过程中，坚持实行政府监督、中介监理、企业自控、移民参与“四位一体”的质量监督体系，严把“五道关口”（招标投标关、市场准入关、材料进场关、监测检验关、竣工验收关），坚持“三项机制”（每月一次互督互查、关键时间节点评比奖惩、搬迁前省市县三级验收）。25个安置县（市、区）建设质量监督单位为每个移民安置点抽调2名技术骨干进驻现场监督。通过公开招投标，选择具有三级以上资质的159家建筑公司承担移民新村建设任务，130多个监理单位现场监理，使质量安全始终处于受控状态。尤其是河南省移民安置指挥部办公室把督导检查、奖优罚劣作为促进移民新村建设的重要抓手，在重要时间节点进行互督互查和明察暗访，根据督查情况，逐项赋分，排定名次，下发有棱有角的通报，对先进单位大张旗鼓地实行重奖，对落后单位不留情面地点名批评，营造争先创优、你追我赶的浓厚氛围，努力把移民新村建成当地社会主义新农村的示范村。在移民搬迁前，充分借鉴试点移民搬迁经验，广泛征求各方意见，制定移民搬迁方案，把搬迁任务落实到人、到户、到批、到次。并适时成立了河南省移民搬迁指挥中心，设立了总协调和副总协调，下设综合协调、交通运输、安全保卫、医疗卫生、库区协调、宣传报道、信访稳定、督促检查等8个组，各司其职、各负其责，密切配合、通力协作。同时，实行移民搬迁驻市指导制度，由河南省移民安置指挥部有关领导分别联系6个省辖市，协调处理搬迁中的有关问题。地方各级党委、政府也都成立了移民搬迁指挥中心、前线指挥部和突发事件应急指挥部，并结合本地实际，制定了具体细化的搬迁实施方案。在移民搬迁过程中，迁入地（也称安置地）县（市、区）党委、政府主要领导带领移民、公安、交通、卫生等部门和有关乡镇负责人及搬迁车队到库区迎接，迁出地组织服务队伍帮助移民装运家具，组织干部群众举行欢送仪式，并由县乡主要领导带领人员一路护送到新村。全面落实各方责任，迁入地主要负责车辆组织、沿途安全、医疗保障、饮食卫生、迎接安排和搬迁后临时应急生活等工作，对移民全程服务；迁出地（也称库区）市、县、乡领导带队在库区进行宣传动员，修缮道路，维护治安，协助迁入地帮助移民群众搬运家具、装载车辆，并及时开展库底清理；交通、公安、卫生、气象、民政、电力、教育、林业等部门（单位）和包县工作组，按照各自的责任和分工，全力做好职责范围内的工作，配合做好搬迁中的应急事件处置、老幼病残安全保障等工作；省移民安置指挥部办公室30多名处级、科级干部24小时轮流值班，吃住在值班室，时刻关注全省各地移民搬迁进展情况，积极协调处理迁安问题，及时发布搬迁预告、搬迁快报。各级包县、包村、包户工作组坚守在分包的县市区、移民村和移民户，帮助地方搞好搬迁组织和服务工作。移民到达安置地后，各地都举行了简朴热烈的欢迎仪式，由专人引导入户，组织服务队帮忙卸车、搬运，并备好了米、面、菜、油、炉具等可满足一周生活的必需品，有的地方还专门安排县乡干部为移民做好第一顿安家饭，帮助移民正确使用液化气，及时熟悉当地生活方式。移民搬迁之后，各地认真进行移民人口公示复核，按月发放生活补助；及时办理各种手续接转；实行干部"一对一"联系移民户制度，千方百计帮助移民解决生活中遇到的困难和问题；对就医就学作出详细周到的安排，妥善安置军烈属、五保户、鳏寡孤独、贫困户等弱势群体；加快生产用地划拨、移交和分地到户，确保按时种上小麦；举办了种植、养殖、务工等生产技能培训班，开展劳务输出活动，积极谋划和实施生产开发项目，帮助移民群众增收，确保移民群众尽快融入当地社会。

（郭安强）

湖北省征地移民工作

2010年，湖北省顺利完成了南水北调中线丹江口库区大规模移民外迁任务，及时启动了库区移民内安工作，确保了库区和移民安置区大局稳定。截至2010年11月28日，湖北省南水北调中线工程丹江口水库移民累计外迁18 023户76 652人，如期实现了湖北省省委、省政府制定的阶段工作目标，为实现"四年任务两年基本完成，三年彻底扫尾"的总体部署奠定了坚实基础。

截至2010年底，中线水源公司累计安排湖北省南水北调中线工程库区控制性文物发掘保护资金、前期库区移民安置初步设计规划配合费、前期试点工作经费和前期移民试点经费和正式阶段启动资金1 263 809万元。其中，控制性文物发掘保护资金15 752万元，库区移民安置初步设计规划配合及试点工作经费3000万元，移民安置试点资金155 057万元，大规模搬迁移民资金1 090 000万元（2010年度安排970 000万元）。

截至2010年底，湖北省移民局累计下达湖北省南水北调中线工程丹江口水库库区和外迁安置区征地移民资金计划1 196 108.6万元。其中，库区文物发掘资金计划15 752万元，前期规划配合费和前期试点工作经费计划2990万元，移民安置试点经费计划145 970.3万元，大规模搬迁资金计划1 031 396.2万元。2010年，实际下达湖北省南水北调中线工程丹江口水库库区和外迁安置区征地移民资金计划955 621.9万元。其中，库区文物发掘资金计划6000万元，移民安置试点经费计划24 935万元，大规模搬迁资金计划924 686.9万元。

截至2010年底，湖北省移民局累计收到中线水源公司拨入的南水北调中线工程征地移民资金1 095 371.38万元。2010年，实际收到803 983万元，其中试点阶段资金7983万元、文物发掘经费6000万元、大规模搬迁资金790 000万元。截至2010年底，湖北省移民局累计拨出南水北调中线工程征地移民资金1 002 419.62万元，占拨入征地移民资金总额1 095 371.38万元的91.51%。

（一）湖北省各级党委、政府及相关部门齐抓共管库区移民搬迁工作

（1）湖北省委省政府领导重视。湖北省政府成立了由省长任指挥长，分管副省长任副指挥长，省直40个委（办、厅、局）主要负责人为成员的南水北调中线工程丹江口水库移民搬迁安置指挥部，全面领导指挥全省移民工作。湖北省委、省政府还专门建立联系点制度，9名省委、省政府领导与有南水北调中线

丹江口水库移民搬迁安置任务的10个市（含直管市）实行对口联系指导，协调省直部门落实新农村建设有关政策，帮助解决移民工作推进中的困难和问题。原省委书记罗清泉对移民工作高度重视，多次深入库区安置区调研，亲自主持召开省直部门专题会议，形成了省委第17号专题办公会议纪要，为移民搬迁安置提供了强有力的领导支撑和政策支持。省委书记李鸿忠每到关键时刻都要听取移民工作情况汇报，深入库区安置区移民搬迁安置现场解决实际问题，多次出席全省移民工作会议，要求全省上下坚持“三心三优”（即热心、爱心、责任心和优先、优越、优厚）做好移民工作，把移民工作当作湖北三件天大的事（防汛、血防、移民）来抓好落实。

（2）湖北省直相关部门配合工作。湖北省移民局作为移民工作的主管单位，把丹江口水库移民安置工作作为全局最为首要的工作任务，实行领导、机关干部全员上阵，全力以赴抓指导、抓协调、抓服务、抓落实。湖北省直36个单位与迁出地27个县级政府实行一对一联系指导，为服务和促进移民搬迁安置工作起到了重要作用。在搬迁过程中，各级各部门上下配合、左右联动、通力合作，确保了大规模移民的平安有序顺利搬迁。为了确保安全，每次移民搬迁，公安和交管部门实行三级保卫。湖北省交通运输部门补助5400多万元修建移民公路540.3km。交通运输部门还开辟移民绿色通道，移民车辆通行一路免缴通行费。湖北省国土资源部门投入移民土地整理资金4.06亿元，对15.23万亩移民安置土地实施了整理复垦。对移民最关心的房屋质量问题，建设部门建立了移民安置工程质量安全监督网，保证了移民建房质量始终处于受控状态。

（3）“一把手工程”。库区安置区各级党政主要领导把移民工作当作名副其实的“一把手工程”来抓，既挂帅又出征，科学谋划，狠抓落实；分管领导具体负责，深入一线，靠前指挥，为工作顺利推进提供了强有力的组织保障。天门、潜江两市分别接收南水北调移民1.62万和1.12万人，安置任务相当繁重。为保障移民工程建设需要，天门市移民指挥部提前与市内60多家建材生产供应企业签订责任状，所有砖瓦厂全部满负荷生产，专供移民安置工程建设，并严禁涨价。潜江市除曹禺文化周和重点工业项目工程建设外，其余所有市政工程建设在7、8月停工两月，并要求市内所有砖厂日夜加班，全力保障移民工程建设施工队伍和建筑材料需求。

（二）移民安置标准、进度和质量

（1）移民新村与新农村建设。湖北省委、省政府要求把移民新村与社会主义新农村建设结合起来，把移民新村建设成为奔小康的先进村和新农村建设的示范村。在规划工作中，各地统筹移民新村近期建设和长远发展，统筹移民生活安置和生产安置，统筹移民物质和文化需求，对移民安置新村和住房规划设计不断进行优化、深化和细化，确保移民新村建设同步接轨时代要求，最大程度地实现“两个结合”。即把移民新村与安置区社会经济发展规划相结合，合理控制规模，科学安排移民安置点布局；把移民新村与社会主义新农村建设结合起来。“水、电、路、气、房”和移民就医、上学、社会保障等一次性考虑到位，确定了“每人有一份稳产高效的口粮田、每户有一个良好的居住环境、每户建一口沼气池、每人享受一份国家后期扶持补助、每个符合条件的移民优先办理一份新型农村社会养老保险、每户培训转移一个劳动力”的“六个一”安置目标。在把握国家、湖北省移民搬迁安置政策和移民群众意愿的基础上，用足用活新农村建设的有关政策，尽量把新农村建设的投入叠加到移民新村建设上来，为建设布局合理、村容整洁、特色鲜明、生活方便、饮水安全、环境良好、住房适用、设施配套的移民新村创造了条件。

（2）补偿标准与安置标准。在移民规划

大纲的基础上，广泛征求各方意见，补充出台了《湖北省南水北调中线工程丹江口库区外迁移民搬迁工作指导意见》，进一步把补偿标准和安置标准细化，使之更具操作性。该指导意见从移民房屋、基础设施、土地等搬迁应具备的条件，以及搬迁应履行的程序、具体组织实施办法方面都给出了明确的指导性意见，使迁安双方及移民群众有了一个规范的操作标准，有效地避免了各地标准不一引发相互攀比的矛盾，维护了社会稳定。

（3）安置进度与安置质量。按照湖北省省委、省政府提出的“四二三”（四年任务两年基本完成，三年彻底扫尾）工作计划，确定了外迁移民“3、5、8”三个时间节点：2010年3月底基础设施完成，建房全面启动；5月底房屋主体工程全面完工；8月底移民全部搬迁完毕（考虑到连续暴雨天气影响及对移民“六腊不搬家”民俗的尊重，最后将8月底完成大规模外迁任务的时间节点调整为了“争九保十”）。为了节省时间，提高效率，一改以往移民自主建房的形式，采取“双确认”、“双委托”的模式，由安置区、库区政府组织移民选点、对接，确认房（户）型、建房面积和楼层，再由移民户与移民迁安理事会、移民迁安理事会与安置区政府签订委托建房协议，最后由安置区政府统一负责组织实施。为了抢抓进度，努力克服天气影响，调整人力机械安排，备好建筑材料，保障施工水电及治安环境需要，抢白天、战夜晚，加班加点，做到人员换班上，机械不停工。同时，高度重视工程质量。以湖北省住房和城乡建设厅为主体，成立了全省移民工程质量监督网；各地建立健全了政府监督、社会监理、移民参与、企业自控的“四位一体”质量监管体系。移民建房理事会对每个移民安置点房屋建设进行监督；县（市、区）质量监督部门定期开展移民工程质量抽查；监理公司实行全天候全过程跟踪监理，对施工中发现的问题监督整改到位，确保工程质量达标。移民入驻新居后，各安置点对所有移民房屋、基础设施及公共服务设施、土地整理等项目进行了全面检查，对存在的各种质量缺陷问题进行了认真整改，直到移民满意为止。

（三）在移民安置的各阶段体现民愿、民意和民生

搬迁前湖北省库区移民人均住房面积只有20.97m^2，且大多都是土木房、土坯房；搬迁后，移民人均住房面积31.3m^2，较搬迁前增加了10.33m^2，而且都是瓦屋面有隔热层的砖混结构。人均耕地面积迁前只有1.089亩，其中保水田及水浇地面积人均不到0.5亩地；迁后人均达到旱涝保收净地1.5亩。移民搬迁后，户户通上了水泥路、自来水、电话和有线电视，多数安置点还已经建成了村级活动室和水泥球场，并安装了健身器材。

（1）在对接上充分满足民愿。在前期选点对接上，库区安置区充分发挥移民主人翁精神，广泛听取移民的意见，由过去的领导看点、政府决策转变为政府引导、移民定点，最大程度地满足移民意愿。全省拿出了13万人的安置容量，供7.6万移民进行选择，移民安置点数量由最初的510个调整为194个。历时七个多月，全省共组织了1800多批次、35 000多名村组干部和移民代表的对接考察，完成了6.3万多人的外迁对接工作，在户（房）型、楼层及房屋面积选择上基本满足了移民要求。各安置地都是将靠近公路边、城镇边、工矿企业边最好的地方、最好的田地安置移民，移民对安置点总体满意度比较高。

（2）在建设中充分听取民意。为了充分保障移民的知情权、参与权、监督权、话语权，维护移民合法权益，组织移民群众参与住房建设监督。首先是下发《湖北省南水北调中线工程丹江口库区外迁移民代表监督建房工作实施办法》，进一步确立了移民代表监督建房的权利，确定了移民代表范围和对象，

规范移民代表岗前培训与工作交接，明确移民代表的工作补助标准和办法。其次是湖北省政府单独安排资金，落实参与监督建房工作移民交通和伙食补助经费。再次是搭建移民监督平台，逐步推广“分户建档、节点检验、监理牵头、三方签字”的质检模式，使移民监督真正落在实处。

（3）在搬迁后充分考虑民生。首先是组建帮扶工作队，各安置区组织了乡镇领导班子成员、党政干部、村组干部和党员参加的对口帮扶移民工作专班，一名工作队员联系包保一户移民，主要负责包移民迁入后生产生活困难的解决、移民思想情绪的安抚、移民入驻后安全及稳定工作。其次是及时进行生产指导。做好移民责任田划分工作，统一在责任田中腾出1~2分耕地作为菜地，用以解决移民吃菜问题。各安置区农业部门对移民进行大田农业生产技术培训，按农时指导移民种植时令作物，实现移民当年种新田的目标。再次是促进移民就业。各安置区在做好移民劳动力基础情况调查建档工作的基础上，区分不同年龄和文化层次，整合现有各类培训资金和阵地，开展移民农业实用技术和职业技能培训，组织就地或外出务工就业，为移民户均转移一个劳动力创造条件。最后是建立长效机制。帮助移民新村尽快建立和完善了村党支部和村委会组织机构，充分发挥村党支部和村委会在稳定民心、凝聚人心中的作用。移民迁入后，通过适当方式介绍当地村规民约，组织移民参与当地丰富多彩的文化生活和社会交流活动，引导移民尽快完成身份和行为意识的转换，融入本地，安居乐业。

（四）移民政策落实和政策惠民工作

（1）在国家补偿政策上让移民多得。移民补偿政策中涉及移民个人补偿部分，如移民房屋、附属建筑屋和移民搬迁费的补偿，零星果木及移民新村双翁漏斗式无害厕所、沼气池、过渡期生活补助，出县外迁移民生活安置补助等，全部按标准取上限落实到移民个人，尽量让移民多得。

（2）在搬迁安置政策上让移民实得。在生产安置上，严格落实移民人均1.5亩的责任田，还安排了人均0.1亩的集体发展用地；在激励移民搬迁安置上，从库区耕地占用税中人均安排2000元对按期完成搬迁安置的移民进行奖励；在支持移民发展生产上，从集体掌握的生产安置费人均安排3000元扶持发展生产，安排1500元用于开展土地整理；在考虑移民老有所养上，从集体掌握的生产安置费和预备费中人均安排5000元办理养老保险。另外，湖北省政府还单独拿出1.2亿元，补助移民监管建房食宿交通、围墙建设、安置点村委会、综合服务中心建设和移民房屋装修等方面的费用。

（3）在全民普惠政策上让移民全得。移民搬迁到安置区后，移民在库区如种子、农药、农机购置补助等各项惠农政策都得到及时接转和全面落实。

（4）在各项支持政策上让移民先得。按照湖北省省委专题会议的要求，省直36个部门将支持移民新村建设的项目和资金列入2010年年度计划，并戴帽下达到移民安置点。据初步统计，省直各部门支持移民新村建设的各项投入近10亿元。

另外，按照“优越、优先、优厚”的原则，把各项惠民政策用足用够用活，从政策层面最大限度地服务移民安置和发展的需求。迄今为止，全省外迁移民除正常的补偿安置费用外，每人平均落实了1.1万元的资金扶持，每户平均落实了1.6万元的房屋装修、维修及院墙建设资金。

（五）搬迁前期、组织和后续保障工作

（1）搬迁前期工作。各级层层召开移民工作动员会、宣誓会和政策培训会，充分利用各新闻媒体及群众喜闻乐见的方式，认真宣讲中央决策，细致宣传移民政策，耐心解答移民疑问，引导移民积极主动搬迁；坚持

"公开、公平、公正"的原则，严格执行移民安置各项政策，实行移民身份及实物指标"三榜"公示、"四级"确认，实行移民政策、安置方案、实物指标、补偿标准、办事程序、办事结果"六公开"，扎实做好"六清"工作，确保移民"零问题"上车、"零矛盾"搬迁；建立健全了工作责任机制，实行市级领导包乡镇、市直部门包村组、移民干部包农户，组织包保人员入村、入户，深入开展"我回家乡劝移民"活动，与移民同吃、同住、同劳动，细讲政策法规，倾听移民心声，解决移民诉求。

(2) 搬迁组织工作。库区和安置区紧扣时间节点，倒排工期，联合制定详尽的搬迁计划，从指导思想、基本原则、方法步骤、职责分工、时间安排、搬迁路线及各项保障措施上都予以明确，落实到天、对接到点、责任到人。湖北省移民搬迁安置指挥部在科学组织对接的基础上，专门印发了搬迁方案，对库区安置区政府及省直相关部门职责进行了明确分工。各地各部门结合各自职能，对搬前、搬中、搬后一个环节一个环节的研究，对搬迁的时间、规模、批次等问题一项一项的确定，对人力运力组织、人员分工、安全保卫等逐个的明确，有效统筹各方力量，科学优化预案和流程，实行精细化和人性化操作，全省投入2万多名干部、1万多辆车，先后组织搬迁120批次，做到了"车不掉漆、人不去皮、不伤不亡不漏不掉一人"，实现了平安搬迁、有序搬迁、和谐搬迁的目标。

(3) 后续保障工作。在移民搬迁后，提供亲情化服务，在吃、住、用、行、医、学等方面全方位做好移民搬迁后续保障工作。首先是做好生活服务。安置区在迎接移民迁入时普遍开展"十送"活动（送1副对联、1挂礼炮、1份晚餐、1筐青菜、1提面条、1袋大米、1瓶开水、1打纸杯、1张便民服务卡、1部电话和20元话费），同时组织超市、商贩到各安置点经营，满足移民的大米、蔬菜和生活日用品等需求；及时做好移民子女入学、关系接转等工作；完善水利、供电、电信、网络电视等生活配套设施，配备工程技术和维修服务人员，确保通水、通电、通信号。其次是做好生产服务。及时完成移民土地分配，帮助移民代耕代种；开展移民农业技术培训，帮助移民适应生产结构与模式的调整；积极提供就业信息与岗位，帮助移民务工就业。再次是做好对口跟踪服务。组织工作专班常驻移民安置点，安排机关干部与移民攀亲结贵，宣讲移民政策，协调解决矛盾，组织房屋整修，指导发展生产，处理迁安遗留问题，谋划安稳致富长远措施。

（六）科学管理工作

(1) 项目管理。为做好移民项目管理工作，湖北省移民局印发了《湖北省南水北调中线工程丹江口水库移民安置建设项目暂行办法》，对移民前期工作、实施、变更、竣工验收和监督检查作了明确规定。在项目变更时，及时会同项目监督评估部门、审价公司组成审价组，对项目投资进行严格把关。

(2) 质量管理。湖北省成立了移民安置工程质量安全监督网，明确监督网成员的职责，并通过采取集中与分散、定期与不定期检查相结合方式对移民建房质量进行巡查。建立政府监督、社会监理、移民参与、企业自控的"四位一体"质量监管体系，形成移民房屋质量问题检查整改制度，保证移民房屋质量的总体可靠。

(3) 计划管理。根据移民初步设计报告，湖北省移民局会同长江设计公司编制的外迁安置区和库区县（市、区）移民投资分解报告，作为各地投资包干依据。在下达投资计划上，严格按照投资分解报告和省政府批示，做到项目跟着规划走，计划跟着项目走，资金跟着计划走。

(4) 资金管理。为确保移民资金安全，

湖北省组建了由监察、检察、移民、审计、建行等五部门参加的南水北调移民资金监督网，共同开展移民资金监管工作。库区安置区市、县也比照建立了移民资金监督网，在全湖北省形成纵向到底、横向到边的监督体系。同时还建立健全了联席会议制度、联合检查制度、联合督办制度、联合办案制度等一系列工作机制，充分发挥各监督主体的职能作用，有效加强了移民资金监管，保证移民资金安全、合理、有效使用，保证权力行使安全、项目建设安全、干部成长安全。

（七）舆论引导工作

充分考虑移民和征地拆迁涉及面广、政策性强、敏感性高的特点，千方百计把党的政策和政府的关怀宣传到户、讲解到人，让移民群众理解政策，引导群众着眼长远、顾全大局，支持南水北调工作。争取湖北省委宣传部的大力支持，组织各级宣传部门全方位、多角度地宣传移民搬迁安置工作，积极引导各种舆论，营造南水北调移民工作的良好氛围。

湖北省移民局与湖北省委宣传部共同策划制定了《南水北调中线工程丹江口水库移民工作宣传方案》，联合省委宣传部下发了《关于做好全省南水北调中线工程丹江口水库大规模移民外迁宣传工作的通知》，对湖北省南水北调移民宣传工作作了全面部署。2010 年 5 月和 8 月，先后两次与省委宣传部联合召集全省各市党委宣传部长、移民局长及中央驻鄂新闻单位、省直新闻单位负责人会议，对南水北调移民宣传工作进行安排部署，现场督办。

为加强对南水北调移民宣传工作的组织领导，湖北省移民搬迁安置指挥部专门成立了宣传报道组，具体组织协调南水北调移民宣传工作。各有关市、县也相应成立了宣传报道组。省、市、县三级移民部门也分别抽调专班专人，负责信息报送和新闻报道工作。全省上下形成了统一领导、多方参与、快速反应、协调一致的宣传网络新格局。

2010 年 5 月和 8 月，湖北省移民局先后两次组织中央、省级新闻媒体记者 60 多人次深入库区、安置区进行采访报道。中央电视台、人民日报、新华社等媒体累计刊发湖北南水北调移民工作新闻稿件 1000 余篇，其中中央电视台在《新闻联播》、《朝闻天下》、《晚间新闻》、《共同关注》等栏目累计播发湖北省南水北调移民工作新闻报道 19 条。湖北日报、湖北卫视等省级媒体分别开辟了“南水北调移民”专栏（专题），还专门推出新闻专版 22 个。5 月下旬配合国务院新闻办公室圆满完成了境外媒体和涉外媒体采访团赴鄂采访移民安置工作。

在湖北省政府门户网站——荆楚网和湖北移民网上专门开设“南水北调移民搬迁安置工作”专页，从移民政策法规、移民动态、组织架构、工作调研、媒体聚焦等方面进行全方位宣传。2010 年 6 月中下旬，在“首届中国网络媒体湖北行”大型采访报道活动中，又邀请新华网、人民网、搜狐、新浪、千龙网等 50 家全国知名网站近百名编辑、记者，对湖北省南水北调移民工作进行了采访报道。同时，还特别注重网上舆论情况的收集、研判及回复处理，掌握网上舆论的主导权。

另外，编发了 135 期《南水北调移民工作简报》，制作了 1 本《和谐大移民》画册，摄制了 2 部电视专题片。为了让广大移民和移民干部了解安置补偿政策，还专门印发了 2 本小册子共 26 000 册，1 本发放到所有动迁移民户，1 本发放到移民干部手中，供他们对照学习，了解政策。

（八）维护稳定工作

由于移民工作情况复杂，在推进过程中，少数地方出现了一些矛盾纠纷，集体上访、越级上访时有发生。通过全省各级各部门、库区和安置区的共同努力，很多矛盾得到了有效化解，不少问题也得到了及时解决，库区安置区稳定形势总体可控。

（1）完善责任机制，形成维稳合力。在库区安置区市、县实行了政府主要领导为第一责任人、分管领导为重要责任人的移民稳定工作责任制，完善了属地管理、政府领导、分级负责、县为基础的工作管理体制，明确并落实了相关部门维护移民稳定工作的责任。有关市、县将移民迁安及稳定工作当作一项重要而又紧迫的政治任务和特殊工作，在干部配备、财力安排和时间投入上形成了与经济工作同等重要、同等力度的格局。同时进一步完善和落实了矛盾排查化解、信访处理、信息预警、协调配合、应急处置、考评奖惩等制度机制，确保了库区安置区移民和谐稳定和长治久安。

（2）及时排查矛盾，加大稳控力度。平时注重矛盾排查化解，特殊时期加大稳定控制力度。7月底湖北省移民指挥部在全省开展了为期一个月的“南水北调移民矛盾化解和问题整改月”的活动，重点化解和处理安置点基础设施与房屋质量问题、土地整治与分配问题、迁安两地配合与协作问题、移民政策宣传与执行问题共计近万条，有效地将矛盾隐患消除在了萌芽状态。

（3）认真整改问题，切实取信于民。房屋质量缺陷是引发移民不稳定的突出问题。针对这一问题，湖北省移民局协同湖北省住房和城乡建设厅召开专题会议安排部署整改工作，并组织专班深入各安置点建设现场检查，要求各地针对房屋质量问题逐一排查登记，逐一落实整改。各地都严格按照移民规划设计标准，充分考虑移民合理需求，注重从细节入手，认真整改部分安置点移民房屋质量缺陷方面的问题，确保全省不再因质量引发移民不稳定问题。

（4）畅通信访渠道，落实维护稳定的措施。切实加大接访、办信力度，畅通信访渠道，围绕移民反映的问题，实行约访、下访、回访制度，既收集情报信息，又注重情报研判，立足于早发现、早报告、早化解、早处置，努力把问题解决在基层，把矛盾消化在初始阶段。同时，积极制定和完善稳定预案，落实维护稳定的措施，确保做到临危不乱、应对有序、事态可控。

（郝　毅）

生　态　环　境

河南省生态环境保护工作

（一）《丹江口库区及上游水污染防治和水土保持规划》项目实施情况

河南省建立由省发展改革委牵头，省南水北调办、省环保局、省水利厅等十个省直部门和南阳、洛阳、三门峡三市政府组成的联席会议制度，负责组织协调《丹江口库区及上游水污染防治和水土保持规划》（以下简称《规划》）的实施工作。渠首所在地南阳市也建立联席会议制度，落实《规划》实施的组织协调机构，建立相应的工作机制。2003年以来，河南省水源区三市六县共关停并转污染企业801家。其中南阳市463家，洛阳市栾川县125家，三门峡市卢氏县213家。河南省在水源区三省中率先关闭所有的黄姜加工企业，彻底清除黄姜加工这个重污染产业。首批《规划》项目进展顺利并已初见成效。

为加快《规划》项目实施进度，河南省发展改革委召开项目建设推进会议，努力加快前期工作步伐，积极争取国家资金支持；省环保局加强库区环境监督管理，先后在库区建成4个环境监测点和渠首陶岔自动监测站；省南水北调办会同有关部门多次派人到库区进行调研和督导，推进项目前期工作；省水利厅加强对水土保持项目的组织和指导，大力实施小流域治理工程；农业、林业、财政、畜牧、国土资源、建设等部门根据各自职责，积极支持库区水质保护工作；库区及上游南阳、三门峡、洛阳三市政府行动迅速，及时召集有关部门和各县政府进行安排部署，组织协调筹措工作资金，保证项目前期工作顺利进行。

截至2010年底，河南省《规划》内近期63个项目中，除因企业关停转调不再实施的12个工业点源项目外，完成27个，在建8个，完成可行性研究报告编制并上报待批的15个，剩余1个项目已开展前期工作。国家已安排河南省城市垃圾污水、水土保持、工业点源治理项目共35个，项目总投资9.048亿元，其中国家补贴资金5.31亿元。截至2010年底，河南省完成投资7.58亿元，占批复投资的84%。

（二）水源区水质保护工作

（1）水质监测工作。河南省南水北调办委托河南省水文水资源局在丹江口水库及主要支流设置8个监测断面，形成水质监测站网，按月报送水质监测信息。根据2010年全年的水质监测信息，丹江口水库及主要支流的8个水质监测断面，高锰酸盐指数、化学需氧量、氨氮三项水质指标总体上符合Ⅱ类及以上水质类别，水质状况较好。

（2）月报制度。按照河南省政府要求，河南省南水北调办按时以月报形式向河南省政府上报河南省南水北调中线水源区水质保护工作进展情况和水质监测状况。水质保护信息月报的内容包括水源地水质监测状况、丹江口库区及上游水污染防治和水土保持规划项目进展情况、丹江口库区及上游水土保持工程完成情况、南水北调中线工程文物发掘保护工作进展情况等。按照国务院南水北调办的要求，河南省南水北调办按时以月报和季报的形式向国务院南水北调办上报《规划》项目进展情况，报送的内容包括河南省南水北调中线水源区水质保护工作进展情况、水质监测情况、丹江口库区及上游水土保持工程完成情况。

（3）《规划》修编工作。2010年1月，国家发展改革委和国务院南水北调办开始对《规划》进行修编。河南省南水北调办配合完成《规划》修编的相关调查研究、资料上报、项目梳理等工作。新《规划》实施时限为2010～2013年，规划范围由原来的三省40个县（市、区），调整为43个县（市、区），新增加河南省邓州、内乡2县（市）及湖北省神农架林区。本次修编《规划》三省规划总投资114.38亿元。其中河南省投资21.78亿元，占19.04%。主要项目有：城镇污水处理项目37个，投资4.47亿元；垃圾处理项目39个，投资2.3亿元；工业点源治理项目45个，投资6.22亿元；无主尾矿库治理项目16个，投资1.21亿元；水土保持项目12个，投资2.33亿元，生态农业示范项目5个，投资2.58亿元。

（三）总干渠保护区划定工作

根据国务院南水北调办、国家环境保护部、水利部、国土资源部联合下发的《关于划定南水北调中线一期工程总干渠两侧水源保护区工作的通知》（国调办环移〔2006〕134号）精神。完成保护区划定成果和方案，以河南省南水北调办、环境保护厅、水利厅、国土资源厅名义联合上报河南省政府。2010年7月5日，河南省政府以豫政办〔2010〕76号文件正式批准颁布《南水北调中线一期工程总干渠（河南段）两侧水源保护区划定方案》（以下简称《划定方案》）。为进一步贯彻落实《划定方案》，河南省南水北调办于8月20日组织相关厅局和沿线各地市南水北调办召开划定方案》宣传贯彻会议，推进《划定方案》的实施工作。

（四）水源地政策补偿工作

2010年，财政部共下达河南省生态转移

支付资金4.67亿元，补助范围在原有基础上增加内乡和邓州2县（市），其中淅川县18 000万元，西峡县6000万元，栾川县3200万元，卢氏县4000万元，内乡县7500万元，邓州市8000万元。5月，经河南省政府同意，河南省发展改革委、财政厅、南水北调办联合印发《关于对淅川县实施重点扶持若干政策的通知》（豫发改地区〔2010〕623号），在政策帮扶、资金投入、项目建设和经费保障上给予倾斜支持，使淅川县享受省对县最高扶持标准。主要包括三大方面，一是加大财税支持力度，二是积极支持淅川县产业聚集区建设，三是对淅川县用电给予优惠。

（五）水源保护宣传工作

2010年12月16日，《河南日报》头版刊登题为“确保一池清水入库，一泓清水北送”的访谈录。访谈录就南水北调水质保护工作的意义、水质保护原则、水质保护面临的形势、总干渠保护区划定工作、水质保护应成为全社会共同行动等诸多方面进行详细的阐述，该访谈录起到很好的宣传作用，为在全社会营造浓厚的水质保护工作氛围，调动各方面的积极性，共同推动水质保护工作打下良好的基础。

（靳文娟）

湖北省生态环境保护工作

（一）《规划》项目进展情况

依据《丹江口库区及上游水污染防治和水土保持规划》（以下简称《规划》），湖北省共有296个项目列入近期项目，规划总投资26.06亿元，根据实际将其整合为45个项目。目前，国家已审批并下达投资计划的项目29个，下达投资22.38亿元，占规划总投资的85.9%。截至2010年底，已完成投资18.45亿元，占国家下达投资计划的82.4%。具体情况是：

（1）污水处理厂建设项目。国家已批复并下达投资计划项目11个，下达投资87 247万元，实际完成投资89 552万元，占下达投资的102.6%。已开工项目11个，其中竹山、竹溪、房县大木、丹江口、六里坪、武当山、郧县、神定河、泗河污水等9个污水处理厂已建成投入运行。

（2）垃圾处理项目。列入《规划》的垃圾处理项目6个，规划总投资16 800万元，批复概算总投资21 398万元。国家已批复并下达投资计划项目6个，下达投资19 095万元，实际完成投资17 815万元，占下达投资的93.3%。已开工项目6个，其中十堰市城区西部、医废处置、郧县、武当山、六里坪等5个垃圾处理项目已建成投入运行。

（3）小流域治理项目。列入《规划》的小流域治理项目6个（六县市各整合为1个）、256条小流域，规划总投资104 001万元；国家已批复并下达投资计划178条，下达投资104 001万元；已全部开工建设，完成投资68 049万元，占下达投资的65.4%。

（二）丹江口库区生态补偿工作

2010年，国家下拨湖北省丹江口库区的生态补偿资金为4.9亿元，比2009年增长了24%。其中，十堰市市直3265万元，张湾区1311万元，茅箭区1081万元，丹江口市8283万元，武当山特区1204万元，郧县7470万元，郧西县6176万元，竹山县5652万元，竹溪县5497万元，房县6674万元，神农架林区2387万元。

（三）汉江中下游生态环境治理项目前期工作

为减缓南水北调中线工程调水对汉江中下游生态环境的影响，国家在《南水北调中线一期工程可行性研究总报告》中单列了4.393 5亿元。根据国务院南水北调办和国家发展改革委的意见要求，湖北省南水北调办不断加大工作力度，积极协调湖北省发展改革委、水利厅、环境保护厅、水产局和有关市县，认真做好了建设项目前期工作。目前，污水处理厂补助方案已得到湖北省政府的批准，小流域综合治理、鱼类增殖放流、环境监测网站建设等项目已获得湖北省发展改革委的批复，汉江中下游生态环境治理项目已完全具备了开工建设的条件。

（郭　军）

文　物　保　护

河北省文物保护工作

为保障南水北调工程顺利实施，按照国家文物局和河南省南水北调办工作部署，全面开展南水北调工程河北省境内石家庄以南段考古工作，至2010年10月，完成南水北调工程渠线上所有文物遗存点的考古发掘任务。同时完成3处新发现文物遗存的发掘工作。发掘面积23 648m^2，发掘大中小型古墓葬589座，出土文物2500余件（套）。

元氏县赵村遗址，完成发掘面积2000m^2，发现灰坑73个、灰沟29个、水井4眼、窑址1座、灶址1座、竖穴土坑墓5座、土洞墓1座、砖室墓2座、瓮棺葬1座及瓦棺葬1座。时代分属西汉、晚唐五代及金元三个时期。出土有铜、铁、瓷、陶、石、蚌等六类遗物，以陶器为主，其中可复原陶器40件。

元氏县北程村遗址，完成发掘面积1050m^2，发现晚期遗迹清墓3座、唐墓1座，不明年代窑址1座、灰沟2条、水井1眼；东汉时期遗迹灰坑37座、引水槽2条、蓄水池1座、井5眼、窖穴2座、灰沟2条、墓葬2座，并出土了大量汉代建筑构件。

元氏县南程村墓地，发掘面积2980m^2。共计发掘墓葬126座，另外发掘汉代砖窑2座。共计出土可复原器物371件。

元氏县故城遗址发掘，发掘面积4000m^2，出土遗物百余件。

上述几处遗址、墓地的发掘，对研究石家庄地区汉代葬俗和常山郡故城的兴废具有重要价值。

永年县申氏家族墓地位于永年县洺关镇大油村，当地俗称为申家坟。此次考古发掘面积7970m^2，共清理明清时期的古墓葬191座，出土文物813件（套）。出土文物按质类分为金、铜、陶、瓷、石、骨等，以瓷和铜质类为大宗，其中大多是黑釉或酱釉的碗、罐和铜钱币，当中的一件方形青花人物印泥瓷盒，素净淡雅，制作精美，颇为难得。石质类文物主要是出土或征集的十盒桯，据志文记载，墓主人或为知县、推官、通判，或为按察司副使、翰林院检讨或乡贡进士，皆为一地士绅官宦和名士。其他出土文物还有书字画符的镇墓板瓦、陶砚、铜镜、金饰件、铜簪、骨簪、石印章等物。明代申氏一族出仕入宦的人很多，在当时可谓一方望族。此次申氏墓地的考古发掘，对明清时期邯郸西部山前地区的墓葬形制特点和埋葬文化习俗有了更多的了解。出土文物为明清时期相关器物的断代研究提供了很好的实物资料。墓中发现的题壁及出土的石碑和墓志铭拓展了申氏文化的研究资料和文化内涵。

补要村遗址墓地位于河北省临城县补要村村东200m，此次发掘面积为2148m^2，清理各类遗迹222座，其中灰坑136个、灰沟12条、墓葬70座、陶窑3座、路1条，出土各种器物残件500余件。此次发掘的文化层比较单一，三区均仅见一层文化层，未见有晚期文化层扰乱，从出土的彩陶钵、罐，夹砂红褐陶甑、罐等分析，此次发掘的补要村遗址时代为仰韶文化大司空时期，清理的墓葬Ⅰ发掘区4座，打破仰韶文化层，时代不明，二区3座墓葬时代为唐代，三区的墓葬年代分金元及清代早期两段。

赞皇南马遗址位于河北省赞皇县邢郭乡南马村村东，此次发掘面积为2000m^2，清理遗迹206个，其中灰坑198个、灰沟5个、窑址1座、瓮棺1座、竖穴土坑墓1座。出土遗物以陶器为大宗，器类有陶鬲、盆、甑、豆、罐、瓮、釜、板瓦、筒瓦、井圈等，其中可复原陶器31件、陶片11 947件、小件标本204件。发现了较为丰富的先商和中商时期遗存。

张夺村南墓地位于邢台市内丘县大孟镇张夺村，本次发掘面积为2000m^2。方内共有墓葬85座，随着扩方墓葬总数增加至93座，其中张夺村南1号墓地42座，张夺村南2号墓地51座。战国时期墓葬10座，秦至汉代83座，出土布币、铜带钩、铜铃、陶坊、陶罐、陶壶、陶钵、陶碗等战国至汉代时期文物260余件（枚），出土器物颇多。同一地如此大量战国至汉代时期墓葬的发掘，在邢台区域内尚属首次，并且第一次在邢台地区发现秦人活动迹象。这为研究战国至汉代时期考古学文化提供了新线索，也为探索邢台地区周边民俗与社会生活提供了新的材料与视角。此次发掘将为邢台地区战国至汉代时期墓葬分期起到一定的标尺作用。

沙河高店南周遗址位于邢台市沙河十里亭镇高店村西。发掘面积1000m^2，勘探面积5000m^2。分两个发掘区：Ⅰ区发掘灰坑13座，灰沟4条，墓葬一座；Ⅱ区发掘灰坑30个，灰沟一条。出土一批陶片，有陶鬲、陶罐、陶盆、陶豆等。另发现一批石、骨器。根据出土的遗迹、遗物，认为遗址是一处跨越时代较长的古文化遗址，最早到仰韶时期，晚至周都有人类活动遗迹现象。因近代人耕地及在附近取土烧窑等活动，遗址区底层破坏较为严重，Ⅰ区尚有很薄的文化层，Ⅱ区文化层破坏贻尽，遗迹单位均直接开口于更土层下，由于发掘面积及位置所限，没有发现制窑作坊等遗迹现象。出土陶器、石器、骨器、蚌器等文物几十件。

张夺2号遗址位于邢台市内丘县大孟镇张夺村，发掘面积1500m^2，勘探面积39 000m^2。发掘战国至汉代时期墓葬36座，出土器物颇丰。遗址大体包括两个时代：战国、汉代时期。目前出土器物主要有骨筹、铜铃、铜带钩和陶鼎、壶、盆、罐、仓、盒、碗等。战国前可以确定的有10余座，其中两座稍大，两墓相邻，墓主为一男一女，墓室内有棺椁遗迹，男墓内随葬陶鼎1件、陶壶1件、豆2件，盖豆1件、陶盆1件、铁带钩1件。女墓内随葬补陶壶1件、盖豆1件、陶盆1件、铁带钩1件、玉环2件、石环2件及璜形器等。出土文物120余件。此次发掘的墓葬葬式可分为仰身直肢、仰身曲肢、侧身曲肢三类，为以往在邢台地区发现的战国至汉代时期考古文化提供了新的线索，同时也为探索邢台地区周边民俗与社会生活提供了新的材料与视角。

（贾志忠）

河南省文物保护工作

2010年是继2006年以来河南省南水北调中线工程最大规模的文物保护工作，近40家单位，一百多支考古发掘队伍，上万民工参与。截至2010年底，河南省共完成230余项地下文物保护项目的考古发掘工作，累计完成发掘面积80万m^2，共计出土文物6.5万余件（套）。大量重要的考古发现不断涌现，获得全国十大考古新发现的项目6项，占南水北调工程文物保护项目中获此荣誉的75%，有5个项目获得国家文物局田野考古质量奖。

（一）文物保护工作进展

取得多项具有重大影响的考古新发现。在南水北调中线工程总干渠和丹江口库区的发掘过程中，又有多处重要的考古新发现。平顶山廖旗营墓地、黑庙墓地、史营遗址等，发现数十座汉代画像石、画像砖墓，对于河南乃至中原地区汉代画像石河画像砖的研究极为重要。丹江口库区下寨遗址、全岗遗址均发现新石器时代大型环壕聚落遗址，对于探讨中华文明的起源具有重要的学术意义；熊家岭墓地出土战国时期青铜器等珍贵文物，对于楚文化研究具有重要价值。

2010年，河南省共完成90余项南水北调文物保护项目的考古发掘工作，实际发掘面积23.5万m^2，出土各类文物1.2万余件（套）。南水北调中线工程总干渠文物巡护工作成绩突出，抢救文物4000余件（套）。通过南水北调中线工程文物保护工作，既有效地发掘了地下埋藏的大量文物，又及时地对出土的文物进行修复和整理，使国家宝贵的文化遗产得以保护和传承。

新的科技手段更加广泛地运用于文物保护措施之中。保护的对象也不仅仅是文物，更大范围地扩展至包含历史文化信息的各类古代遗存。对出土的人骨、兽骨进行性别、年龄、病理及DNA等方面的鉴定和分析；对出土的植物进行孢粉分析；对地形地貌按照国家地理信息标准进行测绘；对旧石器遗址进行热释光、地磁测试分析等。使文物保护工作真正成为一个多学科合作的大舞台。

（二）规章制度建设

河南省南水北调文物保护工作各项制度逐步规范化、科学化。进一步完善资金拨付流程，制定《河南省南水北调中线工程文物发掘项目经费拨付管理办法》；进一步加强文物保护项目资金使用的监督和管理，制定《河南省南水北调中线工程文物保护项目完工财务验收办法》；进一步建立健全资金检查监督管理机制，对文物保护项目资金检查监督实行定期与随机抽查相结合，确保文物保护项目资金安全和合理使用。进一步加强对会计人员的教育和培训，不断提高会计人员的业务素质，使财务管理工作进一步规范化、科学化。继续加强党风教育，强化廉政监督，努力构建教育、制度和监督并重的惩治和预防腐败体系。

（董　睿）

湖北省文物保护工作

（一）丹江口库区文物保护

（1）地下文物保护。2010年，湖北省文物局组织中国社会科学院、南京大学、成都文物考古研究所等近20家具有团体领队资质的单位，对南水北调丹江口库区郧县店子河遗址、丹江口龙口林场墓群等32处地下文物保护项目开展抢救性考古发掘。2010年，完成南水北调丹江口库区考古发掘面积3.3万m^2；截至2010年底，累计完成考古发掘面积26.1万m^2，占库区总工作量的78%。

（2）武当山遇真宫保护。2010年2月，国家文物局批复同意采取原地垫高方案保护遇真宫方案。为加快推进原地垫高保护工作，先后邀请有关专家在北京和武当山召开遇真宫原地垫高施工设计方案专家咨询会和遇真宫原地垫高方案施工设计讨论会。会后，组织省文物考古研究所历时7个月，对武当山遇真宫东宫进行了7300m^2的考古清理，对遇真宫外神道、金水桥、遇真桥、排水渠等宫墙外的附属建筑进行了详细的勘探、发掘；同时，湖北省委托科洛博上海数字科技有限公司对遇真宫进行3维激光扫描留取详实的信息资料，委托清华大学和长江勘测规划设计研究院进行施工设计，为科学保护好遇真宫夯实了基础。

（3）地面文物保护。根据国务院南水北调和国家文物局有关要求和湖北省总体工作安排，湖北省文物局组织丹江口市和郧县开展地面文物保护项目搬迁复建规划，基本确定了搬迁复建项目选址，其中郧县结合当地“十二五”规划已完成搬迁复建点和平岛的测绘和复建效果图设计，并组织湖北太岳园林古建有限公司完成郧县赵文同老屋、赵保长老屋等地面文物拆迁工作。加强文物保护项目管理，严格按照湖北省管理的规章、制度和“四制三查两会一评”制的要求，坚持项目合同制、考古发掘项目现场确认制、科研项目课题制，确保了考古发掘项目工作水平。及时出版考古成果，继《郧县老幸福院墓地》、《湖北省南水北调工程重要考古发现Ⅰ》之后，湖北省于2010年11月出版《湖北省南水北调工程重要考古发现Ⅱ》，收录了重要考古发现32个，其中丹江口北泰山庙墓群、龙口林场墓群及郧县乔家院墓群因其重要的学术价值受到社会各界的广泛关注。

（二）汉江中下游治理工程文物保护

湖北省南水北调办协调湖北省文物局组织湖北省文物考古研究所、荆州博物馆等8家单位，对汉江中下游四项治理工程中的引江济汉工程、兴隆水利枢纽工程范围内的沙洋县黄歇村墓群、荆州套嘴遗址等12处地下文物保护项目开展抢救性保护。全年完成考古发掘面积1.875万m^2，累计完成考古发掘面积6.35万m^2，占总工作量的87%。

2010年3月召开了南水北调工程考古工作会议，安排部署全年考古工作，总结梳理全年考古工作成绩和经验并评选先进单位和个人。委托湖北省三峡工程库区文物管理中心对南水北调引江济汉、兴隆水利枢纽工程考古发掘项目开展综合监理；全年先后5次邀请有关专家深入文物抢救保护现场，通过听汇报、看现场、审资料的方式检查、评估、验收考古发掘项目，确保了考古发掘工作水平。

为切实做好南水北调引江济汉、兴隆水利枢纽工程出土文物修复、整理和研究工作，分别在荆州市、荆门市建立两个文物整理基地，建筑面积合计2100m^2。2010年分别通过专家组验收，并已投入使用。

系统地整理了严仓墓群獾子冢考古发掘资料，完成出土文物特别是竹简的清洗、编号和释读。编制了一套科学的文物保护档案整理规范，自主研发了一套档案查询系统，完成荆州灵土地遗址、沙洋老滩嘴遗址等7个考古发掘项目档案的整理和归档。

（杜　杰）

新开工项目介绍

漳河北—古运河南段工程　磁县段工程

工　程　概　况

磁县段工程起自河北省与河南省交界处的漳河北岸，止于磁县与邯郸县交界的河北村村西，设计桩号（0+000）~（40+156），总干渠全长40.056km，其中渠道长38.986m，建筑物长1.07km。本段设计流量为235m^3/s，加大流量为265m^3/s。

磁县段工程总投资309 336万元，其中工程部分静态总投资186 518万元，移民、水土保持、环境保护部分静态总投资117 721万元。工程计划建设工期30个月。

磁县段工程为一等工程，渠道及其交叉建筑物的主要部位为1级，次要部位级别为3级。

交叉河流本渠段流域面积大于20km^2的河道，按100年一遇洪水设计，300年一遇洪水校核；流域面积小于20km^2的河道，按50年一遇洪水设计，200年一遇洪水校核。渠道防洪标准与相连河道建筑物的标准相一致。

根据2004年4月中国地震局分析预报中心复核的《南水北调中线工程沿线设计地震动参数区划报告》，本段地震动峰值加速度为0.15g，相应地震基本烈度为Ⅶ度。

工程总体布置

渠道分为全挖、全填、半挖半填三种型式，其长度分别为11.825km、5.152km和22.009km。设计水位为91.870～89.720m，分配水头2.15m。渠道过水断面呈梯形状，设计底宽为25～17.5m，设计水深6m，堤顶宽5m。土渠边坡系数为1.75～3.5，设计纵坡降为1/23 000～1/26 000。

本渠段交叉河流22条，其中大于20km^{2}的河流4条，小于20km^{2}的河流18条，共布置建筑物36座，其中大型河渠交叉建筑物4座，左岸排水建筑物18座，渠渠交叉建筑物4座，控制性建筑物8座，铁路交叉建筑物2座。

漳河北—古运河南段工程 邯郸市—邯郸县段工程

工程概况

根据已批复的《南水北调中线一期工程总干渠漳河北—古运河南可行性研究报告》，邯郸市—邯郸县段工程输水流量分为2段。其中，磁县与邯郸县界—沁河设计流量235m^3/s，加大流量265m^3/s；沁河南—邯郸县与永年县界设计流量230m^3/s，加大流量250m^3/s。

邯郸市—邯郸县段工程起自磁县与邯郸县交界的河北村村西，桩号40+056，止于邯郸县与永年县交界的西两岗村村西，桩号61+168，总干渠全长21.112km，其中渠道长20.501km，建筑物长0.611km，各类建筑物43座。

主体工程土石方开挖1117.13万m^3，土石方回填480.11万m^3，砌石14.57万m^3，混凝土浇筑29.67万m^3，钢筋制作安装1.09万t。工程建设工期30个月。

工程总投资181 227万元。工程部分静态总投资102 330万元，建设期贷款利息5704万元，移民、水土保持和环境保护部分投资73 193万元。

邯郸市—邯郸县段工程为一等工程，渠道及其交叉建筑物的主要部位为1级，次要部位级别为3级。

交叉河流本渠段流域面积大于20km^{2}的河道，按100年一遇洪水设计，300年一遇洪水校核；流域面积小于20km^{2}的河道，按50年一遇洪水设计，200年一遇洪水校核。渠道防洪标准与相连河道建筑物的标准相一致。

邯郸市—邯郸县段工程所在地区域地震动峰值加速度为0.15g，相应地震基本烈度为Ⅶ度，渠道、建筑物按地震烈度Ⅶ度设防。

工程总体布置

初步设计基本采用可行性研究阶段选定的线路，线路以磁县与邯郸县交界的河北村村西桩号40+056为起点，沿京广铁路西侧的太行山东麓自南向北，经过邯郸市和邯郸县，至邯郸县与永年县交界的西两岗村村西桩号61+168为终点，渠段长21.112km。

采用明渠自流输水方案，渠底纵坡降为1/25 000～1/26 000。根据水头优化成果，渠道长20.501km，占用水头0.804m；建筑物长0.611km，占用水头0.378m。

本渠段共布设各类建筑物43座。其中，

大型河渠交叉建筑物2座，左岸排水建筑物9座，路渠交叉建筑物26座，控制工程6座。

金属结构和水力机械

邯郸市—邯郸县段工程含有金属结构设备的建筑物有4座，分别是下庄分水闸、郭河分水闸、沁河倒虹吸和三陵分水闸，共计门槽19孔，闸门17扇，其中弧形闸门3扇，平面闸门6扇，叠梁闸门4扇，铸铁闸门4扇；启闭机15台，其中弧门液压启闭机3台，固定卷扬式启闭机2台，移动式电动葫芦2台，螺杆式启闭机7台，集成式液压启闭机1台；设备总重349t，其中门叶重192t，埋件重85t，挂脱梁、吊轨和附件重14t，启闭设备重58t；采用喷锌加涂料防腐方式，防腐总面积4530m^2；对节制闸、退水闸和排冰闸工作门采取防冰冻措施。

邯郸市—邯郸县段工程水力机械主要包括建筑物检修排水、闸门防冰冻及门库排水，涉及建筑物共5座，分别为沁河渠道倒虹吸及西小屯沟、渚河北支、林村北沟、输元河4座左岸排水倒虹吸。倒虹吸检修排水采用潜水泵抽排方式，临时将潜水泵投入建筑物内，通过胶管将积水排至总干渠或下游河道。门库集水井排水采取临时人工清除。节制闸、退水闸和排冰闸露顶工作门防冰冻采取压力水射流法。邯郸市—邯郸县段工程另有下庄、郭河和三陵3座分水闸，因其工作闸门为潜孔门，不考虑防冰冻措施。

漳河北—古运河南段工程　永年县段工程

工　程　概　况

根据已批复的《南水北调中线一期工程总干渠漳河北—古运河南可行性研究报告》，永年县段工程设计流量230m^3/s，加大流量250m^3/s。

由于洺河渡槽列为第Ⅳ单元，单独编写报告，因此永年县段被分为洺河南和洺河北两段。洺河南段起自邯郸县与永年县交界的西两岗村村西，桩号61+168，止于洺河南岸，桩号76+607；洺河北段起自洺河北岸，桩号77+537，止于邯郸市与邢台市交界的邓上村村北，桩号79+360。永年县段总干渠全长17.262km，共布置各类建筑物30座。

主体工程土石方开挖922.26万m^3，土石方回填326.08万m^3，砌石11.51万m^3，混凝土浇筑19.19万m^3，钢筋制作安装0.74万t。工程建设工期36个月。

工程总投资120 715万元。工程部分静态总投资70 807万元，建设期还贷利息3750万元，移民、水土保持和环境保护部分投资46 158万元。

永年县段工程为一等工程，渠道及其交叉建筑物的主要部位为1级，次要部位为3级。

交叉河流流域面积大于20km^{2}的河道，按100年一遇洪水设计，300年一遇洪水校核；流域面积小于20km^{2}的河流，按50年一遇洪水设计，200年一遇洪水校核。渠道防洪标准与相连河道建筑物的标准相一致。

桩号(61+168)~(62+450)渠段地震动峰值加速度为0.15g，桩号(62+450)~(79+360)渠段地震动峰值加速度为0.10g，两渠段相应地震基本烈度为Ⅶ度，渠道、建筑物按地震烈度Ⅶ度设防。

工程总体布置

永年县段工程线路分为洺河南和洺河北两段。洺河南段以邯郸县与永年县交界的西两岗村西为起点，沿京广铁路西侧的太行山东麓自南向北，至洺河南岸为止点，渠段长 15.439km；洺河北段以洺河北岸为终点，至永年县与沙河市交界的邓上村村西为止，渠段长 1.823km。永年县段渠道总长 17.262 km。

采用明渠自流输水方案，渠底纵坡降为 1/17 000 ~ 1/28 000。根据邯邢渠段水头优化成果，洺河南段占用水头 0.628m，洺河北段占用水头 0.079m，总计 0.707m。

共布设各类建筑物 30 座。其中，大型河渠交叉建筑物 1 座，左岸排水建筑物 9 座，路渠交叉建筑物 19 座，控制工程 1 座。

金属结构和水力机械

永年县段工程含有金属结构设备的建筑物只有吴庄分水闸 1 座。吴庄分水闸布置在洺河渡槽节制闸的上游，共 1 孔。分水流量 2.0m^3/s，闸孔净宽 1.5m，高 1.8m，设计水头 5.868m。布置有 1 扇工作闸门和 1 扇检修闸门。闸门结构均为潜孔铸铁闸门，工作闸门操作方式为动水启闭，检修闸门布置在工作闸门的上游，操作方式为静水启闭，启闭设备均为手电两用螺杆式启闭机。

永年县段工程水力机械主要为左岸排水建筑物检修排水，涉及建筑物共 5 座，分别为马记湾沟、北两岗沟、洺河二支、大油村坡水和邓上沟倒虹吸。检修排水采用潜水泵抽排方式，临时将潜水泵投入建筑物内，通过胶管将积水排至下游河道。

漳河北—古运河南段工程　洺河渡槽工程

工程概况

洺河渡槽工程是南水北调中线一期工程总干渠的一座大型河渠交叉建筑物，位于邯郸市永年县城西邓底村与台口村之间的洺河上，距永年县城约 10km，担负着向北京、天津及河北省中北部地区输水任务，同时还兼有调节总干渠水位和退水任务。洺河渡槽设计流量 230m^3/s，加大流量 250m^3/s，洺河退水闸设计流量按洺河渡槽工程的 50% 确定，退水流量 115m^3/s。

洺河渡槽工程起始桩号 76 + 607，终止桩号 77 + 537，全长 930m，采用三槽一联预应力钢筋混凝土矩形槽的结构型式和布置。洺河渡槽工程包括跨河渡槽、进口节制闸、出口检修闸、退水闸、排冰闸五个部分。

主体工程土石方开挖 63.9 万 m^3，土石方回填 80.07 万 m^3，砌石 2.53 万 m^3，混凝土浇筑 8.68 万 m^3，钢筋制作安装 1.06 万 t。工程建设工期 36 个月。

工程总投资 34 601 万元，静态总投资 33 579万元。其中，工程部分总投资 31 387 万元，移民、水土保持和环境保护部分投资 2192 万元，建设期贷款利息 1022 万元。

南水北调中线一期干线工程为一等工程，输水建筑物为 1 级。洺河渡槽为输水工程的一部分，其主要建筑物为 1 级，次要建筑物为 3 级。

洺河是滏阳河的一条重要支流，流域面积 3214km^2，工程交叉断面以上集流面积 2211km^2。设计洪水根据临洺关站 1955 ~ 2002 年的长系列实测洪水资料，并考虑上游水利工程造成的实测系列基础不一致性，对 1975 ~ 2002 年基本反映现状情况的实测系列进行还原。经推算，槽址断面处河道 20 年一遇洪峰流量 4010m^3/s，相应水位 75.93m；100 年一遇洪峰流量 9690m^3/s，相应水位 76.78m；300 年一遇洪峰流量 13 530m^3/s，相应水位 77.16m。

根据 2004 年 4 月中国地震局分析预报中心复核的《南水北调中线工程沿线设计地震动参数区划报告》，本段地震动峰值加速度为 0.10g，相应地震基本烈度为Ⅶ度。

工程总体布置

总干渠与洺河渡槽进口渐变段连接断面桩号 76+699，中心坐标（x=4 076 302.077；y=114 534 361.661），出口渐变段与总干渠连接断面桩号 77+528，中心坐标（x=4 077 129.712；y=114 534 314.111），洺河渡槽由进口节制闸、跨河渡槽、出口检修闸、退水闸及排冰闸组成。

进口节制闸闸室长 22.0m，为 3 孔一联开敞式整体钢筋混凝土结构，孔口尺寸 7.0m（宽）×7.5m（高）×3 孔，闸门选用弧型钢钢门，配置液压启闭机。闸底板高程 82.000m，底板厚 1.6m。中墩厚 1.2m，边墩底部厚 1.6m，墩顶高程 93.155m。闸上设交通桥、检修便桥及启闭机室，交通桥桥面宽 5.0m。

跨河渡槽长 640m，共 16 跨，单跨长 40.0m。上部结构为三槽一联带拉杆预应力钢筋混凝土矩形槽，混凝土等级 C50、W8、F200。渡槽纵坡降 i = 1/3900，设计水深 5.66m，加大水深 6.06m。槽身横向过水断面尺寸为 7.0m（宽）×6.8m（高）×3 槽，纵向中墙厚 0.7m，边墙厚 0.6m，底板为肋板结构，板厚 0.4m，肋（横梁）宽 0.4m、高 0.6m，底肋间距 2.5m。纵墙顶部设横向联系拉杆。渡槽共布置 17 个槽墩，墩身为实体重力墩，由墩帽、墩身、承台组成。墩帽长 26.3m，宽 6.0m，厚 2.5m，墩身高 9.5 ~ 16.6m。承台长 28.6m，宽 7.6m，厚 2.5m。承台下设两排灌注桩，每排 7 根，桩距、排距均 4.2m，桩径 1.7m，桩长 12.5 ~ 40.5m，边墩桩径 1.5m，根据基岩承载力变化，桩尖深入弱风化岩层深 2 ~ 5m。15、16 号槽墩采用扩大基础，基础底面坐落于弱风化基岩中，基础长 29.5m、宽 9.0m、厚 2.0m。

出口检修闸室长 12.0m，结构型式、孔口尺寸与进口节制闸相同，设两扇叠梁检修钢闸门，闸底板高程 81.828m，闸墩顶高程 88.916m，闸上设启闭机室、交通桥及检修便桥，桥宽分别为 5.0m 和 2.0m。闸室右侧设地下检修门库。

退水闸、排冰闸布置在渡槽进口渐变段上游右岸，由进口、闸室、陡坡、消力池、退水渠组成。退水闸中心线与总干渠轴线交角 62°，交点对应总干渠桩号 76+654。排冰闸布置在退水闸与渡槽进口渐变段之间，交点对应总干渠桩号 76+663，与退水闸平行布置。

进口段长 32.36m，两岸为边坡 1∶2.0 护坡接圆弧翼墙，钢筋混凝土底板。

退水闸闸室为单孔开敞式钢筋混凝土结构，长 15m，孔宽 5.5m，底板高程 81.907m，墩顶高程 89.507m。闸底板厚 1.3m，闸墩厚 1.3m。闸上设交通桥和工作桥，桥面宽分别为 5.0m 和 2.0m。设平板钢闸门，配卷扬式启闭机。

排冰闸闸室为单孔开敞式钢筋混凝土结构，长 15m，孔宽 6.0m，底板高程 86.907m，墩顶高程 89.507m。闸底板厚 1.0m，闸墩厚 1.0m。闸上设交通桥，桥面宽 5.0m。设平面钢闸门，配手电两用螺杆启闭机控制。陡坡段长 25m，采用 6.0m 宽矩型断面，闸后实用堰通过纵坡降 1∶4.0 斜坡段与退水闸下游陡槽连接。

退水闸闸后设消力池。消力池深 2.8m、宽 12.0m、长 28.0m。消力池后接 15m 长渐变段，其后为长 115m 退水渠。退水渠进口底高程 72.21m，末端设 3m 深抛石防冲槽与下游河道相连。

进出口连接段、进出口闸室段及进出口渐变段靠近闸室一端重力式挡土墙下部基础采用复合载体夯扩桩进行处理，桩径60cm，桩长6～8m，桩间距1.8m，正三角形布置，处理范围为基础轮廓线外延2排桩。

金属结构和水力机械

洺河渡槽含有金属结构设备的建筑物包括进口节制闸、出口检修闸、退水闸和排冰闸。门槽13孔，闸门10扇，其中弧形闸门3扇，平面闸门4扇，叠梁闸门3扇；启闭机9台，其中液压启闭机3台，固定卷扬式启闭机2台，移动式电动葫芦2台，螺杆式启闭机2台；设备总重271t，其中门叶重144t，埋件重68t，挂脱梁、吊轨及附件重11t，启闭设备重51t；采用喷锌加涂料防腐方式，防腐总面积3540m^2；对节制闸、退水闸和排冰闸工作门采取防冰冻措施。

渡槽检修排水采用自流方式，先将建筑物内积水引至专设的阀门井，再通过阀门自流排至河道。闸门防冰冻措施：节制闸弧形闸门采取封闭闸室保温方式，退水闸及排冰闸工作门采用压力水射流法。门库、阀门井底部排水自流入河道。

漳河北—古运河南段工程　沙河市段工程

工　程　概　况

沙河市段工程设计流量230m^3/s，加大流量250m^3/s。

沙河市段工程起自邯郸市与邢台市交界处的邓上村村北，桩号79+360，止于南沙河南岸，桩号93+621，总干渠全长14.261km，其中渠道长14.031km，建筑物长0.230km，共布置各类建筑物27座。

主体工程土石方开挖1786.88万m^3，土石方回填96.45万m^3，砌石7.88万m^3，混凝土浇筑17.82万m^3，钢筋制作安装0.43万t。工程建设工期36个月。

工程总投资172 736万元。工程部分静态总投资94 846万元，建设期贷款利息5470万元，移民、水土保持和环境保护部分投资72 420万元。

沙河市段工程为一等工程，渠道及其交叉建筑物的主要部位为1级，次要部位级别为3级。

交叉河流流域面积大于20km^{2}的河道，按100年一遇洪水设计，300年一遇洪水校核；流域面积小于20km^{2}的河道，按50年一遇洪水设计，200年一遇洪水校核。渠道防洪标准与相连河道建筑物的标准相一致。

沙河市段所在地区域地震动峰值加速度为0.10g，相应地震基本烈度为Ⅶ度，渠道、建筑物按地震烈度Ⅶ度设防。

工 程 总 体 布 置

沙河市段工程线路以邯郸市与邢台市交界的邓上村村北为起点，沿京广铁路西侧的太行山东麓自南向北，经过沙河市，至南沙河南岸为止，渠段长14.261km。

本渠段采用明渠自流输水方案，渠道水面纵坡降在1/15 720～1/25 000之间。渠道长14.031km，占用水头0.641m；建筑物长0.230km，占用水头0.061m。

沙河市段工程共布设各类建筑物27座。其中，大型河渠交叉建筑物1座，左岸排水建筑物7座，渠渠交叉建筑物1座，铁路暗渠1座，路渠交叉建筑物16座，控制工程1座。

金属结构和水力机械

沙河市段工程含有金属结构设备的建筑物只有赞善分水闸1座，设有1扇工作闸门和1扇检修闸门。闸门结构采用潜孔平面钢闸门。工作闸门启闭机选用集成式液压启闭机，检修闸门启闭机为手电两用螺杆式。设备总重10t，其中门叶重4t，埋件重2t，启闭设备重4t。闸门采用喷锌加涂料防腐方式，防腐面积100m^2。闸门未考虑防冰冻措施。

沙河市段工程水力机械主要为左岸排水建筑物检修排水，涉及建筑物共2座，分别为左岸排水上郑沟和中高村沟倒虹吸。检修排水采用潜水泵抽排方式，临时将潜水泵投入建筑物内，通过胶管将积水排至下游河道或排回总干渠。

漳河北—古运河南段工程　南沙河倒虹吸工程

工　程　概　况

南沙河倒虹吸工程位于邢台市与沙河市之间、高店村东北2km处，桩号(93+621)~(98+016)，总长4395m，其中渠道长2090m，建筑物长2305m。输水设计流量230m^3/s，加大流量250m^3/s。

南沙河倒虹吸工程总投资94 524万元。工程部分静态总投资72 735万元，移民、水土保持、环境保护部分静态总投资18 966万元。工程建设工期36个月。

南沙河倒虹吸进出口渐变段、检修闸、节制闸、倒虹吸管、进出口渠道和中间明渠按1级建筑物设计；防护工程为3级建筑物；临时工程包括导流围堰等为4级建筑物。防洪标准为100年一遇洪水设计，300年一遇洪水校核。

建筑物区地震动峰值加速度为0.10g（相当于地震基本烈度Ⅶ度），按设计烈度Ⅶ度进行抗震设防。

工　程　总　体　布　置

南沙河倒虹吸由进口渠道、南段倒虹吸、中间明渠、北段倒虹吸、出口渠道五大部分组成，工程设计水位为86.783~85.591m，加大水位为87.099 ~ 85.907m，分配水头1.192m。

南沙河倒虹吸进口连接渠道长度50m，桩号(93+621)~(93+671)，出口连接渠道长度10m，桩号(98+006)~(98+016)。渠道设计断面为梯形，进口渠道设计底宽21.0m，边坡1:2.5，出口渠道设计底宽20.0m，边坡1:2.5。

南段倒虹吸工程由进口渐变段、进口闸室段、管身段、出口闸室段和出口渐变段五部分组成。工程起止桩号(93+671)~(94+921)，全长1250m。进出口渐变段和闸室均布设地下水排水系统，采用内排方式排入渠道。

中间明渠段起止桩号(94+921)~(96+951)，长2030m，渠道为挖方渠道，渠底高程80.191~80.110m，底宽21.0m，纵坡降1/25 000；一级马道以下边坡1:2.5，一级马道至地面边坡1:2.0，两侧防洪堤内边坡1:2.5。

北段倒虹吸工程由进口渐变段、进口闸室段、管身段、出口闸室段和出口渐变段五部分组成。工程起止桩号(96+951)~(98+006)，全长1055m，进出口渐变段和闸室均布设地下水排水系统，采用内排方式排入渠道。

漳河北—古运河南段工程　邢台市段工程

工 程 概 况

邢台市段工程起自南沙河倒虹吸北岸，桩号98+016；止于邢台市桥西区与邢台县交界的会宁村西南，桩号113+914，总干渠全长15.898km，其中渠道长15.033km，建筑物长0.865km。邢台市段输水规模分为两段。其中桩号(98+016)~(110+077)段设计输水流量为230m^3/s，加大输水流量为250m^3/s；桩号(110+077)~(113+914)段设计输水流量为220m^3/s，加大输水流量为240m^3/s。

邢台市段工程总投资176 101万元。工程部分静态总投资97 304万元，移民、水土保持、环境保护部分静态总投资73 223万元，建设期还贷利息5574万元。工程建设工期36个月。

邢台市段工程为一等工程，渠道及其交叉建筑物的主要部位为1级，次要部位级别为3级。

交叉河流本渠段流域面积大于20km^2的河道，按100年一遇洪水设计，300年一遇洪水校核；流域面积小于20km^2的河道，按50年一遇洪水设计，200年一遇洪水校核。渠道防洪标准与相连河道建筑物的标准相一致。

根据2004年4月中国地震局分析预报中心复核的《南水北调中线工程沿线设计地震动参数区划报告》，本段地震动峰值加速度为0.10g，相应地震基本烈度均为Ⅶ度。

工 程 总 体 布 置

邢台市段工程起点断面设计水位85.591m，终点断面设计水位84.479m，本段分配水头1.112m。渠道长15.033km，占用水头0.642m；建筑物长0.865km，占用水头0.470m。渠道水面纵坡降在1/19 700~1/25 000之间，底宽26.5~19.0m。渠道设计横断面为梯形断面，按不同地形条件，分全挖和半挖半填两种情况，其长度分别为14.398km和0.635km，其中土质渠段12.773km、岩质渠段2.26km。

本渠段交叉河流6条，其中大于20km^2的河流2条，小于20km^2的河流4条，共布置各类建筑物27座，其中大型河渠交叉建筑物2座，左岸排水建筑物共2座，节制闸和退水闸共3座，分水口门工程2座，路渠交叉建筑物18座。

漳河北—古运河南段工程　邢台县和内丘县段工程

工 程 概 况

邢台县和内丘县段工程设计流量220m^3/s,加大流量240m^3/s。

邢台县和内丘县段工程起自邢台市与邢台县交界的会宁村村西南，桩号113+914，止于内丘县与临城县交界的西邵明村村西，桩号145+580，总干渠全长31.666km，共布置各类建筑物63座。

主体工程土石方开挖1606.87万m^3，土石方回填507.77万m^3，砌石18.31万m^3，混凝土浇筑51.15万m^3，钢筋制作安装2.56万t。工程建设工期36个月。

工程总投资2 546 267万元。工程部分静态总投资155 380万元，建设期贷款利息7857

万元，移民、水土保持和环境保护部分投资91 389万元。

邢台县—内丘县段工程为一等工程，渠道及其交叉建筑物的主要部位为1级，次要部位级别为3级。

流域面积大于20km^{2}的河道，按100年一遇洪水设计，300年一遇洪水校核；流域面积小于20km^{2}的坡水区和河流，按50年一遇洪水设计，200年一遇洪水校核。渠道防洪标准与相连河道建筑物的标准相一致。

邢台县和内丘县段工程所在地区域地震动峰值加速度为0.10g，相应地震基本烈度为Ⅶ度，渠道、建筑物按地震烈度Ⅶ度设防。

工程总体布置

邢台县和内丘县段工程线路以邢台市与邢台县交界的会宁村西南桩号113+914为起点，沿京广铁路西侧的太行山东麓自南向北，经过邢台市所属邢台县和内丘县，至内丘县与临城县交界的西邵明村村西桩号145+580为止，渠段长31.666km。

采用明渠自流输水方案，渠道水面纵坡在1/18 000～1/25 000之间。渠道长29.754km，占用水头1.268m；建筑物长1.912km，占用水头1.034m。

本渠段共布设各类建筑物63座。其中，大型河渠交叉建筑物5座，左岸排水建筑物11座，路渠交叉建筑物39座，控制工程8座。

金属结构和水力机械

邢台县和内丘县段工程含有金属结构设备的建筑物有4座，分别是白马河倒虹吸、小马河倒虹吸、刘家庄分水闸和李阳河倒虹吸，共计门槽39孔，闸门33扇，其中弧形闸门9扇、平面闸门10扇、叠梁闸门12扇、铸铁闸门2扇；启闭机27台，其中液压启闭机9台、固定卷扬式启闭机4台、移动式电动葫芦6台、螺杆式启闭机8台；设备总重942t，其中门叶重521t，埋件重232t，挂脱梁、吊轨及附件重42t，启闭设备重147t；采用喷锌加涂料防腐方式，防腐总面积12 690m^2；对节制闸、控制闸、退水闸和退冰闸工作门采取防冰冻措施。

邢台县和内丘县段工程水力机械主要为倒虹吸检修排水、闸门防冰冻及门库排水，涉及建筑物共12座，分别为总干渠白马河、小马河、李阳河渠道倒虹吸和左岸排水口头村沟、梁源店沟、冯唐沟等倒虹吸。倒虹吸检修排水采用潜水泵抽排方式，临时将潜水泵投入倒虹吸管内，通过水泵扬水管将管内积水排至总干渠或下游河道。门库排水采取临时人工清除。节制闸、控制闸、退水闸和排冰闸露顶工作门防冰冻采取压力水射流法，门槽防冰冻采用热管直接加热门槽的方式。刘家庄分水闸因其工作闸门为潜孔门，不考虑防冰冻措施。

漳河北—古运河南段工程　临城县段工程

工程概况

临城县段工程设计流量220m^3/s，加大流量240m^3/s。

临城县段工程起自内邱县与临城县交界的西邵明村村西，桩号145+580，止于邢台市与石家庄市交界的梁村村北，桩号172+751，总干渠全长27.171km，共布置各类建筑物60座。

主体工程土石方开挖1477.26万m^3，土石方回填537.25万m^3，砌石12.57万m^3，混凝土浇筑35.63万m^3，钢筋制作安装1.37万t。工程建设工期36个月。

工程总投资211 020万元。工程部分总投资132 928万元，移民、水土保持和环境保护部分投资71 655万元。

临城段工程为一等工程，渠道及其交叉建筑物的主要部位为1级，次要部位为3级。

本渠段流域面积大于20km^2的河道，按100年一遇洪水设计，300年一遇洪水校核；流域面积小于20km^2的河流，按50年一遇洪水设计，200年一遇洪水校核。渠道防洪标准与相连河道建筑物的标准相一致。

桩号(145+580)~(167+484)渠段地震动峰值加速度为0.10g，相应地震基本烈度为Ⅶ度，渠道、建筑物按地震烈度Ⅶ度设防；桩号(167+484)~(172+751)渠段地震动峰值加速度为0.05g，相应地震基本烈度为Ⅵ度，按有关抗震规范规定，只采取构造措施，不作抗震验算。

工程总体布置

线路以内邱县与临城县交界的西邵明村村西桩号145+580为起点，沿京广铁路西侧的太行山东麓自南向北，经过邢台市所属临城县，至邢台市与石家庄市交界的梁村村北桩号172+751为止，渠段长27.171km。

临城县段采用明渠自流输水方案，渠道水面纵坡降为1/18 000~1/26 000。渠道长26.379km，占用水头1.110m；建筑物长0.792km，占用水头0.418m。

布设各类建筑物60座。其中，大型河渠交叉建筑物3座，左岸排水建筑物17座，渠渠交叉建筑物3座，路渠交叉建筑物30座，控制工程7座。

金属结构和水力机械

临城县段工程含有金属结构设备的建筑物有4座，分别是泜河渡槽、北盘石分水闸、黑沙村分水闸和午河渡槽。共计门槽27孔，闸门23扇，其中弧形闸门3扇，平面闸门11扇，叠梁闸门5扇，铸铁闸门4扇；启闭机21台，其中液压启闭机3台，固定卷扬式启闭机7台，移动式电动葫芦3台，螺杆式启闭机8台；设备总重467t，其中门叶重253t，埋件重114t，挂脱梁、吊轨及附件重17t，启闭设备重83t；采用喷锌加涂料防腐方式，防腐总面积6110m^2；对节制闸、退水闸和排冰闸工作门采取防冰冻措施。

临城县段工程水力机械主要为建筑物检修排水、闸门防冰冻及门库、阀门井排水，涉及建筑物共13座，分别为总干渠泜河渡槽和午河渡槽及左岸排水薛家庄沟、山下沟、北盘石沟、南沟等倒虹吸。渡槽检修排水采用一槽一管的自流排水方式，直接排入河道。在渡槽出口闸室旁边设阀门井，阀门井内每条管道上设两道阀门。门库、阀门井内积水通过底部排水管，自流排入河道。节制闸、退水闸和排冰闸露顶工作门防冰冻采用压力水射流法，临城县段工程只有北盘石、黑沙村2座分水口门，因其工作闸门为潜孔门，不考虑防冰冻指标。

漳河北—古运河南段工程　高邑县—元氏县段工程

工　程　概　况

高邑县—元氏县段工程起点为邢石界，总干渠桩号 172 + 000，坐标为 x = 4 161 189. 176、y = 544 507. 673；终点桩号 212 + 741，坐标为 x = 4 197 436. 089、y = 537 176. 717，总干渠长度 40. 741km，其中渠道长 38. 282km，建筑物长 2. 459km。工程设计流量 220m^3/s，加大流量 240m^3/s。

高邑县—元氏县段工程总投资 274 360 万元。工程部分静态总投资 156 564 万元，移民、水土保持、环境保护部分静态总投资 111 220万元，建设期还贷利息 6576 万元。工程建设工期 30 个月。

高邑县—元氏县段工程为一等工程，渠道及其交叉建筑物的主要部位为 1 级，次要部位为 3 级。

交叉河流本渠段流域面积大于 20km^2 的河道，按 100 年一遇洪水设计，300 年一遇洪水校核；流域面积小于 20km^2 的河道，按 50 年一遇洪水设计，200 年一遇洪水校核。渠道防洪标准与相连河道建筑物的标准相一致。

工 程 总 体 布 置

高邑县—元氏县段工程位于太行山东麓与华北平原的接壤地带，海拔高度在 64 ~ 98m 之间，整体地形呈西高、东低趋势，沿线所经区域大部分为山前倾斜平原。渠道采用明渠自流输水方案，长 38. 282km，采用梯形断面型式，其中全挖方渠道长 15. 433km、全填方渠道长 2. 41km、半挖半填渠道长 20. 44km，分别占渠段总长的 40. 3% 、7. 3% 和 53. 4%。渠道最大挖深 33m，最大填高 15. 4m。

高邑县—元氏县段工程分配水头 2. 474m，渠道 1. 349m，建筑物 1. 125m。渠道纵坡降为 1/16 600 ~ 1/30 000，其中土渠段一般为 1/30 000、石渠段为 1/16 600。

高邑县—元氏县段工程共穿越大小河沟 15 条，无明显天然河沟的坡水区 4 处，共计 19 条（处），流域面积大于 20km^2 的河流 6 条；小于 20km^2 的小型河沟 9 条；有些河道之间，坡地流域面积较大，没有明显的槽沟，洪沥水主要呈坡面汇流状态，将这类区域划为坡水区，按地形条件，本渠段共划分了 4 处坡水区。本渠段共布置建筑物 55 座，其中大型河渠交叉建筑物 6 座，左岸排水建筑物 13 座，渠渠交叉建筑物 7 座，控制性建筑物 7 座，公路桥 22 座。总干渠所有交叉工程均采用立交布置型式。

漳河北—古运河南段工程　鹿泉市段工程

工　程　概　况

鹿泉市段工程是总干渠邢石界—古运河南渠段的组成部分，位于该渠段的中部。邢石界—古运河南渠段共分三个设计单元，鹿泉市段为第二设计单元。鹿泉市段工程总干渠设计流量为 220m^3/s，加大流量为240m^3/s。起点设计水位为 78. 174m，终点设计水位为 77. 218m，总水头差为 0. 956m。

鹿泉市段工程位于鹿泉市境内，起点位于元氏县和鹿泉市交界处后黄家营村，终点位于石家庄市和鹿泉市交界处台头村。起点总干渠桩号为212 + 180，坐标为 x = 4 197 436. 089、y = 537 176. 717；终点总干渠桩号为224 + 966，坐标为 x = 4 209 520. 061、y = 535 087. 317。鹿泉市段全长12. 786km，其中渠道长11. 459km、建筑物（占用水头）长1. 327km。

鹿泉市段共布设各类交叉建筑物22座，包括大型河渠交叉建筑物3座，左岸排水建筑物4座，渠渠交叉建筑物4座，控制工程4座（分水口门1座，节制闸和退水闸各1座、排冰工程1座），公路桥7座。总干渠所有交叉工程均采用立交布置型式。

鹿泉市段主要工程量有土石方开挖557. 92万m^3、土石方填筑183. 77万m^3、混凝土及钢筋混凝土浇筑25. 98万m^3、砌石及垫层42. 81万m^3。工程建设工期36个月。

工程总投资113 780万元。工程部分静态总投资63 956万元，移民及环境保护部分投资48 063万元，建设期贷款利息1761万元。

鹿泉市段工程总干渠渠道、各类交叉建筑物及控制工程等主要建筑物按1级建筑物设计，施工导流等临时建筑物按4或5级设计。渠线跨越地震基本烈度Ⅵ度区。

工程总体布置

鹿泉市段工程位于鹿泉市境内，起点位于元氏县和鹿泉市交界处后黄家营村，终点位于石家庄市和鹿泉市交界处台头村，全长12. 786km，各类建筑物22座。

渠道采用明渠自流输水方案，渠道长11. 459km，其中全挖方渠道2. 44km，半挖半填渠道9. 02km。渠道设计底宽为22. 5 ~ 23. 5m，渠道内过水断面边坡系数为2. 25 ~ 2. 5，外坡为2. 0，渠道纵坡降为1/30 000，设计水深6. 0m，一级马道（堤顶）宽5. 0m。渠道过水断面采用全断面混凝土衬砌。

本段布置总干渠与集水面积大于20km^2的河渠交叉建筑物3座，均为3座渠道倒虹吸，分别为洨河渠道倒虹吸、金河渠道倒虹吸、台头沟渠道倒虹吸。

总干渠与集水面积小于20km^2河流交叉的左岸排水建筑物有4座，均为排水倒虹吸型式，分别是山尹村沟排水倒虹吸、洨河南支排水倒虹吸、普连河排水倒虹吸和大宋楼坡水区排水倒虹吸。

鹿泉市段工程与4条现有灌溉渠道交叉，4座渠渠交叉建筑物分别为马山头分干倒虹吸、计三渠十九支倒虹吸、计三渠十五支倒虹吸、计三渠十三支倒虹吸。

该渠段共布置4座控制工程，包括1座分水口门，节制闸、退水闸和退冰闸各1座。

该渠段布置公路桥共计7座，其中公路-Ⅰ级1座，公路-Ⅱ级6座。本渠段桥梁设计选型采用了预应力连续箱梁结构型式。

金属结构和水力机械

鹿泉市段工程涉及金属结构设备的各类建筑物共计4座，分布在大型河渠交叉工程和控制工程等两类建筑物中。金属结构设备共计门槽35孔、闸门26扇、电动滚筒式耙冰机2台、启闭机22台、检修用单梁起重机4台。

水力机械专业所涉及内容包括3座渠道倒虹吸、1座退水闸闸门防冰冻设计和14座新增外排泵站（排渠道外地下水）的设计工作。为便于工程检修，鹿泉市段工程大型建筑物均考虑了检修排水。排水方式采用直接排水，即用水泵将建筑物内积水通过输水胶管直接排至总干渠的上、下游或相邻槽孔。鹿泉市段工程建筑物检修排水泵均采用小型移动式潜水泵。大型建筑物检修排水时间一般为2 ~ 3天考虑。在洨河退水闸工作闸门处设置了钢闸门防冰冻措施，闸门防冰冻采用压力水射流法。鹿泉市段工程设置了14座地下水外排泵站，设计流量为0.2m^3/s的3座，0.15m^3/s的7座，0.1m^3/s的4座。考虑到泵站运行灵活性，每座泵站的水泵台数均为2台，正常情况下，1台工作，1台备用，水量大时，2台泵同时工作。

漳河北—古运河南段工程 石家庄市区段工程

工 程 概 况

石家庄市区段工程是总干渠邢石界—古运河南渠段的组成部分，位于该渠段的北部。邢石界—古运河南渠段共分三个设计单元，石家庄市区段工程为第三设计单元。石家庄市区段工程总干渠设计流量为220m^3/s，加大流量为240m^3/s。起点设计水位为77.218m，终点设计水位为76.408m，总水头差为0.810m。

石家庄市区段工程位于石家庄市桥西区和新华区，起点位于鹿泉市与石家庄市交界处的台头村。起点总干渠桩号为224+966，坐标为$x=4\ 209\ 520.061$、$y=535\ 087.317$；终点总干渠桩号为236+934.9，终点为$x=4\ 219\ 268.828$、$y=536\ 966.390$。石家庄市区段全长12.266km，其中渠道长10.969km。

石家庄市区段工程共布设各类交叉建筑物21座，包括暗渠1座、左岸排水建筑物2座、控制性分水口门1座、铁路交叉暗渠2座、公路桥15座。总干渠所有交叉工程均采用立交布置型式。

石家庄市区段主要工程量有土石方开挖991.23万m^3、土石方填筑86.68万m^3、混凝土及钢筋混凝土浇筑20.49万m^3、砌石及垫层10.31万m^3。工程建设工期24个月。

工程总投资171 115万元。工程部分静态总投资111 616万元，移民及环境部分投资56 865万元，建设期贷款利息2534万元。

石家庄市区段工程总干渠渠道、各类交叉建筑物及控制工程等主要建筑物按1级建筑物设计，施工导流等临时建筑物按4或5级设计。渠线跨越地震基本烈度Ⅵ度区。

工 程 总 体 布 置

石家庄市区段工程起点位于鹿泉市和石家庄市交界，经石家庄桥西区和新华区，终点位于石家庄市西郊田家庄村西古运河枢纽前（京石应急供水段起点）。

渠道采用明渠自流输水方案，全挖方渠道长9.14km、半挖半填渠道长1.83km。全部为土质渠道。渠道设计底宽为14.0~22.5m，渠道内过水断面边坡系数为2.5，外坡为2.0，渠道纵坡降为1/30 000~1/16 200，设计水深6.0m，一级马道（堤顶）宽5.0m。渠道过水断面采用全断面混凝土衬砌。

石家庄市区段工程布置暗渠工程1座，即华柴暗渠。管身段长590m，为3孔一联钢筋混凝土箱形结构，单孔尺寸8.0m×9.8m（宽×高）。

石家庄市区段工程总干渠与集水面积小于20km^2河流交叉的左岸排水建筑物有2座，其中排水倒虹吸和排水渡槽各1座，分别为台头沟北坡水区排水倒虹吸和岳村坡水区排水渡槽。

石家庄市区段工程布置1座控制工程，即南新城分水口门，设计流量为1.5m^3/s，采用有压涵洞式分水闸。分水闸由闸室和涵洞两部分组成，长5.5m，为1孔，闸孔孔口尺寸1.5m×1.8m（宽×高）。闸室和涵洞为整体式钢筋混凝土结构。

石家庄市区段工程布置公路桥共计15座，其中公路-Ⅰ级7座，公路-Ⅱ级8座。本渠段桥梁设计选型采用了预应力连续箱梁、空心板和下承式系杆拱等结构型式。

金属结构和水力机械

石家庄市区段工程涉及金属结构设备的各类建筑物共计4座，分别为石太（一）暗渠、石太（二）暗渠、华柴段暗渠和南新城分水口门。这些建筑物金属结构设备共计门槽20孔、闸门9扇、启闭机7台。

水力机械专业所涉及内容包括1座暗渠、2座铁路暗涵的检修排水和8座强排泵站的设计工作。石家庄市区段工程建筑物检修排水泵均采用小型移动式潜水泵。8座地下水强排泵站设计流量为0.1~0.3m^3/s，选用潜水泵，每座泵站的水泵台数均为2台。

沙河南—黄河南段工程　宝丰—郏县段工程

工　程　概　况

宝丰—郏县段工程设计单元是南水北调中线总干渠第Ⅱ渠段（沙河南—黄河南段）工程的组成部分，是沙河南—黄河南段工程的第三标段。该段有2个流量段，设计流量分别为320、315m^3/s，加大流量分别为380、375m^3/s。

宝丰—郏县段工程起点位于平顶山市鲁山与宝丰县交界处，亦为鲁山北段工程的终点，总干渠设计桩号SH（3）19+707.0，大地坐标为x=3 743 343.027、y=502 472.725；终点位于兰河涵洞渡槽出口100m处，即禹州和长葛段工程的起点，总干渠设计桩号SH（3）61+648.7，大地坐标为x=3 769 431.394、y=529 016.029。

宝丰—郏县段工程渠线由鲁山与宝丰县交界处开始，在乌峦赵西北穿越焦枝铁路，在大温庄南过应河，到沃沟张南偏向东北，穿越宝丰编组站后在高庄东北穿玉带河、净肠河，而后渠线继续往东北向穿行，接连穿越石河、北汝河，在安良镇南过肖河后，渠线向东至兰河涵洞渡槽出口100m处为本段终点，与禹州和长葛段工程的起点相接。

宝丰—郏县段工程确定划分为12个施工段。主要工程量为：土石方开挖2101.46万m^3，土方填筑1389.94万m^3，混凝土及钢筋混凝土85.10万m^3，砌石及砂石垫层105.45万m^3。

工程总投资411 186.21万元。工程部分静态总投资220 274.63万元，移民及环境部分投资145 216.68万元。

本渠段起点沙河南薛寨北至应河南地震动峰值加速度小于0.05g，相当于地震基本烈度为小于Ⅵ度区；应河南至小南河南地震动峰值加速度0.05g，相当于地震基本烈度为Ⅵ度区。

工　程　总　体　布　置

宝丰—郏县段工程渠段总长为45.847km，其中明渠长45.244km，建筑物长0.603km，段内有各类建筑物63座，其中河渠交叉建筑物5座，左岸排水建筑物17座；跨渠公路桥35座，铁路桥2座，控制建筑物4座（分水口门2座、节制闸2座）。

宝丰—郏县段工程总干渠采用明渠输水方案，各渠段纵坡主要根据总体设计所确定的控制点水位、水头优化分配方案、渠线所经过的地形、地质条件确定，并根据本次全段水头优化成果，确定渠道及各段纵坡降。渠道纵坡降为1/24 000、1/26 000两种。

宝丰—郏县段工程渠道过水断面采用梯形断面。根据不同的地形条件，分别采用全挖、全填、半挖半填3种不同型式。本设计段长40.768 6km，其中明渠长38.317 6km，全挖方13.777km，半挖半填段长18.055km，全填方6.486km，分别占总长的36.0%、47.1%、16.9%。渠道设计水深为7.0m，加大水深为7.623～7.651m，设计底宽有34.0～18.5m，边坡相应为1∶0.4～1∶3.0，其中1∶2.0边坡约占三分之二，共有15个连接段，连接段长为15～45m。渠道一级马道开口宽42～74m，最大挖深28m，最大填高12.8m。

宝丰—郏县段工程沿途与24条大小河流，8条现有灌溉渠道，铁路交叉3处，27条等级公路交叉，控制建筑物6座（分水口门3座、节制闸2座、退水闸1座），该设计单元段共有建筑物68座，另有生产桥14座。宝丰—郏县段工程建筑物如下：

（1）河渠交叉建筑物。宝丰—郏县设计段共布置河渠交叉建筑物8座，其中渠道倒虹吸5座，即应河、玉带河、净肠河、石河、青龙河渠道倒虹吸；河道倒虹吸1座，即胡坡河河道倒虹吸；涵洞渡槽2座，即肖河、兰河涵洞渡槽。

（2）左岸排水建筑物。总干渠与集流面积小于20km^{2}河沟交叉的左岸排水建筑物有16座。其中1座排水渡槽，4座排水涵洞，11座排水倒虹吸。

（3）分水口门。宝丰—郏县段工程分水口门有鲁山县马庄、宝丰县高庄、郏县赵庄三座。3座分水口门设计总流量5m^3/s，其中马庄口门3m^3/s，高庄、赵庄口门均为1m^3/s。

（4）渠渠交叉建筑物。宝丰—郏县段工程贯穿了昭平台北灌区、广阔灌区和引汝大牛干渠，共布置渠渠交叉建筑物8座，其中渡槽6座，倒虹吸及涵洞各1座。

（5）公路交叉工程。宝丰—郏县段工程共布置公路桥27座。

（6）铁路交叉工程。宝丰—郏县段工程穿越铁路线路共3处，其中国铁Ⅰ级干线2处，工企Ⅲ级1处。3座建筑物分别为焦枝线铁路桥、焦枝线宝丰铁路暗渠和宝丰货场线铁路桥。

金 属 结 构

宝丰—郏县段工程涉及金属结构设备的各类建筑物共计13座。其中渠道倒虹吸5座，渠道涵洞渡槽2座，铁路暗渠1座，分水口3座，渠渠交叉建筑物涵洞1座，渠渠交叉建筑物渡槽1座，共计节制闸2座，控制闸4座，检修闸10座，退水闸1座，分水闸3座，防洪闸2座。这些建筑物金属结构设备共计门槽111套，闸门62扇，启闭机51台。闸门、埋件和其他结构件重约2552t，启闭设备重约681t。闸门主材除控制闸（或节制闸）闸门和事故检修闸门主材选用Q345C外，其余闸门和埋件主材选用Q235C，埋件迎水表面采用不锈钢复合钢板。

沙河南—黄河南段工程　禹州和长葛段工程

工 程 概 况

总干渠沙河南—黄河南禹州和长葛段工程，以宝丰—郏县段工程末端兰河涵洞式渡槽出口100m处为起点，设计桩号SH(3)61+648.7；终点位于长葛市与新郑市交界处，设计桩号SH(3)115+348.7，全长53.70km，占沙河南—黄河南三标段总长的26.7%。该段跨2个流量段，渠道设计流量分别为315、305m^3/s，加大流量分别为375、365m^3/s，总干渠以明渠为主，明渠与河流全部采用立交。

禹州和长葛段工程长53.70km，其中占用渠道水头的建筑物长1.377 km，明渠长52.323 km。有各类建筑物83座，其中占用渠道水头的建筑物有5座。

禹州和长葛段工程确定划分为11个施工段。主要工程量为土石方开挖3593.35万m^3、土方填筑1027.90万m^3、混凝土及钢筋混凝土浇筑84.02万m^3、砌石及砂石垫层134.27万m^3、钢筋及钢绞线35.49万t。

工程总投资458 045万元。工程部分静态总投资251 879万元，移民及环境部分投资195 199万元。

本设计单元起点[SH(3)61+648.7]至小南河南[SH(3)92+378.8]地震动峰值加速度小于0.05g，相当于地震基本烈度为小于Ⅵ度区；小南河南[SH(3)92+378.8]至本设计单元末端[SH(3)115+348.7]地震动峰值加速度0.10g，相当于地震基本烈度为Ⅶ度区。

工程总体布置

禹州和长葛段工程总干渠采用明渠输水方案，各渠段纵坡主要根据总体设计所确定的控制点水位、水头优化分配方案、渠线所经过的地形、地质条件确定，渠道纵比降为1/24 000、1/26 000两种。

禹州和长葛段工程渠道过水断面采用梯形断面。根据不同的地形条件，分别采用全挖、全填、半挖半填三种不同型式。禹州和长葛段工程长53.70km，其中明渠长52.323km，全挖方段19.622km，半挖半填段长31.473km，全填方段1.228km，分别占总长的37.5%、60.2%、2.3%。渠道设计水深为7.0m，加大水深为7.580～7.656m，设计底宽16.0～24.5m，边坡相应为1∶2.0～1∶3.5，共6种不同边坡和8种不同底宽，其中1∶2边坡约占近80%。渠道一级马道开口宽61～81m，最大挖深37.5m，最大填高10.8m。

在83座建筑物中，总干渠与集流面积大于20km^2河流交叉的河渠交叉建筑物5座，与集流面积小于20km^2河沟交叉的左岸排水建筑物25座，与现有灌溉渠道交叉的渠渠交叉建筑物2座，与现有公路交叉的路渠交叉建筑物为41座，铁路桥2座，控制建筑物8座。

（1）河渠交叉建筑物。禹州至长葛设计段共布置河渠交叉建筑物5座，其中渠道倒虹吸4座，即颍河、小南河、石良河和小洪河渠道倒虹吸；河道倒虹吸1座，即十字河河道倒虹吸。

（2）左岸排水建筑物。总干渠与集流面积小于20km^2河沟交叉的左岸排水建筑物，在禹州和长葛段工程原总体可研规划有左岸排水建筑物27座，初步设计时改为25座，其中4座为排水渡槽，21座为排水倒虹吸。

（3）排水渡槽。禹州和长葛段共布置排水渡槽4座，即王沟、河西沟、矿务局南沟、贺庄沟排水渡槽，其中贺庄沟为串流片（贺庄沟片）河道，其他三条沟道为不串流河道。

（4）控制建筑物。本渠段控制建筑物包括，退水闸1座、节制闸2座、事故闸1座、分水口门4座，分别是颍河渠道倒虹吸节制闸和退水闸，小洪河渠道倒虹吸节制闸，禹州市孔楼、禹州市任坡、禹州市孟坡、长葛市洼李分水口，禹州矿区南端事故闸。4座分水口门均布置在总干渠右岸。4座分水口门设计总流量13m^3/s，其中向许昌市、许昌县和临颍县供水的17号孟坡分水口门8m^3/s，向禹州市、长葛市供水的16号任坡分水口门和

18号洼里分水口门均为2m^3/s，向襄城县供水的孔楼分水口门1m^3/s。

（5）渠渠交叉工程。禹州和长葛段工程贯穿了白沙灌区，共布置渠渠交叉建筑物2座，为白沙南干倒虹吸和白沙东干倒虹吸。

（6）公路交叉工程。禹州和长葛段工程共布置41座公路桥。

（7）铁路交叉工程。禹州和长葛段工程穿越铁路线路共2处，其中国铁Ⅲ级1处，地铁Ⅰ级1处。2座建筑物分别为陉山线铁路桥、秦村南铁路桥。

金 属 结 构

禹州和长葛段工程涉及金属结构设备的各类建筑物共计9座。其中渠道倒虹吸4座、分水口4座、事故闸1座，共计节制闸2座、控制闸2座、检修闸5座、退水闸1座、分水闸4座。这些建筑物金属结构设备共计门槽79套、闸门46扇、启闭机38台。闸门、埋件和其他结构件重约1565.5t，启闭设备重约316.1t。闸门主材除工作闸门主材选用Q345C外，其余闸门和埋件主材均为Q235C，埋件迎水面主材选用不锈钢板。

沙河南—黄河南段工程　潮河段工程

工 程 概 况

潮河段工程是南水北调中线工程总干渠第Ⅱ渠段（沙河南—黄河南段）工程第三标段的组成部分。线路起点位于黄水河右岸的梨园村，起点坐标 x = 3812 000.500、y = 38 471 551.413，设计桩号SH(3)133+380.8；终点位于中牟与郑州交界处，终点坐标 x = 3 832 416.755、y = 38 477 679.662，设计桩号SH(3)179+227.8。起点断面设计流量305m^3/s、加大流量365m^3/s，终点断面设计流量295m^3/s、加大流量355m^3/s。

潮河段工程渠段长45.847km，其中明渠长45.244km，建筑物长0.603km，共布置各类建筑物63座，其中河渠交叉建筑物5座；左岸排水建筑物17座；控制建筑物4座（节制闸2座、分水口门2座）；铁路桥2座；跨渠公路桥35座。渠段起点设计水位123.154m，终点设计水位121.145m，总设计水头2.009m，其中渠道占用水头1.759m，建筑物占用水头0.25m。

潮河段工程确定划分为12个施工标段。主要工程量为土石方开挖3199.93万m^3、土方填筑445.55万m^3、混凝土及钢筋混凝土浇筑58.14万m^3、砌石43.68万m^3。施工计划总工期为32个月。

工程总投资447 949万元。工程部分静态总投资246 687万元，移民及环境部分投资178 455万元。

潮河段工程渠段地震动峰值加速度0.10g，相当于地震基本烈度为Ⅶ度区，本设计单元潮河段工程地震基本烈度为Ⅶ度区。

工 程 总 体 布 置

潮河段工程采用明渠输水方案，各渠段纵坡主要根据总体设计所确定的控制点水位、水头优化分配方案、渠线所经过的地形、地质条件确定，渠道纵比降均为1/26 000、1/24 000两种。

潮河段工程渠道过水断面采用梯形断面。

渠道横断面，在不同的地形条件下，分别采用全挖、全填、半挖半填三种不同型式。潮河段工程总长45.847km，其中建筑物总长0.603km，明渠段总长为45.244km。全填方段长0.980km，半挖半填段长19.182km，全挖方段长25.082km，分别占明渠总长的2.16%、42.4%、55.44%。渠道设计水深为7.0m，加大水深为7.624～7.667m，设计底宽15～23.5m，边坡相应为1:2～1:3.5，共6种不同边坡和9种不同底宽，其中1:2的边坡约占13.4%，1:2.5～1:2.75的边坡约占30.8%，1:3～1:3.5的边坡约占55.8%。渠道一级马道开口宽61～81m，最大挖深27m，最大填高11m。

潮河段工程沿途与22条大小河流、35条等级公路、2条铁路交叉，控制建筑物4座（分水口门2座、节制闸2座），该段总干渠上建筑物共有63座。

（1）河渠交叉建筑物。潮河段工程共布置河渠交叉建筑物5座，其中渠道倒虹吸2座，即梅河、丈八沟、潮河渠道倒虹吸；河道倒虹吸1座，即黄水河河道倒虹吸；排洪渡槽2座，即老张庄沟、大碾卢沟排洪渡槽。

（2）左岸排水建筑物。共有左岸排水建筑物17座，其中2座为排水渡槽，2座为排水涵洞，13座为排水倒虹吸。

（3）控制建筑物。潮河段工程控制建筑物包括梅河渠道倒虹吸节制闸、丈八沟渠道倒虹吸节制闸和新郑市李垌、中牟县小河刘2座分水口门。2座分水口门设计总流量为7m^3/s，其中李垌口门4m^3/s，小河刘口门为3m^3/s。

（4）公路交叉工程。潮河段工程共布置35座公路桥。

（5）铁路交叉工程。潮河段工程渠段穿越铁路线路共计2处，均为国铁Ⅰ级干线复线铁路。

金属结构

潮河段工程涉及金属结构设备的各类建筑物有4座。其中渠道倒虹吸2座，分水口门2座，共包括节制闸2座、检修闸2座、分水闸2座。金属结构设备共计闸门槽28套、闸门20扇、启闭机16台。闸门、埋件和其他结构件重约697t，启闭设备重约133.2t。闸门主材除节制闸闸门和事故检修闸门主材选用Q345B外，其余闸门和埋件主材选用Q235B，埋件迎水表面采用不锈钢板。

陶岔渠首—沙河南段工程　湍河渡槽工程

工程概况

湍河渡槽工程是陶岔—沙河南渠段工程上的河渠交叉建筑物，是南水北调中线工程输水总干渠的重要组成部分，按照水源工程丹江口水库的可调流量、受水区不同水平年的需水要求及调蓄设施等条件，经调节计算分析，一期工程渠首设计流量为350m^3/s、加大流量420m^3/s，相应总干渠穿湍河建筑物的设计流量为350m^3/s、加大流量420m^3/s。

湍河渡槽工程位于河南省邓州市小王营至冀寨的湍河上，西距邓州—内乡省道3km，北距内乡县20km，南距邓州市26km。渡槽槽身为相互独立的3槽预应力混凝土U型结构，单跨40m，共18跨，单槽内空尺寸（高×宽）7.23m×9.0m。

湍河渡槽工程顺总干渠流向，自起点至终点，依次为右岸渠道连接段、进口渐变段、进口闸室段、进口连接段、槽身段、出口连接段、出口闸室段、出口渐变段、左岸渠道连接段等9段，其中右岸渠道连接段设退水闸1座，工程轴线总长1030m，起点桩号为TS36+289，坐标为$x=3\ 639\ 401.570$、$y=112\ 491\ 971.460$m；末端桩号为TS37+319，坐标为$x=3\ 639\ 660.388$、$y=112\ 492\ 968.412$m。

主要工程量为土石方开挖15.0万m^3、土石方回填27.0万m^3、混凝土浇筑13.0万m^3、钢筋制作安装1.41万t。工程总投资4.8亿元，建设工期33个月。

右岸渠道连接段、进口渐变段、进口节制闸、进口连接段、槽身段、出口连接段、出口检修闸、出口渐变段、左岸渠道连接段、退水闸首控制段为1级建筑物，退水闸泄槽、消力池、护坦、海漫为3级建筑物。

工程总体布置

湍河渡槽工程主要建筑物由右岸渠道连接段（包括退水闸在内）、进口渐变段、进口闸室段、进口连接段、槽身段、出口连接段、出口闸室段、出口渐变段、左岸渠道连接段9段组成，在右岸渠道连接段右侧设有退水闸1座。

（1）右岸渠道连接段长113.30m，与右岸总干渠结构型式一致。渠顶高程147.565m，内外坡比1:2，内坡由混凝土面板、土工膜构成，外坡为浆砌石草皮护坡。渠道底板高程137.645m，渠底宽19m，渠道纵坡降为1/25 000。

（2）进口渐变段由直线扭曲面型挡墙和中间底板组成，长41m，底宽19~36.2m，渐变段高程137.642~139.25m。挡墙为钢筋混凝土扶壁式结构，挡墙坡面由1:2坡度斜墙渐变成直立式，墙顶高程147.562m。

（3）进口节制闸室为3个单孔独立矩型，开敞式钢筋混凝土平地闸，闸室长26m，底板厚2m，中墩厚1.8m，边墩厚1.5~2.0m。闸底高程139.25m，闸顶高程147.562m。设露顶式弧形工作门3扇，平板检修门2扇，上游侧设门库2座，闸顶设启闭机室。

（4）进口连接段长20m，起到连接进口闸室与槽身的作用，并将输水断面由矩型过渡到U型，地面高程139.25m，顶高程147.562~146.48m，与闸室相连一端为矩型，内空尺寸9.0m×7.23m（宽×高）。

（5）渡槽槽身段长720.00m，坡比1:2880。槽身为相互独立的3槽预应力混凝土U型结构，单跨40m，共18跨。进口槽顶高程146.48m，槽底面高程139.25m，出口槽顶高程146.23m，槽底面高程139.00m。下部结构依次为墩帽、墩身、承台和桩基。

（6）出口连接段长20m，结构型式与进口连接段相同，起到连接槽身与出口检修闸室的作用，并将输水断面由U型过渡到矩形。底面高程139.00m，顶高程146.23~147.065m。

（7）出口检修闸闸室也为3个单孔独立的钢筋混凝土矩形结构，长15m，底板厚2m，中墩厚1.8m，边墩厚1.5~2.0m。闸室高程139.00m，闸顶高程147.065m。设平板工作门3扇，叠梁式检修门2扇，闸顶设启闭机室。

（8）出口渐变段结构型式与进口渐变段相同，沿输水流向长55m，底宽36.2~23m，两侧为钢筋混凝土扶壁式挡墙结构，中间为混凝土底板，挡墙墙面由直立式渐变成1:2，底面高程139.00~137.695m。

（9）左岸渠道连接段与左岸总干渠结构型式一致，左岸渠道连接段长19.7m，渠底宽23m，渠道纵坡降1/25 000，渠顶高程137.695m。内坡坡比为1:2，内坡为混凝土护坡，下设复合土工膜；外坡坡比为1:2.5，为浆砌石草皮护坡。

（10）退水闸设在右岸渠道连接段，轴线与干渠轴线呈55°斜交，退水闸孔口尺寸5m×9.91m（宽×高），为平底闸，闸底高程

137.642m。闸顶与渠顶高程相同为147.562m，闸室长度15m。闸后接底坡为1:5泄槽，泄槽长50.55m，泄槽宽度由5m渐变成20m。泄槽下接127.5m高程消力池，消力池长25m，宽20m。消力池后接长20m混凝土护坦。护坦后接48m长海漫，海漫宽度20～30m，海漫尾部设防淘墙。

金属结构和水力机械

湍河渡槽工程进口节制闸设3孔，顺水流向布置2扇事故检修闸门和3扇弧形工作闸门。事故检修闸门为露顶式平面定轮门，由3节门叶结构组成，单节门高2.6m。闸门的主材为Q345B，设双吊点，面板布置在下游侧。闸门埋件由主轨、反轨、底坎等组成，选用不锈钢复合钢板、Q345B钢材及铸钢件。工作闸门采用露天式弧形钢闸门，弧门曲率半径11m，支铰中心线高程147.25m，闸门结构采用斜支臂双主横梁型式，主次梁系采用同层布置，设双吊点，吊点设置在下主横梁的下游侧，与油缸活塞杆吊头连接，支臂与双主横用螺栓连接构成刚性主框架。支铰的铰链、铰座选用铸钢件材料。埋件由侧轨、底坎组成，选用不锈钢复合钢板、Q345钢材等。工作闸门运用方式为局部开启、动水启闭。出口检修闸设3孔，布置2套检修套梁。按下游加大水头6.865m计算。

湍河渡槽工程渡槽检修采用移动泵抽排加排水阀方式。移动泵用于抽排检修渡槽中的积水，排水阀用于检修时自流排放闸门及其他渗漏水。排水阀通径300mm。

陶岔渠首—沙河南段工程　白河倒虹吸工程

工　程　概　况

白河倒虹吸工程位于河南省南阳市蒲山镇蔡寨村东北，是南水北调中线一期工程总干渠穿越白河干流的交叉建筑物。白河倒虹吸工程轴线总长1337.00m，起点桩号为TS115+190，坐标为x=3 665 040.401、y=113 464 651.330；终点桩号为TS116+527，坐标为x=3 665 632.296、y=113 465 850.175。主要建筑物有进口渐变段、退水闸段、进口检修闸、倒虹吸管身段、出口节制闸、出口渐变段、退水闸等。白河倒虹吸工程上游渠道设计水位140.624m，下游渠道设计水位139.924m，建筑物分配水头0.7m。白河倒虹吸工程设计流量330m^3/s、加大流量400m^3/s。

主体工程主要工程量包括土石方开挖150.47万m^3、土石方填筑112.34万m^3、混凝土浇筑20.52万m^3、钢筋制作安装2.06万t、金属结构安装644.2t（不含启闭机轨道重量）。工程建设工期31个月。

工程静态总投资49 319万元，其中工程部分投资42 294万元，移民环境投资7025万元。

白河倒虹吸工程管身段、连接段及渐变段、进出口闸室段和退水闸闸室段等主要建筑物均为1级建筑物。退水闸泄槽、消力池等次要建筑物为3级建筑物。该段地震动峰值加速度为0.05g，地震基本烈度为Ⅵ度，工程按烈度Ⅵ度进行抗震设防。

工　程　总　体　布　置

白河倒虹吸工程主要建筑物由进口至出口依次为进口渐变段、退水闸及过渡段、进口检修闸、倒虹吸管身、出口节制闸（检修闸）、出口渐变段。

（1）进口渐变段。进口渐变段桩号为

(0+000.0) ~ (0+048.0)，长48m。由总干渠过水明渠底宽21m、底板高程133.124m、两侧边坡1∶2.0的梯形断面渐变至过渡段宽34.42m，底板高程131.5m的矩形断面，顶高程保持为142.364m。

(2) 退水闸及过渡段。过渡段桩号为(0+048.0) ~ (0+098.0)，长50.0m。断面宽34.42m、底板高程131.5m，其间布置有退水闸，其轴线与倒虹吸轴线交角为44.6°，退水闸位于倒虹吸建筑物白河的下游侧。退水闸长15m，闸孔宽5.0m，闸出口接坡比1∶10、水平长为69m的扩散急流槽，槽末端接长25m、宽20m、深2.7m的底流消力池及长60m的海漫，海漫后接防冲槽，防冲槽后接退水渠。

(3) 进口检修闸。进口检修闸桩号为(0+098.0) ~ (0+114.0)，分两个闸室，每个闸室分两孔，单孔宽6.70m，闸长16m。两闸室之间设永久缝，缝内设止水。闸室为开敞整体平底闸，底板高程131.5m。闸室内布置两扇事故检修闸门。

(4) 管身段。倒虹吸管身桩号为(0+114.0)~(1+254.0)，水平投影长1140m。其中进口斜坡桩号为(0+114.0)~(0+180.4)，底板顶高程由131.5m接纵坡降1∶4斜坡，以弧段与底板顶高程116.0m的水平管段相接，水平管段桩号为(0+180.4)~(1+180.4)，出口斜坡段桩号为(1+180.4)~(1+254.0)，底板顶高程由115.5m以弧度接1∶4的斜坡升至131.9m高程。倒虹吸管身采用地下埋管，两孔一联，之间以软垫层隔开，间距2cm。顶、底板各厚1.3m、中隔墙厚1.2m、边墙1.3m，单孔管净宽6.70m、高6.70m。为减少不均匀沉降，倒虹吸管同一联的两孔同时运行或检修。

(5)出口节制闸。出口节制闸桩号为(1+254)~(1+277)，长26m。每闸孔宽6.70m，两孔一联。闸顶高程141.864m，两闸之间设永久缝。闸室为开敞整体平底板闸，节制闸设4扇弧形工作门，后设2套叠梁检修门。

(6)出口渐变段。出口渐变段桩号为(1+277)~(1+337)，长60m，由出口节制闸断面总宽34.42m、底板高程131.9m，过渡到总干渠明渠段断面底宽21.0m、底板高程132.424m，两侧内边坡1∶2的梯形断面。

金属结构和水力机械

白河倒虹吸工程进口检修闸设4孔，顺水流向布置2扇事故检修闸门，按上游加大设计水头9.864m作闸门结构设计。

出口节制闸共设4孔，顺水流向设有4扇弧形工作闸门和4套检修叠梁，弧形门按上游加大设计水头9.464m设计；检修叠梁按下游加大设计水头8.764m设计。

中线干线专项工程　中线干线自动化调度与运行管理决策支持系统工程

工　程　概　况

南水北调中线工程是一项以供水为主，兼顾防洪、发电和改善生态环境的多目标跨流域水资源开发利用工程，是解决京津华北地区缺水的重大战略基础设施，对于促进该地区经济社会发展和生态环境改善具有十分重要的战略意义。整个工程分为两期建设，一期工程供水目标以北京、天津、河北、河南主要城市生活、工业供水为主，兼顾生态和农业用水，规划多年平均调水约95亿m^3，由水源工程(丹江口水库大坝加高及陶岔枢纽改造)、输水工程(中线干线工程)、汉江中下游治理工程组成。

中线干线工程全线共设有各类建筑物1800多座。根据参与中线干线工程设计的各水利设计单位提供的中线干线工程数据统计，本期的中线干线自动化调度与运行管理决策支持系统需要监控(视、测)的建筑物共304座。其中包括90座分水口门、60座节制闸、53座退水闸、63座倒虹吸工作闸、11座排冰闸、1座加压泵站和26座其他闸站(3座控制闸、3座连通井、4座保水堰、1座调节池、1座连接井、1座分流井、13座供电系统中心开关站)。另外，河渠交叉建筑物164座，左岸排水建筑物469座，隧洞9处，渠渠交叉建筑物133座，铁路交叉建筑物41座，跨渠公路桥737座等。

中线干线自动化调度与运行管理决策支持系统工程建设内容涵盖全线1400多公里、300余座控制性建筑物和60余管理机构。具体来说，既有沿全线1400多公里敷设的通信管道、光缆等线路工程；又有在现地300余闸站安装的监控监测数据采集和通信网络等硬件设备；还有安装在60余管理机构的数据存储、通信网络、服务器等设备和部署在上述管理机构的水量调度业务处理、闸站监控、安全监测自动化、水质监测、三维仿真、办公自动化等业务应用系统，以及配合应用系统显示和调度会商决策的大屏幕系统、模拟屏系统、视频会议系统等。

建 设 目 标

作为中线干线工程调度运行管理的神经系统，中线干线自动化调度与运行管理决策支持系统对工程的科学调度、可靠监控、高效运行、安全管理起着至关重要的作用。系统建设目标为：以中线干线工程调水业务为核心，以全线闭环自动控制为重点，运用水利、通信、信息、自动控制等技术，建设服务于自动化调度监控、工程安全监测、水质监测、工程管理等业务的信息化作业平台和调度会商决策支撑环境，实现调度过程自动化和运行管理信息化，保障全线调水安全。

建 设 任 务

为了达到全线系统建设目标，全线建设任务主要包括涉及南水北调中线干线工程调水各个方面的业务应用系统、应用支撑平台，以及数据存储、计算机网络、通信网络、实体系统运行实体环境等基础设施建设。系统建设区域范围包括整个南水北调中线干线工程范围和相应的各级管理机构。总的建设任务如下：

(一)业务应用系统

业务应用系统方面的主要建设任务是进行南水北调中线干线工程调水的各项业务应用系统建设和调度会商决策支持平台的建设，主要包括自动化调度与监控、水质监测、工程安全监测及运行维护、工程管理、综合办公、决策综合支持等业务系统。

(1)自动化调度与监控系统。自动化调度与监控系统主要包括闸站监控系统(包括现地及远程)、水量调度业务处理系统、闸站视频及安防监控系统。

1)闸站监控系统。按照节制闸下游常水位渠道运行控制方式进行全线闭环自动控制，实现输水工程的自动化调度，同时，考虑在特殊需要的情况下，现地闸站可以由人工控制，进行闸站现地操作。

2)水量调度业务处理系统。进行水量调度日常业务处理、年内水量分配方案编制、实时水量调度、应急水量调度、水量计量和水费计算、调度评价等功能的建设；完成总公司调度中心、5个分公司调度分中心和备用总调度中心水量调度业务处理系统建设。

3）闸站视频及安防监控系统。为了有效地对输水工程沿线闸站进行控制，建设现地闸站视频监视系统，及时了解工程控制情况，同时，建设闸站安防监控系统，实现闸站现地“无人值班”（少人值守）情况下对设施的有效管理。

（2）水质监测系统。进行水质信息采集系统建设，主要包括：在总干渠重点渠段设置28个固定监测站（其中15个重点监测站，13个普通监测站），建设11个自动监测站，在河南、河北境内建设2个移动实验室，在河南、河北分公司建设2个重点实验室，在陶岔、天津分公司建设2个普通实验室。进行水质管理系统建设，主要功能包括水质监测数据管理、水质站网管理、水质分析评价、水质监测资料整理汇编、水质预测预报、水质信息查询、水质会商支持、水质信息发布。

（3）工程安全监测及运行维护系统。工程安全监测及运行维护系统主要包括工程安全监测自动化系统、工程防洪信息管理系统、工程运行维护管理系统。

1）工程安全监测自动化系统。进行工程安全信息采集系统建设，主要实现对水闸、渡槽、倒虹吸、隧洞及压力管道、穿黄隧洞工程、泵站、特殊渠段等设施的位移、渗流、结构和环境量等数据的监测和数据传输。进行安全监测中心，5个分中心，47个管理处的工程安全监测应用系统建设，主要实现的功能包括：监测信息管理、在线综合分析、离线综合分析、综合查询、报表制作、Web查询等。

2）工程防洪信息管理系统。实现工程防洪信息接收处理、信息服务及监视、洪水预警、防洪应急响应、防洪组织管理等功能。

3）工程运行维护管理系统。实现工程维护巡查记录、管理考核、突发事件响应，维护方案制定等功能。

（4）工程管理系统。进行中线工程的计划合同、财务资产管理信息系统建设；建成覆盖总公司、分公司的工程档案信息管理系统，提高工程管理能力和信息化水平。

（5）综合办公系统。建成支持总公司、分公司、管理处三级组织机构的公文流转以及日常办公的通用办公系统；进行人力资源信息管理系统的建设；进行中线互联网站—社会公众信息门户建设，建成政务公开平台。

（6）决策综合支持系统。决策综合支持系统主要为进行调水决策和应对突发事件决策提供信息支持，主要包括会商决策支持系统、综合信息服务系统、应急响应系统、三维仿真系统、异地视频会议等系统建设。

（二）应用支撑平台

为了系统能够适应需求变化，提高资源共享程度，避免出现信息孤岛进行应用支撑平台系统建设。应用支撑平台主要建设内容包括应用组件、公共服务、应用交互、基础支撑等四个部分。

（三）基础设施

系统的基础设施建设主要包括数据存储与管理系统、计算机网络系统、通信系统、系统运行实体环境等四部分，基础设施为整个系统提供基本运行条件和技术基础。

（1）数据存储与管理系统。建设总公司数据中心和河北、河南分公司数据分中心；建设各数据中心数据存储平台的本地备份系统和异地远程容灾系统；建设水量调度数据库、闸站控制数据库、工程安全与管理数据库、水质数据库、工程防洪预警数据库、闸站视频监视数据库及三维视景模型数据库、综合办公数据库等应用系统专业数据库，以及空间地理信息数据库、沿线地区社会经济和生态数据库等数据库系统。

（2）计算机网络系统。建立覆盖总公司、5个分公司、47个管理处、各现地站的控制专网、业务内网和业务网等计算机网络系统，计算机网络系统按广域网络及相应的局域网进行建设；建立计算机网络系统的管理体系；建立访问控制、网段隔离、认证授权、入侵检测、漏洞扫描和安全评估、病毒防范、安全管理平台等安全防护体系。

(3)通信系统。建设南水北调中线干线工程干渠两侧的通信管道和光缆，以及干渠至各管理机构的通信管道和光缆，建设覆盖干渠闸站和至各级管理机构的光传输系统；建设覆盖南水北调中线干线工程各级管理机构和闸站的行政电话和语音电话调度系统；建设通信综合网管系统、通信时钟同步系统、通信电源系统及监控系统、通信光缆自动监测系统。

(4)系统运行实体环境。建设总公司的水量调度监控中心和会商中心，5个分公司的水量调度监控分中心和会商中心；建设各级管理机构(总公司、分公司、管理处)的通信、网络和数据设备等机房环境(机房视频监控系统及消防联网)，以及管理机构的综合布线系统。

建 设 原 则

中线干线自动化调度与运行管理决策支持系统是一项规模庞大、结构复杂、技术难度大、功能众多、涉及面广、建设周期长的系统工程，为确保预期目标的实现，系统工程建设时应遵循以下原则：

(1)需求牵引，突出重点。系统开发建设坚持以需求为导向的原则，紧紧围绕着南水北调中线干线工程核心调水业务，进行全面地业务需求分析，进行系统设计和建设，在满足水量调度、运行管理、综合办公、决策支持的同时，突出重点建设内容。

(2)统一设计，分步实施。系统采取统一设计、分步实施的方案进行设计，以便系统建设可以根据中线干线各分段工程建设的进度情况，分步实施、分段部署、逐级集成的方式开展，保证系统能够尽快投入使用。

(3)实用先进，安全可靠。在保证实现系统业务功能的前提下，技术上适度超前，使系统在一定时期内保持先进水平，系统设计需要完整的安全方案保障系统安全可靠运行。

(4)统一标准，扩展开放。在标准体系支持下，充分考虑系统的开放性、可扩展性和易维护性，为系统功能扩展和适应南水北调工程运行后的需求发展奠定基础。

(5)平台共用，资源共享。利用支撑平台技术，为各个业务系统提供统一共用的基础平台，实现信息和资源的高度共享，避免出现信息孤岛，避免重复开发和资源浪费。

(6)经济实用原则。系统设计考虑经济实用，认真研究基本需求和基本情况，提出经济合理、注重实用的技术方案，尽可能节约工程投资。

(戴欣欣)

引 江 济 汉 工 程

工 程 概 况

引江济汉工程主要是为了满足汉江兴隆以下生态环境用水、河道外灌溉、供水及航运需水要求，还可补充东荆河水量。引江济汉工程供水范围包括汉江兴隆河段以下的潜江市、仙桃市、汉川市、孝感市、东西湖区、蔡甸区、武汉市等7个市(区)及谢湾、泽口、东荆河区、江尾引提水区、沉湖区、汉川二站区等6个灌区，现有耕地面积645万亩，总人口889万人。工程建成后，可基本解决调水95亿m^3对汉江下游的影响，解决东荆河的灌溉水源问题，从一定程度上恢复汉江下游河道水位和航运保证率。

工程拟从长江荆州附近引水到汉江潜江附近河段，工程沿线经过荆州、荆门、潜江等市，需穿越一些大型交通设施及重要水系，部分规划线路还将穿越江汉油田区，涉及面广，情况复杂，同时，工程连接长江和汉江，受三峡、丹江口两处大型水利工程影响较大，规划设计条件十分复杂。

推荐线路龙高Ⅰ线进水口位于荆州市李埠镇龙洲垸，出水口为潜江市高石碑镇。拟在龙洲垸先建泵站，干渠沿东北向穿荆江大堤、太湖港总渠，从荆洲城北穿过汉宜高速公路，在郢城镇南向东偏北穿过庙湖、海子湖，走蛟尾镇北，穿长湖后港湖汊和西荆河后，在潜江市高石碑镇北穿过汉江干堤入汉江。渠道全长67.23km，设计流量350m^3/s，最大引水流量500m^3/s，其中补东荆河设计流量100m^3/s、补东荆河加大流量110m^3/s，多年平均每年补汉江水量21.9亿m^3、补东荆河水量6.1亿m^3。进口渠底高程26.5m，出口渠底高程25m，设计水深5.72~5.85m，设计底宽60m，各种交叉建筑物共计78座，其中涵闸16座、船闸5座、倒虹吸15座、橡胶坝3座、泵站1座、跨渠公路桥37座、跨渠铁路桥1座，另有与西气东输忠武线工程交叉一处。穿湖长度3.89km，穿砂基长度13.9km。渠首泵站装机容量6×2100kW，设计提水流量200m^3/s。

工程静态总投资约61.69亿元，通航需增加的投资不列入南水北调，另行解决，计划总工期4年。

工程总体布置

引江济汉工程引水干渠采用明渠自流结合泵站抽水的输水型式，引水干渠与沿线河流、渠道的交叉工程根据地形、水位等条件，采用立交或平立交结合型式，与公路、铁路交叉工程全部采用跨渠桥梁型式。

引江济汉工程由引水干渠、进出口控制工程、跨渠倒虹吸、路渠交叉及东荆河节制工程等建筑物组成。工程总布置包括引江济汉干渠工程总布置和东荆河节制工程总布置两部分内容。

(一)引江济汉干渠工程

引水干渠进口为龙洲垸，出口为高石碑镇。渠首位于荆州市李埠镇龙洲垸长江左岸江边，干渠线路沿北东向穿荆江大堤(桩号772+150)，在荆州城西伍家台穿318国道、红光五组穿宜黄高速公路后，近东西向穿过庙湖、荆沙铁路、襄荆高速、海子湖后，折向东北向穿拾桥河，经过蛟尾镇北，穿长湖，走毛李镇北，穿殷家河、西荆河后，在潜江市高石碑镇北穿过汉江干堤入汉江(桩号251+320)。

引水干渠全长67.23km，进口渠底高程26.10m，出口渠底高程25.0m，干堤渠底纵坡降1/33 550，渠底宽60m。渠道在拾桥河相交处分水入长湖，经田关河、田关闸入东荆河。

引水干渠设计引水流量350m^3/s，最大引水流量500m^3/s，补东荆河设计流量100m^3/s，加大流量110m^3/s。渠道内边坡根据地质资料经计算确定为1∶2~1∶3.5，外边坡为1∶2.5。

引水干渠沿线主要建筑物有龙洲垸进水闸、沉沙池、沉螺池、龙洲垸泵站、泵站节制闸、荆江大堤防洪闸、港南渠分水闸、庙湖分水闸、拾桥河枢纽建筑物(拾桥河上游泄洪闸、下游泄洪闸、倒虹吸、码头、左岸节制闸)、后港分水闸、西荆河枢纽建筑物(上、下游船闸、左岸倒虹吸)、高石碑枢纽建筑物(高石碑出水闸)等。

(二)东荆河节制工程

东荆河节制工程是南水北调引江济汉工

程的重要组成部分。工程从引江济汉干渠拾桥河泄洪闸分水入长湖，再引长湖水补充东荆河水量，以满足东荆河沿岸用水需求。

东荆河沿线的主要建筑物工程包括完建刘岭闸整险加固、加固田关闸、马口橡胶坝、黄家口橡胶坝、冯家口橡胶坝、新建冯家口闸、疏挖火脑沟故道、新建一屋嘴桥、改建火脑沟桥、钱家湾堵汊及新建通顺河节制闸等。另外，刘岭闸加固项目已按照批复的《湖北省刘岭排水闸除险加固更新改造工程实施方案报告》的内容实施招标中，田关闸加固仍维持原可研加固内容。初设输水线路优化后沿线建筑物工程主要包括3座橡胶坝、1座引水闸新建、2座排水闸加固、2座新建桥、1座节制闸新建。

引江济汉沿线各类建筑物共计83座，其中各种水闸14座，泵站1座，船闸2座，东荆河橡胶坝3座，倒虹吸30座(其中河渠交叉26座，渠渠交叉4座)，公路桥32座，铁路桥1座。

工程等级和建筑物级别

引江济汉工程规模为大(1)型，工程等别为一等工程。

引江济汉工程根据功能和设计标段分为引江济汉干渠、东荆河节制工程和公路桥、铁路桥复建工程三部分，分别确定建筑物级别如下：

(一)引江济汉干渠建筑物级别

总体确定原则为：干渠进、出口控制性建筑物及与干渠渠堤直接交叉的节制闸、泄洪闸、分水闸、倒虹吸等主要建筑物级别取与干渠级别一致；与干渠渠道交叉的通航建筑物，其上游船闸的下闸首和下游船闸的上闸首主要建筑物级别取与干渠级别一致，其他部位主要建筑物级别按《船闸总体设计规范》确定；进出口防护工程的级别同所在的堤防级别；各次要建筑物级别按相应的规范确定。

(1)引水干渠按1级建筑物设计。

(2)干渠上的穿渠建筑物龙洲垸进水闸、沉沙池、沉螺池、龙洲垸泵站、泵站节制闸、荆江大堤防洪闸、港南渠分水闸、庙湖分水闸、拾桥河左岸节制闸、拾桥河上、下游泄洪闸、后港分水闸、高石碑出水闸及跨渠倒虹吸等主要建筑物按1级建筑物设计，倒虹吸的进出口连接建筑物、消能防冲设施，拾桥河下游泄洪闸出口连接建筑物、消能防冲设施，港南分水闸、庙湖分水闸出口连接建筑物、消能防冲设施，后港分水闸后的输水管、出口连接建筑物、消能防冲设施等次要建筑物按3级建筑物设计。

(3)西荆河设计最大船舶吨级为300t，西荆河船闸为V级船闸，干渠侧闸首按1级建筑物设计；闸室、另一闸首按3级建筑物设计，导航墙按4级建筑物设计。

(4)进、出口防护工程的级别同所在的堤防级别。根据防洪标准确定龙洲垸为4级堤防，因此沮漳河出口至龙洲垸进水闸之间护岸工程按4级建筑物设计；引江济汉进口对岸太平口堤防为2级堤防，因此其护岸工程按2级建筑物设计；高石碑汉江堤防为2级堤防，所以出口护岸工程按2级建筑物设计。

(二)东荆河节制工程建筑物级别

东荆河节制工程总体确定原则为：加固型涵闸的级别同原涵闸，新建涵闸的级别不低于所在堤防的级别，橡胶坝根据供水灌溉面积确定其级别。

(1)马口橡胶坝供水灌溉面积95.8万亩，橡胶坝段、充水泵房等主要建筑物为2级，护坡、消能设施、上游护坦等次要建筑物为3级。

(2)黄家口橡胶坝供水灌溉面积为27.4万亩，冯家口橡胶坝取水灌溉面积为48.6万亩，橡胶坝段、充水泵房等主要建筑物为3级，护坡、消能设施、上游护坦等次要建筑物为 4 级。

(3)新建冯家口闸位于东荆河左堤，东荆河堤为 2 级堤防，因此冯家口闸闸室、涵洞等主要建筑物按 2 级建筑物设计，进出口连接建筑物及消能防冲设施等次要建筑物按 3 级设计。

(4)通顺河节制闸位于通顺河左堤，通顺河堤防为 3 级堤防，因此通顺河节制闸闸室、涵洞等主要建筑物按 3 级设计，进出口连接建筑物及消能防冲设施等次要建筑物按 4 级设计。

(5)刘岭闸属于加固改造工程，原为 3 级建筑物，因此，其主要建筑物级别仍按 3 级建筑物设计，进出口连接建筑物及消能防冲设施等次要建筑物按 4 级建筑物设计。

(6)田关闸属于加固改造工程，原为 2 级建筑物，因此，其主要建筑物级别仍按 2 级建筑物设计，进出口挡土墙等次要建筑物按 3 级建筑物设计。

CHINA SOUTH-TO-NORTH WATER DIVERSION PROJECT CONSTRUCTION YEARBOOK

陆 西线工程

THE WESTERN ROUTE PROJECT OF THE SNWDP

综　述

概　述

2010年，南水北调西线第一期工程项目建议书工作处于修改完善、报水利部待审状态，其他为基础性和临时下达的工作。

按照2009年12月黄河水利委员会初审会提出的审查意见，黄河勘测规划设计有限公司(以下简称黄河设计公司)对《南水北调西线第一期工程项目建议书(送审稿)》进行补充修改完善，2010年11月，黄河设计公司向黄河水利委员会规划计划局提交修改后的《南水北调西线第一期工程项目建议书(送审稿)》，履行有关报审程序，有待水利部审查。

继续进行调水河流6个专用水文站的水文观测，并对2009年的观测成果进行检查验收；2010年9月，完成与四川省水文水资源勘测局等三个测验单位6个专用水文站2010~2012年度合同的续签；12月，完成雅砻江温波专用水文站测验单位的变更与交接。

按照水利部的安排，黄河水利委员会组织黄河设计公司编制了《南水北调西线工程多水源方案比选项目任务书》报水利部。2010年5月，水利部水利水电规划设计总院在北京组织召开《南水北调西线工程多水源方案比选项目任务书》审查会。

2010年6月，水利部调水局组织邀请国务院发展研究中心社会发展部、中国科学院地理科学与资源研究所、水利部规划计划司、黄河水利委员会西线办和黄河设计公司等有关单位、部门的领导和专家共11人组成调研组，赴南水北调西线受水区的山西、内蒙古、宁夏、甘肃和陕西等省(区)，进行了为期10天的实地调研。

2010年7月《中共中央、国务院关于深入实施西部大开发战略若干意见(中发〔2010〕11号)》中明确提出："适时开展南水北调西线工程的前期工作"。11月，国务院正式批复了《全国水资源综合规划》，国务院在批复中要求"要逐步构建国家水资源调配体系，加快南水北调东、中线一期工程及配套工程建设，适时开展西线工程前期研究"。根据中共中央、国务院的精神，黄河设计公司南水北调西线工程项目办公室起草了《关于尽早启动南水北调西线工程前期工作的请示》，报水利部南水北调规划设计管理局。

(崔　荃　张　玫)

前期工作进展

(一)南水北调西线第一期工程项目建议书修改完善

根据黄河水利委员会"南水北调西线第一期工程项目建议书初审会审查意见"，黄河设计公司对《南水北调西线第一期工程项目建议书(送审稿)》进行了补充修改完善。加强了对工程建设必要性、紧迫性、不可替代性的提炼和概括，补充了必要的支撑数据和资料，增强系统性；补充了工程调水对调出区经济社会发展的促进作用；完善了调水对附近地区自然保护区的影响分析和工程战略环境影响分析；按照《水利水电工程建设征地移民设计规范》(SL 290—2009)复核了移民安置成果。2010年11月，黄河设计公司向黄河水利委员会提交修改后的《南水北调西线第一期工程项目建议书(送审稿)》，黄河水利委员会规划计划局履行有关报审程序，有待水利部审查。

(二)勘测工作

2010年，四川省水文水资源勘测局继续

在雅砻江温波、达曲东谷、阿柯河安斗，青海省水文水资源勘测局继续在玛柯河班玛，黄河水利委员会上游水文水资源勘测局继续在泥曲泥柯、杜柯河壤塘等6个专用水文站进行水文测验、资料整编工作。2010年6～9月，黄河设计公司相继与青海省水文水资源勘测局、黄河水利委员会上游水文水资源勘测局和四川省水文水资源勘测局签订有关6个专用水文站的2010～2012年度的水文测验委托合同。其中，位于雅砻江干流上游的温波专用水文站，1992年建站，原由四川省水文水资源勘测局负责观测。2010年12月14日，黄河勘测规划设计有限公司（委托方）、四川省水文水资源勘测局（移交方）、黄河水利委员会上游水文水资源局（接收方）在成都达成会议纪要，在与四川省水文水资源勘测局委托合同2010年12月31日到期后，2011年1月1日起委托黄河水利委员会上游水文水资源局接替观测。12月27日，移交方代表四川省水文水资源勘测局雅安局副局长张超，接收方代表黄河水利委员会上游水文水资源局总工赵昌瑞在四川省石渠县东区进行了温波专用水文站现场交接，委托方代表南水北调西线项目副设总崔荃监证了交接过程。

（三）西线工程受水区调研

2010年6月18～27日，水利部调水局邀请国务院发展研究中心社会发展部、中国科学院地理科学与资源研究所、水利部规划计划司，黄河水利委员会西线办及黄河设计公司等有关单位、部门的领导和专家共11人组成调研组，由水利部调水局局长唐传利带队，到南水北调西线受水区的山西、内蒙古、宁夏、甘肃和陕西五省（区），进行为期10天的实地调研。深入了解近年来南水北调西线工程受水区水资源供需形势出现的新变化和相关省（区）在特大干旱情况下的应对措施，以利于今后进一步做好南水北调西线工程的基础性研究工作。调研组实地考察了山西省离石柳林能源化工基地、内蒙古自治区鄂尔多斯能源基地、宁夏自治区宁东能源基地等重要能源化工基地，同时考察了内蒙古自治区乌梁素海、宁夏自治区河套节水灌区、黄河三盛公水利枢纽、甘肃省石羊河红崖山水库等水利工程及民勤青土湖等生态环境保护区；分别听取了五省（区）水利厅和有关水利部门对本省（区）经济社会发展及对水资源的需求、当地水资源开发利用现状、实施水资源管理的主要措施等有关情况介绍，并就省（区）经济社会发展对水资源的需求形势变化、当地水资源的开发潜力和未来发展趋势、对建设南水北调西线工程的认识、意见和建议等进行了座谈讨论。

（崔　荃　曹海涛　张　玫）

重点研究项目

南水北调西线超长隧洞TBM施工关键技术问题研究

2010年6月28～29日，课题牵头单位黄河设计公司在南京组织召开了“西线超长隧洞TBM施工关键技术问题研究”课题成果汇总及验收材料准备会，中国科学院武汉岩土力学研究所、河海大学、中铁隧道集团有限公司、北京振冲工程股份有限公司等课题承担单位参加了会议。会议由课题负责人、黄河设计公司总工景来红主持，在听取了各单位的研究成果介绍后，各单位就课题成果的总结、提炼，课题报告及专题报告的编写，多媒体汇报材料的制作等问题进行讨论，会议还对各单位的下一步工作作出了安排。2010 年 12 月,《西线超长隧洞 TBM 施工关键技术问题研究报告》及相关验收材料呈送中国水利水电科学研究院,准备接受验收。

(崔 荃)

南水北调西线工程对调水区生态环境影响的评估及综合调控技术

"南水北调西线工程对调水区生态环境影响的评估及综合调控技术"是科技部启动"十一五"科技支撑计划重大项目"南水北调工程若干关键技术研究与应用"的 16 个课题之一。由长江水利委员会长江勘测规划设计研究院牵头,联合中国水利水电科学研究院、黄河设计公司、北京师范大学、中国科学院水利部成都山地灾害与环境研究所、四川省水利水电勘测设计研究院等六家单位共同研究,课题包括 9 个专题。于 2007 年初启动,2007 年 8 月和 2008 年 8 月,分别对大渡河上游、岷江干流、青衣江流域和雅砻江流域进行了实地调研,考查了西线工程引水枢纽坝址,对调水河流生态系统典型进行现场生态、地貌调查与样品采集。2009 年 4 月,在北京组织了中期验收咨询会,进行自查,倾听专家对课题研究的意见。

2010 年 3 月,课题牵头单位长江勘测规划设计研究院在海南三亚召开专题验收会议,对专题二"西线工程供水影响范围及类型的界定"、专题三"西线工程调水区生态环境表征指标及生态环境演变规律"、专题四"干旱河谷区和典型自然保护区生态与环境演变规律、保护目标及径流控制标准"和专题八"西线工程坝址以下调水区节水与水资源优化配置"进行了验收审查。2010 年 11 月,长江勘测规划设计研究院在北京主持召开专题验收会议,会议对专题一"西线工程调水区气候—水文—生态耦合模拟平台研制"、专题五"西线工程调水区生态与环境保护目标及其对径流过程的需求评估"、专题六"变化环境下西线工程对供水区生态环境影响定量评估"、专题七"基于西线工程影响的区域综合生态水文调控"和专题九"调水工程生态与环境影响定量评估技术导则编制"进行了审查,经过质询和讨论,认为各专题"全面完成了协议书规定的研究任务,通过验收"。

(崔 荃)

南水北调西线工程多水源方案比选立项

根据水利部的安排,黄河设计公司开展了"南水北调西线工程多水源方案比选"项目的立项工作,编制完成了《南水北调西线工程多水源方案比选任务书》。任务书由立项缘由、编制依据及工作基础;指导思想及研究任务;研究范围、设计水平年和技术路线;主要工作内容;主要成果及完成时间;工作经费估算等六部分组成。其主要任务是:在通天河(金沙江)可能的调水河段内进行水源方案研究;加强基础资料收集分析,以可调水量、线路布置及调水影响分析为重点,分析通天河(金沙江)来水条件和用水需求,提出不同调水河段的可调水量;结合地形、地质条件,进行水线路布置;分析代表性调水方案的调水规模、调水影响及技术经济条件;综合比选,提出调水影响小、技术可行、经济合理的建议方案,以及下一步水源开发和前期工作的建议。

2010 年 1 月 8 日,黄河设计公司以黄设生管〔2010〕3 号文《关于审批南水北调西线工程多水源方案论证项目建议书任务书的请示》,将《南水北调西线工程多水源方案比选项目任务书》报送黄河水利委员会。2 月 10 日,黄河水利委员会以黄规计字〔2010〕21 号文《关于审批南水北调西线工程多水源方案论证项目建议书任务书的请示》，将《南水北调西线工程多水源方案比选项目任务书》报送水利部，5 月 10 日，水利部水利水电规划设计总院在北京组织召开《南水北调西线工程多水源方案比选项目任务书》审查会。

（崔　荃　曹海涛）

南水北调西线一期工程前期工作前方保障基地建设验收

为改善南水北调西线工程的后勤保障条件，提高工作效率，提升水利工程前期工作形象，2004 年 8 月，黄河水利委员会向水利部上报了《关于南水北调西线一期工程前期工作前方保障基地项目建议书的请示》(黄规计〔2004〕179 号)。拟在西线前期工作地区建四处前方保障基地。其中，在松潘县建立西线一期工程总后勤保障基地，功能以进出场人员中转、高原适应性调整和紧急救助为主；在西线一期工程首部、中部和末端附近的阿坝、壤塘、甘孜各建设一处前方保障基地，以服务生产为主，用于设备维护、备件存放、岩芯和资料保管等。在水利部水利水电规划设计总院对《南水北调西线一期工程前期工作前方保障基地项目建议书》和《南水北调西线一期工程前期工作前方保障基地初步设计》审查的基础上，经多次修改完善，水利部分别于2004 年11 月30 日批复了项目建议书(水规计〔2004〕565 号)，2005 年 10 月 13 日以水规计〔2005〕442 号文批复了初步设计，黄河水利委员会委托黄河设计公司进行建设管理。

南水北调西线一期工程前期工作前方保障基地建设项目基本情况见表 1。

表 1　　南水北调西线一期工程前期工作前方保障基地建设项目基本情况

基地名称	松　潘	阿　坝	壤　塘	甘　孜	合计
占地面积(亩)	40	19	31.2	13	103.2
总建筑面积(m^2)	5409	1867	1960	2151	11 361
开工时间	2006 年 8 月 9 日	2006 年 7 月 1 日	2006 年 4 月 30 日	2006 年 4 月 8 日	
竣工时间	2008 年 1 月 4 日	2007 年 1 月 6 日	2007 年 12 月 11 日	2006 年 11 月 6 日	
概算投资(万元)	1777.09	322.54	320.80	440.64	2861.06
实际产生投资费用(万元)	1811.14	326.13	291.24	431.48	2859.99

2010 年 1 ~ 3 月，黄河水利委员会委托中介机构对四处前方保障基地进行了竣工决算审计，黄河水利委员会审计局对该审计报告进行了审核。4 月 26 日发函，同意审计报告所提的审计意见，其竣工财务决算可以作为项目验收依据之一。5 月 26 ~ 30 日，黄河水利委员会组织验收组对南水北调西线一期工程前期工作前方保障基地进行了验收。黄河水利委员会建管局、规计局、财务局、审计局、档案馆等有关人员参加了验收。验收组赴松潘基地进行了现场查看，检查了工程设计报告、上级批复文件、工程建设过程中的招标情况、施工及监理材料、专项(专业)验收文件、竣工决算及审计报告等，认为四处前方保障基地建设管理过程规范，符合基本建设项目的管理程序，达到了水利部批复的要求，同意通过正式验收。四处前方保障基地的运行交由黄河设计公司代为管理。

（崔　荃　李保平）

重 要 会 议

《南水北调西线工程多水源方案比选项目任务书》审查会

2010年5月10日，水利部水利水电规划设计总院在北京组织召开《南水北调西线工程多水源方案比选项目任务书》审查会。参加会议的有水利部规计司、水资源司、南水北调规划设计管理局和特邀专家。会议由水利水电规划设计总院副院长董安建主持，黄河水利委员会副总工李文家和规计局有关领导，黄河设计公司副总经理宗志坚、总工程师景来红及生产管理部、西线项目办的有关人员参加了会议。

会议听取了黄河设计公司编制的《南水北调西线工程多水源方案比选项目任务书》的汇报，并进行了认真的讨论。与会代表和专家们一致认为，南水北调西线工程是我国南水北调工程总体布局的重要组成部分，是缓解黄河流域水资源紧缺、促进西北地区经济社会发展的重要措施，持续、深入地开展西线工程前期工作是非常必要的。西线工程涉及面广，研究难度大，以人为本、科学发展的治水理念对西线工程研究工作提出了更高的要求，要认真分析前期工作中难点和薄弱环节，在多水源方案比选工作中加强可调水量、调水影响和多水源方案线路比选等关键问题的研究，进一步推进和深化西线工程前期工作。

与会代表和专家还就任务书中的研究范围、工作内容、研究成果和进度安排等提出了一些意见和建议。目前，项目部正抓紧进行任务书的修改上报，尽快全面启动西线工程多水源方案的研究工作。

（崔　荃　曹海涛）

柒 配套工程

THE MATCHING PROJECTS

北 京 市

概 述

根据国务院南水北调工程建设委员会第三次全体会议确定的南水北调中线工程"2013年主体工程完工，2014年汛后通水"建设目标，结合北京市人民政府批准实施的《北京市南水北调工程总体规划》，北京市南水北调办编制完成了《北京市南水北调配套工程实施方案（2010～2014年）》，对配套工程建设任务进行细化，明确工程建设时序、资金来源和项目法人，并提出北京市南水北调工程三个阶段目标：第一阶段为2008年4月前，完成南水北调干线北京段工程和北京市南水北调相关配套工程建设，具备接纳年调水4亿m^3的能力；第二阶段为2014年前，完成北京市南水北调配套工程阶段建设任务，基本形成北京城市"26213"供水格局，具备接纳年调水10亿m^3的能力；第三阶段为2020年前，全面完成北京市南水北调配套工程建设任务，具备接纳年调水14亿m^3的能力，首都可持续发展水资源支撑能力进一步增强。目前，第一阶段目标已经实现并发挥效益，第二阶段工程建设正在积极推进。

2010年8月，北京市南水北调工程建设委员会下发《北京市南水北调配套工程2010年重点工作任务和工作措施》，明确2010年北京市南水北调配套工程重点工作任务为续建大宁调蓄水库、南干渠工程，力争开工东干渠、东水西调改造、郭公庄水厂、城子水厂扩建、团城湖调节池工程，重点推进通州支线、亦庄调节池、房山丁家洼水厂、黄村水厂一期、长辛店第二水厂一期、通州水厂一期、团城湖至第九水厂二期、配套工程调度管理工程前期工作。

2010年，北京市南水北调配套工程落实各项投资约8.17亿元，全部由北京市政府固定资产投资。其中，大宁调蓄水库工程续建投资2亿元，南干渠工程续建投资6亿元，工程各标段均已进入始发掘进施工阶段；东水西调改造和团城湖调节池工程前期费1700万元。

（王建宾　魏莉军）

前 期 工 作

（一）东干渠工程

东干渠工程地处北京市东部地区，起点与团城湖至第九水厂输水工程关西庄泵站北侧分水口相接，基本沿五环路外侧布置，终点至大兴区亦庄调节池附近，与南干渠末端相接，全长约44.7km。

东干渠工程承担向北京城市东部、南部地区的供水任务，沿线设置第八水厂分水口、第十水厂分水口、通州水厂分水口。

（二）东水西调改造工程

东水西调改造工程地处北京市西部地区，起点位于海淀区的团城湖调节池，终点为门头沟区的城子水厂，全长约19.5km。工程建设内容为改造现状取水口，对玉泉山泵站、杏石口泵站、麻峪泵站和现状输水管线等进行改造。

东水西调改造工程承担向北京市西部地区的供水任务，沿线设置石景山水厂分水口和城子水厂分水口。

（三）团城湖调节池工程

团城湖调节池工程位于北京市海淀区团城湖西南角，调节池的调蓄水位为49～45m，最大调蓄容积127万m^3。建设内容包括南水北调总干渠至调节池的引水渠道、调节池及调节池分水口、管理设施、武警基地及南水北调教育展示基地等。

团城湖调节池工程主要任务为满足自来水厂供水变化及双水源切换要求，并向第九水厂、第八水厂、城子水厂、燕化田村水厂及石景山水厂分配水量。

（四）郭公庄水厂工程

郭公庄水厂地处北京市丰台区西南部，水厂位置在花乡桥南六圈路南北两侧，郭公庄路东侧。水厂一期规模为50万m^3/日，规划水厂总占地377.4亩。建设内容包括南干渠郭公庄分水口至调节池的引水管道、调节池、连接调节池和净配水厂之间的输水管线、净配水厂，服务范围为中心城西南地区等。

（五）城子水厂工程

城子水厂位于门头沟新城北部，永定河以西、桥东街以北、城子大街以东。在修建一期工程时，已代征了二期用地，即二期改建在原厂址内进行。扩建规模由现状规模4.32万m^3/日扩建到8.64万m^3/日，将其供水范围扩大至门头沟新城及石景山广宁、麻峪地区。

上述五项工程已于2010年底前完成规划方案、土地预审、环境评价、水土保持等相关审批工作及项目建议书（代可研）评估，将于2011年上半年开工建设。

（六）团城湖至第九水厂输水工程二期

团城湖至第九水厂输水工程（二期）地处北京市西部地区，起点位于海淀区团城湖调节池，终点为海淀区龙背村附近，全长约4.0km，与已建的团城湖至第九水厂输水工程（一期）对接。主要承担向北京中心城及北京东部地区的供水任务，沿线设置第九水厂分水口。

二期规划方案已获得北京市规划委员会批准，下一步将进行规划选线及项目建议书（代可研）报告编制工作。

（七）通州支线工程

通州支线工程地处北京市东部地区，起点位于朝阳区东五环路五方桥的东北角，终点为通州区规划通州水厂，全长约7.3km。主要承担向北京通州新城的供水任务。

目前，规划方案及项目建议书（代可研）报告已正式委托相关设计单位开展编制工作。

（八）亦庄调节池工程

亦庄调节池工程位于北京市东南部，大兴区三海子东侧，调节池的调蓄水位31.5m，最大调蓄容积52.5万m^3。建设内容包括调节池、反向输水泵站及调节池分水口等。主要任务为满足自来水厂供水变化及双水源切换要求，并向亦庄水厂和永乐分水厂分配水量。规划方案已获得批准。

（九）通州水厂工程一期

通州水厂地处北京市通州新城西南，水厂位置在京沈高速北侧，通马路东侧，水厂规模40万m^3/日。建设内容包括提升泵站、净配水厂，服务范围为通州新城。

目前规划方案和项目建议书（代可研）报告已正式委托相关设计单位开展编制工作。

（十）房山丁家洼水厂工程

房山丁家洼水厂地处北京市房山新城燕山地区，水厂位置在南水北调中线总干渠北侧，水厂规模为34万m^3/日。建设内容包括引水管道、调节池、提升泵站、提升泵房、输水管线和净配水厂，服务范围为房山新城及燕化地区等。

目前，规划方案和项目建议书（代可研）报告已正式委托相关设计单位开展编制工作。

（十一）黄村水厂一期

黄村水厂地处北京市大兴新城西北部，南水北调南干渠以南。水厂位置在黄亦路南侧，芦城路西侧，京西铁路东侧，水厂一期规模为18万m^3/日。建设内容主要包括输水管线、调节池以及净配水厂，服务范围为大兴新城等。

目前，规划方案已获得批准，项目建议书（代可研）报告编制完成并报送北京市发展改革委等待批复。同时，正在开展环境评价、水土保持、水资源论证、节能评估等各项前期准备工作。

（十二）长辛店第二水厂一期

长辛店第二水厂一期工程地处北京市长辛店地区，水厂位置在王佐地区牤牛河北岸，王庄以西、南官村以南。水厂一期规模为4.8万m^3/日，建设内容包括引水管道、调节池、输水管线、净配水厂，服务范围为长辛店地区等。

目前，规划方案已委托相关设计单位开展编制工作。

（十三）智能化管理系统

项目建议书（代可研）报告已编制完成，并将报送北京市发展改革委审批。

（王建宾　魏莉军）

投　资　计　划

截至2010年12月，配套工程到账资金共8.17亿元，按计划足额完成全年投资计划。其中，大宁调蓄水库工程累计下达投资计划4.8亿元，征地拆迁完成投资1亿元，工程建设完成当年投资计划3.8亿元；南干渠工程累计下达投资15.084亿元，征地拆迁完成投资计划6.2亿元，工程建设完成投资计划8.5亿元。

（王建宾　魏莉军）

在　建　工　程

2009年4月28日，北京市内配套工程全面启动。其中，南干渠工程、大宁调蓄水库工程开工建设，当年落实投资计划约12亿元。

（一）大宁调蓄水库工程

大宁调蓄水库的主要建设内容包括：库区工程、泵站工程、新建及改建库区建筑物、小哑叭河工程、河西村截污、新建工程管理设施等。

大宁调蓄水库最大可调蓄库容为3753万m^3，工程建成后，将在承担原防洪任务的同时，为安全调蓄南水北调来水、养蓄北京市境内水源及建设永定河生态屏障发挥巨大作用。

工程建设工期为20个月，共分7个施工标段、1个监理标段。

截至2010年底，一期工程形象进度：大宁调蓄水库工程自开工累计完成工程投资34 000万元。防渗墙塑性混凝土完成15万m^2，占合同量的95%。

二期工程完成泵站基坑开挖至高程37.5m，并进行基础混凝土浇筑；现状退水渠结构拆除完毕；库区平整土方碾压86 296m^3，完成合同量的24.1%；小清河橡胶坝工程土方开挖共8101.86m^3，C10混凝土垫层浇筑614m^3；完成主坝前塑性混凝土防渗墙导向墙133m。退水渠节制闸渐变段方涵垫层浇筑完毕。

（二）南干渠工程

南干渠工程地处北京市南部地区，上游与总干渠永定河倒虹吸相接，工程起点位于丰台区卢沟桥地区老庄子乡，沿五环路向南转向东，终点到亦庄水厂调节池，全长27.282km。以京九铁路东侧桩号（11+302）为界分为上、下两段。上段采用浅埋暗挖法施工，为2孔内径3400mm的钢筋混凝土隧洞，长11.302km。下段采用盾构法施工，为1孔内径4700mm的钢筋混凝土隧洞，长15.98km。工程总投资约33.24亿元。

主要构筑物包括排气阀井42处、排空井5处、分水口3处、施工竖井15处、盾构井6个、二衬井11个、管理分中心1处。

输水规模为上段设计流量30m^3/s，加大流量35m^3/s；下段设计流量27m^3/s，加大流量32m^3/s。工程等级为Ⅰ等，建筑物级别为1级，地震设防烈度为Ⅷ度。

南干渠承担着为郭公庄水厂、黄村水厂、亦庄水厂、第十水厂和通州水厂等提供南水北调水源的任务。供水范围主要包括大兴新城（包括黄村卫星城）、亦庄新城和通州新城。工程建设完成后将为南部地区带来外调水源，为新建、改建水厂提供水源，实现水资源的合理配置，涵养地下水源，提高供水安全保障。

南干渠工程计划合同工期，浅埋暗挖段为2009年12月25日~2012年4月25日，盾构段为2009年12月20日~2012年8月20日。

工程自开工以来累计完成投资5.932 7亿元。南干渠浅埋暗挖部分一衬支护洞挖累计完成9579.2m，占一衬支护洞开挖总量的42.5%，盾构段已完成盾构掘进1449.6m，占一衬支护洞掘进量的9.3%。

（冯　启　赵冬梅　李　飞　张享荣）

建　设　监　管

组织开展了质量监管体系、安全监管体系、市场监管体系、科技创新体系“四大体系”的建设工作，以健全机构、落实责任、完善制度、强化管理、明确措施为重点，逐步建立起“五位一体”、层层落实的管理模式和有效保障工程建设顺利进行的长效机制。

（一）质量监管体系

以开展“质量管理年”活动为契机，运用多种措施加强质量监控，落实管理责任。健全了以项目法人负责、监理单位控制、施工单位保证、设计单位服务和北京市南水北调办监督“五结合”的质量管理责任机制，完善了各项质量管理制度。

一是印发《北京市南水北调办2010年质量管理年活动方案》、《关于进一步加强质量管理和质量监督工作的通知》、《关于配备专职质量管理人员及总质检师的通知》等文件。二是召开北京市南水北调质量安全工作会，与北京市南水北调工程建设管理中心、北京市自来水集团签订质量目标责任书，明确质量管理责任。三是创新监督检查模式，实现重点抽查和巡回检查相结合、全面检查和专项检查相结合、内业检查和现场检查相结合，全年组织或参与质量大检查和专项检查15次。

截至2010年12月底，大宁调蓄水库工程已完单元工程优良率96.5%，南干渠工程已完单元工程优良率93.0%，在建工程质量处于受控状态。

（二）安全监管体系

按照北京市市委、市政府和国务院南水北调办关于继续深入开展“安全生产年”的工作要求，以规范体系建设、完善规章制度、加大培训力度、开展专项检查为抓手，着力构建安全监管体系，扎实开展安全生产管理工作。

一是调整和完善北京市南水北调工程安全生产管理体系，明确事故报告流程。自开工之日起，逐级层层签订安全生产责任书，确定安全管理目标。二是开展安全知识培训和特种专业人员上岗取证培训，累计培训人数达325人次。结合“安全宣传月”和汛期、特殊天气、重要节假日的安全生产，开展宣教工作5次。三是开展隐患排查治理和安全生产“三项行动”，全年共组织各类安全检查36次。

配套工程安全生产处于受控状态，自2009年开工以来实现安全生产零事故，实现连续安全生产400天。

（三）市场监管体系

根据国务院南水北调办关于工程建设领域突出问题专项治理工作部署，加强市场信用管理，初步形成以合同管理为基础，信用考评、奖惩制度和市场准入相结合的市场监管体系。

一是根据国务院南水北调办市场信用管理意见的要求，继续报送南水北调北京段干线工程施工、监理单位行为信息。二是制定

《北京市南水北调配套工程市场信用管理意见（试行）》，将信用等级评定与质量、安全考核挂钩，作为市场准入、招标投标、资质管理、信用评价、表彰评优的重要评价依据，逐步建立信用奖惩机制。

（四）科技创新体系

逐步完善以建管、设计、施工、监理单位为主体的合力技术攻关机制，以多层次、各专业的专家顾问为保证的技术咨询机制和以高校、科研院所为后盾的技术保障机制，及时解决工程遇到的难题。

在工程建设实践中，科技创新体系逐步发展成为以建管、设计、施工、监理单位为合力的技术攻关机制，以多层次、各专业的专家顾问为保证的技术咨询机制和以部分高校、科研院所为后盾的技术保障机制。

（樊　博　冯　海　尚秀荣）

征　地　拆　迁

2010年，继续开展已开工项目的征地拆迁工作，同时做好即将开工项目的前期调研工作。

（一）机制创新

在“以人为本、依法合规、扎实有效、保持稳定”总体思路指导下，机制创新初见成效。充分发挥区级行政体制的整体合力，加强与北京市相关部门沟通协调，继续落实“联络员”机制，以体制合力保障社会稳定；以建管、拆迁、设计三方为基础的联动机制优势明显，“每日一沟通、每周一例会”，有问题迅速商榷，措施及时制定；在北京市南水北调征地拆迁工作中首次进行专项设施迁建质量监督，规范了质量监督工作程序。

（二）制度建设

重点在梳理工作程序，完善制度规范，先后制定了《北京市南水北调配套工程征地拆迁变更管理办法》、《北京市南水北调配套工程建设征地拆迁监理暂行办法》、《北京市南水北调配套工程预备费管理办法》，对配套工程征地拆迁工作进行全面梳理、系统规范，有效避免工作漏洞。

（三）实施进展

继续推进大宁调蓄水库工程、南干渠工程征地拆迁工作，并配合做好东干渠、东水西调、团城湖工程项目前期立项阶段征地拆迁实物量调查工作。

至2010年底，大宁调蓄水库工程完成树木伐移47 516棵，房屋拆迁849m^2，临时占地45.52亩，电力、电信迁建5处，燕化供水和液化石油气管线迁建工作已全面启动；南干渠工程征地拆迁完成房屋拆迁84 629m^2，伐移树木20 478棵，专项设施迁建186条。

（四）投资完成

2010年完成征地拆迁投资共计64 766.84万元。其中，大宁调蓄水库工程完成征地拆迁投资11 196.24万元，南干渠工程完成征地拆迁投资53 570.60万元。

（五）文物保护

2010年北京市文物研究所考古勘探队对南水北调配套工程南干渠工程沿线的竖井、盾构井、排空井、排气阀井等生产生活占地地块进行了勘探。

全年共完成1号、3～25号、27～38号、40号、42号、43号排气阀井，2～16号暗挖竖井，1～6号盾构井，1～3号、5～11号二衬施工竖井等处下挖区域的勘探工作，勘探总面积83 103m^2，已勘探的区域内未发现地下埋藏文物。

（六）和谐拆迁

拆迁过程中高度重视群众意见，着力加强宣传、解释，避免群众意见积累，及时化解不稳定因素。耐心接待群众来访，能解决的问题不拖延、不推脱，对不合理诉求，力求以理服人。续建中的南干渠工程和大宁调蓄水库工程未出现一例上访事件。

（蒋春芹　刘　畅）

科 技 工 作

（一）成立专家顾问委员会

为充分发挥各方面专家顾问的作用，在已聘任的8位专家顾问的基础上，根据各单位工作需要和推荐，2010年底，新增聘请14位专家顾问，组成了共有22位委员的北京市南水北调专家顾问委员会，完善重大问题的科学民主决策机制，为保证工程建设的顺利进行提供技术支撑。

（二）开展干线北京段工程技术总结

为进一步提高南水北调科技进步和建设管理水平，促进南水北调市内配套工程又好、又快地建设，2010年，认真总结工程实践成果。

一是组织相关单位对南水北调干线北京段工程进行技术总结，确定编写纲目，制定技术总结工作方案，开展资料收集及整理工作。二是开展“北京市南水北调工程优秀成果奖评选工作”，经过成果征集、专家评审、网上公示等程序，共评选出获奖项目302项，其中一等奖68项、二等奖88项、三等奖146项，评选范围包括了自2003年开工以来在北京市南水北调工程前期工作和建设管理中涌现出的规划设计、工程建设、工程管理等各类优秀成果，涉及南水北调工程规划、勘察设计、科研、施工、拆迁、质监、管理、宣传等各个方面。三是组织北京市水利设计院完成《超大口径PCCP管道结构安全与质量控制研究》，该课题是“十一五”国家科技支撑计划的南水北调工程关键技术问题研究项目，于2010年11月通过验收。

（三）建立科技创新体系

北京市南水北调工程科技创新的重点是技术创新和管理创新。科技创新贯穿于南水北调工程前期设计、拆迁征地、工程施工、质量监督、运行调度、管理（含信息化）等全过程。

组织机构：成立北京市南水北调工程科技创新工作领导小组，领导小组下设办公室，负责领导小组的日常工作；充分发挥各方面专家作用，调整完善北京市南水北调科学技术委员会和北京市南水北调专家顾问委员会，成立市南水北调办总工办；北京市南水北调系统各级部门和单位建立、健全科技工作组织，完善科技工作管理体系，明确本部门或单位科技工作的主管领导、主管部门、具体工作人员。

目标任务：一是确定针对性强、切实可行的创新目标；二是营造宽松和谐、积极踊跃的科技创新环境。

队伍建设：一是建立北京市南水北调科技人才库；二是推进职称评定工作制度化、规范化；三是搞好人才培训，鼓励南水北调系统职工积极参加与工作相关的继续教育；四是有计划培养科技带头人。

保障措施：一是完善制度。通过制定制度、严格执行和不断完善，逐步实现南水北调科技管理工作制度化、程序化、规范化、标准化，完善激励与约束机制；加大考核管理力度，完善科技项目的立项审查制、合同管理制，加强项目实施全过程的监督、检查、评估，建立科研诚信制度。二是保障经费，科技资金纳入各级部门和单位预算管理，多渠道、多层次筹集南水北调科技资金；研究建立南水北调科技奖励基金，奖励取得优秀科技成果的单位和个人，尤其对有突出贡献的科技人员进行重奖。

（康德勇　马翔宇）

天　津　市

概　　述

2010年，天津市南水北调配套工程在建项目包括中心城区供水工程、尔王庄水库至津滨水厂供水工程、滨海新区供水一期工程3项，其中，中心城区供水工程为续建项目，尔王庄水库至津滨水厂供水工程为新开工项目，滨海新区供水一期工程为启动建设准备项目。配套工程各参建单位认真贯彻落实天津市市委、市政府的总体部署，经过全体建设者的共同努力，各项工作扎实推进，中心城区供水工程和尔王庄水库至津滨水厂供水工程均已完工，在建工程质量、安全、进度均在受控状态。

（何　睦）

前　期　工　作

2010年，天津市南水北调办组织设计单位进一步科学论证了滨海新区供水一期工程规模，由28m³/s调整为22.3m³/s。组织完成了滨海新区供水一期工程初步设计，2010年12月15日，天津市发展改革委核定了工程概算；2010年12月16日，天津市南水北调办批复了工程初步设计报告。结合滨海新区规划调整和产业布局调整，不断研究完善滨海新区供水布局，并多次与天津市有关部门、滨海新区政府进行沟通，基本达成了一致意见。积极推进王庆坨水库工程可行性研究审批，水土保持方案、环境影响评价、地质灾害危险性评估等工作已经完成，土地预审工作正在进行之中。组织编制了西河原水枢纽泵站工程、新建引江水预处理系统工程、西河泵站至宜兴埠泵站原水管道工程可行性研究报告，其中西河原水枢纽泵站工程可行性研究报告已报送天津市发展改革委审查。另外，设计单位积极组织力量开展各单项工程招标设计、施工图设计工作，并建立现场设代组织机构，主动服务工程建设，满足了施工需要。

（何　睦）

投　资　计　划

2010年，天津市南水北调配套工程投资规模为64 180.28万元，共安排3项工程和13项前期、科研及技术咨询工作，完成投资64 180.28万元，为计划的100%。其中，前期、科研及技术咨询工作完成投资811.40万元，征地拆迁及工程建设完成投资63 368.88万元。

2010年前期、科研及技术咨询工作主要包括滨海新区供水工程环境影响评估、中心城区供水工程环境影响评估、王庆坨水库工程防渗技术研究及有关设计成果技术咨询等13项，计划投资811.40万元，完成投资811.40万元，为计划的100%。2010年工程建设项目主要包括中心城区供水工程、尔王庄水库至津滨水厂供水工程、滨海新区供水一期工程3项，计划投资63 368.88万元，完成投资63 368.88万元，为计划的100%，其中，中心城区供水工程完成投资11 697.30万元，尔王庄水库至津滨水厂供水管线工程完成投资31 671.58万元，滨海新区供水一期工程完成投资20 000万元。

（何　睦）

建　设　管　理

天津市南水北调配套工程2010年建设项

目分项目法人直接管理和委托建设管理两种模式。其中，滨海新区供水一期工程安全监测项目由项目法人单位——天津市南水北调水源工程建设投资有限责任公司直接管理；滨海新区供水一期工程管线项目、尔王庄水库至津滨水厂供水工程管线项目和中心城区供水工程由项目法人单位委托天津市水利工程建设管理中心负责建设管理；滨海新区供水一期工程曹庄泵站项目、尔王庄水库至津滨水厂供水工程泵站改造项目由项目法人单位委托天津普泽工程咨询有限责任公司负责建设管理。各参建单位合理安排工期，科学组织施工，圆满实现了年度建设目标。中心城区供水工程全部完工，2010 年内建成输水箱涵 1.53km，共完成土方开挖 13.7 万 m^3、土方回填 73.2 万 m^3、钢筋制作安装0.23 万 t、混凝土浇筑 3.75 万 m^3；尔王庄水库至津滨水厂供水工程全部完工，铺设输水管道 44.18km，改造加压泵站 1 座。

建设管理制度日臻完善。天津市南水北调办印发了《南水北调天津市配套工程文明工地管理规定》和《南水北调天津市配套工程建设稽察规定》，对规范建设行为、确保工程质量、提高投资效益、保障人身和公共安全提供了保障。天津市南水北调办还组织编制了《天津市南水北调预应力钢筒混凝土管（PCCP）制造安装与施工质量评定标准（试行）》和《天津市南水北调工程验收导则》，并通过了专家验收，已经应用于工程建设。

质量监督检查力度不断加强。各参建单位严格执行质量管理体系和各项施工技术标准，把好原材料质量检查关和工序质量控制关。在工程建设过程中，天津市南水北调办推行了工程建设项目巡视制度，定期安排专职巡视人员，深入工程建设一线，了解工程建设进展情况，及时协调解决存在问题。同时，定期组织天津市南水北调工程质量与安全监督站等有关单位开展工程质量联合巡查。2010 年，中心城区供水工程共评定 962 个设计单元工程，质量合格率 100%，优良率 95.01%；尔王庄水库至津滨水厂供水工程共评定 929 个设计单元工程，质量合格率 100%，优良率 93.8%。

安全生产目标圆满实现。从天津市南水北调办、天津市南水北调工程质量与安全监督站、天津市水利工程建设管理中心等有关单位组织的检查结果看，各参建单位均能够认真落实安全生产有关法律法规和规范要求，建立了较为完善的安全保证体系和安全生产规章制度，结合工程项目特点不断强化安全生产管理，严格按照规范、标准组织施工，安全保证体系比较完善，各项制度比较健全，现场安全控制措施比较到位，实现了安全生产零事故的年度目标。

（何　睦）

河　北　省

概　述

2010 年，河北省南水北调配套工程建设工作取得重大进展。经过两年多的紧张筹备，河北省组建了河北水务集团，明确了河北省配套工程水厂以上输水工程建设的项目法人。配套工程跨市输水干渠廊涿干渠（即廊坊干渠）工程初步设计已通过河北省水利厅审批并开工建设；石津干渠可行性研究报告已编制完成，并通过了专家审查，石家庄市区暗涵和明渠两段工程初步设计已编制完成，也经过了专家审查；沙河、赞善、邯沧干渠可行性研究报告正在抓紧编制。

（卢亚卓）

前期工作

按照国家确定的“主体工程由国家负责筹资和建设，配套工程由各省（市）政府负责筹资和建设，各省尽快组建配套工程项目法人，与中线总干渠法人对接”的建设管理要求，和配套工程规划提出的“政府主导，准市场运作，分级管理，责权统一”的建设管理思路，河北省成立了河北水务集团，履行河北省南水北调配套工程水厂以上输水工程建设项目法人和投资主体的职责，负责筹资、建设与管理。

为尽快实现配套工程开工建设，河北省南水北调办大力推进跨市输水干渠等重点工程的各项前期工作。经过积极努力，2010年6月《河北省南水北调配套工程石津干渠工程可行性研究报告》通过了专家审查，2010年9月《河北省南水北调配套工程石津干渠工程田庄暗渠初步设计报告》和《河北省南水北调配套工程石津干渠工程赵陵铺至规划京珠高速段初步设计报告》经过了专家审查；2010年10月19日，河北省水利厅正式批复了《河北省廊坊市应急供水工程廊涿干渠（即廊坊干渠）工程初步设计报告（报批稿）》；沙河干渠可行性研究报告已基本完成；赞善、邯沧干渠可行性研究报告正在抓紧编制；河北省南水北调受水区供水配置优化、河北省南水北调配套工程“十二五”规划编制等工作和配套工程水资源统一管理、优化设计等重大课题也正在全面开展，并取得了一定成果。

（卢亚卓）

资金筹措

河北省政府确定了水厂以上输水工程由河北水务集团统一负责，调蓄工程、水厂及配水管网工程由市、县政府负责的任务分工。水厂以上输水工程由省、市、县共同筹措资本金，利用银行贷款建设完成。充分考虑地方财政状况，河北省政府批准了2014年前建设项目40%资本金、60%贷款的建设筹资方案，资本金由河北省承担70%，市、县承担30%，全部注入河北水务集团，统贷统还。经过与国家开发银行反复协商，还贷期限为20年。

（卢亚卓）

配套规划

按照“各级政府负责、多渠道筹资、先通后备、系统成片、扩大供水能力”的建设思路，河北省南水北调配套工程第一步（2010～2014年）建设任务是：建成廊涿、赞善两条新干渠，沙河、石津、邯沧3条现有干渠达到通水条件；完成向5个设区市、62个县（市、区），共84个供水目标的供水管道工程，供水能力达到18亿m^3以上，估算总投资103亿元。水厂以下及配水管网工程由市、县政府负责同步建设完成。

（卢亚卓）

在建工程

廊涿干渠工程位于保定市与廊坊市境内，从总干渠三岔沟口门引水至廊坊市广阳水库，向沿线廊坊市区、固安、永清以及涿州市供水，为新建工程，采用预应力钢筒混凝土暗管输水。渠线总长80.1km，渠首设计流量11m^3/s，入广阳水库流量8m^3/s，年供水量2.62亿m^3，初步设计批复投资17.63亿元。

为缓解廊坊市水资源紧张状况，2010年10月26日，廊涿干渠作为应急项目先期开工建设，河北水务集团为建设项目法人。2010年10月，河北省政府与保定、廊坊两市政府签订了南水北调配套工程廊涿干渠工程建设、征迁安置责任书，河北省政府组织省直有关部门按照各自职责做好廊涿干渠工程的各项审批工作，制定相关办法，办理相关手续，加强对征迁安置和工程建设的监督和管理，协调解决工作中的重大问题；督促项目法人（河北水务集团）积极筹措建设资金，并确保及时足额到位。廊坊、保定市政府对受委托的廊涿干渠工程廊坊段工程的征迁安置和工程建设负总责。河北省南水北调办加紧组织开展了廊涿干渠开工前的各项筹备工作，制定印发了《南水北调配套工程廊涿干渠工程建设管理办法》，布置开展了征迁核查、方案编制和工程建设标段划分、招标设计等工作。

廊涿干渠2010年投资计划3.47亿元，其中资本金1.39亿元，贷款2.08亿元，主要进行征迁安置、专项设施迁建以及管道设备购置、施工现场“三通一平”等项工作任务。

截至2010年底，廊涿干渠沿线所涉乡镇完成地上附着物公示，并组织开展资金兑付工作，完成投资1.26亿元。

（卢亚卓）

江　苏　省

概　　述

2010年，江苏省南水北调配套工程前期工作加快推进，《江苏省南水北调配套工程规划》总报告编制完成并正式上报江苏省政府，各专题研究初审后也已修改完毕。

（薛刘宇　刘丽君）

前　期　工　作

根据国家发展改革委、水利部、国务院南水北调办联合印发的《关于加快南水北调中、东线一期工程受水区配套工程建设的通知》（发改农经〔2007〕2456号），2008年7月，江苏省发展改革委、江苏省水利厅、江苏省南水北调办联合下达了《江苏省南水北调配套工程规划任务书》，启动江苏省南水北调受水区配套工程规划工作。江苏省南水北调办负责规划编制组织协调工作，江苏省水利勘测设计研究院有限公司作为编制总承单位，江苏省水文局、江苏省水资源服务中心、江苏省农村水利科技发展中心、江苏省苏北供水局等单位分别负责各个专题研究工作，沿线受水区各市水利局参与编制。

截至2010年底，规划编制工作已基本完成，规划报告正式定名为《江苏省南水北调配套工程规划》，并由江苏省水利厅、江苏省南水北调办联合上报江苏省政府。同时，江苏省水利厅编制的《江苏省“十二五”水利发展规划》，将南水北调江苏省配套工程规划列入，以利于下一阶段与全省水利工程建设统筹安排。

江苏省南水北调配套工程主要内容包括：

（1）输水干线口门完善工程。根据江苏省内南水北调供水区水资源配置情况，为满足用水户“用水、保水、管水”的要求，对干线部分主要取水口门拆除重建或更新改造。

（2）输水支线配套工程。重点对引水能力不足的河道及老化失修的取水建筑物进行整治，根据《江苏省淮河流域重点地区中小河流近期治理建设规划》，部分输水支线列入了整治规划，满足了输水要求。配套工程主要对叮当河、郑集河进行疏浚，对叮当河、郑集河、城河沿线取水建筑物进行更新改造。

（3）两湖抬高蓄水位影响处理完善工程。南水北调东线一期工程中，受投资控制未能全部解决洪泽湖、南四湖因抬高蓄水位而带来的影响。配套工程重点考虑两湖周边部分低洼地区排涝降渍处理工程。

(4) 干(支)线水量计量与水质监测工程。为实现江苏省境内供水达到“总量控制、计划用水、定额配置”的目标，实施区域水资源优化配置、监控、调度，计划实施计量监测控制工程，主要解决省、市、县交水断面、梯级泵站出水断面、干线分水闸、农业取水口门等水量控制配置、计量，以及水质监测。

(5) 农业用水户内部配水、计量工程。江苏省内南水北调供水区内的第一用水大户即以灌区为代表的农业用水。管好农业用水户是提高水资源区域配置水平，确保省内、省外供水目标，发挥南水北调工程整体效益的基础和关键。配套工程主要结合灌区改造等项目实施情况，对部分用水户内部的配水、控制以及节水等采取工程措施。

(6) 水质保护补充工程。在全面分析江苏省南水北调沿线14个治污控制单元水质达标情况的基础上，对现状突出问题实施补充工程，主要包括高邮北澄子河、丰县复兴河控制单元的水质达标工程，续建新沂河尾水通道扩大工程，以及徐州、宿迁等区域内尾水导流补充工程，同时对江都市为保护南水北调东线源头的夹江、芒稻河区域规划进行的综合整治项目中生态廊道工程给予适当补助。江苏省配套工程总投资约43.8亿元。

(薛刘宇　刘丽君)

山　东　省

概　　述

2010年1月13日，山东省南水北调工程建设指挥部成员扩大会议召开，进一步明确了山东省南水北调续建配套工程前期工作的任务目标，要求各市、县严格按照承诺的水量开展配套工程规划设计工作，争取2010年下半年能够开工建设。

为落实山东省南水北调工程建设指挥部成员扩大会议精神，2010年1月26～28日，山东省发展改革委会同山东省水利厅组织有关专家对《山东省南水北调续建配套工程规划报告》进行了初步审查；2010年2月11日，山东省人民政府下发《关于抓紧做好南水北调东线续建配套工程前期工作的通知》(鲁政督字〔2010〕第4号)，进一步明确了各市政府是续建配套工程的责任主体，同时要求于2010年2月底前完成续建配套工程规划修订工作，2010年5月底前完成可行性研究报告编制工作，2010年8月底前完成初步设计报告编制工作，确保年内陆续开工建设；2010年3月22日，山东省南水北调工程建设指挥部下发《关于抓紧上报南水北调山东省续建配套工程规划等前期工作报告的通知》(鲁调水指字〔2010〕6号)，进一步明确了续建配套工程前期工作机制和工作要求。

2010年10月，山东省水利设计院完成了规划报告的编制工作，并经山东省水利厅初步审查同意后，上报山东省发展改革委。2010年12月3～6日，山东省发展改革委委托山东省工程咨询院组织省内外专家评审通过了《南水北调东线工程山东省续建配套工程规划报告》。2010年12月23日，山东省发展改革委、水利厅、南水北调工程建设管理局联合以《关于审批南水北调东线一期工程续建配套工程规划的请示》(鲁发改农经〔2010〕1675号)将规划报告上报山东省政府，待批复。

(徐国涛)

河　南　省

概　　述

根据南水北调总体规划和国家有关部委安排意见，2007年10月，《河南省人民政府关于批转河南省南水北调受水区供水配套工程规划的通知》（豫政文〔2007〕195号）批复了配套工程规划。依据批复的配套工程规划，河南省南水北调办组织开展配套工程可行性研究工作。

河南省南水北调配套工程由输水管（渠）道、提水泵站等部分组成，输水线路总长961.58km，其中铺设输水管道90条，长942.74km，开挖明渠1段，长1.53km，修建涵洞（暗渠）1段，长1.86km，利用河道长15.45km。口门总设计流量（不含1号口门）181m^3/s，输水主管（渠）道总设计流量165.9m^3/s。利用总干渠沿线可作为调蓄工程的水库7座，配套修建提水泵站14座，泵站装机总容量20 876kW。按照2009年第三季度价格水平，工程总投资约121.90亿元。

根据南水北调工程建设需要，河南省南水北调中线工程建设管理局承担干线工程委托建设管理任务，负责配套工程设计、施工至工程竣工验收全过程的建设管理。按照有利于工程建设和运行管理、充分发挥各级的积极性的原则，参照干线工程的建设管理模式，配套工程建设拟采用河南省南水北调中线工程建设管理局直接管理和部分项目委托省辖市管理相结合的管理模式。

（张海峰）

前　期　工　作

2009年，河南省南水配套工程前期工作主要是完成配套工程可行性研究报告的编制、初审、上报，以及配合河南省工程咨询公司对配套工程可研报告进行评估等工作。

2009年2月10日，为加强对配套工程前期工作的领导，河南省南水北调办以《关于成立河南省南水北调配套工程建设领导小组的通知》（豫调办〔2009〕3号）成立配套工程建设领导小组，河南省南水北调办、省政府移民办主任王树山任组长，河南省南水北调办各位副主任任副组长。领导小组下设办公室，具体负责组织开展配套工程的各项前期工作。2009年2月23日，河南省南水北调办以《关于印发河南省南水北调配套工程2009年度工作计划的通知》（豫调办〔2009〕6号）明确配套工程前期工作的时间节点、责任处室及工作要求，加紧开展配套工程可行性研究报告和7个专项（防洪影响评价、燕山水库参与调蓄分析研究、水土保持、环境影响评价、压覆矿床评估、地质灾害评价、文物保护规划）编制工作。同期建立了配套工程前期工作旬报制度。

可行性研究主报告的编制设计单位是河南省水利勘测设计研究有限公司，勘测责任单位是河南省水利勘测有限公司。在2008年工作的基础上，进行线路比选、优化，增加舞阳县城、南阳龙升工业园区、禹州神垕镇三个供水目标的供水线路，汇入专题报告成果，2009年5月完成《河南省南水北调受水区供水配套工程可研性研究报告（初稿）》。2009年8月，经河南省南水北调办组织初审后将可行性研究报告报送河南省发展改革委。2009年11月，河南省发展改革委委托河南省工程咨询公司组织有关国内知名专家和受水省辖市发展改革委、南水北调办以及省直有关部门、金融机构对可行性研究报告（修订稿）进行了评估，设计部门根据专家评估意见对可行性研究报告（修订稿）进行了反复修改，2010年1月，经部分专家对可行性研究报告（修改稿）再次进行评估，河南省工程咨询公司提出了《关于河南省南水北调受水区供水配套工程可行性研究报告的评估报告》（豫咨〔2010〕70号），根据评估报告进行修改后，最终形成了《河南省南水北调受水区供水配套工程可行性研究报告》。2010年5月，河南省发展改革委向河南省政府呈报了《关于审批河南省南水北调供水配套工程可行性研究报告的请示》（豫发改农经〔2010〕672号）。2010年11月，河南省政府第75次常务会议对《河南省南水北调受水区供水配套工程可行性研究报告》进行了研究并原则同意，明确了配套工程的筹资方案：按照省市财政、南水北调基金（资金）和银行贷款三个渠道4:4:2的比例筹措。

河南省环境保护厅批复了环境影响评价报告书，河南省国土资源厅出具了建设用地初步审查意见，河南省水利厅批复了水土保持方案报告书，国家文物局和河南省文物局出具了文物保护审查意见，可行性研究报告基本具备批复条件。

（张海峰）

捌 队伍建设

TEAM BUILDING

国务院南水北调工程建设委员会办公室

概　述

国务院南水北调工程建设委员会办公室（简称国务院南水北调办）2010 年干部人事工作，认真贯彻落实党的十七届四中、五中全会精神，按照全国组织部长会议有关部署，紧紧围绕南水北调工程建设大局和国务院南水北调办中心工作，不断健全制度措施，努力推进、逐步深化干部人事制度改革，进一步加强领导班子建设、干部队伍和干部廉政建设，加大干部教育培训力度，积极推动干部交流锻炼，加强干部监督管理，按照国务院南水北调办鄂竟平主任关于强化求真务实、清正廉洁、联系群众、艰苦奋斗和勤思爱学五种作风建设的要求，不断开创南水北调干部人事工作新局面，为南水北调工程建设提供坚强的组织和人才保障。

（何韵华　胡周汉）

队伍建设与组织机构

（一）队伍建设

2010 年，国务院南水北调办认真贯彻全国组织部长会议和贯彻落实深化干部人事制度改革规划纲要座谈会会议精神，根据南水北调工作需要，做好国务院南水北调办机关和部分事业单位干部交流，进一步加强了干部队伍建设。通过制定周密方案，严格工作程序，拿出 3 个副司级领导职位，面向机关和各直属单位开展竞争上岗工作，进一步加大了竞争性选拔干部工作力度。在总结以往工作经验的基础上，于 2010 年 6 月从国务院南水北调办机关选派 2 名正处级干部赴基层挂职锻炼。

（二）组织机构

中央机构编制委员会办公室《关于调整国务院南水北调工程建设委员会办公室有关职责和内设机构的批复》（中央编办复字〔2009〕69 号），增加了国务院南水北调办有关职责，并将环境与移民司分设为环境保护司和征地移民司；《关于调整南水北调办行政编制的通知》（中央编办发〔2010〕28 号），核增国务院南水北调办机关编制 10 名。根据以上两个文件，以《关于调整国务院南水北调工程建设委员会办公室机关各司主要职责内设处室和人员编制的通知》（国调办综〔2010〕12 号）重新调整印发国务院南水北调办机关各司“三定”规定，进一步理顺了职能。就国务院南水北调办有关“两委人员”编制事宜，经《关于核定国务院南水北调工程建设委员会办公室“两委人员编制”的批复》（中央编办复字〔2010〕284 号）同意为国务院南水北调办核定“两委人员编制”6 名。

（三）干部监督

按照《关于认真贯彻实施干部选拔任用工作四项监督制度有关问题的通知》（组通字〔2010〕21 号）要求，对《党政领导干部选拔任用工作责任追究办法（试行）》、《党政领导干部选拔任用工作有关事项报告办法（试行）》、《地方党委常委会向全委会报告干部选拔任用工作并接受民主评议办法（试行）》、《市县党委书记履行干部选拔任用工作职责离任检查办法（试行）》进行了深入学习和贯彻。制定了“四项监督制度”干部培训计划，通过组织召开南水北调人事工作培训班，邀请中组部有关同志就有关内容进行详细讲解，对国务院南水北调办机关各司、各直属单位有关负责同志和从事组织人事工作的干部进行专题培训。

（四）教育培训

2010年，国务院南水北调办按照中组部《关于2008～2012年大规模培训干部工作的实施意见》和《关于在干部教育培训中进一步加强学风建设的若干意见》等要求，进一步加强干部教育培训工作，全面提高干部队伍素质。坚持和完善领导班子自学、领导班子中心组学习和脱产进修“三位一体”的理论学习机制，不断提高领导干部政治素养、政策理论水平和把握全局的能力。分层次、按需求，采用多种方式加大干部教育培训工作力度，积极开展干部到中央党校调训、初任培训、任职培训、业务培训，鼓励干部职工参加继续教育等，促进干部素质和能力的全面提高。

（五）人事管理

积极推进人事制度改革，加强人才队伍建设。指导国务院南水北调办各直属单位严格按照人才规划，紧密结合南水北调工程建设实际，做好应届毕业生接收和京外调干工作。组织开展全国工程勘察设计大师、张光斗青年科技奖候选人等的推选工作。组织完成2009年度专业技术职务任职资格评审和管理工作，开展了《南水北调系统专业技术职务任职资格评审工作规范》项目研究工作。推进事业单位人事制度改革，审查事业单位公开招聘方案，对事业单位拟招聘人员进行备案等。

（何韵华　胡周汉）

人 事 任 免

2010年4月12日，国务院南水北调办以办任〔2010〕1号文件，任命欧阳琪为国务院南水北调工程建设委员会办公室投资计划司副司长（试用期一年），免去其南水北调工程建设监管中心副主任职务；徐子恺为国务院南水北调工程建设委员会办公室环境保护司副司长（试用期一年），免去其国务院南水北调工程建设委员会办公室政策及技术研究中心副主任职务；张景芳为国务院南水北调工程建设委员会办公室征地移民司副司长（试用期一年），免去其南水北调工程设计管理中心副主任职务；皮军为国务院南水北调工程建设委员会办公室监督司副巡视员；根据中央国家机关工委《关于印发〈中央国家机关部门机关党委和机关纪委书记、副书记任免审批工作办法〉的通知》（国工办发〔2010〕1号）精神，确定彭克加行政级别为正司级；根据《中共中央办公厅印发〈关于领导干部机要秘书选拔任用的意见〉的通知》（中办发〔2009〕10号）精神，任命袁其田为副司级秘书。

2010年6月2日，国务院南水北调办党组以办任〔2010〕2号文件，任命刘远书为国务院南水北调工程建设委员会办公室政策及技术研究中心副主任（试用期一年）；由国文为南水北调工程建设监管中心副主任（试用期一年）；谢民英为南水北调工程设计管理中心副主任（试用期一年）。

2010年7月2日，国务院南水北调办以办任〔2010〕3号文件，经任职试用期满考核合格，任命袁松龄为征地移民司司长；谢义彬为经济与财务司副司长；邓培全为征地移民司副司长。

（何韵华　胡周汉）

党的建设与精神文明建设

2010年，国务院南水北调办直属机关党委在中央国家机关工委和国务院南水北调办党组的领导下，在国务院南水北调办机关各司、各单位的积极支持和配合下，认真贯彻落实科学发展观，充分发挥各级党组织和工、青、妇组织的积极性和创造性，紧密结合工程建设进入高峰期、关键期的特点，扎实开展创先争优活动，着力推进学习型党组织建设，狠抓机关作风建设和党风廉政建设，积极构建文明和谐机关，为促进南水北调工程又好又快建设提供了坚强的思想政治保证。

（一）机关思想政治建设

（1）深入学习贯彻党的十七届五中全会精神。党的十七届五中全会召开之后，国务院南水北调办直属机关党委迅速发出通知作出部署，要求国务院南水北调办各级党组织和全体党员干部深入学习领会全会精神，特别是认真学习胡锦涛总书记、温家宝总理的重要讲话和党的十七届五中全会通过的《中共中央关于制定国民经济和社会发展第十二个五年规划的建议》，并及时为党员干部配备了学习辅导读本。在自学的基础上，组织党员干部进行集中学习，邀请中央党校研究室副主任周天勇教授、北京市水务局程静局长分别就十七届五中全会主要精神和北京市水资源形势作专题报告。

（2）深入学习贯彻胡锦涛等中央领导同志的重要讲话。组织党员干部认真学习胡锦涛等中央领导同志在省部级主要领导干部深入贯彻落实科学发展观加快经济发展方式转变专题研讨班上的重要讲话、胡锦涛总书记在中共中央政治局第二十一次集体学习时关于党的基层组织建设问题的重要讲话和胡锦涛总书记、温家宝总理在中央经济工作会议上的重要讲话，学习贯彻李长春同志在学习型党组织建设工作座谈会上的重要讲话、习近平同志在国土资源部调研机关党建和创先争优活动时的重要讲话和王兆国、李源朝同志在全国党群共建创先争优视频会议上的讲话精神。此外，2010年初认真组织党员干部学习"两会"精神，特别是学习了温家宝总理作的政府工作报告。

（3）深入开展学习型党组织创建活动，营造良好的读书学习氛围。根据中共中央《关于推进学习型党组织建设的意见》要求和国务院南水北调办党组部署，在国务院南水北调办直属机关组织开展了学习型党组织创建活动。从中央国家机关工委推荐的数目中精选了21种书目，作为干部职工业余读书的指导书目，并利用党费结余为每个支部配发了其中的10种书，为每个党员购置了读书卡。鼓励青年党员干部参加在职学历教育。举办了直属机关创建学习型党组织读书座谈会、青年读书演讲会，组织党员干部运用"中央国家机关理论武装在线"平台，进行网上学习，参加"强素质、作表率"读书活动，并为司局级以上领导干部购买了中央国家机关"强素质、作表率"读书活动经典讲座光盘。组织开展了"提高机关党建工作科学化水平：理论与实践"征文活动，张力威同志的《读〈永远的马克思〉有感》获得了中央国家机关读书征文三等奖。

（4）进一步做好学习实践科学发展观整改落实工作。根据中央关于做好学习实践科学发展观活动整改落实后续工作的要求，认真抓好整改落实后续工作，按照《中共国务院南水北调办党组深入学习实践科学发展观整改落实方案》，组织对国务院南水北调办直属机关整改落实工作进行了再部署，并将整改落实情况汇总后向国务院南水北调办党组作了报告。

（二）创先争优活动

（1）认真做好创先争优活动的具体组织工作。根据中央统一部署和中央国家机关工委要求，国务院南水北调办成立了创先争优活动领导小组，研究制定了创先争优活动实施方案，召开了国务院南水北调办直属机关创先争优活动动员大会，在直属机关党组织中进行了层层动员部署。本着有利于党组织开展活动，有利于党员参加，有利于活动取得实效的原则，确定了七项活动载体，一是组织开展党员先锋岗活动；二是组织开展主题党日活动；三是组织开展主题读书活动；四是组织开展专题调研活动；五是组织召开专题民主生活会；六是组织开展反腐倡廉宣传教育活动；七是开展“新机关新形象”精神文明创建活动。根据国务院南水北调办党组的部署安排，直属机关党委相应开展了具体的组织实施工作。

（2）紧跟中央部署，及时贯彻落实上级党组织的活动安排和要求。中央党群共建创先争优视频会议、中央国家机关创先争优活动现场交流会、中央国家机关创先争优活动经验交流会、中央国家机关“围绕‘十二五’破解发展难题”创先争优推进会等重要会议召开之后，及时向国务院南水北调办党组汇报，并按要求抓好贯彻落实。为推进创先争优活动的开展，国务院南水北调办党组书记、主任鄂竟平同志主持召开创先争优活动座谈会并作讲话，强调创先争优要围绕破解南水北调工程建设难题和强化党员干部作风建设来进行。2010 年 9 月 17 日，中央国家机关工委召开创先争优活动经验交流会，南水北调工程建设监管中心党支部作为向会议提交经验材料的 17 个单位之一作了《围绕服务工程建设一线公开承诺　开展“两岗一集”活动深化创先争优工作》书面经验交流。

（3）紧密结合“讲党性、重品行、做表率”活动，大力营造学习先进、争当先进、赶超先进的良好氛围。组织国务院南水北调办直属机关广大党员干部立足本职，开展向沈浩等先进人物学习活动，观看电影《第一书记》，组织阅读《沈浩日记》，以支部为单位，召开学习沈浩同志座谈会，畅谈学习体会。坚持用身边的先进典型教育党员干部，组织开展向全国先进工作者、中线建管局河南直管部部长高必华同志学习活动，自觉以先进人物为榜样，在南水北调工程建设中做贡献，当先锋，形成浓厚的比、学、赶、超氛围。国务院南水北调办直属单位开展了“党员先锋岗”、公开承诺活动。

（4）做好领导点评工作，党群共建创先争优。根据中央创先争优活动领导小组《关于在创先争优活动中认真做好领导点评工作的指导意见》，按照国务院南水北调办党组要求，迅速部署了国务院南水北调办直属机关领导点评工作，按照领导分工，逐级点评，层层落实点评责任。特别是在点评内容上，结合南水北调工程建设实际，要求重点围绕推动南水北调工程建设、贯彻落实南水北调工程建设座谈会、破解工程建设难题、强化作风建设、为群众办实事办好事等进行重点点评。坚持党建带群建，指导工、青、妇组织开展创先争优活动。国务院南水北调办机关工会、团委、妇工委都结合各自工作特点，制定了创先争优活动实施方案，开展了一系列各具特色的创先争优活动。

（三）基层组织建设

（1）深入学习《中国共产党党和国家机关基层组织工作条例》（以下简称《条例》）。组织广大党员深入学习领会《条例》修订颁布的重大意义、主要内容和基本要求，认真学习贯彻《中央国家机关工委贯彻〈中国共产党党和国家机关基层组织工作条例〉实施办法》，进一步明确了机关党建工作的基本规章。

（2）积极组织开展主题党日活动，增强党员党性意识。以支部为单位分别组织党员干部赴井冈山、韶山、西柏坡、中共一大会址以及京郊革命传统教育基地参观学习或到南水北调工程建设一线调研，使广大党员干部进一步加深了对党的“全心全意为人民服务”宗旨的理解，增强了艰苦奋斗、爱岗敬业、执政为民、奉献社会的自觉意识。

（3）加强基层组织建设。根据工作需要，及时对南水北调工程建设监管中心、南水北调工程设计管理中心支部班子成员进行了调整补充。认真贯彻“坚持标准、保证质量、改善结构、慎重发展”的方针，积极慎重地开展组织发展工作。2010 年，国务院南水北调办直属机关发展 8 名同志成为预备党员，10 名预备党员按期转正。根据中央《2009～2013 年全国党员教育培训工作规划》要求，积极做好党员教育培训。在抓好面上党员教育的同时，先后选派了8名同志参加了中央国家机关党校处级和科级培训班的学习，使他们进一步提高了党性修养和政策理论水平，拓宽了知识面。

（4）制定《国务院南水北调办直属机关党建工作考评办法（试行）》和具体实施细则，推进直属机关党建工作科学化。根据《中国共产党章程》和《中国共产党党和国家机关基层组织工作条例》，制定并实施了《国务院南水北调办直属机关党建工作考评办法（试行）》及实施细则，对领导班子建设、思想政治建设、组织和作风建设、精神文明建设四个部分内容进行了细化，形成了管理指标量化考核体系。积极参加中央国家机关工委组织开展的党建课题研究，撰写了《认真贯彻〈条例〉是实现党的建设科学化的根本保证》论文，获三等奖。

（四）党风廉政和机关作风建设

（1）深入学习第十七届中央纪委第五次全会和国务院第三次廉政会议精神，开展反腐倡廉宣传教育。第十七届中央纪委第五次全会召开之后，组织党员干部认真学习胡锦涛同志在会上的重要讲话和全会工作报告，学习温家宝总理在国务院第三次廉政工作会议上的讲话。组织观看了中央纪委监察部拍摄的宣传教育片《关于开展工程建设领域突出问题专项治理工作的意见解读》和警示教育片《一个明星区长的堕落轨迹》，参观了全国检察机关惩治和预防渎职侵权犯罪展览。2010年11月，配合中央纪委监察部第四纪检监察室完成了调研工作，实事求是地汇报了国务院南水北调办党风廉政建设工作，得到了充分肯定。

（2）认真贯彻《中国共产党党员领导干部廉洁从政若干准则》（简称《廉政准则》）和《关于实行党风廉政建设责任制的规定》（简称《规定》）。《廉政准则》颁布后，组织党员干部认真学习了中央纪委书记贺国强在全国贯彻实施《廉政准则》电视电话会议上的重要讲话，观看了中央纪委副书记干以胜同志关于学习贯彻《廉政准则》的辅导报告录相，开展了廉政知识竞赛活动。2010年10月，以“贯彻落实《中国共产党党员领导干部廉洁从政若干准则》切实加强领导干部作风建设”为主题，以学习贯彻《廉政准则》和《党员领导干部违反规定插手干预工程建设领域行为适用〈中国共产党纪律处分条例〉若干问题的解释》作为直属机关党员领导干部民主生活会的重要内容，组织召开了司局级党员领导干部民主生活会和党员专题组织生活会。《规定》印发实施后，组织机关党员干部进行了学习，提出了贯彻执行《规定》的具体实施办法，进一步明确了领导班子和领导干部在党风廉政建设中的责任。

（3）加强机关作风建设，提高工作效能。结合南水北调工程建设进入高峰期、关键期的实际，认真组织党员干部学习贯彻鄂竟平主任在创先争优座谈会上的重要讲话精神，在南水北调工程建设直属机关部署开展了强化五种作风建设活动。一是强化求真务实的作风，形成实干创新的风气；二是强化清正廉洁作风，形成贪占可耻的风气；三是强化联系群众的作风，形成为民办事的风气；四是强化艰苦奋斗的作风，形成勤俭节约的风气；五是强化勤思爱学的作风，形成积极进取的风气。围绕强化五种作风建设和破解工程建设难题，组织开展了讨论，确定了破解工程建设难题和强化作风建设的思路和措施。

（五）精神文明创建工作

（1）深入开展精神文明创建工作，丰富职工精神文化生活。充分发挥工、青、妇等群众组织的作用，积极开展群众喜闻乐见，有益身心健康，增进交流和理解的各类活动。组织干部职工参加中央国家机关第三届职工运动会，在所参加的桥牌、升级、象棋、羽毛球、乒乓球5个项目比赛中，比出了成绩，赛出了风格。国务院南水北调办代表队获得运动会最佳风貌奖。坚持开展足球、篮球、乒乓球和羽毛球等健身活动，组织各部门、各单位集体观看影片《唐山大地震》、《十月围城》，以“三八”国际劳动妇女节为契机，组织女职工登山游园活动等，丰富了职工精神文化生活。

（2）结合干部群众特点，丰富活动内容。国务院南水北调办机关妇工委在女干部职工中开展了“成长·成才·成功”论坛论文征文活动，择优选出2篇论文上报中央国家机关妇工委参加论坛选拔，得到了中央国家机关妇工委的表彰。国务院南水北调办机关团委在青年干部中开展读经典著作、听名家讲座等读书活动，在“中国南水北调网”上开设“青年读书活动”专栏，定期组织开展好书推荐、新书速摘、读书心得交流等活动，搭建青年干部读书学习交流平台。组织开展了“纪念‘五四’青年节暨青春为南水北调闪光”主题演讲会、“保护母亲河行动”春季植树活动、“青年文明号”创建工作等，吸引广大青年干部职工广泛参与。

（3）积极开展“送温暖献爱心”活动。甘肃舟曲发生特大泥石流灾害后，及时组织国务院南水北调办党员干部伸出援手，向灾区人民奉献爱心，共捐款57 020元。坚持开展慰问困难党员和困难职工活动。国务院南水北调机关工会积极为困难职工子女申请就学补助，3名职工子女分别获得助学资金3000元。国务院南水北调机关妇工委主动对在孕期、哺乳期的4名女职工给予各方面的关心和照顾。

（4）积极做好统战工作和稳定工作。关心重视民主党派和无党派人士的思想、工作和生活，及时组织他们学习党的方针、政策，学习党的十七届五中全会和中央经济工作会议精神，着力提高他们的综合素质。在召开领导班子民主生活会之前，都认真征求民主党派和无党派人士意见，有效地调动了他们的积极性、主动性和创造性。高度重视国务院南水北调机关安全稳定工作，及时传达贯彻中央国家机关工委的指示精神和工作部署，保证了国务院南水北调机关的安全稳定。

（六）获得荣誉

2010年，中线建管局河南直管建管部部长高必华同志荣获“2010年全国先进工作者”荣誉称号。

（倪春飞）

有关省（直辖市）南水北调工程建设管理机构

北　京　市

机　构　设　置

2010年7月21日，北京市政府以京调委〔2010〕1号文，根据机构设置、人事变动情况对北京市南水北调工程建设委员会组成人员进行调整，并增补北京市副市长夏占义为副主任。成员单位为北京市政府办公厅、发展改革委、公安局、监察局、民政局、财政局、人力社保局、国土局、规划委、住房和城乡建设委、市政市容委、交通委、农委、审计局、环境保护局、水务局、文物局、园林绿化局、安全监管局、法制办、信访办、南水北调办、公安交管局、朝阳区政府、海淀区政府、丰台区政府、房山区政府、大兴区政府、通州区政府、门头沟区政府及市自来水集团。

2010年12月28日，经北京市机构编制委员会办公室批准同意，北京市南水北调工程建设委员会办公室（简称北京市南水北调办）机关增设审计处，增加行政编制5名。调整后，北京市南水北调工程建设委员会办公室内设6个处和机关党委，行政编制由24名增至29名。

人事管理

2010年，北京市南水北调办不断完善干部选拔任用机制，加强干部培训培养，加强后备干部储备，推动干部双向流动。完备人才配置，规范人员招录和培训机制，2010年充实了59名业务骨干，提升了职工队伍整体素质。

外事管理

2010年，北京市南水北调办主动开展工作，积极协调北京市水务局和北京市人民政府外事办公室，确保了2010年出国团组的成行。

党建工作与精神文明建设

2010年，北京市南水北调工程建设委员会办公室认真贯彻党的十七届五中全会和市委十届七次全会精神，坚持“建设队伍、服务中心”的工作宗旨，以科学发展观为统领，全面推进机关党建工作，转变党员工作作风，为构建和谐顺畅建设氛围、掀起配套工程建设的新高潮提供思想和组织保证。

北京市南水北调工程建设委员会办公室以“创先争优”、“创建文明单位”活动为契机，加强和完善基层党组织建设工作，积极筹备工会组建工作，公开竞聘团总支书记，以多种形式开展党员主题活动和群众性文体活动，激励广大建设者的责任感、使命感和光荣感，队伍凝聚力、战斗力进一步增强。

2010年，北京市南水北调工程建设委员会办公室机关、北京市南水北调工程建设管理中心和北京市南水北调工程拆迁办公室获“市直机关文明单位”荣誉称号；积极参加北京市直机关运动会，被授予北京市直机关第三届运动会“优秀组织奖”。

（高国军　李闽峰　赵　慧）

天津市

队伍建设

2010年，天津市南水北调工程建设委员会办公室（简称天津市南水北调办）坚持围绕工程建设中心、服务工程建设大局，扎实推进办机关和各参建单位的效能建设和队伍建设，努力实现各项工作高效有序运转。结合天津市南水北调工程建设实际，修订了《天津市南水北调工程建设管理工作流程》，工程建设管理的规范性明显提高，各参建单位规范办事、高效办事的意识明显增强。坚持工程建设和队伍建设两手抓，采取有效措施充实建设一线的管理人才和技术力量；结合工程建设的新形势、新要求，有针对性地加强质量管理、安全生产及征地拆迁方面的培训工作，努力提高技术人员和管理人员的业务水平和工作能力，千方百计满足工程建设需要。

党风廉政建设

天津市南水北调办坚持廉政先行，与天津市监察局重点工程派驻组和工程建设现场指挥部临时党支部密切配合，大力开展廉政教育，不断加强廉政监督，打造廉洁工程，全年没有发生违规违纪问题。深入开展工程建设领域突出问题专项治理活动，组织市南水北调工程项目法人（建设管理单位）、设计、咨询、监理、施工等单位进行了2次联合专项治理督查检查，检查内容涵盖前期工作和设计工作、建设管理、计划下达与执行、资金管理与使用、工程质量与质量管理、安全生产与文明施工6个大项，119个子项。检查结果表明，工程质量安全总体处于可控状态。

精神文明建设

天津市南水北调办紧密结合工程建设，组织开展了丰富多彩的精神文明建设活动。2010年7月，天津市南水北调办与解放军二五四医院、每日新报联合组织了“红色电影走进南水北调工程”暑期慰问，为南水北调工程建设者送去了防暑降温食品药品，并进行了现场免费体检，在工地露天放映了红色电影《建国大业》，获得了好评。各参建单位结合自身工作特点，利用工余时间开展了丰富多彩的娱乐活动，凝聚了力量，鼓舞了干劲，激发了全体建设者的工作热情。

（何　睦）

河　北　省

机构设置

2010年4月9日，河北省机构编制委员会办公室印发《河北水务集团机构编制方案》（冀机编办〔2010〕4号），河北省南水北调工程建设委员会办公室（简称河北省南水北调办）所属的河北省南水北调工程建设管理局、河北省南水北调征迁与技术研究中心、河北省南水北调工程监管中心等3个自收自支事业单位整合并入河北省水利厅组建的河北水务集团。

2010年4月12日，河北省机构编制委员会办公室印发《关于省南水北调建设委员会办公室机关党委挂人事处牌子的批复》（冀机编办〔2010〕50号），同意机关党委挂人事处牌子，承担人事工作职能，综合处不再负责人事工作。调整后，人员编制和领导职数不变。

人事管理

2010年2月8日，河北省人民政府任命宋伟同志任河北省南水北调工程建设委员会办公室副主任（试用期一年）。

党建工作

2010年，河北省南水北调办机关党委以南水北调工程建设为中心、建设队伍为重点，着眼于加强和改进新形势下党的建设，着眼于建设高素质的领导班子和干部队伍，着眼于促进南水北调工程建设事业科学发展，坚持以学习为组织建设的重要特征，以学习为组织活动的重要内容，以学习为提高组织战斗力的主要途径，扎实推进学习型党组织建设和学习型领导班子建设。严格按照计划安排，科学谋划，积极推进干部作风建设和创先争优工作，取得了新的成绩。各支部和党员发挥了战斗堡垒和先锋模范作用，为促进河北省南水北调工程建设事业的发展，提供了坚强的政治、思想和组织保证。

（蔡顺富）

江 苏 省

队 伍 建 设

2010年，江苏省南水北调工程建设领导小组办公室（简称江苏省南水北调办）按照江苏省水利厅党组的要求，加强干部队伍建设，做好干部教育培训工作。定期组织干部职工参加政治学习和业务学习。做好人事和干部管理方面的相关工作，协调办理出国学习和考察人员的相关手续。

（杨金海　袁连冲）

党 建 工 作

2010年，江苏省南水北调办的党建工作坚持以邓小平理论和“三个代表”重要思想为指导，全面落实科学发展观，以党支部集中、党小组分头和党员个人自学等形式，组织支部党员同志认真学习科学发展观，学习党的十七大和十七届五中全会、江苏省委十一届九次全会、中央和江苏省经济工作会议等精神。认真开展好创先争优活动，及时制定创先争优活动工作方案，召开民主生活会，确定基层服务联系点，严格按照部署做好各项工作。一是把开展创先争优活动与加快南水北调工程建设紧密结合起来，进一步提高干部职工加快工程建设的紧迫性意识，全面提升工程建设管理水平；二是把开展创先争优活动与提高服务水平紧密结合起来，紧紧围绕工程建设目标，增强责任意识，加强部门协调，提升服务水平，一切围绕工程转，一切围绕工地转，确保工程建设各项工作顺利推进；三是把开展创先争优活动与加强队伍建设紧密结合起来，通过创建党员示范岗和党员示范窗口，充分发挥党员先锋模范作用，以好的队伍争创南水北调工程建设好的业绩。

（杨金海　袁连冲）

廉 政 建 设

2010年，江苏省南水北调办认真贯彻中央、江苏省和江苏省水利厅党组党风廉政建设各项规定，按照“工程安全、资金安全、干部安全”要求，以落实责任制为龙头，以加强思想教育为基础，以完善制度建设为抓手，以廉政文化进工地活动为载体，全面落实党风廉政建设各项措施。2010年初，江苏省南水北调办与各截污导流工程项目法人签订党风廉政建设责任状，各单位主要负责人与中层干部和领导班子成员签订党风廉政建设承诺书，年终组织进行考核、兑现奖惩。坚持把思想教育作为重点，组织党员干部学习中共中央纪委、江苏省纪委和江苏省水利厅党组纪检工作会议精神，组织开展警示教育和廉政文化进工地活动，要求干部职工树立正确的世界观、人生观和价值观，警醒大家要算清人生几笔账，坚决不做违法、违纪的事。充分发挥纪检监察工作派驻制度的优势，全力配合和支持派驻纪检组工作，确保派驻纪检组对南水北调工程实施全过程的严密监督。

（杨金海　袁连冲）

山 东 省

机 构 设 置

（一）山东省南水北调工程建设管理局

2010年5月28日，山东省机构编制委员会办公室以《关于调整省南水北调工程建设管理局机构编制事项的批复》(鲁编办〔2010〕46号)，同意山东省南水北调工程建设管理局（简称山东省南水北调建管局）增设稽查处，水源保护处加挂调度运行处牌子，政策法规处更名为拆迁安置处；核增事业编制15名、副局长1名、总工程师1名（正处级)、处级领导职数4名。调整后，山东省南水北调建管局编制50名，配备局长1名、副局长3名，总工程师1名（正处级)；内设6个处室，处级领导职数16名。2010年，山东省南水北调建管局共有人员40名，其中厅级干部7名，处级干部19名，主任科员以下人员为14名。

（二）南水北调东线山东干线有限责任公司

南水北调东线山东干线有限责任公司（简称山东干线公司）设董事会和监事会，实行董事长领导下的总经理负责制。2010年8月，山东干线公司以鲁调水企综字〔2010〕9号文的形式，公布了公司各部办局的编制和职能。2010年11月，根据工作需要，山东干线公司监督管理中心撤销。目前，山东干线公司下设综合部、工程部、计划合同部、征地移民部、财务部、调度运行部、总工程师办公室、信息办、工会、韩庄运河段工程建管局、穿黄河工程南区建管局、济南—引黄济青段建管局、南四湖—东平湖段建管局、鲁北段工程建设管理局等14个部门。

（三）地方办事机构

随着工程建设的开展，市、县级办事机构也逐渐完善，工程沿线济南、淄博、枣庄、济宁、泰安、德州、聊城、潍坊、东营、滨州、莱芜等市相继成立了领导机构。其中，济南、淄博、枣庄、济宁、泰安、德州、聊城、潍坊、东营、滨州、临沂等市成立了市南水北调工程建设管理局；淄博市高青县，枣庄市台儿庄区、滕州市，济宁市市中区、任城区、微山县、鱼台县、梁山县、嘉祥县、金乡县，泰安市东平县、宁阳县，德州市夏津县、武城县，聊城市东阿县、临清县等16个县（市、区）成立了相应的县一级办事机构。各级办事机构的建立，为山东省南水北调工程建设提供了强有力的组织保证。

（杨忠堂　杨建伟）

人 事 管 理

（一）体制建设

积极做好向山东省机构编制委员会办公室争取局编制的各项材料准备工作，山东省南水北调工程建设管理局新增局机关处室2个、人员编制15名。完成了调水工程技术研究中心组建工作，对30名原水业发展研究院工作人员重新调整安排了工作岗位，理顺了管理体制。重新制定印发了山东省南水北调建管局机关、山东干线公司、调水中心各部门的职能，进一步理顺了局机关、公司机关部门、各现场建管机构及调水中心的职能任务，为各部门、各单位开展工作提供了良好的依据。

（二）人才队伍建设

重视做好干部选配工作，2010年共调整选配山东省南水北调工程建设管理局机关处级干部15名，山东干线公司和直属单位的部门领导干部17名、科级干部80名，完善了干部队伍结构；组织接纳了厅直单位15名干部挂职工作，加强了一线现场建管机构的力量。完成了对79名第二批泵站运行值班人员的试用期满考核工作。组织进行了见习人员转正考核笔试、面试工作，27名见习人员转为正式职工。完成了山东省南水北调建管局、山东干线公司2009年年度考核工作，山东省南水北调建管局机关有6名同志被评为优秀等次，山东干线公司有12名同志被评为优秀等次、29名同志被评为良好等次。组织了职称外语考试、计算机能力考试、经济系列和会计系列等职称考试的报名工作。

（三）学习培训

组织山东省南水北调建管局机关人员参加了《山东干部学习网》的网上学习培训工作，人员学习成绩通过率达95%，提高了局机关干部的业务素质，2人参加了山东省委党校组织的后备干部培训班和中青年干部培训班。加强了泵站运行值班人员的培训，利用山东省胶东调水局组织调水和泵站机组大修期间的有利时机，分三批组织了117人次的现场培训学习，提高了泵站运行值班人员的业务技能。

外事工作管理

2010年，山东省南水北调建管局制定了《外事管理暂行规定》，进一步规范了外事管理工作，办理了赴荷兰、巴西等团组及随团出国审批申报、安全教育、政治审查等工作。

（杨忠堂　杨建伟）

党建工作

2010年，山东省南水北调建管局党委坚持以邓小平理论和“三个代表”重要思想为指导，认真学习贯彻党的十七大和十七届四、五中全会精神及山东省省委的一系列重大部署，深入实践科学发展观，紧紧围绕加快推进南水北调工程建设又好、又快发展中心任务，大力加强党的建设，积极组织开展“创先争优、争做南水北调先锋”活动，充分发挥了各级党组织的政治核心和战斗堡垒作用，充分发挥了党员队伍的先锋模范作用，有效地促进了工程建设发展。

（1）组织建设。按照“工程建设管理开展到哪里，支部就成立在哪里”的原则，成立了5个现场建管机构党支部，配全配好了支部班子。

（2）党员教育。开展“发挥党员先锋模范作用，推进南水北调工程又好、又快建设”专题大讨论；“七一”期间组织党员到焦裕禄纪念馆及小浪底水利枢纽工程、南水北调中线穿黄河工程进行参观学习，现场举行新党员入党宣誓仪式和党员重温入党誓词活动。

（3）创先争优活动。围绕“优质、高效建设南水北调工程，加快构筑山东骨干水网”主题，深入开展“创先争优、争做南水北调先锋”活动，各级党组织和全体党员坚持高标准，按照工作职责和承担的重点工作实行公开承诺、践诺，有效推进了工程建设管理工作。

（杨忠堂　杨建伟）

制度建设

2010年，山东省南水北调建管局出台了《纪检监察举报工作办法》、《外事管理暂行规定》、《信访工作暂行规定》、《内部审计管理办法》和《货币资金管理办法》等规章制度，进一步规范工程管理、资金使用管理、人事管理和设备物资采购、价款结算支付等关键环节的权力运行机制，实现以制度规范行为、用制度约束权力。制定印发了山东干线公司《见习人员管理暂行办法》、《短期聘用人员管理暂行办法》等制度规定，明确了见习人员、短期聘用人员的工资待遇、考核方式等管理工作，规范了管理。

（杨忠堂　杨建伟）

廉 政 建 设

2010年，山东省南水北调建管局建立健全反腐倡廉领导体制和工作机制，与山东省纪委、山东省检察院、山东省水利厅纪检组成立预防职务犯罪指导委员会，制定了《南水北调预防职务犯罪工作方案》，对工程招投标和施工全过程实施有效监督。坚持廉政建设工作一把手负责制，班子成员严格落实“一岗双责”，做到与业务工作同部署、同落实、同检查。坚持重大事项集体研究，对工程建设、干部配备、资金管理、物资采购等重大问题，实行党委集体研究，努力形成组织规范、议题明确、集思广益、决策科学、监督有力、落实到位的决策机制和执行机制。

不断加强反腐倡廉制度建设，制定出台了《纪检监察举报工作办法》、《外事管理暂行规定》、《信访工作暂行规定》、《内部审计管理办法》和《货币资金管理办法》等规章制度，进一步规范工程管理、招标投标、资金使用管理、人事管理和设备物资采购、价款结算支付等关键环节的权力运行机制，实现以制度规范行为、用制度约束权力。严格实行工程合同与廉政合同双签制度，各环节廉政合同签订率实现了100%，通过用制度约束双方行为，有效防范了各类违纪违法问题的发生。

进一步深化反腐倡廉预防教育，组织开展“为党旗添光彩，为南水北调工程建设又好、又快发展做贡献”和“加强党性修养、弘扬优良作风”等教育活动。认真落实党委理论学习中心组学习和政治学习日制度，每月一次政治学习都安排反腐倡廉教育内容，由山东省南水北调建管局领导轮流主持宣讲，局党委成员轮流为全体党员讲廉政勤政党课；邀请山东省检察院职务犯罪预防领域的专家领导现场辅导授课；组织赴西柏坡、孟良崮等革命教育基地现场教学；集体观看《悔过录》、《段义和案件警示录》等警示教育片，通过不断提高廉政教育水平和质量，切实增强了广大党员干部的宗旨意识、责任意识和廉政勤政意识，思想作风、工作作风和生活作风有了明显改进。严格执行个人重大事项报告、民主生活会、述职述廉、民主评议、廉政提醒谈话等制度，2009年，对山东干线公司46名新任中层领导和调任重要岗位的党员干部进行集体廉政提醒谈话，使他们自觉筑牢了思想道德防线和党纪国法防线。

充分发挥监督监察职能。加强对中央新增投资计划执行情况的监督检查，制定《山东南水北调工程落实中央扩大内需投资计划督察考核办法》，定期对承担扩内需投资项目单位实施督察考核，将考核结果纳入各单位工作考核指标和有关责任人的政绩考核体系，有力推进了工程建设进度，确保了中央“一扩三保”新增投资任务的提前完成。对人员招聘、固定资产采购以及工程开标等工作进行全程监督，初步实现由事后监督向事前预防、过程监控转变。

深入开展工程建设领域专项治理，进一步规范了山东南水北调工程建设市场秩序。认真开展清理“小金库”、反商业贿赂、厉行节约、规范和加强公务用车管理等治理工作，为早发现、早查处腐败苗头，从源头防范和治理腐败问题，创造和谐、廉洁的工程建设环境提供了有力保证。

（毕云鹤）

河　南　省

机　构　编　制

截至2010年底，河南省南水北调中线工程建设领导小组办公室（简称河南省南水北调办）下设综合处、投资计划处、经济与财务处、环境与移民处、建设管理处、监督处6个处和南阳、平顶山、郑州、新乡、安阳5个南水北调工程建设管理处，内设监察审计室，受国务院南水北调办委托代管南水北调工程河南质量监督站；人员编制157名（其中：行政40名、单列编制1名、事业100名、机关驾驶员编制12名、事业驾驶员编制4名）。2010年5月，河南省水利厅以豫水人劳〔2010〕32号文批复河南省南水北调中线工程建设管理局南阳、平顶山、郑州、新乡、安阳等5个南水北调工程建设管理处各设置综合科、工程技术科、质量安全科、征迁协调科4个内设机构，科级领导职数各5名（综合科1正1副），其中正科级领导职数不超过4名。

人　事　任　免

2010年7月，河南省人民政府任命李颖同志为河南省南水北调中线工程建设领导小组办公室副巡视员。

纪　检　监　察

（1）坚持一岗双责两手抓。将反腐倡廉建设作为与工程建设进度、质量和安全并列的全年主要工作目标，纳入干部业绩考核评价体系。

（2）时刻紧绷廉政建设这根弦。对廉政建设，河南省南水北调办主要领导切实做到大会小会，逢会必强调，逢会必要求，算好“经济账”、“亲情账”、“政治账”。

（3）坚持以制度管事管人。坚持每周召开一次河南省南水北调中线工程建设领导小组办公室主任办公（扩大）会议，对重大决策、重要干部任免、重大项目安排和重大设计变更等，坚持集体研究决定。实行阳光透明的招投标制度。坚持推行专家评审制、纪检监察部门监督制、省办监督处全程跟踪制、省建管局领导集体裁决制，整个招投标工作委托中介机构组织实施，招投标最终结果由局长（主任）办公会集体研究决定。

（4）推行廉政合同制度。在工程建设合同签订的同时，签订廉政合同，对违反廉洁自律规定和有商业贿赂行为的单位严厉进行追究，直至驱除南水北调工程建设领域。

（5）坚持严格监督稽察。对重点工作、重点环节强化监督稽查，从监督层面构筑立体化、多层面的拒腐防变平台。一是加强招投标监督。二是加强在建工程监督稽察。三是积极接受社会监督。对不涉及商业秘密的建设技术、质量、进度、资金拨付等所有事项，一律在网上公开，接受社会的广泛监督。四是接受资金使用内部监督。坚持大额资金票前审核把关，委托中介机构每季度进行一次审计。

（6）坚持领导率先示范。领导干部始终坚持讲党性、重品行、做表率，以身作则，带领大家心无旁骛，目标一致，合力攻坚。

（7）坚持廉政文化上墙入心。确保干成事、不出事，实现工程优质、干部优秀、队伍优良。

创先争优活动

河南省南水北调办创先争优活动于2010年5月开始，围绕“推动科学发展、促进社会和谐、服务人民群众、加强基础组织”的目标要求，以“做科学发展先锋队，当中原崛起排头兵”为主题，以创建“五个好”先进基层党组织、争做“五个表率”优秀共产党员为主要内容，坚持“四个重在”，紧密结合实际，精心筹划组织，持续有力推进，初步形成科学发展主题突出的局面。

（王笑寒）

湖 北 省

机构设置

2010年3月，湖北省机构编制委员会以《关于汉江流域水利综合开发暨南水北调工程建设管理有关问题的批复》（鄂编发〔2010〕10号），同意湖北省南水北调工程建设管理局（湖北省南水北调工程领导小组办公室）增加以下职责：综合管理汉江流域的水利综合开发；负责统筹汉江流域水利现代化建设试点工作；承担汉江中下游水利工程建设管理的监管和水资源利用、防洪调度管理等工作。

2010年10月，湖北省机构编制委员会以《关于调整省南水北调工程建设管理局管理体制的通知》（鄂编文〔2010〕33号），同意湖北省南水北调工程建设管理局由湖北省水利厅管理的直属正厅级事业单位调整为湖北省政府直属事业单位，排名在湖北省农垦事业局之后，其他事项不变。

湖北省机构编制委员会以鄂编发〔2010〕10号文明确湖北省南水北调兴隆水利枢纽工程建设管理处为湖北省南水北调工程建设管理局所属正处级事业单位。同意成立湖北省南水北调引江济汉工程建设管理处，为湖北省南水北调工程建设管理局所属正处级事业单位。暂核定工程建设管理事业编制20名（经费在项目资金中解决），核定处级领导职数1正2副。待工程建设完工进入营运阶段时，其职责、级别、领导职数、人员编制再重新核定。

按照湖北省人民政府的意见，湖北省南水北调工程建设管理局批准组建湖北省南水北调引江济汉工程沙洋段建设管理办公室、潜江段建设管理办公室、仙桃段建设管理办公室和湖北省汉江河道管理局引江济汉工程建设管理办公室等4个建设管理办公室，承担本区域引江济汉工程建设管理的有关组织、管理、协调工作。

人事任免

2010年2月9日，王芳玉同志任湖北省南水北调工程建设管理局（湖北省南水北调工程领导小组办公室）巡视员，免去其湖北省南水北调工程建设管理局（湖北省南水北调工程领导小组办公室）副局长（副主任）职务。

2010年6月17日，虞志坚同志任湖北省南水北调工程建设管理局（湖北省南水北调工程领导小组办公室）副局长（副主任），免去其湖北省水文水资源局局长、党委书记职务；聂世峰同志任湖北省南水北调工程建设管理局（湖北省南水北调工程领导小组办公室）副局长（副主任），免去其湖北省防汛抗旱指挥部办公室专职副主任（副厅级）职务；胡正选同志任湖北省防汛抗旱指挥部办公室专职副主任（副厅级），免去其湖北省南水北调工程建设管理局（湖北省南水北调工程领导小组办公室）副局长（副主任）职务。

2010年12月6日，刘隆斌同志任湖北省南水北调工程建设管理局（湖北省南水北调工程领导小组办公室）工程处副处长，试用期一年。

党建工作

（1）积极推进学习型党组织创建工作。认真落实《中共中央办公厅印发〈关于推进学习型党组织建设的意见〉的通知》和《湖北省委办公厅印发〈关于推进学习型党组织建设的实施意见〉的通知》精神，不断强化学习的制度化、规范化管理，坚持理论联系实际的学风，注重把学习型党组织建设与推进南水北调工作及工程建设管理紧密结合起来，充分利用“湖北党建网周末大课堂”、“湖北省干部在线学习中心”等平台，通过有计划地组织培训和开放式学习、自助式学习等有效形式，着力加强党员干部的政治理论和业务知识、工程管理技能的学习教育。共举办各类培训班6批次，参加人员达402人次。通过不断强化学习教育和业务培训，不断拓展了学习的内容、思路、方法、途径与机制，切实提高了湖北省南水北调工程建设管理局机关和工程建设一线干部职工的综合业务能力和整体素质，达到了学以致用、学用相长的目的，促进了南水北调工作的全面发展。

（2）着力加强组织建设和队伍建设，切实规范党组织活动，不断增强党建工作的有效性。着眼党建工作在新形势下的新特点、新要求，紧密结合南水北调工作实际，着力加强党的基层组织建设和组织制度落实，进一步完善了政治理论学习和领导干部民主生活会、组织生活会制度。适时增补了党总支委员会委员，选举成立了引江济汉工程管理处党支部委员会，切实强化了党支部的战斗堡垒作用。根据水利厅党组的统一安排，继续抓好了“城乡互联、结对共建”活动。

（3）扎实开展创先争优活动。坚持以创建“五个好”基层党组织和争当“五带头”共产党员为目标，以“五个基本”、“七个体系”建设为主线，以基层党组织和党员为主体，紧紧围绕南水北调中心工作任务，积极开展创先争优活动，制定了活动方案，及时部署了阶段性工作，认真填写了《党组织公开承诺书》和《党员公开承诺书》。通过创先争优活动的有效推进，极大地激发了全体党员立足本职岗位、争创一流业绩的工作热情和工作干劲，促进了南水北调工作的顺利开展。

（4）突出加强反腐倡廉建设。扎实开展主题教育实践活动。以理想信念教育为重点，认真抓好社会主义核心价值体系教育，组织了参观武汉革命历史博物馆活动，积极引导党员干部树立正确的人生观、价值观，筑牢了党员干部拒腐防变的思想基础。认真抓好《中国共产党党员领导干部廉洁从政若干准则》的贯彻执行，积极探索党风廉政建设的有效途径和长效机制，进一步建立健全了教育、制度、监督并重的惩治和预防腐败体系。结合工程建设管理的实际需要，先后制定和完善了《湖北省南水北调工程合同管理办法（试行）》、《引江济汉工程征地拆迁安置工作考证办法》、《湖北省南水北调工程质量管理办法》、《湖北省南水北调工程质量事故责任追究制度》、《湖北省南水北调工程安全生产管理细则》等制度，不断加大了源头治腐的力度，确保了“三个安全”。

（5）着力创新机关文化建设形式，不断活跃机关文化生活，切实增加凝聚力和战斗力。湖北省南水北调工程建设管理局领导和党总支始终注重将机关文化建设和文明工地创建活动贯穿于南水北调各项工作之中，既突出了思想性、坚持了原则性，又富于了创造性和把握了灵活性。先后组织人员参加了湖北省直机关及厅机关党委组织的广播体操竞赛、乒乓球比赛等活动，进一步丰富了机关文化生活；兴隆建设管理处党支部充分利用工程建设的空余时间，举办了所有参建单位参加的“兴隆杯”篮球比赛；引江济汉工程建设管理处整修了文化体育场所，为干部职工提供了良好的文体活动环境，同时充分利用“五一”、“七一”等重大节日，开展文化体育活动，切实丰富了机关和工地文化生活。

（郭　军）

项目法人单位

南水北调中线干线工程建设管理局

人事管理

2010年1月25日，南水北调中线干线工程建设管理局（以下简称中线建管局）以中线局任〔2010〕1号文决定，任命孙建平为河北直管项目建设管理部副部长。

2010年3月2日，中线建管局以中线局任〔2010〕5号文决定，任命胡金洲为天津直管项目建设管理部副部长，免去其河北直管项目建设管理部副部长职务。

2010年5月11日，中线建管局以中线局任〔2010〕8号文决定，任命王江涛为河南直管项目建设管理部副部长，免去其河南直管项目建设管理部总工程师职务。任命杨胜祥为河南直管项目建设管理部副部长。

2010年5月24日，中线建管局以中线局任〔2010〕9号文决定，任命韩占峰为中线建管局天津直管项目建设管理部副部长（挂职一年）。

2010年9月25日，中线建管局以中线局任〔2010〕10号文决定，任命李志勇为人力资源部部长，任命尚宇鸣为移民环保局局长。

2010年12月27日，中线建管局以中线局任〔2010〕12号文决定，任命肖军为人力资源部副部长，任命毛敏华为机电物资部副部长，任命谈采田、韦耀国为移民环保局副局长。

（何　可）

党的建设

（一）认真抓好政治理论学习，提高党员干部思想政治素质

2010年初，中线建管局制定了2010年理论学习计划，对2010年的理论学习进行了统一安排。中线建管局机关党委及时印发了《关于学习贯彻党的十七届五中全会精神的通知》，指导督促各支部深入开展学习活动。中线建管局党组中心组多次举行理论学习会，专题学习十七大、十七届五中全会及“两会”精神。中线建管局还认真落实“三会一课”制度，组织开展党课教育活动，中线建管局党组书记、局长石春先为全局党员及积极分子上了一节题为《学习思德精神，牢记神圣使命，全心全意服务南水北调工程建设》的党课。组织开展了干部理论学习班、主题读书暨征文活动，深入推进学习型党支部创建活动。

（二）大力加强基层党组织建设，发挥基层党组织战斗堡垒作用

2010年，中线建管局严格落实民主生活会制度，组织召开了以“贯彻落实《党员领导干部廉洁从政若干准则》切实加强领导干部作风建设”为主题的党员领导干部民主生

活会和党员专题组织生活会。举办了党务工作学习研讨班，广大党务工作者集中学习了《党务工作指南》、《党务工作通》等辅导教材，组织观看了中央党校有关专家关于做好党务工作的辅导录像片，并就如何做好党务工作进行了讨论，进一步提高了广大基层党务工作者的整体素质。组织开展“讲党性、重品行、做表率”活动，增强党员干部队伍的生机与活力。认真做好党组织关系接转、党员发展、党费收缴等具体工作。进一步完善了以培养、检查、督促、考核、激励为主要内容的党员教育管理模式。按照“坚持标准、保证质量、改善结构、慎重发展”的方针，认真做好党员发展工作。

（三）积极动员，周密部署，深入开展创先争优活动

中线建管局及时成立了创先争优活动领导小组，召开了中线建管局深入开展创先争优活动动员大会，制定并下发了《南水北调中线建管局深入开展创先争优活动实施方案》。组织开展了“奋战一百天，全面完成目标任务”劳动竞赛活动；组织开展了2010年度“两优一先”评选活动，共评选出优秀共产党员24名，优秀党务工作者6名，先进党支部4个；组织优秀党员、优秀党务工作者和先进党支部代表参观中共一大会址，积极开展主题党日活动；组织举办了全国先进工作者高必华同志表彰暨先进事迹报告会，组织开展了向高必华同志学习活动。加强对活动开展情况的督促检查，2010年9月，中线建管局创先争优活动领导小组专门派出检查组，对局属各部门、各单位开展创先争优活动情况进行了一次集中检查，及时发现并纠正了活动中存在的不足，总结推广了好的做法，推动活动向纵深发展。通过简报、局网站、报刊等形式，大力宣传开展创先争优活动的重要意义，宣传先进党组织开展活动的经验做法，以及优秀党员的典型事迹。

（刘世一）

廉 政 建 设

2010年，中线建管局坚持“标本兼治、综合治理、惩防并举、注重预防”的方针，有针对性地抓好党风廉政建设的各项工作。

（一）召开廉政工作会议，对2010年党风廉政建设进行部署

2010年初，在中线建管局机关党委的大力推动下，中线建管局召开2010年廉政工作会议。会议总结了2009年廉政工作，研究部署了2010年党风廉政建设和反腐败工作任务。国务院南水北调办副主任李津成、中线建管局局长石春先分别讲话，对2010年廉政工作提出了要求；中线建管局党组副书记、纪检组长韩连峰作了题为《扎实推进党风廉政建设和反腐败工作，为中线干线工程建设提供有力保证》的工作报告。

（二）深入开展反腐倡廉宣传教育，促进党员干部廉洁自律

组织党员干部认真学习贯彻第十七届中央纪委第五次全会精神和《中国共产党党员领导干部廉洁从政若干准则》（以下简称《廉政准则》）。在2010年举办的部门副职以上干部理论学习班上，组织党员干部集中学习了《廉政准则》和四项干部监督制度，收看了警示教育录像，进一步提高了党员干部的廉洁自律意识。组织局处级以上党员干部到北京市监狱和北京市反腐倡廉警示教育基地进行警示教育，促进党员干部廉洁从业。以廉洁文化“进机关、进工地、进项目、进合同、进家庭”为抓手，积极开展送法律到工地等多种形式的廉洁文化建设活动。

（三）认真履行监督职能，推动各项工作顺利开展

进一步加大了对“三重一大”执行情况监督的力度，有针对性地加强了对工程招投标、工程变更、资金结算、财务会计等重点环节的监督管理，加强了对委托代建单位的监督，进一步完

善了有关制度办法和监管措施，强化了监督效能。通过认真贯彻落实《党政领导干部选拔任用工作责任追究办法（试行）》等四项监督制度，进一步加强了干部选拔工作的监督，防止选人、用人上的不正之风。2010年9月，中线建管局对局属各部门各单位党风廉政建设情况进行了一次集中检查，着重检查了党风廉政建设责任制的贯彻落实情况，确保监督真正发挥作用，提高监督成效。

（四）抓好制度建设，注重源头治腐

中线建管局机关党委认真抓好《建立健全惩治和预防腐败体系2008～2012年实施意见》的落实，积极推进惩治和预防腐败体系建设，做到把构建教育、制度、监督并重的惩治和预防腐败体系作为一项系统工程来抓，进一步加大了预防腐败工作的力度，初步建立了结构合理、配置科学、程序严密、制约有效的权力运行机制，从而推动了中线建管局反腐败工作制度化、规范化建设。在充分调查研究的基础上，结合中线建管局实际，拟定了《中线建管局党风廉政建设责任制实施办法》、《中线建管局加强廉洁从业的规定》、《中线建管局关于规范纪检监察工作的意见》等六项廉政制度。

（五）全面加强干部作风建设

组织各部门、各单位认真贯彻国务院南水北调办党组关于在党员干部队伍中加强“五种作风”建设的要求，切实加强思想作风、学风、工作作风、领导作风和干部生活作风建设。为进一步贯彻落实“五种作风”建设的要求，中线建管局党组派出检查组，对中线建管局机关员工出勤情况进行了检查。

（刘世一）

精神文明建设

2010年初，中线建管局制定并下发了《南水北调中线建管局2010年精神文明创建工作要点》，明确了精神文明创建工作年度目标和重点环节、重点任务，对细胞工程提出了具体要求。深入开展“文明部门”、“文明员工”和“文明家庭”评选和表彰奖励活动，营造了讲业绩、比贡献、争先创优的良好工作氛围。2010年，经南水北调中线建管局精神文明建设领导小组研究决定，授予工程建设部等4个部门（单位）“南水北调中线建管局2010年度文明部门（单位）”荣誉称号，授予万金波等57名同志“南水北调中线建管局2010年度文明员工”荣誉称号，授予陈志荣等31个家庭“南水北调中线建管局2010年度文明家庭”荣誉称号。

积极开展多种形式的精神文明创建活动：组织员工积极开展向玉树地震灾区捐款活动，以及向甘肃舟曲特大山洪泥石流灾区捐助活动，中线建管局机关及各直管建管部共有400多人参与捐款，分别筹集到救灾款34 190元和36 270元；组织员工开展向河北唐县南水北调希望小学“送温暖、献爱心”活动，共筹集捐款31 495元；深入开展建设节约型、环保型机关活动，制定了建设节约型、环保型机关工作考核评分标准，多个部门组成联合检查组，对机关各部门进行日常节约行为检查，推动节约型机关建设取得了初步成效。组织中线建管局属各部门、各单位参加了国务院南水北调办第五届职工艺术展。

（刘世一）

群团工作

（一）积极开展形式多样的文体活动

2010年，中线建管局将文体活动阵地前移，利用工余时间，组织员工到工地开展羽毛球、拔河比赛、篮球友谊赛等活动。举办了“中线杯”篮球赛暨跳绳比赛，组织开展了春季玉渊潭健步走活动和秋季香山登山活动，组织员工参加了第三届中央国家机关运动会开幕式及各分项比赛，组织开展了全国劳动模范和先进工作者评选竞赛工作，举办了春节联欢会。

（二）关心员工福利，注重维护员工权益

对员工结婚、生育进行祝贺并致贺礼，推行并坚持员工生日祝贺并致贺礼制度，在“三八”妇女节、“六一”儿童节对妇女和儿童进行祝贺并致贺礼。积极扶助灾、病、困员工，对家庭受灾员工进行救助，对因病住院员工进行探视慰问，对困难员工进行扶助。了解基层员工诉求，沟通思想，维护员工权益，创建和谐氛围，增进企业活力，促进团队战斗力提高。组织召开了“三八”妇女节座谈会，积极开展了“巾帼建功”、争创“三八红旗手”活动，积极开展婚姻服务工作和计划生育工作，维护好女员工的特殊权益。

（三）扎实有序地开展共青团工作

成立了河北直管建管部团委，加强了基层团组织建设。组织中线建管局青年踊跃参加国务院南水北调办组织开展的“五四”青年节主题演讲比赛，并取得优异成绩，中线建管局18名选手全部获得奖项，其中囊括了全部3个一等奖，另有5个二等奖，6个三等奖，4个优秀奖。河北直管建管部李耀忠同志获得“中央国家机关青年五四奖章”荣誉，中线建管局团委获得“中央国家机关五四红旗团委”称号，刘杰同志被评为“中央国家机关优秀青年”，中线建管局10个青年集体荣获“南水北调办青年文明号”荣誉。

（刘世一）

南水北调中线水源有限责任公司

人才队伍建设

一是坚持党委中心组学习制度，制定和落实了2010年南水北调中线水源有限责任公司（以下简称“中线水源公司”）中心组学习计划，并与员工集中学习相结合。2010年集中学习12次，重点学习了党的十七届五中全会、《中国共产党党员领导干部廉洁从政若干准则》、《干部选拔任用工作四项监督制度》和《国家中长期人才发展规划纲要（2010～2020年）》等内容，传达学习了国务院在南阳市召开的南水北调工程建设工作座谈会、国务院南水北调办第一次进度协调会和长江水利委员会工作会、党风廉政建设会等重要会议精神，进一步提高了全体党员贯彻落实党的路线、方针、政策和上级决策部署的自觉性。

二是制定并落实了《2010年员工培训计划》。2010年，中线水源公司参加主管部门和行业组织的业务培训76人次。

三是加强实践锻炼。通过现场管理、参加专题审查会、开展技术攻关和课题研究等，积累员工实践经验，拓宽工作思路，提高发现、分析和解决问题的能力。

（刘兆增）

外事工作管理

中线水源公司综合部人力资源处负责公司的外事管理工作，包括出国出境报批手续办理和涉外媒体来访的接洽等工作。2010年共选派5人参加水利部、国务院南水北调办、长江水利委员会组织的出国考察、培训和技术交流团组。

（刘兆增）

党建工作

2010年，中线水源公司召开了2010年度公司党建工作会和年度民主生活会。按照中央、水利部和长江水利委员会的统一部署，

2010年9月中旬，中线水源公司启动了创先争优活动，制定了活动实施方案，成立了活动领导小组和办公室，召开了动员会、推进会，举办了学习讲座，申报、确定了“党员示范岗”和“党员示范窗口”，召开了创先争优活动专题民主生活会，公司基层党组织和全体党员均作出了公开承诺并在内网公示。2010年，中线水源公司完成了创先争优活动全面推进阶段规定的内容，并顺利转入巩固提高阶段。

（刘兆增）

党风廉政建设

2010年，中线水源公司坚持把党风廉政建设作为一项基础性、经常性工作常抓不懈。层层签订了党风廉政建设责任书，建立了中层领导干部廉政档案，开展了2009年度党风廉政建设责任制考核工作和2010年党风廉政建设责任制自查工作，参加了工程招投标和完工验收结算的监督工作。

加强党风廉政的宣传教育，经常组织员工学习上级的会议精神和廉政方面的法律法规，发放了《中国共产党党员领导干部廉洁从政若干准则》，并将会议精神及廉政准则登载在中线水源公司内部网站上，供大家学习；组织收看了党风廉政警示教育专题片。制作了宣传板报，通过学习教育，使中线水源公司及参建单位的全体员工进一步提高了认识，统一了思想，明确了要求，增强了廉洁从业的自觉性。

深入开展了工程建设领域突出问题专项治理工作。召开了专项治理领导小组会议，对专项治理重点检查工作进行了部署，并下发专门文件，对各参建单位专项治理工作开展情况进行了重点检查。向国务院南水北调办上报了专项治理工作报表。

（刘兆增）

精神文明建设

2010年，中线水源公司坚持两个文明建设一起抓，以创建南水北调工程“文明工地”、“青年文明号”活动为载体，有计划、有步骤地推进文明创建活动。2010年，水电三局丹江口施工局、葛洲坝项目部拌和班、电厂机组改造安装项目部工程技术部、公司综合部综合处被国务院南水北调办授予“青年文明号”荣誉称号。同时，积极申报大坝加高工程左岸标段参加创建南水北调工程“文明工地”的评审。

（刘兆增）

群团工作

2010年，中线水源公司工会进一步加强自身建设，完善了会员会籍档案。以职工大会等方式，积极参与中线水源公司的民主管理和民主监督。开展了一系列的文体活动和社会公益活动，组织参加了长江水利委员会第一届职工运动会，响应上级的号召，先后组织了向西南旱灾、青海玉树地震灾区、甘肃舟曲山洪泥石流灾区等爱心捐款活动。2010年，中线水源公司工会被长江工会授予“全江优秀工会”称号。

（刘兆增）

南水北调东线江苏水源有限责任公司

人事外事管理

2010年，南水北调东线江苏水源有限责任公司（简称江苏水源公司）认真做好人事外事工作。一是完成了1名领导班子成员试用期考察，协助选拔与培育了3名后备人才；二是进一步完善江苏水源公司内设机构，新增的工程管理部、资产经营部两个职能部门已经组建并开始正常有序地运作，积极筹建江苏水源公司直属机构；三是提拔了2名部门正职与3名部门副职，增强了江苏水源公司中层的战斗力，为完成年度建设目标奠定了坚实的基础；四是为适应工程建设和江苏水源公司发展的要求，新进7名员工，其中3名具有高级专业技术职称、2名具有中级专业技术职称，充实了员工队伍，增强了工作信心，而且首次成功地通过网上公开招考选聘了部分人才，为今后公开招聘工作积累了丰富的经验；五是经多次征求有关部门意见，《江苏水源公司职能配置及岗位设置暂行办法》、《江苏水源公司子（分）公司高管及有关人员任用管理暂行规定》已印发执行，规范了江苏水源公司人力资源管理；六是结合江苏水源公司实际情况，研究修订了薪酬管理制度，完善了激励机制，确保江苏水源公司高效、有序运转；七是办理了江苏水源公司补充医疗保险和补充养老保险（企业年金），员工医疗和养老有了进一步保障；八是在财务审计部的配合下，协助省、市社保中心完成了对江苏水源公司养老保险缴纳工作的稽核工作，获得了有关单位的好评；九是加强外事管理，办理好3名员工的出国出境考察学习手续；十是对取得技术职称的员工按照规定完成了聘用工作，对符合申报条件的4名员工组织了职称申报工作。

（林　亮）

党建工作

2010年，江苏水源公司认真开展党建工作。一是重点开展学习党的十七届五中全会及江苏省委十一届九次全委扩大会议精神，认真学习领会国务院南水北调工程建设委员会第四次会议精神、南阳座谈会和江苏省领导小组会议精神；组织江苏水源公司党员和新开工项目建设管理人员开展警示教育和作风建设；完成了3名中共预备党员的转正工作。对新开工项目，协调组建了工地临时党支部，加强了现场机构党的建设。二是组织开展江苏水源公司女职工“三八”妇女节活动及春节职工家属团拜活动。三是江苏水源公司文明创建工作取得新的突破，首先调整了精神文明建设领导小组及修订了办公室主要职责。江苏水源公司被江苏省精神文明建设指导委员会授予“2007～2009年江苏省群众性精神文明建设先进单位”称号，被中国农林水利工会评为“全国水利系统模范职工之家”，“大型水泵液压关键技术研究与应用”科研项目被评为江苏省科技进步一等奖。江苏省南水北调泗阳站工程建设处、南水北调泗洪站枢纽工程项目经理部、刘老涧二站工程项目部被江苏省总工会评为“省工人先锋号”；南水北调泗洪站枢纽工程项目经理部、江苏省南水北调宝应泵站工程管理项目部被国务院南水北调办评为“南水北调系统青年文明号”；沈朝晖同志获得“江苏省五一劳动奖章”。四是组织开展企业文化研究。为增强公司的凝聚力，引导员工树立正确的价值观，积极开展企业文化研究，先后召开全体员工动员会、座谈会，开展讲座、访谈和问卷调查，已形成研究成果，包括了《企业文化手册》、《员工手册》、《VI手册》、《工程建设形象管理制度》四个部分，下一步将组织导入实施。五是组织开展全体员工赴上海参观青草沙泵站工程，为公司文体活动室增添阅览角，完善了党建园地，组织参加了江苏省国资委及江苏省水利厅举办的羽毛球、篮球比赛，均取得较好的名次。与江苏省总工会、江苏省水利厅联合组织慰问了泗洪站和刘老涧二站等高温期间坚持一线岗位的职工。

2010年，结合江苏水源公司实际情况，研究制定了《南水北调东线江苏水源有限责任公司创建学习型企业实施办法》、《南水北调东线江苏水源有限责任公司领导班子理论学习中心组理论学习实施办法》。

（吴丹华）

制 度 建 设

2010年，江苏水源公司十分重视规章制度建设，进一步修订完善规章制度，严格按制度加强管理，做到“用制度管人、按规章办事”。修订完善人事管理、安全生产、合同管理、财务管理、设计管理等建设管理办法，进一步规范工程建设管理。

（余　真）

档 案 管 理 工 作

2010年，江苏水源公司始终坚持高标准、严要求抓好档案工作。一是加强公司文书档案管理。围绕档案达标要求，整理归档公司2008～2010年文书档案。二是加强工程档案的管理。按照国务院南水北调办档案管理规定和分类方案，修订完善公司档案管理办法，引进科怡升级版档案管理系统，组织档案管理培训班，加强新开工项目档案管理工作；会同公司财务审计部门，制定了会计档案整编办法，加强了会计档案管理工作；结合完建工程汛前检查，对刘山站、解台站等完建工程档案管理情况作了检查；2010年底组织开展宿迁片档案互查活动。三是积极组织完成项目档案验收。2010年内完成蔺家坝泵站、骆马湖水资源控制、江都站改造变电所工程、江都三站、江都四站改造工程合同项目档案专项验收；蔺家坝站和骆马湖水资源控制工程档案通过了国务院南水北调办验收。四是加强公司档案室管理。通过与江苏省档案局交流沟通，江苏水源公司档案室通过江苏省档案局三星级档案达标测评。五是完成国家档案局检查江苏省南水北调工程档案管理工作，检查组经听取汇报、实地查验淮安四站档案库房及案卷后，对江苏省南水北调工程档案管理给予了肯定，江苏省档案局专门发来了表扬信。

（余　真）

CHINA SOUTH-TO-NORTH WATER DIVERSION PROJECT CONSTRUCTION YEARBOOK

玖 统计资料

THE STATISTICAL INFORMATION

在建工程基建投资统计

概　　述

2010年，在国务院南水北调办党组的领导下，南水北调东、中线一期工程又有大批工程开工。截至2010年底，南水北调工程在建单项工程24项（共含95项设计单元工程）。在建的单项工程分别是：东线一期工程中的骆马湖段—南四湖段江苏境内工程、韩庄运河段工程、长江—骆马湖段（2003）年度工程、三阳河潼河宝应站工程、南四湖水资源控制和水质监测工程、穿黄河工程、胶东干线济南—引黄济青段工程、长江—骆马湖段其他工程、南四湖—东平湖段工程、鲁北段工程；中线一期工程中的京石段应急供水工程、黄河北—漳河南段工程、天津干线工程、穿黄工程、丹江口大坝加高工程、陶岔渠首—沙河南段工程、穿漳河工程、沙河南—黄河南段工程、陶岔渠首枢纽工程、汉江兴隆水利枢纽工程、中线干线专项工程、丹江口大坝加高库区移民安置工程、漳河北—古运河南段工程、引江济汉工程。

截至2010年底，南水北调东、中线一期工程整体投资情况见图1。

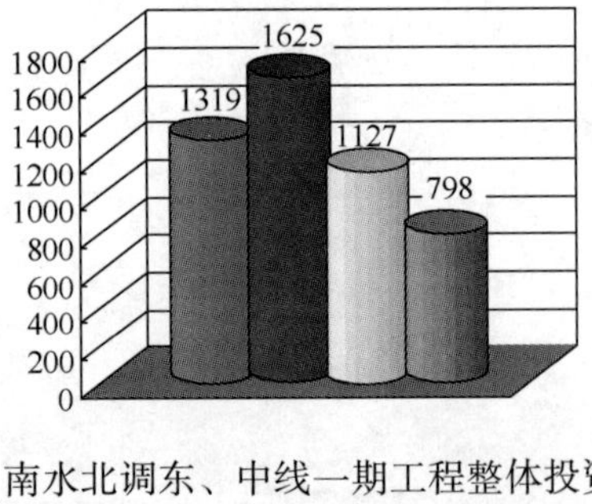

图1．南水北调东、中线一期工程整体投资情况

■项目建议书阶段投资 ■总体可研投资
□累计安排投资计划 ■累计完成投资

累计投资安排及完成情况

截至2010年底，国家累计安排国务院南水北调办负责投资计划管理的南水北调主体工程建设项目投资计划1149.8亿元，占相应主体工程总体可行性研究总投资2289亿元的50.2%。其中，安排工程建设投资计划1127.3亿元，初步设计工作投资14.2亿元，文物保护工作投资8.3亿元。

截至2010年底，南水北调工程累计完成投资797.7亿元（不含截污导流、初步设计和文物保护投资）。其中，2003年完成投资7.7亿元，2004年完成投资12.6亿元，2005年完成投资18.3亿元，2006年完成投资80.5亿元，2007年完成投资71.3亿元，2008年完成投资51.1亿元，2009年完成投资147.9亿元，2010年完成投资408.3亿元。

东线一期工程累计完成投资110.2亿元。江苏水源公司累计完成投资45.6亿元，占累计下达投资的98.9%；山东干线公司累计完成投资64.6亿元，占累计下达投资的64.3%。

中线一期工程累计完成投资687.5亿元。中线水源公司累计完成投资169.3亿元，占累计下达投资的51.5%；中线建管局累计完成投资493.2亿元，占累计下达投资计划的80.2%；湖北省建管局累计完成投资21.4亿元，占累计下达投资的71.3%；淮委建管局累计完成投资3.6亿元，占累计下达投资的72%。

南水北调工程各项目法人累计完成投资情况见图2。

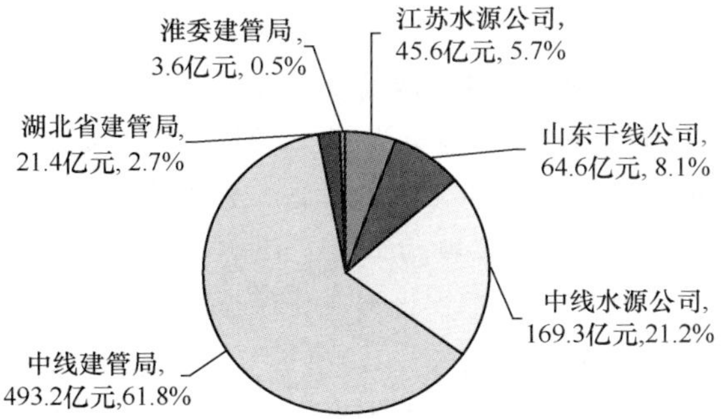

图2　南水北调工程各项目法人累计完成投资情况

2010 年投资安排及完成情况

2010 年，南水北调工程建设安排投资 524.2 亿元，完成投资 408.3 亿元（不含截污导流、初步设计和文物保护投资）。其中，东线一期工程完成投资 43.8 亿元，占东线一期工程累计完成投资的 39.8%；中线一期工程完成投资 364.5 亿元，占中线一期工程累计完成投资的 53.0%。

东线一期在建工程建设进展情况

根据各项目法人单位报办的 2010 年建设投资统计年报，截至 2010 年底，南水北调东、中线一期在建各设计单元工程建设进展情况如下：

（一）淮阴三站工程

淮阴三站工程（见图 3）批复总投资 24 778万元，已全部下达。截至 2010 年底，累计完成投资24 734万元（其中，建筑安装工程18 433万元，设备购置 2 万元，其他 6299 万元），占总投资的 99.8%。共完成土方 237 万 m^3，石方 4.51 万 m^3，混凝土浇筑 25 296m^3，金属结构制造安装 307t，机电设备 17 台（套）。目前，淮阴三站基本建成。

图 3　淮阴三站工程

（二）淮安四站工程

淮安四站工程（见图 4）批复总投资 15 971万元，已全部下达。截至 2010 年底，累计完成工程投资 15 971 万元（其中，建筑安装工程 6798 万元，设备购置 3844 万元，其他费用 5329 万元），占总投资的 100%。共完成土方 153.8 万 m^3，石方 2.35 万 m^3，混凝土浇筑 25 288.4m^3，金属结构制造安装 460t，机电设备 4 台（套）。淮安四站于 2008 年底建成。

图 4　淮安四站工程

（三）淮安四站输水河道工程

淮安四站输水河道工程（见图5）批复总投资 28 845 万元，已全部下达。截至 2010 年

图 5　淮安四站输水河道工程

底，已完成全部投资（其中，建筑安装工程9860.1万元，设备工程197.0万元，其他费用18 787.9万元）。共完成土方412.51万m^3，石方1.31万m^3，混凝土浇筑24 218m^3，金属结构制造安装339.2t，机电设备21台（套）。

（四）江都站改造工程

江都站改造工程批复总投资26 380万元，已全部下达。截至2010年底，累计完成工程投资25 009万元（其中，建筑安装工程9284万元，设备购置10 075万元，其他费用5650万元），占总投资的94.8%。共完成土方64.46万m^3，石方1.76万m^3，混凝土浇筑25 418m^3，金属结构制造安装1000t，机电设备17台（套）。目前，江都站改造工程已完成除船闸以外的全部工程。

（五）三阳河潼河宝应站工程

三阳河潼河宝应站工程批复总投资93 178万元，已全部下达。截至2010年底，累计完成投资93 178万元，占总投资计划的100%。完成土方挖填2713万m^3，石方5.95万m^3，混凝土浇筑13.4万m^3，金属结构制造安装237t。三阳河潼河宝应站工程于2005年9月基本完成。

（六）刘山站工程

刘山站工程批复总投资24 454万元，已全部下达。截至2010年底，刘山泵站工程全部完工，累计完成投资24 454万元（其中，建筑安装工程投资9824万元，机电设备4870万元，其他费用9760万元）。共完成土方196万m^3，石方3.65万m^3，混凝土浇筑4.69万m^3，金属结构制造安装660t，机电设备5台（套）。

（七）解台站工程

解台站工程批复总投资为19 007万元，已全部下达。截至2010年底，解台泵站工程全部完工，累计完成投资19 007万元（其中，征迁2419万元，建筑工程投资6864.6万元，设备及安装工程费用5255.8万元，独立费用1808万元，其他2659.6万元），占工程总投资的100%。共完成土方110.9万m^3，石方6.17万m^3，混凝土浇筑3.88万m^3，金属结构制造安装460t，机电设备5台（套）。

（八）蔺家坝站工程

蔺家坝站工程批复总投资为22 099万元，已全部下达。截至2010年底，累计完成投资22 049万元（其中，建筑安装工程7970万元，设备及安装8113万元，其他费用5966万元），占工程总投资的99.8%。共完成土方121.99万m^3，石方0.4万m^3，混凝土浇筑34 908.69m^3，金属结构制造安装457.04t，机电设备4台（套）。蔺家坝泵站已基本建设完成。

（九）骆马湖水资源控制工程

骆马湖水资源控制工程批复总投资2967万元，已全部下达。截至2010年底，累计完成投资2907万元（其中，建筑工程1602万元，安装工程142万元，设备178万元，其他费用1045万元），占总投资的98.0%。完成土方15.53万m^3，石方0.03万m^3，混凝土浇筑8789m^3，金属结构制造安装82.5t，机电设备4台（套）。骆马湖水资源控制工程已基本建成。

（十）姚楼河闸工程

姚楼河闸工程批复总投资2232万元，已全部下达。截至2010年底，累计完成投资2220万元，占总投资的99.5%。

截至2010年底，姚楼河闸工程已全部完工，通过合同验收。

（十一）杨官屯河闸工程

杨官屯河闸工程批复总投资3014万元，已全部下达。截至2010年底，累计完成1423万元（其中，建筑工程1035万元，其他388万元）。累计完成土方0.5万m^3，占合同工程量的7.33%。

截至2010年底，完成钢板桩围堰和土围堰施工，目前正在进行节制闸和船闸上闸首灌注桩施工。

（十二）大沙河闸工程

大沙河闸工程批复总投资9103万元，已全部下达。截至2010年底，累计完成投资6575万元（其中，建筑工程4043万元，设备工器具购置445万元，其他2087万元）。完成土方挖填54.99万m^3，占合同量74.42%；石方0.95万m^3，占合同量52.2%；混凝土浇筑2.78万m^3，占合同量67.8%；金属结构制造安装97t，占合同量14.27%；钢筋制作安装1419t，占合同量57.1%。

截至2010年底，船闸完成，14孔节制闸底板、8孔闸墩和湖外侧海漫混凝土浇筑完成。

（十三）泗阳站工程

泗阳站工程（见图6）批复总投资30 614万元，已下达投资计划15 000万元。截至2010年底，累计完成投资15 430万元，占总投资的50.4%。累计完成土方23.31万m^3，混凝土浇筑13 735.5m^3，金属结构制造安装24.1t。

图6　泗阳站工程

截至2010年底，主泵站南侧完成出水流道底部浇筑，块胸墙、挡水墙至工作桥台完成浇筑，南副厂房灌注桩开始施工。主泵站北侧块出水流道底板完成钢筋及模板制作安装，基本具备浇筑条件；下游南侧翼墙完成浇筑，北侧翼墙正在进行钢筋绑扎和模板制作安装工作；上游引河进行素土回填。

（十四）泗洪站工程

泗洪站工程（见图7）批复总投资55 893万元，已下达投资计划12 000万元。截至

图7　泗洪站工程

2010年底，累计完成投资19 834万元，占总投资的35.5%。累计完成土方279.3万m^3，石方0.09万m^3，混凝土浇筑35 940m^3，金属结构制造安装395t。

截至2010年底，已完成节制闸围堰和导流河排泥场围堰的土方填筑，继续船闸施工。闸室底板及闸室墙全部完成，节制闸工程继续进行基坑开挖和节制闸河道土方开挖；完成3块底板混凝土封底，导流河基本完成；徐洪河左堤填筑已基本填筑至设计标准。

（十五）刘老涧二站工程

刘老涧二站工程（见图8）批复总投资20 722万元，已下达投资计划18 000万元。截至2010年底，累计完成投资17 569万元，占总投资的84.8%。累计完成土方56.72万m^3，石方2.8万m^3，混凝土浇筑29 400m^3，金属结构制造安装285t，机电设备3台（套）。

图8　刘老涧二站工程

截至2010年底，站内交通桥、站身混凝土浇筑、主厂房和检修间砌筑粉刷、行车安装全部完成；检修闸门等金属结构全部完成，正在进行厂房装饰。主机泵、变压器等已全部制作完成；节制闸混凝土浇筑、砌筑粉刷全部完成，金属结构安装到位，正在进行装饰及电气设备安装。清污机桥、清污机及附属设备全部完成，清污机栅体已安装到位，泵站下游隔水墙浇筑完成。

（十六）皂河二站工程

皂河二站工程（见图9）批复总投资27 316万元，已下达投资计划12 000万元。截至2010年底，累计完成投资11 820万元，占总投资的43.3%。累计完成土方92.35万m^3，石方0.93万m^3，混凝土浇筑14 800m^3。

图9　皂河二站工程

截至2010年底，施工准备工作及各项临时设施已完成；主体工程进行出水流道驼峰底板立模扎筋，上下游引河堤防填筑及墙后土方、管理区土方回填。邳洪河北闸完成闸室墩墙、上下游第一、二节翼墙墙身混凝土浇筑，进行防冲槽抛石施工。

（十七）皂河一站改造工程

皂河一站改造工程（见图10）批复总投资12 219万元，已下达投资计划6000万元。累计完成投资4210万元，占总投资的34.5%。共完成土方20.88万m^3，混凝土浇筑6000m^3，金属结构制造安装25t。

截至2010年底，完成上下游护坡、拦污

图10　皂河一站工程

栅及启闭机拆除，副厂房、高低压室改造，配套建筑物基坑土方开挖，引水闸墩墙、顶板混凝土及第14号涵洞底板混凝土浇筑等工作，正在进行上下游翼墙底板及墙身施工以及厂房门厅、流道改造。

（十八）金湖站工程

金湖站工程（见图11）批复总投资37 822万元，下达投资计划18 000万元。累计完成投资10 036万元，占总投资的26.5%。共完成土方27万m^3，混凝土浇筑4334m^3，金属结构制造安装280t。

图11　金湖站工程

截至2010年底，完成全部移民补偿及部分施工临时设施工作。主体工程中泵站第一块底板完成浇筑，清污机桥土建施工基本结束。

（十九）金宝航道工程

金宝航道工程批复总投资98 116万元，下达投资计划32 000万元。累计完成投资40 872万元，占总投资的41.7%。完成土方21.3万m^3。

截至2010年底，金宝航道工程正在开展临时工程建设及施工准备工作，同时正在加快移民补偿进度。

（二十）淮安二站改造工程

淮安二站改造工程（见图12）批复总投资5323万元，下达投资计划4000万元。累计完成投资1994万元，占总投资的37.5%。

图12　淮安二站改造工程

截至2010年底，开始控制楼接长部分拆除、护坡整修、上游工作桥维修等施工。自动化系统采购与安装标已完成开标评标工作。

（二十一）骆马湖以南中运河影响处理工程

骆马湖以南中运河影响处理工程（见图13）批复总投资11 197万元，下达投资计划8000万元。累计完成投资5710万元，占总投资的51%。

图13　骆马湖以南中运河影响处理工程

截至2010年底，移民补偿工作基本结束，部分泵房、涵洞搅拌桩基础等已完成。正在进行多钻头拌桩防渗工程施工。

（二十二）里下河水源调整工程

里下河水源调整工程（见图14）批复总投资22.72亿元，其中南水北调工程分摊投资17.51亿元，下达投资计划4.2亿元。累计完成投资5.05亿元，占总投资的22.2%。目前，正在进行征迁工作。

图14　里下河水源调整工程

（二十三）高水河整治工程

高水河整治工程（见图15）批复总投资1.47亿元，下达投资计划1亿元。累计完成投资6900万元，占总投资的47.1%。截至2010年底，正在开展征迁和临时工程建设工作。

图15　高水河整治工程

（二十四）睢宁二站工程

睢宁二站工程批复总投资24 085万元，下达投资计划2000万元。累计完成投资2032

万元，占总投资的 8.4%。截至 2010 年底，正在开展征迁安置工作。

（二十五）邳州站工程

邳州站工程批复总投资31 644万元，下达投资计划 2000 万元。累计完成投资 2004 万元，占总投资的 6.3%。截至 2010 年底，正在开展征迁安置工作。

（二十六）洪泽站工程

洪泽站工程批复总投资49 397万元，下达投资计划 9600 万元。累计完成投资 5087 万元，占总投资的 10.3%。截至 2010 年底，正在开展征迁安置工作。

（二十七）济平干渠工程

济平干渠工程（见图 16）批复总投资 13.38 亿元，共下达投资计划 13.38 万元。截至 2010 年底，工程累计完成投资 13.30 万元，占总投资的 99.4%。累计完成土石方 1947 万 m^3，完成混凝土浇筑 55.3 万 m^3。济平干渠工程目前已通过国家完工验收。

图 16　济平干渠三龙庄节制闸

（二十八）万年闸泵站工程

万年闸泵站工程（见图 17）批复总投资 25 371 万元，下达投资计划 25 371 万元。截至 2010 年底，累计完成投资 21 311 万元，占工程总投资的 84%。共计完成土方 165.99 万 m^3，石方 2.49 万 m^3，混凝土浇筑 49 700m^3，金属结构制造安装 1228.14t。工程迁占及地面附着物补偿工作已经基本完成。其中，实际永久征地 789.4 亩，搬迁 41 人，生产安置 495 人，拆迁房 1628m^2。

图 17　万年闸泵站厂房

（二十九）韩庄泵站工程

韩庄泵站工程（见图 18）批复总投资 22 762万元，累计下达投资计划 22 762 万元。截至 2010 年底，累计完成投资 22 220 万元，占工程总投资的 97.6%。共完成土方 110.23 万 m^3，石方 4.39 万 m^3，混凝土浇筑34 588m^3，金属结构制造安装 640t。工程迁占及地面附着物补偿工作已经基本完成。其中，实际永久征地 555.3 亩，搬迁 17 人，生产安置 364 人，拆迁房 655m^2。

图 18　韩庄泵站引水闸

（三十）台儿庄泵站工程

台儿庄泵站工程（见图 19）批复总投资 24 947 万元，已全部下达。截至 2010 年底，累计完成投资 23 260 万元，占工程总投资的 93.2%。共完成土方 128.6 万 m^3，石方 1052m^3，混凝土浇筑 53 700m^3，金属结构制

图 19　台儿庄泵站夜景

造安装 804t。工程迁占及地面附着物补偿工作已基本完成。其中，永久征地 381.8 亩，搬迁安置 129 人，生产安置 1035 人，拆迁房屋 6124m^2。

（三十一）韩庄运河水资源控制工程

韩庄运河水资源控制工程批复总投资 2009 万元，已全部下达。截至 2010 年底，累计完成投资 792 万元，占工程总投资的 39.4%。共完成土方 4.28 万 m^3，混凝土浇筑 2120m^3。工程迁占及地面附着物补偿工作已基本完成。其中，永久征地 15.17 亩。

（三十二）二级坝泵站工程

二级坝泵站工程（见图 20）批复总投资 2.52 亿元，已全部下达。截至 2010 年底，累计完成投资 24 681 万元，占工程总投资的 97.9%。共完成土方 157.81 万 m^3，石方 1660m^3，混凝土浇筑 46 722m^3，金属结构制造安装 920t。工程迁占及地面附着物补偿工作已基本完成。其中，永久征地 901.8 亩，生产安置 489 人，拆迁房屋 280m^2。

图 20　二级坝泵站进水闸

（三十三）潘庄引河闸工程

潘庄引河闸工程批复总投资 1360 万元，已全部下达。截至 2010 年底，累计完成投资 1346 万元，占工程总投资的 99.0%。潘庄引河闸工程已建设完成，水土保持、消防设施和档案等专项验收工作已完成，正在进行竣工决算等设计单元工程完工验收准备工作。

（三十四）穿黄河工程

穿黄河工程（见图 21）批复总投资 6.13 亿元，已全部下达。截至 2010 年底，累计完成投资 4.03 亿元，占工程总投资的 65.7%。共完成土方 631.25 万 m^3，石方 5.58 万 m^3，混凝土浇筑 195 360m^3，金属结构制造安装 643t。工程迁占及地面附着物补偿工作正在进行中。其中，永久征地 573 亩，生产安置 406 人，拆迁房屋 18 238m^2。

图 21　穿黄河隧洞工程贯通

（三十五）济南市区段工程

济南市区段工程（见图 22）批复总投资 27.32 亿元，已全部下达。截至 2010 年底，累计完成投资 194 922 万元，占工程总投资的 71.3%。共完成土方 504.4 万 m^3，混凝土浇筑 635 000m^3。工程迁占及地面附着物补偿工作正在进行中。其中，永久征地 286 亩，生产安置 2505 人，拆迁房屋 122 263m^2。

图 22　济南市区段下卧段施工

（三十六）东湖水库工程

东湖水库工程（见图 23）批复总投资 96 403万元，共下达投资计划 66 496 万元。截至 2010 年底，累计完成投资 56 884 万元，占工程总投资的 59.0%。共完成土方 587.82 万 m^3，混凝土浇筑 7853m^3。工程迁占及地面附着物补偿工作正在进行中。其中，永久征地 8074 亩，生产安置 4854 人，拆迁房屋 1076m^2。

图 23　东湖水库截渗墙开挖浇筑

（三十七）双王城水库工程

双王城水库工程（见图 24）批复总投资 80 525 万元，共下达投资计划 49 283 万元。截至 2010 年底，累计完成投资 32 640 万元，占工程总投资的 40.5%。共完成土方 339.18 万 m^3，混凝土浇筑 12 854m^3。工程迁占及地面附着物补偿工作正在进行中。其中，永久征地 11 077 亩，生产安置 690 人，拆迁房屋 795m^2。

图 24　双王城水库防渗墙开槽

（三十八）灌区影响处理工程

灌区影响处理工程（见图 25）批复总投资 18 659 万元，已全部下达。截至 2010 年底，累计完成投资 16 320 万元，占工程总投资的 87.5%。共完成土方 186.1 万 m^3，混凝土浇筑 43 000m^3。工程迁占及地面附着物补偿工作正在进行中。其中，永久征地 2108 亩，生产安置 314 人，拆迁房屋 10 052m^2。

图 25　灌区铺设桥梁底板

（三十九）长沟泵站工程

长沟泵站工程（见图 26）批复总投资 27 818万元，下达投资计划 21 400 万元。截至 2010 年底，累计完成投资 13 350 万元，占工程总投资的 48.6%。共完成土方 79.07 万 m^3，混凝土浇筑 47 300m^3。工程迁占及地面附着物补偿工作正在进行中。其中，永久征

图 26　长沟泵站出水流道钢筋绑扎

地 388 亩，生产安置 316 人。

（四十）邓楼泵站工程

邓楼泵站工程（见图 27）批复总投资 25 723万元，下达投资计划 20 000 万元。截至 2010 年底，累计完成投资 11 200 万元，占工程总投资的 43.8%。共完成土方 52.96 万 m^3，混凝土浇筑 20 400m^3。工程迁占及地面附着物补偿工作正在进行中。其中，永久征地 400 亩，生产安置 19 人，拆迁房屋 874m^2。

图 27　邓楼泵站右侧前池翼墙 3 号浇筑

（四十一）八里湾泵站工程

八里湾泵站工程（见图 28）批复总投资 26 577 万元，下达投资计划 8441 万元。截至 2010 年底，累计完成投资 5489 万元，占工程总投资的 20.7%。共完成土方 6.56 万 m^3。工程迁占及地面附着物补偿工作正在进行中。其中，永久征地 191 亩，拆迁房屋 350m^2。

（四十二）大屯水库工程

大屯水库工程（见图 29）批复总投资

图 28　八里湾泵站基坑开挖

图 29　大屯水库工程界桩验收及移交会议

111 377 万元，下达投资计划 65 000 万元。截至 2010 年底，累计完成投资 52 121 万元，占工程总投资的 47%。

中线一期在建工程建设进展情况

（一）丹江口大坝加高工程

丹江口大坝加高工程（见图 30）批复总投资 24.77 亿元（含价差投资 2606 万元，征地补充投资 2572 万元），累计下达投资计划 22.92 亿元。截至 2010 年底，累计完成投资 19.00 亿元，占总投资的 77%，累计完成土石方 589.38 万 m^3，混凝土浇筑 103.53 万 m^3，裂缝处理 22 152.09m，基础灌浆 29 217m。

2010 年主要进行了左岸土石坝护坡及坝顶防浪墙浇筑、升船机土建及设备制造安装、电厂机组改造、老坝体裂缝缺陷检查与处理等工作。截至 2010 年底，除溢流坝段 20 孔溢流堰面没有加高外，混凝土坝全部加高到顶，

图 30　丹江口大坝加高工程

右岸土石坝全部填筑到顶，左岸土石坝基本到顶；大坝金属结构机电设备及电厂机组改造进入高潮；老坝体混凝土缺陷检查与处理与大坝加高施工同步进行。

（二）穿黄工程

穿黄工程（见图 31）批复总投资 31.94 亿元（含价差投资 5688 万元），累计下达投资计划 30.87 亿元。累计完成投资 179 422 万元，占总投资的 56%。累计完成土方 1877 万 m^3，石方 21 万 m^3，混凝土浇筑 29.51 万 m^3，钢筋制作安装 3.47 万 t。

图 31　穿黄工程隧道

截至 2010 年底，南岸连接明渠工程完成开挖 4628m，渠道衬砌 2800m；退水洞累计开挖支护 436m，洞身衬砌完成 428m；进口段 A 洞已完成开挖衬砌；进口段 B 洞检修通道 JX3B 段开挖支护完成；隧洞上、下游线过黄河隧洞段已贯通，邙山隧洞段已贯通；隧洞进行底板混凝土衬砌施工；北岸渠道（9 + 336.47 ~ S 点 19 + 304.50）完成土方填筑 9820m，混凝土衬砌 8500m，浆砌石防护 9500m；孤柏嘴控导工程完成，四期透水桩坝共计完成 3180m。

（三）安阳段工程

安阳段工程（见图 32）批复总投资 21.07 亿元（含价差投资 4466 万元），累计下达投资计划 18.87 亿元。截至 2010 年底，累计完成投资 142 588 万元，占总投资的 67.7%。累计完成土石方 2574 万 m^3，混凝土浇筑 45.6 万 m^3。

图 32　安阳段工程北流寺桥副桥桥面板施工

截至 2010 年底，河渠交叉建筑物工程基本完成，上部混凝土框架结构正在装饰；完成 15 座左岸排水倒虹吸主体工程；9 座渠渠倒虹吸全部完成；17 座公路桥具备通车条件；洪河渠道倒虹吸出口、安阳河渠道倒虹吸出口、张北河暗渠金属结构已安装完毕；渠道土石方施工全线展开，累计完成边坡衬砌 40 982m；底板混凝土衬砌 15 840m。

（四）京石段应急供水工程

京石段应急供水工程划分为 19 个设计单元工程，其中永定河倒虹吸、西四环暗涵、惠南庄泵站、北拒马河暗渠、惠南庄泵站至大宁段、总干渠穿五棵松地铁、北京段铁路交叉工程、北京段专项设施迁建、滹沱河倒虹吸、唐河倒虹吸、釜山隧洞、古运河枢纽、漕河渡槽、生产桥、石家庄—北拒马河总干渠和连接段工程等15个设计单元工程的主体工程已完工，目前正在验收阶段；河北段工程管理及自动化调度与运行管理决策支持系统工程、北京段工程管理正在实施；北京段永久供电工程已批复，正在筹建。

京石段各设计单元工程总投资为1 994 799万元，投资已全部下达。截至2010年底，累计完成投资1 692 130万元，占总投资的84.8%；累计完成土方16 937万m^3，石方2534万m^3，混凝土浇筑500万m^3，金属结构制造安装7046t。

（五）南水北调中线干线工程调度中心土建工程

南水北调中线干线工程调度中心土建工程总投资22 684万元，投资计划已全部下达。截至2010年底，累计完成投资20 192万元，占总投资的89%。

（六）膨胀岩（潞王坟）试验段工程

膨胀岩（潞王坟）试验段工程（见图33）批复总投资2.76亿元（含价差投资800万元），投资计划已全部下达。截至2010年底，累计完成投资20 663万元，占总投资的75.0%。累计完成土石方380万m^3，混凝土浇筑0.5万m^3。

图33　潞王坟试验区2-5区充水试验

截至2010年底，试验区试验工程施工已完成并通过单位工程验收，非实验区主要进行渠道SY0+400－SY0+700左岸大坑防护堤清基及上游接头处软岩爆破开挖、渠道地下渗水抽排水施工、混凝土框格预制、溶洞人工清理、溶洞混凝土浇筑。

（七）石门河倒虹吸工程

石门河倒虹吸工程（见图34）批复总投资25 122万元，累计下达投资计划16 000万元。截至2010年底，累计完成投资8020万元，占总投资的31.9%。累计完成土石方98万m^3，混凝土浇筑2.4万m^3。

图34　石门河倒虹吸工程施工现场

截至2010年底，已完成进出口闸室、渐变段土石方开挖，渠道已开挖成型274.6m，占渠道的73.4%，倒虹吸管身段已开挖成型532.4m，占管身段的52.5%；已完成9管节管身段及26管节底板混凝土浇筑；正在进行基坑抽排水施工。

（八）辉县段工程

辉县段工程（见图35）批复总投资400 374万元，累计下达投资计划192 000万元。截至2010年底，累计完成投资216 369

图35　辉县段王村河倒虹吸施工现场

万元，占总投资的54.0%。累计完成土石方3500万m^3，混凝土浇筑33.4万m^3。

截至2010年底，辉县段总干渠已基本开挖成型，渠道土方填筑、渠坡防护、渠道衬砌全面展开；河渠交叉建筑物已全部开工；18座左岸排水建筑物已开工17座，正在进行混凝土浇筑、桩基施工；2座分水闸已开工1座；30座公路桥已开工23座，正在进行下部结构、箱梁预制施工；12座生产桥已有9座正在进行桩基、下部结构施工。

（九）焦作2段工程

焦作2段工程（见图36）批复总投资351 729万元，累计下达投资计划194 000万元。截至2010年底，累计完成投资216 432万元，占总投资的61.5%。累计完成土石方3745万m^3，混凝土浇筑13.9万m^3。

图36　焦作2段工程纸坊河出口渐变段底板混凝土

截至2010年底，累计开挖长度19.971km，其中明渠11.327km长度已至保护层高程，渠道衬砌施工正在进行，填方渠段基本完成；关键线路上的控制性工程（3座河渠交叉建筑物）进展基本顺利；18座公路桥已开工16座，8座生产桥开工5座；3座左岸排水渡槽全部开工；2座分水口门开工1座。

（十）新乡和卫辉段工程

新乡和卫辉段工程（见图37）批复总投资165 740万元，累计下达投资计划92 500万元。截至2010年底，累计完成投资86 652万元，占总投资的52.3%。累计完成土石方1574万m^3，混凝土浇筑18.1万m^3。

图37　新乡和卫辉段沧河倒虹吸工程

截至2010年底，总干渠已基本开挖成型，渠道土方填筑、渠坡防护有序进行。新乡和卫辉段工程2标开始渠道衬砌，4座河渠交叉建筑物正在进行主体混凝土浇筑、管身回填施工；2座渠渠交叉建筑物已开工建设；9座左岸排水建筑物正在进行主体混凝土浇筑施工；2座分水闸已全部开工建设；20座公路桥已开工14座，正在进行下部结构、箱梁预制施工；9座生产桥已全部开工，正在进行桩基、下部结构施工。

（十一）温博段工程

温博段工程（见图38）批复总投资150 136万元，累计下达投资计划84 000万元。截至2010年底，累计完成投资78 818万元，占总投资的52.5%。累计完成土石方1049万m^3，混凝土浇筑19.9万m^3。

图38　温博段工程

截至2010年底，渠道开挖成型15.26km，渠道填筑完成18.66km，渠道边坡衬砌完成2.19km，渠底衬砌0.38km；跨渠交叉建筑物均已开工，其中周村涝河排水倒虹吸等主体已完成；桥梁工程均已开工，其中东金城北生产桥等已完成。

（十二）沁河渠道倒虹吸工程

沁河渠道倒虹吸工程（见图39）批复总投资34 469万元，累计下达投资计划19 500万元。截至2010年底，累计完成投资14 499万元，占总投资的42.1%。累计完成土石方282万m^3，混凝土浇筑4.7万m^3。

图39　沁河渠道倒虹吸工程

截至2010年底，防渗墙施工全部完成，一期、二期及进口闸室段土方开挖已经完成，3~23节土方回填已全部完成，一期管身混凝土工程已全部完成，进口闸主体混凝土已完成，进口渐变段1~3号翼墙已完成，二期管身完成15节底板、4节墙身、1节顶板。

（十三）焦作1段工程

焦作1段工程（见图40）批复总投资207 459万元，累计下达投资计划118 000万元。截至2010年底，累计完成投资108 419万元，占总投资的52.3%。累计完成土石方492万m^3，混凝土浇筑14.0万m^3。

截至2010年底，渠道完成土方开挖4.39km，土方填筑7.47km。倒虹吸工程除翁涧河倒虹吸因与铁路交叉未开工外，其余均

图40　焦作1段渠道

已开工，跨渠桥除人民路公路桥因工程变更暂停施工外，其余均在进行施工。

（十四）鹤壁段工程

鹤壁段工程（见图41）批复总投资213 374万元，累计下达投资计划115 000万元。截至2010年底，累计完成投资105 345万元，占总投资的49.4%。累计完成土石方1636万m^3，混凝土浇筑13.0万m^3。

图41　鹤壁段开挖成形渠道

截至2010年底，临时工程全部完成，渠道全长30.83km，现开挖和填筑已达到设计断面16.9km；25座水工建筑物已开工22座；33座桥梁已开工17座。

（十五）汤阴段工程

汤阴段工程批复总投资162 810万元，累计下达投资计划83 000万元。截至2010年底，累计完成投资78 609万元，占总投资的48.3%。累计完成土石方890万m^3，混凝土浇筑11.6万m^3。

截至2010年底，主体施工已全面展开，基础处理基本完成，部分渠道已开挖至设计断面高程，开挖基本成型11.8km，占总渠道21.3km的55.36%。部分倒虹吸管身段混凝土浇筑全部完成；3座渡槽正在施工；桥梁19座，正在施工的有9座；安全监测标正在进行，测量数据正常。

（十六）穿漳河工程

穿漳河工程（见图42）批复总投资38 256万元，累计下达投资计划17 000万元。截至2010年底，累计完成投资16 507万元，占总投资的43.1%。累计完成土方112万m^3，混凝土浇筑5.33万m^3，钢筋制作安装4563t。

图42　穿漳河工程

截至2010年底，进口连接段、进口渐变段土方回填已达设计高程，渐变段底板混凝土完成，边墙混凝土开始浇筑，南岸退水排冰闸已完成泄槽段、消力池混凝土施工，进口检修闸混凝土浇筑已完成，一期倒虹吸管身全部完成。二期管身段主要进行开挖施工；北岸基础处理全部完成，出口渐变段、出口连接段土方回填到设计高程。

（十七）膨胀土（南阳）试验段工程

膨胀土（南阳）试验段工程批复总投资18 506万元，累计下达11 000万元。截至2010年底，累计完成投资8154万元，占总投资的44.1%。累计完成土石方84万m^3，混凝土浇筑0.9万m^3。

截至2010年底，各试验区渠道运行工况模拟试验正常进行；完成40m预制箱梁1榀、30m预制箱梁7榀、桥台盖梁1根；累计完成复合土工膜8.4万m^2，占合同工程量的39.3%；累计完成试验导水112万m^3，占合同量的106.7%。

（十八）郑州2段工程

郑州2段工程批复总投资332 840万元（含公路交叉31 745万元、生产桥3213万元），累计下达投资计划193 000万元。截至2010年底，累计完成投资183 406万元，占总投资的55.1%。累计完成土石方2268万m^3，混凝土浇筑11.4万m^3。

截至2010年底，4座渠道倒虹吸的一期土方开挖、基础处理（CFG桩）、垫层混凝土浇筑全部完成，正在进行管节混凝土施工，二期基坑开挖已完成；左岸排水建筑物工程全部开工建设；十八里河节制闸已完成部分混凝土浇筑，十八里河退水闸正在进行基坑开挖，密垌分水口已完成出口涵管段混凝土浇筑；明渠开挖总长18.5km，已开挖成型2.18km。渠道换填试验正在进行。

（十九）天津市境内1段工程

天津市境内1段工程批复总投资139 382万元（追加耕地占用税11 047万元），累计下达投资计划112 000万元。截至2010年底，累计完成投资115 500万元，占总投资的82.9%。累计完成土石方1175万m^3，混凝土浇筑61.1万m^3。

截至2010年底，主体工程基本完成，累计完成箱涵底板浇筑19.21km，箱涵成型19.21km（除京沪高速公路、京沪铁路外，其他地段箱涵全部完成）。王庆坨连接井现地用房主体工程基本完成，进口闸、出口闸启闭机房主体工程基本完成；子牙河北分流井工程已完成地下主体工程施工；箱涵的聚氨酯嵌缝施工已累计完成436仓施工，占总数的34%。

（二十）天津市境内2段工程

天津市境内2段工程（见图43）批复总

投资 20 813 万元（追加耕地占用税 1376 万元），累计下达投资计划 19 000 万元。截至 2010 年底，累计完成投资 18 105 万元，占总投资的 87.0%。累计完成土石方 122 万 m^3，混凝土浇筑 7.9 万 m^3。

图 43　天津市境内 2 段外环河出口闸启闭机房框架

截至 2010 年底，输水箱涵基槽累计成型 4.197km，累计完成底板浇筑 280 节，顶板 280 节，箱涵成型 4.124km。施工中的建筑物有外环河出口闸、有压输水钢筋混凝土箱涵、星光路公路涵。

（二十一）廊坊市境内段工程

廊坊市境内段工程（见图 44）批复总投资 346 110 万元（追加耕地占用税 14 349 万元），累计下达投资计划 133 000 万元。截至 2010 年底，累计完成投资 118 299 万元，占总投资的 34.2%。累计完成土石方 1103 万 m^3，

图 44　廊坊市境内段冬季施工保温措施

混凝土浇筑 62.1 万 m^3。

截至 2010 年底，直管部分累计基槽成型 24.8km，累计完成箱涵底板 1386 节，顶板 1382 节，箱涵成型 20.1km。施工中的主要建筑物有高家庄灌渠倒虹吸、独流排干倒虹吸、36 号通气孔、38 号通气孔、百米渠倒虹吸、百米三支渠倒虹吸、47 号通气孔、龙头港渠倒虹吸、西辛庄分水口及箱涵、黄家堡公路涵、堂二里公路涵、榆树园村公路涵、码杨公路涵等。

（二十二）西黑山进口闸—有压箱涵段工程

西黑山进口闸—有压箱涵段工程（见图 45）批复总投资 78 877 万元（追加耕地占用税 4481 万元），累计下达投资计划 35 000 万元。截至 2010 年底，累计完成投资 27 301 万元，占总投资的 34.6%。累计完成土石方 337 万 m^3，混凝土浇筑 13.6 万 m^3。

图 45　西黑山进口闸闸室底板浇筑

截至 2010 年底，累计基槽成型 5.64km，累计完成箱涵底板 383 节，顶板 383 节，箱涵成型 5.64km。施工中的主要建筑物有西黑山进口闸、中瀑河倒虹吸、文村北调节池、张石高速公路涵。

（二十三）保定市境内 1 段工程

保安市境内 1 段工程批复总投资 272 448 万元，累计下达投资计划 110 000 万元。截至 2010 年底，累计完成投资 96 458 万元，占总投资的 35.4%。累计完成土石方 804 万 m^3，

混凝土浇筑50.0万m^3。

截至2010年底，主体工程土方开挖累计开挖成型22 137m；混凝土垫层累计成型19 484m；钢筋制作安装绑扎底板累计完成1177节，顶板累计完成1061节；混凝土箱涵成型底板累计1178节，顶板累计完成1054节。

（二十四）保定市境内2段工程

保定市境内2段工程（见图46）总投资85 760万元（追加耕地占用税4429万元），累计下达投资计划40 000万元。截至2010年底，累计完成投资29 694万元，占总投资的34.6%。累计完成土石方248万m^3，混凝土浇筑16.5万m^3。

图46　保定市境内2段浇筑成型的筑涵混凝土

截至2010年底，累计箱涵成型5.379km，累计完成箱涵底板388节，顶板367节。施工中的主要建筑物有大庄排干倒虹吸、32号通气孔、35号通气孔。

（二十五）磁县段工程

磁县段工程（见图47）批复总投资309 336万元，累计下达投资计划136 000万元。截至2010年底，累计完成投资145 170万元，占总投资的46.9%。累计完成土石方1234万m^3，混凝土浇筑7.1万m^3。

截至2010年底，渠道全挖段累计成型3500m，占全挖段总长的35%；全填段累计成型247m，占全填段总长的7%；半挖半填段累计成型15 153m，占半挖半填段总长的

图47　磁县段工程

59%。36座建筑物中，已完成18座建筑物的主体结构混凝土施工。关键线路建筑物共7个，已开工4个。

（二十六）邯郸市—邯郸县段工程

邯郸市—邯郸县段工程批复总投资181 227万元，累计下达投资计划73 000万元。截至2010年底，累计完成投资77 444万元，占总投资的42.7%。累计完成土石方327万m^3，混凝土浇筑1.4万m^3。

截至2010年底，沁河倒虹吸进行管身段混凝土浇筑；输元河倒虹吸进行管身段混凝土浇筑；岳洼沟排水涵洞进行管身段混凝土浇筑；裕庄沟排水涵洞管身段垫层混凝土浇筑完成；渠道段进行多施工面土石方开挖。

（二十七）永年县段工程

永年县段工程批复总投资120 715万元，累计下达投资计划42 000万元。截至2010年底，累计完成投资57 592万元，占总投资的47.7%。累计完成土石方501万m^3，混凝土浇筑1.5万m^3。

截至2010年底，部分渠道进行土石方开挖，部分渠段进行土方换填、填筑等施工。洺河一支排洪涵洞混凝土垫层已浇筑完成，进行混凝土底板浇筑；马记湾排水倒虹吸铺设碎石土垫层，完成混凝土垫层浇筑；北两岗排水倒虹吸完成管身段混凝土浇筑进口段挡墙浇筑；曹庄沟排水涵洞完成管身段混凝土浇筑；洺河二支排水倒虹吸完成垫层浇筑；

大油村沟排水倒虹吸完成混凝土垫层浇筑。

（二十八）洺河渡槽工程

洺河渡槽工程批复总投资 34 519 万元，累计下达投资计划 7000 万元。截至 2010 年底，累计完成投资 6418 万元，占总投资的 18.6%。累计完成土石方 28 万 m^3，混凝土浇筑 1.6 万 m^3。

截至 2010 年底，进、出口段及退水闸处复合载体夯扩桩已全部完成；槽身段进行槽墩基坑土石方开挖，槽墩墩身卵石回填；13～17 号槽墩已浇筑完成；灌注桩先导孔地质复勘已全部完成，灌注桩完成 108 根；进出口段正进行土方开挖填筑施工；进、出口段扭坡垫层混凝土已完成，开始底板混凝土施工。

（二十九）沙河市段工程

沙河市段工程批复总投资 172 736 万元，累计下达投资计划 63 000 万元。截至 2010 年底，累计完成投资 90 075 万元，占总投资的 52.1%。累计完成土石方 935 万 m^3，混凝土浇筑 2.4 万 m^3。

截至 2010 年底，SG5 标渠道正在进行土石方开挖、回填等施工，渠道混凝土衬砌完成 108m；侯庄南沟排水渡槽进、出口槽台混凝土浇筑，预制 T 型梁，进口渐变段、连接段混凝土垫层已全部完成；侯庄北沟排水渡槽进、出口槽台混凝土浇筑，预制 T 型梁全部完成；沙沟排洪渡槽进、出口交通桥灌注桩，预制 T 型梁，夯扩混凝土桩已全部完成；冯庄沟排水渡槽灌注桩、预制 T 型梁已全部完成。SG6 标渠道正在进行土方开挖，渠道衬砌试验段已基本成型；上郑倒虹吸管身垫层混凝土施工已完成；中高倒虹吸正在进行管身混凝土施工；高店村沟渡槽 32 个桩全部完成；高店北沟渡槽灌注桩 20 个全部完成；赞善分水闸正在进行土方开挖。

（三十）南沙河倒虹吸工程

南沙河倒虹吸工程（见图 48）批复总投资 94 524 万元，累计下达投资计划 21 000 万元。截至 2010 年底，累计完成投资 30 974 万元，占总投资的 32.8%。渠道全长 2030m，为全开挖段。累计完成土石方 419 万 m^3，混凝土浇筑 4.9 万 m^3。

图 48　南沙河倒虹吸工程

截至 2010 年底，渠道累计开挖 1891m。南段 71 节管身中，累计完成 24 节开挖；进口渐变段护底混凝土和 1 号扭坡混凝土浇筑完成，进口渐变段 3～4 号扭坡砌石背后土方回填完成；出口渐变段护底混凝土和出口闸室底板混凝土浇筑完成，出口渐变段 3～4 号扭坡砌石背后土方回填完成；北段 58 节管身中，共完成立墙及顶板 18 节、底板浇筑 20 块，进、出口检修闸检修板及交通桥以下部分全部完工。

（三十一）邢台市段工程

邢台市段工程（见图 49）批复总投资 176 101万元，累计下达投资计划 57 000 万元。截至 2010 年底，累计完成投资 83 858 万元，占总投资的 47.6%。渠道全长 15 033m，其中全挖段 14 398m，半挖半填段 635m。累计完成土

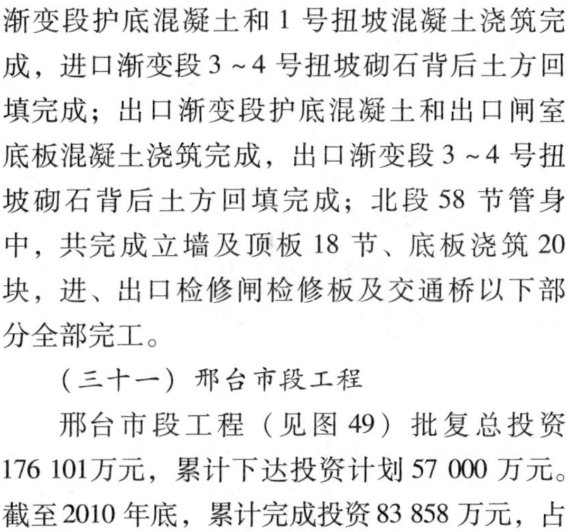

图 49　邢台市段工程

石方 839 万 m^3，混凝土浇筑 1.7 万 m^3。

截至 2010 年底，渠道累计成型 7800m。6 个建筑物已开工建设，张东村沟排水渡槽墩身已完成；赵古庄沟排水渡槽开挖、中墩施工全部完成；七里河倒虹吸管身 18 节管身已开挖成型，已完成 14 节管身垫层混凝土施工，10 节管身底板浇筑，4 节管身墙体混凝土施工，4 节管身顶板混凝土施工；邓家庄分水闸 7 节出口涵洞施工完成；南大郭分水闸开挖成型，完成垫层浇筑。

（三十二）邢台县和内丘县段工程

邢台县和内丘县工程批复总投资 254 626 万元，累计下达投资计划 78 000 万元。截至 2010 年底，累计完成投资 110 904 万元，占总投资的 43.6%。累计完成土石方 939 万 m^3，混凝土浇筑 5.0 万 m^3。

截至 2010 年底，正在进行渠道土方开挖、土方回填、石方爆破开挖；建筑物工程已陆续开工 15 座，其他 10 座建筑物尚未开工。

（三十三）临城县段工程

临城县段工程批复总投资 211 020 万元，累计下达投资计划 64 000 万元。截至 2010 年底，累计完成投资 85 903 万元，占总投资的 40.7%。累计完成土石方 680 万 m^3，混凝土浇筑 2.7 万 m^3。

截至 2010 年底，渠道主要进行土石方开挖和渠堤及防洪堤填筑。泜河渡槽基坑垫层浇筑已全部完成。小槐河排洪涵洞进行洞身段混凝土浇筑。午河渡槽先导孔全部完成。左岸排水建筑物山下村沟倒虹吸管身段混凝土浇筑已全部完成。薛家庄排水倒虹吸基础处理已完成，正进行垫层混凝土浇筑。小槐河北支排水倒虹吸、南沟排水倒虹吸、西赵村西沟排水倒虹吸、西赵村沟排水倒虹吸、李家韩东沟排水倒虹吸、李家韩排水涵洞、梁村沟排水倒虹吸、东渎村排水倒虹吸进行管身段混凝土施工。

（三十四）高邑县—元氏县段工程

高邑县—元氏县段工程（见图 50）批复总投资 274 360 万元，累计下达投资计划 100 000万元。截至 2010 年底，累计完成投资 136 567万元，占总投资的 49.8%。渠道全长 38 924m，其中全挖段 12 287m，全填段 4500m，半挖半填段 22 137m。累计完成土石方 1364 万 m^3，混凝土浇筑 8.6 万 m^3。

图 50　高邑县—元氏县段工程

截至 2010 年底，渠道全挖段累计成型 4500m，占全挖段总长的 36.6%；全填段累计成型 3580m，占全填段总长的 79.6%；半挖半填段累计成型 6000m，占半挖半填段总长的 27.1%。31 个建筑物已开工。槐河（一）倒虹吸完成底板浇筑 17 节，边墙浇筑 9 节，顶板混凝土浇筑 3 节；槐河（二）倒虹吸完成底板浇筑 12 节，边墙浇筑 3 节；沛河渡槽槽身段共计 9 个墩身，目前开挖完成 6 个；南焦河排洪涵洞管身段共计 10 节，已完成 7 节混凝土施工；潴龙河倒虹吸土方开挖已经完成；北沙河倒虹吸垫层混凝土基本完成，正在进行管身混凝土施工。

（三十五）鹿泉市段工程

鹿泉市段工程批复总投资 113 780 万元，累计下达投资计划 45 000 万元。截至 2010 年底，累计完成投资 54 630 万元，占总投资的 48.0%。累计完成土石方 287 万 m^3，混凝土浇筑 4.2 万 m^3。

截至 2010 年底，正在进行渠道土方开挖及填筑工作。金河倒虹吸、洨河倒虹吸、台头沟倒虹吸管身段混凝土浇筑正在进行。普连河排水倒虹吸碎石土换填施工已完成，管身混凝土浇筑正在进行。洨河南支排水倒虹吸夯扩碎石桩施工已经完成；计三渠十五支倒虹吸正在进行管身段混凝土施工。

（三十六）石家庄市区段工程

石家庄市区段工程批复总投资171 115万元，累计下达投资计划54 000万元。截至2010年底，累计完成投资78 098万元，占总投资的45.6%。累计完成土石方860万m^3，混凝土浇筑2.2万m^3。

截至2010年底，部分渠道土方开挖达到设计高程，成型断面7700m，防洪堤填筑左岸达到设计高程的渠段长度为7250m，右岸达到设计高程的渠段长度为6300m，渠道边坡混凝土衬砌1150m。华柴暗渠、台头沟北坡水区排水倒虹吸正在进行管身段混凝土施工。

（三十七）白河倒虹吸工程

白河倒虹吸工程批复总投资50 525万元，累计下达投资计划5000万元。截至2010年底，累计完成投资1255万元，占总投资的2.5%。累计完成土石方15万m^3。

截至2010年底，完成进、出口营地内道路路基开挖，出口段至竹园寺弃渣场道路改扩建。完成进、出口营地无塔供水系统安装、供水主管路埋设及供电线路架设。完成出口拌合站基础施工和80%的进口营区拌和站系统安装。完成出口营地生活区全部活动板房的安装。完成一期导流围堰高喷灌浆15 612m。

（三十八）沙河渡槽工程

沙河渡槽工程（见图51）批复总投资272 160万元，累计下达投资计划65 000万元。截至2010年底，累计完成投资50 493万元，占总投资的18.6%。累计完成土石方159万m^3，混凝土浇筑9.0万m^3。

截至2010年底，Ⅰ标段土方开挖、垫层混凝土浇筑全部完成，0～19号墩的全部桩基施工完成；Ⅱ标段土方开挖累计完成约1100m区段，进行砂砾石换填和部分混凝土浇筑等施工；Ⅲ标段箱基渡槽段清层施工全部完成，

图51　沙河渡槽工程

进行垫层和底板混凝土浇筑，鲁山坡落地槽开挖基本完成，进行底板混凝土浇筑。

（三十九）北汝河渠倒虹吸工程

北汝河渠倒虹吸工程（见图52）批复总投资60 005万元，累计下达投资计划25 000万元。截至2010年底，累计完成投资19 914万元，占总投资的33.2%。累计完成土石方85万m^3，混凝土浇筑1.8万m^3。

图52　北汝河渠倒虹吸工程

截至2010年底，完成30～77号管身段土石方开挖施工；完成36～38号管身右联、49～53号管身左联、54～60号管身整联、61～64号管身左联垫层混凝土施工；完成51～64号管身左联、55～60号管身右联底板混凝土施工；完成53～64号管身左联，55～57号管身右联边墙混凝土施工；完成55～62号管身左联顶拱混凝土施工。

（四十）禹州和长葛段工程

禹州和长葛段工程批复总投资454 834万

元，累计下达投资计划 150 000 万元。截至2010 年底，累计完成投资 146 299 万元，占总投资的 32.2%。累计完成土石方 95 万 m^3。

截至 2010 年底，主要进行工程施工准备；继续进行渠道湿陷性黄土强重夯、土挤密桩、凸块振动碾等地基处理试验或地基处理、采空区灌浆材料试验和混凝土配合比试验等工作。

（四十一）潮河段工程

潮河段工程批复总投资 465 031 万元，累计下达投资计划 143 000 万元。截至 2010 年底，累计完成投资 163 338 万元，占总投资的 35.1%。累计完成土石方 632 万 m^3。

截至 2010 年底，施工准备基本完成，强、重夯试验部分已经完成，正在组织施工；挤密砂石桩施工工艺试验结束，已全面展开施工。黄水河河道倒虹吸、梅河渠道倒虹吸、丈八沟渠道倒虹吸均已开工建设。吴陈沟、暖泉河、郜庄沟 3 座排水倒虹吸导流明渠开挖基本成型，降水试验正在进行；庙后唐沟左排倒虹吸围堰施工已完成，井点降水正在进行。渠道已具备开挖条件的长度 22.06km，占明渠开挖总长度 46.244km 的 47.7%，现在正在积极组织开挖。

（四十二）陶岔渠首枢纽工程

陶岔渠首枢纽工程（见图 53）批复总投资 85 935 万元，累计下达投资计划 50 000 万元。截至 2010 年底，累计完成投资 36 394 万元（其中，征地移民投资 21 650 万元，施工投资 9561 万元，其他投资 5183 万元），占总投资的 42.4%。累计完成土方开挖 13.11 万 m^3，石方开挖 23.279 万 m^3，混凝土浇筑 0.71 万 m^3，钢筋制作安装 315.11t。

图 53 陶岔渠首主体工程

截至 2010 年底，下游交通桥工程、管理设施工程基本完成，主体工程坝基土石方开挖基本完成，正在浇筑大坝混凝土。

（四十三）兴隆水利枢纽工程

兴隆水利枢纽工程批复总投资 319 747 万元，累计下达投资计划 20 亿元。截至 2010 年底，累计完成建设投资 12 亿元，占总投资的 39.3%。完成土方 1655 万 m^3，石方 66.4 万 m^3，混凝土浇筑 22.2 万 m^3，钢筋制作安装 1973.4t，防渗墙 25.4 万 m^2，搅拌桩 37.56 万 m，灌柱桩 5284m。

截至 2010 年底，已完成 31 个标段的招投标工作，其中一期围堰、导流明渠标等 9 个标施工已基本完成，目前正在施工的标段主要有泄水闸、电站、船闸 3 个主体工程标，以及右岸交通桥、雁门口人工骨料系统、安全监测工程和机电设备安装工程。

（四十四）引江济汉主体工程

引江济汉主体工程批复总投资 616 947 万元，累计下达投资计划 10 亿元。截至 2010 年底，累计完成投资 9.7 亿元，占总投资的 15.7%。

截至 2010 年底，已完成 13 个标段的招投标工作。进口段泵站与进水节制闸标段基坑完成土方开挖 24.53 万 m^3，第一层基坑 +33.0m高程以上部位土方开挖已基本完成，并对周边土方进行削坡。完成 52 口降水井及 1 口观测井的钻孔施工。高石碑枢纽标段、拾桥河枢纽标段完成部分原始地形测量。工程沿线征地拆迁工作全面展开，其中进口段征地拆迁工作基本完成。

（四十五）中线干线自动化调度与运行管理决策支持系统工程（京石段以外）

中线干线自动化调度与运行管理决策支持系统工程（京石段以外）批复总投资

149 832万元，累计下达投资计划 34 437 万元。截至2010年底，累计完成投资400万元，占总投资的0.3%。

（四十六）库区移民安置工程（含试点工程）

截至2010年底，累计下达库区移民安置工程投资305.8亿元，累计完成投资150.3亿元。

河南省、湖北省分别已在2009年8月底和2010年5月底完成试点移民规划内容。

河南省第一批移民63个近迁外迁安置点已于2010年9月完成移民搬迁工作，共征用土地7923亩，新打机井62眼，铺设管道59km，架设10kV线路91km，架设380V线路64km，购置变压器124台，铺设对外边接路175km，开挖土方373万m^3，规划建房15 017户，实际建房14 445户。第二批移民安置涉及的91个近迁外迁移民安置点，除4个社区安置点未完成对接外，其他安置点新村征地和“三通一平”已经全部完成，移民房屋基础和主体工程正在加紧进行。

截至2010年底，湖北省丹江口市库区移民安置工程完成主要工作量为：外迁农村移民66 537人，城镇移民881人，修建道路377km，供水管网196km，输电线路139km，征地91 433亩。

CHINA SOUTH-TO-NORTH WATER DIVERSION PROJECT CONSTRUCTION YEARBOOK

拾 大事记

MAJOR EVENTS

一　月

8日　南水北调工程建设稽察工作交流会在北京市召开。

12日　南水北调工程专项设施建设座谈会在北京市召开。

13日　山东省南水北调工程建设指挥部成员扩大会议在济南市召开。

13日　河南省南水北调中线丹江口库区第一批移民新村建设工程质量管理现场会在河南省平顶山市召开。

20日　南水北调东线一期工程江苏长江—骆马湖段其他工程皂河二站工程、皂河一站改造工程开工建设。

20日　湖北省南水北调中线丹江口库区移民工作会议在湖北省武汉市召开。

25日　河南省政府下发通报，表彰南水北调中线工程丹江口库区试点移民工作和南水北调中线工程干线征迁工作先进单位。

二　月

1日　国务院南水北调工程建委会专家委员会2010年工作会议在北京市召开。

7日　南水北调东线江都市截污导流工程正式投入运行。

9日　河南省召开南水北调干线征地拆迁和施工环境协调会议。

21日　国务院南水北调办传达学习胡锦涛等中央领导同志在省部级主要领导干部深入贯彻落实科学发展观加快经济发展方式转变专题研讨班上的重要讲话精神，部署南水北调近期工作。

24日　国务院南水北调办安全生产领导小组和重特大事故应急处理领导小组召开第八次全体会议。

三　月

1日　湖北省南水北调工作会议在武汉市召开。

3日　交通运输部印发《关于进一步做好南水北调工程跨渠桥梁建设与管理工作的通知》。

9日　国务院南水北调办印发《关于印发南水北调工程质量监督导则的通知》。

17日　河南省省长郭庚茂到平顶山市调研南水北调中线丹江口库区首批移民新村建设情况。

20日　国务院南水北调办印发《关于进一步加强南水北调工程监理单位信用管理的意见》。

22日　南水北调中线一期工程漳河北—古运河南段工程邯郸市—邯郸县段工程、永年县段工程、洺河渡槽工程、沙河市段工程、邢台县和内邱县段工程、临城县段工程、鹿泉市段工程和石家庄市区段工程开工建设。

24～27日　国务院南水北调办主任张基尧考察南水北调中线湖北省境内工程建设和丹江口库区移民工作。

25日　南水北调东线一期工程穿黄河工程顺利贯通。

26日　南水北调中线一期工程汉江中下游引江济汉工程开工建设。

31日　丹江口大坝最后一个坝段加高到176.6m设计高程，标志着需要加高的54个坝段全部加高到顶。

四　月

1日　国务院南水北调办会同财政部、国家发展改革委、审计署联合印发《关于加强南水北调工程基金征缴工作的通知》。

6日　国务院南水北调办印发《关于印发南水北调工程建设重特大安全事故应急预案

的通知》。

6日　南水北调东线一期工程南四湖—东平湖段工程引黄灌区灌溉影响处理工程开工建设。

7日　《南水北调工程建设年鉴》2010年编纂工作会议在河南省郑州市召开。

8日　南水北调系统第二次经济财务工作会议在江苏省扬州市召开。

8～10日　国务院南水北调办主任张基尧考察南水北调东线江苏省境内工程。

13日　南水北调中线一期工程漳河北—古运河南段工程磁县段工程、南沙河倒虹吸工程、邢台市段工程、高邑县—元氏县段工程开工建设。

14日　南水北调工程建设管理工作座谈会在河北省石家庄市召开。

21日　2010年南水北调前期工作和投资计划管理协调工作会在山东省青岛市召开。

24日　河南省南水北调中线丹江口库区移民安置工作会议在河南省郑州市召开。

27日　环境保护部部长周生贤赴南水北调中线穿黄工程实地考察。

29日　国务院南水北调办、国家档案局联合印发《关于印发南水北调工程征地移民档案管理办法的通知》。

五　月

4日　南水北调东线一期工程胶东干线济南—引黄济青段工程东湖水库工程、双王城水库工程开工建设。

5日　国务院南水北调办下发通知，要求各项目法人做好2010年南水北调工程安全度汛工作。

5日　河南省南水北调工程建设督察会议在河南省郑州市召开。

5～11日　国务院南水北调办主任张基尧考察南水北调中线河南段工程和丹江口库区第一批移民新村。

17日　国务院南水北调办党组召开会议，研究部署在国务院南水北调办直属机关深入开展创先争优活动。

19日　国务院南水北调办下发通知，部署开展南水北调规章及规范性文件清理工作。

24日　湖北省政府召开全省南水北调中线工程丹江口水库移民工作现场会。

25日　南水北调中线京石段应急供水工程第二次从河北省向北京市供水。

25～28日　国务院新闻办公室组织俄新社、全俄广播电视公司、日本广播协会等境外媒体和香港《大公报》、香港《文汇报》、新华社、中新社、中国国际广播电台、环球时报、中国日报、中国网等国内媒体赴湖北省，就南水北调中线湖北段工程建设、库区移民安置、水源保护等工作进行集中采访。

六　月

2日　国务院南水北调办召开国务院南水北调办直属机关创先争优活动动员大会，对直属机关深入开展创先争优活动进行具体部署。

3日　南水北调中线水源区生态文明建设论坛在陕西省西安市召开，全国人大常委会副委员长、九三学社中央主席韩启德出席并作重要讲话，提出要加快南水北调中线水源区生态文明建设，以生态文明理念加快发展方式转变。

9日　南水北调东线一期工程金湖站工程开工建设。

10日　河南省、湖北省南水北调中线工程丹江口库区大规模搬迁正式启动。

12日　河南省政府在郑州市召开丹江口库区第一批移民搬迁暨第二批移民安置动员大会。

22日　南水北调中线一期工程穿黄工程上游隧洞全线贯通。

23日　南水北调工程丹江口库区移民试点和干线征迁工作总结表彰大会在湖北省武汉市举行。

25日　南水北调工程建设质量安全工作会暨质量管理年动员会在湖北省武汉市召开。

七　月

4~5日　国务院南水北调办、环境保护部在山东省滕州市联合召开南水北调东线治污暨截污导流工程建设现场会。

5日　江苏省南水北调工程建设领导小组会议在南京市召开。

5日　河南省政府批准《南水北调中线一期工程总干渠（河南段）两侧水源保护区划定方案》。

6日　南水北调东线山东鲁北段工程建设动员大会在山东省德州市召开。

6日　南水北调东线一期江苏段运西线工程开工建设。

13日　南水北调中线一期工程总干渠沙河南—黄河南段潮河段工程开工建设。

19~22日　国务院南水北调办主任张基尧赴南水北调中线天津、河北段检查指导工作。

23日　湖北省政府召开专题座谈会，对湖北省丹江口库区大规模移民搬迁安置工作进行再次动员部署。

24日　中央决定，鄂竟平任国务院南水北调办党组书记、主任，免去张基尧国务院南水北调办党组书记、主任职务。同时，任命蒋旭光为国务院南水北调办党组成员、副主任，免去宁远国务院南水北调办党组成员、副主任职务。

八　月

9日　国务院南水北调办印发《关于进一步做好南水北调丹江口库区移民安置有关工作的通知》。

11日　丹江口大坝加高工程通过科学调度，成功拦蓄上游来水，经受了加高以来的首次最大洪水考验，发挥了巨大的防洪综合效益。

17~19日　国务院南水北调办主任鄂竟平调研南水北调中线河南段工程建设和移民工作。

19日　南水北调东、中线规划区全国节水型社会建设试点通过水利部验收。

24日　国务院南水北调办组织人事工作培训班在北京市举行。

26日　国务院南水北调办主任鄂竟平调研南水北调中线北京段工程并与北京市主要领导座谈。

29日　南水北调东线一期工程南四湖—东平湖段工程邓楼泵站工程、八里湾泵站工程开工建设。

30日　国务院南水北调办主任鄂竟平赴南水北调中线河北、天津段调研南水北调工程建设情况。

九　月

1日　南水北调工程征地移民预防和处置群体性事件工作座谈会在江苏省徐州市召开。

4日　河南省完成丹江口库区第一批移民60 886人的集中搬迁任务。

6日　国务院南水北调办召开全体干部大会，传达贯彻中共中央政治局常委、国务院副总理、国务院南水北调工程建设委员会主任李克强，中共中央政治局委员、国务院副总理、国务院南水北调工程建设委员会副主任回良玉的重要指示精神，并就下一步南水北调工作作出安排部署。

14日　南水北调工程征地移民资金管理座谈会在河南省许昌市召开。

16日　河南省省委书记卢展工调研南水

北调中线工程移民迁安和工程建设情况。

27 日　南水北调中线一期工程穿黄工程下游隧洞全线贯通。

28 日　南水北调中线一期工程总干渠禹州和长葛段工程开工建设。

28 日　南水北调东线一期工程江苏长江—骆马湖段其他工程金宝航道工程开工建设。

十　月

8 日　湖北省南水北调中线丹江口库区移民座谈会在湖北省武汉市召开。

9 日　南水北调工程建设工作座谈会在河南省南阳市召开。中共中央政治局常委、国务院副总理、国务院南水北调建委主任李克强主持会议并作重要讲话，强调把事关全局和保障民生的南水北调工程建设好。会前，李克强考察了南水北调渠首陶岔枢纽建设、丹江口库区水质和库区移民搬迁安置。

9～12 日　国务院南水北调办主任鄂竟平分别主持召开工程沿线七省市南水北调办、移民办、项目法人单位主要负责人会议和办机关司局长专题会议，认真学习领会、贯彻落实中共中央政治局常委、国务院副总理、国务院南水北调建委主任李克强同志在南水北调工程建设工作座谈会上的重要讲话精神，并结合南水北调工作实际，对下一步工作进行了部署。

15 日　南水北调东线一期工程江苏长江—骆马湖段其他工程淮安二站改造工程、骆马湖以南中运河影响处理工程开工建设。

21～22 日　南水北调东线一期工程东平湖—济南段输水工程设计单元工程（济平干渠工程）顺利通过设计单元工程完工验收。

21～28 日　国务院南水北调办主任鄂竟平赴山东省、湖北省调研南水北调工作。

25 日　湖北省政府在武汉市召开丹江口水库移民工作座谈会，强调确保移民安置质量，严格执行移民政策，坚持推进外迁移民的工作目标。

26 日　河北省第一个南水北调配套工程廊涿干渠工程开工建设。

26 日　河南省省委、省政府在河南省郑州市召开南水北调丹江口库区第一批移民总结表彰暨第二批移民安置再动员电视电话会，总结第一批移民搬迁安置工作，表彰优秀（先进）单位和先进个人，并对第二批移民搬迁工作进行再动员、再部署。

29 日　河南省南水北调中线工程建设征迁工作会议在河南省新乡市召开。

十 一 月

2 日　南水北调东线一期工程江苏长江—骆马湖段其他工程高水河整治工程开工建设。

9 日　国务院南水北调办、国家发展改革委、监察部、环境保护部、住房和城乡建设部和水利部联合颁布《南水北调东线一期工程治污工作目标责任考核办法》。

10 日，国务院南水北调办在北京市召开创先争优活动座谈会。

11 日　南水北调系统宣传工作座谈会在湖北省武汉市召开。

16 日　南水北调东线一期工程鲁北段工程大屯水库工程开工建设。

16 日　南水北调中线一期工程陶岔渠首—沙河南段工程白河倒虹吸工程开工建设。

19 日　国务院南水北调办召开南水北调工程建设进度（第一次）协调会。

21 日　河南省南水北调中线丹江口库区第二批移民新村建设现场会在河南省邓州市召开。

23～25 日　南水北调配套工程前期工作交流会在北京市、天津市召开。

24～25 日　国务院南水北调办主任鄂竟平调研南水北调东线江苏段工程。

25 日　南水北调东线一期里下河水源调

整工程召开建设动员会议。

25日　国务院批复《全国水资源综合规划》，提出逐步构建国家水资源调配体系，加快南水北调东、中线一期工程及配套工程建设，适时开展西线工程前期研究。

26日　南水北调宣传工作专家座谈会在北京市召开。

26日　南水北调东线一期工程江苏长江—骆马湖段其他工程洪泽湖抬高蓄水位影响处理工程（安徽省境内）开工建设。

28日　湖北省完成76 652人的外迁移民搬迁安置任务。

十　二　月

3日　南水北调东线一期工程江苏长江—骆马湖段其他工程里下河水源调整工程开工建设。

7日　国务院南水北调办召开“小金库”治理工作会议，深入学习贯彻贺国强同志重要讲话和批示精神，研究进一步建立“小金库”治理的长效机制。

9日　南水北调东线一期工程南四湖—东平湖段工程梁济运河段工程、柳长河段工程开工建设。

16日　南水北调中线一期工程陶岔渠首—沙河南段工程湍河渡槽工程开工建设。

16日　南水北调工程征地移民工作座谈会在河北省邯郸市召开。

16日　南水北调中线干线工程自动化调度与运行管理决策支持系统（京石段以外）工程开工建设。

21日　南水北调中线一期工程沙河南—黄河南段工程宝丰—郏县段工程开工建设。

28日　湖北省省委、省政府在武汉市召开南水北调中线工程丹江口水库移民外迁工作总结表彰会议。

30日　南水北调东线一期工程鲁北段小运河段工程、明渠段工程开工建设。

31日　南水北调东线一期工程南四湖水资源控制、水质监测工程和骆马湖水资源控制工程杨官屯河闸工程开工建设。

Contents

Chapter Two Policies, Laws and Regulations · Important Files

Chapter Three General Management

Chapter Four The Eastern Route Project of the SNWDP

Chapter Five The Middle Route Project of the SNWDP

Chapter Six The Western Route Project of the SNWDP

Chapter Seven The Matching Projects

Chapter Eight Team Building

Chapter Ten Major Events

中国水利水电第十一工程局有限公司

中国水电
SINOHYDRO

公司总经理孙玉民（前中）到南水北调项目检查指导工作

党委书记张玉峰（左二）到南水北调中线焦作2段4标工程考察

中国水利水电第十一工程局有限公司，中国建筑业500强，具有国家水利水电工程施工总承包特级资质，总资产43.42亿元，注册资本3亿元，现有职工8300人。隶属于中国水利水电建设股份有限公司。

中国水电十一局有限公司成立于 1955 年，是新中国建立后经国务院批准组建的第一支机械化水电施工队伍。先后承建了黄河三门峡、洛河故县水利枢纽等大型水利水电工程，参与建设了黄河小浪底、长江三峡等上百个大型水利水电、工民建和路桥工程。在混凝土筑坝、水轮发电机组及大型金属结构安装、高边坡开挖支护、大型地下洞室施工、大型泵站建设安装、城建管网及顶管施工、病险库加固处理等方面居国内先进水平；具备压力钢管、弧型闸门、平板闸门、压力容器的制造安装、计量、试验、设计资质；在高流速挟沙过流面处理、深水钢拱围堰、碾压混凝土筑坝、面板堆石坝施工、基础工程化学灌浆、湿陷性黄土地基处理等科技项目上获得国家、省部级重大施工技术成果奖；取得质量、环境和职业健康安全管理体系认证。

近年来，公司大力实施建设质量效益型国际强企的发展战略，推进转型升级，提升发展质量，经营规模不断扩大，经营领域不断拓展，经营地域不断扩宽。国际工程分布在14个国家，国内在建工程拓展至28个省自治区（自辖市）、公司的市场结构、业务结构和产业结构发生了较大变化，从以国内市场为主调整到国内、国际两个市场并进，形成了国内水电与国际业务和国内非水电并举、建筑施工与第三产业和投资业务协调发展的经营格局。近年来取得国家发明专利2项（ZL200410031153），实用新型专利9项（ZL200410031153），国家级工法6项；获得新中国成立60周年“百项经典暨精品工程”4项，鲁班奖3项，詹天佑奖2项，全国企业新纪录4项，中国企业重大创新项目1项。获得全国建筑业先进企业、全国电力建设优秀施工企业、中国优秀诚信企业、中国精神文明建设先进单位、全国企业文化建设优秀单位、河南省优秀施工企业、河南省文明单位等称号。

截止到2011年8月，中国水电十一局有限公司在南水北调东线工程和中线工程共中标承担了24个项目的施工任务，合同总价达到47.89亿元。在南水北调工程施工过程中，自主研发的大型渠道衬砌机获得1项国家发明专利（ZL200410031153）、8项实用新型专利（ZL200620025048、ZL200610012975），大型PCCP管道施工技术获得国家级工法，8个项目获得国务院南水北调办文明工地称号，另有多个项目获得国务院南水北调办及有关省市的表彰奖励。

南水北调滹沱河倒虹吸工程

南水北调中线京石段S6标

南水北调中线京石段S31标

南水北调丹江口大坝右岸土石坝加高工程

南水北调中线陶岔渠首枢纽工程

南水北调中线安阳段5标工程

南水北调湖北兴隆厂房工程

南水北调漳古段SG8标工程

南水北调中线郑州2段一标工程

南水北调天津干线TJ4-2标工程

中国水电十一局在南水北调工程项目上获得的部分荣誉

1　国家发明专利（ZL200620127312）　中线京石段S6标大跨度综合性渠道混凝土浇筑机

2　国家实用新型专利8项（ZL200620128392）　中线京石段S6标大跨度综合性渠道混凝土浇筑机

3　国家级工法　中线京石段惠南庄—大宁段PCCP管道工程施工1标大型PCCP管道安装技术

4　国调办文明工地　中线京石段惠南庄—大宁段PCCP管道工程施工1标

中线京石段滹沱河倒虹吸工程2标

中线京石段S6标

中线河南安阳段5标

中线穿黄工程1标

中线水源工程丹江口大坝加高右岸土建工程

东线台儿庄泵站工程

东线淮阴三站工程

5　国调办安全生产管理优秀单位　中线水源工程丹江口大坝加高右岸土建工程项目部

中线京石段惠南庄—大宁段PCCP管道工程施工1标项目部

东线淮阴三站工程项目部

6　国调办质量管理先进集体　中线水源工程丹江口大坝加高右岸土建工程项目部

中线安阳段5标项目部

7　国调办青年文明号　东线台儿庄泵站工程项目部土建一队

8　中央企业学习型红旗班组　中线穿黄1标测量队

9　全国电力行业优秀QC小组　中线穿黄工程1标“提高渡槽外观质量”QC小组

10　全国工程建设优秀质量管理小组二等奖 中线安阳五标“研究降低主渠道地下水位新方法”QC小组

南水北调北京段工程荣誉证书和奖章

南水北调工程PCCP管道压水试验安全监测

实验室设备

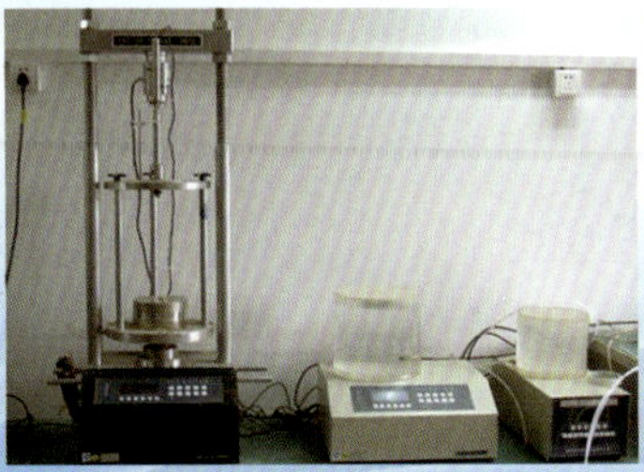

全自动三轴仪

南水北调工程PCCP原型观测设备埋设